ELEMENTOS DE TECNOLOGIA E ENGENHARIA DA PRODUÇÃO DO AÇÚCAR, ETANOL E ENERGIA

FEALQ

FUNDAÇÃO DE ESTUDOS AGRÁRIOS LUIZ DE QUEIROZ

1ª edição - março/2019 - 600 exemplares

CAPA E DIAGRAMAÇÃO | vbenatti
REVISÃO | Cristina Florez

Impressão e acabamento:
Gráfica EME

Capivari-SP
(19) 3491-7000
orcamento@editoraeme.com.br

Edição e distribuição:
FEALQ

Piracicaba-SP
(19) 3417-6600
livros@fealq.org.br
http://fealq.org.br

Catalogação na publicação
DIVISÃO DE BIBLIOTECA - DIBD/ESALQ/USP

Delgado, Afrânio Antônio
Elementos de tecnologia e engenharia da produção do açúcar, etanol e energia / Afrânio Antônio Delgado, Marco Antônio Azeredo Cesar e Fábio Cesar da Silva; colaboração de Luis Guilherme de A. e Lima Antonelli. - - Piracicaba: FEALQ, 2019.
984p. : il.

ISBN: 978-85-7133-093-1

1. Tecnologia do açúcar 2. Tecnologia do etanol I. Cesar, M. A. A. II. Silva, F. C. da. III. Antonelli, L. G. de A. e L., colab. IV. Título

CDD 664.1
D352e

Elaborada por Maria Angela de Toledo Leme - CRB-8/3359

ELEMENTOS DE TECNOLOGIA E ENGENHARIA DA PRODUÇÃO DO AÇÚCAR, ETANOL E ENERGIA

AFRÂNIO ANTÔNIO DELGADO
MARCO ANTÔNIO AZEREDO CESAR
FÁBIO CESAR DA SILVA

LUIZ GUILHERME A. L. ANTONELLI
COLABORADOR

PIRACICABA-SP | 2019

AGRADECIMENTOS

Os autores, em função do grande desenvolvimento da produção do açúcar e etanol, nesses últimos 50 anos, procuraram contribuir no lecionamento de matérias relativas à divulgação das tecnologias aplicadas pelas usinas e destilarias em operação no Brasil. Essas tecnologias foram oriundas dos ensinamentos recebidos na década de 1960 a 1980 das aulas dos professores da Escola Superior de Agricultura "Luiz de Queiroz", através do Departamento de Tecnologia Rural, quais sejam Prof. Jayme Rocha de Almeida, Prof. Octavio Valsechi, Prof. Jorge Leme Junior, Prof. Urgel de Almeida Lima, Prof. Ênio Roque de Oliveira e Prof. José Paulo Stupiello, aos quais atribuímos contribuição relevante aos alicerces do desenvolvimento da tecnologia brasileira do Açúcar e do Etanol.

Nesses últimos anos, o setor de produção de açúcar, etanol e alimento passou por transformações, criando-se o departamento da Agroindústria, Alimentos e Nutrição. Este está sendo coordenado pelo professor André Ricardo Alcarde com a colaboração dos professores Cláudio de Lima de Aguiar, Sandra Helena da Cruz e por Antônio Sampaio Batista.

Os professores Afrânio Antônio Delgado e Marco Antônio Azeredo Cesar autores da versão inicial deste livro, registram com satisfação os agradecimentos à família Biagi, na pessoa do Doutor Luiz Biagi, pelo pioneirismo sempre dedicado à construção e desenvolvimento das atividades mecânicas e educacionais da agroindústria açucareira e alcooleira brasileira e que, em 1977, foi representado pelos seus Diretores Administrativos, Dr. Geraldo Biagi Bonini, de Desenvolvimento, Dr. Eduardo Algodoal Zabrockis e pelo Industrial Dr. Carlos Eduardo Heise, na assinatura de um contrato para execução do programa de palestras a serem realizadas no auditório da Zanini Equipamentos Pesados, em Sertãozinho, SP.

Nossos agradecimentos são extensivos à equipe de instalação da usina Barralcool, em 1980, às famílias Petroni, Sansão, Barbour, Caran, Botelho, Sadi Cervo, Assami, Família Sandri e outros sitiantes, interessados na montagem da usina, além dos administrativos Rubens Jolando, Eng Agr. Carlos Pedro dos Santos. Ao Eng. Agr. João Michelon, a construtora Plaenge, Wilson Galera, empresa D. Zambon, empresa elétrica Chimbo, de Bauru, SP, e muitas outras colaborações do município de Barra do Bugres e região.

E, na área de execução dos serviços técnicos, mecânicos e de alvenaria e montagem nas usinas de açúcar e destilarias de álcool no Brasil, assim como aspecto operacional são dignos de reconhecimento e agradecimento, o trabalho de diversos profissionais, relacionados aos autores, merecedores de nossos agradecimentos, os senhores, Guilherme Galani, Francisco Zambom, nas montagens industriais, José Bezerra, na parte de alvenarias, Amadeu Oss, João Garcia, e outros. Na área acadêmica, do Departamento de Tecnologia Rural da Escola Superior de Agricultura Luiz de Queiroz, são merecedores de nossos agradecimentos os colegas professores José Paulo Stupiello, Jorge Horii, Fernando Valadares Novaes, João Gustavo Brasil Caruso e Roberto Bovi (falecido), responsáveis pelas aulas do departamento de tecnologia da ESALQ.

É oportuno reconhecer as orientações dadas pelo engenheiro agrônomo, Hélio Monteiro, diretor agrícola da usina Costa Pinto, de Piracicaba, nos anos 70, e aos outros colegas da área industrial, sempre solicito atendimento aos alunos da ESALQ, quando em visita à Usina, para conhecerem seus aspectos industriais e agrícolas da empresa.

Os autores são gratos à colaboração dos responsáveis pela gerência industrial da Usina Barralcool e pelos seus técnicos na pessoa do Senhor José Raimundo da Costa e na área agrícola na pessoa do Engenheiro Agrônomo Marco Antônio Beletti e equipe de técnicos pela disponibilidade de dados operacionais praticados pela Usina, além do informativo trimestral "Barralcool Informa", coordenado por Jorge Figueiredo como também, ao desenhista Sr. Mauricio Goda, idealizador do logotipo da Usina Barrralcool e da Açual desenhados em 1980. Ao Tadeu Alcides Marques pela colaboração em projetos industriais de usinas e destilarias

Os autores agradecem também a colaboração da Divisão de Biblioteca DIBD/ESALQ/USP na obtenção do ISBN e a FEALQ (Fundação de Estudos Agrários Luiz de Queiroz), responsável pela distribuição deste livro.

Reconhecimentos estes, extensivos ao Mauricio Rodrigues e a Mariana Paulino Costa, pelo cuidado que tiveram na digitação inicial dos textos deste livro, a Larissa Machado da Silva e ao Luiz Carlos Rodrigues (ESALQ) e Petrucio da Silva pela contribuição na correção das figuras e a Carla Cristiane Osawa, pela correção ortográfica, como também ao desenhista e ilustrador Paulo Sérgio Gangorra da Silva na elaboração de inúmeras figuras.

Esses agradecimentos são extensivos a Usina Barralcool S.A, a Case IH Brasil – Araras, a Arysta Life Science do Brasil, a Mefsa - Piracicaba, a Valtra - Piracicaba, a Equipe Bombas, a SICRED, agência de Barra do Bugres, a Açual de Piracicaba, SP, a Coplacana, a Aster Máquinas, a Florindo Agropecuária, pelo patrocínio desta edição.

Piracicaba, SP - 2019
Com a gratidão dos autores

CONSIDERAÇÕES ADICIONAIS

Pela importância que têm as Usinas de Açúcar e Destilarias de Etanol em funcionamento no Brasil, os autores parabenizam as empresas que atendem todas as demandas de natureza técnica, mecânica e operacional. Entre as muitas, têm sido importantes as seguintes: Dedini S/A Indústrias Turbimaq, NG Metalúrgica, Zanini Renk, Mefsa, Motocana, Triniton, Sermatec, Prolink, Linkteel, Marrucci, Buldrinox, Exal, General Chin, Sathya S. Maquinarias

Vetek - Comércio de Materiais Elétricos, Magister – Equipamentos Industriais DMB Máquinas e Implementos Agrícolas, Refratários Ribeirão Preto Ltd Markanti Tecnologia, Teston, Wiser, Dwyler, Big Telas e muitas outras. Salienta- se ainda o importante trabalho despendido pelas concessionárias de tratores, máquinas colhedeiras e implementos, como a Case, a John Deere, a Valtra, a Massey Ferguson, a New Holland e outras.

É de fundamental importância para a agroindústria brasileira e instalações industriais, o papel de muitas empresas que trabalham na área de insumos agrícolas, na área de montagens e reformas industriais, projetos agrícolas e acessórios diversos podendo-se citar: Colvadis,

Centerval, Sergomel, Teston, Authomathika, Magister Engevap, SGL Engenharia de Caldeiras, Aero Agrícola Rondon, Markanti Tecnologia, Siemens, Bayer, BRS Indústria e Comércio Ltda., Mosaic Fertilizantes, Yara Fertilizantes, Coopercitrus, Coplacana, Microgeo Adubação Biológica, Piracicaba Engenharia Sucroalcooleira, Florindo Agropecuária, SGE (Engenharia de Caldeiras), Calnil Caldeiraria e Usinagem e outras.

E, como referência, é lícito registrar em poucas linhas, em função de nosso desenvolvimento agrícola brasileiro, a fundação de muitas escolas de agronomia em vários Estados brasileiros, muitas das quais têm contribuído para melhorar as atividades de nossa agricultura, não só da cana-de-açúcar como também de outras lavouras, como da soja, algodão, milho, laranja, arroz e outras.

E, ao lado dessas escolas, é importante citar as universidades UNICAMP e UNESP, além das faculdades de tecnologia instaladas no Brasil, como as Faculdades de Tecnologia do Estado de São Paulo (FATECs), e também a contribuição de muitas escolas de nível técnico e médio existentes em vários municípios brasileiros.

Com relação à pesquisa pública, é importante citar o desempenho da Empresa Brasileira de Pesquisa Agropecuária (Embrapa), e a rede interuniversitária para o desenvolvimento do setor sucroalcooleiro (RIDESA), composta por diversas Universidades Federais e o IAC/APTA (Campinas, SP).

Em relação às usinas é lícito citar a contribuição privada, o Centro de Tecnologia Canavieira (CTC), o Comitê de Técnicos da União da Indústria de Cana-de-Açúcar (UNICA), União dos Produtores de Bioenergia (UDOP), pela Cooperativa dos Fornecedores de Cana (Coplacana), pela Organização dos Plantadores de Cana do Estado de São Paulo (Orplana), pela Sociedade dos Técnicos Açucareiros do Brasil (STAB) e o International Society of Sugarcane Tecnologists (ISSCT).

Com relação à edição de revista, tem sido muito útil para o bom desempenho das usinas de açúcar e destilarias do álcool, as informações publicadas por várias revistas, como: Revista Stab, Revista Canavieira International Sugar Journal, Jornal Cana, RTA News, Sugar y Azúcar, Sugar Journal, Ideia News, o Anuário de cana e outras.

PREFÁCIO

Este livro contempla trinta e quatro capítulos relativos aos processos de tecnologia da fabricação do açúcar, do etanol e da geração de vapor, atualizados de textos originalmente criados em 1977, intitulado *Elementos de Tecnologia e Engenharia do Açúcar da Cana* na forma de três apostilas e, em 1990, condensados em um só volume pela Publique Central de Serviço ME, que elaborou alguns exemplares.

No presente livro, os autores fazem referências às operações agrícolas e industriais da fabricação do açúcar e também do etanol a partir da cana, assim como do etanol a partir das matérias-primas amiláceas e celulósicas, envolvendo o uso do milho e do bagaço da citada gramínea e suas folhas.

Nos primeiros capítulos foram abordados os aspectos gerais das indústrias do açúcar e do álcool, das suas operações, assim como suas produções agrícolas.

As operações iniciais da fabricação do açúcar, envolvendo a matéria-prima, colheita, transporte, pesagem, recepção e seu preparo para extração do caldo foram detalhadas nos capítulos 7°, 8° e 9°.

O tratamento do caldo, envolvendo a remoção das impurezas, sulfitação, caleagem, aquecimento, decantação e filtração do lodo, pode ser visto nos capítulos 10° ao 17°.

A produção do xarope e a cristalização da sacarose a partir do caldo clarificado está detalhada nos capítulos 17° ao 20°.

As operações finais, envolvendo produção de vácuo, cristalização complementar, centrifugação das massas cozidas, secagem e estocagem do açúcar estão descritas nos capítulos 21° ao 24°.

A produção do etanol etílico industrial e doméstico, assim como o preparo do levedo alcoólico, salas e dornas, as operações de fermentação, destilação do vinho e a retificação do álcool e sua desidratação, foram detalhadas nos capítulos 25° ao 32°.

O capítulo 33° foi especialmente dedicado à geração de vapor, assim como no 34° o consumo de energia, vapor, água e efluentes e um descritivo sobre balanço de massas e de águas, sendo importante salientar que esta obra contempla também referências clássicas encontradas nos livros de Peter Honig (1950, 1959, 1963), Perk (1973), G. L. Spencer e G. P. Meade (1975), G. P. Meade & James C. P. Chen (1977, 1985), V. E. Baikow, (1967), E. Hugot & G.H. Jenkins (1972, 1986), Emile Hugot (1986), Peter Rein (2012) e, principalmente, das apostilas divulgadas de materiais próprios, pelos autores e de outros professores de Departamentos da Escola Superior de Agricultura "Luiz de Queiroz, nas décadas de 1970 a 2000.

EDITORES E AUTORES:

AFRÂNIO ANTÔNIO DELGADO:

Professor associado, aposentado do Departamento de Tecnologia Rural - LTR da Escola Superior de Agricultura "Luiz de Queiroz", da Universidade de São Paulo, Piracicaba-SP, em 1997. Graduou-se como engenheiro agrônomo em 1964, com especialização na área de Sacarotecnia. Obteve o título de Doutor em 1969 e de livre-Docente em 1975, através de teses defendidas e apresentadas. Em 1978 tornou-se Professor-Adjunto, passando posteriormente a Professor Associado. Durante o período de docência, publicou, em colaboração com professores do mesmo Departamento, inúmeras apostilas didáticas e trabalhos de natureza técnico-científica. No período de 1975 a 2000, com a implantação do PROALCOOL, pelo governo federal, orientou inúmeros produtores de vários estados brasileiros na instalação de destilarias de etanol e de usinas de açúcar nas áreas agrícola e industrial, destacando-se a ADALCOOL, atualmente Branco Peres, na cidade de Adamantina, estado de São Paulo, a Destilaria BARRALCOOL Ltda., em 1981, transformada posteriormente em Usina Barralcool S/A, na cidade de Barra de Bugres, MT, onde é diretor, e a Destilaria COOPERB, da Cooperativa dos Produtores de Cana de Rio Branco, município de Lambari do Oeste, MT. No período de 1987 a 1998, proferiu palestras sobre a agricultura da cana-de-açúcar, bem como sobre a fabricação do açúcar de cana em Angola, continente africano, a convite do Departamento de Indústria e Comércio de Angola. Através do SEBRAE, SENAR e Secretaria da Agricultura do estado do Rio de Janeiro, juntamente com o Prof. Fernando Valadares Novas, proferiu palestras e realizou avaliações técnicas sobre a produção de rapadura, aguardente e açúcar mascavo, em diversos municípios do estado. No ano de 1999, a convite do SEBRAE, através de seu consultor Dr. Roberto Resende, participou de um programa de palestras e visitas técnicas, com o objetivo de melhorar e avaliar a fabricação da rapadura em diversos municípios do estado do Ceará. Além dessas informações, é autor do livro **"Produção do Açúcar Mascavo e Melado"**, em colaboração do Eng. André Paulino Delgado, 1999 (com 154p.) Ademais, é hoje diretor da Açual - Tecnologia da Cana-de-açúcar Ltda., fundador da Associação Pontialtense de Ajuda Alimentar - APALIM, entidade que cuida de crianças carentes, em Ponta Alta de Tocantins, estado de Tocantins e foi fundador e presidente da Federação Brasileira dos Criadores de Pássaros, com sede em Piracicaba, estado de São Paulo, até o ano de 2015.

E-mail: afranio_delgado@terra.com.br

MARCO ANTÔNIO AZEREDO CESAR:

Formou-se engenheiro agrônomo, em 1965, pela Escola Superior de Agricultura "Luiz de Queiroz", da Universidade de São Paulo, Piracicaba, estado de São Paulo. Contratado como professor para ministrar aulas de tecnologia do açúcar e do álcool dessa Escola em 1966 até 2006. Obteve o título de Doutor em Agronomia em 1970. Aposentou-se no atual Departamento de Agroindústria, Alimentos e Nutrição. Foi ainda professor da Universidade Metodista de Piracicaba (UNIMEP) e da Faculdade de Tecnologia de Piracicaba (FATEP). Possui inúmeros trabalhos publicados, destacando-se as publicações técnicas, Elementos de Tecnologia e Engenharia do Açúcar de Cana, com 1061 páginas, e Pequenas Indústrias Rurais - Melado, Rapadura e Açúcar Mascavo, com 155 p (1ª edição, 2003) e 176 p (2ª edição revisada e ampliada, 2018). Publicando capítulos nos dois volumes do livro **"Sistema de Produção Mecanizado da Cana-de-Açúcar integrada à Produção de Energia e Alimentos (EMBRAPA)"**. Foi consultor do Instituto de Pesquisas Tecnológicas do Estado de São Paulo (IPT) e de várias usinas e destilarias de produção de açúcar e etanol. No início do PROÁLCOOL, participou ativamente do programa, ministrando aulas e proferindo palestras em várias regiões do país. Ministrou aulas no Curso de Atualização sobre Tecnologia de Produção de Açúcar em Manágua, Nicarágua, com a participação de técnicos da Guatemala, Honduras, El Salvador e Costa Rica. **E-mail:** maacesar@usp.br

FÁBIO CESAR DA SILVA:

Formado em Engenharia Agronômica e Florestal em 1988, pela Escola Superior de Agricultura "Luiz de Queiroz". Recebeu os prêmios CODISTIL e CONGER pelas melhores notas nas disciplinas sobre açúcar e etanol, oferecidas pelo então Departamento de Tecnologia Rural da ESALQ/USP. Obteve os títulos de mestre e de doutor pela ESALQ/USP, pós-doutor, ESALQ/USP e pela Universidade Politécnica de Madrid, Espanha. Foi professor de Tecnologia do Açúcar e do Etanol na Fundação Municipal de Ensino (COTIP), Universidade Metodista de Piracicaba (UNIMEP) e Escola Superior de Agronomia de Paraguaçu Paulista (ESAPP), Faculdade de Tecnologia de Piracicaba (FATEP) e UNICAMP. É pesquisador da EMBRAPA Informática Agropecuária e da empresa desde 1993. É contratado como professor pela FATEC Piracicaba, para as disciplinas de Graduação em Tecnologia de Biocombustíveis e Pós-Graduação em Agronomia na UNESP/FCA, em Jaboticabal-SP.

Possui mais de sessenta trabalhos publicados. É autor dos seguintes livros: **"Manual de Análises Químicas de Solos, Plantas e Fertilizantes (EMBRAPA)", Pequenas Indústrias Rurais - Melado, Rapadura e Açúcar Mascavo (EMBRAPA)"** com 155 p (1a edição, 2003) e 176 p (2a edição revisada e ampliada, 2018), **"Sistema de Produção Mecanizado da Cana-de-Açúcar integrada à Produção de Energia e Alimentos (EMBRAPA, 2 volumes publicados em 2015 e 2018)"** e **Gestão Pública de Resíduo Sólido Urbano: compostagem e interface agro florestal (FEPAF) e "Desarrollo Sostenible de la Producción de Bioetanol y Azúcar a partir de La Caña de Azúcar** (Editorial Académica Española, Madrid, Espanha). Ministrou aulas em cursos de atualização, e proferiu palestras e seminários sobre Tecnologia de Produção de Açúcar e Etanol em diversos países, com a participação de técnicos de diversos países ibero-americanos. **E-mail:** fabio.silva@embrapa.br ou silvafabio11@gmail.com

Co-autor:

ENG° LUIS GUILHERME DE ABREU E LIMA ANTONELI:

Formado em Engenharia Mecânica pela Escola de Engenharia de Piracicaba - EEP (1992), com especializações (MBA) em Gestão de Negócios pela ESAMC (2007) e em Gestão de Projetos pela FGV (2010). Participou do treinamento para transferência da tecnologia Foster Wheeler para execução de projetos de caldeiras de leito fluidizado em Varkaus, Finlândia (2014). Desenvolveu sua carreira profissional, trabalhando nos maiores e mais renomados fabricantes de caldeiras do Brasil, 20 anos na DEDINI e 06 anos na ZANINI. Atualmente é sócio proprietário da empresa FIRSTEAM Consultoria e Engenharia Ltda., especializada em projetos de caldeiras, situada na cidade de Ribeirão Preto-SP. Profissional com grande vivência na gestão de áreas de engenharia, do produto caldeiras, liderando equipes técnicas multidisciplinares, tanto na área de aplicação quanto na área de coordenação e desenvolvimento de projetos executivos. É autor do capítulo 33 "**Geradores de vapor**". **E-mail:** gantoneli@terra.com.br

Desenhista e ilustrador:

PAULO SERGIO GANGORRA DA SILVA:

Formado em técnico em "Açúcar e álcool" pelo "Centro Paula Souza" na cidade de Quatá-SP, iniciou o curso de "Engenharia de Produção" pela "Uniasselv" na cidade de Maracaju-MS em 2015. Atuando no setor sucroalcooleiro desde 1999, tendo passado em vários departamentos na área agrícola e industrial. **E-mail:** paulo.gangorra.qt@gmail.com

SUMÁRIO

CAPÍTULO 1

ASPECTOS GERAIS DAS AGROINDÚSTRIAS DE AÇÚCAR, ETANOL E ENERGIA

A industrialização da cana-de-açúcar e da beterraba, realizada atualmente em diversos países, tem alcançado, nos últimos cinquenta anos, progressos consideráveis, sempre procurando atingir altas eficiências nas operações realizadas.

No caso da cana-de-açúcar, mais especificamente no Brasil, os produtos finais, como o açúcar e o etanol, têm sido importantes para a vida dos brasileiros, aparecendo o açúcar como um adoçante essencial à vida nos produtos alimentares, o etanol como carburante e a energia elétrica, resultando ainda em outros produtos como o melaço, a torta do filtro, o bagaço, as leveduras, o óleo fúsel e a vinhaça para uso nas lavouras como fertirrigação.

A importância dessa industrialização permite, ainda, a geração e a produção de energia elétrica, através da instalação de geradores adicionais na usina e pela queima do bagaço que sobra da alimentação das caldeiras. Ao lado do açúcar, é importante salientar que o etanol, no Brasil, vem sendo produzido, além do uso da cana-de-açúcar, através do milho e do bagaço que sobra das caldeiras e de resíduos no campo, táis como ponteiros, folhas, etc, pelo uso das colhedeiras e manual, em usinas instaladas no Estado de São Paulo, no Estado de Mato Grosso e na região nordeste do país.

É importante salientar, ainda, que as usinas e destilarias, dependendo de suas instalações e consumo de vapor, podem produzir energia elétrica, através de seus geradores, em quantidades suficientes, a fim de fornecer seus excedentes às companhias distribuidoras que operam em suas regiões.

Dentro dessa realidade produtiva, a industrialização da cana-de-açúcar vem propiciando alternativas econômicas nessas últimas décadas, cujo fomento de cunho administrativo-operacional nas áreas agrícola e industrial, tem estimulado de novas lideranças industriais em nossas usinas, de novos engenheiros nas áreas agrícola e industrial, de novos técnicos e operadores que atuam nessas áreas de produção, contribuindo para o êxito dessas operações e processos, na fabricação de máquinas e equipamentos congêneres.

Ao lado disso surgem, como uma nova estrutura alimentar, os adoçantes artificiais, chamados de dietéticos, que são formulados para conferir sabor doce, tanto aos alimentos em geral, como às bebidas. Eses adoçantes, que aparecem como substitutos da sacarose, são recomendados e usados na alimentação das pessoas com restrição no uso de carboidratos e passaram a ocupar espaço entre os consumidores, pelo alto poder adoçante na fabricação de doces, cafeterias e bebidas.

O esforço das classes produtivas de açúcar e etanol no Brasil está relacionado, não somente às necessidades de consumo da população brasileira, como também e já em grande escala para atender ao consumo das populações de diversos países, como produto de exportação.

É importante ter em mente que estas condições de produção sempre ficam dependentes de programas administrativos do governo central dos países produtores e de eventos climáticos.

1.1 EXPANSÃO DA CANA-DE-AÇÚCAR NO MUNDO

Segundo os estudos realizados por Eudes de Souza Leão, em 1964, constantes do livro Estudos Brasileiros, nº 22, publicado pelo Serviço de Informação Agrícola do Ministério da Agricultura, com sede na cidade do Rio de Janeiro, em 1965, a descoberta da cana-de-açúcar deve-se a Nearchus, considerado como um dos oficiais de Alexandre, o Grande, na Índia Ocidental, 325 anos antes de Cristo.

De acordo com esse estudioso, documentos hindus confirmam que a industrialização da cana-de-açúcar já era praticadas no século IV antes de Cristo.

Ainda segundo este autor, este cultivo da cana se espalhou da Índia para a Pérsia, no século IV, tendo sido levado pelos árabes para regiões do Egito, Marrocos, Espanha e Sicília. Tendo chegado a Zanzibar no começo do século XII. No século XV, o cultivo da cana-de-açucar foi levado pelos portugueses e espanhóis para as ilhas da Madeira, Canárias, Cabo Verde, São Tomé e para a África Ocidental, sendo que a sua introdução no Novo Mundo (América Espanhola), ocorreu na segunda viagem de Cristóvão Colombo, em 1493. O seu cultivo se estendeu nas Índias Ocidentais, nos países da América do Sul, Central e do Norte, durante os dois séculos seguintes (XVI e XVII).

1.2 EXPANSÃO DA INDÚSTRIA AÇUCAREIRA

Segundo a literatura, os persas foram os primeiros povos a desenvolverem as técnicas de produção de açúcar na forma cristalizada, tal como se conhece atualmente. Por volta do ano 500 AC circulava na Pérsia um tipo de açúcar branco, sólido, conhecido como Kandi-Sefid. No entanto, parece vir da Índia o termo sacarose, pois apresenta muita similaridade com o nome de um açúcar produzido nesse país, conhecido por Shakar.

A obtenção dos cristais grandes de sacarose, favorecida pela simples drenagem do mel, sob a ação da gravidade, constitui uma tecnologia herdada dos persas e que perdurou por muitos séculos. Coube, entretanto, aos árabes e egípcios, nos séculos X e XI, a prática da purificação do açúcar bruto para uma nova cristalização, prática esta que favorecia a fabricação de vários tipos de doces cristalizados. Esses povos são considerados os iniciadores da refinação do açúcar.

Nos séculos XII e XIII, a fabricação do açúcar foi bastante intensificada na China, sendo os chineses, juntamente com os árabes, os responsáveis pela expansão da indústria do açúcar nas regiões banhadas pelo Mar Mediterrâneo e pelo Oceano Índico.

Com o descobrimento da América, pela rápida introdução da cana-de-açúcar no novo continente, o açúcar produzido, ainda em condições pouco desenvolvidas, passou a ser uma mercadoria acessível a todas as camadas sociais, visto que, até então, era considerado, na Europa, um artigo de luxo e alto preço.

Apesar do maior desenvolvimento das técnicas de produção do açúcar pelos europeus, culminando inclusive na montagem de refinarias a partir do século XVI, somente no século XII, com a introdução da máquina a vapor, da evaporação, dos cozedores a vácuo e das centrífugas, foi que a produção comercial do açúcar experimentou notáveis desenvolvimentos tecnológicos. Utilizando-se de cozedores a vácuo, era possível obter cristais de sacarose bem regulares e uniformes, de tal forma que a drenagem do mel era bem mais facilitada, sendo efetuada pela ação da simples gravidade ou pela força centrífuga.

A partir do século XVIII, as bases das indústrias de beterraba foram lançadas na Europa, onde obtece notáveis desenvolvimentos tecnológicos, chegando sua produção a superar a de cana-de-açúcar no período de 1883 a 1902. Desse período até os dias atuais, a produção do açúcar de cana, embora reagisse mais lentamente no início do século, vem superando a de beterraba. Nos Estados Unidos, a industrialização do açúcar da beterraba processou-se a partir do século XIX.

1.3 EXPANSÃO DA AGROINDÚSTRIA AÇUCAREIRA NO BRASIL

No Brasil, Martim Afonso de Souza, em 1532, fundou na Capitania de São Vicente, próximo à cidade de Santos, Estado de São Paulo, o primeiro engenho para produzir açúcar a partir de mudas trazidas da ilha da Madeira, com o nome de São Jorge dos Erasmos. Dois anos mais tarde, em 1535, Jerônimo de Albuquerque, também com mudas trazidas da Ilha da Madeira (Portugal), fundou o segundo engenho de açúcar, com o nome de Nossa Senhora da Ajuda, na capitania de Pernambuco, em local próximo a cidade de Olinda. Contudo, há referências sobre a produção de açúcar no Brasil por volta de 1521, realizada pelo Capitão Pedro Capico, açúcar este enviado para Portugal.

Após a instalação dos dois engenhos, novas pequenas plantações de cana foram realizadas em várias regiões do litoral brasileiro, passando o açúcar a ser produzido nos Estados do Rio de Janeiro, Bahia, Espírito Santo, Sergipe e Alagoas. De todas essas regiões, a que mais se desenvolveu foi a de Pernambuco, chegando contar, no fim do século XVI, cerca de 70 engenhos.

Durante o período colonial, os holandeses que se instalaram na região nordeste do Brasil deram grande impulso à fabricação do açúcar, fazendo com que a produção chegasse a níveis superiores aos de Java. As melhores condições de clima e de solo do nordeste brasileiro, a maior proximidade com o continente europeu, dentre outros fatores, favoreceram o desenvolvimento da produção do açúcar naquela região.

No século XVIII, a indústria açucareira brasileira manteve-se em declínio, principalmente porque os holandeses, expulsos do Brasil foram se estabelecer em Suriname e nas Antilhas, passando a ser fortes concorrentes dos produtores brasileiros.

Embora a indústria açucareira estivesse disseminada por toda região litorânea brasileira, de São Paulo até Pernambuco, em linhas gerais o interesse dos paulistas e mineiros (século XVIII), o crescimento da indústria da beterraba (século XIX), o interesse pela cultura do café (século XX), os problemas político-sociais, decorrentes da invasão estrangeira (século XVIII), as grandes guerras mundiais (século XX), a incidência de pragas e moléstias (século XX), os preços baixos etc., fizeram com que a produção de açúcar no Brasil, nestes últimos séculos, passasse por diversas fases de desenvolvimento.

No período de 1910 a 1930, a indústria açucareira no Brasil passou por várias fases de desestímulo, principalmente em decorrência da baixa de preços e de quedas nas exportações. Em 1910, Pedro Morganti, os irmãos Carbone e outros pequenos refinadores formaram a Cia. União dos Refinadores, uma das primeiras refinarias de grande porte do Brasil. Já em 1920, Sr. Mario Dedini, um italiano imigrante que possuía experiência em usinas de açúcar, fundou, em Piracicaba, uma oficina mecânica que se transformaria na primeira fábrica de equipamentos para a produção de açúcar no Brasil.

Como não havia qualquer garantia para a produção de açúcar, a instalação de novas usinas não ocorreu neste período. Entretanto, com a criação do Instituto do Açúcar e do Etanol (IAA), pelo governo Vargas em 1933, a agroindústria açucareira passou a ser um tipo de exploração mais controlada e estabeleceu-se o regime de cotas, pelo qual se atribuía a cada usina uma quantidade de cana a ser moída, a produção de açúcar e também de etanol. Isso foi fundamental para criar um mercado para a aquisição de novos equipamentos a modificação dos existentes, para o que era necessaria a autorização do IAA.

Tal cenário propiciou a expansão da produção do Nordeste somada à de Campos, no norte fluminense, e a rápida expansão das usinas paulistas acenava para um risco eminente: a superprodução de açúcar. Então, no período de 1933 a 1990, o Instituto do Açúcar e do Etanol, passou a ser o órgão controlador de todas as atividades agroindustriais da fabricação do açúcar e do etanol no Brasil, coordenando o trabalho das usinas açucareiras do nordeste brasileiro e daquelas instaladas na região sul, principalmente nos Estados do Rio de Janeiro, Minas Gerais, São Paulo e Paraná. Cabia ao Instituto do Açúcar e do Etanol estabelecer, entre outras coisas, o controle da produção, a fixação dos preços da cana-de-açúcar e do açúcar, produzidos nestas grandes regiões brasileiras.

Em 1975, dado o grande potencial produtivo de cana-de-açúcar e o grande interesse pelo uso do etanol como combustível, o governo criou o PROÁLCOOL - Programa Nacional do Álcool. E, em razão deste programa, muitas destilarias foram instaladas em vários estados brasileiros, estabelecendo-se assim no Brasil três grandes regiões, quais sejam: regiões Centro-Sul, com os estados de São Paulo, Paraná e Minas Gerais, região Centro-Oeste, com os estados do Mato Grosso do Sul, Mato Grosso e Goiás, e região Nordeste, com os estados da Bahia, Sergipe, Alagoas, Pernambuco, Paraíba e Rio Grande do Norte, sendo a colheita realizada nesta última região de Setembro a Março. A colheita da cana-de-açúcar das regiões Centro-Sul e Centro-Oeste é realizada de Maio a Dezembro, enquanto o plantio para a renovação dos canaviais tem sido realizado praticamente de Fevereiro a Novembro, com o auxílio do uso da irrigação.

Os Estados não citados nessas três regiões mantinham também algumas pequenas usinas e destilarias, conforme pode ser verificado pela relação do mapa elaborado pelo Anuário de Cana (2015).

Alguns projetos envolveram a mandioca como matéria-prima, projetos aos quais não se deu prosseguimento, tanto no Nordeste como na região sul. Muitas dessas destilarias instalaram complementos de equipamentos para produzir açúcar de cana, abrangendo muitas unidades em todas as regiões do Brasil.

Diante desse cenário industrial, as empresas passaram a trabalhar com mais alternativas, produzindo mais etanol ou mais açúcar, conforme as necessidades do mercado consumidor. Para complementar esse mercado, conforme já salientado, alguns grupos agroindustriais estão produzindo o etanol a partir do milho e a partir do bagaço que sobra nas caldeiras e, do campo, pelas folhas e pontas de cana deixadas pelas colhedeiras mecânicas, aumentando, assim, o potencial produtivo agroindustrial do Brasil em termos de produção de açúcar, etanol e energia.

1.4 PRODUÇÃO BRASILEIRA DE CANA-DE-AÇÚCAR E ETANOL

A produção de cana-de-açúcar e etanol no Brasil ocorre em maior concentração nos Estados das regiões centro-sul, centro-oeste e nordeste, e em menor concentração na região centro-oeste, embora ocorra em pequenas unidades industriais espalhadas em vários estados brasileiros, conforme mostra a Figura 1.

Dentro deste conceito produtivo, é licito afirmar, conforme já mencionado, a formação de novas unidades sucroalcooleiras, iniciadas em 1975, que vêm propiciando a criação de grandes grupos agroindustriais nos últimos anos, visando uma melhor sustentabilidade econômica e operacional dessas empresas.

Conforme o Anuário Brasileiro da Cana-de-açúcar (2015), 322p, no Brasil, publicado pela São Francisco, Gráfica e Editora, e o Anuário brasileiro de Cana (2015), há 414 unidades instaladas, sendo que o Estado de São Paulo têm 133 unidades e o Estado do Acre, apenas uma unidade. A Figura 1 mostra a instalação de 30 novas unidades.

Unidades de Usinas no Brasil em 2015			
Estado Produtores		Inst.	Novas
SP	São Paulo	133	6
MG	Minas Gerais	44	7
GO	Goiás	40	11
PR	Paraná	30	4
AL	Alagoas	25	
MS	Mato Grosso do Sul	25	
PE	Pernambuco	24	
MT	Mato Grosso	12	1
PB	Paraíba	9	
RJ	Rio de Janeiro	7	
BA	Bahia	6	
ES	Espírito Santo	6	
SE	Sergipe	6	
MA	Maranhão	4	
RN	Rio Grande do Norte	4	
CE	Ceará	2	
AM	Amazonas	1	
PA	Pará	1	
PI	Piauí	1	
RS	Rio Grande do Sul	1	1
RO	Rondônia	1	
TO	Tocantins	1	
AC	Acre	1	
TOTAL		384	30
TOTAL GERAL		414	

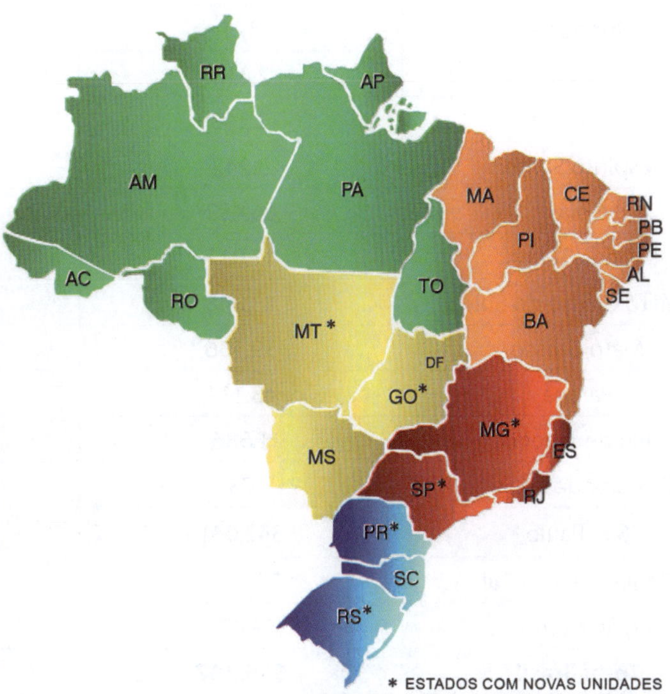

Figura 1 - Unidades Sucroalcooleiras no Brasil. Fonte: Anuário Brasileiro da Cana-de-açúcar (2015).

1.5 PRODUÇÃO DE AÇÚCAR E ETANOL NOS ESTADOS BRASILEIROS

A Tabela 1 mostra os dados de moagem de cana, de produção de açúcar e etanol nos estados brasileiros em 2014/2015.

Tabela 1 - Produção de Cana, Açúcar e Etanol por Estado Brasileiro.

Estado	Moagem de Cana	Açúcar	Etanol
	(1000 t)	(1000 t)	(1000 t)
Acre	0	0	0
Alagoas	22.243	1.816	525
Amazonas	187	10	3
Bahia	3.729	83	240
Ceará	130	0	9
Maranhão	2.347	8	178
Pará	810	37	40
Paraíba	6.664	147	414
Pernambuco	14.354	1.041	341
Piauí	949	62	33
Rio Grande do Norte	2.726	155	87
Rondônia	371	0	12
Sergipe	2.618	123	124
Tocantins	2.348	0	175
Espírito Santo	3.242	0	167
Goiás	66.453	2.009	4.198
Minas Gerais	17.011	3.267	2.746
Mato Grosso do Sul	43.848	1.367	1.474
Mato Grosso	59.556	405	1.167
Paraná	43.111	2.923	1.617
Rio de Janeiro	1.586	37	89
Rio Grande do Sul	73	0	0
São Paulo	342.041	21.942	0
Região Centro-Sul	576.921	32.060	26.677
Região Nordeste	59.476	3.485	2.189
Total Brasil	**636.397**	**35.545**	**28.866**

Fonte: **Dados publicados pela São Francisco Gráfico e Editor em seu Anuário Brasileiro da Cana-de-açúcar (2015).**

1.5.1 PRINCIPAIS USINAS SUCROALCOOLEIRAS DO BRASIL

As principais usinas de açúcar e de etanol no Brasil estão instaladas na região Centro-Sul, embora, dado a pujança dos empresários, voltada sempre para o crescimento econômico de nosso país, encontremos muitas usinas e destilarias nos estados de Mato Grosso, Goiás, Minas Gerais, Paraná e nos estados do nordeste brasileiro, podendo-se enumerar algumas, segundo Anuário da Cana 2015, 322p:

SÃO MARTINHO/SP, COLORADO/PR, ALTA MOGIANA/SP, RENUKA/SP, ITAMARATI/MT, PEDRA SERRANA/SP, NOVA FRONTEIRA/GO, SÃO MARTINHO-SANTA CRUZ/SP, BIOENERGIA/GO e ODEBRECHT/MS.

E, dentro desse conceito, podem ser relacionadas muitas outras unidades com contingentes de cana superior a 2.500.000 toneladas de cana/anuais, quais sejam: Batatais (SP), Colorado/Ariranha (SP), Alto Alegre (PR), CMAA/Vale do Tijuco (MG), Odebrecht (SP), Santa Terezinha (PR), Renuka (SP), Vale (SP), Moreno (SP), Coop cana/São Carlos (SP), Nardini (SP), Adecoagro (MS), São Fernando (MS), Nobre/Catanduva (SP), Vale do Verdão, São Manoel Moreno, Nobre/Meridiano, Usina São João de Araras, Abengor/São Luiz, Pedra Buriti, Odebrecht, Alto Alegre, Usina Santo Angelo, Guaíra, Ferrari, Ipiranga, Tonon, Santa Izabel, Nobre, Abengor, São Martinho/Iracema, Jalles Machado, São José da Estiva, Serradinho, Odebrecht, Guaíra, Araporã, Coprodia, Melhoramentos, Barralcool e outras.

Além dessas unidades, no Brasil têm-se muitas outras com moagem inferior a dois milhões de toneladas de cana-de-açúcar, o que engrandece a nossa agroindustrial brasileira.

1.6 FORMAÇÃO DE GRANDES GRUPOS PRODUTORES DE AÇÚCAR E ETANOL

Como se pode deduzir a partir dos dados de produção de açúcar e etanol, em razão da grande rotatividade das situações de muitas usinas e destilarias, vêm-se formando no Brasil grandes grupos operacionais e administrativos no campo da indústria sucroalcooleira, destacando-se o Grupo Raízen, com 24 unidades, o Grupo Odebrecht Agroindustrial (Atual, AATVOS) e muitas outras unidades com duas ou três fábricas, podendo-se citar, em termos de moagem de cana, os seguintes (Tabela 2):

Tabela 2 - Classificação das unidades em moagem no Brasil

Grupo	Moagem
Raízen	57.000.000t
Biosev	28.315.000t
Odebrecht (atual ATVOS Agroindustrial)	23.759.000t
São Martinho	20.916.000t
Guarani Tereos	20.200.000t
Usaçucar/Santa Terezinha	14.220.000t
Tercio Wanderley	13.574.800t

Fonte: **Anuário Brasileiro da Cana-de-açúcar (2015).**

Além desses grupos, há muitas outras unidades, compondo-se de duas ou três fábricas, elevando-se, assim, a importância comercial do ramo sucroalcooleiro brasileiro.

1.7 PRODUÇÃO DE CANA-DE-AÇÚCAR NO BRASIL E EM OUTROS PAÍSES

A cana-de-açúcar tem sido cultivada em mais de 100 países, representando uma boa fonte de açúcar para consumo, boas receitas financeiras e boa absorção de mão de obra e de desenvolvimento de máquinas e equipamentos pertinentes às suas necessidades industriais. Segundo a literatura, cerca de 80% da produção de cana-de-açúcar está concentrada nos seguintes países, listados na tabela 3. Pelos dados apresentados, verifica-se que a produtividade, no geral, varia de 70 a 90 tc/ha.

1.8 EXPORTAÇÃO BRASILEIRA

Como já foi salientado anteriormente, apesar do uso dos adoçantes artificiais, cada vez mais crescente, principalmente nos países do primeiro mundo, o consumo de açúcar, produto básico das exportações brasileiras, vem se mantendo em níveis aceitáveis (Tabela 4), conforme dados seguintes:

Tabela 3 - Produtividade e área colhida de Cana-de-açúcar em alguns países produtores, baseado nos dados da FAO, de 2007.

País	Área colhida (1000 ha)	Produtividade (t/ha)
Brasil	6.153	74
Índia	4.200	67
China	1.220	82,5
México	0, 668	75,7
Tailândia	0, 936	51
Paquistão	0, 907	51
Colômbia	0, 426	93,4
Austrália	0, 415	92
Indonésia	0, 370	81,6
Estados Unidos	0, 364	73,6
Outros	4.713	58,6
TOTAL	**20.372**	**68,3**

Tabela 4 - Evolução de preço em reais para cada mil toneladas de açúcar exportado pelo Brasil

Ano	Quantidade (1000 t)	Preço médio (Em Reais*)
2009	24,22	344,8
2010	27,99	426,0
2011	26,36	589,0
2012	24,65	566,2
2013	27,65	441,4
2014	26,20	360,4
2015	23,95	346,9
2016	24,35	355,1
2017	27,12	440,0

Fonte: **www.unicadata.com.br, em 20/10/2017**

1.9 PRODUÇÃO E CONSUMO DE AÇÚCAR EM ALGUNS PAÍSES PRODUTORES

Pelos dados abaixo, verifica-se que muitos países apesar de boa produção, consomem muito açúcar, como a China, Rússia, Estados Unidos e países da União Europeia, conforme tabela 5:

Tabela 5 - Produção e Consumo em milhões de toneladas de açúcar em alguns países produtores.

Países	Produção (milhões de T)	Consumo (milhões de T)
Brasil	39	13
Índia	25	23
União Europeia	7	19
China	13	15
Tailândia	10	5,3
Estados Unidos	8,0	10
México	4,0	5,8
Rússia	4,0	5,8
Austrália	4,0	5,2
Paquistão	4,0	4,7
Egito	-	2,9
Indonésia	-	5,2

Fonte: **www.unicadata.com.br, em 20/10/2017**

CAPÍTULO 2

OPERAÇÕES INDUSTRIAIS NAS USINAS DE AÇÚCAR E DESTILARIAS DE ETANOL

No Brasil, salvo algumas alterações sazonais, as safras açucareiras e alcooleiras na região centro-sul e centro-oeste são desenvolvidas entre os meses de abril a dezembro, e na região norte-nordeste de agosto a fevereiro do ano próximo.

Conforme dados já citados, as usinas e destilarias instaladas e responsáveis pela produção de açúcar e etanol de cana desenvolvem esta atividade em duas fases distintas, sendo uma de produção e outra de manutenção.

E, para cumprir com a fase de produção, as empresas devem, nos períodos de entressafra ,desenvolver os trabalhos de preparo e de manutenção dos equipamentos necessários às operações de processamento da próxima safra, providências estas também observadas pela Usina Barralcool S.A., nos seus 34 anos de operação.

2.1 PRINCIPAIS EQUIPAMENTOS DE UMA USINA DE AÇÚCAR

Em linhas gerais, os equipamentos de uma usina de açúcar e de uma destilaria, que serão discutidas e estudadas posteriormente neste livro, basicamente são os seguintes: balança tipo rodoviária, tomadores de amostras da matéria prima recebida para análise receptora e condutores de cana: guincho-hilo, tombadores de carga, mesas transportadoras laterais, pontes rolantes, esteiras transportadoras de cana nos seus diferentes modelos e acionamentos, taliscas ou lona, eletroimãs, sistema de alimentação calha Donelly, ternos de moenda assentados em castelos metálicos, difusores, sistemas de acionamentos, engrenagens intermediárias para redução de velocidade, turbo geradores, motores elétricos, turbina a vapor, sistema de controle eletrônico para controle de velocidade, esteiras intermediárias, estação de bombeamento de caldo e água, setor de peneiragem de caldo, de embebição, sulfitadores e caleagem de caldo, aquecedores, decantadores, filtros rotativos, evaporadores, cozedores, catalisadores, turbinas de massas cozidas, esteiras condutoras de açúcar, turbinas para separação dos cristais, secadores de açúcar, peneiragem, sistemas de ensaque e armazenamento.

2.2 PRINCIPAIS EQUIPAMENTOS E ACESSÓRIOS DE UMA DESTILARIA DE ETANOL

E, em relação à destilaria, podem-se enumerar os seguintes equipamentos: coluna de destilação, dornas de fermentação, centrífuga de vinhos, bombas, registros, painéis de controle, bombas de circulação dos produtos: caldo, méis, etanol, resíduos, tanques de armazenamento de produtos intermediários e de armazenamento de etanol e de méis.

2.3 CONDIÇÕES ADMINISTRATIVAS

E, completando esses equipamentos e instalações da indústria sucroalcooleira, são essenciais a instalação de caldeiras a vapor e de geradores de energia. E, para operar todo esse conjunto de equipamentos, a indústria sucroalcooleira deve contar com instalações civis adequadas, uma equipe de funcionários e operadores bem assistidos e treinados, através de um setor conhecido como "Recursos Humanos", além de um departamento administrativo e social, que são sempre supervisionados por uma diretoria executiva formada pelos proprietários da empresa e por um corpo de funcionários de boa formação contábil.

É na entressafra que esses técnicos e operadores cuidam da revisão de todos os equipamentos operacionais da empresa. Cabe a eles anotarem, durante a safra, todos os problemas ocorridos, seja de futura troca, substituição ou mesmo sugerir alternativas. Relatórios técnicos devem ser produzidos semanalmente pelo gerente de operações e devem ser discutidos com a diretoria da usina. Fazem parte de todo esse contexto administrativo um setor de assistência à saúde, de médicos, enfermeiros e de salas de atendimento de primeiros socorros.

Em relação ao setor agrícola, as operações com vista à reforma e manutenção das áreas de cana, ligadas às usinas de açúcar e destilarias, devem ser conduzidas com muita atenção, seja por parte dos sócios proprietários que também plantam a cana, seja por parte dos fornecedores que tentam autorizações de fornecimento dessa matéria prima.

Com as restrições impostas à queima da cana, com vistas à colheita, a mecanização vem sendo praticada com bons resultados e cada vez mais aperfeiçoada. Com isso, o setor canavieiro está contando cada vez mais com técnicos, engenheiros, empresas de insumos e com muitos técnicos que começaram a trabalhar no desenvolvimento das usinas e destilarias brasileiras.

Do ponto de vista prático, o uso da mecanização pode diminuir a vida dos talhões de cana, podendo-se estimar atualmente em dois a quatro cortes, ao contrário do corte manual que chegava de cinco a oito cortes. Todavia, dada a pujança de nossos técnicos, a renovação do canavial tem sido rápida, porque não se podem descartar os danos que a máquina colhedora pode causar ao talhão, se não bem conduzida. Entretanto, pode-se dizer que, após análise da produtividade do talhão de cana, seu proprietário, seja acionista ou fornecedor, auxiliado pelos responsáveis do departamento agrícola da usina, define ou não a continuidade de se ter mais um corte. Caso contrário, o mesmo é gradeado e deixado pronto para receber novo plantio. No caso de se decidir plantar a cana de ano, nos meses de setembro e outubro, regiões sul e centro-oeste, o plantio é feito com apenas o uso de adubo e posterior cobertura. No caso de se decidir plantar a cana de 18 meses, as áreas gradeadas poderão receber: *Crotalaria juncea, feijão de porco, amendoim e mesmo a soja, torta de filtro e outros resíduos.*

Em relação à soja, apesar dos benefícios residuais, advindos de sua cultura, há necessidade de máquinas plantadeiras especiais, colhedeiras etc., o que encarece as operações de empreendimentos. Esta opção tem sido restrita à existência de grandes áreas situadas mais próximas às usinas ou mesmo por empresários que podem montar uma estrutura de máquinas necessárias para plantar e colher pequenas áreas de muitos produtores, viabilizando-se a cultura e deixando o solo preparado para receber novos plantios de cana.

A implantação de projetos de irrigação com a utilização de vinhaça e mais as águas residuais, em muitas usinas e destilarias, tem sido benéfica para as lavouras de cana, favorecendo a brotação de novos plantios e das canas recém-cortadas.

Com a adoção da mecanização das lavouras de cana, o transporte das canas cortadas em toletes passou a ser feito em caminhões tipo graneleiros, que são carregados por carretas menores tipo transbordo. O custo da colheita mecânica, cada vez mais aperfeiçoada, aproxima-se do custo da colheita manual ou mesmo tende a ser menor. É importante dizer que, em muitas usinas, parte da cana programada para moagem tem sido cortada mecanicamente, ficando restrita ao corte manual em algumas áreas muito inclinadas, que não permitem o corte mecânico.

Por último, pode ser salientado que a colheita mecanizada tem garantido às usinas que a usam a não necessidade de se lavar a cana, constituindo uma boa contribuição ao nosso meio ambiente. Pode-se afirmar que atualmente a cultura da cana passou a ser totalmente mecanizada, desde o plantio até a colheita.

É importante dizer que nos últimos anos a cultura da cana-de-açúcar tem sido monitorada pelos defensivos agrícolas, com vista a prevenir a incidência de broca, diatraea spp, cigarrinha, cupins, nematóides, formigas, lagartas e muitos outros insetos, defensivos estes aplicados por avião ou por aplicadores, através de tratores, prática esta que vem dando bons resultados.

2.4 PRODUTOS ELABORADOS A PARTIR DA CANA-DE-AÇÚCAR

Complementando este capítulo, para se nortear as discussões inerentes aos próximos capítulos deste livro, considera-se importante conhecer os pontos a serem observados na elaboração do açúcar da cana pelas usinas açucareiras, partindo-se da recepção da cana até o ensaque ou armazenamento do açúcar cristal elaborado.

Para efeito de uma melhor compreensão do valor da cana-de-açúcar, é melhor se situar no valor de sua industrialização, desde os produtos mais simples até os mais complexos, a saber:

PRODUTOS ARTEZANAIS (DELGADO; DELGADO, 1999; SILVA et al., 2003)

Caldo de Cana: através de garapeira

Melado: através de tachos aquecidos

PRODUTOS AÇUCARADOS E CRISTALIZADOS
Rapadura;
Açúcar Mascavo Batido;
Açúcar Mascavo Cristalizado;
Açúcar Cristal Bruto ou Demerara;
Açúcar Cristal "VHP" - Very High Polarization;
Açúcar Cristal "VVHP" - Very Very High Polarization
Açúcar Cristal Branco, tipo Standard;
Açúcar Cristal Branco, tipo Superior;
Açúcar Cristal Branco, tipo Refinado;
Açúcar Cristal Branco, tipo Amorfo.

PRODUTOS ETANÓLICOS E DERIVADOS
Etanol de 2° (92° GL)
Etanol Hidratado (96° GL) - 93° INPM
Etanol Anidro (99,8° GL)
Cachaça (38° a 54° GL)

Basicamente, as fases da fabricação do açúcar nos diversos países em que se fabrica são muito similares, desde a recepção da matéria prima, a extração e a purificação do caldo, a concentração e cristalização, a separação dos cristais e as operações de secagem e acondicionamento final do açúcar elaborado.

No Brasil, as usinas instaladas têm a possibilidade de fabricar o açúcar cristal branco, conhecido por VVHP (pol. de 99,3° a 99,6°), o VHP (pol. de 99,3°), que se tornou o principal açúcar de exportação nos últimos 20 anos, em substituição ao conhecido açúcar demerara, com a polarização variação de 96.5 a 96,9°S produzidos pelas usinas do Nordeste brasileiro e por algumas usinas do centro-sul. Este tipo de açúcar tem seus cristais envolvidos por uma película aderente de mel, razão de sua mais baixa polarização. Todavia, era importante para os consumidores dos países importadores, como úteis à produção de ração para bovinos, suínos e aves. Com o crescimento da produção de soja nos EUA, no Brasil e em muitos países, o mel advindo do açúcar demerara foi substituído pelo farelo de soja e o açúcar demerara passou a ser substituído por um açúcar mais puro, qual seja, VVHP (99,3°S). Para a produção do açúcar demerara, a purificação do caldo envolvia o uso da cal, enquanto na elaboração do açúcar cristal branco, além da cal, utiliza-se o enxofre. Na Europa, a elaboração do açúcar branco se faz à custa da cal e do anidrido carbônico, processo este conhecido como por carbonatação.

Na elaboração desses açúcares, tem-se usado também muitos aditivos de natureza química para melhorar a purificação do caldo e a cristalização do açúcar. De modo geral, o departamento agrícola de uma usina acompanha diuturnamente o desenvolvimento das lavouras de cana, tanto de fornecedores como dos acionistas. De modo geral, o índice de ATR, açúcar total recuperado, constitui o fator mais importante para a usina, para efeito da colheita da cana, pagamentos e de orientação técnica aos plantadores dessa matéria prima. A partir do mês de Março, o departamento agrícola das usinas começou a proceder às análises do Brix, da pol., do açúcar redutor ou da ATR nas amostras de cana que trazem para a usina, podendo-se liberar o início da safra já no mês de Abril, caso das usinas da região centro-sul e do centro-oeste brasileiro. Esse índice mostra-se insatisfatório, algumas usinas começam a safra com a cana bisada, cana esta que ficou no campo da safra anterior e que deve apresentar um bom índice de pureza desde que as análises pertinentes a ATR sejam liberadas. Outras usinas utilizam produtos químicos para acelerar a maturação, conhecidos por maturadores artificiais. A ausência de chuvas em março, abril e a baixa temperatura podem desacelerar o crescimento da cana e, assim, melhorar o índice de maturação. A necessidade financeira da usina também pode contribuir para o começo da safra de forma antecipada, ou seja, em fins de março e começo de abril.

Com a adoção da colheita mecânica, a matéria prima que chega à usina é considerada de boa qualidade, sendo conduzida, na maioria dos casos, em caminhões tipo graneleiros.

2.5 FLUXOGRAMA SIMPLIFICADO DA PRODUÇÃO DE AÇÚCAR

De uma forma geral, as fases da produção do açúcar, assim como os objetivos, as responsabilidades e descrição das operações, observados pela usina Barralcool S.A e por outras fábricas são as que se seguem:

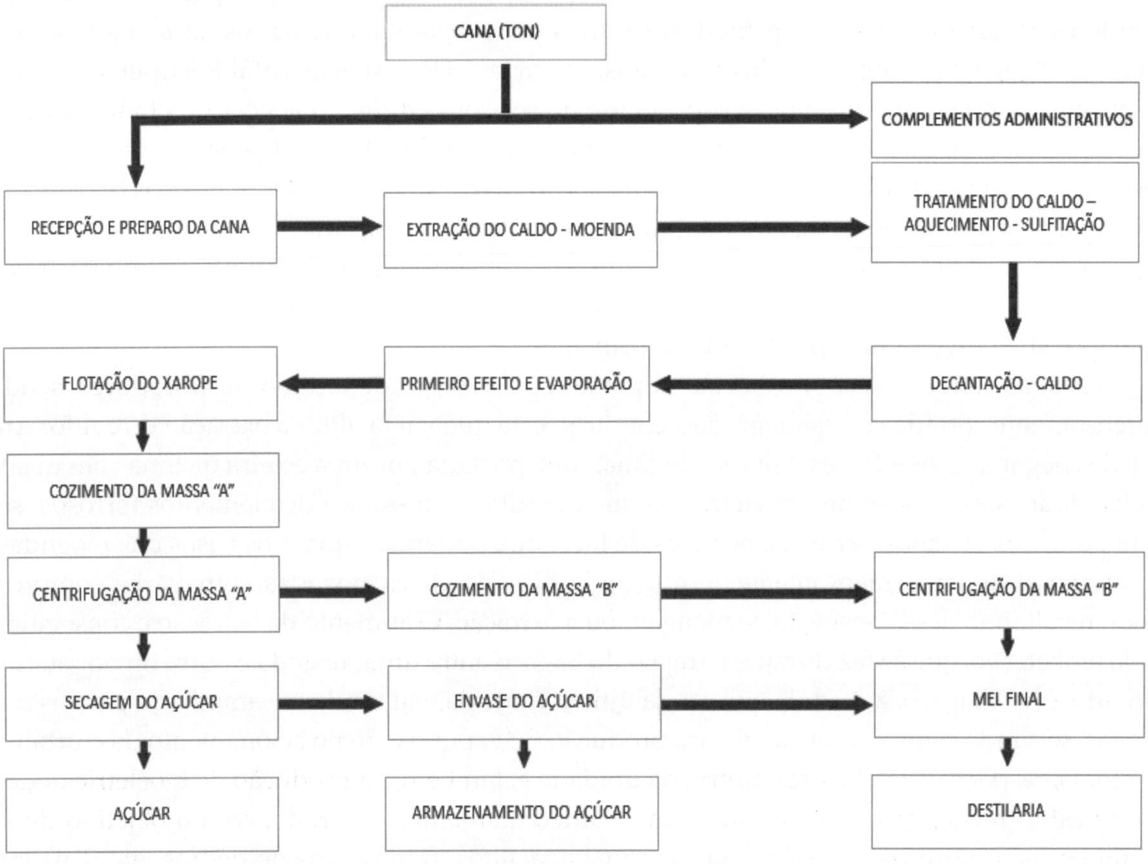

Os procedimentos relativos ao fluxograma têm por objetivo definir e divulgar os critérios e fases do processo de fabricação do açúcar, desde a chegada da matéria prima até o acondicionamento do produto final.

a) RESPONSABILIDADES

As responsabilidades pela produção do açúcar devem estar a cargo do:

Gerente industrial: com a função de gerenciar, definir e aprovar os critérios atinentes à fabricação.

Supervisor: acompanhar e supervisionar todo o processo de fabricação nas diferentes áreas da produção

Coordenador da Fabricação: definir e validar o processo da fabricação do açúcar e do etanol.

Líderes: monitorar e verificar o andamento da fabricação.

Operadores: executar e acompanhar a execução dos processos de fabricação

b) DESCRITIVO DAS OPERAÇÕES

Conforme podem ser observadas no fluxograma da figura 2, as diversas fases da produção ilustram o descritivo a seguir.

A cana, chegando à usina, é conduzida até a balança, onde é pesada e também amostrada. A amostra colhida segue para um laboratório anexo ao setor de pesagem para ser analisada, sendo os resultados imediatamente transferidos para a planilha de dados da usina e do fornecedor. Calcula-se, com os dados coletados, assim, a ATR - Açúcar Total Recuperado, o que representa a qualidade da cana, a capacidade de ser convertida em açúcar ou etanol, através dos coeficientes de transformação de cada unidade produtiva. De modo geral, tanto as usinas de açúcar como as destilarias de etanol estabeleceram os valores de ATR pagos aos produtores de cana, de acordo com as disponibilidades econômicas e financeiras.

As canas colhidas manual ou mecanicamente, transportadas em caminhões tipo graneleiros ou de fueiros, com o auxílio do guindaste tipo hilo, são descarregadas nas mesas laterais que, por sua vez, conduzem até a esteira principal.

As canas conduzidas por esta esteira passam pelos jogos de faca ou desfibradores, sendo intensamente cortadas e desintegradas, condição esta que vai facilitar a extração do caldo. Antes de chegar às moendas, esta massa de cana, transportada por uma esteira de lona com maior velocidade, sofre a ação de um eletroimã que identifica a presença de elementos ferrosos, sejam parafusos, chapas, arruelas, pedaços de faca, que podem danificar os frisos das moendas.

A massa de cana, intensamente desintegrada, alcançando as moendas, sofre várias compressões, resultando dessa operação de moagem ou a extração. O aumento da extração é conseguido pela embebição, que se faz durante o trajeto do bagaço entre uma moenda e outra ou no interior do difusor. O bagaço, à medida que sai da última moenda, vai sendo encaminhado para as caldeiras, servindo como combustível para produção de vapor usado no acionamento das turbinas motoras, responsável pela força motriz da unidade e, também, na produção de bioeletricidade.

O caldo misto, resultante da moagem, é imediatamente peneirado, com o objetivo de se eliminar as impurezas grosseiras, tais como: bagacilhos, fragmentos de pedras, etc. Tais impurezas, constituídas em sua maior partem de bagacilhos que caem na bica de caldo são reconduzidas a uma nova moagem. Este peneiramento constitui a primeira etapa da fase de purificação do caldo.

Quando se visa à produção de açúcar cristal branco é adicionado no caldo dióxido de enxofre e leite de cal, mas, em se tratando da produção de açúcar bruto utiliza-se somente do leite de cal. O caldo, assim tratado, é enviado para o aquecimento em baterias de aquecedores tubulares, com a finalidade de acelerar as reações e a floculação dos coloides. A separação das impurezas floculadas é feita em decantadores, para onde o caldo tratado e aquecido é conduzido. O caldo, clareado e decantado, que sai do decantador, é enviado para a seção de evaporação, enquanto que a fração impura, conhecida por lodo ou borra, vai para os filtros rotativos ou prensas desaguadoras a vácuo, para a recuperação da sacarose remanescente. Desta filtração resulta uma torta de ótima qualidade para adubação e fabricação de biofertilizante. O caldo resultante desta operação formado pela mistura do caldo claro e do turvo, é retomado à seção de caleagem para uma nova clarificação.

A operação seguinte é a evaporação que, por razões de ordem técnica, é realizada em várias etapas. A primeira consiste em submeter o caldo clarificado a uma pré-evaporação, operação feita com a finalidade de produção de vapor, chamado vegetal, para as outras seções da fábrica. O caldo parcialmente concentrado passa à fase de evaporação propriamente dita. Esta é conduzida em aparelhos de múltiplos efeitos, de onde sai uma concentração variável de 55° a 65° Brix, na forma de xarope.

O xarope nesta concentração é enviado a um evaporador de simples efeito, conhecido como cozedor, onde se inicia a fase de cristalização de sua sacarose, os cozedores. Sob condições especiais de temperatura e pressão, o xarope é lentamente concentrado a partir de uma solução mãe (etanol mais cristais iniciais), até que se atinja a condição de supersaturação, quando aparecem os primeiros cristais de sacarose. Existem várias formas de se produzir a cristalização da sacarose, que uma vez é obtida observada pela concentração de cristais numa amostra retirada do vácuo, sucessivas cargas de xarope são adicionadas, com o objetivo de se conseguir apenas o crescimento dos núcleos inicialmente formados.

No fim da operação, conhecida por cozimento, tem-se uma mistura de cristais de sacarose e mel, mistura esta conhecida por massa cozida.

A massa cozida, assim obtida, que poderá ter diferentes graus de pureza, conforme a proporção de xarope e de méis utilizada para a sua elaboração, é descarregada em depósitos especiais, assentados sob o tacho cozedor. Tais depósitos são chamados de cristalizadores. Nesses equipamentos, o crescimento dos cristais é completado pelo efeito de movimentação e resfriamento da massa.

A massa cozida, uma vez resfriada, é encaminhada à seção de turbinagem. Pela centrifugação da massa cozida, o mel é separado dos cristais de sacarose pela ação da força centrífuga. Para a massa cozida de alto grau de pureza, utilizam-se turbinas de cesto de paredes paralelas; para as de baixo grau utiliza-se turbinas de cesto cônico. O mel resultante desta operação é retornado ao processo, conforme for à procedência da massa cozida original. Os méis da massa cozida de primeira e de segunda, normalmente retornam para um novo cozimento. O mel final da massa cozida de terceira ou de mais baixo grau de pureza é enviado para a fabricação de etanol. Os méis ainda são classificados em mel pobre e mel rico. O mel pobre é o mel envolvente dos cristais. O mel rico é o resultante da lavagem do açúcar dos cristais com água e da secagem a vapor.

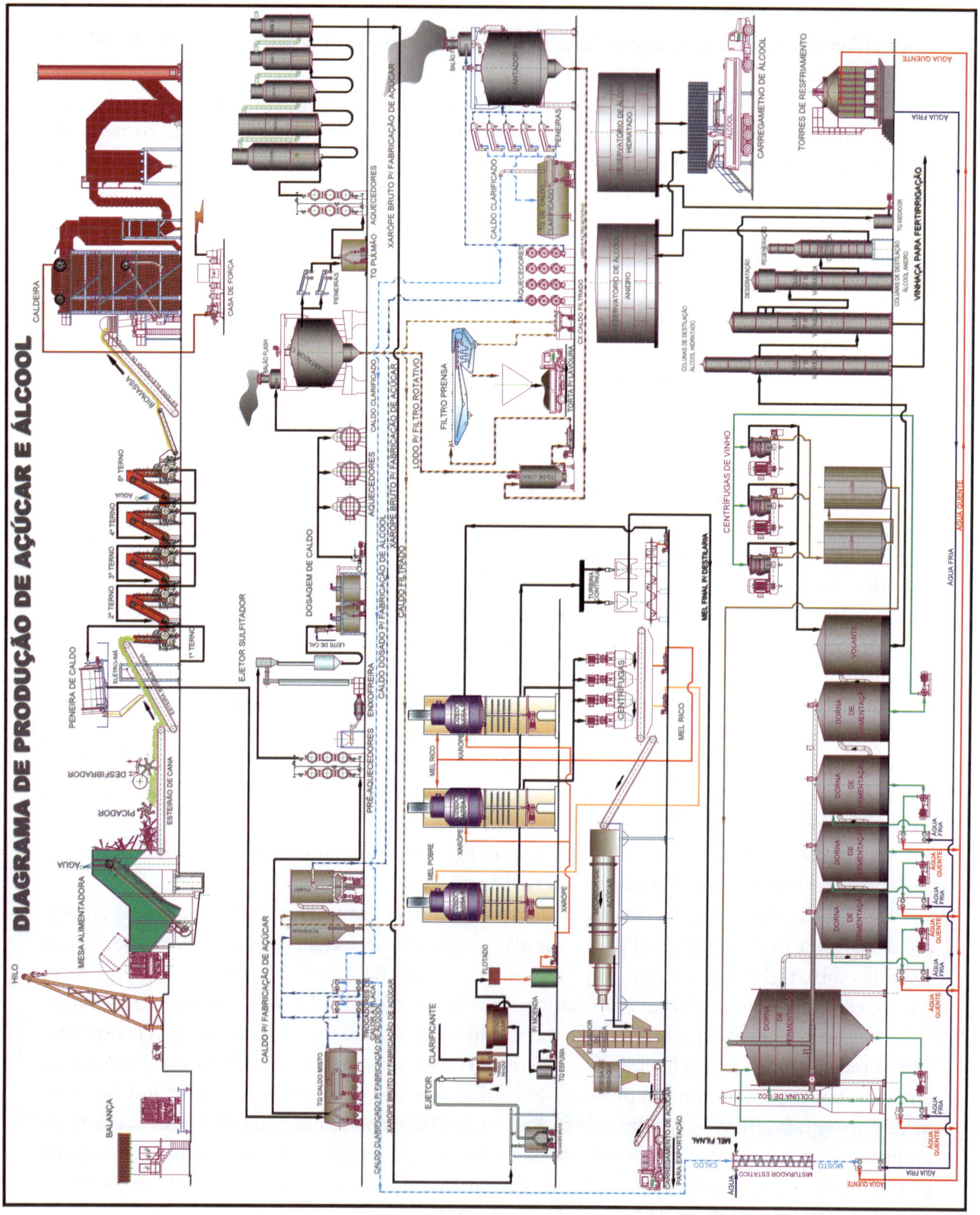

Figura 2 - Fluxograma geral da produção do açúcar e do etanol

Fonte: Usina Barralcool S/A, em Barra do Bugres-MT.

O açúcar centrifugado é encaminhado ao secador para a retirada do excesso de sua umidade de onde sai em estado mais frio e seco para ser ensacado no armazém, finalizando assim o processo de fabricação do açúcar. A funcionalidade das diversas fases deste fluxograma é função da existência de diversos complementos estruturais, quais sejam: um laboratório químico e tecnológico, Centro de Controle Integrado (COI), casa de produção de energia elétrica, estação de tratamento de água, oficina mecânica e elétrica, almoxarifado, escritório administrativo, oficina agrícola, centro de assistência social e médica, refeitório, departamento de segurança, centro de operações de transporte, consultoria jurídica e contábil e portarias de acesso ao complexo industrial. A visualização das diversas fases do fluxograma, inserido em sequência, será mais bem compreendida pela leitura das definições dos processos e equipamentos.

2.6 DEFINIÇÃO DOS PRODUTOS, PROCESSOS E EQUIPAMENTOS

Caldo Primário: É o caldo da cana, extraído do primeiro termo da moenda, contendo água e sólidos dissolvidos;

Caldo Misto: É o caldo de cana, extraído do segundo terno da moenda que sofreu embebição desde o último terno;

Brix: Grau Brix é a percentagem de sólidos solúveis dissolvidos em peso que contém uma solução

Pureza: Relação entre porcentagem em massa de sacarose e sólidos solúveis contidos em uma solução açucarada;

Vapor Vegetal: Vapor originado de ebulição da água contida no caldo de cana. Essa denominação é utilizada para designar vapor originado nas caixas de evaporação do caldo;

Vapor Escape: Vapor gerado nas caldeiras, que está disponível para ser utilizado no processo;

Sulfitação: Processo de clarificação do caldo de cana-de-açúcar, que consiste na aplicação de dióxido de enxofre (SO_2) no caldo. Visando eliminar as matérias corantes contidas na solução açucarada;

Caleação: Consiste no processo de adição do leite de cal ($Ca\ [OH]_2$) ao caldo, elevando seu pH que pode ter sido alterado devido ao processo anterior de sulfitação;

Pré Coagulante: Produto a base de fósforo, responsável pela coagulação das impurezas do caldo;

Caldo Dosado: Caldo tratado no processo de sulfitação, caleação e coagulação;

Polímero: Composto químico de alto peso molecular e alto grau de hidrólise; é proveniente da polimerização de acrilatos de sódio com acrilamidas, ao ser misturado ao meio aquoso, como caldo ou xarope. Apresenta-se com cargas negativas, sendo assim de caráter aniônico. Tem efeito de decantação ou flotação das impurezas. Produto com propriedades coagulantes, usado para processo de decantação e clarificação do caldo.

Caldo Decantado: É o caldo que saiu do decantador, após eliminação das impurezas contidas no mesmo;

Lodo: São as impurezas retiradas do caldo durante o processo de decantação. O lodo é enviado ao filtro sob a forma de torta do filtro;

Torta de Filtro: É a mistura do lodo com bagacilho de cana;

Xarope: Caldo de cana, cujo Brix foi elevado pela evaporação da água nele contida;

Aerador: O aerador é uma câmara, por onde passa o xarope que receberá micro bolhas de ar, para fazer a separação das impurezas contidas no xarope. Em seguida será adicionado polímero para a flotação;

Xarope Flotado: É o xarope que passou pelo processo de flotação e de adição de polímero, com o intuito de formar flóculos de impurezas menos densos que o xarope, subindo para a superfície superior do flotador, formando uma espuma que é separada através de um raspador;

Cozedor: Tipo especial de evaporador, em simples efeito destinado a elevar a concentração do xarope até um valor tal, que a sacarose nele contida cristalize e os cristais formados cresçam até o tamanho desejado. O produto do cozimento é uma suspensão de cristais de sacarose em mel, denominado massa cozida.

Massa A: Massa resultante do cozimento de magma nos cozedores a vácuo;

Massa B: É a mistura de cristais de açúcar do Cozedor de Granagem com caldo de cana, xarope ou água. É utilizada como pé dos cozimentos de primeira;

Fazer "pé" no cozedor: Alimentar o cozedor com corte de outro cozedor (ou sementeira), até um nível pré-estabelecido;

Semente: Mistura de açúcar e etanol em quantidades pré-definidas;

Sementeira: Reservatório designado para o depósito de magma;

Aperto de Massa: Fase do cozimento em que é cessada a alimentação do cozedor, para que a massa atinja a concentração ideal para o descarregamento;

Corte da Massa: Etapa do cozimento em que o cozedor atinge um nível pré-determinado, e que parte de seu conteúdo é transferido para o outro cozedor ou para a sementeira;

Cristalização: Processo de cozimento inicial de xarope flotado e/ou mel pobre junto com a semente;

Mel Rico: Mel que apresenta mais elevada pureza. Designa também o mel que sai da centrífuga, quando se efetua a lavagem dos cristais de açúcar no cesto, pois a água dissolve alguns cristais de açúcar, aumentando a pureza do mel resultante;

Mel Pobre: Mel que apresenta pureza inferior ao mel rico. Mel obtido apenas da centrifugação da massa A no cesto, sem dissolução dos cristais;

Mel Final: Mel resultante da separação do magma pelas centrífugas contínuas, onde esse mel é encaminhado para o setor de destilaria;

Set-Point: É um parâmetro de referência de utilização de determinadas funções, para que o sistema trabalhe sobre este valor;

Graus Baumé: Escala hidrométrica criada pelo francês Antoine Baumé em 1768, para medir densidade de líquidos e não de concentração de soluções.

Queimada do canavial: É uma prática que visa eliminar parte dos resíduos vegetais (palha) e aumentar o rendimento do cortador. A legislação ambiental tem restringindo sua prática. Entretanto, pode se tornar uma fonte de perda de açúcares, de deterioração e de contaminações microbianas indesejáveis. A cana possui uma microbiota natural, mas com a queima pode aparecer um número maior. A queima quente (realizada no período das 12 às 18 horas) é inconveniente porque pode provocar exsudação excessiva, principalmente nos meses secos do ano, ocasionando grandes perdas de açúcar e aumento de microrganismos em relação à cana crua. Durante a queimada da palha da cana-de-açúcar, a temperatura chega a mais de 100º C a 1,5 cm de profundidade, e atinge 800º C a 15 cm acima do solo, o que afeta gravemente a atividade biológica do solo, responsável também por sua fertilidade. A cana-de-açúcar pode se tornar mais susceptível ao ataque de microrganismos com a queima, pela destruição da cera que envolve os colmos e exerce ação bacteriostática. Se a cana é deixada em pé após a queima, em condições de umidade e temperatura, ocorre o reinício de crescimento vegetativo, o que é feito à custa de açúcares. Assim, o corte e a moagem devem ser realizados logo após a queima. No caso de se praticar a queimada, há necessidade de maiores cuidados técnicos locais com a recomposição do solo, uma vez que essa prática pode provocar as seguintes alterações: oxidação da matéria orgânica, eliminação de predadores naturais de algumas pragas, agravamento do processo de erosão do solo pela falta de cobertura vegetal, diminuição do equilíbrio ecológico quando a vegetação e pequenos animais são queimados. Por outro lado, traz a facilidade no preparo do solo, no cultivo e no corte da cana, tanto manual como mecanizado e elimina algumas pragas da cultura. Em função do uso de máquinas colhedeiras de cana, a despalha da cana não tem sido mais realizada.

2.7 PROCEDIMENTOS E FASES DA PRODUÇÃO

Os procedimentos constantes do fluxograma da fabricação do açúcar envolvem a execução de diversas fases de produção.

De forma mais simplificada, as fases mais operacionais unitárias da fabricação do açúcar são as que se seguem:

Tratamento de Caldo: Após a extração do caldo de cana-de-açúcar pelo conjunto de ternos da moenda, o caldo contém, em sua composição, impurezas menores, que podem ser solúveis, coloidais ou insolúveis. Assim, o tratamento químico visa, sobretudo, à coagulação, a floculação e à precipitação dessas impurezas, que são eliminadas por sedimentação e flotação. É necessário, ainda, fazer a correção do pH para evitar inversão e decomposição da sacarose.

Pré-aquecimento do Caldo: Em sua primeira etapa, o caldo passa pelo multijato do regenerador, recebendo calor do caldo clarificado via destilaria, enviado dos pré evaporadores, elevando sua temperatura a cerca de 60ºC.

Sulfitação do Caldo: O SO_2 (anidro sulfuroso) é produzido pelo equipamento denominado enxofreira, através da queima do enxofre na presença de ar, seguindo a seguinte reação ($S + O_2 \rightarrow SO_2$). Após o caldo ser previamente aquecido, este entra em contato com o SO_2. Baixa-se então o pH (potencial hidrogeniônico) original. Dentre outras propriedades, a sulfitação tem como atacar coloides solúveis, diminuir a viscosidade do caldo e, consequentemente, do xarope, massas cozidas e méis, facilitando as operações posteriores de decantação, evaporação e cozimento.

Caleagem do Caldo: Depois de o caldo passar pelo processo de sulfitação e ter seu pH alterado é preciso elevá-lo novamente. Por isso, a importância do processo de adição do leite de cal ($Ca[OH]_2$) ao caldo, elevando seu pH a valores da ordem de 6,6 a 7,5. A calagem é realizada em tanques, em processo contínuo e produzido através da "queima" da cal virgem (CaO) em tanques munidos de agitadores, facilitando a seguinte reação: $CaO + H_2O \rightarrow Ca(OH)_2$ + calor. em leite de cal produzido apresenta uma concentração de 5º a 15º "Baumé". Este processo de neutralização tem como objetivo a eliminação de corantes do caldo, a neutralização de ácidos orgânicos e a formação de sulfito e de fosfato de cálcio, produtos que, ao sedimentarem, arrastam impurezas presentes no líquido.

Aquecimento: O caldo é aquecido a temperaturas entre 99 à 110ºC, com o intuito de acelerar e promover a coagulação e a floculação de coloides e dos não açúcares protéicos, removendo, ainda, as graxas e ceras, ou seja, acelera o processo químico, aumentando a eficiência da decantação.

Decantação: É a etapa de purificação do caldo, pela remoção das impurezas floculadas nos tratamentos anteriores. O caldo decantado é retirado pela parte superior, sendo que o caldo é enviado para o setor de evaporação para concentração. As impurezas sedimentadas constituem o lodo, que é retirado pelo fundo do decantador e enviado ao setor de filtração, para recuperação do açúcar nele contido e, posteriormente, enviado para a linha de fabricação de etanol.

Evaporação: A evaporação é dividida em duas partes: pré-evaporação e evaporação. O caldo é primeiro concentrado em um vaso (pré-evaporador ou 1º efeito), com a área de 2500m² de superfície de troca térmica. Este equipamento é alimentado com vapor de escape, com pressão de 1,5 kgf/cm². A água contida no caldo é evaporada e extraída do corpo do pré-evaporador em forma de vapor a 0,7kgf/cm² (vapor vegetal). O vapor vegetal, por sua vez, é utilizado na evaporação dos demais simples efeitos e nos cozedores a vácuo. O caldo pré-evaporado contém uma concentração em média de 18 a 28º Brix. Esse caldo é enviado do pré para os evaporadores, para ser concentrado até formar o xarope, que deverá conter uma concentração em média de 53 a 60º Brix.

Flotação de xarope: Logo após o xarope sair da evaporação, é encaminhado para o tanque de xarope bruto, dando entrada, em seguida, aos aquecedores de xarope, onde é aquecido com vapor vegetal, para depois, então, passar por um sistema de aeração e receber a dosagem do polímero, simultaneamente, com a sua entrada no flotador. O polímero de flotação reage com o ar, com os sais e as impurezas, formando um flóculo menos denso que o xarope, subindo para a superfície superior do equipamento, formando uma espuma que é separada através de um raspador. Logo após o xarope ser flotado, este passa pelo filtro de xarope, através de poliéster, sendo então encaminhado para os cozedores.

Cozimento Massa "B": A entrada do produto açucarado no processo de cozimento é efetuada com a operação denominada "carregamento de pé", que compreende adicionar (xarope, mel rico, mel pobre ou uma mistura desses produtos) para a granagem. A quantidade de pé deverá ser suficiente para cobrir a calandra, para evitar a formação de pequenas ondas ou respingos, caindo sobre as partes descobertas dos tubos de aquecimento, o que provocaria a caramelização. Com o pé carregado, faz-se a concentração, que compreende alimentar com vapor vegetal com intuito de concentrar o produto açucarado. À medida que acontece a concentração, este torna-se mais viscoso. Quando se alcança o ponto desejado, procede-se à introdução da semente (granagem).

Centrifugação de Massa "B": A massa é enviada por gravidade para as centrífugas contínuas, onde será realizada a separação dos méis dos cristais. O mel denominado mel final é enviado para o processo de fermentação (destilaria). O açúcar misturado com água, denominado magma, é bombeado para a sementeira de massa 'A'.

Cozimento de Massa 'A': Consiste em esgotar a sacarose do xarope, que contém uma pureza média de 88 a 95. Este cozimento tem início com o magma do cozimento "B". Ao final do cozimento, a massa 'A' deve estar com uma pureza menor. Essa massa cozida será centrifugada para separação do açúcar e do mel rico.

Centrifugação de Massa 'A': A centrifugação é realizada em centrífugas automáticas, onde a massa 'A' é enviada por gravidade. A lavagem da massa durante a centrifugação é feita com água potável, onde ocorre a separação dos méis dos cristais.

Transporte do açúcar úmido: Os cristais, já separados, contém uma faixa de 0,5 a 2,0% de umidade. São enviados através de transportadores, tipo bica de jogo e levadores de canecas. Podem ser também transportados por correias sanitárias até ao secador de açúcar, no setor de secagem e armazenagem.

Controle de Qualidade do açúcar: Para efeito de orientação às usinas produtoras de açúcar, o Ministério do Estado da Agricultura, Pecuária e Abastecimento do Brasil (MAPA), publicou, em 13 de Novembro de 2017, a Instrução Normativa nº 42, que dispõe sobre as regulamentações oficiais para a produção de açúcar no Brasil (2017). Nessa instrução, definiu-se os termos relativos a açúcar, açúcares redutores, cinzas condutimétricas, clarificação do caldo, cor ICUMSA, documento de classificação, relativo ao vegetal usado na produção, laudo de classificação, relativo aos resultados nas análises do produto (açúcar), presença de matérias estranhas, polarização, pontos pretos, substâncias nocivas à saúde e teor de umidade.

Essa instrução normativa, classifica as devidas tolerâncias em seu artigo 5º, definindo em grupos, classes e tipos. No grupo I está o açúcar destinado à alimentação humana, através de venda direta ao consumidor, e no Grupo II faz parte do açúcar destinado às indústrias alimentícias e outras finalidades de uso. Neste grupo estão o açúcar branco e o açúcar bruto, que é produzido pelos processos normais conduzidos pelas usinas.

O açúcar do Grupo I contempla o conhecido por cristal, refinado amorfo, refinado granulado e o açúcar de confeiteiro.

O açúcar do grupo I poderá ser classificado em:

I - demerara: o açúcar bruto, cuja polarização é maior que 96,0ºZ (noventa e seis graus Zucker) e

II - VHP ou Very High Polarization: o açúcar bruto, cuja polarização é maior que 99,0ºZ (noventa e nove graus Zucker).

Em relação à produção do açúcar demerara com polarização de 96°Z, verifica-se que as usinas brasileiras não mais o produzem, tendo passado a elaborar o tipo VHP (99,0° Z) ou VVHP (99,49°Z).

Para efeito de fiscalização e controle da produção do açúcar pelas usinas brasileiras, estas devem cumprir os dispositivos das portarias do Ministério da Agricultura (MAPA) e da ANVISA (AGÊNCIA NACIONAL DE VIGILÂNCIA SANITÁRIA, 1978, 2002) que definem em seu Artigo 1°, o seguinte: Estabelecer o Regulamento Técnico do Açúcar, definindo seu padrão oficial de classificação, com os requisitos de identidade e qualidade, a amostragem, o modo de apresentação e a marcação ou rotulagem nos aspectos referentes à classificação do produto. Define-se dois grupos de açúcar: Grupo 1 e 2 (anexo 1 e 2) respectivamente.

Anexo I - Parâmetros de Qualidade do açúcar do Grupo I

Classes	Tipos	Parâmetros			
		Polarização (°Z min)	Umidade (% Máx)	Cor IMCUSA (UI Máx)	Cinzas condutimétricas (% Máx)
Branco	Cristal	99,5	0,10	400	0,10
	Refinado Amorfo ou Refinado	99,0	0,30	100	0,20
	Refinado Granulado	99,80	0,05	60	0,04
	Confeiteiro	99,00	0,30	150	0,20
Bruto	Demerara	96,00	1,20	5.000	0,50
	VHP	99,00	0,25	2.500	0,25
	VVHP	99,49	0,15	1.000	0,15

N/A = Não se Aplica.

De modo geral, os armazéns das usinas devem ser construídos de forma setorizada, para conter o secador, o setor de ensaque, de formação de empilhamento de sacos, setor de empacotamento, caso exista, e um setor de controle de qualidade e expedição. A unidade agroindustrial deve conhecer as normas em vigor (BRASIL, 1996 a 1997, 2003 e 2017).

Anexo II - Parâmetros de Qualidade do Açúcar do Grupo II

Classes	Tipos	Parâmetros				
		Polarização (°Z min)	Umidade (% Máx)	Cor IMCUSA (UI Máx)	Cinzas condutimétricas (% Máx)	Açúcares redutores (% m/m Máx)
Branco	Cristal	99,5	0,10	400	0,10	N/A
	Refinado Amorfo ou Refinado	99,0	0,30	100	0,20	N/A
	Refinado Granulado	99,80	0,05	60	0,04	N/A
	Confeiteiro	99,00	0,30	150	0,20	N/A
Bruto	Demerara	96,00	1,20	5.000	0,50	N/A
	VHP	99,00	0,25	2.500	0,25	N/A
	VVHP	99,49	0,15	1.000	0,15	N/A
	Líquido	N/A	N/A	120	0,30	0,30
	Invertido	N/A	N/A	120	0,30	60 a 90

2.7.1. CONSIDERAÇÕES GERAIS DA PRODUÇÃO

CONTROLE DO PROCESSO DE PRODUÇÃO

O processo de produção pelas usinas de açúcar deve ser controlado em suas várias fases, através de registros operacionais e de acordo com a norma de instrução específica, determinada pelos órgãos de controle geral da fábrica.

INSPEÇÃO E ENSAIOS

No decorrer do processo, devem ser efetuadas análises físico-químicas, para ver se a característica específica para a fase e operação está conforme e de acordo com as determinações estabelecidas pelo plano de qualidade da fábrica.

Os resultados obtidos por essas análises devem estar de acordo com os estabelecidos, devendo-se tomar providências caso apareçam as não conformidades em termos de qualidade, conforme estabelecem as normas de instrução do Departamento de Controle de Qualidade, definidas pela fábrica.

CONTROLE DE PRODUÇÃO

A usina, através do Departamento de Controle de Qualidade da produção de açúcar, caso ocorra uma não conformidade da qualidade dos produtos, deve tomar os procedimentos para a adequação dos produtos à qualidade especificada.

LEGISLAÇÃO DE CONTROLE DE QUALIDADE DE AÇÚCAR - para fins de realização dos ensaios, foram utilizados os seguintes documentos: i) Resolução nº 12, de março de 1978, da Comissão Nacional de Normas e Padrões para Alimentos do Ministério da Saúde, que estabelece os padrões de identidade e qualidade para *açúcar refinado* (Agência Nacional de Vigilância Sanitária, 1978); ii) Resolução nº 04, de 24 de novembro de 1988, do Conselho Nacional de Saúde, que estabelece os limites máximos de concentração para aditivos intencionais adicionados a alimentos); iii) Portaria nº 451, de 19 de setembro de 1997, da Secretaria de Vigilância Sanitária do Ministério da Saúde, que estabelece os critérios e padrões microbiológicos para alimentos (Brasil, 1996); iv) Instruções Normativas Nº42, do MAPA, de 13 de novembro de 2017. (Brasil, 2017).

2.8 OUTROS PROCEDIMENTOS OPERACIONAIS NAS USINAS

A divisão de fabricação da usina de açúcar deve ditar normas que assegurem a qualidade dos produtos, monitorando os riscos de contaminação de produtos químicos, materiais estranhos e microbiológicos, que devem constar nas fichas apropriadas em seus setores de arquivos documentais.

PLANEJAMENTO DE PRODUÇÃO

O planejamento de produção do açúcar pela usina é realizado de acordo com o definido pelo departamento Agrícola e com base na preparação de vendas elaboradas pelo Departamento Comercial.

REPROCESSO DE PRODUÇÃO

A usina de açúcar, ocasionalmente, em decorrência de acidentes eventuais, está sujeita a reprocessar pequenas quantidades de açúcares, seja em decorrência de sacos rasgados ou de goteiras de água ou quedas de pilhas mal feitas.

MANUTENÇÃO DE EQUIPAMENTOS

A manutenção de equipamentos e instrumentos utilizados na fabricação do açúcar é atividade muito importante em uma usina, pois os gastos com reparos podem ser bastante altos. Tal manutenção dos equipamentos é efetuada conforme critérios elaborados pela gerência da fábrica e realizada conforme procedimentos e fichas técnicas pertinentes. Isso viabiliza a identificação dos problemas preventivamente, o que é comum nas indústrias sucroalcooleiras que priorizam a manutenção durante o período de entressafra, que dura cerca de quatro meses, entre o final de dezembro e abril na Região Centro Sul. As vantagens de se fazer manutenção regular dos equipamentos industriais das usinas compreendem a redução dos custos com reparos futuros ou imprevistos durante o decorrer da moagem. Tal prática de manutenção preventiva pode evitar situações inesperadas para a gerência industrial, uma vez que é possível detectar e diagnosticar, antecipadamente, defeitos em desenvolvimento nos equipamentos industriais. Outra vantagem adicional é no gerenciamento de estoque de peças e no controle de custo da intervenção que são reduzidos, evitando-se perdas de produtos devido a uma possível parada não programada.

AUTOMAÇÃO DE PROCESSO E DE EQUIPAMENTO

A utilização de sistemas automatizados para a produção de açúcar e etanol é imprescindível, para manter-se ganho de produtividade e controle dinâmico de qualidade do produto, o que permite o controle de todo o processo. Contudo, para a total automação das etapas de produção de açúcar e etanol é necessário, ainda, transformar em produtos muitos dos conjuntos de conhecimento do campo da ciência e da tecnologia, que aguardam, ainda, novas soluções para viabilizar sua incorporação nas indústrias por meios técnicos para observar, medir e controlar o que ocorre dentro das colunas e tubulações. É possível controlar essas operações a partir de computadores que gerenciam todas as etapas e equipamentos da usina em uma única sala associado a um programa de computador chamado de Controlador Lógico Programável, que centraliza os controles de processos e seus operadores, facilitando a comunicação e possibilitando, ainda, o ajuste e a correção de qualquer operação, com rapidez. As vantagens de se fazer a automação usando o programa, é que esse fornece um relatório das atividades dos equipamentos durante a safra e o acompanhamento da produção em tempo real.

REQUISITOS REGULATÓRIOS

A usina, através de uma gerência, deve observar, na fabricação, todos os códigos e normas aceitos, em termos de qualidade, no país e internacionalmente.

2.9 FLUXOGRAMA DA PRODUÇÃO DO ETANOL

Em sequência a este fluxograma, é importante destacar os itens sequenciais neste descritivo, relativos a objetivo, responsabilidades e definições.

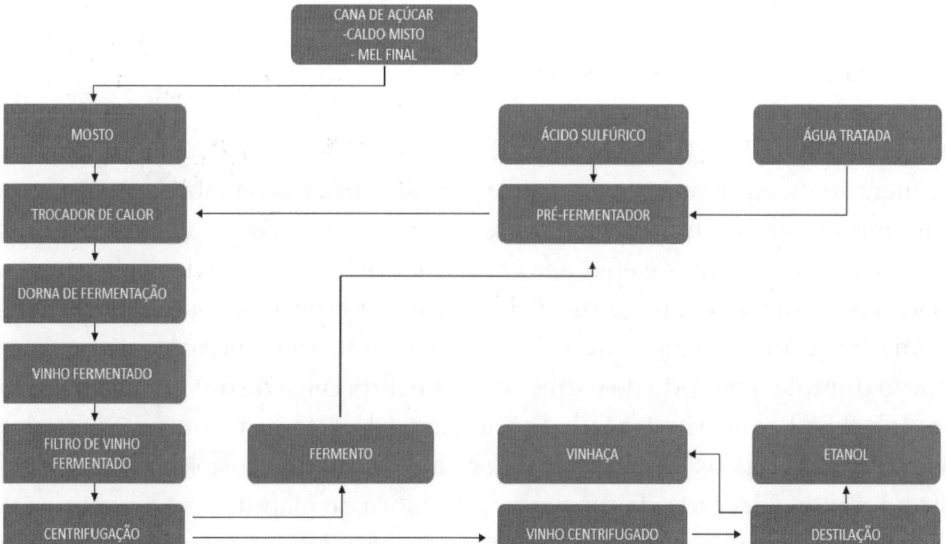

Conforme já se comentou no item relativo à produção do açúcar, a produção de etanol observa o desenvolvimento de procedimentos e responsabilidades semelhantes.

A produção de etanol numa destilaria autônoma ou como uma operação ligada a produção de açúcar deve observar os mesmos procedimentos já referenciados no item 2.3 anterior.

As responsabilidades e a organização técnica dos operadores da produção de etanol estão relacionados à existência de um gerente industrial, que pode estar já gerenciando a produção do açúcar e a manutenção de uma equipe de funcionários, trabalhando na supervisão da produção e na coordenação do desenvolvimento do processo de produção, e à existência de líderes que devem monitorar todo processo produtivo. Além dessa equipe, existem outros grupos de funcionários que trabalham nos turnos estabelecidos de oito horas, como operadores, fermentadores e auxiliares de operações. Além desses grupos, a existência de analistas de controle é importante para monitorar e conferir o preenchimento dos registros dos processos produtivos.

A seguir, é importante definir uma estrutura técnico-administrativa que é observada como exemplo na Usina Barralcool S.A., conforme já referenciado para o setor de produção de açúcar.

OBJETIVO
Definir e divulgar os critérios e fases do processo de fabricação de etanol Anidro e Hidratado.

RESPONSABILIDADE
Gerente Industrial: Gerenciar e aprovar os critérios estabelecidos da fabricação do etanol.

Supervisor de Produção: Supervisionar todo o processo da produção de etanol.

Coordenador: Definir e validar o processo da produção de etanol.

Líder Op. De Processos de destilaria e Manutenção: Monitorar o processo da produção de etanol.

Operadores / Fermentadores / Aux. Operacional: Executar os processos da produção de etanol.

Analista de Controle Industrial: Monitorar e conferir o preenchimento dos registros do processo, conforme os parâmetros da qualidade descritos nessa instrução operacional. Informar aos colaboradores quanto às alterações que ocorrem nas instruções operacionais e normas de procedimento.

DEFINIÇÕES
Mosto: Matéria-prima para a produção de etanol, composto pela suspensão de substrato açucarado susceptível de sofrer fermentação.

Brix: Porcentagem de sólidos solúveis contidos em uma solução.

Fermento/Levedura: Micro-organismo responsável pela transformação dos açúcares em etanol.

Fermentação alcoólica: Processo em que a levedura transforma os açúcares contidos no mosto em etanol e gás carbônico, liberando energia térmica.

Pé de Cuba: Suspensão de células de fermento suficientemente concentrado, tratado e apto a retornar à fermentação.

Leite de Levedura: Suspensão concentrada de células de fermento obtido por centrifugação do vinho levedurado.

Vinho levedurado: Solução resultante do processo de fermentação, composto de etanol, levedo e outras substâncias.

Limpeza CIP (Clean in Place): Limpeza realizada internamente, com solução química ou água quente.

Centrifugação: Processo de separação entre levedo (leite de levedura) e o vinho, através de centrífugas, onde ocorre a separação por diferença de densidade.

Vinho delevedurado: Solução resultante do processo de centrifugação com uma porcentagem de aproximadamente 8% de teor alcoólico.

Torre de lavagem de gases (LG): Tem como função recuperar o etanol arrastado por gases (principalmente gás carbônico), provenientes do processo de fermentação, através da lavagem com água dos mesmos.

Cachaça - É uma bebida hidroalcoolica que vem da fermentação do caldo de cana e destilado até à graduação alcoólica entre 38 e 48%.

Aguardente - É uma bebida fermentada do caldo de cana e sofreu uma destilação e possui um teor alcoólico entre 38 e 54%. A Portaria n.º 371* do Ministério da Agricultura e do Abastecimento prevê que a "destilação deverá ser efetuada de forma que o destilado apresente o aroma e o sabor dos elementos naturais voláteis contidos no vinho (mosto fermentado), derivados do processo fermentativo ou formados durante a destilação". Além disso, define os limites aceitos na bebida. Na composição da aguardente prevê-se que os voláteis totais, não-etanol (soma de aldeídos, ácidos voláteis, ésteres, furfural e álcoois superiores), não poderão ser inferiores a 0,200 g (duzentos milésimos do grama) nem superiores a 0,650 g (seiscentos e cinquenta milésimos do grama), por 100 ml (cem mililitros) de etanol anidro.

---

* Brasil - Portaria nº371 de 28/04/2018, Diário Oficial da União, publicado em 29/03/2018, Edição 61, seção 1, página 239.

Etanol Hidratado: Composto originado do processo de destilação do vinho, caracterizado como uma mistura hidro alcoólica com teor alcoólico mínimo de INPM. 92,5 ° INPM.

Etanol Anidro: Produto oriundo do processo de desidratação do etanol hidratado. É classificado como uma mistura hidro alcoólica com teor alcoólico mínimo de 99,3° INPM.

Etanol de segunda: Corresponde ao etanol rico em produtos voláteis que é retirado no topo da Coluna D.

Grau alcoólico: Porcentagem de etanol presente numa mistura hidro alcoólica. GL (% em volume) e INPM (% em peso).

Destilação: Denomina-se destilação a operação onde o vinho é submetido à temperatura de ponto de ebulição do etanol passando para fase gasosa e, posteriormente, é condensado, voltando para a fase líquida, concentrando-o até o grau alcoólico desejado.

Coluna de Epuração - A: Tem por finalidade produzir um flegma de 35 a 60° GL através da destilação do vinho, e retirar a vinhaça.

Flegma: Vapores alcoólicos oriundos da Coluna de epuração (A) alimentam a Coluna de retificação (B) e, posteriormente, são condensados e transformados em etanol hidratado.

Vinhaça: Resíduo oriundo do processo de destilação rico em água, matéria orgânica, nitrogênio, potássio e fósforo. É utilizada na lavoura para irrigação da cana, na chamada fertirrigação.

Coluna de D (seção superior da coluna de evaporação A): Sua função é concentrar o etanol de segunda.

Coluna de retificação - B: A finalidade da Coluna B é elevar a concentração do Flegma a aproximadamente 93° GL e eliminar como resíduo: a flegmaça.

Flegmaça: Subproduto oriundo da Coluna de retificação B, composto de água, etanol e outras substâncias.

Desidratação: Processo no qual o etanol hidratado sofre uma elevação de sua concentração alcoólica, atingindo a graduação entre 99.3 e 99,8°, através da adição de Monoetilenoglicol (MEG).

Monoetilenoglicol (MEG): Produto utilizado na desidratação do etanol hidratado. Sua função é absorver e arrastar a água para o fundo da Coluna.

Coluna de recuperação de MEG (R): Coluna que tem como finalidade fazer a separação do Monoetilenoglicol (MEG) da água e etanol hidratado, através do aquecimento da mistura.

Potencial Hidrogeniônico (pH): Referência para se indicar a acidez de uma solução.

Condensadores: Os condensadores são trocadores de calor, que têm como função condensar os vapores alcoólicos provenientes das Colunas.

2.10 PROCEDIMENTOS E FASES DE PRODUÇÃO DE ETANOL

Fermentação Etanólica

Após o tratamento, o caldo é enviado ao tanque pulmão, onde aguarda para ser enviado ao processo de fermentação. A vazão do caldo é constante e controlada pelo tanque pulmão. Quando chega ao trocador de calor, o mosto encontra-se na temperatura de ±85°C, passando por suas placas, onde é resfriado, chegando a uma temperatura de ±30°C.

Os trocadores são projetados para trabalharem em série enquanto dois esfriam o mosto, o outro está em limpeza Clean in Place (CIP) e, após o termino da limpeza, entrará em operação. O processo de limpeza é automático e continuo. A saída de caldo de cada trocador de calor está conectada individualmente a um anel de alimentação de mosto nas dornas. Cada anel está conectado às dornas por meio de uma válvula de controle, que regula o enchimento das mesmas, através de controle de Brix do processo de fermentação.

Antes do mosto, é adicionado o fermento, iniciando o processo de fermentação. No processo de fermentação ocorre a formação de etanol, gás carbônico e a liberação de energia térmica. Para se manter a temperatura das dornas em no máximo 37°C (em processo de fermentação), o vinho em fermentação fica recirculando em trocadores de calor a placas, os quais são resfriados com água, em contracorrente, contato indireto. A vazão da água é controlada em função da temperatura do mosto.

Para evitar o transbordamento da dorna em fermentações turbulentas, faz-se o uso da injeção automática de antiespumante. Nas dornas estão instalados sensores de nível de espuma, que transmitem sinal para que ocorra o acionamento do sistema de injeção de antiespumante por 3 bicos acoplados em cada dorna.

Após o término da fermentação, abre-se a descarga e o vinho levedurado escoa por gravidade pelo fundo da dorna e é bombeado às centrífugas separadoras de vinho. Quando a dorna atinge o nível mínimo, a saída de vinho é fechada e é aberta a saída de vinho levedurado da dorna seguinte. Para esvaziar o restante do vinho levedurado da dorna que contém impurezas é aberta a válvula de fundo de dorna de onde é bombeado para a dorna volante.

O gás carbônico, CO_2, subproduto da fermentação, é enviado das dornas até a lavadora de gases (Torre de CO_2), assim como os vapores alcoólicos da dorna volante, onde após lavagem com água, recupera-se o etanol arrastado pelos gases. Esta solução hidro alcoólica é encaminhada à dorna volante.

Após o escoamento de todo vinho levedurado para as centrífugas, e fundo de dorna para a volante, inicia-se o processo de limpeza das dornas, que é realizado com água condensada da caldeira, através de bicos de alta pressão, com duração aproximada de 10 minutos. Esta água também segue para a volante, através da válvula de fundo de dorna.

Centrifugação

O vinho levedurado das dornas passa pelo filtro de limpeza automático (auto-limpante). A pressão de alimentação da entrada das centrífugas é mantida de forma constante, através de sistema de controle de bombas de vinho a turbinar.

No conjunto de 10 centrífugas ocorre a separação do vinho e do fermento, através de pratos de inox, que giram em alta rotação, realizando o processo de separação (força centrifuga), a parte mais leve (vinho levedurado), da mais pesada (leite de levedura). Operam, em paralelo, e são ativadas de acordo com o processo de fermentação.

O vinho encaminha-se à dorna volante. O leite de levedura é enviado às cubas, onde receberá tratamento.

Pré-fermentação

O tratamento do fermento é realizado com a adição de ácido sulfúrico e água para o controle do potencial hidrogeniônico (pH), e o uso direto de nutrientes, antibióticos e bactericidas, conforme necessidade.

O sistema de tratamento com ácido sulfúrico é automático. O mosto é enviado por meio de bombas dosadoras misturando com água, logo após entrando em contato com o fermento. Durante este processo é realizada a medição do pH que irá controlar a rotação da bomba dosadora, para que se mantenha o pH pré-estabelecido.

Os nutrientes são utilizados para suprir as necessidades nutricionais que não são encontrados na matéria prima da fermentação. Dependendo do nutriente, pode-se aumentar a viabilidade, acelerar os processos de reprodução (brotamento) e melhorar a defesa contra micro-organismos contaminantes do processo, principalmente bactérias.

Além de tornar o processo mais eficaz, o uso de antibiótico é realizado com a finalidade de combater bactérias contaminantes, que competem diretamente ao consumo de substrato, transformando-o em outros produtos que afetam o rendimento da fermentação, podendo causar floculação, diminuição da viabilidade e brotamento das leveduras.

Destilação, produção de Etanol Hidratado

A destilação é um processo que separa as substâncias voláteis pelo seu ponto de ebulição. Isso se faz pelo uso de aparelho de destilação, composto por: Coluna de Epuração (A e A1), Retificação (B), concentração (D), condensadores (R, R1, E, E1 e E2), trocador de calor (K) e esfriadoras de etanol (J).

O vinho é bombeado da dorna volante para o condensador E, onde sofre aquecimento pela troca de calor com os vapores alcoólicos da coluna de retificação (B). Após pré-aquecido, segue para ganhar calor no trocador de calor K, onde sofre aquecimento através da troca de calor com a vinhaça.

O vinho entra no topo da Coluna A1, desce pelas bandejas, em contracorrente com o vapor vegetal que é alimentado na base da Coluna A, onde também se retira a vinhaça.

Substâncias mais voláteis, principalmente ésteres e aldeídos, são retirados no topo da Coluna D e condensados em dois condensadores R e R1, respectivamente. A maior parte desses condensados retorna à Coluna D e a outra parte é encaminhada à dorna volante, sendo retirado como etanol de segunda.

O Flegma, com teor alcoólico de aproximadamente 45°GL, sai na parte superior da Coluna A1 e dirige-se para a base da Coluna B, onde faz o aquecimento da mesma e segue em direção ao seu topo, entrando em contato com as bandejas que irão retirar parte da água contida no Flegma, aumentando seu teor alcoólico e formando a flegmaça, que é retirada na base da coluna.

Ao chegar ao topo da coluna, os vapores alcoólicos são enviados ao condensador é, realizada a troca de calor com o vinho. Ocorrendo a condensação de parte do flegma, o restante é enviado aos condensadores E1 e E2, respectivamente, onde ocorre a troca térmica com água, condensando o restante dos vapores alcoólicos. Os vapores incondensáveis contidos no flegma são retirados através do respiro do condensador E2.

Os condensadores E, E1 e E2 estão ligados a um coletor e uma bomba, que faz o refluxo do etanol condensado diretamente ao topo da Coluna B, onde logo abaixo sua retirada é feita por válvula automática. Quando o etanol atinge graduação entre 92,5 a 93,8° INPM é feita sua retirada é enviado ao tanque pulmão, onde seguirá para transformação em etanol anidro ou direcionado aos tanques de armazenagem.

Para ser enviado aos tanques de armazenagem, o etanol hidratado é resfriado na resfriadeira J, passa pela proveta e, quando necessário, é realizado o controle de pH com soda cáustica e posteriormente é encaminhado ao tanque medidor e tanque de armazenagem.

Desidratação, produção de Etanol Anidro

Para a produção de etanol anidro, utiliza-se etanol hidratado que sai do tanque pulmão, passando pelo vaporizador que troca calor com vapor vegetal, passando-o da fase líquida para a gasosa, para posteriormente ser enviado à coluna C.

O etanol evaporado entra na bandeja n°20 da coluna C e segue em direção a seu topo e, em sentido contrário, é adicionado o agente desidratante (Monoetilenoglicol - MEG), que entra em contato com os vapores alcoólicos e faz o arraste de grande quantidade de água, deslocando-se para a base da coluna, aumentando a graduação alcoólica dos vapores, e quando chegam no topo são enviados aos condensadores H e H1, onde, através da troca de calor com água, serão condensados, podendo então ser feita a retirada do etanol anidro na graduação mínima desejada, ou voltam para a coluna como refluxo.

Quando chega à base da coluna, o MEG encontra-se com a água e uma pequena quantidade de etanol. Para retornar ao processo, o MEG é enviado à coluna de Recuperação R.

Há outras técnicas, como a peneira molecular de desidratação.

Recuperação de Monoetilenoglicol (MEG)

A Coluna de Recuperação R e a Coluna de desidratação C são aquecidas através de Reboiler, que é alimentado com vapor direto, com redutora de vapor de 21, para aproximadamente 12,5 Kgf/cm^3 e com o refluxo do MEG para a própria Coluna C.

A coluna de Recuperação R utiliza o aquecimento a aproximadamente 165°C em sua base, para realizar a separação da mistura MEG, água e etanol. Como o ponto de ebulição do MEG é de aproximadamente 198°C e o da mistura água e etanol é inferior o MEG, continua em sua fase líquida e a mistura água e etanol evapora e com auxílio da bomba de vácuo, que diminui o ponto de ebulição da mesma, separa-se do MEG, buscando o topo da coluna, de onde é enviado aos condensadores L e L1 e, posteriormente, enviados à dorna volante, retornando ao processo de produção de etanol hidratado. O MEG é enviado à resfriadeira e, posteriormente, ao seu tanque pulmão, de onde retorna, novamente, ao processo de desidratação na coluna C.

2.11 CONSIDERAÇÕES GERAIS DA PRODUÇÃO

CONTROLE DO TEOR ALCÓOLICO NA FERMENTAÇÃO

A análise do teor alcoólico nas dornas, após término do processo fermentativo, é realizada pelo Laboratório Industrial. Os parâmetros variam conforme a eficácia do processo fermentativo e qualidade do mosto enviado.

CONTROLE DA ESPECIFICAÇÃO DO ETANOL

O setor de Laboratório Industrial é responsável pela coleta e análises do etanol, antes e após o envio para o tanque de depósito para verificação da especificação do etanol, conforme estabelecido pela Resolução nº 7 da ANP.

EQUIPAMENTOS DE SEGURANÇA

Para efeito de segurança, os operadores e auxiliares dos diversos setores da produção e manutenção dos equipamentos devem portar uniformes, capacetes, e em função de determinados riscos, portarem óculos de segurança, botas especiais e protetores auriculares.

GESTÃO DA INFORMAÇÃO GERENCIAL

Para efeito de reduzir custos, ampliar controle facilitar a mobilidade e comunicar à qualidade, associada aos custos de produção, tem-se recorrido à tecnologia de informação (Ti), para dar suporte à decisão dos gestores das unidades agroindistriais. Há diversas plataformas no mercado sucroalcooleiro, as quais agregam informações laboratoriais, da automação industrial e de custos de produção em relatórios com visões gerenciais.

CAPÍTULO 3

PRODUÇÃO DA CANA-DE-AÇÚCAR

A cana-de-açúcar, o arroz, o milho, o trigo, a aveia e alguns outros vegetais fazem parte da grande família das Gramíneas, pois trazem em sua composição os açúcares, o amido, acompanhados de muitos minerais, vitaminas, proteínas, aminoácidos, pigmentos que são, na sua maioria, essenciais à alimentação das populações de inúmeros países de nosso universo.

As gramíneas tem sido essenciais na produção de rações de nossos animais, como também ocupam papel importante na conservação de nossos solos. Atualmente, tais plantas são enquadradas como Poaceae. É um termo Britânico, que designa uma família das angiospermas da classe Liliopsida, subclasse. Commelinadae, também conhecidas como capins, gramas, entre outras.

Na área da produção de açúcar, a cana-de-açúcar tem sido estudada em diversos países, principalmente nas regiões tropicais e subtropicais, embora nas regiões mais frias, caso da região europeia, a beterraba venha sendo estudada e processada.

Ao lado da cana-de-açúcar e da beterraba, tem-se ainda o sorgo sacarino e algumas Palmáceas.

3.1 IMPORTÂNCIA E ORIGEM DA CANA-DE-AÇÚCAR

A cana-de-açúcar pertence à família das gramíneas, que contém cerca de cinco mil espécies de plantas. Dentre estas, muitas apresentam elevado valor socioeconômico para a humanidade, como por exemplo, trigo, arroz, milho, aveia, cevada, além de outros grãos. As gramíneas são também muito utilizadas para a produção de forragem para os animais domésticos e para diversas outras finalidades, tais como: prevenção de erosão do solo, fabricação de papel, aglomerados, briquetes, entre outros produtos. Atualmente essa família é denominada Poaceae e o gênero continua Saccharum L. Muitas são as plantas capazes de sintetizar a sacarose, mas somente algumas têm expressão econômica para a industrialização, como é o caso da cana-de-açúcar, da beterraba, do sorgo sacarino e da palmácea Pheonix Sylvestris. Botanicamente, a cana recebeu as seguintes classificações, devido a Eugler (antiga) e a Cronquist (atual):

CLASSIFICAÇÃO	ENGLER – antiga	CRONQUIST – atual
Divisão	Embryophyta siphonogama	Magnoliaphytas
Subdivisão	Angiospermae	
Classe	Monocotyledoneae	Liliopsida
Ordem	Glumiflorae	Poales
Família	Gramínea	Poaceae
Tribu	Andropogoneae	Andropogoneae
Subtribu	Saccharas	Saccharininae
Gênero	Saccharum	Saccharum
Espécie	Saccharum officinarum, S barberi, S. robustum	
	S. spontaneum, S. sinesis e S. edule	

Fonte: **Silva et al. (2013, 2015).**

Existe uma relação entre as espécies e seus híbridos e sua utilização primária, conforme descrição:

ESPÉCIE PRIMÁRIA	UTILIZAÇÃO
Saccharum spontaneum	Biomassa
Saccharum robustum	Biomassa
Saccharum sinense	Biomassa
Saccharm Barberi	Biomassa
Saccharum edule	Biomassa
Saccharum officinarum	Açúcar e Biomassa
Híbridos interespecíficos	Açúcar e Biomassa
Híbridos intervarietais	Açúcar e Biomassa

Fonte: **Silva et al. (2013, 2015).**

A cultura da cana-de-açúcar está alicerçada atualmente, em variedades que são híbridos interespecíficos e intervarietais, obtidos mediante cuidadoso e criterioso trabalho de seleção. As variedades em cultivo são inúmeras, sendo que cada uma tem suas identidades específicas. Entretanto, o trabalho de cruzamento e seleção é fundamental para a obtenção de novos híbridos, com predomínio de genes primários associados ao Saccharum officinarum. Além disso, as variedades têm um período útil de cultivo de aproximadamente dez anos, quando podem entrar na fase de declínio, perdendo o vigor do híbrido, com consequente redução da produção e riqueza em açúcar, devendo ser substituídas. Por outro lado, entretanto, se o objetivo é produzir energia, não deve ser levado em conta apenas a produtividade medida em toneladas de biomassa por hectare, mas também o potencial energético contido nessa biomassa. A cana energia possui, além da elevada produção de matéria seca por área, maior capacidade adaptativa a ambientes estressantes e teores maiores de fibras totais, o que proporciona melhor conversão energética, comparada à cana convencional na produção de energia elétrica e de vapor para fabricação.

Para muitos estudiosos, as causas principais que levam uma variedade a diminuir sua produção, chamada de degenerescência varietal e a própria interação genótipo x ambiente, são:

- Diminuição da fertilidade do solo;
- Condições físicas desfavoráveis do solo;
- Efeito acumulativo de doenças e pragas;
- Existência de doenças sem sintomas ou não identificadas.
- Interação genótipo na favorável adaptação ao ambiente de produção, alterando a longevidade, adaptação, a mecanização e estabilidade da produtividade.

As pesquisas que foram feitas, posteriormente revelaram que as canas dos gêneros S. sinense e S. barberi eram híbridos e derivados do gênero S. officinarum e S. spontaneum.

Com o passar dos tempos, as canas que perpetuaram industrialmente pertencem ao gênero Saccharum e a espécie Saccharum officinarum.

Pela importância que se tem através dos anos, pelo uso cada vez mais priorizado pelas populações, nas várias partes do mundo, a cana-de-açúcar tem merecido de nossos técnicos e cientistas atenção especial, com vistas a se obter espécies ou uma matéria-prima cada vez mais rica em açúcar. A cultura da cana-de-açúcar, através dos tempos, gramínea esta conhecida por variedade, tem sido desenvolvida por espécies consideradas híbridas, obtidas por um criterioso trabalho de seleção. Na Austrália e em muitos outros países que produzem o açúcar de cana, através de suas estações de pesquisas. No Brasil, tem-se destacado muito o trabalho da Estação Experimental de Campos (1940-1970), Centro de Tecnologia Canavieira (CTC), com as variedades Copersucar (SP) e o Instituto Agronômico de Campinas, com as variedades IAC e, mais recentemente, com as variedades RB, produzidas pela Ridesa e pela canaviales/Monsanto.

No Brasil, as variedades plantadas em seus canaviais são conhecidas como:

POJ – Proofstation Oost Java
SP – Copersucar – Brasil,
CO – Coimbatore – Índia,
PR – Porto Rico – Porto Rico,
B – Barbados – Barbados,
TU – Tucuman – Argentina,
CTC – Centro de Tecnologia Canavieira – Brasil,
NA – Norte Argentina – Argentina
CB – Campos Brasil – Rio de Janeiro
IAC – Instituto Agronômico de Campinas – Brasil;
CP – Canal Point – USA,
RB – República do Brasil – Brasil,
R – Reunião – Índia,
M – Mauricius – Austrália,
VG – Vignis – Brasil e
Vertix – Granbio – Brasil.

Em função da queda de produção de muitas variedades de cana em cultivo no Brasil, queda motivada pelo aparecimento de doenças, como do carvão e do amarelinho, é que as nossas instituições de pesquisas, oficiais e particulares, têm desenvolvido esforços para a produção de novas variedades de cana, mesmo porque se tem verificado que o cultivo contínuo das variedades tem sido estimado em 8 a 10 anos. E, em função da existência de muitos técnicos trabalhando na agricultura canavieira, novas variedades têm sido experimentadas pelos usuários sucroalcooleiros no Brasil, o que não deixa de constituir um bom trabalho para este meio produtivo.

De modo geral, as usinas e as destilarias de etanol no Brasil, mantêm seus departamentos agrícolas em constante contato com as empresas nacionais e multinacionais que atuam no desenvolvimento e no melhoramento das variedades de cana, estando sempre com a preocupação de manter seus canaviais com variedades precoces e ricas em sacarose, procurando cultivar as da série SP, RB, CTC e o IAC. As variedades Vertix Biocelere e Vignis são do tipo cana energia, na qual há maior teor de fibra em relação ao açúcar, quando comparadas às demais variedades comerciais (SILVA et al., 2018). De acordo com os autores, a relação sacarose e fibra nas variedades de cana-de-açúcar, e aí incluindo a cana energia, é bastante variável, como se fosse uma gangorra, isto é, quando eleva-se a sacarose tende a reduzir-se a fibra. Existem as mais variadas combinações de valores percentuais, tenham apresentados valores fixos para tipo 1 e tipo 2, ou seja, 17% de fibra e 13% de sacarose para T1 e 30% e 5% para tipo 2, respectivamente. Ou seja, a primeira, uma cana que mais se aproxima da cana convencional (pelo maior diâmetro e rizoma de baixa expressão), e outra verdadeiramente cana energia, de alto perfilhamento, alta capacidade de brotação de soca, diâmetro fino, e com teor de sacarose de 8 a 10%. (SILVA ai al., 2018).

Segundo a literatura ligada ao setor sucroalcooleiro, a tecnologia ou o abandono na continuação do cultivo de muitas variedades antigamente, chamado de degenerência varietal, tem sido em função de: aparecimento de pragas e moléstias de difícil controle; diminuição do uso de inseticidas, no geral, no combate a broca, aos nematoides, a maior incidência da cigarrinha, incidência em função da diminuição de pastagens, formigas, entre outros; diminuição do uso de fertilizantes e de outras práticas agrícolas necessárias a boa manutenção dos talhões de cana, tais como o uso da crotalária e feijão de corda, principalmente recomendada para as áreas que receberão novo ciclo de plantio ou reorganização de talhões.

As informações de técnicas agrícolas sobre o uso de tal variedade pelas outras usinas ou destilarias, cujo setor tem contribuído para a contínua experimentação no nosso meio canavieiro, que está sempre atento à melhoria da produção agrícola das empresas sucroalcooleiras, pois são sabedores de que o açúcar ou o etanol são obtidos da boa qualidade da matéria prima existente no campo, cabendo apenas à usina ou a destilaria processá-la com boa técnica operacional.

3.1.1 CONSTITUIÇÃO MORFOLÓGICA E ANATÔMICA DA CANA

A cana-de-açúcar é composta de partes subterrâneas e aéreas. Fazem parte das subterrâneas as raízes e rizomas, e da área os colmos, folhas e flores.

A propagação da cana na agricultura faz-se assexuadamente, através de colmos sementes que, pela brotação de suas gemas, dão origem aos colmos primários e destes surgirão os secundários, depois os terciários, até a formação da touceira, como pode ser observado na Figura 3.

O sistema radicular da planta é formado pelas raízes do tolete e pelas raízes dos colmos, como mostram as Figuras 4 a e 5. Entretanto, as raízes do tolete perdem sua função e morrem logo que as raízes do colmo se desenvolvem. As raízes da cana são do tipo fasciculado e suas maiores densidades se apresentam nos primeiros 50 cm de profundidade do solo para cana convencional. Entretanto, já foi constatado raízes, de cana a uma profundidade superior a dois metros. Todavia, isso ocorre porque à cana energia, comparada a cana convencional, possui um sistema radicular mais profundo, vigoroso e abundante (Figura 4b), o que confere a essa cultura maior capacidade de fixação de carbono em camadas mais profundas do solo. Outro ponto que favorece o sequestro de carbono pela cana energia são os longos ciclos de soqueira.

Os rizomas assemelham-se a colmos, mas, subterrâneos, com entrenós bastante reduzidos. Após a colheita da cana, as gemas dos rizomas brotam, dando origem a uma nova touceira.

A folha da cana é constituída de duas partes, a bainha e a folha propriamente dita que, divide-se em duas partes: a lâmina e a nervura central, que a divide longitudinalmente em duas porções. A sua distribuição no colmo é alternada, sendo através da bainha que ela se fixa no nó. A lâmina da folha pode ter um comprimento de 60 a 150 cm e uma largura de 2,5 a 10 cm. É através das folhas que a planta executa suas funções de transpiração, respiração e fotossíntese.

A inflorescência é uma panícula de tamanho e conformação variável em função da variedade, sendo que a coloração é, no geral, ligeiramente canela-prateada. A flor da cana-de-açúcar é hermafrodita, pois possui órgãos reprodutores dos dois sexos.

Por muito tempo pensou-se que a cana não produzisse sementes. Mas, em 1887, conforme Meade (1967), descobriu-se que as flores das sementes eram variações das quais se podem obter canas. Desde então, os geneticistas têm-se utilizado desta característica para efetuar cruzamentos que visam à obtenção de novas variedades que ofereçam melhores comportamentos agrícolas e industriais.

O colmo que, tecnologicamente, representa a parte de maior interesse, é formado por gomos que são constituídos por nós e entrenós, como mostra a Figura 6. O nó é a região onde se insere a bainha da folha. No nó encontra a cicatriz foliar, a gema e a zona radicular (pontos de proto-raízes). Os entrenós, por sua vez, possuem o anel de crescimento, a zona cerosa e o sulco da gema. O anel de crescimento ou meristema intercalar é a região inferior, onde às células são capazes de, por divisão, produzir o alongamento do gomo e, consequentemente seu crescimento. Esta região, bem como a cerosa, é de espessura variável. O entrenó, também chamado de internódio, vai de um nó a outro.

A cor dos colmos é uma característica das variedades, podendo ser de tons esverdeados a arroxeados, dependendo da proporção dos pigmentos de clorofila e antocianina.

As funções do colmo são as seguintes:

a) Suportar as folhas e as partes florais;
b) Conduzir água e os nutrientes do solo as folhas, onde os alimentos da planta são sintetizados;
c) Translocar os alimentos manufaturados para outras partes da planta;
d) Armazenar açúcar e outros materiais.

Quando se efetua um corte transversal (Figura 7) no entrenó, verifica-se que a parte mais exterior, o córtex, é formada por várias camadas de células lignificadas, de paredes grossas. Essa capa dá resistência ao colmo, como também serve de proteção aos tecidos interiores, que são formados pelos vasos vasculares e o tecido fundamental, parenquimatoso ou medula. A cor do colmo é dada por pigmentos que estão nas células mais externas da epiderme. O tecido fundamental é composto de células frouxas e curtas, cujas dimensões são praticamente iguais, em todos os sentidos, pois são células isodiamétricas.

Os feixes fibrovasculares estão distribuídos através do tecido fundamental ou parenquimatoso. A maior concentração desses vasos está na periferia do colmo; no centro estão os vasos de maior diâmetro. Esses vasos são os responsáveis pelo transporte dentro da cana. Os que transportam seiva bruta são chamados de xilema e os de seiva elaborada, floema. No internódio, os feixes fibrovasculares são paralelos; porém, aos nós, eles se ramificam, dirigindo-se para o gomo seguinte, para as folhas, para as gemas e para as raízes primordiais. Sendo assim, esta região se apresenta com maior concentração de fibra, o que lhe confere maior dureza.

Os vasos vasculares estão rodeados pelo parênquima, que é formado por células de armazenamento. As células que estão próximas aos vasos são chamadas de esclerenquimatosas, sendo que aqueles que rodeiam o floema têm paredes mais grossas do que as do xilema.

As células do parênquima são as de maior valor para a indústria açucareira, pois contêm a maior parte do caldo do qual se extrai o açúcar.

Desta forma, distinguem-se nos colmos três componentes: o tecido fundamental ou parenquimatoso, os feixes fibrovasculares e os feixes fibrosos do córtex.

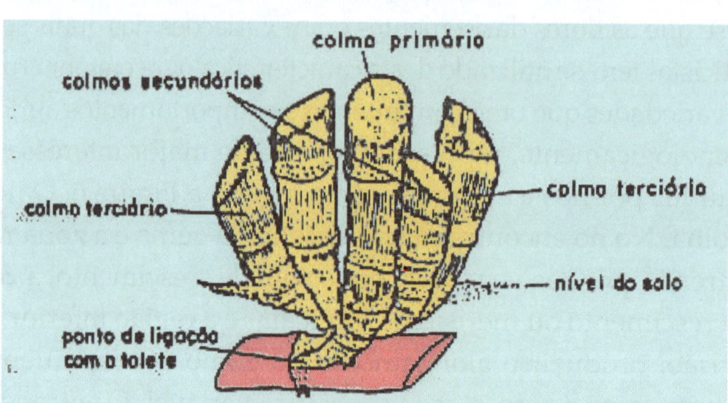

Figura 3 - Formação da touceira (King, 1965). *Fonte:* **adaptado de King et al. (1965).**

Figura 4 - Diferença entre o sistema radicular da cana-de-açúcar (A) comparado a cana energia (B). Foto: Sizuo Matsuoka, em 2015 (SILVA et al., 2018).

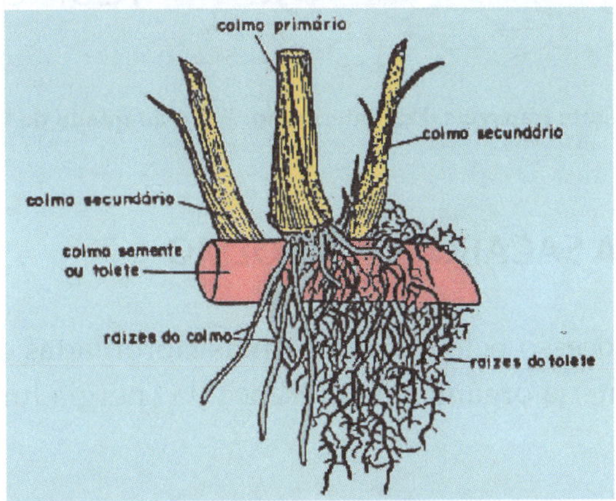

Figura 5 - Enraizamento da touceira. *Fonte:* **adaptado de Dillewijn (1952).**

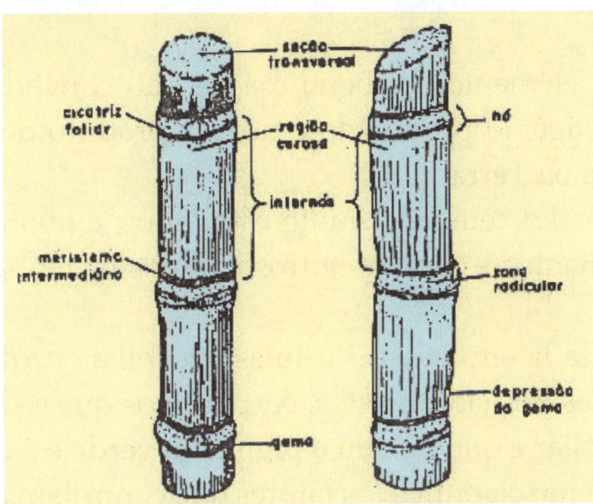

Figura 6 - Componentes do colmo. *Fonte:* **adaptado de James (2004).**

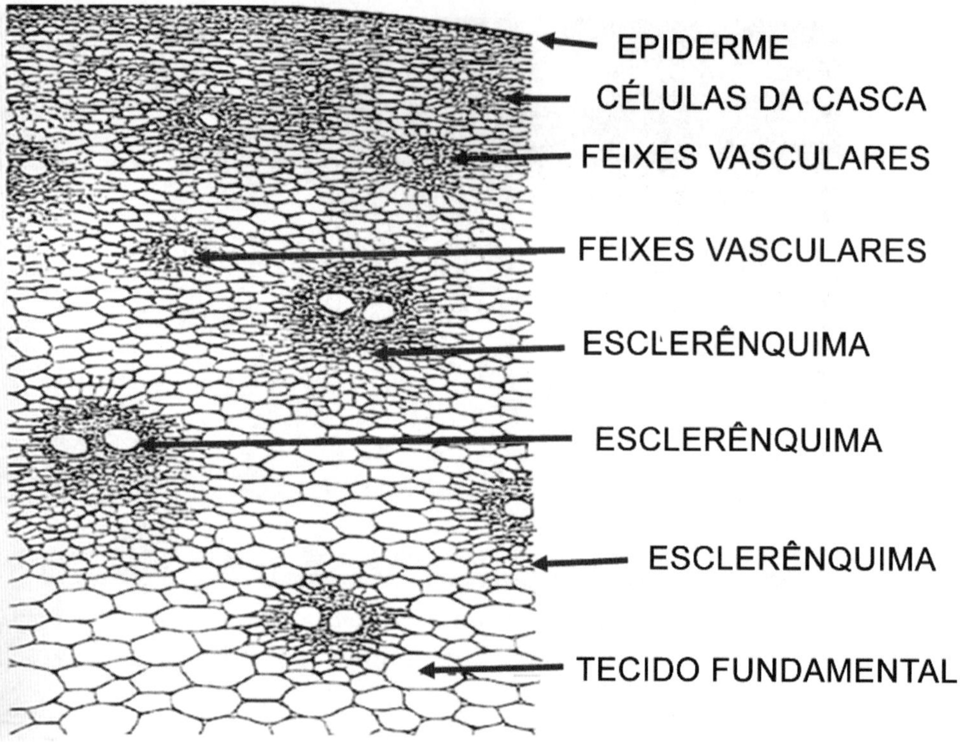

Figura 7 - Corte transversal do internódio. *Fonte:* **adaptado de Dillewijn (1952).**

3.1.2 FORMAÇÃO DA SACAROSE NO COLMO

A fotossíntese é o processo pelo qual as plantas clorofiladas convertem o anidrido carbônico do ar e água em matéria orgânica na presença da energia luminosa, conforme a equação a seguir

$$CO_2 + H_2O \xrightarrow[LUZ\,/\,CLOROFILA]{} CH_2O + O_2$$

Por esta equação, os elementos carbono e água são convertidos em açúcares simples e oxigênio molecular. O oxigênio produzido é um subproduto de grande importância para o desenvolvimento da vida na Terra.

Os carboidratos formados têm sido muito estudados, embora as proteínas, as vitaminas, os aminoácidos, os pigmentos e muitos outros compostos tenham sido reconhecidos como produtos dessas reações.

A fotossíntese é realizada em todas as células das folhas verdes formadas durante o crescimento da planta, através dos cloroplastos, corpúsculos que se localizam no citoplasma das células do parênquima foliar e que trazem o pigmento verde e a clorofila.

Como é do conhecimento científico, os fatores que controlam a fotossíntese estão ligados à intensidade luminosa, à concentração do CO_2 no ar e à intensidade da temperatura.

Como se sabe, o processo da fotossíntese pode ser dividido em dois estágios: a fase "foto" e a fase 'síntese'. O primeiro está relacionado à absorção da energia luminosa pela clorofila e o segundo à transformação do CO_2 em monossacarídeos, com a utilização da energia.

O principal produto final da fotossíntese está representado por hexoses, que podem combinar-se com outros produtos complexos como a sacarose e o amido.

A sacarose se forma como produto imediato à fotossíntese, deslocando-se das folhas para outras partes da planta em crescimento ou formação. Nas partes em crescimento, a sacarose é utilizada como substrato para o desenvolvimento da planta e na respiração. Nas outras partes da planta, a sacarose vai sendo depositada e armazenada para uso posterior ou como substância de reserva da planta.

Do processo de fotossíntese resulta a produção de monossacarídeos e a liberação de oxigênio, conforme a seguinte equação:

$$6\,CO_2 + 6H_2O \longrightarrow C_6H_{12}O_6 + 6\,O_2$$

Para a produção de açúcar, que ocorre no colmo de cana, a presença de glicose e frutose (açúcares redutores) no caldo, principalmente na fase de crescimento dessa gramínea, não é desejável, mas sim a sacarose, que passa a estar formada na sua idade adulta em quantidade significativa.

A reação entre os açúcares redutores, constituídos por glicose e frutose, termina com a formação de sacarose e água.

Para uma melhor identificação desses produtos, pode-se afirmar que a sacarose não tem caráter de açúcar redutor, pois não é capaz de reduzir o cobre das soluções cúprico alcalinas. A sacarose, para submeter-se a esta reação, precisa ser hidrolisada em açúcares simples, dando origem a glicose e frutose.

Assim, pode se dizer que na fabricação e isolamento do açúcar cristalizado os procedimentos tecnológicos devem preservar as operações que conduzam ao isolamento da sacarose de forma cristalizada e para posterior acondicionamento e, para o caso da fabricação do etanol, as operações industriais visam à formação de glicose e frutose que são facilmente fermentáveis, produzindo etanol e CO_2.

3.1.3 COMPOSIÇÃO QUÍMICA E TECNOLÓGICA DA CANA-DE-AÇÚCAR

A composição orgânica e tecnológica da cana-de-açúcar está relacionada à época de coleta da amostra para análise e o seu estágio de crescimento.

Como já foi acrescentado em páginas anteriores deste livro, as canas plantadas de Fevereiro a Maio nas regiões do centro-sul do Brasil amadurecem após os 12 meses de idade, assim como as da região nordeste que passam a amadurecer de Setembro a Fevereiro.

E, em condições, é lícito salientar que a composição de uma cana assim cultivada tem uma composição influenciada por vários fatores como: tipo de variedade, idade, clima, solo, adubação, estágio de desenvolvimento, tratamento epidemiológico, etc.

No estado de São Paulo, os teores de sacarose variam de 13 ao 18%. A maior presença de açúcares redutores, substâncias estas que facilitam a recuperação da sacarose para proporcionar a sua solubilidade, ocorre sempre no estágio de crescimento da planta pertinente à estação das chuvas e de maior calor. Seu teor pode variar de 0,5 a 1,5%, composto de glucose e frutose.

A presença de açúcares redutores em maior teor superior a 1,0 é uma indicação de que a cana não atingiu ainda sua maturação desejável.

A presença de um maior teor de fibras da cana, presente na casca protetora do colmo, além de indicar uma planta ainda em crescimento, pode dificultar a maior extração de sacarose. Ao contrário, um baixo teor pode não oferecer combustível suficiente para as caldeiras, que em razão disso tem sido aperfeiçoadas tecnicamente para suprir qualquer desequilíbrio ou maior falta de combustível. Os teores de fibra têm sido em função das variedades trabalhadas pelas indústrias. De modo geral, os teores de fibra das canas, considerado todo material insolúvel em água, tem variado de 8 ao 15%. Nos cálculos usuais utilizados nos estudos teóricos da nova engenharia açucareira o teor médio da fibra está em torno de 12,5%.

Os minerais presentes na composição das canas, também conhecido como teor de cinzas, considerados essenciais para o seu crescimento, varia de 0,40 a 0,90 e estão representados pela sílica, potássio, fósforo, cálcio, sódio, magnésio, cloro, ferro, enxofre, conforme mostra a tabela 6. Esses minerais influenciam na eficiência da clarificação, evaporação e cristalização da sacarose, o que pode, acima de certos valores, depreciar a qualidade do açúcar produzido.

A presença da sílica, do potássio, do sódio influenciam a cristalização da sacarose, sendo consideradas substâncias melacigênicas, ou seja, contribuem para uma maior formação de melaço. Por outro lado, o cálcio, o magnésio e a sílica estão presentes nas incrustações que se formam nas instalações dos aquecedores, dos evaporadores, especificamente nas calandras de aquecimento.

Por outro lado, a presença de um maior teor de fósforo no caldo é muito benéfica à sua clarificação do caldo, que se realiza nos aparelhos, conhecidos como decantadores ou clássico "DOOR. Em função do teor de fósforo, expresso P_2O_5, é licito dizer que esse elemento deveria estar em quantidade superior a 200-300 mg P_2O_5 em litro de caldo, para se ter uma boa clarificação. Em relação ao pH, pode-se dizer que seu teor tem variado no caldo de 4,9 ao 5,6%.

Segundo a literatura, Delgado; Cesar, 1977, a presença da asparagina e a glutamina produzidas em evaporadores, por decomposição, amoníaco e aminoácido, considerados substâncias formadoras de melaço.

As gomas, constituídas de xilâna, arabana e galactana, presentes nas canas mais verdes em maior proporção às canas maduras, e das produzidas por microorganismos constituídos de dextrana e levana, contribuindo, se não eliminados na clarificação, gera o aumento da viscosidade dos melaços.

Tem sido divulgado por estudiosos que a formação da dextrana pode ocorrer antes ou mesmo durante o corte da cana, como também no processamento industrial. Há alguns parâmetros críticos que contribuem para a deterioração da cana e formação de dextrana, tais como a variedade da cana, tipo e qualidade de corte, temperatura, umidade, clima, qualidade do carregamento e tempo de armazenagem. A deterioração microbiológica contribue para a ocorrência de perdas para a agroindústria sucroalcooleira.

O amido, polissacarídeo presente no caldo da cana-de-açúcar, estudado por Cesar e Mazzari (1972), em algumas variedades de cana cultivadas no estado de São Paulo, foi encontrado em valores variados de 7,35 a 18,39 mg / 100ml de caldo. O amido em determinadas condições presentes no caldo pode ser gelatinizado, aumentando a viscosidade do xarope, o que dificultaria a cristalização da sacarose. Em caso extremos, pode ser necessário adicionar a enzima α-amilase, para promover uma redução de amido no caldo.

Para os que estudam a cana-de-açúcar, a cana é constituída de fibra e caldo, sendo este a matéria prima com que se trabalha para isolar seu teor de açúcar, seja na forma cristalizada, seja na forma de etanol.

Assim, na cana-de-açúcar, os elementos aparecem na seguinte proporção:

a) *Caldo absoluto........................... 82 a 92%*
b) *Fibra... 18 a 8%*

Por outro lado, do ponto de vista estrutural, pode-se dizer que o colmo é constituído de 25% de partes duras e de 75% de partes moles, formados por um tecido parenquimatoso. Por outro lado, as partes duras (casca e nós) totalizam 25% do peso da cana e são responsáveis pela maior parte de suas fibras.

As tabelas 6 e 7 mostram os resultados de composição de Brix, pol., fibra e alguns elementos do caldo de cana, em função de variedade, época de colheita, solo, adubação, precipitação, formas de corte, manual ou mecânico e carregamento da matéria-prima, entre outros fatores, tabelas essas preparadas por Delgado e Delgado (1999) e Silva et al. (2003).

Tabela 6 - Principais constituintes da cana-de-açúcar em função da concentração de sólidos solúveis.

Constituintes	**Sólidos solúveis (%)**
Açúcares	75 a 94
Sacarose	70 a 91
Glicose	2 a 4
Frutose	2 a 4
Sais	**3,0 a 5,0**
Ácidos inorgânicos	1,5 a 4,5
Ácidos orgânicos	1,0 a 3,0

Fonte: **dos próprios autores (Delgado e Delgado, 1999)**

Tais valores não se aplicam à cana energia, as quais possuem de 17 a 26% de fibra, que se utilizam primordialmente da produção de energia elétrica e de etanol (1^a ou 2ª geração).

Tabela 7 - Variabilidade da composição química de algumas variedades de cana-de-açúcar

	RESULTADOS %	
COMPONENTES	**MÉDIAS**	**VARIAÇÕES**
Umidade	71,20	65,0 – 78,0
Pol.	16,00	12,0 – 26,0
Açúcares Redutores	0,50	0,2 – 2,5
Fibra	11,00	8,5 – 15,5
Minerais	0,5	0,4 – 0,6
Materiais Orgânicos	0,8	0,6 – 1,0
	mg / 100 g de colmo	
Potássio (K_2O)	258,0	132,5 – 373,0
Fósforo (P_2O_5)	26,0	16,5 – 39,0
Cálcio (CaO)	34,5	18,5 – 50,5
Magnésio (MgO)	25,0	16,5 – 39,5
Nitrogênio (N)	72,5	28,5 – 224,0
Ferro (Fe_2O_3)	3,5	2,0 – 9,0
Alumínio (Al_2O_3)	3,0	1,5 – 8,0
Enxofre (SO_3)	105,0	17 – 305,0
Cobre (CuO)	0,2	0,1 – 0,3
Sódio (Na)	3,5	0,2 – 10,0
Zinco (Zn)	0,5	0,2 – 0,8
Manganês (Mn)	1,0	0,4 – 1,8
Boro (B)	0,2	0,1 – 0,3
Sílica (SiO_2)	30	10 – 60
Gomas	40	20 – 60
Pectinas	60	20 – 100
Ceras e Gorduras	100	50 – 150
Amido	100	50 – 150
Ácidos Orgânicos	100	50 - 150

Fonte: **dos próprios autores (Delgado e Delgado (1999) e Silva et al. (2003)**

3.2 A CANA-DE-AÇÚCAR COMO MATÉRIA PRIMA

A cana-de-açúcar, como já foi salientado neste livro, é produtiva entre as latitudes 35° N a 35° S, requer sempre, para se ter uma boa germinação e crescimento, um solo com boa umidade e elevada temperatura. Sua cultura, restrita nas décadas de 40 a 60 às regiões dos estados de São Paulo, Minas, Rio de Janeiro, estados do Nordeste e estado do Paraná, passou, após a década de 80, com o lançamento do Programa de Produção de Álcool (PROÁLCOOL), a se desenvolver praticamente em todos os estados do Brasil.

Para uma boa germinação, a cana-de-açúcar necessita de uma boa umidade do solo, que é sempre proporcionada pelas chuvas de verão e também, nas últimas décadas, pela prática da irrigação, além depela temperatura mais elevada que ocorre em várias regiões do Brasil.

E, em função dessas condições, nossos canavieiros fazem o plantio da cana no estado de São Paulo durante os meses de Janeiro a Abril, assim como os dos estados do Paraná, Mato Grosso do Sul, Mato Grosso, Goiás e Minas Gerais, canas estas que se identificam como cana de ano e meio ou de dezoito meses, e as plantadas de setembro a início de novembro são conhecidas como cana de doze meses ou de cana de ano.

Entretanto, pode-se salientar que, na atualidade, as usinas que praticam a irrigação, a renovação de muitos talhões de cana têm se processado praticamente durante todo o ano. Assim,pode-se dizer que cortando o talhão de cana no início da safra, como por exemplo, em maio, este talhão, não estando dando uma boa produtividade, o mesmo é preparado para receber novo plantio. Deste modo, o produtor tem a possibilidade de manter e garantir à usina a sua cota de entrega da matéria prima e manter, com mais estabilidade, sua receita financeira anual.

É importante dizer que nossos plantadores de cana estão hoje bem preparados para executar os seus plantios, mesmo porque têm recebido assistência permanente das empresas que atuam no setor de cana, ligadas a comercialização de adubos, máquinas tratores agrícolas, defensivos, etc. O solo, após gradeado, recebe calcário e, durante o plantio, é adubado com adubos químicos. O plantio, dependendo das condições, tem sido feito manualmente ou, modernamente, por plantadeiras mecânicas.

Nos solos que devem ser reformados tem ocorrido a plantação durante o mês de dezembro da Crotalária juncea ou o feijão de porco, como suprimento orgânico. Em fevereiro, ou seja, após 90 a 110 dias, seus vegetais são destruídos e incorporados ao solo, melhorando a qualidade orgânica do mesmo, além de impedir a brotação de ervas daninhas. As canas, assim plantadas, devem ser colhidas para o próximo ano, conhecidas por cana de ano e meio ou de dezoito meses.

Outros tipos de canas encontradas são as chamadas soca ou de segundo corte, e as ressocas, ou de terceiro corte, respectivamente produzidas pela brotação após corte da cana-planta e da soca. Para esses tipos de cana, o tratamento é iniciado com a prática cultural de eliminação da palhaça remanescente do corte da cana anterior. Esta eliminação pode ser feita pelo simples enleiramento da palhaça de três ou quatro linhas em uma rua. Entretanto, se o corte foi de cana crua, resta mais palhaça e, neste caso, enleiram-se em linhas alternadas, permanecendo aí até sua decomposição. Há algumas vantagens nessa técnica: diminui a área a ser cultivada e aumenta a quantidade de micro-organismos no solo. Mas, tem também suas desvantagens, abrigando pragas e dificultado a adubação. Pode-se também recorrer à queima da palhaça. Esta operação não prejudicará em muito o solo, desde que se adote a adubação verde na época da reforma do talhão. Essa prática tem a vantagem de eliminar os focos de praga e facilitar a operação de adubação.

Deve-se considerar, ainda, outro tipo de cana encontrado com frequência, as canas "bis", isto é, canas que permaneceram no campo por dois ciclos. Essas canas têm surgido, não devido à adoção de uma técnica de cultivo, mas sim pela alta incidência de chuvas de dezembro, que podem chegar a impedir o corte e, assim, a usina pode encerrar sua safra. Estas condições têm ocorrido em alguns lugares dos estados de São Paulo e Paraná. A prática de deixar a cana no campo por mais de um ciclo é técnica adotada por alguns países, que veem nela melhor qualidade da matéria prima para se iniciar a safra. Cesar (1970) observou que na eventualidade de se ter que deixar canas em pé por mais de um ciclo, é preferível que fiquem as soqueiras, pois estas mostraram menos fatores desfavoráveis, quando comparadas com as canas-plantadas. Tal trabalho pioneiro de Cesar (1970) sobre cana bisada e válido até hoje, porque outros autores chegaram as conclusões semelhantes para a cultivar IAC91-1099, enquanto cana bisada, colhida no início de safra, não difere da cana soca de ano como matéria-prima para a indústria sucroenergética, na maioria dos componentes tecnológicos, com exceção da fibra e na maioria da pureza, que foram superiores na região Centro-Sul. De modo geral, a cana bisada é mais fácil de ser colhida manualmente e tem rendimento na ordem de 8,0 a 9,0 t/homem por dia, enquanto a cana-planta de 4,5 a 5,0 e a soqueira de 2,0 a 3,0 t/homem dia. Uma colhedora de cana interia ou picada tem um rendimento na ordem de 50 toneladas por máquina hora.

Na tabela 8, abaixo, organizado com dados coletados da obra de Barnes (1974), verifica-se que o ciclo da cana, no mundo, é variável, em função das condições edafoclimática, podendo chegar até 36 meses, como é o caso do Hawaí. De modo geral, a cana-de-açúcar, nos diversos países, tem sua maturação variando de 12 a 18/20 meses. (SILVA et al., 2015).

Tabela 8 - Ciclo de cana-de-açúcar no mundo açucareiro.

REGIÃO AÇUCAREIRA	CICLO DA CANA-DE-AÇÚCAR (EM MESES)	
	CANA-PLANTA	SOCA
África do Sul	14 - 24	12 - 22
Argentina	12 - 14	- - -
Brasil:		
Nordeste	12 - 14	12 - 14
Sul	12 - 14	12 - 14
Colômbia	18	16
Cuba	12 - 14	12
	15 - 18	12

Continuação tabela 8

Fiji	14 - 18	12 - 15
Filipinas	12 - 14	12
Formosa	12	12
	15 - 18	- - -
Havaí	18 - 36	- - -
Índia	9 - 12	- - -
Java	12 - 16	- - -
Louisiana	6 - 9	- - -
Maurício	12 - 14	- - -
New South Wales	14 - 16	10 - 12
	24	18 - 21
Peru	20 - 22	16 - 18
Porto Rico	12 - 13	12 - 13
	16 - 18	12 - 13
Queensland	12 - 14	---

Fonte: **Barnes (1974)**

3.3 A CANA-DE-AÇÚCAR E A PRODUTIVIDADE

Como se pode sentir, a partir dos pontos aqui abordados sobre a cana-de-açúcar como matéria prima, a cultura dessa gramínea tem sido, ultimamente, estudada por muitos técnicos e engenheiros de nosso Brasil.

Estas iniciativas se devem à grandeza da agroindústria brasileira da cana-de-açúcar, alcançada nos últimos anos que, em decorrência da proibição do uso do fogo para a sua despalha, a mecanização passou a ser prioridade dos empresários brasileiros que dirigem esse setor.

É importante dizer que o Brasil sempre contou com boas fábricas de tratores e implementos para a cultura canavieira, alcançando na área de plantadeiras um grande desenvolvimento, chegando a ser mais produtiva, alcançando índices de plantio comparados com o plantio manual, variando de 10 a 12 t/ha.

Quando à produção da matéria prima, a situação agrícola referente à existência de variedades mais produtivas e produtividade atual deve merecer, das usinas e destilarias, uma contínua preocupação e espera-se que o Instituto Agronômico de Campinas possa continuar dando sua contribuição na seleção de suas variedades de cana à Rede interuniversitária para o Desenvolvimento do Setor Sucroalcooleiro (Ridesa) e o Centro de Tecnologia Canavieira (CTC) .

Conforme tem sido escrito e defendido por Dib Nunes Júnior (2016), a agricultura canavieira precisa trabalhar para sair das 72 TC/ha e chegar a 100 TC/ha ou mais. Como disse o referido pesquisador, o produtor de cana deve corrigir todas as perdas e falhas inerentes ao plantio, tais como as decorrentes do uso de variedades pouco produtivas, controle de pragas e moléstias, sistemas de adubação, tratos culturais, entre outros.

3.4 A MATURAÇÃO DA CANA-DE-AÇÚCAR

O processo de maturação da cana-de-açúcar se inicia quando esta gramínea atinge sua fase adulta, através de reações como a produção de glicose e frutose, que por sua vez formarão a sacarose que se deposita em maior quantidade nas partes inferiores do colmo.

O ciclo de vida de um colmo está dividido em dois períodos distintos: o crescimento vegetativo e o armazenamento de sacarose. No primeiro ciclo, que coincide com o período de calor e umidade, o colmo de cana mostra um exuberante crescimento, com alguma deposição de sacarose nos intermédios inferiores e, na fase seguinte, a cana acelera o processo de armazenamento de sacarose nesta fase final de crescimento que se processa sua industrialização. Tal fase de maturação da cana-de-açucar, pela paralização do seu crescimento vegetativo e pelo acúmulo de sacarose nos colmos. Este processo é fortemente influenciado pelo clima, que altera a duração e o rendimento da sacarose ao longo da safra.

Como já foi dito, essas fases coincidem com os meses de dezembro a abril (crescimento mais exagerado), e de abril a novembro como fase de armazenamento de sacarose. Esses dois períodos de crescimento e amadurecimento são função das variedades das canas plantadas.

De modo geral, as exigências climáticas para o crescimento e o desenvolvimento vegetativo estrão descritas acima (temperatura durante o dia entre 22° e 30°C para o crescimento, e temperatura mínima de aproximadamente 20°C para o desenvolvimento da maturação, pois estende o período vegetativo e prejudica o acúmulo de sacarose). Para que o processo de maturação ocorra satisfatoriamente é necessário uma estação seca e com temperaturas mais baixas, na faixa de 10° a 20°C.

É importante frisar que os talhões de canas colhidos de abril em diante reiniciam a brotação de seus colmos e devem ser tratados com os recursos normais, empregando-se adubos e acerto do solo nas entrelinhas, dando um reinício de novas touceiras.

Em algumas regiões do centro-oeste, as usinas têm aplicado maturadores artificiais com a finalidade de se restringir um maior crescimento da planta, o que de certo modo favorece o início antecipado da maturação e da safra sucroalcooleira.

Como a maturação é um processo fisiológico, está condicionada a fatores naturais e artificiais, destacando-se a natureza do solo, o clima (ausência das chuvas), os tratos culturais, corte de irrigação, a variação e aplicação de maturadores artificiais.

3.5 VARIEDADES

Com o lançamento do Programa Nacional do Álcool do Brasil (PROÁLCOOL) em 1975, as lavouras de cana-de-açúcar paassaram a tornar as várias regiões do Brasil mais verdes. Muitas destilarias foram projetadas e instaladas nos estados de Mato Grosso, Mato Grosso do Sul, Goiás, Minas Gerais, Paraná, São Paulo, Espírito Santo e na região Nordeste.

E, para isso, muitos empresários foram chamados a investir neste programa e a contratar técnicos e engenheiros para trabalhar nessas implantações.

Do ponto de vista agrícola, esses projetos precisaram contar, inicialmente, nos anos 70, com as variedades de cana-de-açúcar existentes em usinas do centro sul do Brasil, tais como a CB 4176, a CB 4114, a CB 49260, a CB 47355, a CO 419, a CB 4013, e já algumas variedades selecionadas no Instituto Agronômico de Campinas, como as, IAC 51-205, IAC 4865

Dada a grande rusticidade, a CB 4176 passou a ser a variedade mais plantada nessas áreas no período de 1980 a 1990.

Do ponto de vista da maturação e teores de açúcares, neste período de 1960 a 1980, as variedades de cana se comportavam como variedades ricas, médias e pobres em teor de açúcar, conforme a seguinte classificação:

a) Variedades ricas: teor de sacarose acima de 14% e pureza maior de 85%
b) Variedades médias: teor de sacarose entre 12,5% a 14% e pureza maior de 82%
c) Variedades pobres em açúcar: teor de sacarose abaixo de 12,5% e pureza no colmo menor do que 82%

Em função deste critério, o produtor sempre procurou plantar a variedade de maior potencial agrícola, já que o pagamento recebido era em função do peso da matéria prima cultivada. Nesta ocasião, nas décadas de 60 a 80, as variedades se diferenciaram quanto ao período de crescimento, comportando-se com crescimento rápido, resultando também em amadurecimento rápido, e as que demoram mais para crescer, resultando num amadurecimento tardio.

Diante dessas analogias, o comportamento das variedades de cana passou a ser estudado e Brieger (1968) estabeleceu os parâmetros para se caracterizar o período útil de industrialização (PUI) das variedades, considerando o Pol. da cana, variando de 13 a 18%, como nota-se no gráfico da sequência. (Figura 9).

Todavia, passado este período de 1980 a 2000, quando surgiram novas variedades, como a Na 56-79, introduzida por Gilberto Miller Azzi, técnico do IAA em 1965, a SP 70-1143, a SP 61-63, variedades dominantes nas novas lavouras do estado de São Paulo e que foram abandonadas por problemas como o ocorrência do carvão, a doença do amarelinho e outras doenças sanitárias, fez com que as indústrias sucroalcooleiras concentrassem o cultivo de duas variedades em maior escala, como foi o caso da usina Itamarati , município de Nova Olímpia, com a variedade SP 70-1011 e a Barralcool, Barra do Bugres, MT com a SP 70-1406, trazida de uma usina do estado de Goiás.

Nesse período, a Usina Itamarati cultivou em grande escala a SP 79-1011, variedade esta que melhor atendia a colheita mecânica por sua robustez. Já a Usina Barralcool tinha um maior desempenho com a variedade SP-1406. Entretanto, as nossas usinas nunca deixaram de cultivar certas variedades, como a RB72- 454 e algumas IACs. Atualmente, a variedade de cana predominante nas Usinas de Mato Grosso é a RB 86-7515, aparecendo também em maior quantidade de plantio, segundo Cherubim (2016), nos estados do Paraná, Goiás, Rio de Janeiro, Sergipe, São Paulo e Mato Grosso do Sul.

Há uma dinâmica natural de mudanças das variedades por diversos fatores, o que fica evidente nas figura 8 e 9, com base no censo varietal do IAC sobre últimos anos das áreas implantadas (2012 - 2016).

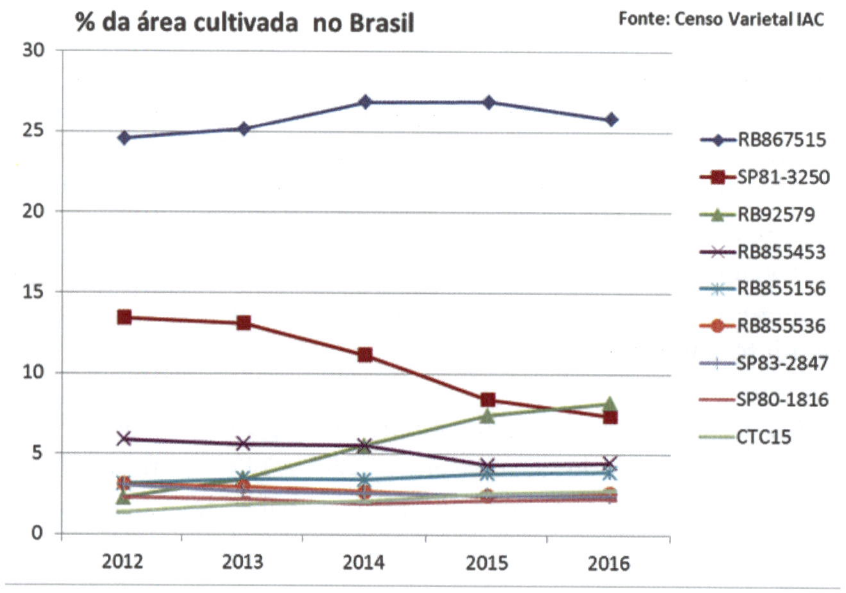

Figura 8 - Evolução da percentagem de participação das principais variedades de cana-de-açúcar no Brasil, no período de 2012 à 2016. Fonte: Braga Junior (2017).

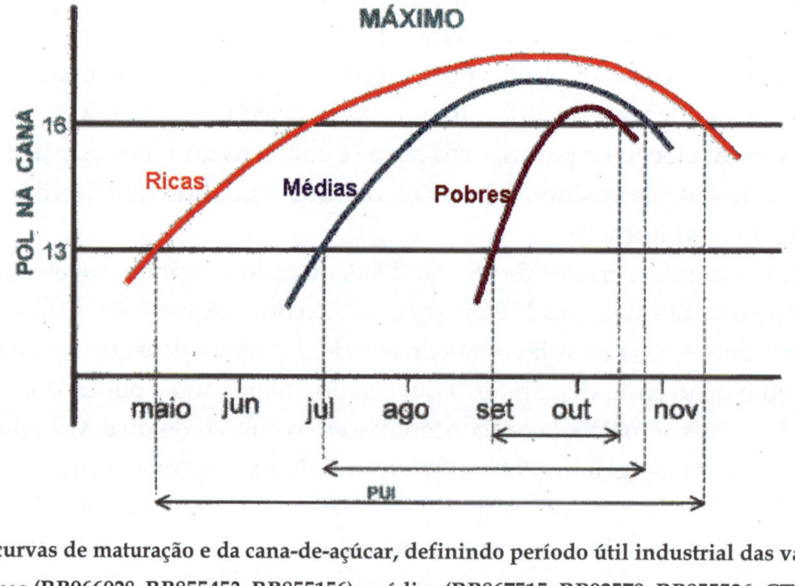

Figura 9 - As curvas de maturação e da cana-de-açúcar, definindo período útil industrial das variedades, em função serem ricas (RB966928, RB855453, RB855156), médias (RB867515, RB92579, RB855536, CTC15, SP81-3250, SP80-1816) e pobres (SP83-2847) em açúcar na cana.

É importante saber que a escolha de uma determinada variedade tem chamado a atenção de muitas entidades coorporativas, que vem procurando dar a melhor contribuição a mais entidades que trabalham na área sucroalcooleira e técnicos na busca de melhoria no desempenho agrícola de novos clones, como do Centro de Tecnologia Canavieira (CTC), a Rede Interuniversitária para o Desenvolvimento do Setor Sucroalcooleiro (RIDESA), além do Instituto Agronômico de Campinas (IAC).

Para servir como parâmetro e avaliar a situação de nossas lavouras de cana no país, reproduzimos, em sequência, a evolução dos indicadores técnicos e seu custo de produção agrícola, divulgado pela Revista Canavieiros (Tabela 9).

Tabela 9 - Evolução dos Indicadores Técnicos e Custos de Produção Agrícola no Brasil

Indicador	Safra				
	2007/08	2009/10	2011/12	2013/14	2015/16
Produtividade Agrícola (t/há)	84,67	91,62	70,20	81,19	81,00
Qualidade da matéria-prima (Kg de ATR/t)	143,34	129,91	136,45	131,31	132,82
Mecanização Agrícola (R$/t)	11,00	17,17	21,86	25,62	27,83
Mão de Obra (R$/t)	5,54	3,43	6,31	5,88	6,12
Insumos (R$/t)	5,75	3,43	5,90	5,79	6,28
Arrendamentos (R$/t)	3,53	5,58	12,90	10,23	12,84
Despesas Administrativas (R$/t)	4,34	2,23	3,76	3,71	6,10
Custo Total (R$/t)	42,53	47,61	77,21	81,24	91,51
Custo de Formação do Canavial (R$/há)	2.668,91	3.730,60	4.167,82	6.590,67	7.185,77

Fonte: **Silva (2016).**

Analisando-se os dados inseridos nesta Tabela (9), verifica-se que a produtividade mostrou resultados de 2007 a 2015, variando em termos de produtividade em toneladas por hectare no Brasil, dados estes que são alcançados e, por vezes, superados por muitas usinas brasileiras.

3.6 TRATAMENTOS, REFORMAS E FORMAÇÃO DE NOVOS TALHÕES DE CANA

As usinas de açúcar e destilarias autônomas de etanol, as destilarias de aguardente, os fornecedores que utilizam a cana como matéria prima, anualmente, mesmo no decorrer da safra, devem executar os tratamentos convencionais de manutenção de seus canaviais, envolvendo os tratos culturais inerentes, como adubação, aplicação de herbicidas, limpeza de carreadores, etc. Esses tratamentos tem sido feitos em canas de 1º, 2º, 3º e até nas canas de 4º corte e naquelas que são merecedoras de serem adubadas, por mostrarem-se ainda produtivas.

As canas que não se mostrarem produtivas devem ser gradeadas e o solo preparado para receber novos plantios.

REFORMA DE TALHÕES DE CANA

As operações envolvidas para a reforma dos talhões, conforme dito no descritivo acima, envolve sempre uma gradagem pesada, visando a destruição das raízes mais profundas, uma gradagem leve e por adequada formação de curvas de nível, se necessárias.

Para a execução desses plantios, a usina, destilaria, e mesmo os fornecedores podem dispor de suas próprias mudas de cana ou, mais modernamente, adquirir ou produzir as mudas de que necessitam.

Para esses plantios, tem sido tradição os fornecedores, os sitiantes, as usinas e destilarias executarem esses serviços conforme as seguintes opções:

a) Executar esses serviços com os membros da família fornecedora das usinas;
b) Executar esses plantios, usando as modernas plantadeiras de cana;
c) Contratar o serviço de terceiros residentes na região ou mesmo nos municípios vizinhos.

Para o caso de se utilizar de mudas da própria fazenda ou usina, o gerente e demais funcionários, ajudados pelo pessoal contratado, dividem-se nas funções Assim, uns cortam as mudas, outros distribuem nos sulcos, outros cortam em toletes. Cabe à usina fazer a distribuição do adubo e cobrir essas canas com terra, que fica na lateral do sulco.

PLANTIOS COM MUDAS ADQUIRIDAS DE EMPRESAS PRODUTORAS

Nestes últimos anos, algumas empresas ligadas às atividades agrícolas do Brasil têm procurado oferecer aos produtores de cana-de-açúcar novas opções de formação de novos canaviais.

Como o Brasil é país essencialmente agrícola, algumas empresas estrangeiras vem atuando no Brasil, principalmente na produção de novos insumos agrícolas e também atuando junto a muitas usinas sucroalcooleiras de nosso país, como a Syngenta, Basf, Perrfecta, Embrapa, IAC e outras.

A Syngenta vem procurando desenvolver o setor agrícola das usinas brasileiras, lançando as sementes de cana ainda não disponíveis e as mudas de cana pré brotadas (MPB). A Basf também vem trabalhando com este mesmo objetivo. Tem sido inclusive divulgado o uso de uma máquina cortadeira de nós (gemas) dos toletes de cana, selecionados para serem usados na produção de mudas e o desenvolvimento de uma máquina plantadeira dessas mudas pré brotadas, que favorece a formação de novos talhões de cana com o uso das mudas pré brotadas.

Ao lado dessas empresas, está a empresa brasileira Perrfecta, lançando a opção de se implantar também, em algumas usinas brasileiras, um sistema de produção de mudas de cana, opção esta que vem sendo implantada na Usina Barralcool S.A, situada em Barra do Bugres, MT.

Deste modo, os produtores brasileiros de cana-de-açúcar têm, já em 2018, à sua disposição, além das mudas de cana de seus canaviais, as mudas de cana pré-brotadas idealizadas pelas empresas Syngenta, Basf e da empresa Perrfecta.

É de se esperar que essas opções de formação dos canaviais das usinas brasileiras possam facilitar, tecnicamente e economicamente, as atividades dos produtores de cana em nosso país.

Figura 10: Centro de Produção de Mudas de Canas Pré-Brotadas Usina Barralcool.

A usina Barralcool, através de seu Departamento Agrícola, está produzindo estas mudas conforme mostra a Figura 10. A técnica utilizada pela usina está na separação da gema dos toletes selecionados, que são colocados ou plantados nos canteiros aéreos com substratos de areia. Esses toletes são irrigados e recebem soluções nutritivas. Após brotamento, retira-se com cuidado as mudas, que são transplantadas em tubetes, as quais passam a receber, continuamente, soluções nutritivas, até a condição de serem levadas ao campo, para a formação de um novo canavial, onde o solo já se encontro previamente preparado.

TÉCNICA DE PLANTIO POR MEIOSI

O plantio da cana-de-açúcar, seja em áreas novas ou de renovação do canavial, tem sido feito, ultimamente, por um sistema ou técnica conhecido por meiosi. Esta técnica de plantio consiste em fazer um sulco distanciado de outro sulco, deixando entre eles uma área para plantio de 8 a 10 sulcos, que serão feitos para plantio com as mudas das duas linhas plantadas, conforme mostra a Figura 11.

Figura 11: Espaço intercalar no campo, quando se utiliza de meiosi

Assim, por exemplo, plantando-se as duas linhas laterais em setembro, essas canas vão crescer em maio/abril e servirão como mudas para plantio dessas linhas intermediárias.

Esta técnica visa obter uma economia de transporte de mudas, quando se realiza o plantio em março/abril.

Nesta faixa de solo entre essas linhas laterais, pode-se plantar o feijão de corda, a crotalária, amendoim, soja, milho, etc.

A vantagem desse sistema está no transporte de cana, que cresce na área de renovação do canavial (nas duas linhas laterais), servindo-se de muda. As usinas e os fornecedores de cana devem estudar outras opções de datas de plantio para realizar as operações de meiosi, pressupondo-se trabalhar com mudas com mínimo de seis ou sete gomos viáveis. Assim, plantando-se em fevereiro/março, pode-se ter mudas com esse perfil em setembro, dispondo-se do auxílio de irrigação nos períodos secos (julho a agosto).

3.7 AVALIAÇÃO DA ATR PELAS USINAS E DESTILARIAS PARA FINS DE PAGAMENTO

A ATR, Açúcar Total Recuperado, como já se salientou anteriormente, está constituída, atualmente, num parâmetro importante para a avaliação da qualidade da cana-de-açúcar para as usinas e de açúcar e destilarias de etanol. O conhecimento deste índice está sendo considerado básico para a orientação da colheita da cana em nossas usinas e para remunerar a matéria prima entregue. Tal prática se origina no sistema de pagamento de cana pelo seu teor de sacarose, conhecido pela sigla de PCTS, foi introduzido a priori no estado de Alagoas em 1979 e em São Paulo na safra de 1998/99.

Para sua determinação, as usinas e destilarias devem organizar seus laboratórios de análises para avaliar bem a riqueza do açúcar de sua matéria prima, desde a coleta da amostra no campo, como no momento do descarregamento na usina, quando de sua pesagem.

Assim, a ATR passou a ser um bom índice de avaliação da matéria prima, seja em contratos de arrendamento, seja para pagamentos pelas usinas aos seus fornecedores, seja como um valor orientativo para a seleção de mais variedades de cana.

E em função disso, as usinas das regiões Centro Sul do país e Centro Oeste começam a avaliar suas canas já a partir do mês de março. As amostras coletadas, constituídas de 5 a 6 canas, são desfibradas no laboratório da usina e homogeneizadas. Uma subamostra de 500g é colocada no digestor e prensada, separando em parte de caldo e outra de bagaço identificado como bolo úmido e pesado. Na figura 12, tem-se o fluxograma de coleta de informações da cana, que é padronizado pela CONSECANA nas etapas de pesagem e de coleta de amostra de cana do caminhão por sonda amostragem (horizontal em três pontos ou oblíqua), desintegração em desfibrador forrageiro, homogeneização em equipamento tipo betoneira, sendo então retirada uma amostra de 2kg. Esse material é enviado ao laboratório, onde será pesado 500g. posteriormente, feito a extração do caldo em prensa hidráulica a 250 kg/cm2, obtendo-se o caldo extraído para as análises tecnológicas e o bolo úmido que é pesado (PBU).

Desta operação, calcula-se a fibra por uma fórmula desenvolvida pela CONSECANA a partir do peso do bolo úmido (PBU) (Conselho de Produtores de Cana-de-açúcar do Estado de São Paulo, 2006), ou, caso deseje secar e pesar o bolo seco (PBS), pode ser aplicada a fórmula de TANIMOTO.

No caldo extraído da prensa faz-se a análise do Brix, do PH e se clarifica para o cálculo da Pol. Atualmente, as usinas avaliam os teores da matéria prima, visando o controle de colheita. Do Brix e da pol calcula-se a pureza. As análises de Pol. por podem ser feitas por sacarometria e açúcares redutores (calculado ou por Titulométrico) (Método Eynon Lane), isto é, os açúcares redutores reagem com os íons cúpricos da solução de Fehling, reduzindo-se a íons cuprosos, sob a ação do calor em meio alcalino. Ao reagir com os íons cúpricos, os açúcares sofrem oxidação, enquanto que o cobre é reduzido, formando-se um precipitado vermelho de óxido cuproso. Os açúcares não redutores devem sofrer uma prévia hidrólise com ácido clorídrico, dissociando o dissacarídeo em seus monossacarídeos ou, mais modernamente, por cromatografia, técnica que vem sendo desenvolvida pelo laboratório do Departamento de Tecnologia de Alimentos da ESALQ, Piracicaba-SP, e por outras empresas de assessoramento, tais como FERMENTEC, COPLACANA e outras.

A ATR poderá ser calculada pela fórmula desenvolvida pela CONSECANA (2006), a saber:

ATR = (9.26588 x PC) + 8.8 . ARC, onde considera-se que:

PI = a perda industrial média dos açúcares contidos na cana-de-açúcar, em função dos processos industriais utilizados no estado de São Paulo, na ordem de 12%;

10 x PC = pol% tonelada de cana;

10 x ARC = açúcares redutores por tonelada de cana;

1,0526 = o fator de cálculo estequiométrico de transformação da sacarose em açúcares redutores.

O valor de perdas industrias (PI) é um número negociado entre o fornecedores e as usinas, variando de 7,8 à 12%, e que tem embutida uma somatória de perdas na fabricação do açúcar e do etanol, como na lavagem da cana (0,5 a 0,6%), na extração (3,2 a 3,7%), no tratamento do caldo (0,4 a 0,7%), na fermentação (3,6 a 4,8%), na destilação (0,1 a 0,2%) e as indeterminadas (1,1 a 3,2 %).

Para ilustrar com mais precisão coleta de dados para estimar o valor de ATR (Figura 12) e seu comportamento nas diversas variedades de cana plantada e colhida nas regiões do Centro Sul e do Centro Oeste do Brasil. A figura 12 mostra o fluxograma operacional para a coleta de dados automatizada em laboratório instalado próximo da balança de pesagem da carga de cana entregue pelo fornecedor, dados estes que depois de calculados são transferidos para a central de dados da usina para efeito de pagamento.

O preço da tonelada da cana é calculado em função do ATR médio da usina ou do estado onde está m se localiza, considerando-de o preço do açúcar e do álccol comercializado, sendo que o produtor da cana teria uma participação ao redor de 60% do valor que a usina auferiria com comercialização dos produtos. Deste modo, o CONSECANA chegaria a um vlaor, por exemplo, de R$ 0,26 por kg de ATR e que as cana entregues pelo fornecedor apresentem 145 kg de ATR por tonelada. Estima-se o preço por tonelada de cana pela simples multiplicação (R$ 0,26 x 145 kg ATR/TC).

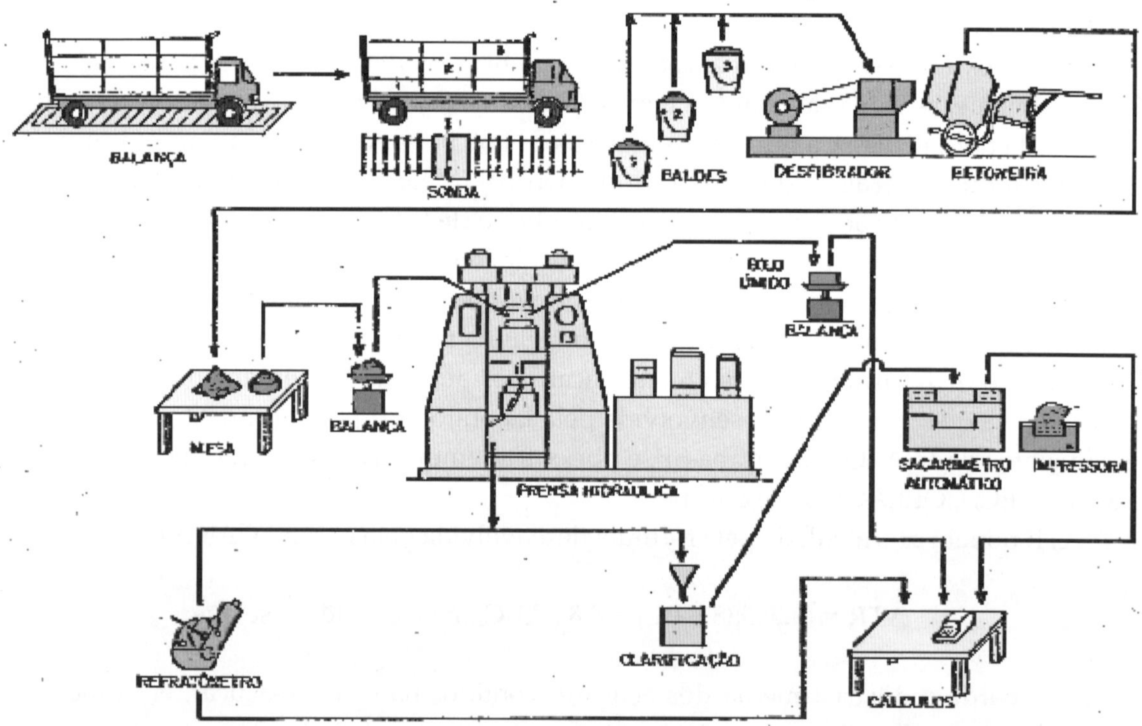

Figura 12 - Fluxograma de coleta de amostras de cana-de-açucar e informações para obter dados analíticos para cálculo do ATR. Fonte: CONSECANA, 2006.

A Figura 13 mostra os parâmetros numéricos de ATR, identificados de março ao mês de dezembro de uma safra anual.

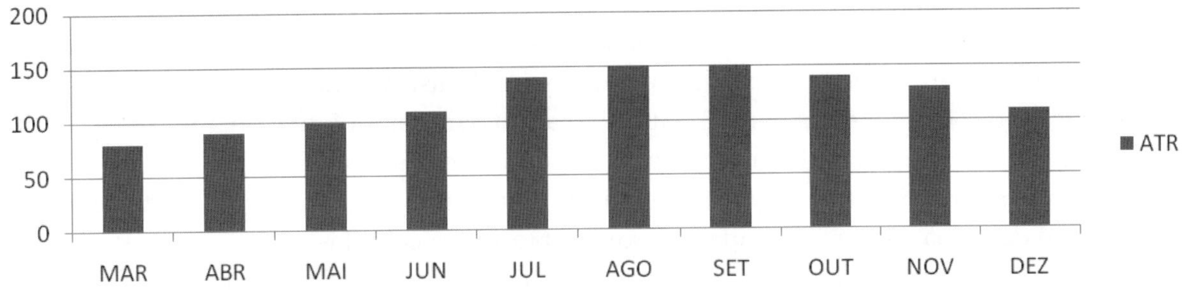

Figura 13 - Comportamento da ATR do mês de março a dezembro na região Centro-Sul.

Obs.: Verifica-se que, pelo Gráfico da ATR, os maiores valores são identificados a partir do mês de julho a novembro, no caso das usinas situadas na região Centro-Sul e Centro-Oeste. Fonte: CONSECANA-SP. Manual de Instruções, 2006.

Hoje, o sistema está desde 2016 em fase de reavaliação, devido ao interesse dos fornecedores em receber, também, pela fibra entregue junto com matéria prima, e não apenas por sacarose da cana. O argumento que a usina utiliza a fibra para gerar um excedente de energia elétrica comercializada e que deseja ser, também, ser remunerada por isso.

3.8 IMPORTÂNCIA DO CLIMA, DO SOLO E DA ADUBAÇÃO

a) Clima

As condições de calor e umidade das diversas regiões do Brasil são fundamentais para diversas culturas de interesse econômico no Brasil. Em relação à cana-de-açúcar, esta gramínea se desenvolveu bem no litoral de São Paulo, quando se estuda sua origem, litoral do Rio de Janeiro, do Nordeste brasileiro, e se adaptou muito bem em vários estados brasileiros, onde a temperatura média não for inferior a 15°C. As condições climáticas são importantes para a escolha de áreas para plantio da cana, o que deve seguir o Zoneamento Agrícola de Risco Climático (Zarc Cana) da Embrapa para cultivo, também articulado com indicadores ambientais do Zoneamento Agroecológico Econômico (ZAE Cana), dos mapeamentos de desmatamentos e das informações edafoclimáticas, fornecendo à Política Agrícola uma base sólida de informações sobre onde plantar com menor risco e menor conflito ambiental e social.

Com o passar dos anos e com o aparecimento de mais variedades de cana, sua cultura passou a florescer praticamente em todo o Brasil onde a temperatura for superior a 20°C. Em relação à ocorrência de chuvas, sua presença tem definido a sobrevivência de vários canaviais, sendo fundamental a presença de uma precipitação hídrica de 1200mm anuais no período de desenvolvimento vegetativo. Esse é o caso do estado de São Paulo, que tem um período seco, praticamente sem chuva, de junho a outubro, período este chamado de inverno e onde a cana-de-açúcar atinge sua boa maturação, e de outro período de março a outubro, onde ocorre o plantio e crescimento dessa gramínea.

Caso ocorra alguma deficiência térmica, as usinas têm se socorrido da prática da irrigação, já que no caso de destilarias há sobra de vinhaça. Na região Centro-Oeste, tem-se a prática da irrigação, usando-se vinhaça misturada com águas residuais. A aplicação é feita em duas ou três irrigações de 60 milímetros por mês, após o plantio para cana-planta, ou após os cortes de canas de 2º ou 3º cortes. A vinhaça, associada à aplicação das sobras de águas condensadas e residuais, têm sido aplicada na irrigação de muitos canaviais, o que vem favorecendo o melhor crescimento das canas recém-plantadas e as que estão sendo colhidas.

Em relação a outros estados brasileiros, como o Rio Grande do Sul, Santa Catarina, algumas partes do Paraná e algumas regiões dos Estados de Minas Gerais, São Paulo e Rio de Janeiro, a implantação de usinas de cana e de destilaria de grande porte devem merecer estudos de viabilidade econômica.

A geada tem uma intensidade que proporciona vários níveis de danos, isto é, desde uma simples queima de folha, até a morte da gema apical e das gemas laterais superiores e, até mesmo, a morte de todas as gemas laterais. Na prática, podemos observar que as partes afetadas adquirem, a princípio, uma aparência aquosa, e em pouco tempo tornam-se focos de infecções por fungos e bactérias, o que favorece uma rápida deterioração microbiológica que prejudica a qualidade da matéria prima. Se ocorrer apenas a morte dos tecidos da gema apical devido à geada, ocorre pelo efeito da presença de água em partes da planta com baixo teor de sólidos (ponto de congelamento, se atinge um valor abaixo de -1 °C a -3 °C), ocorrerá que as gemas laterais que não foram danificadas brotam e ocasionam uma cana com pontas múltiplas, ou parecendo que estão "envassouradas".

Por isso, em caso de geadas, as canas afetadas devem ser rapidamente cortadas e enviadas à indústria.

Após a geada, é fundamental mensurar-se os danos na lavoura, mapeá-los e rastrear os prejuízos para industrialização. Se as condições climáticas e a sensibilidade da variedade à geada forem favoráveis, a perda de qualidade tecnológica demora mais tempo para ocorrer, podendo manter teores de sacarose por período útil para industrialização de até 45 dias. Se for intensivo, o processamento deve ocorrer em uma semana.

b) Solo

O solo brasileiro tem boa característica para a cultura da cana-de-açúcar; prova disso é que se têm usinas e destilarias em muitos estados brasileiros.

E isso foi possível dada a pujança de nossos governos, com a criação do Proetanol, 1975. Novas Rodovias foram construídas e reformadas e novas linhas de energia elétrica foram viabilizadas.

É importante citar que os solos argilosos e turfosos podem retardar a maturação da cana e que os arenosos, por serem mais permeáveis, favorecem seu crescimento. É importante o desenvolvimento de novas tecnologias, como o uso da irrigação, da colheita mecânica da cana, assim como, ultimamente, o plantio mecânico tornaram-se técnicas que vieram beneficiar o desenvolvimento tecnológico do ramo sucroalcooleiro no Brasil.

c) A importância da Adubação

Aplicação de adubo na cultura canavieira vem sendo feita há dezenas de anos. O nitrogênio, o fósforo e o potássio constituem os elementos essenciais de nossas canas, precedidos sempre de uma boa calagem do solo. A adição de micronutrientes incluídos em algumas fórmulas de adubos tem sido benéfica para o crescimento das lavouras canavieiras, como o zinco, o ferro, entre outros. A vinhaça oriunda da destilação do etanol tem sido bastante benéfica nas lavouras canavieiras, assim como as práticas de irrigação em áreas mais secas.

A eficiência de utilização do fósforo do fertilizante é baixa. São comuns utilizações pela cana de 10 a 15% do fertilizante aplicado. As doses de fósforo aplicadas nas adubações são bem maiores que as quantidades exportadas, embora elevem os teores de P no caldo. Um dos fatores responsáveis pela baixa eficiência da adubação com fósforo nos solos tropicais é o alto teor de óxidos de ferro e alumínio, que promovem a fixação do fósforo (CESAR et al., 1987 e 1989). E tem sido prática entre os plantadores de cana usar no plantio uma formulação de adubo, que contemple um teor maior de fósforo, como por exemplo, 5-30-15, adicionado de um micronutriente.

Para adubação das soqueiras, usa-se uma formulação que contempla maior nitrogênio, como por exemplo, 18-4-24, reduzindo o teor de fósforo, que é maior na adubação de cana planta ou cana de primeiro corte. Por outro lado, Cesar et al (1990) verificam que os teores de fósforo, cálcio e potássio no caldo mostraram-se influenciados pelo fator variedade, o mesmo não acontecendo em relação aos teores de magnésio, ferro, alumínio e enxofre. Todavia, com base nas concentrações de todos os elementos, não se chegou à melhor variedade para a indústria. Outro aspecto é o efeito da época de colheita na composição da matéria-prima. Verificou-se que os teores de fósforo, alumínio e ferro no caldo foram alterados no decorrer da maturação na safra.

De qualquer forma, é fundamental para as pré-culturas de cana-de-açúcar e outros cereais, como arroz, soja, feijão, trigo, entre outras culturas anuais, fazer uma análise do solo, o que permite definir uma formulação de adubo adequada. O efeito da adição da matéria orgânica no solo, pela aplicação das diferentes fontes disponíveis de adubo orgânico, seja resíduos ou adubos verdes, afeta pouco a maturação da cana-de-açúcar, mensurado através da Pol, Brix, Pureza e Açúcares Redutores do caldo e peso de colmos. Cesar et al (1987), em seus estudos fizeram uma complementação, e analisaram a disponibilidade do elemento no solo e a absorção de fósforo pela planta, mediante aplicação de adubos verdes e de fertilizantes orgânicos.

3.9 MATURADORES ARTIFICIAIS

Aplicação de maturadores artificiais, como produtos químicos e hormonais, tem sido feita em muitos canaviais, com vistas à antecipação da maturação da cana.

A aplicação de maturadores, cujas formulações comerciais estão à disposição no mercado, tem sido feito de 20 a 50 dias das datas programadas para início da colheita da cana, variando, assim, de fevereiro a março, com vistas a inibir o crescimento das canas. Sua aplicação tem como função inibir o crescimento e a isoporização da planta, e pode ser feita através de tratores com estrutura especial ou por avião. A aplicação destes produtos requer um planejamento cuidadoso e criterioso, harmonizando a aplicação e a colheita.

Diversos autores classificam os produtos em dois tipos básicos de maturadores para o setor canavieiro: os estressantes e os não estressantes. Os estressantes são inibidores de crescimento que estimulam acúmulo de sacarose, em detrimento à sua utilização como fonte de energia para o crescimento. Assim, a redução no ritmo de crescimento estimula a planta a amadurecer.

Os maturadores não estressantes não reduzem o ritmo de crescimento da planta, sendo que sua ação provoca a liberação de etileno, substância responsável pela maturação, o que favorece a acumulação de sacarose nos colmos da cana. O ethephon é um exemplo deste tipo de maturador. Esse produto ainda tem sido utilizado para aumentar o perfilhamento, a brotação, o crescimento e o controle do florescimento. Há estudos em usinas, indicando que canavial deficiente em Boro (B) haveria menor acúmulo de sacarose, o que poderia associar a maturadores aplicados no estágio de prematuração em dose suplementar de B.

3.10 MÉTODOS E CRITÉRIOS DA AVALIAÇÃO DA MATURAÇÃO DA CANA NAS USINAS

Complementando os parâmetros que norteiam a industrialização da cana-de-açúcar em bases econômicas, torna-se imprescindível conhecer o comportamento do crescimento das variedades disponíveis para o cultivo.

Os índices de produtividade das variedades existentes, adequados para determinar ambiente de produção e em cultivo pelas usinas e destilarias, devem nortear a decisão de cada plantador em seus plantios, principalmente nos de cana-planta (1° corte). Tem sido importantes para o setor agrícola sucroalcooleiro as orientações dadas pelas empresas de assessoramento através de seus agrônomos e técnicos agrícolas, objetivando obter sempre melhores índices de produtividade em determinada variedade, índice este sempre desejável a ser de 90 a 100ha para o primeiro corte. Os programas de melhoramento de variedades oferecem as orientações gerais das suas características agronômicas.

A busca por melhores variedades de cana para os plantios de renovação pelas usinas tem sido intensa se a começar com bom preparo de solo com uso de irrigação e adubação orgânica, conforme já salientou anteriormente, pelo uso da crotalária, feijão de porco, torta de filtro oriundo das usinas etc.

3.10.1 OUTRAS TÉCNICAS DE AVALIAÇÃO E MATURAÇÃO DA CANA-DE-AÇÚCAR

Além da análise da maturação da cana pela ATR, hoje assumida praticamente pelos laboratórios das usinas consumidoras desta gramínea, os produtores de cana podem lançar mão dos recursos mais simples, como o aspecto e idade do canavial, análise por refratometria e análises químicas.

ASPECTO DO CANAVIAL: Este método consiste na observação dos aspectos externos mais ou menos característicos da maturação da cana. As características a serem consideradas são: estado de desenvolvimento da cana, gomos descobertos, folhas secas, amareladas e caídas, etc. Para complementar esse julgamento, costuma-se associá-lo à análise da variedade, tipo de solo, topografia, idade da cultura, etc. Entretanto, é uma técnica bastante falha, mesmo quando realizada por velhos e práticos agricultores.

IDADE DO CANAVIAL: Tem sido caracterizado que as variedades de cana-de-açúcar apresentem épocas diferentes de maturação, podendo ser reunidas em três classes: as variedades precoces, médias e tardias. Baseado nisso, o agricultor avalia seu canavial. Todavia, a maturação está intimamente relacionada com os fatores calor e umidade, o que nem sempre ocorre em épocas regulares. A probabilidade de erro é muito grande. Sendo assim, da mesma forma que no método anterior, não se deve recorrer a essa técnica de julgamento da maturação.

REFRATÔMETRO DE CAMPO: O refratômetro de campo é um aparelho que dá diretamente a concentração de sólidos solúveis no caldo. Como existe uma correlação positiva entre o teor de sólidos solúveis e de sacarose, e esta se estreita à medida em que a cana atinge a maturação, a adoção desta técnica de julgamento é recomendável para se efetuar um levantamento da situação do canavial, principalmente porque esse aparelho é de fácil manejo e dá o resultado por determinação direta e imediata, sendo essa leitura conhecida como Brix refratométrico. A graduação desses aparelhos, em geral, vai de 0 a 30%. Por via de regra, acompanham os melhores aparelhos; um êmbolo, um furador e uma prensa. O levantamento do estágio de maturidade do canavial deve ser feito um mês antes do início da safra, para se ter ideia de por onde começar o corte. Os talhões que estão em estágio de maturação mais adiantado podem ser identificados por apresentarem um Brix refratométrico médio, maior ou igual a 18%. O procedimento a ser seguido para a determinação segundo a técnica do refratômetro é a seguinte: o amostrador, de início, em uma ficha, identifica o talhão, e logo em seguida, começa a tarefa de amostragem, caminhando em zig-zag, procurando com isto, cobrir toda área. Essa operação deve ser a mais criteriosa e cuidadosa. Em cada ponto de amostragem toma-se um colmo ao acaso, à esquerda do amostrador, e no seu terço médio, com auxílio do furador, um pequeno pedaço da cana é retirado e colocado na prensa hidráulica. Neste aparelho, uma certa quantidade de caldo é extraída e transferida para o prisma do refratômetro, efetuando-se, em seguida, a leitura, a qual é anotada na ficha de identificação. Essa operação de amostragem deve ser repetida de dez a quinze vezes por hectare. No final da operação de análise, o operador soma os valores obtidos e tira a média. Se esta for maior ou igual a 18% de sólidos solúveis, é um indício de que o talhão está maduro, estando em condições de fornecer material para as análises tecnológicas complementares. Este é um critério observado, em geral, pelos pequenos engenhos de aguardente que não possuem laboratório. Neste caso, da utilização da porcentagem de sólidos solúveis do caldo (Brix) pode-se acompanhar o acúmulo de açúcares nos colmos da cana-de-açúcar, que ocorre da base para o ápice da planta. A planta imatura apresenta uma grande diferença nos teores de Brix entre o entrenó basal e o apical do colmo, e à medida que esta diferença diminui, representa que a planta está em processo de maturação. Essa relação Brix ponta/ Brix pé é chamada de índice de maturação.

ANÁLISES TECNOLÓGICAS: O valor do controle da matéria prima pelo laboratório açucareiro é indiscutível, pois é a ele que compete a responsabilidade de orientar e organizar a colheita através das análises tecnológicas. A amostragem somente será realizada nos talhões em que as análises refratométricas revelarem como maduros. A técnica de amostragem é a mesma descrita anteriormente mas, nesse caso, os colmos devem ser cortados, amarrados e devidamente identificados para que possam ser enviados ao laboratório. No laboratório, os colmos são moídos, a partir do caldo obtido efetuam-se as determinações do Brix areométrico ou refratométrico, pol (polarização, porcentagem em peso de sacarose aparente, medida em desvio da luz polarizada), açúcares redutores e o cálculo da pureza aparente. De modo geral, essas são as análises, mas as maneiras de interpretar o estágio de maturação em função desses dados, são várias.

O Departamento de Tecnologia Rural da Escola Superior de Agricultura "Luiz de Queiroz" (CESAR; SILVA, 1993) considera a cana-de-açúcar como madura, quando a análise de seu caldo fornece os seguintes dados:

Parâmetros	Início da Safra	Decorrer da Safra
Brix	≥ 18,0%	≥ 18,0%
Pol	≥ 14,4%	≥ 15,3%
Açúcares Redutores	≤ 1,5%	≤ 1,0%
Pureza Aparente	≥ 80,0%	≥ 85,0%

O conhecimento da pol. da cana, de seu teor de açúcar redutor, de sua fibra leva à determinação de sua ATR (Açúcar Total Recuperável). Este critério veio simplificar as orientações que o departamento técnico de nossas usinas e destilarias podem dar a seus fornecedores.

Embora hoje outros critérios, como por pontos, através da análise da pol.%, cana e AR% cana, calcule a pureza, não se pode comparar com a simples determinação da ATR. A determinação da ATR deve ser feita de 45 a 60 dias antes do início da safra e deve ser acompanhada pelos produtores, acionistas ou fornecedores das usinas em que estão vinculados (FERNANDES, 1986).

Para Ripoli e Ripoli (2004), não se deveria apenas considerar os valores de ATR ou parâmetros tecnológicos tradicionais e a maturação. Eles propuseram uma série de indicadores na cana-de-açúcar e os valores mais desejáveis para fabricação de açúcar e etanol, que se tranformaram nos seguintes indicadores:

Indicadores	Valores recomendados
Pol % cana	>14
Pureza % cana	>85
ART % cana	>15
AR % cana	<0,8
Fibra % cana	11 a 13
Tempo de queima/corte, em horas	< 8 para manual
Terra na cana , kg/TC	< 5
Contaminação, bastonetes/ mL do caldo	$< 5x\ 10^6$
Teor de alcool no caldo, % Brix	<0,6
Dextrana, Mg/kg de Brix	<500
Amido, MG/kg de brix	<500
Broca da cana, %	<1
Palhiço da cana, %	<5
Ácido aconítico , Mg/kg de Brix	<1500

SISTEMA DE PONTOS

De acordo com a literatura Stupiello (1987), o melhor sistema de controle da qualidade da cana-de-açúcar, em pré e pós-colheita, é o critério de pontos, que consiste na somatória dos pontos atribuído aos valores de Brix, Pol, Pureza e Açúcares Redutores da cana.

Ptotal= PBrix + Ppol + Ppur + Par

Sendo:

Ptotal = pontuação total
PBrix = (Brix % cana - 13)
Ppol = (Pol % cana - 11)
Ppur = (Pureza % cana - 70)/5
Par = 3 x (2,2 - AR % cana)

Em anos chuvosos, no início da safra, deve atingir um mínimo de 9,0 pontos, e no decorrer da safra 12 pontos. Em anos com período seco bem definido, recomenda-se iniciar o corte com 11 pontos, atingindo 14 pontos durante a safra.

CAPÍTULO 4

OPERAÇÕES INICIAIS DA FABRICAÇÃO DO AÇÚCAR E DO ETANOL

As operações iniciais a serem executadas para a fabricação do açúcar e etanol pelas usinas de açúcar e destilarias de etanol envolvem a preparação da fábrica para o recebimento da matéria prima, sua produção, à sua colheita, o transporte, a pesagem, a análises e o descarregamento, operações estás preparatórias para a execução das outras etapas do processo.

É prática normal nas usinas e destilarias, em relação ao setor agrícola, avaliar-se e definir-se a quantidade de cana disponibilizada na safra, seja de cana própria, seja de fornecedores, acionistas ou de arrendamento.

De posse desses dados, a equipe técnica, agrícola e industrial define os meses e dias de moagem e as cotas em toneladas de cana a serem entregues, em todo decorrer da safra, pelas fazendas produtoras de cana e ligadas à usina.

A quantidade de produtos fabricados, seja de açúcar, seja de etanol ou de outros produtos é também definido neste início de safra, conforme orientação e definição da diretoria da empresa.

4.1 MATÉRIA PRIMA E COLHEITA

A matéria principal para a produção do açúcar e etanol no Brasil é a cana-de-açúcar.

Sua produção data de muitos séculos, quando foi trazida para São Vicente, no litoral do estado de São Paulo, por volta do ano de 1500.

A industrialização dessa gramínea tem passado por várias fases de preparação, envolvendo plantio, sistema de colheita e formas de condução até as dependências das usinas e das destilarias.

Em geral, pelos estudos já realizados e pelo que se conhece através da farta literatura sucroalcooleira disponível em nossas escolas e em livrarias, a cana-de-açúcar para a industrialização tem chegado às usinas e destilarias através de muitas alternativas operacionais, ou seja, na forma de canas inteiras, cruas ou queimadas, colhidas manualmente ou mecanicamente, prática que está em vigor nestes últimos anos. As perdas de ATR, quando, ocorrem quando se queima a cana para a colheita, podem ser atribuídas a: i) destruição térmica da sacarose, ii) diluição por fluxo de água nas fibras, iii) possível perda de solução de açúcar pelo fluxo, através das raízes, imediatamente após o fogo, iv) perda física de açúcar pela ebulição do suco no tecido queimado da cana, v) perda de açúcar por exsudação na superfície cana. Resultados semelhantes foram obtidos no Brasil, que relataram a alteração da qualidade da matéria prima em função direta da queimada como processo de pré-limpeza do canavial, que em média se perde 1,3% do ATR e variam em função das condições climáticas e outras características correlacionadas com as condições de campo.

4.1.1 COLHEITA MANUAL DA CANA CRUA

A colheita da cana-de-açúcar antigamente era feita de forma manual pelos produtores, para atender as usinas e destilarias e demais engenhos instalados no Brasil, e também para a formação de novos canaviais.

As canas eram despalhadas manualmente com auxílio de um facão, enfeixadas e colocadas manualmente nas carretas, normalmente tracionadas por animais, burros ou bois ou, mesmo, mais modernamente, por tratores.

Para o caso de formação de novo canavial, este procedimento de corte segue uma rotina diferente. As canas, após cortadas, são dispostas transversalmente nas linhas de corte e com auxílio de uma carregadeira, são roladas para um feixe de 40 a 60 canas e são depositadas transversalmente nos sulcos. Um pequeno número de trabalhadores vai distribuindo esses colmos, que são cortados em toletes pelos mesmos ou por outros membros da equipe.

Essas operações ainda são feitas por pequenos engenhos de aguardente, engenhos de rapadura, de açúcar mascavo e de melado e por muitos fornecedores de cana de novas usinas e destilarias no Brasil.

E, ainda dentro dessas atividades de corte manual da cana-de-açúcar, é importante saber que, estabelecido o início da safra de uma usina de cana-de-açúcar ou de uma destilaria de etanol, cabe ao seu Departamento de Recursos Humanos, devidamente autorizado pela sua Diretoria Agrícola, agilizar a contratação de pessoal de apoio nos seus diversos setores, sejam os da área Industrial ou dos setores agrícola, envolvendo, aqui, operadores de máquinas e equipamentos, como tratoristas e motoristas.

E, dentro dessa estrutura organizacional, a empresa deve contar com seu Departamento Social e Médico, para que todo o pessoal destinado à colheita de cana, sejam operadores de máquinas, motoristas e braçais passem por exames médicos, condição esta, se satisfeita, fiquem liberados para a execução dos serviços agrícolas programados. Do mesmo modo, os fornecedores, acionistas de cana para a usina devem providenciar os exames médicos dos funcionários e trabalhadores.

O pessoal da parte agrícola, especialmente destinado à colheita de cana, deve receber botinas, luvas, capacetes e, mesmo, em muitos casos, podem receber uniforme.

Em relação às atividades dos fornecedores de cana das usinas dos estados de São Paulo, Paraná, Minas Gerais, Rio de Janeiro, Goiás, Mato grosso, Mato Grosso do Sul e dos estados do Nordeste nas décadas de 1950, 1960 e até nos últimos anos já deste século, pode ser dito que cabia a eles organizar a colheita de suas canas, para serem entregues às usinas. Esses fornecedores são, normalmente, constituidos por grandes famílias e estão mesmo organizavam sua colheita, por possuírem seus caminhões e, também, contavam com a ajuda do pessoal contratado na região. O trabalho e a produção desses fornecedores são atualmente e assistidos pelas cooperativas e confederações do setor sucroalcooleiro do Brasil, principalmente em relação a custos, análises e demais condições comerciais

É importante frisar que no caso de renovação de parte do canavial, os grandes produtores de cana estão realizando esta operação com máquinas plantadeiras, próprias ou numa operação de arrendamento.

4.1.2 COLHEITA MANUAL DA CANA QUEIMADA

Em função da colheita da cana crua ser realizada sempre com muito trabalho, pois envolvia o seu corte, a despalha, o enfeixamento e outras operações, nas décadas de 1940 a 1960 e anteriores, os trabalhadores passaram a exigir que essas canas fossem queimadas antes do corte.

Para a queima, os talhões eram aceirados, para que o fogo não se espalhasse. Embora esta prática fosse coordenada e praticada com muito cuidado, vez por outra alguns talhões apareciam queimados.

O fogo era colocado, inicialmente, na parte contrária à linha do vento, por ser mais fraco e, em seguida, rodeava-se com fogo nas outras partes, terminando-se sempre no meio do talhão. O pessoal da usina ou fornecedores de cana sempre faziam esta operação com muito cuidado e, modernamente, estas operações, se autorizadas ou necessárias ou mesmo por incêndios ocasionais, são acompanhadas por guarnições especializadas em combate a incêndio, sendo dotadas de caminhões pipa com muita água. Essas guarnições estão sempre de prontidão na usina ou destilaria, para atender à ocorrência de incêndios ocasionais, que podem ocorrer nos canaviais da própria usina, de acionistas ou fornecedores.

Em razão das dificuldades do corte da cana crua, a queima da cana ainda é praticada nesses últimos anos, mas de forma autorizada pelos órgãos ambientais de cada estado da Federação e observando algumas regras de controle, e nas regiões onde se plantam cana em áreas muito inclinadas e que dificultam a entrada de máquinas.

Do ponto de vista agronômico, como se sabe, a utilização da cana queimada, oriunda de ocorrências acidentais, não é boa. Em razão disso, pode-se dizer que a pequena quantidade de matéria orgânica que está no solo é destruída, assim como as folhas e o palhiço residual. Por outro lado, o efeito benéfico do fogo está na eliminação de pragas, como a broca, a cigarrinha, as formigas, animais peçonhentos, etc.

Em caso de talhões de cana queimados por acidentes nas usinas e regiões que praticam a colheita mecanizada, esta colheita é mais rapidamente realizada, pois as canas não possuem mais a palha, por ser considerada uma parte que atrapalha as operações.

É oportuno dizer que a colheita de cana queimada sempre foi mais vantajosa, pois o cortador tem o seu rendimento financeiro mais do que o dobro ou o triplo do corte de cana crua.

Dados os problemas ambientais ocasionados pelas despalha da cana pelo fogo, as Secretarias do Meio Ambiente dos estados produtores de cana e mesmo o Ministério do Meio Ambiente, nessas últimas dezenas de anos, vêm trabalhando com intuito de acabar com a prática da queima da cana nas usinas e destilarias produtoras e, mesmo, pelos males dos carvãozinhos da cana, que eram trazidos pelo vento para as residências de muitas cidades.

Entretanto, a queima da cana, visando sua colheita, constituiu uma prática indispensável até bem pouco tempo, e é ainda realizada para o caso de incêndios e nas regiões acidentadas de algumas usinas que ainda não permitem o corte mecânico dessas canas. Nestes casos, a legislação, como o do estado de São Paulo, estabeleceu um percentual de colheita de cana crua em alguns municípios produtores, onde a queima da palha da cana para fins de colheita é permitida. A lei paulista estabelece, onde a queima não está proibida, a obrigatoriedade de se realizar a colheita de cana crua sem o uso do fogo, em no mínimo, 20% nas áreas não mecanizáveis. Estabeleceu, ainda que a área a ser colhida não deve ser maior do que 150 ha e com declividade de até 12%.

Por outro lado, a lei determina que a queima da cana deve ser comunicada aos órgãos ambientais, no caso do estado de São Paulo, como exemplo á região de Piracicaba, por meio do Departamento Agrícola da Associação dos Fornecedores de Cana de Piracicaba (AFOCAPI) no período de 07h30 as 17h00 e com antecedência de quatro dias. Esta programação, como a da região de Piracicaba e filiados à Cooperativa de Cana, é cadastrada na CETESP. Como se trata de atividade controlada, as usinas, os fornecedores e plantadores de açúcar dos diversos estados produtores devem ficar sempre atentos à edição de novas normas reguladoras de controle ambiental. Em outros estados, como Minas Gerais, Mato Grosso, Mato Grosso do Sul, Rio de Janeiro, Paraná, Goiás, Bahia e outros estados, em que existem usinas de açúcar e destilarias de etanol, atividades ambientais estão sempre monitoradas e acompanhadas pelos tais estados, pelo órgão de fiscalização do Meio Ambiente.

As regras de permissão do meio ambiente são as mesmas para serem apuradas pelas fábricas e usinas de açúcar e destilarias em todo Brasil.

Por outro lado, os estudos realizados por vários técnicos do setor de Tecnologia Açucareira, citados por Delgado e Cesar (1977) e Silva et al. (1994), e por outros estudiosos da indústria sucroalcooleira revelaram problemas que podem ocorrer pela degradação da sacarose e a formação de outros produtos, que afetam as fases de industrialização da cana queimada e, principalmente, nos casos de demora em sua moagem. Diversos autores, como comentado por Rein (2012), procuraram estabelecer a medição desses produtos da degradação de sacarose na cana em função do tempo de queima/corte/transporte até o processamento. Esses autores observaram, também, a formação de ácidos orgânicos - como o ácido fórmico, o ácido acético e o ácido láctico, além da ocorrência de acidez, dextrana e outros polissacarídeos, oligossacarídeos, açúcares invertidos, etanol e manitol.

Esses efeitos negativos dizem respeito às dificuldades nas fases de purificação do caldo, na evaporação e na cristalização da sacarose. Nessas últimas fases de produção, as incrustações nos tubos de evaporação podem ser mais intensas.

Do ponto de vista ainda da colheita da cana queimada, pode ser salientado que, no geral, as usinas que não praticam a colheita mecanizada, as canas cortadas manualmente, queimadas ou não, são carregadas nos caminhões ou nos reboques, com auxílio de carregadeiras mecânicas. Essas carregadeiras foram e têm sido bastante utilizadas nos carregamentos das canas, sejam para carregamentos destinados as usinas, sejam para auxiliar nos novos plantios.

O maior problema do uso de carregadeiras está no volume de impurezas que acompanham a cana seca cortada e disposta no solo. Junto com a cana são também carregados terra, impurezas orgânicas, como gravetos, folhas, pedras, etc., além de, eventualmente, objetos metálicos como facas, parafusos, porcas, etc. Quando as canas são dispostas aos montes, o carregamento de impurezas torna-se menor.

A industrialização das canas colhidas com auxílio de carregadeiras, seja por carreta, seja por caminhões ou reboques, exige que se pratique a lavagem com água nas mesas alimentadoras da esteira principal, responsável por sua condução às moendas.

Em consequência do uso da lavagem da cana, técnica esta que foi usada por muitos anos, e certamente ainda é em usinas que não cortam a cana com máquinas, outras operações são realizadas, como a remoção da terra, e impurezas são decantadas nas caixas de concretos construídas para a decantação desses resíduos sólidos.

As terras removidas eram colocadas com auxílio de pás carregadeiras em caçambas de caminhões tipo basculante e levadas para os lugares que necessitavam de terra, como buracos, valas, etc. e em solos necessitados de aterros. Essas dificuldades, praticamente, acabaram nas usinas e destilarias que estão trabalhando com a colheita mecanizada.

4.1.3 COLHEITA MECÂNICA DA CANA-DE-AÇÚCAR

A colheita mecânica da cana-de-açúcar no Brasil, salvo melhor informação, foi realizada no ano de 1965 pela Usina Tamoio, no município de Araraquara, SP. Já nessa época muito se falava de colhedeiras no Brasil e, em especial, na cidade de Piracicaba, Sertãozinho, Ribeirão Preto e em outros municípios.

Segundo a literatura, na década de 1950, na Austrália, iniciou-se o princípio da colheita mecânica, atualmente usada no Brasil, envolvendo o corte e o carregamento. Trata-se de um equipamento que corta uma ou duas linhas de cana por vez, utilizando-se de um reboque auxiliar, que trafega paralelamente à colhedeira, tracionado por um trator, conhecido como "Transbordo", que recebe os toletes cortados da cana.

Em 1984, a Usina Itamarati, instalada no município de Nova Olímpia, MT, dotada de grande pioneirismo, iniciou sua primeira safra sucroalcooleira, colhendo sua matéria prima, cana-de-açúcar, de forma mecanizada, utilizando-se de colhedeira, marca Cameco e, posteriormente, em sucessivos anos, passou a utilizar outras marcas de colhedeiras.

A colhedora separa as folhas e os ponteiros, lançando-os ao solo da área colhida, conforme mostram as Figuras 14 e 15.

Figura 14 - Colhedora de cana em operação.

Figura 15 - Fardos e condição do solo após colheita.

Dado o interesse pela cultura e industrialização da cana-de-açúcar, vários técnico-mecânicos, oficinas do estado de São Paulo, principalmente de Piracicaba, de Sertãozinho, de Ribeirão Preto e outras cidades do Nordeste, como de Alagoas e Pernambuco, procuraram e desenvolveram esses equipamentos, com vistas, a colheita da cana. Alguns projetos de máquinas foram desenvolvidos para colher a cana inteira, como os da empresa Santal, a do Egídio Artioli e outras realizadas nas décadas de 1950 / 80.

Embora muitos estudos fossem efetuados quanto ao desempenho dessas colhedeiras de cana, em relação às suas funções, seja por exemplo, ser apenas cortadoras acopladas a tratores. Entretanto, os modelos que estão trabalhando hoje em usinas e destilarias de etanol são as conhecidas máquinas combinadas: cortam os colmos, transportam os toletes picados para uma esteira que os conduzem aos veículos conhecidos como "transbordos" (Figura 16), recebendo neste transporte, a ação de um ventilador de palha. Os toletes tem um comprimento inicial de 30 a 40 cm.

Figura 16 - Transbordo e Carreta de cana picada na Usina Barralcool.

Os modelos de máquinas trabalhando hoje no Brasil, cortam e colhem de 30 a 60 TCH, ou em média cortam cerca de 40 TCH ou, no dia, de 400 a 600 TCD. Segundo alguns técnicos do setor de reparação dessas máquinas, uma colhedeira, para trabalhar bem, não deve cortar mais de 400 metros de cana por hora.

Em 1964, Cobra e Ripolli, citado por Ripolli e Ripoli em 2004, professores da ESALQ, Piracicaba-SP, propuseram uma classificação para as colhedeiras: a) colhedeira costal motorizada e tratorizada; b) colhedoras-elevadoras-montadas; c) colhedoras automotoras; d) cortadoras-amontoadoras montadas e automotoras combinadas. Como pode-se deduzir dessa classificação, essas máquinas cortadeiras eram mais simples e podiam ser acopladas a tratores, executando apenas o corte baixo e deixando o colmo da cana sobre o terreno. Contudo, é lícito dizer que essas opções de tipos de máquinas não progrediram e a colheita mecânica da cana-de-açúcar, no Brasil passou a ser realizada por máquinas que colhem e carregam as canas em toletes, também conhecidos por máquinas combinadas, e utilizam transbordos. Além de realizarem o corte basal e apical da cana, limpam e carregam os toletes nos veículos de transporte. Os toletes têm um comprimento variável de 30 a 40 cm.

É importante salientar que os colmos cortados e colocados em reboques telados ou bem protegidos devem ser conduzidos à usina, onde devem ser analisados e descarregados nas mesas alimentadoras das moendas. É importante dizer que este tipo de cana não deve ficar muito tempo armazenada, pois é altamente perecível. Entretanto, nos casos de parada da moagem, após definir o tempo de reparação de problemas ocorridos, se for o caso, o encarregado da fábrica comunica imediatamente um alerta ao campo, para que se paralise a colheita e só recomeçar, após liberação da moagem da usina. Pelo andamento das safras atuais, verifica-se que as operações da colheita mecanizada conferiram às usinas uma ótima performance de operacionalidade em todas as suas operações agrícolas e industriais. É importante salientar que tanto as grandes usinas como as pequenas produtoras dessas colhedeiras estão, cada vez mais, aperfeiçoando suas máquinas (de duas linhas), seja usando pneus de sustentação como esteiras rodantes, opção esta que tem permitido colher, aproximadamente, de 600 a 1200 toneladas por dia trabalhado

Os modelos de colhedeiras que estão hoje trabalhando no Brasil são produzidos pela John Deer, pela Case e, ultimamente, como lançamento, DE-1035, produzida pela Valtra.

DESEMPENHO DAS COLHEDORAS

De acordo com vários autores ligados às atividades da mecanização das lavouras de açúcar, vários são os fatores que interferem no rendimento e utilização das colhedoras, alguns inerentes à própria máquina e outros devidos às condições de campo, operacional e administrativo.

Aqueles inerentes à máquina são os seguintes:

a) Estudo de gravidade;
b) Capacidade dos órgãos ativos da máquina
c) Característica do processo de levantamento de canas tombadas, de ventilação e dos ângulos de giro da esteira de descarga.

d) Potência de transmissão;
e) Rodado ou horas de trabalho

Os fatores relativos aos talhões de cana a serem cortados são:

a) Variedade de cana
b) Condição atual da cana, se crua ou queimada.
c) Estado do talhão e condição de plantio, espaçamento, tipo de sulcos, se raso ou profundo.
d) Comprimento das linhas (500 a 600m)
e) Estado dos corredores
f) Formato dos talhões
g) Declividade do solo, se plano ou semi-plano ou não passando dos 15 a 16%

VANTAGEM DA COLHEITA MECÂNICA

A colheita mecânica da cana-de-açúcar em toletes está atualmente no Brasil praticamente consolidado pelas vantagens que oferece, conforme citação de vários autores, livros e revistas especializadas.

a) A cana não entra em contato com o terreno, chegando à usina sua forma mais limpa e dispensando sua lavagem com água.
b) Os veículos transportadores são mais bem aproveitados;
c) Praticamente não se perde tolete no percurso entre a lavoura e a usina;
d) A cana depois de colhida e caso de parada na porta da fábrica fica armazenada nas gaiolas dos caminhões transportadores.

PROBLEMAS DECORRENTES DA COLHEITA MECÂNCIA

Apesar das vantagens da colheita mecânica da matéria prima nas usinas de açúcar e destilarias de etanol, as canas colhidas em toletes, transportadas para fábrica, trazem consigo também quantidades razoáveis de palha que, de certa forma, compromete a busca da melhor eficiência.

A colheita mecanizada trouxe uma condição que afeta a deterioração microbiológica da cana-de-açúcar, que é o seu estado fitossanitário. Tal expansão do cultivo da cana-de-açúcar ocorrida nos últimos anos no país, tem sido acompanhada pelo surgimento de novas pragas e pelo aumento da incidência de outras já conhecidas. A ocorrência de pragas e doenças, tais como cigarrinha-das-raízes, cupins, *Migdolus*, *Sphenophorus*, broca gigante, complexo broca-podridões, ferrugens, amarelinho, dentre outras, resultam em grandes prejuízos para o setor produtivo. Sob este prisma, deve-se considerar que as perdas diretas de produtividade e de açúcares, provocadas pela ocorrência de pragas ou doenças na cultura, são extremamente significativas (SILVA et al., 2015).

Em função das análises e estudos realizados por empresas e instituições de pesquisa que trabalham nas indústrias sucroalcooleiras brasileiras, foram desenvolvidos sistemas para a limpeza da cana em toletes a seco e o aproveitamento energético da palha, que certamente a acompanha.

O sistema desenvolvido pela Triniton realiza a limpeza da cana, separando-a dos resíduos minerais e vegetais, através de um tambor rotativo. A palha separada é enviada as caldeiras, mediante um sistema de transporte pneumático, transformando–a em energia por combustão na fornalha.

Como se sabe, o corte mecanizado proporciona à indústria boas quantidades de impurezas de origem vegetal e também mineral, em menores quantidades, ressaltando que neste sistema mecanizado a cana deixou de ser lavada nas mesas laterais.

De acordo com os estudos realizados pelo Centro de Tecnologia Canavieira (2008 a 2010), a porcentagem das impurezas pode ser estimada em valores constantes na tabela 10 que se segue:

Tabela 10 - Comparação de impurezas na matéria prima em função do sistema mecanizado.

TIPO DE COLHEITA	Mineral (%)	Vegetal (%)
	C.T.Canavieira	C.T.Canavieira
Mecânica crua	1,2	6,3
Mecânica queimada	1,2	4,7
Manual queimada	1.4	5,4

Fonte: **Centro Tecnologia Canavieira (2008 a 2010)**

Na literatura tem-se encontrado teores de impurezas agregadas à matéria prima recebida em Usinas no estado de São Paulo, na ordem de: a) dias secos de 4%; b) dias chuvosos de 15%; c) impurezas minerais na colheita manual de 0,4 a 0,7%; d) impurezas minerais em colheita mecânica de 0,8 a 0,5%; e) impurezas vegetais em colheita manual de 3 a 5%; f) impurezas vegetais em colheita mecânica de cana crua de 4 a 6%.

O impacto das impurezas que acompanham a cana-de-açúcar na sua moagem pode produzir as seguintes consequências.

a) Aumento de consumo de energia no preparo da cana
b) Diminuição da capacidade de extração de moagem
c) Diminuição da capacidade de processamento dos difusores
d) Diminuição da extração de pol nas moendas
e) Diminuição da pureza do caldo e aumento da Cor ICUMSA.
f) Aumento do desgaste de equipamentos
g) Dificuldade para tratamento do caldo
h) Dificuldade para fabricação de açúcar de qualidade
i) Redução do rendimento da fermentação

j) Problemas operacionais com a caldeira
k) Redução na densidade da carga /aumento do custo de transporte.

O processamento de cana com ponteiro na Usina Barralcool foi estudado por Delgado e Mafra (1989), onde já se observava uma contribuição variável de 5 a 25% de pontas e folhas e, associado ao aumento de impurezas minerais, que acarretou dificuldades na lavagem úmida, maior desgaste abrasivo de correntes nas mesas e esteiras condutoras e equipamentos de preparo na moenda e nas tubulações, bombas de recalque e bicos nas centrifugas na destilaria, e consequente aumento nos custos de produção agroindustrial. Houve elevação de peso da matéria prima associada à elevação de Brix, de pol e de fibra. Resultados similares foram observados por Zarpelon (1988) na Usina Ester, onde observou-se, também, uma maior quantidade de impurezas minerais entrando na fábrica, um maior desgaste na camisa das moendas e em consumo de vapor de 15 a 20%. Houve estudos detalhados no tema por vários outros autores, o que permitiu aprofundar o problema de cor do açúcar e cinzas, especialmente no início da safra. Tal dificuldade prática no processamento tem explicação no aumento de impurezas na matéria prima, que se deve à maior presença de folhas e do ponteiro (ponta), como parte integrante da mesma (Tabela 11), o que pode permite inferir, significativamente, pela adição do ponteiro aos colmos no conteúdo de cor (ICUMSA) e em precursores do processo de formação dessa, cinzas, açúcares redutores e em escala considerável de fibra, , mas reduz a pureza do caldo de 0,3 unidades a cada 1% de ponteiro na matéria prima (REIN, 2012).

Um trabalho clássico foi conduzido por Legendre & Irvine (1975), à medida que a quantidade de "trash" excede 10%, os efeitos na qualidade são mais perceptíveis pois o aumento de fibra significativo reduz a extração, provoca diminuição da sacarose e pureza do caldo. Tais autores avaliaram o efeito de matéria estranha ("trash"), que foi composta por ponteiros verdes (60%) e folhas secas (40%), adicionados à cana em proporções de 0, 5, 10, 20 e 30% em peso. Tais resultados demostraram que o "trash" seco foi o que mais diminuiu a extração, mas afetou menos o teor de sacarose do caldo. O "trash" verde foi o que mais diminuiu a sacarose do caldo. Ressaltam que, a matéria estranha verde (folhas verdes) reduziu a sacarose do caldo, causou apenas pequeno aumento nas impurezas extraídas e sólidos não-açúcar, resultando em pequena redução da pureza do caldo. A matéria estranha seca, até o nível de 20%, não afetou muito o teor de sacarose do caldo, mas reduziu a pureza.

Tabela 11 - Variabilidade na composição de partes da cana sem queima ou crua (A - colmos; B - palmito e C - folhas), em variedades comerciais.

Parâmetro	Unidade	Colmos[(A)]	Ponteiro[(B)]	Folhas[(c)]	Relação*
Composição do caldo					
Sacarose [1,2,3,4]	%	15,8-21,2	5,6-7,4	7,8-4,2	63-65
Pureza de caldo[1,2,3,4]	%	89,2-91,8	21,8-59,0	19,8-26,3	35
Glicose+ frutose (AR)	%	0,12-0,30	1,50-1,92	0,42-0,79	953-1250
Açúcares redutores totais[1]	%	22,9	10,1	8,4	-56
pH[1]		5,35	5,00	5,16	-7
Cinzas[1]	%	0,37	1,35	1,51	265
Cor ICUMSA[1]	U.I.	7361	100956	122722	1272
Turbidez[1]	U.I.	45389	104766	126056	131
Compostos fenólicos totais[5]	mg/kg	300	520	815	
Amido	mg/kg	52-81	103-150	306-960	
Composição da cana (porcentagem, %)					
Umidade[1,2,3,4]	%	67,3-70,0	75,4-77,2	38,0-67,8	12
Fibra[1,2,3,4] (Tanimoto)	%	12,2-12.8	14,0-25	26,1-16	15
Pol da cana[1,2,3,4]	%	15,5-18,2	2,5-6,5	1,4-4,5	-64
ATR (PCTS)[1]	kg/t	169,8	68,0	44,7	-60

Para se ter uma melhor indicação, pode ser esclarecido que o sistema de limpeza a seco, no caso da Triniton, envolve o uso de tambor rotativo, ventiladores separadores de palha, extratores ciclone, ejetor tipo Venturi, separadores tipo roots, além de acessórios mecânicos como esteiras, entre outros.

Em relação a este problema de impurezas, vegetal e mineral, o Centro de Tecnologia Canavieira (CTC) propôs, conforme a Tabela 12, a seguinte classificação:

Tabela 12 - Classificação das impurezas vegetal e mineral da cana

Classificação	Impureza vegetal (%)	Impureza mineral (%)
Baixa	< 3,5 %	< 0,7%
Média	3,5 a 6,0%	0,7 a 1,2%
Alta	> 6,0%	> 1,2%

Fonte: **Programa do CTC: o Controle Mútuo Agrícola (2005).**

a) **Problemas de compactação de solo pela colhedoras-transporte:** O sistema de colheita manual se realiza com um caminhão e uma carregadora, que passam pela área do canavial em cinco linhas de cultivo. Ao adotar a colheita mecânica na área, passou-se a receber pressão de pneumáticos na colhedora e um caminhão transportador, em todas as linhas, ou seja, um tráfico cinco vezes maior pelo sistema de corte e carga mecânica. Para reduzir os efeitos de compactação de solo, os próprios agricultores desenvolveram algumas medidas, e outras foram sendo introduzidas para o novo sistema, entre as quais destacamos:

1. Adoção de transbordo, retirando o caminhão da área de cultivo;
2. Uso de pneumáticos de baixa pressão (alta flotação) nos transbordos: 30 libras;
3. Seleção de colhedoras com três ruas e colhedoras de correntes, que proporcionam mais estabilidade e menor pressão sobre o solo;
4. Adequação da distância entre rodas do trator e de transbordo ao dobro de espaçamento da plantação;
5. Adequação do espaçamento da plantação: de 1,40 m para 1,50 m ou 1,60 m; estabelecimento de sulcos duplos. Exemplos: 0,50 x 1,30 ("plantio abacaxi"); 0,90 x 1,40 ("duplo alternado"); espaçamento base larga.
6. Incorporar palha nas rodadas, para absorver parte do impacto do tráfico;
7. Palha, para reduzir a aeração e a temperatura do solo, buscando diminuir a velocidade de decomposição das raízes, com o que se mantém uma maior quantidade de matéria orgânica do solo, uma vez que a presença de raízes dificultam a compactação (SILVA et al., 2017).

b) **Aproveitamento energético da palha:** De acordo com Triniton, a quantidade de palha, em porcentagem de matéria seca é a seguinte:

Palha: 140 kg/tCana
Bagaço: 130 kg/tCana

Na colheita mecanizada, 20% da palha permanecem acompanhando o tolete e 80% são deixados no solo. Como se pode observar, 20% da palha acompanham o tolete que vem para a usina ou destilaria e que podem ser aproveitados na produção de mais vapor.

c) **Comparação entre bagaço e palha:** Os dados que se seguem mostram esse comparativo entre bagaço e palha (Tabela 13), segundo a Triniton:

Tabela 13 - Comparativo entre bagaço e palha em potencial para fins de energia.

BIOMASSA	Kg/Tc (Médio)	Umidade média (%)	Pe. Médio Kcal/kg	Média/cinzas %
BAGAÇO	280	48-52	1725	4,0
PALHA	70	10-30	2875	15,00

Fonte: **Triniton Engenharia Industrial Ltda., de Sertãozinho (SP), 2017 (site: http://www.triniton.com.br/).**

Pelos estudos realizados por Triniton, uma tonelada de palha com umidade estimada em 30% equivale a 1,5 t/bagaço com uma umidade de 50%.

Diante desses dados, é lícito afirmar que a retirada da palha que acompanha o tolete, em decorrência da colheita mecânica da cana, torna-se numa operação bastante sugestiva para a usina por duas razões:

Aumento na produção de vapor

Aumento na capacidade de extração de pol pelas moendas

4.2 CARREGAMENTO DA CANA

Como já se tem escrito nos livros e apostilas publicados por muitos professores de Escolas de Agronomia do Brasil e nos livros de especialistas sobre a fabricação do açúcar de cana e nos livros e apostilas publicados pelos autores, Delgado; Cesar, 1977, o carregamento da cana sempre esteve associado à forma de colheita dessa gramínea nas usinas de açúcar. É plausível acrescentar que o carregamento da cana-de-açúcar, após cortada manualmente, seja crua ou queimada, ao longo dos anos era feito, e ainda é feito no caso de pequenos engenhos de forma manual.

As canas, após enfeixadas, são colocadas em carretas ou nas pequenas carrocerias de caminhões ou nos carros tracionados por bois ou por juntas de animais.

Em condições de carregamentos maiores em quantidades de cana para a moagem, este procedimento vem acontecendo com o uso de carregadeiras mecânicas, seja para o carregamento de cana industrial, seja para o caso de replantio.

Para o caso das canas colhidas para serem enviadas às usinas, onde se pratica o corte manual, as canas ao serem cortadas são dispostas transversalmente em linhas de corte e amontoadas. Esses feixes de canas, manualmente soltas, são carregados com auxílio das carregadeiras mecânicas nas carrocerias dos caminhões, geralmente protegidos por fueiros. Essas cargas são conduzidas às usinas ou destilarias. No caso de replantio de canas, essas cargas de cana, caso de cana crua ou cana semente, são descarregadas e distribuídas ao longo dos novos sulcos para o plantio.

O maior problema do uso de carregadeiras mecânicas está no volume de impurezas que acompanham as canas recém-cortadas e dispostas no solo. Junto com a cana, também são carregados terra, terrões, pedras, raízes, pedaços de cupins, tocos, porcas, parafusos, pedaços de facões, etc.

Como já citado em pontos anteriores, a usina se vê obrigada a bombear água para a lavagem deste tipo de matéria prima, colhida e carregada por carregadeiras de cana. Neste caso, a instalação de tanques de decantação e recirculação desta água torna se indispensável.

Entretanto, o carregamento manual das canas cortadas, também de forma manual, tem sido feito em mini destilarias de aguardente, de açúcar mascavo e de rapadura, em diversas partes do nosso Brasil. São operações praticamente de caráter familiar e muitas vezes envolvendo um trator e uma pequena carreta.

O carregamento mecânico da matéria prima, em muitas usinas e destilarias de etanol do Brasil, envolve a utilização de carregadeiras mecânicas, utilizadas em tratores de 50 a 100 CV.

Estas máquinas têm os seus movimentos realizados através de pistões hidráulicos, que lhes permitem executar muitas operações. Essas máquinas são providas de um rastelo, que é usado para amontoar as canas recém-cortadas, manualmente, em feixes de 500 a 800kg, que serão levadas para a usina para a moagem.

O alcance lateral das carregadeiras é de aproximadamente dois metros e de levantamento variando de 4,5 a 5 metros.

A sua capacidade de trabalho, por hora, quando bem trabalhada, varia de 40 a 50 toneladas de cana. Deste modo, uma carga de caminhão de 15 toneladas pode ser concluída em aproximadamente 20 minutos.

Com quanto essas carregadeiras mecânicas de múltiplas utilidades para os plantadores de cana, oficinas mecanizadas, metalúrgicas, etc., o seu trabalho na colheita e carregamento das canas, para as usinas de açúcar e destilarias de etanol concorrem para trazer para as fábricas, boa quantidade de impurezas minerais e orgânicas, podendo-se estimar uma taxa de impurezas, variando de 2 a 10%.

O carregamento com essas máquinas mostra uma série de vantagens sobre o carregamento manual e outras operações, quais sejam:

- Economia de mão de obra, liberando as outras operações;
- Obtém sempre uma maior rapidez nas operações de carregamento;
- Pela sua utilização, as safras podem tornar-se mais curtas.

Como nem sempre essas cargas de cana, embora sempre uteis às usinas, são bem arrumadas, mesmo assim quase sempre muitas canas caem pelas estradas, constituindo um problema para os mantenedores dessas vias de acesso às fábricas. Quase sempre se vê carretas puxadas por tratores recolhendo pedaços de cana caída nas estradas de acesso às usinas. Todavia, como já se comentou, atualmente, em função da colheita mecânica, não se vê essas canas ou toletes caídos nas estradas e nem mesmo nos carreadores das propriedades.

As usinas que ainda adotam este tipo de carregamento estão procurando realizar a colheita mecanizada, abandonando, assim, a utilização desses tanques de decantação da água de lavagem, o que contribui para a diminuição dos custos da usina e dos problemas ambientais. Portanto, a lavagem de cana das usinas não é mais praticada.

É importante salientar que este composto mecânico, em se tratando das usinas de açúcar e destilarias de etanol, não tem sido mais utilizados pela adoção da colheita mecânica da matéria prima.

4.3 TRANSPORTE DE CANA PARA A USINA

Conforme pode ser visto nos manuais de Tecnologia Açucareira, esse capítulo sobre o transporte da matéria prima do campo para a indústria tem sido sempre discutido.

Os autores do atual livro e, em suas apostilas e trabalhos, 1977, 1993, 2015 e 2017, escreveram sobre as formas de transporte da matéria prima colhida do campo para a fábrica.

Este transporte envolve, em linhas gerais, a tração animal, a tração mecânica (caminhões), em carretas tracionadas por tratores (pequenas fábricas) e, em alguns casos, o uso de barcaças ancoradas em represas próximas às lavouras.

Para um melhor entendimento dos leitores, nas usinas de açúcar e destilarias que estão trabalhando com a colheita mecânica, o transporte da cana é feito através de caminhões telados ou bem protegidos. Esses caminhões são do tipo traçados, munidos de alta tecnologia funcional, podendo ser de cinco eixos ou mais, sendo um usado na frente e outros atrás, dispostos aos pares. Cada eixo da carroceria pode suportar até sete toneladas, dando um total, para cada veículo, de 28 toneladas. Entretanto, é comum ver o transporte de mais toneladas por viagem, principalmente vias internas das propriedades vizinhas da usina, podendo variar de 80 a 100 toneladas de cana. No caso de transporte de canas inteiras, os caminhões traçados podem transportar de 14 a 27 toneladas. O transporte, usando os conhecidos reboques, tem sido em grande parte tracionados por tratores, o que é bastante usual nas usinas de açúcar no Brasil:

a) Caminhões simples: até 12 toneladas
b) Caminhões trucados: até 14 toneladas
c) Caminhões traçados e trucados com reboque, tipo Romeu e Julieta: até 28 toneladas.
d) Caminhões com até dois reboques: até 36 toneladas, em função da quantidade de eixos, podem transportar mais de 80 toneladas por vez, quantidade de dos 9 = 10/eixos

Na Figura 17, verifica-se o carregamento por transbordo para duas carrocerias de canas em toletes.

Figura 17 - Caminhões de transporte de cana inteira, queimadas na Usina Barralcool, tipo traçados.

As fábricas de caminhões do Brasil estão investindo na produção de caminhões dotados de baixo consumo de combustível e com muitos recursos automáticos.

As usinas que estão praticando a colheita mecânica, através do uso de colhedeiras, também estão realizando suas safras atuais com alta performance, a ponto de praticamente não se notar que a usina está parada, mas, sim, realizando sua safra com muita organização e simplicidade.

4.4 PESAGEM DA CANA

As canas trazidas para a pesagem, seja em caminhões ou em reboques, chegam à usina, passando primeiramente por uma pesagem, onde se retira uma amostra para análise tecnológica das canas transportadas, conforme mostra a Figura 18.

Figura 18 - Sonda Oblíqua para coleta de cana para análise na usina Barralcool.

A finalidade da pesagem da cana é atender as necessidades de controle por parte do setor agrícola, além, evidentemente, de enviar seus dados de peso e análise da matéria prima para os fornecedores dessa matéria prima, fornecida à usina. Com esses dados são calculados os preços da matéria prima e lançados na planilha econômico-financeira de cada fornecedor, para efeito de pagamento.

A tara dos veículos transportadores é tirada quando do retorno dos veículos em vazio.

A aferição anual das balanças usadas é condição necessária e deve ser feita. A saída do açúcar e do etanol comercializados também são pesados nessas balanças, que normalmente são instaladas com uma capacidade de pesagem de 40 a 150 toneladas. Com a adoção da colheita mecânica, muitas usinas e destilarias tiveram que reformular seu setor de pesagem, instalando balanças modernas e automatizadas.

Os valores de ATR das canas entregues a usina ou destilaria são usados para seu pagamento, pelo setor diretivo da empresa.

4.5 SISTEMAS DE DESCARREGAMENTO DA CANA

Depois de cumpridas as etapas da colheita da matéria prima no campo, seja ela de corte manual, crua ou queimada, esta deve ser conduzida às usinas onde, após analisada e pesada, é descarregada.

Nas condições atuais, safra 2017/18, nas regiões do centro-sul, centro-oeste e nordeste, a colheita, em grande parte, passou a ser feita mecanicamente, em que as canas são colhidas em toletes.

Esses toletes, assim obtidos, são conduzidos para um reboque telado, chamado de transbordo, de onde são transferidas às carrocerias dos caminhões estacionados em carreadores próximos ao setor de colheita. A carga deste transbordo varia de 6 a 8 toneladas.

O caminhão de carroceria simples, telada e na forma de Romeu e Julieta (duas carrocerias), tracionadas ou não, segue para a usina, onde sua carga vai ser descarregada. Após amostradas e pesadas e ter sido autorizados pela equipe de controle deste setor, este caminhão segue para o setor de descarregamento, conforme mostra a Figura 19.

Figura 19 - Descarregamento de cana com tombador estacionário na Usina Barralcool.

As canas colhidas na forma inteira, queimadas ou não, cortadas manualmente, ainda existentes em muitas usinas, são carregadas por carregadeiras mecânicas em caminhões de carroceria simples, enfileirados, ou em caminhões maiores, tipo Romeu e Julieta e mesmo em maiores reboques tracionados por trator, condição esta usada para transportes de canas cortadas em áreas mais próximas às usinas.

Essas alternativas de transporte das canas cortadas devem estar relacionadas com as formas de recepção, instaladas ou montadas na usina ou destilaria, já que, atualmente, as suas instalações são de tal forma, que se pode parar a moagem ou diminuir seu ritmo, buscando um maior sincronismo entre colheita, transporte, descarregamento e moagem. Com a prática da colheita mecanizada, vários procedimentos têm sido executados pelas usinas e destilarias, procurando moer com uma maior rapidez as canas colhidas em toletes, diminuindo os riscos de deterioração.

Atualmente, as usinas que têm o depósito de cana, sequenciado pelas mesas alimentadoras e que para estas canas e moagem, utilizam de pontes rolantes para o descarregamento das cargas de cana inteira colhida, que podem ser armazenadas e moídas no período da noite. Todavia, com a colheita das canas em toletes, esta opção deixou de ser praticada em muitas usinas, que, aproveitaram desses espaços de depósitos, para aumentar a esteira principal de cana e construir outra mesa alimentadora. Conforme pode ser visto adiante, a descarga das canas, seja inteiras ou em toletes, fluirá com mais rapidez, já que, pela mecanização da lavoura, o corte e o transporte são feitos de forma contínua, ou seja, dia e noite.

Assim, no caso de se processar as canas em toletes, colhidas pelas colhedoras, que estão operando no mercado, onde essas cargas são descarregadas diretamente nas mesas alimentadoras. Assim, para uma carroceria de doze metros, a mesa receptora deverá ter, no mínimo, treze metros. Este descarregamento tem sido feito por um equipamento tipo "hilo" ou por basculamento, diretamente da carga do caminhão na mesa.

Revisando a literatura pertinente à indústria sucroalcooleira no Brasil, vários tipos de descarregadores têm sido indicados e comentados como: guindaste lateral fixo, tipo Hilo; pontes rolantes ou guindastes rotativos; plataforma basculante; basculamento lateral da carga; guindaste rotativo autossustentado.

a) Guindaste "HILO": Conforme mostra a figura 20, o guindaste "Hilo" obedece a algumas normas de construção e segurança, podendo ser feito com quatro hastes ou três hastes tubulares ou em vigas tipo U, soldadas, interligadas por vigas ou tubos de três a quatro ou cinco polegadas.

Nesta estrutura estão os elementos ativos rodantes, cabos e pistões hidráulicos. Os cabos são de aço especial, dotado de grande flexibilidade, para manter baixas as tensões provocadas pelo esforço mecânico.

Ao moitão desses cabos fixa-se a balança feita por tubos ou vigas de opção, para o apanhamento da carga. A altura da torre é de aproximadamente quinze metros, com uma inclinação de 60 a 75%. O movimento dos cabos é feito de motor elétrico. A capacidade dos diversos hilos instalados nas usinas varia de 40 a 60 toneladas, cujos desenhos e formas são mostrados na Figura 20.

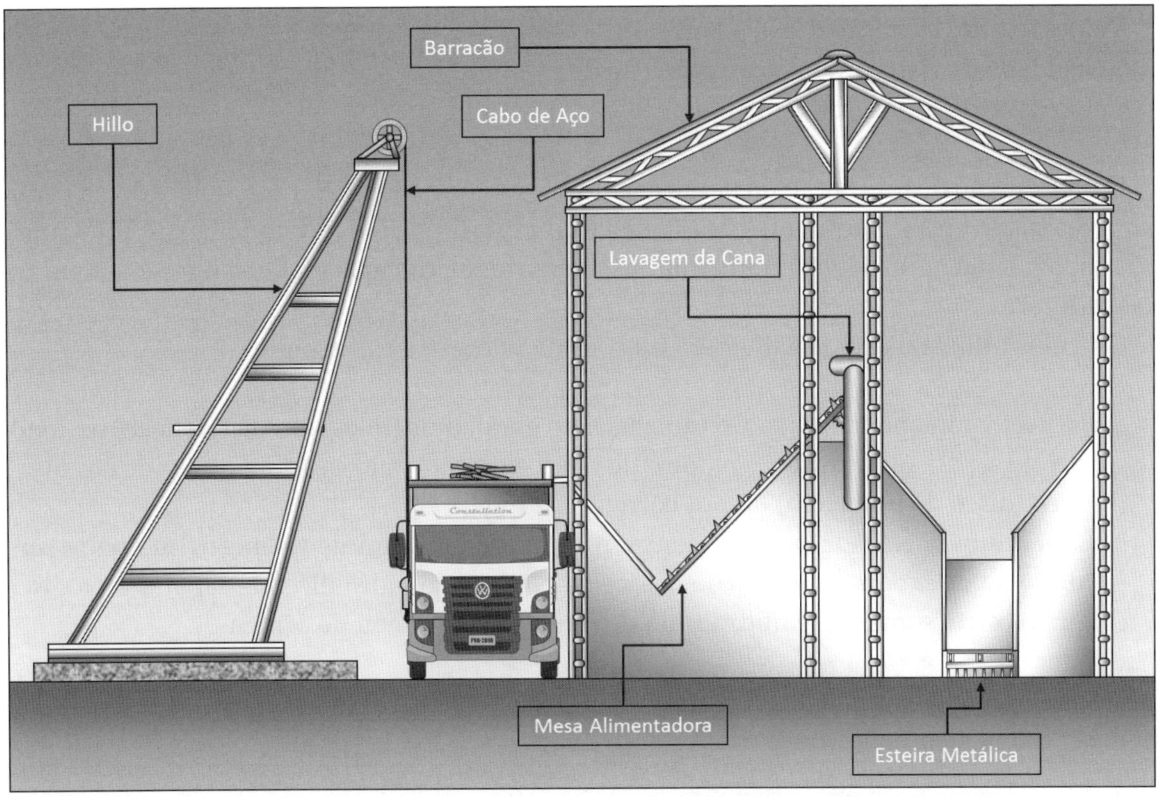

Figura 20 - Guindaste Hilo em desenho. *Ilustração:* **Paulo Gangorra.**

b) **PONTES ROLANTES OU GUINDASTES NÃO ROTATIVOS:** As pontes rolantes são constituídas de duas vigas transversais, com cabeceiras que se movem sobre um par de trilhos paralelos. As rodas das cabeceiras são de aço de alta dureza. Duas das rodas são acionadas e duas giram livres.

As vigas transversais sustentam o carro, que se move de uma cabeceira a outra. Deste modo, com a movimentação da ponte e do carro, há possibilidade do deslocamento em duas direções e em dois sentidos em cada direção, cobrindo toda área de projeção dos trilhos fixos.

Para que a ponte possa operar satisfatoriamente, é fundamental o perfeito equilíbrio das partes que a compõem e o alinhamento das cabeceiras e dos trilhos.

Como estas pontes trabalham no barracão de cana, elas podem estar equipadas com garra hidráulica, isto é, aparelhos que pegam a cana, sem que elas estejam amarradas com cabos.

As pontes rolantes utilizadas no descarregamento da cana nas usinas de açúcar estão classificadas pelo critério americano na classe D, isto é, executam serviço de moderado a pesado, desenvolvendo velocidades de médias a altas, realizando de dez a vinte operações horárias em plena carga.

Este guindaste é equipado com um conjunto elétrico constituído de três motores independentes, isto porque se necessita de velocidades diferentes na execução das operações de elevação da cana, deslocamento do carro e da ponte. Essas velocidades de deslocamento dependem da capacidade, mas, em termos gerais, variam da seguinte forma:

Velocidade de elevação de 6 a 12 m/min.
Velocidade de translação do carro de 10 a 20 m/min.
Velocidade de translação da ponte de 80 a 120 m/min.

O movimento de translação da ponte é realizado por um motor elétrico, colocado no centro das vigas transversais. Nas pontes de pequena capacidade, o eixo redutor é ligado diretamente às rodas, sem engrenagens intermediárias, e nas de maior capacidade, a ligação é feita por dois redutores.

Os freios utilizados para as diversas funções na ponte são os seguintes:

a) Para o movimento de elevação utiliza-se, no geral, dois freios: um de retenção, podendo ser de sapata ou de disco, e o outro de desaceleração, para descida, podendo ser mecânico (disco de frenagem) ou por corrente de fuga.
b) Para o movimento da ponte encontram-se dois freios: um de retenção, que pode ser a disco ou de sapata, e o outro de desaceleração, sendo hidráulico, de sapatas ou a disco.
c) Para o carro, somente se utiliza freio de retenção a disco ou de sapata.

Os três motores da ponte têm funções diferentes. De acordo com seu uso, as potências deverão ser calculadas, conforme os dados a seguir:

Motor de elevação - 2 a 4 HP/ton. Força
Motor de translação do carro - 0,3 HP/ton. Força
Motor de translação de ponte - 1,5 HP/ton. Força

As dimensões das pontes são bastante variáveis. Assim é que, o vão está entre 10 e 20 metros e o comprimento de até 100 metros, quando se opera com duas pontes. A altura de elevação está entre oito e doze metros.

A força de elevação vai depender da carga que ela vai operar. Antigamente, tinha-se força de elevação de cinco a dez toneladas, mas como a tendência atual é aumentar a tonelagem nos veículos de transporte de cana, esta força chega a 25 toneladas.

c) PLATAFORMA BASCULANTE: As plataformas basculantes têm sido usadas por algumas usinas brasileiras.

A descarga deste sistema pode ser feita lateralmente ou pelo topo sendo esta última opção não muito usada e mesmo indicada pelos volumes atuais de canas transportadas.

Em plataformas são constituídas por uma sólida estrutura, tipo mesa sustentada por pistões hidráulicos.

O sistema hidráulico é usado para sustentar a plataforma, que trabalha solta na estrutura de alvenaria, constituída na lateral da esteira principal de cana.

Lateralmente, na plataforma, existem cabos de fixação que prendem a carroceria do veículo atrás de guinchos. As rodas dianteiras do caminhão ou carreta são presas, para evitar a movimentação do veículo.

Os caminhões que trabalham neste sistema devem ter uma das suas laterais articuladas, por onde saem as canas.

É importante salientar no descritivo deste livro que com a adoção da colheita mecanizada, as usinas estão sempre se adaptando ou modificando suas instalações mecânicas para melhor operacionalizar o andamento de suas safras sucroalcooleiras.

OUTRAS OPÇÕES DE DESCARREGAMENTO

As outras opções de descarregamento descritas por Delgado e Cesar (1975, 1977) e Cesar e Silva (1993) são encontradas também nos livros ligados à indústria açucareira. Para efeito de um melhor entendimento da funcionalidade e utilidade desses equipamentos, é oportuno esclarecer que vem sendo estudado e instalado em algumas usinas a opção de se descarregar as cargas de cana, vindas da lavoura, diretamente na esteira principal de cana, dispensando-se, assim, a mesa alimentadora. Este sistema já foi estudado e usado por algumas usinas no Brasil e no exterior, conforme comentado por técnicos estudiosos do assunto.

CAPÍTULO 5

RECEPÇÃO E CONDUÇÃO DA MATÉRIA PRIMA

Neste capítulo, serão discutidas as tecnologias empregadas no setor de recepção da cana e sua condução até as moendas ou mesmo difusores.

Com a utilização da mecanização das lavouras de cana-de-açúcar nesses últimos anos, as usinas e destilarias têm procurado construir da melhor forma as instalações e equipamentos para recebimento de sua matéria prima, que, de certo modo, vem agregada de um pouco de palha.

Como se sabe, várias tem sido as operações em termos de mesas, para cumprir com a descarga das canas transportadas das lavouras.

5.1 MESAS LATERAIS

As mesas laterais, em seus diversos tipos e formas, têm por função receber e levar as canas descarregadas para a esteira principal de alimentação das moendas e constituem os receptores mais utilizados na indústria açucareira.

Em geral, essas mesas são constituídas de um tablado fixo, construído em chapas de ferro e de vigas, tipo I ou U, de forma retangular e de inclinação variável, podendo chegar a 45°, cujo comprimento, em sua base, pode chegar a 12 metros e, na inclinação, oito ou dez metros. Essas medidas são feitas em função do tamanho das carrocerias ou reboques que trazem a cana para a usina (Figura 21). Observe-se os esquemas de mesas de 45° (A) e combinadas 15° e 45°, para recepção da cana (B).

A

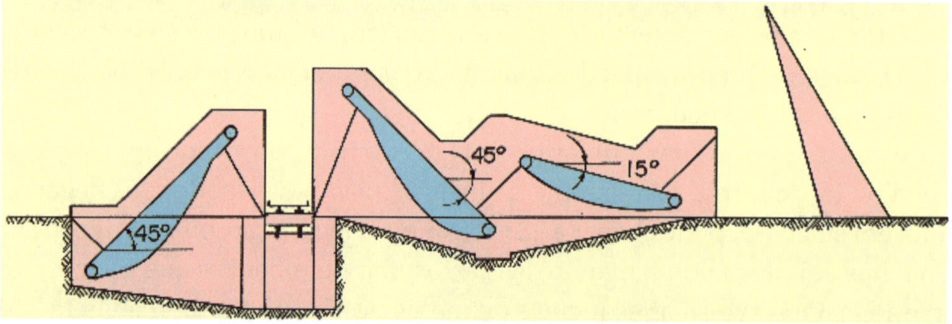

B

Figura 21 - Esquemas de mesas de 45° (A) e combinadas 15° e 45° para recepção da cana (B) na Usina.

Neste tablado são instaladas correntes interligadas por taliscas, destinadas ao arrastamento da matéria prima, que chega à usina. Essas correntes circulam no sentido da base da mesa para sua ponte superior. Nesta parte superior fica um eixo de 3 a 5 polegadas, dotado de rodas dentadas, em cujos dentes se amoldam os elos das correntes. Esses dentes podem ser constituídos de chapas de ferro em forma de canaletas circulares. Esse eixo, conhecido também por árvore de acionamento na parte superior recebe o acionamento de um motor elétrico de potência adequado e dotado de controle eletrônico à distância. Na parte inferior, outro eixo é instalado, de modo a manter o alinhamento da parte rodante, que trabalha sempre suportando a carga de matéria prima, seja de cana inteira, seja de cana picada.

Os desenhos destas mesas obedecem, sempre, às necessidades de se cumprir bem o recebimento da matéria prima, sendo função das decisões da equipe técnica da usina e da aprovação de sua diretoria.

De modo geral, a largura das esteiras pode variar de 10 a 13 metros e a altura de 8 a 10 metros. Essas dimensões são funções das medidas do barracão de cana e de sua altura.

Em destilarias de etanol construídas nas décadas de 1980/1990, o depósito de cana, projetado, abriga também os equipamentos de preparo de cana, moendas, aquecimento de caldo, evaporação e outros. No depósito de cana, as mesas laterais podem ocupar seus dois lados. Outras configurações arquitetônicas podem e são adotadas, visando sempre a ampliação e colocação de equipamentos adicionais, para facilitar os processos de fabricação.

Em relação à área da mesa lateral de alimentação da esteira principal de cana, tem sido recomendado adotar uma largura que possa abrigar o comprimento das carrocerias dos caminhões, podendo variar de 8 a 13 metros. Sua altura, considerada perpendicular à esteira principal, pode variar de 8 a 10 metros, podendo ser, também, na forma bipartida, ou seja, ser constituída em duas partes inclinadas. Todavia, nos dias de hoje, em função da operacionalidade de trabalho, potência de motor, etc., uma mesa com estas dimensões pode atender bem até uma moagem de 400 a 500 THC.

Na épocas atual, com a colheita mecanizada, em que a matéria prima chega à usina na condição de toletes, as mesas laterais de recepção estão sempre passando por serviços mecânicos de reparação.

As mesas laterais, de acordo com essas características e em função da grandeza e necessidade da moagem das usinas e destilarias, podem ser construídas nas seguintes opções:

a) Mesa lateral de forro fixo;
b) Mesa lateral de forro fixo e correntes móveis;
c) Mesa lateral de forro móvel;

5.1.1 MESA LATERAL DE FORRO FIXO E CORRENTES MÓVEIS

Estas mesas são as de uso generalizado em nossas usinas e destilarias. Como foi citado na introdução deste capítulo, essas mesas são munidas de correntes que possuem pequenos anteparos, constituídas em chapas parafusadas em seus elos, facilitando o arrastamento das canas, seja inteiras ou toletes.

O número de correntes é em função da largura da mesa, cujo espaçamento entre elas pode variar de 50 a 60 cm.

Essas mesas podem ser construídas, na condição de ter duas partes, sendo uma mais superior, que conduz a cana à esteira, e a outra, na parte inferior, destinada a receber a cana descarregada. Essas instalações devem ser definidas pela equipe operacional da usina, ficanda, assim caracterizada nesta mesa a primeira operação de se ter uma esteira de arrastamento ou de condução da cana para ser processada. Essas correntes interligadas por taliscas trabalham, assim, na condução da cana, seja ela inteira, crua ou queimada, seja ela em toletes, ficando, assim, caracterizada, nesta mesa, a primeira operação de se ter uma esteira de arrastamento ou de condução da cana para ser processada. Essas correntes interligadas por taliscas trabalham, assim, na condução da cana, seja ela inteira, crua ou queimada, seja ela em tolete. Na figura 22, pode ser vista uma mesa alimentadora com soprador de folhas, palhas e de terra por insulamento de de ar em alta velocidade. Esse sistema, chamado de limpeza a seco, é composto pela mesa alimentadora com ângulo de inclinação acima de 35°, ventiladores que são posicionados sobre a mesa e uma caixa coletora da palha e terra. As impurezas minerais e vegetais podem ser aproveitado na queima, se desejar a usina.

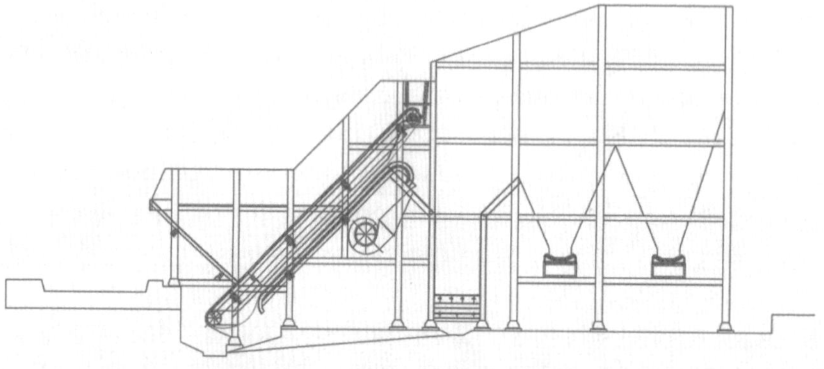

Figura 22 - Mesa Alimentadora de limpeza a seco.

5.1.2 MESA DE FORRO MÓVEL

Este tipo de receptor não tem sido muito utilizado pelas usinas. Geralmente, seu tablado, considerado móvel, tem sido constituído por tabuinhas de madeira ou taliscas metálicas, trabalhando como se fosse uma esteira. A alimentação de cana, armazenada no barracão, nesta mesa pode ser feita por garras, movimentadas por pontes rolantes. Essa é uma instalação típica de pequenos engenhos, em que as canas são colhidas cruas ou queimadas, mediante autorização.

5.2 ESTEIRAS CONDUTORAS DE CANA

As canas, descarregadas nas mesas alimentadoras de nossas usinas de açúcar ou destilarias de etanol, são conduzidas para as moendas ou difusores. Esta condução é realizada através de uma esteira com uma largura equivalente ao comprimento do cilindro da moenda ou mesmo no caso de difusores, pertinente à sua capacidade horária (Figura 23).

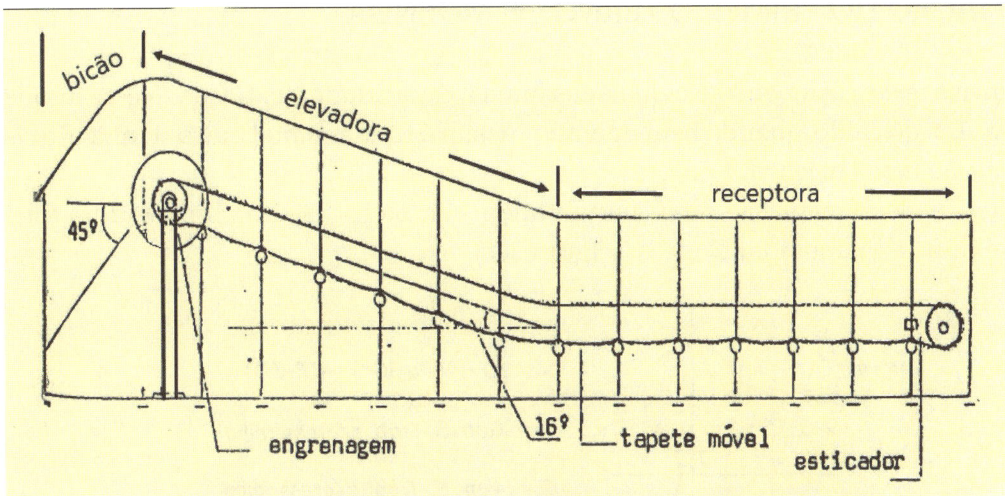

(a)

Figura 23a. Esteirão de cana na parte de alimentação horizontal

(b)

Figura 23b. Foto da Usina Junqueira 2000.

Como se pode comentar, a matéria prima que chega à usina passa por diversas operações, através de um sistema de condução, através de esteira de cana, esteiras intermediárias de cana em moagem, esteira de bagaço e, mesmo, no caso da extração por difusores, uma esteira também pode ser usada, sendo construída em diversos modelos, de acordo com o fabricante do equipamento.

A esteira principal de cana, também conhecida por esteirão, tem por finalidade conduzir a cana, recebida de mesas laterais ou diretamente de um veículo transportador, até a primeira unidade esmagadora ou ao difusor.

Dependendo das condições da usina, como capacidade de moagem, tamanho de depósito, número de pontes rolantes, tipo de descarregamento, etc., a esteira de cana pode ser única ou constituída de duas ou mais unidades independentes. O acionamento dessas esteiras pode ser de forma independente ou feito apenas pela primeira unidade condutora.

ALIMENTAÇÃO DO PRIMEIRO TERNO DE MOENDA

O primeiro terno de moenda é o que determina a capacidade e extração. Neste terno se extraí de 60 a 70% do caldo, quando bem operado. Assim é fundamental que se tenha um sistema de alimentação bem eficiente.

Os sistemas de alimentação desse terno podem ser: bicão, esteira alimentadora forçada e sistema de calha alimentadora Donelly (Figura 24c).

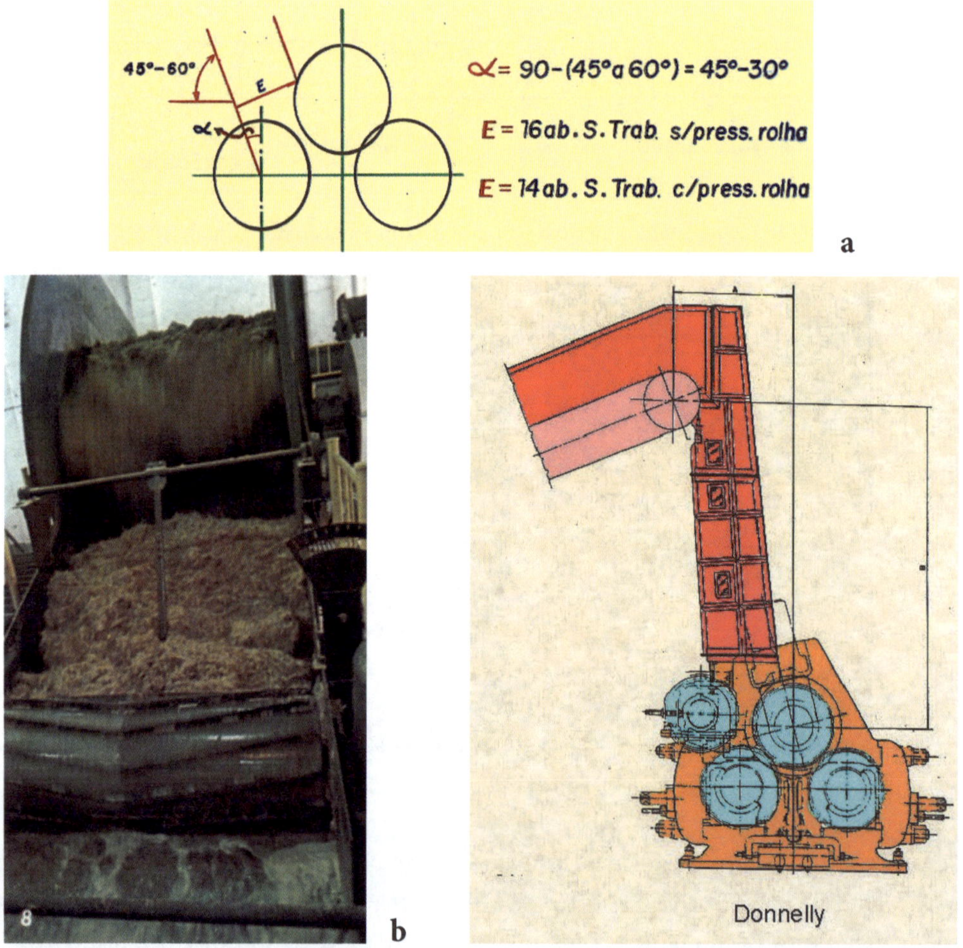

Figura 24. Sistemas de alimentação do primeiro terno da moenda:
(a) bicão, (b) esteira de alimentação forçada e (c) calha Donnelly em esquema Copersucar (CTC, 1999).

O bicão foi, anos atrás muito utilizado, e se constituía de um plano inclinado, cujo ângulo vai de 45° a 60°, em relação ao eixo do rolo de entrada, onde o ângulo de alimentação (α) é igual a 90° - (45° a 60°), logo seu valor variará de 45° a 30° (Figura 24a). Assim, a distância E de alimentação variará, considerando a moenda possuir press-roller ou sem press.

A esteira de alimentação forçada já foi muito utilizada (Figura 24b). Conduzia a cana picada, recebida do esteirão de cana, até a moenda. A esteira alimentadora tem um medidor de altura de alimentação, que controlava a velocidade do esteirão de cana através de um sensor, chegando até pará-la, para evitar sobrecarga. O acionamento pode ser realizado através de motor individual ou por engrenagens e corrente, ligando o eixo da esteira ao rolo de entrada.

A calha de alimentação Donelly (Figura 24 C) é um condutor quase na vertical em relação ao eixo de acionamento do esteirão de cana e o centro do rolo superior. Esse ângulo de apreensão máximo é de 60°. Esse ângulo de apreensão depende do coeficiente de atrito (fricção) entre a cana e o rolo de onde atua a força tangencial (Ft) em relação à força radial (Fr). Onde Ft/Fr = tga.

Para elevar o coeficiente de atrito e melhorar a apreensão da cana existe dois artifícios, ou seja: fazer ângulos diferentes dos frisos dos rolos e/ou o uso de solda na crista dos frisos (picote) e nos seus flancos.

O controle de alimentação através do Donelly pode ser manual ou automático, por sensor de nível. Alguns cuidados devem ser observados, para a boa performance da calha de alimentação, tais como:

a) Manter o nível operacional no mínimo 2/3 da altura da calha;
b) Acompanhar a montagem da mesma nos detalhes;
c) Verificar o acabamento interno, sem saliências, e;
d) Respeitar a posição sobre os rolos, o ângulo máximo de apreensão, segundo estabelecido por cálculo.

5.2.1 CONSTRUÇÃO DAS ESTEIRAS

Classicamente, uma esteira de cana para a alimentação da primeira unidade esmagadora consta de duas partes: a fixa e a móvel.

A parte fixa, que tem por finalidade suportar o estrado móvel e o peso de cana nela descarregada, é constituída por uma estrutura resistente, de ferro ou de madeira. Em geral, ela está dividida em três partes: a horizontal, denominada de alimentadora, receptora ou ainda condutora, a parte inclinada, conhecida como elevadora, e a terceira parte, identificada por queda, caída ou bicão.

A parte horizontal que, dependendo das condições de assentamento da moenda, pode estar situado abaixo, no nível ou acima do nível do solo, destina-se ao recebimento da matéria prima. Seu comprimento depende do sistema de descarregamento da matéria prima, enquanto que a sua largura e profundidade são funções do tamanho e da capacidade da moenda. Via de regra, a largura da esteira principal de cana obedece à mesma medida de comprimento da camisa do cilindro da moenda. A parte inclinada da estrutura da esteira é assim construída, para que se tenha uma melhor alimentação da primeira moenda.

A estrutura da esteira principal de cana mais comum é constituída por vigas de ferro, tipo U, equidistante uma da outra, de 1,5 a 2,0 metros, fixadas no solo em bases de concreto. Nessas vigas são soldadas ou fixadas outras vigas, que tem por finalidade sustentar os trilhos, sobre os quais desliza o tapete rolante ou móvel. Em posição mais inferior, são também presas as vigas, em posição oposta, mancais, sobre os quais giram os eixos providos de pequenos rodetes ou roldanas, destinadas ao apoio da parte inferior da esteira, facilitando-se, assim, o seu maior deslizamento e impedindo a formação de uma maior catenária. Lateralmente, e na parte acima do nível da parte móvel, a estrutura é protegida por chapas metálicas, geralmente de 3/16" a 1/4". No setor das facas, é recomendável usar chapas de 3/8". A altura dessa proteção é função da capacidade de moagem, da velocidade da esteira, do diâmetro dos picadores, etc., podendo variar, entretanto, de 0,5 a 3,0 metros.

Na parte final da esteira, que coincide com a parte mais alta do elevador, assenta-se o eixo do motor de acionamento; neste eixo são fixadas duas a três engrenagens, responsáveis pela tração da esteira. Em sua parte inicial, duas a três engrenagens são também fixadas em um eixo, preso, por sua vez, em mancais, estrategicamente colocados nas vigas de sustentação, de forma a permitir o correto assentamento da parte móvel, principalmente no que diz respeito ao seu esticamento. As engrenagens traseiras da esteira servem de guia e manutenção do alinhamento para as correntes da parte móvel.

A última parte da esteira metálica, onde o tapete móvel termina se constrói o seu sistema de acionamento, que permite nesta estrutura seu retorno e a queda das canas já picadas e retalhadas pelos jogos de facas e desfibradores assentados na parte elevadora.

A correta inclinação do bicão é de grande importância para a boa alimentação da primeira moenda (Figura 24a), como explicado anteriormente. Se o ângulo de inclinação do bicão for exagerado, o deslizamento da cana picada, que se dá pelo efeito da gravidade, é muito rápido, podendo inclusive sobrepor o cilindro superior da moenda. De modo geral, o bicão é assentado com um ângulo de 40 a 45° de inclinação; seu comprimento varia de 2,0 a 5,0 metros. Esses parâmetros variam de acordo com as condições locais de assentamento do trem de moagem de cada usina de açúcar. Em muitas usinas, nos últimos 30/40 anos, este bicão tem sido substituído por uma estrutura vertical, de forma retangular, conhecida como Chute Donelly (Figura 24c), de 50 a 60 cm e uma altura de 2,5 a 3,0 metros. Nas laterais dessa caixa vertical, faz-se aberturas retangulares ou cilíndricas protegidas por vidros transparentes, para observar a queda das canas já retalhadas, que serão esmagadas na primeira moenda. Essas aberturas protegidas tem servido de sensores para o controle da moagem.

A parte móvel, conhecida na prática por tapete rolante, consiste de duas a três correntes sem fim, paralelas, de diferentes desenhos, em cujas asas de seus elos fixam-se, através de parafusos, tábuas de madeira ou taliscas metálicas. As tábuas de madeira, para este fim, medem via de regra, de 10 a 15 cm de largura por 2,0 a 3,0 cm de espessura. O intervalo entre uma tábua e outra é muito pequeno, para evitar a queda dos pedaços de cana entre elas. As taliscas metálicas, as mais usuais, são construídas de forma imbricada, podendo ser inteiriças ou perfuradas. Seu comprimento é o mesmo das unidades esmagadoras, enquanto a espessura mais comum é de 1/4"; nas esteiras de pequenas moendas, as taliscas podem ser feitas com chapa de 3/16" e nas grandes unidades, com chapas metálicas de 5/16". A largura dessas taliscas pode variar de 15 a 20 cm. As taliscas perfuradas são usadas nos casos em que se lava a cana na esteira e se tornam, por isso, mais leves.

As correntes são constituídas de elos metálicos e articulados, formando um conjunto sem fim. Cada elo é formado por duas chapas laterais estampadas de ferro temperado, providas de asas ou borboletas. Essas chapas laterais são ligadas pelas extremidades por pinos de aço cimentado, revestido por buchas e rodetes, formando, assim, um elo. Uma pequena folga entre essas unidades é permitida para o bom desempenho da corrente. Em cada asa, existem dois furos para a passagem dos parafusos de fixação das taliscas. A Figura 25, na sequência, mostra a posição da mesa alimentadora, na esteira principal de cana, onde ficam também o jogo de facas o desfibrador e também a esteira de borracha, onde fica também o eletroímã.

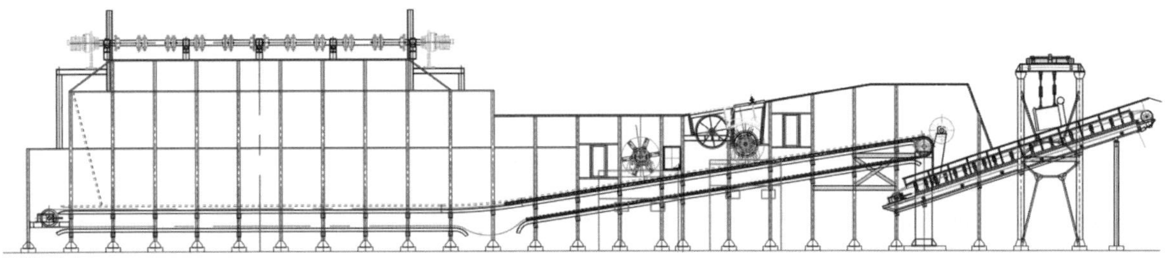

Figura 25 - Mesa receptora de cana e esteiras condutoras e eletroimã. *Fonte:* **Usina Barralcool S/A.**

OBSERVAÇÃO e TENDÊNCIA

Em função da colheita da matéria prima ser de forma mecânica, as usinas podem estudar adaptar suas mesas laterais, para funcionar como esteira. Os toletes de cana são despejados diretamente na esteira de cana, diminuindo o custo da operação neste setor de recepção.

5.2.2 ESTEIRAS DE BORRACHA

As esteiras de borracha ou lona têm sido muito usadas na condução das canas já desintegradas nas unidades esmagadoras, que chegam à calha Donnelly. Essas esteiras podem ser projetadas com velocidade de 50 a 100 m/min., reduzindo-se, neste caso, a altura do lençol de cana preparada de 15 a 40 cm. A vantagem de se ter essas esteiras após os picadores está na instalação de eletroímãs para captação de peças metálicas que, eventualmente, vêm com a carga de cana ou que escapam da esteira de cana, tais como parafusos, pinos, rodetes, etc. A pequena camada de cana facilita o trabalho de captação dessas peças metálicas pelo eletroímã, conforme mostrado nas figuras 25,26 e 27.

5.2.3 ACIONAMENTO DAS ESTEIRAS CONDUTORAS DE CANA

Como tem sido estudado e divulgado na vasta literatura sucroalcooleira, o acionamento de esteiras e moendas das usinas de cana e destilarias de etanol era feito nas décadas passadas através de motores a vapor. A partir de 1970 ou 1980, esses acionamentos, também feitos através de acoplamentos com as unidades carregadoras, passaram a ser acionadas pelo uso do motor elétrico. As vantagens do uso do motor a vapor sempre foram ressaltadas pela segurança que dava a moagem, pois, suportava todo o andamento da safra, que era raramente parada para sua manutenção. Como se pode salientar, essas máquinas a vapor, usadas para essas funções, são de baixo rendimento e consideradas antieconômicas, pois trabalhavam com vapor, tipo de energia bastante carente e de grande valor para as usinas.

A adoção do motor elétrico, nessas décadas já citadas e anteriores, foi sempre motivo de tentativas do uso no acionamento das esteiras de cana. Entretanto, nessas ocasiões, as paradas bruscas da esteira, que ocasionavam, queimando o motor, a falta de energia elétrica, a maior disponibilidade de vapor, etc., continuavam sempre nos fatores favoráveis ao uso do vapor.

Entretanto, apesar desses inconvenientes, o aparecimento e a aplicação de um dispositivo regulador de velocidade do motor elétrico despertou muito o interesse das usinas, para começarem a usar a energia elétrica para o acionamento das esteiras de cana.

Este dispositivo, conhecido por variador eletromagnético, passou a ser acoplado na linha de acionamento das esteiras após a colocação do motor elétrico, conforme observa-se na visão geral da esteira principal (Figura 26).

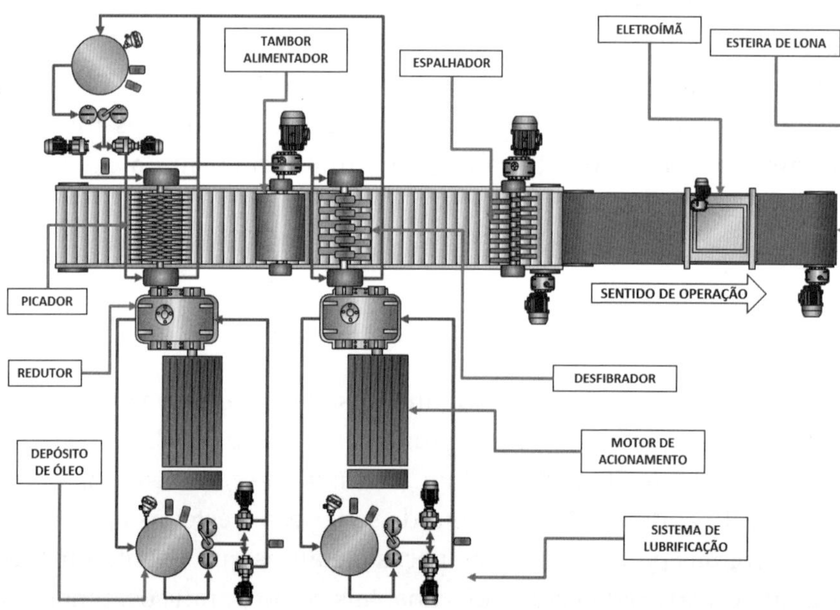

Figura 26 - Esquema de acionamento e componentes associados ao preparo da cana na esteira principal.
Ilustração: **Paulo Gangorra.**

A utilização de variador trouxe para as usinas mais segurança no controle da moagem nesses anos 30/40 anos.

Todavia, a utilização de variadores elétricos magnéticos, em muitas usinas e destilarias de etanol, tem sido substituída nas últimas décadas por um outro tipo de mecanismo eletrônico, desenvolvido pelas indústrias de eletroeletrônicos, como a Weg, Siemens e possivelmente outras, dispositivos estes conhecidos por inversores de frequência, que quando instalados e operados, têm por finalidade permitir a funcionalidade das esteiras, de bombas centrífugas, de mesas condutoras de cana, de moendas, entre outros.

O acionamento dos equipamentos de preparo e de extração do caldo pelas moendas está integrado, para garantir a homogeneidade e continuidade no fluxo de massa das operações de recepção, preparo com a extração do caldo (Figura 27).

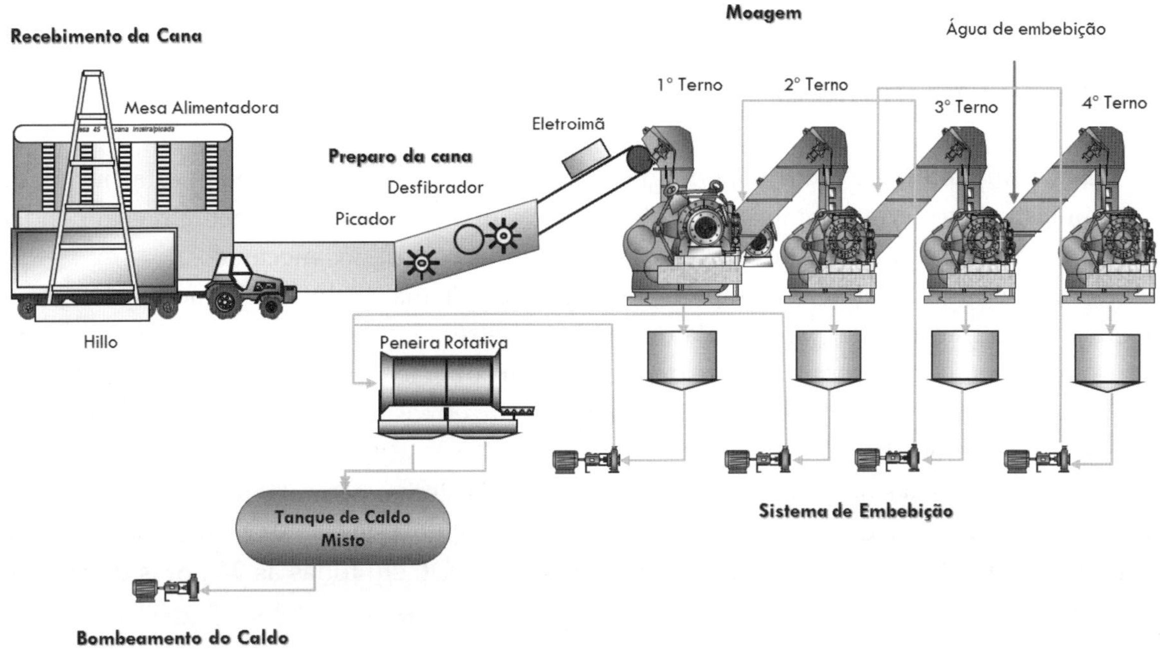

Figura 27 - Integração das operações de recepção da cana-de-açúcar, preparo e a extração do caldo pelas moendas.
Ilustração: **Paulo Gangorra**

FUNCIONAMENTO DOS INVERSORES DE FREQUÊNCIA

Pelas informações dos catálogos descritivos da funcionalidade de inversores é importante salientar que trata-se de dispositivos eletrônicos que exigem a operacionalidade por pessoas treinadas e de boa qualificação técnica em uso da energia elétrica, como está descrito nos respectivos manuais de funcionamento desses equipamentos.

CONSTRUÇÃO DESSES EQUIPAMENTOS

Conforme descrição de técnicos de usina que está operando com esses equipamentos, o mesmo compõem-se de uma placa ou peça retificadora, que retifica a corrente alternada, para atuar como corrente continua. Este retificador é composto de cabos e capacitores eletrolíticos, que servem para filtrar os ruídos da frequência da corrente alternada. O inversor é um componente composto de Ignitor de Gatilho (IGBT), equipamento que tem por finalidade pegar a corrente contínua, transformando em corrente alternada, podendo variar sua frequência de 3 a 450 hertz. Assim, trabalhando, esses equipamentos permitem variações de velocidade.

Este sistema pode ser operado por pessoa treinada, que pode operar, assim, via IHM (Interação Homem- Máquina), ou à distância, quando na condução de um controle remoto. Este sistema trabalha com um sinal eletrônico de 4,0 a 20 mil amperes ou com uma tensão de até 10 Volts.

CONDIÇÕES DE INSTALAÇÃO

Esses equipamentos recebem a energia dos motores elétricos, que devem estar instalados em painéis, em armários metálicos e protegidos, localizados estrategicamente nas dependências próximas dos equipamentos, livres de pó e poeiras e de danos mecânicos.

Do mesmo modo, as tensões operacionais desse sistema, incluindo o motor elétrico em operação, são transmitidas para a sala de controle eletrônico das operações pertinentes, onde ficam os computadores controladores de cada sistema operacional da fábrica, conhecida como Centro de Operações Integradas (COI), onde se produzem os relatórios pertinentes aos diversos sistemas operacionais da usina.

Do painel onde estão às placas controladoras do sistema, o sinal produzido de 4,0 a 20 mil amperes é conduzido por cabos de controle de sinal até a sala do COI. A usina Barralcool S.A. tem todas as suas operações acompanhadas pelo COI, em todas as 24 horas de trabalho em safra.

5.2.4 COMPRIMENTO, LARGURA E INCLINAÇÃO DAS ESTEIRAS DE CANA

COMPRIMENTO

O comprimento das esteiras de cana varia de acordo com o sistema de descarregamento da matéria prima, capacidade de moagem, condições locais de instalação, etc. De modo geral, a esteira principal de cana varia de 20 a 35 metros de comprimento. Nas unidades maiores, recomenda-se individualizar o acionamento.

LARGURA

A largura do condutor principal de cana é, no geral, sempre igual à medida de comprimento do cilindro das moendas. A utilização de uma esteira de maior ou menor largura deve ser bem calculada, para não comprometer a alimentação das moendas e o seu bom desempenho.

INCLINAÇÃO

O ângulo de inclinação da parte elevatória da esteira, construída para facilitar a alimentação da primeira unidade esmagadora, varia, na prática, de 14° a 22°. A utilização de ângulos maiores do que 22° dificulta a boa condução da cana na esteira, que tende sempre a deslizar. As esteiras, assim instaladas, devem ter os parafusos de fixação das taliscas mais salientes, funcionando, pois, como órgãos de apreensão das canas e evitando um possível deslizamento.

De modo geral, as esteiras são instaladas com 16° de inclinação. Existem instalações em que as moendas estão assentadas num plano inferior ao do depósito de cana. Neste caso a esteira de cana é construída apenas na horizontal.

5.2.5 ALTURA DA ESTEIRA DE CANA

A altura da esteira de cana, especificamente aquela limitada pelo tapete rolante e pelas proteções laterais, é função da capacidade de moagem de cana, de sua velocidade de trabalho, da densidade da cana-de-açúcar na esteira e de sua largura.

O volume de cana (V) conduzido na unidade de tempo é determinado pelo produto da velocidade da esteira (v) pela área de passagem (s).

Como V = Q/dc e s = b.h,onde, s = superfície de passagem (m2), b a largura da esteira (m), e h altura de cana na esteira (m), por substituição resulta, a seguinte fórmula, para o cálculo da altura (h):

$$h = \frac{Q}{b.d.v} \qquad (1)$$

Onde,

h = altura do colchão de cana em metros;

Q = capacidade de moagem, em quilogramas de cana por minuto;

b = largura da esteira em metros;

d= densidade da cana-de-açúcar na esteira em kg/m^3;

v = velocidade da esteira em m/min.

Examinando-se a fórmula 1, verifica-se que a altura do colchão de cana varia proporcionalmente com a capacidade e largura da esteira.

Segundo Hugot (1986), a densidade aparente da cana varia conforme a disposição dessa matéria prima na esteira. Este autor admite os seguintes valores para a densidade da cana na esteira:

d = 125 kg/m3 (canas misturadas ou trançadas)

d = 150 kg/m^3 (canas paralelas)

d = 300 kg/m3 (cana picada ou após os picadores)

Fixando-se a velocidade da esteira em 5, 8 e 12 m/min., a densidade de cana em 150 kg/m^3 e expressando-se a capacidade de moagem em (kg/min) e a largura da esteira (m), a altura do colchão de cana (h, em m) para os oito tipos de moendas mais usuais no Brasil, estão inseridos na tabela 14.

Verifica-se, pelos dados da tabela 14, que h atinge valores mais elevados, à medida que se tem uma menor velocidade na esteira para uma mesma capacidade de moagem. Nota-se, por outro lado, que h cresce, à medida que se tem uma maior capacidade. Portanto, mantendo-se os demais valores constantes, a altura da esteira, h, deve ser calculada em função das dimensões da moenda. Para cada moenda, devem-se estudar as condições de instalação da esteira de cana, determinando-se a altura de construção para condução do volume útil de cana para a moagem, velocidade de trabalho e potência do motor de acionamento.

Tabela 14 - Altura do Colchão de cana para V=5, 8 e 12m/min

Nº	b x l pol	TCH	K cm	V12 h*	V8 h*	V5 h*
1	18 x 30	15	250	0,18	0,27	0,44
2	20 x 36	30	500	0,30	0,45	0,73
3	26 x 48	65	1.083	0,45	0,71	1,18
4	30 x 54	100	1.667	0,67	1,01	1,62
5	30 x 60	120	2.000	0,73	1,09	1,74
6	34 x 66	150	2.500	0,83	1,24	1,99
7	37 x 78	200	3.333	0,93	1,40	2,24
8	42 x 84	290	4.833	1,26	1,88	3,02

*** altura do colchão**

A altura de construção da esteira para a condução da cana para a moagem é função da densidade dessa matéria prima. Evidentemente, quanto menor for a sua densidade, maior deverá ser a altura do colchão de cana na esteira. Para fins construtivos, a altura de construção das chapas laterais da esteira, principalmente do porte da alimentadora, deve ser baseada numa velocidade média. Os valores calculados para uma velocidade manual de 5 a 7 m/min. podem ser usados para fins construtivos. O diâmetro dos jogos de facas deve ser considerado nessas instalações, caso se queira uniformizar a altura da esteira.

5.2.6 VELOCIDADE DA ESTEIRA

A velocidade da esteira pode ser obtida, também, pelo emprego da seguinte fórmula:

$$V = \frac{Q}{b \,.\, h \,.\, d} \quad (2)$$

Onde,

v = velocidade em m/min.

A velocidade angular da esteira, ou seja, sua rotação, pode ser também conhecida, substituindo-se v por Pi D n, onde:

D = diâmetro da engrenagem de acionamento da esteira, e

n = velocidade angular da esteira, em rpm,

Logo, a velocidade angular ou a rotação da esteira passa a ser calculada pela seguinte fórmula:

$$n = \frac{Q}{\pi \,.\, D \,.\, b \,.\, h \,.\, d} \; ou \; \frac{V}{\pi D} \qquad (3)$$

Na grande prática, a velocidade das esteiras de cana varia de 0,0 a 12 m/min., raramente passando dos 12 m/min.

5. 2.7 FORÇA NECESSÁRIA PARA O ACIONAMENTO DA ESTEIRA (FT)

A força que o motor tem que vencer para acionar a esteira é em função do próprio peso da esteira e do peso de cana conduzido. De uma maneira simplificada, verifica-se, pelo Esquema (1), que essa força total de tração (Ft) compreende a força necessária para acionar a parte superior da esteira (Fs) , a parte inferior (Fi) e a consumida no levantamento da parte elevatória (Fe).

$$Ft = Fs + Fi + Fe = kgf$$

FORÇA SUPERIOR

A força superior é dada pela seguinte expressão:

$$Fs = (Pc + Pes) \,.\, f$$

onde,

Fs = força necessária ao acionamento da parte superior da esteira (kgf);
Pc = peso de cana conduzido;
Pes = peso da parte superior da esteira;
f = coeficiente de atrito.

Como,

Pc = b.h.dc . L onde, L = comprimento total da esteira medido na horizontal, em metros,

$$Pes = p \,.\, L \qquad \text{onde } p = \text{peso de 1,0 m de esteira}$$

advém, por substituição, a seguinte fórmula para o cálculo da força superior:

$$Fs = (b \,.\, h \,.\, dc \,.\, L + p \,.\, L) \,.f \qquad (4)$$

onde,

Fs = força superior, em kgf

b = largura da esteira, em metro;
h = altura do colchão de cana na esteira, em metro;
dc = densidade da cana, em kg/m^3;
L = comprimento total da esteira na horizontal em metro;
p = peso das taliscas, correntes, etc., em kg/m
f = coeficiente de atrito 0,3 (esteira nova) a 0,6 (esteira usada).

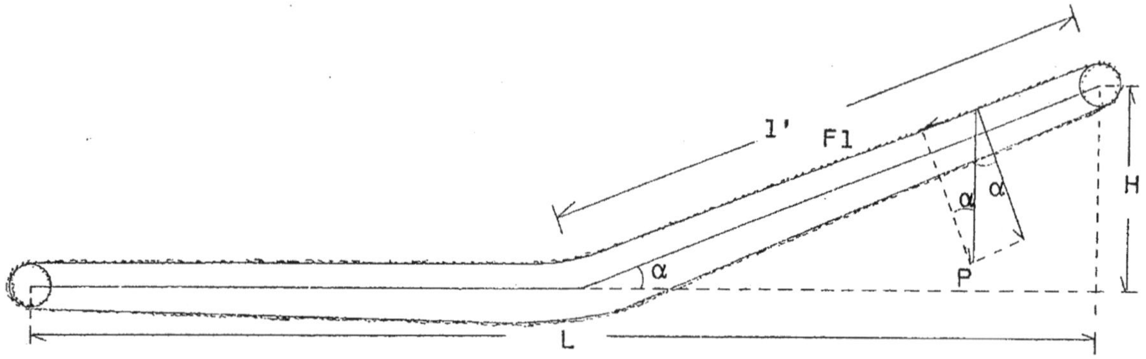

Esquema (1) - da esteira para cálculo das forças de acionamento

<u>Força Inferior</u>

A Força inferior é dada pelo peso da esteira, computando-se apenas a sua parte inferior, multiplicado pelo coeficiente de atrito, conforme:

$$Fi = Pei \cdot f'$$

Fi = força inferior, em kgf;
Pei = peso da parte inferior da esteira;
f' = coeficiente de atrito.

Como

$$Pei = p \cdot L$$

a força inferior passa a ser:

$$Fi = p \cdot L \cdot f' = kgf \qquad (5)$$

onde,
p = peso das taliscas, correntes, etc., em kg/m
L = comprimento de esteira, em metro;
f' = 0,10 a 0,15

Força de Levantamento

Conforme o Esquema (1), verifica-se que a força consumida no levantamento da esteira é dada, simplificadamente, por:

$$Fe = Pc \cdot Sen\ \alpha$$

onde,
Fe = força de levantamento, em kgf;
Pc = peso de cana;
α = ângulo de inclinação da esteira (16 a 22°)

Como

$$Pc = b \cdot h \cdot dc \cdot l' \cdot seno\ \alpha \qquad e \qquad H = l' \cdot sen\ \alpha$$

Onde, H = altura de elevação e l' = comprimento da parte inclinada, em metro,
advém, por substituição, à seguinte fórmula para o cálculo final da força de levantamento:

$$Fe = b \cdot h \cdot dc \cdot H \qquad (6)$$

onde,
Fe = força de levantamento, em kgf,
b = largura da esteira em metro,
h = altura de cana na esteira em metro,
dc = densidade da cana na esteira em kg/m3, e
H = altura de levantamento da esteira em metro.

Em realidade, no cálculo da força de elevação ou de levantamento, deveria ser considerado também o peso da esteira. Alguns autores chegam a considerar a parte superior (subida) menos a parte inferior (descida). Entretanto, para fins práticos, o cálculo, considerando apenas o peso de cana, tem dado bons resultados.

Na prática, há outras fórmulas para realizar o cálculo da força de acionamento da esteira, as quais, embora seja distintas, chegam a resultados similares, como por exemplo a equação proposta pela Copersucar, no anos 90:

$$Ft = (L + Y)(C.W + C.M) + 1,2\,(L + Y) \cdot F \cdot W + R..M = kgf$$

Onde,
Ft = força total de acionamento = kgf,
L = comprimento da parte horizontal = m,
Y = comprimento da parte inclinada na horizontal = m,
C = coeficiente de atrito corrente = 0,5 .d / D (ϕ pino / rolete),

W = Peso das correntes mais taliscas = kgf / m,
M = peso de cana por m de esteira,(le . hc . dc) = kgf / m,
le = largura da esteira em m,
hc = altura de cana na esteira em m,
dc = densidade da cana em kg / m ,
F = coeficiente de atrito deslizamento retorno , 0,20 a 0,33
R = altura de elevação da cana = Y . tg α .
α = ângulo de inclinação da esteira - 16 a 22°

5. 2.8 POTÊNCIA DE ACIONAMENTO DA ESTEIRA DE CANA PELO SISTEMA ELETROMAGNÉTICO

• **Potência útil (N)**

A equação fundamental para o cálculo da potência útil é a seguinte:

$$N = \frac{Ft.v}{75.\,60} \qquad (8)$$

onde,
N = potência útil do motor em CV.;
Ft = força de tração da esteira em Kgf; e -
v = velocidade da esteira em m/min.
Potência de saída do variador eletromagnético

Para um rendimento de transmissão das engrenagens do redutor de 80% , a potência de saida do variador deverá ser a da fórmula seguinte:

$$Ns = \frac{Ft.v}{75.\,60\,.\,0{,}8} = \frac{N}{0{,}8} \qquad (9)$$

Potência fornecida ao variador eletromagnético pelo motor

De acordo com o princípio de funcionamento do variador eletromagnético, tem-se uma constante do torque transmitido, isto é, o torque de entrada tem o mesmo valor do de saída do variador. Logo, tem-se que:

$$Te = k\frac{Ne}{ne} \quad e \quad Ts = k\frac{Ns}{ns}$$

onde,
Te = torque de entrada;
Ne = potência da entrada;

ne = rotação de entrada.
Ts = torque de saída;
Ns = potência de saída;
ns = rotação de saída;
k = constante.

Igualando-se Te e Ts e suprimindo os termos iguais, advém:

$$\frac{Ne}{ne} = \frac{Ns}{ns} \quad \text{ou} \quad Ne = Ns\,\frac{ne}{ns}$$

Considerando n a rotação máxima da esteira e admitindo-se um motor de 1.750 rpm , supondo alguma perda, a rotação de saída do variador será de 1.700 rpm. Nessas condições, a redução da velocidade na saída do variador será de 1.700 / n. Portanto, para cada valor do h na esteira, se terá uma rotação da esteira (n est) e uma rotação de saída do variador (ns) , ou seja, um ns = (1.700 / n) . n est

Para uma velocidade na esteira da ordem de 12 m/min e para um diâmetro de engrenagem igual a 0,6 m , a rotação máxima da engrenagem que se terá, será de 6,4 rpm , ou seja:

$$n\ \text{max. saída} = \frac{v}{\pi.D} = \frac{12}{3{,}1416\ .\ 0{,}60} = 6{,}40\ \text{rpm}$$

Para um ne = 1.750 rpm e um ns = (1.700 / 6,4).n est, advém a seguinte fórmula para o cálculo da potência do motor de acionamento de esteira de cana:

$$Ne = \frac{Ns\ 1750}{(1700/6{,}4)\ n\ est\ .\ n\ est} = Ns\,\frac{6{,}58}{n\ est} \qquad (10)$$

onde,

Ne = potência de entrada no variador eletromagnético para uma velocidade máxima de 12 m/min ou para uma rotação de 6,4 rpm;

Ns = potência de saída do variador eletromagnético;

n est = rotação da engrenagem da esteira.

Para um v máximo de 18 m/min, tem-se que

$$n = \frac{18}{3{,}1416.0{,}6} = 9{,}5\ \text{rpm}$$

Nessas condições, a potência fornecida pelo variador será obtida pelo emprego da seguinte fórmula:

$$Ne = Ns\,\frac{1.750}{(1700\ /\ 9{,}5\ )\ n\ est} = Ns\,\frac{98}{n\ est} \qquad (11)$$

5.2.9 CÁLCULO NUMÉRICO DA POTÊNCIA DE UMA ESTEIRA DE CANA

Dados conhecidos

a) moenda 37" x 78"
b) capacidade de moagem 375 TCH
c) largura da esteira 1,981 m
d) comprimento da esteira 30,0 m
e) ângulo inclinação 15°
f) densidade da cana na esteira 180 kg/m³
g) peso talisca e corrente 220 kgf / m
h) velocidade máxima 12 m/min.
i) velocidade operacional 8,0 m / min.
j) angulo α 16°
l) inclinada na horizontal 15 m
j) diâmetro da engrenagem 0,6 m
m) rendimento de transmissão 80%
n) fator de atrito superior 0,5
o) fator de atrito inferior 0,1

Dados calculados

a - Altura de cana na esteira (fórmula n° 1)

$$h = \frac{375 \,.\, 1000}{60 \,.\, 1{,}981 \,.\, 180 \,.\, 8} = 2{,}19 \text{ m}$$

b - Rotação da engrenagem da esteira, v = 12 m/min. (fórmula n° 3)

$$n\ max = \frac{12}{3{,}1416 \,.\, 0{,}6} = 6{,}4 \text{ rpm}$$

- rotação da engrenagem em trabalho (n), para v = 8,0 m/min

$$n = \frac{8}{3{,}1416 \,.\, 0{,}6} = 4{,}24 \text{ rpm}$$

Ou,

$$n = \frac{375 \,.\, 1000}{60 \,.\pi \,.\, 0{,}60 .\ 2{,}19 .\ 1{,}981 \,.\, 180} = 4{,}24 \text{ rpm}$$

c - Força total de acionamento da esteira
Força superior (fórmula n° 4)

$$Fs = (1{,}981 \,.\, 2{,}19 \,.180 \,.\, 30 + 220 \,.\, 30)\ 0{,}5 = 15.013{,}65 \text{ kgf}$$

Força inferior (Fórmula nº 5)

$$Fi = 220 \,.\, 30 \,.\, 0{,}1 = 660{,}00 \text{ kgf}$$

Força de elevação (fórmula n° 6)

$$Fe = 1{,}981 \,.\, 2{,}19 \,.180 \,.\, \text{seno } 16 \,.\, 15 = 3.228{,}70 \text{ kgf}$$

Força de acionamento total da esteira

$$Ft = 15.013{,}65 + 660{,}00 + 3.228{,}70 = 18.902{,}35 \text{ kgf}$$

d - Potência de acionamento da esteira
Potência útil (fórmula n° 8)

$$Nu = \frac{18.902{,}35.12}{60\,.75} = 50{,}40 \text{ CV}$$

Potência de saída do variador (fórmula n° 9)

$$Ns = \frac{50.40}{0{,}8} = 63{,}00 \text{ CV}$$

Potência de entrada do fornecida ao variador (Fórmula n° 10)

$$Ne = \frac{50{,}40}{6{,}4} = 51{,}82 \text{ CV}$$

5. 2.10 - GRÁFICO ILUSTRATIVO

Supondo que a alimentação da moenda deva ser contínua, variando a altura de cana na esteira (h), deverá alterar a velocidade (v) e, consequentemente, variará a força da esteira e a potência fornecida. Considerando os dados do exercício anterior, para diferentes altura de colchão de cana, os valores de força da esteira, potência útil, potência de saída e de potência da esteira para as velocidades de 12 e 18 m/min, também representados graficamente no Esquema (2).

Verifica-se pelos dados na sequência, representados no gráfico das potências de acionamento das esteiras de cana, que quanto maior a velocidade da esteira, menor é a espessura do colchão de cana e menor ou maior será o consumo de potência motora. Verifica-se, ainda, que a potência útil pouco altera com a variação da espessura do colchão de cana. Quando a altura do colchão de cana for de 1,50 m , a potência útil irá da ordem de 25,11 cv , enquanto a potência instalada da esteira não deve ser menor do que 43,59 cv. Neste ponto, reside a maior desvantagem desses equipamentos. O fator de velocidade é de primordial importância para o consumo de energia motora.

Daí, o cuidado de se limitar ao máximo a rotação da esteira. Para uma velocidade máxima de 18 m/min, por exemplo, a potência fornecida ao variador é maior ainda para os casos de baixa velocidade e grande altura de cana na esteira. Pelo gráfico, observa-se que se fosse adotada uma velocidade de 10 m/min, menor seria ainda a potência máxima fornecida ao variador eletromagnético.

Dados de potência útil, de saída e fornecida ao variador eletromagnético, para diferentes valores de **h**, nas velocidades de 12 e 18 m/min.:

h (m)	v (m/min)	n est rpm	Ft kgf	Ns cv	N cv	Ne12 cv	Ne18 cv
1,75	6,86	3,64	15.816,3	24,11	30,14	54,48	81,15
1,50	8,00	4,25	14.122,5	25,11	31,14	48,59	72,38
1,25	9,60	5,10	12.428,9	26,51	33,13	42,74	63,66
1,00	12,00	6,38	10.735,0	28,63	35,79	36,91	54,97
0.75	16,00	8,51	9.041,4	32,15	40,19	-	46,28

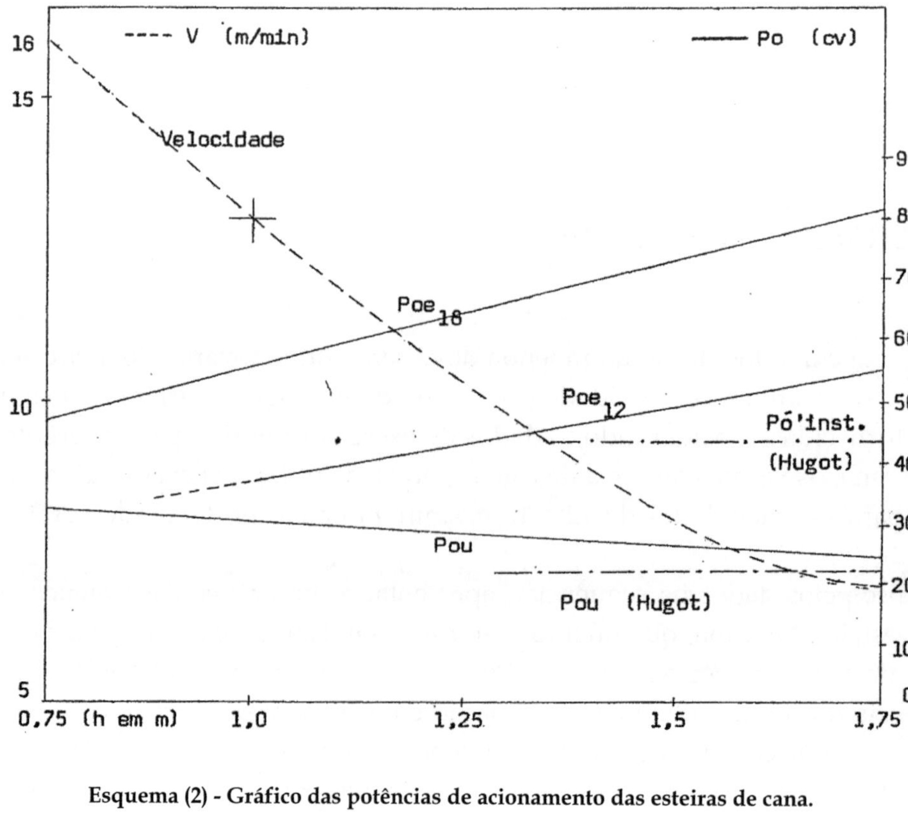

Esquema (2) - Gráfico das potências de acionamento das esteiras de cana.

5.3 CONDUTORES INTERMEDIÁRIOS

Os condutores intermediários, também conhecidos por esteiras intermediárias, têm por finalidade transportar o bagaço resultante de uma moenda à outra, para nova extração de caldo.

Os tipos de condutores intermediários mais comuns nas usinas e destilarias no Brasil têm sido os seguintes: Condutor de taliscas metálicas, condutor de lençol de borracha, e Condutor de rastelo.

5.3.1 CONDUTORES DE TALISCAS

Constitui o tipo clássico de condutor intermediário de bagaço, sendo muito semelhante à esteira de cana. Entretanto, diferencia-se desta por ter suas correntes de tração desprovidas de rodetes móveis.

Construtivamente, esse condutor compõe-se de taliscas metálicas imbricadas, presas a duas ou três correntes sem fim, trabalhando o lençol metálico, assim formado, dentro de proteções laterais, também cantoneira em L metálicas, assentadas lateralmente, com a finalidade de proteger o bagaço durante seu caminhamento à moenda seguinte. Dois eixos, sendo um superior ou de chegada, e outro inferior ou de saída, sustentam a esteira na posição correta entre os ternos de moendas. Cabe ao eixo superior à movimentação da esteira, podendo ser feita através de transmissão por corrente em engrenagem, devidamente assentada no cilindro rola-cana; o acionamento através de motor elétrico independente tem sido muito usual, pois permite dar à esteira uma maior velocidade.

Esse tipo de condutor exige, sempre, muita manutenção; peças de reservas, tais como, taliscas, pinos, contra pinos, rodetes etc., devem estar sempre à disposição, para as eventuais substituições de peças quebradas.

5.3.2 CONDUTORES DE LENÇOL DE BORRACHA

Este tipo de condutor, produto de tecnologia recente, é constituído de uma estrutura metálica fixa, que serve de proteção ao lençol de borracha vulcanizada, responsável pela condução do bagaço à próxima moenda (Figura 28). Este tipo de condutor tem sido o mais usado atualmente, provavelmente por apresentar menos manutenção e deixar cair menos bagaço que o condutor clássico de talisca. O acionamento, também, deste condutor pode ser feito por dois modos, referidos para o caso anterior. Dois cilindros, sendo um superior e outro inferior, sustentam a esteira na sua posição inclinada. Para manter o lençol superior esticado, vários eixos, sustentados pelas extremidades em pequenos mancais, são colocados abaixo em toda a extensão superior da esteira, conforme mostra a Figura 28. Para evitar o deslizamento do bagaço, o lençol de borracha é fabricado com nervuras salientes transversais. Da mesma forma que a anterior, esta esteira possui uma proteção em cantoneira L.

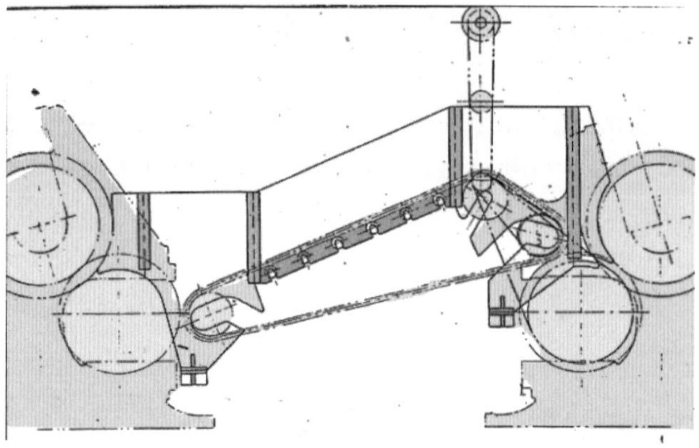

Figura 28 - Esteira intermediária de esteira de borracha ou lona.

Este tipo de condutor (Figura 29) diferencia-se dos outros dois tipos, por possuir no lugar do tapete rolante de taliscas ou borracha um condutor raspador na vertical sobre forro fixo. Os raspadores são fixados às correntes laterais de tração, num passo variável de 250 a 350 mm. Às vezes, encontram-se travessões de ferro contendo dentes metálicos, semelhantes a um rastelo, como raspador. As correntes movimentam-se sobre cantoneiras, soldadas nas laterais da calha. O acionamento desse condutor pode ser, também, feito, aproveitando o movimento da primeira moenda ou através de motor elétrico independente.

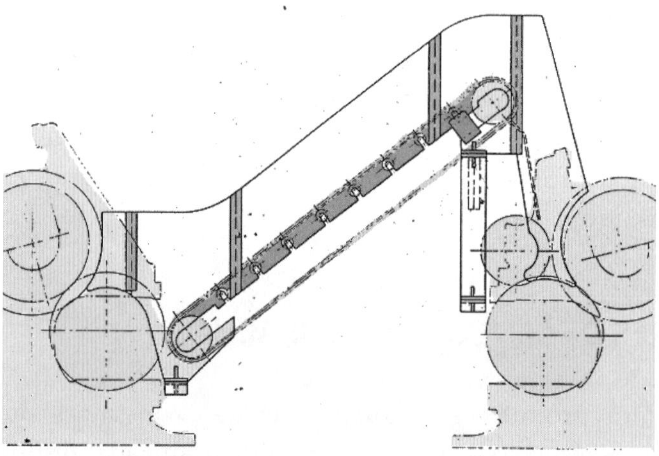

Figura 29 - Esteira intermediária de borracha com lonas, com nervuras paralelas ou diagonais.

Para evitar qualquer dano à calha, os dentes dos travessões devem estar distanciados de seu fundo em alguns milímetros. Apesar da grande vantagem desse tipo de condutor em relação aos anteriores, por não permitir a queda de bagacilho ao coletor de caldo, suas correntes estão sempre sujeitas a constantes quebras, por trabalhar em praticamente imersas no bagaço. Sendo de ferro, essas correntes estão sujeitas a constante corrosão. A utilização de material em bronze fosforado ou em aço inoxidável aumenta a durabilidade dessas correntes. O caldo ou água de diluição, que escorre para a parte inferior da calha, melhora a embebição do bagaço, por ficar retida na parte inferior, molhando mais o bagaço.

5.3.3 VELOCIDADE DOS CONDUTORES

Em relação à velocidade dos condutores intermediários, tem-se admitido que esta devesse ser igual ou superior á dos cilindros das moendas, considerada em m/min. Na realidade, é função do tipo de condutor que se deseja instalar. Esses condutores, trabalhando numa velocidade bem superior às das moendas, concorrem para que se tenha uma diminuição da camada de bagaço, facilitando-se, deste modo, a embebição.

A velocidade da esteira pode ser estimada, de tal forma, que ela seja igual ou maior do que a velocidade das moendas. Como:

$$V = \pi . D . n$$

Onde:
D= é o diâmetro dos cilindros e
N= a rotação das moendas.

A velocidade do trem de moagem servirá de orientação para a determinação do movimento dos condutores intermediários.

Para a "moenda 37 x 78", supondo um n= 6,0 rpm, a velocidade em m/min dessa moenda será de 17,71. Logo, a velocidade do condutor intermediário, que garantirá uma alimentação perfeita à próxima moenda, deverá ser igual ou superior a este valor. Valores oscilando entre 20 e 80 m/min têm sido usuais. Os menores índices são recomendados às esteiras de taliscas metálicas, mesmo porque são tidas como as mais pesadas. As esteiras de borracha podem trabalhar com bom desempenho até 100 m/min, sendo, entretanto, preferível que se situa numa faixa de 40 a 60 m/min.

POTÊNCIA

O consumo de potência dos condutores intermediários é relativamente pequeno. Pode ser obtido pelo emprego da fórmula n° 8, ou seja:

$Po = Fe . v / 75 . 60$

Onde:
Po = potência consumida,
Fe = força de acionamento,
v = velocidade em m/min.

Os princípios desses cálculos são os mesmos empregados para o caso das esteiras de cana.

Hugot (1986) estima o consumo de potência dos condutores intermediários em 5% da potência total consumida no acionamento das moendas, ou em 0,1 C, onde C é igual à capacidade de moagem horária. Tem-se observado, em algumas usinas brasileiras, no acionamento de esteiras de borracha, motores de 5 a 10 HP. Este dado corresponde de 10 a 20% da potência consumida numa esteira de cana, tipo clássico.

INCLINAÇÃO

O correto assentamento do condutor intermediário, visando à boa alimentação da moenda, depende do tipo de condutor que se deve instalar. De modo geral, a inclinação dos condutores de taliscas varia de 25 a 30°. Para os condutores de lençol de borracha ou de rastelo, essa inclinação pode chegar até 50°. Essas esteiras constituem os tipos mais inclinados que se conhece.

5.4 CONDUTORES DE BAGAÇO

O bagaço, resultante da extração do caldo no último terno de moenda, é utilizado como combustível nas caldeiras. Quando há excesso, ele é depositado no final do percurso e, havendo falta, retorna através de esteira no início da parte horizontal de alimentação das caldeiras. Mas, dependendo da variedade de cana, da eficiência da caldeira e do balanço de vapor, há um excedente, que é enfardado e vendido às fábricas de papel e para outras indústrias como combustíveis, ou ainda utilizados como matéria prima para a fabricação de adubos compostos, podendo também ser hidrolisado e empregado na alimentação animal.

A condução do bagaço para as caldeiras, ou mesmo para a secção de enfardamento, é feita utilizando-se de uma esteira, tipo rastelo. Em uma base fixa, tipo calha, de forma retangular, circula este condutor, construído com duas correntes sem fim, em cujas asas ou borboletas se fixam taliscas metálicas ou tábuas de madeira na vertical, equidistantes uma da outra de 25 a 50 cm. Esses condutores compõem-se, sempre, de uma parte inclinada, que é a receptora do bagaço da última moenda e onde se processa a peneiragem, para separação da fração fina do bagaço, conhecida como bagacilho. Esse produto é elemento auxiliar de filtração das borras pelos filtros rotativos a vácuo, uma tela de malha apropriada é assentada no fundo da parte elevatória dessa esteira. A parte horizontal é aquela em que se processa a distribuição do bagaço às caldeiras, é assentada, passando próximo às fornalhas das caldeiras, onde se tem um distribuidor do bagaço. Quando as caldeiras estão distantes das moendas, a condução do bagaço pode ser feita em condutores de lona de borracha, apoiadas em roletes móveis. A posição clássica da esteira de bagaço é vista na Figura 30.

VELOCIDADE

A velocidade dos condutores de bagaço deve ser superior em duas a três vezes à dos cilindros da última moenda, considerada em metros/minuto. Os valores usuais têm variado de 20 a 30 m/min, podendo chegar ao caso de condutores de borracha a índices mais elevados.

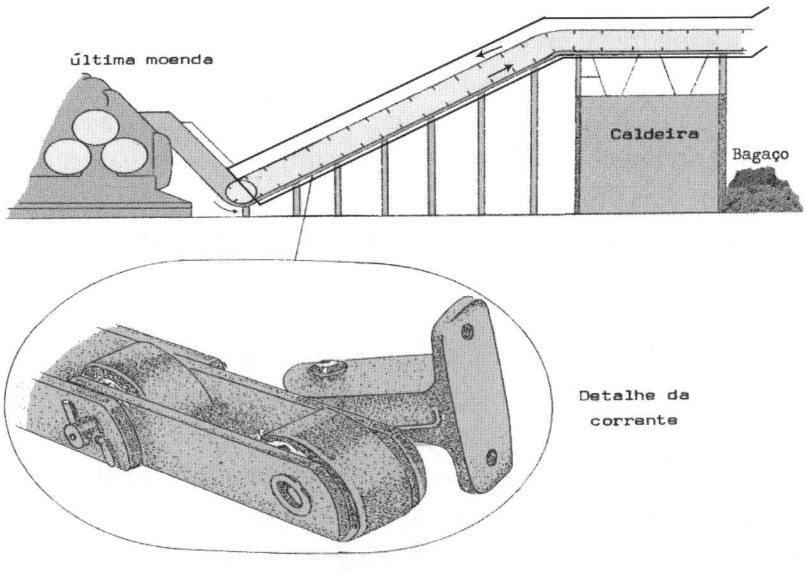

Figura 30 - Esteira clássica de transporte de bagaço para caldeira.

POTÊNCIA

Do mesmo modo como se calculou a potência da esteira de cana, fórmula abaixo, pode se obter a potência consumida (Po) no acionamento das esteiras de bagaço, em função de força de acionamento (Fe) e de velocidade da esteira (v, m/min). Contudo, tem-se observado, na prática, que os valores de potência estão variando de 3 a 5 CV, por cada dez metros de comprimento de esteira, podendo ser calculada pela fórmula seguinte:

$$Po = \frac{Fe \cdot v}{75 \cdot 60}$$

5.5 SISTEMA DE LIMPEZA DA MATÉRIA PRIMA

A indústria açucareira e alcooleira no Brasil, nas décadas passadas, era instalada em locais próximos a rios e riachos dado, à necessidade, sempre, de muita água a ser aplicada na refrigeração dos equipamentos e nos multijatos dos sistemas de evaporação do caldo e nas destilarias, além do uso nas limpezas dos vários setores da fábrica.

Nos livros pertinentes aos descritivos da indústria sucroalcooleira, nas apostilas de aula e em trabalhos técnicos sobre o uso da água, o uso da água tem merecido muitas referências. Dentro desses estudos, a lavagem de cana mereceu sempre cuidados especiais, visto que, em função da colheita ser da cana crua, inteira ou queimada, esta matéria prima chegava à usina sempre com muita terra e impurezas. Em função disso, vários projetos foram desenvolvidos para retirada dessas impurezas dessa matéria prima. O carregamento dessas canas trazia para a fábrica muita areia, argila, palhaça, pedra, além de, eventualmente, lima, parafusos, porcas metálicas, etc. A estatística referenciada por vários países mostram que esta quantidade de material estranho pode variar ao redor de 8%, podendo chegar, em dias chuvosos, a 25%. Segundo já evidenciado pelos autores, no Brasil, em dias secos, estas impurezas chegam à usina ao redor de 4%, podendo ser mais em dias úmidos.

Quanto à cana queimada, a superfície do colmo torna-se mais pegajosa, proporcionando, deste modo, mais aderência de impurezas contidas no solo, podendo acarretar problemas na clarificação do caldo.

Diante da aplicação desta prática de lavagem da cana, hoje praticamente abandonada pelas usinas em função da colheita mecânica da cana-de-açúcar, o volume de água usado na sua lavagem pelas usinas varia de 5 a 10 m^3 por tonelada dessa matéria prima por hora.

A limpeza da matéria prima pode ser por lavagem da cana com água ou a seco, dscrita no item 5.1.1 e esquematizada na Figura 22, por muitas vezes aplicada pelas usinas, era feita nas mesas laterais de recebimento da matéria prima ou nas esteiras de cana que chega à primeira moenda.

A água residual desta aplicação, após primeira retirada de um sistema de caixas de sedimentação, era bombeada para o setor de lavagem na mesa lateral de alimentação da esteira principal.

O sistema que constava de três caixas que recebem a água das mesas de recebimento da cana, onde era lavada e que trabalhavam, alternadamente, foi praticamente abandonado. Havia o inconveniente de gerar um efluente, ou seja, a água de lavagem, que mesmo em sistema de circuito fechado, era sempre reposta as perdas, com água tratada em pH de entre 10 e 11 e reutilizada. A água resultante do sistema de lavagem tem materiais em suspensão e dissolvido, tendo como características, segundo Monteiro (1977), seriam: pH (4,7 a 5,7), resíduo total (0,4000 a 1,175 g/L), resíduo solúvel (0,200 a 0,5000 g/L), material em suspensão (0,150 a 0,900 g/L) resíduo sedimentavél (2,0 a 7,9 mL/L), oxigênio dissolvido (0 a 3,0 mg/L), DBO (180 a 500 mg/L de O_2) e DQO (220 a 700 mg/L de O_2), o que é inviável de retorno ao rio.

A evolução da cana mecanizada promoveu uma mudança na limpeza da cana, pela introdução da limpeza a seco. Isto é, em função da prática atual de recolher a cana mecanicamente, a lavagem da matéria prima tornou-se desnecessária, e praticamente todas as instalações existentes nas usinas foram desativadas, razão pela qual os autores julgam desnecessário tecer mais considerações sobre este problema. Pela colheita mecânica, as canas entregues à usina em forma de toletes, praticamente não entram em contato com o solo.

A limpeza a seco, ou seja, sem a utilização de água, propiciou a economia de recursos hídricos e ambientais e também uma redução de custo.

CAPÍTULO 6

PREPARAÇÃO DA CANA-DE-AÇÚCAR PARA EXTRAÇÃO DO CALDO

A cana-de-açúcar a ser processada pelas operações de moagem, pela ação do esmagamento pelas moendas ou pela remoção de sua sacarose, pela ação de difusores, deve ser completamente picada ou mesmo dilacerada, para que se possa remover o caldo contido nas células parenquimatosas.

As células dos parênquimas celulares dos colmos liberam, seja por esmagamento, seja por lixiviação, seu caldo contendo os açúcares, compostos de sacarose, glucose, frutose e outros compostos de origem mineral e orgânica.

A parte fibrosa da cana, constituída de casca e nós, varia em quantidade, em função das diversas variedades plantadas, seja por fornecedores ou proprietários. Em média, o teor de fibra das diversas variedades de cana varia de 10 a 15% em números globais, estando em média entre 12 a 13%

Uma cana considerada padrão é aquela que tem 12,5% de fibra, distribuída entre as partes diversas, nós casca e partes moles, conhecidas por entrenós.

As partes moles encerram 80% do caldo total da cana, equivalentes a 75% do peso da cana. Os outros 25%, considerados como partes duras, encerram 20% do caldo total da cana.

O preparo da cana para a extração desse caldo tem sido feito, nos últimos 40 anos, com o uso de facas rotativas e de desfibradores. Até 1965, esse preparo era feito apenas com dois jogos de facas, conhecidos por niveladores e cortadores. Entretanto, para as pequenas usinas e destilarias, em função do custo financeiro ser elevado, este preparo de cana continua sendo feito apenas pelos jogos de facas, sendo o segundo jogo instalado com seu maior número dessas unidades.

A adoção de um preparo da cana eficiente contribui para se ter uma maior extração de pol (% de açúcar na cana), objetivo que todos os técnicos querem alcançar.

6.1 OBJETIVOS DO PREPARO DE CANA

Os principais objetivos do preparo da cana-de-açúcar para moagem e difusão são os seguintes:

a) Aumentar a capacidade das moendas pelo aumento de densidade da massa de alimentação, tornando-a compacta e homogênea.
b) Romper a estrutura da cana, fazendo com que a extração do caldo pela moagem seja mais fácil e efetiva,

c) Produzir um bagaço que facilite a embebição.
d) Redução do índice de desgaste e quebra das moendas.

Quanto maior for o preparo, como observa-se na Figura 31, mais os dois últimos objetivos serão favorecidos. Por outro lado, a excessiva preparação da cana pode interferir na alimentação das moendas e prejudicar a capacidade. A densidade do colchão de cana difere grandemente com a intensidade do preparo. Assim é que, canas inteiras têm uma densidade de 125 a 150 kg/m^3 e canas que passaram através das facas de 250 a 300 kg/m^3. A densidade da cana inteira é menor, devido ao grande espaço entre os colmos. Depois do preparo da cana, ela é constituída de pequenos pedaços, mais ou menos uniformes, que deixam um volume vazio muito menor. Assim, o efeito das facas e desfibrador melhora consideravelmente a capacidade.

Um desintegrador, suplementando o trabalho das facas rotativas, produz uma substancial melhora na capacidade e extração. Quando o desintegrador precede a um esmagador, como é prática comum no Havaí, a abertura da entrada pode ser bem maior, facilitando a apreensão de uma grande massa de cana.

O preparo de cana através do desintegrador dá uma maior capacidade para as moendas do que quando elas são simplesmente trabalhadas por facas rotativas. O preparo da cana poderá propiciar um aumento de capacidade da ordem de 10 a 30%, conforme o tipo de aparelho e das combinações entre eles.

O preparo da cana também afeta a extração, pois rompendo a estrutura do colmo, torna mais fácil a liberação do caldo contido nas células. Quando o preparo da cana é realizado com facas rotativas, a extração é menor do que quando efetuada por desintegrador, pois, no primeiro caso, os pedaços de cana ainda têm muito da estrutura original. Por outro lado, os desintegradores destroem completamente a estrutura da cana, dando um aumento na extração. O trabalho dos desintegradores proporciona um ganho na extração de pol de 0,5 a 7,0%.

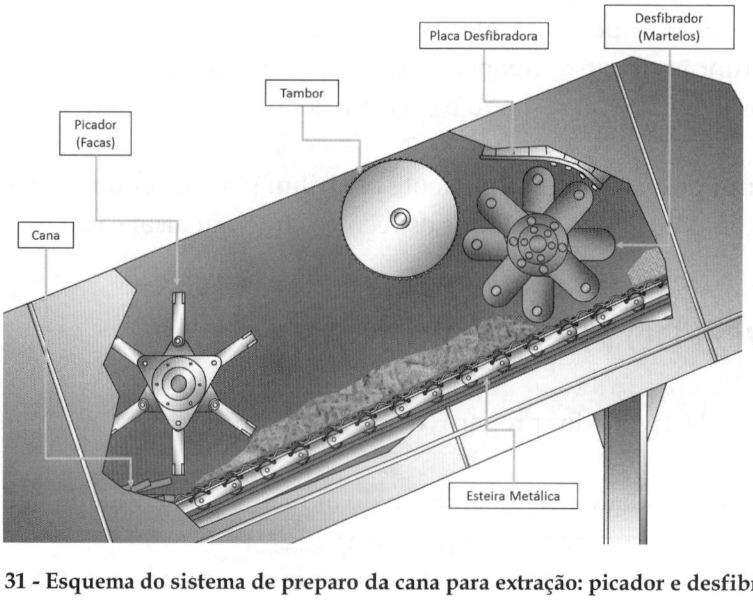

Figura 31 - Esquema do sistema de preparo da cana para extração: picador e desfibrador.

Ilustração: **Paulo Gangorra.**

Esta operação, facilitando o trabalho da embebição, concorrerá para uma maior recuperação de sacarose.

Como consequência, outros benefícios poderão advir, tais como:

Aumento do rendimento da usina;
Regularidade de alimentação das moendas e difusores;
Redução do consumo de energia;
Homogeneização do teor de fibra no material;
Redução do desgaste e da quebra das moendas.

Assim sendo, a operação de preparo da cana, quando bem realizado, proporciona uma extração de pol, variando de 97 a 98,8%.

É conhecido que ocorre uma relação direta entre a qualidade do preparo (tamanho da partícula) com a densidade da cana preparada, o que torna importante avaliar sempre a medição do rompimento das células pelo índice de preparo (Open Cell), isto é, a relação porcentual do pol das células abertas em relação ao pol total da cana. A operação de preparo é crítica para extração por difusores, como se verifica no trabalho de Love e Rein (1980), atribuído ao tamanho das partículas (superfície especifica) da cana preparada, que tem correlação estreita com a taxa de percolação no colchão de cana (nível de compactação).

Em função de a colheita ser na forma de toletes de canas, algumas usinas estão optando em usar apenas um jogo de facas e um desfibrador, conforme os esquemas sugeridos pelo sistema Copersucar, além do sistema tipo DH1 e sistema Tongaat-Hulett. De acordo com Crossman (1994), o primeiro desintegrador horizontal no Brasil teria sido instalado por Deon Hulett, o qual teria um arranjo similar a picador com rotação reversa, associado à uma placa desfibradora e trabalharia com velocidade periférica de 60 m/s.

6.2 FACAS ROTATIVAS

As facas rotativas foram introduzidas na indústria do açúcar no ano de 1854. Desde então, seu uso foi disseminando a todas as usinas do mundo. Atualmente, no Brasil, esses aparelhos precedem ao dos desfibradores e foram difundidos a todas as usinas, pois é o meio mais eficiente de preparo da cana para a extração do caldo, quer seja por moendas ou difusores. Com a instalação das facas, obtém-se um colchão de cana de espessura quase uniforme, o que evidentemente possibilita uma melhor alimentação das moendas. A influência das facas rotativas sobre a extração é muito menor do que sobre a capacidade. O ganho na extração ($\Delta\epsilon$) pode ser calculado pela fórmula:

$$\Delta\epsilon = \frac{3}{N-6}$$

Onde N é o número de cilindros do tandem. O aumento de extração que se obtém com a instalação de facas rotativas é muito menor do que aquele que se obteria com a instalação de um terno de moenda a mais. Deste modo, o uso de facas rotativas visa muito mais o ganho de capacidade do que de extração.

6.2.1 DESCRIÇÃO DE UM CONJUNTO DE FACAS

Essencialmente, este aparelho consta de uma base de concreto ou de um pedestal de ferro fundido, destinado à sustentação dos mancais de bronze fosforado, com lubrificação automática ou dos rolamentos, os quais apoiam o eixo de aço, onde estão implantadas as facas. Recobrindo as facas existe um cofre metálico, construído de chapas de ferro e que possui portas basculantes para facilitar a inspeção e a substituição das facas. A finalidade desse cofre é evitar a projeção de pedaços de cana e mesmo de lâminas arrebentadas, garantindo a limpeza do local e a segurança dos operários.

O eixo de sustentação das facas é de aço, tendo uma consistência sólida, resistente, com seção quadrada, hexagonal, octogonal ou cilíndrica com encaixe, montado de um modo geral sobre rolamentos. O comprimento do eixo corresponde à largura do condutor principal, adicionado do comprimento necessário aos mancais de apoio, adaptação do volante e acoplamento da tração.

As lâminas são fixadas, através de resistentes parafusos, a um disco de meio aço, que serve de base de implantação de quatro ou seis facas. Outro modo de implantar é aquele em que a base serve somente para fixação de duas lâminas. As lâminas são construídas em aço temperado especial, caracterizando-se por durabilidade, resistência, elasticidade, tenacidade e uma têmpera que permita a retenção do afiamento. Vários são os desenhos de facas, seguindo o da Figura 32, os quais visam satisfazer os seguintes principais objetivos:

a) Aumentar o trabalho das lâminas, diminuindo os desgastes;
b) Produzir, em casos especiais, o auto-afiamento da lâmina do lado oposto ao de trabalho;
c) Evitar o desgaste da extremidade da faca, diminuindo seu raio de ação.

As facas, de modo geral, são construídas em chapas de aço de 20 a 30 mm de espessura e com um comprimento variado de 40 a 60 cm e com uma largura em torno de 100 a 120 mm.

As suas laterais e uma extremidade oposta ao furo de fixação recebem soldas especiais, que lhe conferem alta resistência ao choque com as canas em processo.

De modo geral, semanalmente, os encarregados deste setor vão avaliando o trabalho dessas facas no corte e retalhamento das canas descarregadas pelas mesa lateral. Quando o trabalho dessas facas não está sendo bom, a usina é paralisada, para que se troque o conjunto de facas. Para atender a outras trocas de origem mecânica, as usinas fazem paradas programadas mensais.

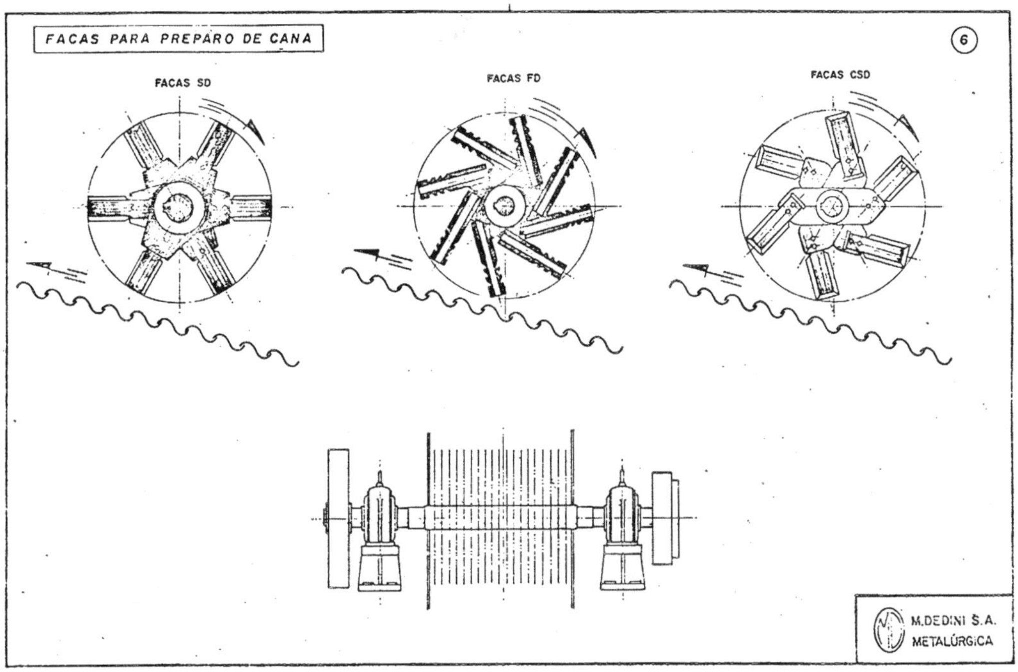

Figura 32 - Posição do conjunto de facas e suporte.

6.2.2 AÇÃO PREPARADORA DAS FACAS ROTATIVAS

De modo geral, as usinas trabalham com dois tipos de facas: as niveladoras e as cortadoras ou picadoras. As niveladoras têm por objetivos regularizar e uniformizar a carga de cana, descarregada no condutor principal na forma de massa volumosa e irregular. Nesse material, as facas cortadoras irão trabalhar, reduzindo aquela massa heterogênea de cana em uma massa homogênea e uniforme.

O primeiro conjunto de facas, definidas como niveladora, está ajustado a alguns centímetros do fundo da esteira, ao passo que a segunda, cortadores, está mais próximo na esteira, somente a 5 ou 10 cm acima da mesma.

Em certas regiões onde a capacidade de moagem é grande, adota-se um terceiro jogo de facas ou utiliza-se um aparelho conhecido por "Galego". Esse aparelho tem a função de nivelar a camada de cana sobre a esteira, não tendo a função de corte.

6.2.3 ACIONAMENTO DAS FACAS ROTATIVAS

A movimentação das facas rotativas é realizada por motor a vapor, motor elétrico e turbinas a vapor.

As máquinas a vapor têm sido usadas para acionar os jogos de facas e podem operar com pressão no vapor de até 12kgf/cm^2, resultando numa pressão de escape de 0,5 a 1,0 kgf/cm^2, com distribuição por válvulas tipo 'gaveta', operando com pressão de vapor que não ultrapassa 12 kgf/

cm^2 e a pressão de escape com valores entre 0,5 e 1,0 kgf/cm^2. Esses motores têm rotação, entre 300 e 500 rpm, sendo que o acoplamento se faz por luva elástica ou através de multiplicadores ou redutores de velocidade. Nestes sistemas, utiliza-se de polias com correias em "V" ou de engrenagens.

No acionamento por motores elétricos, a transmissão se faz por acoplamento direto do eixo do motor com o eixo das facas, ou através de polias com correias em "V". Os motores de 12 a 20 polos têm velocidade variável de 600 a 350 rpm, quando em corrente de 60 ciclos e 500 a 300 rpm em corrente de 50 ciclos. Conquanto estes motores funcionem bem, eles são de custo muito elevado em relação aos de 4 ou 6 polos.

A tendência nos dias atuais, é utilizar-se de turbinas a vapor para o acionamento das facas. Como seu custo é elevado, recomenda-se sua utilização para usinas cuja capacidade está acima de 150 TCH. Essas máquinas, operando com elevada rotação, requerem um equipamento adicional de redução de velocidade. Elas operam com pressão de vapor de 14 a 20 kg/cm^2.

6.2.4 POTÊNCIA DE ACIONAMENTO

A potência dos motores de acionamento deve ser de tal ordem que haja sobra de energia, pois há uma grande flutuação na demanda da força matriz, em virtude de uma série de fatores, como:

a) Quantidade e qualidade da cana.
b) Do teor de fibra na cana;
c) Do grau de preparação desejado;
d) Da forma, da construção, do afiamento, do assentamento, da velocidade, do número e da função das facas.

Devido a esse grande número de fatores interferentes, difícil se torna o cálculo exato da potência. Entretanto, pode-se estimar uma variação de 1,5 a 2,5 HP/TCH. As facas niveladoras consomem menor quantidade de energia de 1,0 a 1,5 HP/TCH e as cortadoras maior de 1,5 a 2,5 HP/TCH.

As facas rotativas Farrel (1977 ab), segundo Hugot (1986), são acionadas por motor elétrico ou a turbina, sendo que as potências requeridas são respectivamente de 1,6 a 1,9 HP/TCH.

Entretanto, outros técnicos açucareiros preferem valores de potência mais elevados, como:

Primeiro jogo de faca............................1,5 a 2,0 HP/TCH
Segundo jogo de faca............................2,5 a 3,0 HP/TCH

Uma forma correta de se expressar a potência é em relação ao teor de fibra. Nesse caso, a demanda de potências instaladas conforme os australianos é a seguinte:

Primeiro jogo de faca..........................3,0 a 7,0 HP/TFH
Segundo Jogo de faca..........................4,0 a 8,0 HP/TFH
Associação de dois jogos....................7,0 a 15,0 HP/TFH

Na Austrália, foi observado que a potência consumida pelas facas trabalhando com canas inteiras e em toletes é muito diferente, como pode ser visto nos dados da tabela 15, a seguir:

Tabela 15 - Potência das facas rotativas em Queensland, expressa em HP/TCH

POTÊNCIA	CANA INTEIRA		CANA EM TOLETE	
	1º Jogo	2º Jogo	1º Jogo	2º Jogo
Média Absorvida	1,0	1,1	0,4	0,6
Máxima em Ponto	4,2	4,4	1,0	1,6
A instalar	2,4	2,5	0,6	0,9

Fonte: **Adaptado de Hugot (1986)**

6.2.5 DADOS TÉCNICOS, SUPORTE E NÚMERO DE FACAS

A distância que vai de um círculo descrito por uma faca rotativa ao da outra é chamado passo. Nas facas niveladoras, ele varia de 100 a 150 mm. Todavia, nas cortadoras, o valor mais frequente é de 50 mm, podendo chegar a 22 mm, como é o caso da África do Sul.

O número de suportes depende da largura do condutor e do passo adotado para as facas. Este, por sua vez, dependerá do trabalho a ser executado pela faca. Em função desses parâmetros, pode-se estabelecer a seguinte fórmula:

$$N = \frac{L}{P} - 1$$

Onde L é a largura do condutor e p é o passo adotado. Costuma-se expressar N como sendo o número de facas; entretanto, isso só seria correto quando se tivesse uma lâmina por suporte. Como na prática o número de facas por suporte varia, é preferível designar N como sendo o número de suportes. Por exemplo: qual é o número de suportes para as facas rotativas de uma usina cuja moenda é 37" x 78" e o passo das facas de 50 mm?

$$N = \frac{1981}{50} - 1 = 38{,}6\,, adota - se\ o\ valor\ 38$$

Quando se obtém um resultado ímpar ou fracionário, escolhe-se um número de suportes correspondente ao número par imediatamente inferior. Neste caso, a distância que separa os suportes das guias laterais da esteira será maior do que o passo.

A velocidade das facas rotativas está compreendida entre 400 e 700 rpm de modo geral, mas, em alguns locais ela é admitida até 1200 rpm. Todavia, neste caso, o desgaste das facas é grande e o consumo de potência elevado. Pode-se adotar velocidades de rotação diferentes para os conjuntos nivelador e cortador, sendo que o primeiro jogo tem velocidade angular; situando-se entre 300 a 350 rpm para o primeiro jogo de faca e 500 a 600 rpm para o segundo. Atualmente, muitas usinas já estão trabalhando com velocidades de 500 rpm para as facas niveladoras e 750 a 1000 rpm para as cortadoras.

6.2.6 ASSENTAMENTO DAS FACAS ROTATIVAS

A localização das facas rotativas vai depender do número de jogos e da função que estas irão desempenhar. Quando se instala apenas um jogo de facas com função niveladora-picadora, este pode ser colocado tanto na parte horizontal quanto na elevadora do condutor de cana. Com a utilização de um terceiro conjunto de facas, ele é normalmente instalado no início do condutor.

Os pontos básicos principais para ajuste das facas são:

a) O conjunto nivelador deve ter um número de facas entre 65 e 75% das facas cortadoras;
b) As facas niveladoras devem ser instaladas com velocidades menores que as cortadoras; e
c) O ajuste do primeiro jogo de facas deve ser da ordem de 1/3 da altura do colchão de cana e do segundo jogo por volta de 5,0 cm.

O sentido de rotação das facas, de modo geral, é o mesmo do deslocamento da esteira de cana, embora este possa ser inverso. Mas, neste caso, a potência requerida é bem maior, por volta de 50% a mais. Entretanto, o preparo da cana é consideravelmente melhor. O equilíbrio do conjunto é muito importante, por isso é necessário pesar as facas (Figura 33), procurando colocar as lâminas com pesos semelhantes em posição oposta em um mesmo suporte. Quando há necessidade de substituição de uma faca, é aconselhável que se faça também substituição da oposta, para que permaneçam com o mesmo peso.

As principais características de um jogo de facas são:

a) Distância (r) em cm, que vai da ponta da faca ao fundo da esteira;
b) Velocidade (v) de rotação em rpm; e
c) Passo (p), que é a distância entre os círculos descritos pelas facas.

Figura 33 - Demostra a posição dos jogos de facas na esteira principal de alimentação das moendas.

6.3 DESINTEGRADORES, MODELOS E INSTALAÇÃO

Os desintegradores, também conhecidos por desfibradores ou "Shredders", são equipamentos idealizados para quebrar completamente a estrutura da cana-de-açúcar, proporcionando um ganho na extração de açúcar, tanto nos processos por moagem quanto nos de difusão.

Este acréscimo na extração da pol é influenciado pelo maior número de células abertas que facilitam a eficiência da aplicação da embebição. Para se conseguir êxito nessas operações, os desfibradores usados nas usinas brasileiras podem ser classificados como equipamentos de natureza horizontais ou verticais. Os horizontais são conhecidos por COP'5, 6 e 8, idealizados pelos engenheiros do Centro de Tecnologia Copersucar (COPERSUCAR, 1993), e os verticais, conhecidos por DH1, Dedini, Hullett, e pela Zanini/Tongaat. Pela ação desses desfibradores, a cana fica com a fibra mais longa, permitindo uma melhor apreensão pelas moendas, favorecendo o aumento da extração de sacarose.

Nas últimas décadas, muitos outros modelos de desfibradores foram idealizados na Austrália, na África do Sul, nos Estados Unidos, equipamentos estes conhecidos por Ducasse, por Searby, por Maxwell. Entretanto, no Brasil, tem sido usado o modelo Copersucar e o Tongaat. Pela importância e interesse das indústrias brasileiras, os modelos mais fabricados têm sido os da linha Dedini-Hullett e os da linha Copersucar, conforme os descritivos que se seguem. Para melhor se orientar o posicionamento da instalação de desfibradores, os equipamentos de instalação que se seguem dão uma ideia de como se posiciona as facas e os desfibradores, segundo informações da DEDINI, figura 34.

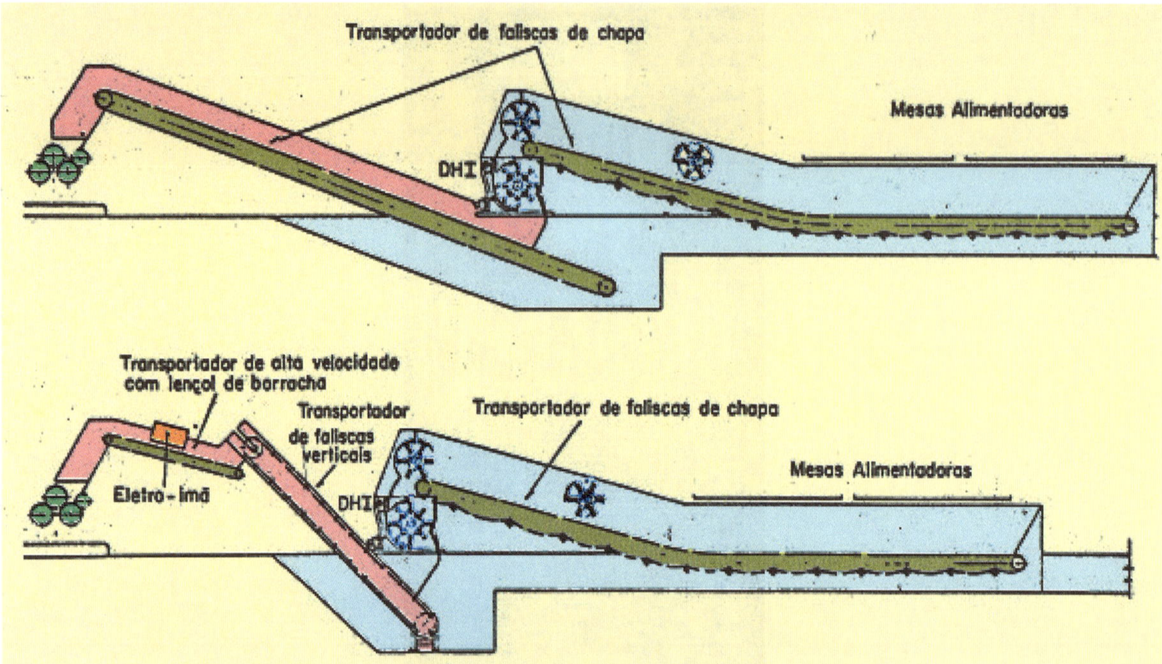

Figura 34 - Posição dos jogos de facas e desfibradores, tipo DH1 nas esteiras. Esquema de Dedini Industria da base S/A.

6.3.1 DESINTEGRADORES TIPO COP 5, 8 OU 10.

O conjunto desses desintegradores conta com um eixo central, onde são assentados suportes que acomodam seis a dez lâminas, que medem de 100 a 120 mm, contendo um furo em uma de suas extremidades. Na parte superior dessas lâminas são depositadas soldas duras, que são repetidas a cada quinze ou vinte dias, ou mesmo em função do desgaste do trabalho realizado na dilaceração das canas em processo. Um eixo de aço é usado na sustentação dessas lâminas, conhecidas, na prática, como martelo (figuras 35 e 36).

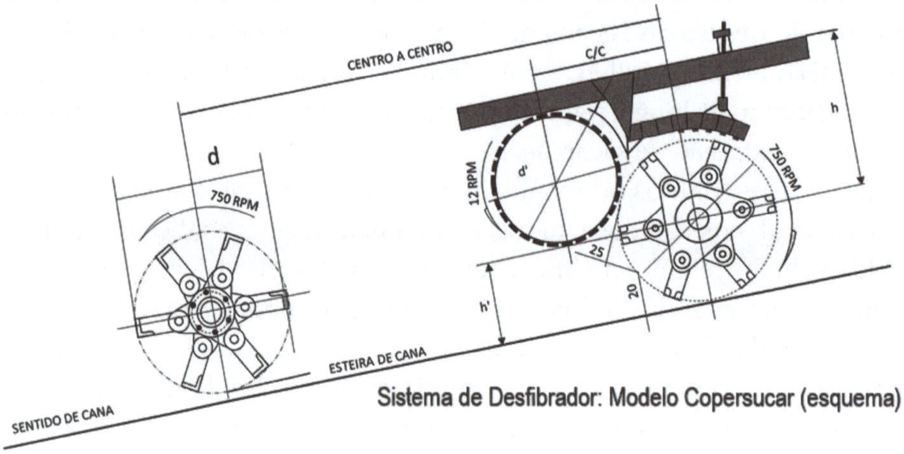

Figura 35 - Desfibrador modelo Copersucar: posição das facas e dos desfibradores.

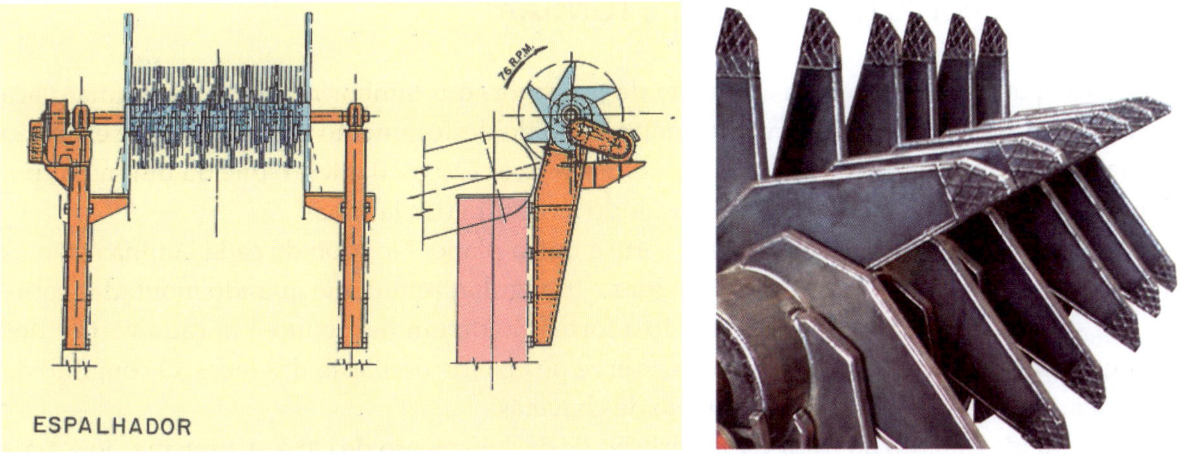

Figura 36 - Esquema desfibrador horizontal modelo Copersucar: espalhador da cana desfibrada.

Nas usinas atuais utiliza-se de um cilindro alimentador que favorece a entrada da cana, muitas vezes já picada ou desintegrada pelos jogos de faca instalados em posição anterior ao desfibrador.

A placa desfibradora, vista na figura 37, normalmente constituída em forma curvada, tem na sua base barras salientes, normalmente revestidas por soldas duras, determinadas a suportar o contato dos martelos com as canas já parcialmente desintegradas pelas facas rotativas iniciais. Por este contato, as canas ficam completamente desintegradas, sendo conduzidas, nesta condição, por uma esteira de borracha à calha Donnelly e primeira moenda.

Figura 37 - Detalhe da Placa desfibradora. *Fonte:* **Usina Barralcool**

6.3.2 DESINTEGRADOR TIPO DH1 E TONGAAT

Esses aparelhos constam basicamente de um rotor, um tambor alimentador e uma placa desfibradora. O rotor tem movimento contrário ao de deslocamento da cana e sobre ele estão implantadas as facas com martelos opostos. Essas facas são oscilantes, o que dá um maior poder de amortecimento de choques, diminuindo a ruptura das lâminas.

As lâminas possuem um bordo com corte e outro plano. No topo de cada lâmina estão os dois martelos opostos. O suporte das lâminas é triangular, sendo que quando montadas sobre o eixo, são colocadas desalinhadas, dando a formação de um hexágono. Em cada vértice dos triângulos passa uma barra cilíndrica, que serve de eixo de oscilação das facas. O conjunto de suportes é montado sobre o eixo por meio de chavetas.

Como o movimento do rotor é contrário ao de deslocamento da cana, a alimentação é mais difícil. Sendo assim, instalou-se um tambor alimentador, cuja função é forçar a entrada da cana no aparelho (Figura 38). A placa desfibradora é uma base de forma curvada, tendo na face interna barras retangulares que têm ação desfibradora.

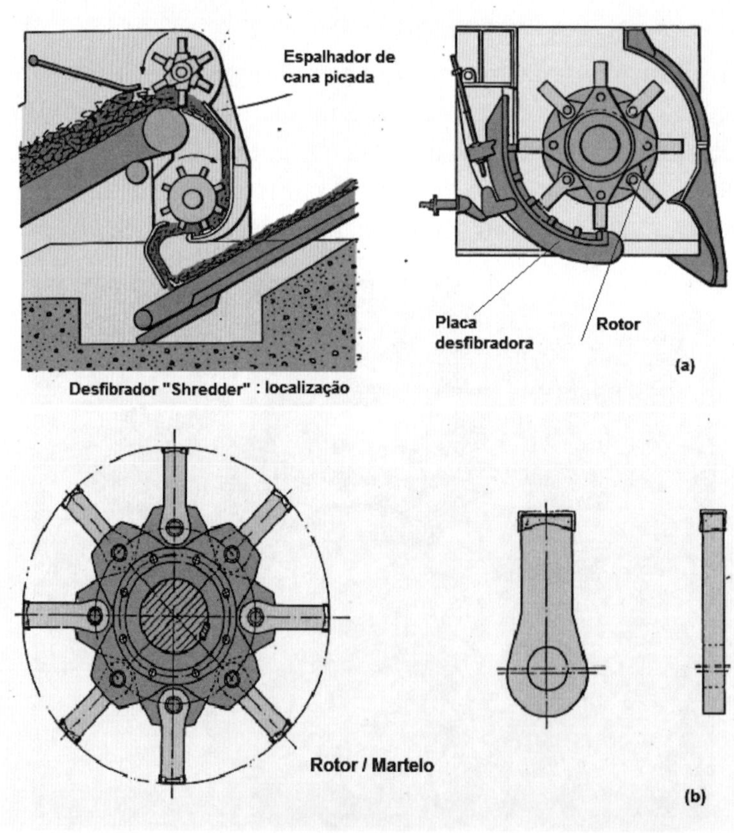

Figura 38 - Desfibradores - Tongaat-Hulett (a) e COP 10 (b).

A distância da placa à extremidade do martelo é de 7 mm. Essa placa é colocada livremente sobre o rotor. As principais características desse tipo de desintegrador, em termos de medida, são as seguintes:

A – Tambor rotativo	
Diâmetro	1500 mm
Largura de acordo com o comprimento da moenda	
Rotação	20 rpm
Potência consumida	10 a 12,5 cv
B – Rotor	
Diâmetro	1.832 mm
Largura de acordo com o comprimento da moenda	
Diâmetro do eixo	200 mm
Rotação	630 rpm
Potencia consumida	3,5 HP/TCH
Número de facas por suporte	3
Passo	57
C – Lâmina	
Dimensões	3/4" x 150 x 500
D – Placa desfibradora	
Placa	Chapa de aço carbono 1"
Barras de choque	2"x1" (recoberta com solda dura)

Esse aparelho foi idealizado para produzir um preparo da ordem de 80 a 90% "open cells" e tem suas medidas pertinentes às larguras das esteiras de alimentação das moendas projetadas.

CAPÍTULO 7

EXTRAÇÃO DO CALDO PELAS MOENDAS

Como já foi visto nos capítulos anteriores, a extração do caldo da cana-de-açúcar constitui a fase principal do processamento dessa gramínea. Tradicionalmente, as moendas têm sido os equipamentos usados neste trabalho, requerendo sempre serviços de reparações mecânicas, para se ter sempre altas eficiências.

As moendas, através dos tempos, vêm passando por constantes aperfeiçoamentos mecânicos, na busca da melhor eficiência e isso têm sido alcançados pelo empenho de nossos técnicos e operadores das usinas, das oficinas e das caldeirarias instaladas na região centro-sul do país e no nordeste brasileiro.

Além das moendas, fruto de muito estudo, a extração do caldo da cana-de-açúcar vem sendo feita, há muito tempo por equipamentos conhecidos por difusores, projetados para separar, da parte lenhosa da cana, seu precioso caldo. Enquanto o caldo é extraído da cana por esmagamento, nos difusores este caldo é separado por lixiviação ou lavagens sucessivas, conforme será visto mais adiante, estando hoje as empresas dispondo, assim, de moendas ou difusores para o processamento das canas de nossos canaviais.

7.1 MOENDAS

Classicamente, uma moenda considerada como uma unidade esmagadora é constituída de três cilindros ou rolos, dispostos de tal modo que a união de seus centros forma um triangulo escaleno, cujos três ângulos e lados diferem entre si. Os conceitos fundamentais de alimentação e extração, utilizando-se de moendas, foram sintetizados e apresentados de modo mais completo no livro de Murry e Holt (1967).

Os cilindros recebem designações especiais de acordo com sua posição, conforme visto na Figura 39. O centro de cada cilindro é identificado pelas letras A, B e C. Ligando esses pontos tem-se os lados do triangulo, cujos ângulos são, α, β, γ (Triângulo escaleno).

O primeiro, situado no plano inferior, de centro A, é conhecido por cilindro de entrada. O segundo, de centro B, situado no mesmo plano, recebe na prática o nome de cilindro de saída ou rolo de descarga. Esses dois cilindros movem-se no mesmo sentido. Sobre os dois cilindros inferiores, movendo-se em sentido contrário, anti-horário, localiza-se o cilindro superior, de centro C, conhecido por rolo superior.

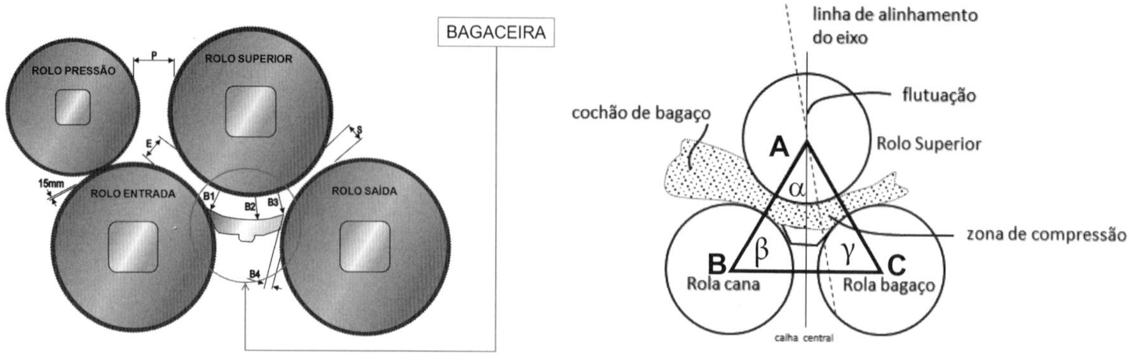

A B

Figura 39 - Esquema de posição dos três cilindros de uma moenda com (A) e sem rolo de pressão (B).

Os cilindros inferiores trabalham fixados em suas posições, enquanto que o superior tem sua posição de trabalho controlada por um regulador de pressão aero hidráulica, permitindo sua oscilação na vertical ou inclinado.

Uma perpendicular à linha que une os centros dos cilindros inferiores, baixada a partir do centro do rolo superior, divide o ângulo formado pela união dos centros A, B e C, em dois ângulos menores em razão das aberturas de entrada e de saída do terno de moenda que assumiram valores de ângulos diferentes. Os ângulos formados nunca são iguais. De modo geral, o ângulo superior varia de 70° a 85°, sendo que o valor mais usual está em torno de 78° a 82°. A soma de α, β e γ é sempre 180°. Descendo uma linha vertical do centro A, o ângulo superior é dividido em dois, sendo que α_1 é sempre maior que α_2, e o ângulo inferior β também é sempre menor do que γ.

Adotando-se um α de menor valor, ou seja, nas moendas mais fechadas, tem-se sempre bagaceiras mais estreitas e, com isso, menor consumo de energia pelo menor atrito existente. Entende-se por bagaceira uma placa robusta, construída em ferro, que tem por finalidade facilitar o caminhamento do bagaço do primeiro esmagamento para o segundo, que se dá entre o rolo superior e o de saída.

Ao conjunto de dois ou mais ternos de moenda, dá-se o nome de trem de moagem, ou ainda, de tandem. O trem de moagem é conhecido de acordo com o número de cilindros que compõem a instalação. Os trens de moagem mais antigos ainda possuíam uma primeira unidade esmagadora de dois rolos, opção não mais usada. De acordo com o número de cilindros, um trem de moagem pode se enquadrar na seguinte classificação:

a) Tandem curto: 9 a 12 cilindros
b) Tandem médio ou básico: 14 a 15 cilindros
c) Tandem longo: 17 a 21 cilindros.

A cana, depois de intensamente preparada pela ação das facas rotativas e pelos desintegradores, na forma de uma massa compacta fina, é encaminha à primeira moenda, onde sofre duas compressões: uma, entre o cilindro superior e o anterior e, outra, entre o rolo superior com o posterior. Neste primeiro terno é possível obter de 50 a 70/80% de extração. O bagaço, ainda contendo caldo, é conduzido para uma segunda moenda, onde passa novamente por duas compressões; um pouco mais de caldo é extraído nesta segunda unidade esmagadora. O bagaço sofrerá tantas compressões quantas forem as unidades esmagadoras e, para aumentar a extração da sacarose em percentagem da sacarose na cana, uma embebição com água e caldo diluído é sempre realizada. Para completar este descritivo, que versou sobre instalações clássicas, caracterizadas por moendas nas especificações de 20x36'', 26x48'', 30x54'', 34x66'', 37x84'', 42x90'', as unidades menores seguem as mesmas características, como a 14x20'', 16x24'', e outras unidades, moendas estas últimas construídas por pequenas oficinas e que são usadas na fabricação em menor escala de açúcar mascavo, rapadura e cachaça. Estas pequenas moendas movidas a motor elétrico existem em muitos municípios brasileiros e ajudam na subsistência das pequenas propriedades brasileiras a explorarem seus pequenos canaviais.

7.1.1 BASES DAS MOENDAS E BICA DE CALDO

O local escolhido para a instalação das moendas deve ser de solo seco e de textura compacta submetido as análises do tipo de solo nesta área da usina e que não determinam o tipo de estacas que poderão ser usadas, sejam elas na forma de tubulões ou estacas pré-moldadas. Uma vez decidido sobre a compra da moenda, o terreno deve ser escavado convenientemente e o fornecedor passa para o comprador todos os dados para a realização das obras civis.

Para o caso das moendas, tem sido recomendado construir um lajão de concreto, cuja espessura varia de 40 a 80 cm e com uma área suficiente para sustentar todos os equipamentos do trem de moagem. É importante frisar que tanto as bases das moendas como das caldeiras devem ser precedidas por estudos da resistência do solo e que irão determinar os tipos de estacas a serem usadas. No caso do terreno pouco firme, é aconselhável construir um lajão sobre os pivôs de concreto. Sobre o lajão são construídos os alicerces, também de concreto, que irão suportar as bases dos diversos ternos do trem de moagem, assim como das engrenagens e demais equipamentos superiores. Complementando essas assertivas, instalações modernas, envolvendo moendas e difusores, as bases de alvenarias devem ser construídas de acordo com peso dos equipamentos, seja no caso de moendas, seja no caso de difusores. No caso das moendas em que o acionamento tem sido feito por turbo redutores, pode-se dispensar a instalação das grandes engrenagens e volandeiras, que eram usadas nas instalações mais antigas. Do mesmo modo, no caso dos difusores, as bases são mais simples e de menor custo financeiro. Todas essas instalações devem ser acompanhadas por engenheiros civis e pelas firmas fornecedoras dos equipamentos (Figura 40).

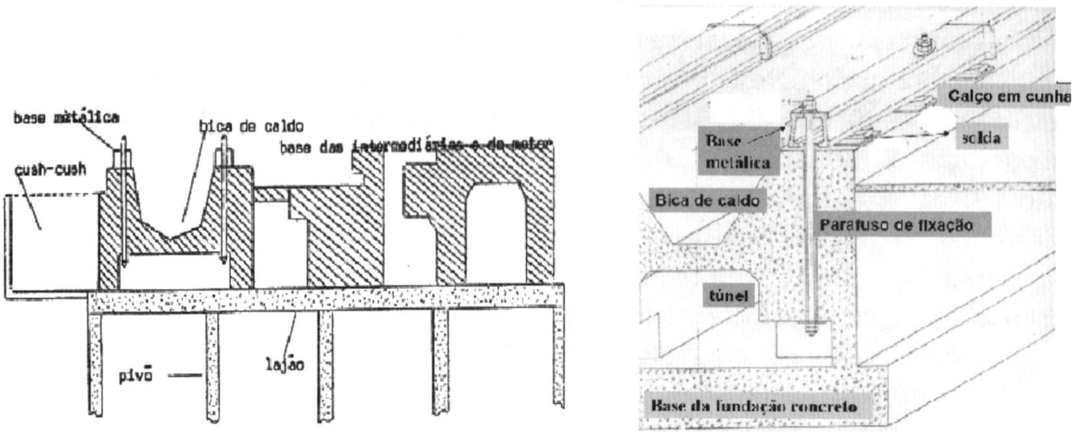

Figura 40 - Base de alvenaria, pronta para receber as bases metálicas da moenda.

A base da moenda, construída de ferro fundido ou em chapas soldadas tem por finalidade suportar os castelos, um de cada lado, os quais, por sua vez, sustentam os cilindros dos equipamentos. Do mesmo modo, outras iguais bases, suportam o sistema de acionamento do trem de moagem. Essas bases são fixadas em alicerces de concreto armado, por meio de sólidos parafusos. Quando da construção dos alicerces de concreto, são deixadas passagens para os parafusos de fixação. Um adequado nivelamento dessas bases é indispensável, sendo que as bases das engrenagens devem estar colocadas a alguns milímetros acima do nível das moendas, para compensar a flutuação dos cilindros superiores. Quando se instala castelos inclinados, um pequeno avanço no assentamento das engrenagens movidas é recomendado, compensando a referida inclinação. Por outro lado, em algumas moendas, caso da Zanini-Farrel, a base da moenda é parte integral do próprio castelo. Com o uso de turbo redutor, as bases podem ser mais simples, mais eficientes para fixar esses equipamentos, não usando mais as grandes engrenagens. Para fixar esses turbos redutores, basta fazer uma laje de cobertura na estrutura existente, com estrutura suficiente para a fixação desses equipamentos de acionamento.

A parte central, entre as bases das moendas, é chamada de bica ou coletor de caldo. Esses coletores podem ser construídos em chapas aço carbono ou aço inoxidável. Existem instalações que dispensam os coadores ou peneiras de caldo, para o caso de retorno para a embebição composta. Assim, o peneiramento de caldo é restrito ao caldo das primeiras unidades esmagadoras. As firmas construtoras de moendas fornecem, junto com os equipamentos, desenhos relativos à instalação das bases de sua fundação e de suas posições relativas no tandem. A figura 40 ilustra uma base de moenda com a respectiva bica de caldo, bases estas constituídas, que podem ser de outras formas.

7.1.2 CASTELO

Os castelos, pedestais ou virgens, constituem as peças de sustentação dos cilindros das moendas, sendo fixado um de cada lado das bases metálicas das moendas.

Cada castelo, construído em aço ou em ferro fundido, possui três fendas, sendo duas inferiores laterais e uma superior. Em praticamente todos os castelos, as fendas inferiores estão situadas no mesmo plano, isto é, obedecem a uma linha horizontal. Quanto à fenda superior, esta pode ser perpendicular ao plano dos inferiores, (Figura 41) ou construída de forma inclinada para o rolo de entrada. Esta inclinação é, em geral, de 15º (Figura 42).

Os adeptos de castelos inclinados baseiam-se no fato de que durante o esmagamento da cana, a força de resistência entre o cilindro anterior como o superior e deste com o posterior não é a mesma. E, se assim fosse, o cilindro superior tenderia a se deslocar verticalmente. Porém, como as aberturas de entrada são maiores do que as de saída, durante o esmagamento da cana, o cilindro superior é empurrado em direção inclinada ao rolar da cana. A força de resistência, ou melhor, a pressão hidráulica, neste caso, passa a atuar fora da vertical do centro do cilindro superior, sofrendo, um desvio para o lado do cilindro rola cana. Apesar dessa aparente vantagem dos castelos inclinados, admite-se que os mesmos mostram o inconveniente do aumento do trajeto de percolação do caldo nas fases posteriores dos cilindros inferiores (Figura 42).

Outros tipos de castelos têm sido construídos, tais como os de três fendas inclinadas, os de fendas inferiores inclinadas. Atribui-se ao castelo de fendas inferiores inclinadas á vantagem de se poderem ajustar às aberturas de entrada e de saída, respectivamente, pelo maior desgaste das camisas dos cilindros, sem a necessidade de se modificar o ângulo α.

Figura 41 - Moenda tradicional, com castelo Reto. Modelo SIMISA & EMPRAL.

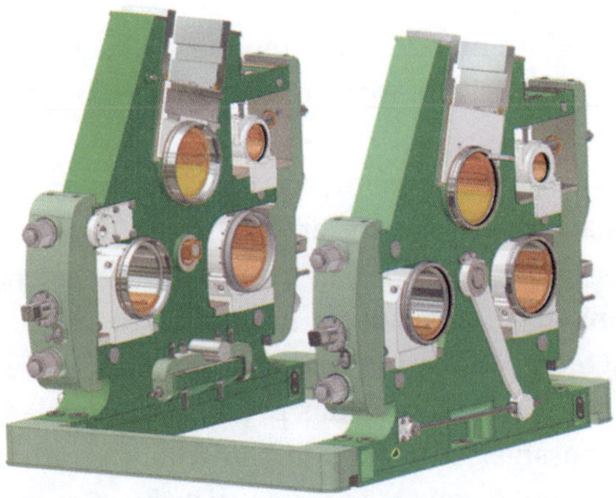

Figura 42 - Moenda tradicional, com castelo Inclinado. Modelo SIMISA & EMPRAL.

Fonte: **Catálogo da SIMISA & EMPRAL.**

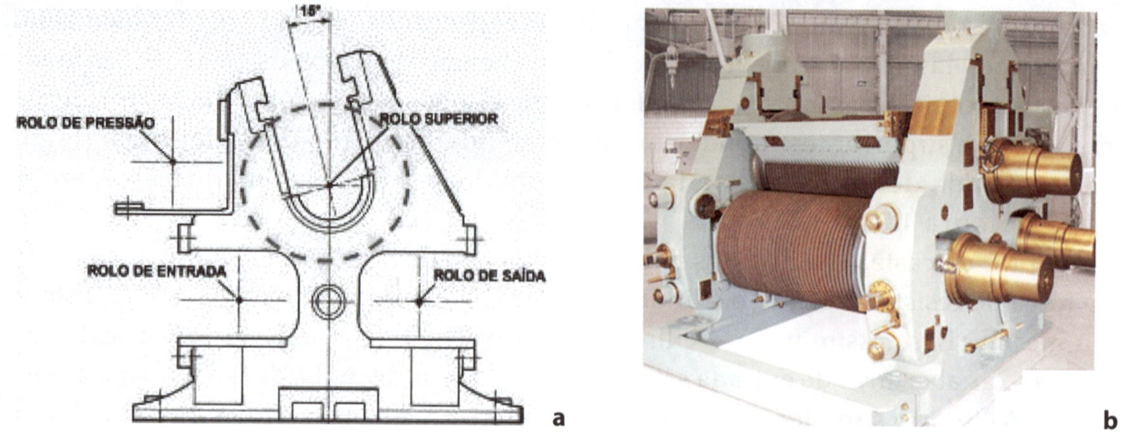

Figura 43: Castelo de fenda superior inclinada, como observado em algumas moendas - esquema (a) e Moenda SIMISA & EMPRAL (b)

7.1.3 MANCAIS

Os mancais são peças construídas em bronze fosforado, tendo por finalidade sustentar os eixos das moendas na parte correspondente às mangas de eixo ou munhões. Os mancais são providos de veias de lubrificação e de um sistema de serpentina interna, para a constante refrigeração com água fria. Num castelo de moendas, os mancais estão assim distribuídos:

a) Um mancal completo, para a sustentação do cilindro na fenda superior, e
b) Dois semi-mancais, isto é, apenas a parte inferior, para apoio dos cilindros inferiores.

Construtivamente, um mancal de moenda é constituído de duas partes: casquilho e capa. Esta, construída em ferro fundido ou aço, serve de base ao casquilho de bronze. O mancal possui praticamente as mesmas dimensões dos munhões ou mangas dos eixos das moendas. Devem ser ajustados a um diâmetro pouco maior do que o do munhão do eixo. A pequena folga deixada entre os dois diâmetros representa a tolerância prevista para a dilatação e distorção de cada uma das peças, quando sujeitas ao calor e ao esforço. Essa folga pode corrigir os possíveis erros de alinhamento, permitindo-se, assim, a livre rotação do eixo. Esta folga é também aproveitada para a distribuição de óleo lubrificante.

A ausência de lubrificação aumenta o atrito entre o mancal e o munhão, podendo levar à ruptura de uma das peças e ao desgaste irregular. Do mesmo modo, a falta de água causa um aquecimento exagerado dessas peças em contato, podendo levar também à ruptura dos mancais. A lubrificação contínua, assim como a constante refrigeração, contribuem para a maior durabilidade desses equipamentos e perfeito funcionamento do sistema. A figura 44 ilustra as posições dos mancais no castelo da moenda.

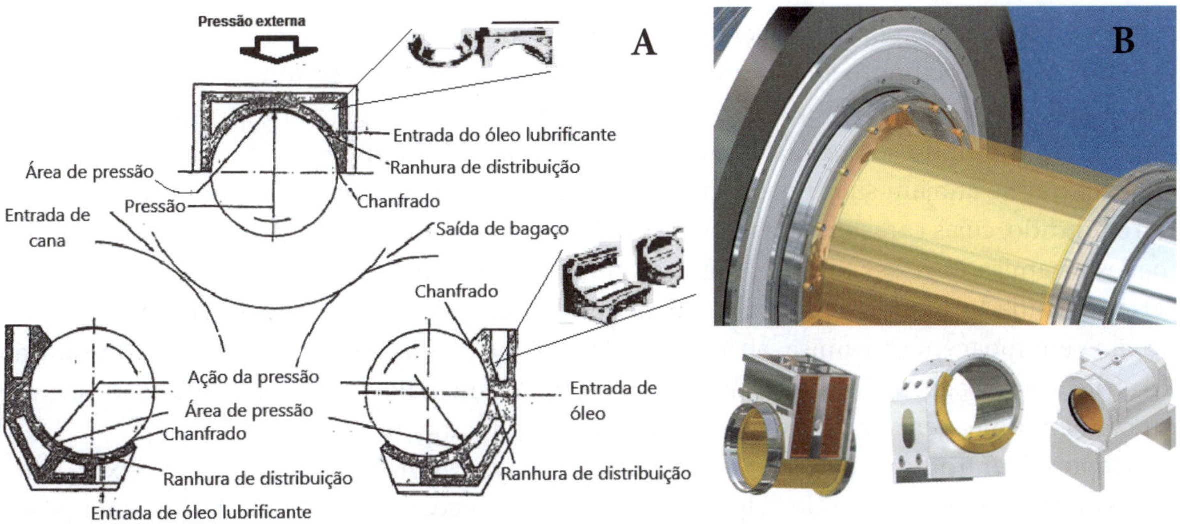

Figura 44 - Posição dos mancais nos Castelos (A), mancal EMPRAL (B).

7.1.4 CABEÇOTES

Os cilindros das moendas são presos às fendas dos castelos por meio de cabeçotes, construídos em aço, semi-aço, ou em ferro fundido. O cabeçote superior mantém o cilindro superior em sua posição, enquanto os laterais se encarregam de segurar os cilindros rola cana e rola bagaço, respectivamente (Figura 44). Há diversas formas de prender os cabeçotes em suas posições. Alguns construtores, aqueles mais tradicionais, utilizam-se de fortes parafusos de aço, que atravessam os castelos de um lado a outro. Nas moendas Zanini e Zanini-Farrel, entretanto, os cabeçotes são presos aos castelos por meio de fortes pinos de aço, construção esta que permite a manutenção mais fácil desses equipamentos. Nos cabeçotes dos cilindros superiores é sempre instalado um sistema para controle da pressão hidráulica, sendo esta peça conhecida por cabeçote ou chapéu hidráulico. Nos últimos anos ou décadas, pela incorporação da Zanini pela Dedini, não se tem construído moendas pelo sistema da Zanini-Farrel.

7.1.5 CILINDROS

Construtivamente, um cilindro de moenda é constituído de um eixo em aço forjado e de uma camisa em ferro fundido, que lhe é fixada pela ação de calor ou por ação de pressão hidráulica. O eixo, depois de forjado, é usinado nas dimensões apropriadas, de tal forma a deixar sempre a parte central para a fixação da camisa e as partes laterais para o perfeito acoplamento dos mancais e rodetes. A parte reservada aos mancais é conhecida por munhão ou manga de eixo. Seguindo a parte do munhão, geralmente, os eixos possuem um setor, onde se fixa os rodetes, por meio dos quais o movimento é transmitido do cilindro superior para os inferiores. As moendas mais usuais têm seus eixos forjados e usinados, para colocação de rodetes dos dois lados. As moendas Zanini-Farrel, construídas na década de 80/90, possuíam rodetes em apenas um dos lados, enquanto alguns outros tipos possuem dois rodetes de cada lado do castelo. O cilindro superior difere dos inferiores por possuir uma de suas extremidades, aquela do lado do motor, em secção quadrática. Cabe a este cilindro receber a energia motora, transmitindo-se por sua vez, aos inferiores, através de rodetes.

Para que se atinjam suas finalidades, as camisas dos cilindros das moendas devem ser de ferro fundido, cujas características metálicas são peculiares a cada fabricante. De qualquer forma, esta camisa deve ser fundida com um material convenientemente duro e que mantenha certa rugosidade quando em trabalho, para que assegure uma constante apreensão da massa de cana em moagem. A camisa, ao se desgastar, ficando lisa, proporcionará uma diminuição do atrito com o bagaço, e a apreensão deste material ficará mais difícil, o que implicará sempre numa menor moagem e no baixo desempenho do equipamento.

Depois de introduzidas, as camisas devem ter suas extremidades soldadas aos eixos, a fim de se impedir a penetração do caldo ácido entre essas peças, evitando-se, assim, uma possível corrosão.

O cilindro superior diferencia-se dos inferiores por possuir uma franja, que lhe é usualmente parafusada. Serve de guia para os cilindros inferiores.

A duração de um eixo de moenda é função da qualidade do material empregado, do sistema de lubrificação, da perfeição da refrigeração, da qualidade da matéria prima, dos cuidados da manutenção, etc. Dificilmente há troca de eixo de cilindro nas usinas. Entretanto, em relação às camisas não se pode dizer o mesmo. Com a introdução do carregamento mecânico no Brasil, poucas camisas de cilindros têm chegado a durar três safras. Existem muitos casos de troca anual, isto é, as camisas não duram mais do que uma safra.

Com a possibilidade de colheita da cana em toletes, têm-se um maior aproveitamento das camisas dos cilindros. De modo bem geral, pode-se dizer que a duração de uma camisa de cilindro é função de:

a) Material empregado em sua construção,
b) Perfeição de fundição,
c) Regulagem das moendas,
d) Sistema de colheita da matéria prima,
e) Preparo da cana para a moagem,
f) Impurezas grosseiras que acompanham a matéria prima, etc.

Tem sido regra a recuperação constante dos frisos dos cilindros, através de soldas aplicadas em suas pontas e em suas laterais superiores, podendo ser feita por operação manual ou por um sistema automatizado. Com este trabalho de recuperação, o desempenho dos equipamentos continua sempre mais efetivoa.

A transmissão do movimento do cilindro superior é feita por acoplamento especial com o eixo de engrenagem movida que, por sua vez, recebe o movimento do motor da moenda através de sua engrenagem motora. Utiliza-se, para este acoplamento, duas luvas metálicas e uma peça intermediária, conhecida por magote. A figura 45 ilustra como é este acoplamento, que tem sido usado em muitas moendas.

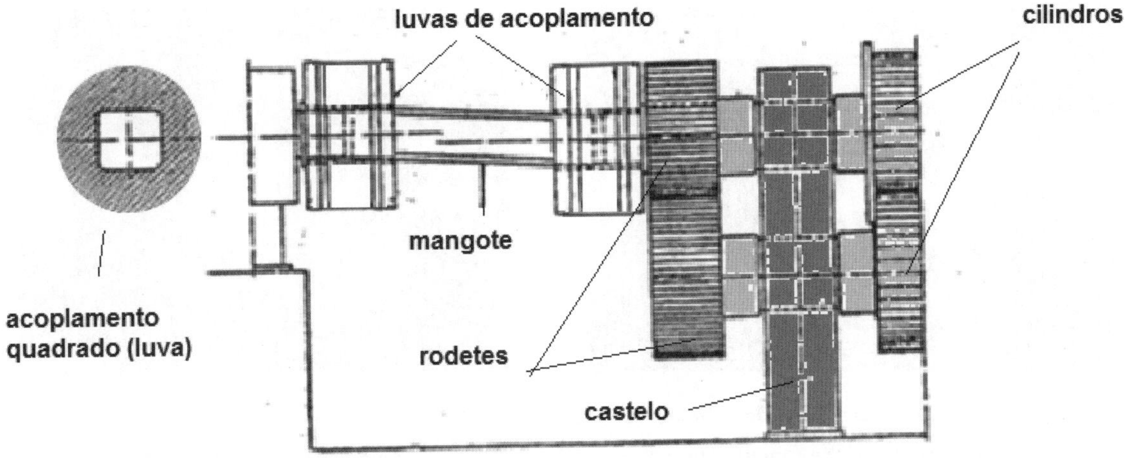

Figura 45 - Acoplamento do eixo superior.

Contudo, nos últimos anos, o acoplamento do eixo superior com o sistema de acionamento tem sido feito através de estrutura tubular, conhecida por acoplamento flexível, conforme mostram as Figuras 46 e 47, instalação já está presente no tandem de moagem da usina Barralcool S/A.

Basicamente, este acoplamento consta de duas grandes luvas circulares, construídas em aço, sendo de um lado com um diâmetro suficiente para encaixar no redutor através de parafusos ou com terminal quadrático, e do outro lado também, através de luva com seu terminal quadrático, que se encaixa na ponta do eixo superior do trem de moagem, sendo importante citar que este acoplamento pode apresentar variações em sua construção, dependendo da empresa construtora.

Entre as duas luvas, são usadas duas lâminas com espessura variando de 80 a 100 mm e com largura de aproximadamente de 200 a 250 mm, em cujas pontas, em forma de alças, são instaladas correntes ou cordões de grande diâmetro, variando de 100 a 120 mm, construídos em poliéster e de alta resistência, e que permitem os movimentos ondulatórios do eixo do sistema de acionamento instalado, permitindo maior flexibilidade dos movimentos da moagem. Tem sido atribuídas, a este sistema de acoplamento, as boas vantagens, a saber: diminuição do consumo de potência, despesa de lubrificantes, baixo custo de manutenção, entre outras.

Figura 46 - Detalhes fotográficos de acionamento através de motor elétrico e com um redutor, vista superior.

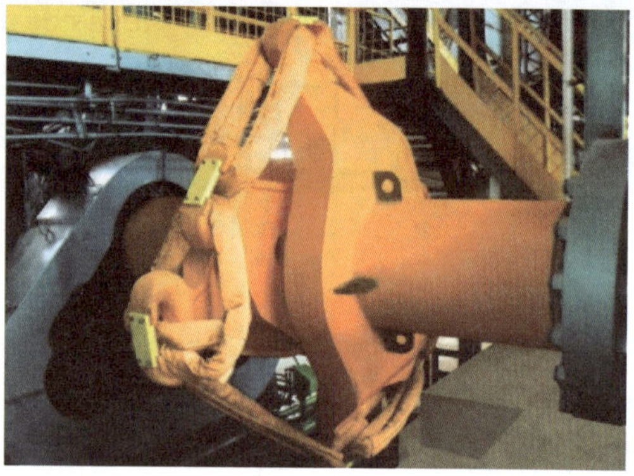

Figura 47 - Detalhe fotográfico do acoplamento flexível. EMPRAL

CAMISAS DE ALTA DRENAGEM

As camisas de alta drenagem, conhecido rolo perfurado tipo Lotus, como constituem uma iniciativa técnico-mecânica, que vem sendo aplicada pelas usinas de açúcar, com vistas à melhoria da capacidade de moagem e da extração de pol das canas processadas pelas moendas.

Essas camisas, após frisadas nas dimensões definidas pelo calculista da usina, seja próprio ou contratado, são furadas no fundo dos frisos, sejam estes de 1,5, 2 ou 2,5 polegadas, até uma profundidade de dez, doze ou quinze centímetros, alcançando, deste modo, um outro canal, construído no sentido longitudinal da mesma, conforme pode ser visto na Figura 48.

As dimensões desses furos e das canaletas são função das indicações do calculista e das oficinas e caldeirarias fornecedoras das moendas.

Esta drenagem de caldo, assim realizada, proporciona maior facilidade para sua remoção, não se permitindo a reembebição do bagaço, melhorando, assim, tanto a capacidade de moagem como a da extração.

Esses serviços são feitos nos cilindros de entrada das moendas, pois além de melhorarem os desempenhos acima descritos, reduzem a reembebição do caldo, permite um maior índice de embebição do bagaço, facilitam mais aplicação do chapisco dos frisos, reduzem a umidade do bagaço e dispensam a utilização de pentes especiais, entre outros benefícios.

Há vantagens observadas na prática da camisa perfurada, as quais seriam: i) facilidade na "embebição" e, por consequência, favorece a extração do trem de moagem, que poderia resultar em aumento, com resultados expressivos, que variam de acordo com a capacidade de cada moenda; ii) diminui a umidade do bagaço da cana, de redução na umidade de bagaço de 2,0 a 2,5%, uma vez que o resíduo não tem contato com o caldo extraído. Todavia, quando bem operado, e sempre requer checar que não haja obstrução na drenagem, porque perderia todos os benefícios, seja ganhos significativos para a operação na geração de vapor da usina pelo bagaço mais seco e dispensa instalar sistemas de aspiração externa, o que reduz gastos com manutenção.

Essas camisas têm sido construídas pelas caldeirarias que se dedicam à produção de moendas como a Mefsa, a Dedini de Piracicaba e outras de Ribeirão Preto e Sertãozinho, SP.

Figura 48 - Camisa de Alta Drenagem - Mecânica e Fundição Santo Antônio (MEFSA).

DIMENSÕES DOS CILINDROS

As moendas das diversas usinas de açúcar de cana são sempre conhecidas pelas suas dimensões, dadas, via de regra, em polegadas ou milímetros. Para efeito de identificação prática é usual a unidade "polegada"; para fins de cálculos e de assentamento, usa-se o sistema decimal.

A capacidade de moagem, mantida a constância dos outros fatores, é determinada pelas medidas de diâmetro e de comprimento das camisas das moendas, também chamadas, na prática, simplesmente de cilindros ou rolos. Entretanto, a relação entre o diâmetro e comprimento deve ser tal, para que se possa ter um desempenho de todos os equipamentos que lhe são pertinentes. Embora atribua-se ao diâmetro a responsabilidade de uma maior capacidade de moagem, os seguintes fatores não recomendam seu aumento exagerado.

a) Maior perigo de ruptura das camisas dos cilindros pelo efeito de torção, em decorrência da maior velocidade periférica a que estão sujeitas;
b) Exigência de eixos também com maior diâmetro;
c) Exigência de bagaceiras mais largas, o que ocasiona um maior atrito do bagaço e, em consequência, um maior consumo de energia motora e,
d) Maior dificuldade de escoamento de caldo pela maior superfície de cilindro.

A relação usual entre o comprimento e diâmetro dos cilindros é aquela em que o comprimento é o dobro do diâmetro, ou seja, $L = 2\,D$. Nas grandes moendas, a tendência é ter sempre o comprimento igual ou maior do que duas vezes o diâmetro. Nas pequenas moendas a relação $L < 2\,D$ tem sido usual.

A relação entre diâmetro de camisa (D) e diâmetro de eixo (d) também é importante. De modo bem geral, tem-se observado que o diâmetro da camisa ou do rolo de uma moenda é duas vezes o diâmetro do eixo. Para efeito de maior segurança nas grandes moendas, é preferível manter d > D/2, embora do ponto de vista de resistência mecânica isso não seja necessário. Do mesmo modo, tem-se observado que o comprimento do munhão é muito próximo de 5/4 de seu diâmetro. Esses dados são característicos de cada construtor de moenda. Os dados do Tabela 16, a seguir, ilustram algumas relações entre dimensões de camisas e de eixo de diversas moendas em operações nas usinas brasileiras (Tabela 16).

Tabela 16 - Dimensões de algumas moendas utilizadas no Brasil

DIMENSÕES DAS MOENDAS		DIMENSÕES DOS EIXOS NOS MANCAIS (*)	
POLEGADA	mm	POLEGADAS	mm
26 x 48	660 x 1.219	12 x 15	305 x 380
32 x 60	813 x 1.524	15 x 19	384 x 482
34 x 66	864 x 1.676	16 x 21	406 x 533
36 x 72	914 x 1.829	17 x 22	432 x 559
38 x 78	968 x 1.981	18 x 24	457 x 610
35 x 80	889 x 2.032	17 x 22	432 x 559
42 x 84	1.067 x 2.134	19 x 26	483 x 660
43 x 90	1.092 x 2.286	20 x 27	508 x 686

(*) medidas aproximadas.x

Fonte: **Adaptado pelos autores de observações em usinas.**

FRISOS DAS MOENDAS

Os frisos, também conhecidos por ranhuras, são construídos nos cilindros, com a finalidade de aumentar a sua superfície útil de contato com o bagaço. A camisa, uma vez fundida, é usinada em tornos especiais e frisada de acordo com as especificações do fabricante ou do interessado. É fácil compreender que, se a superfície dos cilindros fosse lisa, sem ranhuras, o caldo extraído da cana (caldo e água de embebição) umedeceria sensivelmente este equipamento, ocasionando, entre outras coisas, um maior deslizamento do bagaço pelo baixo atrito, uma grande reabsorção de caldo pelo material em moagem, uma baixa apreensão da matéria prima e uma pequena extração de sacarose. Os frisos, eliminando esses inconvenientes, exercem uma boa apreensão da cana, além, é claro, de facilitar a drenagem do caldo extraído. Frisos bem feitos e bem dimensionadas aumentam tanto a capacidade de moagem quanto a extração de caldo.

Os frisos dos cilindros mais comuns são as circunferênciais ou circulares e as transversais, atualmente em desuso, podiam aparecer juntas ou isoladas em um cilindro qualquer. Os frisos circunferenciais, pelo próprio movimento a que estão submetidos, executam bem as funções de drenagem de caldo, apesar da baixa capacidade de apreensão de cana que lhes são atribuídas, apreensão esta facilitada pelo uso dos cilindros press-roller, usuais nos diferentes tandens de moagem.

FRISOS CIRCUNFERENCIAIS

Os frisos ou ranhuras circunferenciais mais comuns são os de sulcos em V, cujas especificações de passo, altura e ângulo de abertura são peculiares a cada fabricante. "De modo geral, o passo dessas ranhuras nas moendas das usinas de açúcar varia de 1 a 3" e o ângulo da crista varia de 30º até 60°. A adoção de frisos de 2" nas primeiras moendas e d e1,5" no ultimo terno-tem sido recomendada pelos técnicos do setor de manutenção de muitas usinas.

O passo é a distância entre dois frisos, medida pela sua base, enquanto a altura da ranhura é dada pela distância da base ao ápice do dente. Em relação ao trem de moagem, tem sido comum adotar as primeiras moendas com frisos maiores, isto é, com um passo variando de 1,5 a 3,0''. As últimas moendas são montadas com passos menores. Entretanto, com um preparo de cana muito bom, não se justifica mais a adoção de grandes ranhuras nas primeiras moendas, pois, suas funções específicas são as de simplesmente espremer a cana e drenar o caldo. Em relação às grandes ranhuras, é digno de citação o fato de que as canas, passando por elas, sofrem uma espécie de torção, sofrendo, além de uma prensagem, um retalhamento. Isto é devido à diferença das velocidades periféricas verificadas entre as pontas e os fundos dos frisos dos cilindros.

Quando os frisos são construídos nas mesmas dimensões do primeiro ao último terno, observa-se um desgaste crescente nessas unidades, em razão do maior teor de fibra que vai adquirindo o bagaço em moagem. Não se deve esquecer que o primeiro terno de moenda sempre vai moer a cana e as demais moendas, as fibras. Todavia, pelas vantagens de manutenção, alguns técnicos têm preferido usar as mesmas dimensões de ranhuras para todos os ternos. Esse desgaste é mais notório, quando se adota os últimos cilindros com ranhuras de passo, por exemplo, de uma polegada. Em razão do aumento da fibra, esses cilindros, ao final da safra, mostram praticamente lisos. É oportuno dizer que, nessas ultimas dezenas de anos, a adoção da aplicação de solda com eletrodo apropriado, hoje manual ou automático, a estrutura do friso é sempre recuperada, assim como seu desgaste.

A adoção deste ou daquele passo de friso é função, pois, de vários fatores, destacando-se o teor de fibra da matéria prima em moagem, pressão de esmagamento, qualidade de matéria prima, em relação ao seu estado da limpeza, porcentagem de embebição, desejo de se obter maior capacidade ou extração, etc.

Assim, a aplicação de solda dura nas pontas dos frisos dos cilindros, principalmente dos últimos ternos, tem sido feita com intuito de melhorar a apreensão do bagaço e aumentar a durabilidade da camisa que fica, assim, mais resistente ao desgaste. Esta aplicação tem sido feita de forma automática, dispensando a aplicação manual.

RANHURAS OU FRISOS FULTON:

As ranhuras Fulton (1977), idealizadas pela Fulton Iron Works.Co, empresa americana, e mesmo por outras empresas, são as constituídas de sulcos em V, tal como comentado anteriormente. Possuem um passo variando de 1/2 "a 3" e tem sido construídas com um ângulo médio de 55°. Entretanto, a tendência atual é de se usar ranhuras com um ângulo variável de 35 a 45° nos três cilindros. Essas ranhuras ou frisos têm sido as mais usadas pelas usinas brasileiras.

Para um ângulo de ranhura de 60°, teoricamente, a altura do friso corresponde a:

$$h = \frac{p}{2} tg\ 60^\circ\ ou\ h = 0{,}866p$$

No caso de se usar um friso de 2" ou de aproximadamente 50mm para um ângulo de 45°, a altura h será de praticamente 60mm, ou seja

$$h = \frac{p}{2} tg\ 67{,}5^\circ\ ou\ h = 1{,}2p \qquad \text{Logo: } h = 1{,}2\ x\ 50 = 60mm$$

Como pela moagem, os frisos ficam ligeiramente arredondados, os fabricantes, durante sua construção em suas oficinas, não os deixam com as pontas aguçadas, mas sim, ligeiramente achatadas (2 a 5 mm). Nessas condições, a altura passa a representar de 90 a 95% do passo, para fins de construção. Pelo uso, essas ranhuras chegam a mostrar altura bem inferior à original. (Figura 49).

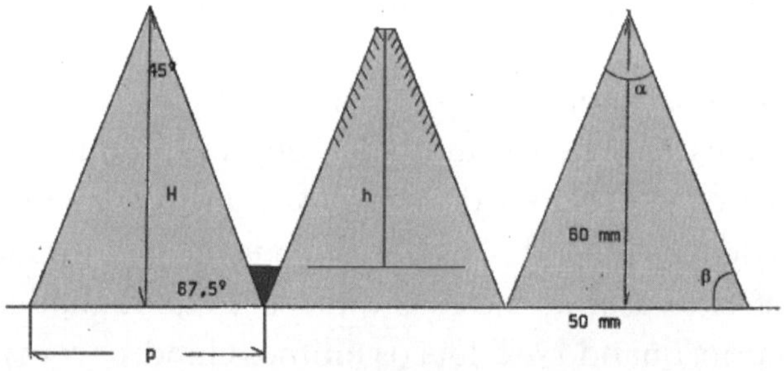

Figura 49 - Ranhuras tipo Fulton.

É importante comentar, em relação à construção e manutenção dos frisos das camisas de nossas moendas, que modernamente, em função do maior custo de construção e manutenção dessas camisas, as usinas têm adotado simplificar o uso de diferentes camisas, usando frisos simples de 2'' e, eventualmente, 1,5'' na última.

RANHURAS MESSCHAERT:

Essas ranhuras ou frisos, idealizadas no Havaí, têm por finalidade facilitar a drenagem do caldo extraído. Consistem de canais circulares, com profundidade de 25 a 50 mm, partindo-se do diâmetro inferior do frisos largura desses canais varia, na prática de 5 a 10 mm. Estes tipos de ranhuras não são mais usados pelas usinas de açúcar e destilarias, que normalmente tem recebido, durante a moagem, a adição de soldas, continuamente, mantendo-se, assim, a rugosidade dos frisos, facilitando a pega das canas desfibradas em moagem.

RANHURAS TRANSVERSAIS

As ranhuras "Chevron" (Figura 50) nada mais são do que obturações feitas nos dentes circulares das camisas dos cilindros das moendas, conforme já comentado. O corte do dente é feito até aproximadamente dois terços de sua altura, providência esta que facilita a limpeza das ranhuras sem quebra das pontas dos raspadores ou pentes. A finalidade da ranhura "Chevron" é aquela relacionada com a apreensão da cana, trabalhando muito bem com a matéria prima mal preparada, ou seja, com a cana pouco desintegrada. Nas condições atuais, este tipo de ranhura não tem sido mais realizado principalmente em função do uso do press-roller, do sistema de alimentação e outras alternativas, conforme já comentado anteriormente.

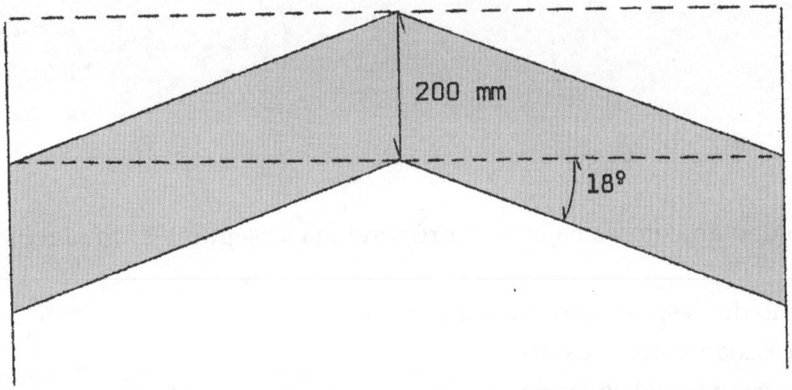

Figura 50 - Ranhuras "Chevrons".

7.1.6 BAGACEIRA

A bagaceira, construída em aço, meio aço ou em ferro fundido, ou mesmo em aço inoxidável, localiza-se entre os cilindros inferiores e sob o cilindro superior, conforme mostra a Figura 51. Ela é mantida presa a um pedestal ou balança de ferro fundido ou de aço, cuja posição pode ser regulada por dispositivos especiais.

Construtivamente, a bagaceira é uma lâmina de dimensões apropriadas. Seu bico, ponta ou ápice, é denteado, a fim de engrenar perfeitamente com as ranhuras do cilindro caneiro. A parte traseira, também conhecida por calcanhar ou rabo, pode ou não ser ranhurada, conforme seja sua aproximação com o cilindro bagaceiro. O tamanho, forma e as condições de assentamento são pontos de considerável importância para o seu bom desempenho num terno de moenda.

Como o fim principal da bagaceira é conduzir o bagaço parcialmente esmagado para a saída da moenda, as condições de seu assentamento devem ser bem estudadas. Assim, o espaço que fica entre a bagaceira e o cilindro superior deve ser tal que o bagaço caminhe sem interrupção, como se fosse uma massa compacta, para a segunda expressão entre o rolo superior e o posterior.

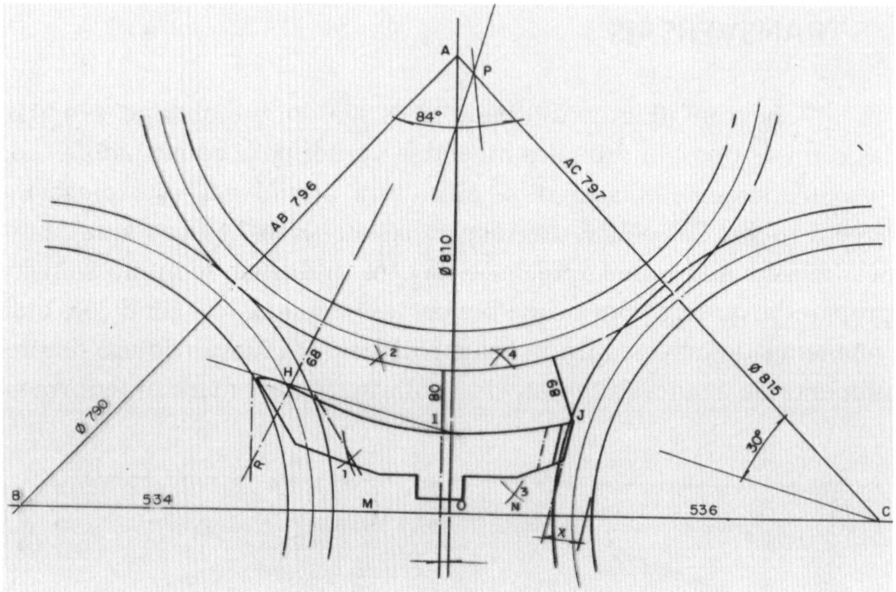

Figura 51 - Conjunto de uma moenda: castelo reto, mancal e bagaceira.

O perfeito assentamento da bagaceira proporciona as seguintes vantagens:

a) Diminuição do desgaste do cilindro superior,
b) Facilita o escoamento de caldo,
c) Diminui o consumo de energia,
d) Diminui o antagonismo entre capacidade e extração,
e) Diminui as possibilidades de quebra da moenda, etc.

Os inconvenientes de bagaceira muito alta ou muito baixa são os seguintes:

BAGACEIRA ALTA:

A bagaceira, sendo assentada muito alta, concorre para um desgaste anormal dessa peça, para uma maior absorção de potência, além de ocasionar um maior estrangulamento ao caminhamento do bagaço, dificultando, deste modo, a boa alimentação da moenda e contribuindo para a obtenção de uma menor capacidade de moagem.

BAGACEIRA BAIXA:

A bagaceira, sendo assentada muito baixa, por sua vez, concorre para uma deficiente compressão do bagaço, podendo resultar, em consequência disso, um embolamento desse material na parte central da moenda. Em razão dessa baixa compressão do bagaço, um menor consumo de energia é esperado.

Com os dados de entrada e de saída, que podem ser calculados por diversos processos, e de demais valores relativos à moenda, a bagaceira é traçada em tamanho natural. O desenho obtido serve de modelo para sua fundição posterior, acabamento nas oficinas especializadas.

7.1.7 PENTES

Para a limpeza dos cilindros rola bagaço e superior, normalmente são empregados pentes. Estes nada mais são do que placas de aço ou de ferro endurecido, dotados de ranhuras de passo semelhante aos cilindros em que são assentados; as ranhuras são feitas em apenas um lado da placa. Esses pentes são mantidos aderentes aos cilindros em ângulos apropriados, por meio de dispositivos especiais de sustentação. No rola cana, esses pentes são dispensados, já que sua limpeza é feita através de bagaceira.

7.1.8 ROLO DE COMPRESSÃO OU PRESS-ROLLER

O rolo de pressão, muito semelhante ao reportado por Maxwell (1932), como usado em Java, também conhecido por Press-Roller (Figura 52), vem fazendo parte dos novos projetos de moendas, por ser responsável pela melhor alimentação e consequente aumento da capacidade desses equipamentos. Para cumprir com suas finalidades, o press-roller tem o mesmo passo das ranhuras do cilindro superior. Para fins de melhor economia, tem-se recomendado o uso de cilindros usados, devendo ser ligeiramente menor do que os cilindros normais. Quanto à distância do rolo superior, tem-se recomendado uma abertura igual a seis vezes a abertura de saída em trabalho de moenda. Para evitar o retorno de bagaço na entrada da moenda, este cilindro é assentado, engrenando com o rola cana. Em termos de velocidade periférica, esta deve ser, para o press-roller, de 10 a 20% mais do que a atribuída ao cilindro superior. O acionamento deste cilindro pode ser por motor independente ou utilizando a força motriz.

O consumo de potência do rolo de pressão é função da massa de cana ou bagaço que vem para a moenda e da sua maior ou menor proximidade com o cilindro superior, podendo se estimar de 5 a 10% do consumo de potência atribuída à moenda

Construtivamente, uma instalação de press-roller ou rolo de pressão compõe-se de engrenagens de acionamento, camisa, eixo, mancais e suportes de sustentação. A ajustagem do mancal, onde se regula o "press-roller", é feita através de parafusos de regulagem.

Os resultados obtidos, até agora, permitiram-nos revelar, com segurança, se a instalação dos press-roller traz alguma vantagem, no que se refere ao custo da extração e capacidade das moendas brasileiras. Entretanto, sua instalação parece necessária a uma boa alimentação da moenda, quando se tem uma cana intensamente preparada.

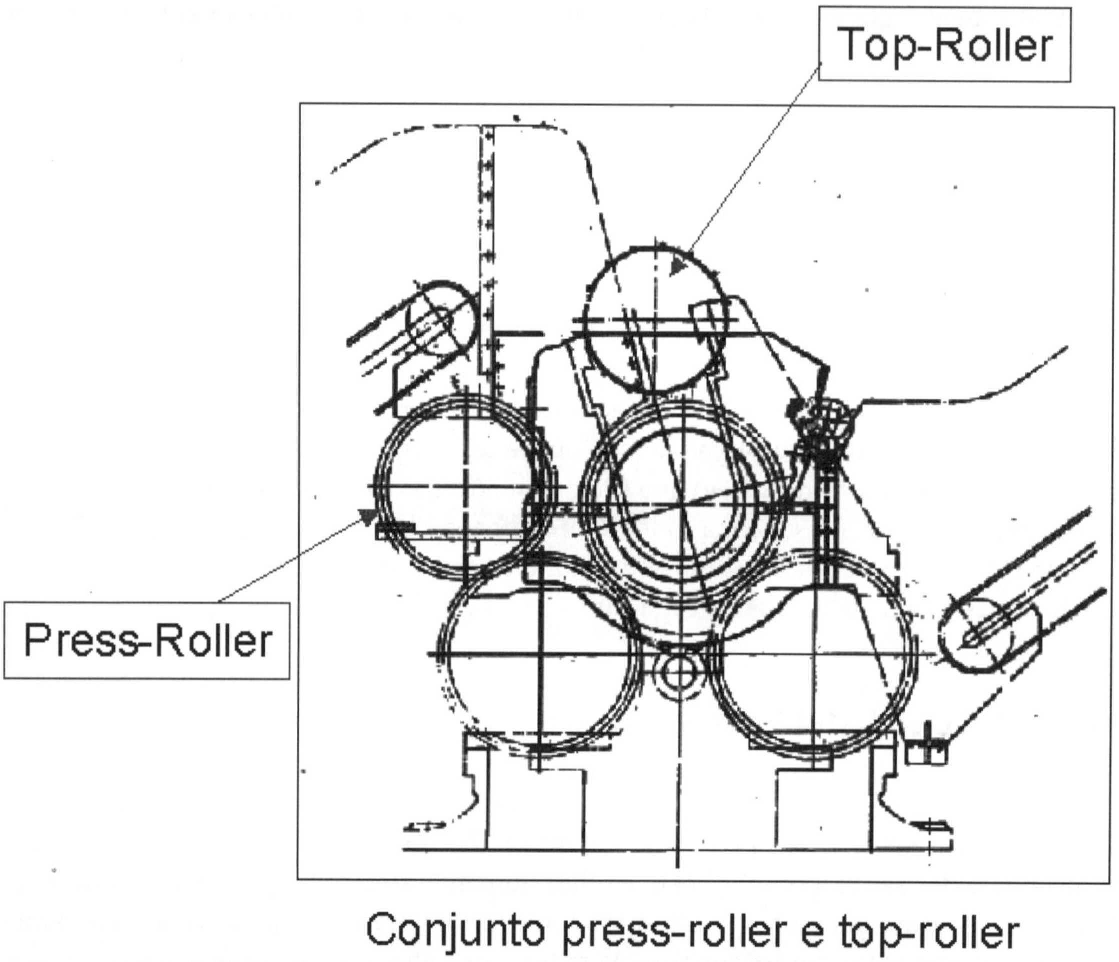

Figura 52 - Posição do compressão (Press-Roller) e de pressão (Top-roller)

7.1.9 ROLO DE COMPRESSÃO OU TOP-ROLLER

O rolo de compressão é instalado acima da abertura de entrada da moenda, entre o rolo de alimentação e o cilindro superior. Geralmente, é constituído de um cilindro oco, cheio com uma mistura de água e óleo para dar peso, provido externamente de pequenas chapas, que lhe são soldadas perpendicularmente no sentido transversal. Seu movimento é dado por um sistema de transmissão por braços articulados com engrenagem. Tem por finalidade orientar o caminhamento do bagaço para a entrada da moenda, evitando-se, assim, que o mesmo transponha o cilindro superior.

Para o caso de se instalar esteiras intermediárias, tipo Donelly (esteiras inclinadas até uma altura de mais ou menos dois metros, para que a alimentação se processe por gravidade), a colocação desses rolos de pressão pode ser dispensada. A posição de assentamento deste cilindro em terno de moagem.

7.2 VELOCIDADE DAS MOENDAS

A velocidade das moendas constitui um dos fatores mais importantes de determinação da capacidade das moendas. Pode ser dada como:

7.2.1 VELOCIDADE PERIFÉRICA

Entende-se por velocidade periférica o caminho percorrido por um ponto do diâmetro primitivo de um cilindro, na unidade de tempo. Por via de regra, é expressa em m/ min, sendo dada pela seguinte fórmula:

$$V = \pi . D . n$$

Onde,
V = velocidade periférica, em m/ min.,
D = diâmetro dos cilindros, em m,
n = velocidade angular, em rpm.

7.2.2 VELOCIDADE ANGULAR

Entende-se por velocidade angular, ou de rotação de uma caixa de moenda, o número de voltas dadas pelo cilindro em torno de seu eixo, sendo expressa, geralmente, em rotações por minuto ou, simplesmente, em rpm. Da fórmula anterior, pode-se escrever que:

$$n = \frac{V}{\pi . D}$$

Embora tecnicamente, seja indiferente usar velocidade periférica ou velocidade angular, na prática, tem-se observado a preferência pela segunda expressão, ou seja, em rotação por minuto. A velocidade das moendas das usinas brasileiras varia, no geral, de 4 a 7 rpm. A adoção de valores mais elevados justifica-se em razão do desejo de se querer sempre atingir maiores capacidades de moagem. No Brasil, a preocupação das usinas de açúcar ainda está voltada para o fator capacidade, embora alguns técnicos açucareiros venham se preocupando com a melhoria de condições (preparo de cana, embebição, etc.), necessárias à obtenção de altas extrações.

Em realidade, o fator capacidade de moagem e o fator extração dependem, intrinsecamente, da velocidade de trabalho da moenda. Verifica-se que quanto maior a velocidade de um tandem, tanto maior será sua capacidade de moagem (tonelagem de cana moída na unidade de tempo) e menor a extração (pol extraída por cento de pol existente na cana). Em função desses fatores dependentes, por sua vez, da maior ou menor disponibilidade de matéria prima, do custo de produção, do preço do açúcar, etc., as usinas de açúcar procuram dotar suas moendas de velocidades tais que permitam atender aos seus interesses.

Segundo Tromp (1946), a velocidade periférica em m/ min da moenda nunca deveria ser superior a 18 D, onde D é o diâmetro dos cilindros em metros. Logo, sabendo-se que:

$$V = \pi . D . n$$

Advém: $\pi . D . n = 18 . D$ ou $n = \frac{18}{\pi} = 5{,}73\ rpm$

Entretanto, valores superiores a 5,73 rpm têm sido usuais não, só no Brasil, como também em outros centros açucareiros. Ainda em relação à velocidade, dados interessantes são os de Java e do Havaí. Enquanto, em Java, as moendas são instaladas para trabalhar com velocidades lentas, decrescentes do primeiro ao último terno, no Havaí, ocorre o contrário, isto é, as moendas rodam mais rápidas e com velocidades crescentes. A Tabela 17, abaixo, ilustra como se comporta a velocidade nos diversos ternos de moagem.

Tabela 17 - Escala de velocidade das moendas em Java e no Havaí, em rpm

Locais	Esmagador	1° Terno	2° Terno	3° Terno	4° Terno
Java	3,3	2,4	2,2	2,0	1,9
Havaí	4,2	3,0	3,0	3,3	3,5

Apesar dos valores de Java e do Havaí serem muito baixo, quando comparados aos do Brasil, verifica-se que em Java se tem sempre uma maior capacidade de moagem, visto que é o primeiro terno que exerce a maior influência sobre o aumento desse fator. Entretanto, para que isso ocorra, a embebição deve ser menos intensa, o que contribui para que se tenha uma camada de bagaço cada vez menos espessa. No Havaí, a de maior extração é obtida em razão de se ter sempre uma maior camada de bagaço, uma maior taxa de embebição e pressões crescentes da primeira à última moenda.

No que se refere ao escoamento de caldo, a velocidade é um fator de importância. É sabido que quanto menor for a velocidade, melhor será o escoamento do caldo, pelo baixo coeficiente de reabsorção existente.

A adoção de diferentes velocidades nas moendas pode ser conseguida pelo acionamento individual dos diversos ternos, isto é, cada terno é acionado por uma turbina ou motor a vapor, ou pela instalação dos pinhões das intermediárias, com o número de dentes calculado para este fim.

7.3 PRESSÃO NAS MOENDAS

Primitivamente, os três cilindros de um terno de moenda eram fixados rigidamente em suas posições, de forma a suportar a passagem de toda cana destinada à moagem. Nessas moendas, conhecidas como rígidas ou de queixo duro, se a espessura do colchão de cana destinado à moagem é menor do que as aberturas entre os cilindros, praticamente não existe pressão; a extração, neste caso, é mínima. A extração de caldo é, pois, razoável, apenas quando se aumenta a quantidade ou a espessura de cana em moagem.

Atualmente, em função dos bons preços do açúcar e do etanol, as usinas procuram moer mais cana dentro dos períodos de safra, permitidos em função da presença ocasional das chuvas que, inevitavelmente, pode ocorrer e atrapalhar o andamento da moagem.

Desses comentários, conclui-se que para cada aumento de espessura do colchão de cana, maior deve ser o esforço despendido pelos cilindros, ou seja, maior é a pressão exercida. Como verdadeira é a recíproca, chega-se a um ponto em que, ultrapassada a resistência do cabeçote ou dos cilindros, acontece a ruptura de uma dessas partes. A passagem de pedaços de ferro, cabos de aço, entre outros, também pode produzir iguais danos mecânicos às moendas.

A pressão exercida na cana, nessas moendas, é função apenas da quantidade de matéria prima moída.

Em razão dessas dificuldades, muitos meios foram estudados para dotar as moendas de controle da pressão, a fim de que se pudesse obter o máximo de extração, sem os riscos mecânicos apontados.

De maneira geral, este controle é feito com o auxílio de reguladores hidráulicos, instalados no cabeçote superior das moendas, para permitir a perfeita flutuação dos cilindros superiores.

7.3.1 REGULADORES DE PRESSÃO

Os reguladores de pressão usuais, nas usinas de açúcar, são conhecidos por reguladores hidráulicos e aero hidráulicos e, mais modernamente, por acoplamentos flexíveis. O regulador de molas, que se constituiu num dos primeiros artifícios para a regulagem de pressão nas moendas, não é mais usado nas usinas de açúcar, conforme pode ser visto na Figura 53.

A transmissão do movimento superior é feita por acoplamento especial com o eixo da engrenagem movida que, por sua vez, recebe o movimento do motor da moenda através da engrenagem motora. Utiliza-se para este acoplamento, de duas luvas metálicas e de uma peça intermediária, conhecida por mangote. A Figura 53 ilustra como é este acoplamento, que pode ser hidráulico ou aero hidráulico.

REGULADORES HIDRÁULICOS

Essencialmente, um regulador hidráulico constitui-se das seguintes partes principais:

a) Um acumulador de placas de ferro fundido;
b) Uma bomba de pressão para recalque do óleo;
c) Manômetros, e
d) Câmara do cabeçote ou cabeçote ou chapéu hidráulico.

Conforme a Figura 53, verifica-se que, do acumulador de placas, de onde provém a força, sai um tubo de aço, sem costura, de pequeno diâmetro, que se ramifica em dois setores, sendo um para cada cabeçote. Este cabeçote é montado de forma a deixar uma câmara especial para ser ocupada pelo óleo impulsionado pela bomba de recalque, quando do funcionamento do sistema. Para a melhor garantia do sistema, esta câmara, e alguns pontos de ajustes são vedados, superior e inferiormente, por meio de dois couros em forma de U. Esses couros devem ser bem curtidos e preparados, para aguentar as altas pressões de trabalho, impedindo qualquer vazamento do óleo no cabeçote hidráulico. A parte inferior da câmara, que assume características construtivas particulares de cada firma do ramo, apoia-se no mancal superior da moenda, através de um pistão. Do mesmo modo, a parte superior da câmara é também fechada com proteções metálicas, devidamente travadas. A câmara do cabeçote, as canalizações e a câmara do acumulador são cheias de óleo mineral, recalcados por bomba centrífuga ou através de bombas a vapor tipo duplex. A pressão inicial depende, nesse regulador, do número de placas colocado no acumulador. Cada terno de moenda tem o seu regulador, sendo a pressão controlada de forma independente.

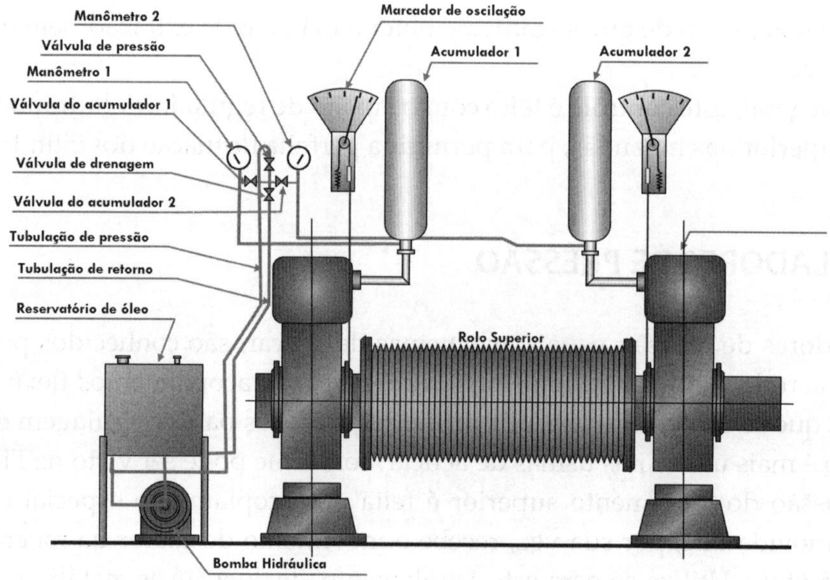

Figura 53 - Instalação de um regulador hidráulico e alguns pontos de ajustes: sistema hidráulico.

Ilustação: **Paulo Gangorra.**

PRINCÍPIO DE FUNCIONAMENTO DOS REGULADORES HIDRÁULICOS

O funcionamento do regulador hidráulico está baseado no princípio de Pascal, segundo o qual se um ponto qualquer de um líquido em equilíbrio sofre um acréscimo de pressão, todos os demais pontos do líquido sofrerão o mesmo acréscimo. Uma das aplicações deste princípio está na prensa hidráulica, que funciona como se fora um regulador hidráulico (Figura 54).

No caso dos reguladores, a câmara do acumulador de menor diâmetro comunica-se com a câmara do cabeçote, que é sempre a de maior diâmetro. Sobre as superfícies dessas câmaras ficam apoiados, respectivamente, a agulha do acumulador e o pistão do cabeçote. O esquema, em sequência, serve para explicar o funcionamento deste sistema hidráulico.

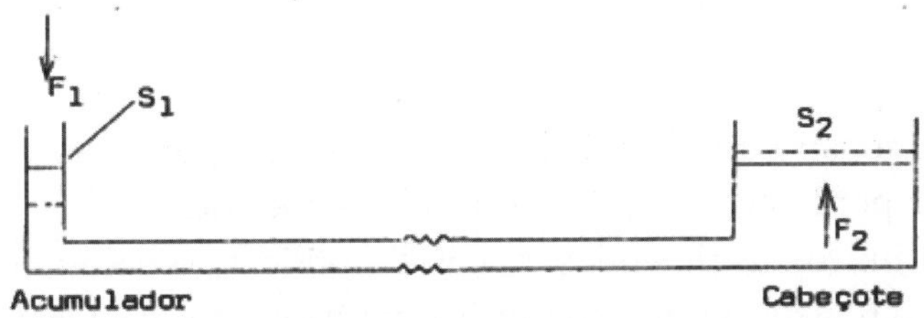

Figura 54 - Esquema de funcionamento.

Seja:

F_1 = Força aplicada no acumulador;

S_1 = área da câmara do acumulador ou da seção de sua agulha;

F_2 = força aplicada ao pistão do cabeçote;

S_2 = área do pistão do cabeçote.

Aplicando-se uma força F_1 sobre a área S_1 da câmara do acumulador, o acréscimo de pressão resultante implicará num acréscimo de pressão de mesma ordem na câmara do cabeçote.

Logo, pode-se escrever que:

$$\Delta p = \frac{F_1}{S_1} \quad e \quad \Delta p = \frac{F_2}{S_2}$$

De onde resulta:

$$\frac{F_1}{S_1} = \frac{F_2}{S_2} \text{ ou } F_2 = F_1 \frac{S_2}{S_1}$$

Verifica-se, por esta expressão, que quanto maior S_2 e menor S_1, maior será F_2 para um mesmo valor de F_1. Por outro lado, resulta ainda que o trabalho desenvolvido neste regulador permanece sempre constante, visto que o volume de óleo que sai do acumulador é o mesmo que entra na câmara do cabeçote. Evidentemente, quando a agulha do acumulador desce de um valor equivalente a h_1 pela aplicação de uma força F_1, o pistão do cabeçote deslocará verticalmente de uma altura h_2.

Supondo, pois, que:

$$V_1 = S_1 . h_1 \text{ e } V_2 = S_2 . h_2$$

E como $V_1 = V_2$, pode-se escrever que:

$$S_1 . h_1 = S_2 . h_2 \text{ ou } \frac{S_1}{S_2} = \frac{h_1}{h_2}$$

$$\text{Como, } \frac{F_1}{F_2} = \frac{S_1}{S_2} \text{ Resulta que: } \frac{F_1}{F_2} = \frac{h_2}{h_1}$$

Esta igualdade demonstra que o trabalho desenvolvido por F_1 no acumulador é igual ao trabalho desenvolvido por F_2 no cabeçote do cilindro superior.

No regulador hidráulico das moendas, h_1 corresponde à oscilação do acumulador de placas (subida e descida) e h_2 à flutuação do cilindro superior. Os castelos das moendas são construídos para permitir uma flutuação máxima dos cilindros superiores da moenda e indicam o valor da flutuação do cilindro superior, conforme pode ser visto na Figura 55.

A força F_1, que atua no acumulador, sendo conhecida, permite calcular com facilidade, conhecendo-se também os diâmetros respectivos da agulha do acumulador e do pistão do cabeçote, a força aplicada no cabeçote.

Como,

$$S = \frac{\pi . D^2}{4}$$

A fórmula para o cálculo da força ou carga aplicada ao cabeçote da moenda pode ser conhecida com facilidade, ou seja:

$$F_2 = F_1 \frac{D^2}{d^2}$$

Onde,

F_2 = força aplicada no cabeçote da moenda,

F_1 = força aplicada no acumulador,

D = diâmetro do pistão do cabeçote,

d = diâmetro da agulha do acumulador.

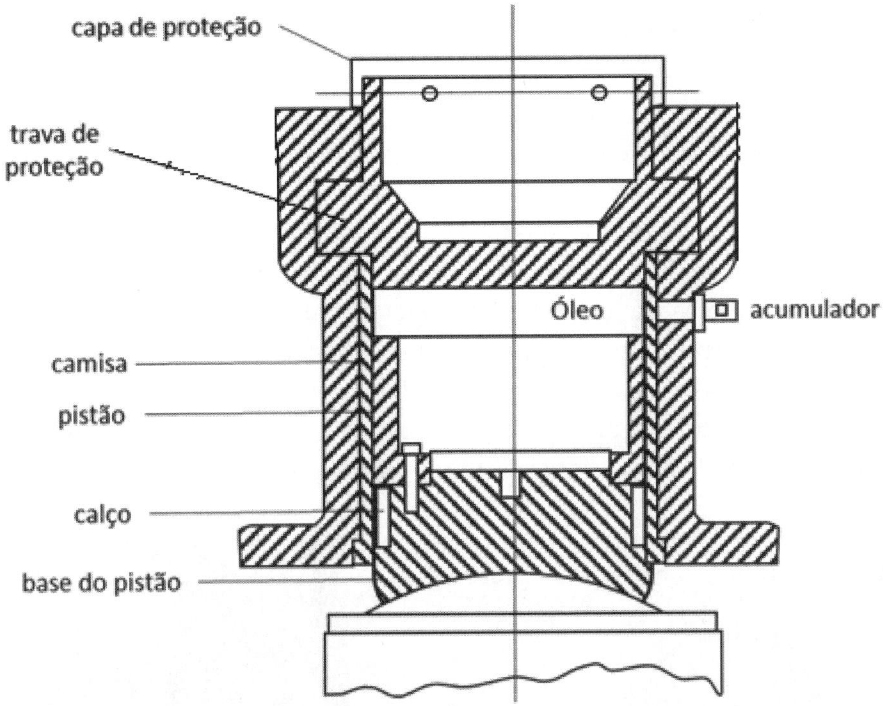

Figura 55: Detalhe de um cabeçote hidráulico.

Ilustração: **Paulo Gangorra.**

FUNCIONAMENTO DE UM REGULADOR HIDRÁULICO

Os pesos ou placas pertinentes ao acumulador são de tara conhecida. A pressão exercida no cabeçote será, pois, função do número de placas assentadas no acumulador, podendo variar de moenda para moenda, conforme o esquema adotado pelo encarregado do setor de extração de caldo da usina.

A bomba, sendo posta em funcionamento, introduz o óleo no sistema, enchendo a câmara do acumulador, os encanamentos de ligação e a câmara do cabeçote, e determinando a pressão inicial desejada, que é acusada no manômetro. Neste ponto, desliga-se a bomba e fecha-se a válvula correspondente.

Pela passagem de um excesso de cana na moenda, o cilindro superior é forçado para cima, empurrando o pistão, que está apoiado em seu mancal. Disso resulta uma compressão do óleo nesta câmara, que circulará através da canalização até a câmara do acumulador, imprimindo, assim, o levantamento de seus pesos em alguns milímetros, sendo a pressão registrada no manômetro. Pela passagem de uma menor camada de bagaço, o cilindro superior volta à posição original, agora determinada pela força exercida pelo acumulador através de seus pesos. As aberturas voltam, deste modo, às medidas originais, mantendo-se o cilindro superior sobre o bagaço às mesmas pressões.

REGULADORES AERO-HIDRÁULICOS

Os reguladores aero-hidráulicos, idealizados por Edwards nos Estados Unidos, vieram simplificar, substancialmente, o controle da pressão nas moendas das usinas de açúcar. Esses acumuladores, também conhecidos por garrafas hidráulicas (Figura 56), nada mais são do que cilindros metálicos, contendo, interiormente, uma câmara de borracha insuflada com nitrogênio, que se comprime ou se dilata pela oscilação do cilindro superior da moenda. As pressões internas da câmara ou bolsa de gás ou de nitrogênio variam, geralmente, de 105 a 175 kg/cm² ou de 1.500 a 2.500 l/pol2. Envolvendo essa câmara existe óleo, que também preenche as tubulações e a câmara dos cabeçotes da moenda. Toda alteração de pressão atua sobre o óleo, comprimindo ou expandindo a câmara de borracha, dando a flutuação do rolo superior que, por meio de uma placa indicadora com ponteiro, indica o levantamento do cilindro superior.

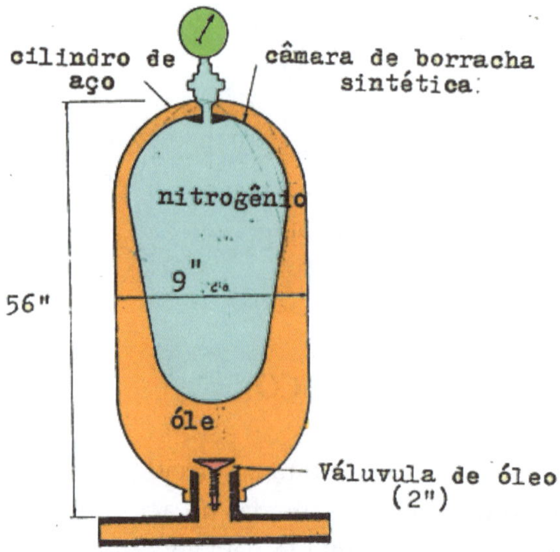

Figura 56 - Garrafa Hidráulica Edwards - DZ

Essas garrafas hidráulicas, que podem estar colocadas ao lado de cada cabeçote do terno de moenda ou formando uma bateria ao lado do tandem, estão equipadas de válvula de segurança, manômetros, etc.

Esses acumuladores apresentam as seguintes vantagens em relação aos anteriores:

- Dispensam o excesso de canalizações, essenciais para a montagem do primeiro sistema;
- São mais baratos e de maior sustentabilidade, pois podem ser colocados ao lado do cabeçote, evitando a perda de pressão nas canalizações, comuns no outro caso;
- Ocupam menos espaços e são de construção mecânica mais elegante para as moendas;
- Permitem regular a pressão em cada cabeçote, de maneira independente, podendo atender à necessidade de se manter uma maior pressão em um ou outro lado do cilindro, pela passagem eventual ou sistemática de um colchão de cana mais espesso. Isso ocorre quando a alimentação é forçada apenas de um dos lados da moenda.

Tipo essencial de cabeçote hidráulico é o instalado nas moendas ZANINI, onde ar e óleo (adicionado com auxílio de bomba, até completar a pressão desejada) trabalham de forma misturada na câmara do cabeçote. O cilindro superior, sendo empurrado para cima, força o pistão a se levantar, comprimindo-se, desta forma, a mistura de óleo e ar. Este sistema é muito simples, porém não prescinde de um bom compressor, para a adição de ar nos casos em que se verificar a queda da pressão.

APLICAÇÃO DA PRESSÃO HIDRÁULICA

A pressão que se deve adotar nas diversos ternos de moagem é função de muitos fatores, entre os quais, mencionam os seguintes:

a) Dimensões dos cilindros,
b) Potência de acionamento,
c) Capacidade de moagem desejada,
d) Quantidade e qualidade de fibra da cana,
e) Tipos de moenda,
f) Taxa de embebição aplicada, etc.
g) Velocidade dos cilindros, etc.

Alguns técnicos açucareiros preferem aplicar nas primeiras moendas maiores pressões, providência esta que, aliada a um bom índice de embebição, deve proporcionar extrações mais elevadas de sacarose. Outros preferem usar as maiores pressões nos últimos ternos, obtendo sempre bagaços mais secos e maiores capacidades de moagem; a embebição, neste caso, deve ser feita em menor escala, o que sacrificará a extração.

Enfim, qual seria a melhor opção? No Brasil, tem-se observado a adoção da primeira preferência, ou seja, aquela em que menores pressões são aplicadas nas primeiras moendas, favorecendo, deste modo, a obtenção de grandes capacidades de moagem.

Apesar da aplicação de maiores pressões nas primeiras moendas favorecer a obtenção de maiores extrações, mais importante do que a pressão é a adoção de altos índices de embebição.

O estabelecimento da pressão nas moendas está baseado nos valores atribuídos à força ou carga hidráulica total e na pressão hidráulica específica.

PRESSÃO HIDRÁULICA ESPECÍFICA

De acordo com os estudos efetuados por Hugot (1977), a força média que se aplica sobre o colchão do bagaço é da mesma ordem aplicada por uma força total F, suposta uniformemente repartida sobre uma superfície plana de comprimento L e de uma largura igual a 1/10 do diâmetro, isto é, D/10.

Logo, a partir desse conceito, pode-se definir pressão hidráulica específica pela seguinte fórmula:

$$P.H.E. = \frac{F.H.T}{0{,}1.L.D}$$

Onde,
P H E = pressão hidráulica específica, em t/dm^2
F H T = força ou carga hidráulica total, aplicada sobre o cilindro superior, em t.,
L = comprimento do cilindro em dm,
D = diâmetro do cilindro em dm.

Segundo Hugot (1977, 1986), a PHE varia nas moendas, de modo bem geral, de 12 a 40 t/dm^2. Contudo, os valores mais usuais oscilam de 20 a 25 t/dm^2.

Admitindo-se um valor de PHE equivalente a 25 t/dm^2, a FHT assume o seguinte valor:

FHT = PHE . 0,1 . L . D ou FHT = 25 . 0,1 . L . D = 2,5 . L . D

Onde,
FHT = força hidráulica total em t,
L = comprimento da camisa do cilindro em dm,
D = diâmetro da camisa em dm.

De fato, substituindo-se este valor na fórmula de PHE, tem-se que:

$$PHE = \frac{PHT}{0{,}1\,LD} = \frac{2{,}5\,LD}{0{,}1\,LD} = 25\,t/dm^2$$

Evidentemente, os valores de PHE variam de país para país e dentro de um mesmo trem de moagem. Segundo a literatura, os valores usados em diversos centros açucareiros são os referentes:

A) Cuba	18 a 22 t/dm^2
B) Austrália	29 a 33 t/dm^2
C) Filipinas	21 a 28 t/dm^2
D) Havaí	24 a 26 t/dm^2
E) Java	20 a 22 t/dm^2
F) Fábrica "Farrel"	24 t/dm^2
G) Brasil	22 a 25 t/dm^2

Fonte: **SILVA et al. (2013).**

A adoção de valores mais elevados implica sempre:

a) Maior consumo de energia motora,
b) Maior desgaste dos cilindros das moendas, e
c) Maior perigo de ruptura dos cilindros, etc.

Expressando-se L e D em m e substituindo PHE por 25 t/dm^2, FHT pode ser calculada pela seguinte fórmula, considerando-se que 1 dm^2 = 0,001 m^2, advém:

$$FHT = PHE \cdot 0{,}1 \cdot L \cdot D$$

Como, 1 dm^2 = 0,01m^2,

Advém:

$$FHT = 25 \cdot 0{,}1\ LD / 0{,}01 \quad \text{ou} \quad FHT = 250\ LD$$

Onde,
FHT = força hidráulica total em t,
L = comprimento do cilindro em m,
D = diâmetro do cilindro em m.

FORÇA HIDRÁULICA TOTAL

Entende-se por força ou carga hidráulica total o número de quilogramas aplicado sobre o cilindro superior, que se obtém multiplicando-se a pressão de óleo (manométrica), expressa em kg/cm^2, pela área dos dois pistões dos cabeçotes hidráulicos. Este dado serve de base para e cálculo da pressão hidráulica no cilindro superior.

Logo, esta pressão é dada por:

$$P = \frac{F}{S}$$

Onde:
P = pressão de óleo, em kg/cm^2
F = força hidráulica total em kg.
S = área de atuação do pistão em cm^2

A força hidráulica total, geralmente expressa em toneladas, pode ser relacionada ao comprimento do cilindro. Neste caso, basta dividir o seu valor pelo comprimento do cilindro, obtendo-se a FHT em t/m.

PRESSÃO HIDRÁULICA MÁXIMA

De modo geral, os acumuladores hidráulicos, as tubulações e as moendas são construídos para suportarem uma pressão hidráulica ou pressão de óleo variável de 250 a 350 kg/cm^2. Contudo, na prática, valores acima de 300 kg/cm^2 são considerados já bastante altos, mas dentro ainda das condições aceitáveis de trabalho.

PRESSÃO TOTAL

De acordo com a equação fundamental de pressão, esta é obtida pela relação da força aplicada com a superfície de incidência desta mesma força. No caso das moendas, a superfície que recebe a força aplicada é a pertinente aos munhões, ou manga de eixo, estimada multiplicando-se seu comprimento pelo seu diâmetro.

Os valores usuais na grande indústria açucareira variam de: 80 a 120 kg/cm^2

Contudo, valores acima de 110 kg/cm^2 são considerados excessivos ou perigosos, por não permitirem uma boa lubrificação dos mancais, causando desgastes e deformações nos mesmos e no munhão do eixo.

CÁLCULOS NUMÉRICOS

De posse dos dados de carga hidráulica total e de pressão hidráulica específica, regulam-se os acumuladores hidráulicos para o seu trabalho.

Suponha, pois as seguintes condições:

Moenda	37 x 38"
Diâmetro do cilindro	940 mm (9,4 dm)
Comprimento do Cilindro	1981 mm (19,81 dm)
Diâmetro do pistão do cabeçote	35 cm
Pressão Hidráulica específica	25 t/dm^2

Logo, qual seria a pressão de óleo que orientaria a regulagem dos acumuladores hidráulicos?

Dados calculados:

a) Força hidráulica total

Da fórmula (1) tem-se que:

FHT = PHE . 0,1 . L . D

$$FHT = 25 . 0,1 . 9,4 . 18,81 = 465,535 \text{ t ou } 465.535 \text{ kg.}$$

Como são dois os cabeçotes de atuação desta forma, este valor deve ser dividido por dois, logo:

$$FHT = \frac{465.535}{2} = 232.767\ KG$$

b) Pressão do óleo ou manométrica

Pela fórmula de pressão, tem-se que:

$$P = \frac{FHT}{S} \qquad OU \qquad P = \frac{232.767}{\frac{3{,}1416.35^2}{4}} = 241{,}83\ kg/cm^2$$

De posse deste valor, o operador funciona a bomba óleo até que o manômetro acuse a pressão de trabalho calculada para a referida moenda.

Do mesmo modo, conhecendo-se a pressão de óleo de trabalho, assim como os diâmetros da agulha do acumulador e do pistão do cabeçote, pode-se calcular o peso das placas a ser colocado num acumulador, quando se tem esse sistema de pressão.

Entretanto, o sistema de pressão nas moendas modernas é aquele que se utiliza de garrafas hidráulicas.

Suponha as seguintes condições:

A-	Moenda	37 x 78"
B-	Diâmetro do pistão	35 cm
C-	Diâmetro da agulha	6,5 cm
D-	Pressão de trabalho	241,93 kg/cm²
E-	Largura do mancal	48,3 cm
F-	Comprimento do mancal	63,4 cm

<u>Dados calculados:</u>

a) Força hidráulica do cabeçote

$$F = 241{,}93\ \frac{3{,}1416.35^2}{4} = 232.767\ KG$$

b) Força do acumulador

$$F_1 = 232.767\ x\ \frac{6{,}5^2}{35^2} = 8.028\ KG$$

O número de placas é obtido diferenciando-se o peso total pelo peso de cada placa.

c) Pressão no mancal

Este valor é obtido, dividindo-se a força hidráulica total pela área do mancal. Logo:

$$P = \frac{232.767}{48,3\ x\ 63,4} = 76,01\ kg/cm^2$$

Este valor está aquém dos limites máximos para a boa lubrificação dos mancais.

7.4 ACIONAMENTO DAS MOENDAS

Em geral, nas usinas de açúcar, as moendas são acionadas por máquinas a vapor, turbinas a vapor ou através de motores elétricos e motor hidráulico.

Apesar da grande tradição dos motores horizontais a vapor, no acionamento de moendas, atualmente, as instalações modernas de moagem são equipadas com turbinas a vapor e, mais recentemente, por motores elétricos.

Os estudos realizados por Brunelli, (1995) e por outros técnicos do Centro de Tecnologia da (Copersucar, 1999) indicaram as seguintes eficiências sobre o uso de turbinas a vapor:

a) Turbinas de múltiplos estágios: eficiência global de 57 a 58,2%
b) Motor elétrico de rotação constante: eficiência de 62,5 a 63, 5%
c) Motor elétrico de rotação variável com transmissão mecânica: eficiência de 67 a 68,7%

É importante salientar que a eficiência mais baixa na transmissão de energia implica menor eficiência térmica na fábrica e, consequentemente, uma redução na cogeração de energia elétrica a partir do bagaço.

Em função de custo, disponibilidade de construção, simplicidade, desejo do cliente, etc., o acionamento das moendas pode ser feito com várias opções de instalação, conforme o seguinte esquema:

a) Um motor apenas para vários ternos de moenda,
b) Um motor para cada dois ternos de moenda,
c) Um motor para cada terno de moenda
d) um motor para cada cilindro individual.

7.4.1 MOTORES A VAPOR

Esse tipo de motor está em desuso, devido-a sua baixa eficiência térmica, porém podem ser encontrados em pequenos engenhos.

Os motores a vapor mais comuns nas instalações de moagem são classificados de acordo com a distribuição de vapor nos seus respectivos cilindros, podendo ser do tipo Corliss ou de distribuição múltipla.

Esses motores são, via de regra, de cilindros horizontais, fixos, sem condensação e desenhados para funcionarem com vapor de baixa pressão ou até 10 kg/cm^2. Os motores de distribuição múltipla toleram maiores pressões de vapor, podendo ter bom desempenho até 16 kg/cm^2 de pressão.

Em relação à velocidade, podem ser classificados como de baixa rotação (40 a 75 rpm), ou de alta rotação (100 a 150 rpm). Os de alta rotação podem trabalhar com vapor de mais alta pressão (12 a 15 kg/cm).

Outra grande vantagem dos motores a vapor está em poder em utilizar o seu vapor de escape para outros setores da fabricação. Esse sistema gera vapor de escape da ordem de mais ou menos 0,7 kg/cm2. Como desvantagem, esse vapor de escape tem contaminação com óleo, o que causa menor transferência do calor nos sistemas de aquecimento, devido a incrustações nas tubulações de aquecimento. Para fins de balanço térmico, uma perda de vapor por condensação de 5% pode ser prevista para esses tipos de motores. Estas máquinas foram sendo substituídas, rapida e sistemáticamente com o surgimento das turbinas a vapor de simples estágio, que fornecem muito mais potência, com custos menores, visto que as rotações eram muito maiores.

Além da vantagem que se atribui à sua baixa velocidade, o que implica um sistema de redução de rotação mais econômico para a usina, outra grande vantagem dos motores a vapor está em poderem utilizar seu vapor de escape para outros setores da fabricação. A pressão do vapor de escape é da ordem de mais ou menos 0,7 kg/cm^2.

Para fins de balanço térmico, uma perda de vapor por condensação de 5% deve ser prevista para esses tipos de motores.

A potência dos motores a vapor pode ser calculada, conhecendo-se o diâmetro do cilindro, o comprimento do curso do pistão, a pressão de vapor de alimentação e o número de rotações. Entre as muitas fórmulas que se empregam para este cálculo, a seguinte é bastante usual:

$$P_0 = 3{,}5 . K . D^2 . L . n$$

Onde,

P_0 = potência, em C.V.,

3,5 = fator numérico de simplificação,

D = diâmetro do cilindro em m,

L = curso do pistão em m,

n = rotação do motor em rpm (voltas por minuto),

K = pressão média em kg/cm^2, variável com a pressão de alimentação e aplicável de acordo com os dados da Tabela 18.

Aplicação Numérica:

D = 36,5 cm

L = 0,711 m

M = 85 rpm
K = 3 Kg/cm2

$$P_0 = 3{,}5\,.\,4{,}9\,.\,0{,}365^2.\,0{,}711\,.80 = 130 \text{ cv}$$

Tabela 18 - Pressão média de vapor nos cilindros dos motores a vapor (*).

Pressão de vapor de alimentação		Pressão média (K)
1/pol²	Kg/cm²	Kg/cm²
90	6,3	2,5
100	7,0	2,8
110	7,7	3,0
120	8,4	4,2
130	9,1	4,5
140	9,8	4,9
150	10,5	5,2

*** valores aproximados, tabela ajustada pelos autores.**

7.4.2 TURBINAS A VAPOR

As turbinas a vapor constituem os meios mais usuais de acionamento das moendas das usinas de açúcar. Foram utilizadas, primeiramente, em Louisiana, nos Estados Unidos, em 1947, no acionamento do quarto terno de um tandem com capacidade de moagem para 80 TCH. A partir de então, passou a ser desenvolvida e construída para atender a várias indústrias açucareiras.

O êxito das turbinas no acionamento das moendas deve-se às seguintes principais vantagens:

a) Permitem uma ampla variação de velocidade de cada terno instalado,
b) Produzem vapor de escape isento de óleo,
c) Exigem menos supervisão e manutenção,
d) Ocupam menos espaço e apresentam melhor estética,
e) São de custo mais baixo, quando comparadas a instalações de transmissão por motores elétricos,
f) Não requerem os enormes volantes dos motores horizontais a vapor,
g) Possibilitam o comando automático e à distância.

Essas turbinas são construídas para trabalharem com vapor de mais alta pressão, variando no acionamento de moendas de 14 a 21 kg/cm^2 e para uma contrapressão em torno de 1,0 kg/cm^2.

As turbinas para o acionamento de moendas são projetadas, geralmente, para trabalharem numa velocidade nominal de aproximadamente 4.000 rpm, podendo variar, entretanto, de 3.000 a 7.000 rpm. O consumo médio de vapor é variávelsegundo o tipo de turbina, e em função da pressão da vapor de admissão, esse valor é de aproximadamente de 15 kg/cv/h.

Essas turbinas funcionam segundo o princípio da impulsão, dada pelo vapor, sobre pressão, em rodas de aço forjado, dotadas de palhetas, também de aço, conhecidas por rodas Curtis. Esta roda gira em eixo de aço cromo-níquel, assentado em mancais especiais, numa carcaça de ferro fundido. Fazem parte do conjunto válvulas de admissão e de escape de vapor, manômetros, tanque de óleo para lubrificação, termômetros, etc. A turbina deve funcionar dentro das mais perfeitas condições de lubrificação e controle.

Atualmente, as turbinas a vapor são fabricadas para atender aos mais diversos fins de acionamento. Com 90% de domínio de mercado, atualmente, o acionamento que monopoliza as aplicações no setor é formado pelo conjunto entre a turbina vapor + turbo redutor + redutor de baixa ou engrenagens abertas. Alternativa usada desde os anos 70, prevaleceu devido ao baixo preço na época e à falta de tecnologias concorrentes. As técnicas de acionamento elétrico disponíveis eram muito caras e não havia incentivo para aumentar eficiência do balanço.

A partir do instante em que a venda de bagaço e da energia elétrica passou a ser negócio lucrativo, houve necessidade de buscar novas alternativas, assim não havia espaço para esse tipo de equipamento nas usinas.

Houve a substituição de turbinas de simples estágio por múltiplos estágios, pois esta tem uma eficiência ao redor de 60% a 70%. Valores maiores dificilmente se consegue por serem maquinas de baixa potência. Para atingir valores dentro daqueles limites, é necessário que a turbina esteja bem selecionada com relação à sua carga e com rotação correta, o que dificilmente se consegue em acionamento de moendas, devido às inúmeras variáveis, tais como: como uniformidade no preparo, na alimentação e teor de fibra da cana. Assim, com as turbinas de múltiplos estágios houve aumento de eficiência no processo de utilização de energia térmica, causando uma maior sobra para produção de energia elétrica. As turbinas de múltiplos estágios têm, em resumo, economia de vapor, acumulando mais bagaço e gerando, assim, mais energia.

As turbinas de múltiplos efeitos, quando utilizadas no acionamento dos turbo-geradores, têm maior eficiência entre 82% a 87%, pois operam com rotação constante e também por serem máquinas maiores e com mais eficiência e sofisticação.

A atratividade para a venda de energia, que se consolidou definitivamente como terceiro produto das usinas, demanda equipamentos mais eficientes e abre mercado para o motor elétrico. Todavia, se o investidor deseja um mínimo custo inicial, o acionamento com turbinas é menor, pois não necessita de instalação de turbo geradores mais potentes para geração da energia necessária aos motores elétricos.

As turbinas para o acionamento de moendas são projetadas, geralmente, para trabalharem numa velocidade nominal de aproximadamente 4.000 rpm, podendo variar, entretanto, de 3 a 7 mil rpm, conforme modelo que pode ser visto na figura 57. O consumo médio de vapor, variável, diga-se de passagem, para tipo de turbina, e em função da pressão de vapor de admissão, é de aproximadamente 18 kg/cv/h.

Entretanto, para atender à demanda de velocidade das moendas, a turbina, em geral, é montada juntamente com um conjunto de redução de velocidade. Geralmente, o conjunto de redução de velocidade das turbinas de moendas é projetado para permitir uma rotação de saída para as engrenagens motoras de aproximadamente 200 rpm, podendo variar, entretanto, de 150 a 350 rpm, nas condições do Brasil.

A Figura 57 mostra dois sistemas de turbinas , em simples (A) e em múltiplos estágios (B), proposto pela Turbimaq.

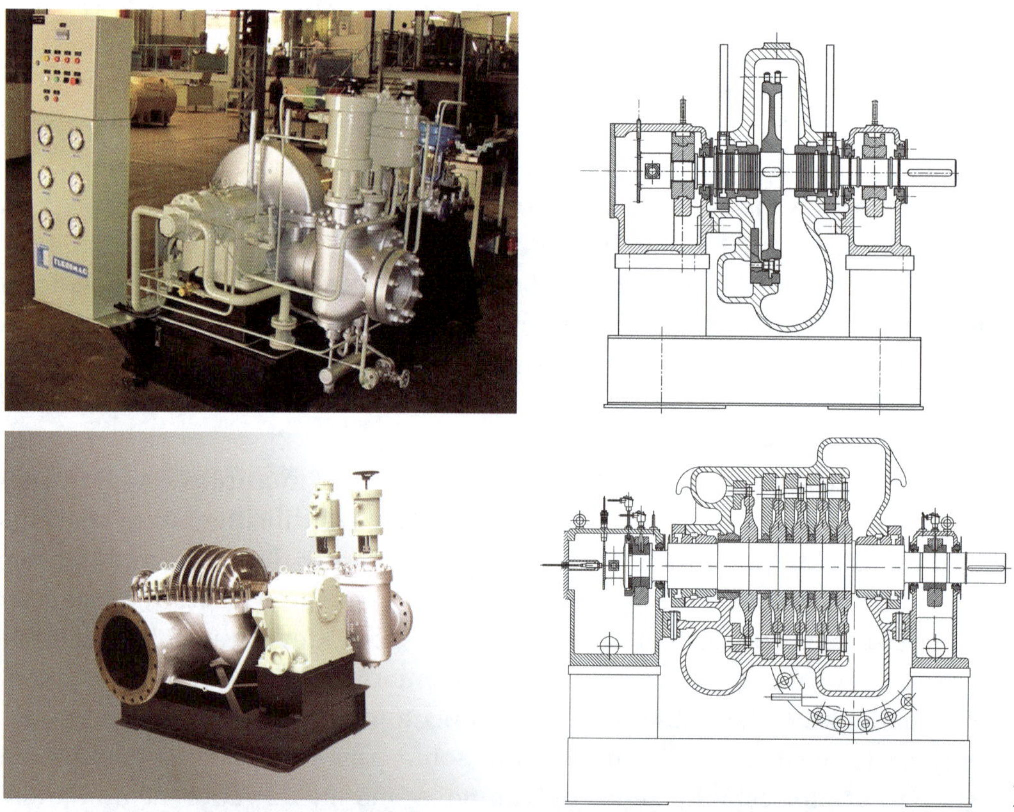

A

B

Figura 57- Turbinas, tipo Turbimaq: A - Turbina de simples estágio, e B - Turbina de múltiplos estágios. *Fonte:* **Catalogo da Turbimaq**

7.4.3 ACIONAMENTO POR MOTORES ELÉTRICOS

A utilização de acionamento elétrico de moendas no Brasil era pouco difundida, sendo restrita a pequenas instalações, tais como moendas de laboratório, moendas de fábricas de aguardente, etc.

O Centro de Tecnologia Copersucar (1999) já avaliava esse sistema e afirmava que este se tornaria muito utilizado no Brasil. O principal fator foi devido ao aparecimento do redutor planetário, que trouxe muitas vantagens em relação aos demais, principalmente por:

a) Permitir um controle mais completo da velocidade e do consumo de potência de cada moenda, visto que cada unidade de moagem tem seu motor elétrico, permitindo monitoramento em tempo real, através de supervisórios; sendo ainda que cada unidade da moagem tem o seu motor elétrico;
b) Permitir ajustagem da velocidade que se quer imprimir à moenda,
c) Tratar-se de uma instalação compacta e reduzida;
d) Tratar-se de um sistema, cuja operação é de alto torque, mesmo em baixa rotação;
e) Não necessitar do redutor de alta;
f) Versatilidade de regulagem da velocidade da moenda com mais rapidez e precisão, mantendo o torque constante, mais fácil o controle de arranque e de parada da moenda,
g) Constituir-se numa instalação mais limpa, higiênica e mais fria, pois não há vazamento de vapor e elimina as juntas e excesso de graxa;
h) Ser mais fácil o controle de arranque e de parada da moenda;
i) Ser de custo de manutenção mais baixo;
j) Permitir o completo automatismo da moagem;
k) Se possível imprimir velocidades periféricas variáveis a cada cilindro, separadamente (sistema Power plus), compensando as diferenças de diâmetros dos cilindros e,
l) Haver possibilidade de inversão da rotação, permitindo o destravamento da moenda, em caso de "embuchamento".

Os motores no Brasil são de rotação nominal de 1.150 rpm. Em operação, há redução de aproximadamente 3%. As voltagens utilizadas variam entre 220, 380 e 440 V. Na voltagem de 440 o sistema fica mais econômico, pois os custos de cabos e barramentos são menores. Nesse caso, os amperes registrados nos amperímetros são aproximadamente iguais às potências dos motores em CV.

Os motores elétricos podem ser de corrente alternada (AC) ou de corrente direta (DC). Atualmente, dá-se preferência aos motores AC e variadores de baixa voltagem, que permitem economia nos custos das instalações.

Todavia, no início dos anos 2000, a redução de custos do inversor de frequência, equipamento capaz de regular a velocidade, ofereceu viabilidade econômica para aplicação do motor em moendas e tornou-se uma opção viável, situação que coincidiu com a crise energética no Brasil. O custo é maior, caso se queira produzir energia elétrica na própria usina; há necessidade de se implantar uma verdadeira estação geradora e de transferência de energia da usina para as concessionárias.

Entretanto, atualmente, muitas usinas de açúcar e destilarias estão usando os motores elétricos no acionamento das moendas, proporcionadas pela instalação de redutores de velocidade adequados, velocidades estas controladas por inversores de frequência. Com a instalação de redutores especiais, o sistema de acionamento das usinas e destilarias passaram a ser mais simplificados. E, em consequência dessas operações, as instalações de geradores de energia de várias capacidades passaram a ser feitas pelas usinas, utilizando-se do bagaço que sempre sobrava nos pátios da fábrica. Com estas instalações, muitas usinas passaram a comercializar seus excedentes de energia. A Figura 58 mostra o acionamento elétrico de alguns ternos do jogo de moendas da Usina Barralcool.

Figura 58 - Tipo de Acionamento elétrico do 2°, 3° e 4° ternos de moendas da Usina Barralcool.

Conforme algumas opções:
- Um motor para vários ternos
- Um motor para cada dois ternos de moenda
- Um motor para cada um terno de moenda.

7.4.4 ACIONAMENTO POR MOTORES HIDRÁULICOS

Esse sistema de acionamento elétrico hidráulico, ainda que pouco utilizado, é muito eficiente. É de baixa velocidade, igual à da moenda. A velocidade é controlada pelo fluxo de óleo hidráulicos, não necessitando de sistema redutor, o que faz ter menor perda na transmissão. Para tanto, é necessária uma bomba hidráulica, cujo acionamento é realizado por um motor elétrico de indução trifásico de 4 polos. A velocidade variável é conseguido controlando-se a vazão de óleo da bomba ao motor.

Nesse sistema pode ocorrer vazamento de óleo devido a desgastes, o que faz diminuir a eficiência do sistema, necessitando de manutenção, apesar de operar por muito tempo sem necessidade dessa operação. Para maior eficiência, é necessário conservar-se o óleo limpo, através de filtração, mantendo também sua viscosidade e temperatura.

O sistema trabalha em qualquer sentido, evitando problemas de embuchamento, pois pode alterar, em qualquer tempo, o sentido de movimentação. Outra vantagem é que materiais estranhos, entrando no sistema, que venham conferir maior torque do que o estabelecido, a operação encerra-se automaticamente, sem causar danos.

O sistema oferece inúmeras vantagens sobre os demais, dentre eles a economia de espaço, por não necessitou de fundações pesadas, e é de fácil manutenção, devido a seu menor peso e economia na construção do barracão pela menor largura.

Nos motores hidráulicos, o torque está aplicado diretamente no eixo da moenda, sem necessidade de fundações, redutor e ou inversor de frequência operando com total segurança, o que garante excelente desempenho. Eles são utilizados no acionamento individual dos rolos de entrada e no rolo de alimentação. As rotações imprimidas a eles podem ser diferentes, para compensar os diferentes diâmetros, mantendo-se, assim, a mesma velocidade periférica.

7.5 REDUÇÃO DE VELOCIDADE DO SISTEMA MOTOR PARA OS CILINDROS DA MOENDA

Como a velocidade dos motores de acionamento é maior que as necessárias aos cilindros das moendas, exceto no motor hidráulico, nos demais faz-se necessário reduzi-la. Tal redução é realizada através de:

a) Conjunto de engrenagens redutoras convencionais, de dentes helicoidais ou bi helicoidais e retos, compostos de coroas e pinhões;
b) Caixa redutora compacta e
c) Redutor planetário

O sistema clássico de redução da velocidade para acionamento das moendas envolve o redutor de alta rotação e o de baixa redução. O sistema redutor de alta é uma caixa redutora compacta, onde a rotação entra com 4.000 até 7.000 rpm e na saída com 250 a 300 rpm no eixo.

As superfícies de contato para movimentação são uma combinação de movimentos rotativos e deslizamento. A área de contato entre os dentes deve ser, de no mínimo, 70%. Há sempre necessidade de lubrificação com óleo de elevada viscosidade ou graxa suave.

O eixo quadrado motor deve ficar 10 a 15 mm mais alto que o eixo superior da moenda, o que corresponde as oscilações calculadas, para que, em trabalho, eles operem quase em nível.

Outro sistema são as caixas redutoras compactas, com rendimento ao redor de 98%. Ela é constituída de um jogo de engrenagens com dentes endurecidos e de eixos paralelos, o que faz reduzir seu tamanho e ocupa pouco espaço. Sua performance é excelente, trabalha com lubrificação constante do sistema, não dando manutenção ou troca de rolamentos. Para observação das engrenagens, basta remover a tampa superior.

A Zanini-Renk possui o Torquimax, operando por mais de 20 anos sem parar, em várias usinas brasileiras e na América Latina, sem quebra e paradas. Inúmeras são as vantagens de se utilizar desse equipamento, tais como:

a) Mais compacto e robusto,
b) Menor investimento e confiabilidade, redutores consagrados, menor número de elementos girantes,
c) Menor consumo de energia maior eficiência,
d) Menores perdas de extração com maior moagem e
e) Menor custo de manutenção.

Da mesma forma que no caso anterior, deve haver desnível entre os eixos do rolo e da engrenagem motora.

O redutor planetário é o sistema atualmente mais indicado para transmissão de movimento dos sistemas de acionamento as moendas. Permite trabalhar em combinações de turbinas a vapor e redutores no rolo superior associado ao motor elétrico e redutor planetário no rolo de saída, resultando movimentos independentes.

O redutor planetário é uma caixa redutora, que se acopla diretamente ao acionador do eixo da moenda e pode ser individualizado em cada rolo. Esse sistema tem a vantagem de imprimir rotações individuais a cada rolo, permitindo manter a velocidade periférica dos rolos iguais, mesmo com diferentes diâmetros.

O redutor planetário, que vem sendo usado nas usinas, pode acoplar-se a turbina da moenda, acionada através de disco de contração, flange com pinos, ou ainda, de acordo com a especificação particular de cada caso. Tal prática, permite obter o total controle do torque aplicado e com elevado nível de desempenho do sistema.

A grande vantagem do redutor planetário é o motor elétrico, pois pode ser o acionamento em mais de um rolo, através do superior ou individual por cilindro. Nesse caso, fazendo a compensação dos diferentes diâmetros dos rolos, mantendo a mesma velocidade periférica, dando maior uniformidade ao fluxo de massa, elevando muito a capacidade de moagem, mas dependendo do conjunto operacional. (Silva et. al., 2013).

O redutor planetário é um equipamento desenvolvido com maior número de dentes nas engrenagens, que fazem com que os esforços de transmissão tenham mais simetria. Em função dessa estrutura, a caixa de contenção das engrenagens é compacta, de menor volume e mais leve. Por outro lado, ele libera mais calor, que não é dissipado ao meio, necessitando de refrigeração forçada, o que não se torna um inconivente diante das vantagens oferecidas. Atualmente, a Zanini-Renk está pondo à disposição das usinas estes redutores na forma para atender dois ternos de moendas.

Dentre as principais características do equipamento, está a operação com maior quantidade de dentes em comparação às engrenagens tradicionais retas e/ou bi helicoidais, o que permite dividir os esforços de transmissão com simetria. Com isso, o redutor se torna 60% menor em volume e 55% mais leve, se comparado a uma máquina similar de eixos paralelos normais.

Principais resultados da aplicação de planetários nas moendas, e que tem sido mencionado, são os seguintes:

a) Possibilidades de diferentes rotações em cada rolo;
b) Facilidade de reversão;
c) Possibilidades demelhor controle da extração;
d) Redução de umidade no último terno;
e) Melhor alternativa para eliminar sobrecargas da moenda;
f) Menor investimento possível para aumento da capacidade da moenda;
g) Economia com reaproveitamento de camisas da moenda;
h) Economia nos gastos com manutenção da moenda e

i) Controle no torque aplicado na moenda, através de um moderno acoplamento de segurança, associado ao controle elétrico via inversor de frequência.

Foram listadas as possíveis vantagens de sua instalação:

- Dispensa aberturas e desmontagens periódicas;
- Lubrificação por banho de óleo com circulação forçada para filtragem e resfriamento;
- Montagens sem chavetas, pinos e sem necessidade de ajustes;
- Ausência de volandeiras, rodetes, palitos, etc.;
- Sistema fechado e isento de contaminações externas;
- Dispensa sistema hidráulico complexo de alta pressão e
- Controle totalmente eletrônico, via motor elétrico e inversor de frequência.

Nesse sistema, o redutor pode ficar suspenso no próprio eixo da moenda, com o motor acoplado diretamente a ele, ou em uma base de sustentação.

7.6 POTÊNCIA CONSUMIDA NAS MOENDAS

A potência dos motores de acionamento das moendas das usinas de açúcar é função da pressão existente entre os cilindros, das dimensões dos cilindros e do seu número de rotações, dadas na unidade de tempo. Embora sejam conhecidas outras fórmulas de cálculo da potência das moendas, as apresentadas em sequência são devidas a LESKI, por sua vez, divulgadas, com alguma modificação, por Leme e Almeida (1947). Há modificações nos cálculos propostos por Brunelli (1985), que considera a densidade da cana preparada. O cálculo dessa potência, segundo tais autores, baseia-se no consumo total de energia requerida para vencer às resistências parciais devido ao:

a) Trabalho de esmagamento da cana e consequente resistência do bagaço. Calcula-se a potência consumida no esmagamento da cana ou do bagaço,
b) Atrito nos mancais ou pontos de apoio dos cilindros. Calcula-se a potência consumida pela fricção dos munhões com os mancais,
c) Atrito do bagaço na bagaceira e no cilindro superior, ao passar da abertura de entrada para a de saída da moenda. Calcula-se a potência consumida pela fricção do bagaço durante sua passagem pela moenda,
d) Atrito nas engrenagens. Calcula-se a potência consumida pelo atrito nas diversas engrenagens.

A potência total compreende, ainda, a consumida pela fricção dos dentes dos pentes nos cilindros superiores e rola bagaço, e pela ponta da bagaceira no rola cana e à atribuída ao acionamento dos condutores intermediários, quando dependentes da energia motora das moendas. Evidentemente, deveria ser computada, também, a energia consumida pelo acionamento dos rolos de pressão e dos rolos de compressão.

Além dos fatores acima apontados, possíveis de serem estimados, outros são citados como capazes de alterar, para mais ou para menos, a demanda de energia de um trem de moagem. Entre eles, são citados os seguintes:

a) Quantidade e qualidade de fibra da cana,
b) Tipo de lubrificação adotada,
c) Qualidade de óleo lubrificante,
d) Preparo de cana para a moagem,
e) Regulagem da bagaceira, entre outros fatores.

7.6.1 CARGA HIDRÁULICA

Durante o esmagamento da cana ou do bagaço numa moenda de três rolos, representada esquematicamente na Figura 59, verifica-se a existência de uma carga Q atuando no cilindro superior que, por sua vez, decompõe-se em duas outras cargas ou forças, a saber:

Q_1 = carga aplicada no cilindro rola cana
Q_2 = carga aplicada no cilindro rola bagaço.

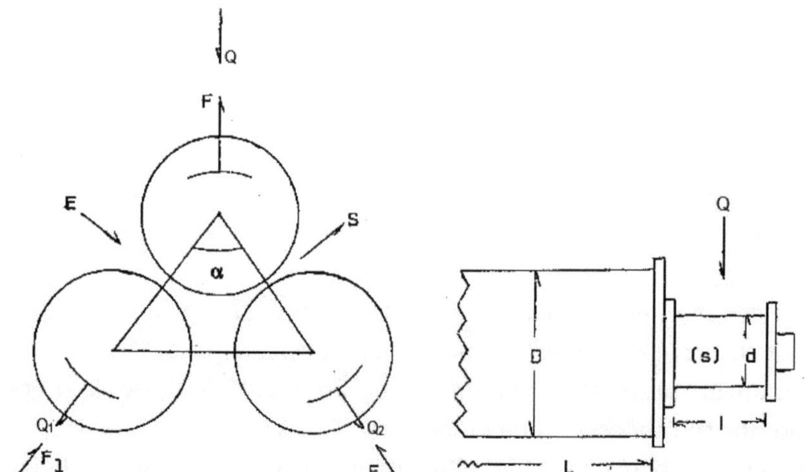

Figura 59 - Esquema da distribuição da carga hidráulica.

A carga Q, aplicada verticalmente nos mancais do cilindro superior, é praticamente constante, graças à ação dos reguladores de pressão hidráulica ou aero hidráulica.

Para o cálculo da carga hidráulica, admite-se uma força atuando sobre a superfície do munhão do eixo, dentro dos limites de segurança de pressão hidráulica específica, que garanta a boa lubrificação dos mancais.

Para o presente cálculo, o valor adotado para pressão hidráulica nos mancais foi de 100 kg/cm2. O valor da carga hidráulica pode ser facilmente conhecido, admitindo-se:

$$d = D/2; \quad i = 5/4.d$$

Onde:
d = diâmetro dos munhões do cilindro,
D = diâmetro dos cilindros,
l = comprimento dos munhões.

Evidentemente, a carga total á dada pela soma das forças de atuação na superfície (s) dos dois munhões do cilindro.

Representando a projeção da superfície lateral do munhão por "S", e por "p" a pressão hidráulica específica, a carga hidráulica total no cilindro superior é dada por:

$$Q = p . 2 . s$$

Onde,
Q = carga hidráulica total expressa em kgf,
p = pressão hidráulica específica igual a 100 kg/cm2,
s = projeção lateral da superfície do munhão em cm2.

Como S = l . d, e fazendo-se as devidas substituições dos valores atribuídos a p, d e l, advém a seguinte fórmula simplificada para o cálculo da pressão hidráulica total:

$$Q = 125 . D2 = kgf$$

Mas a força aplicada em cada lado será:

$$Q = 62{,}5 . D2 = kgf$$

Onde,
Q = carga total em kgf,
D = diâmetro do cilindro em cm.

Expressando-se a pressão hidráulica específica em t/m^2, o valor de Q passa a ser o seguinte:

$$Q = 625. D^2.$$

Onde, .
Q = pressão total em t,
D = diâmetro do cilindro em m.

Em moendas em que L < 2 D , a equação acima deve ser multiplicada por:

$$\frac{L}{2\,D}$$

Logo, tem-se que:

$$Q = 625\,.\,D^2\,.\frac{L}{2\,D}\;ou\;Q = 312{,}5\,.\,D\,.\,L$$

Onde,
Q = carga hidráulica em t,
L = comprimento do cilindro em m,
D = diâmetro do cilindro em m.

7.6.2 PRESSÕES HIDRÁULICAS NOS CILINDROS INFERIORES

Pela aplicação da lei dos cossenos, as cargas Q1 e Q2, consideradas distribuídas igualmente nos dois cilindros inferiores, podem ser produzidas da seguinte expressão analítica:

$$Q^2 = Q_1^{\,2} + Q_2^{\,2} + 2\,Q_1.\,Q_2 \cos 2\,\alpha$$

Admitindo-se $Q_1 = Q_2$ e como o ângulo formado por Q_1 e Q_2 é $2\,\alpha$, advém:

$$Q^2 = Q_1^{\,2} + Q_1^{\,2} + 2\,Q_1.\,Q_1 \cos 2\,\alpha \quad ou \quad Q^2 = 2\,Q_1^{\,2} + 2\,Q_1^{\,2} \cos 2\,\alpha$$

Pondo Q_1 em evidência, resulta:

$$Q^2 = 2\,Q_1^{\,2}\,(1 + \cos 2\,\alpha)$$

Como:

$$1 + \cos 2\,\alpha = 2 \cos^2 \alpha$$

Tem-se que, por substituição:

$$Q^2 = 2\,Q_1^{\,2}\,.\,2 \cos^2 \alpha$$

Ou, simplificando-se

$$Q^2 = 4\,Q_1^{\,2} \cos^2 \alpha$$

Portanto, $Q = 2\,Q_1 \cos \alpha$

$$\text{Logo, } Q_1 = \frac{Q}{2\, COS\, \alpha}$$

Da mesma forma, em relação a Q_2, advém:

$$Q_2 = \frac{Q}{2 \cos \alpha}$$

Disso, infere-se que:

$$Q_1 + Q_2 = \frac{Q}{\cos \alpha}$$

Na prática, entretanto, não se observa a igualdade de Q1 e Q2, isto é não se observa a distribuição igual da carga hidráulica nas duas aberturas. De fato, o cilindro rola cana, tendo com o cilindro superior a função de alimentação da moenda, trabalha sempre com uma menor carga. Ao contrário, o cilindro posterior recebe sempre maior carga, dada sua função especialmente destinada a executar o máximo de esmagamento.

É evidente que para haver moagem e uma boa alimentação da moenda a abertura de entrada deva ser de tal ordem, para que a cana ou o bagaço possa penetrar entre os cilindros, oferecendo resistência e passando por uma fase de pré-esmagamento. A abertura de entrada, sendo maior, obviamente, a carga hidráulica será também de menor grandeza. Por outro lado, para atender as funções de esmagamento, a abertura de saída é sempre mais fechada, o que implica num aumento da carga neste ponto.

Do exposto, conclui-se que:

$$Q_1 < Q_2$$

7.6.3 POTÊNCIA CONSUMIDA NO ESMAGAMENTO DA CANA

Numa moenda em funcionamento, verifica-se que a força necessária ao esmagamento da cana ou do bagaço é igual ao produto da carga hidráulica pelo coeficiente de atrito da matéria prima com o cilindro, ou seja:

$$F = \frac{Q}{COS\, \alpha} . \varepsilon$$

Onde,

Q = carga hidráulica, em tonelada,

ε = coeficiente de atrito entre o bagaço e o ferro fundido,

α = ângulo de abertura dos dois cilindros inferiores com o superior

Como a potência é o produto da força pela velocidade, advém:

$$P = F \cdot v$$

Onde,
P = potências em kgm/s,
F = força em kg,
v = velocidade em m/s.
Substituindo-se v nesta fórmula pelo valor:

$$\frac{\pi \cdot D \cdot n}{60}$$

Onde,
D = diâmetro do cilindro em metro,
n = número de rotações por minuto,

$$P_1 = \frac{1000 \cdot Q}{\cos 37^{\underline{o}}} \cdot \varepsilon \cdot \frac{\pi \cdot D \cdot n}{60} \cdot \frac{1}{75}$$

Ou Simplificando-se, tem-se:

$$P_1 = 0{,}872 \cdot Q \cdot D \cdot n \cdot \varepsilon$$

Onde,
P_1 = potência requerida em cv,
Q = carga hidráulica em t,
D = diâmetro do cilindro em m,
n = rotação da moenda em rpm,
ε = coeficiente de atrito, que segundo a literatura decresce da primeira à última moenda, sendo função da qualidade do bagaço em moagem.

Segundo Leme e Almeida (1947), ε assume o seguinte valor:

$$E = 0{,}094\ D^{1/2}$$

Onde,
D = diâmetro do cilindro em m.
Logo, substituindo-se o valor de ε, a fórmula geral para o cálculo da potência passa a ser a seguinte:

$$P_1 = 0{,}82 \cdot D^{3/2} \cdot Q \cdot n$$

7.6.4 POTÊNCIA CONSUMIDA PELA FRICÇÃO DOS MUNHÕES COM OS MANCAIS

Da pressão exercida nos mancais pelos munhões dos cilindros resulta uma força de resistência, que deverá ser vencida pela potência motora. Esta força é obtida pela produto da carga hidráulica total pelo coeficiente de atrito dos munhões nos mancais, ou seja:

$$F = \mu \,.\, Qt$$

Onde,
Qt = carga total,
μ = coeficiente de atrito, cujo valor é de 1/15,
F = força de atrito em kg.

Como,

$$Q_t = Q + Q'$$

Onde,

Q = carga no cilindro superior,
Q'= carga nos cilindros inferiores e igual a $Q_1 + Q_2$

Como

$$Q_1 + Q_2 = \frac{Q}{\cos\alpha}, \text{ Advém: } Q_t = Q + \frac{Q}{\cos\alpha}$$

Supondo α igual a 37° (0,8), tem-se por substituição:

$$Q_t = Q + \frac{Q}{0{,}8} \text{ ou } Q_t = 2{,}25\,Q$$

Onde,
Q = é expresso em toneladas.
Substituindo-se Q_t na equação inicial e expressando Q em kg, a força de atrito passa para a seguinte fórmula:

$$F = \mu \,.\, 2{,}25 \,.\, 1000 \,.\, Q \text{ Ou } F = 2{,}250 \,.\, \mu \,.\, Q$$

Como

$$P = \frac{F.V}{75} \; e \; V = \frac{\pi . d . n}{60}$$

E, supondo que o diâmetro do munhão é igual a D/2, a potência consumida pela fricção dos munhões nos mancais pode ser estimada pela seguinte fórmula:

$$P2 = \frac{2.250 .\ 3{,}1416 .\ D .\ n .\ Q . \mu}{75 .\ 60 . 2}$$

Substituindo-se μ por 1/15, advém:

$$P2 = 0{,}0523 . Q . D . n$$

onde,
P2 = potência requerida em cv,
Q = carga hidráulica em t,
D = diâmetro do cilindro em m,
n = rotação do cilindro em rpm.

7.6.5 POTÊNCIA CONSUMIDA PELO ATRITO DO BAGAÇO NA BAGACEIRA E NO CILINDRO SUPERIOR.

Para efeito de cálculo, deve-se considerar:

a) 0,4 como coeficiente de atrito do bagaço com a bagaceira e cilindro superior,
b) Pressão específica do bagaço na superfície da bagaceira, cujo valor está ao redor de 3 kg/cm2,
c) Área da bagaceira, dada pela sua largura (a) com o seu comprimento (L). A largura da bagaceira (a) é aproximadamente igual a 0,4 D.

A superfície da bagaceira, nessas condições, assume a seguinte expressão:

$$S = 0{,}4 D . L$$

Onde,
S = área em m^2,
D = diâmetro do cilindro em m,
L = comprimento do cilindro em m.

Expressando S em cm^2, a área da bagaceira, passa a ser:

$$S = 0{,}4 D. L. 10.000 = 4.000 D. L$$

Por outro lado, a força consumida na passagem do bagaço entre a bagaceira e o cilindro superior é igual ao produto da pressão total pelo coeficiente de atrito, ou seja:

$$F = \mu . P$$

Entretanto, como a pressão total (P) é igual ao produto de pressão específica pela área total da bagaceira, advém:

$$F = \mu . p . S$$

Substituindo-se, nesta fórmula, os valores atribuídos a μ (0,4), p (3) e a S (4.000 DL), resulta:

$$F = 0{,}4 . 3 . 4000 . D . L$$

Ou simplificando-se:

$$F = 4.800 \, D . L$$

Substituindo-se F e V na equação da potência, advém:

$$P_3 = \frac{4.800 . D . L . 3{,}1516 . D . n}{75 . 60} \quad ou \; P_3 = 3{,}35 . D . L . n$$

Onde,
L = comprimento do cilindro em m,
D = diâmetro do cilindro em m,
n = rotação do cilindro em rpm,
P3 = potência requerida em cv.

7.6.6 POTÊNCIA CONSUMIDA PELA FRICÇÃO DOS PENTES E PELA PONTA DA BAGACEIRA

Hugot (1986) admite a seguinte fórmula geral para se calcular a potência consumida nos pentes e pela ponta da bagaceira:

$$P4 = 2{,}0 . L . D . n$$

Onde,
P = potência requerida, em cv,

L = comprimento dos cilindros, em cv,
D = diâmetro dos cilindros, em cv e N = rotação do cilindro em rpm.

7.6.7 POTÊNCIA CONSUMIDA NAS TRANSMISSÕES DOS CONDUTORES INTERMEDIÁRIOS

Da mesma forma, Hugot (1977) não entra em maiores detalhes para o cálculo desta potência, preferindo admitir a seguinte fórmula simplificada, semelhante à anterior:

$$P_5 = 2{,}0.\ L.\ D.\ n \quad (6)$$

7.6.8 POTÊNCIA CONSUMIDA PELO ATRITO DAS ENGRENAGENS

A potência consumida pelo atrito das engrenagens é função de alguns fatores, entre os quais estão: estado de conservação das rodetes novas ou velhas, tipo de lubrificação, qualidade de lubrificante, tipo de engrenagem, integridade do eixo, entre outros.

Segundo Leme e Almeida (1947), o rendimento das engrenagens deve variar de 0,96 a 0,98. Para o caso das engrenagens das moendas, o valor final de seu rendimento pode ser obtido a partir da seguinte distribuição:

A -	Nos pinhões	$n_1 = 0{,}90$
B -	No primeiro par de engrenagens	$n_2 = 0{,}98$
C -	No segundo par de engrenagens	$n_3 = 0{,}98$
D -	Nos mancais	$n_4 = 0{,}95$

A eficiência total, nessas condições, assume o seguinte valor:

$$n_t = 0{,}90\ .\ 0{,}98\ .\ 0{,}98\ .\ 0{,}95 = 0{,}82 \quad (7)$$

Para o caso de engrenagens tipo helicoidais, esse rendimento é mais elevado, atingindo valores de 0,985.

Nessas condições, qualquer que seja o tipo de motor instalado para acionar o trem de moagem, este precisa fornecer uma potência suficiente para:

a) Executar a moagem da cana (P1),
b) Vencer o atrito dos munhões com os mancais (P2),
c) Vencer o atrito do bagaço com a bagaceira e cilindro superior (P3),

d) Vencer o atrito dos pentes e ponta da bagaceira (P4),
e) Acionar os condutores intermediários (P5),
f) Vencer o atrito das engrenagens.

A potência consumida pelo atrito das engrenagens intermediárias (P_6) é conhecida, conforme segue:

$$P_6 = \frac{\sum_{i=1}^{5} Pi}{0{,}82} \sum_{i=1}^{5} P_1$$

Ou multiplicando-se a somatória das potências obtidas pelo fator 0,22, conforme:

$$P6 = (P1 + P2 + P3 + P4 + P5) \, . \, 0{,}22 \qquad (8)$$

Onde,
P_6 = potência consumida pelas engrenagens intermediárias.

Portanto, a potência total para o acionamento das moendas será:

$$Pt = P1 + P2 + P3 + P4 + P5 + P6 \qquad (9)$$

Alguns autores preferem incluir o valor do atrito das engrenagens (P_6) nas fórmulas calculadas. Logo, as equações de P_1, P_2, P_3, P_4 e P_5 passam a assumir os seguintes valores:

a) Potência necessária para moer a cana

$$P_1 = \frac{0{,}82 \, . \, Q \, . \, D^{3/2} \, . \, n}{0{,}82} \quad ou \; P_1 = 0{,}1 \, . Q \, . D^{3/2} \, . \, n$$

b) Potência necessária para vencer o atrito dos munhões com os mancais

$$P_2 = \frac{0{,}523 \, . \, Q \, . \, D \, . \, n}{0{,}82} \quad ou \; P_2 = 0{,}0638 \, . \, Q \, . \, D \, . \, n$$

c) Potência necessária para vencer o atrito do bagaço com o cilindro superior e bagaceira.

$$P_3 = \frac{3{,}35 \, . \, D^2 . \, L \, . \, n}{0{,}82} \quad ou \; P_3 = 4{,}08 \, . \, D^2 . \, L \, . \, n$$

d) Potência consumida para vencer o atrito dos pentes e da ponta da bagaceira

$$P_4 = \frac{2{,}0\ .\ D\ .\ L\ .\ n}{0{,}82}\ ou\ P_4 = 2{,}43\ .\ D\ .\ L\ .\ n$$

e) Potência consumida na transmissão dos controles intermediários

$$P_5 = \frac{2{,}0\ .\ D\ .\ L\ .\ n}{0{,}82}\ ou\ P_5 = 2{,}43\ .\ D\ .\ L\ .\ n \text{ ou } P_t = P_1 + P_2 + P_3 + P_4 + P_5$$

Ou simplificando-se: $P_t = D\ .\ n\ (0{,}1\ .\ Q\ .\ D^{1/2} + 0{,}0638\ Q + 4{,}08\ L\ .\ D + 4{,}86\ L)$, onde,
P_t = potência total requerida em cv,
D = diâmetro do cilindro em m,
L = comprimento do cilindro em m,
Q = carga hidráulica em t,
n = rotação dos cilindros em rpm.

Neste caso, o valor da potência consumida pelo atrito das engrenagens (P_6) pode ser calculado pela seguinte relação:

$$P_6 = P_t - (P_t\ .\ 0{,}82)$$

onde,
P_6 = potência consumida pele atrito das engrenagens,
P_t = potência total de acionamento do terno de moenda, incluída da consumida pelo atrito das engrenagens.

7.6.9 POTÊNCIA DE ACIONAMENTO DAS MOENDAS

Para fins práticos, Hugot (1986) admite a seguinte fórmula:

$$P_t = K\ .\ Q\ .\ D\ .\ n$$

Onde,
P_t = potência requerida em cv,
Q = carga hidráulica em t,
D = diâmetro do cilindro em m,
n = rotação do cilindro em rpm,
K = fator estipulado em função do estado de conservação da moenda, ou seja:

Dados básicos:

	Potência normal	Potência em trabalho
	K	K
Primeira moenda	0,20	0,25
Demais moendas	0,18	0,22

O valor de Q pode ser calculado utilizando-se da fórmula, também simplificada, do mesmo autor, que é a seguinte:

$$Q = 250\ D\ .\ L$$

Onde,
Q = carga hidráulica em t,
D = diâmetro do cilindro em m,
L = comprimento do cilindro em m

7.7 APLICAÇÃO DE FÓRMULAS PARA O CÁLCULO DE POTÊNCIA DAS MOENDAS

Examinando-se as fórmulas apresentadas anteriormente, verifica-se que a potência consumida no acionamento de um terno de moenda varia com a intensidade da pressão hidráulica aplicada ao cilindro superior com a rotação do cilindro e com o comprimento e largura do cilindro.

Apesar do consumo da potência motora diferir de um terno de moenda para outro num mesmo tandem, pode-se conhecer a potência total requerida, multiplicando-se o valor inicialmente calculado para a primeira unidade pelo número de ternos existentes.

A potência de acionamento de um terno de moenda 42 x 84", por exemplo, em seus diversos setores de consumo, supondo para n um valor de 6,5 rpm e, segundo as fórmulas anteriormente demonstradas (1, 2, 3 , 4 , 5 e 6), é a seguinte:

a) Cálculo da carga hidráulica

$$Q = 312{,}5\ D\ .\ L$$

$$Q = 312{,}5\ .\ 1{,}067\ .\ 2{,}134 = 711{,}55\ t$$

b) Potência consumida no esmagamento da cana

$$P_1 = 0{,}082\ .\ Q\ .\ D^{3/2}\ .\ n$$

$$P_1 = 0{,}82\ .\ 711{,}55\ .\ 1{,}067^{3/2}\ .\ 6{,}5$$

$$= 418{,}02\ cv$$

c) Potência consumida pela fricção dos munhões nos mancais

$P_2 = 0{,}0523 . Q . D . n$

$P_2 = 0{,}0523 . 711{,}55 . 1{,}067 . 6{,}5$

$= 258{,}10$ cv

d) Potência consumida pelo atrito do bagaço na bagaceira e no cilindro superior

$P_3 = 3{,}35 D . L . n$

$P_3 = 3{,}35 . 1{,}067 . 2{,}134 . 6{,}5$

$= 52{,}90$ CV

e) Potência consumida pelo atrito dos pentes e ponta da bagaceira

$P_4 = 2{,}0 . D . L . n$

$P4 = 2{,}0 . 1{,}067 . 2{,}134 . 6{,}5$

$= 29{,}60$ CV

f) Potência consumida pelos condutores intermediários

$P_5 = 2{,}0 . D . L . n$

$P5 = 2{,}0 . 1{,}067 . 2{,}134 . 6{,}5$

$= 29{,}60$ CV

g) Potência consumida pelo atrito das engrenagens

$$P_6 = \frac{\sum_{i=1}^{5} Pi}{0{,}82} \sum_{i=1}^{5} P_1$$

$$P6 = \frac{788{,}22}{0{,}82} - 788{,}22 = 173{,}02\ cv$$

h) Potência total para o acionamento de um terno de moenda

$P_t = P_1 + P_2 + P_3 + P4 + P5 + P6$

$Pt = 418{,}02 + 258{,}10 + 52{,}90 + 29{,}60 + 29{,}60 + 173{,}02$

$= 961{,}24$CV

i) Distribuição percentual das diversas potências

Percentualmente, as potências consumidas nos diversos setores de um terno de moenda correspondem aos seguintes valores:

a)	Esmagamento da cana	P_1 = 43,49%
b)	Atrito dos munhões	P_2 = 26,85%
c)	Atrito do bagaço	P_3 = 5,50%
d)	Atrito dos pentes e bagaceira	P_4 = 3,08%
e)	Condutores intermediários	P_5 = 3,08%
f)	Atrito das intermediárias	P_6 = 18,00%
	Total	**P_t = 100,00%**

7.7.1 POTÊNCIA INSTALADA

Como diversos fatores além da pressão hidráulica, rotação dos cilindros, comprimento e diâmetro dos cilindros podem influir, para mais ou menos, o consumo de potência das moendas, tais como fibra da cana, lubrificação, tipo de moenda, conservação do tandem, etc. Para a obtenção da potência do tandem, deve-se multiplicar o valor obtido para um terno pelo número de ternos a ser instalado. A instalação de motores ou turbinas nas moendas de potência superior à calculada é sempre uma garantia ao bom desempenho desses equipamentos.

7.7.2 POTÊNCIA CONSUMIDA E ENERGIA DE ACIONAMENTO

A energia requerida para o acionamento de um terno de moenda ou de um trem de moagem varia, além dos fatores pressão, rotação, comprimento e diâmetro dos cilindros, com a quantidade e qualidade de fibra da cana, com o grau de preparo da cana, com a intensidade de embebição, com a regulagem adotada, número de unidades esmagadoras, etc.

Por esta razão, é sempre recomendável instalar as moendas com sobra de energia, isto é, usar motores a vapor, turbinas, elétrico e hidráulico com potência superior à calculada por alguns autores, que recomendam para potência instalada 10 a 15% a mais do que a potência calculada.

Os dados da literatura indicam que o consumo de energia pelas moendas varia de 2,4 a 3,2 CV/TCH. Atualmente no Brasil, estima-se entre 1,8 e 2,0 CV/TCH, variação essa em função do estado de conservação da mesma.

Como a fibra constitui um dos fatores mais importantes para o bom desempenho das moendas, visto que a primeira moenda trabalha sempre com mais caldo do que fibra e as demais com mais fibra do que caldo, a energia de acionamento é melhor avaliada quando relacionada àquele elemento. Para transformar o consumo de energia em CV/TCH para CV/TFH é necessário conhecer o teor de fibra da cana.

A tabela 19 encerra diversos valores de potência em CV/TCH e em CV/TFH para diferentes capacidades de moagem, considerando:

a) Carga hidráulica, calculada pelas seguintes fórmulas:

$$Q = 625\ D^2 \text{ e } Q = 312{,}5\ D\ .\ L$$

onde,
Q = carga hidráulica em t,
D = diâmetro do cilindro em m,
L = comprimento do cilindro em m.

b) Potência

$$P = D\ .\ n\ (0{,}1\ .\ Q\ .\ ^{D1/2} + 0{,}0638\ .\ Q + 4{,}08\ D\ .\ L + 4{,}86\ L\ )$$

onde,
P = potência de acionamento de um terno de moenda em CV,
n = rotação dos cilindros em rpm,

c) rotação dos cilindros igual a 6,0 rpm,
d) capacidade de moagem em tonelada de cana por hora ou TCH,
e) fibra da cana igual a 12,5% .

Tabela 19 - Diversos valores de potência em CV/TCH e em CV/TFH para diferentes capacidades de moagem observados em usinas brasileiras.

Moenda	Capacidade		Carga Hidráulica em t	Potência CV	Fator de Potência	
	TCH	TCF*			CV/TCH	CV/TFH
18 x 30	30	3,75	109	57	1,9	15,2
20 x 36	40	5,00	145	85	2,1	17,0
26 x 48	70	8,75	251	195	2,8	22,3
30 x 54	90	11,25	327	298	3,0	26,5
30 x 60	100	12,50	363	331	3,3	26,5
32 x 60	120	15,00	387	382	3,2	25,5
34 x 66	140	17,50	452	476	3,4	27,2
36 x 72	170	21,25	522	587	3,4	27,6
37 x 78	260	32,50	552	647	2,5	19,9
35 x 80	250	31,25	494	533	2,1	17,0
42 x 84	380	47,50	711	960	2,5	20,2
43 x 90	500	62,50	780	1.082	2,2	17,3

(*) Calculado pela multiplicação de TCH por 0,125 (f = 12,5%).

Na Tabela 19, tem-se que a carga hidráulica e potência com CV/TCH e CV/TFH, para diversas capacidades de moagem.

Observando-se os dados da Tabela 19, verifica-se que os valores calculados de potência em CV/TFH, estão dentro das variações admitidas pelos técnicos açucareiros. Segundo alguns estudiosos, para as moendas havaianas e brasileiras, especialmente as conhecidas como curtas, são reportados valores da ordem de 25 a 30 CV/TFH. Segundo esse mesmos autores, os seguintes valores de potência devem ser observados nas moendas:

- Tandem de 14 a 15 cilindros: 20 a 25 CV/TFH
- Tandem de 17 a 25 cilindros: 15 a 18 CV/TFH

No Brasil, em algumas usinas de açúcar, observam-se moendas sendo acionadas com turbinas a vapor com potência muito além do calculado. Provavelmente, a falta de turbinas nas especificações adequadas faça com que essas moendas sejam acionadas com sobra de potência. Evidentemente, o fator de potência em CV/TFH é bastante elevada nestes casos.

7.8 ENGRENAGENS INTERMEDIÁRIAS

As engrenagens constituem os meios mais usuais de redução da velocidade dos motores de acionamento das moendas. São instaladas entre o motor e as moendas, sendo, por isso, conhecidas por engrenagens intermediárias.

Construtivamente, as engrenagens podem ser de ferro fundido ou de aço fundido. Após as operações de fundição, são plainadas e fresadas adequadamente, isto é, são denteadas em fresas especiais, de acordo com o número de dentes, previamente calculado. Os pinhões ou rodetes, que se diferenciam das engrenagens por possuírem um menor número de dentes, são construídos, também, segundo os mesmos princípios. Tanto os pinhões como as engrenagens são chavetados centralmente em pequenos eixos de aço, cujas extremidades trabalham em mancais de bronze fosforado, assentados em bases metálicas, semelhantes às usadas para as moendas. A fábrica "Farrel" vem adotando rolamentos de bola para as engrenagens intermediárias, em substituição aos clássicos mancais de bronze.

As engrenagens motoras e movidas podem ser inteiriças ou fundidas em metades; os pinhões, por serem de pequeno tamanho, são sempre inteiriços. Nas engrenagens comuns, os dentes são construídos em posições paralelas, enquanto que nas bi helicoidais assumem posição inclinada. As engrenagens bi helicoidais passaram a ser usadas quando da introdução das turbinas a vapor. Apesar de mais caras, são de maior rendimento. Nas moendas acionadas a turbina, além das engrenagens intermediárias, é necessário utilizar de um redutor compacto, onde a alta rotação daquela máquina é reduzida a valores bem mais baixos.

7.9 ESCALA DE VELOCIDADE

De modo geral, as velocidades dos diversos equipamentos de uso num trem de moagem são as seguintes:

a) Motores a vapor de baixa velocidade 40 a 75 rpm
b) Motores a vapor de alta velocidade 100 a 150 rpm
c) Motores elétricos 450 a 750 rpm
d) Turbinas a vapor 3000 a 7000 rpm
e) Redutores de turbinas 150 a 350 rpm
f) Moendas 3 a 8 rpm

A redução da rotação dos motores de acionamento das moendas é obtida fazendo-se as adequadas articulações entre engrenagens e pinhões.

Considerando-se que a rotação de duas engrenagens trabalhando engrenadas é inversamente proporcional ao número de dentes, pode-se escrever:

$$\frac{R_t}{R_v} = \frac{N_v}{N_t} = Q$$

Onde,
R_t = rotação da engrenagem menor (pinhão)
R_v = rotação da engrenagem maior
N_v = número de dentes da engrenagem maior
N_t = número de dentes da engrenagem menor (pinhão)
Q = razão de transmissão.

Como as rotações das engrenagens estão na proporção inversa do número de dentes, conclui-se que a engrenagem maior gira mais lentamente do que a menor, com a qual está engrenada. A redução, no caso de motores a vapor ou de turbinas a vapor, é conseguida através de dois jogos de engrenagens, conforme pode ser visto pelas Figuras 60 e 61.

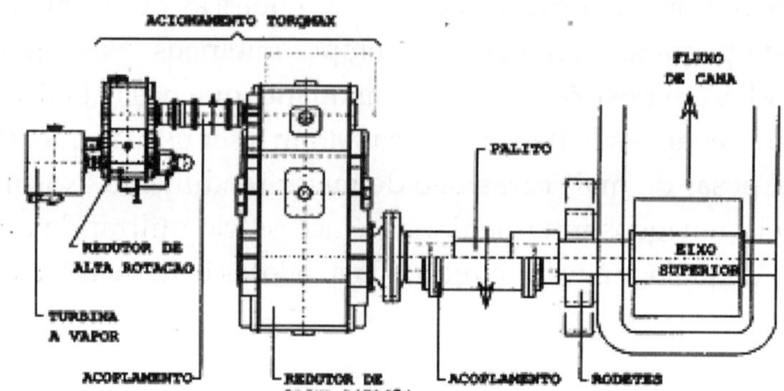

Figura 60 - Intermediárias de um acionamento a turbina a vapor associado ao Torqmax, construída pela Zanini-Renk.

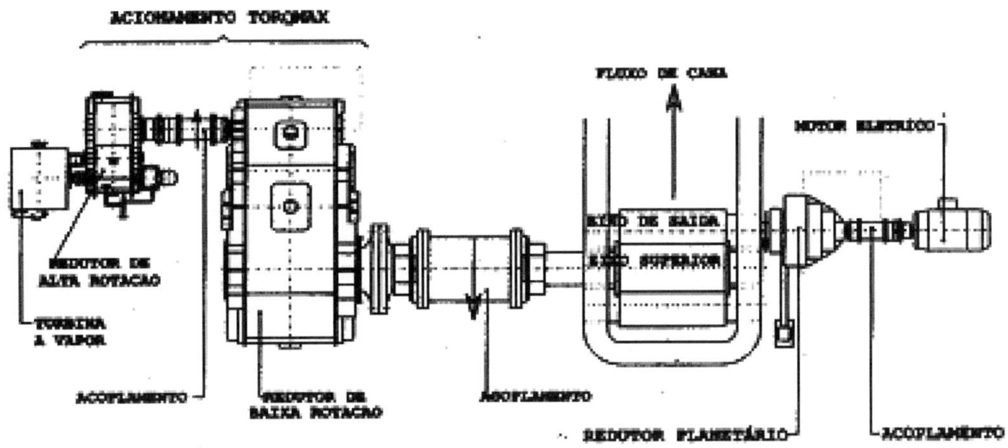

Figura 61 - Intermediárias de um acionamento a turbina a vapor - associado ao Torqmax.. Acionamento elétrico com redutor planetário no eixo de saída, construida pela Zanini-Renk. .

APLICAÇÃO NUMÉRICA

REDUÇÃO DA ROTAÇÃO DE UM MOTOR A VAPOR

<u>Dados conhecidos:</u>

N_{t1} = número de dentes do pinhão do motor 32
N_{v1} = número de dentes da 1ª engrenagem motora 112
R_t = rotação do pinhão do motor ou rotação do motor 60 rpm
N_{t2} = número de dentes do 2° pinhão ou pinhão da intermediária 32
N_{v2} = número de dentes da 2ª engrenagem ou volandeira 104

<u>Dados calculados</u>

R_{v1} = rotação da 1ª engrenagem (motora)
R_{v2} = rotação da 2ª engrenagem (volandeira) ou da moenda

a) Rotação da 1ª engrenagem - (R_{v1})

$$\frac{32}{112} = \frac{R_{v1}}{60} \text{ ou } R_{v1} = 17{,}14 \text{ rpm}$$

b) Rotação da 2ª engrenagem (R_{v2})

$$\frac{32}{104} = \frac{N_{v2}}{17{,}14} \text{ ou } N_{v2} = 5{,}27 \text{ rpm}$$

Portanto, a rotação da moenda, correspondendo à rotação da volandeira, é de 5,27 rpm.

A rotação da moenda pode ser conhecida, também, através da razão de transmissão. Uma sequência simplificada desses cálculos é a seguinte:

a) Primeira razão de transmissão:

$$Q_1 = \frac{N_{v1}}{N_{t1}} = \frac{112}{32} = 3{,}5$$

Redução da rotação do motor..................................3,5 : 1

b) Segunda razão de transmissão:

$$Q_2 = \frac{N_{v2}}{N_{t2}} = \frac{104}{32} = 3{,}25$$

Redução da rotação da volandeira...........................3,25 : 1

c) Redução Total:

$$Q_t = Q_1 \,.\, Q_2 = 3{,}5 \,.\, 3{,}25 = 11{,}375$$

d) Rotação da volandeira ou da moenda:

$$Q_t = \frac{R_t}{Q_{v2}} \therefore R_{v2} = \frac{R_t}{Q_t} = \frac{60}{11.375} = 5{,}27$$

REDUÇÃO DA ROTAÇÃO DE UMA TURBINA A VAPOR

No caso das turbinas a vapor, a redução inicial de sua rotação mais usual varia de 15:1 a 20:1.

Dados conhecidos

R_t = rotação da turbina 4.000 rpm
R_s = rotação do redutor 200 rpm
N_{t1} = número de dentes do 1º pinhão ou do pinhão motor 18
N_{v1} = número de dentes da engrenagem motor 150
N_t = número de dentes do 2º pinhão ou pinhão intermediário 28
N_{v2} = número de dentes da volandeira ou 2ª engrenagem 121

<u>Dados calculados</u>

a) Primeira razão de transmissão:

$$Q_1 = \frac{R_t}{R_r} = \frac{4000}{200} = 20$$

Redução da rotação da turbina........20:1

b) Segunda razão de transmissão:

$$Q_2 = \frac{N_{v1}}{N_{t1}} = \frac{150}{18} = 8,23$$

Redução da rotação do redutor.........8,33:1

c) Terceira razão de transmissão:

$$Q_3 = \frac{N_{v2}}{N_{t2}} = \frac{121}{28} = 4,32$$

Redução da rotação da engrenagem.........4,32:1

d) Redução total de rotação:

$$Q_t = Q_1 \cdot Q_2 \cdot Q_3 = 20 \cdot 8,33 \cdot 4,32 = 719,71$$

e) Rotação da Moenda:

$$Q_t = \frac{R_t}{R_{v2}} \therefore R_{v2} = \frac{R_t}{Q_t} = \frac{60}{11.375} \; ou \; R_{v2} = \frac{4000}{719,71} = 5,56 \; rpm$$

Evidentemente, essa rotação será função única e exclusiva da velocidade da turbina, visto que os parâmetros relativos ao redutor da turbina e às engrenagens intermediárias são sempre os mesmos.

CAPÍTULO 8

EMBEBIÇÃO, REGULAGEM E EFICIÊNCIA DAS MOENDAS

No capitulo de extração por moendas, alguns pontos devem ser discutidos em função de suas importâncias, ou seja, a utilização da embebição, as regulagens e o assentamento da bagaceira, manutenção e os aspectos de avaliação da eficiência do conjunto de moagem.

8.1 EMBEBIÇÃO

O bagaço resultante da extração pela última moenda encerra, ainda, uma certa quantidade de caldo, constituído de água e de sólidos solúveis. Apresenta, no geral, uma umidade mínima de 45% e, em casos mais especiais, pode chegar a 40% • Este caldo fica retido por capilaridade ou está nas células que escapam ao esmagamento. Entretanto, adicionando-se certa quantidade de água a este bagaço, o caldo residual fica diluído. Submetendo-se este bagaço, assim tratado, a nova moagem, consegue-se aumentar a extração do caldo extraído ou de sacarose. A umidade permanece a mesma, ocorrendo, simplesmente, a substituição de caldo original por certa quantidade de água, que se adicionou. Evidentemente, o bagaço torna-se menos açucarado.

Numa extração a seco, no geral, a umidade do bagaço, após a primeira moenda, é da ordem de 60%; após a segunda, aproxima-se de 50%, podendo chegar a 45% nos últimos ternos. Como se verá, oportunamente, a extração, nessas condições, é baixa.

A prática de se adicionar água ou caldo diluído ao bagaço, entre uma moenda e outra, com a finalidade de diluir a sacarose remanescente, é chamada de embebição, diluição, maceração, lixiviação, etc.

Contudo, desses termos, embebição parece o mais correto, pois, por embebição entende-se a adição de um líquido diluente (água, caldo diluído, etc.) ao bagaço, na forma de aspersão, jatos fortes ou de lençol derrapante.

O termo diluição, muitas vezes empregado com um substituto da embebição, serve apenas para indicar o efeito da água e não a forma segundo a qual ela é aplicada.

Por maceração entende-se a submersão do bagaço em tanques ou depósitos de água, colocados entre uma moenda e outra, prática tida como usada em Java e Austrália.

Do mesmo modo, a lixiviação serve para indicar o efeito da água quando adicionada no bagaço, prática muita familiar aos difusores.

De acordo com à maneira como é praticada, a embebição pode ser considerada simples ou composta.

8.1.1 EMBEBIÇÃO SIMPLES

Entende-se por embebição simples a distribuição da água sobre o bagaço após cada moenda de um trem de moagem. A embebição simples pode ser única, dupla, tripla, etc., se a adição da água for feita em um, dois, três ou mais pontos entre as moendas. O caldo diluído, obtido pelo efeito dessa embebição, não sofre retorno, sendo bombeado para a fábrica. A Figura 62 mostra quando a embebição simples é dupla e tripla.

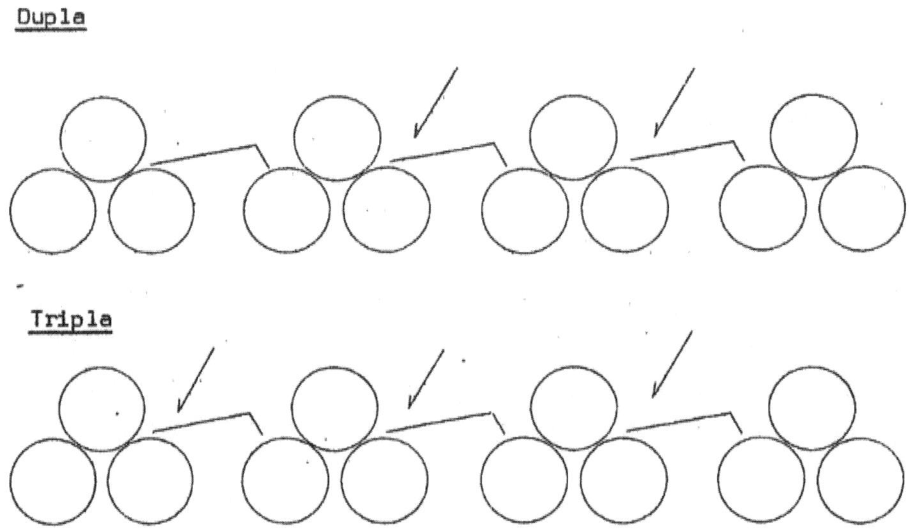

Figura 62 - Tipos de embebição simples do bagaço na extração.

8.1.2 EMBEBIÇÃO COMPOSTA

Por embebição composta entende-se a distribuição da água em um ou mais pontos do tendem e do caldo diluído, obtida da expressão úmida de uma moenda, para embeber o bagaço do terno anterior. Geralmente, a água, quando se pratica a embebição composta, é aplicada apenas no bagaço destinado à última expressão, podendo, evidentemente, em casos de tandens longos, ser aplicado, por exemplo, antes da penúltima moenda.

Portanto, para que fique bem clara a diferença entre esses dois tipos de embebição, pode-se definir:

a) Embebição é simples quando a água é distribuída sobre o bagaço em um ou mais pontos do seu trajeto entre as moendas, e o caldo diluído não sofre retorno.
b) Embebição é composta quando a água é distribuída sobre o bagaço em um ou mais pontos do seu trajeto entre as moendas, e o caldo diluído sofre, em parte ou totalmente ,um retorno para de novo embeber o bagaço parcialmente esmagado.

Portanto, a embebição composta diferencia-se da simples por utilizar-se de caldo diluído das últimas extrações para as anteriores, num processo de contracorrente. O caldo diluído da última moenda é aplicado ao bagaço da penúltima. O desta unidade é retornado à anterior e assim sucessivamente, até que a segunda moenda receba um bagaço embebido de caldo diluído, resultante do terno seguinte.

O caldo da segunda moenda é misturado ao caldo da primeira unidade de moagem e bombeado para a fabricação como caldo misto, mas pode ser observada a sequência de dados dos caldos nas moendas na Tabela 20.

A semelhança da embebição simples, a composta pode ser dupla, tripla, etc., se o retorno do caldo diluído for feito em um, dois, ou três pontos do bagaço em moagem. A Figura 63 ilustra os casos de uma embebição composta dupla e tripla.

Para efeito dessa caracterização, o ponto de aplicação da água é considerado. Por exemplo, trazendo-se o retorno do caldo do último terno para o bagaço que vai ao terno anterior, tem-se um ponto de aplicação de embebição composta. Considerando-se o ponto de água no último terno, tem-se, portanto, uma embebição composta dupla.

8.1.3 QUANTIDADE DE CALDO EXTRAÍDO PELA EMBEBIÇÃO

O efeito da embebição pode ser quantificado, calculando-se a quantidade de caldo extraído pela moagem a seco e pela extração, usando-se desta prática.

A extração numa moagem a seco pode ser conhecida, supondo as seguintes condições.

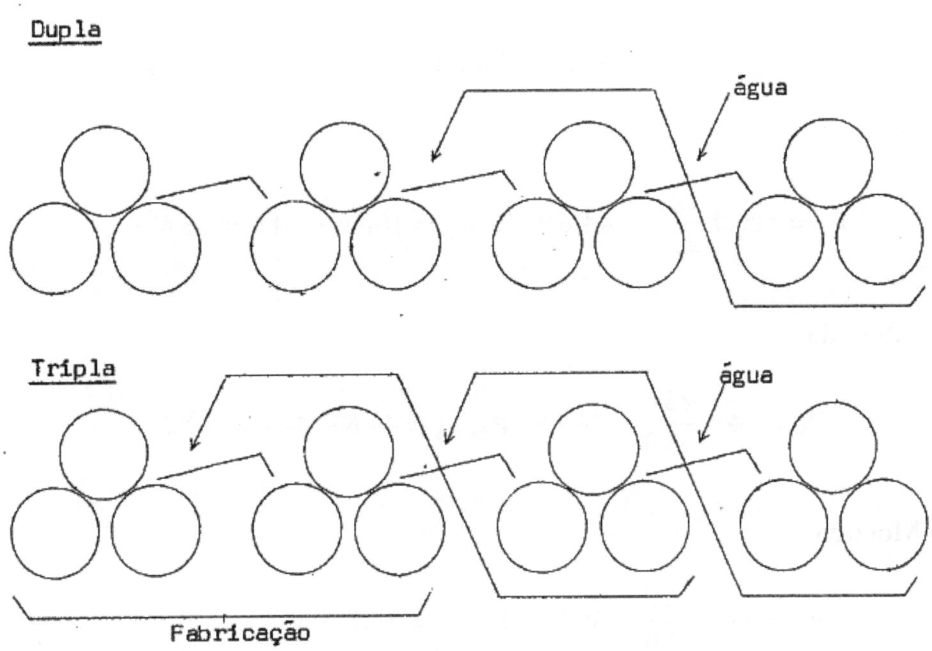

Figura 63 - Tipos de embebição composta de bagaço.

Tabela 20 - Sequência de dados dos caldos e fibras nas moendas

Matéria Prima	Caldo (%)	Fibra (%)
Cana	87,5	12,5
Caldo de primeira moenda	72,0	28,0
Caldo de segunda moenda	64,0	36,0
Caldo de terceira moenda	59,0	41,0
Caldo de quarta moenda	57,0	43,0
Caldo de quinta moenda	56,0	44,0

A partir desses dados pode-se calcular o peso de bagaço e a extração de caldo de cada moenda, utilizando-se das seguintes fórmulas:

$$P_b = P_c \frac{f_c}{F_b}$$

Onde,
P_b = peso de bagaço final de cada moenda,
P_c = peso da cana ou do bagaço que entra em cada moenda,
f_c = fibra da cana ou de bagaço que entra em cada moenda,
F_b = fibra do bagaço final de cada moenda.

$$P_{caldo} = P_{cana} - P_{bagaço}$$

Primeira Moenda

$$P_b = 100{,}0 \frac{12{,}5}{28{,}0} = 44{,}6\% \quad P_{caldo} = 100{,}0 - 44{,}6 = 55{,}4\%$$

Segunda Moenda

$$P_b = 44{,}6 \frac{28{,}0}{36{,}0} = 34{,}7\% \quad P_{caldo} = 44{,}6 - 34{,}7 = 9{,}9\%$$

Terceira Moenda

$$P_b = 34{,}7 \frac{36{,}0}{41{,}0} = 30{,}5\% \quad P_{caldo} = 34{,}7 - 30{,}5 = 4{,}2\%$$

Quarta Moenda

$$P_b = 30{,}5\ \frac{41{,}0}{43{,}0} = 29{,}1\% \quad P_{caldo} = 30{,}5 - 29{,}1 = 1{,}4\%$$

Quinta Moenda

$$P_b = 29{,}1\ \frac{43{,}0}{44{,}0} = 28{,}4\% \quad P_{caldo} = 29{,}1 - 23{,}4 = 0{,}7\%$$

A soma dos valores obtidos indica o peso de caldo das cinco moendas, ou seja:

Peso total de caldo = 55,4 + 9,9 + 4,2 + 1,4 + 0,7 = 71,6%

A extração total, considerando a quantidade de caldo absoluto da cana, será de:

$$E = \frac{71{,}6 \,.\, 100}{87{,}5} = 81{,}82\%$$

Representando-se graficamente, na Figura 64, os dados envolvidos no presente cálculo, indicam-se que:

- A fibra do bagaço cresce rapidamente depois da passagem pela primeira moenda, tendendo a permanecer praticamente constante nas ultimas moendas.
- O caldo absoluto extraído, por seu lado, decresce rapidamente após cada moenda, tendendo a um valor próximo de zero, evidenciando-se que de nada adiantará colocar mais moendas para extrair o caldo a seco.
- Pelo crescimento da fibra e decréscimo do teor de caldo extraído, o teor de caldo residual do bagaço tende também a decrescer e se aproximar dos 50%, mas dificilmente atingindo-o.
- Pela extração a seco, a porcentagem de caldo tendeu ao limite máximo de 81,82, limite este que depende, evidentemente, do teor de fibra dos diversos materiais em processo.
- Torna-se inútil comprimir o bagaço a seco depois do quarto e quinta terno, uma vez que a sua composição, em termos de fibra e umidade, tende a permanecer constante.

Os dados calculados indicam, ainda, que o caldo perdido no bagaço, obtido sem a embebição (Figura 64), é da ordem de:

Caldo absoluto na cana................87,5%
Caldo extraído..............................<u>71,6%</u>
Caldo perdido no bagaço.............15,9%

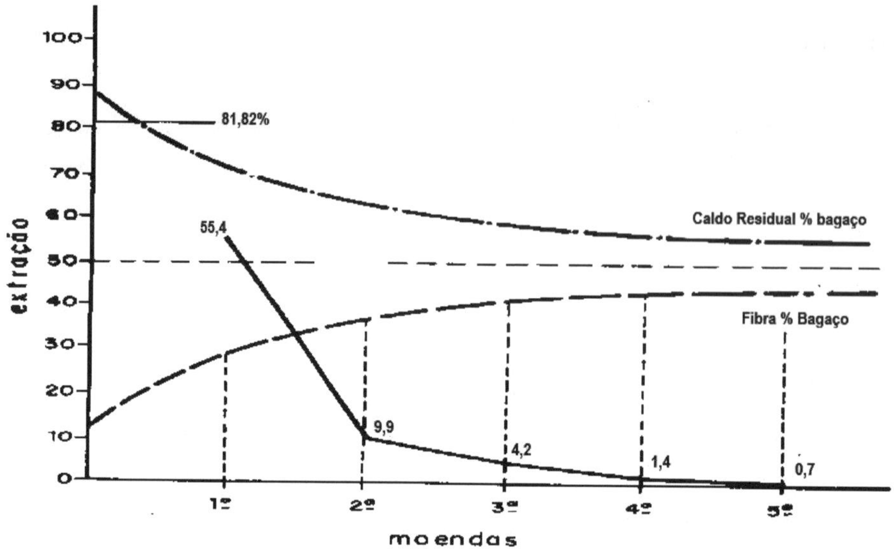

Figura 64 - Resultados da extração a seco. Comportamento da fibra do bagaço em usinas paulistas.

A recuperação dessa quantidade de caldo perdido no bagaço pode ser efetuada, em parte, pela embebição. Para tanto, suponha uma embebição na quinta moenda, de um peso de água equivalente ao peso desse caldo residual. Como o teor de fibra (44%) e o teor de caldo (56%) do bagaço, após a sexta moenda, devem permanecer os mesmos e, supondo que a água adicionada (15,9%) foi distribuída homogeneamente em toda a camada lenhosa, o caldo extraído será exatamente a metade do inicial, ou seja:

a) Caldo total:

Caldo Residual.....15,9
Embebição.............15,9
Caldo Total.............31,8

b) Caldo extraído pela sexta moenda:

Caldo Residual.....31,8
Embebição.............15,9
Caldo Total.............15,9

Logo, verifica–se que os 15,9% de água colocados representam, em caldo original, 7,95%, ou seja:

31,8 de caldo total..........15,9 de caldo residual
15,9 de água..................X

$$X = \frac{15{,}9\,.\,15{,}9}{31{,}8} = 7{,}95\ (caldo\ extraído)$$

Empregando-se o mesmo raciocínio para uma sétima moenda, tem-se:

31,8 de caldo total..........7,95 de caldo residual
15,9 de água..................X

$$Y = \frac{15,0\,.\,7,5}{30} = 3,975$$

Para uma oitava e nona moenda, tem-se, respectivamente, pelo emprego do mesmo raciocínio, 1,9875 e 0,9937 de caldo extraído.

Computando-se essas quantidades, tem-se:

7,95 + 3,975 + 1,9875 + 0.9337 = 14,90%

O caldo total extraído nas nove moendas, será de:

71,60 + 14,90 = 86,5%

Em relação ao caldo absoluto da cana, a extração será, pois, de:

87,5...........................100
86,5.................................E

$$E = \frac{86,5\,.\,100}{87,5} = 98,8\%$$

Em termos de caldo absoluto, a extração passou de 81,82% para 98,8%, representando um acréscimo de 16,98%. Evidentemente, esses cálculos são teóricos, não se verificando, na prática, pelas seguintes razões fundamentais:

a) a água de embebição não se difunde homogeneamente no bagaço,
b) exigência de tandens longos,
c) exigência de maior capacidade de evaporação,
d) a embebição começa bem antes que a pressão seca tenha levado à obtenção da fibra limite do bagaço.

8.1.4 QUANTIDADE DE ÁGUA DE EMBEBIÇÃO

A quantidade de água a ser usada na embebição é função de vários fatores:

a) Capacidade de evaporação

Uma quantidade de água de embebição exagerada implica sempre uma queda substancial do Brix do caldo misto. Como é apenas na evaporação que se consegue eliminar a maior parte dessa água, a usina deve estar munida de evaporadores suficientes para realizar tal operação. Daí o cuidado de se realizar uma embebição compatível com as condições de evaporação. A embebição composta, consumindo menos água do que a considerada simples, favorece a evaporação, em termos comparativos.

b) Número de moendas.

c) Condições de distribuição da água de embebição.

d) Fibra da cana.

As canas ricas em fibra exigem sempre uma maior taxa de embebição, visto que, são as fibras as responsáveis pela retenção do caldo por capilaridade.

e) Riqueza da cana.

As canas ricas em açúcar exigem sempre uma maior quantidade de água de embebição. Tanto neste caso como no anterior, o custo da evaporação deve ser levado em consideração, devendo-se prever sempre uma evaporação econômica como complementação da embebição racional.

Segundo Almeida (1944), o emprego de excessiva quantidade de água, aliado ao enérgico e repetido esmagamento, conduz a um aumento de impurezas no caldo, dificultando e encarecendo a clarificação do mesmo. A pureza do caldo diminui à medida que aumenta a extração. Teoricamente, aumentando-se a quantidade de água, como foi visto, seria possível extrair-se todo o açúcar contido na cana. Aliás, dos fatores anteriormente apontados, segundo Almeida (1944), é válido dizer, dentro de certos limites, que a fibra retém os últimos traços de açúcar com elevada energia.

f) Preço do açúcar extraído a mais e do custo da extração e industrialização, ou relação alfa (α).

$$Relação\ \alpha = \frac{preço\ do\ açúcar\ a\ extrair\ a\ mais}{custo\ de\ extração\ e\ industrialização}$$

A relação do preço do açúcar a extrair a mais com o custo da extração e industrialização deve ser sempre maior do que 1,0, para que a embebição seja econômica.

Para elevar essa relação é que se aplica a embebição logo a partir das primeiras moendas.

g) Quantidade de açúcar extraído pelo efeito da embebição e açúcar extraível teoricamente

A relação entre a quantidade de açúcar extraído pelo efeito da embebição e a quantidade de açúcar extraível teoricamente, definida por beta (β) na prática, nunca chega a 1,0, variando de 0,6 a 0,8, em consequência de

- cana preparada inadequadamente,
- qualidade da água,
- defeitos na distribuição da água,
- moagem irregular, etc.

Esses valores (0,6 a 0,8) indicam, pois, que da quantidade de água aplicada, o aproveitamento é da ardem de 60 a 80%. Este aproveitamento varia, pois, de usina para usina.

Evidentemente, a embebição aplicada logo a partir dos primeiros ternos contribui para o aumento também desse coeficiente.

Em realidade, a embebição, seja expressa em relação à cana ou em relação à fibra, em função dos fatores apontados, varia dentro de largos limites.

Na prática açucareira, o peso de água de embebição (w) por unidade de pesa de fibra (f) dá uma ideia do comportamento da embebição. Assim, tem-se para os diversos valores de E, o seguinte:

$$E = \frac{W}{f} < 2 \dots\dots\dots\dots\dots\dots\dots \textit{embebição fraca}$$

$$E = \frac{W}{f} = 2 \dots\dots\dots\dots\dots\dots\dots \textit{embebição normal}$$

$$E = \frac{W}{f} > 2 \dots\dots\dots\dots\dots\dots\dots \textit{embebição forte}$$

Segundo Hugot (1977, 1986), a extração ótima é aquela em que E = 2. Nos países mais tradicionais, há citação de que E tem atingido valores entre 2,5 a 3,5.

No Brasil, em que a embebição % cana tem variado entre 10 a 20%, o coeficiente E não tem passado de 2. Supondo para a fibra de cana um valor de 12,5%, o coeficiente E (peso de água por unidade de fibra da cana ou embebição % de cana sobre fibra % cana), considerando, respectivamente, 10, 20 e 30% para embebição % de cana, será de:

$$E = \frac{10}{12{,}5} = 0{,}8\,,$$

$$E = \frac{20}{12{,}5} = 1{,}6\,,$$

$$E = \frac{30}{12{,}5} = 2{,}4$$

Portanto, a embebição passa e ser razoável quando a embebição % de cana assume valores superiores a 25%, o que tem sido observado em diversos países açucareiros (Rein, 2012).

8.1.5 EFEITO DO PREPARO DO BAGAÇO NA EMBEBIÇÃO

Tem-se observado, na prática, que o efeito da embebição num bagaço mal preparado é praticamente nulo, pois a água adicionada, não encontrando muita superfície de absorção, quase sempre é drenada para as partes inferiores da esteira. É de se supor, pois, que um bagaço intensamente picado, com uma quantidade muito grande de células abertas, possa absorver, mesmo à baixa pressão, toda a água de embebição que lhe é adicionada. Evidentemente, um bagaço muito embebido tornando-se mais volumoso e implica maior dificuldade de absorção pela moenda. Esta aparente dificuldade tem sido resolvida através de diversas maneiras: uma primeira opção seria aquela em que, aumentando-se a velocidade da esteira intermediária, ter-se-á uma menor camada de bagaço embebido e, nessas condições, a alimentação irá tornar-se mais fácil. A segunda opção, que pode estar perfeitamente combinada com a primeira, será o da instalação de rolo de pressão (press-roller), ou do de compressão como auxiliares da alimentação da moenda. Uma terceira opção é aquela em que a embebição é feita na chegada do bagaço à moenda. Segundo este sistema, a mistura água e bagaço é conseguida dentro da moenda, onde, à elevada pressão, exercida pelos rolos, força-se o líquido através do bagaço a uma velocidade alta, em contracorrente com o bagaço que entra.

Para o bom funcionamento desse sistema, é necessário que o líquido de embebição e o bagaço sejam alimentados à moenda em uma corrente contínua e em boa proporção. Por este sistema, não é necessário misturar o líquido de embebição com o bagaço na esteira. Esta mistura é feita, como foi explicado, na moenda. A chegada imperfeita do líquido de embebição na moenda ou a má distribuição sobre o colchão de bagaço que chega a moenda, concorrerão sempre, para a má eficiência do sistema. Evidentemente, o bom preparo do bagaço concorrerá para o melhor aproveitamento do líquido de embebição adicionado.

Portanto, os fatores alimentação, velocidade da esteira intermediária, pontos de aplicação do líquido de embebição, etc. estão intimamente relacionados ao preparo da cana, com vista-se a boa eficiência prática da embebição, para assegurar a obtenção de uma ótima extração, aliada a uma capacidade de moagem racional.

8.1.6 QUALIDADE DA ÁGUA DE EMBEBIÇÃO

As fontes de água, de que as usinas de açúcar lançam mão para a embebição, são as seguintes:

a) As que provêm da última caixa de evaporação,
b) As águas ordinárias dos rios, das fontes ou dos reservatórios.

Entretanto, a melhor água seria aquela resultante da condensação nos aparelhos alimentados com vapor direto. Entretanto, nas usinas de açúcar, esta água é utilizada na alimentação das caldeiras.

De qualquer forma, a água para embebição deve ser aquela que não seja ácida, alcalina, impura, que contenha substâncias nocivas à saúde, poluídas, etc. Como nas usinas de açúcar, a quantidade de água de condensação de vapor direto é pouca, o tratamento dos demais tipos de água em disponibilidade (águas de rios, lagoas, reservatórios, amoniacais etc.) deve ser suficiente para poder suprir tanto as necessidades das caldeiras quanto da embebição nas moendas e nos filtros rotativos a vácuo.

8.1.7 TEMPERATURA DA ÁGUA

Na prática, têm-se observado a aplicação, tanto de água fria como de água quente, na embebição do bagaço. Entretanto, quanto ao uso da água quente, as opiniões são ainda muito controversas, Tem-se admitido que a água quente ocasione:

a) Floculação antecipada de substâncias proteicas.
b) Maior permeabilidade das membranas celulares do bagaço, permitindo uma maior difusão da água com o caldo.
c) Maior dissolução de impurezas da cana no caldo, tais como: pentosanas, gamas diversas, etc., embora, alguns autores considerem desprezível a diferença de pureza do caldo obtido com água quente ou fria.
d) Uma maior lubrificação das camisas dos cilindros das moendas, dificultando a apreensão do bagaço.

Alguns autores reconhecem que a água quente proporciona uma embebição mais efetiva, visto que, pela menor tensão superficial e menor viscosidade, uma melhor mistura com o bagaço é alcançada.

Portanto, as principais vantagens do emprego de água quente são as seguintes: provoca melhor difusão, evita perdas por fermentações bacterianas, produz bagaço mais seco, produz uma pré clarificação do caldo, etc. Apesar da cera da cana fundir-se a uma temperatura de 60 a 809C, tem-se observado que a água quente não aumenta grandemente o valor deste componente no caldo. Segundo Hugot (1977, 1986), a proporção de cera no caldo extraído com a embebição a quente ou fria varia de 30 a 45%. Com apenas água quente, esta proporção não sofre aumento considerável. Ademais, parte dessa cera vai junto com o bagacilho para as caldeiras. A parte de cera que normalmente vai com o caldo é retirada na clarificação, pela ação da cal, sendo separada na torta dos filtros rotativos a vácuo. Entretanto, caso algum teor de cera permaneça no caldo, este poderá afetar a filtrabilidade do açúcar bruto. Do ponto de vista da fabricação, a cera não tem qualquer efeito nocivo.

Em realidade, qualquer que sejam os efeitos secundários da embebição, as iniciativas devem estar sempre dirigidas para a maior eficiência dessa operação.

As temperaturas mais usuais para a água de embebição variam de 55° a 65°C, temperaturas essas encontradas nas águas de condensação da última caixa de evaporação.

8.1.8 APLICAÇÃO DA EMBEBIÇÃO

Diversas são as formas de aplicação da água de embebição, a saber:

a) Através de canos perfurados, na forma de filetes contínuos;
b) Através de bicas injetoras, na forma de jatos fortes;
c) Através de calhas, na forma de lençol derramante.

Ao sistema de distribuição da água de embebição por canos perfurados (Figura 65) se atribui a desvantagem de que o bagaço não é molhado convenientemente. Por via de regra, existem partes do bagaço que não são molhadas, enquanto que outras estão sempre recebendo mais água do que a necessária.

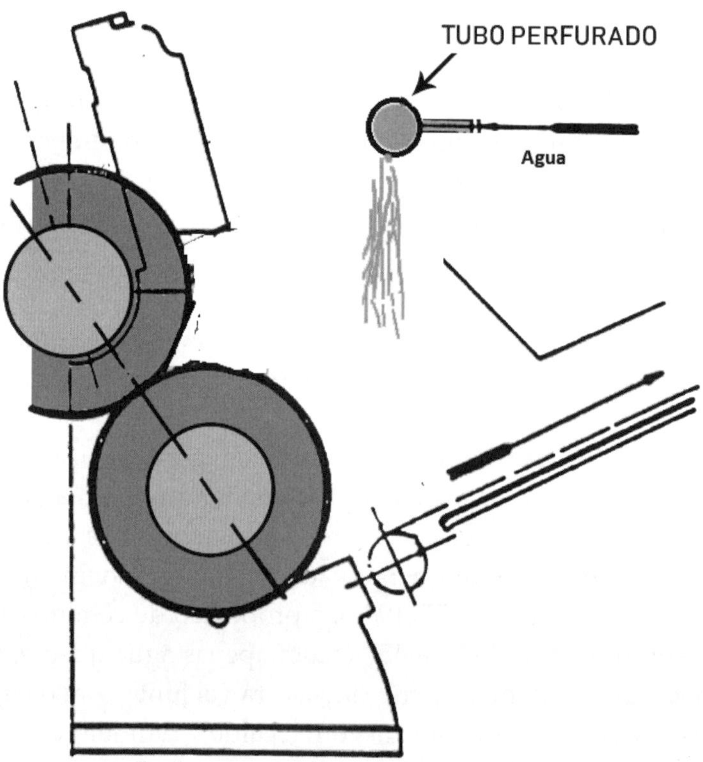

Figura 65 - Tubos perfurados.

O segundo sistema (Figura 66) parece mais vantajoso do que o primeiro, pois a água é distribuída na forma de leque e ainda sob pressão. Entretanto, a utilização de água contendo impurezas grosseiras pode contribuir para o entupimento dos bicos e prejudicar o sistema. Tanto neste sistema como no anterior, uma constante manutenção é necessária.

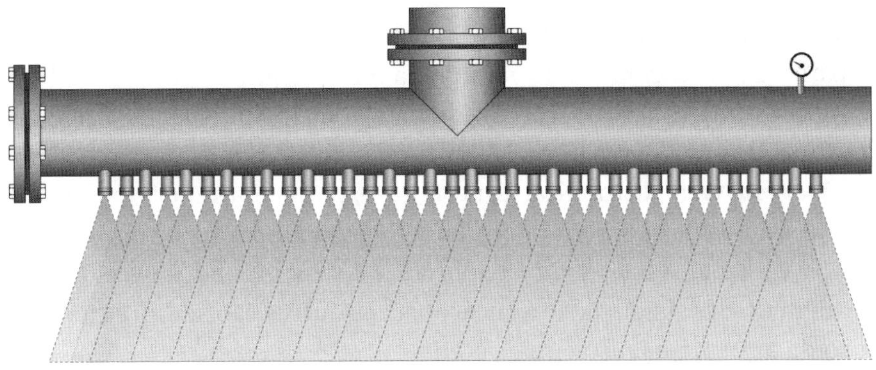

Figura 66 - Bicos injetores sob pressão. *Ilustração:* **Paulo Gangorra**

A distribuição da água ou do caldo diluído através de calhas que, na prática, obedecem aos mais diversos desenhos, parece a mais vantajosa dos sistemas, pois as possibilidades de entupimentos são mais restritas, sendo relativas apenas ao sistema de bombeamento dos diluentes. Nessas calhas, a água ou o caldo diluído é lançado normalmente, na forma de um lençol derramante em toda a extensão transversal da esteira do bagaço (Figura 67).

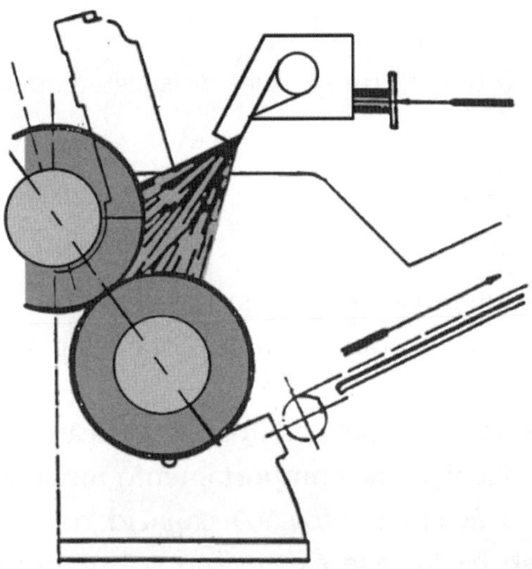

Figura 67 - Distribuição por lençol derramante. *Ilustração:* **Paulo Gangorra**

Quanto ao local de distribuição da água de embebição, tem-se observado, na prática, diversos critérios. Alguns técnicos preferem aplicar a água de embebição logo na saída do bagaço da moenda. Neste ponto, o bagaço que sai muito comprimido sofre uma certa expansão e certo revolvimento, condição esta que facilita a absorção da água de embebição. Outros técnicos, por motivos mecânicos, instalam os equipamentos de distribuição da água ou do caldo diluído, mais para o centro da esteira, baseando-se no fato de que o bagaço é um grande receptor de água.

Evidentemente, neste caso, a perfeita mistura de água de embebição com o bagaço é mais efetiva quando se tem uma maior velocidade de esteira intermediária.

A última opção de distribuição da água de embebição é a comentada no item anterior, ou seja, aquela em que o diluente é adicionado na entrada da moenda juntamente com o bagaço. Este último sistema é também vantajoso em relação aos demais, principalmente quando se faz embebição à quente. Como se trata de um sistema fechado, praticamente nenhuma quantidade de água é perdida por evaporação. A calha de distribuição é, neste caso, protegida superiormente. Nos outros sistemas, e mesmo no sistema de aplicação por calha sem proteção ocorre sempre uma perda de água por evaporação e, realmente, o total de água aplicada não corresponde ao absorvido pelo bagaço.

Entretanto, além desses sistemas de aplicação, dois outros são sempre citados pela literatura. A penetração da água no bagaço é mais efetiva.

a) Esteira de inversão: os condutores são subdivididos em duas pequenas esteiras. A água de embebição é aplicada logo na primeira esteira, molhando uma face do bagaço. Este, ao passar para a segunda, sofre uma inversão de camada quando passa a receber nova aplicação de água.
b) Aplicação por pressão: quando a distância entre as moendas é pequena e não permite a instalação de um condutor subdividido, a água pode ser aplicada sob forte pressãopor baixo da rampa de queda do bagaço para a esteira intermediária, que é assentada em posição mais inferior.

Entretanto, apesar de parecerem efetivos, esses dois sistemas não são usados no Brasil.

8.1.9 CONTROLE DA EMBEBIÇÃO

O correto conhecimento da quantidade da água usada na embebição do bagaço quando em moagem nas usinas de açúcar, é de fundamental importância para:

a) Avaliar os resultados de extração pelo efeito da aplicação desta água.
b) Avaliar os efeitos da embebição no comportamento mecânico da moenda, com vista à obtenção da melhor relação entre extração e capacidade.
c) Avaliar os efeitos da embebição na fase de evaporação e no equilíbrio térmico da fábrica.

Essas condições e outras estão sempre influenciando a prática da embebição, prática esta, diga-se de passagem, que vem sendo motivo de preocupação das usinas de açúcar no Brasil, com vista à obtenção de melhores extrações de sacarose da cana.

A quantidade de água de embebição, em função de fatores diversos, é variável de usina para usina e mesmo dentro de uma mesma fábrica. Pode ser calculada por processos diretos e indiretos, sendo geralmente expressa como embebição % de cana ou como embebição % de fibra.

Os processos diretos estão baseados nas determinações diretas do peso ou do volume de água, enquanto que nos processos indiretos a quantidade de água empregada é conhecida através de dados analíticos.

A pesagem ou a medição do volume da água em uso na embebição constitui o critério mais correto. O peso da água pode ser conhecido através de balanças especiais, recomendando-se as automáticas e registradoras. A correção da temperatura da água de embebição para a determinação de seu peso deve ser sempre observada.

O volume da água pode ser conhecido através de medidores especiais. Recomenda-se o uso de hidrômetros ou tanques de volume conhecido. Uma correção do volume, em função da temperatura, deve ser também feito neste caso.

Os dados relativos ao consumo da água, à fibra % da cana, e à quantidade de cana moída no período são suficientes para se calcular a embebição % de cana e a embebição % de fibrapelo processo direto. Pelo processo indireto, a embebição pode ser calculada através dos dados de Brix do caldo não diluído e do caldo misto, de fibra de cana, de peso da cana e do caldo, etc. Como ilustração, seguem dois cálculos de embebição.

1º) Processo direto de avaliação da embebição.

Dados conhecidos

Peso de cana (p.c.) 2.600 T.CD.
Peso de água de embebição (p.a.e.) 760 T
Fibra da cana (f.d.) 12,5%

Dados calculados

Embebição % de cana
2.6000 T.C................ 760 T.a.e.
100 T.C................ X

$$X = \frac{760 \,.\, 100}{2{,}400} = 29{,}23\%$$

Embebição % de cana
12,5................ 29,23
100................ Y

$$Y = \frac{29{,}23 \,.\, 100}{12{,}5} = 233{,}85\%$$

2º) Processo indireto de avaliação da embebição

Dados conhecidos

a) Peso de cana (p.c.)..2.600 T.C.D.
b) Peso de caldo misto (p.c.m.) ....2.600 T.
c) Brix do caldo primário (B.c.p.)...............................18,8%

d) Brix do caldo misto (B.c.m.)....................................14,8%
e) Fibra da cana (f.c.)..10,8%

Dados calculados

a) Diluição % de caldo misto (d.c.m.)

Calculada através da "regra das misturas

18,8		14,8	Partes de caldo a 18,8º Brix
	> 14,8 <	4,0	Partes de água
0		18,4	Partes de caldo misto a 14,8º Brix

Portanto,
Partes do caldo misto / partes de água
18,0 4
100,0 X

Logo, a diluição % de caldo misto será de 21,28%

$$X = \frac{100{,}4}{18{,}8} = 21{,}28\%$$

b) peso de água de embebição (p..a.e.)

$$Y = \frac{2600\ .21{,}27}{100} = 553{,}02$$

Portanto:
p.a.e.= 553,02 T

c) embebição % de cana (e.c.)
2600 p.c. .... 533,02 p.a.e.
c. .... Z

$$Z = \frac{100\ .553{,}02}{2600} = 21{,}27$$

d) embebição % de fibra
10,8 .... 21,27%
100,0 .... W

$$W = \frac{100 .21{,}27}{10{,}8} = 202{,}57\%$$

Embebição % de fibra 202,57%

Para aplicação deste método, há necessidade de ser conhecido o peso de caldo.

Os Fatores que afetam a eficiência da embebição

A eficiência da embebição na extração do caldo por moagem depende de uma série de fatores.

✓ Grau de desintegração do bagaço (qualidade do preparo da cana)

Há uma relação direta da eficiência da embebição com o nível de preparo da cana desfibrada (desintegração).

✓ Qualidade e estrutura da fibra do bagaço

Cada variedade de cana apresenta um conteúdo e estrutura de fibra distinta. É evidente que, para obtermos uma mesma extração, necessitamos de uma maior quantidade de água para um maior conteúdo de fibra.

✓ Altura do colchão do bagaço

A altura do colchão de cana, em diferentes ternos, é função do índice de moagem/horária e a embebição será mais efetiva para colchões mais espessos. A velocidade das esteiras intermediárias entre moendas, sendo maior, facilita a prática da embebição, o que melhora a extração do açúcar.

✓ Tempo de contato da água ou do caldo diluído com o bagaço

O tempo de contato da água ou caldo ao bagaço é fator decisivo na eficiência da embebição ou maceração. O motivo principal que nos conduz a aplicar a água ou o caldo diluído à saída de cada terno é propiciar um tempo máximo de contato entre o líquido e o bagaço, a fim de que o primeiro possa realizar a sua função diluidora e lixiviadora, fato que não se produz instantaneamente, em virtude das características físicas e fisiológicas do bagaço.

✓ Quantidade de água ou de caldo diluído aplicado sobre o bagaço

Segundo Rein (2012), há uma relação direta entre capacidade de evaporação da usina, e o limite da água de embebição. De modo geral, alguns estudiosos, relatam que colocação da embebição de 30% sobre a cana, (ou 250% sobre a fibra) com um fator de mistura de 20% seria tão eficaz tal eficiência depende da assossiação de três fatores: a) a embebição composta em relação a simplkes; b) qualidade da fibra e o tamanho das particulas; c) temperatura da água de embebição acima de 70°C.

✓ Temperatura e qualidade da água ou do caldo diluído aplicado sobre o bagaço se não, assepticos, podem favorecer novas infecções

Em virtude do baixo Brix dos caldos diluídos, torna-se necessário ter um cuidado todo especial com a assepsia das moendas, sob pena de grandes prejuízos serem causados ao setor de extração. Várias bactérias que provém do campo são termófilas com o número de contaminantes inferiores a 10^7 µfc/ml, tais como Leuconostoc mesenteroides, lactobacillus, bacillus e outras, sensíveis apenas aos produtos clorados. Deve-se realizar um controle adequado da matéria-prima até a moenda, para se evitar a contaminação no sistema de extração para que o caldo extraído tenha um pH ao redor de 5 e o número de contaminantes inferior a 10^7 µfc/ml.

8.2 ABERTURAS DAS MOENDAS

O esmagamento de cana ou do bagaço numa moenda de três rolos, como tem sido estudado, é realizado em dois pontos básicos: um na entrada e outro na saída da moenda.

O cálculo das aberturas de entrada e de saída das moendas é fundamentalmente importante para o bom desempenho desses equipamentos, tanto do ponto de vista da capacidade de moagem quanto da extração de sacarose.

Os cilindros das moendas, rola cana e superior, são sempre assentados de forma a facilitar a apreensão da cana ou do bagaço que lhes é destinado, ocorrendo entre os mesmos um pequeno esmagamento. E para que essa função seja bem executada, as aberturas entre esses cilindros, nas diversas moendas do tandem, devem ser bem proporcionadas. Atribui-se, pois, ao cilindro de entrada, uma função mais de alimentação da moenda. Entretanto, a distância entre o rola bagaço e superior não deve ser a mesma, pois se assim fosse, o bagaço sairia da moenda sem ser devidamente esmagado. Esse segundo esmagamento, que se faz presente entre o cilindro bagaceiro e superior, tem por finalidade exaurir, tanto quanto possível, a sacarose do bagaço. O cilindro rola bagaço funciona, pois, como um órgão de pressão.

Do exposto, conclui-se que a abertura de entrada deve ser superior à abertura de saída. Entretanto, qual seria a relação ótima entre entrada e saída de um terno de moenda, que levaria à obtenção dos melhores índices de capacidade e extração? Realmente, a determinação. Dessa relação á a preocupação de todos aqueles que trabalham com as moendas.

Embora esse problema não tenha uma solução matemática comprovadamente correta, pois, na prática, o desempenho da moenda é função da qualidade da matéria prima, da fibra da cana, da velocidade, etc., os cálculos efetuados por diversos processos, têm se aproximado bastante dos desejáveis. Em realidade, além do conhecimento de alguns fatores admitidos nas fórmulas que devem conduzir ao cálculo das aberturas, os resultados obtidos pelo desempenho da moenda no ano anterior devem-se constituir no principal fator para o próximo dimensionamento da entrada e da saída de cada terno de moenda do tandem da usina de açúcar.

De modo geral, as aberturas de entrada e de saída são decrescentes da primeira à última moenda, pois cada moenda tem por finalidade extrair o caldo residual da anterior. Este princípio de trabalho é tal, que alguns técnicos chegam a assentar o rola bagaço e cilindro superior do último terno do tandem metal a metal.

Atualmente, tem-se verificado a tendência de se fechar mais a moenda na entrada, com o intuito de se obter uma maior extração já no primeiro esmagamento da cana. Com isso, o trabalho de esmagamento entre os cilindros rola bagaço e superior torna-se mais leve e os tandem podem ser também mais curtos. Aliás, em algumas usinas, tem-se verificado, principalmente nos últimos ternos, a ocorrência de drenagem de caldo apenas entre os cilindros de saída, o que leva a crer na inexistência de esmagamento entre os cilindros da entrada de moenda. Neste caso, um maior desgaste dos cilindros de saída, evidentemente, é previsto. Daí a importância da adequada proporção entre as aberturas de entrada e de saída de cada moenda do tandem.

A instalação do rolo de pressão, ou "press-roller" assentado próximo do rola cana e cilindro superior, com a finalidade de assegurar uma melhor alimentação da moenda, melhor desempenho do terno de moagem, principalmente quando se tem uma menor abertura de entrada.

8.2.1 ABERTURA DE FIXAÇÃO E DE TRABALHO

No assentamento das moendas devem ser observadas as aberturas de fixação ou repouso de trabalho.

Abertura de fixação

A abertura da fixação ou de repouso (AF) é definida pela distância entre os ápices dos frisos dos cilindros considerados, podendo ser positiva ou negativa (Figura 68).

Quando os ápices dos frisos dos cilindros não se engrenam, as aberturas são ditas positivas. Na prática, esta abertura é verificada, utilizando-se de placas de metal ou de madeira de grossura variável ou de compassos.

Quando os frisos dos cilindros se engrenam, a abertura é considerada negativa, sendo verificada na prática, utilizando-se de placas de chumbo. Essas placas devem passar pelos cilindros em funcionamento. Determinam apenas a abertura de saída; a da entrada pode ser avaliada, utilizando-se de um eletrodo ou de um material facilmente marcável.

Abertura de Trabalho

Nas moendas rígidas ou não dotadas de flutuação, a abertura de trabalho (Figura 69) compreende a distância existente entre o ápice de um friso do cilindro superior e o fundo do friso do cilindro, com o qual se está engrenando. Esta abertura equivale à diferença dos diâmetros primitivos dos dois cilindros. Por sua vez, o diâmetro primitivo de um cilindro corresponde àsemissoma do diâmetro exterior (medido no ápice dos dentes) e do interior (medido no fundo dos frisos) ou do diâmetro externo de cilindro, menos a altura do friso.

Nas moendas dotadas de flutuação, a abertura de trabalho corresponde à soma da abertura da fixação ou de repouso, mais a devida à flutuação.

Os métodos utilizados para o cálculo das aberturas de entrada e de saída das moendas são os mais diversos, existindo desde os mais simples até os mais complicados. Entretanto, todos eles levam à obtenção de duas medidas, as quais correspondem à entrada e à saída da moenda.

8.2.2 MÉTODO CLÁSSICO DE DETERMINAÇÃO DAS ABERTURAS DAS MOENDAS

Este método, dado em sequência, baseia-se no conhecimento dos dados de Brix do caldo de última expressão de cada moenda, de fibra da cana e do bagaço de cada moenda e de coeficientes empíricos. As aberturas de entrada e de saída de cada moenda serão conhecidas em função da capacidade de moagem desejada.

A sequência simplificada dos cálculos deste método está apresentada nas Figuras 68 e 69:

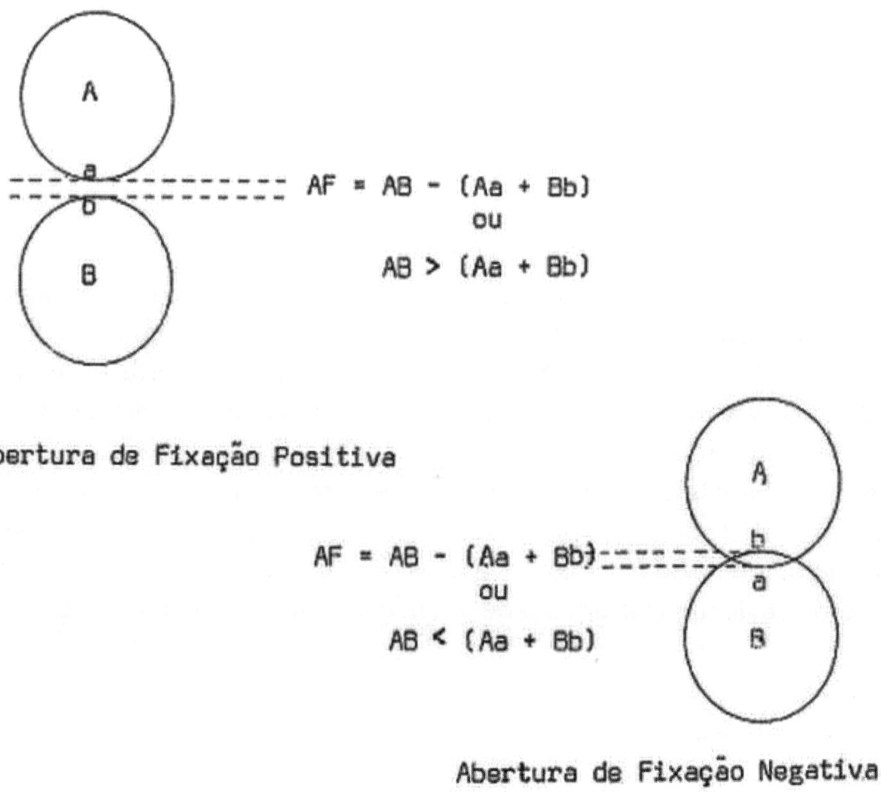

Figura 68 - Abertura de fixação dos cilindros de uma moenda.

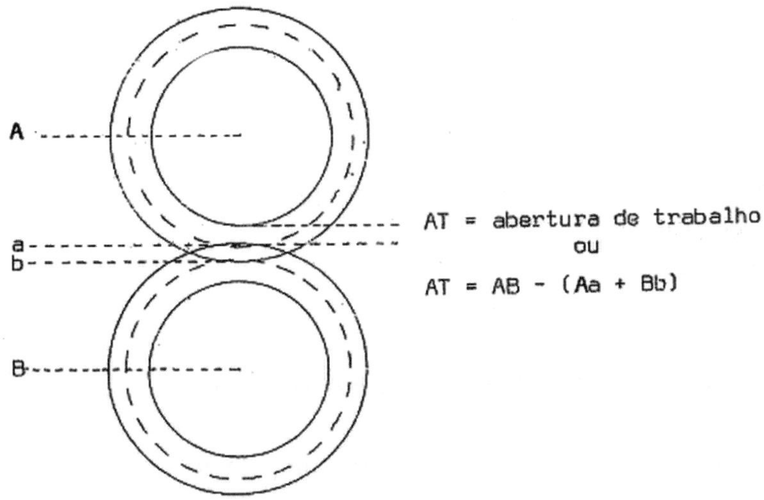

Figura 69 - Abertura de trabalho.

Volume de bagaço de cada moenda

O volume de bagaço que resulta de cada moenda é facilmente conhecido pela aplicação da seguinte fórmula:

$$V = \frac{F}{D_1} + \frac{M - F}{D_2}$$

Onde,

V = volume de bagaço (fibra + caldo residual) de cada moenda;

F = fibra, relacionada a 1.000 g de bagaço,

D_1 = densidade específica da fibra a uma pressão P, dada em kg/cm2; nesses cálculos D_1= 1,6 g/cm3;

D_2 = densidade do caldo a uma pressão P, dada em kg/cm3 e corrigida em relação à pressão atmosférica. Esta correção é obtida pela multiplicação do fator 1,01.

M = massa de bagaço após cada moenda.

A primeira relação (F/D_1) corresponde à proporção de fibra existente no bagaço e a segunda ($M- F/D_2$) ao caldo diluído; não se deve esquecer que o bagaço é composto de fibra e de caldo bagaço diluído (caldo + água).

Densidade do Bagaço

A densidade do bagaço que sai de cada moenda é conhecida, utilizando-se da seguinte fórmula clássica:

$$d = \frac{M}{V}$$

Onde,
d = densidade ou peso específico do bagaço em g/cm^3;
M = massa do bagaço em g,
V = volume de bagaço em cm^3.

Peso total de bagaço resultante de cada moenda

O peso do bagaço que sai de cada moenda é obtido pela aplicação da seguinte fórmula:

$$P_b = P_c \frac{F_c}{F_b}$$

Onde,
P_b = peso de bagaço em t,
P_c = peso de cana desejável para a moagem em t,
F_c = fibra da cana,
F_b = fibra do bagaço.

Aberturas de saída em trabalho e em repouso

a) Saída em Trabalho

A altura do colchão de cana que passa entre os cilindros rola bagaço e superior pode ser calculada pela aplicação das seguintes fórmulas:

$$V = S.v$$

Onde,
V = volume de bagaço de saída de cada moenda,
S = área de passagem do colchão de bagaço,
v = velocidade periférica dos cilindros.

$$V = P_b/D$$

Onde,
Pb = peso de bagaço resultante de cada moenda,
D = densidade do bagaço de cada moenda,

V = volume de bagaço de cada moenda.

$$S = h.L$$

Onde,
= área de passagem do bagaço de cada moenda,
H = altura ou abertura de saída de cada moenda,
L = comprimento do cilindro da moenda.

Pela combinação das fórmulas anteriores e pela substituição da velocidade periférica em angular, sendo expressa em rotações por hora, advém a seguinte equação de valorização da abertura de saída em trabalho da moenda.

$$h = \frac{P_b}{\pi \, . \, L \, . \, D \, . \, n \, . \, d}$$

Onde,
h = abertura de saída em trabalho da moenda em cm,
Pb = peso de bagaço que sai de cada moenda em g,
L = comprimento do cilindro em cm,
D = diâmetro do cilindro em cm,
d = densidade do bagaço de cada moenda em g/cm3,
n = rotação do cilindro em rph.
Nota: Para facilidade de cálculo, h deve ser expresso, daqui em diante, em mm.

b) Saída em repouso

A abertura de saída em repouso é facilmente determinada, conhecendo-se a flutuação média do cilindro superior. Segundo Hugot (1977), a utilização de coeficientes adequados permite dar ao cilindro superior uma condição boa de trabalho, mesmo quando passa pela moenda uma fina camada de bagaço. Logo, conhecendo-se o coeficiente de cada moenda, a abertura de saída em repouso torna-se facilmente conhecida, ou seja:

$$t = \frac{\text{saída da moenda em repouso}}{\text{saída da moenda em trabalho}}$$

De acordo com o número de moendas, este coeficiente pode variar de 0,7 a 0,1, recomendando-se a adoção de valores decrescentes da primeira à última moenda. Evidentemente, utilizando de menores valores, as aberturas de saída em trabalho serão mais fechadas.

Aberturas de entrada em trabalho e em repouso

a) Entrada em trabalho

A abertura de entrada em trabalho pode ser conhecida, relacionando-a com a abertura de saída também em trabalho. Esta relação, definida pelo coeficiente m, assume valores que se aproximam muito do número 2, podendo variar, entretanto, de 1,7 a 2,5. Logo, a abertura de entrada em trabalho é conhecida pela aplicação da seguinte relação:

$$m = \frac{entrada\ da\ moenda\ em\ trabalho}{saída\ da\ moenda\ em\ trabalho}$$

Hugot (1977, 1986) recomenda para um tandem de quatro moendas os seguintes valores de m:

Primeira moenda..........................m = 2,2
Segunda moenda.........................m = 1,9
Terceira moenda..........................m = 1,8
Quarta moenda............................m = 1,7

Entretanto, cada técnico de moendas, baseado nas experiências dos anos anteriores, deve estipular os melhores coeficientes com vistas, ao estabelecimento das melhores aberturas de trabalho dos diversos ternos do tandem e que atendam às necessidades da usina.

b) Entrada em repouso

Como as aberturas de entrada e de saída aumentam na mesma proporção quando o cilindro superior flutua ou se levanta, caso das moendas de castelo da fenda superior vertical, a entrada em repouso, obviamente, corresponderá ao valor da entrada em trabalho menos a flutuação. Logo, tem-se:

Flutuação = saída em trabalho - saída em repouso.

Portanto:
Entrada em repouso = entrada em trabalho flutuação.

As aberturas de entrada e de saída em repouso são as que devem ser utilizadas para o traçado da bagaceira. São geralmente dadas em milímetros.

8.2.3 APLICAÇÃO NUMÉRICA

Dados conhecidos

Capacidade de moagem................65 TCH

Fibra da cana.................................12%
Densidade especifica da fibra.......1,6 g/cm3
Fibra de bagaço e densidade de caldo, densidade esta obtida pela correspondência com o Brix, pertinente a cada moenda.

Dados básicos:

Moenda	Fibra (%)	Densidade
Primeira	25	1,082
Segunda	33	1,070
Terceira	40	1,055
Quarta	45	1,060
Quinta	48	1,055

Dados calculados

a) Volume e densidade de bagaço de cada moenda:

1° Moenda:

$$V = \frac{250}{1,6} + \frac{1.000 - 250}{1,082\,.\,1,01} = 842,0\,cm^3\,;d = \frac{1.000}{842,0} = 1,188\,g/cm^3$$

2° Moenda:

$$V = \frac{300}{1,6} + \frac{1.000 - 330}{1,070\,.\,1,01} = 826,2\,cm^3\,;d = \frac{1.000}{826,2} = 1,210\,g/cm^3$$

3° Moenda:

$$V = \frac{400}{1,6} + \frac{1.000 - 400}{1,065\,.\,1,01} = 807,8\,cm^3\,;d = \frac{1.000}{807,8} = 1,238\,g/cm^3$$

4° Moenda:

$$V = \frac{450}{1,6} + \frac{1.000 - 450}{1,060\,.\,1,01} = 794,9\,cm^3\,;d = \frac{1.000}{794,9} = 1,258\,g/cm^3$$

5° Moenda:

$$V = \frac{480}{1,6} + \frac{1.000 - 480}{1,050\ .\ 1,01} = 788,0\ cm^3\ ; d = \frac{1.000}{788,0} = 1,269\ g/cm^3$$

b) Peso de bagaço resultante de cada moenda

Obtido pela aplicação de fórmula 3, ou seja:

1° Moenda:

$$P_{1=} = 68\ \frac{12}{25} = 32,64\ t\ ou\ 32.640.000\ g$$

2° Moenda:

$$P_{1=} = 68\ \frac{12}{33} = 24,75\ t\ ou\ 24.752.000\ g$$

3° Moenda:

$$P_{1=} = 68\ \frac{12}{40} = 20,40\ t\ ou\ 20.400.000\ g$$

4° Moenda:

$$P_{1=} = 68\ \frac{12}{45} = 18,088\ t\ ou 18.088.000\ g$$

5° Moenda:

$$P_{1=} = 68\ \frac{12}{48} = 17,000\ t\ ou\ 17.000.000$$

c) Abertura de saída em trabalho

Pela aplicação da fórmula 7, tem-se:

1° Moenda:

$$h = \frac{32.640.000}{3,1416\ .\ 122\ .\ 66\ .\ 6\ .\ 60\ .\ 1,188} = 3,02\ cm = 30,2\ mm$$

2° Moenda:

$$h = \frac{24.752.000}{3,1416\ .\ 122\ .\ 66\ .\ 6\ .\ 60\ .\ 1,188} = 2,25\ cm = 22,5\ mm$$

3° Moenda:

$$h = \frac{20.040.000}{3{,}1416\ .\ 122\ .\ 66\ .\ 6\ .\ 60\ .\ 1{,}188} = 1.81\ cm = 18{,}1\ mm$$

4° Moenda:

$$h = \frac{20.040.000}{3{,}1416\ .\ 122\ .\ 66\ .\ 6\ .\ 60\ .\ 1{,}188} = 1{,}81\ cm = 15{,}8\ mm$$

5° Moenda:

$$h = \frac{17.000.000}{3{,}1416\ .\ 122\ .\ 66\ .\ 6\ .\ 60\ .\ 1{,}188} = 1{,}47\ cm = 14{,}7\ mm$$

d) Abertura de saída em repouso
Obtidas pela aplicação dos fatores 0,7 - 0,6 - 0,5 - 0,4 - 0,3, ou seja:

Primeira moenda: 30, 2. 0,7 = 21,1 mm
Segunda moenda: 22, 5. 0,6 = 113,5 mm
Terceira moenda: 18, 1. 0,5 = 9,0 mm
Quarta moenda: 15, 8. 0,4 = 6,3 mm
Quinta moenda: 14, 7. 0,3 = 4,4 mm

e) Abertura de entrada em trabalho
Obtidas pela aplicação do fator 2, como sendo a relação entre a entrada e saída em trabalho das diversas moendas, ou seja:

Primeira moenda: 30, 2. 2 = 60,4 mm
Segunda moenda: 22, 5. 2 = 45,0 mm
Terceira moenda: 18, 1. 2 = 36,2 mm
Quarta moenda: 15, 8. 2 = 31,6 mm
Quinta moenda: 14, 7. 2 = 29,4 mm

f) Flutuação do cilindro superior das diversas moendas
Flutuação = saída em trabalho - saída em repouso

Primeira moenda: 30,2 - 21,1 = 9,4 mm
Segunda moenda: 22,5 - 13,5 = 9,0 mm
Terceira moenda: 18,1 - 9,0 = 9,0 mm
Quarta moenda: 15,8 - 6,3 = 9,1 mm

Quinta moenda: 14,7 - 4,4 = 10,3 mm

g) Abertura de entrada em repouso
Entrada em repouso = entrada em trabalho - flutuação.

Primeira moenda: 60,4 - 9,0 = 51,3 mm
Segunda moenda: 45,0 - 9,0 = 36,0 mm
Terceira moenda: 36,2 - 9,1 = 27,1 mm
Quarta moenda: 31,6 - 9,5 = 22,1 mm
Quinta moenda: 29,4 - 10,3 = 19,1 mm

Portanto, as aberturas finais que deverão ser utilizadas no traçado e na regulagem da bagaceira serão, com as devidas aproximações, as seguintes:

MOENDA	ENTRADA	SAÍDA
Primeira	51 mm	21 mm
Segunda	36 mm	13 mm
Terceira	27 mm	9 mm
Quarta	22 mm	6 mm
Quinta	19 mm	mm

8.2.4 MÉTODO DE CHIRGWIN (FARREL)

Segundo este método, estudado por Chirgwin (1960), a abertura entre os cilindros é determinada pelo volume de fibra em compressão e pelo volume de caldo diluído ou de umidade presente no bagaço em moagem.

A abertura de saída, onde se localiza o máximo de pressão, é calculada, como no método anterior, em primeiro lugar. A abertura de entrada é obtida através de coeficientes teóricos.

Cálculo da abertura de saída

A espessura do colchão de bagaço que sai de cada moenda na unidade de tempo, correspondendo à abertura de saída, é dada pela soma dos valores atribuídos ao colchão de fibra e ao colchão de umidade, ou seja:

$$E_b = E_f + E_u$$

Onde,
E_b = espessura do colchão de bagaço,
E_f = espessura do colchão de fibra,

E_u = espessura do colchão de umidade.

a) Espessura do colchão de fibra

A espessura do colchão de fibra pode ser conhecida pela aplicação da seguinte expressão:

$$E_f = \frac{V}{S}$$

Onde,

E_f = espessura do colchão de fibra em polegada,

V = volume de fibra em polegada cúbica por minuto,

S = superfície circunferencial em polegada quadrada por minuto.

Para Chirgwin (1960), a espessura de fibra é, simplificadamente, igual a

$$E_f = \frac{20}{P_f}$$

Onde,

P_f = peso de fibra sob compressão.

Esta fórmula é válida quando se tem:

a) moagem de uma (1) tonelada (curta*) de cana,

b) período de moagem equivalente a 24 horas,

c) superfície do cilindro em polegada quadrada,

d) velocidade do cilindro em pé por minuto,

e) fibra de cana igual a 10%

(*) 1 tonelada curta é igual a 907,14 kg

b) Espessura do colchão de umidade

Chirgwin (1960) considera que a espessura do colchão de umidade é diretamente proporcional ao peso e à espessura do colchão de fibra, e inversamente proporcional ao pesa de umidade, dependendo, ainda, da relação umidade e fibra do material em moagem. Logo, é possível escrever que:

$$E_u = E_f \cdot \frac{P_f}{P_u} \cdot \frac{U}{f}$$

Onde,

E = espessura do colchão de umidade,

E_f = espessura do colchão de fibra,

P_f = peso do colchão de fibra,

P_u = peso do colchão de umidade,
U = umidade do bagaço,
F = fibra do bagaço.

Sabendo-se que,

$$E_f = \frac{20}{P_f}$$

A equação se tornará igual a:

$$E_u = \frac{20}{P_f} \cdot \frac{P_f}{P_u} \cdot \frac{U}{f}$$

Ou simplificando-se:

$$E_u = \frac{20}{P_u} \cdot \frac{U}{f}$$

Logo, substituindo-se Eu na equação inicial (1), advém, para a espessura do colchão de bagaço ou para a abertura de saída, a seguinte fórmula:

$$E_b = E_f + \frac{20}{P_u} \cdot \frac{U}{f}$$

A umidade de bagaço que resulta de cada moenda deve ser determinada periodicamente, para se ter um valor médio bem representativo.

Chirgwin (1960), visando facilitar a aplicação deste método, estabeleceu os valores de umidade de bagaço que resulta de cada moenda para tandens de 3, 4, 5, 6 e 7 ternos, conforme mostra a Tabela 21.

Entretanto, a relação de umidade com a fibra varia conforme o ponto de esmagamento do bagaço. Assim, a relação U/f deve assumir determinado valor quando o bagaço está passando pelo esmagamento. Após o esmagamento, uma reabsorção de umidade se faz presente. Esta reabsorção é mais intensa nos últimos ternos. A Figura 70 ilustra graficamente as tendências das relações U/f.

Tabela 21 - Porcentagem de umidade do bagaço

Número de ternos	**1**	**2**	**3**	**4**	**5**	**6**	**7**
3	67	56	50				
4	67	58	53	50			
5	67	58	53	50	48		
6	67	60	55	52	50	48	
7	67	51	56	53	51	49	48

Para um trem de moagem de seis ternos, a abertura básica de saída pode ser calculada conforme sequência dada na Tabela 22.

A abertura de saída K (devida a E_f e a E_u) representa a medida, em polegadas, para a passagem de uma tonelada curta de cana, por 24 horas, por polegada de comprimento de cilindro, por pé por minuto de velocidade e para uma fibra de 10%.

A representação gráfica da umidade de bagaço em esmagamento e após esmagamento e os diversos valores de K, em função da umidade, é vista nas Figuras 70 e 71.

Os valores de "K", calculados em polegada, podem ser transformados em qualquer unidade convencional. A transformação em milímetros é útil neste caso. Utilizando-se dos valores de "K", a abertura em trabalho de saída de um terno de moenda de um tandem qualquer, para uma dada capacidade será:

$$A_t = K \cdot F_m$$

Onde,

A_t = abertura em trabalho de saída do terno de moenda,

K = abertura teórica de saída do colchão de bagaço,

F_m = fator de moagem.

O fator de moagem F_m pode ser calculado pela seguinte fórmula:

$$F_m = \frac{C \cdot f}{L \cdot v \cdot 0{,}1}$$

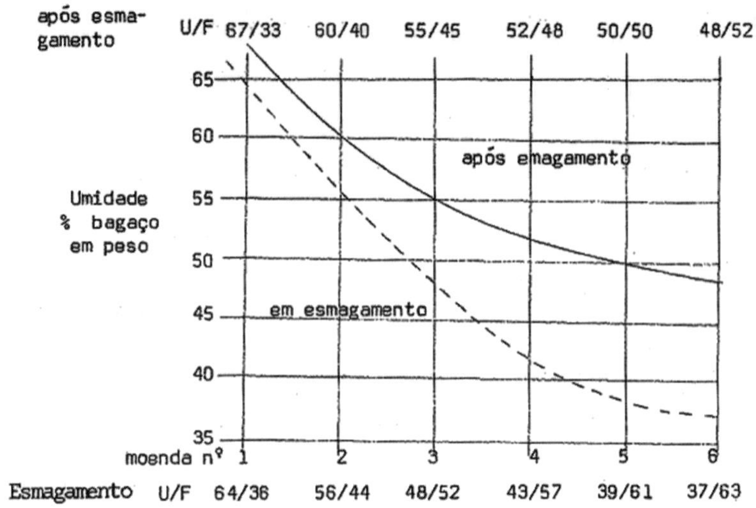

Figura 70 - Relação da umidade de bagaço em esmagamento e após esmagamento.

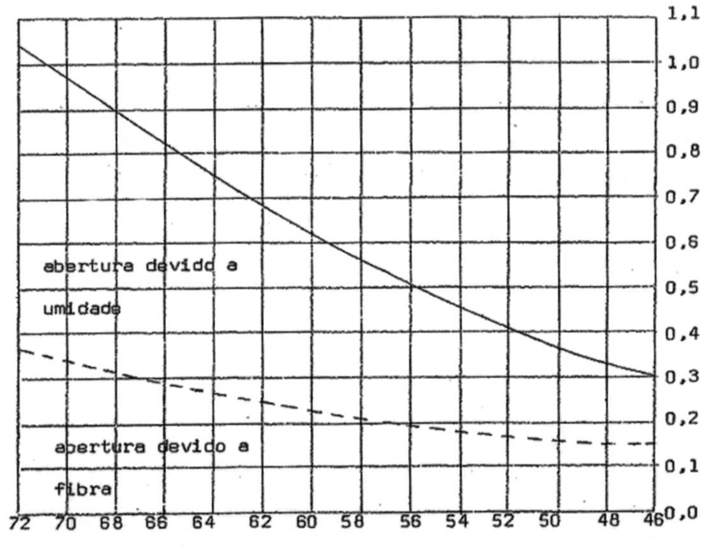

Figura 71 - Valores de K (abertura de saída da moenda por ton. de cana (curta), por 24 horas, por polegada de comprimento de cilindro, por pé por minuto de velocidade do cilindro após esmagamento. *Fonte:* Adaptado de Chirgwin (1960)

Tabela 22 - Fator de abertura de saída de diversas moendas na extração do caldo

Umidade % de bagaço	67	90	55	52	50	46
Densidade de fibra do bagaço sob compressão l/pol³...P_f*	66	87	105	116	126	135
Espessura do colchão de fibra sob compressão $E_f = \frac{20}{P_F}$	0,303	0,230	0,191	0,172	0,159	0,148
Relação de umidade e fibra sob compressão ou U/F*	$\frac{64}{36}$	$\frac{56}{44}$	$\frac{48}{52}$	$\frac{43}{57}$	$\frac{39}{61}$	$\frac{37}{63}$
Densidade do colchão umidade, em l/pé³ ou P_u	*caldo puro* 66	66	*Caldo diluído* 65	64	63	*água* 62
Espessura do Colchão de umidade ou $E_u = \frac{20}{P_u} \cdot \frac{U}{f}$	0,539	0,386	0,284	0,236	0,203	0,189
Espessura do colchão de bagaço, em polegadas ou $E_b = E_f + E_u = K$	0,842	0,616	0,575	0,408	0,362	0,337

(*) Dados de comprovação experimental

Onde,
E_m = fator de moagem,
C = capacidade de moagem em tonelada curta 6.4de cana por 24 horas (TCD),
F = fibra da cana em moagem (unitária),
L = comprimento do cilindro em polegadas,
V = velocidade periférica do cilindro em pé por minuto,
0,1 = fator de fibra na unidade (10%).

Cálculo da abertura de entrada

A abertura de entrada de trabalho de um terno de moendas, segundo indicações do autor desse método, deve variar de 1,75 a 3 vezes a abertura de saída em trabalho. Contudo, a adoção de coeficientes decrescentes, num tandem longo pode deixar as moendas muito fechadas, o que pode prejudicar a capacidade de moagem. A relação entre entrada (E) e saída (S) indicada para diferentes tandens (Tabela 23) é a seguinte:

Tabela 23 - Estimativa de E/S em diferentes tandem

Tandem	E/S
9 – 12 rolos	1,9 – 2,2
12 – 15 rolos	2,2 – 2,5
15 – 21 rolos	2,5 – 2,8

Abertura da bagaceira

CHIRGWIN (1960) recomenda que a distância entre a superfície da bagaceira e o diâmetro primitivo do cilindro superior, conhecida como altura da bagaceira, medida na linha vertical a partir do diâmetro primitivo do cilindro inferior, deve ser de 1,5 vezes o valor da entrada calculado em trabalho. Contudo, para que a bagaceira não fique muito alta, esse fator pode variar até 1,8.

Abertura de saída e de entrada em repouso

As aberturas de entrada e de saída de um terno de moenda em repouso são facilmente conhecidas, subtraindo-se dos valores calculados em regime de trabalho os referentes à flutuação dos cilindros superiores.

De modo geral, a flutuação do cilindro superior varia de 5 a 20 mm, sendo, contudo, usual, para efeito de cálculo, valores de 8 a 12 mm. A altura central da bagaceira em repouso é obtida descontando-se, também, a mesma flutuação usada para o cálculo dos obtidos em repouso.

Aplicação numérica

Dados Conhecidos

a) moenda 26 x 48U

b) número de ternos 6

c) rotação das moendas 6 rpm

d) capacidade de moagem 1.800 TCD

e) Fibra da cana 13%

f) coeficiente "K" -

Primeira moenda 0,842

Segunda moenda 0,616

Terceira moenda 0,475

Quarta moenda 0,408

Quinta moenda 0,362

Sexta - moenda 0,337

g) relação de entrada para saída 2,5
h) fator de abertura da bagaceira 1,5
l) flutuação dos cilindros
Primeira moenda 10 mm
Demais moendas 8 mm

Dados calculados

a) Velocidade dos cilindros em pés por minuto.
Pela aplicação da conhecida fórmula $\mathbf{v = \pi \cdot D \cdot n}$, advém:

$$V = \frac{66 \,.\, 3{,}1416 \,.\, 6}{30{,}48 *} = 40{,}82 \; pés\; por\; minuto$$

* 1 pé = 30,48 cm

b) Cálculo do fator da moagem

$$F_m = \frac{C \,.\, f}{L \,.\, v \,.\, 0{,}1} = \frac{1.800 \,.\, 0{,}13}{48 \,.\, 40{,}82 \,.\, 0{,}1} = 1{,}194$$

c) Saída em trabalho
Pela aplicação da fórmula A = Fm.K, advém:
Primeira moenda - A = 1,194.0,842 = 1,00" ou 25mm
Segunda moenda - A = 1,194.0,616 = 0,73" ou 18 mm
Terceira moenda - A = 1,194.0,475 = 0,57" ou 14 mm
Quarta moenda - A = 1,194.0,408 = 0,49" ou 12 mm
Quinta moenda - A = 1,194.0,362 = 0,43" ou 11 mm
Sexta moenda - A = 1,194.0,337 = 0,40" ou 10 mm

d) Entrada em trabalho
Primeira moenda - 25.2,5 = 63 mm
Segunda moenda - 18.2,5 = 45 mm
Terceira moenda - 14.2,5 = 35 mm
Quarta moenda - 12.2,5 = 30 mm
Quinta moenda - 11.2,5 = 28 mm
Sexta moenda - 10.2,5 = 25 mm

e) Altura da bagaceira em trabalho
Primeira moenda - 63.1,5 = 95 mm
Segunda moenda - 45.1,5 = 68 mm
Terceira moenda - 35.1,5 = 53 mm
Quarta moenda - 30.1,5 = 45 mm
Quinta moenda - 38.1,5 = 42 mm
Sexta moenda - 25.1,5 = 38 mm

f) Entrada, saída e altura da bagaceira em repouso

Os valores correspondentes à entrada e saída da moenda e respectiva altura da bagaceira em repouso são obtidas descontando—se a flutuação do cilindro superior (Tabela 24). Logo, descontando-se 10 mm para a primeira moenda e 8 mm para as demais, advém:

Tabela 24 - Resultados de abertura de entrada, altura da bagaceira e de saída

Moenda	Entrada (mm)	Altura da bagaceira (mm)	Saída (mm)
Primeira	53	85	15
Segunda	37	60	10
Terceira	27	43	6
Quarta	22	37	4
Quinta	20	34	3
Sexta	17	30	2

Essas medidas em milímetros são as que nortearão o traçado e a regulagem da bagaceira dos seis ternos de moendas 26 -x 48"

8.2.5 MÉTODO DA CARGA FIBROSA

Por este método, a abertura entre o cilindro superior e o cilindro bagaceiro é determinada pela quantidade de fibra (carga fibrosa) em Kg, que passa pela superfície dos cilindros, expressa em m2 na unidade de tempo.

A carga fibrosa pode ser calculada mediante a aplicação da seguinte fórmula:

$$q = \frac{c \,.\, f}{60 \,.\, \pi \,.\, L \,.\, D \,.\, n} \quad ou \quad q = \frac{c \,.\, f}{188{,}5 \,.\, L \,.\, D \,.\, n}$$

Onde,

q = carga fibrosa em kg/m2,

c = capacidade horária de moagem em kg,

L = comprimento, do cilindro em m,

D = diâmetro do cilindro em m,

n = rotação da moenda em rpm,

f = fibra da cana na unidade.

Como se verifica, o dado mais importante desta fórmula está na fibra da cana. Supondo todos os fatores da fórmula constante, a carga fibrosa guarda estreita proporcionalidade com a fibra. Quanto maior o teor de fibra, maior será a carga fibrosa que deverá suportar a moenda.

Aberturas de saída em trabalho

Hugot (1986) considera que as aberturas de saída, embora estejam influenciadas pela pressão hidráulica, estão intimamente relacionadas com a carga fibrosa. Segundo este mesmo autor, as aberturas de saída podem ser avaliadas com facilidade, usando-se de relações empíricas, conforme o estabelecido na Tabela 25.

Tabela 25 - Valores normais de s/q entre abertura de saída em trabalhos e carga fibrosa

Tandem	12 cilindros (mm)	14 cilindros (mm)	15 cilindros (mm)	17 cilindros (mm)	18 cilindros (mm)
Esmagador	-	2,2	-	2,3	-
1° moenda	1,9	1,5	1,9	1,5	1,9
2° moenda	1,5	1,4	1,5	1,4	1,5
3° moenda	1,3	1,3	1,4	1,4	1,4
4° moenda	1,2	1,2	1,3	1,3	1,3
5° moenda	-	-	1,2	1,2	1,3
6° moenda	-	-	-	-	1,2

A abertura de saída S é facilmente encontrada, multiplicando-se os valores de carga fibrosa, calculados pela fórmula anterior, pelos fatores correspondentes de cada moenda, inscritos na Tabela 25. Por exemplo: para q = 10 kg/m^2, as aberturas de saída de cada moenda de um tandem de 11 cilindros serão, respectivamente, de 19, 15, 13 e 12 mm.

Aberturas de saída em repouso e de entrada em repouso e em trabalho

O critério para o cálculo dessas aberturas pode ser o mesmo empregado quando da discussão do método clássico (itens 7.2.4 e 7.2.5)

Aplicação numérica

<u>**Dados conhecidos**</u>

a) moenda - 26 x 48"
b) capacidade de moagem - 75 TCH
c) fibra da cana - 12%
d) número de ternos - 5
e) rotação da moenda - 6
f) diâmetro do cilindro - 0,66m
g) comprimento do cilindro - 1,22m
h) fatores de s/q - 1,9; 1,5; 1,4; 1,3; e 1,2
i) relação entre saída em repouso e saída em trabalho – (0,6; 0,5; 0,4; 0,3; e 0,2)
j) relação entre entrada em trabalho e saída em trabalho

<u>**Dados calculados**</u>

a) Carga fibrosa

$$q = \frac{75.000\ .\ 0{,}12}{188{,}5\ .\ 0{,}66\ .\ 1{,}22\ .\ 6} = 9{,}88\ kg/m^2$$

b) Aberturas de saída em trabalho

Primeira moenda – S_t = 9,88.1,9 = 19,77 mm
Segunda moenda – S_t = 9,88.1,5 = 14,82 mm
Terceira moenda – S_t = 9,88.1,4 = 13,83 mm
Quarta moenda – S_t = 9,88.1,3 = 12,84 mm
Quinta moenda – S_t = 9,88.1,2 = 11,86 mm

c) Abertura de saída em repouso

Primeira moenda – S_r = 19,77.0,6 = 11,86 mm
Segunda moenda – S_r = 14,82.0,5 = 7,41 mm
Terceira moenda – S_r = 13,83.0,4 = 5,53 mm
Quarta moenda – S_r = 12,84.0,3 = 3,85 mm
Quinta moenda – S_r = 11,86.0,2 = 2,37 mm

d) Abertura de entrada em trabalho

Primeira moenda – E_t = 19,77.2,2 = 43,49 mm
Segunda moenda – E_t = 14,82.2,1 = 31,12 mm
Terceira moenda – E_t = 13,83.2,0 = 27,66 mm
Quarta moenda – E_t = 12,84.1,9 = 24,40 mm
Quinta moenda – E_t = 11,86.1,8 = 21,35 mm

e) Flutuação:

Moenda	Saída em trabalho (mm)	Saída em repouso (mm)	Flutuação (mm)
1°	19,77	11,86	7,91
2°	14,82	7,41	7,41
3°	13,83	5,53	8,30
4°	12,84	3,84	9,99
5°	11,86	2,37	9,49

f) Entrada em repouso

Moenda	Entrada em trabalho (mm)	Flutuação (mm)	Entrada em repouso (mm)
1°	43,49	7,91	35,58
2°	31,12	7,40	23,72
3°	27,66	8,30	19,36
4°	24,40	8,99	15,50
5°	21,35	9,49	11,86

g) Abertura para o traçado da bagaceira

Moenda	Entrada (mm)	Saída (mm)
1°	36	12
2°	24	8
3°	20	6
4°	16	4
5°	12	3

Condições para melhorar a flutuação dos rolos

São as seguintes as causas inibidoras:

a) Pistões, que se travam nos cabeçotes das virgens, podem ser: desenho deficiente, falta de lubrificação, descentralização causada por desgaste do mesmo;
b) Chumaceiras ou mancal superior, que se travam na queixada das virgens; podem ser motivos idênticos ao item A;
c) Hidráulico em más condições pode ser por desgaste de suas partes internas e externas, produzindo o travamento; inércia devido, aos pesos; distância demasiadamente gran-

de entre os cabeçotes e os acumuladores do hidráulico, ocasionando uma alta fricção do fluxo de óleo, afetando o movimento do rolo superior.

d) Ajuste das moendas: quando a relação de entrada e saída é muito alta, a resultante das forças tende a revirar as chumaceiras e pistões; que o eixo das carretas conduzidas, do trem das engrenagens das moendas (a que se acopla ao rolo de pressão) esteja entre ¼" a 3/8" mais altas que os eixos dos rolos de pressão, quando em sua posição de repouso. Quando isto não ocorre, ou seja, o eixo da carreta em sua posição de repouso, a eficiência da luva é mínima e afeta grandemente a flutuação do rolo de pressão;

e) Carretas dos rolos defeituosos podem ser: carretas mal projetadas, carretas em más condições, que devido à reação dos dentes obrigam o rolo superior a momentos alheios aos que deveriam ter, pela variação do colchão do bagaço;

f) Desnível do rolo superior: o desnível do rolo superior influi muito no movimento do mesmo, pela ocorrência de travações, ou, alimentação exagerada.

8.3 TRAÇADO DA BAGACEIRA

O traçado da bagaceira, normalmente realizado em escala natural, deve ser feito a partir dos dados das aberturas de entrada e de saída do terno de moenda, previamente calculados. Outras medidas importantes, para serem observadas no traçado, são os diâmetros dos cilindros que trabalharão na próxima safra. Terminada a moagem, deve o técnico verificar os diâmetros dos ralos, a fim de escolher aqueles que poderão ser refrisados e os que serão enviados para o reencamisamento em oficinas especializadas. A necessidade do reencamisamento ocorre quando o cilindro está muito gasto ou com os frisos muito defeituosos ou quebrados. O aproveitamento de um cilindro de menor diâmetro é praticamente impossível, por implicar na diminuição do ângulo de abertura e consequente encostamento no suporte da bagaceira ou nas fendas laterais do castelo, não permitindo, deste modo, qualquer regulagem. A colocação de calços metálicos é o artifício usual para o aproveitamento dos rolos para duas ou três safras, providência esta que mantém a constância do ângulo alfa e a boa regulagem dos cilindros e da bagaceira em suas posições originais.

O remanejamento dos rolos entre os diversos ternos de moagem é outra prática comum nas usinas de açúcar. Quando todos os cilindros são de mesmo passo, o trabalho de remanejamento de cilindros (utilização de um cilindro da primeira moenda na terceira ou desta na quarta etc.) torna-se bem mais facilitado. Entretanto, esta prática é função do desgaste dos cilindros, das condições de frisas, existência ou não de chevrons, etc. O problema mais importante a ser observado neste remanejamento de cilindros é o perfeito equilíbrio que deve haver entre os diâmetros dos três rolos. É interessante que os cilindros mantenham sempre pouca diferença de diâmetro, pois, neste caso, a regulagem da bagaceira é bem mais facilitada. O de maior diâmetro é sempre colocado, quando possível, na saída da moenda, pois, possuindo maior velocidade periférica, facilita a saída do bagaço da moenda.

Do refrisamento dos rolos, duas operações são importantes: igualdade do diâmetro externo do cilindro e refrisamento uniforme. Nas oficinas especializadas, o cilindro deve ter, inicialmente, seu menor diâmetro uniformizado, procedendo-se, em sequência, o refrisamento nas especificações desejadas. O técnico da usina deve usar, para o traçado da bagaceira, o diâmetro de refrisamento do cilindro, que deve ser o verificado com o um compasso apropriado, logo após a desmontagem da moenda. A verificação nas duas extremidades e no centro do rolo indica qual deve ser o diâmetro a ser usado nas operações de refrisamento e de traçado da bagaceira. Evidentemente, este diâmetro deve ser sempre o de menor valor. A não observância da igualdade dessas medidas de refrisamento e no traçado da bagaceira redundará na má regulagem da moenda.

Outro dado importante no traçado da bagaceira é o referente à altura do friso do cilindro, que é função, evidentemente, do ângulo de abertura utilizado.

Em razão da grande importância da posição da bagaceira entre os três cilindros de uma moenda, o seu traçado e a correta colocação devem merecer cuidados especiais por parte de todo técnico responsável pelo setor do trem de moagem.

Como o bagaço, após passar pelo primeiro esmagamento entre o cilindro rola cana e superior, sofre uma pequena expansão, a bagaceira deve ser assentada de forma a permitir o deslocamento desta massa fibrosa até o ponto do segundo esmagamento, sem que dê margem a interrupções. Para tanto, um crescimento da distância entre a ponta da bagaceira e o cilindro superior deve ser sempre previsto. Admite-se que a bagaceira deva ser traçada segundo uma espiral logarítmica ou segundo um arco de círculo. Em realidade, em função de diversos fatores que estão constantemente influenciando a boa performance da moenda, diversas são as técnicas de traçado da bagaceira. Como ilustração, algumas dessas técnicas são desenvolvidas a seguir.

8.3.1 TRAÇADO CLÁSSICO

A técnica descrita a seguir, bastante usual nas usinas de açúcar, refere-se aos dados correspondentes ao primeiro terno, podendo ser repetida para outros ternos do mesmo trem de moagem. Para facilidade de compreensão, a bagaceira traçada é a do primeiro terno da moenda 26" x 48".

- ✓ Traçar uma linha horizontal, que servirá de centro aos cilindros inferiores,
- ✓ Traçar uma linha perpendicular à linha horizontal, onde deverá situar-se o centro do cilindro superior,
- ✓ Marcar a altura da moenda, obtendo-se, assim, o centro do cilindro superior.

"Para a moenda 26' x 48", a altura usada foi de 500 mm.

Esta altura da moenda, dada pela distância entre o centro do cilindro superior e a linha horizontal que une os centros dos cilindros inferiores, varia com o tipo de castelo e, mais especificamente, com as dimensões da moenda. Nas moendas clássicas, esta distância geralmente identificada pela letra H, obedece à seguinte variação:

Moenda	H (mm)
18 x 30"	360 – 370
20 x 36"	380 – 390
26 x 48"	500 – 510
30 x 54"	580 – 590
30 x 60"	580 – 590
34 x 66"	670 – 680
35 x 80"	700 – 710
37 x 78"	705 – 710
42 x 84"	800 – 810

Determinar os centros dos cilindros inferiores. Para tanto, deve-se determinar a distância que vai do centro do cilindro superior ao centro do rola cana, assim como do centro daquele cilindro ao rola bagaço. Esta distância pode ser facilmente conhecida, usando dos seguintes critérios alternativos, sabendo-se inicialmente que:

Diâmetro externo do cilindro 660 mm
Diâmetro interno do cilindro 584 mm
Diâmetro primitivo 622 mm
Altura do friso 38mm

1º) raio externo do cilindro superior + raio externo do cilindro rola cana + abertura de entrada ou abertura de saída - altura do friso

(AB: 330 + 330 + 51 - 38 = 673 mm)
(AC: 330 + 330 + 21 - 38 = 643 mm)

2º) raio primitivo do cilindro superior + raio primitivo do cilindro rola cana + abertura de entrada ou de saída

(AB: 311 + 311 + 51 = 673 mm)
(AC: 311 + 311 + 21 = 643 mm)

3º) diâmetro externo dos cilindros (casos de diâmetros iguais) + abertura de entrada ou de saída ou a semissoma dos diâmetros primitivos com os respectivos valores de entrada ou de saída

(AB: - 622 + 51 = 673 mm)
(AC: 622+ 21 = 643 mm)

Ou

$$AB: \frac{1.244}{2} + 51 = 673\ mm$$

$$AC: \frac{1.244}{2} + 21 = 643\ mm$$

4º) tomar essas distâncias e com o compasso, fazendo centro em A, cruzar com a linha x y, determinando-se, assim, respectivamente, os centros B e C.

- Traçar os diâmetros externos médios ou primitivos e internos dos três cilindros, baseando-se nos centros A, B e C.
- Medir o ângulo de abertura α e dividir por valores que poderão variar de 5 a 8. O valor obtido (ângulo α) é necessário para se de terminar o ponto em que a bagaceira irá se apoiar. Este ponto situa-se no diâmetro interno do cilindro rola cana. Na Figura 72, o ângulo β foi de 82° que, dividido pelo fator 6, indicou para o ângulo β o valor de 13,7°. A linha inferior, que limita este ângulo β, determina o ponto D no cilindro rola cana.
- Traçar uma linha perpendicular à linha horizontal x y, partindo do ponto D, obtendo-se o ponto E.
- Tomar o raio externo do cilindro rola cana e dividir por três, sendo a distância obtida, marcada na linha x y, partindo-se do diâmetro externo deste mesmo cilindro. Assim procedendo, obtém-se a ponto F, o qual é unido ao centro A. No cruzamento desta linha com o segmento DE resulta o ponto G. Na figura 72, a distância do diâmetro externo ao ponto F foi de 110 mm (330/3 = 110 mm).
- Com o centro em G, traçar a curvatura de D e H, curvatura esta que representa a ponta da bagaceira.
- Traçar, em sequência, a linha central da bagaceira, que pode estar mais próxima ou mais distante do cilindro superior. Os critérios de determinação dos pontos por onde passa a linha central da bagaceira são os mais diversos. No presente caso, aos pontos I e J, correspondentes, respectivamente, à parte central da bagaceira e ao rabo desta peça, foram determinadas pela distância que vai do centro A ao ponto H, somadas pelos respectivos acréscimos.

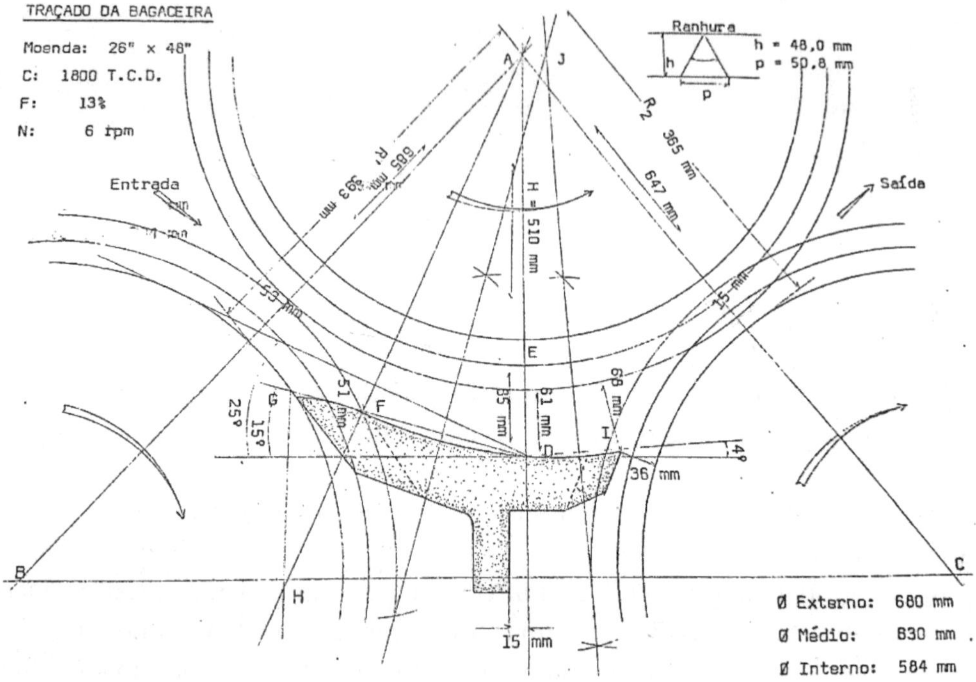

Figura 72 - Traçado da Bagaceira.

- Este acréscimo, chamado de x, corresponde ao valor de divisão da distância H P, tomada na posição paralela a x y, pelo fator 20.

O acréscimo x foi calculado da seguinte forma: HP = 160 mm. Logo

$$x = \frac{160}{20} = 8mm$$

Na Figura 72, os pontos I e J foram marcados segundo as seguintes medidas:

Distância de AH = 380 mm
Distância de AI = 380 + 8 = 388 mm
Distância de AJ = 360 + 16 =396 mm

O ponto J é obtido sempre pelo acréscimo de 2 x. A posição de J é arbitrária, recomendando-se situá-lo próximo ao cilindro rola bagaço. O rabo da bagaceira é determinado de acordo com a conveniência de afastamento dessa peça com o rola bagaço. O ponto I encontra-se na linha perpendicular a x y. O acréscimo x é função da distância de H à linha central da bagaceira e do fator de divisão, que pode variar na prática de 20 a 25, o que permite obter bagaceiras altas ou baixas. Para as diversas moendas brasileiras, têm-se observado, na prática, os seguintes acréscimos, isto é, os seguintes valores de x.

Moenda	x (mm)
18 x 30"	4,5 a 5,5
20 x 36"	5,5 a 6,5
26 x 48"	6,5 a 8,5
30 x 54"	8,5 a 10,0
30 x 60"	8,5 a 10,0
34 x 66"	10,5 a 12,0
37 x 78"	12,5 a 14,5
35 x 80"	12,0 a 14,0
42 x 80"	14,0 a 16,0

- Traçar, com auxílio de compasso, com centro em I, duas linhas imaginárias superiores e duas inferiores; com centro em J, traçar outras linhas, cruzando com as inicialmente feitas e partir do ponto I. O mesmo deve ser feito com o compasso, fazendo centro em H. Pelo cruzamento dessas linhas, resultarão os pontos 1, 2, 3 e 4.
- Traçar uma linha, passando por 1 e 2 e outra por 3 e 4. O cruzamento dessas duas linhas indicará o ponto K, de onde se traça a curvatura central da bagaceira, que vai de H a J.
- A forma da parte inferior da bagaceira normalmente obedece à indicada na Figura 72, estando suas medidas e desenhos relacionadas com as dimensões da moenda e a critério do fabricante da moenda.
- recuo ou avanço da bagaceira, necessário para que o cilindro rola bagaço não encoste no seu pedestal é dada, fazendo-se L-M. Esta diferença, dividida por quatro, indica a distância N, conforme ilustra a Figura 72.
- Quanto à proximidade do rabo da bagaceira ao cilindro rola bagaço, os critérios são os mais variados. Quando em presença de ranhuras pequenas (até 1"), o rabo da bagaceira pode não ser ranhurado.

O inconveniente de não se fazer ranhuras no rabo da bagaceira refere-se ao ajustamento do cilindro bagaceiro. No caso de se querer fechar mais a moenda, a bagaceira, encostando-se ao friso do cilindro, não permitirá tal procedimento. Por outro lado, em presença de ranhuras grandes (de 1,5 a 3"), o rabo da bagaceira deve ser quase sempre também frisado. Nas primeiras moendas, a distância do rabo da bagaceira, ao fundo do friso do cilindro bagaceiro, é maior do que nas outras moendas, mesmo porque o bagaço naquelas moendas não está ainda muito picado. Atualmente, com um melhor preparo de cana, o assentamento do rabo da bagaceira é ponto importante na moagem. Nas últimas moendas, quando o bagaço está bem mais fino, mais próximo do fundo dos frisos deverá estar o rabo da bagaceira, pois, caso contrário, quantidades excessivas de bagaço podem cair para a bica de caldo, sobrecarregando o peneiramento deste líquido. Por outro lado, a maior proximidade do rabo da bagaceira em relação ao cilindro bagaceiro não é prejudicial à drenagem do caldo nessas últimas moendas, mesmo porque pouco caldo resta para ser extraído nos últimos ternos da moenda.

Em geral, a distância (d) que vai do ponto J ao fundo do friso do cilindro bagaceiro é a seguinte, para as diversas moendas de um tandem:

MOENDA	DISTÂNCIA "d" (*)
PRIMEIRA	7/8" a ¾"
SEGUNDA	¾" a 5/8"
ÚLTIMAS	5/8" a 3/8"

(*) d: Distância entre o ponto J e o fundo da ranhura do cilindro rola bagaço, calculada em referência à altura do friso. Por exemplo: h = 2", portanto d = 3/4. 2" = 1,5" ou h = 50 mm e d = 37,5 mm.

As linhas laterais da bagaceira normalmente obedecem a uma posição tangente aos cilindros rola cana e rola bagaço. A grossura, ou altura do corpo da bagaceira, pode ser estabelecida, conhecendo-se a distância que vai do centro do cilindro superior à base da moenda. De modo geral, o corpo da bagaceira permanece praticamente inalterado, sofrendo apenas modificações quanto à curvatura superior e quanto às partes frisadas, ponta e rabo. O modelo inicial, fornecido pela fábrica, deve ser seguido quanto as suas medidas. Qualquer diferença de colocação da bagaceira na moenda é normalmente corrigida com a utilização de calços metálicos, operação esta realizada quando os cilindros estão muito gastos (duas ou três safras).

8.3.2 TRAÇADO DA BAGACEIRA PELO MÉTODO DE GALANI

A sequência inicial deste traçado (Figura 73) é a mesma do anterior. Os dados de entrada e de saída utilizados são devidos a Chirgwin(1960).

Dados conhecidos:

Moenda 28 x 48"
Pano de friso 2" ou 50,8 mm
Ângulo de abertura do friso 55°
Altura do friso 48,8 mm
Diâmetro externo 680 mm
Diâmetro interno 594 mm
Diâmetro primitivo 632 mm
Entrada da moenda em repouso 53 mm
Saída da moenda em repouso 15 mm
Altura da bagaceira 85 mm
Distância A B 685 mm
Distância A C 647 mm

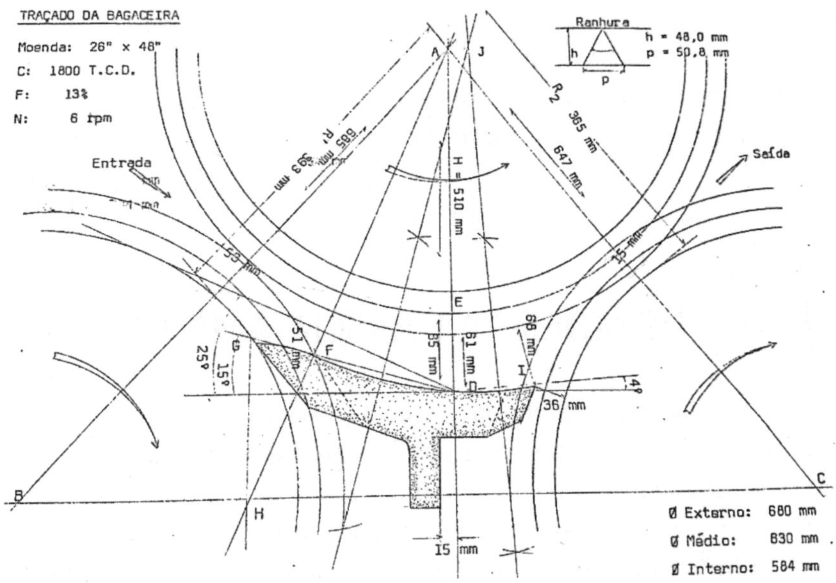

Figura 73 - Traçado da bagaceira pelo método Galani (1973).

<u>**Dados do traçado**</u>

a) Após o estabelecimento dos diâmetros dos três cilindros em suas posições originais, determinar os pontos D e E, referentes à altura da bagaceira. Recomenda-se marcar a distância calculada para a altura da bagaceira, a partir do diâmetro primitivo.

b) Traçar, no ponto D, uma linha paralela à que une os centros dos cilindros inferiores.

c) Traçar uma linha tangente ao diâmetro interno do cilindro rola cana, partindo-se do ponto D.

d) Medir o ângulo formado por esta linha (tangente) com a horizontal e multiplicá-lo por um fator variável de 0,5 a 0,7, determinando-se, assim, um outro ângulo que deverá ser marcado com a mesma linha horizontal. No traçado em questão, o fator usado foi de 0,6°. O ângulo inicial foi de 25° . Portanto, 25 x 0,6 = 15°. Para o uso de fatores mais elevados, obviamente, o bico da bagaceira será mais alto.

e) Pela marcação do ângulo de 15°, obtém-se os pontos F e G, fazendo-se passar a linha superior deste ângulo pelos diâmetros do rola cana.

f) Traçar uma linha perpendicular à linha que une os centros dos cilindros inferiores, partindo-se do ponto G

g) Traçar uma linha de A (centro do cilindro superior), fazendo-a passar pelo ponto F, até cruzar com a linha perpendicular anteriormente traçada, determinando-se, assim, o ponto H.

h) Com o compasso, fazendo centro em H , traçar a primeira curvatura da bagaceira, partindo do ponta F, até encontrar o diâmetro interno do cilindro rola cana.

i) Marcar um ângulo variável de 3 a 5° para o lado do cilindro rola bagaço, obtendo-se uma linha que passa pelos diâmetros do referido cilindro. Anotar o ponto I no cruzamento com o diâmetro primitivo do cilindro rola bagaço. Neste traçado, o ângulo usado foi de 4°. A adoção de ângulos maiores ou menores permitirá obter bagaceiras com o rabo mais alto ou mais baixo.

j) Tendo-se os pontos D , F e I, basta traçar linhas imaginárias, visando obter o ponto J , conforme já descrito no método anterior.

k) Com o compasso em J , traçar o arco central da bagaceira, que deverá passar por E , D e I.

l) A forma inferior da bagaceira obedece às características de construção de cada fabricante.

m) A aproximação do rabo da bagaceira ao cilindro rola bagaço foi feita neste traçado, adotando-se um valor de 3/4" da altura do friso.

8.4 REGULAGEM DE MOENDA E ASSENTAMENTO DA BAGACEIRA

Entende-se por regulagem de moenda, a colocação correta dos três cilindros e da bagaceira, com a finalidade de se obter as melhores condições de alimentação e os melhores resultados referentes à extração de sacarose da cana em moagem.

Portanto, a partir das aberturas de entrada e de saída das moendas, traça-se a bagaceira, para se obter o modelo correto desta peça e sua posição relativa entre os três cilindros. O traçado deve, portanto, ser bem feito, pois será ele o responsável pelas medidas a serem usadas no assentamento. Particularmente, é importantes que as oficinas responsáveis pela construção da bagaceira observem as medidas indicadas pelo desenho original. Qualquer falha de construção da bagaceira implicará na má regulagem desta peça na moenda.

Obrigatoriamente, deve acompanhar as bagaceiras uma planilha com todos os dados pertinentes às operações de regulagem dos cilindros nos castelos do tandem. Os dados, geralmente em mm, pertinentes à bagaceira da primeira moenda, 26 x 48", traçada pelo método de Galani (1973) (Figura 73), são os seguintes:

Moenda	Diâmetro dos rolos			Abertura em repouso			Medidas da bagaceira		
	A	B	C	E	S	AF*	AD*	AI*	N
1°	680	680	680	53	15	731	741	748	15
2°	660	660	680	37	10	-	-	-	-
3°	660	660	660	27	6	-	-	-	-
4°	660	660	660	22	4	-	-	-	-
5°	660	660	660	20	3	-	-	-	-
6°	660	660	660	17	2	-	-	-	-

(*) Essas distâncias (AF, AD, e AI) menos o raio do cilindro superior indicam as distâncias da bagaceira propriamente dita.

Moenda	Altura	Calços		Frisos		Rotação	Regulagem		R.B.
	H	P	Q	Passo		rpm	R1	2	d"

1°	510	-	-	2"	5°	6	393	65	38
2°	510	-	-	1 ½"	5°	6	-	-	-
3°	510	-	-	1 ½"	5°	6	-	-	-
4°	510	-	-	1 ½"	5°	6	-	-	-
5°	510	-	-	1 ½"	5°	6	-	-	-
6°	510	-	-	1 ½"	5°	6	-	-	-

R.B.: Rabo da bagaceira

Algumas planilhas fornecem ainda dados referentes às aberturas em trabalho, diâmetros dos flanges, dados de capacidade de moagem, rotação dos motores de acionamento etc.

8.4.1 ASSENTAMENTO DA BAGACEIRA

Embora na prática, muitas sejam as alternativas para o assentamento da bagaceira, a seguinte é bastante usual entre as usinas brasileiras:

a) Assentar o pedestal e demais equipamentos de regulagem da bagaceira entre os dois castelos.
b) Assentar a bagaceira na posição vertical e regular à sua altura, com auxílio de um cintel, conforme mostra a Figura 74.
c) Medir a distância (H) da base do castelo ao cilindro superior (Figura 75).
d) Conferir a medida de AI, que corresponde na Figura 75, a altura h_1 e medir a distância de I a base do pedestal da bagaceira (h_2). No caso de H ser maior do que $h_1 + h_2$, deve-se proceder à igualdade dessas distâncias, com a colocação de calços metálicos de espessura variável;
e) Colocar os cilindros inferiores, deixando-os livres.
f) Tomar no cintel a distância R_1 (soma do raio externo do cilindro mais o valor da entrada) e aproximar o cilindro rola cana até que a ponta do cintel seja tocada.
g) Igual procedimento deve ser repetido para o rola bagaço, tomando-se no cintel a distância R_2 (raio externo do cilindro inferior, mais o valor de saída em repouso da moenda).
h) Reconferir todas as distâncias:

$$R_1, R_2, AF, AD \text{ e } AI$$

Retirar o cintel e assentar o cilindro superior.

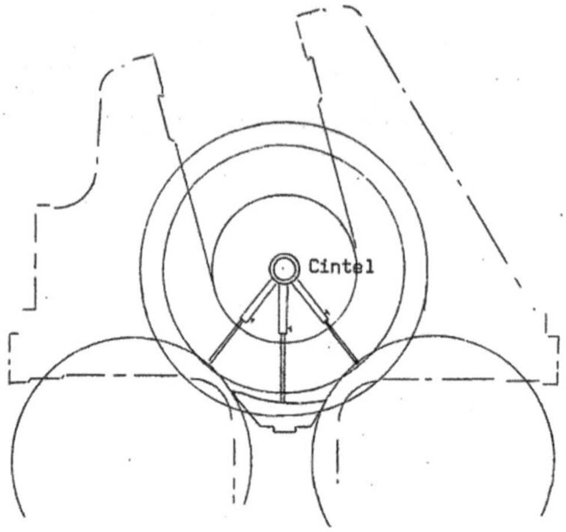

Figura 74 - Ajustamento dos cilindros inferiores e da bagaceira.

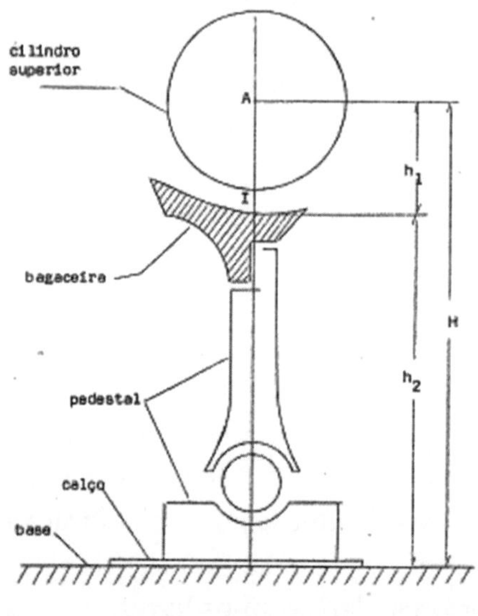

Figura 75 - Montagem da bagaceira na moenda.

As aberturas de entradas e de saída devem ser agora conferidas novamente, utilizando-se de placas metálicas de espessura variável, com passos, etc. Feitos essas operações, a moenda está montada e regulada para a moagem.

8.5 MOAGEM E MANUTENÇÃO DAS MOENDAS

Os últimos retoques a serem feitos num tandem, com vistas ao funcionamento, dizem respeito à aplicação dos lubrificantes. Estes podem ser aplicados por processos manuais, através de bombas mecânicas ou através de sistemas de lubrificação centralizada automáticos ou de comando manual. Esses sistemas são vantajosos em relação aos mecânicos, por permitirem lubrificar um maior número de mancais a partir de um único ponto e uma maior economia de lubrificante, pelo controle de dosagens.

As empresas especializadas fornecem, às usinas de açúcar, os lubrificantes (óleos e graxas) específicos para as moendas, assim como as especificações de consumo. Atualmente, a lubrificação centralizada é a mais usada nas instalações de moagem.

As partes do tandem que exigem constante lubrificação estão constituídas pelos mancais, redutores, pinhões, rodetes e engrenagens, turbinas a vapor, motores horizontais a vapor, etc.

Após as operações de montagem das moendas e perfeito funcionamento dos sistemas de pressão, embebição, lubrificação, etc., providências essas que coincidem com o fim da reparação dos outros setores da usina, o dia de início de safra é marcado.

Entretanto, alguns dias antes de se iniciar a moagem, as moendas são movimentadas, a fim de que se possa corrigir eventuais falhas do ajustamento de cilindros. Esse trabalho inicial é necessário para se obter um perfeito ajustamento dos pentes e da ponta da bagaceira nos cilindros. Alguns técnicos em moenda chegam a colocar areia grossa entre os cilindros, a fim de facilitar o ajustamento mais rápido das moendas. As moendas trabalham, pois, vazias.

Para tanto, pela ordem de providências, põem-se fogo nas caldeiras e espera-se que a pressão de vapor suba e se mantenha num ponto que permita a moagem. No caso dos motores horizontais a vapor, nesta fase preparatória, uma pressão de 7 a 8 kg/cm2 é satisfatória. Em sequência, solta-se o motor ou turbina (pressão de vapor mais elevada). Em consequência disso, as moendas começam a se movimentar. As correções de ajustamento dos cilindros são feitas, se necessárias. Os sistemas de pressão, embebição, lubrificação são verificados.

Depois que tudo estiver em ordem, no dia marcado para moagem, quando as operações de corte da matéria já tenham começado, inicia-se a alimentação da esteira principal de cana. No depósito da usina, algumas cargas de cena já foram armazenadas. A cana pode ou não sofrer lavagem nesta fase. De qualquer forma, a cana, sendo conduzida às moendas pela esteira de cana, sofre a ação das facas rotativas ou de um jogo de facas e de um desintegrador (tipo Shredders). A cana, inteiramente picada, chega à primeira moenda e recebe o primeiro esmagamento, onde a maior parte do caldo medular á extraído, sendo recolhido pelo coletor de caldo, assentado sob as moendas (Figura 76).

O bagaço resultante da primeira moenda passa, agora, para as demais, a fim de se extrair o máximo de caldo dessa matéria prima. Ele deve sair da última unidade de moagem o mais esgotado de sacarose possível.

O bagaço não tem poder calorífico para tirar a caldeira do estado de inércia inicial, por isso usa-se a madeira, que tem um potencial calorífico maior. Ele é usado a partir do momento que a madeira colocada começa a movimentar a caldeira, isto é, quando a pressão aumenta e a água entra em ebulição. Pode-se verificar essa ocorrência nos medidores de pressão. Assim, o resultante da última moenda segue para as caldeiras, servindo, a partir de então, como combustível.

Para aumentar a extração, o sistema de embebição simples ou composta é colocado em funcionamento. Quando se faz embebição simples, o caldo obtido pela primeira moenda misturado com os caldos das demais moendas, na forma de caldo misto, é encaminhado para a seção de clarificação. Na embebição composta, apenas o caldo que não sofre retorno, é enviado para a fabricação. Um peneiramento é sempre necessário.

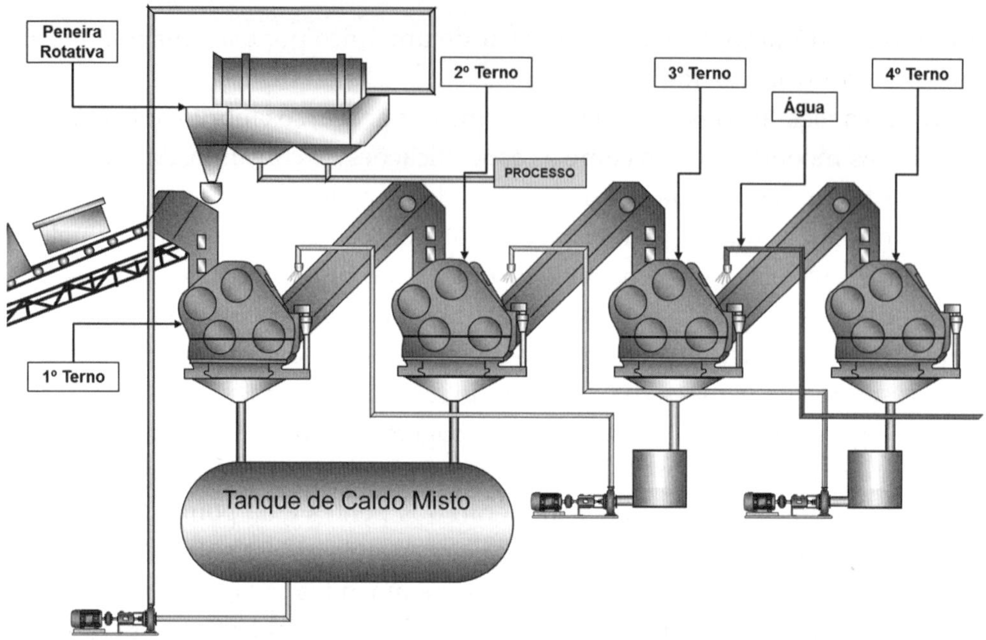

Figura 76 - Todos os setores de uma instalação de moagem. *Ilustração:* **Paulo Gangorra.**

Durante a moagem, o responsável pelas moendas deve estar atento aos seguintes pontos:

a) Verificação constante da lubrificação, procurando mantê-la contínua perfeita e sempre dentro dos limites regulares de nível de óleo e de pressão;
b) Verificação da temperatura da água de refrigeração de todos os mancais por toque direto com a mão; a água deve manter-se sempre fria, pois quando começa a aquecer, estará indicando defeitos na lubrificação, no resfriamento ou defeitos de ajustamento ou de sobrecarga.
c) Fiscalização do funcionamento dos pentes das bagaceiras e dos reguladores hidráulicos; a bagaceira, estando com o rabo muito distante do rola bagaço, a queda de bagacilho é muito grande e pode prejudicar o peneiramento de caldo e dificultar a moagem.
d) Alimentação regular e constante da primeira moenda.
e) Verificação constante da pressão de vapor de alimentação dos motores ou turbinas a vapor de acionamento das moendas
f) Verificação constante da embebição, bombas de caldo, etc.
g) Verificação da limpeza da seção de moagem. Um dos critérios mais econômicos para a limpeza das moendas está no uso de água quente. Assim, a intervalos de 8 a 12 horas, todas as seções da moenda (cush-cush, peneiras, bicas de caldo, parte inferior dos cilindros e de ajustagem da bagaceira, tanques de caldo, balanças, etc.) devem ser lavados com água quente.

Entretanto, quando por qualquer razão, a moagem é paralisada, os serviços de limpeza devem ser postos em prática. Nessas paradas eventuais, os serviços de ajustamento e de manutenção dos diversos equipamentos devem ser executados. A substituição ou endurecimento com solda das facas, o ponteamento dos frisos dos cilindros, a ajustagem da bagaceira e dos cilindros inferiores, etc., devem ser sempre observados nessas paradas. De outra parte, é interessante planejar uma parada obrigatória de mais ou menos oito horas e a intervalo de quinze dias, para esses serviços de manutenção. Algumas usinas, entretanto, fazem essa reparação na segunda-feira, em razão da existência de pouca cana no depósito. Na maioria das usinas, paulistas é tradição não transportar cana no domingo. Entretanto, nas grandes usinas esta tradição está chegando ao fim, pois um minuto de parada da moenda pode ser danoso para o bom desempenho das outras seções da usina.

O êxito da moagem, tanto em extrações como em capacidade, está, pois, na constante e perfeita manutenção, direção e supervisão de todos os equipamentos e problemas inerentes a essa operação.

8.5.1 EFICIÊNCIA DAS MOENDAS

A eficiência de um terno de moenda ou de um trem de moagem é governada por dois fatores fundamentais: a capacidade ou quantidade de matéria prima trabalhada na unidade de tempo e a extração ou capacidade extrativa em sacarose.

Na prática industrial, esses dois fatores devem estar perfeitamente integrados, visando melhor eficiência das moendas. Esta é elevada quando se pode ter, em determinado período de moagem, alta extração de açúcar de uma grande quantidade de cana moída. Na realidade, esses dois fatores são antagônicos. Todas as vezes que se forçar a capacidade de moagem, haverá baixa capacidade extrativa de sacarose e vice-versa.

De modo geral, tem-se observado grandes capacidades de moagem em detrimento da extração nas regiões em que há maiores disponibilidades de matéria prima, muita mão de obra, salários relativamente baixos, consumo per capita de açúcar também muito baixo, necessidade de se produzir maiores volumes de açúcar, etc. Cada usina tem sempre suas opções, que estão relacionadas aos fatores acima apontados. Evidentemente, quando as condições são de pouca matéria prima disponível, salários altos, pouca mão de obra, preço de açúcar elevado, etc., a usina deve procurar aumentar a extração.

Em termos econômicos, é comum uma usina optar pelo aumento de sua capacidade de moagem, por exemplo de 5.000 para 6.000 TCD, a instalar uma pequena usina para moer 1.000 TCD, que tenha condição de produzir sua lavoura. Evidentemente, nessas condições, a perda de açúcar no bagaço deve aumentar e, em consequência, a extração será prejudicada. Portanto, as condições locais podem determinar moagens exageradas, obviamente, em prejuízo da extração.

8.5.2 CAPACIDADE DE MOAGEM

Por capacidade de moagem, entende-se a quantidade de cana que pode ser moída, economicamente, em um determinado tempo, pelas moendas de um tendem.

E, para que o tandem realize esse trabalho economicamente, implica que a mesmo trabalhe conforme as indicações de seu projeto. Torna-se claro que todas as vezes que esse coeficiente de esmagamento, considerado econômico, é ultrapassado exageradamente, a capacidade extrativa de sacarose fica fatalmente prejudicada.

Expressões da Capacidade

Na prática industrial, a capacidade de moagem pode ser expressa, considerando-se:

- Peso de cana em toneladas;
- Matéria prima, como cana ou fibra;
- Unidade de tempo, como hora ou dia.

Pela combinação dessas condições, resultam as seguintes possibilidades de se expressar a capacidade:

C = TCD (Toneladas de cana por dia);
C = TCH (Toneladas de cana por hora);
C = TFD (Toneladas de fibra por dia);
C = TFH (Toneladas de fibra por hora).

Dessas maneiras de se expressar a capacidade de moagem, a do item "b" é a mais usual, pois, raramente a usina trabalha o dia todo sem interrupções. A usina está sempre sujeita a paradas por falta de cana, defeitos mecânicos nas moendas, nas caldeiras, nos diversos setores da fabricação, entre outros. Para efeito de projetos, dimensionamento de equipamentos, etc., a expressão da capacidade de moagem em TCH favorece os cálculos que lhes são pertinentes.

Entretanto, a expressão em TFH é a mais técnica, visto que o teor de fibra da cana é muito variável, sendo função de outros fatores, tais como variedade, idade da matéria prima, estado de maturação, etc.

Para efeito de compreensão dessas expressões, considere as seguintes condições:

<u>Usina A:</u>

C = 300 TCH (capacidade)
f = 12% (fibra da cana)

Logo, a capacidade desta usina em tonelada de fibra por hora será:

$$C = \frac{300\,x\,12}{100} = 36\,TFH$$

Usina B:
C = 300 TCH (capacidade)
F = 10% (fibra da cana)
Logo, a capacidade desta usina em THF será:

$$C = \frac{300\,x\,10}{100} = 30\,TFH$$

Verifica-se, pois, que a massa fibrosa que passa na moenda da usina A é superior à quantidade absorvida pela moenda da usina B, embora, em termos de TCH, apresentem a mesma capacidade de moagem.

Este ponto é muito importante, visto que um tandem trabalha, a rigor, da seguinte forma:

Primeira moenda moi cana
Demais moendas moem fibra

O teor de fibra aumenta, consideravelmente, com o decorrer da moagem, acarretando, deste modo, sua capacidade de trabalho.

8.5.3 FATORES QUE INFLUEM NA CAPACIDADE DE MOAGEM

Do ponto de vista industrial, os fatores que afetam a capacidade são os seguintes:

a) Preparo da cana: A cana, em virtude de sua própria natureza e estrutura física, apresenta considerável resistência para liberar seu caldo pela ação compressora dos cilindros. O bom preparo da cana, antes do primeiro esmagamento, pode, pois, aumentar a capacidade de moagem, em razão de:

- Reduzir a massa desuniforme da cana a uma massa uniforme, de maior densidade e de melhor potencial absortivo pelas moendas;
- Uniformizar o teor de fibra da massa de cana, facilitando a apreensão pelas moendas;
- Tornar a alimentação das unidades esmagadoras mais uniformes e regulares;
- Propiciar condições para a aplicação de melhor pressão e embebição, diminuindo o antagonismo entre a capacidade e a extração. Os dados da Tabela 26, ilustram o efeito do preparo da cana sobre o aumento da capacidade de moagem.

Tabela 26 - Efeito da instalação de facas rotativas sobre o aumento da capacidade de moagem em TCH (*)

Usinas	TCH antes da instalação das facas	TCH depois da instalação das facas	Aumento da capacidade
A	73,07	81,70	11,81%
B	76,80	104,80	36,45%
C	121,00	137,40	13,55%
D	35,00	41,29	17,97%

Fonte: **Leme Junior e Borges (1965)**

b) Alimentação das unidades esmagadoras: A capacidade de moagem de um tandem depende largamente das condições de alimentação de suas unidades esmagadoras, especialmente das primeiras.

A cana bem preparada facilita a alimentação, pois a camada de cana é mais regular e compacta. Portanto, a alimentação só será efetiva se o preparo da cana for, também, feito de forma eficiente.

Entretanto, uma cana bem preparada pode não ser facilmente apreendida pela moenda, em razão da própria geometria da moenda e do ângulo correspondente ao coeficiente de fricção da cana ou do bagaço com as superfícies das camisas dos cilindros. A colocação do rolo de pressão, ou "Press-roller", assegura uma melhor uniformidade de alimentação e, em consequência, a moenda poderá pegar uma camada maior de cana. A instalação da esteira de alimentação no lugar do bicão tem sido outro recurso, aliás mais antigo, com vistas ao aumento da capacidade.

c) Fibra: O componente em questão tem importância fundamental na performance da tandem. A fibra influi tanto na capacidade quanto na extração.

Tem-se verificado que as canas com mais alto teor de fibra são sempre mais duras, provocam sempre maior desgaste dos cilindros e exigem mais potência para a moagem. Por outro lado, canas com baixo teor de fibra são mais difíceis de serem apreendidas pelas moendas, o que implica sempre uma diminuição da capacidade. Entretanto, ainda sobre este aspecto, a colocação de rolos de pressão pode perfeitamente compensar este possível efeito na moagem.

A qualidade de fibra, traduzida por seu comprimento e largura, parece exercer algum efeito na moagem, embora, neste aspecto, não se tenha chegado a conclusões definitivas. Por estas razões é que a capacidade de moagem deve ser expressa em TFH e não em TCH. Os dados do Tabela 27 esclarecem bem a influência da fibra na capacidade de moagem.

Tabela 27 - Efeito da fibra sobre a capacidade de moagem

Moenda	THF	TCH para uma fibra igual a:			
		10%	12%	14%	15%
30 x 60"	3,44	34,4	29,1	25,1	23,0
32 x 60"	4,33	43,3	36,7	31,7	28,8
34 x 66"	5,98	59,8	50,6	43,8	40,0

d) Dimensões da moenda: Dentre os elementos que compõem as dimensões dos cilindros, o diâmetro, segundo a maioria dos autores, afeta a capacidade de modo direto e proporcional ao seu quadrado, enquanto o comprimento afeta apenas em sua primeira potência, isto é, a capacidade é proporcional a LD2.

Entretanto, para efeito de construção, a relação entre diâmetro e comprimento deve ser proporcional, pois sabe-se que o consumo de potência é diretamente proporcional ao diâmetro. Isso implica que quanto maior o diâmetro, maior deverá ser o consumo de potência e, provavelmente, os custos envolvidos não serão superados pelo aumento da capacidade de moagem. Na prática industrial, tem-se observado, nas pequenas moendas, $L < 2D$ e, nas grandes moendas, $L > 2D$.

e) Número de cilindros: O efeito do número de cilindros está afeto à abertura da primeira unidade esmagadora. Assim é que, aumentando as aberturas da primeira moenda e aumentando o número de cilindros ou de ternos, a capacidade tende a aumentar. Por outro lado, aumentando o número de cilindros, sem alterar as aberturas, a capacidade econômica de moagem tende a permanecer inalterada. Neste caso, ter-se-á maior extração. A tendência atual é montar tandens básicos ao invés de longos, pois embora se consiga obter um aumento de capacidade, nestas últimas instalações, sem muito prejuízo da extração, esse aumento não é economicamente proporcional aos custos de instalação e manutenção. A instalação dos rolos de pressão, ou dos "press-roller", pode assegurar um bom índice de capacidade de moagem nesses tandens básicos.

f) Velocidade dos cilindros: A velocidade dos cilindros mantida constante aos outros fatores aumenta a capacidade de moagem. Contudo, não se deve esquecer, aqui, o efeito da velocidade no consumo de potência. O que tem limitado o aumento de capacidade de moagem, em muitas usinas, é a falta de potência nos motores de suas moendas.

Nas usinas que visam à capacidade, a velocidade de moagem deve ser decrescente, da primeira à última moenda.

g) Configuração dos cilindros: Os frisos dos cilindros são construídos com a finalidade de aumentar a apreensão da cana ou do bagaço e facilitar a drenagem do caldo. Entretanto, quanto aos frisos circunferenciais, sua contribuição para o aumento da capacidade é mais notória quando não se tem um bagaço bem preparado. Devido à diferença de velocidade periférica, considerada na ponta do friso e no fundo, pode-se verificar uma maior apreensão da cana, redundando sempre num maior preparo dessa matéria prima. Na presença de cana ou de bagaço bem preparado, o trabalho maior das ranhuras circunferenciais está na drenagem de caldo. Por outro lado, as ranhuras "chevron" exercem um papel positivo na capacidade de moagem.

h) Textura dos cilindros: Quanto mais áspera e granular for a textura dos cilindros, melhor será a apreensão de cana e, portanto, maior será a capacidade de moagem.

De modo geral, os cilindros, em consequência do efeito lubrificante da água de embebição e do caldo extraído, tornam-se lisos, o que implica dificuldade de apreensão da matéria prima. Daí o interesse dos fabricantes em fundir as camisas dos cilindros com um material cuja composição seja a mais porosa possível.

A deposição de material de superfície dura nas pontes dos frisos dos rolos e de eletrodos de carvão nas laterais dos frisos, com intuito de manter a superfície áspera, têm sido um recurso usual para manter os cilindros dentro dos melhores parâmetros de trabalho, com vistas à capacidade e à extração.

i) Pressão: A pressão, considerada como fator isolado, é elemento negativo à capacidade. Logo, aumentando-se a pressão tem-se uma diminuição da capacidade e um aumento da extração, e vice-versa. Por outro lado, a aplicação da pressão, por ser um fator importante no aumento do consumo de potência, deve ser considerada com certas restrições. Portanto, deve ser interpretada em conjunto com a embebição, com as aberturas, etc.

De modo geral, as usinas que almejam capacidade adotam pressões crescentes da primeira à última moenda. Para se ter extração, a pressão deve ser decrescente, no mesmo sentido.

j) Embebição: A embebição constitui fator negativo à capacidade por dois motivos principais:

- ✓ Quanto maior a embebição, maior será a camada de bagaço que deve passar pelas moendas; e
- ✓ Pelo aumento da embebição, mais difícil é a apreensão do bagaço pelas moendas.
- ✓ Por outro lado, esse fator é de importância, quanto relacionado à capacidade extrativa de sacarose da cana pelas moendas.

k) Regulagem das moendas: O correto assentamento dos cilindros e da bagaceira contribui para um bom desempenho das moendas, com vistas à capacidade e à extração.

A adoção de pequenas aberturas na entrada das moendas, principalmente da primeira, e a colocação de bagaceiras mais altas contribui para a diminuição da capacidade de moagem. Isso é em razão da maior dificuldade de pega de cana pela moenda e em consequência de um pior caminhamento do bagaço, pela bagaceira, para a segunda extração, entre o rolo superior com o de saída. Neste caso, ainda ocorre um maior desajuste da bagaceira, o que pode implicar sua troca, mesmo no decorrer da safra. A colocação da bagaceira muito baixa também não favorece a capacidade, visto que a circulação do bagaço entre os cilindros não é boa, podendo ocorrer o engasgamento deste resíduo na moenda.

Assim, nos dois casos, bagaceiras altas e baixas, para um mesmo critério de aberturas, a capacidade e a extração podem ficar prejudicadas. Portanto, deve-se procurar sempre assentar os cilindros e as bagaceiras, de forma a se ter uma boa alimentação de cana ou de bagaço e uma diminuição do atrito com a bagaceira, redundando na boa e contínua circulação desses materiais na moenda.

Desde que a bagaceira esteja em posição correta, o fator abertura é considerado, isoladamente como um dos mais importantes para o bom desempenho das moendas.

É de se esperar, pois, que quanto maior for a abertura, maior seja a capacidade de moagem. Aliás, neste particular, é digna de nota a função que exercem seja os rolos de pressão sobre a capacidade e a extração. Uma moenda sendo montada muito aberta favorece a capacidade, pois quanto maior for essa abertura, melhor será a penetração de cana ou de bagaço. Neste caso, o trabalho de extração fica restrito apenas ao esmagamento entre o cilindro superior e rolo bagaço. Com isso, a eficiência extrativa da moenda será baixa. Entretanto, com a instalação dos rolos de pressão (press-roller), estes funcionando com um rolo auxiliar da alimentação e trabalhando como que forçando a entrada de cana na moenda, as aberturas de entrada podem ser diminuídas. Uma boa capacidade de moagem é obtida sem prejuízo da extração. Obtêm-se ,neste caso, também, um esmagamento entre o rola cana e o rolo superior, não sobrecarregando o trabalho dos cilindros de saída.

l) Direção e elemento humano: Evidentemente, quanto mais qualificados tecnicamente forem a direção e o elemento humano do setor de moagem, melhor deverá ser o desempenho de moendas, com vistas à capacidade e à extração. Associado a isso, está o bom relacionamento entre dirigentes e dirigidos.

8.5.4 FÓRMULAS PARA CALCULAR A CAPACIDADE

Do exposto anteriormente, verifica-se que inúmeros são os fatores que influem sobre a capacidade de moagem das usinas de açúcar. Em razão disso, difícil é o estabelecimento de uma fórmula capaz de expressar com exatidão a real capacidade de trabalho de um trem de moagem.

De modo geral, as fórmulas existentes para o cálculo de capacidade levam em consideração os fatores: dimensões dos cilindros, fibra da cana, número de cilindros, preparo de cana, velocidade dos cilindros, etc.

Das várias fórmulas existentes, a que mais foi utilizada no Brasil até a década de 90 era a de Hugot (1986), conforme segue:

$$C = K \frac{c \,.\, n\,(1 - 0{,}06 \,.\, D \,.\, n)\, L \,.\, D^2 \sqrt{N}}{f}$$

Onde,
C = capacidade de moagem em TCH;
K = fator regional = 0,8;
n = rotação dos cilindros, em rpm;
c = fator de preparo de cana:
c = 1,20 (quando se usa dois jogos de facas);
c = 1,25 (quando se usa dois jogos de facas e um desintegrador);
c = 1,15 (quando se usa um jogo de faca);
D = diâmetro dos cilindros em m;
L = comprimento dos cilindros em m,
N = numero de cilindros totais,
f = Fibra da cana unitária, relacionada à unidade.

Como, praticamente, a maioria das instalações de moagem possuem dois jogos de facas, e desfibrador, a capacidade de moagem, pela fórmula de Hugot (1977), nas condições brasileiras, pode ser simplificada considerando:
c = 1,25 (preparo de cana)
K = 0,8

Portanto,

$$1{,}25 \,.\, 0{,}8 = 1{,}0$$

Com a instalação dos rolos de pressão, a capacidade de moagem pode ser aumentada de 10 a 20%%. Nessas condições, um fator de alimentação pode ser estabelecido, podendo variar de 1,1 a 1,2. Logo, a fórmula simplificada de Hugot (1977) passa a ser igual a:

$$C = A \frac{n\,(1 - 0{,}06 \,.\, n \,.\, D)\, LD^2 \sqrt{N}}{f}$$

Onde:
C = TCH
A = fator de alimentação (1,1 a 1,2);
n = rotação dos cilindros em RPM;
D = diâmetro dos cilindros em mm;
L = comprimento dos cilindros em m,

N = número de cilindros,
f = fibra da cana.

Aplicação numérica
a) Fórmula de Hugot (1977)

Dados conhecidos
Moenda 42 x 84"
Diâmetro dos cilindros D = 1,067 m
Comprimento dos cilindros L = 2,134 m
Fator de preparo de cana C = 1,25
Rotação das moendas n = 6 rpm
Fibra da cana f = 12,5 %
Número de cilindros 18

Dados calculados

$$C = 0{,}8\,\frac{1{,}25\,.\,6\,(1-0{,}06\,.\,1{,}067\,.\,6)\,.\,2{,}134\,.\,1{,}067^2\,.\,\sqrt{18}}{0{,}125}$$

Portanto,

C = 304,94 TCH ou C = 7318,70 TCD

b) Fórmula simplificada
Dados conhecidos
Dados da fórmula anterior
Fator de alimentação....................A = 1,2

Dados calculados

$$C = 1{,}2\,\frac{6\,(1-0{,}06\,.\,1{,}067\,.\,6)\,.\,2{,}134\,.\,1{,}067^2\,\sqrt{18}}{0{,}125}$$

Entretanto, tem-se observado que as moendas brasileiras estão, atualmente, trabalhando com capacidade muito superior à estipulada pela fórmula de Hugot (1977).

Deste modo, passou a ser utilizada a fórmula apresentada por Brunelli (1975 e 1985) em seminário na Escola Superior de Agricultura "Luiz de Queiroz", a que tem sido mais utilizada por diversos técnicos.

b) Fórmula Brunelli (1985):

$$C_{MAX} = \frac{47{,}12 \,.\, D^2 \,.\, L \,.\, n}{(0{,}97 \,/\, dc) - 47{,}50 \,.\, 10^{-3} \,.\, f}$$

Donde Cmax é a capacidade máxima em toneladas de cana por hora (TCH), D é o diâmetro do cilindro (m), L é a largura do cilindro (m), dc é a densidade da cana em moenda (t/m^3) e f é a porcentagem de fibra da cana.

A potência total de cada tandem de moendas será dada pela soma de potência exigida em cada trem de moinhos. A capacidade máxima da moenda para unidades com diâmetros de cilindros iguais está determinada pelos parâmetros:

Alimentação na primeira moenda e sua geometria (D, L e n) e,

Da densidade de cana que entra na moenda, densidade que varia de 0,4 a 0,6 t/m^3.

Considerando as condições padrões de trabalho, pode-se estabelecer diferentes densidades de cana preparada (Tabela 28), para avaliar as capacidades máximas da moenda, em função da densidade da cana de entrada, para uma velocidade de rotação de 6,0 rpm e uma porcentagem de fibra de 12%.

A fórmula utilizada por Brunnelly mais se aproxima da capacidade prática da condução e controle das unidades agroindústrias brasileiras, em função da diferenças técnicas e operacionais da região.

Tabela 28 - Densidades variadas de cana preparada nas diferentes dimensões da moenda

Moenda	Densidade da cana preparada, t/m3				
	0,40	**0,45**	**0,50**	**0,55**	**0,60**
26"x 48"	77	90	105	121	130
30"x 54"	122	143	166	191	218
34"x 66"	186	218	253	292	325
37"x 78"	259	304	352	405	463
42"x 84"	355	417	484	557	637

Fonte: **Brunelli (1985), citado por SILVA et al, 2013**

Observando-se a Tabela 28, pode se constatar que a cada 0,05 t/m3 que se eleva na densidade, obtém-se um incremento de moagem de aproximadamente 15%.

8.5.5 CONTROLE DA CAPACIDADE DE MOAGEM

Em termos de controle de moagem, dois dados são importantes à capacidade: capacidade de moagem real ou aparente e capacidade de moagem calculada.

a) Capacidade de moagem aparente

A capacidade de moagem aparente é aquela que se supõe trabalhada pela moenda na unidade de tempo. Pode ser facilmente avaliada nos casos em que a usina recebe e armazena a matéria prima em cargas protegidas por cabos metálicos. Neste caso, o encarregado do laboratório vai até a seção de moendas coletar o número de cargas de cana, equivalente a cada veículo descarregado na esteira para a moagem ou que ficou armazenado no depósito para o período seguinte de moagem. O encarregado da balança fornece, ainda, o número de cargas que entrou no período. Para os cálculos, estima-se uma quantidade média para as cargas de cana. A capacidade de moagem pode ser estimada, considerando o seguinte exemplo:

- número de cargas trabalhadas: 820
- período de trabalho: 24 horas
- quantidade média da carga: 10 ton.

Logo, a capacidade aparente de moagem foi de 341,16 ton., ou seja:

$$C = \frac{10.820}{24} = 341{,}16\,THC$$

Pelo número remanescente de cargas no depósito, tem-se:

- número de cargas recebidas: 870
- período de cargas remanescentes: 50 horas
- tonelagem média por carga: 10 ton.

Logo, a capacidade de moagem aparente será também de 341,16 t, ou seja:

$$\mathbf{C} = \frac{\mathbf{(870 - 50).10}}{\mathbf{24}} = \mathbf{341,16\ TCH}$$

A capacidade, nessas condições, é aparente, porque apesar de separar toda a matéria prima que entra na usina, não se tem no depósito qualquer identificação da tonelagem de carga de cana. Este dado serve apenas como valor aproximado da capacidade de moagem.

b) Capacidade de moagem real

A capacidade de moagem real é aquela obtida quando se moi toda a matéria prima recebida num determinado período de moagem. Este cálculo é comprovado pela inexistência de matéria prima no depósito. O esgotamento ou limpeza dos depósitos normalmente é feito em fins de semana, em períodos longos de chuva, ou no final da safra. O exemplo seguinte ilustra este caso:

- cana entrada e moída no período: 8.520 t.
- horas de moagem: 24

Logo, a capacidade real será:

$$C = \frac{8520}{24} = 355\ TCH$$

c) Capacidade de moagem calculada

Calculada por qualquer das fórmulas teóricas existentes ou pela fórmula de Hugot (1977).

O desempenho prático da moenda, com vista à capacidade, pode ser avaliado pela variação do fator de capacidade, definido pela relação entre capacidade de moagem aparente ou real e a capacidade calculada.

Seja o seguinte exemplo:

- capacidade de moagem aparente - 341,16 TCH
- capacidade de moagem real - 355,00 TCD
- capacidade de moagem calculada - 365,93 TCH

Portanto, tem-se que:

$$F.c.a = 341,\frac{16}{365},93 = 0,97$$

Onde,

F.c.a. = Fator de capacidade aparente,

ou

$$F.c.r = 355,\frac{00}{365},93 = 0,97$$

Onde,

F.c.r. = fator de capacidade real.

Para uma melhor compreensão deste fator, pode-se fazer a seguinte interpretação:

Para F.c.r. > 1, a moenda está moendo mais do que a esperado ou com sobrecarga. É possível que se esteja prejudicando a extração.

Para F.c.r. > 0,9 e < 1,0, trabalho normal.

Para F.c.r. < 0,9, a moenda moi menos do que o esperado.

No exemplo em questão, as moendas do tandem 42 x 84" estão moendo menos do que a capacidade calculada.

Hugot (1977) compara as capacidades de moagem pelo valor atribuído à carga fibrosa. Obtém-se, neste caso, fatores apenas teóricos, porque na prática as unidades industriais fazem ajustes técnicos e operacionais.

8.6 EXTRAÇÃO DAS MOENDAS

Extração é o termo que define a capacidade extrativa de caldo ou de sacarose da cana pelas moendas.

As principais maneiras de expressar a extração são as seguintes:

Caldo misto extraído % de cana,

pol (sacarose) extraído % de cana,

pol (sacarose) extraído no caldo misto % de p01 (sacarose) contida na cana,

pol. (sacarose) perdido no bagaço % de fibra na cana.

As duas primeiras expressões (a e b) são falhas, pois não levam em consideração a embebição e a quantidade de material (calda ou pol) existente originalmente na cana.

A expressão c é a mais usual, pois leva em consideração o teor de pol ou de sacarose presente originalmente na cana. Entretanto, a última expressão é a mais técnica, em razão de levar em consideração Q teor de fibra da cana. Do mesmo modo, como foi demonstrado para a capacidade, a importância da fibra pode ser avaliada pela comparação dos dados relativos a duas usinas:

Usina A

- sacarose na cana - 15
- fibra na cana - 10
- sacarose no calco misto % cana - 14

Usina B

- sacarose na cana - 15
- fibra na cana - 14
- sacarose no caldo misto % cana - 13,7%

a) Cálculo da extração como sacarose extraída % de sacarose na cana

Usina A

15 100

14...........X

X = 93,33%

Usina B

15,0..........100
13,7..........Y
Y = 91,33%

b) Cálculo da extração como sacarose perdida no bagaço % de fibra na cana

Usina A

10............15 - 14 (sacarose perdida no bagaço)
100..........Z
Z = 100 . 1 / 10 = 10,0%

Usina B

14............15 - 13,7
100..........W
W = 100 . 13,7 / 14 = 9,28%

Expressando-se a capacidade em sacarose extraída % de sacarose na cana, verifica-se que as moendas da Usina A tem maior capacidade extrativa, ou seja, são mais eficientes que as moendas da usina B. Entretanto, em termos de sacarose perdida no bagaço % de fibra na cana, vimos que a usina B foi mais eficiente. Portanto, pelo segundo critério, perde-se menos no bagaço. A extração de 13,7 Kg de sacarose de 100 kg de cana com 14% de fibra representa um melhor trabalho do que extrair 14 kg de sacarose por 100 kg de cana, contendo 10% de fibra.

8.6.1 FATORES QUE INFLUEM SOBRE A EXTRAÇÃO

Da análise dos itens comentados para a capacidade das moendas, verifica-se que vários são os fatores favoráveis à extração, destacando-se:

Preparo de cana
Uma cana bem preparada concorre para ter uma melhor uniformidade de camada, de alimentação, de embebição, etc.

Pressão
A pressão, fator negativo à capacidade, concorre para o aumento da extração, principalmente se for aplicada a partir das primeiras moendas.

Fibra
Quanto maior o teor de fibra, maior será a retenção de sacarose no bagaço.

Regulagem das moendas

O efeito da regulagem é substancial para o êxito de melhores extrações. A tendência atual é aumentar a extração do primeiro terno de moagem, a fim de que, com auxílio de uma embebição controlada, possa-se ter um melhor trabalho dos outros ternos de moagem. A instalação dos rolos de pressão tem por função aumentar tanto a extração como a capacidade, pois as aberturas de entrada, neste caso, podem ser mais fechadas. O bom preparo de cana é fundamental para este tipo de regulagem.

Embebição

A embebição, conforme foi visto no item anterior, é um dos fatores fundamentais com vistas à obtenção de uma alta extração.

8.6.2 CÁLCULO DE EXTRAÇÃO

Para o cálculo da extração é necessário conhecer as seguintes equações:

- cana = caldo + bagaço
- açúcar na cana = açúcar no caldo + açúcar no bagaço
- cana +água = caldo misto + bagaço
- caldo = água + sólidos solúveis (Brix)
- bagaço água + fibra + sólidos solúveis (Brix)

Pelas relações acima, verifica-se que há necessidade de se conhecer, pelo menos, dois componentes, ou seja:

a) Peso de água
b) Peso de caldo, ou
c) Peso de bagaço

Pelo que se sabe, sempre foi mais fácil pesar a cana e o caldo. A pesagem do bagaço ainda é problemática.

Aplicação numérica

Como aplicação numérica são dados em sequência, alguns dos vários métodos existentes para o cálculo de extração:

Método I

Dados conhecidos

Peso de cana (p.c.) 2.400 t

Peso de calda misto (p.c.m.) 2.300 t

pol do caldo misto (pol.c.m.) 15%

Peso de bagaço (p.b.) 600 t

pol do bagaço (pol.b.) 4%

Dados calculados

a) Peso pol. de caldo misto (p.pol.c.m.)

100 c.m. .... pol.c.m.

p.c.m. x1

$$x_1 = \frac{p.c.m.\ .\ pol.c.m.}{100} = \frac{2300\ .15}{100} = 345\ t$$

b) Peso de pol. do bagaço (p.pol.b.)

100 b. .... pol.b.

p.b. x2

$$x_2 = \frac{p.b.\ .\ pol.b.}{100} = \frac{600\ .4}{100} = 24t$$

c) Peso pol. Cana

$$\text{p. pol. c.} = \text{p. pol. c. m.} + \text{p. pol. b.}$$

$$= 345 + 24 = 369\ \text{t}$$

d) Extração

p.pol.c. .... p.pol.c.m.

100 .... E

$$\text{E} = \frac{100.\text{p. pol. c. m.}}{\text{p. pol. c.}} = \frac{100.345}{369} = 93{,}50\%$$

Portanto, extração = 93,50%

Observação: Os problemas deste método, considerado o ideal, estão na necessidade de se pesar o caldo misto e o bagaço.

Método II

Dados conhecidos

peso de cana (p.c.) 2.400 t
peso de caldo misto (p.c.m.) 2.300 t
pol de caldo misto (pol.c.m.) 15%
pol de bagaço (pol.b.) 4%
peso da água de embebição (p.a.e.) 500 t

Dados calculados

a) Peso pol de caldo misto

100 c.m. .... pol. c.m.
p.c.m. x1

$$x_1 = \frac{p.c.m..pol.c.m.}{100\ c.m.} = \frac{100\ .2300}{15} = 345\ t$$

b) Peso de bagaço

$$p.c.m. + p.b. = p.c. + p.a.e.$$

Portanto,

$$p.b. = p.c. + p.a.e. - p.c.m. \quad \text{ou} \quad p.b. = 2400 + 500 - 2300 = 600t$$

Peso pol bagaço
100 b. .... pol . b.
p. b. x2

$$x_1 = \frac{p.b..pol.b.}{100\ b.} = \frac{600.4}{100} = 24\ t$$

c) Peso pol cana

$$\text{p. pol. c.} = \text{p. pol. c. m.} + \text{p. pol. b.}$$

$$= 345 + 24 = 369\ \text{t}$$

Extração

P . pol . c. .... p . pol . c . m
100 .... E

$$E = \frac{100. \text{p.pol. c. m.}}{\text{p. pol. c.}} = \frac{100.45}{369} = 93{,}50\%$$

Observação: Os problemas deste método estão na necessidade da pesagem da água de embebição e do caldo misto.

Método III

Dados conhecidos

peso de cana......................................2.400 t
peso de caldo misto............................2.300t
fibra da cana... 12%
pol do caldo misto...................................... 15%
pol do bagaço...4%
Fibra do bagaço...48%

Dados calculados

a) Peso pol de caldo misto

100 c.m. .... pol.c.m.
p.c.m. x1

$$x_1 = \frac{p.c.m..pol.c.m.}{100\ c.m.} = \frac{2300\ .15}{100} = 345t$$

b) Peso bagaço

$$\text{peso cana . fibra cana} = \text{peso bagaço . fibra bagaço}$$

$$\text{Pc . fc} = \text{pb . Fb}$$

Portanto,

$$pb = Pc\frac{fc}{Fb} \quad \text{ou} \quad pb = 2400\frac{12}{48} = 600t$$

c) Peso pol bagaço

100 b. .... pol.b.
p.b. x2

$$x_2 = \frac{p.b..pol.b.}{100b.} = \frac{600\ .4}{100} = 24t$$

d) Peso pol. cana

$$\text{p. pol. c.} = \text{p. pol. c. m.} + \text{p. b.}$$

$$pol.ex. = pol.c. - pol.b.\%c.$$

e) Extração

p.pol.c. .... p.pol.c.m.
100 .... E

$$E = \frac{100.\text{p. pol. c. m}}{\text{p. pol. c.}} = \frac{100.345}{369} = 93{,}5\%$$

Observação: O problema maior deste modo está na necessidade de se pesar o caldo.

Método IV

Dados conhecidos

pol cana..14%
fibra cana..12%
pol bagaço.......................................4%
fibra bagaço.....................................48%

Dados calculados

a) Peso de bagaço

$$pb = Pc\frac{fc}{Fb} = 100\frac{12}{48} = 25t$$

b) Pol bagaço % de cana (pol. b. %c.)

100 b. .... pol.b.
p.b. %c. x1

$$x_1 = \frac{p.b.\%c..pol.b.}{100} = \frac{25\ .4}{100} = 1\%$$

c) Pol extraída % de cana

$$pol.ex. = pol.c. - pol.b.\%c.$$

$$= 14 - 1 = 13\%$$

d) Extração

p.pol.c. .... p.pol.e.
100 .... E

$$E = \frac{100\,.13}{14} = 92{,}8\%$$

Observação: A extração por este método é calculada apenas em dados analíticos, não necessitando-se de qualquer pesagem. Em realidade, o fator limitante deste método está na amostragem da cana e do bagaço, que, diga-se de passagem, não é muito fácil de ser feita, de modo a obter resultados confiáveis.

8.6.3 CONTROLE PRÁTICO DO TRABALHO DAS MOENDAS

A capacidade extrativa de sacarose ou extração de um tandem é o resultado obtido pela soma das extrações devidas a cada moenda. Numa moenda há sempre duas extrações de sacarose: uma na entrada e outra na saída. Evidentemente, para que se tenha uma maior extração total é necessário que se tenha, já na primeira moenda, um maior valor (> 60%) pois, assim acontecendo, restará pouco açúcar a ser extraído pelas demais unidades esmagadoras.

O comportamento das moendas de um tandem de qualquer usina de açúcar pode, pois, ser avaliado, calculando-se, periodicamente, as extrações parciais, utilizando-se, por exemplo, os dados de pol e de fibra da massa de cana que entra e da que sai de cada terno de moagem. Para efeito desses cálculos, deve a cana (amostra do caminhão ou da esteira principal) ser analisada, também, em relação à fibra e ao teor de pol.

Para execução prática da operação, deve-se escolher num período normal de moagem, uma determinada carga de cana, de mesma variedade, e coletar as amostras de bagaço correspondente a cada moenda. Os testes podem indicar o efeito de determinada variedade sobre o desempenho das moendas. A amostragem deve ser cuidadosa, recomendando-se a coleta em toda a extensão do cilindro. Uma planilha de dados deve ser feita e arquivada, para efeito de avaliação do comportamento da moenda em todo o período de safra. Ademais, os resultados obtidos podem indicar, por exemplo, qual das moendas não está trabalhando bem. Servem, pois, para orientação das providências de manejo do tandem. A embebição pode ser melhor controlada, assim como a pressão, a velocidade, etc.

"Como ilustração, o Tabela 29 indica o controle de cinco ternos de moendas de um tandem 37 x 78" com embebição composta.

Tabela 29 - Extração total, relativa e diferencial de um tendem de doze cilindros

Moenda	Cana e Bagaço			Extração		
	Pol	Umidade	Fibra	Total	Relativa	Diferencial
Cana	15,0	-	12,5	-	-	-
1ª	11,0	65,0	27,5	66,73	66,73	66,73
2ª	8,5	60,0	35,0	79,80	39,28	13,07
3ª	6,0	54,0	40,0	87,40	38,12	7,60
4ª	4,2	52,0	43,0	91,87	34,93	4,47
5ª	2,7	50,0	46,5	95,16	40,48	3,29

Os cálculos simplificados pertinentes às duas primeiras moendas foram os seguintes:

1ª Moenda

Peso de bagaço

$$pb = 100\frac{12{,}50}{27{,}50} = 45{,}45\%$$

Peso pol bagaço

$$p.pol.b. = \frac{45{,}45.11{,}0}{100} = 4{,}99\%$$

Peso pol extraído

$$p.pol.e. = 15{,}00 - 4{,}99 = 10{,}01\%$$

Extração total

$$\mathrm{E} = \frac{10{,}01\ .100}{15{,}00} = 66{,}73\%$$

2ª Moenda

Peso de bagaço

$$p.b. = 100\,\frac{12{,}50}{35{,}00} = 35{,}71$$

Peso pol bagaço

$$p.pol.b. = \frac{35{,}71\,.\,8{,}50}{100} = 3{,}03\%$$

Peso pol total extraído

$$p.pol.c. - 15{,}00 - 3{,}03 - 11{,}97\%$$

Extração total

$$\mathrm{E} = \frac{11{,}97\%\,.100}{15{,}00} = 79{,}80\%$$

a) Extração relativa

A extração relativa é aquela pertinente à eficiência de cada moenda. Para o caso da segunda moenda, pode ser calculada, considerando os dados do pol e de fibra do bagaço que entra e do que sai, conforme foi feito para o primeiro terno. Igual critério pode ser repetido para 3°, 4° e 5° terno de moenda.

Para a segunda moenda, a extração relativa foi a seguinte:

$$E_r = \frac{(4{,}99 - 3{,}03).100}{4{,}99} = 39{,}28\%$$

Para as demais moendas, os resultados foram decrescentes, a exceção da última moenda ,onde a embebição foi feita apenas com água.

b) Extração diferencial

A extração diferencial representa o quanto contribuiu a segunda moenda para o aumento da eficiência do tandem. Pode acontecer, inclusive, por questão de uma regulagem, estar a terceira moenda trabalhando melhor do que a segunda. Daí a importância de se fazer periodicamente o controle da extração. No presente caso, a contribuição da segunda moenda na extração foi de 13,07%, ou seja:

$$E_d - E_{r1^\circ\,e\,2^\circ m} - E_{t2^\circ m} \quad \text{ou} \quad E_d - 79{,}80 - 66{,}73 - 13{,}07$$

As demais moendas concorreram de forma crescente para o aumento da extração. Aliás, este deve ser o critério correto de julgamento da extração. Os resultados devem ser, pois, decrescentes.

A Tabela 30 indica os resultados obtidos, respectivamente, para 3ª, 4ª e 5ª moendas. Do ponto de vista da extração, verifica-se, que a primeira moenda está com um bom desempenho, sendo a responsável pela alta eficiência do tandem.

Outra forma de se controlar o trabalho das moendas é através do Brix do caldo de saída de cada moenda. Os dados obtidos, periodicamente, são comparados aos graus do Brix, tomados como padrão de comparação. Em geral, a curva obtida com os dados de Brix do caldo de cada moenda deve obedecer a uma disposição inclinada, que será tanto melhor quanto mais se aproximar da curva feita com os dados padrões. Esses dados são determinados quando o tandem está na sua melhor condição de trabalho.

As amostras de caldo devem ser coletadas quando o colchão de bagaço estiver uniforme e a moenda moendo normalmente. Para não se fazer um controle apenas do Brix, deve-se, portanto, coletar as amostras de caldo ao mesmo tempo em que as amostras de bagaço são coletadas para efeito de análise de pol e de fibra, referentes ao controle pela extração.

Em geral, num tandem, o caldo de entrada do primeiro terno tem pureza maior (porcentagem de pol no Brix) do que o caldo de saída. Entretanto, nos demais ternos, essa relação é inversa; o caldo de saída tem sempre um maior Brix e uma maior pureza do que o caldo de entrada, visto que este encerra um pouco da água de embebição, que rodeia a superfície externa das partículas de bagaço. O caldo de saída é aquele que está contido no interior das células, sendo, portanto, de maior Brix. A Tabela 30 mostra os dados de Brix, pol e de pureza do caldo obtidos pela extração dos cinco ternos de moenda 37 x 78", referidos no controle anterior e, para efeito de comparação, os dados divulgados por Meade (1967).

Tabela 30 - Brix, pol e pureza dos diferentes caldos de um tandem de cinco térnos

Moendas		Segundo MEADE (1967)			Moenda 37 x 78"		
		Brix	Pol	Pureza	Brix	Pol	Pureza
Esmagador		17,16	14,50	84,50	-	-	-
1º	caneiro	17,06	14,12	80,67	19,40	16,85	86,65
	bagaceiro	16,13	13,06	80,97			
2º	caneiro	7,63	14,12	76,41	13,20	11,20	84,85
	bagaceiro	9,37	7,31	78,01			
3º	caneiro	5,04	3,73	74,01	9,60	7,80	81,25
	bagaceiro	6,14	4,54	73,94			
4º	caneiro	3,00	2,18	70,60	6,70	5,40	80,60
	bagaceiro	4,52	3,26	72,12			
5º	caneiro	1,31	0,88	67,18	4,12	3,10	75,24
	bagaceiro	2,55	1,78	69,80			

Fonte: **Adaptado de Meade (1967)**

A Figura 77 mostra a tendência das curvas de Brix dos caldos das diferentes moendas dos dois trens de moagem. Payne (1990) sugere a utilização da relação de Brix, de cada terno, em relação ao primeiro, estabelecendo uma curva ideal de valores de R – relativo, como observa-se na Figura 78.

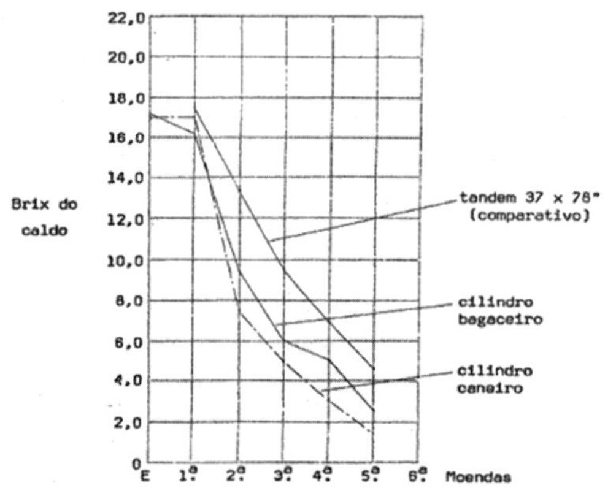

Figura 77 - Curvas de Brix do caldo das moendas

Fonte: **Adaptado de Payne (1990)**

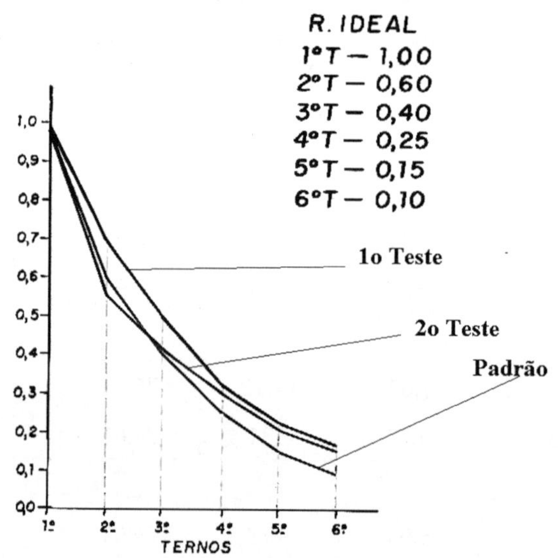

1º TESTE:	1ºT	2ºT	3ºT	4ºT	5ºT	6ºT
Brix:	19,5	10,7	8,2	5,9	3,9	2,9
Rel.:	1,00	0,55	0,42	0,30	0,20	0,15
2º TESTE:						
Brix:	19,5	13,7	9,8	6,3	4,3	3,5
Rel.:	1,00	0,70	0,50	0,32	0,22	0,18

Figura 78 - Exemplificação da aplicação da curva de Brix de caldo de seis ternos no trem de moagem, utilizando-se a relação de Brix de cada terno em relação ao primeiro (R – relativo), em dois testes.

c) Extração Reduzida

Por definição, a extração reduzida é aquela destinada a comparar as diferentes extrações calculadas para uma cana com fibra padrão de 12,50 %, o que foi concebido por Noel Deerr (1949).

Cálculo básico:

c_1) Caldo **absoluto no bagaço % de fibra na cana**

V = (100 - E) . (100 – F%cana) / F%cana

c_2) **Extração reduzida para fibra da cana de 12,50 %**

V = (100 – E) . (100 – 12,50) / 12,50

= 12,5 x V = (100 – E) 87,5

Logo,

Er = 100 - (V / 7) = %

A Sasta, em 2005, propôs uma extração reduzida corrigida (Erc), na qual se considera que a pol da cana tem influência também no potencial de extração e, se considerada, teria um valor de extração mais objetiva e determinada na prática na usina, sendo a fórmula proposta:

$$Erc = 100 - 0{,}03936.\ (100 - E)\ .\ (100 - F\%cana)\ .\ pol\%cana^{0{,}6} / F\%cana.$$

Exemplo numérico pela equação clássica (**Er**):

Qual das três usinas A, B ou C tem melhor desempenho, tendo diferentes extrações de pol e porcentagem de fibra na cana?

Características	Usina A	Usina B	Usina C
Extração	95,50	94,80	94,00
Fibra % cana	11,50	13,00	15,00

Usina A V = (100 - 99,50) (100 - 11,50) / 11,50 = 34,63
Er = 100 - 34,63 / 7 = 95,05%

Usina B V = (100 - 94,80) (100 - 13,00) / 13,00 = 34,81
Er = 100 - 34,81 / 7 = 95,02 %

Usina C V = (100 -94,00) (100 - 15,00) / 15,00 = 34,00
Er = 100 - 34,00 / 7 = 95,14

CAPÍTULO 9

EXTRAÇÃO DO CALDO DE CANA POR DIFUSÃO

A extração do caldo da beterraba, realizada com o emprego de equipamentos conhecidos por difusores, ensejou as experiências na indústria canavieira nos fins do século XIX.

Spencer e Meade (1967) fazem referência às primeiras experiências com o uso de difusores na extração do caldo de cana-de-açúcar em usinas do estado de Luisiana, EUA, no período de 1886 a 1889.

Entretanto, segundo este autor, o uso de difusores neste período serviu para adotar novas técnicas e operações, com vista à busca de melhorias das moendas, e os resultados obtidos passaram a desestimular as iniciativas com vistas ao uso desses equipamentos que, entretanto, continuavam a serem usados na extração do caldo de beterraba.

Segundo Hugot (1977), são relatados os estudos e a aplicação de difusores no Egito. Basicamente, o processo constava de um preparo intenso da cana com facas e martelos, extraindo, já no primeiro terno de moendas, aproximadamente 50% de sua sacarose. O bagaço que saía desta moenda era encaminhado a vários compartimentos, onde passava por lavagens com água em contracorrente, para extração da sacarose residual.

Desses compartimentos, o bagaço era conduzido a duas moendas, para remoção de parte do caldo residual e do excesso de umidade, após o que era conduzido às caldeiras e o caldo passava a seguir por um processo de pré-clarificação.

Entretanto, neste período, os processos empregados na industrialização da beterraba passaram a serem realizados de forma contínua, já que em muitos países eram feitos de forma descontínua.

Após as experiências realizadas na Alemanha e também no Havaí sobre a difusão contínua, vieram à luz vários difusores. A operação passou a ser mais fácil, econômica e eficiente.

Em função desses progressos na indústria da beterraba, cresceu muito o interesse da aplicação do processo de difusão na indústria açucareira de cana.

Os estudos iniciados em 1950 na Louisiana e, em 1957 no Havaí serviram para demonstrar a exequibilidade do processo.

Desde então, vários difusores foram projetados e há referências de que muitos equipamentos estão operando na África do Sul, no Havaí, no México, em Mauricio e na Austrália.

No Brasil, a primeira tentativa do uso de difusor foi feita em Piracicaba, estado de São Paulo, em 1968. Um difusor BMA foi instalado para operar conjuntamente com quatro termos de moendas 37" X 78". O bagaço, após passar por duas moendas, onde se obtinha uma extração de 55 a 65%, era encaminhado ao difusor, assentado lateralmente ao trem de moagem. O bagaço resultante do difusor, depois de passar por dois rolos espremedores, era encaminhado a duas outras moendas para a sua secagem. O processo, por razões não bem conhecidas, foi abandonado. No Rio Grande do Norte, há referências de que a Usina de Açúcar São Francisco chegou a operar com um difusor da marca DDS.

Em 1995, foi instalado no município de Ribeirão Preto, SP, um difusor horizontal na destilaria de etanol, de nome Galo Bravo, da família "Balbo" e, operando com bom desempenho, essa destilaria foi posteriormente desativada.

Em função da adoção do Proetanol, Programa Nacional do Etanol, em 1975, muitas destilarias foram instaladas em várias regiões do Brasil, principalmente em Mato Grosso, Mato Grosso do Sul, Goiás, Paraná, São Paulo e no Nordeste, destilarias estas que passaram, a partir de 1990, muitas delas, a produzir também o açúcar cristal.

Essas destilarias que produziam etanol passaram a trabalhar com mais tranquilidade pela entrada e funcionamento oficial do carro também movido a etanol, a partir de 2003/2004, opção esta que veio dar mais segurança econômica a essas empresas.

Com estas iniciativas, as indústrias de base, de máquinas e de equipamentos, tanto no setor industrial como da área agrícola, que servem às usinas e destilarias, passaram a operar com melhores condições econômicas de sobrevivência.

Nesses últimos anos, muitas usinas estão trabalhando com o sistema tradicional de moendas e de difusores, tipos disponíveis no mercado, tais como: Difusor Modular Dedini-Bosh (DEDINI, 2012) e difusor Zanini-Sermatec (ZANINI, 2012; SEMATEC, 2012), que serão motivos de estudos detalhados, feitos a seguir.

9.1 PRINCÍPIO DE DIFUSÃO

As maiores dificuldades dos construtores de difusores para a extração do açúcar de cana estão relacionadas aos problemas inerentes à aplicação dos princípios de difusão.

Sabe-se que difusão é o fenômeno pelo qual duas soluções de diferentes concentrações (solvente e soluto), separadas por uma membrana permeável ou porosa, depois de algum tempo, misturam-se e adquirem a mesma concentração pelo efeito de osmose, passagem do solvente de uma solução para o soluto (endosmose) e do soluto para o solvente (exosmose).

Essa passagem é interrompida quando houver uma igualdade de concentração no ambiente de ocupação dos líquidos separados pela membrana. Evidentemente, substituindo-se, por exemplo, o líquido de um lado da membrana por outro, de menor densidade, o fenômeno volta a se repetir. Como a permeabilidade das paredes de separação varia com a natureza das substâncias presentes nas soluções, diz-se que essas membranas são semipermeáveis.

É de se supor que o fenômeno idêntico deva ocorrer quando as células do parênquima da cana são postos em contato com a água. As paredes dessas células devem funcionar, neste caso, como paredes semipermeáveis, visto que, no sistema, estão envolvidas várias substâncias de diferentes naturezas. Entretanto, como o açúcar está na parte central da célula, o fenômeno osmótico é demorado e mais problemático.

O tratamento da massa de cana com água quente, evidentemente acelera o fenômeno da osmose. Contudo, mesmo com esse tratamento, que tem por objetivo inativar as paredes celulares dos tecidos parenquimatosos e fibrosos da cana, o processo osmótico é ainda muito lento, sendo necessário de três a cinco horas para se exaurir, completamente, a sacarose dessas células. Segundo Hugot (1977, 1986), no processo da difusão, a fração de sacarose extraída por osmose é de ordem de 3% (Rein, 2012).

Na indústria de beterraba, a extração de sua sacarose se processa segundo o definido para a difusão. As paredes celulares são inativadas por uma simples fervura e a massa de beterraba, obtida por um preparo inicial, favorece a deslocação do caldo com muita facilidade, segundo Rein (2012). O autor demostrou em estudos em escala piloto, que realizou em 1971, as variáveis para se ter um resultado satisfatório do processo de difusão, os quais seriam: i) qualidade do preparo da cana, que garante acesso ao liquido de extração à sacarose nas células abertas e a densidade do leito, ii) tempo de residência no difusor, para atender a vazão da massa fibrosa, iii) taxa de embebição e quantidade de água adicionada, taxa de percolação do líquido no colchão de cana e iv) a temperatura que atua na maior taxa de transferência pela redução da viscosidade e na elevação da taxa de difusão molecular.

Em realidade, a extração do caldo da cana por difusão, tal como vem sendo atualmente desenvolvida em várias partes do mundo açucareiro, não é uma autêntica difusão. Ela é devida a uma operação de lixiviação, de lavagem e de percolação, em que o caldo é extraído pelo efeito de uma embebição composta, tal como a praticada nas moendas. A cana é desintegrada ao máximo e a sacarose retirada do material fibroso é dissolvida e percolada no caldo diluído durante as operações do referido processo.

Alguns difusores, principalmente os projetados para trabalhar com bagaço, concebem uma fase do processo de extração do caldo residual, através de uma maceração onde a massa fibrosa é transportada e fica imersa em solução de diferentes concentrações em açúcar.

Entretanto, a eficiência desses sistemas (lixiviação, percolagem, lavagem, maceração, etc.), que se sobrepujam ao efeito da verdadeira difusão para a extração do caldo de cana, depende do grau de preparação e da composição dessa matéria prima.

Como foi visto no Capítulo 3, anatomicamente, a cana é constituída de três elementos celulósicos fundamentais:

a) Tecido parenquimatoso, fundamental ou medula: células de armazenamento de açúcar;
b) Feixes fibrovasculares ou vasos de circulação: condutores de seiva elaborada(floema) e seiva bruta (xilema) e,
c) Feixes fibrosos do córtex, células esclerenquimatosas que contém no seu interior os pigmentos que dão coloração ao colmo e servem para dar sustentação e resistência ao mesmo.

As células parenquimatosas, ricas em açúcar, por serem de tecido mais mole, liberam com facilidade o caldo, quando o colmo é esmagado. Esse caldo é, via de regra, de maior pureza.

Por outro lado, pelas funções que eles exercem (resistência e condução de seiva bruta e elaborada), o caldo contido nos tecidos fibrosos é de composição muito variável, sendo considerado, entretanto, no todo, de menor pureza.

Dadas essas funções, as paredes celulares dos tecidos fibrosos são mais espessas e duras, o que implica, sempre, uma dificuldade de soltura de caldo. Esses tecidos são, pois, pelas suas naturezas, mais resistentes à ação térmica, com vistas a melhor permeabilização das paredes celulares. Entretanto, nessas células fibrosas supõe-se que a sacarose flui com mais facilidade do que as impurezas, razão pela qual o caldo extraído por difusão tem sido de maior pureza que os extraídos exclusivamente por moendas. Aliás, no processo de moagem, o caldo dessas células fibrosas (de menor pureza), saindo por último, contribui para a diminuição de sua pureza, principalmente do caldo dos últimos ternos. Os dados do Tabela 31, pág. 314, dão ideia da escala de pureza do caldo de cana num trem de moagem.

Por outro lado, conforme Payne (1990), para efeito de extração do caldo, a cana pode ser considerada como sendo constituída de dois tipos de material fibroso e de dois tipos de caldo, ou seja:

a) Material fibroso: tecido parenquimatoso, ou medula e feixes fibrosos.
b) Caldo de armazenamento ou estático, e caldo de trânsito ou dinâmico.

Para efeito de separação do caldo e da fibra, as características estruturais da cana e a composição do caldo devem ser consideradas, com vistas à adoção de um sistema correto de extração de sacarose por difusão. Como o caldo com maior teor em açúcar está nas células frouxas do parênquima da medula e os não açúcares indesejáveis (água, sais minerais, produtos fotossintéticos, etc.) estão em grande parte nos feixes fibrovasculares, o sistema correto de extração seria aquele em que se tem uma completa ruptura e esgotamento das células parenquimatosas, sem alterar substancialmente a estrutura das células com caldo de menor pureza. Conforme Dedini, a extração por difusão começa com um bom preparo da cana, figura 79.

Figura 79 - Preparo de Cana. *Fonte:* **Dedini.**

Neste desenho (Figura 79) pode ser visto, a cana já preparada e a forma das células abertas e não abertas, e a figura 80 mostra detalhes da extração por difusão, detalhando a extração por lixiviação e por difusão.

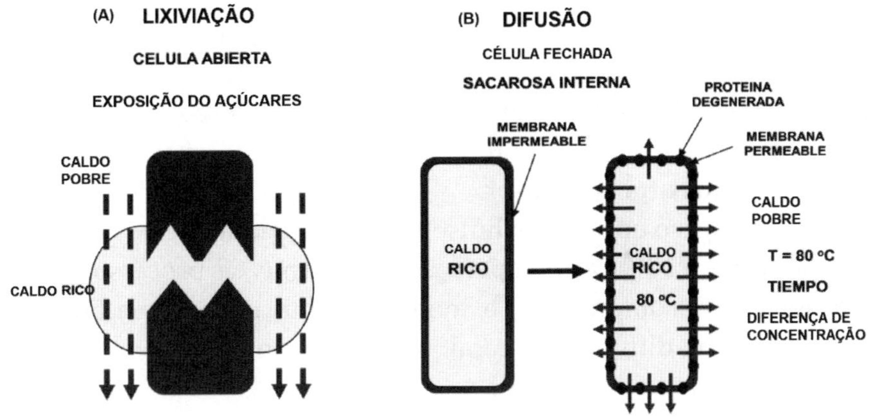

Figura 80 - Comportamento da difusão por lixiviação (A) e difusão (B).
Fonte: **Dedini Indústria de Base S/A (FABER, 2013).**

O caldo extraído nessas condições será sempre rico em açúcar, estando, contudo, imerso numa massa fibrosa contendo alta porcentagem de material de baixa pureza. A separação do caldo dessa fibra é feita com o auxílio de água diluído conforme pode ser visto no esquema que define os princípios da difusão, figura 81, Dedini (2012).

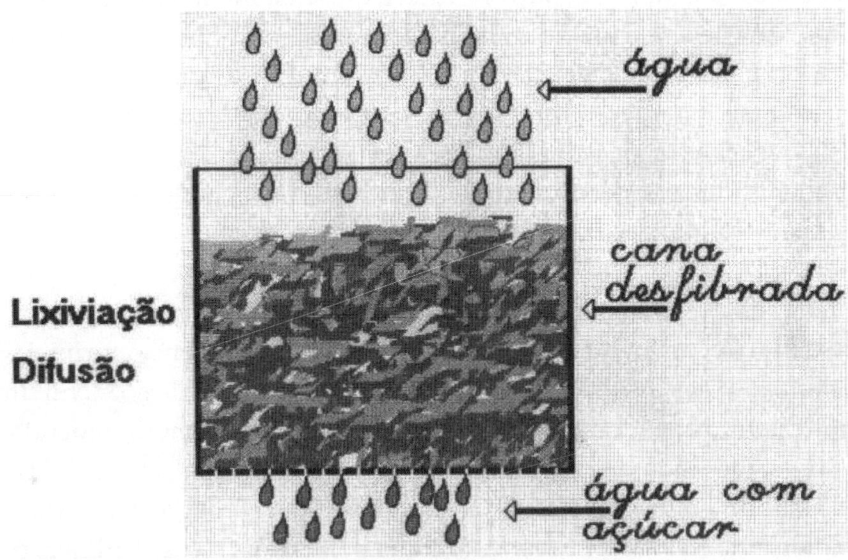

Figura 81 - Procedimento da rota da água no meio de bagaço. *Fonte:* **Dedini (2012).**

Um sistema de funcionamento em contracorrente permite deslocar quase toda a sacarose solubilizada no caldo diluído com água, que conferirá ao bagaço uma alta umidade, igual ou maior do que aquela mostrada pela matéria prima em fase inicial de trabalho. Ocorre, pois, no difusor, uma troca de água por açúcar contido no caldo originalmente na cana. Nos difusores que trabalham essa matéria prima com composição está ao redor de 12% de fibra, e 88% de caldo deve sair na forma de bagaço, cuja composição é numericamente muito semelhante a alguns com cana, resultando, no final, muito pouca sacarose no bagaço. O Brix deve cair nessas condições, por exemplo: de 18 a 20% (caldo da matéria prima) para 0,7 a 2,0 (caldo residual do bagaço).

No difusor misto, que trabalha com uma primeira moenda, o bagaço resultante alimenta o difusor com uma porcentagem de açúcar que será cada vez menor à medida que caminha nos difusores onde este resíduo entra no difusor.

A desumificação do bagaço que saí do difusor, ou seja, a redução de sua umidade ao redor de 85% para os níveis de 46 a 50% é outra operação importante. Os processos usuais envolvem secagem por moendas, rolos compressores e, modernamente, prensas mecânicas.

Verifica- se, pois, que na difusão, em geral, são três os pontos importantes convergentes em todos os sistemas:

a) Preparo inicial da matéria prima,
b) Separação do caldo por lixiviação pelo sistema de contracorrente,
c) Secagem do bagaço.

9.2 PREPARO DE CANA PARA OS DIFUSORES

Pelo que se tem divulgado, o preparo de cana é de fundamental importância para a obtenção de elevadas extrações, quando se trabalha com difusores. Em realidade, mesmo no caso das moendas, a preparação de cana para a moagem nunca deixou de ser preocupação por parte dos técnicos mais experientes no assunto. Contudo, devido a problemas de ordem mecânica, a indústria açucareira, principalmente a brasileira, nunca chegou a aplicar com êxito os equipamentos conhecidos por desfibradores, Shredders e esmagadores. Houve época em que os esmagadores constituíram, ao lado das facas, os únicos sistemas empregados no preparo da cana para a moagem.

Por outro lado, há quem diga que a preparação intensa da cana prejudica a capacidade de moagem pela má drenagem do caldo, principalmente a pertinente à primeira moenda. De fato, tem-se observado, nas instalações modernas de moagem, onde se inclui um bom preparo da cana, uma maior dificuldade de drenagem do caldo na primeira moenda. A colocação de calhas receptoras na saída da moenda tem sido adaptada, com vistas a retirada do caldo que flui sobre o cilindro superior. Ao que parece, neste caso, a solução estaria voltada para a instalação de um primeiro jogo de moendas, com apenas dois rolos. Todavia, é lícito afirmar que esta dificuldade de drenagem do caldo nas moendas está praticamente solucionada pelo uso de camisas de alta drenagem, conforme foi mostrado no capítulo relativo à "extração" por moendas.

Para efeito do trabalho do difusor, a cana deve ser preparada de forma a obter um máximo de células abertas, dispostas numa camada uniforme, compacta e permeável de massa fibrosa. Para que haja boa ação da água ou do caldo de diluição sobre os caldos retidos pela massa celular de cana, é necessário que as fibras da cana se acomodem em camadas, sem que se formem zonas de grande compactação, que impeçam a penetração dos diluentes.

Segundo Payne (1990), é interessante que se tenha um mínimo de desintegração dos feixes de fibra, a fim de reter o máximo de caldo de baixa pureza dentro deles.

Os equipamentos que permitem esse preparo são os mesmos apregoados para o caso das moendas. Inicialmente, submete- se a cana a ação de um jogo de facas rotativas tipo nivelador. As canas retalhadas sofrem, em sequência à ação de um desintegrador possante, que tem por finalidade picar, rasgar, estraçalhar e reduzir principalmente a massa medular, a uma mistura homogênea de pequenos fragmentos ou tiras. Quanto maior for o rompimento das células, maior será, proporcionalmente, a eficiência da difusão. Tal aspecto é fundamental porque não haverá mais abertura de células no sistema de extração e o açúcar do caldo dentro da célula fechada é mínimo em quantidade.

Na indústria açucareira de cana, existem diversas concepções de equipamentos para o preparo de cana (facas rotativas, desintegradores), conforme foi visto no Capítulo V.

Nos difusores mistos, ou seja, aqueles em que a cana preparada convenientemente sofre uma primeira extração de caldo por uso de duas moendas, o bagaço deve entrar no difusor, depois de passar pela ação mecânica das facas, dos desintegradores e das primeiras moendas, referidas acima. Atribui-se a estas moendas, também, o efeito de preparo da cana, visto a melhor extração do caldo residual do bagaço resultante do difusor.

A ideia de enviar ao difusor o bagaço resultante da extração de uma ou duas moendas, baseia-se no fato de que se pode aumentar a capacidade dos difusores, pois boa parte da extração já foi feita pelas moendas. Entretanto, na prática, os difusores têm se mostrado pouco flexíveis quanto a esta importante característica industrial (REIN, 2012).

De qualquer forma, seja o preparo da cana feito com facas rotativas, desintegradores ou pelas moendas, a massa fibrosa contendo ainda boa quantidade de caldo residual, deve estar convenientemente preparada, para que se possa extrair toda a sacarose remanescente. Alguns técnicos indicam que as partículas de cana, em função da aplicação da difusão, devem ser reduzidas às dimensões de, aproximadamente, 50 mm ou menos.

Payne (1990) assegura que o preparo inicial da cana deve permitir chegar a valores de 95% em ternos de rompimento de células. Com um rompimento celular da ordem de 94%, por exemplo, segundo esse autor, a extração pode chegar a valores superiores a 97% para uma diluição no caldo absoluto de 15%. Cabe aqui salientar que em muitas usinas açucareiras no Brasil, que trabalharam com moendas, a extração de sacarose já está superando os 97%.

9.3 TIPOS DE DIFUSORES

Ao longo desses últimos quarenta anos, vários tipos de difusores foram projetados e comercializados para os produtores de cana-de-açúcar das diversas regiões do mundo.

Como já se sabe, a cana-de-açúcar é produzida, além de no Brasil, em vários países, tais como Argentina, Paraguai, Bolívia, Peru, Colômbia, Venezuela, Guianas, México e Estados Unidos. Nos outros continentes, é produzida na Austrália, Índia, Egito, África do Sul e em muitos países do continente asiático.

Nas regiões frias, a produção de açúcar é feita à custa da beterraba açucareira, cujo caldo é obtido com o uso de equipamentos chamados de difusores vestes, o caldo é separado pelos princípios da difusão, lavagem e maceração. E, através dos tempos, os difusores empregados passaram por grandes aperfeiçoamentos mecânicos, dando segurança aos plantadores de beterraba e aos industriais.

E, é lícito afirmar que, por outro lado, a indústria açucareira brasileira vem sempre acompanhando e buscando novas tecnologias, com vista á melhoria do perfil das usinas e destilarias. As empresas metalúrgicas brasileiras vêm oferecendo, além do uso das moendas, o uso de difusores.

Devido essa importância que o açúcar vem tendo nas diversas regiões, pela necessidade de consumo de suas populações, vários modelos de difusores têm sido construídos no mundo açucareiro e também no Brasil.

No Brasil, os autores publicaram em 1977 e Cesar (1980), com alguns detalhes dos modelos de difusores que estavam sendo fabricados nos diversos centros açucareiros do mundo, quais sejam:

Difusor, modelo oblíquo ou inclinado: DDS
Difusores horizontais: De Smet e BMA
Difusores circulares: Silver, Saturne, Suchen.

Os difusores DDS, Silver, Suchen, apesar de estudados, não tem tido um maior interesse de fabricação pelas indústrias de equipamentos do Brasil.

A classificação dos tipos de difusores que é utilizada internacionalmente foi proposta por Rein (2012). Estes poderiam ser:

- Difusores a contracorrente (Exemplo, DDS, Saturne)
- Difusores de cama móvel (Exemplo BMA, De Smet, Silver Ring, Tongaat-Hullett)
- Outros tipos (Exemplo, FS/Van Hengel, Rotocel.

Várias têm sido as concepções de difusores oferecidas à indústria açucareira de cana-de--açúcar.Todavia, os difusores podem ainda ser classificados por outros critérios (CESAR, 1980), que seriam organizados:

a) quanto à forma de construção
  - oblíquos
  - horizontais
  - circulares

b) quanto ao material processado
  - cana-de-açúcar
  - bagaço

c) quanto ao princípio de funcionamento
- lixiviação
- maceracão.

De acordo Rein (2012), hoje praticamente temos no mercado internacional os difusores de cama móvel, com raras exceções. Por exemplo, o difusor DDS (BRUNICHE-OLSEN, 1996) foi adotado a partir da indústria de beterraba, mas revelou-se inadequado para extração de cana em unidades de grande porte.

9.3.1 DIFUSORES BRASILEIROS

No Brasil, algumas empresas desenvolveram e vem desenvolvendo os modelos horizontais, podendo ser identificados por difusores de cana e difusores mistos, em desenvolvimento sempre com o uso de uma ou duas moendas, como primeira extração identificada por muitos estudiosos por difusão de bagaço.

Os modelos têm sido construídos sempre na forma horizontal. São eles:

- Difusor Modular Dedini-Bosh (sem correntes)
- Difusor Zanini (Sermatec), modelo Zs

Conforme informações contidas em catálogos da Zanini, esta empresa já produziu cerca de 27 difusores, e pelas informações da Dedini, esta empresa produziu e comercializou entre 2007/2010 cerca de dez difusores.

Difusor Modular Dedini-Bosh

O difusor Dedini-Bosh, mostrado na Figura 82, de forma simplificada, é construído na forma horizontal, usando em sua parte inferior um fundo móvel formado por telas perfuradas independentes, com um acionamento hidráulico pertinente e individualmente.

Segundo a Dedini (2012), o corpo deste modelo de difusor é constituído de treze estágios de extração e de um estágio de retirada de caldo misto. Em cada estágio sai um conector tubular para alimentar uma bomba de recirculação. De acordo com o modelo, o comprimento do difusor deve alcançar 62,5, metros de acordo com a moagem pretendida. O difusor mostra uma série de pistas, sendo que para cada sete pistas se movendo para frente, uma se move para trás com maior velocidade.

a

b

Figura 82 - Difusor Dedini Bosh: foto geral (a) e foto interior do difusor (b). *Fonte:* **Dedini Industria de Base S/A**

Como nas moendas, no difusor, enquanto a cana suficientemente picada e dilacerada se move, água de embebição é adicionada no final do difusor e o caldo drenado e coletado é bombeado em contracorrente até a entrada no difusor, já na condição de caldo misto, sendo-bombeado para as peneiras rotativas. Todas essas condições, leito e caldo recirculado, recebem aquecimento. A estrutura do difusor é construída de vigas de aço carbono, sendo que em um dos lados a estrutura pode ser fornecida aparafusada, para facilitar a expansão futura, segundo a Dedini.

Nesse difusor Dedini-Bosh, as duas colunas centrais são rigidamente ancoradas, enquanto as demais podem ser removidas em caso de expansão do corpo do difusor. Neste modelo de difusor, as laterais são construídas em chapas de inox, onde são instalados visores fabricados em vidro temperado, contendo ainda portas de inspeção. As laterais, próximas ao rolo adensador, são construídas em chapa de aço perfurado, que facilitam a drenagem do caldo.

Este modelo de difusor funciona com treze captadores de recirculação, um para o caldo misto e um captador seco. Os captadores são fabricados em aço inox, munidos de uma calha receptora de caldo, de onde sai uma tubulação condutora para a parte de sucção da bomba de recirculação.

O teto deste modelo de difusor é construído em aço carbono e serve, além de como cobertura, para suportar as calhas de embebição e as luminárias, instaladas próximas aos visores, permitindo a inspeção do leito da mesa de bagaço durante a operação

O fundo desse difusor é dividido em partes de 750 mm de largura, que podem movimentar até um metro. Assim, para cada sete pistas, uma se movimentam para trás, totalizando-se grupos de oito pistas, sendo sete que se movimenta para frente e uma para trás.

Esses difusores têm as suas telas construídas em chapas de aço inoxidável de oito milímetro de espessura, que são perfuradas com furos de dez milímetros e até uma área aberta de 40%, e é por onde o caldo é drenado, sendo essas telas apoiadas em trilhos de apoio.

O acionamento dessas telas é feito através de um conjunto de cilindros de movimento para frente e um conjunto de cilindros de movimento para trás.

Este modelo de difusor conta ainda com o funcionamento de dois conjuntos de roscas afofadoras, que tem por função facilitar a permeabilidade do leito da cana em circulação, facilitando sua permeabilidade e perlocação do caldo em circulação no difusor.

Finalmente, o bagaço, já praticamente exaurido de sacarose, é encaminhado, através de um descarregador rotativo, numa bica que o leva às operações de secagem, realizada por duas moendas que tem por finalidade deixá-lo em condição de encaminhamento para as caldeiras. Esta secagem do bagaço, após sair das esteiras do difusor, tem sido realizada por um ou dois ternos de moendas nas dimensões indicadas pelo fabricante do difusor, com a finalidade de reduzir a umidade do bagaço em torno e 50%. Esses difusores tem como vantagens principais: i) Não utiliza correntes, menor nível de manutenção; ii) É expansível, largura definida em função da capacidade desejada; iii) Pode ser planejado desde a primeira fase da moagem.

Difusor Horizontal Zanini-Sermatec

O difusor horizontal Zanini-Sermatec, mostrado na Figura 83, é constituído pelas seguintes partes:

Corpo construído por uma estrutura construída em chapas de aço, trilhos, leito fixo em chapa perfurada, além de plataforma, passarelas e escadas;

a) Sistema de movimentação do colchão de cana dilacerada e devidamente preparada, composta de eixo de acionamento, eixo esticador e de retorno, tambores de desvio, mancais redutores, acoplamentos, motores elétricos, correntes e taliscas;

b) Esteira de alimentação e distribuição de cana desfibrada, composta de corpo, gavetas, correntes, taliscas, eixos, mancais, redutor e motor;

c) Sistema de circulação de caldo, de água de embebição e de água de secagem, composto de: coletores, distribuidores, tubulações, bombas e tanques;

d) Sistema de descompactação do colchão (três baterias) composto de: mancais, roscas descompactadoras, moto redutores e acoplamentos;

e) Pré-desaguadores (dois conjuntos), compostos de tambores, braços de articulação e mancais;

f) Desagregador de saída, composto de: tambor/paletas, mancais, redutor, polias, correias e motor;

g) Sistema de aquecimento de caldo (quatro aquecedores, sendo um sempre reserva), composto de: aquecedores, estrutura, patamar, escadas e de tubulações de by-pass;

h) Sistema de limpeza das correntes, composto de: tanques, tubulação, filtro, bomba e bicos de pressão, tipo "spray";

i) Peneira rotativa para separação primária de bagacilho, composto de cesto filtrante, estrutura, mancais, roletes de apoio, motor e redutor.

j) A secagem do bagaço é realizada por um terno de moendas de rolos especiais, para se obter uma umidade em torno de 50%.

a

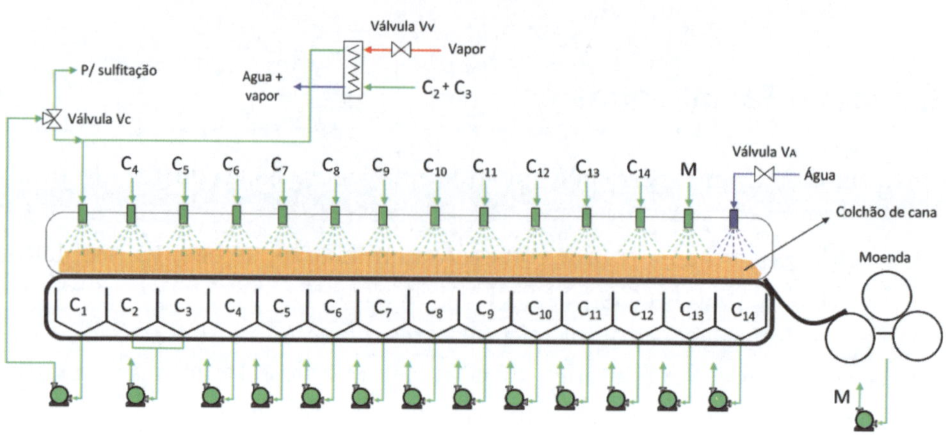

b

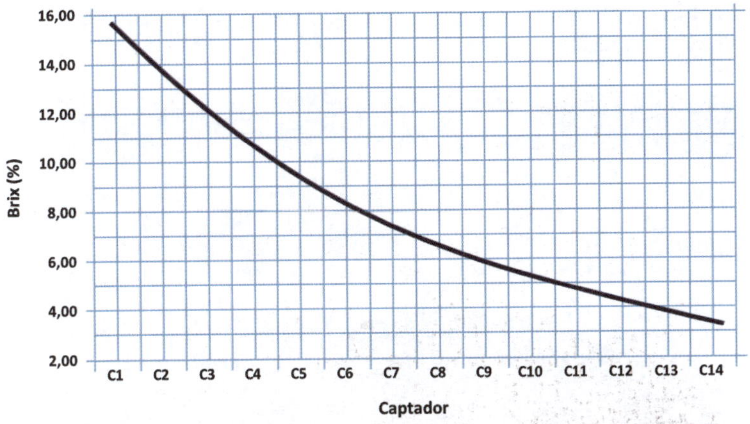

Figura 83 - Difusor Horizontal Zanini/Sermatec: visão(a), funcionamento(b) e Brix do caldo (c).

Fonte: **(a) foto equipamento / (b) e (c)** *Ilustração:* **Paulo Gangorra**

A figura 83 mostra o aspecto interno dos descompactadores da cana desfibrada e a reciclagem do caldo (C1, C2, ... c14) em processo, o que facilita a percolação do caldo (Figura 83b) no Difusor Horizontal Zanini/Sermatec (Fig. 83a), observa-se, também, a diluição do Brix do caldo caminhando pelo difusor (Fig. 83c).

Condições de Funcionamento do Difusor Zanini/Sermatec

A uniformidade é obtida com o ajuste das gavetas, de maneira a manter o colchão com o melhor nivelamento, constantemente. Os distribuidores de caldo (duplos), localizados abaixo da esteira de alimentação, utilizam o caldo para auxiliar no ajuste fino do nivelamento do lençol de cana, além de efetuar o aumento rápido de temperatura da cana desfibrada, juntamente com os dois distribuidores (Figura 84).

O caldo destes distribuidores é aquecido através do vapor, pela troca de calor que ocorre nos aquecedores de caldo. O sistema conta com quatro aquecedores de caldo, estando sempre um como reserva, através de um sistema de by-pass (válvulas manuais ou automáticas), para que possa ser realizada a limpeza do aquecedor desativado sem a interrupção de nenhum distribuidor de caldo de embebição, mantendo assim a continuidade operacional do processo.

O colchão (camada de cana desfibrada), uniformemente distribuído, percorre, em contracorrente ao fluxo do caldo, todo o comprimento do difusor, recebendo várias "lavagens", realizadas sequencialmente pelos distribuidores de embebição. Assim, a concentração de açúcares é reduzida no colchão e, ao mesmo tempo, é aumentada no caldo, obtendo uma cana desfibrada no final (agora chamada de bagaço) com teores de açúcares mínimos. A extração de caldo depende, entre outros fatores, da qualidade e quantidade de água de embebição utilizada. Esta embebição está normalmente proporcional ao teor de fibra da cana processada.

Figura 84 - Aspecto interno dos descompactadores da cana desfibradas em processo, facilitando a percolação do caldo. (Zanini 2006)

9.4 FATORES QUE AFETAM A EXTRAÇÃO

Os fatores que podem afetar o desempenho do difusor são as seguintes:

- Índice de Preparo de Cana (I.P. entre 89 e 92%): a maior parte da extração de Pol no difusor ocorre através do contato do líquido circulante com a sacarose contida dentro das células da cana (células abertas e rompidas) através, da lixiviação obtida no contato sólido x líquido. Por isso, o índice de preparo é considerado o principal fator que influencia a extração. É importante observar que além de obter o I.P. ideal, é necessário obtermos uma fibra mais longa (100 a 150 mm), pois, caso contrário, a taxa de percolação do líquido será afetada, devido à dificuldade que o líquido terá de atravessar a camada do colchão de cana desfibrada dentro do difusor.
- Taxa de embebição (entre 250 a 350%): A taxa de embebição é uma variável considerada de grande importância, visto que o difusor utiliza um processo de lixiviação (lavagem) para a extração. A faixa de aplicação da taxa de embebição encontra-se entre 250 a 350% sobre a fibra da cana. Cada usina deverá ajustar a taxa de embebição, buscando um ponto ótimo entre extração e volume de água utilizado, pois, durante a safra, em função do volume de cana em processamento será necessário o ajuste desta taxa de embebição.
- Temperatura (acima de 75ºC - mínimo 70ºC - máximo 90ºC): a temperatura é uma variável importante do processo. O difusor deve ser operado com temperatura acima de 75ºC, obtendo-se também um controle da atividade microbiológica (normalmente, não é necessário o uso de biocida para o controle de infecção). O aumento da temperatura é importantíssimo no aumento da solubilidade do líquido, além de facilitar na extração de caldo das células não rompidas (liberação dos coloides pelo calor) e

ao melhor contato sólido x líquido resultante. Por isso é recomendado trabalhar com uma temperatura acima de 75ºC (75ºC a 90 ºC), para se alcançar uma boa eficiência de extração.

9.5 COMPARAÇÃO ENTRE MOAGEM E DIFUSÃO

O desempenho das moendas e dos difusores, com vistas à extração do caldo de cana nas usinas açucareiras e alcooleiras, vem sendo estudado há dezenas de anos.

As empresas brasileiras nunca descuidaram de definir as melhores opções, tanto na produção do açúcar como do etanol, assim com as empresas dos diversos países produtores.

Nesses últimos anos, no Brasil, as usinas têm dedicado muita atenção ao desenvolvimento dos equipamentos de preparo de cana e às moendas, tendo a extração alcançado índices superiores a 98%.

Entretanto, nem por isso o difusor deixou de ser estudado e instalado em muitas usinas brasileiras, o que não é o caso de outros países produtores. A opção de se instalar este ou aquele equipamento está restrita a custo de instalação e às possibilidades comerciais dos produtos obtidos, seja o açúcar, seja o etanol.

Os dados de extração de moendas e difusores na África do Sul ilustram uma comparação de extração, e doze usinas de açúcar da África do Sul, em 1975, as quais variam à extração reduzida de: 95,8 à 96,9% (difusor) e de 96,5 à 97,1% (moenda), sendo seis com difusores e seis apenas com moendas (CESAR, 1980).

Posteriormente, na África do Sul, destaca-se o trabalho de Rein (2012), que utilizando-se de simulação numérica, baseado em dados medidos nas usinas, demostrou que um ponto comparativo importante entre os dois processos de extração seria o consumo de vapor, o qual seria menor na utilização do difusor associado ao balanço térmico mais favorável. No Brasil, na tabela 31, observamos as características comparativas de ambos equipamentos (FABER, 2013). Verifica- se que os resultados de extração são praticamente da mesma ordem, não evidenciando a propalada vantagem dos difusores sobre as moendas, em relação a este fator para nossas condições. As vantagens atribuídas aos difusores pelos fabricantes no Brasil (SERMATEC, 2012; SILVA et al., 2013) e na África do Sul (REIN, 2012), explicam parte de seu aumento de mercado (NAZATO et al., 2011), destacando-se:

- ✓ Menores custos de investimento (economia de 10-15% no investimento de capital é esperado com a instalação completa do difusor, incluindo os rolos desaguadores e o terno de moenda de secagem, comparado a um tandem de moenda da mesma capacidade (RIVALLAND, 1984), confirmaram a eficácia desta abordagem de um ponto de vista do custo de capital;
- ✓ Custos reduzidos para instalação (não necessita das pesadas fundações de concreto, típicas de um tandem de moenda, e reduz notavelmente os custos com as linhas de vapor vivo e condensado);
- ✓ Custos de manutenção para um difusor completo com os rolos desaguadores e terno

de moenda de secagem espera-se que seja 35 a 40 % do custo médio requerido para um tandem de moenda convencional de mesma capacidade;

- ✓ Obtenção de bagaço com uma Pol, variando de 1 a 2 %;
- ✓ Obtenção de extração de sacarose % de sacarose na cana, variando de 96,5 a 98,0%;
- ✓ Processo inteiramente automático, exigindo pouco pessoal na operação e manutenção;
- ✓ Baixo consumo de energia;
- ✓ Facilidade de trabalho com canas colhidas à máquina, canas passadas, broqueadas, geadas, deterioradas, etc., pois as condições são sempre de esterilização de caldo;
- ✓ Obtenção de caldos mais puros, pois, em alguns difusores, o lençol do bagaço funciona como elemento de filtração;
- ✓ Obtenção de caldos clarificados, pois, em alguns difusores, uma clarificação de caldo é admitida e realizada, embora, sob este aspecto, não se tenha ainda resultados inteiramente comprovatórios;
- ✓ Possibilidade de retorno do lodo dos decantadores, eliminando- se a fase de filtração;
- ✓ Obtenção de caldos de maior pureza.

Diante das características apresentadas por Nazatto et al (2011), conclui-se que a moenda apresenta-se viável em usinas que já possuem a infraestrutura de extração por moagem. Porém, para as novas usinas, mostra-se conveniente o advento do difusor, uma vez que ele apresenta vantagens extras. Portanto, ambos os sistemas possuem benefícios díspares, e o mais viável para a indústria será aquele de satisfazer sua disponibilidade financeira.

Tabela 31 - Comparação de moenda e difusores por características, em síntese da literatura por Faber (2013)

Características	Moenda	Difusor
Preparo da cana[1]	Boa extração deve ter um índice de preparo de 85%. Aceita maior quantidade de finos.	Requer alto índice de preparo, superior a 90%. Desejável ter fibras largas.
Impacto das impurezas minerais	Aumenta o desgaste de componentes. Pequeno efeito na extração.	Dificulta a percolação e em consequência, a extração final
Impacto das impurezas vegetais	Perda de capacidade, devido à queda de densidade.	Perda de capacidade, devido à queda de densidade e maior dificuldade na percolação.
Qualidade de caldo extraído[2]	Grande quantidade de sólidos em suspensão.	Baixa quantidade de sólidos em suspensão. Extrai em grande quantidade de não açúcares.
Diluição do caldo	Cerca de 70% de caldo absoluto é extraído na 1ª moenda	Não permite a separação de caldo absoluto

Taxa de embebição	Típico 200% - 250% sobre a fibra % cana, limitado pela capacidade da moenda	Possibilidade de maiores taxas de embebição, podendo chegar a 400%.
Extração	Dificilmente alcança 98%. Bateria com 06 moendas 97%	Pode chegar a 98%.
Consumo de vapor	Requer pouco consumo de vapor de processo para extração com embebição a 60°C	Maior consumo de vapor de processo para manter o bagaço a 80°C e na evaporação, devido as altas taxas de embebição.
Consumo de potência mecânica	6000 KW potência instalada para uma capacidade de 13000 TCD, excluindo o preparo.	3500 KW potência instalada para uma capacidade de 13000 TCD, excluindo o preparo.
Bioeletricidade disponível para exportação	Alta demanda para acionamentos / baixo consumo de energía térmica	Baixo consumo para acionamentos / Alto consumo de energía térmica.
Contaminação biológica (infecção)	Opera em baixas temperaturas, propicia atividade biológica	Opera entre 80-90° Celsius, reduzindo a atividade de microorganismos (infecção).
Qualidade de bagaço	Baixa concentração de impurezas minerais, alta homogeneidade de particulado e estabilidade de umidade.	Alto conteúdo de impurezas minerais, fibras mais largas, maior dificuldade de controle de unidade. Alta dificuldade de queima e alto índice de desgaste nas caldeiras
Produção de açúcar	Facilidade em separação do caldo absoluto	Maior dificuldade no tratamento de caldo, quando o objetivo é produzir açúcar de boa qualidade.
Flexibilidade de operação	Permite by pass de um moinho para manutenção, demanda maior número de operadores. Pouco sensível às paradas e retomadas de operação	Menor número de operadores, falhas da moenda de secado ou no difusor no processo para grande quantidade de cana em trânsito.
Instalação	Requer maiores obras civis e armazém com pontes rodantes para manutenção.	Fundação muito mais simples. Não requer cobertura, nem ponte rolante. Instalação similar para as moendas de secagem.
Custo operacional	Considerando como 100%	Para mesma capacidade de processamento 60% a 80% comparado ás moendas.
Custo de manutenção	Considerando como 100%	Para mesma capacidade de processamento 50 a 75% comparado às moendas
Custo de inversão	Considerando como 100%	Igual ou ligeiramente menor, quando se compara a um tandem completo

Fonte: **1 Voigt (2009); 2 Rein (2012);**

Limitações de difusores

Entretanto, o bom funcionamento do difusor é função dos seguintes fatores (CESAR, 1980; SILVA et al., 2013; REIN, 2012):

a - Quantidade de cana ou de bagaço processada por hora (capacidade);
b - Qualidade de matéria prima;
c - Preparo da matéria prima ou porcentagem de células abertas (Índice de "Open Cells" >90%);
d - Profundidade do leito de massa fibrosa;
e - Tempo de processamento ou duração do ciclo da difusão;
f - Quantidade de água de embebição;
g - Quantidade e qualidade de caldo de retorno (número de etapas);
h - Número de retornos e tempo de residência no difusor;
i - Temperaturas (75° a 85°C) e pH do caldo em percolação;
j - A alimentação regular de cana para um difusor com controle da taxa de alimentação volumétrica ou massa para o difusor.

9.5.1 DIFUSOR DE BAGAÇO X DIFUSOR DE CANA-DE-AÇÚCAR

Quanto ao difusor do bagaço, usa um moinho antes do difusor. Foi utilizado, principalmente, na África do Sul e em alguns poucos casos na América do Sul, mas com o aumento do índice de preparação obtido com o uso dos trituradores (CESAR, 1980; FABER, 2013). Este sistema perdeu espaço para o difusor de cana.

Vantagens do difusor do bagaço:

- ✓ O caldo absoluto é mais rico extraído na primeira moenda. Pode ser enviado diretamente para a fabricação do açúcar e o caldo misto pode ser enviado para a destilaria.
- ✓ O Difusor pode ter seu comprimento reduzido em aproximadamente 25%.
- ✓ Não requer índice de preparação tão intenso quanto o difusor de cana, uma vez que a moagem complementa a abertura da célula.

Desvantagens do difusor do bagaço:

- ✓ Além de que uma extração por moenda em usina em fluxo de processo, a atratividade diminui uma vez que existe uma grande diferença a favor do difusor em relação às moendas é justamente o custo de manutenção.
- ✓ As fibras de bagaço, após a passagem pelo moinho, são menores, e acabam prejudicando a percolação no colchão de cana.
- ✓ O difusor de cana é alimentado diretamente com cana desfibrada, sem a necessidade de passagem pelo moinho.

Vantagens do difusor de cana:
- ✓ Instalação mais simples a baixo custo.

Desvantagens do difusor de cana
- ✓ Requer um alto índice de preparo da cana (open cell).
- ✓ Não tem a possibilidade de separar os caldos.

CAPÍTULO 10

SISTEMAS DE TRATAMENTO DO CALDO

10.1 ASPECTOS TECNOLÓGICOS DA PURIFICAÇÃO

A qualidade do açúcar que a fábrica ou usina deve produzir, para efeito de comercialização, é o que vai definir o tipo de tratamento que o caldo de cana deve receber, oriundo do setor de moagem ou do difusor.

Assim definido, para a produção do açúcar de exportação, tipo Very High Polarization (VHP), antigamente precedido pela produção do açúcar demerara, com uma polarização variável de 96,0 a 96,5%, o tratamento usado baseia-se no uso das cales e, vez por outra, o uso de polifosfatos com aditivos. A polarização do VHP varia de 99,2 a 99,4%. Para efeito de uma melhor caracterização desses açúcares, pode ser dito e oferecer à garantia do produto em composição para comercialização, que o tipo Demerara se mostrava como um açúcar amarelado e com uma boa granulação, ou seja, apresentava-se como cristais de sacarose maiores, enquanto, que o VHP como um cristal bem menor e bem clarinho.

Atualmente, a coloração do açúcar medido pela cor ICUMSA, a qual está diretamente relacionada: a) ao número de partículas carbonizadas presentes, o que representa falha na higienização do equipamento que entra em contato com o produto, uma vez que tais partículas são arrastadas durante o processo de fabricação; b) ao tamanho dessas partículas, ou seja, quanto menores as partículas, mais branco é o açúcar e vice-versa. Ressalta-se que a coloração mais escura representa, ainda, uma questão visual, que pode influenciar na decisão de compra do consumidor ao optar por um açúcar "mais branco".

E, para cumprir com os programas de comercialização desses açúcares, as gerências industriais e agrícolas definem as quantidades de açúcares a serem produzidos e comercializados na safra e na entressafra, assim como também a quantidade de etanol que se deve-se produzir e comercializar. Essas comercializações, normalmente, são feitas praticamente o ano todo e devem ser coerentes com a capacidade de estocagem da empresa, seja de açúcar, seja de etanol. Assim, a composição do caldo de cana em processamento e o tipo de açúcar a produzir têm sido aceitos como os principais fatores que determinam o processo de purificação a utilizar. De modo geral, as usinas de açúcar brasileiras sempre procuram estar em condição de produzir a quantidade de açúcar que se pode comercializar em sua safra, de tal forma que não se tenha grandes estoques armazenados no início da próxima safra, safra esta que na região Centro-Sul começa normalmente em Abril e na região nordeste, em Setembro.

Dos inúmeros processos estudados e conhecidos, com vistas à floculação dos coloides do caldo, apenas os baseados na mudança de reação do meio e de temperatura prevaleceram, industrialmente.

O caldo misto da cana, que flui das moendas, encerra em solução diversas substâncias solúveis como sacarose, glicose, frutose, sais minerais, compostos nitrogenados, etc., e, em suspensão, bagacilho, terra, cera, etc. Como se trata de matéria prima extraída, o caldo de cana é de composição extremamente variável, podendo apresentar modificações em função de:

Variedade, idade e sanidade da cana;
Condições Climáticas;
Tratos culturais;
Condição de solo e de nutrição.

A composição do caldo é diretamente influenciado pela qualidade da matéria prima, caso esta chegue à usina com muitos ponteiros, podendo reduzir a pureza do caldo extraído, embora não altere significativamente a porcentagem de fibra.

Essa composição é influenciada por vários fatores, como: variedade, clima, solo, adubação, estágio de desenvolvimento da cultura e muitos outros. A riqueza em sacarose, na cana, no estado de São Paulo, varia entre 13 e 18%. Entretanto, em regiões úmidas, esse valor não ultrapassa 12%.

Quando se observa a composição mineral do caldo de cana, deve-se ter em vista uma avaliação das condições nutricionais da planta, no campo, em sua fase de crescimento. Posteriormente, deve-se proceder á observação sobre os efeitos dos vários elementos presentes nas diversas fases de operação, durante a industrialização da matéria prima. Com relação à composição química da cana, observa-se que ela é bastante variável quanto à proporção dos elementos (quantitativamente), porém, qualitativamente, ela é mais ou menos semelhante em todas as variedades.

De modo geral, o caldo de cana apresenta-se como material que pode reagir diferentemente, quando submetidos, aos processos usuais de clarificação. Por esses processos, procura-se separar, tanto quanto possível, do caldo, as impurezas em suspensão e dissolvidas, sem afetar a sacarose presente, tornando-o claro e cristalino.

Os reflexos de uma purificação mal feita se fazem sentir nas fases posteriores da fabricação. Na fase de evaporação, por exemplo, a separação de parte das impurezas minerais e orgânicas do caldo, na forma de incrustação, ocorre para a diminuição da capacidade evaporativa dos vasos de múltiplos efeitos, comprometendo-se, assim, a eficiência desses equipamentos. Em realidade, a incrustação não deixa de ser uma clarificação complementar, desenvolvida quando o caldo clarificado passa à condição de xarope.

Por outro lado, as impurezas não separadas do caldo pela clarificação podem se constituir, na fase de cozimento, em núcleos de cristalização de sacarose, dando origem a cristais impuros. Durante o crescimento dos cristais, essas impurezas podem, também, aderir às sucessivas capas cristalinas, depreciando-os. Em consequência, a fase de centrifugação e a de conservação do açúcar final fica comprometida; uma massa cozida, contendo cristais impuros, cristais de diferentes tamanhos, cristais de crescimento irregular, falsos cristais, etc., não se centrifuga bem, ou seja, não permite uma separação correta dos méis.

Na prática, devem ser feitas observações de características microscópicas na fabricação do açúcar. Verifica-se a presença de matérias estranhas no alimento, nocivas ou não, qualquer que seja sua natureza, originadas de contaminação, em decorrência de práticas inadequadas durante as fases de colheita, produção, processamento, armazenamento, transporte e distribuição.

Portanto, a purificação do caldo, com vistas à produção de qualquer tipo de açúcar, deve ser conduzida visando-se:

Remover as impurezas em suspensão
Evitar a inversão da sacarose
Evitar a destruição dos açúcares redutores
Diminuir o teor de sais solubilizados
Diminuir os não açúcares de origem orgânica e inorgânica
Aumentar o coeficiente de pureza do caldo
Produzir um caldo límpido, transparente, tal qual o obtido pela dissolução de açúcar em água.

Atualmente, na grande prática açucareira, os processos básicos de purificação estão baseados numa peneiragem inicial do caldo misto e numa clarificação posterior, utilizando-se de reagentes químicos e do efeito da temperatura.

Dos diversos reagentes químicos existentes, a cal constitui o agente básico de todos os processos de clarificação. Além da cal, para a produção dos melhores tipos de açúcar, o enxofre e o anidrido carbônico são os reagentes mais usuais. O óxido de magnésio tem sido tentado como substituto total ou parcial da cal; também se faz uso do ácido fosfórico e polímeros. Outros tipos de cales também tem sido utilizados, tais como a cal dolomítica e o sacarato de cálcio.

Esses reagentes, alterando as condições de pH do meio, aliados ao efeito da temperatura, provocam, quando adicionados ao caldo, seja de cana ou de beterraba, a formação de precipitados, que produzem a remoção, em maior ou menor grau, de suas impurezas.

10.2 COMPOSIÇÃO DO CALDO DE CANA

Em relação à composição do caldo de cana que flui das moendas ou mesmo dos difusores, sob o aspecto físico-químico, este caldo é um dispersóide, constituído de matérias em todos os graus de dispersões, incluindo desde partículas grosseiras até íons.

Os dados da Tabela 32 dão uma ideia da classificação desses dispersóides, segundo Won Weirmarm & Ostwald, citado por Silva et al. (2013).

Tabela 32 - Classificação dos dispersóides do caldo de cana, segundo Von Weirmarn e Ostwald.

DISPERSÕES	DIÂMETRO	%	ESPÉCIES
Grosseiras	> 0,0001 mm	2 -5	Bagacilho, areia, terra, gravetos, etc.
Coloidais	0,0001 a 0,000001mm	0,05 – 0,3	Ceras, graxas, proteínas, gomas, pectinas, taninos, materias corantes, coloides resultantes do crescimento e da ação de micro-organismos, etc.
			Açúcares
			Sacarose, glucose, frutose, manose, etc.
Moleculares e Iônicas	< 0,000001 mm	8 – 21	Sais Minerais
			Fosfatos, silicatos, sulfatos, etc., de Ca, Mg, K, Na, etc.
			Ácidos Orgânicos
			Ácido aconítico, oxálico, málico, etc.
			Algumas substâncias coloidais

Fonte: **Silva et al. (2013).**

As dispersões grosseiras do caldo recém-extraído das moendas são separadas com facilidade, utilizando-se de um sistema de peneiragem, conforme se verá posteriormente. Já as dispersões coloidais, moleculares e iônicas, são separadas, tanto quanto possível, utilizando-se de processos diversos de clarificação. Para o caso dos difusores, a separação das impurezas, em muitos tipos, inicia-se já durante a drenagem de caldo, na parte inicial do equipamento. Como foi visto anteriormente, nos difusores que concebem uma pré-calagem, o caldo quente (60 a 75 °C), sendo reciclado, sofre uma separação parcial das impurezas. A camada de cana ou bagaço funciona com o leito de retenção das impurezas floculadas. De qualquer forma, o caldo misto de cana, resultante da ação das moendas, depois de peneirado, mostra os mesmos elementos da matéria prima que lhe deu origem. Ocorrem, evidentemente, modificações quanto à proporção, pois nem todos os componentes da cana são extraídos integralmente pelas moendas, conforme será vistas mais adiante. Os dados do Tabela 33 dão uma ideia da amplitude de variação de diversos componentes do caldo extraído da cana pelas moendas.

Tabela 33 - Variação de composição de alguns dos componentes do caldo de cana normal

COMPONENTES	VARIAÇÃO ANALÍTICA	
	MÍNIMO	MÁXIMO
	(%)	(%)
Sacarose	8,0	20,0
Açúcares redutores	0,3	2,5
	mg/100 ml	mg/100 ml
Cinzas	250	600
Cálcio (Ca)	8	30
Magnésio (MgO)	10	30
Potássio (K_2O)	80	250
Sódio (Na_2O)	30	60
Fósforo (P_2O_5)	7	40
Ferro (Fe_2O_3)	2	10
Alumínio (Al_2O_3)	2	5
Cloro (Cl)	15	30
Sulfato (SO_3)	30	50
Sílica (SiO_2)	10	50
Proteínas (N x 6,25)	150	400
Gomas	20	50
Pectinas	20	100
Ceras, Gorduras	50	150
Amido	55	50
Ácidos Orgânicos	50	150

Fonte: **Delgado e Cesar (1977)**

10.3 COMPORTAMENTO DAS IMPUREZAS MINERAIS NA CLARIFICAÇÃO

Como se sabe, a composição mineral do caldo de cana, além de variar com fatores que dizem respeito à obtenção da matéria prima no campo, mostra alterações com o grau de extração pelas moendas. À exceção da sílica (SiO_2), que é extraída apenas numa porcentagem variável de 10 a 35% a extração dos outros componentes oscila de 50 a 95%, conforme os dados inscritos no Tabela 34.

Tabela 34 - Proporção de extração dos componentes minerais mais importantes do caldo de cana

COMPONENTES	PORCENTAGEM DE EXTRAÇÃO
K_2O e Na_2O	90 a 95
MgO	85 a 90
CaO	75 a 85
Fe_2O_3	50 a 70
Al_2O_3	40 a 60
Cl	90 a 95
SO_3 e P_2O_5	75 a 85
SiO_2	10 a 35

De modo geral, a porcentagem de cinzas no caldo clarificado difere muito pouco da original, conforme se verá na sequência.

CINZAS

As precipitações, principalmente de fosfatos, sulfatos, silicatos de Ca, Mg, Fe e Al, ficam compensadas pelo aumento de cálcio e de outros constituintes do caldo. O teor de cinzas no caldo de cana varia de 250 a 600 mg/100 ml. Na faixa de pH de 5,5 a 8,5, o teor de cinzas do caldo de cana, pelos processos usuais de clarificação, sofre apenas pequena variação. Delgado obteve, pelo processo de defecação simples, um aumento de cinzas no caldo clarificado, na ordem de 8%; no de sulfodefecação, este aumento foi de 25%. A importância dos não açúcares inorgânicos é tal, que nas operações de clarificação de caldo procura-se separar a máxima quantidade desses componentes de natureza insolúvel, ou mesmo que se tornem insolúveis durante as operações de concentração e cristalização.

O único método realmente eficaz na remoção das cinzas do caldo de cana é o da utilização de resina iônica. Permite uma separação de 90 a 95% do teor mineral do caldo. A aplicação de resinas iônicas na indústria açucareira tem sido, até agora, restrita às refinarias.

O efeito das cinzas residuais no caldo clarificado se faz sentir na capacidade evaporativa dos aparelhos de múltiplos efeitos. A separação de minerais por deposição química nas paredes dos tubos de evaporação, apesar de se constituir numa clarificação complementar desejável do xarope, compromete o bom funcionamento dos aparelhos. Por outro lado, o efeito nocivo das cinzas diz respeito às dificuldades de cristalização da sacarose, por aumentar sua solubilidade.

POTÁSSIO E SÓDIO

São extraídos praticamente na mesma proporção que os açúcares e são encontrados no caldo de cana na forma de íons. O teor de K_2O no caldo varia de 80 a 250 mg/100 ml, o de Na_2O é de 30 a 60 mg/100 ml.

Pelos processos normais de clarificação, esses elementos não são removidos, apesar de existir referência de mínima remoção pelos processos de sulfitação e carbonatação. Representam de 50 a 70% dos cátions presentes nas cinzas. Aparecem em mínima proporção no açúcar final e em maior teor no melaço. O efeito maior desses elementos está no aumento da solubilidade de sacarose. São considerados, por isso, elementos melassigênicos, isto é, formadores de melaço.

CÁLCIO

O cálcio no caldo de cana representa-se, geralmente, num teor variável de 8 a 30 mg/100 ml. No caldo clarificado, entretanto, esses valores são grandemente aumentados. Soma-se, ao teor original, o cálcio adicionado na forma de leite de cal. O aumento de cálcio no caldo pode chegar a mais de 200%. Delgado (1975) encontrou, pelo processo de defecação, valores de até 150%.

Na clarificação, parte do cálcio é removida do caldo, principalmente na forma de fosfatos e de sulfitos. Além disso, são precipitados como silicatos, oxalatos, aconitatos, etc. No processo de sulfodefecação simples, sua remoção é feita na forma de sulfito de cálcio, acreditando-se, contudo, que, pela oxidação, passe a sulfato.

O cálcio constitui o principal elemento responsável pelo aumento de cinzas no caldo, pois inúmeros são os compostos de natureza inorgânica e orgânica que concorrem para a sua manutenção no clarificado. São exemplos: cloretos, glicosatos, levulosatos, ácidos orgânicos (aconítico, oxálico, etc.), reações com aminoácidos, com ácido aspártico, etc.

Parte do cálcio é separada do caldo clarificado na forma de sulfato, oxalato, silicato nas superfícies dos evaporadores. Os remanescentes aparecem nos produtos finais (açúcares e mel final).

MAGNÉSIO

A maior remoção do magnésio do caldo de cana, existente num teor de 10,0 a 30 mg/l, processa-se entre o pH 8,0 e 9,0, remoção na forma de $Mg(OH)_2$. Esta remoção é da ordem de 10 a 20%, sendo função do pH. Alguma remoção como fosfato parece possível, quando o pH varia de 7 a 7,5.

Segundo Honig (1969), na faixa de 6,8 a 7,8 pode ser fracamente precipitado na forma de fosfato. O magnésio, quando usado na clarificação em doses maiores, parece ter efeito acelerador da decantação das impurezas.

FERRO E ALUMÍNIO

O ferro (2 a 10 mg/100 ml), computado no caldo misto pelo teor original e pelo resultante do desgaste das moendas, pode ser praticamente removido em condições de pH ao redor de 8. Tanto o ferro como o alumínio são precipitados acima de pH 8,0 na forma de hidróxidos.

Em condições de pH baixo, como, por exemplo, o que ocorre na sulfitação, o ferro pode ser precipitado na forma de silicato. Delgado (1975), trabalhando com bentonita, encontrou no processo de defecação simples uma remoção de até 40% de ferro como Fe_2O_3.

O ferro é considerado como contaminante natural de produtos de origem vegetal, dada sua presença no solo onde a matéria-prima é plantada.

Entretanto, sua presença também pode estar relacionada à má conservação dos equipamentos (ferrugem), podendo contaminar o produto através do contato, seja durante a colheita, seja durante o processamento da cana.

Apesar de estar em pequena quantidade no caldo, o ferro tem efeito notável em sua coloração, principalmente pela reação com substâncias polifenólicas (tanino, antocianina e sacaretina). A contaminação por ferro em grandes concentrações é facilmente perceptível, pois altera o sabor do produto. Além disso, pode causar reações gástricas como, por exemplo, acidez estomacal.

O alumínio (2 a 5 mg/100 ml), por sua vez, não tem qualquer efeito nocivo na fabricação do açúcar, a não ser pela sua contribuição no aumento das cinzas nos produtos finais.

CLORO

O cloro (15 a 30 mg/100 ml), da mesma forma que acontece com o potássio e o sódio, permanece na forma de íons no caldo, sem sofrer qualquer alteração pela clarificação.

SULFATO

Sabe-se que altos teores de sulfato são prejudiciais à fabricação, pois se precipitam nas operações finais como incrustações. A forma mais comum de ser encontrado é na de gesso ou $CaSO_4 . 2 H_2O$. Constitui um dos radicais responsável pela diminuição do cálcio nas fases posteriores do caldo.

A presença de sulfato e a adução de anidrido sulfuroso na operação de sulfitação, para o branqueamento, irão definir se haverá um nível aceitável de resíduos de dióxido de enxofre (SO_2) no açúcar refinado. O dióxido de enxofre é adicionado durante a etapa de clarificação do açúcar. Entretanto, esse aditivo deve ser eliminado, dentro de limites toleráveis, até o final do processo, pois traços residuais de enxofre podem ocasionar alterações sensoriais do produto, principalmente de sabor e odor, além de reações alérgicas e dores de cabeça, no caso de concentrações maiores.

FÓSFORO

Pela importância que assume na fabricação do açúcar, especialmente na clarificação de caldo, o fósforo (1 a 40mg/100ml) tem sido um dos elementos mais estudados pelos tecnologistas. É um dos elementos responsáveis pela precipitação das impurezas do caldo no processo de defecação.

Altos teores de fósforo no caldo ocasionam:

a) Borras muito volumosas;
b) Borras de baixa densidade;
c) Decantação lenta;
d) Sobrecarga dos filtros, etc.

Baixos valores de fósforo, por sua vez, são responsáveis por:

a) Caldos escuros;
b) Pequeno volume de borras;

c) Baixa remoção de cálcio
d) Clarificação difícil
e) Borras não compactas.

O fósforo encontra-se no caldo de cana na forma mineral e na forma orgânica. A maior parte desse elemento, entretanto, encontra-se na forma solúvel, visto que, pela clarificação com cal, sua eliminação é da ordem de 80 a 90% (pH de 7,0 a 7,6).

O restante do fósforo está na forma de fosfolipídios, fosfohexoses, fosfoproteínas, etc., cujo comportamento na clarificação é ainda desconhecido. Admite-se, entretanto, que algum fosfato orgânico possa ser precipitado durante a fabricação, principalmente devido à hidrólise de fosfohexoses.

Outro ponto importante é o comportamento do fósforo na clarificação. Ao alcalinizar o caldo com leite de cal, não se tem, com o fosfato, um composto químico definido, mas sim uma massa amorfa, cuja composição e natureza variam amplamente.

Apesar de muitos estudos existentes com o fósforo, poucos são os informes de como se processam suas reações com o íon cálcio.

A maioria das experiências sobre o teor de fósforo no caldo, para uma boa clarificação, cita o valor de 0,03%, ou seja, 300 mg de P_2O_5 por litro.

Em realidade, algumas variedades mostram boa clarificação mesmo com baixos teores de fósforo, enquanto que outras mostram bons valores desse elemento e não clarificam bem, sendo conhecidas como refratárias.

Por outro lado, alguns estudos mostraram que uma melhor adubação fosfatada da cana-de-açúcar contribui para o aumento desse elemento no caldo.

Nas condições brasileiras, principalmente nas de São Paulo, o teor de fósforo no caldo das diversas variedades de cana tem variado de 80 a 300 mg/litro, existindo poucos casos de valores superiores ao índice mais alto dessa variação. Como o enxofre é um dos reagentes principais do processo de sulfodefecação, precipitando-se na forma de sulfito de cálcio ($CaSO_3$), a importância do fósforo não é tão grande como a atribuída quando se desenvolve apenas o processo de defecação.

Portanto, é importante que se preste muita atenção ao papel do fósforo, quando se pratica este ou aquele processo de clarificação. É bem provável que no processo de sulfodefecação simples, o teor de 300 mg de P_2O_5 / litro seja demasiado. Alguns estudos devem ser feitos neste sentido, a fim de que se comprove tal afirmativa, mesmo porque os valores referenciados pela literatura dizem respeito mais ao processo de fabricação do açúcar bruto, antigamente conhecido por Demerara e, atualmente, conhecido como açúcar bruto de baixa pureza.

SÍLICA

A sílica (10 a 50 mg/100 ml) se acha no caldo sob três formas;

a) SiO_2 dissolvido,
b) SiO_2 coloidal,
c) Silicatos em suspensão.

A maior parte da sílica em suspensão é removida pela clarificação. Tem influência nociva na sedimentação e filtração, comprometendo a qualidade do açúcar final.

A carbonatação, processo de clarificação empregada na indústria da beterraba açucareira, parece ser o meio mais eficaz de remoção de sílica.

10.4 COMPORTAMENTO DE ALGUNS COMPONENTES ORGÂNICOS

SACAROSE

A sacarose (8 a 21%), componente que se deseja obter na forma cristalizada, pela industrialização da cana, está, no decurso da eliminação dos não açúcares e da água, também sujeita a transformações importantes.

A reação mais importante por que passa a sacarose é conhecida por inversão, reação que pode ser acelerada pelo decréscimo do pH (maior acidez) e aumento de temperatura, assim como pelo fator tempo.

Em condições de trabalho, ao redor de pH 7,0, e em condições de temperatura inferior ou igual a 100 °C, a inversão é de pequeno valor. Já em condições de pH inferior a 7,0 e de temperatura igual ou inferior a 100 °C, seu valor pode assumir proporções maiores. Por isso é que a sulfitação, por propiciar condições favoráveis a essa reação, deve ser suficientemente rápida, reduzindo-se, assim, o índice de inversão.

Do ponto de vista químico, o produto da inversão de pequena quantidade de sacarose não influi no processo de clarificação, visto que a glucose e a frutose já se encontram em teores bem elevados no caldo original.

AÇÚCARES REDUTORES (0,3 A 2,5%)

Os açúcares redutores, representados quase que exclusivamente por glucose e frutose, são bem mais reativos do que a sacarose.

Em meio ácido, são praticamente estáveis, ao passo que, em meio alcalino, decompõem-se com certa facilidade, dando origem a compostos orgânicos de características escuras e coloridas.

Como não interferem na cristalização da sacarose, sua separação é igualmente indesejável. Aliás, constituem-se em elementos favoráveis, por facilitarem a cristalização da sacarose, contribuindo para a diminuição de sua solubilidade.

Ainda que a frutose seja facilmente destruída, não desaparece no caldo por completo, visto que está se formando continuamente, por conversão da glucose (Reação de Lobry de Bruyn - Van Ekenstein).

A decomposição dos açúcares redutores dá, por resultado, a formação de ácidos. Em consequência disso, ocorre:

a) Neutralização dos ácidos orgânicos pela cal, aumentando-se) deste modo, o teor do íon cálcio na clarificação, caso esta seja realizada acima do pH 7,0.

b) Formação de complexos de condensação coloidais, escurecendo os açúcares finais.

c) Formação de substâncias melassigênicos, tal como ácido aspártico.

Por outro lado, os açúcares redutores podem combinar com os aminoácidos, formando produtos de natureza escura, conhecidos por melanoides. A reação dos aminoácidos com os redutores é conhecida por reação pardeante ou de Maillard.

Evidentemente, uma maior quantidade de açúcares redutores no caldo ocorre sempre pára a produção de maiores quantidades de melaço.

COMPOSTOS NITROGENADOS

A remoção dos compostos nitrogenados (150 a 400 mg/100 ml, como proteínas), durante as operações de clarificação, expressa em termos de nitrogênio, varia de 15 a 45%, podendo-se estimar, entretanto, uma remoção média de 30%.

As proteínas, ou mais precisamente as albuminas, são quase removidas totalmente, enquanto que os aminoácidos e as amidas permanecem solúveis no caldo.

As proteínas, constituídas em grande parte de albuminas, são facilmente desnaturadas pelo calor, dado seu caráter anfótero, com características tanto ácidas como básicas. Portanto, seu comportamento químico depende altamente do pH. Cada proteína tem um ponto isoelétrico definido, onde não dominam nem os grupamentos ácidos e nem os básicos. A albumina, por exemplo, coagula-se no pH 5,5. Neste pH, apresenta um mínimo de hidratação e turgescência, sendo facilmente precipitada pelo calor.

Há indicações de que a caleagem a quente remove mais compostos nitrogenados do que a desenvolvida a frio (EGGLESTON, 2000).

As proteínas, permanecendo no caldo clarificado, atuam como coloide de proteção, estabilizando a matéria orgânica em suspensão.

Pode reduzir a atividade do íon cálcio, aumentando sua concentração. Contribuem para o aumento da viscosidade dos méis, diminuindo, por consequência, a velocidade de cristalização.

GOMAS

As gomas (20 a 50 mg/100 ml) são conceituadas como um conjunto de substâncias orgânicas precipitadas pelo etanol, compondo-se, principalmente, de pentosanas.

No caldo de cana, são substâncias coloidais hidrófilas (coloide liofilo), concorrendo sobremaneira para o aumento da viscosidade do xarope, das massas cozidas e dos méis.

Pelos processos usuais de clarificação, o teor de gomas é ligeiramente afetado, sendo baixo o teor de remoção. Os dados da literatura não são superiores a 20%.

No caldo de cana, a arabana parece ser a principal pentosana, embora a xilana possa estar também presente. Alguns autores enquadram como gomas, também, a dextrana e a levana, substâncias produzidas a partir da sacarose, respectivamente, pelos micro-organismos *Leuconostoc mesenteroides* e *Aerobacter levanicum*.

A dextrana é um polissacarídeo, composto de D-glucose. Forma uma massa gelatinosa que pode bloquear, juntamente com o bagacilho, as peneiras, os rotores das bombas, os encanamentos, etc., assim como retardar a cristalização da sacarose, principalmente por tornar os méis mais viscosos, elevando o tempo de processamento de equipamentos como decantadores, cristalizadores e centrifugas. A dextrana, na formação de cristais de sucrose, resulta nas sua incorporação ao cristal, causando deformação cristalográfica, além de reduzir a qualidade do açúcar final (LOPES, 2011). O aparecimento de dextrana, na fabricação, é favorecido pela falta de higiene e alto pH (superior a 7,0).

PECTINAS

As pectinas (20 a 100 mg/100 ml) são, à semelhança das gomas, substâncias coloidais hidrófilas, que têm também a característica de aumentar a viscosidade das soluções.

As pectinas são carboidratos de composição complexa, cuja estrutura básica é um ácido poligalacturônico, parcialmente esterificado por etanol, que também contém grupos de pentoses e de pentosanas. São oticamente ativas e hidrolisáveis em meio alcalino a ácido péctico, dando origem ao pectato de cálcio.

Apesar de ser muito insolúvel no caldo de cana, esse composto comporta-se como um gel, cuja floculação e precipitação depende das condições do meio. Seu efeito está no aumento do coeficiente de solubilidade da sacarose, dificultando sua recuperação.

Em condições de caleagem a pH 8,0, as pectinas podem ser, em maior parte, removidas, como pectato de cálcio.

CERAS E GORDURAS

A remoção desses compostos (50 a 150 mg/100 ml), pela clarificação, parece não constituir grande problema, visto que, por serem produtos de baixa densidade, tendem a acumular na parte superior do decantador na forma de espuma. São retirados junto com a fração pesada. Segundo a literatura, pela clarificação com cal, é possível remover até 90% do lipídio do caldo. Esta fração pesada é conhecida por lodo ou borra. Esta também pode conter alguma cera ou gordura arrastada pelos precipitados volumosos, formados durante a decantação. Esses compostos (ceras e gorduras) são separados na torta pela filtração nos filtros rotativos a vácuo. Contudo, a filtração mal conduzida pode causar uma considerável redispersão dos lipídeos e outras matérias coloidais.

Atribui-se algum efeito negativo dos lipídeos remanescentes no caldo clarificado na fase de filtração do açúcar bruto, durante as operações de refinação.

AMIDO

O amido, na cana-de-açúcar, é aproximadamente 20% de amilose e 80% de amilopectina, o qual, ao lado de outros polissacarídeos, parece ter algum efeito no processamento industrial da cana-de-açúcar. Aparecendo na forma de finos grãos, o amido, no processo de clarificação, gelatiniza pelo aquecimento e, esta forma não é mais removido, concentrando-se no melaço. O efeito negativo do amido está no aumento da viscosidade dos xaropes e dos méis. O amido que acompanha o açúcar bruto nas refinarias dificulta a filtração dos xaropes. Aumentando a produção de mel residual. Tem, pois, efeito melassigênico, tanto na fabricação do açúcar bruto como na sua refinação.

Amorim & Oliveira (1982) afirmam que a presença de polissacarídeos no caldo de cana é responsável pela redução na recuperação do açúcar na fábrica, promovendo aumento da viscosidade dos méis e também, queda no rendimento da fermentação etanólica. O teor de amido no caldo extraído pelas moendas varia de 5 a 70 mg/100 ml, se for superior a concentrações encontradas acima de 40 mg/100 ml já traz problemas na qualidade do açúcar.

Na África do Sul tem-se demonstrado que o tratamento térmico do caldo, acima de 70 °C, por um período de 15 a 20 minutos, reduz o teor de amido em mais de 50%. Esta redução é devida à hidrólise do amido em glucose, ocasionada pelas enzimas naturais do caldo. Na clarificação, o amido não sofre o mesmo fenômeno, em razão de o pH ser mais elevado. Para reduzir a concentração de amido no processamento industrial é recomendada a utilização de enzimas α-amilase, em dosagem de 30g a 60g por tonelada de açúcar (COPERSUCAR, 1993).

ÁCIDOS ORGÂNICOS

Apesar da importância que assumem os ácidos orgânicos do caldo de cana, principalmente no que diz respeito ao consumo de cal, com vistas a alcançar o pH desejado, poucos são os estudos divulgados até o presente.

Dos ácidos orgânicos presentes no caldo, os mais importantes estão constituídos pelo ácido aconítico, oxálico, málico, etc. Desses ácidos, o aconítico é considerado o mais importante, pois está no caldo de cana em concentrações bem elevadas (50 a 150 mg/100 ml), superando a do fosfato em mais de 200%.

Esta concentração afeta a ação do fósforo, visto sua grande ação estabilizadora de pH (grande aceitador de cálcio).

De modo geral, os sais desses ácidos orgânicos (aconitados, oxalatos, etc.), por serem de alta solubilidade, não são separados na clarificação. Graças a esta característica, passam praticamente por todas as fases da fabricação, indo aparecer no melaço e no açúcar final. Em alguns casos, tem-se verificado a presença de sais de ácido aconítico e oxálico nas incrustações das superfícies de evaporação.

O efeito maior de alguns dos sais de ácidos orgânicos, que acompanham o açúcar bruto ,está no retardamento da velocidade de cristalização da sacarose nas operações de refinaria. Para alguns autores, o efeito melassigênico desses sais é maior do que o atribuído aos sulfatos, cloretos, etc.

10.5 PROCESSOS DE CLARIFICAÇÃO

Fundamentalmente no Brasil, são dois os processos de clarificação usados na fabricação do açúcar.

a) Açúcar cristal de exportação - Defecação ou caleagem
b) Açúcar cristal de consumo direto branco - Sulfodefecação ou sulfocaleagem

Como foi comentado, os reagentes usuais desses processos estão constituídos pela cal e pelo enxofre. Como acelerador do efeito desses reagentes, lança-se mão da temperatura.

A utilização de auxiliares de clarificação e de decantação, tais como polieletrólitos, fosfatos, etc., constitui recursos normais das usinas de açúcar, quando o processo não está funcionando bem.

Como um substituto parcial da cal, tem sido tentado ultimamente no Brasil o óxido de magnésio. A soda ou o hidróxido de sódio pode ser também tentada com um substituto parcial da cal, principalmente como corretivo do pH final de clarificação.

De acordo com as orientações técnicas da usina, a aplicação desses processos pode sofrer modificações quanto ao momento do uso da temperatura, dos níveis de pH, do número de adição dos reagentes, etc., conforme se poderá ver em alguns esquemas simplificados em sequência.

10.5.1 PROCESSO PARA PRODUÇÃO DO AÇÚCAR DE EXPORTAÇÃO

Caleagem a frio:

Consiste na adição de leite de cal ao caldo frio até pH de 7,2 a 8,2 e num posterior aquecimento a 100-105 °C. O caldo nesta temperatura é enviado para o decantador, onde são obtidos duas frações: caldo claro, que é enviado para a evaporação, e lodo, destinado aos filtros rotativos, para a recuperação de seu caldo residual. Da filtração, resultam duas frações: caldo claro e turvo, que são recolhidos na forma misturada e retornados à fase de caleagem, e torta, que é enviada ao campo para servir como adubo. Esquematicamente, este processo desenvolve-se da seguinte maneira:

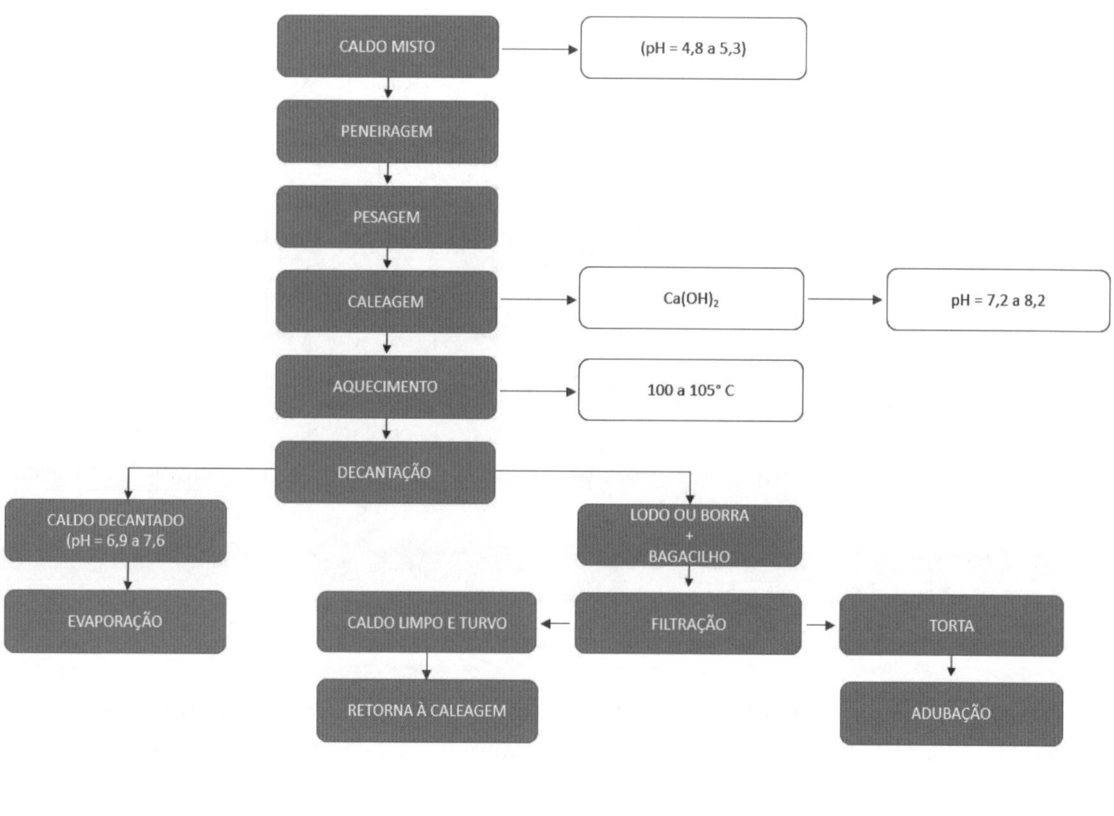

10.5.2 PROCESSO PARA A PRODUÇÃO DO AÇÚCAR BRANCO

a) Sulfodefecação a frio

O caldo misto, depois de peneirado, é inicialmente sulfitado com SO_2 até pH de 3,8 a 4,3. Segue-se a caleagem até pH de 6,8 a 7,2, o aquecimento a 100-105 °C e a decantação. Processo usual no Brasil.

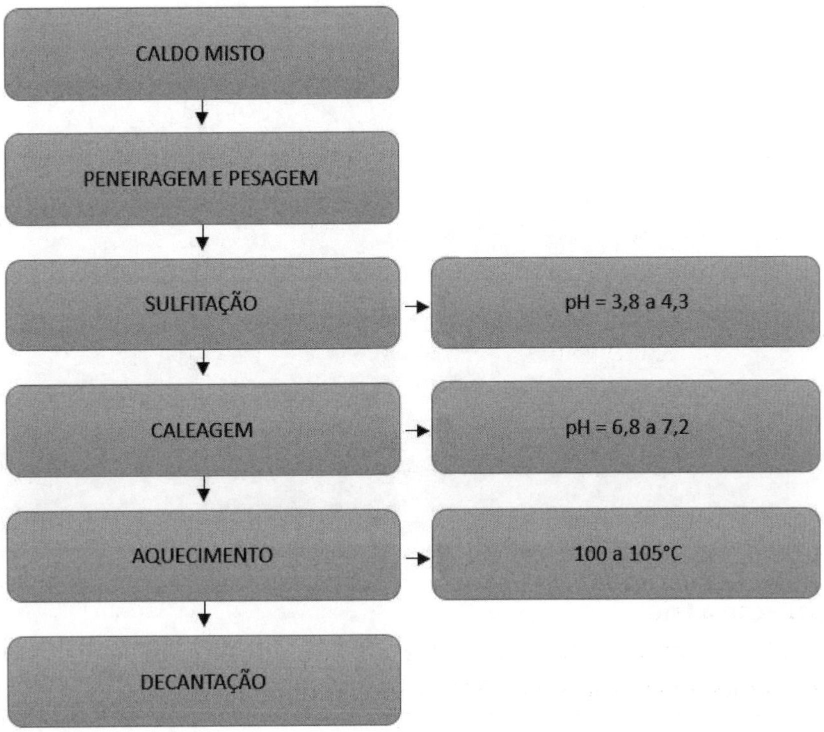

b) Sulfodefecação a Quente

O caldo, aquecido inicialmente a cerca de 60 °C, é sulfitado (pH = 3,8 a 4,3). Depois de caleado a pH 6,8 a 7,2, é aquecido a 100-105 °C. Após o aquecimento, segue-se para a decantação. Processo usual no Brasil. Em sequência, um esquema simplificado deste processo.

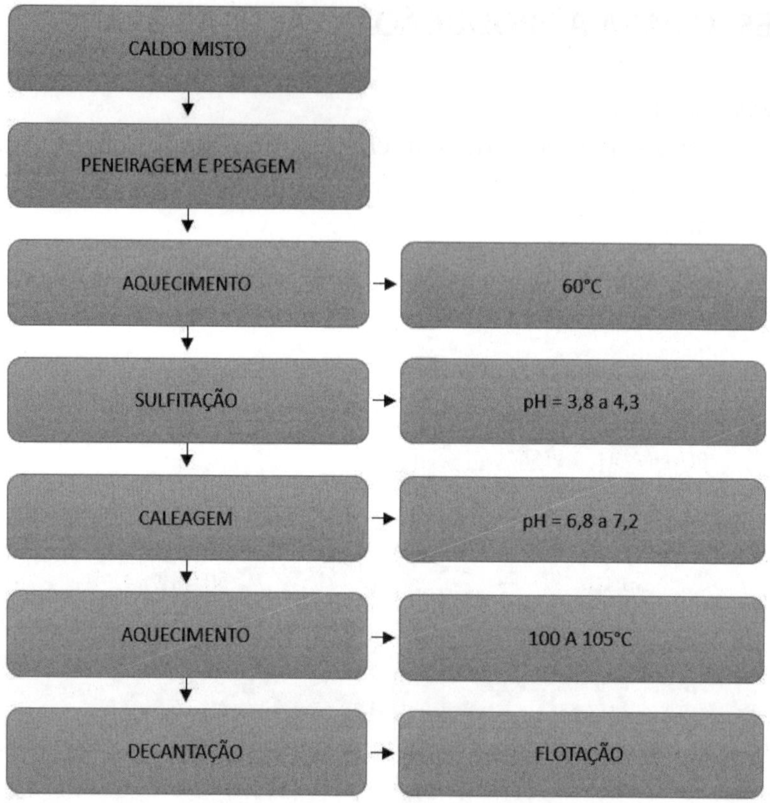

c) Defecosulfitação a frio

Consiste em calear o caldo misto a pH de 8,2 a 8,4 e sulfitá-lo, em seguida, até pH de 6,8 a 7,2. Após o aquecimento de 100-105 °C, é enviado para a decantação.

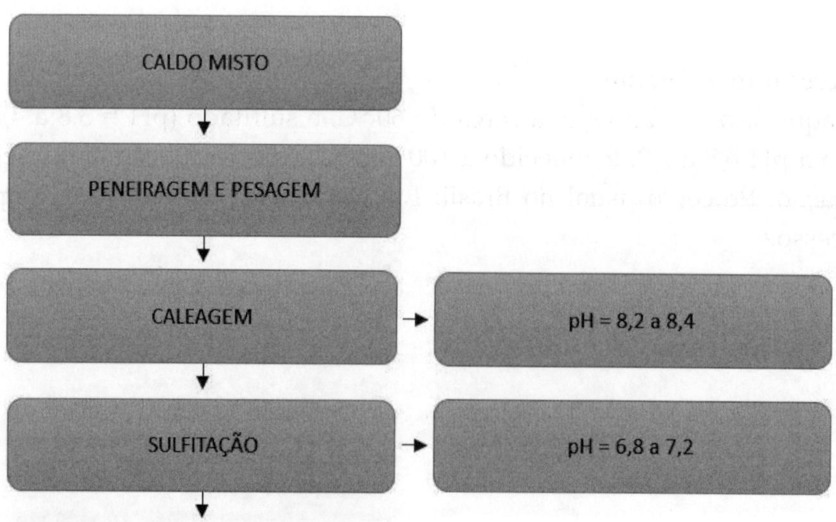

d) Defecosulfitação a quente:

O caldo, antes de ser caleado e sulfitado, conforme indicação anterior, passa por um aquecimento de até aproximadamente 60 °C.

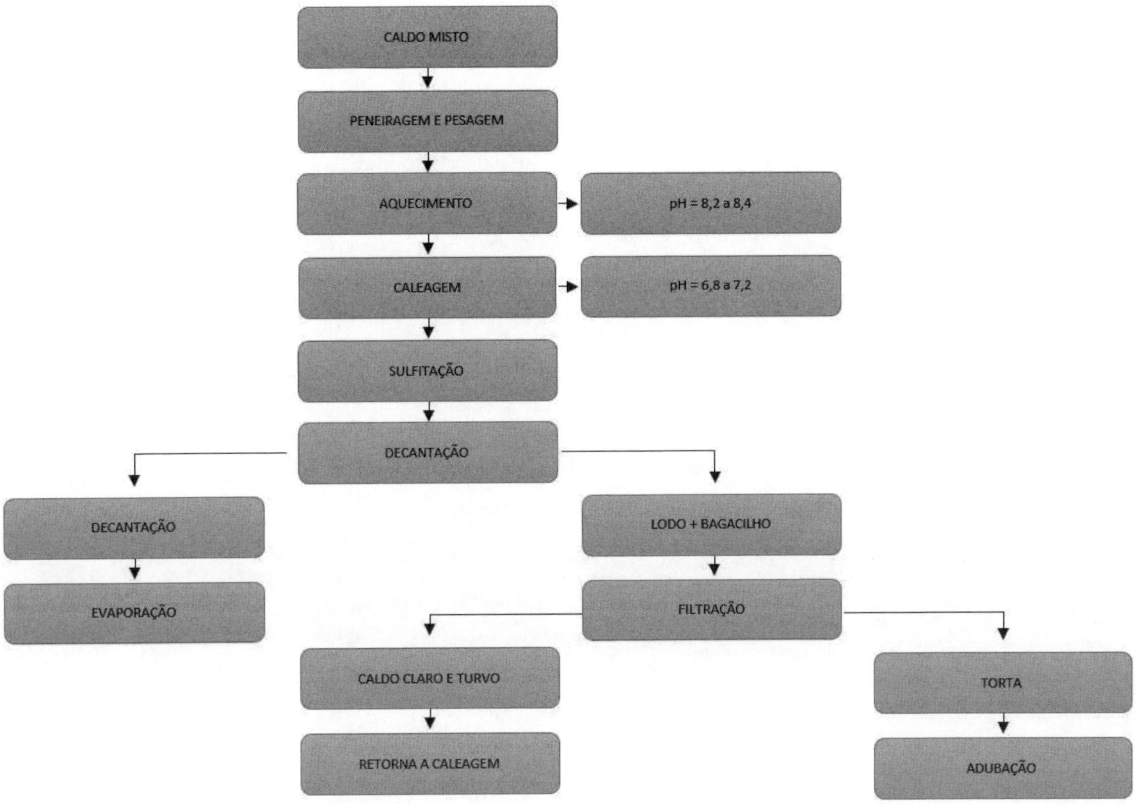

Evidentemente, para a produção do açúcar branco, muitas opções de trabalhos são possíveis de ser realizadas, tais como a sulfodefecação fracionada, sulfodefecação composta, etc. Do mesmo modo, os processos de carbonatação, usados na indústria da beterraba açucareira e já tentados na clarificação do caldo de cana, podem sofrer inúmeras modificações.

CAPÍTULO 11

REMOÇÃO DE IMPUREZAS GROSSEIRAS E PESAGEM DO CALDO

11.1 PENEIRAGEM DO CALDO

O caldo extraído pelas moendas começa a ser purificado pela remoção do material em suspensão que ele encerra, através da sua peneiragem. Esse caldo contém areia, terra, pedaços de cana e bagaço, chamado genericamente bagacilho, os quais devem ser eliminados antes que este passe à fase de clarificação.

Vários são os tipos de peneiras utilizadas na prática para o tratamento de caldo, com o objetivo de separar essas impurezas grosseiras. A quantidade de bagacilho arrastada no caldo varia consideravelmente, dependendo do grau de preparo da cana, do assentamento da bagaceira, do tipo de ranhura utilizada, da variedade de cana, do tipo de condutor intermediário, etc.

Com relação a esses fatores, observa-se que as utilizações de aparelhos preparadores de cana, cada vez mais eficientes, conduzem a um aumento da quantidade de bagaço fino no caldo, que é de difícil remoção. Da mesma forma, o ajuste inadequado da bagaceira, principalmente nos últimos ternos de moenda, onde o grau de desintegração do bagaço é intenso, a quantidade de bagacilho que cai entre os rolos e a bagaceira é grande. As ranhuras do tipo Messchaerts, quando presentes, deixam passar uma quantidade maior de bagaço fino, que dificilmente é retido pelas peneiras, principalmente nas de malhas grossas. As variedades de cana também exercem um papel importante nesse particular, pois algumas delas apresentam uma fibra dura e quebradiça, que concorre para o aumento de bagacilho no caldo, sendo, neste particular, os condutores de borracha um dos mais eficientes.

A presença de bagacilho durante a clarificação é indesejável, pois além de produzir danos ,como entupimento de canalizações, bombas, registros, etc., podem ocorrer com a alcalinização do meio durante a caleagem, a solubilização da celulose, que libera um produto amarelo, a sacaratina, que interfere na qualidade do açúcar.

A remoção do bagacilho, em vários centros açucareiros, se faz através da peneiragem primária e secundária. Contudo, esta operação nas usinas paulistas, de um modo geral, é única.

Na opinião de alguns autores, a peneiragem é uma técnica imperfeita para separar o material em suspensão do caldo, porque mesmo depois de peneirado nas telas mais finas, ele pode ainda apresentar valores tão elevados como 1,0 grama por litro.

Trabalhos desenvolvidos em Java indicam que as perfurações de 0,3 e 0,4 mm lineares são os menores limites práticos para abertura de peneiras.

O caldo que sai das moendas deve passar primeiramente através de uma peneira de malha de aproximadamente 1,0 mm de diâmetro, quando a fração mais grosseira do bagaço é retida. Porém, esse caldo peneirado ainda contém muita partícula fina, de tamanho inferior a 1,0 mm, devendo ser submetido a uma segunda peneiragem para removê-la, reduzindo o nível de impurezas, que é de 1.5 a 0,6 g/l, para 0,4 a 0,5 g/l. Em Java, tem-se utilizado, para solucionar este caso, telas com perfurações de 0,4 mm de diâmetro.

As perfurações da tela podem ser de diferentes formas, como quadrada, circular, retangular e cônica. Os tipos mais simples de peneira são aqueles que têm tela plana ou placa perfurada. Nas peneiras vibratórias utiliza-se, preferivelmente, de tela de arame, com abertura muito pequena, de até 0,1 mm.

O caldo extraído pelas várias unidades esmagadoras pode ser coletado individualmente em cada terno de moenda, ou conjuntamente em um único coletor. Neste caso, deve-se ter condições para poder separar os diferentes caldos através de tabiques, para serem utilizados na embebição composta.

Com a finalidade de se evitar o acúmulo de bagaço nas paredes laterais do coletor, deve-se fazê-las com uma inclinação de pelo menos 55%, visto que o acúmulo de bagaço nas laterais do coletor é indesejável, pois é foco de desenvolvimento de micro-organismos responsáveis pela deterioração do caldo. Outra característica do coletor é que o fundo deve ter uma inclinação de 1 a 2%.

De um modo geral, as peneiras de caldo estão localizadas lateralmente às moendas, do lado oposto às engrenagens intermediárias. Todavia, algumas peneiras exigem que sua localização seja sobre as moendas.

As peneiras de caldo podem ser reunidas em três tipos básicos: as fixas, as vibratórias e as rotativas.

11.1.1 PENEIRAS FIXAS

A peneira fixa mais difundida nas usinas paulistas é do tipo "Cush-Cush". Entretanto, outras podem ser utilizadas, com o tipo DSM, Alvorada e rotativas.

Peneira Cush-Cush

A simplicidade dessa peneira a mantém em uso na maioria das usinas brasileiras. Ela é constituída de uma tela fixa horizontal, guarnecida por paredes laterais de chapa metálicas, de altura variável, onde o caldo é peneirado. O caldo que passa através da peneira é coletado em um tanque de recepção, colocado na parte inferior. Esse tanque pode ter divisões internas para separar os caldos provenientes das diferentes unidades esmagadoras. Ele deve ter seu fundo preferivelmente inclinado, visando o melhor escoamento do caldo e limpeza do tanque.

A fração retida sobre a tela, isto é, o bagacilho e outras impurezas, são removidos por um raspador mecânico, constituído de duas correntes sem fim, sobre as quais se fixam taboinhas de madeira ou raspadores de chapa de ferro. Esses elementos raspadores equidistam de 40 a 60 cm uns dos outros. As taboinhas podem possuir os bordos de borracha, couro ou com escova de piaçava. Esta última alternativa é indesejável, pois dificulta em muito a limpeza, causando perdas de sacarose pela formação de dextrana e de acidos, devido, principalmente, ao desenvolvimento de *Leuconostoc*.

Em continuação à parte horizontal da peneira está a elevadora, que faz com ela um ângulo de 30 a 60°. Às vezes, quando a capacidade de moagem é grande, faz-se uns dois metros do fundo da elevadora com tela, para melhor drenagem do caldo. No final da elevadora existe um condutor horizontal perpendicular ao tandem, tipo helicoidal, constituído por um parafuso sem fim e uma calha aberta em U. Essa calha, na extremidade, que está sobre o tandem, possui uma abertura inferior, por onde o bagacilho cai sobre o condutor intermediário. Entretanto, a Zanini prefere fazer uma abertura helicoidal, segundo o comprimento da calha em U, na parte sobre as moendas, o que dá uma melhor distribuição do bagacilho.

O retorno de bagacilho se dá, normalmente, entre o primeiro e o segundo terno de moendas, como mostra a figura 85. Todavia, algumas usinas têm preferido o retorno desse material antes da primeira moenda, prejudicando o seu trabalho, quando ocorre a sua deposição de um só lado. Além do mais, o desgaste do cilindro fica irregular e o controle das moendas, pelo laboratório, também é dificultado. Quando o retorno de bagacilho se dá antes da primeira moenda, causará um acréscimo na quantidade de caldo, a ser normalmente extraída por ela. Como, às vezes, nesta fase, há uma certa rejeição do caldo devido a má drenagem, essa prática de retorno agravará ainda mais esse problema. Por esses motivos, em alguns centros açucareiros, tem-se utilizado prensas helicoidais para recuperar o caldo do bagacilho. Nesse caso, o bagacilho vai diretamente para as caldeiras, conjuntamente com o bagaço.

A demanda de superfície filtrante é de 0,1 a 0,05 m^2 por THC, sendo preferível efetuar o cálculo baseado no nível superior como medida de segurança. Outra forma de estimar a superfície filtrante, segundo Hugot (1977), é utilizando-se do coeficiente 0,02 m^2 por THC e por terno de moenda, não considerando o esmagador. Assim é que, para um tandem de 12 ou 14 cilindros seria necessário 0,08 m^2 / THC.

A largura das telas filtrantes está entre 45 e 60 cm, mas o comprimento é variável, ficando na dependência da capacidade de moagem. O número de perfurações por cm^2 é variável, podendo ir de 13 a 100, mas Hugot (1986) prefere adotar como valor máximo de perfurações, 50. O maior número de perfurações é reservados às peneiras de crivo de menor diâmetro. A área aberta das peneiras varia de 17 a 36%, conforme o número e o diâmetro das perfurações adotadas.

O material utilizado na construção das peneiras é o latão, o cobre e o aço inox. A espessura da tela é variável entre 1,0 e 2,0 mm. Uma particularidade da sua construção é que as perfurações devem se iniciar a 50 mm do seu bordo lateral.

Para a separação do bagacilho, as telas para as primeiras moendas devem ter uma espessura de 1,0 mm e com perfurações de 0,8 a 1,0 mm, e para os últimos ternos, a espessura deve ser de 1,5 a 2,0 mm e as perfurações de 1,5 mm.

O acionamento das partes móveis pode ser realizado pelo rola bagaço ou por motor elétrico. A velocidade dessas partes deve estar compreendida entre 25 a 30 m/minutos.

Esse tipo de peneira apresenta algumas vantagens como: grande capacidade e simplicidade de trabalho. Por outro lado, algumas desvantagens podem ser apontadas, como: grande desgaste das telas perfuradas; as correntes se estragam com facilidade, por trabalharem mergulhadas em caldo ácido, que as corroem, rompendo-as, com frequência, o que causa repetidas paradas. Outro fator negativo dessas peneiras é que, tanto os raspadores, como a parte inferior da tela se suja, dando surgimento a um material gelatinoso, as gomas, causadas pelo desenvolvimento de Leuconostoc e de agentes de fermentações prejudiciais, que causam a decomposição do caldo. Por essa razão, é necessário manter esse equipamento perfeitamente limpo, passando, pelo menos, duas vezes por dia no vapor, sendo que esse cuidado deve ser maior nas paradas semanais, quando é possível a limpeza da parte inferior da tela.

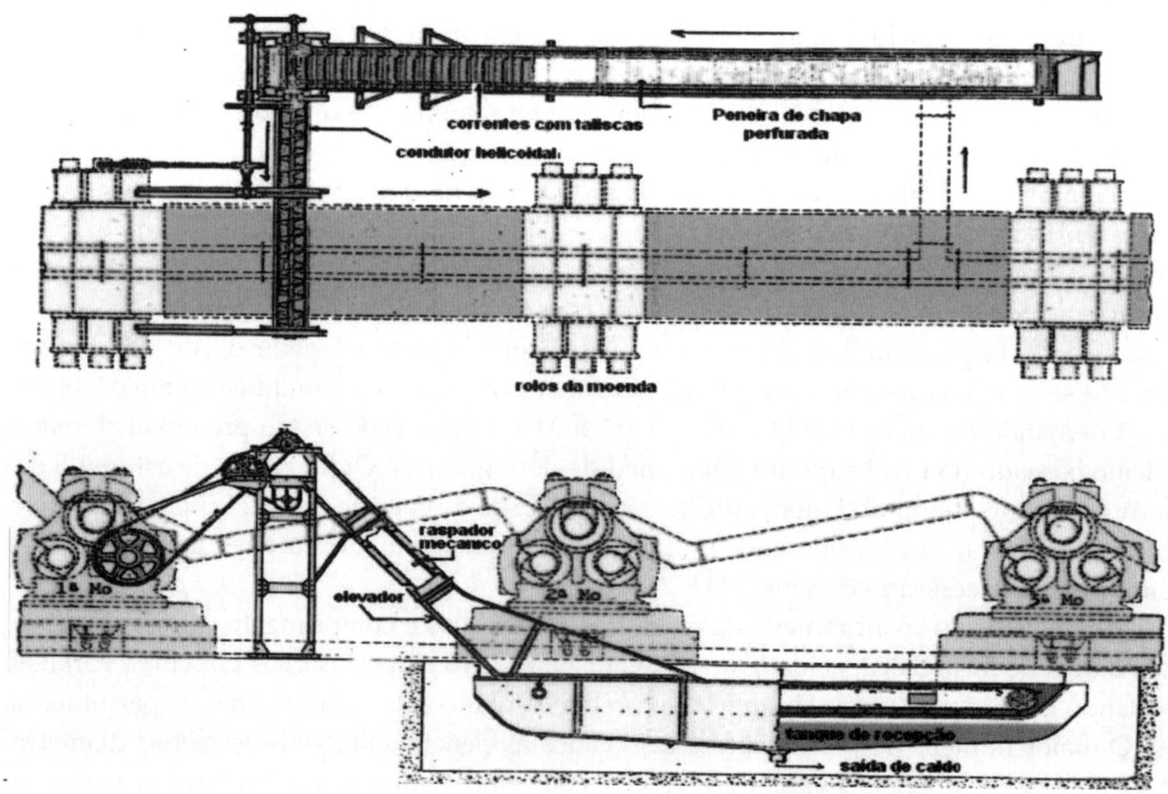

Figura 85 - Esquema tradicional de peneira "Cush cush"

Peneira DSM

Essa peneira estacionária foi desenvolvida pela DORR-OLIVER Corporation. Seu nome é a sigla de Dutch State Mines.

Em essência, ela consta de uma caixa de alimentação, uma superfície filtrante e um depósito receptor de caldo, não possuindo nenhuma parte móvel, como se pode ver na Figura 86.

O caldo impuro extraído pelas moendas é bombeado para a caixa de alimentação, de onde flui, tangencialmente, por gravidade, para a superfície filtrante. Essa superfície é composta por barras em forma de cunha, montadas de modo que a parte superior apresenta-se por barras em forma de cunha, montadas de modo que a parte superior apresenta-se plana-côncava, formando um arco de 45° a 60°. Essas barras estão afastadas umas das outras de 1,0 a 0,7 mm, e deixam, nestas condições, espaços longitudinais de drenagem do caldo, o qual vai ter ao depósito inferior de onde sai para os clarificadores. O bagacilho é empurrado, pelo próprio fluxo de caldo, para a parte inferior, que o descarrega sobre o condutor intermediário, já que esse aparelho é instalado sobre o tandem.

As dimensões dessa peneira variam com a capacidade de moagem, sendo que o comprimento é de 160 cm e a largura está entre 91,5 e 182,8 cm.

As peneiras do tipo DSM são usadas para a filtração de caldo, vindo direto da moenda, ou para uma filtração secundária. Nesse caso, a operação é realizada em duas etapas, sendo que, no primeiro caso, a abertura é de 3,0 mm e, no outro, de 1,0 mm. Na opinião de Jenkins (1966), o tamanho das partículas separadas é muito menor do que a abertura, devido ao deslocamento tangencial do fluxo do caldo.

A capacidade de filtração dessas peneiras, de acordo com Meade (1967), é de 455 litros por minuto para cada 30 cm de largura. Hugot (1977) recomenda valores de 7,5 TCH/dm quando a peneira é espaçada de 1,0 mm e 6,0 TCH/dm, para perfuração de 0,7 mm. Quando se adota desfibradores no preparo de cana, a capacidade da peneira é reduzida da ordem de 15%.

A limpeza da superfície filtrante é de grande importância para manter sua eficiência. Ela é realizada, lavando-a com água quente e vapor, alternadamente.

As principais vantagens dessa peneira são: não possuir partes móveis, o que evita proliferação de micro-organismos; ser instalada sobre as moendas; distribuir o bagaço por igual sobre a esteira transportadora, produzir um caldo com poucos sólidos em suspensão.

A peneira DSM também pode ser usada após clarificação do caldo, com espaçamento de 0,35 mm entre as barras.

A peneira Alvorada, fabricada entre nós, utiliza-se do mesmo princípio da DSM, somente que a superfície filtrante é colocada dos dois lados, e, ao invés de utilizar-se de barras cônicas, emprega-se tela perfurada.

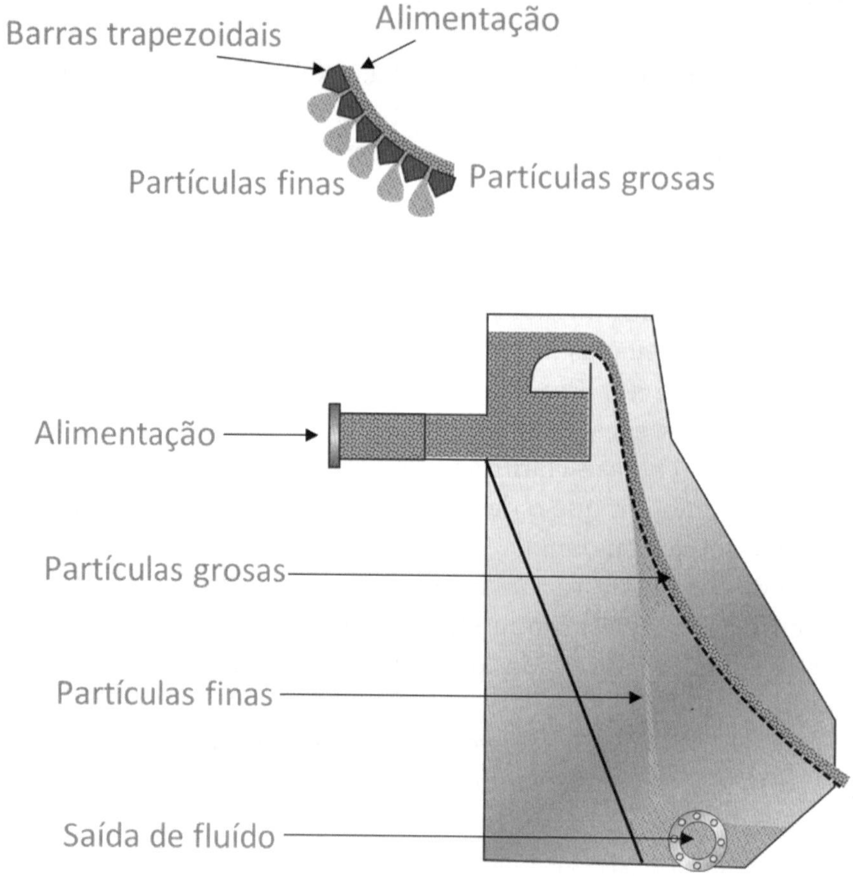

Figura 86 - Peneira DSM. *Ilustração:* **Paulo Gangorra**

11.1.2 PENEIRAS ROTATIVAS

As peneiras rotativas podem ser empregadas para complementar o trabalho de uma primeira peneiragem mais grosseira, ou para caldo vindo diretamente das moendas. O seu emprego tem sido muito expandido na Austrália, onde seu uso é generalizado.

Os cestos das peneiras rotativas são de forma cilíndrica, tronco cônico ou piramidal. O caldo é alimentado na parte interna superior e flui para um depósito colocado sob a peneira, enquanto que o bagacilho é deslocado, pelo próprio movimento de rotação, para a extremidade inferior, por onde sai (Figura 87). Esse material é transportado por um condutor e vai ser distribuído entre os ternos de moenda, para recuperar o caldo remanescente.

Essas peneiras são localizadas, de modo geral, ao lado do tandem, longe do nível do solo, de tal forma que tanto o caldo flui, por gravidade, para tanques receptores, vai por bombeamento para o tratamento. O bagaço flui para as esteiras intermediárias entre as moendas. Devido à sua localização, a limpeza se torna difícil e a contaminação por micro-organismos é grande, principalmente do *Leucinostoc mesenteroide,* que produz a dextrana. Eles se desenvolvem com maior intensidade do lado de baixo das partes fixas da peneira e nos condutores elevadores.

A peneira rotativa do tipo Peck é instalada sobre as moendas, não sendo necessário o elevador de bagacilho (Figura 87).

As peneiras rotativas separam o bagacilho com dimensões menores que 1,0 mm. Para separação desse material é necessário o emprego de tela muito fina de fósforo-bronze, de números 140 e 160. A velocidade angular dessas peneiras é de 8 a 12 rpm e a demanda de superfície filtrante é de 0,1 m^2 em rotação/min/TCH. A alimentação é feita no seu interior, em um ou dois pontos, caldo primário e misto. A eficiência da filtração é de 95 a 95%. Pressão de água de lavagem da tela de 3 a 5 kgf/m^2 e temperatura de 80 a 90°C.

Figura 87 - Peneiras rotativas - Imagem de Dedini Indústria de Base.

11.2 PESAGEM DO CALDO

A operação de medição do caldo extraído da cana processada por pesagem nas moendas ou difusores, ou mesmo em todas as fases de processamento nas usinas ou destilarias, constitui uma fonte de dados de grande valor na avaliação do desempenho industrial.

Dado o crescimento das usinas e mesmo das destilarias no Brasil, nestes últimos anos, as operações de medição do caldo extraído passam a ser avaliadas por medidores de vazão. Se conhecendo a densidade do caldo, tem-se uma simples conversão por peso.

É essencial que a usina determine precisamente a quantidade de caldo que entra na fabricação, em peso ou em volume, dado que constitui a base de todos os cálculos do controle do processo.

A usina Barralcool S.A, situada no município de Barra do Bugres, MT, realiza os controles de volume de produtos, seja caldo, xarope, etc., através de sensores e câmeras, cujos sinais vão para o Centro de Operações Integradas, chamado de COI. Através das imagens recebidas dos diversos setores operacionais, cada operador observa se os padrões dos valores nível nas tubulações ou depósitos de caldo estão dentro dos valores estabelecidos e considerados padrões de funcionalidade.

Há uma preocupação de separação de areia do caldo, especialmente de cana, que possa ser originária de solos arenosos e em dias chuvosos.

11.3 SEPARAÇÃO DE AREIA DO CALDO

A matéria estranha, vinda do campo, causa um substancial aumento de perda de açúcar no bagaço, torta de filtro e no mel final, provocando um decréscimo no rendimento industrial, de modo que a recuperação de açúcar é diminuída. A presença de impurezas vegetais, como folhas verdes e secas nos carregamentos de cana-de-açúcar entregues nas usinas de açúcar, tem preocupado os técnicos, não somente por se tratar de um material sem qualquer valor tecnológico para processamento, como ainda por poder causar aumento na cor do caldo clarificado e, conseqüentemente, na cor do açúcar produzido, com redução de sua qualidade para o mercado. Outro problema é o volume do lodo decantado nos clarificadores, cujo aumento causa maior recirculação e maior volume do caldo filtrado, com maiores perdas de sacarose e maior utilização dos filtros rotativos a vácuo. A presença dessas impurezas provoca uma série de problemas como: estrago e rompimento de bombas, válvulas, linha de canalização, podendo também acumular-se nas caixas de caleagem, nos decantadores, nas caldeiras, entre outros. Há problemas de ordem tecnológica que também são verificados, como:

a) Dificuldade de retenção da torta no filtro, o que prejudica a lavagem e, com isso, há maior perda de açúcar;
b) Altera a condução do cozimento e, como consequência, advém um melaço de baixa esgotabilidade;
c) O açúcar produzido nessas condições é de má qualidade;
d) O controle de laboratório fica prejudicado devido à falsa pesagem do caldo, contendo material estranho a ele, entre outros.

Há um efeito da matéria estranha na produção de etanol e açúcar que, de modo geral, seria:

- Para cada 1% de impureza ocorre, em média, um decréscimo de 1,3 a 1,4% de ATR;
- Aumento proporcional nos custos de transporte e aumento da manutenção de equipamentos industriais.
- Cada 1% de impureza em relação ao açúcar por tonelada de cana pode ser reduzido de 2,56 a 1,36 kg.

Tendo em vista tal aspecto, as técnicas mais recentes têm mostrado a necessidade de se eliminar a maior quantidade possível de sólidos em suspensão, como: terra, areia, argila, etc. Tal preocupação cresce, à medida que aumenta a mecanização das operações de corte e carregamento, em cada centro açucareiro. A quantidade daquelas impurezas transportadas para as usinas pelo carregamento mecânico em dias secos é da ordem de 1 a 3%, mas em dias úmidos varia em média de 6 a 8%. Se essas impurezas não forem removidas através de uma eficiente lavagem, pode sua quantidade no caldo atingir níveis indesejáveis, sendo necessário eliminá-las antes que o caldo seja pesado ou clarificado. Sendo assim, os separadores de areia assumem uma grande importância para a indústria, visto que somente uma pequena fração desse material é removida pelas peneiras. O material estranho suspenso no caldo como: areia, argila, fibras finas, etc., pode ser separado, eficientemente, pelos equipamentos DorrClone, pelo separador de areia Acosta, etc.

11.3.1. SISTEMA DORRCLONE

Esse aparelho é da forma tronco cônica, constituído pelas seções de alimentação, descarga e a cônica. A entrada de caldo se dá na parte superior da seção de alimentação, e na inferior da cônica está a abertura para remoção de areia. Na seção de descarga, que é cilíndrica, está a saída do caldo. Esta seção comunica-se com a inferior através de um tubo condutor, o guia de Vortex. O sistema DorrClone utiliza-se da força centrífuga para remoção de todo material em suspensão. O emprego do sistema envolve dois estágios: o primeiro de remoção da areia do caldo e o outro de lavagem da areia. Sendo assim, é necessário um aparelho para cada operação.

A maneira de operar é a seguinte: o caldo entra no aparelho sob pressão e pelo deslocamento centrífugo vai ter à extremidade inferior do cone invertido, onde ele deflete e sobe pelo centro do aparelho, indo ter à seção de descarga, quando é retirado. Devido ao deslocamento centrífugo, as partículas mais pesadas sedimentam e deixam o aparelho pela parte inferior, depositando-se no tanque de areia. O caldo, por sua vez, livre de partículas grosseiras, segue para pesagem ou para a clarificação. A fração depositada arrasta uma grande quantidade de açúcar, que deve ser recuperado, através da sua lavagem e subsequente passagem por um segundo DorrClone, de onde sai uma borra descartável com muito baixo teor de açúcar e uma água doce. A água doce pode ser utilizada em várias partes, como: na embebição do bagaço, na lavagem da torta do filtro rotativo, na diluição do melaço para preparo do mosto na destilaria, etc.

Segundo Baikow (1967), um DorrClone de 30,5 cm de diâmetro, operando aproximadamente a uma pressão de entrada de 1,06 kg/cm^2 , separa partículas de 39 micra, trabalhando ao redor de 625 litros de caldo por minuto. Um acréscimo na vazão do caldo a uma mesma pressão fará uma separação correspondentemente mais grosseira.A quantidade de impurezas removida varia, de modo geral, entre 0,69 e 7,0 kg por m^3 de caldo. Enfim, o sistema foi estabelecido para se ter uma máxima separação de impurezas e uma mínima perda de açúcar.

11.3.2. SEPARADOR DE AREIA ACOSTA

Esse separador de areia foi idealizado por Acosta (1956), tendo sido instalado em Fellsmere em 1955, onde sua performance tem sido muito satisfatória.

O conjunto separador de areia é constituído por um tanque de expansão, uma caixa de separação, um condutor helicoidal e um raspador.

O caldo misto, proveniente da peneiragem, vai ter ao tanque de expansão, localizado acima da caixa de separação, onde perde a velocidade e a pressão, fluindo, desse modo, muito lentamente, por gravidade, para a caixa de separação, através de escoadores múltiplos. A caixa de separação tem o fundo inclinado, formando um ângulo de 25°, que continuando forma uma das paredes. O lado oposto é fechado, formando com aquele um ângulo de 90°. Lateralmente, ela é fechada, de tal modo, que a parede, em sua parte mediana inferior, é inclinada de aproximadamente 60°, formando com o fundo de calha, onde o parafuso sem fim condutor trabalha. A velocidade angular do parafuso sem fim é bastante baixa, para não turbilhonar o meio. Esse condutor tem um comprimento maior que a borda da caixa de separação e deixa, na sua parte mais superior, uma abertura, por onde as impurezas caem para o depósito de areia. Outro raspador, composto por duas correntes que suportam ripas transversais equidistantes, trabalhando segundo o comprimento da parte superior da caixa, raspa as borras leves, que fluem para um canal que as conduz até as moendas, depositando-as sobre o bagaço. O movimento desse raspador é também bastante lento, sendo dado pelo mesmo motor de acionamento do parafuso sem fim.

O caldo livre de areia e espuma é retirado, lateralmente, de ambos os lados para um tanque de recepção. O escoadouro de caldo limpo está localizado do lado oposto ao de admissão, sob a proteção da rampa de espuma.

Um menor valor do fluxo de caldo permite uma melhor separação das partículas pesadas e de areia, que sedimentam. O mesmo ocorre com as espumas e bagacilhos que emergem e podem ser mais eficientemente removidos.

O parafuso sem fim, ao deixar o meio, arrasta uma porção de caldo, que deverá ser drenado antes que a areia seja descartada para o depósito de impurezas, diminuindo, assim, a perda de sacarose. No fundo, a caixa de separação tem um dreno que serve para liquidação e lavagem. No interior do aparelho, ainda existe uma serpentina de vapor para dar, através do aquecimento, uma maior velocidade de separação das impurezas.

CAPÍTULO 12

CALEAGEM DO CALDO DE CANA

O processo de clarificação do caldo de cana, empregado na produção do açúcar cristal standard, superior ou especial, está baseado na utilização do hidróxido de cálcio, do aquecimento e, eventualmente, de fosfatos, polieletrólitos, etc. Além do óxido de cálcio, o processo de alcalinização pode ser feita através da cal dolomítico e do sacarato de cálcio.

12.1 BASES GERAIS DA CALEAGEM DO CALDO DE CANA

Em linhas gerais, o processo de caleagem também conhecido por defecação, consiste em se adicionar ao caldo misto da cana, após a peneiragem (pH = 4,8 - 5,3), o leite de cal, em forma contínua ou intermitente, até a obtenção de um pH que é variável, na prática, de 6,80 a 7,20

O caldo, devidamente tratado, é bombeado para os decantadores, passando durante a sua trajetória por aquecedores tubulares, onde tem sua temperatura elevada para 100 a 105 °C.

O caldo de canas recém-cortadas, geralmente não queimadas, obtido em moendas de laboratório apresenta, um pH mais elevado. A faixa mais encontrada varia de 5,2 a 5,6.

A adição de auxiliares de clarificação ou de decantação, quando necessária, é feita nas caixas de dosagem ou no balão de "flash" do Dorr, sendo, entretanto, função do tipo do elemento adicionado.

Pelo tratamento do caldo misto de cana com leite de cal, resulta:

a) Formação de substâncias insolúveis;
b) Formação de substâncias solúveis;
c) Floculação de substâncias de natureza coloidal e suspensas no meio.

A cal, para ser usada na alcalinização do caldo, deve passar previamente por uma hidratação, ou seja, ser transformada numa suspensão de leite de cal. A aplicação da cal na forma de pó não é aconselhável, devido ao seu efeito nocivo sobre os componentes do caldo, principalmente sobre os açúcares redutores. Há sempre o perigo de super-alcalinização local.

O leite de cal é constituído de suspensões grosseiras e solução coloidal de $Ca(OH)_2$. A solubilidade da $Ca(OH)_2$ em água é pequena. À vista disso, as partículas de hidróxido de cálcio de uma suspensão de cal, quando em um tanque de dissolução, sem agitação, depois de certo tempo, tendem à se sedimentar.

Na clarificação, o $Ca(OH)_2$ atua como:

$$Ca(OH)_2 \rightleftharpoons Ca(OH)^+ + OH^-$$

$$Ca(OH)^+ \rightleftharpoons Ca^2 + OH^-$$

Logo, a presença do íon Ca^{2+} no caldo em tratamento é o mais importante, embora estejam incluídos, nas reações, os elementos OH^- e o $Ca(OH)^+$.

12.1.1 REAÇÕES COM O HIDRÓXIDO DE CÁLCIO

As primeiras reações do caldo de cana são aquelas enquadradas com o de alta velocidade, caracterizadas por serem essencialmente irreversíveis. Podem dar origem a produtos insolúveis, ligeiramente ionizados. Entretanto, o fator tempo, as condições de temperatura, a proporção dos diversos componentes em reação, etc., podem acelerar ou atrasar o equilíbrio de tais reações no meio. Em razão disso, a reação que parece ser a mais importante é aquela pertinente à formação do fosfato de cálcio.

12.1.2 PRECIPITAÇÃO DO FOSFATO DE CÁLCIO

O fosfato, em função do pH, aparece em soluções diluídas como H_3PO_4, $H_2PO_4^-$, HPO_4^{2-} e PO_4^{3-}. Até pH 5,0 há solução de H_3PO_4 e a presença do primeiro produto de ionização desde ácido, ou seja, do $H_2PO_4^-$.

Esquema (3) de ionização de formas de fosfatos no caldo em função do pH:

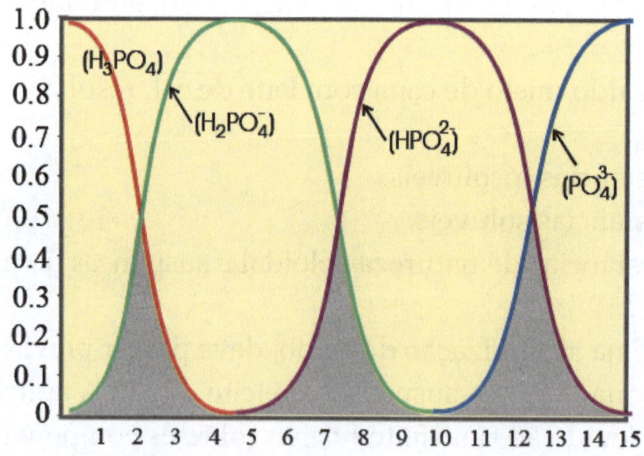

Aliás, em função do pH, de forma geral, o ácido fosfórico pode passar pelas seguintes fases de dissolução química:

$$a)\, pH = 2\, a\, 5: \qquad H_3PO_4 \rightleftharpoons H_2PO_4^- + H^+$$

(pH 5,0: 100% de $H_2PO_4^-$)

$$b)\ pH = 5\ a\ 10: \qquad H_2PO_4^- \rightleftharpoons HPO_4^{2-} + H^+$$

(pH 7,0; 50% de $H_2PO_4^- + 50\%\ de\ HPO_4^{2-}$)

$$c)\ pH => 10: \qquad HPO_4^{2-} \rightleftharpoons PO_4^{3-} + H^+$$

(pH 12,5; 50% de $HPO_4^{2-} + 50\ \%\ de\ PO_4^{3-}$)

De acordo com a variação de pH do meio se terá a presença de mais fosfato nesta ou naquela forma. Ainda, observa-se que na faixa em que se processa a caleagem - elevação do pH do caldo misto, de aproximadamente 5,0 (4,8 - 5,3) para cerca de 7,7 (7,2 - 8,2), o fosfato se precipita como $CaHPO_4$. A formação do fosfato tricálcico $Ca_3(PO_4)_2^-$, que poderia ser esperada como uma reação complementar e definitiva do processo, não é muito fácil, pois, este composto aparece quando se tem íons PO_4^{3-} no meio. Pelo gráfico da Figura 88, verifica-se que os íons PO_4^{3-} só aparecem acima do pH 10.

As reações simplificadas que se fazem presentes no processo são as seguintes:

1) $Ca^{2+} + HPO_4^{2-}\ CaHPO_4$ (precipitado insolúvel)
2) $Ca^{2+} + HPO_4^{3-}\ Ca_3(PO_4)_2$

A reação 1 é rápida e se processa com mais intensidade da esquerda para a direita. A reação 2, se houver condições para tal (pH > 10), acaba por predominar, em razão da dissociação do HPO_4^{2-} em $H^+ + PO_4^{3-}$.

Segundo a literatura, no pH 8,5 tem-se de 93 a 97% do total de fosfato na forma de $HPO4^2$. Contudo, o composto formado com este radical não tem a característica de um composto químico definido. Alguns autores afirmam que precipitados de fosfatos são muito semelhantes à apatita. Em soluções açucaradas, utilizando-se do raio-X, hidroxiapatita nos precipitados de fosfato de cálcio. Diante disso, é de se supor que embora haja a predominância do $CaHPO_4$ nos precipitados resultantes da caleagem do caldo, muitos outros elementos se acham absorvidos durante as reações de equilíbrio entre o cálcio e o fósforo. Mencionam-se, neste caso, o magnésio, o alumínio, a sílica e, possivelmente, o ferro.

Em realidade, muitos são os estudos sobre a importância do fósforo no caldo de cana com vistas à clarificação. Entretanto, poucos são os informes de como se processam suas reações com o íon cálcio. Por outro lado, é certo que a maior parte do fosfato do caldo é removida pela caleagem. A remoção desse elemento é de ordem de 80 a 90%, quando o pH chega a atingir 7,5. Os outros 10% de fosfato do caldo permanecem no caldo clarificado, na forma de compostos orgânicos. É provável, entretanto, que pelo efeito de hidrólise, algum fósforo desses compostos se precipite durante o transcorrer do processo.

12.2 A CAL COMO AGENTE DE CLARIFICAÇÃO

A cal que se usa na clarificação do caldo de cana é adquirida diretamente das fontes produtoras. Para a indústria açucareira do Brasil, a melhor cal é aquela que procede principalmente do estado de Minas Gerais. Os municípios de Arcos, Matozinhos, Formiga e Lavras, entre outros, constituem os principais fornecedores. A cal dolomítica, como existente no estado de SP, até agora não se prestou para tal fim, principalmente devido à proporção de impurezas e a grande variação de composição.

A cal obtida da dissociação térmica do carbonato de cálcio em fornos especiais, conforme à seguinte reação:

$$CaCO_3 + 42{,}5\ Kcal \rightleftharpoons CaO + CO_2$$

A transformação do carbonato de cálcio em óxido de cálcio é função da temperatura de calcinação. Por via de regra, esta temperatura varia além de 900 a 1300°C. Temperaturas elevadas, mantidas por um tempo além do necessário, podem ser as responsáveis pela produção de uma cal pouco porosa e não facilmente hidratável, sendo, por isso, de pouco valor para a clarificação. Os fatores tempo e temperatura, se não devidamente controlados, podem modificar as estruturas moleculares da cal, provocando um rearranjamento dos átomos, dando origem ao que se conhece por cal "morta". Um cal "morta" tem uma capacidade de hidratação muito baixa, podendo ser também responsável por alcalinizações complementares no caldo, aumentando seu pH.

A cal, obtida dos fornos de calcinação, é, geralmente, transportada para as usinas através de caminhões. Antigamente, transportava-se através de trens, e a cal era acondicionada em barricas de madeira, em tambores, etc.

A previsão de cal numa usina de açúcar deve ser baixa e suficiente para ser consumida de 8 a 10 dias, em razão de sua grande capacidade de absorção de umidade e de CO_2 da atmosfera. A armazenagem da cal, de forma compacta, diminui a referida absorção.

CARACTERÍSTICAS ANALÍTICAS DA CAL E CONSERVAÇÃO

O componente mais importante da cal é o óxido de cálcio ou CaO. Uma cal originária de rochas carbonatadas, de boa qualidade, a calcinadas sob perfeito controle de tempo e temperatura, mostra sempre alto teor de CaO. Para fins açucareiros, o teor de CaO total de cal deve estar sempre acima de 90%.

Entretanto, uma rocha calcária não bem calcinada pode dar origem a núcleos de carbonetos não transformados, sendo, portanto, de baixo valor em termos de CaO aproveitável. Por outro lado, como há sempre demora na retirada, transporte e uso de cal pelas usinas de açúcar, parte do CaO original pode sofrer recarbonatação. Aliás, a recarbonatação pode ocorrer nos fornos de calcinação, quando de tiragem de CaO. É sabido que a partir de 300 graus o CO_2 seco, ocorrendo condições para tal, pode penetrar na cal, carbonatando-a. Entretanto, em condições de temperatura ordinária e em ambiente isento de umidade, o CO_2 seco não reage com a cal.

Em presença de umidade, vapor, ou água, a carbonatação de cal se faz presente mesmo na temperatura ambiente. Portanto, após a retirada do cal dos fornos, a possibilidade de carbonatação, aumenta, durante a conservação de cal na usina. A forma de conservação de cal na usina é muito importante. Essas três possibilidades de ocorrência de carbonatação (nos fornos, no transporte e na usina) concorrem para a diminuição do teor de CaO livre de cal. Daí a importância de se determinar a taxa de CaO aproveitável no citado reagente.

O CaO aproveitável é conhecido , utilizando -se de substâancias orgânicas que aumentam, marcadamente, a solubilidade de cal. Dentre as substâncias orgânicas, as mais usuais são: sacarose ou açúcar, fenol e glicerol. É evidente que os carbonatos não solubilizados por essas substâncias. O teor de CaO aproveitável de cal é, pois, função das condições de calcinação, transporte e conservação na usina ou no local de uso. Na prática açucareira, não se deve admitir uma cal com teor inferior a 90% de CaO disponível ou aproveitável.

A utilização de uma cal de baixo teor de CaO disponível concorre, pois, no seu maior consumo pela usina de açúcar.

A presença de maior ou menor quantidade de impurezas em uma cal é função, obviamente, da qualidade das rochas que lhe deram origem. Em muitas amostras de cal tem-se constatado a presença de sílica, ferro, alumínio, sulfetos, magnésio, entre outros. Evidentemente, tais impurezas não só contribuem para dificuldade de realização das operações de clarificação, como também influenciam, diretamente, o aumento de incrustações das superfícies metálicas, por onde normalmente para o caldo de cana.

Embora não seja comum a determinação de todas as impurezas presentes numa cal, segundo a Estação Experimental de Java, os limites máximos que se deve admitir neste agente de clarificação são os seguintes:

- umidade 2%
- sólidos insolúveis em HCl 2%
- sílica (SiO_2) 2%
- óxidos de ferro e alumínio 2%
- óxido de magnésio 2%
- sulfatos (SO_3) 0,2%
- carbonatos (CO_2) 2%

O teste de extinguibilidade, embora também não realizado pelas usinas de açúcar, é uma característica importante. Uma cal não bem extinta pode provocar um aumento gradual do pH do caldo já alcalinizado, fato que pode ser decorrente da dissolução posterior de suas partículas no meio.

A extinguibilidade de uma amostra de cal se verifica pela taxa de resíduos não transformados em Ca(OH)2 depois de constantes lavagens com água pura. A taxa de resíduo, depois de um tempo de dez minutos a uma hora, constitui uma indicação de qualidade de amostra de cal recebida. Uma cal tem bom índice da extinguibilidade quando acusa, depois de dez minutos, um valor não superior a 5%, e depois de uma hora, um valor até 1%. Uma cal pode apresentar alto teor de CaO, mas um índice não satisfatório de extinguibilidade.

Na indústria açucareira brasileira, principalmente na paulista, as cales que chegam às usinas de açúcar geralmente são de qualidade satisfatória. Entretanto, como as condições de conservação desse reagente pelas usinas de açúcar não são as mais indicadas, sua qualidade fica comprometida. A usina, por via de regra, analisa a cal apenas no ato de seu recebimento, não dando muita importância para o fato de que a cal virgem constitui material de fácil carbonatação. Neste particular, Glória (1970) verificou que a cal pode perder até 50% do seu CaO disponível inicial num período de estocagem de 10 a 15 dias , com ambiente de 75% de umidade relativa.

A cal, embora chegue às usinas em forma de pedaços, a parte externa dos montes armazenados vai se esfarelando, reduzindo-se à condição de pó. Em condições prolongadas de armazenamento, todo o estoque de cal pode se transformar em pó e, assim, baixo será o teor de CaO aproveitável ou disponível. Daí o cuidado que se deve ter no manuseio da cal nas usinas de açúcar. As recomendações mais usuais são aquelas em que a usina deve adquirir uma cal com alto disponível (acima de 90%), em cargas suficientes para o trabalho de cinco a oito dias.

Embora, segundo Gloria et al. (1975), a conservação de cal, sob lençol de água, seja uma prática que se mostra eficaz no controle da carbonatação e da qualidade da cal empregada nas usinas. Para tanto, a usina deve projetar tanques de hidratação suficientes para toda a amostra recebida ou para o trabalho de 10 a 15 dias. Nessas condições, a cal, conservada na forma de pasta, mantém suas boas qualidades neutralizantes. O consumo da cal pelas usinas de açúcar é função, principalmente, da qualidade do caldo extraído e do processo de clarificação. Entretanto, se as partículas de cal não forem muito bem conservadas, o consumo desse reagente pode dobrar.

De um modo geral, podemos classificar a qualidade da cal em função do teor de CaO, considerando-se: i) excelente > 90%, ii) bom de 80 a 90%, iii) razoável de 75 a 80% e iv) inferior < 75%.

No processo de produção de açúcar bruto, o consumo de cal pode variar de 400 a 800 g por tonelada de cana. Já no de açúcar branco, onde a sulfitação ocasiona um decréscimo do pH do caldo, este consumo passa a variar de 1.000 a 1.500 g por tonelada de cana moída.

A CAL HIDRATADA

A neutralização de acidez do caldo de cana pode ser feita, também, com a cal hidratada. Esta é fornecida pelas firmas especializadas do ramo na condição de cal em pó, em sacos plásticos, hermeticamente fechados.

A cal hidratada pode ser adicionada ao caldo, tanto na condição de pó quanto suspensa em água, como o leite de cal. A adição na forma de pó é mais inviável, pois não permite uma dispersão adequada com o caldo.

Devido ao seu maior custo, forma de conservação, tradição de cal virgem e etc., a cal hidratada não tem tido tanto interesse de se usar por parte das usinas.

As análises de algumas amostras de cal hidratada, utilizadas por uma usina de açúcar no estado de São Paulo, feitas por GLORIA SILVA & SALMERON (1975a), revelaram alta porcentagem de magnésio e de sílica, quando comparadas com os valores de cal virgem. No geral, a cal hidratada deve apresentar um teor variável em CaO total de 72 a 75%.

12.2.1 PREPARAÇÃO DO LEITE DE CAL

A cal, nas usinas de açúcar geralmente está armazenada em barracões, onde é amontoada sob a proteção lateral de grossas paredes de alvenaria. Algumas usinas conservam a cal em compartimentos de alvenaria, seguindo com a preparação do leite de cal. Nessa ocasião, a retirada de cal pode ser feita através de um jato forte de água ou derrubada com algum objeto qualquer. Quando se utiliza de um tanque metálico para a queima da cal, esta é colocada no tanque com auxílio de uma pá.

O leite de cal ou $Ca(OH)_2$ é obtido a partir do CaO, componente com elevada pureza na cal. A razão entre CaO e a água se processa com elevado desprendimento de calor, dada a equação abaixo:

$$CaO + H_2O \rightleftharpoons Ca(OH)_2 + 15{,}2\ \text{kcal}$$

O volume de água necessário para a extinção e obtenção de uma grosseira de cal é da ordem de três a quatro vezes o volume do reagente. Nessas condições, o leite de cal obtido é uma suspensão de água de cal, contendo partículas muito finas de $Ca(OH)_2$.

O leite de cal, nas usinas de açúcar, pode ser preparado por diversos processos. Os mais conhecidos e praticados são: processo clássico e processo de hidratador rotativo.

Processo clássico

O processo clássico de preparo de leite de cal se caracteriza por adicionar a cal com água suficiente para formar uma pasta de cal mais água. Isso pode ser feito diretamente em compartimentos de alvenaria ou em caixas metálicas, que geralmente ficam posicionadas em nível inferior ao depósito de cal. Após 12 ou 24 horas, a pasta de cal mais água é diluída com três a quatro vezes seu volume com água. A suspensão obtida é bombeada para um outro tanque, para passar, a seguir por peneiras de malha adequada.

A suspensão de leite de cal, neste tanque, é mantida em repouso, para a separação das impurezas solúveis na água sobrenadante, devido à cal na forma de pasta ficar no fundo do recipiente. Após a sifonagem desta água, junta-se água pura, até que a suspensão obtida tenha uma concentração variável de 5 a 10(elevado a 9) Bé, ou a concentração desejada.

A operação de eliminação da água usada no processo de leite de cal, apesar de ser recomendada, não é feita pelas usinas de açúcar.

A Figura 88 ilustra um esquema clássico de preparo de leite de cal.

Processo de hidratador rotativo

Pelo processo de hidratador rotativo, a extinção de cal é feita por um cilindro metálico, assentado em uma posição pouco inclinada e dotado de arestas internas, muito semelhantes a um secador de açúcar. Este cilindro gira lentamente (1 a 3 rpm), produzindo a dissolução gradual dos pedaços de cal colocada com água pura, através de um transportador rotativo, em uma das extremidades do cilindro (Figura 88).

O leite de cal é descarregado na outra extremidade para os tanques de sedimentação. A extremidade por onde flui o leite de cal pode ser terminada em forma de tela, para facilitar uma futura peneiragem.

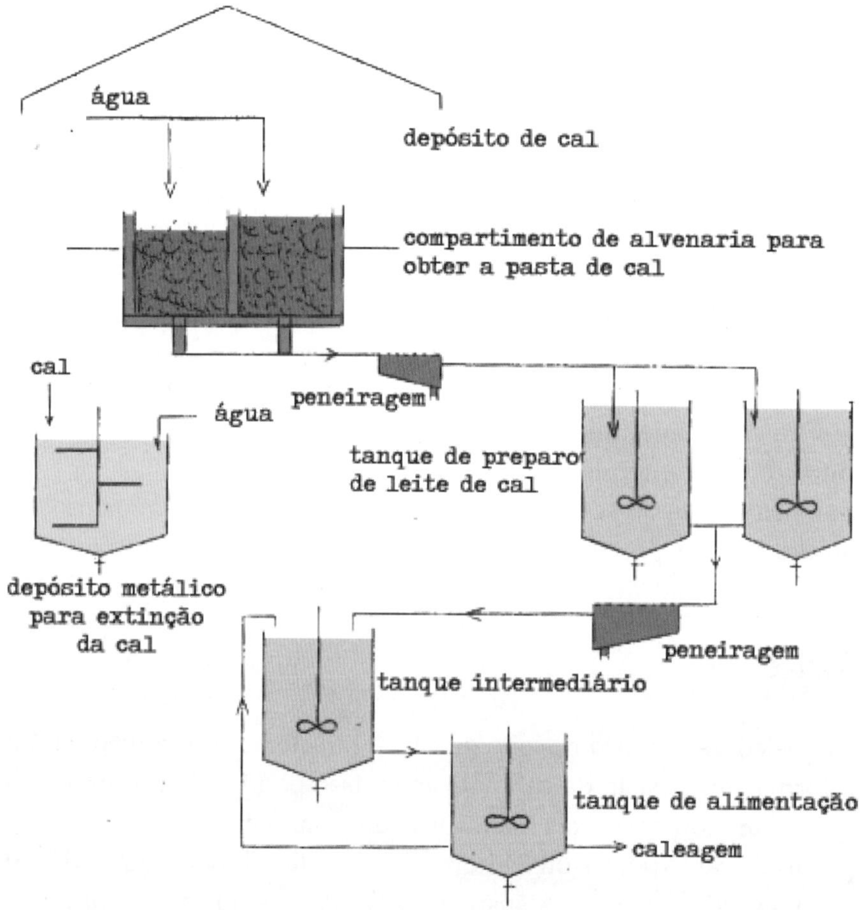

Figura 88 - Esquema Clássico de preparo do Leite de cal.

Obs: O tanque metálico representa uma opção para a extinção de cal. Neste caso, não se constrói os compartimentos de alvenaria.

Neste final do cilindro rotativo separa-se as impurezas grosseiras, constituídas de areia a núcleos de pedas ou de cal morta (cal não facilmente hidratável). Um sistema de peneiragem, após a saída do leite de cal do hidratador, pode ser instalado, conforme mostra o esquema da figura 89, dispensando-se, neste caso, a tela de saída, anteriormente referida.

Provando-se que durante o armazenamento de cal há sempre grande perda de CaO por carbonatação, os tanques de sedimentação devem ser projetados com volume suficiente para conter todo o material na forma hidratada. Uma cada de cagua de 60 a 90 cm deve ser prevista para evitar a carbonatação de cal. Nestas condições, toda a cal recebida deve ser hidratada tão logo chegue ao depósito da usina de açúcar. Nessa ocasião, é importante o controle de consumo e transporte da cal das fontes produtoras. Algumas usinas têm dispensado o uso do hidratador. Neste caso, a cal vai diretamente do caminhão para os tanques de sedimentação.

Dos tanques de sedimentação, a pasta de cal obtida, e sob a proteção de água, é retirada, pela sua parte inferior, para os tanques de preparo de suspensão na concentração desejada. Desses tanques, a suspensão de cal é enviada para o tanque de alimentação, prevendo-se um retorno, para evitar a decantação. Os tanques de preparo de suspensão e de alimentação devem estar providos sempre de agitação. Os agitadores podem ser de paletas ou de hélices. O motor de acionamento geralmente é de 3 a 5 HP. Evidentemente, a potência desses motores é função de capacidade do tanque que se está utilizando. A figura 89 ilustra um dos muitos esquemas de preparo de leite de cal em que se utiliza do hidratador rotativo.

12.2.2 CAPACIDADE DOS TANQUES DE PREPARO DA PASTA DE CAL

Como a cal é constituída quimicamente de CaO em estado de elevada pureza, sua conservação em grande quantidade é sempre difícil.

A adsorção do CO_2 da atmosfera faz com que parte do CaO se transforme em $CaCO_3$. E interessante, pois, que a usina promova sua completa extinção, tão logo receba a carga de cal adquirida.

Como foi visto anteriormente, a quantidade de água necessária para se ter uma suspensão de cal para estocagem, é da ordem de três a quatro vezes seu peso em água. Nessas condições, em função do consumo médio de cal e de capacidade de moagem da usina, pode-se calcular de forma aproximada, o volume dos tanques de sedimentação do setor de preparo do leite de cal. Em sequência esquema numérico de dimensionamento de preparo do leite e do cal e ilustração (Figura 89).

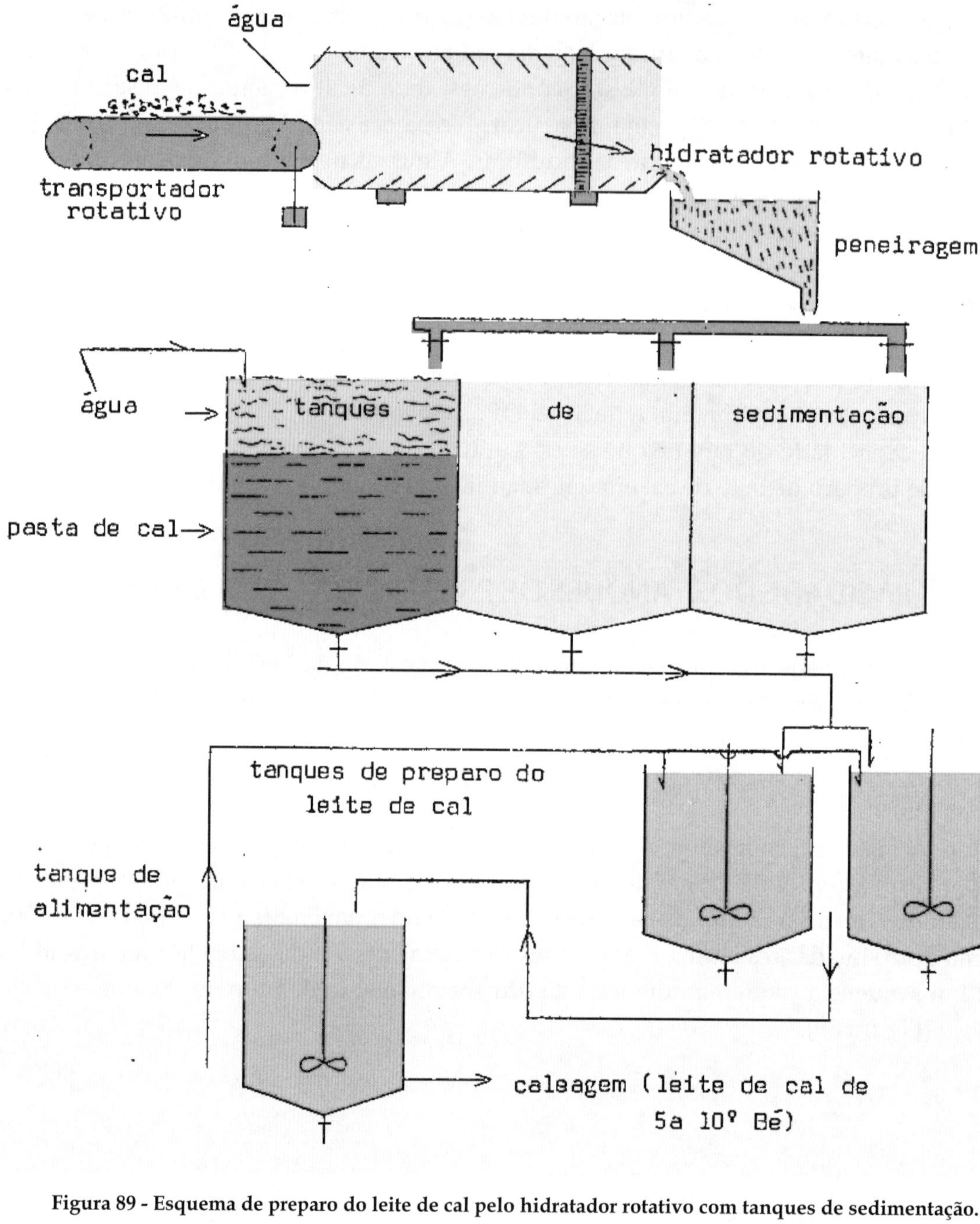

Figura 89 - Esquema de preparo do leite de cal pelo hidratador rotativo com tanques de sedimentação.

<u>**Dados conhecidos:**</u>

a) consumo de cal 1,2 kg/T.C.H.
b) capacidade de moagem 2400 T.C.H.
c) consumo de água por kg de cal 3,5 kg
d) período de estocagem 8 dias

Dados calculados:

a) consumo de cal por dia

1 T.C.D. - 1,2 kg de cal
2400 T.C.D. - x
x = 2880 kg de cal

b) consumo semanal (8 dias)

1 dia - 2880 kg de cal
8 dias - y
y = 23040 kg de cal

c) Peso de água para diluição da cal

1 kg de cal - 3,5 kg de água
23040 kg de cal - z
z = 80640 kg de água

d) Peso da solução

80.640 + 23.040 = 103.680 kg.

Como a usina deve trabalhar com previsão de consumo para vários dias e, neste caso, para duas semanas, a capacidade dos tanques de ser tal que comportem a extinção de x = 14 x 103680 / 8 = 181.440 kg. O trabalho será, assim, conduzido de forma alternada.

Entretanto, quando se mistura a cal virgem com a água, há sempre uma contração da solução. Por via de regra, a suspensão obtida na proporção de 1kg de cal para 3,5 de água mostra uma concentração variável de 20 a 30^9 Bé. Supondo uma suspensão a 25° Bé, exemplo, cuja densidade é de 1,205 kg/l, o volume ocupado pela mesma será de:

e) Volume de tancagem

V_s = (23.040 . 14 / 8) 3,5 / 1,2 = 117.600l

V_s = volume ocupado pela suspensão, será de: 181.440 / 1,205 = 150572,61 L ou aproximadamente 150 m³.

Densidade das soluções de leite de cal:

20 Bé = 1,157 kg/L
25 Bé = 1,205 kg/L
30 Bé = 1,257 kg/L

Como se recomenda manter uma camada de água sobre a parte de cal, o volume calculado deve ser acrescido de 25%. Nessas condições, o volume final, para efeito de construção dos tanques, será de 117.600 . 1,25, ou seja, 147.000 litros.

Esses tanques, assim calculados, podendo estar subdivididos em duas outras ou mais unidades de menores dimensões, permitem manter, sobre a pasta de cal, uma camada de água onde ficam as impurezas solúveis e que dificulta o contato do CO2 do ar com a cal hidratada. Esses tanques devem ser construídos em alvenaria, devendo-se prever uma inclinação de aproximadamente 15% para o lado de saída da pasta.

A pasta de cal, assim obtida, vai sendo encaminhada para os tanques de diluição, ou de preparo do leite de cal, onde se obtém a concentração desejada, designada pelo chefe da fabricação. Como há sempre perda de água por evaporação, esta deve ser a resposta nos tanques de sedimentação, mantendo-se a camada do liquido sobrenadante no mesmo nível.

Em geral, a concentração do leite de cal é determinada pelo hidrômetro de Baumé. Embora esta técnica não seja a mais correta, ela é a mais usual e serve para dar um indicação aproximada da concentração do leite de cal em CaO, conforme pode ser visto na tabela 35.

Estes dados servem para estimar o consumo aproximado do cal a partir da concentração da suspensão em graus Baumé.

Na ausência de tabelas, o consumo de CaO (cal) pode ser conhecido de modo aproximado, admitindo-se % CaO por 100ml de leite de cal igual a Bé =1.

Tabela 35 - Graus Baumé, densidade e concentração de CaO no leite de cal

Graus Baumé	Densidade	g de CaO por litro	Porcentagem de CaO
4	1,029	36	3,50
5	1,037	46	4,43
6	1,045	58	5,36
7	1,052	65	6,16
8	1,060	75	7,08
9	1,067	84	7,87
10	1,075	94	8,74
11	1,083	104	9,60
12	1,091	115	10,54
13	1,100	126	11,45
14	1,108	137	12,35
15	1,116	148	13,28

12.2.3 CAPACIDADE DOS TANQUES DE PREPARO DO LEITE DE CAL

O cálculo do volume dos tanques de diluição da pasta ou preparo do leite de cal, na concentração desejada, pode ser feito considerando as seguintes condições:

Dados conhecidos:

a) concentração do leite de cal (Lcal) 6° Bé
b) concentração em CaO/l 58 g
c) consumo de cal/T.C. 1200 g
d) capacidade de moagem 100 TCH

Dados calculados:

a) consumo de leite de cal a 6° Ba
1 L lcal .... 58 g CaO (cal)
x .... 1200 g cal
x = 21,45 litros de leite de cal
Obs.: Não foi considerada a pureza de cal no presente cálculo

b) consumo horário de leite de cal
1 TC .... 21,43 l Lcal
100 TC .... y
y = 2143 litros de Lcal

c) consumo de leite de cal para o trabalho de doze horas
1 hora .... 2143 litros de Lcal
12 horas .... z
z = 25718 l

Nessas condições, a usina deve projetar dois tanques de 25.718 litros, providos de agitadores (6 a 12 rpm), de onde uma bomba espacial enviará a suspensão obtida para o tanque de alimentação, cuja capacidade pode ser equivalente a 20% da calculada para os tanques de diluição, conforme previsto nos esquemas das Figuras 90 e 91. Evidentemente, esses cálculos são muito elásticos. A adoção de tanques de preparo e alimentação do leite de cal com menor capacidade é também viável.

12.3 MÉTODO DE ADIÇÃO DE LEITE DE CALDO

A adição de leite de caldo de cana, em sua fase de clarificação, é geralmente feita de maneira intermitente ou contínua.

12.3.1 CALEAGEM INTERMITENTE

O processo de caleagem intermitente foi, nas últimas décadas, muito usado pelas usinas açucareiras. A determinado volume de caldo, adiciona-se uma quantidade suficiente de leite de cal, necessária para sua clarificação.

Em linhas gerais, a caleagem intermitente é realizada da seguinte forma: o caldo misto, extraído da cana pelas moendas, sofrendo ou não a sulfitação prévia, é recalcado para um conjunto de três tanques, movidos de agitadores mecânicos, os quais são cheios, um de cada vez. O trabalho deve ser controlado de tal forma, que à medida que o tanque vai se enchendo com o caldo de cana, o leite de cal vai também sendo adicionado. Nessas condições, a mistura entre os dois componentes é mais homogênea, não há o problema de super-alcalinação local, fato muito comum quando se adiciona o volume total de leite de cal ao tanque cheio de caldo.

Os tanques de caleagem, colocados geralmente um ao lado do outro, são constituídos de chapas de ferro de fundo cônico, possuindo agitadoras, indicadores de nível, torneiras para tomada de amostra, etc.

Logo acima do conjunto dos tanques de dosagem é colocado o tanque de alimentação de leite de cal. Este tanque recebe permanentemente esta suspensão dos tanques de diluição, situados, geralmente, no setor de recepção de cal. Uma circulação contínua entre os dois tanques é mantida através de uma bomba especial. Entre os tanques de caleagem há um pequeno recipiente medidor, com graduações em litros a frações. O leite de cal é enviado do tanque de alimentação para o recipiente medidor por gravidade. Deste recipiente, através da canalização adequada, pode ser distribuído para os três tanques de reação. A quantidade de leite de cal adicionada a cada tanque deve estar relacionada com a capacidade do mesmo e com a acidez do caldo, que deve ser determinada previamente. A quantidade de leite de cal necessária para o caldo de cada tanque pode ser calculada por diversos processos, como se verá adiante.

Este sistema de trabalho é bom, pois enquanto um dos tanques estiver se enchendo, o outro estará em correção, e o caldo do terceiro sendo enviado para os aquecedores. A Figura 90 ilustra um esquema típico de caleagem intermitente, também podendo ser usada para caleagem contínua.

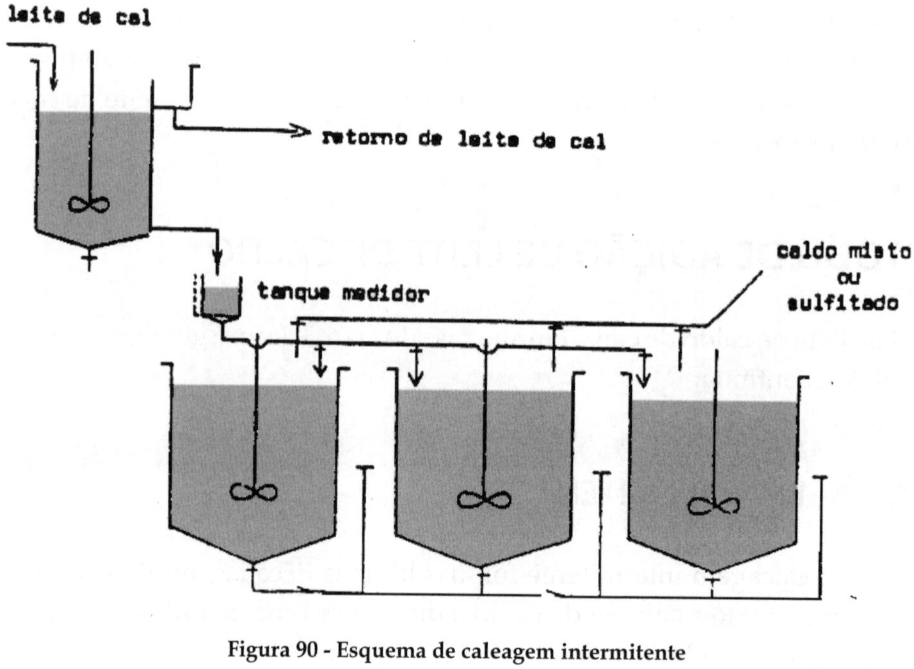

Figura 90 - Esquema de caleagem intermitente

12.3.2 CALEAGEM CONTÍNUA

A caleagem continua está fundamentada no trabalho de se adicionar um volume de leite de cal proporcional ao volume de caldo, que chega continuamente aos tanques de reação.

A caleagem contínua mais correta é aquela em que se faz o controle automático do pH. Entretanto, pelas dificuldades que oferecem ainda os aparelhos controlados de pH, muitas usinas fazem este controle utilizando-se de papéis indicadores.

No processo de caleagem continua, os tanques de reação podem ser em número de três, de dois, ou de apenas um. Quando se utiliza três tanques, estes devem ser montados de tal forma a permitir uma perfeita circulação do caldo de um recipiente ao outro. Existem diversas formas de circulação de caldo de um tanque ao outro. A Figura 91 ilustra um desses esquemas de circulação (caleagem intermitente, também podendo ser usada para caleagem contínua). Do mesmo modo, quando se utiliza dois tanques; para o caso de se utilizar apenas um tanque, este deve ser bem calculado e desenhado.

Neste caso, o leite de cal deve circular em contra corrente com o caldo, este sendo misto ou previamente sulfitado. Devido a este tipo de circulação, o pH do caldo vai crescendo lentamente, até atingir o índice desejado no lado oposto do tanque. No sistema anterior ou de três tanques, o pH desejado é atingindo rapidamente já no primeiro tanque.

Entretanto, devido a possibilidade de corrosão no setor de entrada de caldo, tem-se recomendado adicionar, na parte inicial do tanque aproximadamente 30% de leite de cal. Os outros 70% são colocados no setor de saída e sob controle de potenciômetro industrial. Algumas usinas têm trabalhado neste sistema de tanque único da seguinte maneira: a adição de 90% de leite de cal, juntamente com o caldo na parte inicial do tanque, e os 10% restantes no setor final, sob controle do potenciômetro.

O tanque único de dosagem caracteriza-se por apresentar agitadores e controladores de fluxo, conforme índice de maneira esquemáticos Figura 91. Os agitadores são geralmente de hélices metálicas, acopladas num eixo central. A rotação desses agitadores varia de 15 a 25rpm. Os controladores de fluxo são chapas metálicas verticais com posição regulável. O motor de acionamento dos agitadores tem potência variável com tonelagem de cana moída. Recomenda-se de 0,1 a 0,2 HP/TCH.

a) Caleagem contínua com controle manual

A caleagem contínua com controle manual pode ser feita utilizando-se de vários artifícios mecânicos. Um dos sistemas tradicionais é aquele em que o leite de cal vem do tanque de alimentação para uma espécie de calha que, por sua vez, alimenta um plano inclinado, onde a suspensão escorre em lençol até a sua extremidade inferior.

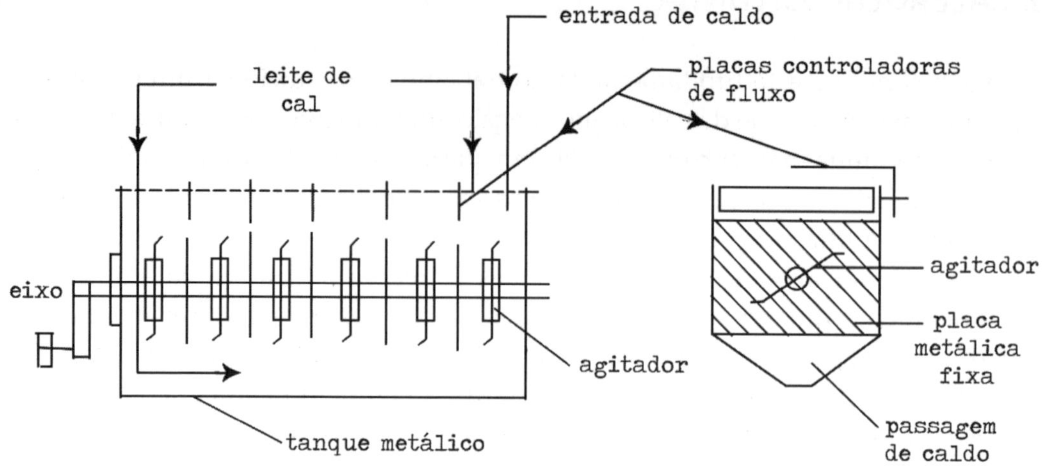

Figura 91 - Tanque único para caleagem contínua

Em determinado ponto deste plano inclinado existe uma barra móvel, que permite dividir o fluxo de suspensão em duas porções, uma das quais é dirigida ao caldo em processamento e a outra, considerada como excesso, é retornada ao tanque de alimentação, através de bomba especial.

Quando, por titulação, papeis indicadores ou potenciômetro (de cada 15 a 20 minutos, por exemplo), verifica-se que o pH está mais baixo do que o desejado, desloca-se a barra divisora do leite de cal, no sentido de aumentar sua quantidade para o tanque de caldo em caleagem. No caso contrário, desloca-se a barra divisora no sentido inverso.

Um outro artifício que parece até mais simples que o anterior é o pertinente à Figura 92. Consta de um pequeno recipiente metálico, contendo internamente uma divisão vertical. O leite de cal chega ao recipiente através de canalização adequada, tendo seu fluxo final dividido pela chapa metálica. Um sistema de parafuso sem fim, ligado à canalização de suspensão de cal, controla a posição de sua distribuição no recipiente.

Em algumas usinas de açúcar, principalmente naquelas de pouca capacidade de moagem, é comum o controle do fluxo de leite de cal através de registros, tipo gaveta. Este sistema, apesar de permitir um controle de fluxo mais fácil, está sempre parando, pelos constantes entupimentos, em razão da pequena abertura de alimentação. É essencial, nos diversos sistemas de dosagem, que as canalizações, registros, etc, sejam bem calculados, para que o trabalho não seja interrompido em razão de constantes entupimentos.

Apesar de parecerem bastantes práticos os diversos artifícios existentes para controle, a realização de caleagem intermitente não permite um perfeito controle do pH da reação. Por esta razão, não devem ser usados como uma norma constante de trabalho, mas apenas em casos excepcionais, principalmente naqueles em que o aparelho automático de pH se mostra falho ou está quebrado.

b) Caleagem contínua com controle automático do pH

A caleagem contínua com controle automático do pH, entre todss as possíveis técnicas de controle de adição de leite de cal no caldo, constitui-se na mais eficiente.

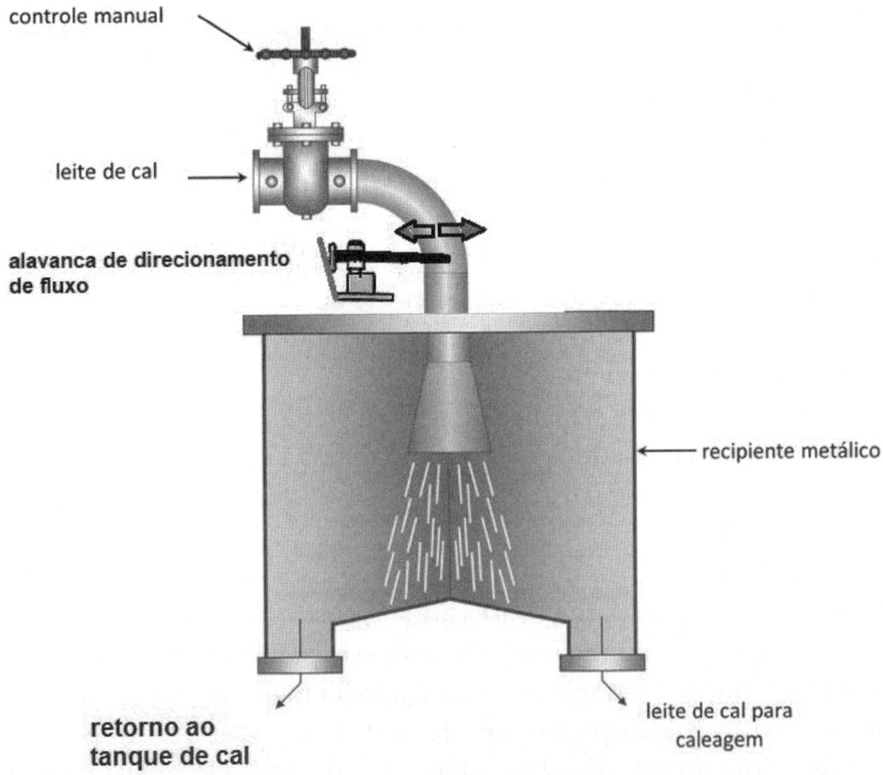

Figura 92 - Distribuidor de leite de cal com controle manual.

Ilustração: **Paulo Gangorra**

Por este processo, o leite de cal em quantidade quase que suficiente (aproximadamente 90%), é adicionado na parte do tanque de dosagem, em que entra o caldo. Na parte final de dosagem, os 10% restantes de leite de cal são adicionados sob controle potenciométrico. Atualmente, algumas usinas de açúcar fazem a adição do total de leite de cal sob controle do potenciômetro. O potenciômetro, tipo industrial, indica, controla e registra, automaticamente e continuamente, o pH desejado nas operações.

O responsável pelo setor de clarificação seleciona o pH desejado de trabalho, e caberá ao potenciômetro mantê-lo constante, sob um permanente controle de fluxo de leite de cal.

12.4 CONTROLE DA ADIÇÃO DO LEITE DE CAL

A quantidade de leite de cal a ser utilizada na indústria açucareira varia com o processo de clarificação adotado, com a natureza do caldo, com o tipo de açúcar a ser fabricado, com a qualidade de cal, com o tipo de conservação de cal pela usina , etc.

Evidentemente, o consumo de leite de cal será, também, função do teor de seu CaO disponível. Um leite de cal com baixo CaO disponível será consumido em grande quantidade. Quanto maior for o teor de CaO disponível de cal, melhor será a qualidade de suspensão obtida. De qualquer forma, o melhor processamento de clarificação é aquele em que o pH final de reação seja conduzido para próximo da neutralidade, pois neste ponto se tem o mínimo de danos para a sacarose.

Como a finalidade do uso de cal é precipitar as impurezas, a determinação e controle de sua quantidade devem ser os mais corretos, pois, com muito leite de cal, os açúcares redutores são facilmente decompostos, com formação de produtos escuros, que dificultam a decantação, a filtração, e a cristalização.

Em caso de falta de leite de cal, o caldo permanece ácido, turvo, mesmo depois de decantado. Além disso, existe perda de sacarose por inversão.

O melhor controle disso é manter controlada a alcalinização ou a defecação do caldo, através de determinação contínua ou intermitente do pH.

Não se recomenda o controle pela acidez, pela pequena importância que se atribui aos ácidos ou ao álcalis presentes no caldo, quando comparados à concentração de íons hidrogênios. O pH é realmente o melhor meio para determinar as características de coagulação e precipitação dos coloides do caldo.

Outro ponto importante no controle de caleagem é a amostragem e o intervalo de controle. São dois fatores interligados a possível variação. A amostra de caldo deve ser retirada quando da saída do caldo para a fase de aquecimento, pois este ponto deve ter recebido a quantidade suficiente de leite de cal, para atingir o pH desejado. O intervalo de medicação de acidez do caldo, por sua vez, é função do tipo de controle adotado.

O controle da adição do leite de cal ao caldo misto ou sulfitado previamente pode ser feito com base em muitos processos. Atualmente, os mais usados pelas usinas de açúcar são os baseados em papéis reagentes e indicadores na titulação com solução de NaOH 0,10N ou 0,28N e nos potenciômetros.

a) Papéis reagentes e indicadores

O papel de tornassol é um dos que podem ser usados no controle da alcalinização do caldo pelo leite de cal. Contudo, o controle pelo papel de tornassol não é bom, pois este papel reagente altera com facilidade pelo manuseio. Requer luz do dia ou muito boa iluminação, para ser observado. Um caldo neutro ao tornassol, cuja cor tende para o verde, decanta mal. Como o ponto de neutralidade deste papel corresponde ao pH de aproximadamente 8,5, o controle final de cor deste papel, ao tocar no caldo, deve ser feito com cuidado. Um trabalho controlado com tornassol, tendendo para o meio alcalino (verde mais escuro) , pode redundar num caldo clarificado, apenas ligeiramente ácido.

O tipo de açúcar a produzir deve determinar as formas de controle. Para a produção do açúcar demerara é conveniente trabalhar com caldos mais alcalinos ao tornassol.

Pela falta de estabilidade de cor, este papel não deve ser recomendado às usinas de açúcar.

O papel Dupont ou de fenolftaleína também pode ser usado no controle de caleagem. Em meio alcalino, sua cor é rósea.

Atualmente, pelas vantagens que oferecem, os papéis indicadores têm substituído os papéis reagentes no controle de caleagem.

Esses papéis apresentam, pelo contato com o caldo, uma cor bem mais distinta, sendo o ponto final de reação acusado com mais exatidão (Tabela 36).

De acordo com o pH do processo de clarificação, deve ser escolhido o tipo de papel indicador. Os mais indicados para o trabalho das usinas de açúcar são os seguintes (Tabela 36):

Tabela 36 - Uso de papel indicador, em função do pH do caldo

Papel indicador	pH	Variação de cor
Azul de bromotimol	6,0 – 7,6	Amarelo-azul
Púrpura de bromocremol	5,2 – 6,8	Amarelo-púrpura (vermelho)
Vermelho de fenol	6,4 – 8,2	Amarelo-vermelho
Verde de bromocresol	3,8 – 5,4	Amarelo-azul
Azul de bromofenol	3,0 – 4,8	Amarelo-púrpura

Esses papéis indicadores podem ser preparados nos laboratórios das usinas de açúcar. Para isso, é necessário a disponibilidade de papel de cor branca e de boa qualidade, etanol isento de impurezas e de cuidados especiais. Os livros de controle químico das usinas de açúcar geralmente indicam os modos mais apropriados para a fabricação de papéis indicadores para controle de dosagem. Entretanto, atualmente, isso não é mais necessário, pois existem no mercado papéis indicadores de excelente qualidade e com ampla faixa de cores para controle do pH.

Este processo de controle por papel indicador, apesar de não ser o melhor, é muito usado na prática açucareira.

b) Titulação com NaOH

A titulação do caldo misto ou do previamente sulfitado com NaOH, para o cálculo de quantidade de leite de cal a ser usada, é um dos processos mais utilizados quando existe a prática de caleagem intermitente.

Em linhas gerais, consiste em titular um alíquota de caldo com uma solução de NaOH 0,10N ou 0,28N em presença de papel indicador, que servirá para acusar a cor produzida pelo contato dos dois reagentes (caldo e soda). Pelo volume de solução de NaOH gasto, que será função da cor do papel usado como indicador , cor esta que deve ser relacionada com o pH desejado, determina-se , através de tabelas simples para ajuste pH do caldo (33), a quantidade de leite de cal a ser adicionada no tanque de caleagem. Esta quantidade de leite de cal é controlada pelo nível no pequeno recipiente medidor, conforme a Figura 93.

A adição do reagente pode ser feita de maneira integral ou parcial. De modo parcial, faz-se duas ou três titulações do caldo, para se obter sua correta neutralização.

Entretanto, este método é pouco preciso, pois o recipiente medidor não possuindo agitador, o Ca(OH)2 tende a decantar e a operação de caleação não será bem feita. O controle do volume de caldo do tanque de caleagem deve ser também bem feito.

c) Controle através do pH

O controle de caleagem do caldo misto ou previamente sulfitado através do pH constitui o mais correto de todos os sistemas empregados para este fim.

O controle do pH pode ser feito através comparadores de cores, potenciômetros de laboratórios ou apenas registradores para controle intermitente ou de potenciômetros registradores contínuos e controladores de pH.

Dentre estas três opções de controle de pH, as duas mais utilizadas e recomendadas. O controle colorimétrico, pela falta de estabilidade de cor, tipo de indicador, proporção de diluição, etc, não progrediu em termos de indústria açucareira.

O controle pelo potenciômetro de laboratório é valido apenas para a verificação de caleagem desenvolvida dentro de outro período de tempo. A correção do pH com leite de cal é, neste caso, manual.

Portanto, o melhor controle é aquele feito por potenciômetro registrador e controlador do pH de forma contínua. Após o aparelho devidamente instalado, o operador fixa o pH desejado de trabalho, o qual é mantido automaticamente pelo aparelho.

Diversas são as firmas que se têm preocupado com a construção de aparelhos de pH automáticos para as usinas de açúcar. Entretanto, nem sempre os resultados obtidos pela instalação dos aparelhos desta natureza são os esperados. As falhas são devidas tanto às usinas de açúcar, como às firmas construtoras dos aparelhos. A falta de assistência técnica, os problemas inerentes à limpeza periódica dos eletrodos, etc; são alguns dos fatores que tem limitado o uso desses potenciômetros. Pelo lado das usinas, verifica-se que nem sempre a pessoa encarregada do serviço do potenciômetro e da seção de dosagem têm qualificações para tal serviço. A falta de higiene local tem sido, entre outras coisas, uma das grandes responsáveis pelo mau desempenho desses equipamentos.

No Brasil, as firmas que se têm interessado pelo controle do pH do setor de clarificação são as seguintes: Hartmann Braun, Siemens, Philips, Foxboro, etc.

De modo geral, o controle de pH nesses aparelhos (Figura 93) processa-se da seguinte forma: inicialmente, estabelece o pH conveniente para a obtenção de um caldo clarificado que atenda às exigências de se ter, no final da fabricação, um açúcar de boa qualidade. O caldo misto ou sulfitado, já no primeiro tanque de reação ou logo que é admitido, recebe de 80 a 90% do leite de cal.

Obviamente, seu pH deve se aproximar do desejado. Quando da passagem do caldo parcialmente tratado da segunda caixa para a terceira, por exemplo, deve receber a quantidade restante de leite de cal. Esta quantidade de reagente é regulada por um dispositivo mecânico, de acionamento elétrico ou pneumático, o qual recebe os sinais de comando do potenciômetro, com vistas a adição de mais ou menos leite de cal ao caldo em tratamento. Para que isso aconteça, é necessário que o caldo, quando de sua passagem para os aquecedores, tenha uma fração desviada para a câmera de eletrodo de medição e um termômetro de resistência elétrica que, funcionando como compensador térmico, corrige as oscilações do pH, devidas às variações de temperatura do caldo. O eletrodo de referência ou de comparação é conectado ao eletrodo de medida através de uma ponte eletrolítica, contendo uma solução saturada de KCl.

Este eletrodo de medição, estando permanentemente em contato com o caldo, é de pouca duração, podendo durar, no máximo, uma safra. Em instalações bem cuidadas, este eletrodo chega a durar mais de uma safra. Existem usinas que fazem o controle total da adição do leite de cal com o potenciômetro.

Um dos problemas mais sérios de manutenção desses potenciômetros diz respeito à limpeza dos eletrodos. Antigamente, a limpeza do eletrodo de vidro era feita por um dispositivo mecânico. Apesar de bem feita, as escovas usadas acabavam por danificar o eletrodo. (Figura 93).

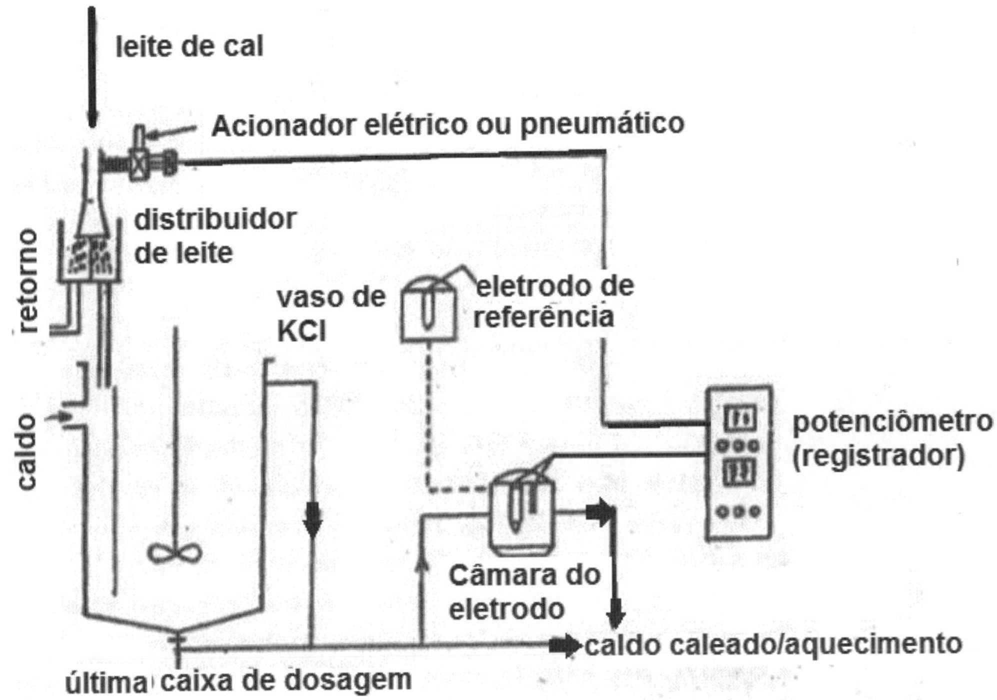

Figura 93 - Sistema típico de instalação de potenciômetro para controle automático de pH.

Assim, o melhor tipo de limpeza tem sido aquele em que se realiza e passagem do caldo misto ou proveniente sulfitado pela câmera de eletrodos, a cada duas ou três horas, por um intervalo de tempo variável de dois a cinco minutos. Esses caldos, sendo de natureza ácida, provocam a remoção de alguma possível incrustação do eletrodo, deixando-o limpo.

As vantagens advindas do uso do controle automático do pH são as seguintes:

a) Facilidade de instalação;
b) Conservação fácil;
c) Longa duração
d) Confiabilidade de resultados;
e) Maior economia de cal;
f) Regula automaticamente o fluxo de leite de cal;
g) Economia de mão de obra.

12.5 CÁLCULO DA CAPACIDADE DOS CALEADORES

A capacidade dos caleadores é função do tempo de permanência do caldo em tratamento com o leite de cal. Sabe-se que para ter uma reação mais efetiva dos constituintes do caldo, especialmente dos fosfatos com a cal, é necessário manter o caldo nos caleadores por um tempo variável de 15 a 20 minutos. Quando o leite de cal é adicionado ao caldo misto ou sulfitado há, a princípio, uma mistura mecânica, e o pH desejado pode ter sido atingido. Porém, as reações podem não se completar, pois não houve tempo suficiente para o contato entre os diversos elementos do caldo (radicais aniônicos de origem orgânica e mineral) com o cálcio de cal.

Em função do tempo de 15 a 20 minutos, o volume dos caleadores será de :

Volume total = 1/3 x C x p em l/TCH - 20 minutos de reação

Volume total = 1/4 x C x p em l/TCH - 15 minutos de reação

C = Capacidade de moagem, em TCH

P = extração diluída de caldos por litros em TCH

APLICAÇÃO NUMÉRICA

Dados conhecidos:

a) capacidade de moagem 125 TCH

b) extração diluída 1000 litros

c) número de caixas 3

Dados calculados:

a) Volume de caleação para vinte minutos

V_1 = 1/3 x 125 x 1000 = 41666 litros

b) Volume de caleação para quinze minutos

V_2 = 1/4x 125 x 1000 = 31250 litros

c) Volume de cada caixa

V_1 = 41666/3 = 13666 litros (vinte minutos)

Nessas condições, verifica-se que o volume de cada caixa ou tanque é de 13.888 litros.

O uso de dois tanques tem sido observado em algumas usinas, assim como, mais recentemente, também a utilização de apenas uma caixa ou tanque. Os valores encontrados pelos cálculos devem ser aproximados e de acordo com as disponibilidades locais de assentamentos dos equipamentos.

12.6 O USO DO SACARATO DE CÁLCIO

O sacarato de cálcio, produto que está numa condição mais iônica e mais solúvel, tem sido recomendado para uso na clarificação do caldo nas usinas de açúcar, pelo então Centro de Tecnologia Copersucar (1985, 1988).

De um modo geral, observa-se que a dosagem do sacarato de cálcio, preparado a partir de 10% do caldo (Técnica A, Figura 94) ou de xarope (Técnica B, Figura 95) produz um bom caldo clarificado. O efeito após a adição de monossacarato de cálcio propicia menor turbidez e também com menor cor (ICUMSA) no caldo clarificado, em comparação ao produzido pelo uso do leite de cal. Pelo uso dessa técnica, obtém-se um lodo (impureza decantada) também com menor concentração, mais fino e mais volumoso.

a) TÉCNICA A - a partir do caldo

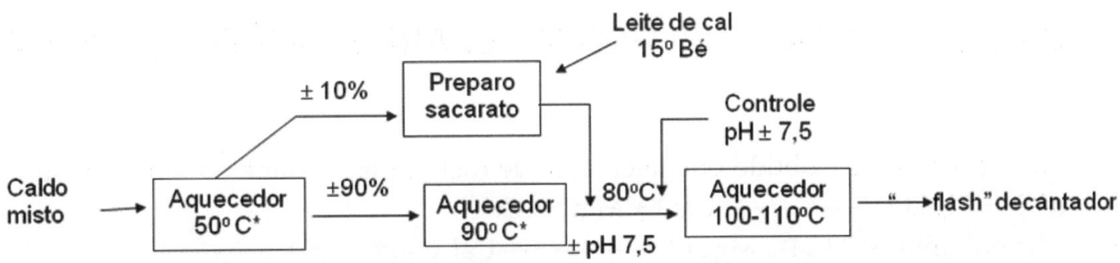

Figura 94 - Esquema de preparo do sacarato de cálcio pela primeira técnica - COPERSUCAR.

b) TÉCNICA B - a partir de xarope

O preparo do sacarato é feito com leite de cal (10º Bé) numa quantidade de xarope necessária para manter uma reação estequiométrica e 6 partes de sacarose para uma parte CaO, para formação de monossacarato (Figura 95).

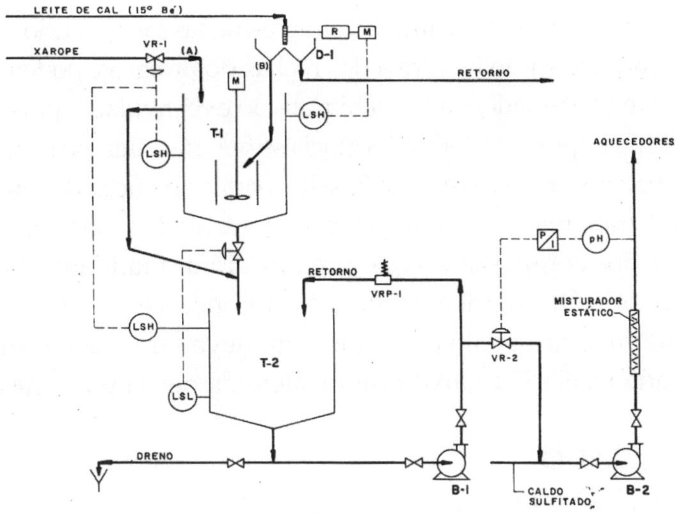

Figura 95 - TÉCNICA B: a partir de xarope proposto pela COPERSUCAR (1985, 1993), em sistema descontínuo automáticos de perparo e coninuo automático de dosagem.

No processo, há formação de monossacarato, e as melhores condições operacionais seriam:

- ligeiro excesso de sacarose
- temperatura abaixo de 58°C e que o tempo de residência seja minimizado.

Os bons resultados práticos, observados na alcalinização do caldo nas usinas paulistas, podem ser explicados pela pesquisa de clarificação de Sahadeo et al. (2002), na qual se comparou as técnicas de utilização de sacarato de cálcio com a caleagem calcítica, observando-se as condições de volume de floculação e sua velocidade de decantação. Constatou-se que: i) teores de fosfatos, cálcio e proteínas, no caldo clarificado, são mais baixos, associados a uma menor turbidez na adição do sacarato; ii) há mais 10% de lodo decantado, mas aparentemente a velocidade inicial do sacarato é menor.

12.7 USO DA CAL DOLOMÍTICA NA CLARIFICAÇÃO DO CALDO

O óxido de magnésio é obtido por calcinação de rochas magnesianas, assim, tem-se:

- $CaCO_3 + MgCO_3 \longrightarrow CaO + MgO + CO_2$
- Rocha dolomítica: 22,24% $MgCO_3 \longrightarrow$ Cal ± 40% MgO
- Queima é função (temperatura e tempo) $\longrightarrow$ Ca e Mg impurezas.

As proporções entre esses elementos (Ca e Mg) são bastante variáveis nas rochas de origem; entretanto, é importante que a quantidade de magnésio seja a mais elevada possível, para que a cal dolomítica resultante contenha teor desse elemento o mais próximo de 40% (basicidade) e com alta reatividade.

A utilização deste tipo de cal tem trazido vários benefícios para a industrialização do açúcar, quando comparada à utilização da cal calcítica ou simplesmente cal. Quando a obtenção desse material é feita por queima ou calcinação incorreta das rochas dolomíticas, pode resultar, como consequência, um produto de má qualidade, de baixa hidratação e reatividade, pois parte do magnésio e do cálcio se apresenta como impurezas. Essa ocorrência se deve às diferenças de tempo e temperatura na calcinação dos carbonatos de cálcio e de magnésio, para a obtenção de seus respectivos óxidos.

Os fatores temperatura e tempo devem ser bem controlados, para se evitar modificações na estrutura molecular dos compostos, o que prejudicará a qualidade do produto, que continuará a alcalinização do caldo no decantador. A presença de outras impurezas, tais como sílica, sesquióxidos, sulfatos, carbonatos, etc., também deve ser considerada, ao escolher a cal dolomítica a ser utilizada na clarificação do caldo, além da perda por ignição.

BASICIDADE DO CALDO

- PM: CaO = 56 = MgO = 40
- Basicidade do MgO e 40% maior em peso que CaO
- 714g MgO neutraliza tanto quanto 1000g CaO

Considerando-se como o peso do mol de CaO é 56 e o do MgO é de 40, conclui-se que a basicidade do óxido de magnésio, por unidade de peso, é 40% maior do que a do óxido de cálcio. Desse modo, quanto mais elevada a porcentagem de óxido de magnésio no material, menor a quantidade a ser utilizada, ou seja, maior a economia. As cales dolomíticas com teores de magnésio elevados, entre 35% e 40%, têm um poder de alcalinização entre 14% e 16% maior do que quando se utiliza a cal virgem, propiciando uma economia correspondente a esses porcentuais.

Assim, como exemplo, pode-se dizer que uma usina, consumindo 1000g de cal, consumirá, em termos de magnésio, o seguinte:

- Mistura 1: 860g mistura = 65% CaO e 35% MgO
- Mistura 2: 840g mistura = 60% CaO e 40% MgO

As duas misturas equivalem a 1000g de Cal.

As vantagens do uso do MgO está na redução do consumo do clarificante (reutilizante), na melhora da condução do processo e na qualidade do açúcar, além da redução das incrustrações, redução do uso de produtos de limpeza, etc.

Dadas suas possibilidades de uso nas indústrias açucareiras é importante ressaltar a sua aplicação no tratamento de caldo de cana, realizado conforme estudos realizado por Cesar e Caruso em 2003, ambos professores da Esalq, USP.

Os autores observaram, na prática, que a adição de caleagem dolomitica poderiam trazer os seguintes benefícios:

- Redução das incrustações de sulfato de cálcio, o que torna a sua formação mais demorada, e mais iincrustações brandas, o que facilita sua limpeza;
- Redução dos produtos químicos de limpeza; esta é quase só mecânica, redução de 40 a 60%.
- Redução do tempo de limpeza em torno de 50%, com aumento no intervalo de limpeza - 80-120%.
- Decantação do caldo sem alteração do tempo, borras de menor volume mais densas, caldo mais opalescente e açúcar mais brilhante.

A limitação da técnica é a necessidade de tempo de reação de MgO na hidratação mais conservada, podendo ser mais de um dia.

12.8 OUTROS PROCESSOS DE TRATAMENTO DE CALDO

Além dos processos clássicos de clarificação do caldo pelas usinas de açúcar, têm sido referenciado pela literatura os processos pertinentes à carbonatação na alcalinização.

Como não é usual essa técnica pelas usinas de açúcar no Brasil, não se julga oportuno discutir os procedimentos envolvendo tal tratamento, mesmo porque observou-se, em tentativa da implantação, que aumentava a viscosidade da massa cozida dificultando as operações subsequentes de centrifugação na fabricação do açúcar.

CAPÍTULO 13

SULFITAÇÃO DO CALDO DE CANA-DE-AÇÚCAR

13.1 EMPREGO DO ANIDRIDO SULFUROSO

A ação purificadora do anidrido sulfuroso (SO_2) sobre o caldo já era conhecida muitos anos antes do seu emprego na indústria do açúcar. Entretanto, sua utilização industrial somente ocorreu no final do século XIX, quando substituiu o carvão animal.

O emprego do anidrido sulfuroso prende-se à produção de açúcar branco para consumo direto produzido na própria usina. Várias são as técnicas adotadas para a utilização da sulfitação do caldo. Dentre elas, tem-se: sulfitação a frio, sulfitação após alcalinização (defeco-sulfitação), sulfitação a quente, caleagem fracionada com sulfitação, sulfitação de xarope e etc.

A clarificação do caldo pelo processo de sulfitação baseia-se na formação de sulfito de cálcio, um sal pouco solúvel que, posteriormente, será removido do fluxo de fabricação. Todavia, parte da cal usada combina-se com os ácidos orgânicos, dando formação a outros sais.

13.1.1 AÇÃO DO ANIDRIDO SULFUROSO SOBRE O CALDO

Para se entender o processo, é necessário compreender, de modo geral, as propriedades e as ações do gás sulfuroso sobre o caldo de cana, sendo principais as seguintes: purificante, descorante, neutralizante, fluidificante, preservativa, inversiva e precipitativa.

Ação Purificante

Ao se aplicar o anidrido sulfuroso ao caldo bruto, observa-se que pequenas partículas são formadas no caldo, as quais vão se transformando em volumosas massas de flocos com variáveis densidades. Este fenômeno ocorre em virtude dos coloides encontrarem nesse meio seu ponto isoelétrico.

A diferença de densidade causa uma convecção das partículas; enquanto que as mais densas sedimentam, as mais "leves" fazem um movimento de ascensão. Os precipitados formados são constituídos, principalmente, de matéria orgânica.

Esta ação do SO_2 não é aproveitada na grande prática industrial, porque as impurezas floculantes não são separadas do caldo nesta fase.

Ação Descorante

As matérias coloridas do caldo são reduzidas, em parte, pelo anidrido sulfuroso. A sua ação descorante é devida à sua propriedade redutora, baseada na liberação de hidrogênio, que reduz as substâncias coloridas, dando formação a compostos menos coloridos. Esta descoloração é temporária, pois o caldo sulfitado, exposto ao ar, vai gradualmente se oxidando pela absorção de oxigênio, retornando à cor primitiva.

Ação Neutralizante

A ação neutralizante do anidrido sulfuroso é utilizada quando se adota o processo de defeco-sulfitação. Os sais formados com a cal são praticamente insolúveis em meio neutro ou alcalino.

Ação Fluidificante

De acordo com vários pesquisadores, o ácido sulfuroso reduz a viscosidade do caldo pela precipitação de certos coloides, fazendo melhorar a decantação e a qualidade do caldo para evaporação e cozimento, produzindo, dessa forma, méis mais esgotados.

Ação Preservativa

Outra propriedade que se observa no anidrido sulfuroso é sua ação preservativa sobre o caldo. Sendo ele um poderoso antisséptico, evita o desenvolvimento de microrganismos prejudiciais ao processo.

Ação Precipitativa

Quando a estabilidade do estado coloidal do caldo é rompida, ocorre a precipitação coloidal. Os coloides hidrófobos mantêm a estabilidade das partículas pela atração das moléculas entre si, através de suas cargas elétricas. Todas as vezes que estas cargas elétricas são neutralizadas, ocorre a aglomeração de um grande número de partículas coloidais, até formarem grandes flocos, que podem ser separados por sedimentação ou filtração. A neutralização das cargas coloidais é satisfeita pela adsorção de íons de carga oposta. Os coloides hidrófobos do caldo de cana são principalmente de natureza inorgânica, como compostos do ácido silícico, hidróxido de alumínio e de ferro.

Por outro lado, a estabilidade coloidal dos coloides hidrófilos é mantida pela combinação das moléculas ou íons do soluto, com uma determinada proporção de moléculas de solvente. Neste caso, a precipitação ocorre pela eliminação das moléculas de água, que formam a camada protetora das partículas coloidais, o que ocorre pela ação do calor. Esses coloides são principalmente orgânicos, como hemicelulose, substâncias nitrogenadas, amido, etc. Entretanto, alguns coloides, depois de floculados, podem retornar ao estado coloidal, o que é chamado de peptização. Isso ocorre, geralmente, quando o pH do meio é alterado.

Durante a purificação do caldo, outro fenômeno que pode ocorrer é o da adsorção, que consiste na adesão de coloides sobre a superfície de matéria sólida. Essa matéria sólida, com grande área superficial, como é o caso do fosfato de cálcio e dos precipitados de sílica, ferro e alumínio, absorvem os coloides e produzem a purificação do caldo.

O pH do meio tem papel definido na capacidade de adsorção dos coloides pela matéria sólida. Considerando-se que o caldo é composto de várias substâncias, as quais necessitam de diferentes condições de pH para obter sua floculação, difícil se torna a remoção das mesmas em um único processo geral.

Segundo Payne (1990), no processo de defecação simples, apenas 20 a 25% das impurezas são removidas, e no processo de dupla carbonatação esses valores atingem de 65 a 70%, ao passo que a remoção de impurezas, pela sulfitação, fica intermediária entre os valores dos processos anteriores, porém, mais próxima ao de defecação.

A ação precipitativa ocorre pela reação entre o anidrido sulfuroso e a cal, dando formação a um sal pouco solúvel em meio neutro e alcalino: o sulfito de cálcio. Esse procedimento ocorre quando se faz a sulfitação e, em seguida, a neutralização com leite de cal. As reações que ocorrem durante o processo são as seguintes: quando o gás é borbulhado no caldo, há a reação com a água, dando ácido sulfuroso, e este contém H_2SO_3 molecular não dissociado e íons dissociados de HSO_3^-.

$$2\,SO_2 + 2\,H_2O \rightleftharpoons 2\,H_2SO_3 \rightleftharpoons 2\,H^+ + 2\,HSO_3^-$$

Com a adição de cal, coloca-se na solução íons Ca^{++} e OH^-, que no início do processo, quando o pH é baixo, dará formação de bissulfito de cálcio, que é solúvel.

$$Ca(OH)_2 \rightleftharpoons Ca^{++} + 2\,OH^-$$

$$2\,OH^- + 2\,H^+ \rightleftharpoons 2\,H_2O$$

$$2\,HSO_3^- + Ca^{++} \rightleftharpoons Ca(HSO_3)_2$$

Continuando a operação de neutralização do ácido sulfuroso pela cal, obtém-se o sulfito de cálcio, que se precipita.

$$Ca(HSO_3)_2 + Ca(OH)_2 \rightleftharpoons 2\,CaSO_3 + 2\,H_2O$$

Uma não adequada neutralização do ácido sulfuroso pela cal produzirá bissulfito, que nas fases posteriores de concentração poderá se decompor, dando origem ao sulfito de cálcio, que irá incrustar os aparelhos.

Quanto mais alta a concentração de Ca^{++} e SO_3^{--}, mais completa é a precipitação do sulfito de cálcio após o aquecimento. Porém, formam-se cristais muito finos, que dificultam sua remoção.

A neutralização do ácido sulfuroso requer um tempo mais ou menos longo e uma elevada temperatura, acima de 100°C.

Sugere-se que para uma melhor e mais completa precipitação do sulfito de cálcio, o pH do caldo aquecido deverá ser elevado para níveis entre 7,6 e 7,8, pois a solubilidade mínima de sais de cálcio se localiza em pH de 7,5 a 8. Nestas condições, evita-se a formação do bissulfito, que posteriormente virá incrustar as tubulações de aquecimento em geral.

Na prática, muitas usinas mantêm um pH baixo, para que a cor do caldo seja clara, produzindo um açúcar mais branco. Os caldos sulfitados que permanecem com um pH muito baixo não removem os não-açúcares, produzindo uma maior incrustação nos vasos evaporadores e uma maior perda de sacarose no mel final. Em função disso, recomenda-se à usina procurar trabalhar com cana na faixa de pH que resulte na obtençãode um bom açúcar em termos de cor. Além do mais, as águas condensadas dos evaporadores são ácidas e provocam a corrosão das partes metálicas em contato com ela.

Em Java, a sulfo-defecação era controlada quando o pH do decantado era de 6,9 a 7,0.

Às vezes, ocorre caldo refratário, com baixo teor de P_2O_5, mas que apresenta uma clarificação normal durante o processo de sulfitação, desde que uma certa quantidade de fosfato solúvel seja adicionada.

13.1.2 AÇÃO INVERSIVA

O anidrido sulfuroso, em condições específicas, pode provocar a inversão da sacarose em glicose e levulose.

$$C_{12}H_{22}O_{11} + H_2O \xrightarrow[\text{Ácida}]{\text{Hidrólise}} C_6H_{12}O_6 + C_6H_{12}O_6$$

Segundo alguns fabricantes de açúcares, não existe perigo de inversão de sacarose do caldo desde que o pH não seja inferior a 5,5, equivalente a uma acidez à fenolftaleína de 0,105 g de CaO por 100 ml de caldo.

A intensidade da inversão é função de concentração de ácido (pH), do tempo e da temperatura do meio. Com base neste fato, tem-se recomendado que a sulfitação se processe à baixa temperatura e o mais rapidamente. Para um pH de 3,8 a 4,0 (acidez forte), deve-se efetuar a sulfitação entre 20 e 30°C. Entretanto, se o pH está compreendido entre 4,5 e 4,7, pode-se elevar a temperatura entre 50 a 70°C.

13.2 CARACTERÍSTICA DO ENXOFRE

O enxofre utilizado pelas usinas brasileiras provém de vários países, como Estados Unidos (Texas, Louisiana, Mississipi e Alabama), México (Vera Cruz), Itália (Sicília), Japão, etc.

A produção brasileira de enxofre está relacionada à sua extração a partir da pirita e sulfato de ferro, que é amplamente encontrado no país. Outra fonte consiste no aproveitamento dos gases resultantes das destilarias de petróleo, hulha e dos resíduos sólidos da indústria siderúrgica. O enxofre pode ser encontrado em duas formas: o enxofre rômbico ou octaédrico α, com ponto de fusão a 114°C, e o monoclínico ou prismático β, com ponto de fusão a 200°C.

Para que o enxofre possa ser utilizado na indústria açucareira, deve ter as seguintes especificações:

Enxofre 95,0% mínimo
Umidade 1,0% máximo
Cinzas 0,1% máximo
Substâncias betuminosas 1,0% máximo
Arsênico 0,05% máximo

O enxofre recebido pela indústria, quando de origem americana, siciliana ou japonesa, possui elevada pureza, acima de 99%.

O teor de arsênico muitas vezes desqualifica o enxofre como elemento de clarificação, visto que em muitos países a legislação para alimentos e medicamentos não permite valores superiores a 0,5 ppm.

A presença de material betuminoso no enxofre produz, durante a combustão, uma espécie de escória na superfície que, impedindo a evaporação, reduz a capacidade do forno.

13.3 OBTENÇÃO DO ANIDRIDO SULFUROSO GASOSO

De modo geral, a indústria do açúcar de cana utiliza-se da combustão do enxofre, na presença de ar, para obtenção do gás sulfuroso. Esta operação é realizada em fornos, que podem ser fixos ou rotativos.

Quando o enxofre é aquecido a 119ºC, ele se funde, produzindo um líquido de cor amarelo claro e, à medida que a temperatura se eleva, esse líquido vai escurecendo até vermelho escuro, quando atinge a viscosidade máxima, que é a 180ºC.

A combustão do enxofre se realiza a 250ºC, produzindo o dióxido de enxofre, que é um gás incolor, de odor sufocante, com peso específico de 2,26.

Este gás tem uma elevada solubilidade em água à baixa temperatura, mas decresce, rapidamente, com o aumento da mesma. Esta característica pode ser observada a seguir:

1 volume de água a 0ºC dissolve 79,79 volume de SO_2 ou
228,3 g de SO_2 por litro de água

1 volume de água a 20ºC dissolve 39,37 volume de SO_2 ou
112,9 g de SO_2 por litro de água

1 volume de água a 40ºC dissolve 18,77 volume de SO_2 ou
54,1 g de SO_2 por litro de água

A combustão do enxofre, que ocorre na presença de ar, é uma reação de oxidação, onde há desprendimento de energia, segundo a reação:

$$S + O_2 \longrightarrow SO_2 + 70{,}2 \text{ Kcal}$$

Esta reação somente ocorre entre moléculas no estado gasoso. Por este motivo é que o enxofre deve ser fundido e evaporado, para que suas moléculas reajam com as do oxigênio.

Durante a combustão, a temperatura não se deve elevar muito (1.200ºC), pois pode ocorrer a decomposição do dióxido de enxofre. Este fato é mais frequente quando se utilizam compressores de ar.

$$SO_2 \longrightarrow S + 2\,O^{\uparrow}$$

O oxigênio nascente, produzido pela decomposição, reage com o anidrido sulfuroso, oxidando-o a anidrido sulfúrico, que é indesejável.

$$O_2 + 2\,O^{\uparrow} \longrightarrow 2\,SO_3$$

Quando o ar que circula dentro do forno tem um elevado teor de umidade, favorecendo a transformação do SO_3 em ácido sulfúrico.

Recomenda-se o resfriamento do gás abaixo de 200ºC, logo após sua obtenção. Assim procedendo, o teor de SO_3 será mínimo. Esse resfriamento é realizado na câmara de combustão e em um tubo vertical com camisa d'água. Outra forma para se eliminar o SO_3 formado é pelo borbulhamento do gás em água ou passando-o através de coque e areia fina. Estas operações não constituem prática rotineira da indústria. O ácido formado se condensará nas tubulações ou irá ter-se no caldo.

Segundo Marches (1953), as principais desvantagens da presença de SO_3 no gás são as seguintes:

1. Qualquer SO_3 ou H_2SO_4 que chegue ao caldo irá se transformar em $CaSO_4$ que sendo um sal ligeiramente solúvel, aumentará o teor de sais de cálcio no caldo;
2. Produzirá elevada corrosão das partes de ferro que estão em contato com o gás, sendo necessários reparos e substituições periódicas de peças e aparelhos. Às vezes, para que isso não ocorra, recorre-se ao revestimento das tubulações com aço inoxidável;
3. Qualquer quantidade de SO_3 produzida significa consumo inútil de enxofre. Em condições normais, considera-se um teor baixo de SO_3, quando não ultrapassa a 1,5% do enxofre queimado.

Para reduzir ou eliminar a formação do ácido sulfúrico, deve-se evitar que a temperatura do forno eleve-se acima de 750ºC e dessecar o ar a ser utilizado na combustão.

Na produção de anidrido sulfuroso, é necessário, para cada peso de enxofre, igual peso de oxigênio.

$$\begin{array}{ccc} S + O_2 & \longrightarrow & SO_2 \\ 32g + 32g & & 64g \end{array}$$

Como a combustão do enxofre é feita na presença de ar, cujo teor de oxigênio e peso é de 23,15%, pode-se calcular a necessidade de ar em função do enxofre a ser queimado pela seguinte relação:

$$\frac{100\ de\ Enxofre}{23{,}15\ de\ oxigênio}$$

Relação esta que para indicar cada parte de enxofre, uma necessidade de 4,3 partes de ar.

Se todo oxigênio do ar reagisse com o enxofre, obter-se-ia um gás com um volume máximo de SO_2 de 21%. Entretanto, isso não ocorre, pois nem todo oxigênio que entra no forno reage com o enxofre. É necessário admitir um excesso de 100% de ar, isto é, de oito a nove vezes em relação ao peso do enxofre.

Considerando-se que um m³ de ar pesa 1,293 Kg, pode-se calcular o volume de ar, que deve ser de 6 a 7 m³ por quilo de enxofre, a ser queimado. Nestas condições de excesso de ar, obtém-se um gás cuja taxa de SO_2 variará entre 12 a 16%, sendo o restante composto de nitrogênio, oxigênio, etc.

A falta de ar faz com que o enxofre evaporado não encontre oxigênio suficiente para reagir. Desta forma, permanecerá como enxofre gasoso e, posteriormente, irá depositar-se nas tubulações, obstruindo-as.

Outra causa que leva a uma grande quantidade de enxofre sublimado é deixar que ele entre em ebulição, o que ocorre a 450ºC.

O excesso de ar também é extremamente prejudicial, pois acarretará abaixamento da temperatura do gás, diminuindo a eficiência da combustão e facilitando a formação de trióxido de enxofre que, em contato com o caldo, pode provocar inversão.

Segundo recomendações de Hugot (1986), a temperatura do forno deve estar entre 320º e 350ºC, quando o gás de saída estará entre 250º a 300ºC. Posteriormente, este gás deverá ser resfriado entre 100º e 200ºC, para ser colocado em contato com o caldo.

13.4 APARELHOS PARA PRODUÇÃO DE ANIDRIDO SULFUROSO

Para a obtenção de SO_2, constroem-se os mais variados tipos de aparelhos, porém, basicamente, todos eles possuem as seguintes partes:

a) câmara de combustão do enxofre;
b) abertura de alimentação;
c) entrada de ar;
d) tubo de refrigeração com água.

Outros acessórios podem fazer parte deste conjunto, tais como: secador de ar, lavador de gás, alimentador contínuo de enxofre, compressor de ar, agitador, etc.

Esses aparelhos podem ser reunidos em dois grupos: os fornos fixos e os móveis (rotativos).

FORNO FIXO

Nos fornos fixos, a quantidade de enxofre a ser queimada por unidade de superfície deve estar compreendida entre 17 e 25 Kg de $S/m^2/h$, na opinião de vários pesquisadores. A variação destes tipos de fornos é grande, cada um com suas características peculiares.

O enxofre que possui uma baixa quantidade de combustão necessita de uma maior superfície de combustão do que um enxofre de alta qualidade, exceto nos casos em que se eleve a temperatura ou que se remova, constantemente, a escória da superfície do enxofre fundido.

São aparelhos que têm o formato de um prisma retangular, possuem em suas bases aberturas para entrada de ar e outra para retirada da bandeja do enxofre. A parte superior do forno é revestida por uma camisa de água, que deixa uma abertura para eliminação do enxofre e outra para a câmara de sublimação, que é uma coluna de paredes duplas para circulação de água de refrigeração. Para a água para resfriamento passar pela coluna, deve sair com a temperatura por volta de 90°C.

À saída do compartimento de enxofre, o gás contendo agora de 12 a 16% de SO_2 sobe à coluna do aparelho de sulfitação, através de um sublimador e uma chaminé com paredes duplas e circulação de água. Esta água deve resfriar a chaminé e, em seguida, o forno.

Devemos ter esta refrigeração para:

- Proteger o metal dos fornos, que seria rapidamente corroído se aquecido até ficar vermelho;
- Condensar a parte do enxofre, que seria sublimada (a maior parte do enxofre queimada, formando SO_2, porém sempre há um residual em forma de vapor);
- Esfriar o gás sulfuroso, antes de deixar entrar em contato com o caldo.

Em qualquer tipo de forno, o ar a ser utilizado deve ser seco, para evitar a formação de ácido sulfuroso, prejudicial às tubulações e acessórios. A secagem do ar pode ser feita por cal vivo ou por resfriamento e compressão.

A secagem do ar com a cal exige que a cada 8 a 12 horas ela seja renovada. Isso eleva o custo operacional, por ter o seu consumo elevado.

A alimentação do enxofre pode ser contínua ou intermitente. No primeiro caso a moega alimentadora de enxofre possui uma camisa de vapor que serve para fundi-lo. A operação é realizada do seguinte modo: o enxofre sólido é colocado na moega de enxofre e, em seguida, a abertura de alimentação e o quebra - vácuo são fechados, a válvula de alimentação do forno é aberta. Esta válvula tem em continuação um tubo, que fica mergulhado no enxofre fundido da bandeja. À medida que o enxofre do forno vai sendo consumido, a válvula deixa passar nova porção de enxofre fundido, para restabelecer o equilíbrio na bandeja.

A alimentação intermitente traz a desvantagem de variar a concentração do gás, mesmo que o enxofre seja colocado fundido.

FORNO ROTATIVO

O forno móvel é constituído de um tambor rotativo, câmara de combustão e refrigerador. Os últimos refrigeradores são à água (Figura 96). Entre a parte móvel e a câmara de combustão existe uma abertura regulável, que deixa entrar ar suficiente para completar a oxidação do enxofre naquele compartimento. Este aparelho é de maior eficiência, pois, a superfície total de combustão é dada pela superfície horizontal e pela de revolução. A superfície horizontal corresponde ao plano de enxofre fundido e representa ¼ da superfície total da combustão. Já a superfície de revolução, não imersa o enxofre fundido, corresponde a ¾ da superfície total e é dada, habitualmente, por um arco de 250 a 265°.

Essas duas superfícies formam uma espécie de túnel em chama, por onde o ar deve atravessar. A temperatura no interior do aparelho deve ser da ordem de 320 a 350°C. Entretanto, a da chama está entre 1.050 a 1.100°C para um teor volumétrico de 11 e 12% de SO_2 no gás.

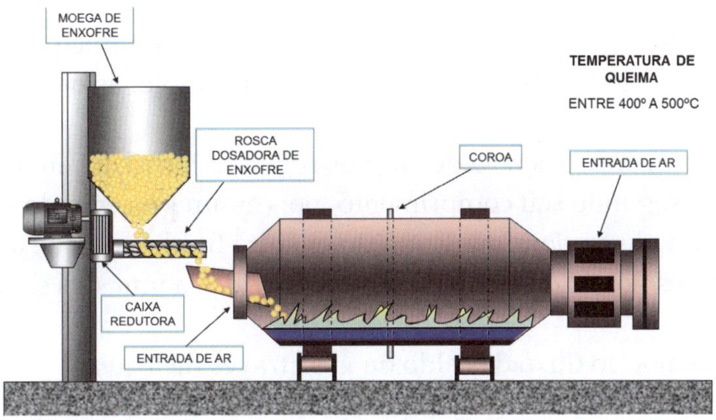

Figura 96 A- Forno rotativo para queima do enxofre - com integração com câmara de combustão e refrigeração; e sistema de alimentação contínua do forno. *Ilustração:* **Paulo Gangorra**

A superfície do forno rotativo pode ser calculada, considerando-se que a superfície unitária e de 0,03 m^2/TC.

No dimensionamento do forno rotativo, deve-se levar em consideração que o comprimento(L) seja 2,50 a 3,40 vezes o diâmetro (D), conforme a capacidade do mesmo, pois dá-se preferência para fornos de maior comprimento, quando a capacidade cresce.

Pode-se calcular o diâmetro a partir da fórmula a seguir, considerando que o forno possui as extremidades tronco-cônicas com ângulo de aproximadamente 45° e que o diâmetro de alimentação se aproxima de 50% do diâmetro do aparelho.

$$S = 12{,}57 f \cdot R^2$$

Onde: S é a superfície em m^2, f o valor adotado da relação L/D e R é o raio do cilindro em metros.

A velocidade de rotação do forno está compreendida entre 0,5 a 0,6 rpm; quanto maior o número de rotação, maior será a sua capacidade. O equilíbrio da operação de sulfitação depende da tiragem H em mm de água, a qual é difícil de manter. Quando o forno está bem regulado, o rendimento de utilização do enxofre é da ordem de 90%, podendo atingir 99%.

Outra técnica para produção de anidrido sulfuroso é a preconizada por VAN DER GOES para fábrica de papel, que consiste em atomizar o enxofre fundido por meio de ar comprimido em uma câmara de combustão. Neste caso, não ocorre a sublimação e o gás produzido, tem uma composição de 19 a 20% em volume de SO_2 e não mais que 0,14% de SO_3.

Na África do Sul, segundo dados de Laubscher (1951), o volume da câmara de combustão varia de 0,024 - 0,04 m^3/Kg de S/hora.

O consumo de enxofre é bastante variável, estando diretamente relacionado à eficiência operacional dos fornos e sulfitadores. Os valores encontrados estão compreendidos entre 250 a 800 g/TCH.

LAUBSCHER (1951) encontrou teor de SO_2 no gás obtido nos fornos rotativos, variando de 6,7 a 12,9%, em média 8,6%, sendo este valor menor do que os encontrados para os fornos fixos, isso devido à quantidade de ar.

As variações no teor de SO_2 do gás devem ser atribuídas, principalmente, às irregularidades de alimentação. A alimentação mecânica, como exemplo, as do tipo vibratório, dá um resultado satisfatório.

Para se obter uma maior eficiência dos fornos rotativos, estes devem possuir, internamente, septos inclinados, segundo seu comprimento, pois assim procedendo a superfície de combustão será maior, devido ao derramamento do enxofre fundido, o que aumenta seu contato com o ar. As flutuações no pH do caldo podem ser devidos a uma das seguintes causas:

a) Mudanças no valor do fluxo de caldo ou gás através de torre;
b) Variações na concentração de SO_2 no gás que entra na torre, causadas pelo item a ou pela irregular alimentação do enxofre no forno;
c) Variações nas propriedades do caldo.

13.5 APARELHOS DE SULFITAÇÃO

Os aparelhos sulfitadores contínuos variam bastante quanto à sua concepção, mas todos visam à maior eficiência do processo. Dentre eles, destacam-se os tipos Quarez, coluna ou torre de sulfitação, sulfitador multijato, etc.

13.5.1 SULFITADOR QUAREZ

Este sulfitador, muito utilizado em alguns centros açucareiros, é constituído essencialmente de uma caixa de sulfitação, que é dividida em dois compartimentos por uma parede, que deixa abertura na parte inferior. No compartimento menor (B) chega o caldo misto, que parcialmente se mistura com o caldo sulfitado da outra divisão. Do fundo do compartimento B, uma bomba centrífuga retira o caldo e o faz passar através de uma Tromp (1946) a (F), fazendo aspiração do gás do forno, promovendo a sulfitação na coluna descendente da Tromp (1946). O caldo sulfitado é introduzido no compartimento maior (A), de onde sai através de um sifão para a caleagem (Figura 97).

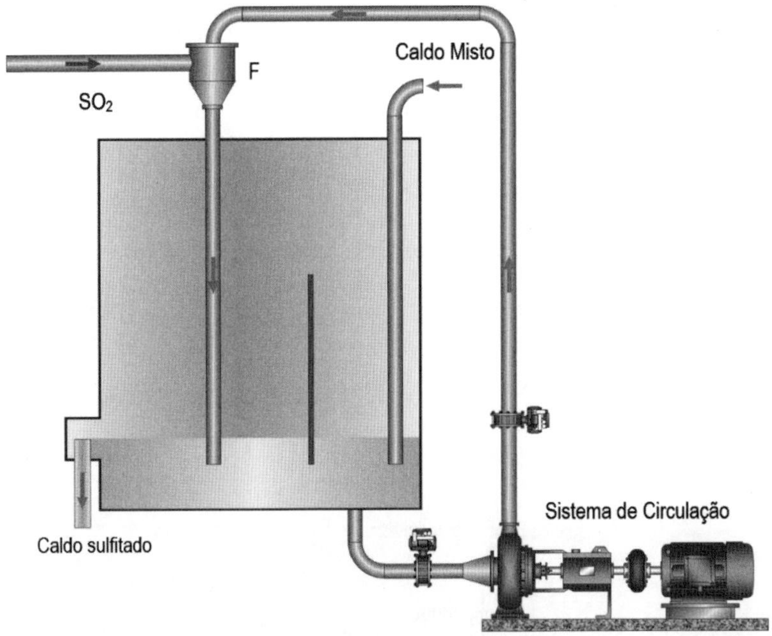

Figura 97 - Sulfitador Quarez, adaptado de TROMP (1946). *Ilustração:* **Paulo Gangorra**

O sistema Quarez oferece uma grande vantagem, pois possibilita a circulação do caldo por várias vezes, até atingir o pH desejado. Outras vantagens apontadas são: melhor aproveitamento do SO_2 e menor consumo de enxofre por tonelada de cana, o que, consequentemente, reduz o custo da produção.

Por outro lado, algumas desvantagens podem ser mencionadas, tais como: ocupar maior espaço, necessitar de maior atenção quanto ao funcionamento e exigir uma maior manutenção do aparelho.

Atualmente, o sistema Quarez é substituído por uma coluna de sulfitação, a qual evita a bomba de circulação e o forno de enxofre clássico com chicanas, sendo substituído por um forno rotativo, mais eficiente.

13.5.2 SULFITADOR COM MULTIJATO

Esse tipo de aparelho vem sendo testado e utilizado por algumas usinas. Basicamente, o conjunto sulfitador é constituído por um multijato convencional, uma coluna barométrica e uma caixa receptora fechada. Esta, onde ocorre a descarga da coluna, tem no seu interior chicanas que servem para melhor homogeneização do caldo em sulfitação. Na extremidade oposta à saída da coluna, a caixa de recepção apresenta uma abertura superior, para alimentação do CO_2 e, uma inferior, para retirada do caldo que vai para a caleagem (Figuras 98 e 99).

O caldo misto peneirado é bombeado na cabeça do multijato, quando aspira o SO_2 proveniente do forno, que entra na parte superior do aparelho. Para o bom funcionamento do sistema, é necessário que o caldo seja enviado com uniformidade de alimentação, caso contrário, ele não desempenhará seu trabalho corretamente.

A sulfitação do caldo ocorre na coluna e termina de uniformizar na caixa receptora, através da passagem pelas chicanas. Este caldo é retirado do aparelho por gravidade e enviado à caleagem.

Trabalhos desenvolvidos no México, por Espinosa (1965), com multijatos para sulfitação, mostraram que é importante manter uma velocidade do caldo no mínimo de 15 m/seg. Através do bico, de modo a aspirar ar suficiente para combustão do enxofre, e para garantir que a câmara de combustão e os tubos condutores de gás estejam mantidos estáveis. Nenhuma inversão apreciável ocorreu quando o consumo de enxofre foi de 200 g/TC. Ao invés de uma grande coluna barométrica, que se pensava ser necessária, uma coluna de apenas 1 metro, foi o suficiente para operar no multijato, associada a um tanque misturador de somente 750 litros, para uma capacidade de moagem de 2.500 TCD. Saindo da caixa, o caldo pode seguir para a pesagem ou para a caleagem.

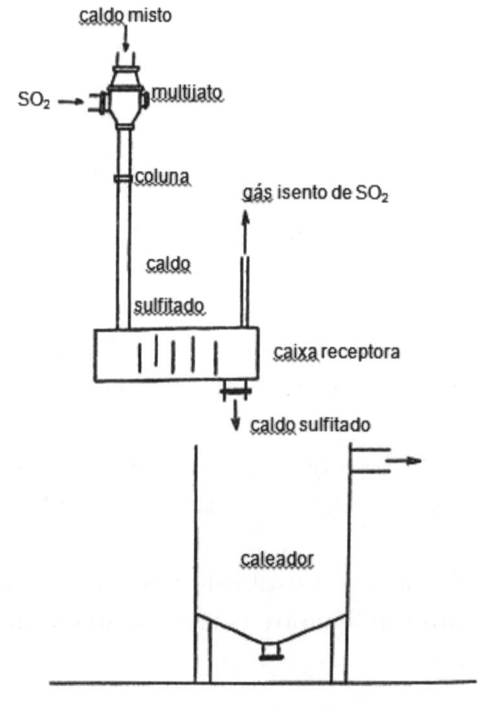

Figura 98 - Conjunto para sulfitação com multijato.

Uma usina mexicana, com capacidade de moagem de 6.000 a 7.000 TCD, opera com dois conjuntos de multijatos, a uma caixa receptora de homogeneização de 1,35 m^3, com as seguintes dimensões:

Diâmetro interno do multijato 340 mm
Diâmetro do tubo de gás 210 mm

Distribuição do caldo através de sete bicos cônicos:

Diâmetro maior 60,3 mm
Diâmetro menor 25,4 mm
Diâmetro do tubo de entrada do caldo 152 mm
Diâmetro da coluna barométrica 152 mm
Diâmetro da janela de inspeção 450 mm
Altura da coluna barométrica 2.590 mm
Velocidade do caldo 9,6 - 11,4 m/seg.

Deve-se fazer o estrangulamento segundo uma rampa em cunha na parte inferior da tubulação de SO_2, antes que chegue ao multijato, para forçar o gás a ir de encontro com o fluxo de caldo, de forma que o diâmetro passe a ser de 178 mm.

Observa-se que no exemplo acima a velocidade do caldo é inferior à estabelecida pelo trabalho de Espinosa (1965), o que provavelmente dificultará a combustão do enxofre, devido à deficiente aspiração de ar pelo multijato.

Outro esquema para sulfitação pode ser realizado através de bicos injetores, como mostra a Figura 99.

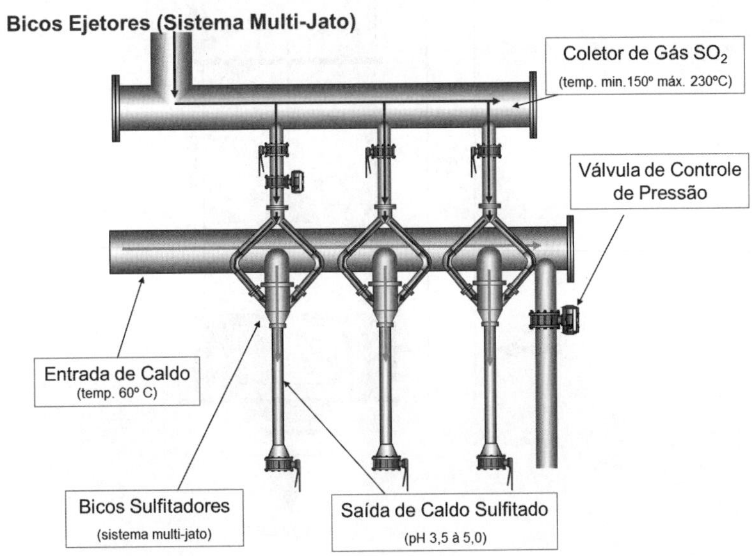

Figura 99 - Bicos injetores - Sistema Multi-jato. *Ilustração:* **Paulo Gangorra.**

13.5.3 COLUNA DE SULFITAÇÃO

As colunas ou torres de sulfitação de uso generalizado no Brasil, quando bem dimensionadas, desempenham adequadamente sua função.

O material utilizado em sua construção é o ferro fundido. Entretanto, pode-se fazer de inox 316. Neste caso, a espessura da chapa varia de 1,6 a 2,5 mm, segundo o diâmetro da coluna.

Este aparelho é de formato cilíndrico com as extremidades tronco-cônicas. Na parte inferior, encontra-se a saída do caldo e a entrada de SO_2, e, na superior, a de retirada do gás e de admissão do caldo.

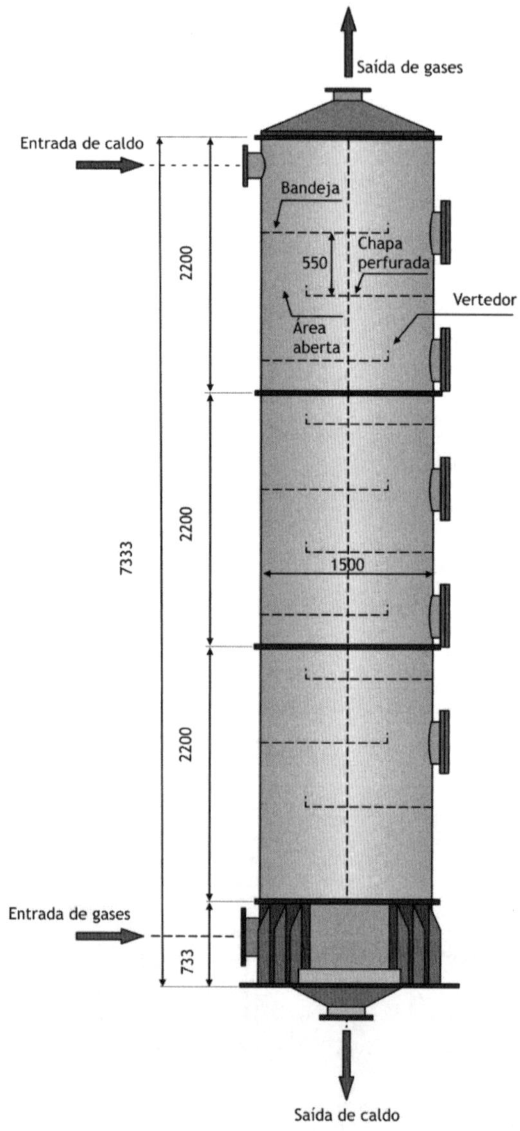

Figura 100 - Esquema de coluna de sulfitação constituída por bandejas perfuradas

Fonte: Equipe de Artes - SEaD/UFSCar

No interior deste aparelho estão as bandejas que têm a função de turbilhonar o caldo, produzindo uma maior interação do mesmo com o gás sulfuroso. Essas bandejas são construídas em madeira, ferro fundido e aço inox 316.

A coluna é composta pela superposição de gomos de um metro de altura (Figura 100). A altura total da coluna varia, de modo geral, entre 7 e 13 metros.

Os diâmetros mais recomendados para as colunas vão de 600 a 1.500 mm.

A velocidade de entrada do caldo varia entre 0,8 a 1,0 m/s e a de saída entre 0,8 a 0,7 m/s.

Os esquema da figura 101, mostra o conjunto de sulfitação desde a admissão de enxofre no sistema de combustão, obtendo o SO_2, e sua aplicação no caldo até a saída da coluna como caldo sulfitado.

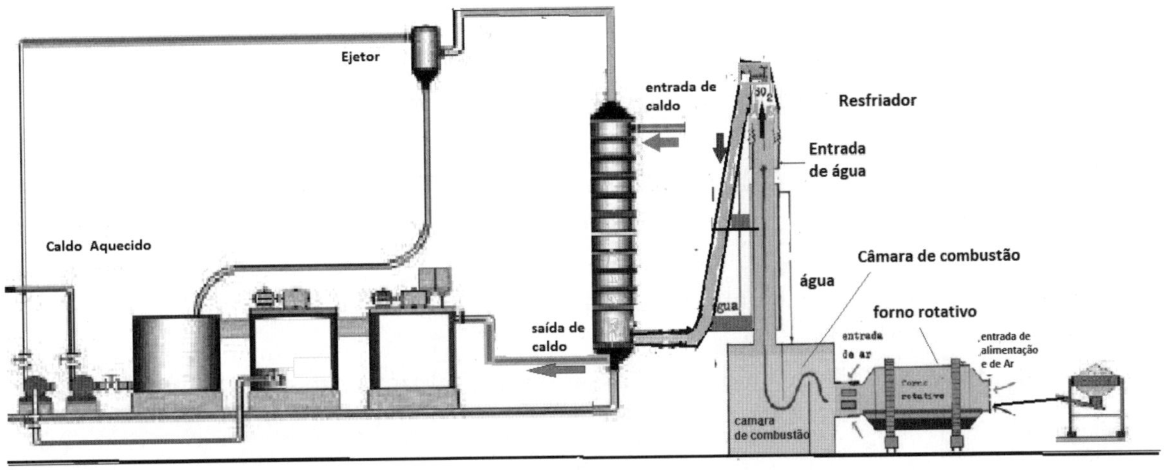

Figura 101: Esquema do sistema de sulfitação.

Para dimensionar a tubulação, deve-se considerar a fórmula Q = S · V, onde Q é a vazão em m³/s, S a superfície em m² e V a velocidade em m/s.

Como Q_1 de entrada é igual Q_2 de saída, tem-se:

$$S_1 \cdot V_1 = S_2 \cdot V_2$$

$$\frac{S_1}{S_2} = \frac{V_1}{V_2}$$

logo, a relação de superfície variará de 0,75 a 0,7.

A passagem do gás pela coluna é forçada, podendo ser realizada através de diferentes recursos:

As dimensões das colunas de sulfitação são bastante variáveis, pois valem da capacidade de moagem (C), outros fatores influem, como: variedade de cana, tempo entre corte e moagem, condição do tempo, etc. Entretanto, pode-se praticamente estabelecer que o volume da coluna de sulfitação, em relação à moagem horária, é de 0,1 m³/TCH. Desta forma, o volume da coluna será:

$$V = 0{,}1 \cdot C = M^3$$

E sua altura será de:

$$h = \frac{0{,}1 \, . \, C}{\pi \, . \, R^2} = m$$

Por outro lado, quando se deseja um cálculo mais detalhado, deve-se recorrer ao cálculo segundo Gallani (1973).

Cálculo da Coluna de Sulfitação Segundo GALLANI (1973)

O cálculo preconizado por Gallani (1973) estabelece a altura de retenção do caldo sobre a bandeja e que a passagem de ar deva ser livre por tubulação independente da de caldo, como mostra a figura 102.

A marcha para dimensionamento da coluna de sulfitação é a que segue:

a) Cálculo da velocidade do caldo (V), baseado numa altura de retenção sobre a bandeja:

$$v = \sqrt{\frac{2\,g\,h}{d}} = m/seg$$

Onde: g é a aceleração da gravidade (9,6 m/s^2), h é a altura do líquido sobre a bandeja (1,0, 2,0 cm ...) em metros, e d é densidade do caldo.

b) Vazão do caldo (Q) em m/s, considerando uma capacidade de moagem horária (C), e que numa tonelada de cana produz de 850 a 950 litros de caldo, logo:

$$Q = C \cdot 0{,}9 \,/\, 3.600 = m^3/seg$$

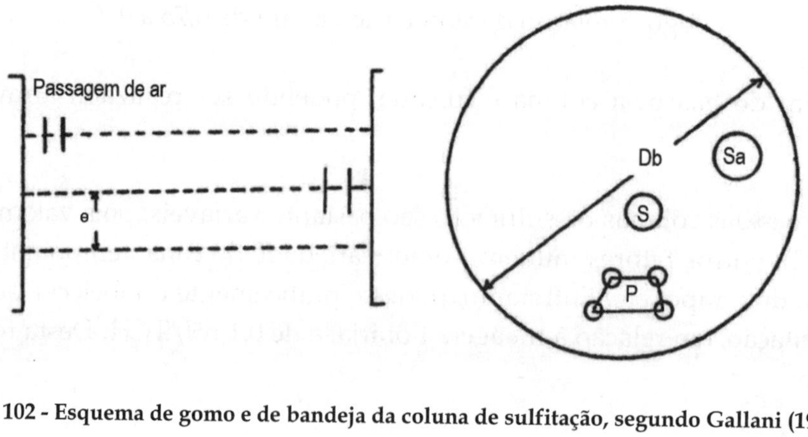

Figura 102 - Esquema de gomo e de bandeja da coluna de sulfitação, segundo Gallani (1973).

c) Superfície de passagem (S) do caldo:

$$S = Q / v = m^2$$

d) Superfície do orifício (s) para passagem do caldo pelas bandejas, para um diâmetro (D) que pode ser 1,9 (3/4"), 2,54 cm (1"), etc:

$$s = 0{,}785 \cdot D^2 = M^2$$

e) Número de orifícios de passagem (N) por bandeja:

$$N = S / s$$

f) Superfície da bandeja:

Deve-se levar em consideração para o cálculo de superfície da bandeja (Sb), que exista uma área ocupada pelo orifício de passagem, mais a compreendida entre quatro delas. Assim, a área (p) será estabelecida em relação ao diâmetro do orifício escolhido para passagem do caldo:

Diâmetro de 1,90 cm p = 0,019 m²
Diâmetro de 2,90 cm p = 0,035 m²

$$S_b = \frac{N \cdot p}{4} = m^2$$

Deste valor tira-se o diâmetro da bandeja (D_b):

$$D_b = \sqrt{1{,}27 S_b} = m$$

g) Altura da coluna (H):

$$H = 1{,}27\,\frac{0{,}9 \cdot C \cdot f}{D_b^2} = m$$

Onde: f é um fator adimensional, dado pelo produto do diâmetro da bandeja por 0,1.

h) Distância entre bandejas (e):

$$e = f' \sqrt[3]{0{,}9 \cdot C}$$

Onde: f′ é um coeficiente prático, que varia em função da TCH,

20 – 40 TCH .... f′ = 0,057
50 – 70 TCH .... f′ = 0,056
>70 TCH .... f′ = 0,051

i) Número de bandejas (n):

$$n = H / c - 1$$

j) Cálculo de necessidade de ar (A), considerando-se que 1 kg de enxofre necessita de 6 a 7 m³ de ar para sua combustão:

$$A = 7 \cdot Y = m^3 \text{ de ar/hora}$$

Onde: y é a quantidade de enxofre consumida por hora.

k) Cálculo do diâmetro da tubulação para passagem do ar:

$$Q_a = A / 3.600 = m^3/seg$$

Onde: Q_a é a vazão de ar por segundo.

Considerando-se a velocidade do ar (V_a) para valores de 2,5 a 5,0 m/s, pode-se tirar a superfície de passagem do ar (S_a):

$$S_a = \frac{Qa}{Va} = m^2$$

Logo, o diâmetro da tubulação de ar será:

$$D_a = \sqrt{1{,}27 S_a} = m$$

Exemplo:
Dimensionar uma coluna de sulfitação, sabendo-se que a capacidade de moagem da usina é de 100 TCH e que o caldo obtido tem uma densidade média de 1,06.

A. Velocidade do caldo por segundo:

$$v = \sqrt{\frac{2 \,.\, 9{,}8 \,.\, 0{,}01}{1{,}06}} = 0{,}430\ m/seg$$

B. Vazão do caldo por segundo:

$$Q = 100 \cdot 0{,}9 / 3.600 = 0{,}025\ m^3/seg.$$

C. Superfície de passagem do caldo:

$$S = 0{,}025 / 0{,}430 = 0{,}058\ m^2$$

D. Utilizando-se de furos de 1,9 cm, a superfície individual será:

$$s = 0{,}785 \cdot 0{,}019^2 = 0{,}000283\ m^2$$

E. Número de orifícios de passagem por bandeja:

$$N = 0{,}058 / 0{,}000283 = 205$$

F. Superfície da bandeja:

$$Sb = \frac{205 \cdot 0{,}019}{4} = 0{,}97\ m^2$$

G. Diâmetro da bandeja:

$$D_b = \sqrt{1{,}27 \cdot 0{,}97} = 1{,}11\ m$$

H. Altura da coluna (H):

$$H = 1{,}27 \frac{0{,}9 \cdot 100 \cdot 0{,}111}{1{,}11^2} = 10{,}3\ m$$

I. Distância entre bandejas:

$$c = 0{,}051\ \sqrt[3]{0{,}9 \cdot 100} = 0{,}23\ m$$

J. Número de bandejas:

$$n = (10 / 0{,}23) - 1 = 42$$

K. Cálculo de necessidade de ar, considerando-se que o consumo de enxofre é igual a 0,400 Kg/TCH:

$$A = 7 \cdot 100 \cdot 0{,}4 = 280\ m^3$$

L. Vazão de ar por segundo:

$$Q_a = 280 / 3.600 = 0{,}077\ m^3/seg$$

M. Superfície de passagem de ar para uma velocidade de 3,6 m/seg:

$$Sa = 0{,}077/3{,}6 = 0{,}021\ m^2$$

N. Diâmetro da tubulação de ar:

$$D_a = \sqrt{1{,}27 \cdot 0{,}021} = 0{,}16\ m$$

COLUNA DE SULFITAÇÃO MODIFICADA, COM RECIRCULAÇÃO DE CALDO

O sistema de sulfitação por nós preconizado consta, em essência, de um ventilador centrífugo, uma coluna de sulfitação com passagem de ar livre, um multijato de recuperação do SO_2 e uma caixa de recepção, como mostra a Figura 103.

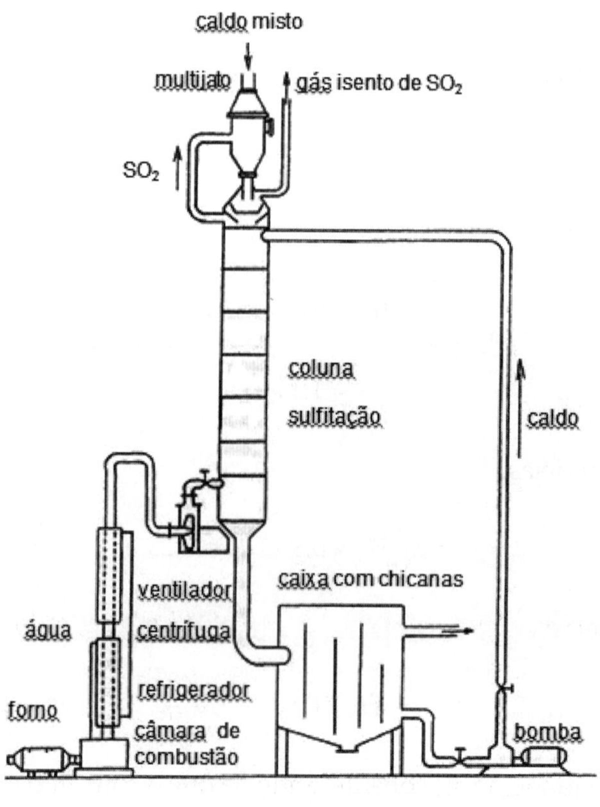

Figura 103 - Coluna de sulfitação modificada com recirculação de caldo.

O ventilador centrífugo aspira o anidrido sulfuroso do forno e o insufla na coluna. Na entrada do ventilador existe uma válvula que permite a regulagem da tiragem de gás, possibilitando-se uma combustão mais uniforme do enxofre.

A coluna de sulfitação é a mesma estabelecida segundo técnica de Gallani (1973). Entretanto, na extremidade superior da coluna, para melhorar o aproveitamento do gás, adapta-se um multijato que aspira o SO_2 que chega à cabeça da coluna e o faz ser absorvido pelo caldo.

O caldo, após atravessar a coluna de sulfitação, vai até a caixa de recepção, e desta, ele pode seguir para a caleagem ou recirculação. Esta recirculação do caldo pode ser controlada manual ou mecanicamente. Em ambos os casos, uma bomba centrífuga recalca o caldo para o topo da coluna de sulfitação. Sendo assim, o pH do caldo poderá ser corrigido, evitando-se grandes variações. Nestas condições, o gás ficará isento de SO_2 antes de ser liberado para a atmosfera e o aproveitamento do anidrido sulfuroso será total e, consequentemente, o custo operacional será menor. Além do mais, a corrosão das estruturas metálicas e a poluição do ambiente inexiste.

13.5.4 SISTEMA DE SULFITAÇÃO POR EJETORES

O processo de sulfitação ENGENHO NOVO TECNOLOGIA (2018) é feito através de ejetores de mistura líquido-gás (sistemas AIR-JET), que proporcionam a sucção do ar necessário para a queima total do enxofre nos fornos, além de garantir uma mistura perfeita e controlada do gás sulfuroso (SO_2) com o caldo e as suas impurezas, dispensando sistemas acessórios para insuflação de ar e exaustão de gases.

No interior do sistema AIR-JET, o caldo passa em alta velocidade através de bicos ejetores, gerando o vácuo que succiona o gás sulfuroso. Em seguida, o caldo bombeado e o gás aspirado passam por uma zona de mistura, onde existem turbulência e cisalhamento ideais para que todo o gás se disperse muito rapidamente e de maneira homogênea no caldo. Dessa forma, ocorre uma sulfitação completa e praticamente instantânea, onde não existem condições para formação de gradientes de pH (isto é, não existem variações de pH entre as diferentes regiões no caldo), eliminando, assim, os riscos de inversão da sacarose e de corrosão em equipamentos. Com isso, as perdas de SO_2 para a atmosfera são virtualmente eliminadas.

Em termos gerais, o Sistema de Sulfitação ENGENHO NOVO TECNOLOGIA (2018) apresenta as seguintes características principais:

- Altíssima eficiência de mistura SO_2 / caldo de cana;
- Sulfitação praticamente instantânea;
- Máxima redução de cor no açúcar;
- Sucção do ar em quantidade ideal para a perfeita queima do enxofre;
- Não apresenta perdas de SO_2 para a atmosfera;
- Não apresenta riscos de inversão da sacarose;
- Sistema compacto e modular, adaptável para qualquer vazão de caldo;
- Grande flexibilidade operacional para diferentes vazões de caldo;

- Dispensa a utilização de equipamentos auxiliares para sucção do ar e exaustão dos gases;
- Baixíssimo custo de manutenção e reduzido investimento para instalação.

13.6 PROCESSOS TECNOLÓGICOS DE SULFITAÇÃO

O processo de sulfitação pode sofrer modificações, visando melhorar a qualidade do caldo clarificado, tais como:

a) Alteração na ordem de aplicação do enxofre e da cal, sulfodefecação, defeco-sulfitação, aplicação concomitante dos reagentes ou de modo fracionado;
b) Variações quanto à forma de emprego da temperatura: sulfitar a frio, a quente ou aquecimento fracionado;
c) Forma de aplicação dos reativos: contínua, intermitente, com controle manual ou automático ao tempo de reação.

Dentro de uma visão geral do processo de sulfitação:

Tem sido experimentada uma série dessas combinações, das quais algumas têm surtido excelentes resultados (Figura 104)

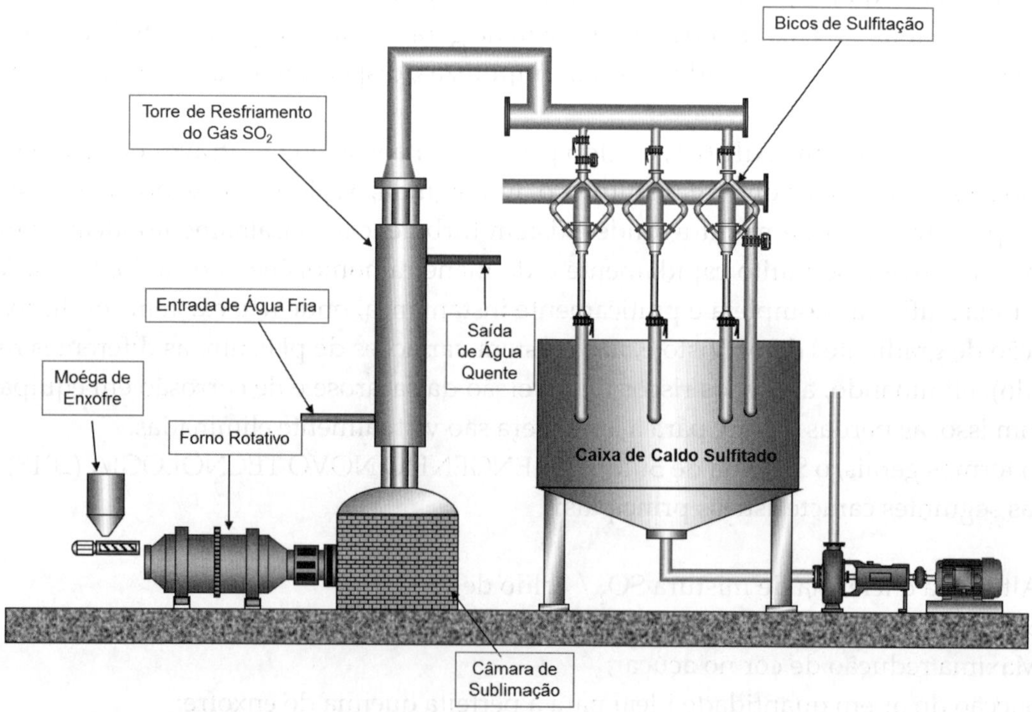

Figura 104 - Visão geral da operação de sulfitação e dos bicos injetores. *Ilustração:* **Paulo Gangorra.**

13.6.1 SULFITAÇÃO A FRIO

Esta é a técnica mais generalizada nas usinas paulistas, tendo o seguinte proceder: o caldo de cana frio, vindo das moendas, é bombeado para a torre ou coluna de sulfitação em contracorrente com o SO_2. As condições de contato do gás com o caldo devem ser tais que, no final da operação, o pH esteja entre 3,8 e 4,3. Em seguida, faz-se a alcalinização com leite de cal a um pH que vai de 6,8 a 7,2 e aquece-se a uma temperatura de 100 a 105°C, para depois efetuar-se a separação do precipitado por sedimentação e decantação.

Este caldo, depois de transformado em xarope, deveria ser posto a decantar de 6 a 24 horas, quando se eliminaria ainda uma grande quantidade de impurezas. Entretanto, este proceder não é seguido no Brasil, sendo esta técnica impraticável, principalmente nas condições atuais de grandes empresas.

A sulfo-defecação é aconselhável quando a cana tem muitos açúcares redutores e quando há formação de dextrânio. No primeiro caso, deve-se ter o cuidado de não se utilizar muita cal, pois o cozimento torna-se demorado e difícil e há formação de produtos escuros, provenientes da decomposição dos açúcares redutores em meio alcalino, que prejudicam a qualidade do açúcar. O *Leuconostoc,* que dá origem às gomas, não se desenvolve em meio ácido, daí seu controle pela sulfitação.

13.6.2 DEFECO-SULFITAÇÃO

De acordo com esta técnica, o caldo misto é previamente alcalinizado com leite de cal, antes de receber o anidrido sulfuroso.

Na primeira fase, o leite de cal neutraliza os ácidos orgânicos livres, formando sais orgânicos de cálcio. O ácido fosfórico existente no caldo reage com a cal, dando formação ao fosfato de cálcio que, na forma de fosfato monobásico, deverá flocular e precipitar. Os compostos de ácidos orgânicos e inorgânicos podem, igualmente, decompor-se com mudança de reação do meio.

O leite de cal é adicionado ao caldo até pH 8,0 - 8,2, quando o anidrido sulfuroso é aplicado, até o pH de aproximadamente 6,8 - 7,2, produzindo, nestas condições, um precipitado denso, que pode ser eliminado por decantação.

Esse tratamento faz com que uma grande parte dos compostos de cal reajam com o gás sulfuroso, dando sulfitos insolúveis, os quais, depois de aquecidos, são finalmente precipitados e removidos com outras substâncias. No processo original de Marches (1953), o xarope, depois de frio, era sulfitado até pH 6,5.

O processo anterior tem como vantagem uma maior facilidade de ajustar a reação final do caldo, porque é muito mais fácil neutralizar a acidez do caldo com líquido alcalino do que ajustar por meio de gás.

A aplicação do SO_2, depois da caleagem, se faz onde o teor de ceras, gomas e pectina dão ao caldo muita viscosidade, sendo que a remoção dos coloides, nesse caso, é mais perfeita.

13.6.3 SULFITAÇÃO A QUENTE

Essa técnica consiste em aquecer o caldo antes que ele entre nos aparelhos sulfitadores, visando diminuir a solubilidade do sulfito de cálcio, pois este sal é mais solúvel a baixas temperaturas e alcança a sua solubilidade mínima por volta de 75°C.

O procedimento industrial consiste em se aquecer o caldo por volta daquela temperatura e, logo em seguida, efetuar a sulfitação, a caleagem, a aquecimento e a decantação. Originalmente, o processo foi desenvolvido por Harloff; Schmidt, (1914), em Java, no ano de 1912, e consistia do aquecimento do caldo à temperatura de 75°C e, simultaneamente, efetuava-se a sulfitação e a caleagem, mantendo o caldo com o um pH entre 7,4 e 7,8. No final, adicionava-se leite de cal até dar um pH igual a 10 para, em seguida, sulfitar até pH 7,2. O caldo, então, era aquecido à ebulição e posto a decantar. Entretanto, desde o início, esta técnica vem sofrendo várias modificações. Atualmente, o caldo é aquecido até pH 4,5 para, a seguir, receber a cal até pH 6,8 - 7,2.

13.6.4 APLICAÇÃO FRACIONADA DA CAL

Esta técnica foi desenvolvida na Índia, com a seguinte forma de proceder: o caldo misto é alcalinizado até um pH 8,0 e, logo em seguida, é aquecido a uma temperatura de 50 ou 70°C, para depois ser sulfitado até pH 5,1 - 5,3, após o que nova caleagem se faz até pH 7,0 - 7,2. Este caldo vai para o aquecimento até a ebulição e é posto a decantar. Em MAURÍCIO, o caldo, antes da primeira caleagem, é aquecido à temperatura de 55 a 60°C e o pH final, antes da decantação, deve ser de 7,4.

13.6.5 DUPLA SULFITAÇÃO

O método da dupla sulfitação, já descrito por Delgado e Cesar (1977), consta do seguinte: o caldo misto é sulfitado a um pH ácido e, a seguir, sofre a alcalinização até pH bastante básico, sendo o precipitado formado separado por filtração a 65°C. Esse caldo filtrado sofre uma nova sulfitação até reação neutra e nova filtração se faz, obtendo-se, agora, o caldo clarificado. Esse procedimento elimina uma maior quantidade de não açúcares, produzindo, desse modo, um açúcar de melhor qualidade. Mas a quantidade de cal e enxofre consumida é de aproximadamente 80% a mais do que a requerida na sulfitação normal.

13.6.6 SULFITAÇÃO DO XAROPE

As usinas da Louisiana utilizavam dessa técnica quando produziam açúcar para consumo direto. Em algumas usinas sulfitava-se e filtrava-se o xarope na saída do último vaso evaporador. Em outras, para evitar dificuldades na filtração, principalmente quando a concentração do xarope ultrapassava a 60° Brix, efetuava-se a operação sobre o produto retirado da penúltima caixa de evaporação. Nestas condições, a sulfitação e a filtração ocorriam em um semi-xarope a uns 30º Brix, o que facilitava a filtração. Com a eliminação das impurezas, a incrustação da última caixa era diminuída, aumentando o rendimento desse vaso. Entretanto, às vezes, o xarope, retornando a concentrar, apareciam novas impurezas, que deveriam ser filtradas. Por essa razão, algumas usinas preferiam sulfitar e filtrar o xarope final. O xarope era sulfitado a um pH entre 6,1 a 6,5, após o que se fazia o aquecimento até a temperatura de 90 - 95ºC ou mais, pois a velocidade de filtração aumenta com o quadrado de temperatura.

Segundo Porta-Arqued (1955), os xaropes alcalinos, devido ao excesso de cal, às vezes, dificultam a cristalização e aumentam o conteúdo de cinzas no açúcar.

A filtração, na época, era realizada em filtros de telas filtrantes (tipo Demak, Philippe, Scheibler-Kathol, etc), filtros à base de pasta de papel como matéria filtrante e filtros de areia.

13.6.7 OUTRA TÉCNICA: OZONIZAÇÃO EM SUBSTITUIÇÃO OU COMPLEMENTAR A SULFITAÇÃO

Alguns autores tem trabalhado na técnica da ozonização, que pode apresentar-se como alternativa tecnológica ao processo de sulfitação, vindo a substituir o enxofre por um produto natural, cujo único resíduo, após sua reação, é a transformação em água e oxigênio, especialmente em mercados que praticamente não aceitam sulfito residual no açúcar (VILELA et al, 2008).

No processo de ozonização catalítica, ocorre a ativação do ozônio pelos metais pesados presentes no caldo (Fe, Mn, Ni, Co, Zn, etc) de cana (catálise heterogênea), sendo que ocorre em duas etapas, a primeira de "quebra" da molécula corante, e a segunda, a descoloração.

O radical hidroxila é gerado por meio do mecânismo de cadeia radicalar, atribuída à interação entre ozônio e peróxido de hidrogênio:

$$H_2O_2 \pm 2\,O_3 + \text{IEM (Irradiação Eletromagnética)} \longrightarrow 2\,OH + 3\,O_2$$

Há um ataque indireto de oxidação da carga orgânica:

$$2\,O_3 + 2\,H_2 + \text{IEM} \longrightarrow H_2O_2 + 2\,O2$$
$$H2O2 + \text{IEM} \longrightarrow 2\,OH$$

Há um ataque global no sistema O3/H2O2/ IEM, sendo que as reações representativas da geração do radical hidroxila requerem um catalisador eletrolítico (resumo):

$$O_3 + H_2O + \text{IEM} \longrightarrow H_2O_2 + O_2$$
$$H_2O_2 + 2\,O_3 + \text{IEM} \longrightarrow 2\,OH + 3\,O_2$$
$$H_2O_2 + \text{IEM} \longrightarrow 2\,(OH)$$
$$O_3 + OH \longrightarrow O_2 + H_2O$$
$$O_3 + HO_2 \longrightarrow 2\,O_2 + (OH)$$

De acordo com a DEDINI, descrito por Vilela et al (2008), a substituição do enxofre no processo de branqueamento pelo ozônio teria uma série de vantagens para as fábricas de açúcar e etanol, quais sejam:

- Manutenção e possível melhoria nos padrões de corres obtidos com gás sulfuroso;
- Solução tenológica para problemas ambientais e segurança do trabalho;
- Redução dos problemas de corrosão nos decantadores e evaporadores;
- Melhor qualidade do condensado vegetal;
- Ausência do enxofre no mel (sulfito) que poderia ir para compor o mosto na destilaria para fermentação e o açúcar não tem sulfito residual;
- Aproveitamento do excedente de oxigênio produzido pode ser usado na manutenção mecânica;
- O excedente de ozônio pode ser usado como germicida nas moendas e fermentação.

Há uma redução da cor ICUMSA do caldo de cana-de-açúcar, quando tratado com peróxido de hidrogênio, sendo que foi maior em temperaturas mais elevadas (maiores que 50 °C), com maiores doses de H_2O_2 (>600 ppm) e em valores de pH menores que 7, ou seja, no meio.

CAPÍTULO 14

AUXILIARES DE CLARIFICAÇÃO DO CALDO

As usinas de açúcar, objetivando sempre a produção de um açúcar de boa qualidade, têm-se utilizado, além do enxofre e da cal, de diversos produtos para auxiliar a decantação das impurezas nos decantadores tipo DOOR.

A adição de fosfatos e de polieletrólitos tem sido usada, com frequência, para obter-se uma melhora na floculação dos coloides formados durante os tratamentos.

14.1 FOSFATOS

A adição de fosfato ao caldo misto, obtido nas moendas, ou ao caldo em tratamento, antes da decantação, constitui uma prática bastante difundida nas usinas de açúcar do estado de São Paulo.

Esta prática vem de encontro às citações da literatura de que o caldo de cana, para clarificar-se eficientemente, deve conter no mínimo 0,03% em P_2O_5, conquanto o caldo de algumas variedades de cana clarifique com teores inferiores a este valor.

A adição de fosfato, e mesmo de outros auxiliares de clarificação, tem sido devida a:

a) Necessidade de se obter um caldo de cana bem classificado e de um açúcar de melhor valor comercial e dentro das exigências de mercado.
b) Necessidade de menear as dificuldades de clarificação ocasionadas pela industrialização de matérias primas anormais, tais como de canas bloqueadas, canas passadas ou ''bis'', cana armazenada por muito tempo, canas pobres em teor de fosfato, etc.

Entretanto, tem-se observado que esta adição de fosfato é, na maioria dos casos, feita sem um conhecimento prévio do teor original desse elemento no caldo. Apesar de existir uma metodologia relativamente fácil de determinação de fósforo no caldo, muitas usinas de açúcar ainda não se preocuparam com este problema.

Nessas condições, a constante variação do teor de fosfato da matéria prima enviada à usina e, principalmente, o desconhecimento desse teor no caldo em tratamento, podem contribuir para a não obtenção dos resultados esperados.

Considerando que a composição do caldo de cana é função dos fatores: variedades, tratos culturais, adubação, tipos de solo em culturas, etc., torna-se imprescindível o conhecimento prévio do teor de fosfato no caldo em tratamento.

Apesar dos poucos trabalhos realizados sobre a determinação do fosfato das variedades de cana no Brasil, os resultados obtidos até agora pelo departamento de tecnologia rural da ESALQ tem mostrado, no geral, uma variação de 80 a 200 mg de P_2O_5/litro de caldo. Como se observa, este teor está bem abaixo do preconizado pela literatura, que é de 300mg de P_2O_5/litro de caldo.

De modo geral, pode-se dizer que é sempre aceitável a adição de 80 a 150 gramas do referido sal por tonelada de cana moída. Considerando-se que o fosfato trisódico mostra em sua composição um teor de P_2O_5 ao redor de 18%, que o fosfato adicionado em P_2O_5 deve variar de 14,4 a 27,0 mg para uma extração diluída de 1000 litros de caldo misto por tonelada de cana. Fixando-se o teor de P_2O_5 no caldo misto em 150mg/l, conclui-se que as doses preconizadas pelo referido autor contribuem muito pouco para o aumento deste preciso elemento no caldo de cana.

Entretanto, tem-se observado que a adição de pequenas quantidades de fosfato ao caldo misto (doses da ordem de 30mg de P_2O_5/litro) é suficiente para provocar uma boa resposta quanto à eficiência da clarificação, sendo que, em relação ao teor de P_2O_5, o caldo de cana pode ser enquadrado como segue.

mg de P_2O_5/l. de caldo	Classificação de Caldo
100	Teor muito Baixo
200	Teor Baixo
300	Teor Médio
> 400	Teor Alto

Com base nesta classificação, os técnicos das usinas de açúcar e destilarias podem fazer as devidas avaliações em relação ao teor de fosfatos das canas que chegam para moagem. A figura 105 mostra um esquema de aplicação de fosfato no caldo, visando a correção do seu teor determinado por análise da matéria prima.

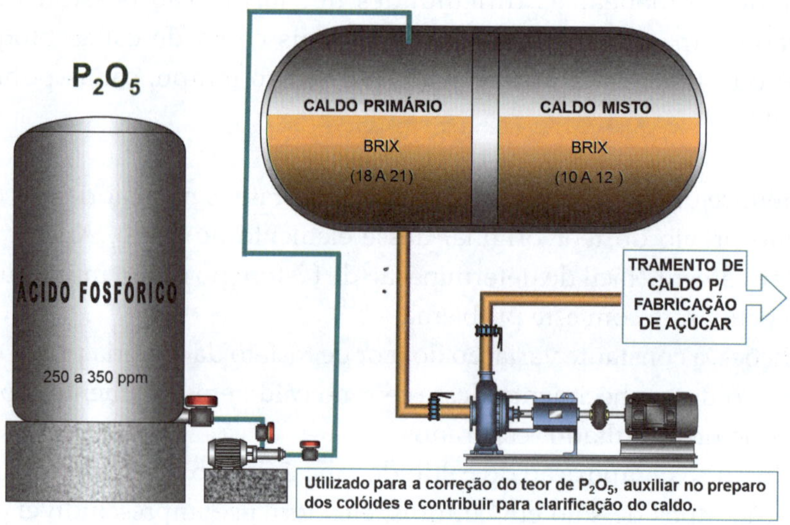

Figura 105 - Utilização de ácido fosfórico na clarificação para produção de açúcar bruto. *Ilustração:* **Paulo Gangorra.**

IMPORTÂNCIA DO pH E DO PROCESSO DE CLARIFICAÇÃO

O pH adotado e o processo de classificação (tipo de açúcar a produzir) constituem pontos importantes na precipitação dos fosfatos. Segundo Payne (1990), na faixa de pH 6, 8 a 7,8 ocorrem a precipitação da maior parte dos fosfatos do caldo.

Experiências realizadas no Havaí demonstraram que 99% do fósforo radioativo, adicionado ao cálcio em tratamento, eram precipitados num pH de 8,5.

DELGADO et al. (1973), trabalhando nas condições de caleagem simples no pH de 7,4, verificaram que a remoção de P_2O_5 no caldo de cana das variedades CB 41-76 CB 49-260 e CB 40-69 foram, respectivamente, de 63,46% %, 40,04% e 54,15%. Verifica-se que os índices obtidos estão muito além dos 80 a 90% preconizados pela literatura. É de se supor que o pH de caleagem não foi suficientemente alto para se obter uma maior remoção de fosfato. Além disso, os autores observaram que, quanto maior for a retirada do mesmo durante o processo, mais elevada será a qualidade do produto final.

No processo de clarificação, segundo Meade (1967), quanto maior for a quantidade de fosfato no caldo, melhor será a estabilidade de cor durante o armazenamento, o que gera uma maior eficiência no processo de refino do açúcar.

Em outro trabalho, nas condições de pH 7,5, os mesmos autores constataram que a adição de 80, 160 e 240 mg de P_2O_5/litro de caldos das mesmas variedades de cana da pesquisa anterior propiciou um taxa de remoção de fosfato mais elevada, conforme se verifica pelos dados médios em sequência:

Tratamentos	% de remoção de P_2O_5
Testemunha (102,27 mg)	76,16
Testemunha + 80 mg	79,44
Testemunha + 160 mg	83,90
Testemunha + 240 mg	87,09

Os melhores resultados de clarificação foram obtidos, neste trabalho, quando foram adicionadas doses correspondentes a 160 e 240 mg de P_2O_5/l. Nessas condições, o caldo misto passou a ter, em número redondos, de 250 a 350 mg, limites esses bem satisfatórios para uma boa clarificação de caldo.

Em relação à influência do processo de clarificação na precipitação do fosfato, pouco se tem divulgado sobre o assunto. A importância deste elemento tem sido evidenciada pela literatura ,quando se pratica a caleagem. Neste processo (produção de açúcar bruto), o fosfato encontra condições de pH bem favoráveis para se precipitar e, assim, propiciar a atenção de um caldo clarificado de melhor qualidade.

Entretanto, para a fabricação do açúcar branco (processo de sulfodefecação simples), quando o enxofre é utilizado, a importância do fósforo passa a ser relegada a um segundo plano. Especialmente, pouca coisa é encontrada na literatura sobre a precipitação do fósforo por este processo. É importante frisar que o pH neste processo para a produção do açúcar branco, geralmente não ultrapassa a 7,0. Nessas condições, mais baixo será o índice de precipitação deste elemento no caldo. Portanto, sua adição ao caldo, como complementação de seu teor original, deve ser mais bem estudada.

Todavia, deve ser ressaltado que o fósforo original no caldo de cana-de-açúcar tem importância no processo de clarificação para a produção de açúcar, bem como na fermentação alcoólica (MARTINS, 2004), podendo se apresentar tanto na forma orgânica quanto mineral, sendo a maior parte solúvel (60 - 80%) (SHARMA et al., 1981). O nível de fósforo orgânico depende, principalmente, do grau de maturação da colheita, sendo seu maior teor no período de crescimento fisiológico.

É evidente que ao lado da importância do pH e do tipo de açúcar a produzir ou do processo de clarificação, outros fatores, tais como a industrialização de canas queimadas e não imediatamente cortadas, canas passadas ou ''bis'' (CESAR, 1970), geadas, infestação por broca do colmo e as podridões associadas à doença, fatores muito mais importantes como causadores de dano industrial, entre outros, podem exercer grande influência no comportamento do caldo das diversas variedades de cana. Além desses fatores, muitas outras condições, tais como, paradas determinadas pela persistência das chuvas, por defeitos mecânicos dos equipamentos, etc., podem contribuir para o mau funcionamento da clarificação nas usinas de açúcar, mesmo em presença de teores aceitáveis de fosfato no caldo em processamento.

14.1.1 PRECIPITAÇÃO DO FOSFATO

Conforme tem sido descrito em capítulos anteriores, o precipitado de fosfato de cálcio que se forma quando o caldo de cana é clarificado com o leite de cal é caracteristicamente de forma floculante, cuja composição e natureza variam amplamente. Dadas essas condições, quando em sedimentação, tais precipitados, exercendo um trabalho de absorção, aprisionamento e arrastamento de outros não açúcares, contribuem para a obtenção de um caldo límpido e melhor clarificado.

O composto formado entre o fosfato e o cálcio é tipicamente um fosfato ácido de cálcio (CaHPO4), podendo ocorrer alguma precipitação de fosfato de magnésio. A precipitação do $Ca(PO_4)_2$ (fosfato tricálcico) pode ocorrer, se houver condições para tal. Em condições de pH mais elevado, a hidroxiapatita ($Ca_{10}(PO_4)_6(OH)_2$) pode também aparecer nos precipitados entre o cálcio e o fósforo.

14.1.2 FORMAS DE FOSFATO E APLICAÇÃO NA CLARIFICAÇÃO

Para complementar o teor de fosfato na clarificação, diversos compostos tem sido usados. Entre os mais comuns, estão o ácido fosfórico, o fosfato trisódico e os polifosfatos.

O cálculo da quantidade de fosfato a ser usado na clarificação pode ser feito, conforme o seguinte exemplo:

Dados conhecidos:

Moagem 100 TCH
Extração diluída 1100 l/ TCH
Fonte de fosfato H_3PO_4
Pureza em H_3PO_4 85%
Pureza em P_2O_5 60%
Teor médio de P_2O_5 190 mg/l
Teor de P_2O_5 Complementação 50mg/l

Dados calculados:

a) Quantidade de H_3PO_4 por litro de caldo

100mg H_3PO_4 (ácido fosfórico) .... 60 mg P_2O_5
X .... 50 mg P_2O_5
X = 83,4 mg H_3PO_4/l caldo

b) Quantidade de H_3PO_4/fora

1 litro caldo .... 83,4 mg P_2O_5
100 . 1000 litro caldo .... Y
Y = 8340000 mg ou 8,34 kg de H_3PO_4 comercial

Em função da densidade do ácido adquirido, calcula-se o volume a ser consumido por hora e regula-se o seu fluxo para a correta dosagem.

O local de aplicação do fosfato é função das condições de cada usina. Por via de regra, o fosfato é adicionado ao caldo misto antes da dosagem com o leite de cal e o anidrido sulfuroso.

O efeito do fosfato trisódico na remoção do cálcio, da magnésia, do ferro, do manganês, etc., tem sido estudado por muitos autores, os quais afirmam que o fosfato trisódico forma, com a cal, precipitados estáveis, exercendo uma ação desmineralizadora no caldo, conforme se tem publicado. O sódio, ao lado do potássio, é considerado mais melassigênico do que outros cátions.

Por outro lado, a permanência de algum fosfato no caldo clarificado pode ser benéfica á operação de evaporação, já que os sais moles. Portanto, a ação do fosfato se faz presente, tanto na clarificação como na evaporação, contribuindo para o abrandamento das incrustações.

Enquanto o ácido fosfórico é aplicado "in natura", o fosfato trisódico, os polifosfatos (5 a 20 g/tonelada de cana), o superfosfato, o fosfato de diamonia, etc., são dissolvidos em água para, em seguida, serem adicionados ao caldo. Para a diluição desses compostos, utilizam-se pequenos tanques de ferro, providos de agitação.

De modo geral, a aplicação desses complementares de fosfato no caldo de cana com vista à clarificação, pode propiciar:

a) Aumento do número de flóculos
b) Aumento do volume de iodo
c) Diminuição do teor de cálcio
d) Diminuição das incrustações

e) Abrandamento das incrustações nas superfícies de evaporação
f) Obtenção de um caldo clarificado de melhores características, para as fases posteriores da fabricação.
g) Melhoria das condições de clarificação, quando em presença de canas refratárias, canas passadas ou '"bis", geadas, etc.

14.2 POLIELETRÓLITOS

Os polieletrólitos são definidos como polímeros sintéticos de alto peso molecular, solúveis em água que, em solução atuam como eletrólitos. Os polieletrólitos podem ser de natureza catiônica, aniônica, ou não iônica. Por via de regra, os recomendados, a indústria açucareira são de natureza aniônica, isto é, têm características de atrair, por efeito de adsorção, substancia de natureza aniônica. Neste caso, tem-se um aumento considerável no tamanho e densidade das partículas, facilitando sua sedimentação.

Os polímeros eletrolíticos de acrilamida, são inicialmente dissolvidos em água formando uma solução diluída. Há formação de cadeia de polímero, que segundo Lopes (2011), possuem ativos catiônicos ou aniônicos, que atraem eletricamente as pequenas partículas, formando floculos secundários de tamanho maior (Figura 106).

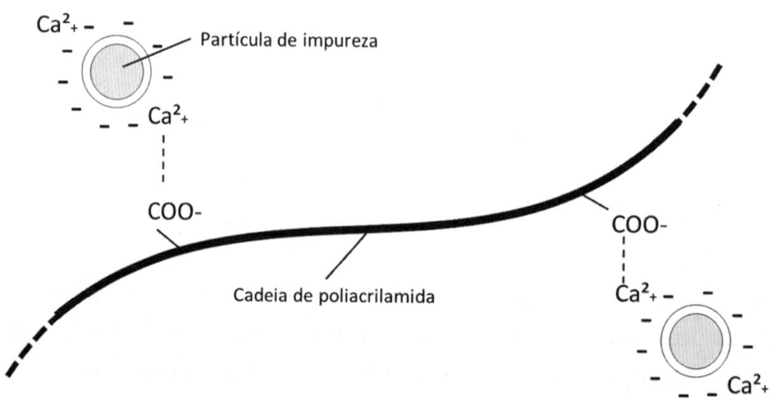

Figura 106. Representação de uma cadeia de um polímero, agregando pequenas partículas em suspensão no caldo, segundo proposta da Lopes (2011). *Ilustração:* **Paulo Gangorra**

Os indicados para o tratamento de água são geralmente de natureza catiônica.

14.2.1 PRINCÍPIOS DE APLICAÇÃO E VANTAGENS DOS POLIELETRÓLITOS

Embora os polieletrólitos tenham características eletrolíticas, quando dissolvidos no caldo de cana " in natura" não atuam como tais. Há, pois, necessidade de aplicá-los ao caldo convenientemente tratado, o qual contém nos meios numerosos particular em suspensão, parcialmente coagulada. Os polieletrólitos atuam, pois, como floculantes. Tem pouca ou quase nenhuma capacidade de coagulação ou de neutralização de cargas ativas das diversas substâncias presentes no caldo de cana. Eles são adicionados ao caldo, com a função de promover a aglutinação das partículas previamente coaguladas.

Nessas condições, os flóculos, formados pelo efeito da cal e do aquecimento, ou do enxofre, cal e aquecimento, tornando-se mais volumosos e pesados, sedimentam-se com mais rapidez. Durante essa sedimentação, esses flóculos envolvem e aprisionam outras impurezas grosseiras, que podem dar ao caldo decantado, se não removidas, um aspecto turvo e impuro.

Entretanto, neste particular, é muito importante a qualidade do polieletrólito em uso, a natureza e quantidade das impurezas do caldo.

É evidente que em presença de um caldo que decanta com facilidade, onde não se nota muitas impurezas ou pequenos flóculos em suspensão, a aplicação dos polieletrólitos não traz nenhum benefício. O pequeno número de floculação aglutinado decanta com maior velocidade e, em consequência, não permite obter um caldo bem clarificado.

O aumento da velocidade da decantação resultante da aplicação dos polieletrólitos, nem sempre produz um caldo de qualidade satisfatória. Neste particular, parece que a adição de fosfato em combinação com o polieletrólito pode redundar na obtenção de uma melhor eficiência na clarificação.

Portanto, o uso do polieletrólito, como o de outro auxiliar de clarificação, deve ser precedido e acompanhado de constantes testes em laboratório. O tratamento de diversas amostras de caldo caleado, retiradas antes de este seguir para os aquecedores, com doses variadas do floculantes em uso, poderá contribuir para uma melhoria do processo.

De modo geral, as seguintes vantagens são atribuídas aos polieletrólitos:

- Aumento da velocidade de sedimentação dos flóculos formados, favorecendo o melhor aproveitamento da capacidade dos decantadores,
- Diminuição da quantidade de flóculos e substâncias de natureza coloidal no caldo clarificado,
- Aumento da densidade dos flóculos precipitados,
- Melhoria na filtração do iodo pelos filtros rotativos a vácuo.

14.2.2 PREPARAÇÃO DOS POLIELETRÓLITOS

De modo geral, os polieletrólitos apresentam-se como um pó branco, de natureza ligeiramente ácida ou alcalina, não corrosivo e de boa conservação.

Devido à dificuldade de dissolução no caldo, os polieletrólitos são aplicados depois de convenientemente dispersos e diluídos em água.

Para sua preparação, são usados tanques de ferro, providos de agitação mecânica ou com ar comprimido (Figura 107). A aplicação pode ser feita com o controle manual ou através de uma bomba dosadora.

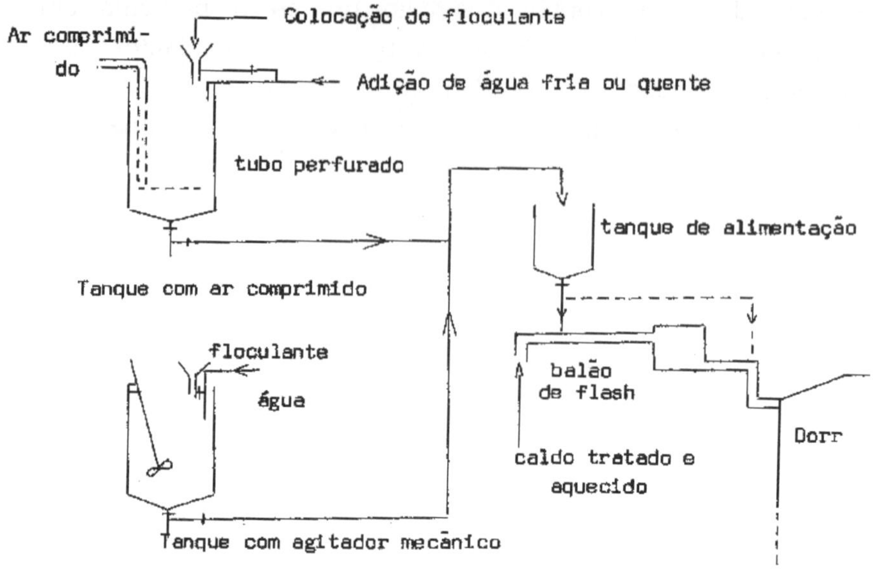

Figura 107 - Esquema de preparação e dosagem do polieletrólito.

O preparo da solução da floculação deve ser feito com cuidado. Um preparo rápido, com agitação violenta, pode propiciar a formação de grumos de difícil dissolução posterior. A agitação violenta pode, também, fracionar a cadeia molecular do polieletrolitico, diminuindo sua ação.

A água de diluição pode ser quente ou fria, sendo esta característica função do tipo de floculante. É importante usar água de boa qualidade. As condensadas são também indicadas para este fim.

Recomenda-se manter em agitação a solução por dez a trinta minutos, ou até que se tenha dispersado todo o floculante adicionado ao tanque de preparação.

Em relação aos pontos de aplicação, as recomendações são aquelas pertinentes à adição do polieletrólito logo após o tratamento do caldo com os reagentes normais de clarificação, e o aquecimento tanto pode ser antes do balão de flash quanto na sinalização que leva o caldo para o Dorr. O importante da colocação do polieletrólito é assegurar uma boa mistura da solução polieletrolitica com o caldo, antes da entrada do Dorr.

Alguns fabricantes de polieletrólitos recomendam seu uso no iodo com sua melhor filtração pelos rotativos a vácuo. A aplicação nos xaropes das refinarias de açúcar também tem sido usual.

14.3 FLOTAÇÃO

Para melhorar a qualidade do caldo clarificado, é recomendável que este caldo passe por um tratamento num equipamento especial, conhecido por flotador.

Flotador é um equipamento constituído em aço carbono forrado com aço inox, utilizado para realizar a flotação das impurezas contidas no xarope. O xarope produzido pela evaporação será aquecido e aerado na câmara de aeração; em seguida será adicionado polímero e enviado ao flotador. As impurezas (borra) contidas no xarope irão flotar e serão arrastadas para a canaleta lateral do flotador. A borra do flotador é enviada para o tanque de resíduo das peneiras, que segue para o caldo da destilaria. O xarope flotado será retirado do flotador, através da serpentina contida no equipamento na parte inferior.

O polímero utilizado no processo de flotação é o mesmo utilizado no processo da decantação, ou seja, realiza-se o preparo de um único polímero para sua utilização em dois processos (decantação do caldo e flotação do xarope), ou podendo ser realizado a dosagem de ácido fosfórico, direto no flotador.

O pré-coagulante é um produto de grau alimentício, podendo ser utilizado um polímero ou ser substituído pelo ácido fosfórico 85% e sua dosagem é mesma para os produtos (polímero e ácido fosfórico), sendo realizada através de uma bomba dosadora, que trabalha em função da vazão do xarope.

14.4 OUTROS PRODUTOS DE CLARIFICAÇÃO

Além da cal, do enxofre e dos polieletrólitos, outros reagentes têm sido motivo de estudos na aplicação com vistas à clarificação do caldo de cana-de-açúcar.

Nas apostilas de Delgado e Cesar (1977), divulgou-se o uso da bentonita, uma argila montmorilonitica, definida como um silicato de alumina, uma vez que o silício e o alumínio são elementos mais importantes.

A bentonita extraída do solo, depois de beneficiada, apresenta-se como um pó de cor amarela ao verde claro, contendo de 80 a 90% de partículas menores do que dois microns. No período de 1970 a 1973, muitas usinas chegaram a usar a bentonita como um reativo auxiliar da etapa de clarificação do caldo, tendo sido abandonada sua utilização por falta de se manter um padrão de qualidade desta argila pelos fornecedores.

Além da bentonita, o óxido de magnésio foi motivo de investigações no uso da clarificação do caldo de cana nas usinas na década de 1970.

O uso do óxido de magnésio foi experimentado pelas usinas do Havaí por volta de 1950, tendo sido, tempos depois, comercializado com o nome de Magox HG. No Brasil, no período de 1967 a 1972, o óxido de magnésio foi usado pela Usina Central do Paraná com os nome de Magnesita com um teor de MgO superior a 85%. Sua utilização foi de 35%, combinada com a Cal(Cao). Apesar de várias tentativas comerciais, o uso do óxido de magnésio não teve continuidade ou interesse das usinas de açúcar brasileiras, provavelmente em razão de se ter um padrão de qualidade.

CAPÍTULO 15

AQUECIMENTO DO CALDO DE CANA

A operação de aquecimento consiste em se elevar a temperatura do caldo por volta de 100 - 150°C, visando remover albuminas e impurezas coloidais, induzindo nos decantadores a sua separação por floculação e precipitação. A temperatura do caldo não deve ultrapassar a 105°C, pois, segundo Webre (1962) quando a temperatura é superior àquele valor corre-se o risco das ceras se emulsificarem, tornando difícil sua separação.

Para maior eficiência do processo, importante se torna considerar as velocidades de circulação do caldo e do vapor, ao mesmo tempo em que se faz necessária a eliminação dos gases incondensáveis e dos condensados.

O vapor a ser utilizado pode ser: o de escape, o do pré-evaporador e o das caixas de evaporação. Este último caso, é de grande interesse do ponto de vista de economia de vapor.

Os aquecedores podem ser divididos em primários e secundários. Nos aquecedores primários, o caldo sulfodefecação, ou simplesmente, defecado é pré aquecido, segundo Baikon (1982), ao redor de 82 a 93°C, com vapor do segundo e do terceiro vasos evaporadores. Nos aquecedores secundários, a temperatura a ser atingida é de 104 a 107°C com vapores do primeiro vão evaporador, do pré evaporador ou de escape. Hugot (1977), quando divide o aquecimento em três etapas, utilizando-se de vapores com diferentes características, recomenda observar a temperatura máxima a ser atingida em cada vaso aquecedor, para evitar que o aquecedor interfira na quantidade de vapor que vai para a caixa de evaporação subsequente, a que está cedendo vapor para o aquecedor. Assim sendo, ele indica que o valor máximo teórico para o caldo atingir no primeiro aquecedor, deve ser de 71°C e no segundo aquecedor, de 94°C. Desta forma, o aquecimento do caldo é gradual, através de sua passagem, por uma bateria de aquecedores.

O caldo, passando pelos aquecedores, deposita uma série de impurezas que ele encerra, formando incrustações, como silicatos, sulfitos, fosfatos compostos de cal e fibra de cana, que diminuem a eficiência da operação. Sendo assim, é necessária a limpeza periódica da superfície de aquecimento. Por outro lado, as tubulações da câmera de vapor ficam impregnadas com lubrificantes arrastados com vapor de escape, dificultando a transmissão de calor.

Hoje em dia, os aquecedores de caldo são exclusivamente do tipo multitubulares e de múltiplas passagens, onde o caldo circula com velocidade. Esses aquecedores podem ser verticais ou horizontais. Os aquecedores verticais estão sujeitos a menor incrustação e ocupam menor espaço do que os horizontais. Entretanto, na prática operacional, ambos dão bons resultados.

15.1 AQUECEDORES

Os aquecedores, de um modo geral, são de seção circular, porém podem-se encontrar aparelhos antigos com seção retangular. Esses aparelhos constam de um cilindro fechado nas duas extremidades por chapas perfuradas de cobre, aço, ferro fundido, chamadas de chapas tubulares ou espelhos, onde são mandriladas ou soldadas as tubulações. Deve ser preferivelmente do mesmo material de construção dos espelhos, para evitar-se os efeitos eletrolíticos. Nas extremidades desse conjunto, tem-se dois cabeçais que, por sua vez, apoiam-se através de uma de suas bases sobre o espelho, sendo fixados nessa posição por pinos. Na outra extremidade dos cabeçais, estão as tampas com dobradiças, presas por meio de parafusos de borboletas. Os cabeçais são divididos, internamente, por chicanas em vários compartimentos, os ninhos ou passes. Um modo de fixação dessas chicanas pode ser pela sua soldagem sobre o espelho e na carcaça; uma outra maneira consiste em se soldar as chicanas nos cabeçotes, sendo que nestas condições eles devem ser aplainados, de modo a formar uma perfeita vedação com o espelho. Nos grandes aparelhos, não há necessidade do perfeito ajuste das chicanas com o espelho.

O desenho do cabeçote superior e inferior é diferente, para propiciar a circulação em vai e vem do fluido interno, caracterizando o chamado sistema de passagens múltiplas, Figuras 108, 109 e 110. As perfurações do espelho seguem uma distribuição tal, que cada conjunto de tubos forme um feixe que conduz o caldo em sentido ascendente, e o outro descendente. O número de tubos por feixes vai depender do diâmetro individual do tubo e da velocidade desejada, mas, pode-se dizer que eles variam, de um modo geral entre 7e 35. Deve-se ter cuidado para que cada passe abranja o mesmo número de tubos e para que a circulação do caldo se efetue de modo a evitar o represamento de ar dentro do aparelho.

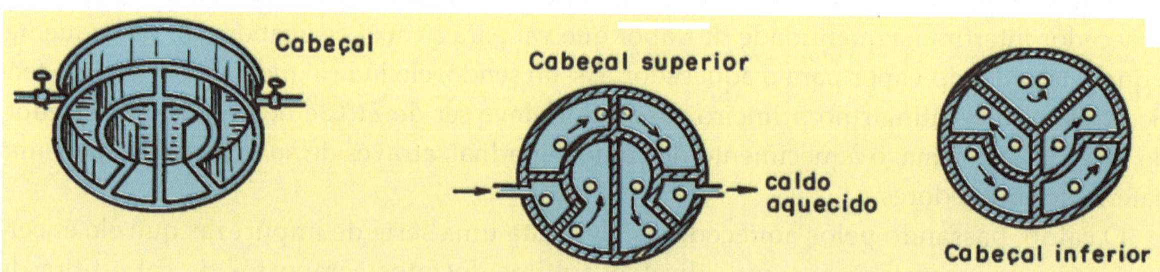

Figura 108 - Partes componentes de diferentes cabeçais de diferentes aquecedores.

Figura 109 - Foto vertical de aquecedores na Usina Bom Retiro, no ano 2000.

Figura 110 - Foto de aquecedores horizontais em usina, ano 2000.

15.1.1 DIÂMETRO E COMPRIMENTO DOS TUBOS DE CIRCULAÇÃO

As tubulações de caldo têm um diâmetro externo variável de 38 mm (1 ½) a 50,8 mm (2^2), sendo o primeiro valor o mais usado. Outro diâmetro de tubo utilizado é o de 44,5 mm (1 ¾). A espessura da parede do tudo depende do material usado; assim, no de latão e no de cobre ele é de 1,6 mm, para o aço 2,0 mm e para o aço inoxidável 1,2 mm. Entretanto, essas especificações nem sempre são seguidas pelos fabricantes, mas é necessário conhecê-las, para que se possa calcular o diâmetro interno, pois é através deste que se faz os cálculos de vazão e da superfície de aquecimento maior, quando comparada aos de maior diâmetro, para uma mesma seção de passagem do caldo.

Segundo diversos estudiosos, os diâmetros abaixo de 34,9 mm podem causar dificuldade na remoção das incrustações.

As tubulações de circulação do caldo têm um comprimento compreendido entre 3,0 e 4,0 m. Quando o comprimento é maior, deve-se usar anéis de segurança e, para melhor distribuição do vapor, fazem-se duas entradas com ou sem separação do aparelho em duas partes. Hoje se tem construído aparelhos com até 6,0 m de comprimento.

15.1.2 DISTRIBUIÇÃO DOS TUBOS DE CIRCULAÇÃO DO CALDO

A distribuição dos tubos pode ser feita em quadrado ou losango. No primeiro caso, o número de tubos por área será menor que no segundo. Além do mais, a distribuição em losango dos tubos produz mudanças do fluxo do vapor, aumentando a transmissão de calor. Ao contrário ocorre com a distribuição em quadrado, onde a orientação do fluxo de vapor é paralela.

Na câmera de vapor dos aquecedores, o fluido tenderá a formar dentro da carcaça uma trajetória preferencial, com formação de zonas de calmarias laterais, nas quais o coeficiente de conversão será muito baixo. Para evitar esse inconveniente, que será tanto maior quanto maior for o diâmetro do aparelho, coloca-se dentro da carcaça um certo número de chicanas. Essas chicanas podem ser longitudinais tortuosos, aumentando a sua velocidade relativa aos tubos e reduzindo as zonas de calmaria.

15.1.3 CALOR ESPECÍFICO DAS SOLUÇÕES DE AÇÚCAR

O aquecimento do caldo pode ser feito pelo vapor de escape, vegetal ou de sangria. O calor latente do vapor é o responsável pelo aquecimento do caldo, ao passo que o calor sensível fica com o condensado.

A quantidade de calor necessária para aquecer o caldo depende do seu calor especifico ,que por sua vez varia com a concentração da solução, principalmente da sacarose. Os demais componentes que fazem parte da composição do caldo se apresentam em pequena concentração como: glicose, frutose, sais, etc., e influem muito pouco no calor especifico. A água possui um calor especifico igual a 1,0 e a sacarose, que entra na solução em maior quantidade, é igual a 0,301

Para o cálculo do calor especifico das soluções de sacarose, Tromp (1946) estabeleceu a seguinte formula:

$$C = CA \cdot X + Cs\ (1-X)$$

Onde:

C = Calor especifico do caldo em cal/°C

Ca = calor especifico da água 1,0 cal/°C

Cs = calor especifico da sacarose 0,301 cal/°C

X = porcentagem de água no caldo.

Da interpretação dessa fórmula pode-se concluir que quanto maior o Brix do caldo, menor será seu calor especifico. Por exemplo, num caldo com 15° Brix, seu calor especifico é de aproximadamente 0,895 calorias/1°C e um xarope a 60° Brix é de 0,580 cal/1°C.

Hugot (1977) estabeleceu a fórmula prática com resultado bastante aproximado:

$$C = 1 - 0{,}006\ B$$

Onde:

C = calor especifico em cal/°C

B = Brix da solução

15.1.4 CALOR PERDIDO POR RADIAÇÃO

Durante o processo de aquecimento do caldo, ocorre uma maior ou menor perda por radiação, dependendo do isolamento térmico dos aquecedores e das tubulações de caldo aquecido. Essa perda varia entre 5 e 10% do vapor utilizado no aquecedor, segundo Tromp (1946).

15.1.5 ISOLANTES TÉRMICOS

Isolante térmico pode ser definido como todo material usado no revestimento e que serve para diminuir a transmissão de calor de um corpo quente para o ambiente, ou do ambiente para o corpo frio.

Para que um material possa ser utilizado como isolante térmico é necessário que ele possua um coeficiente de condutividade térmica o mais baixa possível, o qual será tanto menor quanto maior for a porosidade do material, na forma de massa plástica.

Segundo Salmoni (1966), os isolantes térmicos possuem um valor de K, que se aproximam aos da condutividade do ar, que é de 0,02. Contudo, este índice não é atingido, sendo que os melhores isolantes possuem um K de aproximadamente 0,03. Quando a porosidade aumenta muito, pode começar aparecer movimentos de convecção do ar aprisionando, aumentando as trocas de calor.

Salmoni (1966) menciona uma série de isolantes térmicos com suas respectivas características, as quais tem aplicação industrial. Eles são os seguintes:

- Lã de vidro- pode ser usada de 350°C a 450°C. Acima desta temperatura o material começa a amolecer. Pode ser aplicada em tubulações de vapor saturado e superaquecido, para evaporadores, secadores a vapor e etc.
- Amianto em fibra, placas, tecido, barbante, etc., com um K variando entre 0,6 e 0,20, conforme a temperatura e o peso específico aparente.
- Diatomita, produto natural em pó finíssimo, obtido pela acumulação de esqueletos de organismos marinhos microscópicos constituídos por sílica pura, o peso específico pode estar entre 100 e 250 kg/m^3, com um K entre 0,04 e 0,15.
- Lã mineral ou lã de rocha, seu K varia entre 0,04 e 0,1, podendo ser usada até 700 - 750°C.
- Vermiculita, material granular obtido torrando-se a 500 - 600°C os fragmentos dessa mica especial. O peso específico deste material está ao redor de 200 Kg/m^3, com um K entre 0,05 e 0,10, podendo ser utilizada até 800 - 900°C.

Deve-se, ainda, considerar que em aparelhos e tubulações de vapor superaquecido, que estão a elevada temperatura, as perdas por irradiação são mais significativas do que nas por convecção. As vezes, os isolantes térmicos utilizados têm poder de emissão superior ao da superfície do aparelho, mesmo estando a uma temperatura inferior, e poderão irradiar maior quantidade de calor.

Para evitar essa perda, pode-se recorrer a superfícies metálicas brilhantes, que têm coeficiente de emissão bastante reduzido, como é o caso do:

- Alumínio polido.........t = 200 a 550°C.........i = 0,039 a 0,057
- Alumínio laminado.........t = 25,6°C.........i = 0,055

Para se utilizar do efeito isolante, deve-se interpor essa superfície entre as superfícies trocadas de calor por irradiação.

O aumento do número de superfícies antepasso reduz em maior escala as perdas por irradiação. Esse efeito foi utilizado para concepção do isolante "Alfol", que é constituído por uma série de folhas de alumínio superpostas e corrugadas, que impedem o contato mútuo e aprisionam ar entre as ondulações, fazendo com que o coeficiente de condutividade permaneça baixo.

Tem-se, ainda, o acabamento com faixa de gases, tela de arame, folha de flandres, pintura, etc.

15.2 DIMENSIONAMENTO DOS AQUECEDORES

O cálculo dos aquecedores torna-se difícil, considerando-se que o vapor de aquecimento está a uma temperatura constante e o caldo varia gradualmente desde a entrada até a saída. Entretanto, através de três formulas fundamentais, pode-se estimar, com suficiente precisão prática, os aquecedores. Estas fórmulas são as seguintes:

a) Para cálculo da quantidade de vapor:

$$M = \frac{p \cdot c\,(t - t_0)}{z \cdot L}$$

b) Para cálculo da temperatura a se obter:

$$t = \frac{z \cdot M \cdot L}{p \cdot c} + t_0$$

c) Para cálculo da superfície de aquecimento:

$$S = \frac{p \cdot c}{k} \ln \frac{T - t_0}{T - t}$$

Onde:
M = quantidade de vapor em Kg ;
S = superfície de aquecimento em m^2;
P = peso de caldo em Kg/h;
C= calor especifico do caldo em calorias/°C
T = temperatura do vapor em °C
To = temperatura de entrada do caldo em °C
t= temperatura de saída do caldo, em °C
k= coeficiente de transmissão de calor em kcal/m^2/°C/h
L = calor latente do vapor de aquecimento em kcal/ Kg
Z = coeficiente de eficiência = 0,95

15.2.1 COEFICIENTE DE TRANSMISSÃO DE CALOR

A quantidade necessária de superfície de aquecimento, para que o vapor venha a aquecer o caldo a uma dada temperatura, depende do coeficiente de transmissão de calor K ou condutividade.

A teoria de transmissão de calor é bastante complexa, principalmente considerando-se que um grande número de fatores estão envolvidos, como cita Tromp (1946):

a) Transmissão de calor através do filme de vapor, que envolve os tubos
b) Transmissão de calor através do filme de condensado, que envolve os tubos
c) Transmissão de calor através da incrustação de óleo, que deposita sobre os tubos
d) Transmissão de calor através das incrustações internas nos tubos
e) Transmissão de calor através do filme de caldo dentro do tubo
f) Velocidade do caldo através dos tubos

g) Velocidade do vapor ao redor dos tubos
h) Presença de gases incondensáveis e dos condensados, ocupando espaço na câmera de vapor
i) Diâmetro e espessura dos tubos
j) Material de construção dos tubos; aço, cobre, latão, etc
k) Diferença de temperatura entre o vapor e o caldo.

O coeficiente de transmissão do calor pode ser expresso em kcal por metro quadrado de superfície, por hora e por grau centigrado.

Face a esta série de fatores interferentes, vários estudiosos do assunto têm proposto fórmulas que conduzam à determinação do coeficiente de condutividade, o mais próximo da realidade.

Na Austrália, considera-se a velocidade o elemento mais importante para o cálculo do coeficiente de transmissão do calor,

$$k = 900\sqrt{V}$$

Onde:
V é a velocidade de circulação do caldo em m/seg.

Crawford; Shann apresentaram em 1956, citado por Crawford (1970), uma fórmula desenvolvida na Austrália que é a seguinte:

$$\frac{1}{k} = 0{,}00041 + \frac{1}{3{,}234\,.\,v^{0{,}8}}$$

Hugot (1977) cita uma fórmula para calcular o coeficiente de transmissão de calor K, que depende da velocidade de circulação do caldo nas tubulações e da resistência oferecida à transmissão de calor. Esta resistência é apresentada: a) entre o tudo e a incrustação b) entre o vapor e o metal c) através do tubo e d) através da incrustação, o cálculo do valor deste coeficiente é dado pela fórmula.

$$k = \frac{T}{0{,}1 + \dfrac{0{,}075}{v}}$$

Onde:
K = coeficiente de transmissão do calor em kcal/m^2/h/^{o}C
T = temperatura do vapor em ^{o}C
V = velocidade do caldo em m/seg.

O índice de 0,1 corresponde à resistência a, b, e c. O segundo termo do denominador indica a resistência á transmissão do calor do tubo ou da incrustação ao caldo, onde interfere a velocidade. O índice 0,075 da maior precisão, entretanto, é um refinamento somente justificável para as determinações cientificas.

Deve-se dar preferência às formulas mais simples e ser prudente ao adotar o valor do coeficiente, pois com o decorrer do uso do aquecedor as incrustações aumentam e diminuem significativamente o valor do K. Assim, a fórmula k = T (5 + v), resulta em um valor médio que se aproxima bastante do real.

15.2.2 VELOCIDADE DE CIRCULAÇAO DO CALDO.

A velocidade adotada para a circulação do caldo é muito importante, pois ela aumenta o coeficiente de transmissão de calor por convecção.

Esta velocidade de circulação do caldo não deve ser inferior a 1,0 m/seg., pois, quando isso ocorre há maior incrustação e a temperatura do caldo cai rapidamente, com o passar do tempo de uso. Velocidades maiores que 2,0 também são indesejáveis, visto que as perdas de carga são grandes.

As velocidades médias mais recomendáveis estão entre os valores de 1,5 a 2,0 m/seg.

15.3 FORMAÇÃO DAS INCRUSTAÇÕES

As incrustações formadas nos tubos de circulação de caldo nos aquecedores não se constituem em um sério problema, como acontece no caso dos evaporadores. A deposição de material incrustante é bastante irregular: enquanto um feixe de tubos se acha bastante incrustado, outros estão limpos. Este fato ocorre devido a diferença de temperatura do caldo, desde a entrada no primeiro compartimento até ao último, pois os constituintes do caldo têm características diferentes de precipitação e deposição, em função da temperatura.

As incrustações se constituem de deposição de material insolúvel do caldo nas tubulações. A quantidade e a composição das incrustações dependem da natureza dos não açúcares presentes no caldo. De modo geral, os caldos que oferecem dificuldades na clarificação são também os que mais incrustam.

A maior parte das incrustações dos aquecedores é formada por material orgânico, o qual é precipitado durante o aquecimento, juntamente com constituintes inorgânicos. A medida que o aquecedor perde a eficiência, é necessário fazer a limpeza das tubulações, que deve ser feita a determinados intervalos de tempo. Essa limpeza pode, em alguns casos, constituir-se em somente abrir a tampa do aquecedor e a válvula de vapor, o que é suficiente para o desprendimento das impurezas. Logo em seguida, lava-se com água, para remover as incrustações. Em certos casos, é necessário fazer a limpeza mecânica com escova de aço ou chicote vibratório. Entretanto, há casos em que se necessita de uma limpeza mais enérgica com substâncias químicas.

Nas usinas, há sempre um aquecedor de reserva, para que a limpeza de cada unidade se faça sem necessidade de interromper o trabalho.

Os tubos de aço corroem rapidamente e as incrustações têm maior aderência as paredes. Sendo assim, a transmissão de calor também é menor. Por outro lado, os tubos de cobre são os mais duráveis e os que menos incrustam.

15.4 PERDAS DE CARGA

O escoamento do caldo através dos tubos do aquecedor resulta numa certa perda de energia, que é gasta em vencer a resistência que se opõem ao escoamento e que, finalmente, é dissipada na forma de calor.

A resistência oferecida ao escoamento é de duas naturezas:

a) Resistência externa - resultante do atrito contra as paredes do tubo, das acelerações e mudanças de direção e dos turbilhonamentos do caldo.
b) Resistência interna - resultante do atrito das próprias moléculas do caldo, umas contra outras. É o que se chama viscosidade.

As resistências externas serão tanto maiores quanto maior for a velocidade do caldo e a rugosidade das paredes, e quanto menor for o diâmetro da tubulação. As resistências internas, por sua vez, serão tanto maiores quanto maior for a velocidade de escoamento e a viscosidade do caldo. Essa parcela de energia perdida é chamada de "perda de carga" e consiste numa gradual diminuição da pressão do caldo, que vai caindo de um ponto a outro, segundo o sentido do escoamento.

O escoamento do caldo nos aquecedores é turbilhonar, pois as partículas líquidas movem-se em todas as direções, com velocidades variáveis, em direção e em grandeza, de um ponto para outro, e no mesmo ponto, de um instante para outro. Esse escoamento turbilhonar do caldo é demonstrado pelo cálculo de "número de Reynolds", que no caso é da ordem de 50.000 e 200.000.

A idade dos tubos tem grande influência no valor das paredes de carga, devido ao aumento da rugosidade interna, que se verifica com o tempo, em consequência da corrosão, da erosão e da formação de incrustações.

Hugot (1986) apresenta uma fórmula para perda de carga (j), que é a seguinte:

$$J = 0{,}0025\,\frac{V^2 \,.\, n\,(l + 1)}{D}$$

Onde:
j = perda de carga em metro de coluna de água
V = velocidade de escoamento do caldo em m/seg.
l = comprimento do tubo em metro
D = diâmetro do tubo de circulação em metro.

Ao dimensionar uma bateria de aquecedores, deve-se fazer com que a perda de carga total esteja entre 40 e 50 m de coluna de água, para o caso da utilização de bombas comuns de circulação de caldo. Com bombas especificas, de múltiplos estágios, pode-se admitir maiores perdas de carga. No entanto, a pressão sobre o fundo no primeiro aquecedor é muito grande e, com frequência, a junta de vedação estoura.

15.5 DIFERENÇA DE TEMPERATURA

O aquecimento do caldo é feito em etapas, utilizando-se do vapor do pré- evaporador, do vapor do múltiplo efeitos e do vapor de escape.

De um modo geral, o aquecimento é realizado pela associação de dois ou três aquecedores em série, tendo sempre em vaso de reserva, para que a limpeza possa ser realizada sem a necessidade de se parar a operação.

Quando se tem dois vasos aquecedores, Baikow (1967 e 1982) recomenda que o caldo clarificado deva ser pré aquecido de 82 a 93°C, com vapor de segundo vaso evaporador e no aquecedor seguinte, até 104 - 107°C com vapor do primeiro vaso evaporador ou do pré- evaporador.

No esquema de três vasos aquecedores com aproveitamento do vapor de sangria, Hugot (1977) estabelece que as temperaturas máximas a serem atingidas em cada um dos aquecedores deverão ser, respectivamente, 71, 94 e 105°C. Esse autor ainda determina que para não ocorrer um excesso de superfície de aquecimento, deverá haver uma diferença de temperatura entre o vapor de aquecimento (T) e a temperatura do caldo (t) ao sair do aquecedor, que são as seguintes:

Vapor de aquecimento   Margem de temperatura
Vapor de escape T - t = 6 a 8°C
Vapor do 1° corpo T - t = 10 a 12°C
Vapor dos demais corpos T - t = 15 a 22°C

Com a utilização do vapor das caixas de evaporação, há uma economia de vapor, melhorando o balanço térmico da usina.

15.6 REMOÇÃO DOS GASES INCONDENSÁVEIS E DA ÁGUA CONDENSADA

O vapor de aquecimento arrasta uma certa quantidade de ar, contendo CO2, nitrogênio e etc., chamado genericamente de gases incondensáveis os quais, se não removidos da câmara de vapor, diminuirão sensivelmente a eficiência do aquecedor, Deve-se fazer tomada dos gases incondensáveis, tanto na parte superior como na inferior da câmara de vapor. Neste último caso, deve-se tomar a precaução de instalá-lo a uns 10 cm do espelho, para evitar que se aspire água condensada.

Quando o vapor utilizado no aquecimento é o de escape, a quantidade dos incondensáveis é menor e a sua remoção é feita deixando o tubo dos gases aberto ao ar livre ou na tubulação de vegetal.

Quando se utiliza do vapor do pré- evaporador ou das caixas de evaporação, a quantidade de gases incondensáveis a ser removida é grande (BAYMA, 1974).

Para dimensionar a seção do tubo de remoção de gases, deve-se considerar que há necessidade de 100 mm² para cada 10m² de superfície de aquecimento.

As águas condensadas que se depositam sobre a superfície do espelho inferior, se não forem removidas eficientemente, diminuirão a transmissão do calor. Deve-se dimensionar a tubulação de remoção das águas condensadas, para uma velocidade de escoamento, não maior que 1,0 m/seg. O descarte dessa água pode ser feito por sifão ou por purgador.

15.7 TUBO DE VAPOR

O dimensionamento de tubo de vapor para entrada no aquecedor deve ser tal, que a velocidade do vapor não ultrapasse a 30 m/seg. De modo geral, ela está compreendida entre 20 e 25 m/seg.

Segundo observações de Perk (1973), a entrada do vapor deve localizar-se a um quarto do comprimento abaixo da parte superior do aparelho.

Assim procedendo, evita-se as vibrações excessivas e a ruptura dos tubos, bem como facilita-se o escorrimento dos condensados.

15.8 CONTROLE DA TEMPERATURA

Um dos pontos a ser considerado é o correto controle da temperatura do caldo a clarificar, pois se o caldo está a uma temperatura acima de certos limite, poderá aparecer cor no clarificado. Por outro lado, se a temperatura do caldo é baixa, a floculação e sedimentação dos colides será deficiente. Por isso, a variação de temperatura deve ser muito estreita.

O controle de temperatura é feito manual ou automaticamente. No controle manual, um operário controla a temperatura do caldo, abrindo ou fechando a válvula de vapor, segundo a indicação dada por um termômetro. Pode parecer, à primeira vista, que o controle da temperatura de aquecimento do caldo é um problema muito simples e pode ser resolvido facilmente. Na prática, todavia, mudanças na posição da válvula de vapor são frequentemente lentas e o atraso de tempo causará uma grande variação de temperatura, quando o controle é automático, onde as variações são detectadas e corrigidas continua e imediatamente.

Para o controle automático da temperatura, a Fisher e Porter coloca, na saída do caldo, um bulbo de temperatura, para detectar a verdadeira temperatura do caldo que está passando aí, naquele instante. O controlador determina se a temperatura está muito baixa, correta ou muito alta, e nestas condições a válvula de vapor pode ser aberta, mantida constante ou fechada, para que a temperatura de saída do caldo se mantenha constante. Essas variações de temperatura vão ao controlador registrador, onde são gravadas sobre um disco de papel.

São dois os tipos de controles: um que apenas opera uma única válvula de vapor de baixa pressão e outro que, além de operar essa válvula, também o faz sobre uma válvula de vapor de alta pressão. Este último sistema é empregado onde a temperatura não pode ser mantida pelo vapor de baixa pressão sozinho, ou quanto a pressão pode cair abaixo do mínimo requerido para manter a temperatura do caldo.

O sistema opera, de início, com a válvula de vapor de baixa pressão; entretanto, se é requerida uma maior quantidade de calor, admite-se vapor de alta pressão. Tais sistemas operam inteiramente automáticos e são arranjados de modo que o vapor de alta pressão nunca seja usado por um tempo tão grande como o vapor de baixa pressão.

15.9 CÁLCULO DE SEÇÃO DE AQUECIMENTO

Exemplo 1

Dimensionar a seção de aquecimento de uma usina, a partir dos seguintes dados:

- capacidade de moagem 125 TCH
- vapor vegetal pressão de 0.7 Kg/mm^2
- temperatura do vapor de aproximadamente 115°C
- calor latente 529 Kcal/Kg
- temperatura inicial do caldo 30°C
- temperatura final do caldo 105°C
- densidade do caldo 1.06

Cálculo:

A massa de vapor a ser consumida, considerando 20% de recirculação de caldo:

$$M = \frac{1{,}2\ .\ (125.000)\ .\ 0{,}9\ (105 - 30)}{592\ .\ 0{,}95} = 20.147\ kg$$

O volume de caldo de circulação, considerando a recirculação do caldo do filtro, é dado por:

$$Qt = 1{,}2\ \frac{125.000}{1{,}06} = 141.509\ 1/h$$

Ou aproximadamente, 0,040 m^3/seg.

A área de passagem dos 0,040 m^3/seg para uma velocidade pré estabelecida de 1,75 m/seg é a seguinte:

$$S = 0{,}040\ /\ 1{,}75 = 0.0229\ m^2$$

Escolhendo para circulação do caldo tubos de aço inox com diâmetro 38 mm (1 ½[1]) e com parede de 1,2 mm, pode-se calcular a superfície individual dos tubos segundo o diâmetro interno:

$$s = \frac{\pi \, . \, 0{,}0356^2}{4} = 0{,}001 \, m^2$$

Cálculo do número de tubos para a velocidade de 1,75 m/seg.

$$n = 0{,}0229 \; / \; 0{,}001 = 23 \; m^2$$

Cálculo da superfície total de aquecimento,
Coeficiente de transmissão:

$$K = 115 \, (5 + 1{,}75) = 776 \; Kcal/\; m^2/{}^oC/h$$

Superfície total de aquecimento:

$$St = \frac{1{,}2 \, . \, 125.000 \, . \, 0{,}9}{776} \ln \frac{115 - 30}{115 - 105}$$

$$St = 174 \, . \, 2{,}3 \log 8{,}5$$
$$St = 372 \; m^2$$

Adquire-se, nestas condições, três aquecedores de 186 m², sendo que dois estão em trabalho, e um em limpeza.

Calcular o comprimento (L) dos tubos aquecedores, pré estabelecendo o número de circulações igual a 18

St= perímetro, comprimento, número de tubos, número de circulações.

$186 = 2\pi \, . \, 0{,}0178 \, . \, L \, . \, 23 \, . \, 18$

$L = 4{,}02$ m.

Pode-se também utilizar-se do cálculo inverso, isto é , pré estabelecendo o comprimento do tubo e tirando o número de circulações.

Pare se obter o comprimento total dos tubos, deve-se acrescentar mais a espessura dos espelho (1*), pois o comprimento corresponde somente ao lado, pela superfície de aquecimento.

A perda de carga individual será:

$$J_i = 0{,}0025 \, \frac{1{,}75^2}{0{,}0356} \, . \, 18 \, (4{,}07 + 1)$$

$$J_i = 19{,}6 \text{ m de coluna de água.}$$

Logo, a perda de carga em trabalho (J_t) será igual a 2 . 19,6 = 39,2 m

Observação:

Quando o caldo decantado é aquecido, a bomba de caldo deve vencer mais a contra pressão oferecida pelo vaso evaporador; no caso do pré, ela varia ao redor de 15 a 17 m de coluna de água.

Exemplo 2 - Aquecimento com vapores dos evaporadores

Capacidade de moagem 125 TCH
Peso de caldo por tonelada de cana 1.000 Kg
Densidade do caldo 1,06
Temperatura inicial do caldo 30ºC
Temperatura final do caldo 105ºC
Quádruplo efeito - superfície total 3.800 m²
Caldo de recirculação 20%

Valor de aquecimento	°C	Calor Latente
Vapor de pré-evaporador	120	526
Vapor do 1° corpo	111	532
Vapor do 2° corpo	100	539
Vapor do 3° corpo	85	548
Vapor do 4° corpo	55	566

EVAPORADOR	SUPERFÍCIE (m2)	CAPACIDADE DE EVAPORAÇÃO kg/m2/hora	EVAPORAÇÃO TOTAL kg
1° Vaso	1.100	37	40.700
2° Vaso	1.000	35	35.000
3° Vaso	850	30	25.500
4º Vaso	850	28	23.800

Utilizando-se das fórmulas anteriormente vistas, pode-se calcular as etapas do aquecimento.

1º Aquecedor

Com o excedente de vapor do segundo vaso de evaporação

35.000 - 25.500 = 9.500 kg

Peso do caldo mais o de recirculação: 125.000 x 1,20 = 150.000 kg

Esse vapor servirá para aquecer o caldo, a uma temperatura t1

$$t_1 = \frac{9.500\ .\ 539\ .\ 0{,}95}{150.000\ .\ 0{,}90} + 30$$

ti = 66 ºC

2º Aquecedor

A sobra do vapor do primeiro vaso será:

$$40.700 - 35.000 = 5.700 \text{ kg/h}$$

O que dará a temperatura t2 para o caldo.

$$t_2 = \frac{5.700\ .\ 532\ .\ 0{,}95}{150.000\ .\ 0{,}90} + 66$$

$$t2 = 87^{\circ}C$$

3º Aquecedor

Para elevar a temperatura do caldo de 87ºC para 105ºC, deve-se recorrer ao vapor de escape ou do pré-evaporador. A massa vapor necessária consumida no terceiro aquecedor é calculada em função da temperatura do vapor a ser utilizado e da temperatura desejada, ou seja, 105ºC.

$$M = \frac{150.000\ .\ 0{,}9\,(105 - 87)}{526\ .\ 0{,}95}$$

$$M = 4.863{,}0 \text{ kg}$$

O volume de caldo de circulação é o seguinte:

$$Q = \frac{150.000}{1{,}06} = 141.509\ l/h$$

Ou

$$0{,}040 \text{ m}^3/\text{seg.}$$

Considerando-se que a velocidade ideal de circulação do caldo é de 1,5 a 2,0 m/s, pode-se calcular a área de passagem (A)

$$A = \frac{0{,}040}{1{,}75} = 0{,}0229\ m^2$$

Considerando-se que os tubos de circulação de caldo em aço inox têm um diâmetro externo de 38 mm (1 ½") com uma parede de 1,2 mm, o diâmetro, interno será de 35,6 mm.

A seção de passagem individual desses tubos será:

$A_i = \pi\ .\ 0.0178^2 = 0.001\text{mm}$

O número de tubos por seção será:

n = 0.0229 ÷ 0.001 = 23 tubos.

Logo, serão necessários 23 tubos de 38 mm de diâmetro para dar uma velocidade do caldo de 1,75 m/seg.

Cálculo das superfícies de aquecimento.

1° Aquecedor:
Coeficiente de transmissões:

$$K1 = 100\ (5 + 1{,}75) = 675\ Kcal/m^2/°C/h$$

Superfície de aquecimento:

$$S_1 = \frac{150.000\ .\ 0{,}9}{675} \ln \frac{100 - 30}{100 - 66}$$

$$S1 = 200\ .\ 2{,}3 \log 2.05 = 144 m^2$$

2° Aquecedor
Coeficiente de transmissão:

$$K2 = 111\ (5 + 1{,}75\ ) = 749\ Kcal/m^2/°C°h$$

Superfície de aquecimento:

$$S_2 = \frac{150.000.\ 0{,}9}{749} \ln \frac{111 - 66}{111 - 87}$$

$$S2 = 180\ .\ 2{,}3 \log 1{,}88 = 113\ m^2$$

3° aquecedor:
Coeficiente de transmissão:

$$K3 = 120\ (5 + 1{,}75) = 810\ Kcal/m^2/°C/h$$

Superfície de Aquecimento:

$$S_3 = \frac{150.000.\ 0{,}9}{810} \ln \frac{120 - 87}{120 - 105}$$

$$S3 = 167\ .\ 2{,}3 \log 2{,}20 = 132\ m^2$$

Devem-se uniformizar os aparelhos, adquirindo quatro aquecedores com uma superfície individual de 145 m^2, devidos sbistituições alternadas de operações, o que perfaz uma superfície total de 580 m^2.

Calcular o comprimento (L) dos tubos aquecedores, pré-estabelecendo o número de circulações igual a 16,

$$145 = 2.\pi\ .\ 0{,}0178\ .\ L.23.\ 16,$$
$$L = 3{,}52\ m.$$

Da mesma forma que no exemplo anterior, o comprimento calculado dos tubos corresponde à distância entre o exterior dos espelhos.

A perda de carga individual será:

$$J = 0{,}0025\ \frac{1{,}75^2}{0{,}0356}\ .\ 16\ (3{,}57 + 1)$$

$$J = 15{,}7m$$

Como são 3 em operação a perda da carga total será igual a 47,1 m.

15.10 PRESSÃO EXERCIDA SOBRE O FUNDO DOS AQUECEDORES

O fundo dos aquecedores está sujeito a uma dada pressão, a qual é maior no primeiro aquecedor, pois é sobre ele que recai a perda da carga total.

Segundo recomendações de Hugot (1977), para determinar o valor da pressão sobre o fundo dos aquecedores, basta somar os seguintes itens:

- ✓ Altura de descarga do caldo, desde a saída do aquecedor até o nível de descarga;
- ✓ Perda de carga nas tubulações de descarga;
- ✓ Altura do caldo no aquecedor;
- ✓ Perda de carga nos últimos aquecedores;
- ✓ Perda de carga média no primeiro aquecedor.

* Para conhecer a pressão da bomba acrescenta a altura de recalque até o aquecedor e as perdas de cargas envolvidas.

Exemplo:

Calcular a pressão sobre o fundo do primeiro aquecedor apresentado no exercício do item 16.2, considerando-se que altura de recalque é de 2,5 m.

- Altura de descarga sobre os aquecedores.......................2,50 m
- Perda de carga nas tubulações (estimada) ....1,00 m
- Altura do caldo no aquecedor..3,56 m
- Perda de carga nos dois últimos aquecedores = 15,7 x 2..............31,40 m
- Perda de carga média no 1 aquecedor = 17,7 ÷ 2 = 7,85
- Pressão sobre o fundo do 1 aquecedor é a somatória: 46,31

No caso de se desejar conhecer a pressão de descarga da bomba, tem-se que considerar mais a altura de recalque até a entrada do aquecedor:

- Perda de carga no tubo de descarga ....1,5 m
- (bomba + aquecedor a saída final)
- Altura de descarga da bomba até o aquecedor ...6,0 m
- Altura de descarga sobre os aquecedores..............2,0 m
- Perda de carga nos três aquecedores (55,81)

15.11 SUPERFÍCIE TOTAL DE AQUECIMENTO

A literatura tem mostrado que a superfície total necessária para aquecimento varia de uma região açucareira para outra e com o esquema adotado.

Como exemplo, segue uma relação dos valores de superfície de aquecimento mais usuais em algumas regiões açucareiras:

África do Sul 2,0 a 9 m^2/TCH
Brasil 3,5 a 5m^2/TCH
Cuba 2,0 a 5m^2/TCH
Porto Rico 4,0 a 5m^2/TCH

15.12 LIMPEZA DOS AQUECEDORES

Com o tempo de uso, os aquecedores vão perdendo a eficiência, sendo necessária sua limpeza.

O tempo de trabalho do aquecedor vai depender de vários fatores como: composição do caldo, posição do aquecedor, material de construção dos aquecedores, etc. Esse tempo pode variar de algumas semanas a apenas algumas horas. As usinas paulistas costumam efetuar a limpeza desses aparelhos a cada oito ou doze horas.

Em certos casos, onde as incrustações são brandas, basta abrir as válvulas de vapor com o aquecedor vazio e a tampa aberta, para que as incrustações comecem a se desprender, sendo, em seguida, o aparelho lavado com água fria, quando toda a sujeira é removida. Essa água de lavagem agora é descartada e o aparelho está em condições de voltar a operar.

Outros procedimentos usuais são os realizados por processos:

a) Mecânicos: escovas, chicote vibratório, etc.

b) Químicos: soda cáustica, ácido muriático, caldo, etc.

15.12.1 LIMPEZAS MECÂNICAS

Os raspadores mecânicos são constituídos de um motor elétrico com eixo flexível, protegido com capa de borracha ou metálica. Nesse eixo são adaptados vários tipos de brocas e escovas (Figuras 111 e 112). A potência requerida para o motor é de 1,5 HP.

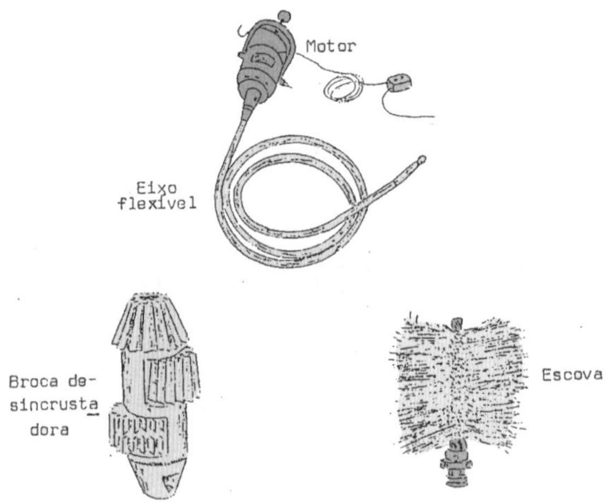

Figura 111 - Equipamentos para limpeza mecânica.

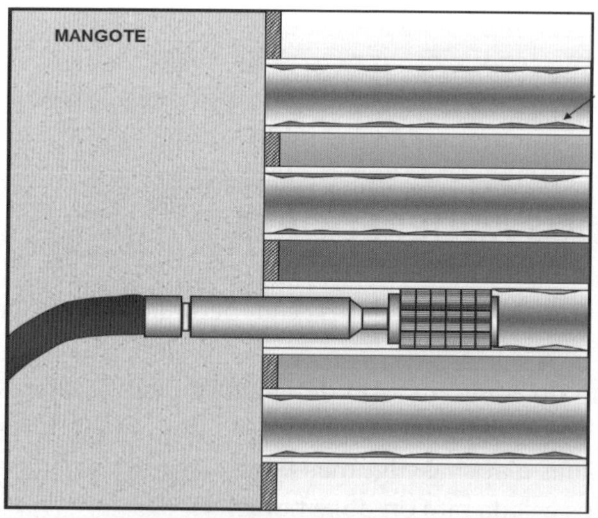

Figura 112 - Sistema Operacional para limpeza mecânica. *Ilustração:* **Paulo Gangorra.**

As brocas são formadas por roletes expansivos e de cabeça fresada ou não.

A escova pode ser adaptada a um varão de ferro, para ser utilizada manualmente. A desvantagem desse processo é o desgaste das paredes do tubo, o que praticamente é inevitável.

15.12.2 LIMPEZA QUÍMICA

a) Solução de soda caustica (NaOH comercial)

Para limpar os aquecedores, coloca-se uma solução de soda a uma concentração de 2 a 5% nos aparelhos e põem-se a ferver por 60 a 120 minutos. Após esse tempo de fervura, o vaso é descarregado e a solução guardada, para ser reutilizada outra vezes. A seguir, lava-se os tubos com água e faz-se uma raspagem complementar, e nova lavagem com água é feita, quando o aparelho se acha em condições de ser operado.

b) Solução de ácido muriático (HCl comercial)

A limpeza com ácido muriático não deve ser usada para tubos de aço, pois ele causa corrosão.

Uma prática mais ou menos comum, é associar a limpeza com ácido à limpeza de soda, complementando o seu serviço.

A solução de ácido muriático é preparada a uma concentração de 1 a 3%. Esta solução, após ser colocada no aparelho, é fervida por 30 a 120 minutos. A seguir, lava-se com água, para depois passar os raspadores e nova lavagem se faz.

Às soluções de ácido muriático são adicionados inibidores, para diminuir seu efeito corrosivo. Este processo de limpeza é perigoso, pois da formação de mistura detonante divido ao hidrogênio nascente, resultante do ataque do acido clorídrico sobre o ferro.

c) Circulação de caldo

Para limpeza dos aquecedores, às vezes se faz circular caldo frio, vindo das moendas, no sentido contrário ao utilizado. Com esse procedimento alternado de circulação do caldo, diminui-se em muito as incrustações.

15.12.3 LIMPEZA DA CÂMARA DE VAPOR

A limpeza dos tubos do lado da câmara de vapor consiste em se remover o filme de óleo neles depositado. Esta limpeza é realizada somente na entressafra, com gasolina, detergente, etc. Coloca-se na câmara de vapor gasolina e água, a até que ela fique cheia. Depois, a cada dois ou mais dias, vai-se retirando água do aparelho, e gasolina, baixando de nível, arrasta as graxas que ela removeu, até que no final retira-se a gasolina com as impurezas. A proporção de gasolina em relação as volume total é de 5 a 10%.

CAPÍTULO 16

DECANTAÇÃO DO CALDO DE CANA

O caldo de cana, após sofrer tratamento químico e térmico, é posto em repouso, para que haja remoção das impurezas por floculação e posterior sedimentação ou emersão. Essa operação era antigamente realizada em uma serie de caixas individuais, conhecidas como decantação intermitente. Entretanto, esses decantadores apresentavam uma série de desvantagens, tais como:

- Exigência de uma grande área para sua instalação;
- Trabalho penoso para os operários, devido ao grande desprendimento de vapor;
- Grande perda de temperatura, exigindo um maior consumo de vapor nos evaporadores, etc.

Por estas e muitas razões, a decantação intermitente convencional foi abandonada e vários pesquisadores buscam a obtenção de melhores equipamentos de decantação.

A grande evolução no processo de decantação constituiu mudança do sistema intermitente para o contínuo. O primeiro clarificador contínuo foi idealizado por Deming, que tem apenas valor histórico. Porém, o decantador que teve êxito e iniciou a fase de decantação continua foi o DORR OLIVER, que surgiu em Cuba, no ano de 1918, ganhando rapidamente aceitação geral. Posteriormente, outros aparelhos surgiram como: Bach, Graver, etc., todos baseados no sistema de bandejas múltiplas.

Entretanto, essa tecnologia não parou, exigindo que numerosos institutos se dedicassem a pesquisas, em busca de novos aparelhos com maior eficiência. Na década de 70, houve dois pesquisadores australianos, Hale e Whayman (1972), que idealizaram um decantador com características diferentes dos demais, com apenas uma única bandeja.

16.1 OBJETIVOS DA CLARIFICAÇÃO

Os principais objetivos da clarificação, do ponto de vista prático, são: a precipitação e a coagulação tão completa quanto possível dos coloides; uma rápida velocidade de assentamento; um mínimo volume de borras; borras densas e a produção de um caldo o mais claro possível. Entretanto, esses objetivos podem não ser atingidos se não houver uma perfeita interação entre a qualidade do caldo a ser clarificado, a quantidade e a qualidade dos agentes clarificantes; o pH e a temperatura do caldo para decantação e o tempo de retenção do caldo nos decantadores, pois, são esses fatores que determinam o caráter físico desse sistema sólido-líquido.

Segundo estudos sobre purificação do caldo, o resultado desfavorável obtido na sua clarificação pode ser resultante das seguintes causas:

a) precipitação incompleta dos coloides pode ser devido:
- ao pequeno tamanho de partículas;
- à ação coloidal protetora;
- à densidade de algumas partículas semelhantes às do líquido.

b) precipitação lenta deve ser devido:
- à viscosidade do caldo;
- à excessiva área superficial das partículas;
- à pequena diferença de densidade entre o precipitado e o líquido.

c) baixa densidade das borras pode ser devido:
- da grande quantidade de matéria precipitável, principalmente fosfatos.

d) baixa densidade das borras pode ser devido:
- à forma e tamanho das partículas precipitadas;
- à hidratação das partículas

16.2 MECANISMO DA SEDIMENTAÇÃO

Como o processo de separação de precipitado formado no líquido é feita por sedimentação e muito raramente por filtração, a produção de flocos bem formados é muito importante.

A velocidade de sedimentação das partículas depende do seu tamanho, forma e densidade, bem como da densidade e viscosidade do caldo.

A lei que rege a sedimentação das partículas, através da resistência do meio e sob a ação da gravidade, é devido a Stokes:

$$V = D^2 (d_1 - d_2) g / 18\,\mu$$

Onde:

V= velocidade de sedimentação;
D= diâmetro das partículas;
d_1= densidade das partículas;
d_2= densidade do meio;
g = aceleração da gravidade;
u = viscosidade do líquido;

Conforme estudos de vários autores, o valor de V está por volta de 7 cm por minuto, e a fase crítica ocorre a ¾ da altura do tanque de decantação. Mas, na prática, usa-se valores entre

1 e 2 cm/min., segundo o decantador. Trabalhos desenvolvidos em São Paulo mostram que a velocidade de sedimentação varia de 4 a 7 cm/minuto, quando se utiliza de polieletrólito.

No caldo industrial, a densidade da fase líquida varia de 1,05 a 1,08. Entretanto, a densidade das partículas sólidas varia muito, dependendo se é matéria orgânica ou inorgânica e mesmo dentro dela. Assim é que, segundo Payne (1990), a densidade da matéria orgânica tem um valor muito próximo à do caldo, de 1,1. Na matéria inorgânica, como os fosfatos e as partículas de solo, a densidade está compreendida entre 2,2 e 3,0, sendo que todas as vezes que as partículas alcançam uma densidade média maior que 1,5, a diferença entre d_1 e d_2 será favorável a uma sedimentação rápida, desde que os outros fatores sejam favoráveis.

As partículas grandes e de forma mais ou menos esférica são as que dão sedimentação mais rápida.

De início, com a clarificação química, há formação de flóculos, que se apresentam amorfos; com o emprego de temperatura, há um aumento na movimentação, pondo em contato umas partículas com as outras, o que faz aumentar o tamanho e a densidade das mesmas. Além do mais, o calor desidrata os coloides e diminui a densidade e a viscosidade do meio.

16.3 EFEITOS PRÁTICOS DA CLARIFICAÇÃO

Quando a clarificação não é bem conduzida, quer pela aplicação dos reagentes, quer pela própria qualidade do caldo, observa-se que seu pH varia de um compartimento a outro do decantador. Com essa irregularidade poderá ocorrer a inversão da sacarose e a destruição dos açúcares redutores, dando formação a ácidos.

O tempo de retenção do caldo à alta temperatura nos decantadores tem um grande efeito sobre o caldo e seus componentes. Assim é que todas as vezes que se retém o caldo nos decantadores, por um tempo muito prolongado, haverá destruição dos açúcares redutores e inversão da sacarose, com consequente redução na recuperação de açúcar e na sua qualidade. Quando o caldo misto, extraído pelas moendas, mostra-se refratário ou contém uma grande quantidade de matéria suspensa de baixa densidade, às vezes é necessário retê-lo por um tempo mais longo, necessitando, nessas condições, que a fábrica esteja equipada com uma capacidade excessiva de clarificadores. Isso pode ocorrer, principalmente, onde o corte e o carregamento são mecânicos. O tempo de retenção no decantador deve ser o mais curto possível, de 2,5 a 3 horas.

Muitas vezes, o caldo do decantador apresenta um ganho de pureza, isso porque a levulose, que é levorotatória, é destruída, ficando apenas a glicose, que é mais resistente e tem caráter ótico dextrogiro. Dessa forma, o valor da glicose somado ao da sacarose causará um ágio de pureza. A pureza também é alterada porque o Brix é diminuído, devido à destruição dos redutores e à formação de ácidos.

Muitas usinas se utilizam do coeficiente glucósico para avaliar a taxa de inversão. Esse coeficiente é dado pela relação:

$$\text{C. G.} = \text{Açúcar redutor \% x 100 / sacarose \% (pol)}$$

O uso desse coeficiente tem valor relativo, pois pode ocorrer que a sacarose e açúcares redutores estejam sendo destruídos e o valor permaneca o mesmo.

A inversão nos decantadores praticamente é inevitável. Honig (1969) estima que a perda por inversão, em condições normais, seja da ordem de 0,2 a 0,3% da sacarose do meio. Em condições especiais, esse valor pode atingir a 1%. Este mesmo autor afirma que 1% dos açúcares redutores pode ser destruído, por hora, quando a temperatura é de 100ºC e o pH ao redor de 7,0. Entretanto, se o pH do caldo for 8,0, a destruição dos açúcares redutores pode atingir a 3% por hora.

Quando a usina para nos fins de semana para limpeza, os decantadores permanecem cheios e uma inevitável perda e destruição de açúcar ocorre, com um considerável aumento de cor no caldo, decréscimo na pureza e pH, esse último devido à formação de ácidos. Essas ocorrências negativas favorecem a perda de sacarose. Baikon (1982) recomenda que para que isso não ocorra, deve-se proceder de forma normal na caleagem e, apenas três ou quatro horas antes da parada, elevar o pH, adicionando carbonato de sódio, na proporção de 3 kg por 1.000 litros de caldo.

Ele observou que um caldo com pureza normal de 87,63 e um pH 6,3 a pós adição do carbonato de sódio, a pureza passou a 87,76 e o pH 7,2, o que indicou a eficiência dessa técnica. Esse mesmo autor aconselha que durante o transcorrer da safra os clarificadores devem ser liquidados de tempo em tempo para limpeza. O máximo período de operação dos decantadores sem liquidação, não deve exceder a seis semanas.

A limpeza dos clarificadores é necessária, pois uma certa quantidade de lodo fica retida no aparelho e como esse material é um excelente meio de cultura, as bactérias termófilas aí crescem e se multiplicam. Após certo período de tempo, produzem gases que, ao se deslocarem para superfície, turbilhonam o meio, prejudicando a sedimentação.

Hugot (1977) recomenda uma elevação do pH algumas horas antes das paradas da usina, até um mínimo de 8,8, mantendo o lodo a um baixo nível.

Nas condições paulistas o pH gira em torno de 7,5 para o açúcar cristal branco e varia de 7,5 a 8,0 para o açúcar de exportação.

A peneiragem do caldo decantado é vantajosa, pois remove o bagacilho e finas partículas suspensas. Esse proceder é benéfico à cristalização, já que o bagacilho pode incrustar o cristal de sacarose, prejudicando sua qualidade de refinação, por afetar a clarificação, a filtração e aumentar a cor no aquecimento.

16.4 CLASSIFICAÇÃO DOS DECANTADORES

Os decantadores podem ser classificados:

a) Quanto ao número de bandejas:

- decantador de bandejas múltiplas: Dorr, Grave, Bech, etc.;
- decantador de bandeja única: o australiano (SRI)

b) Quanto à alimentação e o fluxo de caldo e lodo:

- alimentação central com fluxo em contra-corrente: Dorr;
- alimentação periférica com fluxo em contra-corrente: Bech e Graver;
- alimentação central com fluxo em corrente paralela: Suarez;
- alimentação periférica com fluxo em corrente paralela: Ibañez;
- fluxo direto ininterrupto: Fortier, Martel e Willianson, este usado em refinarias.

16.5 TIPOS DE DECANTADORES

Os decantadores intermitentes para clado que foram largamente utilizados na indústria do açúcar, já não são mais empregados, devido a uma série de desvantagens, já enumeradas anteriormente, como:

a) Grande área exigida para sua instalação;
b) Muita mão-de-obra;
c) Trabalho exaustivo para os operários;
d) Grande perda de temperatura do caldo, consequentemente maior consumo de vapor;
e) Custo operacional elevado, etc.

Desde modo, eles foram substituídos pelos decantadores contínuos.

Muitos aparelhos para realizar a decantação contínua têm surgido, sempre com o objetivo de produzir um caldo mais claro, borras mais compactas, com menor tempo de retenção, evitando, dessa forma, as perdas de açúcar por inversão e decomposição e produzindo um açúcar de alta qualidade.

Os mais difundidos são das marcas: Dorr-Oliver, Graver, Bach, o BMA, etc. Recentemente, surgiram outros tipos de decantadores com boas perspectivas de emprego, como o porto-riquenho e o australiano.

16.5.1 DECANTADOR DORR

O decantador Dorr clássico consiste, essencialmente, de uma série de bandejas cônicas sobrepostas circunscritas em um cilindro, possuindo a tampa e o fundo também cônico. As bandejas são cones invertidos, abertos na parte central, por onde descem as borras e entra o caldo em contracorrente, sendo que o caldo decantado é retirado radial e perifericamente sob as bandejas (Figuras 113 e 114).

Esse decantador possui de três a cinco bandejas, com inclinação de 16°, que dividem o corpo do aparelho em compartimentos com diferentes características.

Câmara de coagulação ou de floculação, onde o caldo entra no aparelho, para decantar. A altura desse compartimento varia de 500 a 700 mm. Ele está situado na parte mais superior do clarificador.

Câmaras de caldo clarificado ou de sedimentação: localizam-se intermediariamente no aparelho; é de onde se retira o caldo decantado. A altura desses compartimentos varia de 600 a 850 mm.

Câmara concentradora de cachaça ou de lodo é a mais inferior; dela, pode-se retirar caldo decantado e as borras. Esse compartimento é o maior deles. Varia entre 1.500 e 1.700 mm, sendo praticamente de 2 a 2,5 vezes a altura das câmaras intermediárias.

Esses compartimentos se comunicam entre si, através de um canal central, por onde fluem as borras para a câmara concentradora de cachaça. Este canal é atravessado por um eixo vertical, que suporta raspadores com disposição em cruz. Uns raspadores trabalham sobre as bandejas e o fundo, raspando e orientando as borras pesadas para a parte central, de onde são extraídos por bomba de diafragma ou através de sistema de vasos comunicantes. Sobre a superfície do líquido na câmara de concentração existe um raspador de espuma, que a conduz para uma calha coletora, por onde vai ter na caixa de lodo. O movimento dos raspadores é dado por um motor de 3 ou 4,5 Hp, com redução adequada para dar às pás uma velocidade de 10 a 12 rph, para que não haja turbilhonamento do meio. Externamente, na parte superior, tem-se a caixa de prova de caldo decantado e as borras e, na inferior, a caixa de descarga ou liquidação.

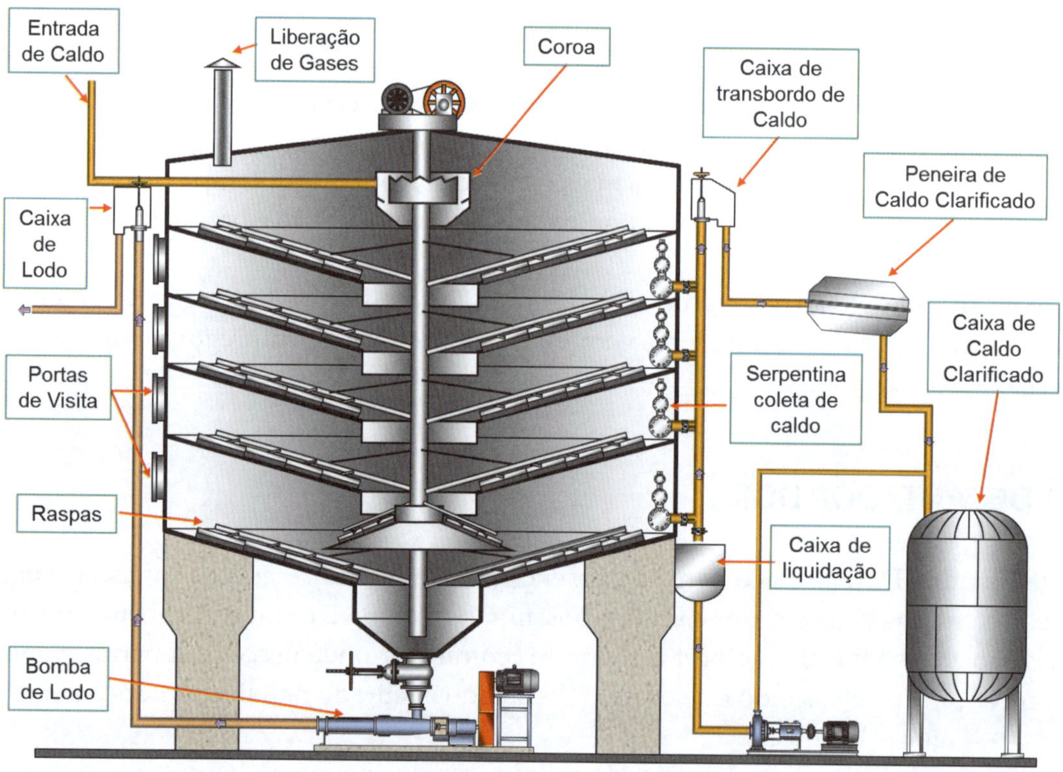

A

B

Figura 113 - Decantador clássico: funcionamento: A – esquema de Paulo Gangorra e B - na Usina Barralcool, 2015.

O caldo que vem dos aquecedores, antes de entrar no decantador, passa pelo balão de "flash" ou de expansão, para que ele perca a velocidade, ocorrendo ai uma auto-ebulição.

Esse decantador trabalha sempre cheio, pois a retirada de caldo e do lodo está baseada no princípio dos vasos comunicantes.

Possui, ainda, como acessórios, tubulações de circulação, registros e chaminé.

Neste aparelho, a velocidade crítica máxima é na entrada. Se ela atingir valores superiores à velocidade crítica, não ocorre sedimentação até que ela seja reduzida abaixo daquele valor. Segundo Hugot (1977), a velocidade de entrada de caldo não deve ultrapassar 15 m/h, para não prejudicar a decantação. A variação da velocidade, no interior do aparelho, apresenta as seguintes características.

V = 3 a 6 m/h , escorrimento laminar perfeito;
V = 6 a 12 m/h, escorrimento regular, excelente decantação;
V = 12 a 15 m/h, principiam as irregularidades, decantação ainda possível;
V = maior que 15 m/h, escorrimento turbulento, impossível decantação.

A quantidade de caldo arrastada com as borras é da aproximadamente 5% do caldo total. O decantador Dorr é um aparelho fechado e revestido com isolante térmico. Assim, o caldo permanece na temperatura próxima ao ponto de ebulição. Quando a usina interrompe sua atividade para limpeza ou por qualquer outro motivo, reiniciando o trabalho no outro dia, o caldo se conserva a uma temperatura entre 90 e 95ºC.

O modo de operar o aparelho é o seguinte: o caldo que chega ao aparelho, depois de ter os flocos sedimentados torna-se límpido, sendo retirado sob as badejas através de tubos circulares. A seguir, ele é conduzido à caixa de prova pelo sistema de vasos comunicantes. Entretanto, se por qualquer motivo observa-se que o caldo que está retirado de um dos compartimentos se mostra turvo, o operador fecha sua saída por um sistema telescópico. Passado algum tempo, abre-se novamente a saída de caldo e deixa-o fluir. A retirada de lodo deve ser contínua. Todavia, em certas condições, é necessário deixá-lo espessar. Para isto, interromper a retirada de lodo, até que ele se torne espesso, evitando sobrecarga dos aparelhos de filtração e um excesso de caldo de circulação.

A partir do modelo clássico, a Dorr desenvolveu vários outros projetos, como: o Dorr com alimentação múltipla, o RapiDorr e o Decantador ATV.

16.5.2 DECANTADOR DORR COM ALIMENTAÇÃO MÚLTIPLA

Em 1938, a Dorr-Oliver projetou esse decantador. As modificações consistem, essencialmente, no sistema de alimentação de caldo e retirada das borras dos compartimentos.

O Dorr, com múltiplas entradas de alimentação, é provido de um tubo vertical central de parede dupla, sendo que, pelo conduto central, o caldo vai sendo distribuído nos compartimentos e, pela parte externa, é removida à borra. Nestas condições, o caldo que entra não tem contato com o lodo que sai. Esse tubo gira e dá movimento aos raspadores que ele sustenta e que servem para conduzir as borras decantadas para o tubo, conduzindo-as até o fundo do aparelho de onde saem. O caldo decantado, por sua vez, é retirado sob as bandejas e enviado à caixa de prova. Neste decantador, cada compartimento opera independentemente.

16.5.3 DECANTADOR RAPIDORR

O RapiDorr é um decantador introduzido na indústria do açúcar no Brasil em 1955. Ele é constituído de dois clarificadores de duas bandejas cada um. A retirada das borras é independente, sendo extraída do segundo e do quarto e último compartimento. A alimentação é feita por um tubo central rotativo e a retirada do caldo decantado na periferia dos quatro compartimentos. Metade do caldo é introduzida nos dois compartimentos superiores, e a outra metade, nos dois inferiores. Nesse decantador, o balão de alimentação é pequeno, como no Dorr clássico. Segundo dados do fabricante, o RapiDorr permite uma redução do volume necessário para decantação da ordem de 30% em relação ao modelo convencional, devido à maior velocidade com que o caldo flui.

Recentemente, a Dorr lançou o decantador ATV, ou RapiDorr 4- 4- 4. Neste novo projeto, o decantador é formado por quatro unidades simples individuais, onde se tem quatro entradas de alimentação, quatro saídas de borras, quatro saídas de caldo. Assim sendo, cada unidade pode operar sem interferência da outra, resultando disso uma maior capacidade por unidade de volume, caldo mais claro e lodo mais concentrado. A capacidade desse decantador é de 450 a 650 kg de caldo/m2/h.

16.5.4 DECANTADOR AUSTRALIANO

Este aparelho de decantação foi idealizado por Hale; Whayman (1972), do Sugar Research Institute, Mackey, Austrália.

A opinião desses autores é que a utilização do decantador de bandejas múltiplas é supérflua na indústria do açúcar da cana, bastando para a decantação uma única bandeja, que faz o fundo do aparelho.

O aumento de eficiência desse decantador baseia-se, principalmente, na quase eliminação do fluxo transversal do caldo, de modo que o único componente de velocidade importante é o vertical.

O projeto industrial foi baseado na alimentação e drenagem do caldo por múltiplos pontos. Em consequência, o fluxo transversal do caldo pode ser mantido a um mínimo, como mostra, esquematicamente, a Figura 114.

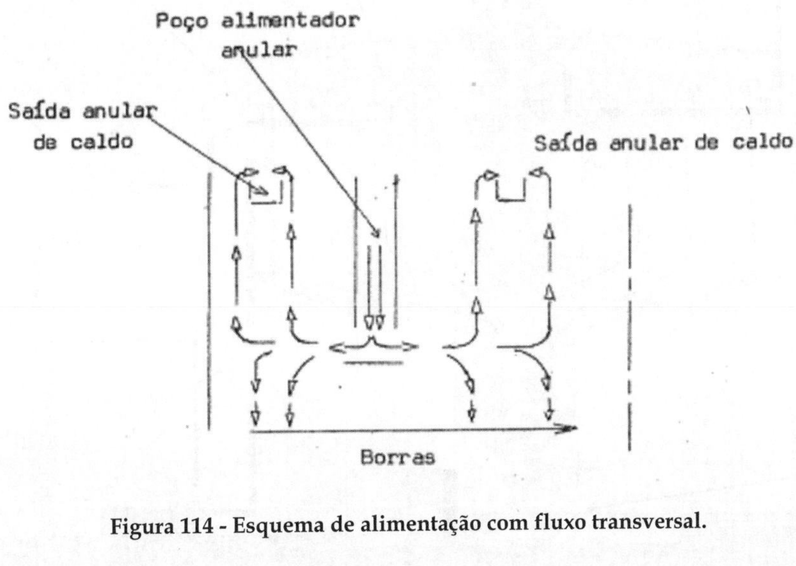

Figura 114 - Esquema de alimentação com fluxo transversal.

A alimentação do decantador é feita através de duas entradas diametralmente opostas em um alimentador anular, que transborda e alimenta um poço alimentador anular, que tem suas paredes fechadas até a altura do meio inferior.

O alimentador anular que rodeia o poço de alimentação tem seu bordo externo acima do nível de caldo. O bordo interno é projetado de tal forma que distribui o caldo de modo igual no poço alimentador. O bordo interno e o fundo do alimentador anular possuem ranhuras cortadas, a fim de permitir que uma quantidade de areia e sólidos se dirija ao poço alimentador e vai ter, finalmente, ao fundo do aparelho.

O caldo que flui pelo poço alimentador é desviado radialmente para alimentar o aparelho, através de um defletor triangular, sustentado pelo raspador. Este modo de distribuir o fluxo de caldo reduz a velocidade de alimentação (Figura 115). O alimentador anular e o poço alimentador estão localizados no primeiro terço externo do aparelho, visando reduzir, ao mínimo, o fluxo transversal do caldo.

No fundo do aparelho operam os raspadores mecânicos, que sustentam pós de diferentes alturas, decrescendo para a extremidade, onde a velocidade tangencial é maior e poderia causar turbilhonamento. Na parte central do fundo do aparelho existe uma depressão para captação e concentração do lodo, que aí é conduzido pelo raspador. Desde ponto, o lodo é removido, intermitentemente, do aparelho, e enviado para a respectiva caixa.

A retirada do caldo é feita por duas saídas concêntricas, colocadas de tal forma, que deixa entremeio ao poço alimentador, como mostra a Figura 115. Com este modo de distribuição, a velocidade horizontal é mínima.

A Usina Gin Gin na Austrália, em 1969, instalou um decantador de bandeja única com 6,10 m de diâmetro e um volume de 80,92 m 3 de decantador convencional.

As especificações para esse aparelho, para as condições australianas, foram as seguintes:

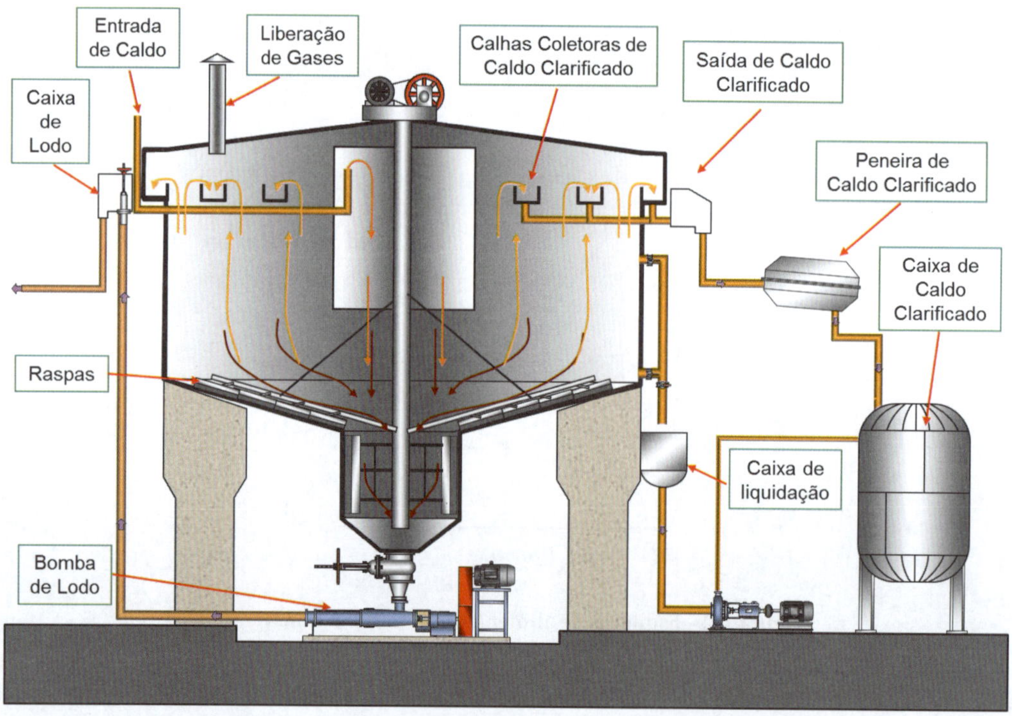

Figura 115 - Decantador Australiano. *Ilustração:* **Paulo Gangorra.**

- Diâmetro 6,10 m
- Superfície de decantação 23,69 m^2
- Volume 80,92 m^3
- Capacidade para 140 TCH
- Tempo de resistência do caldo 17 minutos
- Volume Médio 0,578 m^3/TCH
- Tempo de retenção do lodo 5 a 6 horas

Como nas usinas reciclagem de caldo, a capacidade é diminuída para 120 a 130 TCH.

Para o bom desempenho desses aparelhos, várias poliacrilamidas comerciais parcialmente hidrolisadas foram adicionadas ao caldo, para melhorar a sedimentação. A quantidade adicionada variou entre 1,5 e 3,0 p.p.m.

Em 1970 e 71, nove outras unidades trabalharam, sendo que uma unidade com 7,32m de diâmetro e um volume de 140,93 m^3 processou 240 ton de cana por hora mas o volume total de caldo, considerando o reciclado, era de 310 toneladas por hora. O tempo médio de resistência, neste caso, foi de 11 minutos, e a densidade do lodo satisfatório para um teor de sólidos totais, da ordem de 7 a 8%.

16.6 CAPACIDADE REQUERIDA

A capacidade necessária, em termos de volume ou superfície por tonelada de cana por hora varia enormemente, dependendo do tipo de aparelho, das características do caldo, da clarificação adotada, com a utilização de auxiliares de clarificação, etc.

Clarificação simples

Em Cuba, segundo Hugot (1977, 1986), caldos moderadamente refratários exigiam uma capacidade de:

- Em volume de 2.400 L / THC
- Em superfície 2,5 m^2 / THC

No Havaí, varia de 2,5 a 3,8 m^3 / THC e em Porto Rico varia de 2,1 a 3,8 m^3/TCH.

No Brasil, varia segundo a região; assim é que, na Região Sul, o valor é de 4,0 a 4,5 m^3/ THC, e na Região Nordeste de 2,5 a 3,0 m^3/THC.

Clarificação Composta

Em Cuba, os valores médios para a clarificação composta são: para a decantação primária 2,0 a 2,08 m3/TCH, a para a secundária de 1,1 a 1,5m3/TCH.

Nestas condições, os decantadores secundários correspondem a 55% do volume dos primários.

A superfície total de decantação pode ser estimada pelo produto da área da seção interior pelo número de compartimentos, isso para o caso do Dorr Clássico.

A superfície do decantador Grave é calculada, somando apenas as superfícies das bandejas.

Segundo HUGOT (1977), a capacidade dos clarificadores contínuos, em termos de superfície de sedimentação, varia bastante, como mostra a Tabela 37.

Tabela 37 - Capacidade dos clarificadores contínuos (HUGOT, 1977)

Número de Compartimentos	Clarificação Simples (m^2/TCH)	Clarificação composta (m^2/TCH)	
		Primária	Secundária
3	2,80	2,65	1,60
4	3,00	2,75	1,65
5	3,10	2,80	1,70

No caso do RapiDorr, a experiência tem mostrado que a superfície total requerida para assentamento do lodo é bastante variável. Às vezes, 1,7 m^2/TCH são suficientes, mas, em condições adversas, é de 2,4 m^2/TCH, em média 2,0 m^2/TCH. Entretanto, a Dorr calcula esse decantador, utilizando-se do fator 2,4 m^2/TCH, o que dá a superfície total das quatro bandejas.

Conhecendo a altura do aparelho que, de um modo geral é de 8,10m, e que o número de compartimentos é igual a 4, pode-se calcular o volume em m/TCH.

$$V=2,44.6,1=3,660\ m3/TCH$$

Para o Dorr, o volume por TCH varia de 3,66 a 3,76 m^3/TCH.

16.7 COMPOSIÇÃO DO LODO

A composição média, em porcentagem, encontrada no lodo do decantador Dorr em algumas usinas paulistas, segundo Delgado et al. (1977) é a seguinte:

Umidade 70 - 80
Sólidos totais 20 - 30
Brix refratométrico(filtrado) 21 - 32
Brix areométrico (ao natural) 25 - 36
Pol 12 - 18
Sacarose 10 - 15
Cinzas 0,8 - 1,2
Açúcares redutores 0,5 - 1,5

Honig (1986) observou que a produção de borras é de aproximadamente 10% do volume de caldo misto, mas são frequentemente encontrados valores de 25% ou mais.

CAPÍTULO 17

FILTRAÇÃO E CENTRIFUGAÇÃO DO LODO

Durante o processo de decantação, a matéria suspensa e os coloides coagulados por uma das técnicas de clarificação e pelo aquecimento, separam-se do caldo claro. Este corresponde a 80 / 90% do caldo original e, quase que invariavelmente, segue para a fase de evaporação. Ao passo que o lodo, após sofrer diversos tratamentos, vai à filtração, onde se separa o caldo do precipitado.

Alguns anos atrás, a filtração das borras era operação realizada nos filtros prensas, onde a mistura de caldos e material precipitado, era forçada contra um conjunto de superfície filtrante, nas quais as borras ficavam retidas e o caldo claro filtrado fluía. Este, por sua vez, era reunido com o caldo claro decantado e ambos seguiam para evaporação. A vantagem para utilização de filtro prensa era justamente essa, o do caldo filtrado ter condições de seguir diretamente para evaporação sem a necessidade de recirculação, evitando uma sobrecarga adicional a todo sistema de clarificação. Todavia, os filtros prensas mostram uma série de desvantagens, como: necessitam de uma área para instalação muito grande; o tempo perdido para retirar o açúcar contido no bolo, e a limpeza do filtro requer 50% do tempo de trabalho. Estas dificuldades levaram os técnicos a buscar um aparelho que tivesse melhores resultados: os filtros rotativos a vácuo.

O primeiro filtro rotativo a vácuo do tipo Oliver-Campbell foi instalado no Brasil, segundo Porta Argued (1955). Os demais filtros são construídos sobre o mesmo princípio de Oliver-Campbell.

17.1 FILTRO ROTATIVO: MECANISMO DA FILTRAÇÃO

O mecanismo da filtração, no caso mais geral, envolve o escoamento de fluídos pelos interstícios de camadas porosas de sólidos, que constituem o bolo. Durante a operação de filtração, o bolo vai se espessando, aumentando, portanto, a distância a ser percorrida pelo fluído, que vai atravessar o bolo e o meio filtrante. Durante a filtração industrial, o bolo fica sujeito a pressões crescentes, que modificam sua porosidade.

Esse fato e outros fazem com que o estudo do mecanismo de filtração seja bastante difícil. A maioria dos trabalhos modernos sobre mecanismo de filtração estudam a influência da permeabilidade de camadas porosas e dos parâmetros que a modificam no escoamento dos fluídos. Define-se filtração como a separação de sólidos suspensos em um líquido, pela passagem através de um meio permeável (meio filtrante). Um filtro é o equipamento que contém o meio filtrante, através do qual passa o filtrado. Os filtros a vácuo, de tambor rotativo, são os mais utilizados nas usinas de açúcar, para filtrar o lodo do decantador e recuperar o açúcar contido neste. A filtração a vácuo é realizada, criando-se uma pressão negativa abaixo do meio filtrante e lavando-se o lodo com água. O filtrado resultante contém o açúcar, que retomará ao processo.

O filtro é um tambor rotativo, cuja parte inferior é imersa em um tanque com o lodo (Figura 115). O tambor é dividido em secções independentes, cobertas com uma tela, usualmente de aço inoxidável. As seções se conectam, por meio de tubulações, a uma válvula que controla o vácuo nas várias seções.

Enquanto o filtrado passa através da camada de bagacilho retida na tela do filtro, ficam retidos os sólidos suspensos nos pequenos espaços vazios entre as partículas de bagacilho. O filtrado passa pelas telas, saindo através da válvula do filtro, para entrar nos tanques coletores e, a seguir, retomar o processo. Esta parte do ciclo deve ser realizada sob vácuo relativamente baixo (7 a 10''Hg), para evitar a passagem ao filtrado dos sólidos presentes no lodo.

O bagacilho auxilia na formação de um meio filtrante durante o tempo em que a seção submersa do filtro permanece em contato com o lodo. A porosidade da torta formada determinará a capacidade de filtração. Se o controle do vácuo não for adequado à formação da torta, não será eficaz e causará grande recirculação de impurezas.

À medida que o tambor gira, a seção que estava submersa no tanque emerge e a válvula do cabeçote do filtro permite que ocorra o aumento do vácuo nesta seção (18 a 20''Hg). Inicia-se, então, o ciclo de lavagem, e ao pulverizar água sobre a camada de torta aderente ao tambor, a água, ao passar pelos poros da torta, arrasta o açúcar que estava presente.

O ciclo de lavagem continua até que a seção tenha atingido o ponto superior do tambor. Desse ponto até a linha central horizontal do lado da descarga, o vácuo é mantido para secar a torta. Quando o segmento passa na linha central horizontal do tambor o vácuo é interrompido e, então, um raspador com ponta de borracha remove o torto aderentes ás telas.

Assim, a cada rotação completa do tambor, os processos sucessivos de pega, filtragem, lavagem, secagem e descarga dos sólidos estão ocorrendo simultaneamente. Detalhes do ciclo (funcionamento) podem ser vistos na Figura 116. Os fatores controláveis de interesse para o operador são o vácuo, a rotação do tambor e a quantidade e distribuição da água de lavagem colocada sobre a torta.

Ao se peneirar o caldo, o objetivo é eliminar as partículas em suspensão, que podem acompanhar o caldo após a decantação.

As peneiras mais utilizadas são do tipo estática ou rotativa. A tela utilizada pode ser de aço inoxidável ou poliéster, com abertura variando de 100 mesh (0,15 mm) a 200mesh (0,074 mm).

O peneiramento pode ocasionar queda de temperatura e, também, a contaminação do caldo, sendo portanto necessário manter o equipamento em boas condições de operação.

A limpeza frequente das peneiras evita a perda de capacidade e a possibilidade de contaminação. Geralmente, utiliza-se água sob pressão ou vapor na limpeza das peneiras, e muito cuidado deve ser tomado para que as telas das peneiras não sejam danificadas.

Apesar do maior investimento inicial, testes realizados mostraram maior eficiência da peneira rotativa, além de apresentar outras vantagens, como menor perda de calor, limpeza automatizada, etc.

17.1.1 FILTRO ROTATIVO A VÁCUO TIPO OLIVER CAMPBELL

Essencialmente, o conjunto para filtração a vácuo tipo Oliver-Campbell consta das seguintes partes: filtro rotativo, acessórios do filtro, misturador de lodo e instalação pneumática para transporte do bagacilho.

FILTRO ROTATIVO A VÁCUO

O aparelho consta de um tambor rotativo, que gira ao redor de um eixo horizontal. Ele é constituído na forma cilíndrica em chapa de aço carbono ou inoxidável a sua superfície está dividida em 24 seções longitudinais independentes, formando um ângulo de 15° com a circunferência. Essas divisões são dadas por barras colocadas no sentido do comprimento do aparelho. Nos filtros grandes, existe uma divisão no centro do tambor, segundo o perímetro externo, isso é, feito para que haja distribuição do vácuo através de dois cabeçotes, como mostra a Figura 116.

Externamente, o tambor é revestido por contratelas especiais de aço ou por grades de polipropileno, que permitem a drenagem e circulação do caldo filtrado. Sobre esta base, sobrepõem as telas filtrantes, que podem ser de cobre, latão e aço inoxidável. Essas telas são fixadas em suas posições, através de graxentas de borracha ou com vergas de chumbo laminado.

Lateralmente, o tambor é fechado por chapas de aço carbono ou inox. Nessas laterais são soldados raios perfilados em aço carbono e ferro fundido, que apoiam em mancais com casquilho de celeiro, sobrepostos ao suporte do filtro.

Na parte interna, o tambor rotativo deixa furos correspondentes a cada sessão, onde são isolados os tubos verticais, e estes aos tubos coletores longitudinais, que vão ter à válvula automática, passando pelo interior do munhão. Os filtros grandes possuem dois cabeçotes com suas válvulas automáticas, constituídas por suas carcaças de ferro fundido ou aço e um disco de bronze, parafusado ao munhão. A carcaça da válvula é apertada contra o disco de bronze por porca de pressão e mola de tensão. Internamente, a carcaça da válvula possui dois setores reguláveis, para separar a câmara de caldo turvo e claro. Essas câmaras possuem vacuômetros de 0 à 30 pol. de Hg. Para constatação da operação de trabalho, as conexões das câmaras de caldos são adaptadas a mangotes de borracha com lona, acompanhada, de registro de gaveta, por onde flui o caldo e se faz vácuo.

O conjunto é acionado por um motor elétrico (2 a 5 HP), colocado a uma das extremidades do filtro. Para que a velocidade da rotação seja adequada, existe um sistema redutor de velocidade, tipo rosca sem fim, acoplado a um variador. O ajuste do número de rotações do tambor entre 20 e 6 rotações por hora (rph) é feito por um volante graduado, do variador de velocidade ou por outro sistema semelhante.

Na parte inferior, fixado ao suporte do filtro, está a calha de mistura de borra e bagacilho, construída em chapa de aço carbono. Essa caixa possui bocais de entrada da mistura de lodo e bagacilho e saídas de retorno do excesso de material, que volta ao tanque misturador alimentador no fundo. A calha deixa uma abertura para limpeza no interior da calha. Entre esta e o tambor existe um sistema agitador, para evitar a sedimentação das partículas da mistura no fundo da calha. Esse sistema pode ser acionado por motor elétrico (2 a 5 ou 12) com redutor de velocidade de rosca sem fim, de tal forma que o agitador movimente a onze ciclos por minuto.

Trabalhando entre a superfície do filtro, no lado da descarga, existe o raspador de torta, construído em chapa de aço carbono, tendo uma lâmina de borracha com lona, que remove a torta do tambor.

A lavagem da torta é realizada através de tubos dotados de bicos atomizadores, para melhor distribuição da água quente. Possui, ainda, um tubo para limpeza da superfície filtrante ,com vapor.

A partir da calha, a uma altura variável, que pode ser até o centro superior do filtro, existe uma caixa protetora contra respingos.

A Figura 116, a seguir, mostra um filtro rotativo instalado e em operação na Usina Barralcool S.A., safra 2018.

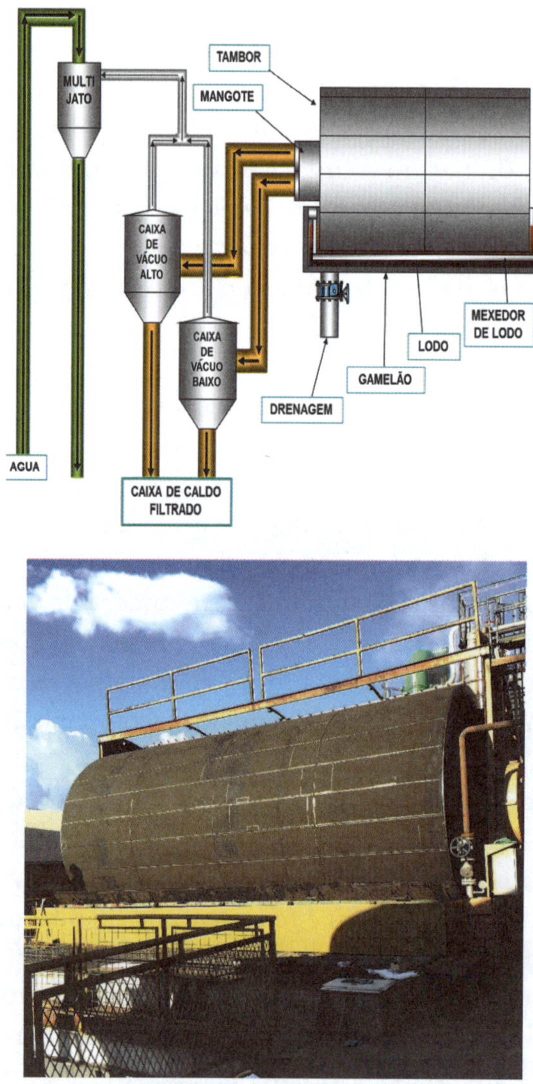

A

B

Figura 116 - Esquema do mecanismo de filtração com formação de vácuo (a - Paulo Gangorra) e b -filtro rotativo, operando na Usina Barralcool S.A.

ACESSÓRIOS DO FILTRO

Vários acessórios completam o conjunto para filtração a vácuo, tais como: balões receptores de caldo, condensador, coluna barométrica, bomba rotativa para vácuo, bomba centrífuga, etc.

Os balões receptores de caldo são dois, sendo um para caldo claro e outro para turvo. Esses balões são de chapas de aço carbono, deixando em cada um, uma ou duas aberturas laterais de entrada, conforme o número de entradas automáticas. No fundo, os balões deixam uma abertura para retirada do caldo. Na parte superior e lateralmente, estes balões possuem um dreno do excesso de caldo, que vai ter ao balão de equilíbrio, localizado ao lado da bomba centrífuga. Eles deixam, ainda, na parte mais superior, um bocal para conexão com o condensador. Este é um aparelho de seção cilíndrica, que tem uma abertura intermediária para entrada de água, e uma interior que tem, em continuação, a coluna barométrica. Anexado lateralmente ao condensador, existe um balão separador de gotas, o qual está ligado à bomba de vácuo.

A retirada dos caldos dos balões é feita por duas bombas centrífugas. A torta, depois de raspada da superfície do filtro, é transportada por uma esteira ou através de um raspador mecânico, formados por duas correntes sem fim e tabuinhas transversais, os quais são acionados por motor de 2 HP. Essas transportadoras depositam a torta diretamente no veículo transportador ou em depósito. Atualmente, a maioria das usinas tem optado por descarte direto da torta no caminhão que fica sob a moega de recepção. A torta, produto final do lodo, é encaminhada para área agrícola como adubo rico em fósforo.

Para se fazer vácuo no sistema de filtração, pode-se também recorrer aos multijatos, com os quais tem-se obtido bons resultados. Neste caso, elimina-se o condensador barométrico e a bomba de vácuo Nash.

Geralmente, existem 24 seções em um filtro, ou seja, cada setor com 15°. Cada seção é ligada ao sistema de vácuo por tubos metálicos, denominados tubos de sucção. Estes tubos, localizados no interior do tambor do filtro, estendem-se até a válvula no cabeçote do filtro. Se estes tubos estiverem entupidos, não existirá vácuo na seção correspondente e não haverá a formação da camada de torta na área ligada ao tubo entupido. Se o tubo estiver parcialmente entupido, a remoção de caldo e água será prejudicada, produzindo torta com elevada umidade e pol.

O entupimento pode ocorrer quando o lodo se torna muito diluído e a quantidade de bagacilho adicionado for insuficiente. Qualquer área da tela não coberta com torta pode ser indicação de que os tubos de sucção ou tela estão entupidos.

Se existirem tubos entupidos, deve-se parar o filtro, assim que possível, remover a tela da seção e aplicar ar ou água sob pressão na entrada dos tubos de sucção.

No raspador de torta existe um contrapeso, cuja finalidade é manter o raspador pressionado contra a tela do filtro. Quando a torta não se separa da tela, pode-se aplicar uma pressão maior no raspador. Para isto, deve-se mover o contrapeso até encontrarmos uma posição onde o contato seja completo. A pressão do raspador não deve ser excessiva, para não provocar danos à tela.

MISTURADOR DE LODO

O lodo que sai do decantador vai para o tanque misturador de lodo com bagacilho, visando, com isso, melhorar as características de porosidade da torta formada. Internamente, essa caixa possui um agitador e uma serpentina de aquecimento. O motor de acionamento é de 1,5 a 3 HP.

A mistura é encaminhada para o coagulador ou para calha de lodo por gravidade, ou através de bomba centrífuga com rotor de bronze, podendo ser aberto ou fechado (Figura 117). Quando a mistura vai ao coagulador, a alimentação da calha é por gravidade. É no coagulador que se adiciona os polieletrólitos.

O agitador localiza-se no tanque do filtro, onde parte do tambor é submersa. Sua finalidade é manter os sólidos da mistura lodo-bagacilho sempre suspensos.

É importante verificar o funcionamento do agitador. Observando-se defeitos, o filtro deve ser parado, o agitador deve ser limpo com água e consertado, evitando danos maiores ao filtro. O agitador deve se localizar o mais próximo possível do fundo do tanque do filtro e o mais distante do tambor, para evitar destruição da camada filtrante.

Em casos de paradas de curta duração, o agitador deve sempre ser mantido em operação. Se o lodo for mantido no filtro, com a parada do agitador os sólidos se depositarão no fundo e, quando o filtro voltar a funcionar, o agitador pode danificar-se. Portanto, em longas paradas, o filtro deve sempre ser liquidado.

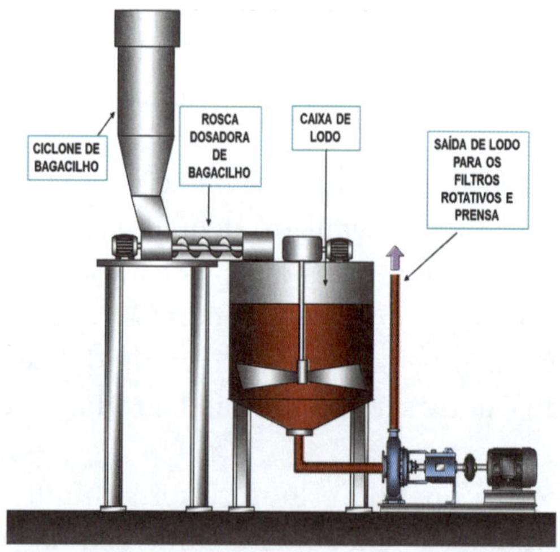

Figura 117 - Esquema do misturador de lodo do filtro rotativo - *Ilustração:* **Paulo Gangorra.**

INSTALAÇÃO PNEUMÁTICA PARA O TRANSPORTE DE BAGACINHO

O bagacilho, para ser misturado ao lodo, é obtido da peneiragem do bagaço, o que pode ser realizado no próprio transportador ou em peneiras especiais, vibratórias ou rotativas. A necessidade de superfície de peneiragem para obtenção do bagacilho é de 0,5 a 0,10 m/TCH, e a malha utilizada é de 56 orifícios por diâmetro quadrado. As usinas paulistas usam chapas de ferro nº 14 com furos de 1/8'' ou 5/32'' , com área aberta de 30 a 40 %, e o número de furos de 20 a 32 por polegada quadrada.

O bagacilho é transportado por um sistema pneumático, constituído por um aspirador--ventilador com rotor semiaberto, cujo motor varia de 5 a 15 HP. Em conexão com o aspirador--ventilador está a tubulação transportadora, com um diâmetro de 10 a 12'', que vai terminar no ciclone que distribui o bagacilho na caixa misturadora. O volume de ar para transportar um quilo de bagacilho varia entre 6 e 7 metros cúbicos.

17.1.2 MECANISMOS DE FUNCIONAMENTO DO FILTRO

Para se iniciar a operação de filtração, coloca-se em movimento os agitadores da mistura para, logo a seguir, admitir a mistura de lodo e bagacilho na calha, até a altura do nível de transbordamento.

Nesse instante, liga-se a bomba de vácuo e as bombas de filtrado, dando-se início à movimentação do filtro. O passo seguinte consiste em abrir, lentamente, as válvulas dos encanamentos de caldo claro e turvo, e regular a alimentação da mistura, de forma que, sempre haja certa quantidade de retorno. A seguir, abre-se as válvulas das canalizações de lavagem.

Após o sistema entrar em regime normal, observa-se logo que uma seção do filtro é mergulhada no líquido e o baixo vácuo de 10 a 25 cm de Hg começa a agir, a fim de que se forme uma camada filtrante uniforme. Neste momento, o resultado da filtração é um caldo turvo que sai através das canalizações e vai ter aos balões correspondentes, de onde é retirado por uma bomba centrífuga e enviado à fase de clarificação. Da quantidade de caldo recuperada, 30 a 60% é constituído pelo caldo turvo. Logo que a torta se forma sobre a superfície filtrante, o vácuo se eleva ao redor de 20 a 50 Hg e o caldo obtido é claro. A elevação do vácuo é necessária, pois a torta se espessa e a resistência à filtração aumenta. A quantidade de caldo claro, obtida nesta fase, corresponde de 40 a 70% do volume. Quando a seção emerge do líquido, recebe a seguir, em vários pontos, água quente atomizada, que vai arrastando o açúcar da torta, enquanto que o tambor continua em movimento.

Após a última série de bicos injetores de água, os quais geralmente se localizam na parte mais superior do filtro, inicia-se a fase de secagem da torta, ainda pela ação do vácuo. A fase seguinte consiste em remover a torta formada na superfície da filtração, o que é conseguido mediante o rompimento do vácuo e sob a ação do raspador. A torta desprendida cai no sistema transportador, sendo conduzida para o campo, onde é utilizada como adubo. A Figura 118 mostra o esquema de funcionamento de um filtro rotativo à vácuo.

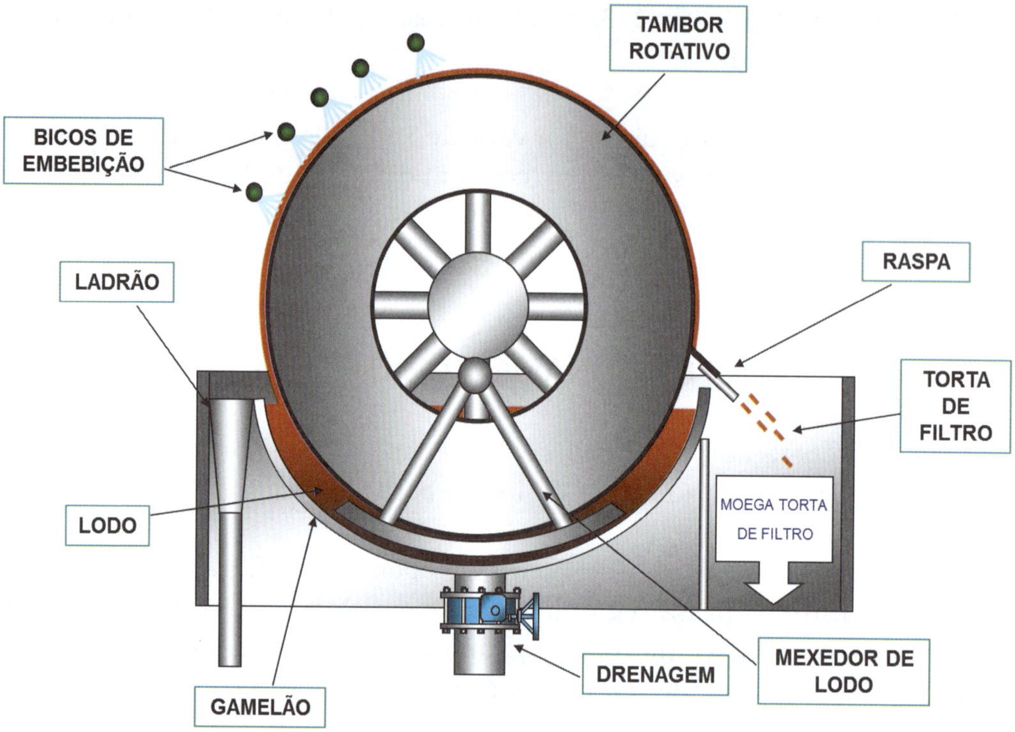

Figura 118 - Sistema de Operação do Filtro Rotativo a vácuo.

Ilustração: **Paulo Gangorra**

17.1.3 O pH DO LODO PARA FILTRAÇÃO

Como os caldos ácidos e neutros filtram melhor que os alcalinos, é recomendável que se faça a oxidação de leite de cal ao lodo antes de sua filtração. A adição de cal melhora as características físicas do lodo para a filtração, fazendo com que os flocos se tornem mais densos.

O pH deve estar compreendido entre 8 e 8,5 , não se deve ultrapassar o limite superior, pois há o perigo de destruição de açúcares redutores e de elevar o teor de sais de cálcio dissolvidos, o que aumentará as incrustações nos aparelhos de evaporação.

Para melhorar a consistência do lodo, pode-se recorrer aos polieletrólitos, devendo observar as especificações quanto ao seu emprego. Assim, por exemplo, quando se utiliza do Separan AP-30, o lodo deve ser alcalino. Para isso, adiciona se cal a ele. Ao passo que no Nalco D-1940 tal tratamento não é necessário.

Segundo observações de Baikow (1982), o lodo tratado com polieletrólito é mais difícil de desaçucará-lo, porque uma mais completa floculação é obtida. Entretanto, as pequenas perdas de açúcar são compensadas pelos filtrados mais claros e a torta, que se desprende bem do cilindro, não é viscosa.

17.1.4 TEMPERATURA PARA FILTRAÇÃO

A elevação da temperatura das borras tem um efeito positivo sobre a filtração, acelerando o processo. Esse fato ocorre porque a viscosidade e a densidade do caldo decrescem à medida que a temperatura se eleva. Assim sendo, é preferível filtrar a temperaturas elevadas, acima de 80° C.

17.1.5 QUANTIDADE DE BAGACILHO

Como o lodo separado no decantador se mostra gelatinoso, não pode ser submetido diretamente à filtração, sendo necessário adicionar uma certa quantidade de bagacilho, que servirá como elemento de filtração, aumentando a porosidade do bolo. Além do mais, as perfurações da tela filtrante são muito grandes para reter os flocos; daí, também, a necessidade do auxiliar de filtração.

A quantidade e o tamanho do bagacilho a ser adicionado é muito importante para a eficiente retenção do filtro. Forter, citado por Delgado e Cesar (1977), observou que o tamanho das partículas de bagacilho desejável deve ser menor que 14 mesh.

A quantidade de bagacilho adicionada varia com a consistência do lodo a ser filtrado. No geral, este valor está entre 4 e 12 kg por ton. de cana. Nas usinas paulistas, os limites estão compreendidos entre 4 e 6 kg/TC. Baikow (1982) indica que a quantidade de bagacilho requerida cresce com o carregamento mecânico, devido à grande quantidade de terra arrastada no lodo. Ele recomenda que a quantidade de bagacilho requerida, seja de 15 a 30% sobre o peso da matéria seca da torta. Com uma quantidade de bagacilho apropriada, há citação na literatura da obtenção de caldo claro, que pode seguir diretamente para a evaporação. Enquanto isso não seja normal na prática, o filtro rotativo a vácuo irá requer que o lodo seja misturado com uma certa quantidade de bagacilho fino, para aumentar a filtrabilidade dos sólidos em suspensão.

O bagaço, saindo das moendas, passa pelo transportador tipo esteira, onde é peneirado por chapa perfurada, obtendo-se bagacilho necessário. É desejável que acima de 90% do bagacilho passe através de uma peneira de 14 mesh.

Os tipos de transporte de bagacilho, normalmente encontrados nas usinas brasileiras, do tipo pneumático.

A quantidade de bagacilho adicionada deve ser da ordem de 3 a 5 Kg por tonelada de cana moída. Dosagens excessivas devem ser evitadas, por provocarem obstrução na tubulação de retorno de lodo e dificultarem a lavagem da torta, provocando aumento nas perdas de açúcar. Quando a dosagem é pequena, obtém-se caldo filtrado com elevada turbidez, e a formação da torta se torna mais difícil. Existirá o perigo de entupimento nas telas e tubos de sucção, devido à quantidade de sólidos passando com o caldo.

O misturador de bagacilho deve ser localizado próximo aos filtros, para minimizar entupimentos, e a mistura do bagacilho com o lodo deve ser a mais homogênea possível.

17.1.6 QUANTIDADE DE CALDO FILTRADO

A quantidade de caldo filtrado vai depender das características da borra, da temperatura, da velocidade de rotação do filtro, da quantidade de água de lavagem, etc., mas pode-se estimar entre 200 e 400 litros por metro quadrado de superfície e por hora. Quando se adota a clarificação composta, obtém-se aproximadamente 200 litros por metro quadrado hora, ao passo que na clarificação simples, a quantidade de caldo varia de 250 a 300 litros por metro quadrado hora.

17.1.7 SUPERFÍCIE DE FILTRAÇÃO E TELA FILTRANTE

A superfície necessária para filtração depende da qualidade do lodo obtido nos decantadores, e do sistema de clarificação adotada.

Quando a clarificação é composta, o lodo se apresenta mais consistente e de melhor qualidade para filtração, consequentemente, uma menor superfície de filtração será necessária, aproximadamente 0,5 m^2 por TCH. Nas mesmas condições, utilizando-se da clarificação simples, é necessário 0,6 m^2/TCH.

Para o estado de São Paulo, a capacidade de filtração varia de 0,4 a 0,5 m^2/TCH. Entretanto, esses valores variam bastante de acordo com a região açucareira.

Hugot (1986) cita valores médios de alguns centros açucareiros, que são os seguinte:

Cuba 0,30 m^2/TCH
Porto Rico 0,59 m^2/TCH
Natal 0,71 m^2/TCH
Queensland 0,46 m^2/TCH
Filipinas 0,44 m^2/TCH
Havaí 0,83 m^2/TCH

As telas mais adotadas para a superfície de filtração, são as de 0,5 mm de diâmetro, com 100 a 115 perfurações por cm^2.

17.1.8 ÁGUA DE LAVAGEM

Logo que a seção do filtro emerge do líquido, é necessário aplicar água para lavagem do bolo, visando aumentar a extração do caldo. Da água utilizada para lavagem, a maior parte fica retida na torta; somente 20 a 30% saem no caldo claro.

A quantidade de água a ser aplicada é fator determinante para a eficiência do processo. Entretanto, o modo de aplicá-la, bem como sua temperatura, são também fatores responsáveis pelo bom desempenho dessa operação. Em geral, utiliza-se, para lavagem do lodo, de 100 a 150% sobre o peso da torta úmida.

A vasão e a pressão da água de lavagem devem permanecer os mais constantes possíveis. Os primeiros tubos lavadores devem ser regulados, para distribuir de 20 a 30% de água necessária para a lavagem do bolo, ao passo que 70 a 80% são aplicados pelos tubos superiores. A pressão para aplicação da água deve ser mantida ao nível de 1,5 kg/cm^2.

A temperatura da água deve estar entre 75 e 80º C para melhorar a extração, pois a cera abaixa a temperatura, impermeabiliza o bolo, dificultando a lavagem. Entretanto, Webre (1962) recomenda que, para não haver excesso de cera arrastada no filtrado, é preferível que a temperatura da água não ultrapasse a 60ºC.

Devido à adição de água-a torta, existe uma diferença de 15 a 25% entre o Brix do caldo turvo e claro. O emprego de uma quantidade excessiva de água aumenta a concentração de impurezas no caldo claro, o que é indesejável. O importante não é tanto a quantidade, mas sim a absorvência das recomendações técnicas.

A lavagem pode ser feita por pulverização ou por gotejamento. A quantidade de água adicionada deve ser suficiente para manter a superfície da torta com leve excesso de água. Água correndo sobre a superfície destrói a torta, abrindo sulcos na camada de torta.

Para uma boa lavagem da torta no filtro, é essencial que a água utilizada seja limpa e quente a uma pressão constante. Os condensados de aquecedores, vácuos e evaporação são boas fontes de água quente. A temperatura da água deve ser em torno de 80°. Ela deve passar por um filtro (tela com cobertura de 100 mesh), para remover material em suspensão, que entupiria os bicos. A pressão da água deve ser superior a 1Kgf/cm2. Pressão variável da água faz variar a qualidade de pulverização e a quantidade de água nos bicos aspersores.

O filtro de água deve ser inspecionado para se observar a existência de entupimento tal e se ocorrer, a quantidade de água diminui consideravelmente. O filtro deve ser aberto, limpo e a tela deve ser trocada se necessário.

Ao peneirar-se o caldo, o objetivo é eliminar as partículas em suspensão, que podem acompanhar o caldo após a decantação. As peneiras mais utilizadas são dos tipos estática ou rotativa. A tela utilizada pode ser de aço inoxidável ou poliéster, com abertura variando de 100 mesh (0,15 mm) a 200mesh (0,074 mm).

O peneiramento pode ocasionar queda de temperatura e também a contaminação do caldo, sendo, portanto, necessário manter o equipamento em boas condições de operação.

A limpeza frequente das peneiras evita a perda de capacidade e a possibilidade de contaminação. Geralmente, utiliza-se água sob pressão ou vapor na limpeza das peneiras, e muito cuidado deve ser tomado para que as telas das peneiras não sejam danificadas.

LIMPEZA DA TELA FILTRANTE

Durante o processo de filtração, as impurezas sólidas vão se acumulando por trás da chapa perfurada ou nas bordas dos orifícios, incrustando-os. Essas incrustações podem chegar a ponto de obstruir a vasão do caldo. Para se evitar esse inconveniente, deve se lavar a tela filtrante, periodicamente, com jatos d'água o mais quente possível, sob pressão de 1,5 a 3,0 kg/

cm^2 a uma vazão de aproximadamente 60 litros por minuto. Por essa canalização especial de limpeza, poderá também ser usado vapor.

17.1.9 FATORES QUE CONCORREM PARA INEFICIÊNCIA DA OPERAÇÃO DE FILTRAÇÃO

Vários fatores podem prejudicar a condução do processo de filtração. Os mais importantes são:

a - lodo pouco consistente;
b - pH do lodo inadequado;
c - excesso de terra no lodo;
d - quantidade inadequada de bagacilho;
e - quantidade e modo de aplicação de água de lavagem;
f - temperatura da água de lavagem;
g - vácuo deficiente;
h - velocidade de rotação do filtro excessiva;
i - falta de retificação da válvula automática;
j - vácuo deficiente devido á vazamento;
k - falta de limpeza de superfície filtrante, etc.

17.1.10 CARACTERÍSTICAS TECNOLÓGICAS

A produção de torta por ton. de cana varia entre 27 e 45 Kg com um teor de umidade de 65 a 80%. Quando o filtro está operando bem, a quantidade de açúcar na torta deve ser de 0,5 a 1,5%, o que representa uma perda de 0,1 a 0,4% do açúcar da cana. Os valores aceitáveis de polarização (pol) na torta deveria ser, no máximo, 1,0%. Porém, na prática são comuns médias em torno de 2,0% e, em casos extremos, são bem superiores, podendo chegar até 4% ou mais

A umidade da torta deve ser inferior a 75%, o que irá depender do condicionamento do lodo, quantidade de água adicionada, vácuo aplicado e tempo de secagem. Vários estudos demonstram que a quantidade ótima de água aplicada na lavagem de torta é 150% (peso de água % peso de torta) e que valores maiores terão pouco efeito na redução da pol. da torta.

Mantendo-se constante a quantidade de bagacilho adicionada, a espessura da camada de torta dependerá, principalmente, da velocidade de rotação do filtro. Quando maior for a velocidade de rotação, mais fina será a camada de torta. O controle de velocidade de rotação do filtro utiliza um variador de velocidade.

A espessura da camada de torta deve ser observada constantemente e corrigida sempre que necessário, para manter a espessura entre 7 e 10 mm.

Se a camada for grossa, teremos elevada pol e umidade na torta. Com camadas finas, temos redução na capacidade do filtro, riscos de entupimento e caldo filtrado com elevada turbidez (baixa retenção).

A espessura da camada é influenciada por: velocidade de rotação do filtro, quantidade de bagacilho adicionada, vácuo aplicado.

17.1.11 RETENÇÃO DO FILTRO

De um modo geral, o desempenho dos filtros rotativos é bastante insatisfatório quando o caldo filtrado obtido é muito turvo e a retenção da matéria suspensa também muito baixa.

A retenção é definida como a quantidade de matéria sólida em suspensão retida pelo filtro, por cento de matérias sólidas em suspensão contidas no lodo. A retenção dos filtros tipo Oliver-Campbell, de um modo geral, é de 50% ou menos. Entretanto, desde que se observem as recomendações técnicas para operá-lo, este valor pode ir bem além dos 50%. Isso foi evidenciado pelos trabalhos desenvolvidos por Jenkins, em Queensland, onde ele observou valores de retenção variáveis de 48 a 88% com uma média de 70%. Isso veio indicar que quando o trabalho é bem conduzido, o desempenho do filtro pode ser sensivelmente melhorado.

Quando se tem uma baixa retenção, uma grande quantidade de matéria suspensa é recirculada, sobrecarregando todo o processo de clarificação.

A retenção do filtro pode ser calculada pela fórmula onde:

$$R = \frac{M - m}{M} .100$$

M = quantidade de matéria seca em suspensão em 100 ml de lodo, e

m = a quantidade de matéria seca em suspensão no caldo

Desta fórmula se pode concluir-se que quanto mais elevada for a retenção, maior é a eficiência da filtração.

As dimensões de filtros rotativos são definidas pelas capacidades de moagem das usinas de açúcar e, mesmo, de destilaria de etanol.

De modo geral, os modelos fabricados pelas empresas brasileiras levam em consideração o valor da superfície filtrante, expressa em m^2 ou pés e, em decorrência, os valores de comprimento em pés e do diâmetro também em pés.

17.1.12 OUTROS SISTEMAS DE FILTRAÇÃO

Várias modificações nos filtros têm sido introduzidas, visando melhorar a eficiência no processo de filtração.

SISTEMA RAPI – FLOC

O sistema Rapi-Floc, introduzido pela Door Oliver, segundo Ramos (1961), está baseado na coagulação controlada do lodo com o polieletrólito aniônico. Separam AP - 30, associado à aplicação de fosfato e cal, a fim de controlar o tamanho dos flocos. Para adição de polieletrólito, um coagulador especial é necessário, a fim de efetuar uma completa coagulação. Do coagulador, o lodo por gravidade vai para a calha do filtro.

As modificações nos filtros convencionais não são grandes, sendo somente necessária uma cobertura especial, um aspersor lavador de tela e registros. Os equipamentos auxiliares requeridos compreendem um pequeno tanque alimentador de leite de cal, um medidor de pH e um dissolvedor de coagulante.

O tambor rotativo é revestido por um pano muito poroso de Dacron, que não é tecido, o qual é instalado sobre as telas perfuradas. A torta é removida por um raspador flexível. Debaixo do raspador está localizada uma série de bicos injetores de água, a alta velocidade, para lavar a superfície filtrante. Para evitar a diluição do filtrado, a água de lavagem é coletada em separado. O sistema de aplicação de água de lavagem ao bolo é mais eficiente. Sendo este mais poroso, a recuperação de sacarose será maior.

Neste sistema, utiliza-se do bagacilho da mesma forma que nos filtros convencionais, e o filtrante nele obtido mostra-se brilhante. A produção da torta é de 36 kg/TC, com uma umidade de 80%, sendo a redução da perda de açúcar na torta em relação ao filtro convencional de 47%. O pH do lodo, neste caso, está entre 7,5 a 8,5, e a dosagem de coagulante entre 15 e 20 ppm.

FILTRO HORIZONTAL DE BANDEJA CIRCULAR

Este filtro foi projetado pela Door Oliver, especificamente para desumedecer, a um alto grau, materiais granulados e fibrosos.

Segundo Sabia e Silver, a unidade horizontal consiste de um filtro de bandeja circular, com seções múltiplas, montado sobre rolamento de bola, com rotação no plano horizontal ao redor de um eixo vertical. A utilização da força de gravidade no filtro horizontal giratório reduz a força requerida e melhora a eficiência total da unidade. A transmissão de movimento é dada por engrenagem e corrente.

A força da gravidade é fator que contribui para a formação natural e acúmulo de torta no filtro e para a rápida remoção do filtrado. Como o filtro opera em plano horizontal, pode trabalhar torta de maior espessura, aumentando grandemente a relação de capacidade de sólidos, com respeito à superfície do filtro. O vácuo necessário para remover o líquido da torta é geralmente baixo, devido à ajuda da gravidade.

A bandeja do filtro tem um certo número de seções cuneiformes, cada uma revestida com meio filtrante apropriado. Este aparelho estava sendo utilizado para filtrar lodo proveniente da água doce da prensa do bagaço do difusor Silver. O meio de filtração era uma tela perfurada normal, como a utilizada nos filtros convencionais de Oliver Campbell.

A alimentação ingressa na superfície giratória do filtro, por cima. Uma retro corrente de ar, situada justamente abaixo do ponto de alimentação, assegura uma distribuição homogenia do material. À medida que o filtro gira, aplica-se o vácuo, e o filtrado passa através do meio filtrante para o fundo da bandeja e deste à válvula. A torta é levada, segundo a necessidade, sendo removida no final do ciclo, por meio de um descarregador em espiral.

17.2 PRENSA DESAGUADORA

A estrutura pesada e rígida, podendo ser transportada montada em outro local da Usina. A operação filtração por gravidade e compressão, atuando em tres zonas de trabalho no aparelho (Figuras 119 e 120):

Zonas de filtração:
- 1ª Drenagem por gravidade;
- 2ª Compressão gradual (em cunha)
- 3ª compressão por rolos

Primeira operação - alimentação e drenagem, retirada caldo por gravidade; nos 2/3 finais ocorre lavagem com água a 80°C, alimentação por.transbordamento; comprimento 5,5 m. Lâminas defletoras de fluxo. Filtrado de boa qualidade pode ir para fermentação.

Segunda operação - bolo comprimido, gradualmente, aumenta a tensão nas duas telas, entre as telas, filtrado é removido. Caldo filtrado claro.

Terceira operação - lodo entre as telas passa por conjunto rolos, provoca desaguamento final, liberando a torta. Caldo turvo lavado com água a 80°C , pressão 8 kg/cm2 bicos spray, retornando na tela limpa. Essa água vai diluição do lodo. Pontos de retirada filtrado (2 - 1 -1).

Pressão e tempo de residência recomendados a ser observados. Acionamento motor hidráulico, velocidade de 2,0 a 12,0 m/min. Material da tela sintético (poliéster), malha em espiral mesh.

Vantagens do sistema:

- opera com adição de floculante, melhora qualidade do lodo e caldo;
- caldo claro sem tratamento
- caldo turvo (retorna a caleagem)
- umidade da torta: 60 a 65% (facilita transporte)
- 30 a 40% consumo de energia elétrica.
- mais compacta
- superfície filtrante: 0,9 a 1,1m / 100TCH (largura da tela)
- pode ser instalada ao nível do solo - não requer vácuo
- Tamanho e capacidade recomendadas;

Operacional requer : i) utilização de índice pH entre 7,5 e 8,5; ii); uso de polímero floculante - 8 a 12 ppm

Figura 119 - Prensa desaguadora trabalhando na Usina Ester, em visão lateral.

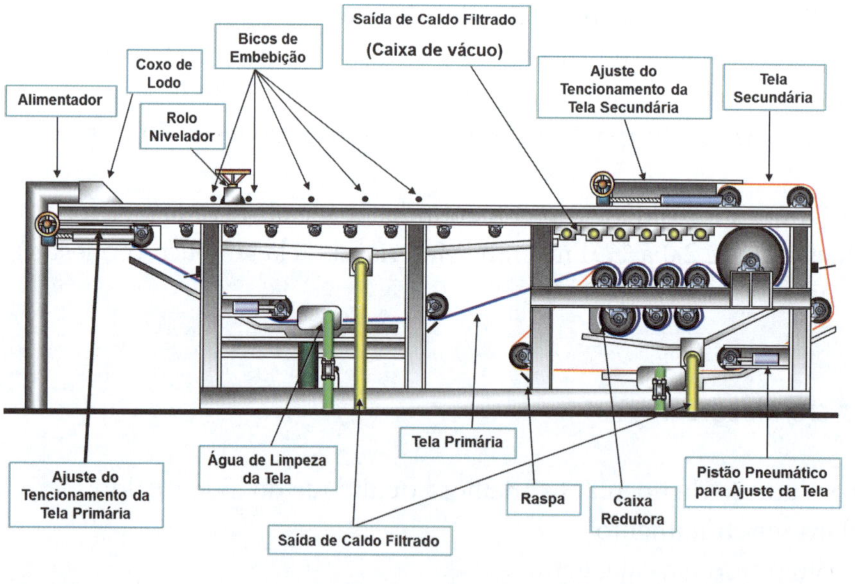

Figura 120 - Esquema de prensa desaguadora trabalhando na Usina Ester em esquema, em visão do alto - funcionamento da primeira e segunda etapas. *Ilustração:* **Paulo Gangorra.**

Análise comparativa operacional de filtro rotativo com prensa desaguadora:

Na Tabela 38, podemos observar uma comparação de eficiência entres as técnicas de filtração de lodo: filtro rotativo e prensa desaguadora.

Tabela 38 - Resultado comparativo safra 93/94, Usinas Furlan e São Francisco, adição de bagacilho

Parâmetros	Prensa Desaguadora (Bell Press)	Filtro Rotativo
Umidade da torta, %	60 a 66	70 a 80
Pol da torta, %	1,5 a 3,0	0,8 a 3,0
Retenção Copersucar (peso), %	87 a 92	50 a 80
Potência instalada (Cv/TCH)	0,22 a 0,32	0,70 a 0,90
Peso de torta, kg/Tc	20 a 30	28 a 43
Consumo de polímero, em PPM em relação ao lodo	8 a 12	0

Fonte: **COPERSUCAR, 1995**

Para a estimativa da capacidade dos filtros desaguadores (prensa), é função da largura da tela:

Largura da tela	capacidade	Filtro rotativo
(m)	TCD	similar
1,0	2.800	10' x 20'
1,5	4.200	13' x 24'
2,2	6.200	14' x 32'
2,6	7.300	14' x 40

Fonte: **COPERSUCAR, 1995**

CAPÍTULO 18

EVAPORAÇÃO DO CALDO DE CANA

18.1 FUNDAMENTOS DA EVAPORAÇÃO DO CALDO DE CANA

O caldo clarificado, que flui continuamente dos decantadores, é uma solução diluída, quente, de cor variável entre o amarelo e o âmbar, transparente e geralmente brilhante.

Em função do grau de embebição adotado na moagem da cana, o caldo apresenta-se numa concentração entre 14 a 17° Brix, tal qual a mostrada pelo caldo misto. Nessas condições, o caldo clarificado chega à evaporação com aproximadamente 83 a 86% de água, a qual deve ser removida em sua maior parte. Esta remoção de água constitui o objetivo principal da fase de evaporação.

À medida que o caldo clarificado vai sendo liberado pelos decantadores, é encaminhado para um reservatório, onde através de bombeamento chega ao primeiro vaso de evaporação, numa temperatura ao redor de 95°C. Durante o trajeto do caldo clarificado do Dorr para a caixa de recepção, e desta para a calandra do 1° vaso de evaporação ou do pré-evaporador, pode ocorrer perda de mais algumas calorias.

A rapidez das operações, a perfeição dos isolamentos do Dorr, da caixa de recepção e das tubulações, entre outros fatores, podem contribuir para a manutenção da temperatura do caldo clarificado em níveis mais elevados e desejáveis.

De qualquer forma, é interessante que esta temperatura sempre seja alta ou, tão próxima quanto possível, da temperatura do vapor de alimentação do primeiro vaso de evaporação. Estando o caldo a uma temperatura mais baixa, parte do calor latente do vapor é consumida, para elevar o caldo à condição de ebulição. Se o caldo entra no evaporador a uma temperatura mais alta do que o ponto de ebulição, ocorre o "flash" ou o que chamamos de auto-evaporação, sendo que a quantidade de calor requerida para evaporar um quilograma de água é menor do que o equivalente ao seu calor latente. Algumas usinas passam o caldo clarificado em aquecedores antes da entrada no pré-evaporador ou 1° vaso da evaporação, elevando, assim, sua temperatura.

Concentrar o caldo clarificado até a cristalização da sacarose não é aconselhável - apesar de ser possível –, devido a razões de ordem técnica e econômica, citadas abaixo:

a. Maior consumo de vapor;
b. Difícil manuseio da massa cozida;
c. Necessidade de maior número de equipamentos;
d. Necessidade de maior número de operadores.

Todavia, cabe lembrar que esta operação é a usual para se fazer açúcar mascavo e rapadura nos pequenos engenhos artezanais, conforme pode ser visto em livro de Delgado; Delgado (1999), e de Silva et al. (2003).

Diante disso, nas usinas de açúcar, a concentração do caldo clarificado, até a fase de massa cozida, é feita em dois estágios:

a. Evaporação propriamente dita
b. Cozimento.

A evaporação compreende a concentração do caldo clarificado até a obtenção de um líquido denso, de cor marrom ou caramelo, ainda não apresentando qualquer sinal de sacarose cristalizada, denominado xarope.

O segundo estágio de concentração, ou seja, o cozimento, tem início um pouco antes dos cristais aparecerem no xarope, devendo-se dar por encerrado quando há máxima obtenção de sacarose cristalizada.

O produto final dessa operação é a massa cozida, formada por uma mistura de cristais de sacarose e mel. Parte dos não açúcares permanece no mel juntamente com uma parte de sacarose. A separação dos cristais ocorre posteriormente por centrifugação.

O ponto de cristalização da sacarose se encontra entre os 70 e 80° Brix (41 a 42° Bé). No primeiro estágio, pela evaporação da maior parte de água, é possível obter xaropes de até 72 a 75° Brix, concentração esta que poderia aumentar a eficiência do estágio seguinte, acelerando-o. Entretanto, na prática, uma série de conveniências faz com que se obtenha, na fase de evaporação, xaropes menos concentrados. Entre essas, destacam-se:

- Facilidade na obtenção de pés de cozimento;
- Melhores condições para a condução do cozimento, pois se tem um melhor controle no crescimento dos cristais do pé inicial;
- Necessidade de dissolução de certos cristais (falsos cristais ou, ainda, "poeira").

Conforme o que se tem observado, é habitual encontrar, nas usinas de açúcar, o seguinte critério na evaporação do caldo.

- Concentração do caldo para obter o açúcar branco para exportação ou para consumo direto: 50 a 60° Brix ou 37 a 32 °Bé.

Contudo, essas concentrações estão constantemente influênciadas pelo Brix inicial do caldo clarificado, pressão de vapor, taxa de incrustação, cuidados na operação dos evaporadores, dentre outros fatores, observando-se, sempre, os mais altos valores no início da semana, quando os aparelhos estão limpos.

18.1.1 DESENVOLVIMENTO DA EVAPORAÇÃO

Segundo Webre (1962), Norbert Riilieux foi o primeiro estudioso da evaporação a definir seus princípios básicos.

Entretanto, antes dos trabalhos de Riilieux, divulgados em 1843, o processo de evaporação e concentração do caldo, até a condição de massa cozida, era levado a efeito em uma só etapa e conduzido em aparelho de baixo vácuo. A menor unidade conhecida e em uso era o cozedor ou tacho Howard, o qual era simplesmente um depósito, com uma camisa de vapor, tal e qual se conhece atualmente.

Provavelmente, antecedendo os tachos de Howard, a evaporação se fazia em tachos abertos de ferro ou cobre, aquecidos a fogo direto. Em sequência, esses tachos passaram a ser aquecidos a vapor. Os mesmos eram construídos de camisas de paredes duplas.

Em qualquer desses casos, o consumo de combustível, lenha, carvão ou vapor, era sempre muita elevado e os riscos de inversão da sacarose e de caramelização não eram menores.

A primeira patente de Rillieux (1820) mostra dois tachos de Howard conectados em série, e foi com esses equipamentos que se conduziram as primeiras experiências. O primeiro tacho de Howard era um evaporador, fornecendo vapores ao segundo tacho, onde se elaborava a massa cozida.

A segunda patente de Rillieux, desenvolvida em 1948, refere-se ao aproveitamento dos vapores dos diferentes tachos. Rillieux, nesta ocasião, mudou o desenho dos vasos de camisas duplas, passando a trabalhar com recipientes tubulares. O equipamento era composto por três ou quatro recipientes cilíndricos, construídos em chapas de ferro, dispostos em posições paralelas. O vapor circulava de um vaso a outro por meio de tubos, controlados por válvulas. O primeiro equipamento consistia de um evaporador a duplo-efeito e um tacho a vácuo, operando com vapores do primeiro vaso do conjunto. De forma similar, um aparelho de quatro vasos consistia de três vasos ou de um tríplice-efeito e um tacho à vácuo, operando com os vapores do primeiro vaso. Do mesmo modo, a combinação de cinco vasos seguia o mesmo critério de utilização de Norbert Rillieux, o que foi documentado por vários autores (BENFEY, 1998).

De acordo com o conceito atual de evaporação, este esquema de concentração de caldo constituia o segundo princípio de Rillieux.

Após as experiências deste notável técnico, outros trabalhos foram realizados com vistas à evaporação. Assim é que no período de 1982 e 1989, alguns técnicos estudiosos de evaporação, começaram a trabalhar com um primeiro vaso de maior capacidade, conhecido como pré-evaporador Kestner. Segundo Fernandez Cabal (1966), esta técnica foi adotada com sucesso por muitas usinas de açúcar.

Em 1904, o evaporador Kestner foi experimentado com sucesso na indústria açucareira. Esses vasos frequentemente funcionavam com pré evaporadores, pois o pequeno tempo de permanência do caldo no conjunto tubular permitia que se operasse à elevada temperatura, com um mínimo de risco de caramelização e perdas por inversão.

Desde então, os estudos para o aperfeiçoamento do sistema da evaporação do caldo de cana, os progressos verificados, apesar de não se constituirem em modificações radicais de operação, têm sido a consolidação dos postulados de Norbert Rillieux, conhecidos por "Princípios da Evaporação".

18.1.2 PRINCÍPIOS DA EVAPORAÇÃO EM MÚLTIPLO-EFEITO

As bases fundamentais da evaporação do caldo clarificado em aparelhos de múltiplos-efeitos são, segundo Webre (1962), devidas a Rillieux desenvolvido de 1845 a 1855 (MEADE, 1967), constando de três princípios:

Primeiro Princípio

"Em um evaporador de múltiplo-efeito, cada quilograma de vapor, usado no primeiro vaso, evaporará tantos quilogramas de água quantos forem os vasos".

Diante deste princípio, tem-se o seguinte:

- No simples-efeito: .... 1 kg de vapor evapora 1 kg de água;
- No duplo-efeito; .... 1 kg de vapor evapora 2 kg de água;
- No tríplice-efeito: .... 1 kg de vapor evapora 3 kg de água;
- No Quadrúplo-efeito: .... 1 kg de vapor evapora 4 kg de água;
- Com n vasos .... 1 Kg de vapor evapora n kg de água.

Verifica-se, por este princípio, que o consumo de vapor se restringe apenas ao primeiro vaso e que quanto maior for o número de vasos, tanto mais econômica será a evaporação. Entretanto, na prática, o número de vasos se restringe a 4 ou 5, no máximo, em virtude de certas considerações técnicas e econômicas.

Entretanto, a aplicação deste primeiro princípio é apenas uma louvável aproximação do estágio atual da evaporação em múltiplo-efeito. No estabelecimento deste princípio, Rillieux não considerou o efeito da temperatura do caldo de entrada em cada vaso. Como já foi salientado, se o caldo de entrada no primeiro vaso estiver na temperatura correspondente a seu ponto de ebulição, resultará uma evaporação de 1 kg de água por kg de vapor. Entretanto, se a temperatura do caldo for inferior ao seu ponto de ebulição, haverá necessidade de consumo de vapor adicional. Neste caso, a evaporação do primeiro vaso será menor do que 1 kg de água por kg de vapor usado. Por outro lado, se a temperatura de alimentação do caldo estiver acima do valor atribuído ao seu ponto de ebulição, ocorrerá um "flash" e a evaporação por kg de vapor será maior do que a unidade.

Nos evaporadores, a partir do segundo vaso, sempre ocorre um "flash", pois as temperaturas de ebulição diminuem gradativamente, alcançando um mínimo no último efeito. Este fenômeno ocorre em razão do aumento da condição de vácuo.

Para o caso de um quádruplo-efeito, segundo Webre (1962), as quantidades de evaporação obdecem, aproximadamente, dos seguintes dados:

Primeiro vaso	**100,0%**
Segundo vaso	**107,5%**
Terceiro vaso	**115,0%**
Quarto vaso	**121,0%**

Na prática açucareira, como a temperatura do caldo de alimentação do primeiro vaso é sempre inferior à de seu ponto de ebulição, a eficiência do primeiro vaso nunca chega a 100%. Daí, o princípio de **Rillieux,** segundo Webre, ser válido apenas para o caso em que a temperatura do caldo admitido em cada vaso corresponda ao seu ponto de ebulição.

Segundo Princípio

"A extração de vapor de qualquer unidade de um evaporador de múltiplo-efeito, para ser usado em outro setor da fábrica, conduz a uma economia que será igual ao n° de quilogramas de vapor assim extraído, dividido pelo n° de vasos do conjunto e multiplicado pelo n° de ordem que o corpo ocupa".

Considerando **W** o peso de vapor. **M** o n° de vasos e **N** o n° de ordem que o vaso ocupa no conjunto de evaporação, a economia de vapor **E** será igual a:

$$E = W.\frac{N}{M}$$

Por exemplo, a retirada de uma unidade de vapor do primeiro vaso de um quádruplo-efeito implica numa economia equivalente a 1/4 do vapor usado, ou seja:

$$E_{1^{\underline{o}}\,VASO} = 1.\frac{1}{4} = \frac{1}{4}$$

Do mesmo modo, para os outros vasos, tem-se os seguintes índices de economia:

$$E_{2^{\underline{o}}\,VASO} = 1.\frac{2}{4} = \frac{1}{2}$$

$$E_{3^{\underline{o}}\,VASO} = 1.\frac{3}{4} = \frac{3}{4}$$

$$E_{4^{\underline{o}}\,VASO} = 1.\frac{4}{4} = 1$$

A prática de utilizar vapores do primeiro, do segundo vaso, ou até mesmo do vapor que irá ao condensador, para aquecimento parcial do caldo ou para outros fins, constitui uma aplicação deste princípio. Entretanto, como a temperatura do vapor decresce nos últimos vasos, a prática de sangria do vapor dessas unidades não é muito observada pelas usinas de açúcar.

Terceiro Princípio

"Em todo aparelho no qual se condensa vapor, é necessário extrair, continuamente, a acumulação de gases incondensáveis que, por via de regra, ficam, internamente, próximo à superfície superior da calandra."

Em atenção a esse princípio, os construtores de equipamentos instalam, nos evaporadores, dispositivos mecânicos para a extração dos gases incondensáveis, conforme se verá oportunamente.

18.1.3 EVAPORAÇÃO, DO PONTO DE VISTA TERMODINÂMICO

Do ponto de vista termodinâmico, o princípio sob o qual se apoia o emprego do vapor na evaporação do caldo de cana é o da transmissão do calor.

Quando o vapor toca a superfície que está a uma temperatura menor do que a sua, ele aquece o líquido que está do outro lado da superficie. Em consequência disso, o vapor condensa-se e cede seu calor latente. Assim, o trabalho do evaporador está baseado, em todos os vasos, na transferêcia do calor latente do vapor para o caldo em ebulição.

O vapor é a água em estado gasoso a uma pressão maior do que a da atmosfera. Nas usinas de açúcar, o vapor é obtido a partir da água em caldeiras especiais, utilizando-se de bagaço como combustível. Por outro lado, gases são vapores obtidos a uma pressão menor do que a da atmosfera.

Nos evaporadores de múltiplos-efeitos, vapor é todo aquele que alimenta e que resulta da evaporação do caldo do primeiro vaso pois, neste vaso, a pressão é geralmente superior à atmosférica. Neste vaso não há ainda a condição de vazio. Nos demais vasos, e a partir do segundo, se tem gases, pois são produzidas em condição de um vazio que cresce nas últimas unidades do conjunto de evaporação.

Segundo Almeida (1957), é usual chamar de gases os vapores produzidos nos evaporadores, independentemente da pressão do vácuo interno. Entretanto, esta terminologia não é rigorosamente seguida na prática açucareira. O termo vapor, ao invés de gases, tem sido o mais usual, servindo para expressar o produto das sangrias que, eventualmente, possam ser feitas nos diversos vasos de um múltiplo-efeito.

Na prática, o vapor que provém, por exemplo, dos pré-evaporadores é conhecido por vapor vegetal.

No estudo da concentração do caldo de cana, alguns conceitos são importantes, conforme veremos a seguir.

PROPAGAÇÃO DO CALOR

A propagação do calor entre os corpos em temperaturas diferentes pode se dar por três vias distintas, podendo aparecer, muitas vezes, associadas:

a. Transmissão por condução

É a maneira pela qual o calor passa de uma parte à outra de um mesmo corpo em contato físico com ele, sem deslocamento apreciável de partículas do corpo. É o caso, por exemplo, de uma barra de ferro que se aquece por uma de suas extremidades. A transmissão de calor por condução se dá, também, nos líquidos e nos gases, porém, acompanhada pelo efeito da convecção. As paredes metálicas dos tubos dos evaporadores transmitem calor por condução.

b. Transmissão por convecção

É o tipo de transmissão muito comum nos líquidos. Aquecendo-se a parede de um recipiente onde se tem um líquido qualquer, nota-se, perfeitamente, que as partículas quentes, tornando-se mais leves, tendem a subir, dando lugar às outras partículas mais frias, ocorrência em razão do aquecimento de uma corrente de líquido num determinado sentido. Tem-se, pois, por convecção, uma modificação das posições relativas das partículas.

c. Transmissão por irradiação ou radiação

É o tipo de transmissão que se processa à distância, isto é, sem contato imediato entre os corpos. Neste caso, o calor se transmite por meio de vibrações eletromagnéticas da mesma natureza que as ondas luminosas. É a maneira pela qual o sol envia calor à terra.

Na evaporação do caldo de cana, a transmissão de calor se processa por condução e por convecção.

As unidades mais usuais para a medição do calor são: calorias (cal), quilocalorias (Kcal) e unidades - térmicas britânicas (BTU).

Por definição, caloria, também chamada de pequena caloria, é a quantidade de calor necessária para elevar a temperatura de uma grama de água pura em 1°C, sob condições normais de pressão atmosférica. Abrevia-se caloria como cal. Do mesmo modo, se tem Kcal (quilocalorias); um (1) Kcal corresponde a 1.000 cal.

CALOR ESPECÍFICO

Por definição, calor específico de uma substância é a quantidade de calor necessária para elevar a temperatura de uma unidade de massa desta mesma substância em 1°C. Pode ser expresso em diversas unidades. Quando, por exemplo, se diz que o calor específico do caldo de cana a 15° Brix é 0,97, entende-se que uma grama de caldo exige 0,91 de calorias para passar de t°C a (t° + 1)°C. Neste caso, é expresso como cal/g. O termo específico dá a entender que cada substância é caracterizada pelo seu calor específico. Disso decorre que o caldo apresenta um calor específico, de acordo com sua natureza e concentração.

CALOR SENSÍVEL

Calor sensível é aquele calor decorrente de uma variação de temperatura, podendo ser identificado por uma modificação na escala de um termômetro. É um tipo de calor sensível ao tato. O calor sensível não altera o estado físico dos corpos, porém aumenta a frequência dos choques entre as suas moléculas. O calor, por exemplo, que produz um aumento da temperatura da água em aquecimento, é chamado de calor sensível.

O calor sensível da água, por exemplo, é a quantidade de calor que se deve ministrar a 1 g (1 kg) de água, submetida a pressão P, para elevar sua temperatura desde 0°C até a temperatura de ebulição. O vapor, quando toca uma superfície fria, condensando-se, perde seu calor latente e a água condensada fica com o seu calor sensível.

CALOR LATENTE

Calor latente é aquele calor que produz uma modificação no estado físico da substância, sem modificar a temperatura. É aquele que é absorvido ou despreendido por um corpo durante as mudanças de estado a que está submetido. O calor consumido na transformação da água, depois que esta começou a ferver, em vapor, conhece-se sempre por calor latente de vaporização da água. E, por assim dizer, o calor gasto para converter 1 kg de água, na temperatura de ebulição correspondente a determinada pressão, em vapor seco, à mesma pressão e temperatura.

Por exemplo, o calor latente de vaporização da água a 100°C, a pressão de 1 kg/cm^3, é de 538,9 Kcal/Kg.

CALOR TOTAL DE VAPORIZAÇÃO

Entende-se por calor total de um vapor, a soma do calor sensível mais o calor latente de vaporização. Compreende o calor necessário para converter, por exemplo, um kg de água à temperatura de 0°C e à pressão P, em vapor seco à mesma pressão, ou seja:

- Calor sensível necessário para elevar a quantidade de 1 kg de água, de 0°C a 100°C, em Kcal/kg é igual a 100,0
- Calor latente de vaporização da água a 100°C, em Kcal/kg......538,9
- Calor total de 1 kg de água a 100°C......638,9 (538,9 + 100,0)

18.1.4 COEFICIENTE DE TRANSMISSÃO EM UM EVAPORADOR

A transmissão do calor, desde o fluído aquecedor (vapor) até o líquido, que circula pelo interior dos tubos (caldo), processa-se do seguinte modo:

Do fluido quente (vapor) até a superfície metálica (convecção);
De um lado a outro da parede metálica (condução);
Da parede metálica ao líquido (convecção).

E para este caso, quando um fluido quente (vapor) se incide sobre a parede dos tubos, verifica-se a existência de uma zona relativamente tranquila do fluido, conhecida por película. Esta película é responsável pela queda da temperatura ou por suas variações.

Para efeito de compreenção deste assunto, imagine um fluído quente, à temperatura t_1, que circula sobre a superfície exterior de uns tubos, dentro dos quais se faz passar um líquido frio. De acordo com a Figura 121, sejam t_1 e t_2 as temperaturas dos fluídos no ponto de contato com a película e a espessura da parede metálica, e c a sua condutivididade térmica. Sejam h_1 e h_2 os coeficientes de transmissão de película relativos ao fluído 1 e ao fluido 2 . Considere S a área da parede do tubo, suscetível de incidência do fluxo do fluído quente.

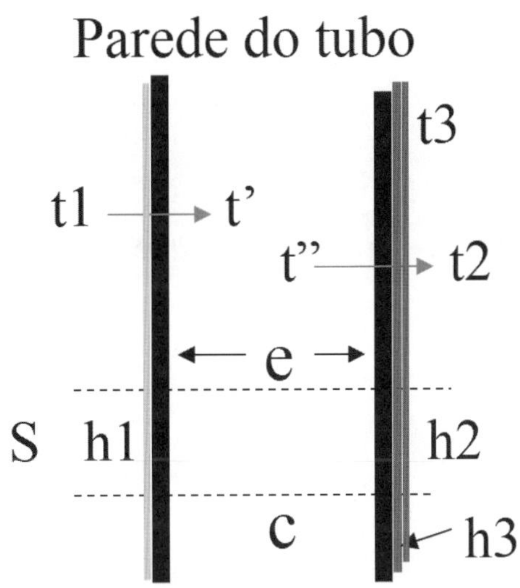

Figura 121 - Detalhe de uma parede do tubo.

Para um melhor entendimento, a superfície S deve ser considerada suficientemente afastada dos bordos, para que se possa admitir que as linhas de fluxo desta área sejam perpendiculares à superfície metálica, responsável pelo intercâmbio do calor do fluido quente com o frio. Admite-se que todo calor que entra pela superfície S da primeira película sairá por área igual da segunda película.

A quantidade de calor cedida pelo fluido quente e que atravessa a primeira película, em tempo unitário, é dada por:

$$Q = h_1.S.(t_1 - t')$$

Esta mesma quantidade atravessa a parece sólida do tubo de espessura, sendo dada por:

$$Q = \frac{c.S}{e}(t' - t'')$$

O segundo fluido (caldo) recebe esta mesma quantidade de calor, cedida pela parede, através da segunda película (caldo), conforme:

$$Q = h_2 S (t'' - t_2)$$

Como a quantidade de calor transferida é a mesma, pode-se escrever que:

$$h_1 S (t_1 - t') = \frac{c\,s}{e}(t' - t'') = h_2 S (t'' - t_2) = Q$$

Pondo em evidência as diferenças de temperatura e somando, tem-se:

$$t_1 - t' + t' - t'' + t'' - t_2 \left(h_1 S + \frac{c\,s}{e} + h_2 S\right) = Q$$

Ou, simplificando-se

$$t_1 - t_2 \left(h_1 S + \frac{c\,s}{e} + h_2 S\right) = Q$$

Pondo, **S** em evidência, advém:

$$(t_1 - t_2).S.\left(h_1 + \frac{c}{e} + h_2\right) = Q$$

Ou,

$$t_1 - t_2 = \frac{Q}{S\,(h_1 + \frac{c}{e} + h_2)}$$

Ou,

$$t_1 - t_2 = \frac{Q}{S}\left(\frac{1}{h_1} + \frac{e}{c} + \frac{1}{h_2}\right)$$

Ou,

$$Q = \frac{S\,(t_1 - t_2)}{\frac{1}{h_1} + \frac{e}{c} + \frac{1}{h_2}}$$

Essa fórmula dá a quantidade de calor que passa através de uma parede tripla, formada por duas películas (uma do vapor e outra do caldo) e uma parede metálica (sólida).

O coeficiente global de transmissão do calor, desde o fluído quente ao fluído frio, corresponde ao inverso do denominador da fórmula acima, sendo indicado pelo símbolo U. Logo,

$$U = \frac{1}{\frac{1}{h_1} + \frac{e}{c} + \frac{1}{h_2}}$$

E a fórmula geral, passa a ser escrita como:

$$Q = U \,.\, S\,(t_1 - t_2)$$

Onde,
Q = quantidade de calor transmitida em kcal
S = superfície de transmissão em m^2
$\mathbf{t_1}$ = temperatura do fluido quente (vapor) em °C
$\mathbf{t_2}$ = temperatura do fluído frio (caldo) em °C
U = coeficiente total de transmissão do calor (kcal/m^2/h/°C)

O coeficiente **U** compreende as resistências térmicas das duas películas e das paredes sólidas banhadas pelos dois fluídos, responsáveis por essas películas.

Verifica-se que o valor de **U** depende da grandeza das coeficientes $\mathbf{h_1}$, $\mathbf{h_2}$, **c** e **e**, porque não dizer, do menor valor desses coeficientes. Alguns autores consideram desprezível o valor de resistência térmica da parede, ficando o valor de U na dependência dos valores de $\mathbf{h_1}$ e $\mathbf{h_2}$. Desprezando-se o coeficiente $\mathbf{h_1}$ (coeficiente de transmissão do fluído quente à parede), **U** vai depender somente de $\mathbf{h_2}$ (coeficiente de transmissão de parede ao fluido frio).

Logo,

$$U \approx h2$$

O coeficiente global de transmissão de calor, **U**, é expresso por **kcal/m²/h°C**. Segundo se sabe, o caso de U≈c é muito semelhante ao que ocorre entre vapor, parede de latão e caldo.

Evidentemente, as incrustações formam uma capa de resistência à transmissão do calor e afetam a eficiência térmica do evaporador, diminuindo-a, devido ao fato de as incrustações possuíres baixo poder de transmissão de calor. Levando em conta a constante variação de sua espessura e natureza, é difícil determinar exatamente sua influência. Segundo alguns estudiosos da evaporação do caldo, o fator pertinente á incrustação, em equação, pode ter apenas um valor estimativo. Daí a importância de se trabalhar com evaporadores limpos ou perfeitamente desincrustados. Na fórmula anterior, o valor atribuído à incrustação é sempre o de menor grandeza e deve ser somado aos outros coeficientes, ou seja:

$$U = \frac{1}{\frac{1}{h_1} + \frac{e}{c} + \frac{1}{h_2} + \frac{1}{h_3}}$$

Onde h_3 é o coeficiente de transmissão devido, à incrustação.

O efeito da espessura da parede do tubo pode ser avaliado pelo seguinte exemplo; suponha que, de um lado, se encontre vapor que se condensa e do outro lado, água em ebulição. As resistências térmicas das películas serão:

a) Vapor-parede do tubo:

$$\frac{1}{h_1} = \frac{1}{10.000} = 0{,}0001$$

h_1= kcal/m²/hora/°C (valor atribuído ao vapor que se condensa em película).

b) Parede do tubo-água:

$$\frac{1}{h_1} = \frac{1}{6.000} = 0{,}000167$$

c) Com tubo de ferro de 3 mm de espessura:

$$\frac{e}{c} = \frac{0{,}003}{50} = 0{,}000060$$

(c = 50 Kcal/m²/h/°C para o ferro)

Logo,

$$U = \frac{1}{0{,}0001 + 0{,}000167 + 0{,}000060}$$

ou

$$U = \frac{1}{0{,}000327} = 3.058\ kcal\ /m^2/h/ºC.$$

A resistência térmica por m² de superfície, neste caso (parede de ferro), é de 0,000327. Para o caso do cobre,

$$\frac{e}{c} = \frac{0{,}003}{330} = 0{,}000009$$

Logo, o coeficiente de transmissão, usando este material, é de

$$\frac{1}{0{,}000276} = 3.623\ kcal/m^2/h/{}^{\circ}C$$

A resistência térmica, usando-se o cobre, é de 0,000276 . Verifica-se que com o cobre há melhor coeficiente de transmissão.

$$(\frac{1}{h_1}\ e\ \frac{1}{h_2})$$

Quando os coeficientes de película forem elevados, não se recomenda desprezar a resistência térmica da parede. Entretanto, na prática, usando-se tubos com espessuras diminutas, a resistência térmica da parede tem pouco efeito no coeficiênte de transmissão de calor. Suponha-se o caso de transmissão de calor do vapor para o caldo. Considere-se os seguintes dados:

a) h1 (= do vapor ao metal)......10.000 kcal/m²/h/°C
b) h2 (= do metal do caldo)......1.750 kca1/m²/h/°C
c) c (latão)......300 kcal/m²/h/°C
d) c (aço)......125 kcal/m²/h/°C
e) c (espessura do metal)

No caso do latão:

$$U = \frac{1}{\frac{1}{10.000} + \frac{0{,}0015}{300} + \frac{1}{1.750}} = \frac{1}{0{,}000676} = 1.479\ kcal/m^2/h/{}^{\circ}C$$

Logo, para o ferro/água, a resistência térmica é:

U = 1 / 0,0001 + 0,000167 + 0,000060 = 3.058 kcal/m²/h/°C
Para o cobre, e / c = 0,003 / 330 = 0,00009 (c = 330)

Sendo assim:

U cobre = 2.8011 kcal / m2 / h /°C

No caso do caldo:
1 / h2 = 1/ 1.750 = 0,00057 melhor condutividade
Logo, o coeficiente condutividade térmica vapor/ferro/caldo será:
U ferro / caldo = 1/ 0,0001 + 0,00057 + 0,000060 = 1.706 kcal/m2/h/°C
Para tubo de aço inox, onde c = 125 kcal/m2/h/°C

U aço inox = 1.464 kcal/m2/h/°C

Verifica-se que apesar da condutividade do latão ser bem superior a do aço (aproximadamente duas vezes e meia), o coeficiente global de transmissão é pouco diferente, pela comparação dos dois materiais.

No múltiplo-efeito, o coeficiente global de transmissão diminui quando decresce a pressão. Esta diminuição de coeficiente **(U)** é atribuída à queda de temperatura e ao acréscimo das concentrações.

Segundo Bosworth (1969), o coeficiente geral de transmissão de um quadrúplo efeito pode variar, conforme:

1º corpo	1.855 a 2.929 kcal/m^2/h/ºC
2º corpo	1.785 a 2.344 kcal/m^2/h/ºC
3º corpo	1.172 a 1.758 kcal/m^2/h/ºC
4º corpo	586 a 879 kcal/m^2/h/ºC

Hugot (1977) cita cifras mais próximas dos limites inferiores de Bosworth (1969). Nos evaporadores Kestner, este coeficiente pode chegar a 3.000 kcal/m^2/h/ºC

18.2 CONSTRUÇÃO DE UM MÚLTIPLO-EFEITO

A evaporação do caldo de cana, executada com aquecimento a vapor em um evaporador único, é a de simples-efeito. Os aparelhos de simples-efeito são utilizados no segundo estágio de concentração de caldo, onde se obtém a massa cozida. As implicações tecnológicas do funcionamento deste estágio de concentração serão vistas posteriormente no estudo do cozimento.

Quando o vapor do primeiro vaso, ou corpo, é encaminhado para um segundo, o sistema de evaporação é o de duplo-efeito. O reaproveitamento do vapor produzido pelo segundo corpo, para aquecer um terceiro, dá origem ao tríplice-efeito. Analogamente, haverá um quádruplo-efeito, um quíntuplo-efeito, etc.

A evaporação propriamente dita do caldo de cana, atualmente, na maioria das usinas de açúcar do Brasil, é realizada em evaporadores como quatro corpos, ou seja, em quádruplos-efeitos. Todavia, a instalação de um outro vaso, conhecida de pré-evaporador, de vaso de pressão ou de vapor e que funciona como o primeiro corpo de evaporação, tem feito com que esta operação seja realizada em quíntuplo-efeito.

Tanto o pré-evaporador como os vasos de um tríplice, de um quádruplo, etc., obedecem à mesma linha de construção, podendo ocorrer, conforme o caso, modificações quanto à forma de distribuição de vapor, forma de alimentação de caldo, etc.

Em linhas gerais, a construção de um múltiplo-efeito compreende a utilização das seguintes partes:

18.2.1 CORPO DO EVAPORADOR

Atendendo à facilidade de construção, os corpos de um evaporador são essencialmente iguais na forma, altura e capacidade.

Conforme a Figura 122, cada corpo é construído de chapas de ferro de espessura variável de 3/8 a 3/4 de polegada, soldadas, eletricamente, na forma de um cilindro vertical e com uma altura superior ao dobro do diâmetro.

A parte mais inferior do corpo constitui a calandra tubular, através da qual se efetua o aquecimento. Esta calandra limita-se com o fundo que, no geral, é construído de forma boleada, semelhante a uma calota esférica. A parte superior do corpo do evaporador é fechado pelo domo e vaso de segurança ou separador. O vaso de segurança é provido de saída lateral para o vapor resultante da evaporação do caldo na calandra.

Cada corpo de um evaporador é formado por duas partes: cilindro superior ou câmara das evaporações e calandra tubular ou câmara de aquecimento. Nessas duas câmaras são construídas entradas para inspeção; estão situadas próximo do espelho superior da calandra e medem de 20 a 30 polegadas de diâmetro.

A câmara de evaporação é, no geral, dotada de diversas lunetas de vidro, protegidas com guarnições de bronze, as quais permitem a observação do caldo em ebulição, dando uma ideia do nível do mesmo em processamento no evaporador.

São também instalados, nos diversos corpos dos evaporadores, manômetros, termômetros, indicadores de nível, etc.

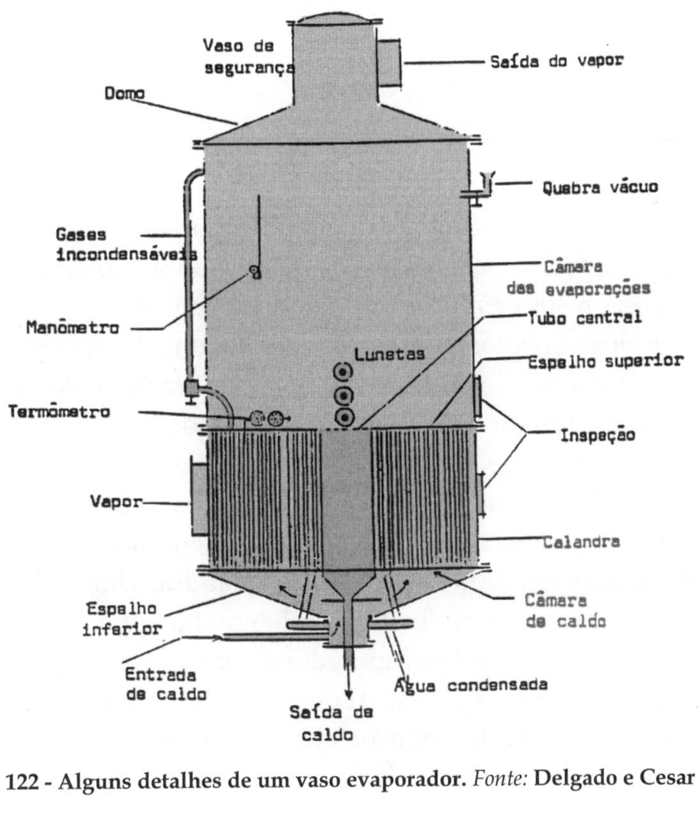

Figura 122 - Alguns detalhes de um vaso evaporador. *Fonte:* **Delgado e Cesar (1977).**

18.2.2 CÂMARA DAS EVAPORAÇÕES

A câmara das evaporações deve ser construída de forma a ficar com uma altura equivalente a 1,5 a 2,0 vezes a altura dos tubos. Por via de regra, possui de três a seis metros de altura.

Os vapores resultantes da ebulição do caldo na calandra, ocupam todo o espaço dessa câmara, limitada superiormente pelo domo do vaso e, inferiormente pelo espelho tubular da calandra.

Embora o cilíndro superior não tenha nenhuma utilidade para o caldo, visto que o nível deste, quando em ebulição, não deve passar da placa superior da calandra sua construção é necessária. Tem por objetivo diminuir os riscos de arrastes de gotículas de líquido, que se projetam junto com os vapores, oriundos da ebulição do caldo.

O diâmetro do corpo também deve ser bem calculado, visto que pode influir no maior ou menor índice de arraste de gotículas do caldo em ebulição.

Segundo Lodge, citado por Hugot (1977), a seção horizontal do corpo deve ser de um m^2 para cada 400 m^3/h de vapor produzido. Nessas condições, a velocidade do vapor despreendido é de aproximadamente 0,1 m/s. Segundo Hugot (1986), nas construções modernas não se respeita esta regra, o que redunda no aumento da velocidade do vapor despreendido. Tem-se constatado velocidades de 4 a 5 m/s na calandra das últimas caixas. Esta maior velocidade implica, obviamente, maior arrastamento de caldo pelo vapor, que passa a ser intensa quando se tem valores superiores a 5 m/s.

Os vapores desta câmara, alcançando o vaso de segurança central, saem por um tubo de diâmetro grande, que os conduzirá à calandra seguinte ou ao condensador, se for o caso do último corpo do múltiplo-efeito.

18.2.3 CALANDRA

A calandra é o elemento de aquecimento do vaso evaporador, constituindo sua parte inferior. É formada por dois espelhos perfurados, os quais são interconectados por uma série de tubos, também metálicos, presos nos furos por mandrilamentos.

Na parte central dos dois espelhos, construídos geralmente de chapas metálicas com espessura de 1.1/4 de polegada, ou de 31,63 mm, existe uma perfuração maior. Essas perfurações estão também interligadas por um tubo de diâmetro grande, denominado de tubo de circulação de caldo. Seu diâmetro corresponde, no geral, de 1/4 a 1/8 do diâmetro interno da calandra.

Alguns construtores substituem este tubo central por passagens laterais, constituindo-se o que se conhece por calandra flutuante. Outros projetos têm incluído uma série de tubos de maior diâmetro, distribuídos em toda superfície da calandra. Uma calandra flutuante mais comum nos cozedores ou vasos de simples-efeito foi desenhada por Fernandez Cabal (1966) e constitui o elemento de aquecimento do evaporador Seguro".

Os tubos da calandra podem ser de aço carbono, de cobre, de latão ou de aço inoxidável.

Circundando o conjunto, formado por espelhos e tubos, existe uma chapa, cuja espessura varia de 3/8 a 3/4 de polegada. A calandra toma a forma de um cilindro.

Em relação aos tubos, os problemas mais importantes de sua utilização dizem respeito ao seu comprimento, qualidade de material e diâmetro.

18.2.4 COMPRIMENTO DOS TUBOS

O comprimento dos tubos em um evaporador clássico varia de 1,5 a 3,0 m, recomendando-se adotar de 5 a 6 mm a mais no seu comprimento para efeito de um melhor mandrilamento.

De modo geral, os tubos dos diferentes vasos possuem o mesmo comprimento. Com intuito de maior economia e de reutilização dos tubos, alguns construtores instalam, nos primeiros vasos, tubos mais longos (10 a 20 cm ou mais no comprimento dependendo do tipo de projeto). Como tais tubos se desgastam mais perto do mandrilamento, suas pontas são cortadas, podendo, assim, ser reutilizados nos últimos vasos.

Por outro lado, a utilização de tubos mais longos nos primeiros vasos não causa nenhum inconveniente, pois nesses vasos o caldo é mais diluído, podendo subir por eles com facilidade. Aliás, alguns fabricantes de equipamentos no Brasil vêm construindo evaporadores com suas primeiras caixas contendo tubos de até 4 metros no comprimento. Nas últimas calandras, onde o xarope torna-se mais viscoso, dificultando o escorrimento laminar, os tubos são mais curtos. Com esta providência, a taxa de evaporação pode ser mantida a bom nível. A utilização de tubos longos nas últimas calandras pode implicar a diminuição da taxa de evaporação. Contudo, na grande prática açucareira, os evaporadores têm sido construídos com tubos de mesmas dimensões.

18.2.5 DIÂMETRO DO TUBO

De modo geral, o diâmetro mais usual dos tubos de um múltiplo efeito é de 38 mm (1.1/2 de polegada), considerado como medida externa.

A espessura da parede dos tubos varia, também, de 1 a 3 mm, dependendo do material em que são construídos.

Os tubos de aço carbono são os mais recomendados aos evaporadores, assim como para caldeiras, vácuos, aquecedores, etc., Obedecem as normas do Deutsch Industrie Normen (DIN).

Para os evaporadores, os mais usuais são os de parede fina, sem costura e com pontas lisas, podendo se enquadrar nas especificações definidas pelos fabricantes.

De acordo com o material de que é construído, tem-se as seguintes especificações:

a) Tubos de aço carbono, tipo preto, sem costura (Tabela 39)

Tabela 39 - Algumas dimensões de tubos de aço carbono (DIN 2448)

Diâmetro POL	mm	Espessura da parede (mm)*	Peso teórico Kg/m
1	25,4	2,50	1,39
1 1/4	32,0	2,75	1,99
1 1/2	38,0	2,75	2,39
1 3/4	44,5	2,75	2,83
2	50,8	2,75	3,28

(*)Parede fina

b) Tubos de aço inoxidável

Os tubos de aço inoxidável podem ser construídos com ou sem costura, ou seja, soldado. Esses tubos são fabricados a partir de tiras de aço inoxidável, inteiramente recozidos. Algumas fábricas recomendam, para os aquecedores, evaporadores e cozedores, os tubos soldados, existindo os tipos com solda longitudinal e com solda em espiral ou helicoidal.

As dimensões mais usuais seguem as normas ISA ou ISO, ou mesmo AISI. São recomendados à indústria açucareira, por serem altamente resistentes à corrosão, resistentes e de mais fácil limpeza, pela menor aderência das incrustações, como pode ser visto na Tabela 40.

Tabela 40 - Dimensões usuais dos tubos de aço inoxidável

Diâmetro externo		Espessura da parede (mm)	Peso teórico Kg/m
Pol	mm		
1	25,4	1,5	0,96
1 1/4	31,7	2,0	1,68
1 1/2	38,1	1,5	1,44
1 1/2	38,1	2,0	1,92
1 1/2	38,1	2,5	2,40
1 3/4	44,5	2,5	2,80
2	50,8	2,5	3,18

De modo geral, a espessura da parede dos tubos de aço inoxidável varia de 1,0 a 2,5 mm, sendo instalados nos evaporadores dentro desta faixa de variação.

Tubos de latão

Os tubos de latão, em cuja composição entra mais de 60% de cobre, são construídos em diversos diâmetros, encontrando-se desde algumas frações de polegada até 4 ou 5". Os mais usuais para os evaparadores são os de 1.1/2". A parede desses tubos varia com o fornecedor ou fabricante, sendo normal uma variação de 1,5 a 2,0 mm de espessura.

Os tubos mais estreitos, ou seja, aqueles com menor diâmetro, apesar de apresentarem um melhor coeficiente de transmissão (a distância média entre as partículas do caldo à superfície quente é menor) são desvantajosos quanto ao manuseio, de difícil limpeza, tanto manual como mecanicamente. Para esses tubos, recomenda-se uma limpeza de natureza química, utilizando-se ácidos ou agentes alcalinos. Entretanto essa tubulação é proibida no Brasil devido ao cobre de sua composição.

CORRELAÇÃO ENTRE DIÂMETRO E COMPRIMENTO

Hugot (1977) dá muita ênfase à correlação que deve existir entre comprimento e diâmetro dos tubos, com vistas à escolha e uso nos evaporadores.

De modo geral, a taxa de evaporação tende a diminuir quando o diâmetro do tubo aumenta. De outra parte, essas dimensões devem estar correlacionadas com a ordem de colocação dos tubos na calandra. Já foi visto que nas últimas caixas o xarope é sempre mais viscoso, sendo sempre mais difícil a ascensão do caldo no feixe tubular.

Para efeito de um melhor entendimento deste assunto, basta atentar para os números dados na Tabela 41, citados por **Hugot (1977).**

Tabela 41 - Comprimento dos tubos em função do diâmetro

Diâmetro externo mm	Espessura da parede mm	Comprimento em metros			
		1ª Calandra	2ª Calandra	3ª Calandra	4ª Calandra
50,0	2,0	2,00	1,90	1,80	1,70
38,0	1,6	2,75	2,60	2,50	2,40
35,0	1,5	3,00	2,85	2,70	2,50
30,0	1,5	4,00	3,80	3,60	3,40

18.2.6 DISPOSIÇÃO DOS TUBOS

Os tubos, mandrilados nos espelhos da calandra, obedecem a uma disposição enxadreizada. A disposição em xadrez (Figura 123) permite a colocação de um maior número de tubos por unidade de superfície do espelho e para uma mesma distância entre os tubos.

Nesta disposição, os tubos ficam alinhados segundo três direções diferentes, a 120° uma da outra. Internamente, as três perfurações definem um triângulo equilátero, cujos ângulos internos são de 60°.

A distância entre dois tubos é conhecida por "passo". O passo "P" pode ser calculado, conforme a seguinte sequência:

Para efeito de cálculo, considere os seguintes dados:

S = área do tubo (externa);

A = área da parte entubada, considerada formada por quatro seções de tubos e definida por dois triângulos equiláteros;

d = diâmetro externo do tubo;

h = altura do triângulo formado.

Observando a Figura 123, verifica-se que a área formada por dois triângulos é dada por:

$$Área = A = 2.\frac{h\,.\,P}{2} = h\,.P$$

Como

$$tg\ 60^{\underline{o}} = \frac{h}{\frac{P}{2}}$$

E sabendo-se que

$$tg\ 60^{\underline{o}} = \sqrt{3}$$

Advém

$$h = \sqrt{3}\,\frac{P}{2}$$

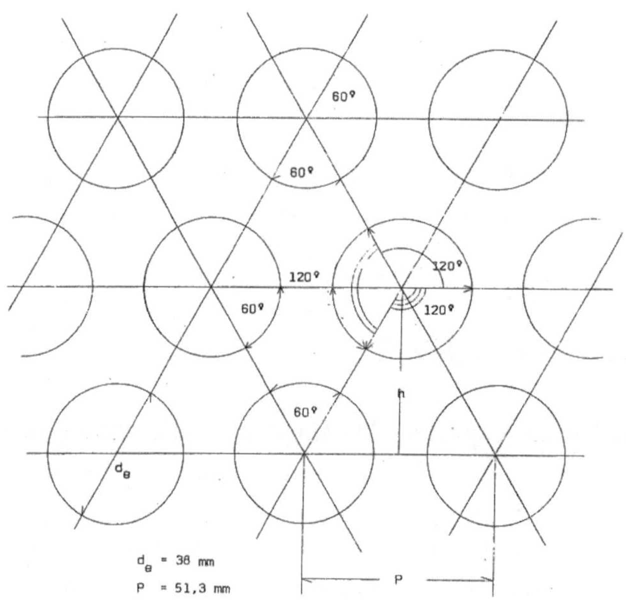

Figura 123 - Disposição dos tubos no espelho da calandra do evaporador

Substituindo-se esta última expressão na fórmula, que define a área estudada (A), tem-se:

$$A = \frac{\sqrt{3}}{2} . P . P = \frac{\sqrt{3}}{2} P^2$$

Relacionando-se a área "S" de um tubo (área esta que fica compreendida, internamente, nos dois triângulos) com a área da seção entubada A, tem-se a definição de um coeficiente K, ou seja:

$$K = \frac{S}{A}$$

Substituindo-se S e A pelos valores, advém:

$$K = \frac{\frac{\pi d_e^2}{4}}{\frac{\sqrt{3}}{2} P^2} = 0{,}907 \frac{d_e^2}{P^2}$$

Logo,

$$P^2 = 0{,}907 \frac{d_e^2}{K}$$

Fazendo-se K=0,5 (K varia de 0,45 a 0,55), a equação acima terá o seguinte valor:

$$P = 0{,}952 \frac{d_e}{\sqrt{0{,}5}}$$

Ou

$$P = 1{,}35\, d_e$$

Onde,

P= distância de centro a centro de dois tubos.

d_e= diâmetro externo do tubo

O coeficiente K corresponde á superfície externa dos tubos, ou seja, à superfície perfurada dos espelhos.

Se há interesse em calcular a área interna do tubo, deve-se descontar a espessura correspondente do tubo empregado.

Admitindo-se, por exemplo, d_e = 38 mm, P terá o seguinte valor:

P = 1,35 . 38 = 51,3 mm

Nessas condições, a distância entre dois tubos será de 13,3 mm.

18.2.7 DISTRIBUIÇÃO DO VAPOR DE AQUECIMENTO

O vapor é admitido pela parte lateral da calandra, através de uma, duas ou mais entradas. Este número de entradas é função do tamanho do aparelho do desenho em que é fabricado.

Em aparelhos de pequena capacidade, uma entrada de vapor parece ser suficiente . Em aparelhos maiores, segundo alguns técnicos no assunto, duas ou mais entradas permitem uma melhor distribuição do vapor de aquecimento, que pode ser, assim, proporcionado em toda a calandra. Entretanto, o uso de várias entradas implica mais encanamentos e maior dificuldade de drenagem de condensado. Alguns construtores utilizam-se de placas metálicas, colocadas internamente na calandra, com a finalidade de dar um melhor caminhamento do vapor (detalhe b) . Estas placas são colocadas entre duas fileiras de tubos, não havendo necessidade de retirada das mesmas, conforme recomenda **Hugot (1977)**. Segundo este autor, a retirada de algumas linhas de tubos facilita a circulação do vapor pela calandra, formando o que se chama dutos de vapor (detalhe a da Figura 124).

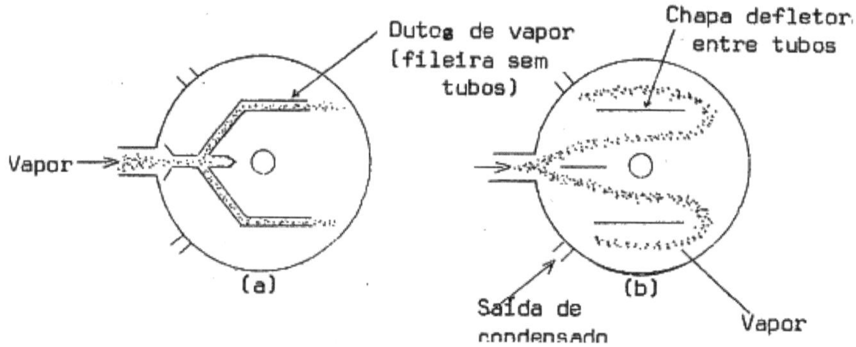

Figura 124 - Distribuição do vapor na calandra.

18.2.8 TUBOS DE CIRCULAÇÃO DOS VAPORES VEGETAIS

O vapor proveniente da ebulição do caldo na primeira calandra no sistema de múltiplo-efeito é encaminhado à unidade de mesmo tipo do segundo vaso. O vapor resultante da evaporação do caldo do segundo vaso encaminha-se, do mesmo modo, à calandra do terceiro vaso e assim, sucessivamente, até que os vapores do último vaso cheguem ao condensador (Figura 125).

O vapor, saindo pela parte central e superior do corpo, passando pelo vaso de segurança, segue à calandra seguinte, através de uma tubulação, cujo diâmetro é calculado, considerando-se quantidade de vapor, velocidade de vapor, etc.

Como o vácuo cresce do segundo para os últimos vasos, a velocidade dos vapores do caldo em evaporação também aumenta e, nessas condições, o diâmetro da tubulação de condução desses vapores também cresce, progressivamente.

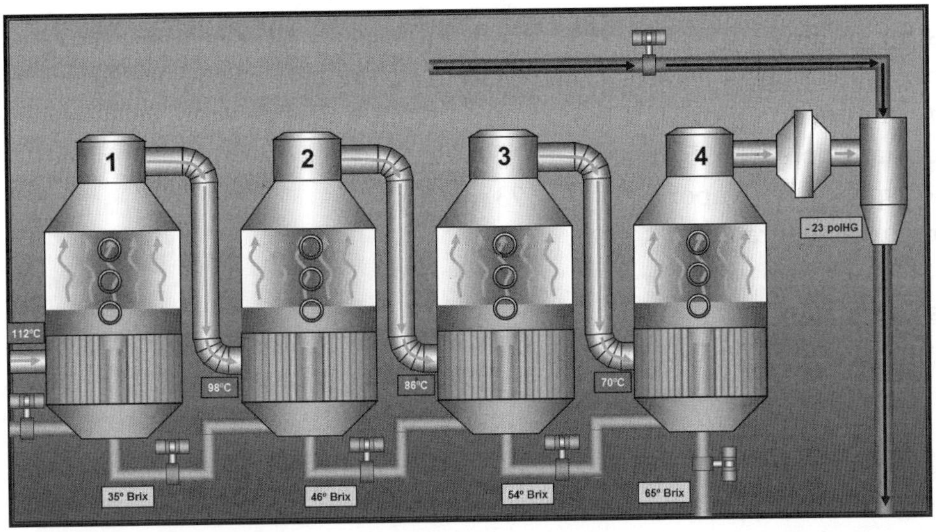

Figura 125 - Circulação do vapor num múltiplo-efeito. *Ilustração:* **Paulo Gangorra.**

Segundo Hugot (1977), as velocidades do vapor nos evaporadores obedecem, aproximadamente aos dados que podem ser vistos na Tabela 42.

Para o caso de se ter uma velocidade no último corpo superior a 60 m/s, deve-se tomar algumas precauções contra possíveis arrastes de caldo. A colocação de separadores especiais entre a saída do último vaso e o condensador tem sido usual pelas usinas de açúcar, com vistas à retenção de sacarose.

O diâmetro desses tubos de vapor pode ser calculado, conhecendo-se a quantidade de vapor produzido pela caixa, a velocidade, temperatura e peso específico do vapor.

Tabela 42 - Velocidade do vapor nos evaporadores (metros/segundo)

Posição do vapor	Tríplice efeito	Quádruplo efeito	Quíntuplo efeito
Vapor de entrada no 1º vaso	25 a 30	25 a 30	25 a 30
Vapor resultante do 1º vaso	30 a 35	30 a 35	30 a 35
Vapor resultante do 2º vaso	40 a 45	35 a 40	30 a 35
Vapor resultante do 3º vaso	50 a 60	40 a 45	35 a 40
Vapor resultante do 4º vaso	-	50 a 60	40 a 45
Vapor resultante do 5º vaso	-	-	50 a 60

O cálculo da quantidade de vapor será visto posteriormente no item relacionado a projetos de evaporadores, sendo neste caso estimado.

A título de exemplo, o diâmetro da tubulação de vapor entre a primeira e a segunda caixa é calculado, conforme se segue:

Dados conhecidos:

a) Vapor produzido na 1ª caixa 25.000 kg/h
b) Temperatura do vapor 111°C
c) Velocidade do vapor 25 m/s
d) Peso específico do vapor a 111°C 1,173 m³/Kg
e) Margem de segurança 10%

Dados Calculados:

a) Volume de vapor destinado à 2ª caixa

- Peso de vapor com margem de segurança de 10%

$$P = 25.000 \cdot 1{,}1 = 27.500 \text{ kg}$$

- Volume de vapor: $V = 27.500 \cdot 1{,}173 = 32.257{,}5 \text{ m}^3/\text{h}$

b) Volume de vapor em m³/s

$$V = \frac{32.257{,}5}{3.600} = 8{,}96 \frac{m^3}{s}$$

$$ou$$

$$V = 8.960\ dm^3/s$$

c) Área de passagem do vapor

Como o volume de vapor que circula em determinada seção do tubo, na unidade de tempo, é o produto de sua velocidade pela área desta mesma seção, pode-se escrever que:

$$V = v \cdot S$$

Onde,
V = volume de vapor
v = velocidade em m/s
S = área da seção.

Expressando-se v em dm/s, advém, por substituição, que:

$$8.960 = 250 \cdot S$$

ou

$$S = \frac{8.960}{250} = 35{,}84\ dm^2$$

d) Diâmetro do tubo

Como,

$$S = \frac{\pi D^2}{4}$$

O diâmetro torna-se facilmente conhecido, ou seja:

$$35{,}84 = \frac{3{,}1416 \, . \, D^2}{4}$$

Logo,

$$D^2 = 45{,}63 \, dm$$

Ou

$$D = \sqrt{45{,}63} = 6{,}7 \, dm = 670 \, mm$$

Portanto:

$$D = 670 \, mm$$

Raciocínio igual pode ser seguido para o cálculo do diâmetro dos demais vasos. Alguns construtores utilizam do diâmetro médio, obtido pela soma dos valores calculados para cada caixa de evaporação. Alguns evaporadores têm sido projetados da seguinte forma:

Admissão do vapor de alimentação pela parte inferior da primeira caixa e circulação do vapor entre as caixas pela parte superior e central das diversas calandras. Segundo os idealizadores deste sistema, a distribuição do vapor parece ser melhor do que o critério convencional. Entretanto, para que não ocorra aquecimento do vapor em produção no evaporador, que implica uma queda de vácuo, a tubulação de circulação, neste caso, deve ser isolada. Por via de regra, esses tubos são isoladas com placa de amianto ou outra isolante qualquer e revestidas com uma capa de alumínio. Este sistema de circulação é usado nos evaporadores compactos e no evaporador Segura (KRYGER, 1963).

18.2.9 DISPOSITIVOS PARA REMOÇÃO DE CONDENSADOS

O vapor, cedendo seu calor latente de vaporização ao caldo em circulação na calandra, condensa-se, mantendo-se praticamente na mesma temperatura do vapor original. Isto acontecendo, no final de certo tempo, a quantidade de água vai aumentando, podendo chegar a obstruir o espaço de aquecimento. Desta maneira, há necessidade de se retirar, continuamente, esta água de condensação, para o bom funcionamento do sistema de evaporação.

A drenagem deste condensado dos evaporadores pode ser feita de várias maneiras. Na prática açucareira são empregadas, para esta drenagem, purgadores, bomba de ar úmido, drenas barométricas, sifões em U, vasos de expansão, etc.

De modo geral, a drenagem destes condensados é feita, inicialmente, através de uma série de tubos, que são soldados na parte inferior da calandra e sempre distantes dos pontos de entrada de vapor. Recomenda-se colocar uma tomada de condensado para cada 3 m² de superfície de calandra. O diâmetro desses tubos de saída devem ser calculados para dar uma velocidade de condensado da ordem de 0,5 a 0,6 m/s ou, no máximo, de 1,0 m/s. Esses pequenos tubos, medindo algumas vezes de 10 a 20 cm de comprimento e com diâmetro variando de 1.1/2" a 2.1/2", ligam-se ao coletor geral que, por sua vez, depois de passar por um purgador ou não,conduz o condensado para a caixa de recepção, de onde se procede o descarte. Em alguns casos, se faz-se a recirculação deste condensado, fazendo-se sua retirada no último vaso.

18.2.10 PURGADORES

Quando a calandra está submetida à pressão superior à atmosfera, o condensado flui livremente da mesma por gravidade. Este fenômeno ocorre com o condensado do primeiro vaso de evaporação que é, usualmente, aproveitado nas caldeiras de produção de vapor. Nos outros vasos esta condição não acontece, o que implica a adoção de outros sistemas de drenagem dos condensados. Esses condensados são utilizados na diluição de méis, lavagem de açúcar nas turbinas, na lavagem de cana, na embebição, etc.

No primeiro vaso de evaporação, como há necessidade de que a tubulação não se esvazie, a regulagem do fluxo de condensado é controlada pelo purgador. Vários são os tipos de purgadores encontrados na prática, podendo estar divididos em purgadores mecânicos, termostáticos e termodinâmicos. Os mais usuais, nos múltiplos efeitos, são os do tipo mecânico. Os purgadares mecânicos têm sua operação baseada na diferença de densidade da água com o vapor. Dentro dos tipos mecânicos, os de bóia são os mais usados. Permitem uma descarga regular e contínua do condensado e são bem eficientes para trabalhar em condições de baixa pressão. Alguns purgadores, além de possuirem o dispositivo mecânico, possuem dispositivos para a eliminação de ar e outros gases incondensáveis. De modo geral, os purgadores mecânicos compõem-se de um pequeno recipiente, dotado de uma bóia, que comanda uma válvula de descarga, a qual não se abre. Quando o condensado entra no corpo do purgador, a bóia se eleva gradualmente, abrindo a válvula de descarga. Com a variação da carga de condensado no corpo do purgador, a ação mecânica da válvula controla a velocidade de descarga, sem permitir variações de pressão. A Figura 126 dá uma ideia de um purgador de bola, tipo mecânico termostático (Sarco).

Os purgadores termostáticos estão baseados na diferença de temperatura entre o vapor e o condensado. Eles são de lâminas bi-metálicas ou fole. Os bi-metálicos possuem lâminas de dois metais de coeficiente de dilatação, bem diferentes, que se expandem diferentemente, formando uma curva e regulam a válvula de abertura, fechando ou abrindo, para descarga em função da dilatação.

Os purgadores termodinâmicos operam segundo princípio de conservação de energia para líquidos, entre a energia potencial e a cinética do líquido em escoamento. Essa regulagem baseia-se, assim, na diferença de velocidade entre o vapor e outro condensado que provoca o deslocamento de uma válvula de disco móvel. Utilizados em unidades de aquecimento, para remover condensados em setor de vapor.

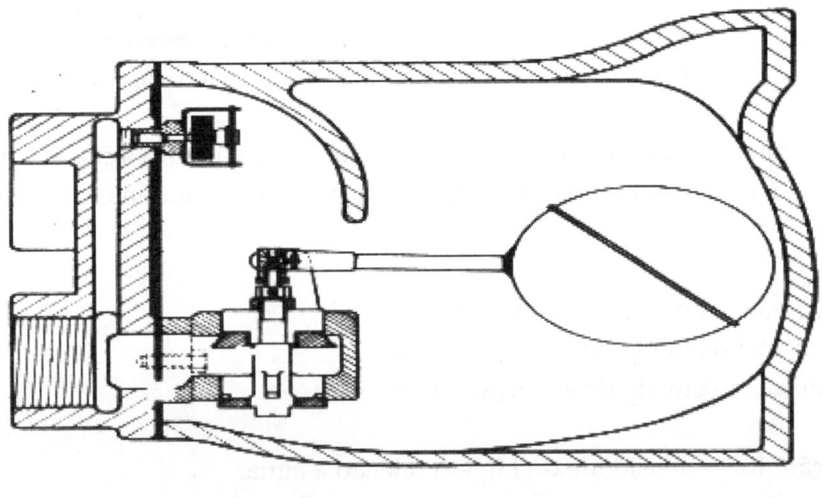

Figura 126 - Esquema de purgador de Boia.

18.2.11 BOMBAS DE AR ÚMIDO

As bombas de ar úmido foram muito usadas para a extração de condensados dos evaporadores. Em razão da baixa velocidade, grande consumo de água, custo de manutenção, e devido ao aparecimento de equipamentos e recursos mais simples de controle de vazão dos condensados, essas bombas não vêm sendo mais usadas para tais fins.

18.2.12 DRENOS BAROMÉTRICOS

A maior dificuldade a se vencer, quando os condensados necessitam ser extraídos das calandras submetidas ao vácuo ou vazio, é a diferença de pressão entre o vaso e a atmosfera.

Quando o vaso está a um nível suficientemente elevado, esta dificuldade é resolvida drenando-se os condensados em um tanque colocado sob os evaporadores e a estes ligado por uma canalização de comprimento adequado, suficiente para vencer o vazio da calandra correspondente. Nessas condições, forma-se uma coluna barométrica e a água flui pelo efeito da gravidade.

Este dispositivo, realizado de tal modo que o tanque receptor esteja dividido em compartimentos - um para cada vaso - recebe o nome de Marais pelos franceses e, entre os brasileiros é chamado de caixa de drenos barométricos (Figura 127).

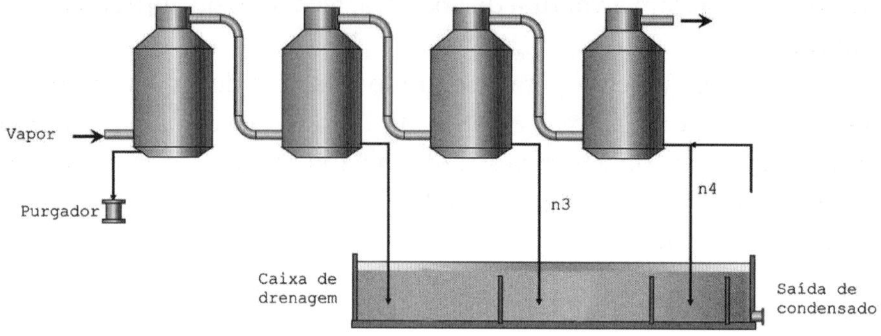

Figura 127 - Drenos Barométricos. *Ilustração:* **Paulo Gangorra**

Evidentemente, estando os vasos 2, 3 e 4 sob a ação de vácuo, a água é aspirada do tanque central, que está à pressão atmosférica, para os tubos correspondentes, até alcançar os níveis dados por:

N_2 = cm de vácuo em Hg do 2º corpo x 13,6
N_3 = cm de vácuo em Hg do 3º corpo x 13,6
N_4 = cm de vácuo em Hg da 4º corpo x 13,6

Observação: 13,6 - densidade do Hg em relação a água.

Para se ter um vácuo absoluto, seria necessária uma coluna de 76 cm de mercúrio. Nessas condições, a diferença deve se aproximar de 11 m, ou seja:

$$\text{Diferença de nível} = 76 \times 13{,}6 = 1.033{,}6 \text{ mm} \approx 11 \text{ m}$$

Suponha que o vazio no último corpo (N_4) seja de 45,0 cm. Logo, a altura da coluna seria:

$$N_4 = 45{,}0 \times 13{,}6 = 612 \text{ cm ou } 6{,}12 \text{ mm}$$

Para efeito de segurança, considerando-se um acréscimo de 20% que aqui se considera em relação altura da coluna de água calculada, ter-se-á:

$$N_4 = 6{,}12 \,.\, 1{,}20 = 7{,}34 \text{ m}$$

Por via de regra, o acréscimo recomendado para efeito de segurança é de 1,2 m. O valor obtido corresponde à diferença de nível entre a placa inferior da calandra e o nível de água da caixa dos drenos barométricos.

Contudo, recomenda-se, por medida de segurança, instalar este sistema de drenagem de condensado com uma diferença de 11 metros.

18.2.13 MONTACALDOS

Os montacaldos, também conhecidos por purgadores de alimentação automática, funcionam com vapor direto, residindo, neste ponto, sua grande desvantagem. Hugot (1986) dá uma descrição, com detalhes, desses montacaldos. Estes permitem o controle da água condensada e, assim, da evaporação de cada vaso do múltiplo efeito. Segundo este autor, o montacaldo não necessita de vigilância, manutenção e lubrificação.

18.2.14 SIFÃO

Com a aplicação do sistema de sifão, pode a usina aproveitar o calor sensível que tem a água de condensação. Se extrair esta água conforme os outros sistemas anteriores, há perda de todo o calor sensível que ela contém. Do ponto de vista da evaporação, procedendo á circulação das águas condensadas da primeira à última calandra, a eficiência do sistema aumenta gradualmente. A água de condensação, passando de uma calandra onde se encontra numa pressão superior, para a outra calandra, onde a pressão é inferior, sofre uma espécie de autoevaporação. A água evaporada pelo efeito desta diferença de pressão corresponde exatamente à quantidade de calor cedida. Desta forma, recupera-se uma pequena quantidade de calor que se soma, na calandra seguinte, ao vapor do caldo destinado ao seu aquecimento.

A utilização de sifões barométricos devidamente calculados permite essa circulação. Com o uso desses sifões, a diferença de pressão existente entre uma calandra e outra equilibra-se ,automaticamente. O comprimento desses sifões depende, evidentemente, das condições de vácuo entre as calandras. O exemplo, em sequências na Figura 128, ilustra melhor a instalação. De acordo com a Figura 129, considerando-se N_3= 22 cm e N_4 = 40 cm, a altura em desnível H, será:

$$H = 40 - 22 = 18 \text{ cm de Hg}$$

ou

$$H = 18 \times 13{,}6 = 244{,}8 \text{ cm}$$

Dando uma margem de segurança de 50% em relação à diferença de nível calculada, ter-se-á:

$$H = 244{,}8 \times 1{,}5 = 367{,}2 \text{ cm}$$

ou

$$H = 3{,}67 \text{ m}$$

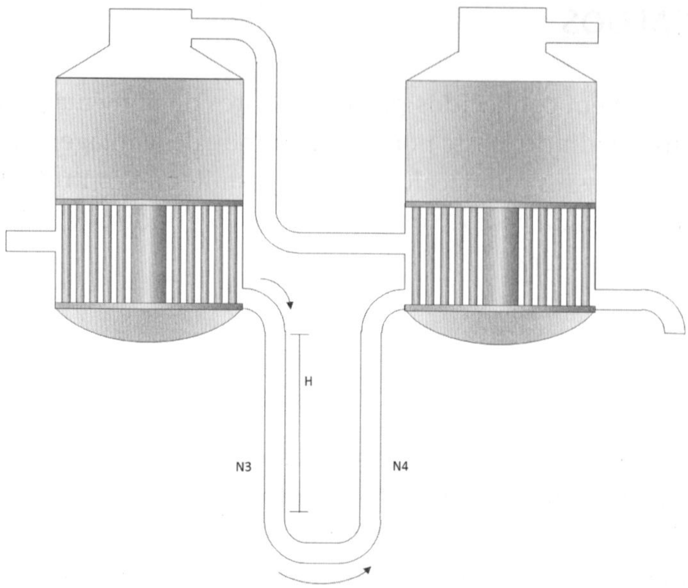

Figura 128 - Sifão. *Ilustração:* **Paulo Gangorra**

Como se trabalha com líquidos quentes, o aumento do comprimento dos sifões só trará benefícios e compensará qualquer desequilíbrio de pressão. Com o intuito de se evitar este desequilíbrio de pressão, provocado por uma possível ascensão violenta da água na tubulação que liga à caixa seguinte, recomenda-se a utilização de tubos de maior diâmetro, ascendentes, que devem estar de acordo com a velocidade da água, supostamente sem mistura com vapor, conforme segue:

Tubulação	Velocidade
Descendente	1,2 m/s
Ascendente	0,6 m/s

O importante no uso dos sifões está na sua construção; devem ser projetados para conduzir toda a água condensada, devendo os últimos corpos ser dotados de tubulação de maior diâmetro.

18.2.15 BALÕES DE EXPANSÃO

Os balões de expansão atuam no mesmo princípio em que estão baseados os sifões. Entretanto, no caso dos balões de expansão, o que circula é o vapor resultante da autoevaporação que sofre a água de condensação, procedente da calandra do vaso anterior.

Esta autoevaporação se processa em pequenos balões, construídos em chapas de ferro e colocados sob os diversos vasos do conjunto de evaporação.

Diversos são os esquemas de montagem desses balões de expansão. Alguns esquemas preveem a circulação das águas condensadas do pré-evaporador para um balão de expansão, que deve estar em conexão com a calandra do primeiro corpo do evaporador. Neste caso, tanto a água condensada do pré-evaporador como a do primeiro vaso evaporador é conduzida para a caldeira. Outros esquemas preveem a colocação de balões de expansão para a circulação das águas condensadas apenas das calandras do 2°, 3° e 4° vasos de evaporação, ou apenas do 2°e 3°, dispensando-se a da 4ª calandra, que vai para a caixa de drenagem. As águas do pré e primeiro vaso vão para a caldeira, após passar em por purgadores.

A Figura 129 mostra um esquema no qual a água condensada do pré e do primeiro vaso vai para as caldeiras, após passar pelos respectivos purgadores. Vê-se, ainda, no esquema, um balão de expansão ou de flash entre o segundo e terceiro vasos e entre o terceiro e quarto vasos. A água condensada, após passar pelo balão de flash, neste esquema, vai para a caixa de drenagem. A água da quarta calandra pode retornar ao balão de expansão anterior ou ir diretamente para a caixa de água de drenagem.

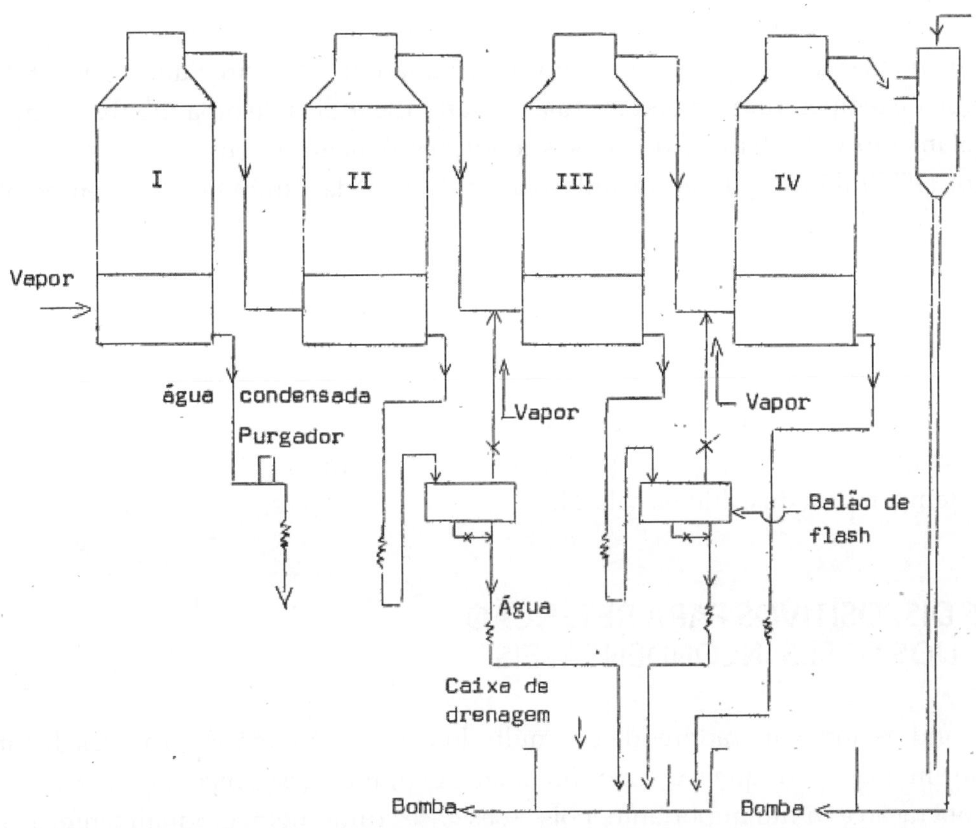

Figura 129 - Instalação de balões de flash num múltiplo-efeito. *Fonte:* **Delgado e Cesar (1977).**

Alguns esquemas recirculam a água condensada na parte que sofre autoevaporação para o balão de expansão seguinte. Neste caso deve ser instalado um regulador de fluxo desta água circulante (purgador). A retirada de água é feita apenas no último balão.

O ganho de calorias neste sistema está no fato de que a água condensada, sendo enviada a um balão, onde está sob menor pressão, sofre uma espécie de autoevaparação, produzindo, assim, mais um pouco de vapor para o sistema.

O sistema pode ser empregado, também, para a utilização dos condensados dos aquecedores. De modo geral, as águas condensadas são utilizadas, conforme a seguinte orientação:

Pré evaporador: alimentação das caldeiras;
Primeiro corpo: alimentação das caldeiras;

2º, 3º e 4º corpos: embebição nas moendas e nos filtros, lavagem de cana diluição de méis, etc.

Alguns esquemas de montagem dos evaporadores preveem o aproveitamento da água condensada do primeiro corpo do evaporador. Neste caso, pode-se montar um balão de flash entre este corpo e o anterior. Sistemas de passagem de condensado, com alternativas de trabalho ou "by pass", devem ser previstos nessas instalações.

Os resultados desse sistema de instalação podem não coincidir com os esperados, visto que as águas condensadas sempre esfriam um pouco quando estão circulando pelos tubos. Essa diminuição de temperatura é mais acentuada quando se utiliza de uma tubulação muita longa e sem isolamento. O flash formado, nessas condições, é menos intenso.

Hugot (1977) dá a seguinte fórmula para o cálculo da diminuição da temperatura das águas condensadas:

$$T_a = T - 0{,}4\ (T - T_c)$$

Onde,
- ta = temperatura da água que sai da calandra;
- T = temperatura do vapor de aquecimento na calandra;
- tc = temperatura do caldo na calandra.

18.2.16 DISPOSITIVOS PARA RETENÇÃO DOS GASES INCONDENSÁVEIS

As calandras dos evaporadores de um múltiplo-efeito estão sempre providas de tubos chamados de amoniacais, os quais têm por finalidade extrair os gases incondensáveis.

Esta operação é muito importante, pois esses gases diminuem, gradualmente, a eficiência das superfícies de evaporação, chegando em certos casos a danificá-las.

Esses gases contém, além de ar (formado nos condensados e admitidos pelas juntas entre as diversas peças), amoníaco, derivado da decomposição de substâncias nitrogenadas. A maioria dos gases incondensáveis é mais pesada do que o vapor, acumulando-se, por isso, na parte inferior da calandra. O inverso ocorre com o amoníaco, que se acumula sob o espelho superior da calandra. A extração deste gás é necessária, pois, acumulando-se sob o espelho superior da calandra, ataca a parte externa dos tubos, corroendo-os e furando-os. A extração desses gases não é difícil, podendo ser feita conforme a posição do vaso.

18.2.17 CALANDRA DO PRIMEIRO VASO E VÁCUOS

Utilizando-se do vapor de escape como elemento de aquecimento, a pressão de vapor é superior à atmosférica e, em consequência, a quantidade de incondensável é muito pequena. Um pequeno tubo conectado à calandra, conforme mostra a Figura 130b, é suficiente para a remoção dos gases incondensáveis, deixando sempre que escape algum vapor para a atmosfera (Figura 130c).

Periodicamente, abre-se o registro e dá-se uma descarga de incondensado para a atmosfera. Alguns esquemas preveem a ligação desses gases com a câmara de evaporação (Figura 130).

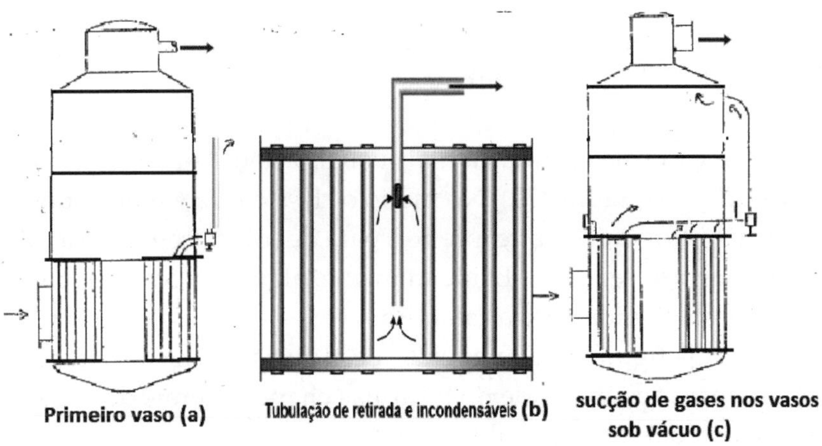

Figura 130 - Remoção de gases incondensáveis. *Fonte:* **Delgado e Cesar (1977).**

12.2.18 CALANDRAS AQUECIDAS COM VAPOR VEGETAL

Nas calandras aquecidas com vapor vegetal ou de caldo, a instalação dos tubos da saída de gases incondensáveis deve ser realizada nos lugares em que o vapor não chega com facilidade, ou onde se comprovar a formação de bolsas de ar. Como o ar é mais pesado do que o vapor, o tubo de extração de gases incondensáveis deve ser prolongado até perto da superfície inferior da calandra, conforme mostra a Figura 131. O tubo não deve chegar à parte inferior da calandra, pois pode succionar também o condensado.

Os gases incondensáveis, por via de regra, são desviados a um tubo externo, regulável por válvula manual, que se liga novamente à parte superior da câmara das evaporações. De modo geral, esses tubos possuem um diâmetro variável de 10 a 30 mm. Com a utilização desses dispositivos, os gases incondensáveis, a partir do segundo corpo do evaporador, são retirados pelo condensador, instalado após a última unidade de evaporação.

18.2.19 VASO DE SEGURANÇA

Todos os corpos de um múltiplo efeito possuem, na parte superior e central do domo, uma peça denominada de vaso de segurança ou separador.

Esta peça, construída sob os mais diferentes modelos, tem por finalidade dar vazão ao vapor que procede da parte inferior do corpo, devendo estar equipada para reter e evitar a passagem de bolhas de líquido (caldo) da câmara de evaporação, de um vaso a outro. As pequenas gotas de caldo em ebulição são arrastadas, por pequeníssimas bolsas de vapor, para o vaso seguinte. Como a taxa de arrastamento é diretamente proporcional ao vácuo, verifica-se que este fenômeno é mais intenso nos últimos vasos.

Concorrem, também, para esse maior arrastamento:

- Manutenção do nível de caldo além do normal;
- Câmara de evaporação muito baixa;
- Calandra com pouco diâmetro em relação à altura do vaso;
- Alimentação ou saída de caldo pela parte superior da calandra;
- Desenho inadequado do vaso de segurança, etc.

Entre os modelos de vasos de segurança mais usuais estão o tipo clássico (Figura 131) e o tipo de separador centrífugo (Figura 132). No modelo clássico, os vapores, depois de tocarem a parte superior do vaso, retornam a parte inferior, para depois saírem para a tubulação que os conduzirá à calandra do vaso seguinte. Evidentemente, algum vapor condensando na chapa defletora, retorna na forma líquida para a calandra.

No tipo centrífugo, cuja figura mostra apenas a estrutura das aletas laterais, sem a tampa superior, o vapor tem mais possibilidade de tocar nas chapas laterais do separador, devendo ser, portanto, mais efetivo o retorno de caldo.

Entretanto, é atribuído a este separador alguma perda de sacarose por fricção do vapor com as chapas metálicas.

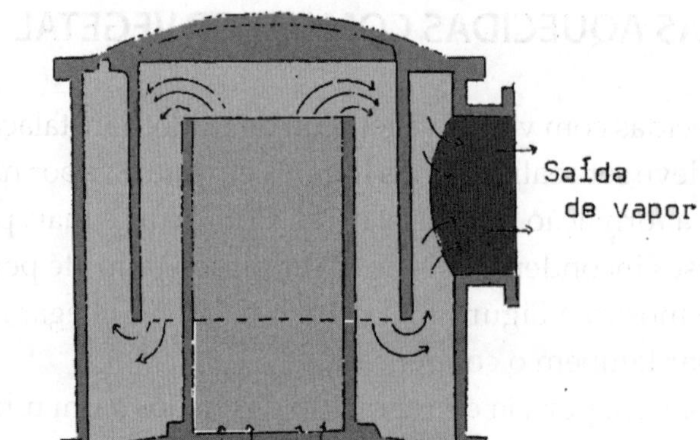

Figura 131 - Separador Clássico.

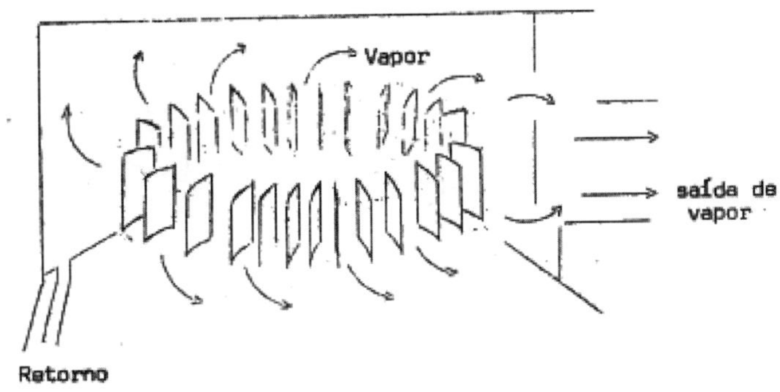

Figura 132 - Separador Centrífugo, sem a tampa superior.

18.2.20 SEPARADORES DE ARRASTES

Em decorrência de maior condição de vácuo, os arrastes mais importantes, porém indesejáveis, são produzidos no último vaso do múltiplo-efeito.

Pare impredir que cheguem ao condensador, interpõem-se, entre este e o corpo do evaporador na tubulação de vácuo, um separador recuperador, cujo modelo é característico dos fabricantes.

Um modelo típico de separador é o pertinente à Figura 133, ilustrado por Hugot (1986, 1977). Consta de um vaso cilíndrico, contendo no seu interior alguns anteparos metálicos, feitos com canos cortados ao meio e assentados na posição côncava ao fluxo de vapor. Os canos usados para este fim são, geralmente, de 38 mm de diâmetro.

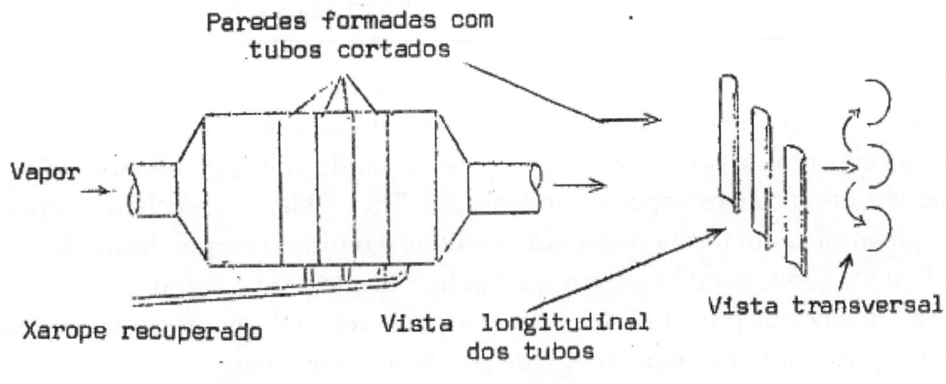

Figura 133 - Separador de arraste esquema clássico.

As gotículas, arrastadas pelo vapor, chocam-se nesses anteparos, aderem à sua parte côncava e descem para a parte inferior do vaso cilíndrico. O xarope, assim que recuperado, é encaminhado ao tanque recuperador, conforme mostra a Figura 134.

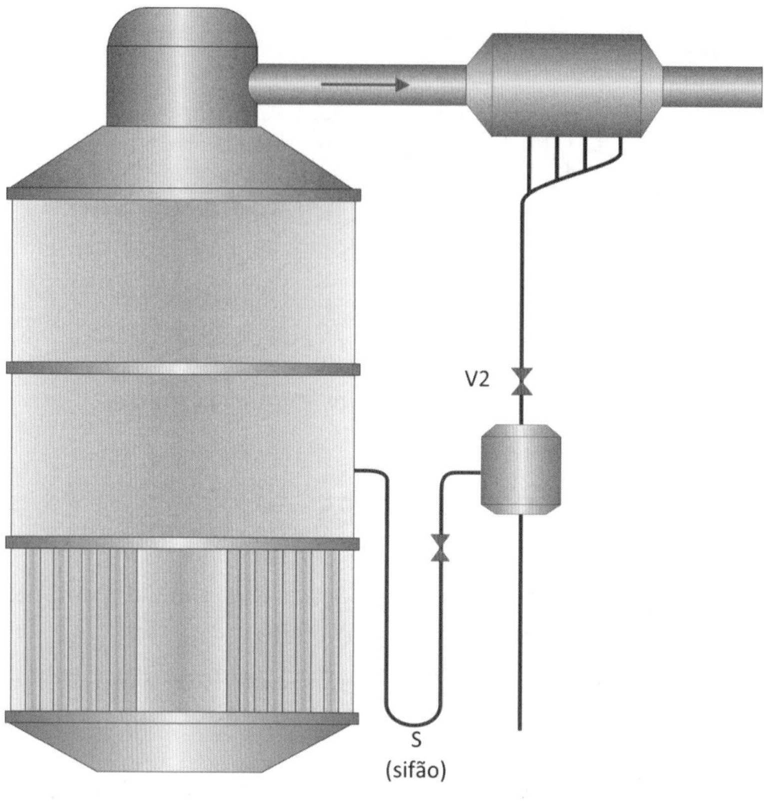

Figura 134 - Tanque recuperador de xarope.
Ilustração: **Paulo Sérgio Gangorra da Silva**

O retorno do xarope diluído, de acordo com a figura 134, processa-se da seguinte maneira: estando o vaso "A" cheio, fecha-se o registro V_1 e abrem-se os registros V_2 e V_3, deixando o V_2 aberto para a atmosfera. Como o corpo está sob a condição de vácuo, a aspiração do xarope diluído pelo evaporador é logo iniciada. Fecham-se, novamente, os registros V_2 e V_3, deixando o tanque se encher novamente, abrindo-se o V_1. Contudo, este sistema é deficiente, pois em caso de esquecimento do operador, o tanque "A" estando cheio, o xarope diluído irá para o condensador, saindo com os vapores condensados. Tal problema é resolvido com a instalação de um pequeno sifão em forma de S entre o tanque e o último corpo, deixando-se abertos os registros V_1 e V_3 . Nesta condição, o xarope flui livremente para o corpo.

Como a diferença de pressão entre o separador e o corpo do evaporador é muito pequena, um sifão de aproximadamente um metro de curvatura é suficiente.

Segundo dados encontrados na literatura, os arrastes nos múltiplos-efeitos, sem separador, podem chegar a 3% do caldo em processamento e, com separador, podem atingir apenas 0,1%.

Dentre as medidas que podem prevenir a maior taxa de arraste, destacam-se as seguintes:

a) Não trabalhar com vácuo exagerado (não passar de 65 cm de Hg) ;
b) Evitar a alimentação de caldo na parte superior da calandra;
c) Evitar que o nível do caldo fique acima de ótimo da evaporação (1/3 da altura da calandra ou quando em ebulição, apenas banhe a superfície do seu espelho superior).

Evidentemente, dada a importância das perdas por arraste nos evaporadores, muitas tem sido as pesquisas neste campo da indústria açucareira.

Webre (1962), um dos mais estudiosos do assunto, discute as várias opções de recursos mecânicos que podem ser empregados para atenuar o arraste nos evaporadores. Este autor recomenda o seguinte:

a. Montagem de um separador centrífuga no corpo do evaporador, próximo ao domo ou pouco acima do meio da câmara de evaporação;
b. Montagem de dispositivos especiais no corpo do evaporador, destinados a fazer o vapor percorrer a câmara de evaporação, com destino à saída para a calandra de outro vaso, em zig-zag.
c. Colocação de anteparos semi-circulares no corpo da câmara de evaporação, como meio suplementar dos separadores convencionais.

18.2.21 CÂMARA DE CALDO E CIRCULAÇÃO

O caldo que entra no primeiro vaso, pela sua parte inferior, ocupa todo seu espaço interno. Este espaço compreende o que vai do fundo do vaso até a placa tubular e o interior dos tubos até o espelho superior da calandra.

As câmaras de caldo dos diferentes vasos estão ligadas entre si por meio de tubos de passagem. Eles são de pequeno diâmetro e dispostos de tal modo que permitem regular manualmente, por meio de válvulas ou mesmo automaticamente por meio de tubos igualadores de nível ou de sifões barométricos, um nível constante de caldo nas calandras dos diversos vasos.

De qualquer forma, o importante é determinar o nível ótimo de trabalho do caldo no evaporador. Um excesso de caldo, fazendo com que se encha todos os tubos, não permitirá sua devida circulação. Do mesmo modo, com um nível muito baixo, a circulação não se processará a contento.

As experiências de Kerr, segundo Honig (1969), mostraram que o nível de caldo na calandra deve variar de 30 a 40% da altura do tubo. De modo geral, o nível ideal do caldo na calandra deve estar a 1/3 da altura dos tubos. Estas indicações são válidas para os evaporadores clássicos. Nos corpos dos evaporadores, tipo Kestner, o nível ótimo de caldo tende a descer para cerca de 20% da altura dos tubos.

O diâmetro dos tubos, por outro lado, exerce influência sobre o nível ótimo de caldo na calandra. Assim, para menores diâmetros, o nível ótimo está à cerca de 30% da altura e para tubos com maiores diâmetros, 35% . Segundo Hugot (1977), a posição do tubo no conjunto do evaporador também exerce influência sobre o nível ótimo de caldo. O autor cita os seguintes dados: 40% no primeiro vaso; 25% para o segundo, e 20% para o terceiro e quarto vasos.

Do ponto de vista prático, o nível ideal do caldo na calandra é aquele em que, estando em ebulição, este líquido não ultrapasse a superfície superior da calandra, devendo, apenas, umidecê-la. Nessas condições, o caldo desce rapidamente pelos tubos, facilitando sua evaporação.

O caldo da última caixa, já na condição de xarope (55 a 65° Brix), é extraído através de bombas especialmente construídas para trabalhar com líquidos concentrados.

Existem várias maneiras de se promover e circulação do caldo nos diferentes vasos de um múltiplo-efeito:

a) Do fundo do vaso à parte superior da calandra;
b) Do fundo do vaso ao fundo do vaso seguinte;
c) De fundo a fundo, por meio de regulador de nível;
d) De fundo a fundo com circulação, tipo Chapman;

1) Do fundo de um vaso à parte superior da calandra seguinte

Este sistema é o mais simples apresentando, por isso, alguns inconvenientes:

- O caldo, caindo sobre os tubos, dificulta a circulação;
- O caldo, caindo na parte central da calandra, pode ser drenado do vaso sem se evaporar;
- Facilita o arraste;
- Dificulta a homogeneização.

Além desses inconvenientes, o coeficiente de transmissão na calandra fica alterado, em virtude de não se ter um Brix de caldo representativo. Como a passagem do caldo de um corpo a outro se processa a custo da diferença de pressão, a velocidade do caldo não deve passar de 1 m/s, de tal forma que a seção do tubo compense o efeito da altura H (desnível de caldo). Contudo, este sistema de circulação (detalhe a da Figura 135) não é usual nas usinas de açúcar brasileiras.

i. Do fundo de um vaso ao fundo do vaso seguinte

Neste sistema (detalhe b da Figura 135), o caldo chega ao fundo do corpo e aí se distribui em um sistema de serpentina perfurada nos dois lados ou por baixo; ou para a periferia, forçado por anteparos metálicos, assentados estrategicamente sob o espelho inferior da calandra. O caldo deve, neste tipo de circulação, subir, pelo menos uma vez, pelos tubos de aquecimento.

A seção do tubo de circulação deve ser tal que a velocidade do caldo não ultrapasse a 1,5 m/s. De modo geral, num quádruplo efeito , esta velocidade deve variar de 1,00 a 1,20 metros por segundo.

O controle, nesse sistema de circulação, é feito manualmente. Constitue, até então, um sistema bem usual.

3) De fundo a fundo por meio de nível

O regulador de nível dispensa o trabalho do operador em regular, á cada momento, o nível do caldo na calandra. Este sistema (detalhe c da Figura 135) baseia-se na colocação de um pequeno recipiente no tubo de passagem de caldo de um vaso a outro. Este recipiente está provido de baia, cuja posição é governada pelo nível de caldo do tanque precedente e que movimenta uma válvula de saída de caldo para o vaso seguinte; quando o nível de operação sobe além do normal, a válvula permite passagem do caldo, fechando-a todo a vez que o líquido desça além daquele limite.

4) Circulação do caldo, tipo Chapman

Este sistema consiste, simplesmente, em fazer com que o caldo, descendo pelo tubo central, saia por uma canalização com funil completo ou meio funil (abertura lateral), indo diretamente para o vaso seguinte. Neste sistema, apenas o caldo que cai no tubo central, circulado para a calandra seguinte (detalhe d da Figura 135). O caldo, antes de se dirigir para o tubo central ,pode recircular várias vezes entre os tubos da calandra. Constitui um sistema que tem dado excelentes resultados na prática, sendo, portanto, um dos mais recomendáveis para a circulação de caldo nos múltiplos-efeitos.

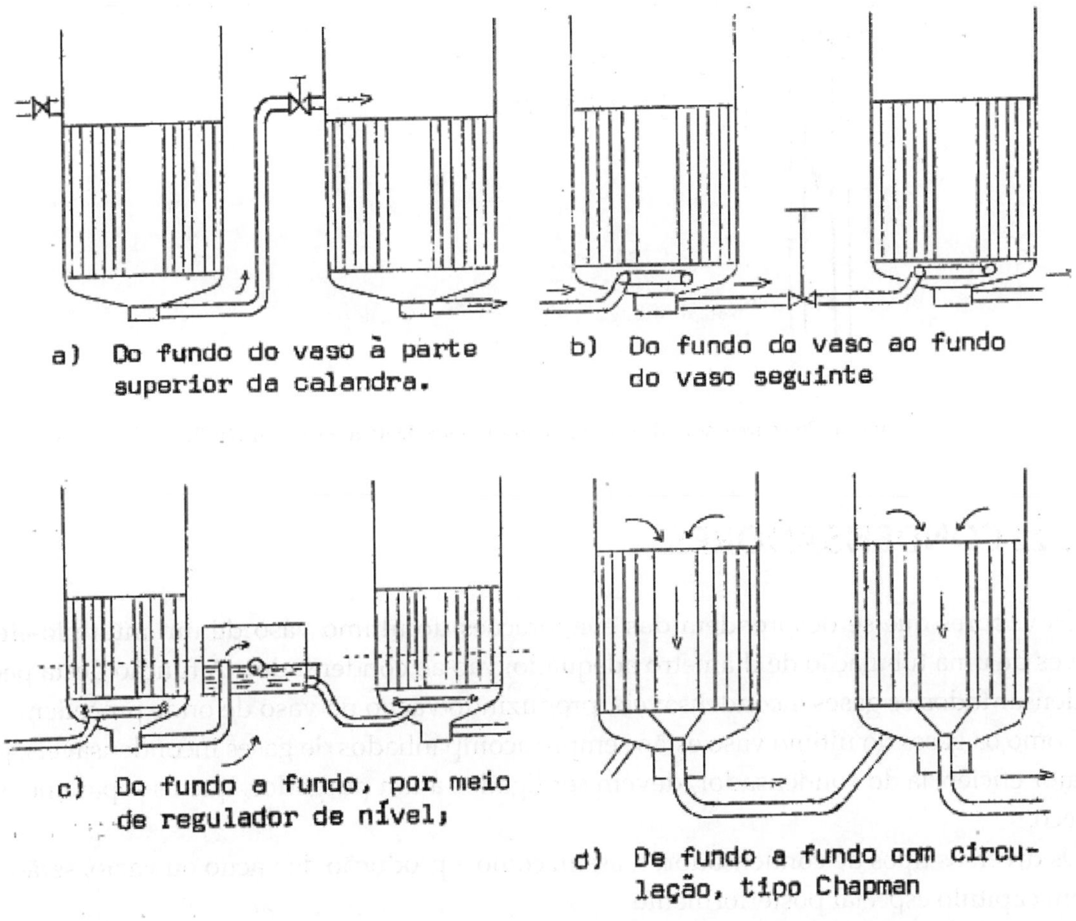

Figura 135 - Formas de circulação de caldo nos evaporadores. *Fonte:* **Delgado e Cesar (1977).**

5) Sifão

A circulação do caldo, de uma calandra à outra, pode ser também feita por meio de sifão barométrico, conforme explicado para a circulação das águas condensadas. A passagem de caldo é forçada pela diferença de pressão entre os vasos.

Alguns fabricantes montam a tubulação descendente do caldo dentro de uma câmara ou de um tubo com maior diâmetro, visando, com isso, diminuir a queda de temperatura nas canalizações do sifão, conforme mostra a Figura 136.

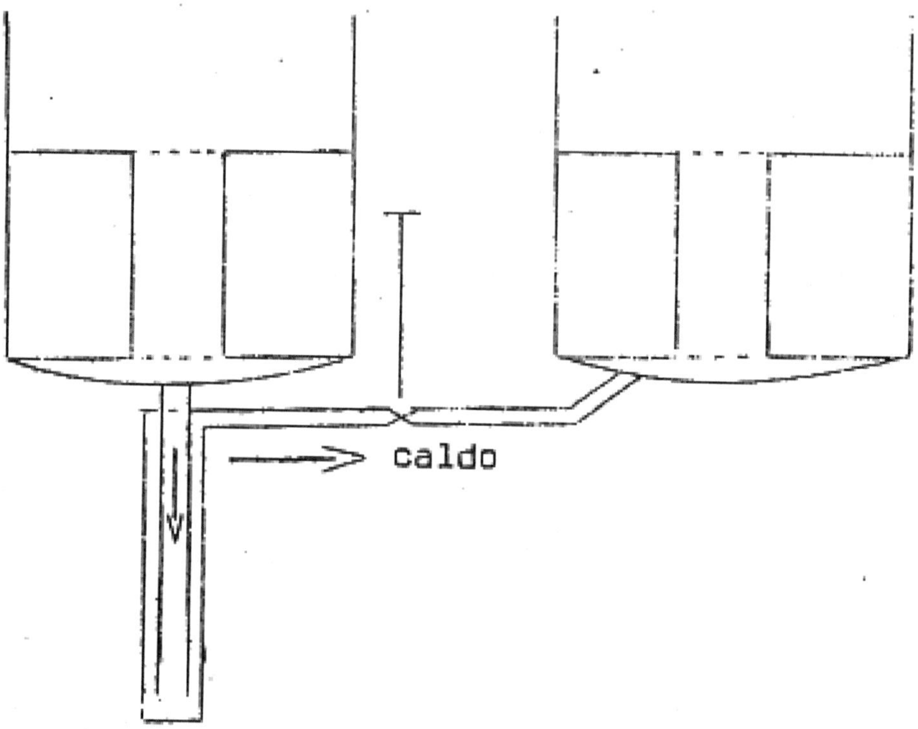

Figura 136 - Circulação de caldo por sifão. *Fonte:* **Delgado e Cesar (1977).**

18.2.22 CONDENSADORES

Os vapores que se desprendem das evaporações do último vaso de um múltiplo-efeito, através de uma tubulação de diâmetro adequado, vão ao condensador. A função desta peça é condensar todos os gases incondensáveis, produzindo vácuo no vaso de onde procedem.

Como os gases do último vaso estão sempre acompanhados de gases incondensáveis, para a maior eficiência do condensador, devem ser ligados a um purgador, que os separa no estado seco.

Os diversos tipos de condensadores, assim como a produção de vácuo ou vazio, serão vistos em capítulo especial posteriormente.

18.3 TIPOS ESPECIAIS DE EVAPORADORES

Além dos evaporadores clássicos das usinas de açúcar, existem outros tipos de desenhos semelhantes, mas que apresentam algumas diferenças que são merecedoras de discussão.

Em geral, essas modificações têm sido feitas em relação:

a) Construção da calandra;
b) Comprimento do tubos;
c) Distribuição do vapor;
d) Prevenção de arrastes;
e) Circulação do caldo;
f) Aproveitamento das águas condensadas, etc.

Dentre os tipos de evaporadores que tem chamado a atenção dos estudiosos do assunto, destacam-se os seguintes:

1) Evaporador de calandra flutuante;
2) Evaporador Kestner;
3) Evaporador compacto;
4) Evaporador de Webre (1962);
5) Evaporador Vertical (Torre Vep);
6) Evaporador *"Falling Film 1ª Geração";*
7) Evaporador *"Falling Film 2ª Geração";*
8) Evaporador Névoa Turbulenta Descendente (NTD).

18.3.1 EVAPORADOR DE CALANDRA FLUTUANTE

Segundo Fernandez Cabal (1966), este evaporador de calandra flutuante, conhecido pelo nome de "Segura", foi projetado com vistas à eliminação mais rápida da água condensada, ou seja:

a - Atenuação do efeito das incrustações;
b - Redução das resistências térmicas das películas de caldo e de vapor.

Como foi visto em ítens anteriores, os fatores mais importantes, com respeito à transmissão de calor, são:

a - Película de água condensada, que o vapor deposita na parede externa dos tubos;
b - Incrustações formadas no interior dos tubos;
c - Película de caldo que se move no interior dos tubos;
d - Presença de gases incondensáveis.

Segundo o autor deste projeto de evaporador, a velocidade de vapor nesses evaporadores, na parte inferior da calandra, nunca chega a zero, pois pelo sistema de distribuição axial há sempre um excesso de vapor no vaso.

Este fato é comprovado pelas velocidades médias teóricas do vapor na calandra, dadas em m/s para um evaporador convencional e para o desenho "Segura", segundo Krijger, citado por Hugot (1986), para 1.000 TCD, inseridas na Tabela 43. As velocidades na parte superior e interior de cada calandra, comparativamente, são as pertinentes à Tabela 44.

Tabela 43 - Velocidades de vapor nos evaporadores convencionais e desenho "segura".

Calandra	Convencional	"Segura"
I	0,73 m/s	0,84 m/s
II	0,85 m/s	1,95 m/s
III	1,08 m/s	1,95 m/s
IV	1,03 m/s	4,16 m/s

Tabela 44 - Velocidades na parte superior e inferior dos evaporadores

Calandra	Convencional		"Segura	
	Superior	Inferior	Superior	Inferior
I	1,46	0,0020	1,58	0,10
II	1,70	0,0016	2,00	0,30
III	2,16	0,0014	3,00	0,90
IV	3,06	0,0012	5,72	2,60

ALGUNS DETALHES DE CONSTRUÇÃO DO EVAPORADOR "SEGURA".

Conforme a Figura 137 (Webre, 1961), a parte inferior do evaporador "Segura" é constituído, essencialmente, por um envolvente e por uma calandra flutuante. Entre a calandra propriamente dita e a chapa envolvente são soldadas algumas chapas metálicas, que têm por finalidade orientar o fluxo de circulação de caldo, como instalado na Usina Galo Bravo, nos anos 90.

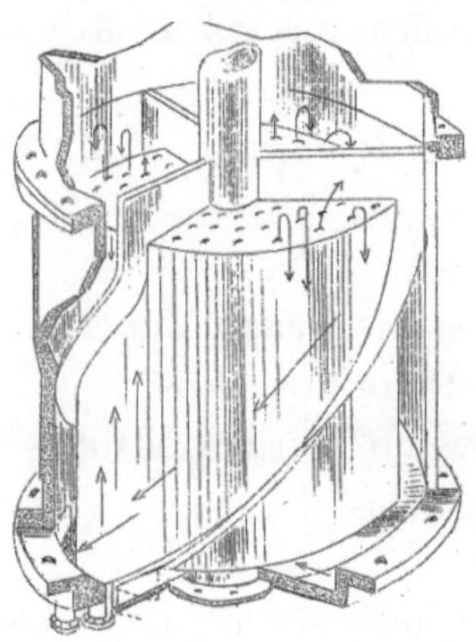

Figura 137 - Calandra do evaporador "Segura" - Tipo flutuante, instalado na Usina Galo Bravo como pré evaporador (esquema).

Neste tipo de calandra, a circulação do caldo se realiza pelo interior dos tubos, de baixo para cima, sendo que o caldo que flui de cada seção tubular da calandra, delimitada externamente pela chapa defletora, é obrigado a passar à seção seguinte. Nessas condições, o caldo fica condicionado a percorrer vários compartimentos, podendo adquirir uma maior velocidade de circulação. Os efeitos desta maior velocidade de circulação são atribuídos ao aumento na transmissão de calor e à formação mais lenta de incrustação.

Conforme mostra a Figura 138, a entrada de vapor é axial, realizada pela parte central da calandra, em um setor desprovido de tubos. Nesta forma de entrada de vapor tem-se uma distribuição radial do mesmo entre os tubos.

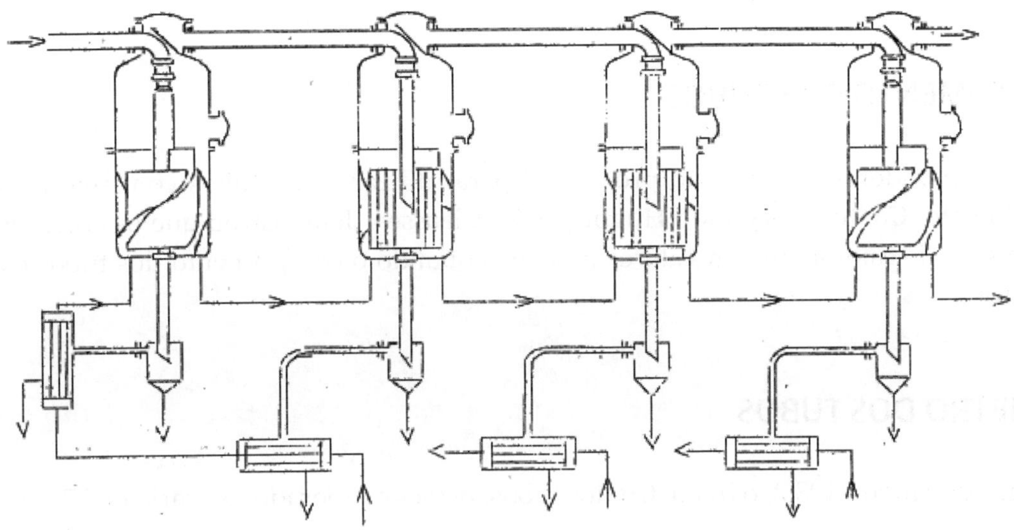

Figura 138 - Distribuição de vapor e sistema de extração de condensados no evaporador "Segura".

A água condensada se extrai na parte inferior dos tubos por um sistema especial de drenagem. Neste esquema de evaporador, há a previsão de aproveitamento do "flash" das águas condensadas para utilização em aquecedores.

As vantagens desse evaporador, empregadas pelo autor, são as seguintes:

a - Maior velocidade de circulação de caldo;
b - Formação de película mais fina de condensado;
c - Maior transmissão de calor, em consequência da maior velocidade de circulação de caldo;
e - Melhor distribuição do vapor nas superfícies tubulares.

18.3.2 EVAPORADOR KESTNER

O evaporador Kestner caracteriza-se por possuir um feixe tubular vertical, variando de seis a sete metros de comprimento. O coeficiente global de transmissão de calor neste evaporador é bem mais elevado do que nos evaporadores clássicos, podendo chegar a 3.000

Kcal/m²/h/°C

Este coeficiente elevado é devido a uma maior predominância do vapor resultante da ebulição do líquido nos tubos. Ao subir o líquido pelo tubo, as bolhas de vapor aumentam rapidamente de tamanho e, a partir de determinada altura, forma-se uma bolha única, chegando a atingir quase que o diâmetro do tubo.

O grande volume de vapor gerado, adquirindo uma maior velocidade ascencional, arrasta uma fina película de caldo, que se adere às paredes do tubo. Segundo Salmoni (1966), foram observadas velocidades de arrastamento de até 100 m/s.

Em razão dessas elevadíssimas velocidades, o coeficiente de película do líquido (h2) assume valores muito maiores do que os atribuídos aos evaporadores de calandra.

COMPRIMENTO DOS TUBOS

Os evaporadores Kestner são projetados para utilizar-se de tubos com sete metros de comprimento. Contudo, segundo Hugot (1977), Claassen demonstrou que os coeficientes de transmissão de calor assumem valores máximos quando o comprimento dos tubos é de cinco metros.

DIÂMETRO DOS TUBOS

Segundo Hugot (1986), o diâmetro dos tubos, nesses evaporadores, varia de 27 a 38 mm.

NÍVEL DE CALDO

Em razão da grande velocidade de circulação do caldo, a pressão hidrostática tende a diminuir no evaporador Kestner. A pressão que uma coluna de grandes bolhas de vapor (princípio de funcionamento desses evaporadores) exerce sobre o fundo é de menor valor do que a pressão exercida por uma coluna líquida contínua, na qual as pequenas bolhas de vapor dispersas não são suficientes para interromper o efeito da pressão. Diante disso, o nível ótimo do caldo nos evaporadores Kestner é menor do que o atribuído aos evaporadores clássicos (30 a 40% do comprimento dos tubos). Nos Kestner, este nível deve ser de aproximadamente 20% do comprimento dos tubos.

INSTALAÇÃO DOS EVAPORADORES KESTNER

Conforme pesquisas encontradas na literatura, um corpo do evaporador Kestner pode-se montar de duas maneiras distintas, do ponto de vista de circulação de vapor e de caldo. Na indústria de beterraba, tem-se usado o evaporador montado num corpo único, ou seja, caixa tubular e câmara de evaporação em sequência, tal qual os vasos clássicos de evaporação. Na indústria de cana, a câmara de vapor e dispositivo para drenagem de caldo são montados ao lado da calandra tubular .

FUNCIONAMENTO DOS EVAPORADORES KESTNER

Segundo Hugot (1977), os evaporadores Kestner mostram-se eficientes apenas no caso em que o caldo chega à sua calandra tubular numa temperatura bem próxima de sua temperatura de ebulição. Isto porque, se o caldo chega à calandra numa temperatura bem inferior à sua temperatura de ebulição, será necessário aquecê-lo até que atinja este índice de fervura. Como no Kestner o caldo sobe pelos tubos apenas uma vez, verifica-se que na zona inferior da calandra tubular se tem uma menor taxa de transmissão de calor, visto que esta zona trabalha submersa no caldo, que está numa menor temperatura. Admite-se que esta zona tubular trabalha como aquecedor de caldo e, em decorrência, a ascensão de caldo neste setor praticamente fica comprometida.

Segundo Hugot (1986), esta é a desvantagem do Kestner sobre os aparelhos comuns, os quais permitem aquecer o caldo e evaporá-lo (caso mais comum da prática açucareira).

Diante desse possível inconveniente, recomenda-se instalar o Kestner, prevendo-se um pré-aquecimento do caldo para próximo de sua temperatura de ebulição. Aliás, esta medida é tanbém recomendável aos evaporadores clássicos.

Originalmente, os vasos Kestner foram empregados como pré-evaporadores. O caldo, sendo mais diluído, sobe com mais facilidade nos tubos e a evaporação é mais efetiva. À medida que o caldo vai adquirindo maior concentração, torna-se mais viscoso, sendo difícil sua circulação em tubos mais longos. Contudo, existem instalações de múltiplos efeitos com vasos Kestner.

VANTAGENS E DESVANTAGENS

Vantagens

a - Ocupa menor espaço no sentido horizontal;

b - Dada a maior velocidade de circulação do caldo, os riscos de inversão e coloração são mínimos, mesmo em presença de temperatura e pressão elevadas;

c - Possibilidades de formação de pouca incrustação, em razão da maior velocidade de circulação.

Desvantagens

a - Exigência de prédio muito alto;

b - Exigência de maior espaço, em se tratando de instalação com câmara de vapor lateral.

18.3.3 EVAPORADORES COMPACTOS

Os evaporadores conhecidos como compactos nada mais são do que uma versão intermediária entre os modelos clássicos, como os Kestner.

De modo geral, nos evaporadores compactos, a calandra tubular do primeiro vaso tem seus tubos num comprimento bem maior do que os tubos das demais calandras. Nesta calandra, lança-se mão do princípio de película ascendente, base dos evaporadores Kestner, apesar de os tubos empregados em alguns evaporadores recém-construídos não passarem de 4 m de comprimento. A circulação do caldo é feita por uma só passagem e sua saída é feita lateralmente, próxima do espelho superior da calandra.

A alimentação do vapor do primeiro vaso, ao contrário do evaporador "Segura", é feita pela parte inferior e central da primeira calandra. Nos outros vasos, a circulação do vapor é axial, conforme mostra o esquema da Figura 139.

Visando dar maior resistência aos vasos e facilitar a retirada das águas condensadas em dois pontos, as calandras desses evaporadores estão providas de um espelho intermediário.

Como este evaporador compacto se caracteriza por proporcionar uma maior taxa de transmissão de calor, dada principalmente pelo primeiro vaso, uma sangria de vapor pode ser prevista nesta primeira unidade.

Dado o princípio de que o caldo adquire sempre maior velocidade quando em circulação em tubos mais finos e longos (vasos Kestner), para evitar que o jato do líquido e vapores que se projetam do orifício superior dos tubos alcance a seção de saída, há necessidade de se utilizar bons separadores de arrastes.

Dentre os diversos tipos existentes, deve ser instalado, de preferência, o separador centrífugo. Aliás, o maior problema ocasionado nesses aparelhos, tipo compactos, tem sido a grande taxa de arraste de sacarose junto com o vapor. Provavelmente, a colocação de chapas defletoras na câmara de evaporação, fazendo com que o vapor percorra o caminho em zig zag, aliado à ação de um separador centrífugo, deve diminuir esta taxa de arraste.

Por outro lado, nesses evaporadores, a saída de caldo pela parte superior da calandra constitui outro fator favorável ao arraste. Entretanto, essas sugestões devem ser encaradas com reserva, para que não haja muito empecilho no caminhamento do vapor. Deve-se evitar que o evaporador trabalhe "preso", o que pode redundar em danos materiais e na eficiência da operação.

No dimensionamento dos evaporadores, é muito importante a relação: altura da calandra e altura da câmara de evaporação, assim como área transversal do vaso. A circulação de caldo, nesses evaporadores, pode ser através de sifão ou de outro tipo qualquer.

Conforme se tem observado, os evaporadores compactos apresentam os diversos vasos com o mesmo diâmetro de calandra, os quais diferenciam-se apenas quanto à altura do feixe tubular.

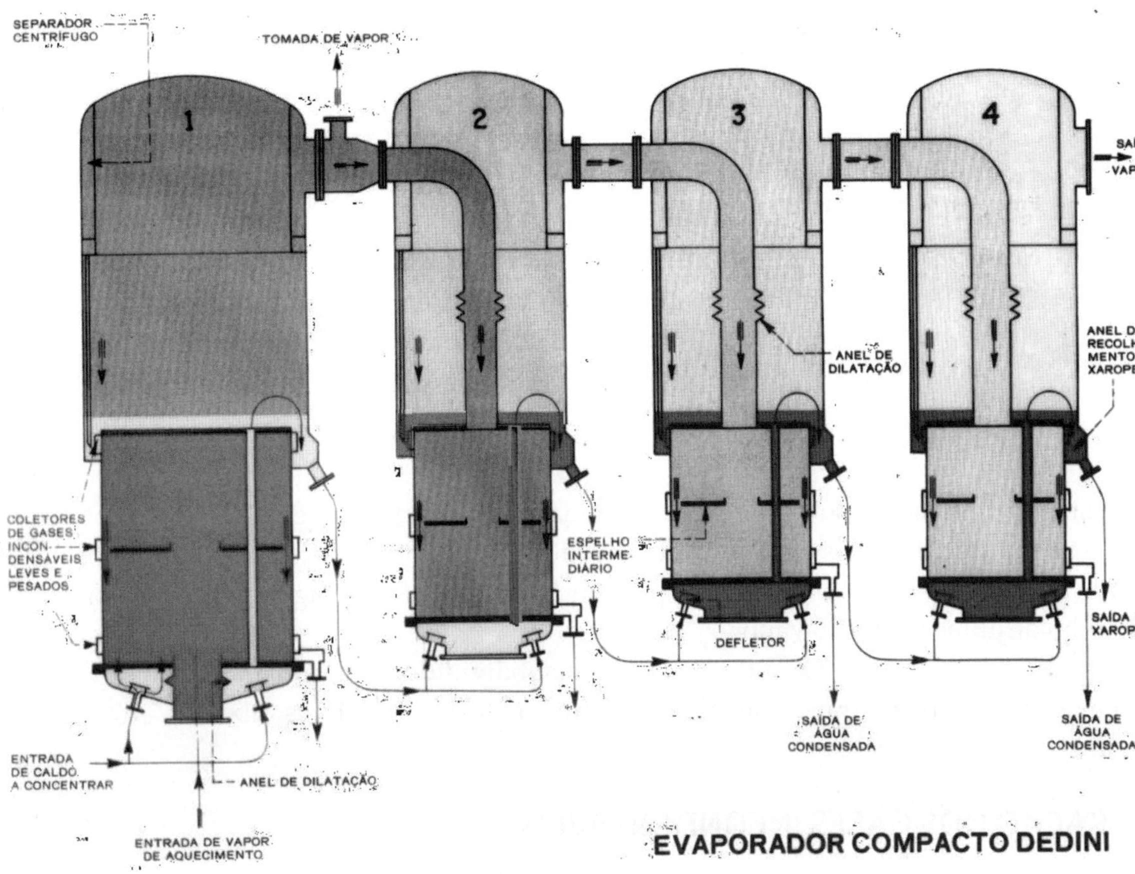

Figura 139 - Evaporador Compacto. Fonte: Dedini Industria da base S.A. (1978).

18.3.4 EVAPORADOR WEBRE

O evaporador Webre (1962) nada mais é do que um equipamento clássico de evaporação. Entretanto, no estudo desse evaporador há modificações a serem discutidas.

Segundo este autor, a eficiência dos evaporadores está na velocidade com que o calor passa através da superfície tubular da calandra. As modificações propostas por este autor preveem melhorias nos pontos que podem interferir na transmissão deste calor de vapor e em outras particularidades do equipamento, conforme se poderá ver a seguir.

ALIMENTAÇÃO DE VAPOR

Neste evaporador, a entrada de vapor é feita em um só ponto, alojando-se este elemento em um distribuidor vertical, situado interiormente na forma de cunha, alcançando desde o espelho superior até o inferior, e extendendo-se quase até o tubo central descendente (Figura 140).

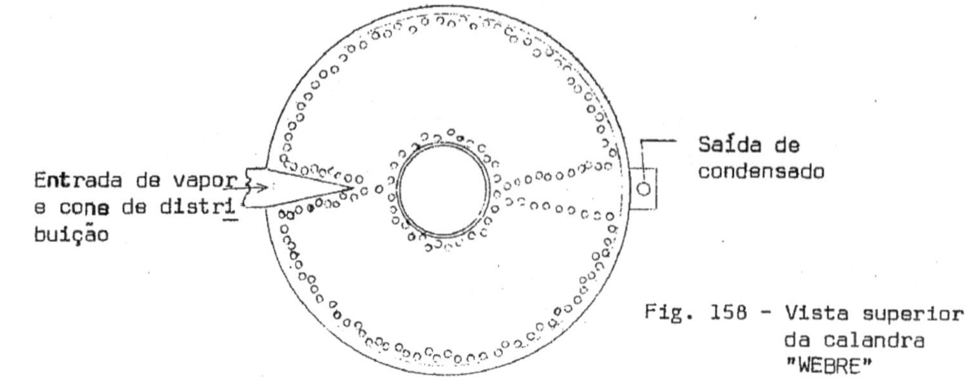

Figura 140 - Vista superior da calandra "WEBRE".

A largura inicial do distribuidor tem a mesma dimensão do diâmetro do tubo de alimentação do vapor. Os dois lados da parede do cone de distribuição de vapor estão providos de um grande número de furos, relativamente pequenos, cuja área total é ligeiramente maior do que a do tubo de alimentação do vapor.

Nessas condições, o vapor entrante fica bem subdividido, fluindo para toda a seção tubular, em lugar de passar através, de maneira casual ou fortuita, entre os tubos.

EXTRAÇÃO DOS GASES INCONDENSÁVEIS

A extração dos gases incondensáveis é feita por pequenas conexões tubulares, com distribuição assimétrica e instaladas exteriormente à calandra, pouco acima do seu espelho inferior. Essas conexões são ligadas a um outro tubo de drenagem principal. A tubulação de drenagem principal é provida de registro de controle.

DRENAGEM DOS CONDENSADOS

A drenagem de condensados é feita do lado oposto à entrada de vapor, num pequeno compartimento tubular, colocado a partir da placa inferior da calandra, conforme mostra a Figura 141.

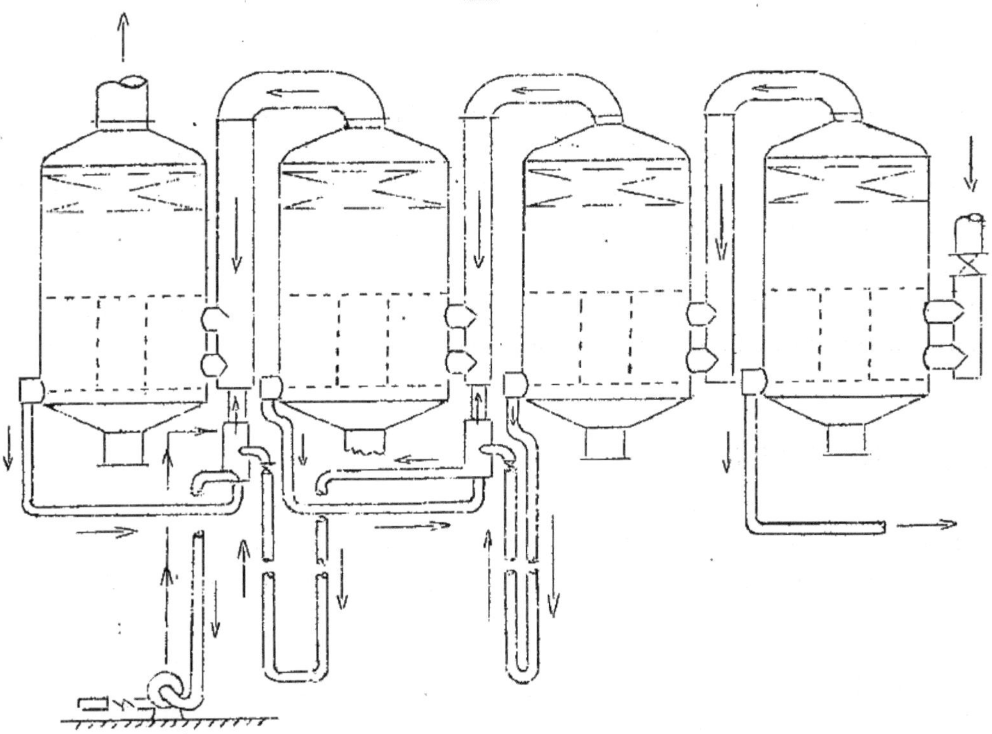

Figura 141 - Balões de flash no Evaporador "Webre" (1962).

Neste setor é feita uma abertura semi-circular da parte mais baixa da calandra. Outra particularidade importante é a omissão de alguns tubos neste setor da calandra, que proporciona um espaço vazio para a saída das águas condensadas. Neste caso, a drenagem se realiza livremente, sem retornar à placa inferior dos tubos.

Webre (1962) prevê, neste evaporador, o aproveitamento do "flash" provocado pela recirculação das águas condensadas. No sistema descrito, a água condensada do segundo vaso é transferida através de um sifão invertido dentro de um balão de flash, instalado precisamente sob os evaporadores, entre o segundo e o terceiro vasos ou efeitos.

Este balão de flash está ligado, pela sua parte superior, à parte inferior do tubo de alimentação de vapor que chega à terceira calandra. Devido à diferença de pressão, aí tem lugar uma auto-evaporação e o flash produzido (vapor produzido a mais) soma-se ao vapor resultante da segunda calandra, que chega à mesma unidade do terceiro corpo. A água condensada do terceiro corpo vem ao fundo deste primeiro balão de flash por gravidade. A mistura das águas condensadas do segundo e terceiro corpo vão, agora, para um segundo balão de flash, situado entre o terceiro e o quarto vasos, através de um sifão invertido, como no caso anterior. Do mesmo modo, o vapor resultante do flash deste segundo balão vai ao fundo da tubulação de vapor que chega ao quarto vaso, levando as evaporações do terceiro vaso. As águas condensadas da quarta calandra entram pelo fundo deste segundo balão de flash. Aqui se misturam com as águas provenientes do segundo e terceiro vasos, sendo retiradas por uma bomba centrífuga instalada sobre o piso deste setor da usina. Uma ligação, destinada a igualar a pressão ou vazio e uma válvula de retenção do lado da descarga de água, devem ser previstos na instalação.

Segundo Webre (1962), com o fim de obter uma separação entre a água e os vapores em balões de flash, construídos de forma cilíndrica, as entradas e as saídas devem ser feitas tangencialmente, uma à direita e outra à esquerda, com a água quente saindo próximo do fundo do balão e a água entrante (a que vem das calandras precedentes) penetrando no meio do balão ou acima.

Na parte superior de cada sifão invertido no lodo de descarga, há uma válvula que tem que ser regulada, para evitar turbulência nas tubulações.

CIRCULAÇÃO DE CALDO

No evaporador Webre (1962), a circulação do caldo é do tipo "Chapman" (Figura 142). Este autor chama este tipo de Alimentação de "Tubo Central Descendente Fechado".

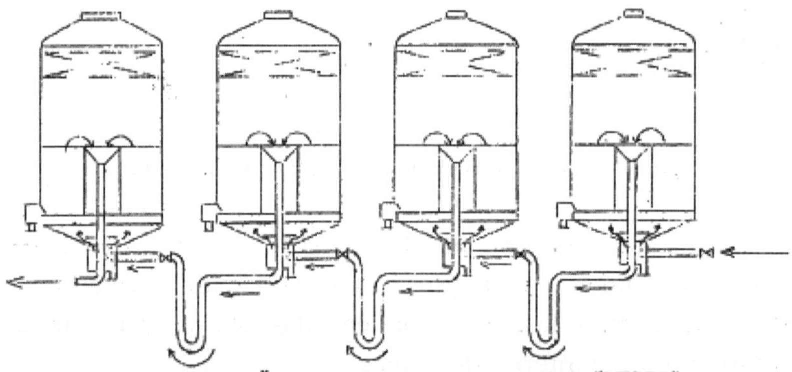

Fig. 160 - Circulação de caldo no evaporador "WEBRE"
(tipo Chapman)

Figura 142 - Circulação de caldo no evaporador "Webre" (tipo Chapman).

Segundo o autor, por este sistema o caldo entrante circula ascendentemente através dos tubos da calandra, devendo cair no tubo central, que o conduzirá ao fundo do vaso seguinte ou à bomba de xarope, no caso do quarto vaso. A circulação é complementeda pelo uso de sifões invertidos, controlados por válvulas no lado de saída, instalação esta que evita qualquer turbulência decorrente da presença de vapores nas canalizações. A vantagem deste sistema sobre os evaporadores convencionais é estimada entre 25 a 50%, dependendo das condições locais. Conforme este último autor, este sistema permite, realmente, um maior aproveitamento do flash produzido pela entrada do caldo nas calandras que é, neste caso, muito melhor distribuído. Neste sistema não há conflito entre o caldo entrante e o caldo de saída, a distribuição do caldo é melhor orientada, além do que não se verifica a intensa recirculação de caldo, muito comum nos desenhos convencionais.

SEPARADOR DE ARRASTE

Neste desenho de evaporador, WEBRE (1962) prevê a colocação de um separador de arraste na câmara de evaporação pouco acima do seu meio. Este separador é do tipo centrífugo e calculado adequadamente, conforme exemplo de Jaime Bassinello (Figura 143) . O caldo arrastado pelos vapores é drenado para uma parte mais baixa do aparelho, através de conecção externa.

Os outros acessórios deste evaporador são os já tradicionalmente conhecidos da tecnologia açucareira.

SEPARADOR DE ARRASTE

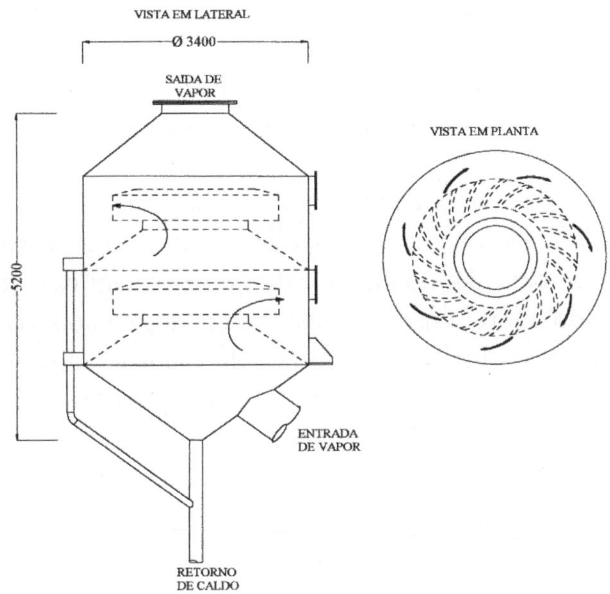

Figura 143 - Esquema de separador de arraste de Jaime Luis Bassinello.

18.4 FUNCIONAMENTO DO MÚLTIPLO-EFEITO

O funcionamento de um evaporador numa usina de açúcar, desde que dotado de todos os acessórios em condições de fácil controle, é relativamente simples, exigindo-se do operador apenas um trabalho de supervisão.

O caldo clarificado já em disponibilidade para o setor da evaporação, geralmente vai até aos evaporadores, passando, inicialmente, pelos pré-evaporadores ou não, através de bomba centrífuga ou por gravidade.

Entretanto, antes de receber o caldo clarificado no primeiro vaso do quádruplo-efeito, por exemplo, o operador deste setor, depois de verificar todas as condições mecânicas do aparelho, liga a bomba de vácuo e abre a passagem de água fria no condensador. Em caso de se usar o multijato, abre-se apenas a válvula de admissão de água fria neste equipamento. E, nessas condições, o ar dos diferentes vasos vai sendo retirado e alguma condição de vácuo será observada nos vacuômetros.

Depois de algum tempo de funcionamento do sistema de produção de vácuo, a válvula que controla a admissão de caldo clarificado é aberta. Depois de obter um bom volume de caldo no primeiro vaso, abre-se sua passagem para o segundo vaso. Neste ponto, a admissão do vapor de aquecimento na primeira calandra é também providenciada. Do segundo vaso, o caldo passa para o terceiro e deste para o quarto, em consequência da diferença de pressão existente entre os vasos. Todos os vasos devem trabalhar com uma carga de caldo que não chegue nunca a ultrapassar o espelho superior da calandra.

O caldo da primeira calandra, recebendo vapor, estando com uma temperatura próxima a 95°C, começa a ferver e seus gases são desprendidos, tomando toda a câmara das evaporações. Tais gases vão se encaminhando, através de grande tubulação, até a calandra do segundo vaso.

Os vapores, ao chegarem na calandra, condensam-se, cedendo seu calor latente ao caldo que está circulando dentro dos tubos deste vaso, que pode já mostrar pequena condição de vácuo.

O caldo desta calandra, entrando em ebulição, emite novos gases ou vapores, que vão até à calandra do terceiro vaso, onde se encontra uma maior condição de vácuo. O caldo, neste terceiro vaso, ferve a uma temperatura ainda menor do que a do segundo vaso. Do terceiro vaso, os vapores vão à calandra do quarto vaso e os resultantes deste vão ao condensador.

No último vaso, o vácuo é produzido pela bomba de vácuo e pelo condensador, ou apenas pelo multijato, enquanto que em cada vaso anterior é produzido pela condensação de suas evaporações na calandra do vaso seguinte e também pela remoção dos gases incondensáveis.

Nesta fase inicial do trabalho dos evaporadores, o xarope inicialmente obtido apresenta uma concentração mais baixa, podendo variar de 30 ~ 40° Brix. Entretanto, à medida que o aparelho vai funcionando e as condições de vácuo vão se elevando, o xarope vai sendo obtido, cada vez mais concentrado. O ponto de concentração do xarope desejável é aquele em que a temperatura do condensado chega a um limite máximo ou possível (± 55°C).

Depois de certo tempo, dependendo do trabalho do operador, o fluxo de xarope é regulado, de forma a apresentar uma concentração desejável.

O caldo em aquecimento na calandra sobe pelos tubos finos e desce pelo tubo central, formando duas correntes de circulação: uma inferior, ascendente, do centro para a periferia, e outra descendente, da periferia para o centro (Figura 144).

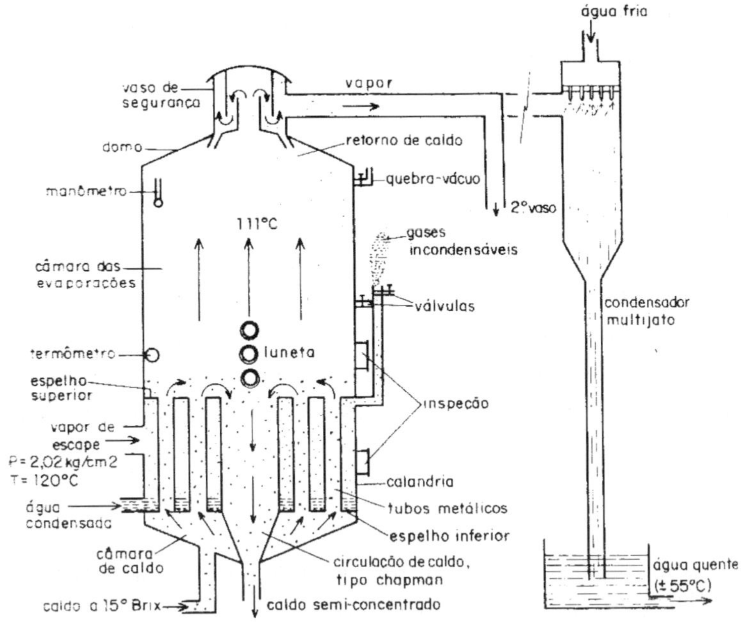

Figura 3 - Detalhes de um corpo evaporador

Figura 144 - Condições de funcionamento de um evaporador (Vaso 1). *Fonte:* **Delgado (1992).**

Para o perfeito funcionamento do múltiplo-efeito são essenciais:

a. Boa vazão e boa disponibilidade de água fria no condensador;
b. Bom funcionamento do sistema de produção de vácuo;
c. Boa disponibilidade de vapor de alimentação;
d. Regulagem na tiragem do xarope;
e. Pouca ou nenhuma formação de incrustação.

O evaporador trabalha em corrente paralela, isto é, o caldo e os gases caminham na mesma direção. O caldo, entrando no primeiro vaso numa concentração de 13 a 17º Brix, vai ao último vaso na forma de xarope, com uma concentração variável de 50 a 70º Brix. Não se deve esquecer que o xarope obtido no início e no final de funcionamento do múltiplo-efeito, por via de regra, é sempre de concentração mais baixa, variando de 25 e 40º Brix.

O término do funcionamento de um múltiplo-efeito, é usualmente feito da seguinte forma: o operador, recebendo o aviso de parada de moagem e de envio de caldo clarificado para a evaporação, vai diminuindo gradativamente a admissão de vapor na primeira calandra. Ao mesmo tempo, abre todas as válvulas que controlam a passagem de caldo de um vaso a outro. Com isso, os caldos não se misturam e perdem cada vez mais temperatura e, em consequência, o xarope obtido sai cada vez mais fraco. Esgotados todos os vasos, interrompe-se a bomba de vácuo e a bomba de recalque de água para o condensador ou, simplesmente, desliga-se a bomba de água para o multijato, no caso do uso deste tipo de condensador. As condições de pressão, de temperatura e de vazão, nos diferentes vasos, são bastantes variáveis, dependendo de inúmeros fatores:

a) Pressão e temperatura do vapor admitido na primeira calandra,
b) Temperatura do caldo clarificado,
c) Condição de incrustação nos diferentes vasos,
d) Remoção dos gases incondensáveis,
e) Remoção dos condensados,
f) Funcionamento adequado do sistema de condensação final dos gases do último vaso.

A diferença de temperatura entre o vapor admitido na primeira calandra e os vapores (gases) da última câmara de evaporação é conhecida por diferença total de temperatura ou salto térmico total. Tal diferença é repartida pelo número de vasos do múltiplo-efeito.

As condições de pressão e temperatura dos diferentes vasos podem ser estabelecidas, conhecendo-se:

a) Pressão e temperatura do vapor inicial,
b) Pressão (vácuo) e temperatura desejável dos vapores do último vaso,
c) Brix inicial do caldo e Brix final do xarope.

A capacidade de evaporação de cada vaso, dada pela área dos tubos da calandra e área não mandrilada dos espelhos, é calculada considerando-se, além dos dados de pressão e temperaturas pertinentes ao vapor ao caldo e a cada vaso, o calor específico e o coeficiente de transmissão da calor.

De modo geral, estabelecendo-se como pressão inicial de vapor o valor de 2,0245 Kg/cm^2 (120° C), e como final, na câmara de evaporação do último vaso, 0,160 kg/cm^2 (55°C), as condições de temperatura e pressão dos diversos múltiplos-efeitos são as tabela 45.

Tabela 45 - Condições de pressão (P), temperatura (T) e vazio (V) dos múltiplos-efeitos

Múltiplo Efeito		Vapor	Vasos				
			I	II	III	IV	V
Tríplice	(P)	2.0245	1,370	0,720	0,160		
	(T)	10	07	90	55		
	(V)	-	-	23	64		
Quadruplo	(P)	2.0245	1,512	1,030	0,580	0,160	
	(T)	120	112	100	85	55	
	(V)	-	-	-	44	64	
Quíntuplo	(P)	2.0245	1,614	1,223	0,950	0,496	0,160
	(T)	120	113	105	95	80	55
	(V)	-	-	-	12	40	64

(P) = (P em Kg/cm^2)   (T) = (T em °C)   (v) = V em cm

Alterando-se as condições iniciais de pressão e temperatura do vapor de alimentação, evidentemente a distribuição das diferenças de pressão e temperatura nos diversos vasos será diferente, quer seja num tríplice, num quádruplo ou num quíntuplo efeito.

Um múltiplo-efeito, estando em pleno funcionamento, o operador deve apenas supervisionar o nível de caldo nas diversas calandras, nível este, conforme já salientado que não deve passar da placa superior destas unidades.

Outro ponto importante no funcionamento do aparelho está no arraste de gotículas de caldo pelos gases ou vapores, resultantes da ebulição do último vaso. Conforme já explicado, essas pequenas bolhas de vapor, levando algumas gotículas de caldo, passando pelo vaso de segurança do aparelho, são arrastadas por diferença de pressão para a calandra seguinte, ou mesmo para o condensador, instalado após o último vaso. Este arraste é ocasionado por muitos fatores. Porém, o mais comum, é quando após pequena parada do evaporador, o vácuo é restabelecido bruscamente. Dá-se, portanto, uma auto-ebulição violenta, com formação de enormes quantidades de gases ou vapores, produzindo maiores perdas de sacarose por arraste.

18.5 INCRUSTAÇÕES NOS EVAPORADORES

Do ponto de vista da fabricação do açúcar, a formação de incrustações nas superfícies metálicas dos evaporadores representa uma complementação da fase de purificação do caldo, que se desenvolve durante a passagem do caldo clarificado à condição de xarope.

Diante da formação de incrustação, o xarope fica desprovido de muitos de seus elementos minerais (Ca, Mg, Al, SiO_2, PO_4, SO_3, etc.), e de compostos orgânicos (aconitatos, oxalato, carboidratos, lipídeos, etc.), apresentando-se, por isso, melhor purificado. Pelo efeito que devem ocasionar, esses elementos minerais e orgânicos, nas fases finas da fabricação, a incrustação constitui, indubitavelmente, um mau necessário na usina de açúcar.

Entretanto, a remoção desses elementos nos evaporadores na forma de incrustação não se constitui num trabalho benéfico às operações de evaporação do caldo. Ao contrário, as incrustações constituem-se num dos fatores que mais afetam as transmissão de calor naqueles equipamentos. Portanto, para a melhor eficiência dos evaporadores, sua formação deve ser atenuada, mesmo porque parece impossível, pelos processos atuais de clarificação de caldo, impedir ou evitar seu aparecimento nas superfícies tubulares das calandras desses equipamentos.

18.5.1 FORMAÇÃO DAS INCRUSTAÇÕES

A formação de incrustações nos evaporadores, na parte interna dos tubos, deve-se, principalmente, a uma crescente redução de água do caldo em concentração, redução esta que permite aos não-açúcares atingirem, especialmente nos últimos vasos, a condição de supersaturação e precipitarem. Entretanto, não só o efeito da concentração, mas também o da temperatura pode provocar a precipitação de alguns sais, principamente nos primeiros vasos do múltiplo-efeito.

Diversos são as fatores que concorrem para a formação de maior ou menor quantidade de incrustação nos evaporadores. Esses fatores são tantos, que nem sempre a incrustação constatada numa dada usina de açúcar é de mesma natureza e intensidade que a verificada em outra usina da mesma região açucareira.

De modo bem geral, as incrustações estão influenciadas pelas seguintes condições:

a) Composição de caldo, dependente de:
- Variedade de cana,
- Tipo de solo cultivado,
- Sistema de colheita da cana,
- Estado de limpeza da cana,
- Sistema de lavagem da cana,
- Grau de extração pelas moendas, etc.

b) Peneiragem do caldo,
c) Qualidade da cal, enxofre e dos aditivos da clarificação,
d) Processos de clarificação,
e) Nível de caldo nas calandras dos evaporadores
f) Velocidade de circulação de caldo nos diversos vasos,
g) Condição de vácuo nos evaporadores,
h) Desenho das calandras,
i) Sistema operacional e qualidade de mão-de-obra utilizada na evaporação.

Em realidade, os fatores pertinentes aos itens a, b, c, d são decisivos para a obtenção de um caldo clarificado de boas características industriais. Um caldo clarificado ideal seria aquele composto apenas de açúcares e água. Na prática, pelos processos atuais de purificação, o caldo clarificado mostra uma composição relacionados aos não açúcares, apenas uma ligeira diferença do caldo que lhe deu origem.

O teor de cinza, por exemplo, é alterado apenas quanto à natureza de composição, sendo, inclusive, enriquecido pelo ion, cálcio que é um dos elementos de maior grandeza das incrustações.

Deixando de lado a influência da composição do caldo clarificado, os fatores relacionados nos ítens e, f, g, h, i são também importantes na formação das incrustações. Desses fatores, tem-se atribuído ao nível de caldo considerável influência na formação das incrustações. Em relação a este fator, verifica-se que:

a - Para um nível baixo de caldo, tem-se uma maior velocidade de circulação, maior transmissão de calor e, em consequência, menor taxa de incrustação.

b - Para um nível alto de caldo, as condições são inversas às do nível baixo e as incrustações aparecem em maior intensidade nos evaporadores.

O efeito de material suspenso no caldo clarificado, por outro lado, tem pouca influência na formação das incrustações. Por via de regra, as impurezas suspensas no caldo (bagacilho, fuligem, etc), depositam-se nos primeiros vasos, razão pela qual as incrustações nesses vasos são mais moles.

Entretanto, deixando-se de lado esses fatores durante a evaporação do caldo, duas outras condições são importantes para a formação das incrustações: concentração e temperatura.

Segundo HONIG (1969), o comportamento de alguns componentes das incrustações, em função desses duas condições, são:

a - Sulfato, oxalato e aconitato de cálcio: aparecem nas incrustações dos últimos vasos, pelo efeito da concentração, embora o sulfato possa ocorrer também nos primeiros vasos;

b - Fosfatos de cálcio, magnésio e, provavelmente, ferro: precipitam-se nos primeiros vasos, pelo efeito da maior temperatura e, nos últimos, pelo efeito da concentração;

c - Gomas, pectinas, matérias protéicas e lipídeos: aparecem como incrustação nos primeiros vasos, onde são coagulados e precipitados pelo efeito das altas temperaturas;

d - Silicatos (SiO_2) : O SiO_2, sendo pouco solúvel à alta ternperatura, tende a aparecer, embora em pequeno teor, nas incrustações dos primeiros vasos. Entretanto, como também menos solúvel nas soluções mais concentradas, o SiO_2 aparece em maior teor nas incrustações dos últimos vasos;

e - Ferro (Fe): O ferro pode aparecer nos primeiros vasos na forma de óxidos e de fosfatos. Nos últimos vasos, sua presença tem sido constatada na forma de silicato. A Figura 145 mostra de maneira esquemática as tendências de diversos elementos na formação das incrustações, em função da concentração.

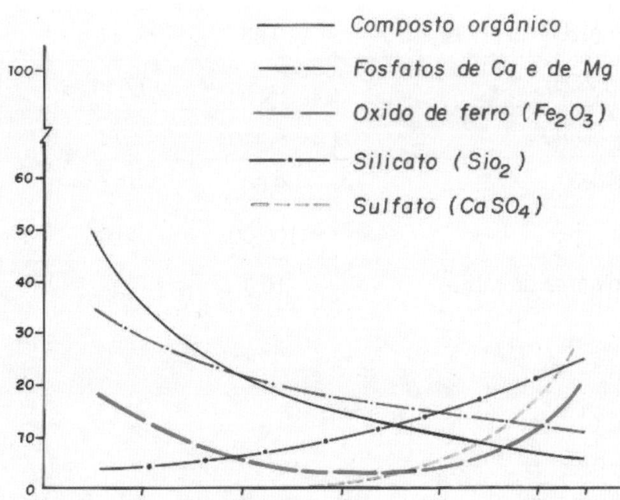

Figura 145 - Variação da composição das incrustações em função do Brix nos evaporadores.

18.5.2 COMPOSIÇÃO DAS INCRUSTAÇÕES

As incrustações têm uma composição bastante variável, verificando-se muitas vezes uma tendência diferente daquela esquematizada por Honig (1969). Alguns componentes aparecem em maiores teores nas incrustações dos primeiros vasos; outros, ao contrário, decrescem.

De modo geral, tem-se observado que nos primeiros vasos as incrustações são formadas, principalmente, de matérias de natureza orgânica. Nos últimos vasos, estão constituídas por substâncias que se precipitam em condições de maior concentração. Entretanto, nos primeiros vasos, em decorrência de algum superaquecimento local, pode haver alguma precipitação, por exemplo, de sulfato.

As Tabelas 46 e 47 mostram a composição de incrustações dos evaporadores de duas usinas de açúcar do estado de São Paulo, sendo que uma trabalhava para produzir açúcar demerara e, outra o açúcar branco.

Tabela 46 - Composição de incrustação dos evaporadores pelo processo de sulfo-defecção simples (GLORIA e SILVA, 1977) (Açúcar Branco).

Componentes	Vasos			
	I	II	III	IV
Perda ao rubro (%)	25,09	28,59	31,85	31,26
Sílica (% SiO2)	0,66	0,74	1,39	8,49
Cálcio (% CaO)	31,02	25,00	24,83	31,48
Magnésio (% MgO)	3,14	2,22	1,31	0,51
Ferro (% Fe2O3)	3,67	15,16	13,50	1,20
Alumínio (% Al2O3)	0,68	0,31	0,19	0,13
Fósforo (% P2O5)	21,57	17,54	13,04	7,41
Sulfato (% SO3)	4,53	3,73	5,70	15,12
Não Dosados	9,64	9,71	8,19	4,42
Total	100,00	100,00	100,00	100,00
Mg/cm^2 (Incrustação / área de tubo)	10,3	2,3	3,3	9,0

Tabela 47 - Composição de incrustações dos evaporadores pelo processo de defecação simples (Açúcar Bruto*).

Componentes	Vasos			
	I	II	III	IV
Perda ao rubro (%)	51,82	39,90	43,54	36,19
Sílica (% SiO2)	2,09	3,10	6,20	14,76
Cálcio (% CaO)	32,09	29,88	29,19	37,44
Ferro (% Fe2O3)	3,24	10,50	12,54	2,80
Fósforo (% P2O5)	2,77	0,40	0,08	Tr
Sulfato (% SO3)	1,54	0,94	0,92	0,80
Não Dosados	6,65	15,28	7,53	8,01
Total	100,00	100,00	100,00	100,00

*** Tipo de açúcar fabricado na época.**

Fonte: **Glória e Silva (1977)**

Embora, se admita a grande variação de composição das incrustações, verifica-se que apesar dos dados da tabela 47 acompanharem as tendências da Figura 146 nas condições de trabalho da usina amostrada, o sulfato aparece em bom teor já nas primeiras caixas de evaporação.

Comparando-se os dados da tabela 46 com os dados da Tabela 47, verifica-se que o teor de sulfato aparece neste último em menor teor. Este menor teor pode ser explicado pela ausência de sulfitação. Outro ponto que chama a atenção é o maior valor da perda ao rubro (matéria orgânica e outros compostos) das incrustações da Tabela 47, apesar de se comparar incrustações de duas usinas diferentes. Verifica-se uma tendência de produção de mais material de natureza orgânica nas incrustações dos evaporados quando se pratica a caleagem simples. Estes resultados podem ser explicados pelo fato de ser a sulfodefecação um processo mais enérgico de clarificação.

18.5.3 LIMPEZA DAS INCRUSTAÇÕES

De modo geral, as incrustações dos primeiros vasos de evaporação são mais ricas em matéria orgânica, mais escuras e frouxas. As dos últimos vasos, são mais ricas em material de natureza mineral, mais claras e compactas, apresentando-se, por isso, mais duras.

Os métodos empregados na limpeza podem ser de natureza mecânica, química ou biológica, podendo ser aplicados de forma combinada ou isolada.

PROCESSO MECÂNICO

O processo mecânico de remoção das incrustações, apesar dos seus inconvenientes, é ainda muito usado pelas usinas de açúcar. Por via da regra, na limpeza dos evaporadores, utiliza-se dos mesmos acessórios descritos no Capítulo 13 (Aquecimento do caldo), ou seja, de raspadores metálicos, cujo diâmetro deve estar bem próximo do diâmetro internodo tubo.

Esses raspadores podem ser de dois tipos: tipo rasquete e tipo chicote flexível ou vibratório.

O tipo rasquete consta de um varão metálica, cuja ponta é acoplada o elemento de aço de construção especial, que age com certa pressão, quando é passado no tubo. Com o uso, essa peça se gasta, sendo, portanto, necessário trocá-la. Ela deve se ajustar muito bem ao tubo. De modo geral, ela entra com mais facilidade no tubo do que sai. Em substituição a esta peça, pode ser usada a escova de aço.

O tipo vibratório baseia-se no seguinte: um motor elétrico de potência adequada proporciona um movimento muito rápido a um cabo flexível de vários metros de comprimento, a cuja extremidade é acoplado um conjunto de brocas metálicas. Essas brocas metálicas nada mais são do que pequenos roletes de diâmetro variado, os quais, pelo movimento centrífugo, adquirido pela vibração do cabo, projetam-se contra a parede do tubo, limpando-os. A remoção das incrustações, com o chicote flexível ou vibratório, pode ser feita a seco ou combinada com água. A água serve para diluir e facilitar o arraste das partículas sólidas para fora do tubo.

As desvantagens da limpeza mecânica são as seguintes:

a - Processo difícil e desagradável à mão de obra operária,
b - Processo que ocasiona maior desgaste dos tubos.

Entretanto, no caso da evaporação, a limpeza mecânica nem sempre é a única realizada. Por via de regra, aparece associada à limpeza química. Dependendo da natureza das incrustações, se duras ou moles, a limpeza dos evaporadores pode ser feita por um tratamento químico das incrustações, seguida por uma passada de raspador. No caso do chicote vibratório, duas passadas parecem ser suficientes.

A duração da limpeza mecânica é um ponto importante, em função do tamanho do vaso, do número de operários empregados na limpeza, do tipo de equipamento disponível-se chicote ou rasquete: dependendo da natureza e intensidade da incrustação.

PROCESSO QUÍMICO

A limpeza dos evaporadores por processo químico é relativamente mais simples, quando comparada à limpeza mecânica. Porém, na prática, a concentração dos reagentes empregados e a duração do tratamento são os dois fatores importantes e, em muitos casos, são as causas da não obtenção de uma remoção completa das incrustações.

Os dois produtos químicos mais empregados na remoção das incrustações são: soda cáustica ($NaOH$) e ácido muriático (HCl).

As quantidades desses reagentes são muito variadas, de acordo com a natureza e intensidade das incrustações.

Na maior parte das vezes, quando se usa soda, esta é descarregada, após o tratamento, para um tanque de armazenamento onde, depois de reconcentrada, possa ser utilizada novamente. O ácido muriático, por outro lado, é usado apenas uma vez, sendo, portanto, descartado.

A técnica mais comum de emprego desses reagentes é a seguinte após o término das operações de evaporação, admite-se o agente de limpeza na concentração desejada nas diversas caixas, até a altura do espelho superior da calandra. Abre-se ligeiramente a válvula de admissão de vapor na primeira calandra, abre-se o registro de quebra vácuo de cada vaso, fecha-se a válvula de produção de vácuo. A fervura da soda, nas diversas caixas processa-se à pressão atmosférica. A duração do tratamento é, no geral, de duas a cinco horas.

Após o término do tratamento, a solução do desincrustante é desgarregada para um depósito, para novas aplicações, ou descartada. Em seguida, lavam-se os tubos com água fria, para acelerar o resfriamento das caixas.

Em função do critério da usina, uma nova fervura, agora com ácido muriático, pode ser feita, demorando este tratamento de duas a três horas.

Ainda em função da natureza da incrustação, após o resfriamento dos vasos com água fria ou após um tempo de espera de três a cinco horas, uma limpeza mecânica, usando-se escovas metálicas, pode ser feita. Deve-se evitar a entrada do operário no aparelho quente.

Este tratamento à base do emprego de soda ou de ácido e da limpeza mecânica, repetido-se semanalmente, mantem os tubos sempre limpos e boa eficiência de evaporação.

De modo geral, a soda é empregada numa concentração variável de 20 a 30° Bé. O ácido muriático é usado em concetrações que variam de 0,5 a 2,0%.

Tem-se observado que o emprego de solução de soda mais concentrada permite uma remoção mais efetiva das incrustações, tanto de natureza orgânica como inorgânica.

A soda cáustica, além de ter ação dissolvedora de silicatos e oxalatos, provoca a transformação de sulfatos e sulfitos insolúveis em carbonatos de cálcio.

Quando se usa uma solução concentrada de soda, deve-se guardá-la, adequadamente, para voltar a usá-lo em nova limpeza pois, caso contrário, o processo torna-se excessivamente caro.

Para uma maior economia de limpeza dos evaporadores recomenda-se, primeiramente, proceder uma leve raspagem das incrustações para, em seguida, fazer o tratamento químico com soda.

Ainda, segundo observações de autores que se ocuparam com o assunto, o tratamento com soda, nos últimos vasos, não é suficiente para eliminar completamente as incrustações. A razão dessa pouca eficiência está no fato de que essas incrustações são mais duras e cristalinas. O teor de matéria orgânica, é, por outro lado, também baixo nesses últimos vasos, principalmente, quando se pratica sulfitação.

Em alguns países, emprega-se soluções de soda de até 40° Bé; em outros, há citação de até 5° Bé.

Por via de regra, a solução de soda sendo guardada, deve receber mais um pouco de material puro para novo uso. Quando esta solução apresenta-se muito impura, indica a presença de muita sílica, carbonatos, lipídios. Estes são os responsáveis por excessiva formação de espuma Recomenda-se, então, o descarte e preparo de nova solução.

No Brasil, é comum dissolver a soda diretamente nas caixas, após estas terem recebido água até a altura dos espelhos superiores, procedendo-se, em seguida, à fervura, por duas a quatro horas. A concentração varia de 2 a 5%. Em muitos casos, a colocação da soda é arbitrária, feita, portanto, de maneira grosseira.

O ácido clorídrico, segundo alguns observadores, tem uma ação mais efetiva na limpeza dos evaporadores. Possui ação dissolvente sobre sulfitos, sulfatos, carbonatos, fosfatos, etc. Entretanto, o ácido clorídrico, além de dissolver as incrustações e atacar os materiais de contrução do evaporador, especialmente o fundo, os espelhos e a tubulação, é perigoso em seu manuseio. Quando ferve-se uma solução de ácido clorídrico, os vapores que escapam pelos tubos de circulação de vapor, têm uma reação ácida e atacam o ferro, produzindo corrosão. Em alguns casos, tem-se observado até vazamento nos tubos pela ação corrosiva do ácido. No caso de se usar soluções ácidas muito concentradas, há possibilidade de formação de hidrogênio nascente, podendo ocorrer explosões, se os vasos não forem bem ventilados.

Alguns fabricantes de desincrustantes, visando atenuar ou impedir a ação corrosiva do HCl, preparam soluções com inibidores. Em alguns casos, tem-se verificado que a ação corrosiva do ácido clorídrico, com inibidor, é bastante atenuada.

Embora haja indicação de boa resistência do ácido inoxidável ao tratamento com ácido, é conveniente estudar bem a questão antes da utilização.

Em uma usina de açúcar da região de Piracicaba, em certa ocasião, a limpeza com ácido muriático de uma caixa de aço inoxidável mostrou alguns sinais de ataque ao material empregado. Provavelmente, a qualidade do aço inoxidável empregado não era das melhores.

Além do NaOH e do HCl, podem ser usados, na limpeza das incrustações dos evaporadores, o ácido sulfâmico, EDTA (etilenodraminotetracetato de sódio), difloreto de sódio, entre outros.

PROCESSO BIOLÓGICO

O processo biológico, apesar de pouco usado, é merecedor de alguns comentários. Consiste na adição de uma solução diluída de melaço entre 15 e 20Brix em cada calandra do múltiplo efeito, até cobrir seu espelho superior. Em seguida, adiciona-se ao mosto uma certa quantidade de fermento e deixa-o fermentar por algum tempo. Além do CO_2 produzido pela fermentação, formam-se ácidos que atacam as incrustações, deixando os evaporadores completamente limpos.

Entretanto, este processo é algo demorado, sendo aplicável, apenas, no fim de safra. Constitui, por outro lado, um processo mais barato do que os anteriores.

18.5.4 LIMPEZA EXTERNA DOS TUBOS DA CALANDRA

De modo geral, o vapor de alimentação do primeiro vaso de evaporação, sendo o vapor de escape, contém sempre óleos e graxas lubrificantes das máquinas onde serviu, originalmente.

Essas substâncias, chegando na primeira calandra juntamente com o vapor de aquecimento, são coaguladas, aderindo à superfície externa dos tubos. Essas substâncias, combinando com os óxidos de ferro, formam uma camada isolante ao redor dos tubos, diminuindo a transmissão de calor.

Nas demais calandras, essas incrustações externas estão constituídas tipicamente por ácidos graxos, que são arrastados pelos vapores resultantes da evaporação do caldo do primeiro vaso. Esses ácidos graxos são considerados produtos de decomposição de cera da cana.

Segundo Honig (1969), a composição das incrustações das superfícies externas dos tubos das diversas calandras é a seguinte:

a) Calandra do primeiro vaso

Consiste, em maior parte, de óxido de ferro e de produtos da corrosão do material dos tubos, principalmente na forma de óxido de cobre. Contém, ainda, cálcio e ácido silícico das águas das caldeiras, arrastados pelo vapor úmido, formado naquelas unidades.

b) Calandras dos demais vasos

As incrustações desses vasos consistem de óxido de cobre, sais de cálcio, magnésio, sílica, etc.

Nos dois casos, a presença de lipídios é sempre anotada nas incrustações. De modo geral, a remoção dessas incrustações, que não são tão nocivas como as internas, é feita uma vez por ano, tão logo a safra açucareira seja dada por terminada.

Diversas são as técnicas empregadas para a remoção dessas incrustações. As mais recomendadas são as seguintes:

a) Tratar a superfície externa dos tubos com uma emulsão de querosene em água que, pelo efeito de circulação, limpa os tubos;
b) Encher as calandras com água e adicionar gasolina, benzina ou outro dissolvente qualquer. A cada dois ou três dias, retira-se uma pequena porção de água inferior, deixando-se a camada do dissolvente em contato direto com as crostas oleosas. Este processo é demorado, podendo levar de 20 a 30 dias. Após o esgotamento final da emulsão dissolvedora, lava-se bem a calandra;
c) Tratar as incrustações com detergentes modernos que não formam espumas, em combinação com ácidos orgânicos, tais como o acético e fórmico;
d) Tratar as incrustações com soluções diluídas de soda ou de ácido muriático.

18.5.5 MEDIDAS PREVENTIVAS DAS INCRUSTAÇÕES

Como o problema das incrustações tem sido um dos mais graves das usinas de açúcar, muitas são as indicações com vistas à sua atenuação nas superfícies de evaporação de caldo. Dentre as mais comentadas, destacam-se as seguintes:

a. Qualidade de matéria prima dos reagentes e condução dos processos de extração de caldo e de clarificação

Evidentemente, a industrialização de uma matéria prima de baixa maturação, mal colhida, suja, não lavada, etc, pode contribuir para o envio de um caldo muito impuro para a fase de clarificação. A baixa eficiência da clarificação, seja por uma disponibilidade de caldos refratários, seja pelo uso de reagentes de baixa qualidade ou pela má condução dos processos que lhe são pertinentes, pode redundar na produção de um caldo clarificado com alto teor de não açúcares.

Portanto, esta é a primeira grande medida do técnico açucareiro: executar um bom controle de todas as fases anteriores à evaporação, o que deve, inquestionavelmente, facilitar a operação, prevenindo uma maior formação de incrustações.

b. Substituição total ou parcial da cal por outros reagentes

Algumas pesquisas têm sido feitas, no sentido de se substituir o cálcio da cal pelo magnésio, visto que este último cátion forma sais mais solúveis quando adicionado ao caldo de cana. Entretanto, até o presente momento, os resultados, algumas vezes bastante otimistas, não chegaram a se consolidar na prática. A aplicação do "Magox", em substituição parcial da cal na produção do açúcar bruto, estudada na década de 1960, não têm sido motivo de recentes pesquisas. No Brasil, o uso do óxido de magnésio vem sendo observado em algumas usinas. Parece que até o presente, não se constatou os resultados esperados. Entretanto, é possível que as incrustações, apesar de não evitáveis com o óxido de magnésio, sejam mais brandas e menos intensas nos evaporadores.

A utilização do hidróxido de sódio em substituição parcial da cal também não tem saído do campo das especulações. Poucas são as informações sobre as suas possibilidades no campo da clarificação. Do ponto de vista da evaporação, é provável que as incrustações formadas quando da substituição parcial da cal sejam menos intensas.

O uso do hidróxido de cálcio ou da cal hidratada, experimentado por algumas usinas do estado de São Paulo, nestes últimos anos, por permitir um melhor controle de consumo deste neutralizante, pode redundar na formação de incrustações menos intensas nos evaporadores.

c. Aparelhos de ionização

Esses aparelhos, quando imersos no caldo, fazem com que o líquido fique sob à ação de um campo elétrico. As moléculas dos sais minerais dissolvidos no caldo, sob o efeito deste campo, ionizam-se e tendem a permanecer em suspensão. Os aparelhos de que Hugot (1977) faz menção são, respectivamente, de origem inglesa (Superstat) e de origem belga (C.E.P.I.). Esses aparelhos consistem de um tubo de 5 a 10 cm de comprimento, conectado à tubulação, que leva o caldo caleado aos aquecedores. Dentro do pequeno tubo é colocado um solenoide que, recebendo a corrente elétrica, produz o campo elétrico no meio.

d. Adição de substâncias químicas

A adição de produtos de propriedades dispersantes no caldo tem sido usual em algumas usinas de açúcar. Aliás, esta prática tem sido comum no tratamento de águas de caldeira.

Um dos produtos citados pela literatura é o tetra-fosfo-glucosato de cálcio. A dose indicada é de 500 a 1.500 g deste material por 100 toneladas de cana.

A adição deste material, preparado numa concentração de 5 a 10%, deve ser feita no caldo clarificado no momento em que está sendo enviado ao evaporador. Tem sido indicados outros produtos comerciais, mas que não mostraram bons resultados.

e. Tratamento com resinas iônicas

O tratamento do caldo clarificado com resinas iônicas constitui, sem dúvida, o meio mais eficaz, com vistas à formação de incrustação. Pela passagem do caldo em colunas de resinas trocadoras de íons, a maior parte dos seus cátions e ânions é removida. Prevê-se uma remoção de mais de 95% dos íons presentes no caldo. Para uma maior economia no processo, pode-se instalar apenas a coluna trocadora do íon cálcio, que é um dos elementos em maior teor nas incrustações.

Na indústria da beterraba, a desmineralização do caldo já é empregado. No Brasil, onde o açúcar é comercializado a baixo preço em relação aos outros países, o processo em pauta, para as usinas de açúcar, não se mostra ainda viável. Entretanto, vem sendo aplicado nas refinarias de açúcar.

f. Aparelho de ultrasom

O aparelho que tem sido oferecido às usinas de açúcar, com vistas à atenuação das incrustações, baseado no efeito de ondas ultrassônicas, é conhecido por "Crustex".

Esse aparelho, recebendo certa quantidade de energia através de um gerador, transforma os impulsos elétricos através de uma bobina de níquel puro em ondas mecânicas ultrassonoras. Essas ondas ou vibrações sonoras, com frequência de 36.000 Hertz, propagam nos líquidos a uma velocidade mínima de 1.500 m/s, bombardeando os cristais que formam as incrustações, destruindo o seu poder de coesão. Em consequência do efeito dessas ondas, os sais são transformados em flocos, que caem no fundo do equipamento. Segundo os idealizadores deste sistema, a incrustação formada nos tubos é mais facilmente removível.

Os osciladores, propriamente ditos, são colocados no fundo do vaso do evaporador, de modo a facilitar o contato do caldo com as ondas ultrassonoras. A instalação desses osciladores exige cuidados especiais, sendo recomendável a supervisão de técnicos especializados no assunto.

Embora se reconheça a validade da aplicação das ondas ultrassônicas, não se pode afirmar que os resultados da prática sejam aqueles esperados, pois muitos são os fatores que podem interferir no sistema, tais como: volume de caldo, composição do caldo, sistema de funcionamento do múltiplo efeito, etc. Diante disso, a aplicação deste aparelho, e mesmo de outras deve ser estudada de acordo com as condições de fabricação de cada usina, pois, muitas iniciativas são condenadas por falta de um menor estudo dos fatores inerentes à aplicação.

De modo geral, tem-se observado que a simples venda de um equipamento ou de um produto qualquer, ou mesmo de uma técnica de processamento às usinas de açúcar, realizada sem estudos prévios de ambas as partes interessadas, é a grande responsável pelo fracasso dos possíveis efeitos dessas iniciativas

18.6 TRANSFORMAÇÕES QUÍMICAS NA EVAPORAÇÃO DO CALDO

Durante a evaporação do caldo de cana em aparelhos de múltiplos-efeitos devem ocorrer mais ou menos intensamente, transformações químicas importantes. Essas transformações dizem respeito sempre à alteração de pureza do xarope, decomposição da sacarose, dos açúcares redutores, de não-açúcares, etc., conforme se poderá ver a seguir.

18.6.1 ALTERAÇÃO DA PUREZA DO XAROPE

Dentre todas as transformações, a que chama mais a atenção do tecnologista é aquela pertinente à alteração da pureza do xarope.

Na evaporação se observa, invariavelmente, um ligeiro aumento de pureza do xarope (pol % de Brix). Este aumento é devido a uma modificação da rotação específica dos açúcares redutores, produzida pela alteração das condições de temperatura e de concentração do caldo em aquecimento no evaporador.

A eliminação de alguns não açúcares, seja na forma de incrustação, seja por destilação de não açúcares voláteis, em nada contribui para o aumento da pureza do xarope.

18.6.2 COMPORTAMENTO DA SACAROSE

A inversão da sacarose constitui a reação mais importante na evaporação. Entretanto, a taxa de inversão somente poderá ser avaliada conhecendo-se as condições de pH e de temperatura. Por análise, é quase impossível avaliar a inversão, visto que os açúcares redutores são substâncias muito instáveis e estão constantemente passando por modificações químicas e por modificações do poder rotatório.

Honig (1969) calcula a taxa de inversão, considerando o pH inicial do caldo e dos líquidos dos diferentes vasos, assim como os valores de temperatura e o tempo de retenção destes mesmos líquidos nos evaporadores.

Segundo este autor, as perdas por inversão da sacarose nos evaporadores podem chegar até um valor práximo de 0,2% do açúcar em processo.

18.6.3 COMPORTAMENTO DOS AÇÚCARES REDUTORES

Os açúcares redutores estão representados, praticamente, por glucose e frutose, numa proporção de 55 e 45%, respectivamente.

São, em meio ácido, quase que estáveis; porém, em meio alcalino são suscetíveis de transformações químicas importantes. Em meio alcalino, os açúcares redutores podem dar origem à d-manose. O equilíbrio entre glucose, frutose e d-manose depende da temperatura e do pH, podendo, depois de certo tempo, estabilizar-se. Este equilíbrio é explicado pela reação de Lobvy de Bruyn-Van Eknestein.

De modo geral, quando o caldo de cana é aquecido a altas temperaturas e em condições de pH entre 6,5 a 7,0, os açúcares redutores podem sofrer:

a - Diminuição do poder redutor total, em razão da constante formação de d-manose,
b - Aumento da polarização, que é mais alta quanto maior for a alcalinidade da solução,
c - Em condições de aquecimento, reação entre o grupo aldeídico da glucose com os aminoácidos, causando aparente decréscimo do poder redutor e da atividade óptica,
d - Aumento aparente de glucose por formação de d-manose, a partir da frutose.

Essas reações, apesar de complexas, têm lugar nos primeiros vasos de evaporação, onde a temperatura geralmente varia de 110 a 120ºC. Em realidade, as observações levadas a efeito, na prática são as seguintes:

a - Nas usinas que operam em condições de alcalinidade (pH 7,0 a 7,3) há uma perda de poder de redução dos açúcares invertidos e um aumento da pureza aparente.
b - Nas usinas que praticam a sulfitação, operando em pH menor do que 7,0, a queda do poder redutor é menor, em razão, conforme já foi dito, da boa estabilidade dos redutores em meio ácido.

Por outro lado, tem-se observado que, quando a evaporação se efetua a um pH menor do que 6,4, há, geralmente, um aumento de açúcares redutores, principalmente na fase inicial da operação (pré e primeiro vaso evaporador).

18.6.4 COEFICIENTE GLUCÓSICO

O coeficiente glucósico, dado pela relação entre os açúcares redutores e a pol, pode sofrer alteração durante a fase de evaporação do caldo clarificado.

Por via de regra, em condições de maior acidez hidrogenionica ($pH < 5,5$), de temperaturas elevadas, e de tempo de retenção do caldo no evaporador, há um aumento do coeficiente de glucose. Este aumento é explicado pela maior inversão da sacarose. Em condições de pH tendendo para a alcalinidade ($pH > 7,0$), há decréscimo do coeficiente glucósico.

18.6.5 FORMAÇÃO DE COR

Os estudos mais interessantes sobre a formação de cor pela evaporação do caldo têm sido feitos mais no campo da indústria de beterraba.

Tem-se observado que a formação de cor está relacionada com a ocorrência de temperaturas elevadas na fase inicial da evaporação (pré e primeiro vaso), e com um tempo de retenção prolongado. Em relação aos componentes responsáveis pela formação de cor, o ferro parece ser o mais importante. Assim é que quanto maior for o teor de ferro no caldo clarificado, tanto maior será a formação de cor. Delgado (1975) destacou o papel de polifenois, a exemplo de taninos e sacaretina, e os componentes com aminos que são passiveis de desenvolver coloração, sendo ainda que esse componte pode reagir com ferro e oxigênio, gerando compostos coloridos mais escuros.

Segundo outras observações, a formação de cor na evaporação não guarda relação exclusiva com a:

a) Caramelização da sacarose e das hexases (reação térmica);
b) Combinação dos aminoácidos com as hexoses (reação de Maillard), formando amino-compostos de coloração marrom (melanoidinas);

Entretanto, essas reações parecem ter algum efeito na formação de cor na fase da cristalização da sacarose. Por outro lado, verifica-se que nas usinas que produzem o açúcar branco, empregando também a sulfitação ou a carbonatação, se tem menor formação de cor do que nas que produzem o demerara.

Por outro lado, a formação de cor na fabricação do demerara não é motivo de maior interesse, visto que este produto deve passar, ainda, por um processo de refinação. Todavia, na medida em que exigem maiores valores de cor (ICUMSA), torna-se uma preocupação relevante, especialmente porque há impactos na refinação utilizando uma materia prima açucarada de muito mais cor.

Outra formação de cor no açúcar é relatado por Araújo (1995). Os açúcares em temperaturas acima de 120°C são pirolisados para diversos produtos de degradação de alto peso molecular e escuros, denominados caramelos. Tal reação envolve a degradação do açúcar na ausência de aminoácidos ou proteinas. Tal reação acredita-se ter, também, a reação de oxidação de ácido ascórbico que requer oxigênio, porém não requer compostos de nitrogênio, ocorrendo em pH entre 3,0 e 5,0 com produção de melanoidinas.

O processo de caramelização tem como conhecimento de consenso dos autores, como Evangelista (2005) que, o aquecimento provoca a quebra de ligações glicosídicas, quando elas existem, como na sacarose. Na abertura do anel hemiacetálico, há formação de novas ligações glicosídicas, resultando na formação de polímeros insaturados, os caramelos. Tal autor tem como hipótese que o escurecimento pela caramelização seria uma consequência direta da reação entre os açúcares chamados polidroxicarbonilados, que contêm grupos hidroxilas e grupos carbonilas. Essa reação somente ocorre sob condições de elevadas temperaturas, possibilitando a desidratação do açúcar e a formação de aldeídos muito ativos, como o hidroxi-metilfurfural (HMF). O açúcar caramelo, devido a essa reação de formação, produz um odor típico característico e agradável.

De modo geral, a maior parte de formação de cor ocorre na fase de cozimento, especialmente nas cristalizações de baixa pureza. Todavia, o problema de formação de cor nas usinas que faziam o demerara não tem mais importancia, visto que este tipo de açúcar não é mais processado pelas usinas. Entretanto, todos os açúcares brutos, atualmente, são sujeitos a essa reação.

Por outro lado, como observaremos mais adiante no livro, há formação de cor no armazenamento do açúcar que tem associação com seu adequado cozimento, como ressaltam Rocha et al. (2015). Nesse trabalho, verficou-se alterações nas quantidades de AR, ART e cor (ICUM-

SA) nas amostras de sacarose analisadas em função das variáveis, sendo que a umidade é a mais decisiva. Assim, fica evidente que deve-se evitar tais condições de umidade e temperatura elevadas nos galpões de armazenamento de açúcar, a fim de que se preserve a qualidade do produto, que é altamente perecível.

18.6.6 COMPORTAMENTO DOS COMPOSTOS NITROGENADOS

Os compostos nitrogenados, que acompanham o caldo clarificado, podem sofrer algumas transformações na fase de evaporação.

Assim é que as amidas (aspargina) e os aminoácidos em condições de alta temperatura e de ligeira alcalinidade, podem se decompor em ácido aspártico, ácido glutânico e amoníaco.

A maior parte do amoníaco é volatizado na evaporação, sendo eliminado nos condensadores. Contudo, tem-se observado que uma eliminação eficiente dos incondensáveis, do primeiro vaso para a atmosfera, pode reduzir a presença do amoníaco nos demais condensados dos outros vasos. Disso decorre que uma menor corrosão tubular pode ser observada nos demais vasos. A fervura do caldo, por alguns minutos, em tacho aberto, antes da admissão do caldo nos evaporadores, contribui também para a redução do amoníaco.

O efeito do amoníaco na evaporação está na alteração do pH dos condensados. Aliás, existe estreita relação entre pH dos condensados e a presença do amoníaco. Além do amoníaco, a pH dos condensados pode ser afetada pela presença de CO_2 e ácidos orgânicos (ácido acético).

A combinação dos hexoses com os aminoácidos (reação de Maillard), em sua primeira fase,pode também processar-se na evaporação, o que pode alterar os teores dessas substâncias no caldo processado.

18.6.7 ÁGUA DE CONDENSAÇÃO

A água de condensação das calandras dos evaporadores contém inúmeras substâncias dissolvidas, muitas das quais de natureza orgânica.

Segundo Honig (1969), nas águas de condensação podem ocorrer:

a) O_2 (oxigênio),
b) CO_2 (gás carbônico)
c) SO_2 (anidrido sulfuroso)
d) NH_3(amoníaco),
e) CH_3OH (etanol metílico)
f) CH_3CH_2OH (etanol),
g) Aldeídos,
h) Ácidos orgânicos,
i) Outros álcoois.

De acordo com a presença de maior ou menor taxa de impurezas, o pH das águas condensadas varia de 5 a 9, a 25ºC. Tem-se observado que quando se evapora o caldo a um pH inferior a 7,0, os condensados são de natureza ácida, quando os caldos são alcalinos (pH > 7,0), os condensados são também de natureza alcalina em um grau que depende do teor de amoníaco dos caldos, do grau de eliminação dos gases incondensáveis e da temperatura de condensação na calandra.

Uma das principais impurezas das águas condensadas é o acetaldeído ou aldeído acético. Esta substância se forma por decomposição alcalina de açúcares redutores.

A presença de açúcares nas águas condensadas, detectada pela reação de alfa-naftol, é devida a duas causas:

a) Arraste de caldo;

b) Vazamentos na tubulação.

18.6.8 GASES INCONDENSÁVEIS

Os gases incondensáveis são constituintes normais do caldo submetidos à evaporação. São constituidos por ar (O_2 e N_2) e gás carbônico (CO_2).

A presença desses gases na calandra dos evaporadores determina uma queda da taxa de transmissão de calor, razão pela qual devem ser continuamente eliminados. Parte desses gases entra no evaporador pelas juntas das válvulas, etc.

O efeito dos incondensáveis sobre a transmissão de calor nos evaporadores pode ser avaliado pelos dados do Tabela 48.

Segundo Claassen, comentado por Hugot (1986), os vapores destinados no condensador, oriundos das calandras, devem conter no máximo 3% de gases incondensáveis. Verifica-se, pelas dados do Tabela 48 que, quanto menor o teor de incondensável, maior a transmissão de calor.

Tabela 48 - Coeficiente de transmissão de calor (cal/m²/°C/h) de vapor-latão-caldo, nas condições de vapor de 0,5 a 1,2 kg/cm² e uma velocidade de 0,15 m/s.*

Ar no vapor (Vol. % de vapor)	Coeficiente de transmissão de calor, segundo	
	CLAASSEN - LANGEN (1939)	KERR
0,0	3.150	2.600
0,1	2.750	2.150
0,2	2.550	1.800
0,3	2.400	1.530
0,4	2.250	1.370
0,5	2.100	1.220
1,0	1.775	---
2,0	1.300	---
3,0	1.050	---

(*) Segundo HONIG (1969, Volume III, pág, 150).

De modo geral, a quantidade de gases incondensáveis obtida na parte inferior da calandra é maior do que a extraída na sua parte superior.

Segundo Honig (1969), a quantidade de gases incondensáveis nos evaporadores em mg/kg de água evaporada é a do Tabela 49.

Segundo a mesma fonte, a quantidade de amoníaco, determinada na água condensada do vapor descartado no condensador, varia de 0,5 a 4,0 mg por kg de água evaporada. Em 80 análises realizadas pelo autor, o teor de amoníaco foi de 1,2 mg/kg de água evaporada.

Tabela 49 - mg de gases incondensáveis por kg de água evaporada num múltiplo-efeito

Quádruplo-efeito	Usina que produz "demerara"
1º Vaso	5 – 15 mg/kg
2º Vaso	30 – 40 mg/kg
3º Vaso	30 – 50 mg/kg
4º Vaso	100 – 200 mg/kg

De modo geral, verifica-se que a taxa de incondensado cresce do segundo para o último vaso.

18.7 DIMENSIONAMENTO DOS EVAPORADORES

Em geral, o dimensionamento de um aparelho de evaporação visa, em última análise, estabelecer a superfície tubular das calandras dos diversos vasos.

Os dados conhecidos para atingir este objetivos, geralmente, são os seguintes:

a) Quantidade de cana processada por hora,
b) Extração de caldo misto,
c) Temperatura do caldo clarificado,
d) Concentração do caldo inicial e do xarope a ser obtido,
e) Temperatura e pressão do vapor disponível,
f) Temperatura da água dos condensadores,
g) Temperatura da câmara de vazio do último corpo,
h) Número de vasos do múltiplo-efeito.

A tendência atual das usinas de açúcar é a de realizar uma pré-evaporação do caldo clarificado, antes de enviá-lo aos evaporadores propriamente ditos. A instalação dos vasos pré, na maioria dos casos, tem proporcionado à usina melhores condições do setor de evaporação, visto que, se devidamente calculado, pode produzir vapor tipo vegetal, numa menor pressão para os cozedores, para os aquecedores e para a destilaria.

Entretanto, como a instalação do pré está sempre precedendo um quádruplo efeito, e como o vapor daquele vaso alimenta este último conjunto, verifica-se que esta instalação nada mais é do que um quíntuplo efeito. A diferença está apenas no primeiro vaso que, para cumprir as finalidades de sua instalação, é maior do que os outros. Um pré-evaporador, para funcionar como tal, deve ser alimentado com vapor de mais alta pressão (2 a 3 kg/cm^2), caso pouco comum, ou com vapor de escape (1,5 kg por cm^2), e o primeiro vaso de um quádruplo efeito ou de um tríplice também com vapor de escape. Logo, se o vapor vegetal do pré é destinado, também para alimentar o primeiro vaso do quádruplo, o sistema de evaporação é considerado, então, como um quíntuplo-efeito.

O vapor admitido na calandra do primeiro vaso de um múltiplo-efeito, atingindo os tubos, cede seu calor latente, condensando-se, isto é, transforma-se em água, água esta conhecida por condensado. O caldo, recebendo este calor de vapor, entrando em ebulição, liberta parte de sua água na forma de vapor, que irá aquecer a superfície tubular da segunda calandra. O caldo vai, assim, perdendo água até que, atingindo o último vaso, sai deste numa concentração variável de 55 a 65° Brix.

Existem diversas maneiras para se calcular um múltiplo-efeito, conforme pode ser vistos nos livros atinentes à indústria açucareira e nos que tratam dos assuntos pertinentes à transmissão de calor. Em todos esses métodos, algumas suposições são feitas, para as simplificações dos cálculos, tais como: distribuição da pressão entre os vasos, coeficientes de transmissão de calor, concentração do caldo nos diferentes vasos, igualdade de superfície, etc.

O critério que se utilizará em sequência, será baseado no cálculo do calor específico, nas evaporações relativas, nos dados de temperatura de cada vaso, no Brix dos diferentes caldos, no coeficiente de evaporação específica, etc. A conclusão final recairá na relação entre a evaporação relativa e a taxa de evaporação, a qual indicará a superfície desejada em cada vaso do múltiplo-efeito.

Para fins de compreensão do assunto, os diversos cálculos, em sequência, serão exemplificados para caso de um quádruplo-efeito.

18.7.1 CALOR ESPECÍFICO DO CALDO EM CIRCULAÇÃO

O calor específico varia de acordo com a natureza e concentração das substâncias. Diante disso, é de se supor que, num múltiplo-efeito, o caldo assumirá, em cada vaso, um determinado valor de calor específico, correspondente à sua concentração.

Para as soluções açucaradas, o calor específico pode ser obtido, de forma bem aproximada, pela aplicação da seguinte fórmula:

$$Ce = 1 - 0{,}006\ B$$

Onde,
Ce = Calor específico e B = Brix da solução

Esta fórmula dá bons resultados, quando empregada para caldos, xaropes e méis. Para o caso de massa cozida, devido á presença de cristais de sacarose, esta fórmula passa por ligeira alteração (Ce = 1 - 0,007 B).

Aplicação numérica

Dados conhecidos:

Caldo clarificado (misto) 15° Brix
Caldo de saída do 1° vaso 18° Brix
Caldo de saída do 2° vaso 23° Brix
Caldo de saída do 3° vaso 33° Brix
Xarope de saída do 4° vaso 60° Brix

Dados Calculados:

Calor específico

Pela aplicação da fórmula anterior (1), advém, para os diferentes caldos, os seguintes valores de calor específico: 0,91; 0,89; 0,86; 0,80 e 0,64.

18.7.2 CONCENTRAÇÃO DO CALDO NOS DIVERSOS VASOS

Estando o caldo perdendo água, à medida que caminha de vaso a vaso, sua concentração em sólidos tende a aumentar.

Evidentemente, esta concentração ou Brix vai depender de uma série de fatores, tais como Brix do caldo inicial, temperatura nos diferentes vasos, taxa de vaporização, etc. Em realidade, o Brix do caldo de cada vaso será função da quantidade de água evaporada que é conhecida, permitindo, de modo imediato seu cálculo.

Como o cálculo da quantidade de água evaporada de cada vaso é feita posteriormente, o Brix deve ser inicialmente um dado estimado. Serve para calcular o calor específico, a elevação do ponto de ebulição etc.

Para fins de cálculo, o Brix do caldo de saída dos evaporadores, em seus diversos vasos, pode ser usado a partir dos dados médios da variação estimada na Tabela 50. Não se deve esquecer que, por se tratar de evaporação, devido à incrustação, a concentração do caldo tende a cair depois de muitos dias de trabalho.

Tabela 50 - Brix do caldo de saída dos evaporadores

Múltiplo – Efeito	Vasos				
	I	II	III	IV	V
Tríplice	16 – 22	28 – 32	58 – 62	-	-
Quádruplo	16 – 20	21 – 25	31 – 35	56 – 62	-
Quíntuplo	16 – 20	19 – 23	24 – 28	33 – 37	58 - 68

18.7.3 CÁLCULO DA ÁGUA EVAPORADA

A quantidade de água a evaporar do caldo clarificado num múltiplo-efeito é calculada, conhecendo-se:

a) Peso de caldo clarificado;
b) Brix do caldo clarificado de entrada;
c) Brix desejável do xarope.

Na prática, como existe pouca diferença entre o Brix do caldo clarificado para o misto, utiliza-se do peso deste último, assim como de sua concentração. Para efeito de cálculo, considere:

E = peso de água a evaporar por TC
$\mathbf{C_m}$ = peso de caldo misto por TC
$\mathbf{X_a}$ = peso de xarope a obter por TC
$\mathbf{B_{cm}}$ = Brix do caldo misto
$\mathbf{B_{xa}}$ = Brix do xarope

Considerando-se que a quantidade de sólidos admitidos na entrada do evaporador seja equivalente a que sai, pode-se escrever:

$$C_m \, x \, B_{cm} = X_a \, x \, B_{xa}$$

Logo, o peso do xarope será:

$$X_a = C_m \frac{B_{cm}}{B_{xa}}$$

Como o peso de água a evaporar é dado pela diferença entre o peso de caldo inicialnente admitido e o peso de xarope, advém:

$$E = C_m - X_a$$

Substituindo-se o valor de X da expressão anterior nesta fórmula, resulta:

$$E = C_m - C_m \frac{B_{cm}}{B_{xa}}$$

Ou

$$E = C_m(1 \frac{B_{cm}}{B_{xa}})$$

A água evaporada (E) no múltiplo-efeito é obtida pela soma dos condensados dos diversos vasos.

APLICAÇÃO NUMÉRICA

Dados conhecidos:

a) Capacidade de moagem: 100 TCH
b) Peso de caldo misto por tonelada de cana: 1.000 kg
c) Brix do caldo misto: 15°
d) Brix do xarope: 60°

Dados Calculados:

a) Quantidade de água evaporada

Pela aplicação da fórmula (2), advém:

$$E = 100\ .\ 1.000\left(1 - \frac{15}{60}\right) = 75.000\ kg\ de\ água$$

Logo, o peso do xarope será:

$$X_a = C_m - E = 100.000 - 75.000 = 25.000\ kg$$

18.7.4 PESO DE ÁGUA EVAPORADA EM CADA VASO

A água evaporada do caldo em cada vaso do múltiplo-efeito é função da pressão de vapor usado no aquecimento, de sua temperatura, do coeficiente de transimissão de calor, do tempo de retenção, da temperatura e concentração do caldo, etc.

Como em geral, no primeiro vaso o caldo clarificado tem a temperatura inferior à de sua ebulição, a quantidade de água evaporada é menor do que a quantidade de vapor usado. Entretanto, nos demais vasos, como a temperatura do caldo de entrada é maior do que a do vapor, a eficiência de evaporação torna-se superior a 1,0. Nessas condições, a quantidade de água obtida é maior do que a quantidade de vapor usado.

Para fins práticos, considerando a eficiência de evaporação igual a 1,0 (1,0 Kg de vapor para 1,0 kg de água), a quantidade de água evaporada em cada vaso é obtida, dividindo-se o peso total calculado (E) pelo número de efeitos do evaporador.

Aplicação numérica

<u>Dados conhecidos</u>

a) Peso de água a evaporar 75.000 kg

b) Número de efeitos 4

<u>Dados Calculados:</u>

a) Peso de água a evaporar por vaso, seguindo a indicação anterior, tem-se:

$$E_v = \frac{75.000}{4} = 18.750\ kg$$

Onde,

Ev = evaporação de cada vaso de um quádruplo-efeito ou evaporação estimativa unitária

Obs.: Este cálculo é feito apenas para-se obter o peso de vapor no primeiro vaso. Alguns autores partem deste critério de distribuição para o cálculo do evaporador.

18.7.5 PESO DE VAPOR DE ALIMENTAÇÃO DO MÚLTIPLO-EFEITO

Partindo-se da premissa de que uma parte do vapor admitido deve ser gasto para aquecer o caldo do primeiro vaso, desde sua temperatura de admissão (+ 95°C) até a de ebulição, um maior consumo deste elemento de aquecimento será necessário. Nessas condições, a eficiência deste primeiro vaso deve ser menor do que 1,0. Em geral, os valores de eficiência do primeiro vaso estão em torno do valor 0,9, ou seja:

$$0,9 = \frac{Peso\ de\ água\ evaporada\ em\ cada\ vaso}{Peso\ de\ vapor\ de\ alimentação}$$

Ou

$$Peso\ de\ vapor = \frac{Evaporação\ unitária}{0,9}$$

Em realidade, a utilização do fator 0,9 nem sempre conduz à obtenção da quantidade correta do vapor de alimentação. Entretanto, por uso de artifícios práticos, conforme se verá mais adiante, o peso de vapor consumido pode ser obtido de modo bem aproximado. Numa primeira tentativa, para o cálculo da quantidade de água evaporada em cada vaso, o uso do fator 0,9 é aceitável. (Temperatura ± 95°C).

Aplicação numérica

Dados conhecidos

a) Evaporação unitária 18.750 kg

b) Fator de eficiência do 1° vaso 0,9

Dados Calculados:

a) Peso de vapor de alimentação

Pela aplicação do incidado no item anterior, tem-se:

$$Peso\ de\ vapor\ de\ alimentação = \frac{18.750}{0{,}9}$$

$$= 20.833\ kg\ ou \cong 20.850\ kg$$

18.7.6 DISTRIBUIÇÃO DA PRESSÃO NUM MÚLTIPLO-EFEITO

Segundo Hugot (1977), num múltiplo-efeito, as diferenças de pressão identificadas, em cada vaso, devem ser consideradas aproximadamente iguais ou decrescentes, do primeiro ao último vaso.

A igualdade das diferenças de pressão, também conhecidas por caída ou queda de pressão, tem por objetivo unificar as alturas do sifão entre os corpos, evitar arrastamento de caldo, de água ou de gases incondensáveis. Esses efeitos são perfeitamente controlados, igualando-se as quedas de pressão. Como os perigos de arraste crescem do primeiro ao último vaso, adota-se uma escala ligeiramente decrescente, em lugar de quedas rigorosamente iguais.

A diferença total de pressão, considerada entre a pressão inicial do vapor de alimentação e a pressão do vapor da última calandra que vai para o condensador, deve ser repartida, portanto, pelo número de vasos do múltiplo-efeito. Assim, para um tríplice, um quádruplo e um quíntuplo, essa diferença de pressão deve ser repartida, conforme as indicações percentuais da Tabela 51. Aplicando-se esse critério, as quedas de pressão serão ligeiramente decrescentes, conforme veremos na aplicação numérica. As pressões de cada vaso são conhecidas, subtraindo-se, sucessivamente, as quedas de pressão da pressão reinante no vaso anterior.

Os dados de pressão atribuídos a cada vaso, permitirão obter as temperaturas correspondentes, consultando-se a Tabela 51, referente às propriedades de vapor saturado.

Tabela 51 - Distribuição percentual da queda de pressão entre os vasos

Múltiplo – efeito	Vasos				
	I	II	III	IV	V
Tríplice (100)	36	34	30	-	-
Quádruplo (100)	28	26	24	22	-
Quíntuplo (100)	22	21	20	18	18

APLICAÇÃO NUMÉRICA

Dados conhecidos:

a. Pressão inicial de vapor 2,0245 kg/cm² (T = 120ºC)

b. Pressão final de vapor 0,2031 kg/cm² (T = 60ºC)

c. Quedas percentuais de pressão para um quádruplo-efeito 28, 26, 24 e 22%

Dados Calculados:

Queda de pressão absoluta nos vasos do quádruplo-efeito

VASO I = (2,0245 – 0,2031) . 0,28 = 0,5100 kg/cm²

VASO II = (2,0245 – 0,2031) . 0,26 = 0,4736 kg/cm²

VASO III = (2,0245 – 0,2031) . 0,24 = 0,4371 kg/cm²

VASO IV = (2,0245 – 0,2031) . 0,22 = 0,4007 kg/cm²

Pressão absoluta do vapor na câmara de evaporação de cada vaso. De acordo com o explicado no final do ítem anterior, tem-se:

	Pressão em kg/cm2
Vapor de alimentação:	2,0245
Vaso I:	2,0245 – 0,5100 = 1,5145
Vaso II:	1,5145 – 0,4736 = 1,0409
Vaso III:	1,0409 – 0,4371 = 0,6038
Vaso IV:	0,6380 – 0,4007 = 0,2373

Temperatura de cada vaso

São obtidas por correspondência com os dados de pressão absoluta, os dados a seguir (propriedades do vapor saturado). Onde, no presente caso tem-se:

	P (kg/cm²)	t°C
Vapor de Alimentação	2,0245	120
Vaso I	1,5145	111
Vaso II	1,0409	100
Vaso III	0,6038	86
Vaso III	0,2031	60

Na realidade, a distribuição da pressão e da temperatura, dependente dos valores de pressão inicial do vapor e da pressão final do vapor que vai ao condensador, na prática, processa-se automaticamente. Os valores obtidos por cálculo podem diferir, ligeiramente, dos verificados na prática. É interessante que cada vaso do múltiplo-efeito esteja equipado com termômetros, manômetro e vacuômetros, para que se possa avaliar seu trabalho. Quanto menor a diferença total de pressão e de temperatura, menor será a capacidade de evaporação do aparelho.

Na **Tabela 52** encontra-se as propriedades do vapor seco saturado, sendo os seguintes parâmetros considerados:

t = temperatura em °C
p = pressão absoluta do vapor em kg/cm^2
p' = pressão manométrica do vapor em kg/cm^2
d = peso específico da água a t °C em kg/dm^3
q = calor sensível para elevar a quantidade de 1 kg de água de 0 °C a t °C, em Kcal/kg
r = calor latente de vaporização da água a t °C, em Kcal/kg
ƛ = q + r = calor total de 1 kg de água a t °C
w = peso específico do vapor a t °C em kg/cm^3
v = volume específico do vapor t °C em m^3/kg

Tabela 52 - Propriedades do vapor seco saturado

T (°C)	p	d	q	r	ƛ	w	v
0	0,00623	0,99987	0	597,2	597,2	0,00485	206,3
5	0,00889	0,99999	5	594,4	599,4	0,00680	147,2
10	0,01251	0,99973	10	591,6	601,6	0,00940	106,4
15	0,01738	0,99913	15	588,8	603,8	0,01282	77,99
16	0,01853	0,99897	16	588,3	604,3	0,01363	73,39
17	0,01975	0,99880	17	597,7	604,7	0,01447	69,10
18	0,02103	0,99862	18	587,1	605,6	0,01630	61,35
19	0,02239	0,99843	19	586,6	605,6	0,01630	61,35

20	0,02383	0,99823	20	586	606	0,01729	57,84
21	0,02534	0,99802	21	585,5	606,5	0,01833	54,56
22	0,02694	0,99780	22	584,9	606,9	0,01942	51,49
23	0,02863	0,99756	23	584,3	607,3	0,02056	48,63
24	0,03041	0,99732	24	583,8	607,8	0,02177	45,94
25	0,03229	0,99707	25	583,2	608,2	0,02304	43,41
26	0,03426	0,99681	26	582,6	608,6	0,02437	41,04
27	0,03634	0,99654	27	582,1	609,1	0,02576	38,82
28	0,03853	0,99626	28	581,5	609,5	0,02723	36,73
29	0,04083	0,99597	29	581	610	0,02876	34,77
30	0,04325	0,99567	30	580,4	610,4	0,03036	32,93
31	0,04580	0,99537	31	579,8	610,8	0,03204	31,20
32	0,04847	0,99505	32	579,3	611,3	0,03380	28,58
33	0,05128	0,99463	33	578,7	611,7	0,03565	28,05
34	0,05423	0,99440	34	578,1	612,1	0,03758	26,61
35	0,05733	0,99406	35	577,5	612,5	0,03960	25,25
36	0,06057	0,99371	36	577	613	0,04171	23,97
37	0,06398	0,99336	37	576,4	613,4	0,04392	22,77
38	0,06755	0,99299	38	575,9	613,9	0,04622	21,63
39	0,07129	0,99262	39	575,3	614,3	0,04863	20,56
40	0,07520	0,99224	40	574,7	514,7	0,05114	19,55
41	0,07930	0,99186	41	574,2	615,2	0,05377	18,60
42	0,08360	0,99147	42	573,6	615,6	0,05650	17,70
43	0,08809	0,99107	43	573	616	0,05935	16,85
44	0,09279	0,99066	44	572,4	616,4	0,06233	16,04
45	0,09771	0,99024	45	571,8	616,8	0,06544	15,28
46	0,10284	0,98982	46	571,2	617,2	0,06867	14,56
47	0,10821	0,98940	47	570,7	617,7	0,07203	13,88
48	0,11382	0,98896	48	570,1	618,1	0,07553	13,24
49	0,11967	0,98852	49	569,5	618,5	0,07918	12,63
50	0,12578	0,98807	50	569	619	0,08298	12,05
51	0,1322	0,98762	50,9	568,4	619,3	0,0869	11,50
52	0,1388	0,98715	51,9	567,8	619,7	0,0910	10,98

53	0,1457	0,98669	52,9	567,3	620,2	0,0956	10,49
54	0,1530	0,98621	53,9	566,7	620,6	0,0997	10,02
55	0,1605	0,98573	54,9	566,1	621	0,1043	9,584
56	0,1684	0,98524	55,9	565,6	621,5	0,1091	9,164
57	0,1765	0,98478	56,9	565	621,9	0,1141	8,764
58	0,1850	0,98375	57,9	564,4	622,3	0,1193	8,385
59	0,1939	0,98375	58,9	563,8	622,7	0,1247	8,025
60	0,2031	0,98324	59,9	563,3	623,2	0,1302	7,682
61	0,2127	0,98272	30,9	562,7	623,6	0,1359	7,356
62	0,2227	0,98220	61,9	562,1	624	0,1419	7,046
63	0,2330	0,98167	62,0	561,5	624,4	0,1481	6,752
64	0,2438	0,98113	63,9	560,9	624,8	0,1545	6,473
65	0,2550	0,98059	64,9	560,3	625,2	0,1611	6,206
66	0,2666	0,98005	65,9	559,7	625,6	0,1680	5,951
67	0,2787	0,97950	66,9	559,1	626	0,1752	5,709
68	0,2912	0,97894	67,9	558,5	626,4	0,1826	5,478
69	0,3024	0,97838	68,9	558	626,9	0,1902	5,258
70	0,3177	0,97781	69,9	557,4	627,3	0,1981	5,049
71	0,3317	0,97723	70,9	556,8	627,7	0,2062	4,849
72	0,3463	0,97666	71,9	556,2	628,1	0,2146	4,658
73	0,3613	0,97607	72,9	555,6	628,5	0,2234	4,476
74	0,3769	0,97548	73,9	555	628,9	0,2324	4,302
75	0,3931	0,97489	74,9	554,4	629,3	0,2418	4,136
76	0,4098	0,97429	75,9	553,8	629,7	0,2514	3,977
77	0,4272	0,97368	76,9	553,2	630,1	0,2614	3,826
78	0,4451	0,97307	77,9	552,6	630,5	0,2717	3,681
79	0,4637	0,97245	78,9	552	630,9	0,2823	3,543
80	0,4829	0,97183	80	551,3	631,3	0,2933	3,410
81	0,5028	0,97121	81	550,7	631,7	0,3046	3,283
82	0,5234	0,97057	82	550,1	632,1	0,3162	3,162
83	0,5447	0,96994	83	549,5	632,5	0,3282	3,047
84	0,5667	0,96930	84	548,8	632,8	0,3406	2,936
85	0,5894	0,96865	85	548,2	633,2	0,3534	2,830

86	0,6129	0,96800	86	547,6	633,6	0,3666	2,728
87	0,6372	0,96734	87	547	634	0,3802	2,630
88	0,6623	0,96668	88	546,4	634,4	0,3942	2,537
89	0,6882	0,96601	89	545,7	634,7	0,4086	2,447
90	0,7149	0,96534	90	545,1	635,1	0,4235	2,361
91	0,7425	0,96467	91	544,5	635,5	0,4388	2,279
92	0,7710	0,9399	92	543,9	635,9	0,4545	2,200
93	0,8004	0,96330	93	543,3	636,3	0,4707	2,124
94	0,8307	0,96261	94	542,7	636,7	0,4873	2,051
95	0,8619	0,96192	95	542	637	0,5045	1,981
96	0,8942	0,96122	96	541,4	637,4	0,5221	1,914
97	0,9274	0,96051	97	540,8	637,8	0,5402	1,851
98	0,9616	0,95981	98	540,2	638,2	0,5588	1,789
99	0,9969	0,95909	99	539,5	638,5	0,5780	1,730
100	1,032	0,95838	100	538,9	638,9	0,5977	1,673
101	1,0707	0,0375	101	538,3	639,3	0,6179	1,618
102	1,1092	0,0760	102	537,6	639,6	0,6387	1,565
103	1,1489	0,1157	103,1	536,9	640	0,6601	1,515
104	1,1898	0,1566	104,1	536,2	640,3	0,3820	1,466
105	1,2318	0,1986	105,1	535,6	640,7	0,7045	1,419
106	1,2751	0,2419	106,1	535	641,1	0,7276	1,374
107	1,3196	0,2864	107,1	534,3	641,4	0,7514	1,331
108	1,3654	0,3322	108,1	533,6	641,7	0,7758	1,289
109	1,4125	0,3793	109,1	533	642,1	0,8008	1,249
110	1,4609	0,4277	110,1	532,4	642,5	0,8265	1,210
111	1,5106	0,4774	111,1	531,8	642,9	0,8528	1,173
112	1,5618	0,5286	112,1	531,1	643,2	0,8798	1,137
113	1,6144	0,5812	113,2	530,4	643,6	0,9075	1,102
114	1,6684	0,6352	114,2	529,7	643,9	0,9359	1,068
115	1,7239	0,6907	115,2	529,1	644,3	0,9650	1,036
116	1,7809	0,7477	116,2	528,4	644,6	0,9947	1,005
117	1,8394	0,8062	117,2	527,8	645	1,026	0,9752
118	1,8995	0,8663	118,2	527,1	645,3	1,057	0,9462

119	1,9612	0,9280	119,2	526,4	645,6	1,089	0,9183
120	2,0245	0,9913	120,3	525,7	646	1,122	0,8914
121	2,0895	1,0563	121,3	525,1	646,4	1,156	0,8655
122	2,1561	1,1229	122,3	524,4	646,7	1,190	0,8404
123	2,2245	1,1913	123,3	523,7	647	1,225	0,8161
124	2,2947	1,2615	124,3	523,1	647,4	1,262	0,7927
125	2,3666	1,3334	125,3	522,4	647,6	1,299	0,7701
126	2,4404	1,4072	126,4	521,6	648	1,337	0,7482
127	2,5160	1,4828	127,4	520,9	648,3	1,376	0,7271
128	2,5935	1,5603	128,4	520,3	648,7	1,415	0,7068
129	2,6730	1,6398	129,4	519,6	649	1,455	0,6871
130	2,7544	1,7212	130,4	518,9	649,3	1,496	0,6680
131	2,8378	1,8046	131,4	518,2	649,6	1,539	0,6496
132	2,9233	1,8901	132,5	517,4	649,9	1,583	0,6318
133	3,011	1,978	133,5	516,7	650,2	1,628	0,6146
134	3,101	2,068	134,5	516	650,5	1,673	0,5979
135	3,192	2,159	135,5	515,3	650,8	1,719	0,5817
136	3,286	2,253	136,6	514,6	651,2	1,767	0,5661
137	3,382	2,349	137,6	513,9	651,5	1,815	0,5510
138	3,481	2,448	138,6	513,3	651,9	1,864	0,5363
139	3,582	2,549	139,6	512,6	652,2	1,915	0,5221
140	3,685	2,652	140,6	511,9	652,5	1,967	0,5084
141	3,790	2,757	141,7	511,1	652,8	2,020	0,4951
142	3,898	2,865	142,7	510,4	653,1	2,074	0,4823
143	4,009	2,976	143,7	509,7	653,4	2,129	0,4698
144	4,122	3,089	144,8	508,9	653,7	2,185	0,4577
145	4,237	3,204	145,8	508,2	654	2,243	0,4459
146	4,355	3,322	146,8	507,5	654,3	2,302	0,4345
147	4,476	3,443	147,8	506,8	654,6	2,362	0,4235
148	4,599	3,566	148,9	506	654,9	2,423	0,4128
149	4,725	3,692	149,9	505,3	655,2	2,485	0,4024
150	4,854	3,821	150,9	504,6	655,5	2,548	0,3824

Fonte: Delgado e Cesar (1977)

18.7.7 TEMPERATURA DE EVAPORAÇÃO

A temperatura constitui, em todo o processamento da cana-de-açúcar, um dos fatores mais importantes. Seu efeito é aproveitado, principalmente, nas fases de clarificação, evaporação e cristalização. Entretanto, em cada uma dessas fases, a temperatura deve ser tal, que não se alterem as características físico-químicas da sacarose.

TEMPERATURA MÁXIMA

Em se tratando de evaporação, quanto mais alta for a temperatura, mais eficiente deve ser este processo. Como se sabe, para o caldo de cana existe uma temperatura crítica, a partir da qual a sacarose pode se caramelizar, inverter, etc. As referências de temperaturas máximas empregadas na evaporação do caldo de cana, divulgadas pela literatura, são referentes à Tabela 53.

Tabela 53 - Temperaturas máximas de evaporação num múltiplo-efeito

Indicações	Vapor	Caldo °C
Deerr (1949)	---	127
Tromp (1946) (1945)	125	120
Hugot (1986)	125	120
Evaporador Kestner	130	125

De modo geral, nas usinas de açúcar do estado de São Paulo, as pressões de escape das máquinas ou turbinas a vapor, ou do tipo vegetal, produzidas pelo pré ou primeiro vaso, variam manométricamente, conforme dados da Tabela 54.

Tabela 54 - Pressão e temperatura do vapor de escape e tipo vegetal

Vapor	Pressão		Temperatura °C
	L/pol²	Kg/cm²	
Escape de máquinas	15	1,05	121
Escape de Turbinas	21	1,48	127
Vapor Vegetal	8	0,58	113

Essas temperaturas correspondem à do vapor que irá alimentar o primeiro vaso do múltiplo-efeito ou do vaso pré. A tendência atual é usá-la em torno de 127°C, temperatura que está próxima dos limites máximos admitidos para a evaporação do caldo.

TEMPERATURA MÍNIMA DE EVAPORAÇÃO

A temperatura mínima de evaporação é aquela correspondente á temperatura de ebulição da câmara de vazio do último vaso do múltiplo efeito. Esta temperatura deve ser superior à da água usada para resfriar o vapor no condensador. Em nossos climas, raramente é possível baixar dos 56°C. Contudo, nas usinas de açúcar é possível obter uma temperatura variável entre 47° a 52°C, correspondentes, respectivamente a um vazio de 66 a 68 cmHg. Na prática, a temperatura do vácuo varia entre os 55 e 60°C (vácuo de aproximadamente 64 cmHg - 25" - a 61 cmHg - 24"). A Tabela 55 ilustra a relação entre pressão e temperatura do vapor de água a pressões inferiores à atmosférica.

Tabela 55 - Relação entre pressão e temperatura do vapor de água saturado e seco a pressões inferiores à atmosférica

Vácuo (cm de Hg)	Pressão Absoluta (cm de Hg)	Pressão Absoluta (kg/cm²)	Temperatura (°C)
76	0	0	
75	1	0,0136	11,2
74	2	0,0272	22,1
73	3	0,0408	29
72	4	0,0544	34
71	5	0,0680	38,1
70	6	0,0816	41,5
69	7	0,0952	44,5
68	8	0,109	47,1
67	9	0,122	49,4
66	10	0,136	51,6
65	11	0,150	53,5
64	12	0,163	55,3
63	13	0,177	57
62	14	0,190	58,6
61	15	0,204	60,1
60	16	0,218	61,5
59	17	0,231	62,8
58	18	0,245	64,1
57	19	0,258	65,3

56	20	0,272	66,4
55	21	0,285	37,5
54	22	0,299	68,6
53	23	0,313	69,6
52	24	0,326	70,6
51	25	0,340	71,6
50	26	0,353	72,5
49	27	0,367	73,4
48	28	0,381	74,2
47	29	0,394	75,1
46	30	0,408	75,9
45	31	0,421	76,7
44	32	0,435	77,4
43	33	0,449	78,2
42	34	0,462	78,9
41	35	0,476	79,6
40	36	0,480	80,3
39	37	0,503	81
38	38	0,517	81,7
37	39	0,530	82,3
36	40	0,544	83
35	41	0,557	83,6
34	42	0,571	84,2
33	43	0,585	84,8
32	44	0,598	85,4
31	45	0,612	86
30	46	0,625	86,5
29	47	0,639	87,1
28	48	0,653	87,6
27	49	0,666	88,1
26	50	0,680	88,7
25	51	0,693	89,2
24	52	0,707	89,7

23	53	0,721	90,2
22	54	0,734	90,7
21	55	0,748	91,2
20	56	0,761	91,7
19	57	0,775	92,1
18	58	0,789	92,6
17	59	0,802	93,1
16	60	0,816	93,5
15	61	0,830	94
14	62	0,843	94,4
13	63	0,856	94,8
12	64	0,870	95,3
11	65	0,884	95,7
10	66	0,897	96,1
9	67	0,911	96,5
8	68	0,924	96,9
7	69	0,938	97,4
6	70	0,952	97,8
5	71	0,965	98,1
4	72	0,979	98,5
3	73	0,992	98,9
2	74	1,006	99,3
1	75	1,020	99,6
0	76	1,033	100

Fonte: **Delgado e Cesar (1977)**

TEMPERATURA APROVEITÁVEL NA EVAPORAÇÃO

A temperatura aproveitável na evaporação é dada pela diferença entre a temperatura do vapor saturado, para aquecer o primeiro vaso, e a do vapor produzido no último vaso. Esta diferença de temperatura, que é repartida entre os vasos, é chamada por SALMONI (1966) de "salto térmico total". Na prática, é muito difícil conseguir um salto térmico total superior a 72°C.

Em função das temperaturas consideradas, o salto térmico total pode assumir os seguintes valores:

Temperatura		Salto Térmico
Inicial	**Final**	**Total**
127° C	55° C	72° C
120° C	55° C	65° C
120° C	60° C	60° C
113° C	55° C	58° C

Como foi dito, a temperatura inicial raramente supera os 120 a 127°C, pelo risco que há com relação às alterações das soluções açucaradas e a resistência dos aparelhos à pressão aplicada. Em algumas usinas, este salto térmico não passa dos 55°C.

Por outro lado, o salto térmico, em cada corpo, não pode assumir valores muitos pequenos, pois resultariam superfícies de transmissão muito grandes. Esta particularidade é uma das que limitam o número de vasos em 4 a 5 nos múltiplos-efeitos.

Em se tratando de soluções açucaradas, o salto térmico é calculado em relação a um vaso (diferença entre a temperatura do vapor de alimentação e a do condensado do vapor produzido), seja em relação ao total de número de vasos, sofrendo um decréscimo devido à influência da concentração e da pressão hidrostática.

Esses dois fatores concorrem para elevar o ponto de ebulição das soluções, diminuindo a diferença total (salto térmico) entre as temperaturas consideradas. Esta diminuição de temperatura é também chamadas de "perdas".

INFLUÊNCIA DA CONCENTRAÇÃO

Sabe-se que a temperatura de ebulição de qualquer solução é sempre maior do que a temperatura de ebulição do solvente puro. Em condições de mesma pressão, o vapor que resulta desta solução se condensará a uma temperatura inferior da ebulição da solução. Esta pequena diferença de temperatura constitui uma perda de salto térmico, impossível de ser eliminada.

Disso, decorre que os caldos de cana fervem também à maior temperatura que a água, à mesma pressão e, portanto, a temperatura do caldo, em um vaso de um evaporador, é maior do que a do vapor dele resultante.

Esta elevação do ponto de ebulição (e.p.e.) depende do Brix e da pureza, assim como da temperatura absoluta. Conhecendo-se qualquer desses fatores, a correção da temperatura torna-se mais fácil.

Entre as várias indicações para se calcular a influência da concentração no ponto de ebulição do caldo de cana, tais como a regra de Duhring e o normograma de Othmer e Silvis, os dados de Claassen e Thieme, destacado por HONIG (1969), referentes à tabela 56, satisfazem plenamente, apesar de não levarem em consideração os efeitos da pressão. Os dados desses últimos autores foram calculados para a pressão de 760 mmHg.

Tabela 56 - Elevação do ponto de ebulição "b" de soluções açucaradas e de caldos de cana a uma pressão de 760 mmHg. *Fonte:* **Honig (1969)**

Brix	Pureza das Soluções						
	100	90	80	70	60	50	40
10	0,1	0,1	0,1	0,1	0,2	0,2	0,2
15	0,2	0,2	0,2	0,2	0,3	0,3	0,4
20	0,3	0,3	0,3	0,3	0,3	0,5	0,6
25	0,4	0,5	0,5	0,6	0,7	0,8	0,9
30	0,6	0,7	0,7	0,8	1,0	1,1	1,2
35	0,8	0,9	1,0	1,1	1,3	1,4	1,6
40	1,0	1,1	1,3	1,5	1,7	1,9	2,1
45	1,4	1,5	1,8	2,0	2,2	2,4	2,7
50	1,8	1,9	2,2	2,5	2,8	3,1	3,4
55	2,3	2,5	2,8	3,1	3,5	3,9	4,3
60	3,0	3,2	3,6	4,0	4,4	4,9	5,4
65	3,8	4,1	4,5	4,9	5,5	6,0	6,5
70	5,1	5,5	6,0	6,5	7,1	7,7	8,3
75	7,0	7,5	8,0	8,6	9,4	10,1	10,8
80	9,4	10,0	10,5	11,3	12,3	13,1	14,1
85	13,0	13,7	14,4	15,3	16,4	17,4	19,1
90	19,6	20,5	21,2	22,4	13,7	25,3	
95	30,5						

18.7.8 EFEITO DA PRESSÃO HIDROSTÁTICA

A temperatura de ebulição das soluções açucaradas varia com a pressão hidrostática.

Quando se exerce uma dada pressão sobre e superfície de uma massa líquida, todas as suas moléculas estarão submetidas a essa pressão, acrescida do peso desta mesma massa. Portanto, no evaporador, a pressão exercida no caldo, na superfície da calandra, é menor do que a exercida na base do tubo, ocorrendo um gradiente de temperatura de ebulição, que varia com a posição do caldo no tubo da calandra. Nessas condições, verifica-se que a camada de caldo que esta ao nível inferior da calandra sofre uma pressão hidrostática igual ao peso do caldo que está acima dela. Se, por exemplo, o nível hidrostático do caldo, dentro do corpo, corresponde 1/3 da altura dos tubos, a camada de caldo deve ferver a uma temperatura que corresponde a pressão de vapor dentro da calandra, acrescida da pressão hidrostática.

Se todo o caldo na calandra mostra uma mesma temperatura e corresponde à pressão de vapor no vaso, a diferença de temperatura entre o vapor de aquecimento e o caldo sofre apenas diminuição referente à elevação do ponto de ebulição correspondente ao Brix e a pressão de vapor. Porém, ocorrendo, então, um certo gradiente de temperatura, que varia em função da altura da camada de caldo, considerado deste o seu nível superior até o fundo da calandra, a diferença de temperatura também fica afetada pelo fator correspondente à pressão hidrostática.

Segundo a literatura, para um nível de caldo correspondente a 1/3 da altura dos tubos, a pressão hidrostática média deve ser de aproximadamente 1/6 da altura dos mesmos.

A Tabela 57 indica o efeito da pressão hidrostática, ou seja, os índices de elevação da temperatura de ebulição, em função da temperatura de ebulição da camada superior, correspondente a uma pressão que atua sobre o líquido.

Os dados da Tabela 57, transcritos de HUGOT (1986), devem ser consultados em relação a:

a) H = altura da camada de caldo considerada em cm,
b) d = densidade da solução ou Brix,
c P= pressão hidrostática somada à pressão que se exerce sobre o caldo em kgf/cm^2
d) MC = massa cozida,
e) h = índices de elevação do ponto de ebulição correspondente à pressão hidrostática média.

Tabela 57 - Diferença entre as temperaturas de ebulição das camadas, inferior e superior, das colunas de caldo num evaporador

T°	**120°C**	**110°C**	**100°C**	**90°C**	**80°C**	**70°C**	**60°C**	**50°C**			
H	**Brix**	**d**	**P**	**h**	**h**	**h**	**h**	**h**	**h**	**h**	**h**
	0	1,00	0,0100	0,2	0,2	0,3	0,4	0,5	0,7	1	1,5
	10	1,04	0,0104	0,2	0,2	0,3	0,4	0,5	0,7	1,1	1,6
	20	1,08	0,0108	0,2	0,2	0,3	0,4	0,5	0,8	1,1	1,7
	30	1,13	0,0113	0,2	0,2	0,3	0,4	0,6	0,8	1,2	1,8
10	40	1,18	0,0118	0,2	0,2	0,3	0,4	0,6	0,8	1,2	1,9
	50	1,23	0,0123	0,2	0,2	0,3	0,4	0,6	0,9	1,3	1,9
	60	1,29	0,0129	0,2	0,3	0,3	0,5	0,7	0,9	1,3	2
	70	1,35	0,0135	0,2	0,3	0,4	0,5	0,7	1	1,4	2,1
	MC	1,47	0,0147	0,2	0,3	0,4	0,5	0,7	1	1,5	2,3

	0	1,00	0,0200	0,3	0,4	0,5	0,7	1	1,4	2	3
	10	1,04	0,0208	0,3	0,4	0,6	0,8	1	1,5	2,1	3,1
	20	1,08	0,0216	0,3	0,4	0,6	0,8	1,1	1,5	2,2	3,2
	30	1,13	0,0226	0,3	0,5	0,6	0,8	1,1	1,6	2,3	3,4
	40	1,18	0,0236	0,4	0,5	0,6	0,9	1,2	1,7	2,4	3,5
	50	1,23	0,0246	0,4	0,5	0,7	0,9	1,2	1,7	2,5	3,7
	60	1,29	0,0258	0,4	0,5	0,7	0,9	1,3	1,8	2,6	3,8
	70	1,35	0,0270	0,4	0,5	0,7	1	1,3	1,9	2,7	4
	MC	1,47	0,0294	0,5	06	0,8	1,1	1,5	2,1	3	4,3
30	0	1,00	0,0300	0,5	0,6	0,8	1,1	1,5	2,1	3	4,4
	10	1,04	0,0312	0,5	0,6	0,9	1,1	1,6	2,2	3,1	4,6
	20	1,08	0,0324	0,5	0,7	0,9	1,2	1,6	2,3	3,2	4,7
	30	1,13	0,0339	0,5	0,7	0,9	1,2	1,7	2,4	3,4	4,9
	40	1,18	0,0354	0,5	0,7	0,9	1,3	1,8	2,5	3,5	5,1
	50	1,23	0,0369	0,6	0,7	1	1,3	1,8	2,6	3,7	5,3
	60	1,29	0,0387	0,6	0,8	1	1,4	1,9	2,7	3,8	5,5
	70	1,35	0,0405	0,6	0,8	1,1	1,5	2	2,8	4	5,7
	MC	1,47	0,0441	0,7	0,9	1,2	1,6	2,2	3	4,3	6,2
40	0	1,00	0,0400	0,6	0,8	1,1	1,4	2	2,8	3,9	5,7
	10	1,04	0,0416	0,6	0,8	1,1	1,5	2,1	2,9	4,1	5,9
	20	1,08	0,0432	0,7	0,9	1,1	1,6	2,1	3	4,2	6,1
	30	1,13	0,0452	0,7	0,9	1,2	1,6	2,2	3,1	4,4	6,3
	40	1,18	0,0472	0,7	0,9	1,3	1,7	2,3	3,2	4,6	6,6
	50	1,23	0,0492	0,8	1	1,3	1,8	2,4	3,4	4,8	6,8
	60	1,29	0,0516	0,8	1	1,4	1,8	2,5	3,5	5	7,1
	70	1,35	0,0540	0,8	1,1	1,4	1,9	2,6	3,7	5,2	7,4
	MC	1,47	0,0588	0,9	1,2	1,6	2,1	2,9	4	5,6	8

	0	1,00	0,0500	0,8	1	1,3	1,8	2,5	3,4	4,8	6,9
	10	1,04	0,0520	0,8	1	1,4	1,9	2,5	3,5	5	7,2
	20	1,08	0,0540	0,8	1,1	1,4	1,9	2,6	3,7	5,2	7,4
	30	1,13	0,0565	0,9	1,1	1,5	2	2,8	3,8	5,4	7,7
50	40	1,18	0,0590	0,9	1,2	1,6	2,1	2,9	4	5,6	8
	50	1,23	0,0615	0,9	1,2	1,6	2,2	3	4,1	5,8	8,3
	60	1,29	0,0645	1	1,3	1,7	2,3	3,1	4,3	6,1	8,6
	70	1,35	0,0675	1	1,3	1,8	2,4	3,3	4,5	6,3	8,9
	MC	1,47	0,0735	1,1	1,5	1,9	2,6	3,5	4,9	6,8	9,6
	0	1,00	0,0600	0,9	1,2	1,6	2,1	2,9	4	5,7	8,1
	10	1,04	0,0624	1	1,2	1,6	2,2	3	4,2	5,9	8,4
	20	1,08	0,0648	1	1,3	1,7	2,3	3,1	4,4	6,1	8,6
	30	1,13	0,0678	1	1,3	1,8	2,4	3,3	4,5	6,4	9
60	40	1,18	0,0708	1,1	1,4	1,9	2,5	3,4	4,7	6,6	9,3
	50	1,23	0,0738	1,1	1,5	1,9	2,6	3,6	4,9	6,9	9,6
	60	1,29	0,0774	1,2	1,5	2	2,7	3,7	5,1	7,2	10
	70	1,35	0,0810	1,2	1,6	2,1	2,9	3,9	5,3	7,4	10,4
	MC	1,47	0,0882	1,4	1,7	2,3	3,1	4,2	5,8	8	11,1
	0	1,00	0,0700	1,1	1,4	1,8	2,5	3,4	4,7	6,5	9,2
	10	1,04	0,0728	1,1	1,4	1,9	2,6	3,5	4,8	6,8	9,5
	20	1,08	0,0756	1,2	1,5	2	2,7	3,6	5	7	9,8
	30	1,13	0,0791	1,2	1,6	2,1	2,8	3,8	5,2	7,3	10,2
70	40	1,18	0,0826	1,3	1,6	2,2	2,9	3,9	5,4	7,6	10,6
	50	1,23	0,0861	1,3	1,7	2,3	3	4,1	5,6	7,8	10,9
	60	1,29	0,0903	1,4	1,8	2,4	3,2	4,3	5,9	8,2	11,4
	70	1,35	0,0945	1,4	1,9	2,5	3,3	4,5	6,1	8,5	11,8
	MC	1,47	0,1029	1,6	2	2,7	3,6	4,8	6,6	9,1	12,6

80	0	1,00	0,0800	1,2	1,6	2,1	2,8	3,8	5,3	7,4	10,3
	10	1,04	0,0832	1,3	1,7	2,2	2,9	4	5,5	7,6	10,6
	20	1,08	0,0864	1,3	1,7	2,3	3	4,1	5,7	7,9	11
	30	1,13	0,0904	1,4	1,8	2,4	3,2	4,3	5,9	8,2	11,4
	40	1,18	0,0944	1,4	1,9	2,4	3,3	4,5	6,1	8,5	11,7
	50	1,23	0,0984	1,5	1,9	2,6	3,4	4,7	6,4	8,8	12,2
	60	1,29	0,1032	1,6	2	2,7	3,6	4,9	6,6	9,2	12,6
	70	1,35	0,1080	1,6	2,1	2,8	3,7	5,1	6,9	9,5	13,1
	MC	1,47	0,1176	1,8	2,3	3	4	5,5	7,4	10,2	14

18.7.9 AVALIAÇÃO DO SALTO TÉRMICO APARENTE E ÚTIL

Nos projetos de evaporação, uma das verificações importantes é a de que a soma das elevações do ponto de ebulição e dos efeitos hidrostáticos, nos vários corpos, não deve exceder ao salto térmico total.

De acordo com o explicado nos itens anteriores, é facil compreender que o salto térmico útil total torna-se conhecido, diminuindo-se do salto térmico total aparente o valor correspondente à soma das perdas (efeito da concentração e hidrostático), ou seja:

$$ST_u = ST_a - \sum_i^n [(b)_i + (h_i)]$$

onde,

$\mathbf{ST_u}$ = salto térmico útil

ou

$\mathbf{ST_a}$ = salto térmico aparente

b = correção devida à concentração (tabela 56)

h = correção do efeito da pressão hidrostática (tabela 57).

Do ponto de vista da evaporação, é interessante que o ST_u seja o maior possível, para poder ser dividido entre os vários efeitos, sendo, para cada um deles, um salto térmico de grandeza significativa.

O ST_a (salto térmico aparente) é assim chamado por não levar em consideração os efeitos da concentração (b) e da pressão hídrostática (h).

É bom lembrar que a não consideração desses fatores (b e h) nos cálculos da evaporação pode redundar na obtenção de resultados irreais.

Aplicação numérica

Dados conhecidos:

Temperaturas e Brix dos diferentes vasos:

Vaso	Temperatura (°C)	Brix Médios (%)
I	111	17,5
II	110	22,5
III	86	32,5
IV	60	50,0

Temperatura do vapor de alimentação: 120°C

Dados Calculados:

a) Correções devidas ao Brix e à pressão hidrostática:

Pela Tabela 58, os fatores devidos ao Brix (b) e à pressão hidrostática (h) são os seguintes:

Tabela 58 - Relação entre Brix (b) e pressão hidrostática (h)

Vaso	b (°C)	h (°C) *		t (°C)
I	0,25	0,65	=	0,90
II	0,40	0,90	=	1,30
III	0,85	1,40	=	2,25
IV	2,20	3,70	=	5,90
Total	3,70	6,65		10,35

(*) Correção anotada para um H de 30cm

b) Salto térmico aparente:

Corresponde à diferença entre a temperatura do vapor de alimentação e a temperatura do vapor final, ou seja:

$$ST_a = 120 - 60 = 60°C$$

c) Salto térmico total útil:

Corresponde à diferença entre o salto térmico aparente e a soma das perdas. Logo, pela fórmula (3), advém:

$$ST_u = 60 - (3{,}70 + 6{,}65) = 60 - 10{,}35 = 49{,}65\ °C$$

Verifica-se que a diferença de temperatura repartida entre os vasos é de 49,65°C, e não de 60°C. O ST_u serve para calcular as superfícies de evaporação total.

d) Temperatura de ebulição do caldo nas diversas caixas:

A temperatura de ebulição do caldo é a de condensação dos vapores produzidos pela sua evaporação, acrescida dos efeitos (t) decorrentes da concentração e da pressão hidrostática.

Logo, considerando os dados calculados no item "a", advém:

Vaso	Temperatura do Vapor (°C)	t (°C)	Temperatura do Caldo
I	111	0,90	111,90
II	100	1,30	101,30
III	86	2,25	88,25
IV	60	5,90	65,90

e) Salto térmico útil parcial (ST_{up}):

Conforme foi indicado no final da discussão do item 7.7.3, o salto térmico parcial é calculado, considerando a temperatura do vapor de alimentação e do condensado do vapor produzido, acrescido da correção "t".

Logo, os saltos térmicos parciais, também conhecidos por quedas reais de temperaturas na presente aplicação, são os seguintes:

Condições	Temperatura		
	Vapor (°C)	Caldo corrigido (°C)	ST_u (°C)
Vapor de escape	120	-	-
Vaso I	111	111,90	8,1
Vaso II	100	101,30	9,7
Vaso III	86	88,25	11,75
Vaso IV	60	65,90	20,10
ST_u Total			49,65

Verifica-se que a soma dos saltos térmicos parciais corresponde ao obtido no item "c" (49,65°C).

18.7.10 PERDAS DE CALOR

As perdas de calor por convecção e radiação, ocorridas num múltiplo-efeito, dependem dc sistema de isolamento dos diversos vasos.

Tromp (1946) estima estas perdas de 3 a 10% do calor em trabalho nos diversos vasos. Em caso de um bom isolamento, essas perdas podem cair para 2%

Por outro lado, a posição do vaso exerce influência na ocorrência dessas perdas.

Desde que a perda de calor, em um corpo, seja proporcional à diferença de temperatura entre o corpo e o ambiente, é de se supor que as maiores perdas estão nos primeiros vasos. Como as temperaturas são decrescentes, as perdas também decrescem sucessivamente. Salienta-se que qualquer perda de calor no primeiro vaso reflete no segundo, pois é o vapor do primeiro que aquece este último.

Nessas condições, conclui-se que é muito importante o isolamento térmico dos vasos, principalmente do primeiro corpo. O último, já que seu vapor vai para o condensador, dispensaria qualquer isolamento no que tange à sua câmara de evaporação. Entretanto, por questões de estética, todos os corpos são isolados.

Hugot (1986) estima as perdas por radiação e convecção, por exemplo, num quádruplo-efeito em 3,5%, assim distribuídos: 1,25; 1,0; 0,75 e 0,5%, respectivamente, para o 1º, 2º, 3º e 4º vasos.

<u>Calor Total</u>

O calor total do vapor nos diversos vasos pode ser visto na Tabela 59 abaixo. É dado pela correspondência com a temperatura do vapor em aquecimento num múltiplo-efeito e equivale a soma do calor latente com o calor sensível. Para as temperaturas relacionadas (Tabela 59), o calor total é o seguinte:

Tabela 59 - Relacionamento de temperaturas e o calor total

Temperaturas ("C)	Calor total (kcal/kg)
120	646,0
111	642,9
100	638,9
86	633,6
60	623,2

18.7.11 EVAPORAÇÕES RELATIVAS

O peso de vapor produzido num determinado vaso de um múltiplo efeito pode ser facilmente obtido, supondo-se que o calor que entra seja igual ao de saída do vaso.

Pela igualdade dessas quantidades de calor, verifica-se que todos os dados podem ser conhecidos, à exceção do peso de vapor produzido, pois este é função das condições de funcionamento do aparelho. O peso do vapor é a única incógnita da igualdade.

O critério usado no primeiro vaso pode ser repetido para o segundo, terceiro, quarto ou quinto vasos. Evidentemente, em se tratando de um múltiplo-efeito, as quilocalorias de saída do primeiro vaso (vapor e caldo) são as que vão ser admitidas no segundo e, assim, sucessivamente.

O total de calor que entra compreende o calor de vapor de aquecimento e o calor do caldo. O de saída compreende o das perdas, o do condensado, o do vapor produzido e o do caldo de saída.

Considerando os dados das aplicaçães numéricas anteriores, as evaporações relativas de um quádruplo-efeito, conforme esquematizado na Figura 146 e tabela 60, podem ser calculadas de acordo com a aplicação numérica em sequência:

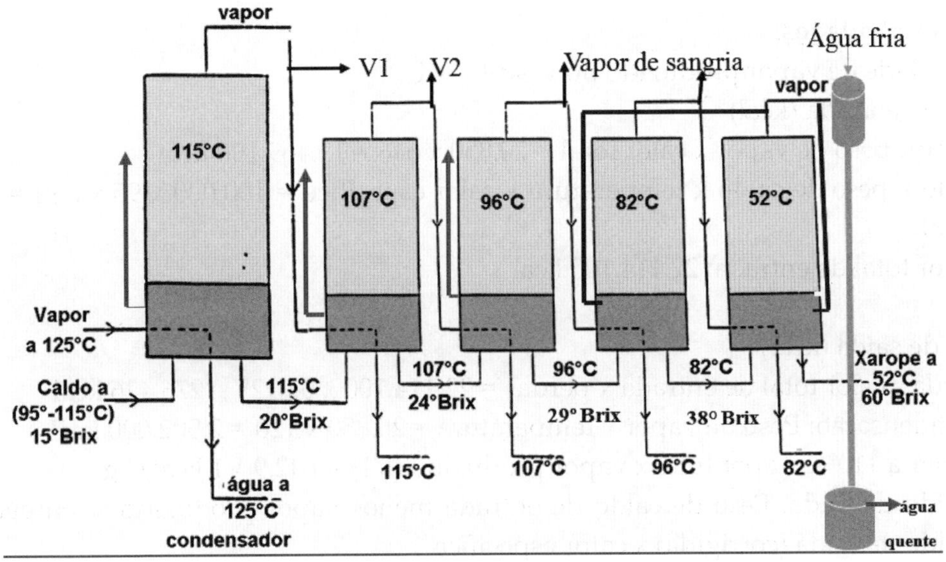

Figura 146- Dados relativos ao funcionamento de um quádruplo-efeito. *Fonte:* **Delgado e Cesar (1977).**

Aplicação numérica

Dados conhecidos:

a) Capacidade de moagem:..............................100 TCH
b) Extração diluída:..1.000 1/TCH
c) Brix do caldo: ....75°
d) Calor específico do caldo:...........................0.91
e) Temperatura do vapor: ....120°C
f) Calor total do vapor a 120°C:......................646
g) Brix do xarope: ....60°
h) Temperatura do caldo inicial:.....................95°C
i) Peso do vapor de alimentação:...................20.850 Kg
j) Outros dados

Tabela 60 - Estimativa de perdas e de temperaturas no vapor

Vaso	Perdas	Temperatura Vapor	Calor Total	Temperatura Caldo	Calor Específico
N°	%	°C	Kcal	°C	Kcal/Kg
I	1,25	111	642,9	111,90	0,89
II	1,00	110	638,9	101,30	0,86
III	0,75	86	633,6	88,25	0,80
IV	0,50	60	623,2	65,90	0,64

Dados Calculados:

Quantidade de vapor produzido no vaso 1 – V1

Calor de entrada (kcal)

a) Vapor: peso de vapor x calor total = 20.850 x 646 = 13.469.100 kcal

b) Caldo: peso de caldo x temperatura x calor específico = 100.000 x 95 x 0,91 = 8.645.000 kcal

c) Calor total de entrada: 22.114.100 kcal

Calor de saída (kcal)

a) Perdas: calor total de entrada x perdas = 22.114.100 x 0,0125 = 276.426 kcal

b) Condensação: Peso de vapor x temperatura = 20.850 x 120 = 2.502.000 kcal

c) Vapor a 110°C: vapor total x vapor produzido (V1) = 642,9 V1 kcal/kg

d) Caldo de saída: Peso de caldo de entrada menos vapor produzido x temperatura do caldo de saída (corrigida) x calor específico

= (100.000 – V1) x 111,9 x 0,89 = 9.959.100 - 99,59 V1

e) Calor total de saída: 12.737.526 kcal - 543,31 V1 kcal/kg

Igualdade de calor

Calor total de entrada = calor total de saída = 22.114.100 = 12.737.526 / 543,31 V1

Logo, V1= 17.258 kg

Quantidade de vapor no vaso II (V2)

Calor de entrada (kcal)

a) Vapor..17.528 x 642,9 = 11.095.168 kcal

b) Caldo..(100.000 – 17.528) x 111,9 x 0,89 = 8.240.358 kcal

c) Calor total ....19.335.526 kcal

Calor de saída (kcal)

Perdas .... 19.335.526 x 0,01 = 193.355 kcal
Condensação..................................... 17.258 x 111 = 1.915.638 kcal
Vapor a 100°C.................................... 638,9 V2 kcal/kg
Caldo de saída................................... (82.742 - V2) x 101,3 x 0,86 = 7.208.317 - 87,12 V2
Calor total de saída........................... 9.317.310 kcal - 551,78 V2 kcal/kg

Igualdade de calor

Calor total de entrada = calor total de saída = 19.335.526 = 9.317.310 / 551,78 V2
Logo, V2= 18.156 kg

Quantidade de vapor no caso III (V3)
Calor de entrada (kcal)
Vapor .... 18.156 x 538,9 = 11.599.868 kcal
Caldo... (82.742 - 18.156) x 101,3 x 0,86 = 5.526.603 kcal
Calor total... 17.226.471 kcal

Calor de saída (kcal)
a) Perdas.. 17.226.471 x 0,0075 = 129.198 kcal
b) Condensação................................ 18.156 x 100 = 1.815.600 kcal
c) Vapor a 86°C................................. 633,6 V3 kcal/kg
d) Caldo de saída .... (64.586 - V3) x 88,25 x 0,8 = 4.559.772 - 70,6 V3
e) Calor total de saída....................... 6.504.570 kcal - 563 V3 kcal/kg

Igualdade de calor

Calor total de entrada = calor total de saída = 17.226.471 = 6.504.570 / 563 V3
Logo, V3= 19.098 kg
Quantidade de vapor no caso III (V3)

Calor de entrada (kcal)
a) Vapor... 19.098 x 633,6 = 12.100.493 kcal
b) Caldo... (64.586 - 19.098) x 88,25 x 0,8 = 3.211.453 kcal
c) Calor total .... 15.311.946 kcal

Calor de saída (kcal)
a) Perdas:... 15.311.946 x 0,005 = 76.560 kcal
b) Condensação:................................ 19.098 x 86 = 1.642.428 kcal
c) Vapor a 60°C:................................ 623,6 V4 kcal/kg
d) Caldo de saída: .... (45.488 - V4) x 65,9 x 0,64 = 1.918.502 - 42,18 V4
e) Calor total de saída:...................... 3.637.490 kcal - 581,42 V4 kcal/kg

Igualdade de calor

Calor total de entrada = calor total de saída = 15.311.946 = 3.637 . 490 / 581,42 V4

Logo, V4= 20.079 kg

A evaporação total do múltiplo-efeito é obtida pela soma dos valores individuais, ou seja:

Evaporação total: V1 + V2 + V3 + V4 = 74.591 kg/h

Como a evaporação esperada era de 75.000 kg, ocorreu pelos cálculos uma diferença de 499 kg. Nessas condições, o Brix do xarope não será exatamente de 60°, mas, sim, de 59,03°, ou seja:

15 x 100.000 = 25.409 x B

Logo,

B = 59,03° Brix

Entretanto, esta concentração pode ser elevada, aumentando-se a quantidade de vapor inicial, critério prático para se chegar à quantidade de vapor que permite dar com mais aproximação, o Brix final do xarope, que é o seguinte:

Suponha que:

E = evaporação total esperada
E′ = evaporação total calculada
N = número de vasos.

Logo, dividindo-se a diferença E - E′ pelo número de vasos, se teremos um valor "X", que será somado ou diminuido do peso inicial de vapor usado na primeira tentativa para se chegar à evaporação desejada. No caso de E ser maior do que E′, deve-se somar o valor de X à quantidade de vapor usada. No caso contrário, deve-se diminuir. No caso de ainda não se obter a evaporação desejada, o critério pode ser repetido.

No presente exemplo, tem-se que:

E = 75.000 kg
E′ = 74.591 kg

Logo,

(E - E′)/4 = (75.000 - 74.591)/4 = 102 kg

Usando-se o critério acima, tem-se que a quantidade de vapor de alimentação para se chegar aos 60° Brix, numa segunda tentativa, será:

Vapor inicial = 20.850 kg
Vapor adicional = 102 kg
Vapor Total = 20.952 kg

Os cálculos deverão ser agora repetidos com o peso de 20.952 kg. Entretanto, como os resultados não permitiram obter um xarope de 60,00° Brix, o critério foi repetido. Chegou-se a uma terceira tentativa a 21.000 kg.

18.7.12 COMPROVAÇÃO DAS EVAPORAÇÕES RELATIVAS

O cálculo das evaporaçães relativas, efetuado no item anterior com 20.850 kg de vapor, repetido com 21.000 kg, forneceu os seguintes pesos de vapor:

Vaso	Peso de vapor em kg/h
I	17.401
II	18.289
III	19.163
IV	20.137
	E_t = 74,990

18.7.13 EFICIÊNCIA DE EVAPORAÇÃO

É dada pela relação entre o vapor de aquecimento e o vapor produzido em cada vaso do múltiplo-efeito. Para o caso do quádruplo-efeito em estudo, as eficiências foram as seguintes:

Vaso Eficiência	(kg/kg vapor)
I	0,8286
II	1,0516
III	1,0478
IV	1,0508

Verifica-se, pois, que o peso de água evaporada por kg de vapor foi de 3,9782 kg.

18.7.14 ECONOMIA OU EFICIÊNCIA DO MÚLTIPLO-EFEITO

A economia ou eficiência da evaporação é definida pela relação entre o total de kg de vapor produzido no múltiplo-efeito e os kg de vapor de alimentação introduzidos no primeiro vaso, ou seja:

$$E_C = \frac{E_t}{P_v}$$

Onde,
E_c= economia ou eficiência do múltiplo-efeito
E_t=evaporação total dos vasos
P_v= Peso de vapor introduzido no primeiro vaso.
Logo, no presente estudo de economia foi de:

$$E_c = \frac{74.990}{21.000} = 3{,}571\ (\ kg\ \ de\, água\, por\ kg\ de\ vapor)$$

Verifica-se que, em realidade, a taxa de evaporação por kg de vapor, nas condições do quádruplo-efeito em estudo, foi de 3,571, embora a eficiência dos vasos fosse de 3,9782.

18.7.15 BRIX DO CALDO DE SAÍDA DOS VASOS

O Brix do caldo de saída dos vasos é conhecido pela igualdade de sólidos em processo. Então, conhecendo-se o peso de caldo inicial, seu Brix e o peso de vapor produzido em cada vaso é encontrada a concentração do caldo de saída. O peso do caldo de saída é obtido pela diferença entre o peso de caldo inicial e o peso de vapor produzido.

Para o caso do quádruplo-efeito em estudo, o Brix do caldo de cada vaso é dado em sequência:

$$Vaso\ I: B_1 = \frac{100.000\ x\ 15}{100.000 - 17.401} = 18{,}16\%$$

$$Vaso\ II: B_2 = \frac{100.000\ x\ 15}{82.599 - 18.289} = 23{,}32\%$$

$$Vaso\ III: B_3 = \frac{100.000\ x\ 15}{64.310 - 19.163} = 33{,}22\%$$

$$Vaso\ IV: B_4 = \frac{100.000\ x\ 15}{45.147 - 20.137} = 59{,}98\%$$

Verifica-se que os pesos de caldo que flui de cada vaso são de 82.599 kg, 64.310kg, 45.147kg e 25.010 kg (xarope), respectivamente, para os vasos I, II, III e IV.

Mas o Brix obtido é da mesma ordem do que foi estimado no início.

18.7.16 COEFICIENTES DE TRANSMISSÃO DE CALOR

Os coeficientes de transmissão de calor, geralmente empregados nos cálculos dos evaporadores são os seguintes:

a) Coeficiente de evaporação (C.E.)

O coeficiente de evaporação de um múltiplo-efeito é o número de quilogramas de valor produzido pelo evaporador, por hora, e por metro quadrado de superfície (kg/h/m^2).

b) Coeficiente de evaporação específica (C.E.E.)

Corresponde ao número de quilogramas de vapor produzido pelo evaporador, por hora, por metro quadrado de superfície e por grau de diferença de temperatura entre o vapor e o caldo (Kg/h/m^2/°C).

- Caso A: C.E.E.A. - coeficiente de evaporação específica aparente, para o caso da temperatura do caldo ser considerada a mesma do vapor que produz.
- Caso B: C.E.E.R. - coeficiente de evaporação específica real (útil), para o caso de se considerar o acréscimo devido à elevação do ponto de ebulição causada pelo Brix e pela pressão hidrostática.

c) Coeficiente de transmissão de calor bruto

Corresponde ao número de quilocalorias transmitidas por hora, por metro quadrado de aquecimento e por grau de diferença de temperatura (Kcal/h/m^2/°C).

d) Coeficiente de transmissão de calor corrigido

Calculado em função das correções devidas ao Brix e a pressão hidrostática. Segundo Hugot (1986), alguns fabricantes de equipamentos chegam a utilizar de coeficientes de transmissão de calor bruto, como os da Tabela 61. Para este autor, o uso desses coeficientes não é aconselhável, pois não levam em consideração o efeito real do Brix do caldo em evaporação e da pressão hidrostática.

Contudo, quando se emprega esses coeficientes, os cálculos são mais simples, sendo baseados apenas no salto térmico aparente ou na queda de temperatura aparente.

Tabela 61 - Coeficiente de trasmissão de calor bruto em Kcal/h/m2/°C

Múltiplo - efeito	Tríplice	Quádruplo	Quíntuplo
Vaso I	2.000 – 2.500	2.000 – 2.400	2.000 – 2.400
Vaso II	1.500 – 1.800	1.400 – 1.800	1.400 – 1.800
Vaso III	800 – 1.000	1.000 – 1.400	1.300 – 1.500
Vaso IV	-	600 - 800	800 – 1.000
Vaso V	-	-	500 - 600

18.7.17 COEFICIENTE DE EVAPORAÇÃO ESPECÍFICA

Dessin, citado por Meade (1967), propôs, para o cálculo do coeficiente de evaporação de um vaso qualquer de um múltlplo-efeito, a seguinte fórmula:

$$c = 0{,}001 \times (100 - 6) \times (T - 54) \qquad (4)$$

onde:

- c = C.E.E.R. ou C.E.E.U. (coeficiente de evaporação específica real ou útil de um vaso qualquer em kg/h/m^2/°C de queda de temperatura real ou útil);
- B = Brix do caldo de saída de cada vaso;
- T = temperatura do vapor na calandra em °C.

Em relação a esta fórmula, duas observações são importantes:

a) Brix

Segundo observações de autores que se preocuparam com o assunto, é mais interessante usar o Brix médio do caldo em evaporação na calandra, pois os resultados obtidos se aproximam mais do real.

b) Incrustações

O fator numérico 0,001 corresponde ao efeito das incrustações na superfície tubular da calandra. Se deseja-se mais segurança, recomenda-se substituir este fator, que é referente à ocorrência de incrustações normais, por outros, ou seja, por 0,0008, quando as incrustações são ocasionalmente fortes ou por 0,0007, para condições de incrustações muito intensas.

Por outro lado, verifica-se que o fator numérico 54 corresponde à temperatura de vapor final da última câmara de evaporação. Como, em geral, esta temperatura não chega a 54°C, é possível que a utilização de outro valor, como por exemplo 60°C, possa dar um resultado mais prático. Em consequência, a superfície obtida deverá ser maior nos diferentes vasos.

Aplicação numérica

<u>Dados conhecidos:</u>

Brix do caldo de saída de cada vaso e temperatura do vapor

Vaso	Brix (%)	Temperatura (°C)
I	18,13	111
II	23,32	100
III	33,22	86
IV	59,98	60

b) Brix do caldo clarificado 15%

c) Temperatura do vapor de alimentação 120°C

d) Fator de incrustação 0,0008

<u>Dados Calculados</u>:

a) Brix médio do caldo

É calculado, avaliando-se o Brix de entrada e o de saída de cada vaso. Logo, tem-se:

$$\text{Vaso I} = \frac{15+18,13}{2} = 16,56\%$$

$$\text{Vaso II} = \frac{18,13+23,32}{2} = 20,72\%$$

$$\text{Vaso III} = \frac{23,32+33,22}{2} = 28,27\%$$

$$\text{Vaso IV} = \frac{33,22+59,98}{2} = 46,60\%$$

b) Coeficiente de evaporação especifica real ou útil

Pela aplicação da fórmula de Dessin (4), empregando-se o fator 0,0008, advém para o C.E.E.U., os seguintes valores:

Vaso I: C1 = 0.0008 x (100 - 16,56) x (120 - 54) = 4,40 kg/h/m²/°C

Vaso II: C2 = 0,0008 x (100 - 20,72) x (111 - 54) = 3,61 kg/h/m²/°C

Vaso III: C3 = 0,0008 x (100 - 28,27) x (100 - 54) = 2,64 kp/h/m²/°C

Vaso IV: C4 = 0,0008 x (100 - 46,60) x (86 - 54) = 1,37 kg/h/m²/°C

Verifica-se que a capacidade de evaporação decresce de vaso para vaso, pois segundo a fórmula de Dessin, **citado por Meade (1967),** a temperatura do vapor decresce do primeiro ao último vaso. Da mesma forma, o Brix cresce como é esperado.

18.7.18 TAXA DE EVAPORAÇÃO DE CADA VASO

Como o coeficiente de DESSIN refere-se á cada grau de diferença de temperatura, a taxa de evaporação (Te) pode ser facilmente conhecida, multiplicando-se os valores de "c" pelos respectivos saltos térmicos de temperatura, inerentes ao vaso em questão (ST_{up}).

Aplicação numérica

<u>**Dados conhecidos:**</u>

a) Saltos térmicos parciais

b) Coeficiente de evaporação específica útil

<u>**Dados Calculados:**</u>

a) Taxa de evaporação do quádruplo-efeito

A taxa de evaporação é calculada, considerando os dados obtidos dos exemplos anteriores, assim:

Vaso: ....ST_{up} x c = T_e

I.........8,10 x 4,40 = 35,64 kg/m²/h

II ....9,70 x 3,61 = 35,02 kg/m²/h

III........11,75 x 2,64 = 31,02 kg/m²/h

IV ....20,10 x 1,37 = 27,54 kg/m²/h

Onde,

- ST_{up} = Salto térmico útil parcial
- c = Coeficiente de evaporação específico
- T_e = Taxa de evaporação

Esses valores comparados com os de Hugot (1977), (calculados nas condições de temperatura inicial de vapor a 120°C e de temperatura final de 55°C), apresentam pouca diferença, conforme pode ser visto a seguir:

Vaso	Dados calculados aproximados	HUGOT
I	36 kg/m²/h	37 kg/m²/h
II	35 kg/m²/h	35 kg/m²/h
III	31 kg/m²/h	32 kg/m²/h
IV	28 kg/m²/h	28 kg/m²/h

Fonte: **Hugot (1977)**

18.7.19 SUPERFÍCIE DE EVAPORAÇÃO

É representada pela relação do peso do vapor obtido nos diferentes vasos do múltiplo-efeito com a taxa de evaporação, ou seja:

$$S = \frac{P_V}{T_e} \quad (5)$$

Onde,

- S = Superfície de evaporação em m^2
- P_v = Peso de vapor em kg/h
- T_e = Taxa de evaporação em kg/m²/h

Aplicação numérica

<u>**Dados conhecidos:**</u>

a) Peso de vapor em kg (P_v) e taxa de evaporação (T_e) em kg/m²/h

Vaso	P_v	T_e
I	17.401	35,64
II	18.289	35,02
III	19.163	31,02
IV	20.137	27,54

b) Superfície de evaporação, em m2

Vaso I: S_1 = 17.401 / 35,64 = 488 m^2
Vaso II: S_2 = 18.289 / 35,02 = 522 m^2
Vaso III: S_3 = 19.163 / 31,02 = 618 m^2
Vaso IV: S_4 = 20.137 / 27,54 = 731 m^2
Superfície total = 2.359 m^2

Observa-se que as superfícies obtidas mostraram-se crescentes. Isso ocorreu devido à diminuição da taxa de evaporação calculada que, segundo DESSIN, citado por Meade (1967), depende do Brix do caldo em concentração e da temperatura, que se torna cada vez mais baixa.

Pela soma das capacidades individuais dos vasos, verifica-se que a superfície total do quádruplo-efeito é de 2.359 m². Relacionando-se esta superfície com a capacidade de moagem horária, estabelecida inicialmente, que era de 100 TCH, advém o seguinte valor por TCH:

$$S / TCH = 2.359 / 100 = 23,59 \ m^2$$

Este valor aproxima-se bastante dos utilizados em Porto Rico e Cuba, de acordo com Hugot (1986), como observa-se nos dados da Tabela 62.

Entretanto, na prática, não se constrói os vasos de múltiplo-efeito com superfícies crescentes de evaporação. Por via de regra, os vasos possuem superfícies iguais. Ultimamente, alguns construtores vêm construindo os primeiros vasos de um quádruplo-efeito com uma maior superfície, com a finalidade de se retirar algum vapor vegetal para outros setores da fábrica.

Tabela 62 - Capacidade de evaporação em diversos países

Países	Múltiplo-Efeito	Capacidade média em m²/TCH
África do Sul	Tríplice	25,5
	Quádruplo	30,6
	Tríplice	15,7
Porto Rico	Quádruplo	23,8
	Quíntuplo	26,5
	Tríplice	20,0
Cuba	Quádruplo	25,0
	Quíntuplo	30,0
	Tríplice	17,0
(HUGOT) *	Quádruplo	24,0
	Quíntuplo	31,0

(*) Vapor de alimentação de 120°C (p = 1,0 kg/cm²)

Fonte: **Hugot (1977)**

Para se chegar a um múltiplo-efeito de vasos com mesma superfície, geralmente se utiliza de critérios, que variam segundo os vários autores.

Examinando a fórmula geral do cálculo da superfície, verifica-se que um dos fatores que pode ser alterado é o referente ao salto térmico parcial de cada vaso. Assim, diminuindo o salto térmico do vaso em que a superfície resultou menor e não alterando o fluxo de vapor produzido, pode-se chegar a uma superfície bem próxima da desejada.

Um dos critérios é tomar uma superfície média, entre as calculadas, através da qual se conhecerá os novos valores de salto térmico. A expressão usada é a seguinte:

$$S\,T_{corrig} = S\,T_{calc.}\,\frac{S_i}{S_m}\;(i = 1, 2, 3, 4) \qquad (6)$$

Onde,

- $ST_{corrig.}$ = Salto térmico corrigido
- $ST_{calc.}$ = Salto térmico calculado
- S_1 = Superfície do vaso
- S_m = Superfície média

Em geral, a soma dos saltos térmicos obtidas não resulta igual a ST_u, de tal modo que outras correções deverão ser feitas. Evidente que, alterando os saltos térmicos, todas as temperaturas dos vasos serão alteradas, assim como as quedas de pressão. Em decorrência, a taxa de evaporação será diferente da calculada inicialmente. Os cálculos envolvem constantes correções, o que leva alguns autores a dispensá-los, na prática.

Aplicando-se a fórmula anterior, para o caso em estudo, tem-se:

$$Vaso\,I = S\,T_{corrig.} = 8{,}1\,\frac{488}{589{,}75} = 6{,}7°C$$

$$Vaso\,II = S\,T_{corrig.} = 9{,}7\,\frac{522}{589{,}75} = 8{,}6°C$$

$$Vaso\,III = S\,T_{corrig.} = 11{,}75\,\frac{618}{589{,}75} = 12{,}32°C$$

$$Vaso\,IV = S\,T_{corrig.} = 20{,}10\,\frac{731}{589{,}75} = 24{,}93°C$$

Em consequência, considerando o mesmo fluxo de vapor produzido em cada vaso, assim como os dados do coeficiente de evaporação específico, têm-se:

$$Vaso\ I: S_1 = \frac{17.401}{4,4\ x\ 6,7} = 590\ m^2$$

$$Vaso\ II: S_2 = \frac{18.289}{3,61\ x\ 8,6} = 584\ m^2$$

$$Vaso\ III: S_3 = \frac{19.163}{2,64\ x\ 12,32} = 589\ m^2$$

$$Vaso\ IV: S_4 = \frac{20.137}{1,37\ x\ 24,93} = 590\ m^2$$

$$Total = 2.353\ m^2$$

Verifica-se que a superfície média é de 588,25 m² ou 600 m², para fins de construção.

Mas foi visto, no cálculo inicial, que a eficiência de evaporação decresce nos últimos vasos, o que implica sempre sua maior superfície. Por isso, adota-se uma escala crescente de superfície, tal como 500, 600 e 700 m², respectivamente para o 2°, 3° e 4° vasos, superfícies essas consoantes com as condições estabelecidas para o funcionamento do múltiplo-efeito.

18.7.20 PESO DE VAPOR PRODUZIDO PELA AUTOEVAPORAÇÃO DO CALDO

Durante a evaporação do caldo, seja num tríplice, num quádruplo ou num quíntuplo-efeito, o caldo de um vaso, estando num ambiente de maior temperatura e pressão, mesmo adquirindo mais temperatura, por influência do Brix e da pressão hidrostática, ao entrar no vaso seguinte, ambiente de menor pressão e temperatura, sofre uma espécie de auto-ebulição, perdendo o caldo uma parte de seu calor sensível.

Nessas condições, uma quantidade de vapor é sempre produzida a mais, fato que pode concorrer para a diminuição da superfície de evaporação do múltiplo-efeito.

A quantidade de vapor produzida a mais é calculada pela seguinte equação:

$$P_{va} = \frac{P_c\ (T_1 - T_2)}{r} \qquad (7)$$

Onde,

- P_{va} = Peso de vapor produzido por auto-evaporação, em kg/h
- P_c = Peso de caldo a temperatura T_1 entrando no vaso, em kg/h
- r = Calor latente de vaporização a temperatura T_1
- T_1 = Temperatura do caldo, entrando no vaso em °C
- T_2 = Temperatura do vapor produzido no vaso em °C

Aplicação numérica

Cálculo da quantidade de vapor produzido, entrando no segundo vaso de um múltiplo-efeito.

<u>Dados conhecidos:</u>

a) P_c = 82.599 kg/h
b) R = 531,2 Kcal
c) T_1 = 111,9 °C
d) T_2 = 100,0 °C

<u>Dados calculados:</u>

a) Peso de vapor produzido no segundo vaso:

Pela aplicação da fórmula (7), tem-se:

$$P = \frac{82.559\ (119{,}9 - 100)}{531{,}2} = 1.849{,}5\ kg/h$$

Nos demais vasos do quádruplo-efeito, aproveitando-se os dados da Figura 146, tem-se o seguinte aproveitamento de vapor pelo efeito da auto-evaporação.

	Vasos II - III	**Vasos III - IV**
P_c	64.310	46.147
r	538,1	546,8
T_1	101,3	88,25
T_2	86	60
P_{va}	1.828,5 kg/h	2.332,5 kg/h

18.7.21 SUPERFÍCIE DO VASO PELO EFEITO DA AUTOEVAPORAÇÃO

Como na auto-evaporação há uma produção de vapor suplementar, supõe-se que as superfícies calculadas para o 2º, 3º e 4º vasos de um quádruplo-efeito podem reduzir-se, proporcionalmente.

Com base na taxa de evaporação, calculada anteriormente para o quádruplo-efeito, a superfície de cada vaso pode ser conhecida pela aplicação da seguinte fórmula:

$$S = \frac{P_v - P_{va}}{T_e} \qquad (8)$$

Onde,

- S = superfície do vaso em m2
- Pv = peso de vapor produzido no vaso em kg/h
- P_{va} = peso do vapor produzido no vaso por auto-evaporação, em kg/h
- T_e = taxa de evaporação em kg/h

Aplicação numérica

<u>Dados conhecidos:</u>

Peso de vapor produzido normalmente e peso de vapor de auto-evaporação

Vaso	P_v	P_{va}	T_e
I	18.289	1.849,5	35,02
III	19.163	1.828,5	31,02
IV	20.137	2.332,5	27,54

<u>Dados calculados:</u>

Superfície das diversas caixas, conforme fórmula (8)

Vaso	Superfície (m^2)
II	469,4
III	558,8
IV	646,5

Logo, a superfície total dos quatro vasos passa a assumir o seguinte valor:

Vaso	Superfície recalculada
I	488,0
II	469,4
III	558,8
IV	646,5
Total	2.162,7 m^2

Este valor, sendo relacionado com a capacidade de moagem (100 TCH), indica:

$$\frac{S}{TCH} = \frac{2.162,7}{100} = 21,63m^3$$

Logo, tem-se:

- Caso I: 23,59 m^2/TCH
- Caso II: 21,63 m^2/TCH

Na prática, para efeito de segurança, deve-se optar pela relação do caso I, embora não sejam desconhecidas as disponibilidades de vapor pelo efeito da auto-evaporação. A eficiência do evaporador pode ser melhorada, promovendo-se a recirculação das águas condensadas, visando o aproveitamento de seu "flash", ou mesmo pela instalação dos balões de expansão sob os vasos evaporadores.

18.8 ESTUDO DA INSTALAÇÃO DO PRÉ-EVAPORADOR

O pré-evaporador é instalado na linha de evaporação do caldo de cana das usinas de açúcar, com a finalidade de, trabalhando com vapor de escape (15 a 21 libras por polegada quadrada,ou ,00 a 1,5 kg/cm^2), produzir vapor a uma pressão mais reduzida (7 a 10 l/pol^2. ou 0,5 a 0,7 kg/cm^2).

O aparelho funciona como uma válvula redutora de pressão de vapor, podendo suprir, se devidamente calculado, as demandas dos vácuos, destilarias e aquecedores.

O único inconveniente deste aparelho está na temperatura de vapor de sua calandra, que não deve passar dos 125 ou 130°C.

A instalação de um pré-evaporador está sempre facilitando o trabalho do quádruplo-efeito, razão pela qual a evaporação nas usinas de açúcar é realizada no sistema de quíntuplo-efeito. A diferença está apenas no primeiro vaso que, para cumprir com as finalidades de sua instalação, é maior do que os outros vasos.

Atualmente, a maioria das usinas de açúcar do estado de São Paulo utiliza do pré-evaporador na linha de fabricação do açúcar, sendo comum ver, nas grandes usinas, 2, 3 e até 4 aparelhos desta natureza.

O cálculo da superfície do pré, ou mesmo de um vaso de onde se deseja retirar vapor, está baseado no consumo deste tipo de energia nos aquecedores cozedores, etc.

Assim, é bom que se calcule o consumo de vapor nos aquecedores, vácuos, destilaria, etc., para que se possa projetar corretamente o pré-evaporador. É interessante que cada usina faça seu balanceamento térmico, para que não cometa erros em adquirir pré-evaporadores muito grandes.

Considerando o pré-evaporador como o primeiro vaso de um quíntuplo-efeito, os dados usados para seu dimensionamento são aqueles pertencentes à taxa de evaporação, ao peso de vapor destinado a aquecer o primeiro vaso do quádruplo e de outras sangrias. Com isso, há necessidade de se calcular, para uma dada moagem, os dados relativos à instalação de um quíntuplo-efeito.

18.9 CÁLCULO DE UM QUÍNTUPLO-EFEITO

O cálculo de um quíntuplo-efeito obedece, em linhas gerais, aos mesmos caminhos desenvolvidos para um quádruplo-efeito.

Aplicação numérica

Dados conhecidos:

a) Capacidade de moagem 100 TCH
b) Extração de caldo 1000 kg/TCH
c) Brix do caldo clarificado 15%
d) Brix do xarope 60%
e) Pressão de vapor de alimentação 2,0245 kg/cm^2
f) Temperatura do vapor 120°C
g) Pressão do vapor do último vaso 0,2031 kg/cm^2
h) Temperatura 60°C
i) Temperatura do caldo clarificado 95°C
j) Fator de incrustação 0,0008
k) Outros dados conforme a tabela abaixo.

Vasos	Perdas (%)	Brix do caldo (%)	Queda de pressão
I	1,25	18	22 %
II	1,00	21	21 %
III	0,75	26	20 %
IV	0,50	36	19 %
V	0,25	60	18 %

Dados calculados:

a) Calor específico (C_e)

Calculado de acordo com a fórmula (1). Logo:

	Caldo	Vaso I	Vaso II	Vaso III	Vaso IV	Vaso V
Brix	15	18	21	26	36	60
C_e	0,91	0,89	0,87	0,84	0,78	0,64

b) Peso de água evaporada

$$E = 100.000 \left(1 - \frac{15}{60}\right) = 75.000\ kg$$

c) Peso do xarope

$$P_x = 100.000 - 75.000 = 25.000 \text{ kg}$$

d) Peso de água evaporada em casa vaso

$$E_v = \frac{75.000}{5} = 15.000\ kg$$

e) Peso de vapor de alimentação

$$P_v = \frac{15.000}{0,9} = 16.667\ kg\ (1^{\underline{a}}\ tentativa)$$

Ou

$$P_v = 17.300 * \ kg \qquad (2^{\underline{a}}\ tentativa)$$

(*) Obs: este peso de vapor é obtido, seguindo-se o critério estudado para o quádruplo-e-feito

f) Distribuição da pressão e temperatura

Usando os coeficientes percentuais, na unidade, as quedas de pressões (Tabela 63) e as respectivas temperaturas do quíntuplo-efeito são as seguintes:

Tabela 63 - Respectivas temperaturas do quíntuplo-efeito

Vaso	Queda de pressão (kg/cm²)	Pressão (kg/cm²)	Temperatura (°C)
I	0,4007	1,6138	113
II	0,3825	1,2313	105
III	0,3643	0,8770	95
IV	0,3461	0,5309	82
V	0,3278	0,2031	60

g) Correção da temperatura em função do Brix e pressão hidrostática

- b = correção devida ao Brix (Tabela 64)
- h = correção devida à pressão hidrostática (Tabela 65)
- t = soma das correções

Tabela 64 - Correção devida ao Brix

Vaso	b (°C)	h (°C)	t (°C)
I	0,25	0,70	0,95
II	0,35	0,80	1,25
III	0,50	1,00	1,50
IV	1,00	1,60	2,60
V	3,60	3,80	7,40
	5,70	7,90	13,60

1) Carga total

Tabela 65 - Correção devida á temperatura e geração de calor total

Vaso	Temperatura (°C)	Calor total
I	113	643,6
II	105	640,7
III	95	637,0
IV	82	632,1
V	60	623,2
	120	646,0

2) Salto térmico útil e temperatura do caldo (Tabela 66)

Tabela 66 - Salto térmico útil e temperatura do caldo

Condições	Temperatura do vapor (°C)	Correções (°C)	Temperatura do caldo (°C)	Salto térmico útil (°C)
Vapor de escape	120	-	-	-
Vaso I	113	0,95	113,95	6,05
Vaso II	105	1,25	106,25	6,75
Vaso III	95	1,50	96,50	8,50
Vaso IV	82	2,60	84,60	10,40
Vaso V	60	7,40	67,40	14,60

3) Evaporações relativas a Brix do caldo de saída

Considerando que o calor de entrada é igual ao de saída, em cada vaso do quíntuplo-e-feito, o peso do vapor produzido, única incógnita da equação, torna-se facilmente conhecido, critério da aplicação numérica. Logo, observando-se o mesmo critério da aplicação numérica, referente ao quádruplo-efeito, (tabela 67).

Tabela 67 - Aplicação numérica, referente ao quádruplo-efeito

Vaso	Evaporação (kg)	Brix (%)
I	13.566	17,35
II	14.224	20,77
III	14.970	26,20
IV	15.730	36,13
V	16.498	60,00

4) Brix médio do caldo nos diversos vasos e coeficiente de evaporação específica (tabela 68):

Tabela 68 - Brix médio do caldo e coeficientes de evaporação nos vasos

Vaso	Brix médio (%)	Coeficiente "c" kg/m²/h/ºC
I	16,17	4,43
II	19,06	3,82
III	23,48	3,12
IV	31,16	2,26
V	48,05	1,16

5) Taxa de evaporação dos diferentes vasos

Obtida pela multiplicação do coeficiente de evaporação específica com o salto térmico parcial útil, ou seja:

$$\text{Vaso } ST_u \times c = T_e$$
$$\text{I } 6{,}05 \times 4{,}43 = 26{,}80 = 27 \text{ kg/m}^2\text{/h}$$
$$\text{II } 6{,}75 \times 3{,}82 = 25{,}78 = 26 \text{ kg/m}^2\text{/h}$$
$$\text{III } 8{,}50 \times 3{,}12 = 26{,}50 = 26 \text{ kg/m}^2\text{/h}$$
$$\text{IV } 10{,}40 \times 2{,}26 = 23{,}50 = 24 \text{ kg/m}^2\text{/h}$$
$$\text{V } 14{,}60 \times 1{,}16 = 16{,}94 = 17 \text{ kg/m}^2\text{/h}$$

Obs.: - A taxa média de evaporação calculada é de 23,90 kg/m²/h

6) Superfície de evaporação

Obtida através da relação entre o peso de vapor produzido e a taxa de evaporação calculada (Tabela 69).

Tabela 69 - Relação de peso de vapor produzido e a taxa de evaporação

Vaso	Superfície em m2
I	13.566 / 27 = 502
II	14.224 / 26 = 547
III	14.970 / 26 = 576
IV	15.730 / 24 = 655
V	16.498 / 17 = 970
	Total = 3.250

Relacionando-se a superfície obtida com a capacidade de moagem horária e por dia de 24 horas, tem-se:

a) S = 3.250 m^2/2.400 TCD = 1,33 m^2/TCD

b) S = 3.250 m^2/ 100 TCH = 32,50 m^2/T.C.H

O valor de 32,50 m^2 aproxima-se bastante, do indicado na Tabela 69.

18.10 CÁLCULO DA SUPERFÍCIE DO PRÉ-EVAPORADOR

O cálculo da superfície do pré evaporador é baseado no consumo de vapor nos quádruplos aquecedores e vácuos, mesmo para a destilaria.

De modo geral, o consumo de vapor nos aquecedores e vácuos está em torno de 130 kg/TCH.

Aplicação numérica

<u>Dados conhecidos</u>:

a) capacidade de moagem 100 TCH

b) consumo de vapor nos aquecedores 120 kg/TCH

c) consumo de vapor nos vácuos 140 kg/TCH

d) peso de vapor produzido no 1° vaso do quíntuplo-efeito calculado 13.566 Kg/h

e) taxa de evaporação do primeiro vaso do quíntuplo-efeito 27 kg/m^2/h

f) superfície total do quíntuplo-efeito 3.250 m^2

Dados Calculados:

a) consumo de vapor nos aquecedores:

$$C_v = 100 \times 120 = 12.000 \text{ kg/h}$$

b) consumo de vapor nos vácuos:

$$C_v = 100 \times 140 = 14.000 \text{ kg/h}$$

c) peso de vapor total produzido no primeiro vaso ou pré-evaporador:

$$P_v = 12.000 + 14.000 + 13.566 = 39.566 \text{ kg/h}$$

d) superfície do primeiro vaso ou pré:

$$S_p = \frac{39.566}{27} = 1.465\, m^2 \; ou \; 1.800\, m^2$$

e) superfície do quádruplo-efeito:

Obtida pela diferença entre a superfície do quíntuplo-efeito e a do pré, ou seja:

$$S_q = 3.250 - 1.465 = 1.785 \text{ m}^2 \text{ ou } 1.800 \text{ m}^2$$

Resta, pois, distribuir a superfície total do quádruplo-efeito entre os vasos. Seguindo-se o critério de vasos iguais, tem-se:

Vaso	Superfície (m²)
I	450
II	450
III	450
IV	450
Pré	1.450
Total	3.250 m²

Percentualmente, o pré-vaso representa:

a) em relação à superfície total: 44%
b) em relação à superfície do quádruplo-efeito: 80%

Entretanto, é interessante que os vasos do quádruplo-efeito tenham superfícies crescentes, para que se tenha uma melhor eficiência na evaporação, podendo ser, por exemplo, de 400, 450, 450 e 500 m², respectivamente, para o 1º, 2º, 3º e 4º vasos.

Por outro lado, a superfície do quádruplo pode ser também conhecida, conduzindo-se os cálculos a partir de um vapor com pressão de 1,61 kg/cm² e 113ºC de temperatura, que correspondem às condições do vapor vegetal produzido no pré-evaporador. O salto térmico usado será então de 53ºC (113-60). O critério usado é igual ao aplicado no estudo do quádruplo-efeito. E, neste caso, o caldo admitido no primeiro vaso do quádruplo mostra sempre uma maior temperatura, sendo de 113,95ºC. O Brix do caldo de entrada do quádruplo é, evidentemente, também maior.

18.11 CÁLCULO PRÁTICO DA SUPERFÍCIE DO PRÉ-EVAPORADOR

As superfícies dos vasos de evaporação podem ser mais facilmente conhecidas, partindo-se do princípio de que cada corpo deve dar vapor suficiente para aquecer o seguinte.

Aplicação numérica

a) Peso de vapor para os aquecedores: 12.000 kg
b) Peso de vapor para os vácuos: 14.000 kg
c) Peso de água a evaporar: 75.000 kg
d) Quantidade de vapor do quinto vaso que vai ao condensador: V kg
e) Brix do caldo clarificado: 15%
f) Capacidade de moagem: 100TCH
g) Extração diluída: 1000 kg/TCH
h) Temperaturas envolvidas: 120, 113, 105, 95, 82ºC
i) Saldo térmico útil parcial: 6,05; 6,75; 8,50; 10,40 e 14,60 do 1º ao 5º vaso
j) Fator de incrustação da fórmula de DESSIN: 0,0008

Dados Calculados:

a) Cálculo do valor de "V"

Partindo-se do princípio acima enunciado, tem-se:

$$75.000 = 5\ V + 26.000$$

Logo, V = 9.800 Kg/h

onde, V = Vapor que vai ao condensador/hora

b) Evaporações relativas

Como o primeiro vaso deve dar vapor para os aquecedores e vácuos, tem-se:

Vaso I: E1 = 26.000 + 9.800 = 35.800 kg/h
Vaso II: E2 = 9.800 kg/h
Vaso III: E3 = 9.800 kg/h
Vaso IV: E4 = 9.800 kg/h
Vaso V: E5 = 9.800 kg/h

c) Brix do caldo de saída de cada vaso

Partindo-se de um caldo com 15º Brix, a concentração do caldo de saída de cada vaso torna-se conhecida, calculando-se a quantidade de caldo que flui desses mesmos vasos, ou seja:

$$Vaso\ I: B_1 = \frac{15\ x\ 100.000}{100.000 - 35.800} = 23{,}36\%$$

$$Vaso\ II: B_2 = \frac{15\ x\ 100.000}{64.200 - 9.800} = 25{,}57$$

$$Vaso\ III: B_3 \frac{15\ x\ 100.000}{54.400 - 9.800} = 33{,}67$$

$$Vaso\ IV: B_4 = \frac{15\ x\ 100.000}{44.600 - 9.800} = 43{,}10\%$$

$$Vaso\ V: B_5 = \frac{15\ x\ 100.000}{34.800 - 9.800} = 60{,}00\%$$

d) Brix médio

Obtido conforme já indicado nos exemplos anteriores. Neste caso, para o caldo do 1º, 2º, 3º, 4º e 5º vasos,o Brix médio é, respectivamente, de: 19,18% ; 25,46%; 30,60%; 38,36% e 51,55%.

e) Coeficiente de evaporação específica

Aplicando-se a fórmula de DESSIN, os coeficientes de evaporação para os cinco vasos do múltiplo-efeito são, respectivamente, de: 4,27; 3,52; 2,93; 2,02 e 1,08 kg/m²/h/ºC.

f) Taxa de evaporação

É representada pela relação dos coeficientes de evaporação específica com os respectivos saltos térmicos dos vasos. Logo, tem-se:

Vaso	ST_{up}	x	c	=	T_e
I	6,05	x	4,27	=	25,83 (kg/m²/h)
II	6,75	x	3,52	=	23,76 *
III	8,50	x	2,83	=	24,05 *
IV	10,40	x	2,02	=	21,00
V	14,60	x	1,08	=	15,77

(*) A inversão da taxa de evaporação nem sempre ocorre; ela é devida às correções feitas em relação ao Brix e a pressão hidrostática. De modo geral, observa-se uma escala decrescente, variando, por exemplo, conforme: 26, 25, 24, 21 e 16 kg/m²/h. A taxa média de evaporação no quíntuplo, assim calculada, é de 22 Kg/m²/h.

g) Superfície de evaporação

Dada pela relação entre evaporações individuais e taxa de evaporação, ou seja:

$$Vaso\ I: S_1 = \frac{35.800}{25,83} = 1.386\ m^2$$

$$Vaso\ II: S_2 = \frac{9.800}{23,76} = 412\ m^2$$

$$Vaso\ III: S_3 = \frac{9.800}{24,05} = 407\ m^2$$

$$Vaso\ IV: S_4 = \frac{9.800}{21,00} = 467\ m^2$$

$$Vaso\ V: S_5 = \frac{9.800}{15,77} = 621\ m^2$$

Aproximando-se os dados para 3.300 m², tem-se:

a) superfície total 3.300 m²
b) superfície do pré ou 1° vaso 1.400 m²
c) superfície do quádruplo 1.900 m²

Percentualmente, o pré representa em relação a:

a) superfície total 42,42%
b) superfície do quádruplo 73,68%

O critério de distribuição da superfície dos vasos para o quádruplo-efeito é arbitrário ou calculado. Como tem sido comentado, pode o quádruplo-efeito ser de vasos iguais ou de superfícies crescentes. Existem métodos, segundo os quais pode-se calcular, em termos de maior economia (mão-de-obra, custos, etc.), a superfície mínima de cada vaso.

18.12 INSTALAÇÃO DO TRÍPLICE-EFEITO

Os cálculos referentes à instalação do tríplice-efeito seguem os mesmos princípios empregados para os múltiplos-efeitos.

De modo geral, a capacidade de evaporação de um tríplice-efeito é superior à de um quádruplo-efeito, conforme pode ser visto no Tabela 70.

Tabela 70 - Superfície de evaporação dos múltiplos-efeitos em kkg/m²/h

Múltipo efeito	Vasos				
	I	II	III	IV	V
Tríplice	53	48	43	-	-
Quádruplo	37	35	32	25	-
Quíntuplo	28	26	25	25	17
(*)	Pressão de vapor inicial: 2,0245 kg/cm² e T_i = 120 °C Pressão de vapor final: 0,1600 kg/cm² e T_f=55°C				

É evidente que alterando as condições de pressão e temperatura, os valores da Tabela 70 serão ligeiramente diferentes. Em relação à superfície de evaporação, os valores obtidos variam, geralmente, com as condições de pressão e temperatura do vapor usado.

A Tabela 71 ilustra os valores médios de superfície de evaporação, em função da pressão de vapor e temperatura. Entretanto, o tríplice-efeito é pouco usual nas usinas de açúcar, sendo recomendado para aquelas de pequena capacidade de produção.

Tabela 71 - Superfície de evaporação dos Múltiplos-efeitos em m²/TCH

Múltiplo efeito	Pressão =====>	0,5kg/cm²	1kg/cm²	1,5kg cm²
	Temperatura =>	111 °C	120 °C	127 °C
Tríplice	(m²/TCH)	20	17	16
Quádruplo	(m²/TCH)	28	24	22
Quíntuplo	(m²/TCH)	36	31	28

18.13 CÁLCULO DOS EVAPORADORES PELO COEFICIENTE DE TRANSMISSÃO DE CALOR

O cálculo dos múltiplos-efeitos pode ser feito, também, a partir dos coeficientes de transmissão de calor. Os cálculos são feitos, sempre, com vistas ao conhecimento dos fatores que compõem a equação básica de transmissão de calor, que se expressa por:

$$Q = U\,S\,(T - T')$$

Onde,
Q = quantidade de calor,
U = coeficiente de transmissão,
S = superfície,
T = temperatura do vapor,
T′ = temperatura do caldo.

Dos vários critérios existentes para o cálculo das superfícies de evaporação, um dos mais conhecidos é aquele em que o salto térmico total (diferença de temperatura entre vapor inicial e vapor final) deve ser repartido, de tal forma que as superfícies de transmissão resultem iguais.

Diante disso, para um quádruplo-efeito se terá:

$$S_1 = S_2 = S_3 = S_4$$
$$Q_1 = Q_2 = Q_3 = Q_4$$

Como consequência, resulta:

$$U_1\,S_1\,ST_1 = U_2\,S_2\,ST_2 = U_3\,S_3\,ST_3 = U_4\,S_4\,ST_4$$

Da hipótese de igualdade de superfície, ter-se-á:

$$\frac{ST_1}{ST_2} = \frac{U_2}{U_1}\,; \qquad \frac{ST_1}{ST_3} = \frac{U_3}{U_1}\,; \qquad \frac{ST_1}{ST_4} = \frac{U_4}{U_1}$$

Verifica-se, nesta expressão, que os saltos térmicos são inversamente proporcionais aos coeficientes de transmissão.

Partindo-se disto, os saltos térmicos podem ser facilmente conhecidos.

Como o ST total útil é igual á soma dos saltos térmicos parciais, tem-se:

$$ST = ST_1 + ST_2 + ST_3 + ST_4$$

ou

$$ST_u = ST_1\,(1 + \frac{ST_2}{ST_1} + \frac{ST_3}{ST_1} + \frac{ST_4}{ST_1})$$

onde,

ST_u = salto térmico total útil
ST_1 = salto térmico do 1º vaso
ST_2 = salto térmico do 2º vaso
ST_3 = salto térmico do 3º vaso
ST_4 = salto térmico do 4º vaso.

Substituindo-se as relações da fórmula acima (11) pelas da expressão anterior (10), tomadas na posição inversa, tem-se:

$$ST_u = ST_1\,(1 + \frac{U_1}{U_2} + \frac{U_1}{U_3} + \frac{U_1}{U_4})$$

Logo,

$$ST_1 = \frac{ST_U}{1 + \frac{U_1}{U_2} + \frac{U_1}{U_3} + \frac{U_1}{U_4}}$$

Sendo conhecido ST_1, os valores de ST_2, ST_3 e ST_4 tornam-se evidentes, desde que:

Diante do conhecimento dos demais termos da equação de transmissão (9), a superfície do primeiro vaso torna-se facilmente conhecida, assim como S_2, S_3 e S_4, pois tais superfícies são iguais por hipótese.

Aplicação Numérica

Dados conhecidos:

a) capacidade de moagem 100 TCH
b) extração do caldo misto 1.000 Kg/TCH
c) Brix do caldo misto 15%
d) Brix do xarope 60%
e) temperatura de vapor nos vasos, para efeito de cálculo da correção da pressão hidrostática 111, 100, 86 e 60ºC

f) altura hidrostática do caldo na calandra 30 cm
g) temperatura do vapor 120ºC
h) temperatura de vapor do último vaso 60ºC
i) coeficientes de transmissão de calor nos quatro vasos 2.200, 1.600, 1,200 e 700 kcal/m²/h/ºC

<u>**Dados Calculados**</u>:
a) Total de água evaporada

$$E = 100\,x\;1.000\left(1 - \frac{15}{60}\right) = 75.000\,kg$$

b) Total de água evaporada em casa vaso

$$E = \frac{75.000}{4}\;18.750\,kg$$

c) Brix do caldo de saída em cada vaso

$$Vasol\colon B_1 = \frac{100.000\,x\;15}{100.000\; - 18.750} = 18{,}46\%$$

$$Vasol\colon B_2 = \frac{100.000\,x\;15}{81.250 - 18.750} = 24{,}00\%$$

$$Vasol\colon B_3 = \frac{100.000\,x\;15}{62.500 - 18.750} = 32{,}28\%$$

$$Vasol\colon B_4 = \frac{100.000\,x\;15}{43.750\,x\;18.750} = 60{,}00\%$$

d) Temperatura média no múltiplo-efeito, para efeito do cálculo do calor latente médio:

$$t_m = \frac{111 + 100 + 86 + 60}{4} = 89{,}2\,°C$$

Logo, pela tabela 71, anterior, o calor latente é de 545,7 kcal.

e) Quantidade de calor transmitido em cada corpo Q = 18,750 x 545,7 = 10.231.875

f) Correção da temperatura em função do Brix e da pressão hidrostática.

De acordo com as correções feitas em relação ao Brix (Tabela 71, anterior) e em função do Brix e dos índices de temperatura admitidos para vapor nos diversos vasos, advém os seguintes valores de t (b + h):

Vaso	t °C
I	0,90
II	1,30
III	2,25
IV	5,90
Total	10,35

g) Salto térmico total útil

$$ST_u = ST_a - t = [(120 - 60) - 10{,}35]\ 49{,}65°C$$

h) Salto térmico dos diversos vasos
De acordo com a fórmula (12), tem-se:

$$S\,T_1 = \frac{49{,}65}{1 + \frac{2.200}{1.600} + \frac{2.200}{1.200} + \frac{2.200}{700}} = 6{,}754\ °C$$

Pelas expressões (13), tem-se:

$$S\,T_1 = 6{,}754\ \frac{2.200}{1.600} = 9{,}29°C$$

$$S\,T_2 = 6{,}754\ \frac{2.200}{1.200} = 12{,}38°C$$

$$S\,T_3 = 6{,}754\ \frac{2.200}{700} = 21{,}23°C$$

i) Superfícies de evaporação
Pela aplicação da fórmula geral de transmissão de calor (9), o valor de S_1 é:

$$S_1 = \frac{Q_1}{S\,T_1 U_1} = \frac{10.231.875}{6{,}754\ x\ 2.200} = 688\ m^2$$

Como por hipótese as superfícies são iguais, as atribuídas aos demais vasos deverão ser, também, de mesmo valor. Logo, a superfície total do quádruplo será de:

$$S_t = 688 \times 4 = 2.752 \text{ m}^2.$$

Verifica-se que a superfície por tonelada de cana por hora é de 27,52 m², bem superior à calculada pelo critério da capacidade de evaporação específica (23,59 m²), ou seja, superior em 16,65%.

Pela hipótese inicial, das superfícies iguais, verifica-se, ainda, que não há necessidade de se calcular S_2 e S_4 a partir de ST_2, ST_3 e ST_4, conforme fórmula anterior. Se assim fosse, as superfícies fatalmente seriam crescentes.

Por outro lado, admissão das temperaturas de vapor dos diversos vasos, nota-se que os saltos térmicos parciais ST_1, ST_2, ST_3 e ST_4 são facilmente conhecidos. A partir das correções em relação ao Brix e a pressão hidrostática, calcula-se as temperaturas dos diversos caldos e, por consequência, os saltos térmicos. Com isso, torna-se dispensável o caldo dos ST a partir das relações de transmissão. Evidentemente, as superfícies serão, aqui, também crescentes. Apenas, para efeito de ilustração considere os dados da Tabela 72de correção de temperatura nos vasos para ST.

Tabela 72 - Fatores de correção de temperatura nos vasos

Vaso	Temperatura do vapor	Correção	Temperatura do caldo	ST
-	120	-	-	-
I	111	0,90	111,90	8,1
II	100	1,30	101,30	9,7
III	86	2,25	88,25	11,75
IV	60	5,90	65,90	20,10

Logo, as superfícies de evaporação serão:

$$S_1 = \frac{10.231.875}{8,1 \; x \; 2.200} = 574 \; m^2$$

$$S_2 = \frac{10.231.875}{9,7 \; x \; 1600} = 659 \; m^2$$

$$S_3 = \frac{10.231.875}{11,75 \; x \; 1.200} = 725 \; m^2$$

$$S_4 = \frac{10.231.875}{20{,}1\ x\ 700} = 727\ m^2$$

O total de superfície é de 2.683 m², ou seja, de TCH, índice pouco inferior ao calculado anteriormente. Assim, verifica-se que muitas são as opções para se chegar à superfície útil de evaporação dos múltiplos - efeitos.

18.14 ECONOMIA DE VAPOR NOS EVAPORADORES

A utilização do vapor nas usinas de açúcar é feita em função de suas características térmicas. De modo geral, o vapor vivo ou vapor direto, proveniente das caldeiras, com uma pressão variando de 10 a 21 kg/cm², é usado como força motriz, isto é, destinado ao acionamento de motores a vapor de turbinas, de bombas de pistão, etc.

O vapor de mais baixa pressão, apresentando de 0,5 a 1,5 kg/ cm² de pressão, representado quase sempre pelo vapor de escape (1 a 1,5 kg/cm²) ou do tipo vegetal (0,5 a 0,7 kg/cm²), ou mesmo por vapor vivo em pressão reduzida (1,0 a 1,5 kg/cm²), é usado em outros setores da fabricação do açúcar.

Dadas suas características térmicas, o vapor, à medida em que é produzido nas usinas de açúcar, vai sendo prontamente utilizado. Por isso mesmo, de sua utilização adequada depende o perfeito equilíbrio térmico da usina.

A primeira tentativa de economia de vapor nas usinas de açúcar é devida a HOWARD, autor da construção dos tachos de camisas duplas com funcionamento a vácuo. Entretanto, foi Rillieux quem conseguiu tornar a evaporação do caldo um processo econômico, conforme foi visto quando do estudo de seus princípios.

Os progressos verificados na evaporação do caldo em múltiplos-efeitos, visando sempre a melhoria de eficiência do sistema, embora nem sempre de domínio na prática, estão relacionados:

- **a)** utilização de evaporadores "a pressão", com vista à eliminação de condensadores, economizando-se, portanto, água;
- **b)** utilização dos evaporadores Kestner;
- **c)** utilização de turbo-compressão, através da compressão mecânica ou da termo-compressão, efetuada por meio do vapor vivo, através de ejetores apropriados;
- **d)** utilização de dispositivos para a circulação do vapor como, por exemplo, do primeiro vaso para o último;
- **e)** sistemas de circulação dos vapores de aquecimento dos diferentes vasos, como por exemplo, fazendo sua distribuição pelo centro dos vasos;
- **f)** aproveitamento do "flash", ocasionado pela circulação das águas condensadas através de balões de expansão;
- **g)** sistemas de isolamento dos diferentes vasos;
- **h)** remoção dos gases incondensáveis;
- **i)** sistemas de produção de vácuo;
- **j)** remoção das incrustações.

Apesar de que a utilização racional do vapor nas usinas de açúcar nem sempre é conseguida, pois seu uso implica o perfeito equilíbrio operacional de todos os setores da fábrica, considerando--se desde a moagem da cana até as operações finais, basta a interrupção de um dos setores, como por exemplo o da moagem, para desequilibrar as disponibilidades de vapor. Por via de regra ocorre, neste caso, a soltura de vapor vivo na caldeira ou mesmo do balão de escape para a atmosfera.

De maneira geral, as usinas de açúcar preocupam-se mais com as soluções simplificativas das operações, mesmo conhecendo-se os problemas advindos dessas soluções, do que com a aplicação de medidas técnico-mecânicas que possam contribuir para a melhoria da eficiência dos processos empregados.

Do ponto de vista de economia de vapor na evaporação, os pontos mais discutidos pelos técnicos açucareiros dizem respeito aos itens em sequência.

NÚMERO DE CORPOS DE UM MÚLTIPLO-EFEITO

Segundo os princípios de Rillieux, do ponto de vista econômico é conveniente trabalhar com um evaporador com maior número de vasos. Entretanto, na grande prática, este número permanece em 3, 4 ou 5 vasos, no máximo.

Na maioria das usinas de açúcar, a evaporação é obtida utilizando-se de pré-evaporadores e de quádruplo-efeitos.

A limitação da evaporação em 3, 4 ou 5 vasos está baseada nos seguintes fatos:

a) sendo a capacidade de evaporação dependente da superfície de cada calandra, o custo do múltiplo-efeito é aproximadamente proporcional ao número de vasos;
b) sendo capacidade de evaporação em kg/m²/h é inversamente proporcional ao número de vasos, visto que o salto térmico total, dado pela diferença de temperatura do vapor inicial e final no múltiplo-efeito, é repartido entre os vasos. Partindo-se deste principio têm-se no:

Simples-Efeito	100 kg/m²/h
Duplo-Efeito	50 kg/m²/h
Tríplice-Efeito	33 kg/m²/h
Quádruplo-Efeito	25 kg/m²/h
Quíntuplo-Efeito	20 kg/m²/h

Na realidade, os números achados, na prática variam ligeiramente desta distribuição. Segundo Hausbrand, a capacidade de evaporação de água nos múltiplos-efeitos acima relacionados varia, respectivamente, de: 70 - 80; 30 - 36; 20 - 25; 18 - 21 e 15 - 18 kg/m²/h. Observa-se que os números deste autor estão um pouco baixos em relação aos obtidos atualmente. Esses números podem variar amplamente com as condições de temperatura e pressão nos vasos.

c) Embora as perdas de radiação e de convecção sejam mais elevadas nos primeiros vasos, elas tendem a aumentar com o número de vasos.

d) Como efeito da concentração e da pressão hidrostática aumentam com o aumento do número de vasos, o salto térmico total útil tende a diminuir, fazendo com que a capacidade de evaporação diminua progressivamente.

PERDAS DE CALOR

Como tem sido reforçado neste capítulo, as perdas de calor nos evaporadores são devidas à radiação e à convecção, aos gases incondensáveis, à entrada e saída de ar, aos condensados e à água da coluna barométrica.

- **Perdas por radiação e convecção**

Essas perdas de calor compreendem a parte de calor que se perde para a atmosfera, ocorrendo desde o primeiro vaso até o último.

As perdas por radiação, e principalmente por convecção, são proporcionais: à diferença entre a temperatura interior da superfície radiante e à atmosférica; à área de superfície radiante, por unidade de evaporação e por hora; e à natureza e espessura do material isolante.

De maneira geral, essas perdas de calor nos diversos vasos de um múltiplo-efeito variam de 3 a 10% do calor de trabalho entre eles. HUGOT (1977) estima essas perdas entre 2 e 5%.

- **Perdas pelos gases incondensáveis**

As perdas devido aos gases incondensáveis podem resultar tanto de uma eliminação malfeita de gases, como também de um excesso de sua extração.

A eliminação insuficiente de gases concorre para a diminuição da queda de temperatura, forçando, assim, um maior consumo de vapor. Por outro lado, uma maior eliminação pode resultar num maior arraste de vapores para o condensador, sem nenhum trabalho útil.

- **Ar**

O efeito do ar se dá principalmente nas bombas de vácuo, contribuindo assim para a diminuição do vazio no último vaso. O vazio diminuindo, diminui também a temperatura e, em consequência, o salto de temperatura útil. Tubos furados, soldados deficientemente, etc., contribuem para a presença de ar no sistema, diminuindo, assim, o trabalho do equipamento. Como o ar é mais pesado do que o amoníaco, geralmente fica nas partes inferiores das calandras.

- **Perdas pelos condensados**

Uma extração adequada de condensados é condição *"sine qua non"* para o trabalho eficiente dos evaporadores:

O condensado do primeiro vaso é usado para alimentar as caldeiras, utilizando-se, pois, de seu calor sensível. O mesmo fim recebem as águas de condensação dos vácuos e dos aquecedores. Como o condensado está a uma pressão maior do que a atmosférica, ao chegar ao tanque de água que alimenta as caldeiras, está aberto na maioria das usinas, sofre uma expansão, determinando-se, assim, uma perda apreciável de calor.

A calandra apresentando vazamentos para a câmara de caldo pode, dependendo da pressão e da posição do vazamento, determinar a piora da qualidade do condensado (arrastes) ou, mesmo, aumentar o tempo de evaporação, no caso em que a água passar para o caldo. Por outro lado, se este vazamento for na parte inferior da calandra, a água condensada passará para o caldo, aumentando a evaporação e, em consequência, terá maior consumo de vapor. Se o vazamento for na parte superior do aparelho, o vapor desta calandra passará para a câmara de evaporação e pouca alteração causará no processo.

Apesar de que o maior problema na qualidade dos condensador é o de sua impurificação pelo arraste de gotículas de caldo, um condensado contendo açúcar, por via de regra, proveniente dos aquecedores, não deve ser usado nas caldeiras.

- **Água de condensação**

A água procedente dos condensadores barométricos é geralmente eliminada. Algumas usinas utilizam parcial ou totalmente esta água na lavagem de cana. Outras, enviam-na para tanques de resfriamento, onde, após a reoxigenação, correção do pH com leite cal, etc., bombeiam-na de volta para os condensadores. O calor sensível desta água é sempre perdido.

APROVEITAMENTO DAS SOBRAS DE VAPOR DOS PRIMEIROS VASOS

Os construtores de evaporadores, de modo geral, atendendo a preceitos econômicos, constroem esses equipamentos com vasos de mesma superfície de evaporação. Nessas condições, sempre alguma sobra de vapor fica disponível nos primeiros vasos, visto que os vapores do último vão para o condensador. O exemplo numérico em sequência (Tabela 73) ilustra o que acaba de ser escrito.

Tabela 73. Exemplo numérico em sequência de evaporadores.

Vaso	Superfície m2	Taxa de evaporação kg/m2/h	Produção kg/h	Disponibilidade kg/h
I	600	36	21.600	600
II	600	35	21.000	2.400
III	600	31	18.600	1.800
IV	600	28	16.800	16.800

O presente exemplo indica, pois, que 4.800 kg de vapor (600 + 2.400 +1.800) estão disponíveis para outros se tores da fábrica (aquecedores, vácuos e destilarias), embora a maioria das usinas de açúcar não utilizem desse vapor que, de certa maneira, poderia ajudar no aquecimento do caldo, fazendo-se as sangrias de acordo com a escala de temperatura do múltiplo--efeito.

EFEITO DA AUTOEVAPORAÇÃO DO CALDO

Conforme foi discutido em páginas anteriores, uma quantidade de vapor é sempre produzida a mais pelo fenômeno da auto-evaporação. Este fato concorre para um aumento da eficiência de evaporação, mantidas constantes as outras condições. O ganho de calorias advindo deste fenômeno pode compensar alguma outra perda do processo, garantindo assim, sua eficiência.

CIRCULAÇÃO DA ÁGUA DE CONDENSAÇÃO

A circulação da água de condensação do segundo ao último vaso, já que a do primeiro vaso normalmente vai para as caldeiras, é muito interesse e representa um ganho de calorias e, em consequência, um aumento de eficiência no sistema.

Como parece claro, se extrai diretamente a água condensada de cada corpo, não se aproveita seu calor sensível. Promovendo pois a circulação desta água, que está num ambiente de maior temperatura e pressão para um outro (próxima calandra), onde essas condições são de menor grandeza, ocorre uma espécie de auto-ebulição. A quantidade de água evaporada corresponde exatamente à quantidade de calor cedido.

Por via de regra, o aproveitamento da temperatura das águas condensadas se verifica através da instalação de balões de "flash", assentados sob os vasos, conforme esquemas já estudados.

O aumento da taxa de evaporação pela circulação das águas condensadas pode variar de 1 a 4%, conforme o esquema de utilização.

EFEITOS DA TURBO - COMPRESSÃO

A turbo-compressão do vapor é obtida por um equipamento conhecido por compressor centrífugo de acionarnento elétrico ou a vapor. Este equipamento tem por finalidade promover a elevação da pressão do vapor de alimentação do primeiro vaso de evaporação e, por consequência, sua temperatura.

Seu funcionamento baseia-se no fato de que parte do vapor produzido no primeiro vaso, sendo forçado a passar pelo tubo-compressor faz com que se obtenha um excedente de calor necessário para o aquecimento do caldo que o produziu.

Conforme pode ser visto na Figura 146, o vapor a 100°C (pressão de 1,033 kg/cm^2), passando num turbo-compressor tem sua temperatura elevada para 106°C (pressão de 1,275 kg/cm^2). O vapor, assim comprimido, poderá aquecer o caldo que se encontra na calandra a 100 ou 101°C.

A instalação deste equipamento, apesar da manutenção não ser cara, representa uma das boas opções para o aumento da eficiência da evaporação ou para economia de vapor. Este processo é pouco conhecido entre as usinas de açúcar.

EFEITOS DA TERMOCOMPRESSÃO

O termocompressor desempena papel similar ao do turbo-compressor. Tem por objetivo aumentar a temperatura do vapor, pela utilização de vapor de alta pressão, que atua sobre o vapor produzido pelo caldo da primeira calandra (Figura 147). A diferença dos dois sistemas está na substituição do turbo-compressor por um ejetor tubular de construção especial.

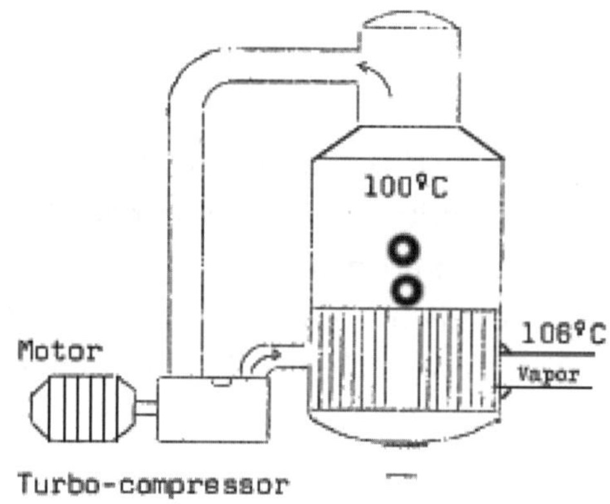

Figura 147 - Instalação do turbo-compressor. *Fonte:* **Delgado e Cesar (1977).**

Se neste ejetor chegar vapor em alta pressão (acima de 10 kg/ cm²), este vapor aspirará o vapor do caldo da câmara de evaporação (parte superior do vaso) e o levará, novamente, à calandra, cedendo-lhe uma parte de sua energia. A mistura desses vapores adquire uma pressão e temperatura suficientes para levar o caldo à ebulição dentro do corpo.

Com a instalação do termocompressor (figura 148), a eficiência de evaporação do vaso aumenta. A quantidade de vapor de alta pressão, que entra no vaso, evapora, também, a mesma quantidade de água. Assim 1 kg de vapor a 25 kg/cm² de pressão absoluta, aspirando 3 kg de vapor a 100°C (p = 1,033 kg/cm²) produz 3 + 1 = 4 Kg de vapor a 106°C (p = 1,275 kg/ cm²). Esses 4 Kg de vapor evaporarão do caldo aproximadamente 4 kg de água, dos quais, na forma de vapor, 3 kg recirculam e 1 kg vai, por exemplo, para o segundo corpo. O vaso onde se instala a termocompressão deve ser maior do que os outros, pois deverá evaporar 4 kg de água, ao invés de 1 kg.

Conforme tem sido apresentado, o primeiro vaso não funciona adequadamente somente com o sistema da termocompressão. Uma alimentação com vapor de escape é sempre necessária.

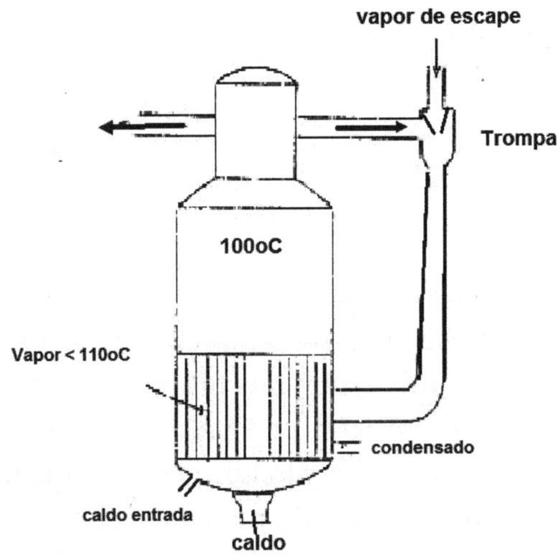

Figura 148 - Instalação do termocompressor. *Fonte:* **Delgado e Cesar (1977).**

De modo geral, as usinas de açúcar têm deficiência de vapor de escape, nessas condições estão sempre promovendo a expansão de certa quantidade de vapor vivo, reduzindo, pois, sua pressão e aumentando-se com isso o contingente de vapor de baixa pressão. Essa expansão de vapor geralmente é realizada através de balões de escape de construção reforçada, onde o vapor vivo chega, passando por válvulas especiais de redução de pressão.

A termocompressão se torna importante, visto que realiza esta expansão, podendo-se obter muitos quilogramas de vapor de água gratuitamente através da utilização de apenas 1 kg de vapor vivo. A economia que se obtém com a instalação da termocompressão corresponde à quantidade de água evaporada à sua custa no primeiro vaso ou no pré.

De modo geral, a termocompressão é recomendada para as usinas em que há falta de vapor de escape.

INSTALAÇÃO DE CIRCULADORES

Em alguns casos especiais de evaporação, com o objetivo de promover uma maior circulação de caldo e com isso elevar sua concentração, a instalação de um cilindro tubular tem sido recomendada após o último vaso do múltiplo-efeito.

Conforme pode ser visto na figura 149, com a instalação do vaso tubular, o caldo do último vaso passa a circular também neste conjunto, sendo aquecido por vapor que procede do primeiro vaso, onde está a uma maior temperatura.

O circulador, com altura equivalente à da calandra, pode ser também aquecido com vapor de escape ou com vapor vivo, com pressão mais reduzida.

Do ponto de vista da economia de vapor, a instalação de circuladores não representa uma solução aceitável. O vapor do primeiro vaso, que seria utilizado nos demais vasos, passa a ter parte desviada para o circulador, resultando disso um sistema de duplo-efeito. Por esta razão, não deve ser previsto quando se projeta um múltiplo-efeito. Todavia, em caso de disponibilidade de vapor, o circulador representa um dispositivo de aumento de eficiência de evaporação do corpo em que estiver ligado.

EVAPORAÇÃO À PRESSÃO

O emprego da evaporação à pressão tem sido discutido, com vistas ao aproveitamento do vapor dos últimos vasos de evaporação nos evaporadores clássicos. Este emprego não tem sido possível, dada a baixa temperatura que se tem nos últimos vasos, principalmente no último.

Apesar de que para elevar esta temperatura final há necessidade de se elevar também a temperatura inicial, de modo a garantir um solto térmico útil, que torne o processo econômico. Segundo a literatura, essas alternativas têm sido indicadas para uma evaporação em tríplice-efeito, onde a temperatura inicial pode chegar a 130º-140ºC e a final entre 100º e 105ºC.

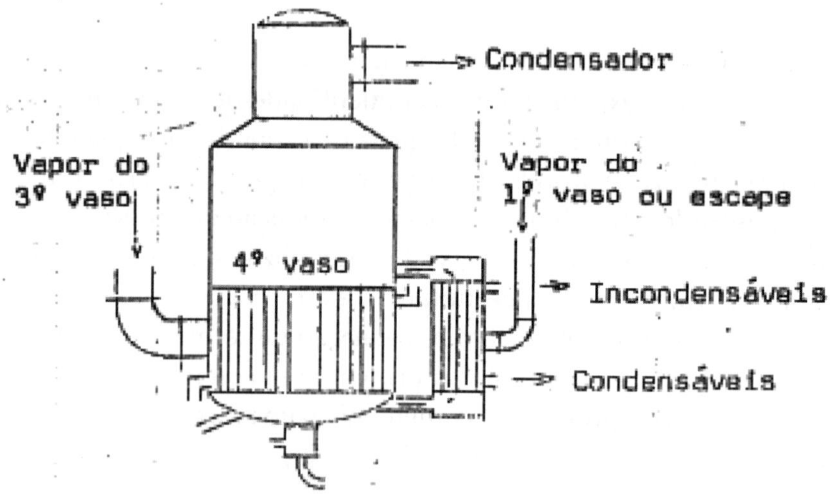

Figura 149 - Instalação de circulador no múltiplo-efeito. *Fonte:* **Delgado e Cesar (1977).**

Entretanto, não se deve esquecer do que foi dito para a temperatura crítica do caldo. Para contornar este problema, têm-se discutido o uso de evaporadores Kestner à pressão, onde o caldo circula à grande velocidade, não havendo tempo para alguma possível inversão (REIN, 2012). Por outro lado, o uso de evaporador a pressão está limitado à disponibilidade de vapor de escape nessa temperatura.

A importância do evaporador à pressão está na possibilidade de uso do vapor do último vaso, que é, no caso acima indicado, de 105ºC. Sobre este assunto tem-se divulgado alternativas da trabalho para os evaporadores à pressão (Figura 150), os quais são ainda desconhecidos da prática açucareira de cana, principamente da brasileira.

18.16 EVAPORADORES DE FLUXO DESCENDENTES, TIPO TASTE

Dentre vários modelos de evaporadores existentes, já patenteados e em operação na indústria de alimentos, destaca-se o desenvolvido pela Gumaco (Araraquara, SP), que funciona com fluxo da película líquida descendente ("falling film"), conforme estudos realizados por Delgado (1992).

Dado a boa performance desses evaporadores na concentração de sucos de laranja e de outras frutas, a Usina Bonfim (Guariba, SP) instalou, em 1988, um pré-evaporador para funcionar com esses mesmos princípios. É a primeira tentativa para se sair do evaporador convencional e foi instalado com o objetivo básico de se reduzir a incidência de incrustrações tão agressivas nos sistemas atuais. Estas experiências foram acompanhadas pela Copersucar, e os primeiros resultados expostos no Congresso da ISSCT em São Paulo (Outubro/1989).

Constituição e princípio de funcionamento

Conforme pode ser visto na Figura 150, o pré evaporador instalado na Usina Bomfim, SP, consta essencialmente de dois trocadores de calor tubulares, conectados a dois evaporadores, constituídos, respectivamente, de três e quatro corpos superpostos. Fazem parte dos dois evaporadores, dois balões de "flash" e separadores de arraste, além de um sistema de ciclones, tanques de caldos, bombas, válvulas, manômetros e termômetros e de um sistema de três tanques para manutenção da água condensada e da soda caústica empregada na limpeza.

Os tubos empregados nos diferentes corpos de cada conjunto evaporador são de aço inoxidável, tendo, de acordo com a posição de cada corpo, um comprimento variável de 6 a 12 metros e um diâmetro de 1 a 2". O diâmetro de cada corpo ou calandra varia de 600 a 1500 mm.

O primeiro evaporador consta de três calandras superpostas, tendo a inferior o maior diâmetro e os tubos com maior comprimento e diâmetro. O segundo evaporador é constituído de quatro corpos superpostos. Esses dois aparelhos são fixados em estruturas metálicas, assumindo o conjunto a forma de duas grandes torres (Figura 150).

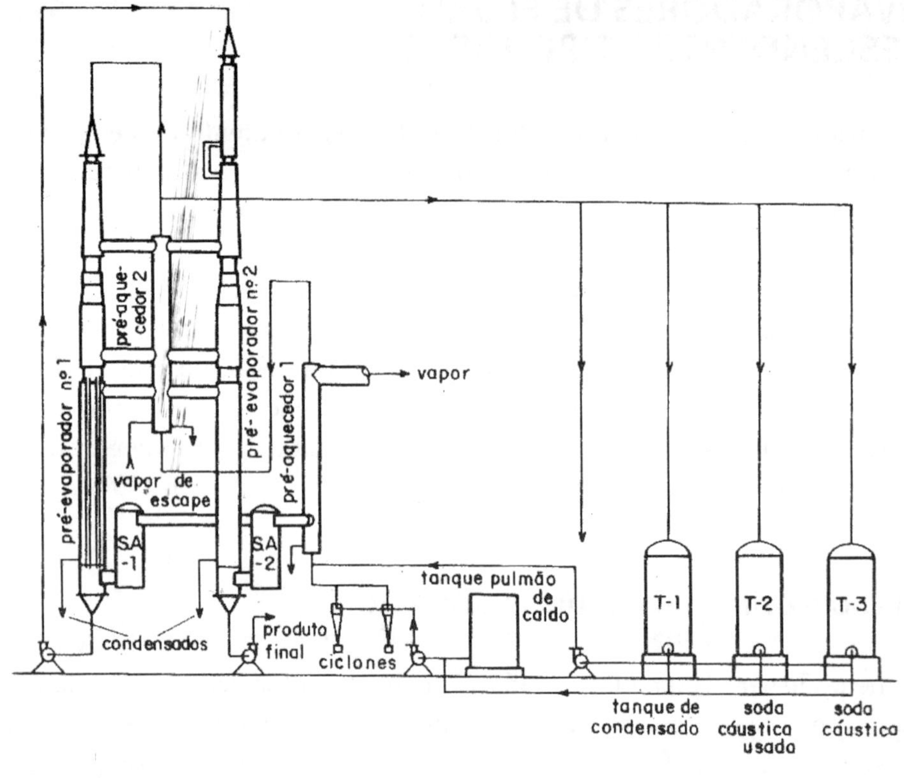

Figura 150 - Vista simplificada e esquemática da instalação da névoa turbulenta tipo Taste, aplica-se à concentração de sulco de laranja. *Fonte:* **Delgado (1992).**

O princípio do funcionamento deste pré-evaporador é o seguinte: o caldo é introduzido no topo das calandras superiores, através de cones de distribuição especial. Ao adentrar nesses cones, através de um sistema ejetor (tubo de Venturi), o caldo sofre um violento espalhamento (flasheamento), assumindo a forma de névoa turbulenta, constituída de uma mistura de vapor e de finíssimas partículas líquidas. O caldo, nessas condições, desce pelos tubos das calandras, assumindo velocidades cada vez maiores, provocadas pela força da gravidade e absorvendo o calor, através do vapor que chega às calandras.

Nestas velocidades, o contato do caldo com as paredes dos tubos é muito rápido, o que evita o superaquecimento e a maior aderência, que contribuiria para a formação de incrustrações. O funcionamento deste equipamento prevê, ainda, que o fluxo de produto, assumido a condição de névoa e não de película, faz com que o calor cedido pelo vapor não contribua para o aumento de sua temperatura, mas de seu volume, pela maior evaporação de água. Como a área da seção tubular é constante, o aumento do volume implica na aceleração do produto. Por isso, este equipamento é conhecido pelos nomes: evaporador termicamente acelerado e de curta residência de caldo; evaporador de névoa turbulenta descendente ou Descending Turbulent Mist (DMT).

Funcionamento de evaporação de pelicula

Na Figura 151, que mostra um sistema de concentração em sistema falling film, em conjunto de múltiplo efeito. O concentrado proveniente do pré evaporador chega à primeira caixa de evaporação na sua base, daí é bombeado para parte superior do corpo de evaporação e desce pela tubulação de aquecimento, que recebe o vapor vegetal, o caldo descendente pelos tubos de aquecimento sofre flasheamento na parte inferior do aparelho (Figura 151), em esquema de Jaime Bassinello, instalado em Usina do Grupo Zilor. Daí, esse caldo é bombeado para base do vaso seguinte. O vapor condensado na calandra do primeiro corpo desce ao coletor de condensado e vai à base do separador de arraste, promovendo enriquecimento do vapor flasheado, que vai aquecer a calandra do segundo vaso e assim sucessivamente, até o quarto corpo. O vapor do ultimo vaso vai ao condensador multijato, onde se faz a condensação e vacúo no sistema.

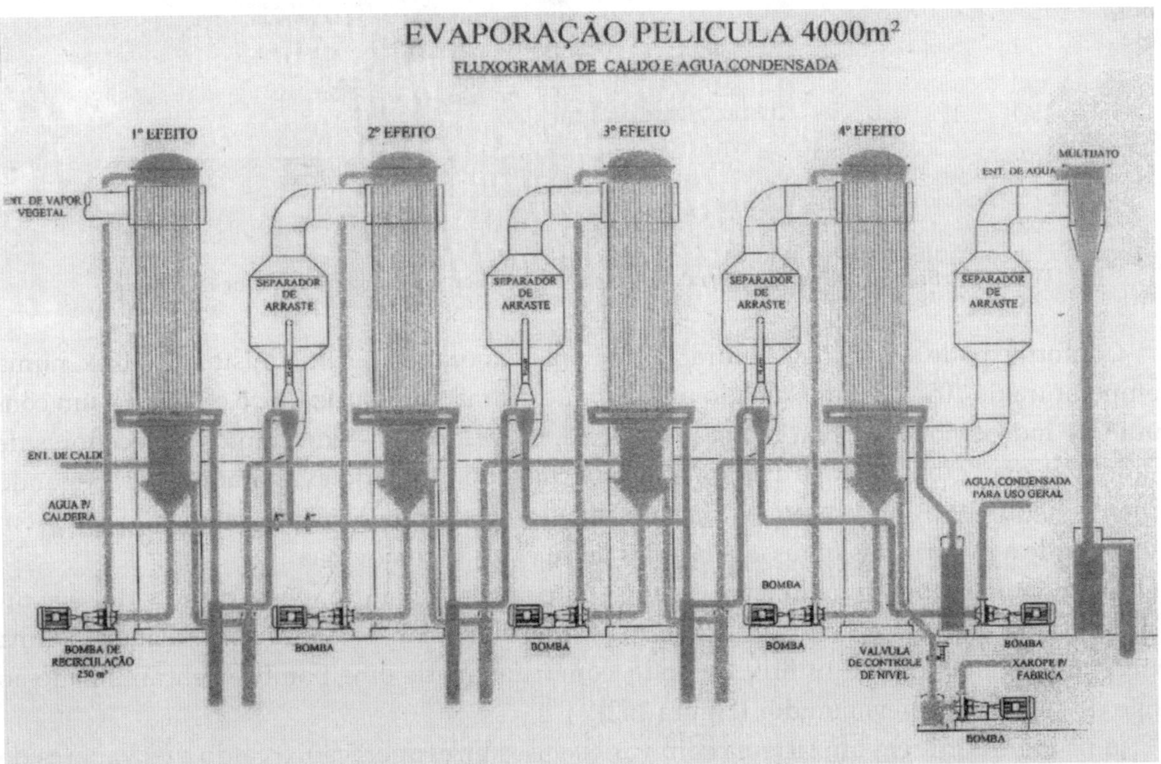

Figura. 151 - Esquema de sistema falling film de Jaime Bassinello – fluxograma de caldo e água condensada.

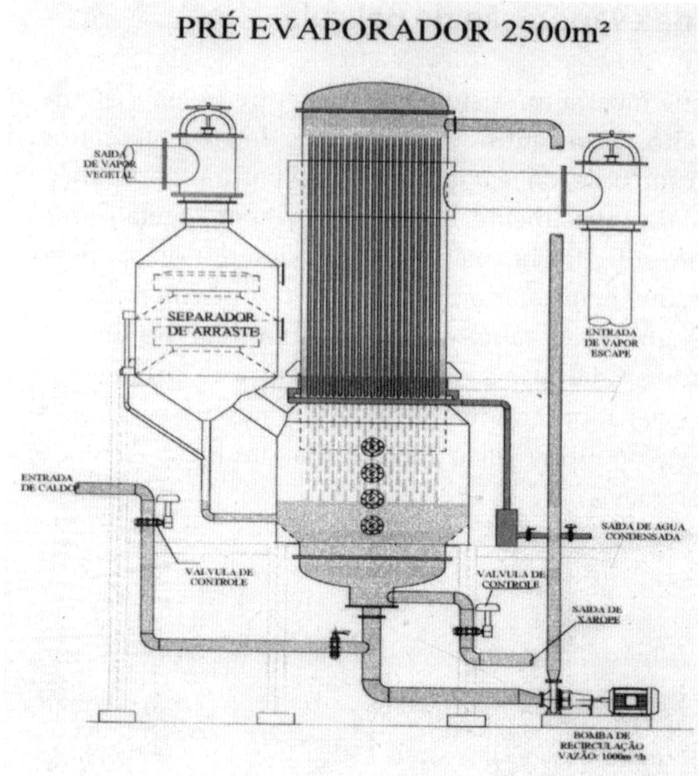

Figura 152. Sistema falling film instalado no pré evaporador, em esquema de Jaime Bassinello.

Conforme pode ser visto na Figura 152, no pré evaporador, o caldo misto a 13° Brix, numa temperatura de 105° C e armazenado num tanque pulmão pressurizado, é enviado a um conjunto de hidrociclones, para a remoção de areia, instalados em série com os aquecedores de caldo n° 1 e n° 2, onde atinge 120° C, antes de chegar ao topo do evaporador n° 1. Segundo Chen e Chou (1993), utilização de telas e hidrociclones são usados no tratamento físico em caldo, onde a maioria das fibras e partículas de sujeira são removidas

Nesta temperatura, o caldo entra no topo da primeira calandra, desce através de seus tubos, entra na segunda calandra e da mesma forma chega à base da terceira calandra, numa concentração em torno de 19°Brix, de onde, com o auxílio de uma bomba, é encaminhado ao topo do segundo pré-evaporador (Figura 152).

Já na Figura 151, em um sistema com vários vasos na evaporação, o caldo e os vapores de água chegando à base da calandra mais inferior, entram no balão de flash, onde são separados. O caldo continua seu percurso através da tubulação, até a bomba de transferência que o bombeia para a parte superior da calandra. Os vapores seguem para o aquecimento do primeiro aquecedor de caldo e, daí, para os outros coletores de vapor vegetal.

O caldo semi concentrado desce pelo segundo pré-evaporador e, devido ao princípio enunciado, sai com a concentração em torno de 25% Brix, sendo enviado á fermentação após ser resfriado, ou, em se tratando de caldo clarificado, para os múltiplos efeitos convencionais.

O vapor tipo vegetal, produzido pelo "flash" do caldo, que aparece concentrado na base dos dois pré-evaporadores, passa pelos dois balões separadores de arraste, antes de alimentar o aquecedor nº1. Como já foi dito, todo vapor vegetal excedente segue para o coletor central.

O aquecedor nº 2 é alimentado com vapor de escape, com pressão de 1,5 kgf/cm² e temperatura de 125° C, passando em seguida para as diferentes calandras dos dois pré-evaporadores.

O condesado do aquecedor nº 1 é coletado separadamente e enviado ao tanque de estocagem nº 1, servindo para a limpeza.

Os condesados do aquecedor nº 2 e dos pré-evaporadores são coletados juntos e enviados ao tanque de alimentação das caldeiras, pois provém do vapor de escape.

Limpeza

O sistema de limpeza das incrustrações formadas é totalmente automatizado, com a utilização de um equipamento denominado C.I.P. Cada um dos aquecedores é constituído por dois feixes tubulares independentes. Por 24 horas, um dos feixes recebe a circulação de água limpa, enquanto o outro trabalha. Após este tempo, o ciclo é invertido, realizando-se uma limpeza com água e soda, por um dado período, e circulação de água limpa, até o início de novo período de trabalho.

Para os evaporadores, o esquema de limpeza obedece às seguintes etapas:

a) Limpeza com água a 120-125°C por 30 minutos,
b) Recirculação de solução de soda cáustica a 6% por uma hora,
c) Lavagem com água limpa por 30 minutos, após limpeza com soda.

Avaliação de desempenho dos pré-evaporadores

O uso desses pré-evaporadores na usina Bomfim representa uma grande contribuição para o aperfeiçoamento tecnológico das operações praticadas na indústria açucareira do Brasil.

Os resultados encontrados até então, demonstram que a limpeza química, insuficiente e trabalhosa para o caso dos evaporadores convencionais, mostrou-se efetiva na remoção das incrustrações dos aquecedores e evaporadores instalados. Para o caso em questão, em que o caldo foi apenas evaporado até próximo de 25°Brix, a incrustração constatada era mole e pouco orgânica. Os estudos efetuados na Usina Bomfim mostraram ser promissor o uso desses evaporadores nas usinas de açúcar e passíveis de novas investigações.

18.17 EVAPORADORES DE 2ª GERAÇÃO: FALLING FILM

Atualmente, estudos têm sido feitos para realização da evaporação do caldo clarificado em equipamentos com calandra a placas, tipo Falling Film. Esses equipamentos evaporadores de seguinte geração, permite atingir ganhos satisfatórios devido-a sua tecnologia, tanto em configuração quanto na forma construtiva. As taxas de evaporação conseguidas são de 50 a 100% maiores que no Sistema Robert, quanto aos aparelhos limpos, e isso em função à alta velocidade no interior da circulação do caldo, maiores do que as da primeira geração que são tubulares. Esse fato ocorre motivado pela troca térmica por ser a placas, onde a energia disponível de aquecimento é transferida e recebida pelo caldo com maior eficiência. Sendo assim, aproveita-se ao máximo a energia térmica do elemento de aquecimento com menor consumo de vapor, com sobra para se utilizar em outra ponta do processo.

Os diferentes fabricantes de trocadores a placas concebem diferentes modelos, apesar de serem semelhantes, pode possuir eficiências de transferências diferentes devido ao desenho das placas.

As séries de placas utilizadas no geral são corrugadas, gaxetadas ou mesmo soldadas entre si, que depois são comprimidas por estruturas rígidas, dando origem ao sistema.

18.17.1 PRINCÍPIO DE FUNCIONAMENTO DO EVAPORADOR DE 2ª GERAÇÃO

O princípio de funcionamento do sistema baseia-se na circulação com alimentação vertical do caldo nos canais entre placas e ao redor destas, circula o vapor, seu aquecimento cuja alimentação é horizontal. Como os canais entre placas são menores que os tubos, a transmissão de calor é melhor e mais eficiente ampliando a transmissão do calor do vapor para o caldo.

Os evaporadores as placas, o aspecto construtivo são semelhantes aos da primeira geração. Todavia, a maior diferença está na distribuição uniforme e homogênea do caldo sobre as placas. O caldo é alimentado em alta velocidade, caminhando entre as placas, aquecendo-se ao final do percurso na parte inferior, expande-se e elimina o vapor vegetal, que em alguns modelos que sobram e saem na parte superior e para minimizar arraste pode-se colocar lamelas defletoras junto ao bocal de saída, enquanto que o caldo é enviado para próximo efeito. O vapor de aquecimento, após a troca térmica, é condensado e eliminado na base do elemento de aquecimento (Figura 153).

Essa maior eficiência dos evaporadores de 2ª geração deve-se por utilizar máxima área de transferência de calor, maior turbulência e distribuição uniforme do material a concentração e pouca formação de incrustrações. Nesse caso, a limpeza deve ser somente química.

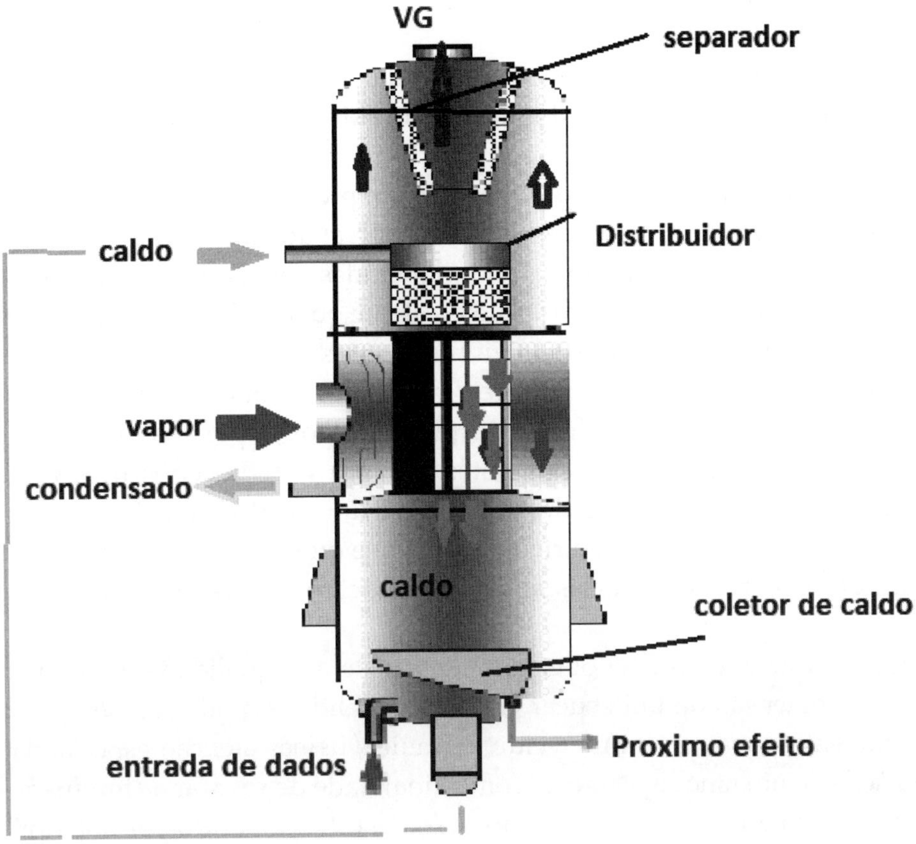

Figura 153 - Evaporador a placas *Falling Film* 2ª: corte de Evaporador a placas. *Ilustração:* **Paulo Gangorra.**

18.17.2 CONVERSÃO DO EVAPORADOR TIPO ROBERT EM FALLING FILM NA 2ª GERAÇÃO

A maioria do sistema de evaporação no Brasil, tipo Robert, pode ser transformada com a troca do elemento de aquecimento de calandra para a placa e conservar os cascos, se em bom estado de conservação.

Além das vantagens mencionadas, há um significativo acréscimo da área de evaporação, de aproximadamente três vezes e, com isso, consegue-se um acréscimo de 200% na vazão de caldo, segundo estudos realizados.

Como todo sistema adaptado, há necessidade de se adequar algumas operações, até que se consiga operar todo o sistema do pré ao último efeito.

Com essa conversão, ocorre a melhor e maior eficiência do sistema de evaporação como um todo. Com essa nova técnica de evaporação, teve-se vantagens na qualidade do açúcar, como na redução de cor e menor perda por inversão da sacarose, em função do menor tempo de evaporação.

18.18. FLOTAÇÃO DO XAROPE

Complementando os pontos abordados no capítulo anterior, que tratou da evaporação do caldo de cana, a instalação do flotador de xarope tem sido feita em muitas usinas açucareiras.

A Usina Barracool S.A, que começou a produzir o açúcar cristal na década de 90, sempre procurou reunir condições técnicas na produção de um produto de qualidade, adquirindo um flotador, conforme projeto produzido pela empresa Sucral de Piracicaba.

As considerações sobre flotação do xarope, elaboradas pela gerência industrial desta usina, têm garantido a obtenção de um açúcar de excelente qualidade. Os princípios da flotação, conforme o trabalho da usina, seguem os seguintes pontos:

O xarope produzido pelos evaporadores mostra uma concentração de 50 a 65° Brix e, à medida que vai sendo produzido, é encaminhado aos depósitos metálicos colocados próximos dos depósitos de méis obtidos, estes, por sua vez, da centrifugação das massas cozidas. Estes depósitos geralmente ficam na parte de trás dos cozedores e servem para armazenar os meis, conhecidos como ricos e pobres, e que são usados em novos cozimentos nas usinas de açúcar. Assim, a cristalização da sacarose é realizada através do xarope e dos méis.

É importante frisar que para se obter um açúcar de alta qualidade, o xarope, principal matéria prima na obtenção de um açúcar cristal de qualidade, pode receber um tratamento adicional, tratamento este que tem merecido de muitas usinas atenção especial, lançando-se mão da instalação de um tanque metálico, com a finalidade de separar as impurezas sólidas e suspensas e que ainda estão imersas no xarope, tanque este conhecido por flotador.

A flotação do xarope tem sido usada com bons resultados na Usina Barralcool S.A e segundo seu gerente industrial, Sr. José Raimundo Costa, a obtenção de um açúcar cristal de alta qualidade tem sido atribuído à sua operação, cujos princípios desta técnica são por ele definidos:

18.18.1 PRINCÍPIOS DA FLOTAÇÃO

A flotação é um processo de separação sólido-líquido e líquido-líquido, onde os materiais em suspensão são aderidos à bolha de ar (ou outro gás), tornando-os mais leves no o meio em que se encontram.

Os flocos formados tendem a flutuar na superfície do meio, de onde são removidos na forma de borra ou espuma (Figura 154).

A flotação do xarope envolve as etapas principais de ajuste de temperatura (temperatura do xarope no flotador: 85 - 90°C), aeração, macrofloculação e separação de fases.

No processo de flotação são utilizados o polímero e um ácido fosfórico: polimero é responsável pela aglomeração das impurezas e o ácido fosfórico é o pré-coagulante, responsável pela coagulação das impurezas.

Para que a reação de precipitação seja bem conduzida é fundamental projetar-se adequadamente o ponto de adição de polímero, considerando a diluição e o tempo de reação, bem como a homogeneização necessária.

Adição de microbolhas de ar, que vão se unir às partículas a serem separas no meio, tornando-as menos densas que o líquido e, portanto, propensas à flotação. O tamanho das microbolhas é fundamental. Bolhas muito grandes causam turbulências no meio, impedindo o contato destas com as partículas.

Idealmente, as bolhas de ar e as partículas devem ter tamanhos semelhantes; as bolhas muito grandes causam turbulências no líquido, os flocos formados não flotam, ficando dispersos no meio.

Sistema de aeração inadequado compromete o desempenho da flotação, consistindo em uma das deficiências mais usualmente observadas na etapa de flotação.

Necessário para agrupar as partículas (microflocos) com bolhas de ar, formando (macroflocos) de baixa densidade. O aumento do diâmetro da partícula pode ser obtido com adição de um agente floculante, que provoca aglomeração de várias partículas em um floco.

O polímero, ou ácido fosfórico, é um produto adicionado na tubulação de entrada de xarope no flotador, que fará a aglomeração de impurezas. A quantidade de produto é relacionada com a vazão de xarope e regulada a relação % da bomba de polímero, conforme dados de concentração dados a seguir.

Obs.: A concentração do polímero diluído segue os dados sequêntes:

	PPM	Vazão de Xarope m³/H	G/H de Produto	L/H de Produto
Pré Coagulante / Ácido Fosfórico	60	60	3600,0	3,6
	60	55	3300,0	3,3
	60	50	3000,0	3,0
	60	45	2700,0	2,7
	60	40	2400,0	2,4
	60	35	2100,0	2,1
	60	30	1800,0	1,8
	60	25	1500,0	1,5

Fluxograma simplificado do processo de flotação:

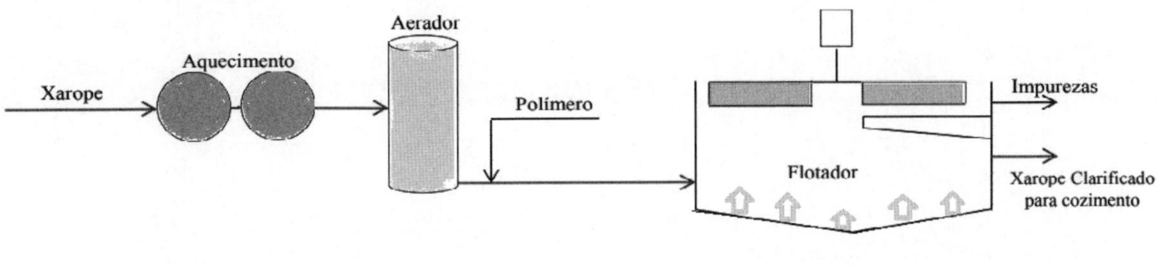

Figura 154 - Esquema de processo de flotação de xarope de cana (fluxograma simplificado).

CAPÍTULO 19

PRINCÍPIOS GERAIS DA CRISTALIZAÇÃO DA SACAROSE

O xarope é produzido geralmente numa concentração de 50 a 65 Brix, à medida em que sai dos evaporadores. Este xarope, através de um bombeamento segue para um tanque situado próximo dos tanques de méis, de onde é bombeado, para o setor de cozimento

De modo geral, o trabalho desenvolvido nesta etapa da fabricação do açúcar, conhecida por cozimento, é dividido em 2 fases: formação de pé e crescimento dos cristais, ou seja:

a) Fase industrial:

Constitui a fase de obtenção dos cristais , compreendendo desde a admissão do xarope flotado, ou não, nos cozedores, até o aparecimento de minúsculos cristais de sacarose. Esta fase é chamada de granagem, formação de pé ou, simplesmente, de nucleação.

b) Fase final:

Constitui a fase em que se promove o crescimento dos cristais formados inicialmente: a sacarose do xarope e dos méis adicionados vai se cristalizando por deposição nos núcleos iniciais.

Essas duas fases de cristalização podem ser realizadas em apenas um cozedor ou em 02 dessas unidades. O produto final do cozimento é chamado de massa cozida. A massa cozida é formada de uma mistura de cristais de sacarose e de mel, podendo se apresentar em diversos graus de pureza, conforme for a proporção, a natureza e riqueza em sacarose dos xaropes e dos méis empregados na sua elaboração.

Para melhorar a qualidade, algumas usinas enviam este xarope para um tanque especial, conhecido por flotador, que tem por finalidade separar suas impurezas mais leves e suspensas nos méis.

19.1 CRISTALIZAÇÃO DA SACAROSE

Do ponto de vista da cristalografia, as leis que governam a formação dos minerais se aplicam também para o caso da obtenção da sacarose nos cozedores das usinas de açúcar.

Entretanto, a sacarose pode ser preparada de tal forma que somente pode ser identificada como um cristal por pessoa com experiência no assunto. É o caso da sacarose seca em secadores tipo *Spray - Dry*, que devido ao alto grau de hicroscopicidade apresenta-se como formada de pequenas esferas, tal qual o a açúcar amorfo.

A sacarose, quando presente no xarope, em condições especiais de concentração e temperatura, cristaliza-se, segundo a classe esfenoidal do sistema monoclínico.

O sistema monoclínico caracteriza-se por apresentar 3 eixos cristalográficos desiguais, sendo 2 perpendiculares e 1 inclinado (Figura 155)

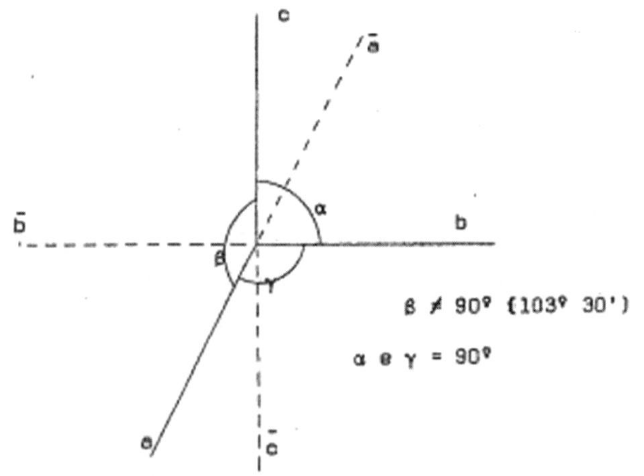

Figura 155 - Distribuição dos eixos de cristalização pelo sistema monoclínico. *Fonte:* **Delgado e Cesar (1977).**

Onde: C eixo perpendicular ao eixo b; B: eixo horizontal; e, A: eixo inclinado em relação ao eixo a e perpendicular ao eixo b.

A classe esfenoidal caracteriza-se por apresentar apenas um eixo (b) de dupla simetria. Nesta característica está baseada a propriedade ótica da sacarose. Os cristais de sacarose fazem girar o plano da luz polarizada de um raio que se propaga paralelamente e qualquer um dos seus eixos óticos. Esta característica pode ser encontrada na forma cristalizada, em três formas:

- cristais kandi: cristais grandes, usados no estudo de cristalografia.
- cristais normais: cristais em formas normais, regulares, individuais, e obtidos em cristalizações nas usinas de açúcar.
- cristais geminados: caracterizados por uma união entre faces (mais comuns) ou entre arestas (de difícil ocorrência); dificultam a drenagem do mel, que fica retido nas cavidades desses cristais.

Do ponto de vista do peso especifico, segundo estudiosos da cristalização da sacarose, os dados variam de 1,582 a 1,592. Em relação à dureza, distinguem-se 02 tipos de cristais de sacarose: cristais duros e cristais moles. Os duros são aqueles que apresentam, quando comprimidos entre dedos, uma sensação de vidro. Os moles, sob a mesma condição, esboroam-se com facilidade.

19.2 SOLUBILIDADE DA SACAROSE

A sacarose, à semelhança de outras substâncias químicas, é altamente solúvel na água.

A água, não só por se fazer presente nos sucos celulares da planta, como também por ser um líquido de uso constante em todas as operações da fabricação, constitui o solvente de maior interesse.

Além da água, o açúcar invertido e os sais minerais, presentes também no caldo de cana em processamento e por interferirem na solubilidade da sacarose, têm sido motivo de muitos estudos.

De modo geral, sabe-se que os sais minerais (cinzas) tendem a aumentar a solubilidade da sacarose, enquanto que o açúcar invertido (redutores) concorre para sua diminuição.

19.2.1 SOLUBILIDADE DA SACAROSE EM ÁGUA

A solubilidade da sacarose em água aumenta com a temperatura, isto é, na medida em que se aumenta a temperatura, mais sacarose pode ser dissolvida, conforme estudos realizados por Delgado; Cesar (1977), desenvolvidos a seguir:

Assim, por exemplo, segundo Herzfeld, uma garrafa de água dissolve 2,19g de sacarose, a 60° C, se tem 2,84 e a 90° C, 4,15 gramas de sacarose por grama de água. Em relação à glucose e a frutose, a sacarose mostra valores intermediários. A 30° C, a glucose apresenta-se com a solubilidade de 1,2g por grama de água; em relação à frutose é de 4,4g. É, por outro lado, mais alta do que certos sais inorgânicos. O cloreto de potássio, por exemplo, dissolve-se em água a 30° C, apenas na proporção de 0,37g por grama de água.

Hersfeld, um dos primeiros estudiosos a divulgar dados sobre a solubilidade da sacarose em água, em suas experiências, estabeleceu a seguinte equação, para as determinações de 0 a 100°C.

$$X= 64,18 + 0,1348+0,000531\ t^2$$

Onde,

X=% de sacarose no ponto de saturação

X_2= temperatura em C°

A solubilidade da sacarose (S) em 100 G de água é calculada por decorrência, ou seja:

100 - x partes de água ________________x (sacarose)

100 partes de água __________S

Logo,

$$S = 100 . x / 100 - x \qquad (2)$$

Onde,

S= peso de sacarose por 100 de água de solubilidade da sacarose para a temperatura estabelecida.

Do mesmo modo, a porcentagem de sacarose (x) por peso total ou para uma dada solubilidade é calculada, conforme:

$$X = 100 \,.\, S \,/\, 100 + S$$

onde,

x= % de sacarose

S= peso de sacarose por 100 de água (solubilidade)

Charle, um dos estudiosos do comportamento dos açúcares, por exemplo, estabeleceu novos valores de solubilidade da sacarose, a partir da seguinte equação:

$$X = 64{,}397 + 0{,}7251\, t + 0{,}0020569\, t^2 - 9{,}035\, x\, 10^{-6}\, t^3 \qquad (4)$$

Onde,

X= % de sacarose

t= temperatura

A solubilidade da sacarose (gramas de sacarose por 100 gramas de água) é calculada por decorrência, conforme fórmula (02).

Por outro lado, Vavrinecz (1962), estudando a solubilidade da sacarose, estabeleceu novos valores, que não chegam a variar de mais do que 0,05%.

Os dados deste autor têm servido de base para muitos trabalhos sobre a cristalização da sacarose.

Para efeito de compreensão deste assunto, alguns valores de solubilidade da sacarose, em função da temperatura, são dados na tabela 74.

Verifica-se que os valores da tabela 74 representam, para uma dada temperatura, a solubilidade da sacarose em 100 de água no ponto de saturação. Entretanto, a adição de um terceiro componente à uma solução saturada de sacarose pode aumentar ou diminuir sua solubilidade. Esta condição é a das soluções impuras de sacarose.

19.2.2 SOLUBILIDADE DA SACAROSE EM SOLUÇÕES IMPURAS

A solubilidade da sacarose em soluções impuras de sacarose depende tanto da quantidade das impurezas, como de sua natureza.

Para o caso de soluções impuras de sacarose, há necessidade de se definir o coeficiente de solubilidade. Este valor permite fazer uma comparação direta com a solubilidade que se teria para uma solução de sacarose pura. O coeficiente de solubilidade de uma solução impura de sacarose pode ser definido como:

$$CS = \frac{Solubilidade\ da\ Sacarose\ em\ uma\ solução\ impura\ (pureza\ R)a\ Temperatura\ t°C}{Solubilidade\ da\ Sacarose\ em\ uma\ solução\ pura\ (Pureza\ 100)a\ Temperatura\ t°C}$$

Tabela 74 - Solubilidade da sacarose, segundo HERZFELD, CHARLES e VAVRINECZ (1962).

Temperatura t °C	HERZFELD (1982)		CHARLES(1960)		VAVRINECZ (1962)	
	X	S	X	S	X	S
0	64,18	179,2	64,40	180,9	64,45	181,27
10	65,58	190,5	65,32	188,4	65,43	189,26
20	67,09	203,9	66,60	199,4	66,72	200,47
30	68,70	219,5	68,18	214,3	68,29	215,35
40	70,42	238,1	70,01	233,4	70,10	234,50
50	72,25	260,4	72,04	257,6	72,12	258,63
60	74,18	287,3	74,20	287,6	74,26	288,56
70	76,18	320,5	76,45	324,7	76,48	325,15
80	78,36	362,2	78,74	370,3	78,68	368,99
90	80,60	415,7	81,00	426,2	80,77	420,04
100	82,97	487,2	--	--	82,65	476,34

Fonte: **Herzfeld (1982), Charles (1960) e Vavrinecz (1962)**

X = g de sacarose eu 100 g de solução
S = g de sacarose em 100g de água

$$Cs = \frac{S°}{S'}\text{, onde}\quad \mathbf{CS\ em\ água = 1{,}0}$$

Onde,

Cs = coeficiente de solubilidade da solução impura

S^0 = Massa de sacarose, dissolvida em 100 partes de água de uma solução saturada impura, pureza R, a temperatura t° C.

S´= massa de sacarose, dissolvida em 100 partes de água de uma solução saturada pura, pureza 100, a temperatura t° C

19.2.3 AVALIAÇÃO DA SOLUBILIDADE, EM FUNÇÃO DA PUREZA DE UMA SOLUÇÃO IMPURA

Segundo Thieme, citado por MEADE (1967), o coeficiente de solubilidade de uma solução açucarada qualquer, seja xarope, méis, etc., decresce com sua pureza, isto é, decresce com a quantidade de sacarose e de não açúcares, sendo mais ou menos da seguinte ordem:

Pureza da solução	C.S
100	1,00
90	0,97
80	0,94
70	0,90
60	0,86
50	0,80
40	0,73
30	0,65

O coeficiente de solubilidade da sacarose de uma solução impura, como se vê, varia com a temperatura, embora não apreciavelmente, e com a quantidade de sólidos (Brix) presentes nesta mesma solução.

A Figura 156 ilustra a relação entre temperatura, pureza e sólidos de amostras de melaço. As curvas desta figura, segundo Meade (1967), foram preparadas partindo-se de diversas amostras de um mesmo melaço de pureza conhecida, ás quais foram acrescentadas diversas quantidades de sacarose pura. Com isso, foram obtidas diversas amostras do mesmo melaço, mas com purezas diferentes. A seguir, cada amostra foi submetida à determinação de sua temperatura de saturação pela técnica do saturoscópica. Determinou-se, também, a concentração em sólidos.

Pela Figura 156, verifica-se que as curvas obtidas, à medida que se aumenta a concentração de sólidos (Brix), com o aumento da temperatura, são aproximadamente paralelas à obtida com a da sacarose pura.

Para efeito do cálculo do coeficiente de solubilidade, considere os seguintes dados, a partir, ainda, da Figura 156.

Condições	Ponto "A"	Ponto "B"
Pureza	50%	100%
Brix	77%	69,1%
Temperatura	35°	35°C

a) Solubilidade no ponto "A"

1. Teor de água: 100 - 77 = 23%
2. % de sacarose: 100 x sacarose = pureza x Brix

Logo,

$$\text{Sacarose} = \frac{50 \times 77}{100} = 38{,}50\%$$

Nessas condições, a solubilidade da sacarose no ponto "A", por 100 de água, será:

23 partes de água ____________________ 38,50 partes de sacarose ou g.
100 partes de água ____________________ S

$$S = \frac{100 \times 38{,}50}{23} = 167{,}4 \text{ g.}$$

b) Solubilidade no ponto "B"

1. Teor de água: 100 - 69,1 = 30,9%
2. % de sacarose: 69,1% (pureza 100)

Nessas condições, a solubilidade da sacarose, por 100 de água, será:

30,9 partes de água ____________________ 69,1 partes de sacarose (sólidos)
100 partes de água ____________________ S´

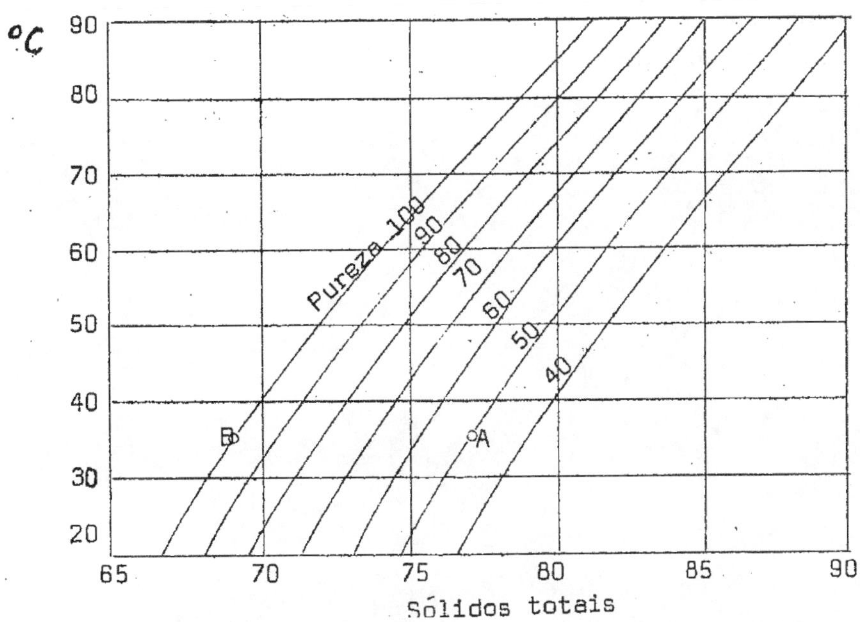

Figura 156 - Sólidos totais em soluções saturadas de açúcar e diversas purezas e temperaturas.

Logo,

S′ = 223,6 g de sacarose / 100g de água.

c) Coeficiente de solubilidade

De acordo com a definição do coeficiente de solubilidade no ponto "A", o CS será de 0,749, ou seja:

$$CS = \frac{167,4}{223,6} = 0,749$$

Este valor pode ser visto também na figura 156, que será inserida mais adiante. Nesta figura, será possível ver que, na temperatura de 35° C e na pureza de 50, o CS, no ponto C, é de 0,749, aproximadamente.

Verifica-se, pois, que para o cálculo do coeficiente de uma solubilidade de sacarose de uma solução impura (melaço, méis, xaropes, etc.) há necessidade de se reconhecer: porcentagem de sólidos, temperatura de saturação, pureza e porcentagem de sacarose. A partir desses dados, calcula-se a pureza da solução para a temperatura em questão.

Thiene, citado por Meade (1967), calculou dados em que relaciona pureza, porcentagem de sólidos (Brix) e temperatura da solução (Tabela 75) e Thiele; Langen (1974).

É evidente que, para o cálculo do coeficiente, há necessidade de se conhecer a solubilidade da sacarose em 100 g de água, conforme dados da tabela 75. Uma tabela 75 de dados mais completa, entretanto, é o pertinente, calculado por Vavrinecz (1962), atualmente recomendado, inclusive, pelo ICUMSA.

T= temperatura em ° C;

X= g de sacarose em 100g da solução;

S= g de sacarose em 100g de água.

Tabela 75 - Sólidos totais em solução de caldos, xaropes e méis de cana na condição de saturação, em função da temperatura e pureza (*).

Pureza	Temperatura (°C)									
	62	64	66	68	70	72	74	76	78	80
92	75,6	76,0	76,4	76,8	77,2	77,6	78,0	78,4	78,9	79,3
90	75,9	76,3	76,6	77,1	77,5	77,9	78,3	78,7	79,1	79,5
88	76,2	76,5	77,0	77,3	77,7	78,1	78,5	78,9	79,3	79,7
86	76,5	76,8	77,2	77,6	78,0	78,4	78,8	79,2	79,8	80,0
84	76,7	77,1	77,5	77,9	78,3	78,7	79,1	79,5	79,9	80,3
82	77,0	77,4	77,8	78,2	78,6	79,0	79,4	79,7	80,1	80,5
80	77,3	77,7	78,1	78,5	78,9	79,2	79,6	80,0	80,4	80,8
78	77,6	78,0	78,4	78,8	79,2	79,5	79,9	80,3	80,7	81,1
76	78,0	78,4	78,7	79,1	79,5	79,8	80,2	80,6	81,0	81,4
74	78,3	78,7	79,1	79,4	79,8	80,2	80,5	80,9	81,3	81,7
72	78,7	79,0	79,4	79,8	80,1	80,5	80,9	81,2	81,6	82,0
70	79,0	79,4	79,7	80,1	80,5	80,8	81,2	81,6	81,9	82,3
68	79,3	79,7	80,1	80,4	80,8	81,1	81,5	81,9	82,2	82,6
66	79,7	80,1	80,4	80,8	81,1	81,5	81,8	82,2	82,6	82,9
64	80,1	80,4	80,8	81,1	81,4	81,8	82,2	82,5	82,9	83,2
62	80,4	80,8	81,1	81,5	81,7	82,1	82,5	82,8	83,2	83,5
60	80,8	81,1	81,4	81,8	82,1	82,4	82,8	83,1	83,5	83,8
58	81,1	81,4	81,7	82,1	82,4	82,7	83,1	83,4	83,8	84,1
56	81,4	81,7	82,0	82,4	82,7	83,0	83,4	83,7	84,1	84,4
54	81,7	82,1	82,4	82,7	83,0	83,3	83,7	84,0	84,4	84,7
52	82,1	82,4	82,7	83,0	83,3	83,7	84,0	84,3	84,7	85,0
50	82,4	82,7	83,0	83,4	83,7	84,0	84,3	84,6	85,0	85,3
48	82,8	83,1	83,4	83,7	84,1	84,3	84,6	85,0	85,3	85,6
46	83,2	83,5	83,8	84,1	84,4	84,7	85,0	85,3	85,6	85,9
44	83,3	83,6	84,1	84,4	84,7	85,0	85,3	85,6	85,9	86,2
42	83,9	84,2	84,5	84,8	85,1	85,3	85,6	85,9	86,2	86,5

(*) Dados de THIEME, citado por MEADE (1967).

Tabela 76 - Solubilidade da sacarose em 100 g de água em solução pura a pressão normal (VAVRINECZ, 1962) *

T	X	S	T	X	S	T	X	S
0	64,45	181,27	35	69,17	224,36	67	75,81	313,43
1	64,53	181,93	36	69,35	226,29	68	78,03	317,27
2	64,62	182,62	37	68,54	228,27	69	76,26	321,17
3	64,71	183,35	38	69,72	232,37	70	46,48	325,16
4	64,80	184,11	39	69,91	232,37	71	76,70	329,20
5	64,90	181,89	40	70,10	234,50	72	76,92	333,33
6	65,00	184,89	41	70,30	236,68	73	77,14	337,52
7	65,10	186,54	42	70,49	238,90	74	77,36	341,79
8	65,21	187,41	43	70,69	241,18	75	77,53	346,15
9	65,32	188,32	44	70,89	243,50	76	77,81	350,58
10	65,43	189,26	45	71,09	245,89	77	78,03	355,08
11	65,54	190,23	46	71,29	248,32	78	78,24	248,32
12	65,66	191,23	47	71,50	250,82	79	78,46	364,27
13	65,78	192,27	48	71,70	253,37	80	78,68	368,99
14	65,91	193,33	49	71,91	255,97	81	78,89	373,78
15	66,04	194,44	50	72,12	258,63	82	79,11	378,65
16	66,17	195,58	51	72,33	261,34	83	79,32	383,58
17	66,30	196,75	52	72,54	264,11	84	79,53	368,59
18	66,44	197,95	53	72,75	266,96	85	79,74	393,68
19	66,58	199,19	54	72,96	269,86	86	79,95	398,62
20	66,72	200,47	55	73,18	272,81	87	80,16	404,01
21	66,86	201,79	56	73,39	275,84	88	80,36	409,28
22	67,01	203,13	57	73,61	278,92	89	80,57	414,64
23	67,16	204,52	58	73,83	282,07	90	80,77	420,04
24	67,31	205,94	59	74,04	285,28	91	80,97	425,49
25	67,47	207,43	60	74,22	288,56	92	81,17	430,96
26	67,63	208,93	61	74,48	291,90	93	81,36	436,51
27	67,79	210,47	62	74,70	295,32	94	81,56	442,12
28	67,95	112,06	63	74,92	298,82	95	81,74	447,75
29	68,12	213,68	64	75,15	302,36	96	81,93	453,40
30	68,29	215,35	65	75,37	306,96	97	82,11	459,09
31	68,46	217,07	66	75,59	309,66	98	82,30	464,84
32	68,63	218,82	-	-	-	99	82,47	470,59
33	68,81	220,62	-	-	-	100	82,65	476,34
34	68,99	222,46	-	-	-	-	-	-

(*) Sugar Technol. Ver., (1971). P. 194.

De acordo com as tabelas 75 e 76, o coeficiente de solubilidade de uma solução impura é calculado conforme:

Dados conhecidos:

1. Sólidos (Brix) 83 (obtido por análise)
2. Pureza 50
3. Temperatura 66° C
4. Solubilidade da sacarose em solução pura 309,66 (Tabela 75)

Dados calculados

1. Peso de sacarose da solução impura

$$\text{Pureza} = \frac{100 \,.\, \text{Sacarose}}{\text{Sólidos}} \quad \text{Ou} \quad 50 = \frac{100 \,.\, X}{83}$$

Logo,

$$X = 41{,}5\%$$

- Peso de água na solução impura

Peso de água = 100 – 83 = 17,0%

2. Solubilidade da sacarose na solução impura

17 partes de água ________________ 41,5
100 partes de água ________________ S

Logo,

$$S = \frac{100 \,.\, 41{,}5}{17} = 244{,}12$$

Nessas condições, o coeficiente de solubilidade será de:

$$CS = \frac{244{,}12}{309{,}66} = 0{,}788$$

O mesmo critério deve ser repetido para outras determinações, desde que se conheça algumas das variáveis em questão.

19.2.4 EFEITOS DAS IMPUREZAS NA SOLUBILIDADE

Foi dito, inicialmente, que as impurezas influem sobre a solubilidade da sacarose, de acordo com sua natureza e quantidade.

Como os açúcares invertidos e os componentes minerais (cinzas) estão sempre presentes nas soluções industriais de sacarose (xarope e méis), é de se esperar, nas soluções industriais de sacarose (xarope e méis), que a solubilidade desse dissacarídeo dependa primordialmente da proporção relativa desses componentes.

Meade (1967), focalizando ilustrações de Charles (1960), mostra exemplos típicos de acordo com a figura 157. Verifica-se que num melaço com alto teor de açúcar redutor, ou seja, com uma relação Açúcar redutor / cinza (AR / C) mais elevada (2,42), os coeficientes de solubilidade são menores do que a unidade. Isso significa que nesta solução ocorre a dissolução de menos sacarose do que se poderia dissolver em água pura.

De outra forma, pela figura 158, observa-se que e solubilidade da sacarose aumenta quando se tem uma relação AC/Cinzas menor 0,94 (Figura 158). Neste caso, os coeficientes de solubilidade são maiores do que a unidade, para temperaturas mais elevadas.

Conclui-se que, a rigor, a temperatura sendo mais elevada, concorre para o aumento do coeficiente de solubilidade. O efeito das cinzas, pela análise da Figura 158, é realmente o de aumentar a solubilidade da sacarose.

De forma isolada, verifica-se também que o açúcar invertido tem grande poder de insolubilização da sacarose, conforme citação de Kelly(1969). Segundo este autor, a glucose tem um poder de insolubillzação da sacarose (Figura 157) maior do que a frutose.

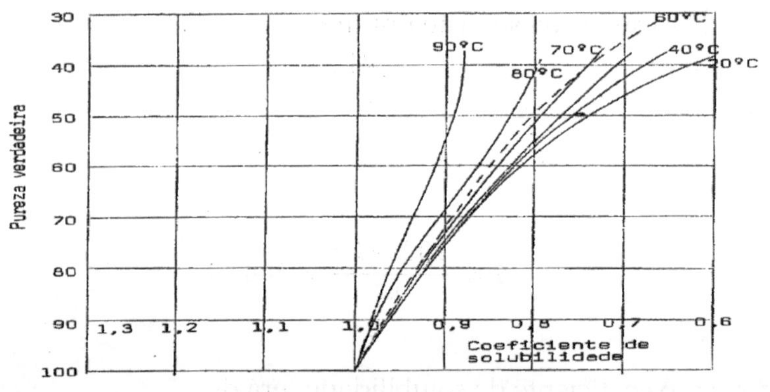

Figura 157- Coeficiente de solubilidade para a relação açúcares redutores/cinzas de 2,42.

Fonte: Charles (1960)

O efeito do açúcar invertido no coeficiente de solubilidade da sacarose a 30°C pode ser visto na Tabela 77.

Do mesmo modo, aumentando-se a temperatura, terá valores de solubilidades mais elevados, porém, decrescentes com o aumento da concentração do invertido na solução, fato que demonstra que esses açúcares diminuem a solubilidade de sacarose (Figura 158).

Do ponto de vista das cinzas, parece essencial que se leve em consideração a natureza dos elementos presentes na solução, além de sua concentração.

Kelly (1969) demonstrou que os íons que tendem a formar hidratos diminuem também a solubilidade da sacarose, concorrendo, pois, para sua insolubilização. É o caso de se ter nas soluções cloreto de cálcio, cloreto do potássio, sulfeto de magnésio e outros.

O comportamento de melaços de beterraba, em razão de mostrarem sempre um maior teor de cinzas e pouco açúcar redutor, ou seja, uma relação mais baixa de AR / C, difere muito dos melaços de caldo de cana. Em geral, os melaços de beterraba apresentam purezas maiores do que os de cana-de-açúcar. Tem-se observado que os melaços de beterraba, a solubilidade da sacarose aumentam à medida que a pureza diminui. A rafinose, principal açúcar redutor da beterraba, exerce também influência na solubilidade da sacarose. Em geral, a rafinose tende a provocar uma diminuição da solubilidade da sacarose, à medida que se eleva a temperatura.

Em resumo, verifica-se, a grosso modo, que a natureza e a composição dos xaropes e méis pode exercer uma influência notável na solubilidade da sacarose, de tal forma que não se pode construir uma tabela de dados que seja válida para todas as regiões açucareiras no mundo. Cada região ao centro açucareiro, deve determinar os valores de solubilidade de acordo com o material disponível para a industrialização, em decorrência das relações de açúcares redutores/cinzas (Figura 158).

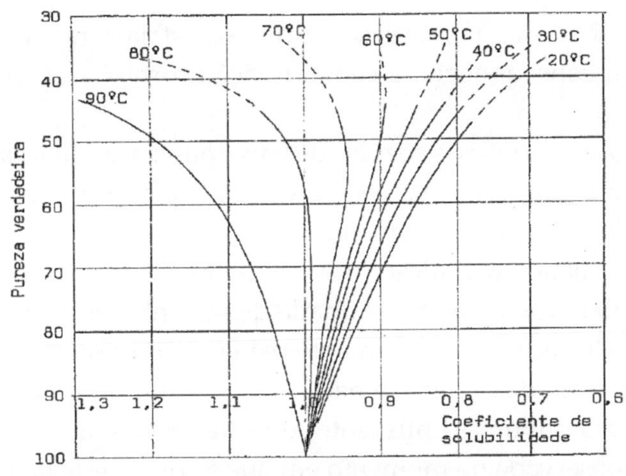

Figura 158 - Coeficiente de solubilidade para a relação açúcares redutores/cinzas de 0,94.
Fonte: **Charles (1960)**

19.2.5 DETERMINAÇÃO DA TEMPERATURA DE SOLUBILIDADE DA SACAROSE

A determinação da temperatura de solubilidade da sacarose nas soluções açucaradas se reveste de importância, principalmente no que diz respeito à operação de separação de cristais dos méis nas centrífugas.

Tabela 77 - Solubilidade da sacarose em soluções contendo açúcar invertido a 30° C.

Concentração de açúcar invertido em g/100 de água	Solubilidade da sacarose (g/100 g de água)	Coeficiente de solubilidade
0	219	----
50	197	0,90
100	182	0,83
150	170	0,78
200	159	0,73
250	152	0,69
300	146	0,67
350	143	0,65
400	141	0,64

Sabe-se que à medida que as massas cozidas se esfriam nos cristalizadores, a viscosidade aumenta e, em consequência, a centrifugação torna-se difícil à baixa temperatura (Tabela 77).

Na prática, para o caso das massas cozidas de baixa pureza, as quais são mantidas nos cristalizadores por mais tempo, com vistas à obtenção de um máximo de cristalização complementar, geralmente um aquecimento é realizado a uma temperatura tal, que permita a boa separação dos méis dos cristais formados, a diluição constitui outra alternativa para levar a massa cozida à condição de saturação Portanto, há necessidade de se conhecer esses limites de temperatura de solubilidade ou de saturação, principalmente para os produtos de baixa pureza.

Existem diversas formas de se determinar a temperatura de saturação ou de solubilidade da sacarose em soluções impuras. Entretanto, esta determinação não é fácil, visto que esta temperatura deve ser observada no momento em que se tiver certeza do equilíbrio da solução com a base sólida (sacarose) Os fatores tempo, temperatura e viscosidade podem influenciar nas determinações.

Entre as técnicas de determinação, a do emprego do microscópio, conhecido, quando adaptado para realizar tal medição, pelo nome de se saturascópio, tem sido bastante desenvolvida.

O saturascópio que se tem usado consta de uma célula, construída em vidro, em cobre, em aço inoxidável ou em outro material qualquer, de forma circular e com furos, tanto na parte de cima como na de baixo, para facilitar a passagem de luz. Estes dois furos são vedados com pequenas lâminas de vidro. Internamente à célula, coloca-se uma pequena resistência elétrica, para o devido aquecimento, que será controlado por um reostato. Um termômetro é também colocado estrategicamente no conjunto, para o controle da temperatura. Na parte central da célula é colocada uma pequena lâmina suporte, também de vidro, de forma circular ou quadrada, destinada a receber o mel e o açúcar a ser analisado, ou simplesmente um mel que se supõe conter alguns grânulos de açúcar ainda intactos.

A técnica mais usual consiste em colocar uma gota de mel ao redor de um miligrama de açúcar, finamente dividido, preferivelmente na forma de fagulhas cristalizadas. Procede-se, em seguida, ao aquecimento da resistência, ao mesmo tempo em que se observa atentamente pelas oculares do microscópio, as possíveis reações entre o mel e o açúcar, decorrentes da elevação da temperatura que deve ser gradual. O momento em que se começa a observar a erosão do bordo do cristal de sacarose, que passa a tornar-se arredondado ou desgastado, é anotado como sendo o correspondente à temperatura de saturação da amostra. Esta temperatura é acusada no termômetro. Neste momento, a solução está saturada em relação à sacarose.

Segundo a literatura, este critério é trabalhoso, só permitindo chegar-se a bons resultados após várias tentativas de determinações. A velocidade de aquecimento deve ser controlada, de modo a não passar de 1°C por minuto. A velocidade de 20 segundos para cada aumento de 1°C parece ser a que dá os melhores resultados de saturação.

Segundo Kelly (1969), a técnica do saturoscópio é apropriada para materiais de baixa pureza ou de pureza inferior à 60°C, não sendo recomendada para soluções puras. O ICUMSA vem recomendando também a técnica do saturascópio.

19.2.6 SOLUÇÕES SUPERSATURADAS DE SACAROSE

Como tem sido mencionado, a sacarose é muito solúvel em água, solubilidade esta, entretanto, governada pelo efeito isolado ou combinado da temperatura e das impurezas presentes em seu meio.

Quando a temperatura e a proporção de água presente são mantidas constantes, uma solução de sacarose estará numa das três condições de equilíbrio a seguir:

Solução instável ou diluída ou não saturada:

Nesta solução, considerando-se apenas a sacarose e a água, verifica-se que a mesma pode passar de diferentes graus de diluição para diferentes graus de concentração. A água presente na solução terá sempre capacidade de dissolver mais sacarose. O caldo de cana e o xarope, por exemplo, constituem soluções diluídas e impuras de sacarose.

Solução estável, concentrada ou saturada:

Pela adição sucessiva de certa quantidade de sacarose, mantendo-se ainda constantes a temperatura e a proporção de água, se atingirá, depois de certo tempo, uma condição em que a solução perderá a propriedade de dissolver mais sacarose. A solução não dissolve mais açúcar, sendo considerada como saturada.

Solução instável ou superconcentrada ou supersaturada:

A solução saturada passa à condição de supersaturada desde que mostre uma concentração de sacarose superior à que tinha anteriormente, sem que haja alguma formação ou crescimento de cristais. A solução fica em estado de supersaturação, isto é, em equilíbrio. Estável, no qual pode permanecer maior ou menor tempo, dependendo das condições reinantes na solução.

Na prática, soluções supersaturadas são conseguidas por resfriamento ou por evaporação de soluções saturadas. O fenômeno é explicado como sendo uma espécie de inércia, que impede ou dificulta a cristalização.

Na cristalização da sacarose do caldo de cana das usinas de açúcar, a condição de supersaturação é de particular importância, principalmente por estar inerente às condições da pureza do material em processamento.

19.3 COEFICIENTE DE SUPERSATURAÇÃO

Numericamente, a condição de supersaturação de soluções açucaradas é expressa em termos de coeficiente de supersaturação. Este representa a relação entre o peso de sacarose dissolvida em 100 partes de água de uma solução supersaturada e o peso de sacarose dissolvida em 100 partes de uma solução saturada, mantidas constantes outras variáveis, inclusive, temperatura e pureza, sendo definido como:

$$C.S.S. = \frac{S''}{S'}$$

Onde,

C.S.S = coeficiente da supersaturação.

S"= peso de sacarose (partes) dissolvida em 100 partes de água de uma solução supersaturada de pureza R e á temperatura T° C.

S´= peso de sacarose (partes) dissolvida em 100 partes de água de uma solução saturada, pura e á temperatura T° C.

Pela definição deste coeficiente, verifica-se que, em se tratando de soluções supersaturadas, o C.S.S. será sempre maior do que a unidade e, tanto maior quanto mais saturada estiver a solução.

Para uma melhor caracterização do que foi até aqui exposto, para o caso das soluções açucaradas é compreensível que, quando:

a) C.S.S. = 1, a solução pode ser enquadrada como sendo saturada,

b) C.S.S. < 1, a solução é tida como não saturada ou diluída.

c) C.S.S. > 1, a solução é super saturada.

19.3.1 ZONAS DE SUPERSATURAÇÃO

Em uma solução, não se formam e nem crescem os cristais de sacarose a menos que se leve a mesma à condição de supersaturação.

Na fabricação do açúcar, esta condição de supersaturação, que permite a nucleação (formação de cristais) e o crescimento dos cristais de sacarose, ocorre sempre depois da concentração progressiva de certa quantidade do xarope ou de magma, ou do açúcar de segunda refundido nos cozedores.

Na prática industrial, para que a nucleação e o crescimento dos cristais se processem em ritmo desejável, é necessário que as soluções sejam conduzidas em níveis adequados de supersaturação, variando, numericamente, de 1,10 a 1,50. Nos cozedores das usinas de açúcar, verifica-se que à medida que os cristais se formam e crescem, a supersaturação tende a diminuir e, para que esta seja mantida em nível adequado, é preciso que a água evaporada seja substituída por novas cargas de xarope ou de mel.

Tecnicamente, a condição de supersaturação de soluções açucaradas está limitada a 3 zonas ou fases:

a) Zona metaestável
b) Zona intermediária
c) Zona lábil

Em algumas soluções, essas zonas são estreitas, dificultando um controle mais exato. Antigamente, a operação dos cozedores era conduzida apenas na base de experiência. O cozimento era considerado uma arte. Depois do conhecimento das curvas de supersaturação das soluções açucaradas, as quais produzem exatamente o que se passa durante a obtenção das massas cozidas nos cozedores, executada ainda hoje em muitas usinas pela prática de cozedores habilidosos, o controle dos cozimentos, através desses coeficientes, passou a ser sugerido e estudado nos diversos centros açucareiros do mundo.

As representações gráficas da figura 159 ilustram o posicionamento esquemático das zonas de supersaturação de soluções açucaradas realizadas para a sacarose pura, segundo dados de VAVRINECZ (1962). Aparece, ainda nesta figura 159, a zona de saturação e a de não saturação.

O estudo e o conhecimento dessas três zonas têm importância fundamental para a cristalização da sacarose, envolvendo desde a fase de nucleação até o desenvolvimento final dos cristais. De acordo com interpretação da figura 159, tem-se as três zonas:

a) Zona metaestável

A zona metaestável é a que mais se aproxima da linha de saturação da sacarose, faceando-se no seu limite inferior. Para o caso de solução da sacarose quimicamente pura, o limite inferior em C.S.S. é de 1,00 e o superior de 1,20.

Nesta faixa de supersaturação das soluções açucaradas ocorre:

- apenas crescimento dos núcleos cristalinos existentes,
- não mais nucleação ou formação de sacarose como cristal,
- tendência do coeficiente de supersaturação de aproximar do seu limite inferior.

b) Zona intermediaria

Esta zona, limitada por pequena diferença de coeficiente da supersaturação, está entre a metaestável e a considerada lábil. Os limites de C.SS. variam apenas de 1,20 a 1,30.

Nesta zona ocorre:

- crescimento dos cristais existentes
- formação de novos núcleos ou de falsos cristais (falso grão)
- tendência do C.S.S. atingir o limite superior da zona metaestável, onde passa a seguir as suas propriedades (apenas crescimento dos cristais).

c) Zona lábil

A zona lábil tem o seu limite inferior confrontando-se com o intermediário. Em soluções de sacarose quimicamente pura, o C.S.S. é maior ou igual a 1,3. Nesta zona, a nucleação da sacarose se processa espontaneamente, mesmo em ausência de qualquer base de cristalização. Logo, nesta zona é lícito esperar que haja:

- ocorrência de nucleação espontânea da sacarose,
- tendência de abaixamento do C.S.S. para o limite superior da zona intermediária, onde reinam novas condições.

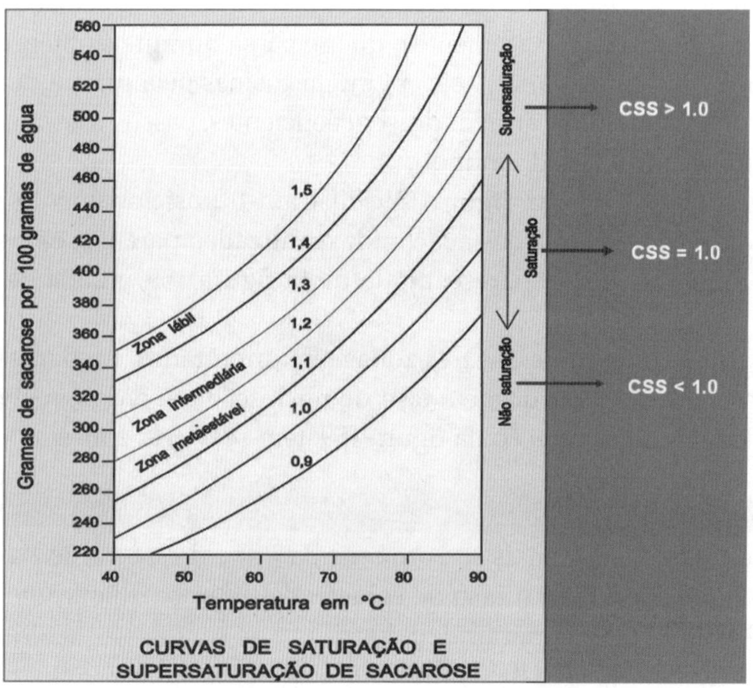

Figura 159 - Curvas de saturação e supersaturação de sacarose. *Fonte:* **Delgado e Cesar (1977).**

19.3.2 DETERMINAÇÃO DA SUPERSATURAÇÃO E NUCLEAÇÃO

Os parâmetros da Figura 160, realizados com os dados da solubilidade de sacarose quimicamente pura em água, não são exatamente os mesmos para o caso das soluções impuras da sacarose (xaropes de cana, beterraba, etc.). Supõem, pois, que as zonas de supersaturação têm seus limites relativamente alterados quando se pratica a cristalização da sacarose naqueles produtos. Esta alteração é devida, sem dúvida nenhuma, à presença, em solução, de açúcares invertidos e sais inorgânicos, que atuam tanto pela quantidade como pela natureza. Como tem sido evidenciado, tais componentes influem sobre a solubilidade da sacarose ou méis, precisamente sobre o coeficiente de saturação, aumentando ou diminuindo-o.

Em soluções de açúcar, para uso prático nas usinas de açúcar, o controle de cristalização deve ser observado na faixa de um C.S.S. (Coeficiente de Supersaturação), variando de 1,15 a 1,40.

A técnica de determinação do ponto de saturação da sacarose, por exemplo de um xarope que se está concentrando num cozedor, é a mesma descrita para a operação do saturoscópio.

Para a determinação do limite da zona metaestável - linha que separa a zona metaestável da intermediária - faz-se um cozimento. No momento em que se verifica o aparecimento de cristais novos, tem o limite superior da zona metaestável.

A zona lábil é caracterizada pelo aparecimento espontâneo de núcleos cristalinos microscópicos. O xarope é concentrado, progressivamente, até que o cristal de sacarose aparece espontaneamente. Este sistema é ainda seguido por muitas usinas de açúcar, sendo conhecido pelo método de "espera".

A nucleação propriamente dita, baseada na introdução de núcleos (semente) da sacarose dos cozedores, deve ser executada, por outro lado, quando a concentração estiver na zona metaestável (C.S.S. = 1,10 a 1,25). Depois de obtido o cristal na massa de xarope concentrado, o crescimento dos cristais deve ser conduzido nesta zona, até o final do cozimento. Entretanto se, por descuido, a concentração da solução baixar, pode ocorrer dissolução dos cristais. No caso de passar do limite superior desta zona (C.S.S. > 1,25), haverá a formação de falso grão.

A cristalização por choque é obtida quando o xarope é concentrado ao nível da zona intermediária, onde há formação de novos cristais, em presença dos outros nucleados, inicialmente na zona metaestável ou na zona lábil. Este último caso ocorre quando se tem um número insuficiente dos cristais. Obtido um número suficiente de cristais, o cozimento deve ser conduzido na zona metaestável.

As possibilidades da nucleação das soluções açucaradas decorrem do sistema operacional ou do estado de concentração do meio.

A presença de núcleos de sacarose nas soluções açucaradas dos cozedores é advinda:

a) Existência original no xarope e nos méis.

Neste caso, um xarope muito concentrado, dependendo das condições de funcionamento do evaporador (exceder na concentração), poderá mostrar o aparecimento de núcleos de sacarose. Do mesmo modo, os méis poderão conter minúsculos cristais que passam pelas telas das centrífugas. Esses núcleos requerem, pois, apenas as condições necessárias para o crescimento.

b) formação espontânea nos cozedores; os cristais aparecem no xarope, quando este é concentrado nos limites da zona lábil (método de espera).
c) Partículas inertes no xarope; a sacarose passa a acumular em torno de núcleos de partículas inertes (bagacilho, fuligem, argila, etc.).
d) nucleação artificial, uma suspensão de núcleos de sacarose injetada (semeada) no xarope, quando o mesmo, na zona metaestável, permite conduzir o cozimento nas condições necessárias para se ter apenas o crescimento.

Dessas quatro possibilidades de nucleação, a de semeação tem tido a preferência das usinas de açúcar.

Do ponto de vista prático, em função do C.S.S., a nucleação-da sacarose pode ser feita, portanto, de 3 modos:

Técnica	C.S.S.
espera	zona lábil
choque	zona intermediária
semente	zona metaestável

A tecnologia operacional desses sistemas de granagem será visto oportunamente.

19.3.3 EFEITO DAS IMPUREZAS NA SUPERSATURAÇÃO

A presença de impurezas nos xaropes industriais altera os limites de supersaturação que passam a variar, assim, com os coeficientes de pureza dos materiais em processamento.

Alguns estudiosos da cristalização demonstraram que os limites de supersaturação de soluções de sacarose variam, inversamente, para o estado de pureza. Segundo esses autores, os limites entre a zona metaestáveis e a lábil, em Função da pureza seriam as seguintes.

Pureza	C.S.S.
80	1,25
70	1,30
60	1,55

Graficamente, o comportamento da curva de separação entre a zona metaestável e lábil, em função da pureza, seria o da Figura 160.

Segundo esses autores, o limite de separação dessas duas zonas de supersaturação depende muito pouco da temperatura, baixando com o aumento deste fator.

19.3.4 AVALIAÇÃO NUMÉRICA DO COEFICIENTE DE SUPERSATURAÇÃO

O coeficiente de supersaturação pode ser também calculado conforme o indicado para o coeficiente de solubilidade.

De acordo com a definição do C.S.S., é fácil ver-se que, conhecendo este coeficiente, o qual é desejado para se fazer a granagem ou conduzir o cozimento, e também o valor de 9 (gramas de sacarose por 100 gramas de água da solução saturada pura, conforme dados das Tabelas 74 e 77), o valor de S", referente à supersaturação da sacarose na solução (Figura 160), torna-se imediatamente conhecido.

Logo, pela definição de C.S.S., tem-se:

$$C.S.S. = \frac{S''}{S'}$$

De onde resulta que:

$$S'' = C.S.S. \times S'$$

Supondo um: C.S.S. 1,1 e S' = 288,56, o valor de S" será :

$$S'' = 1{,}1 \times 288{,}56 = 317{,}41 \text{ g de sacarose por 100 g de água.}$$

O peso de sacarose por 100g da solução será conhecido pela fórmula (S'') acima.

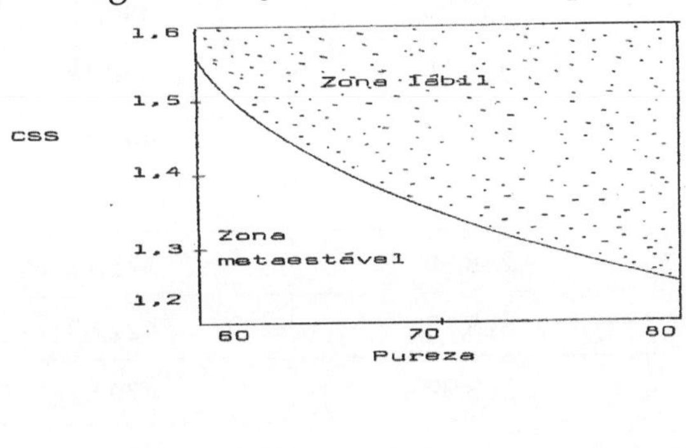

Figura 160 - Relação entre coeficiente de supersaturação e pureza (Zona lábil e metaestável).

Logo,

$$X = \frac{100 \cdot S}{100 + S} = \frac{100 \times 317{,}41}{100 + 317{,}41}$$

$$= 76{,}04 \text{ g de sacarose / 100 g de solução.}$$

É evidente que desejando-se fazer, por exemplo, a granagem neste valor de C.S.S. (1,1), basta controlar o valor de porcentagem de sólidos na solução. Através de tabelas especiais, pode-se relacionar a pureza com a temperatura (Tabela 78), de onde sairá o valor de sólidos. O refratômetro de vácuo tem sido usado para este fim.

Em sequência, para efeito de ilustração, são enumerados alguns dados sobre a supersaturação (9") de soluções de sacarose, nas temperaturas de 60, 70 e 80°C, em função de diversos valores de C.S.S.

De forma similar, podemos calcular outros valores de supersaturação para as faixas intermediárias dos diversos C.S.S. encontrados na Tabela 78.

As curvas da figura 161, calculadas com dados de Vavrinecz (1962), mostram a posição de diversos pontos de C.S.S., relacionados às temperaturas de 40 a 90°C. Esta figura mostra, ainda, as curvas de saturação e não saturação da sacarose, respectivamente, para um CS de 1,0 e 0,9.

Tabela 78 - Avaliação da Supersaturação em função dos diversos valores de CSS = coeficiente de supersaturação

CSS	T	S'	S"	X
1,1	60	288,56	317,41	76,04
	70	325,15	357,66	78,15
	80	368,99	405,89	80,23
1,2	60	288,56	346,27	77,59
	70	325,15	390,18	79,59
	80	368,99	442,79	81,57
1,3	60	288,56	375,13	78,95
	70	325,15	422,69	80,87
	80	368,99	479,69	82,75
1,4	60	288,56	403,98	80,15
	70	325,15	455,21	81,99
	80	368,99	516,59	83,78
1,5	60	288,56	432,84	81,23
	70	325,15	487,72	82,98
	80	368,99	553,48	84,70

T = temperatura em º C;
S′ = g de sacarose / 100 de água de uma solução pura;
S″ = g de sacarose / 100 de água de uma solução impura;
X = g de sacarose / 100 de água de uma solução

Segundo Smythe (1971), o grau de supersaturação das diversas soluções açucaradas tem sido expresso, em alguns trabalhos, pelo excesso de saturação. Este excesso de saturação é, simplesmente, a concentração de sacarose em excesso com o qual se procura atingir o equilíbrio de solubilidade à determinada temperatura.

De acordo com este conceito, pode-se definir:

$$C.S.S. = S'' - S'$$

Este conceito é válido, principalmente, quando se considera a massa de sacarose que se deve transferir para o cristal em crescimento. Smythe (1971) dá detalhes sobre a aplicação deste conceito em seus estudos de cristalização da sacarose.

19.4 QUALIDADE DO AÇÚCAR: FALSO GRÃO E CONGLOMERADOS

O falso grão, poeira ou falso cristal aparece durante o transcorrer dos cozimentos de soluções açucaradas nos limites superiores da zona metaestável, podendo aparecer, também, na zona lábil, onde, por via de regra, dá-se a cristalização espontânea.

O aparecimento do falso cristal nos cozimentos está correlacionado com a natureza dos xaropes, com o procedimento da evaporação e com o desempenho dos cozedores. Neste particular, parece que a agitação excessiva da massa cozida ocasiona o aparecimento de pequeníssimos fragmentos sólidos de sacarose, decorrentes da erosão de cristais maiores. Tais fragmentos alcançam logo tamanhos maiores, em decorrência de um crescimento rápido. Apesar da agitação da massa cozida constituir, assim, um dos fatores de "Formação do falso cristal", ela é necessária para evitar agregação e aglomeração.

Os estudiosos das operações da cristalização da sacarose enumeram muitas condições para a formação do falso cristal, a saber:

a) existência de poucos núcleos no período de nucleação,
b) existência de demasiado número de cristais,
c) ebulição muito rápida, conduzindo ~ supersaturação demasiadamente elevada,
d) xaropes e méis altamente impuros, podendo as impurezas servirem de núcleos,
e) existência de núcleos nos méis de alimentação. Em cozimentos refundidos, pequenos cristais passam pelas telas das centrífugas e vão até os cozimentos. Para evitar a pre-

sença desses cristais, deve-se aquecer o mel antes de ser puxado pelos cozedores pelo efeito do vazio.

f) entrada de ar.

A entrada de ar pode modificar as condições reinantes no cozedor, produzindo, por exemplo, algum "choque", efeito este, responsável pelo aparecimento de novos cristais.

Como o falso grão poderá prejudicar as operações de centrifugação, sua eliminação é inevitável. Uma das maneiras de eliminá-lo é injetar água nos cozedores, produzindo sua eliminação pelo efeito de diluição.

Além do falso grão (Figura 161b), pode aparecer nos cozimentos um conglomerado (Figura 161a), que nada mais é que um agrupamento de cristais ligados, por via de regra, através de suas faces cristalinas. Os conglomerados, uma vez formados nos cozedores, crescem juntos e são considerados os responsáveis pala baixa qualidade do açúcar final. Nesses cristais, geralmente ficam retidos em suas reentrâncias: impurezas, água, etc. Em razão disso, o açúcar final pode mostrar-se mais colorido, de baixa filtrabilidade e de mais difícil secagem e conservação, conforme estudo apresentado no Congresso ISSCT, em São Paulo. Foi também estudada a filtrabilidade do açúcar bruto produzido em diversas usinas de regiões paulistas, para determinar sua correção com a presença de impurezas: amido, goma, fosfato solúvel, sílica solúvel e cera. Avaliou-se, também, as correlações parciais entre essas impurezas e filtrabilidade do açúcar. As taxas de filtração das fábricas de açúcar nas regiões de Ribeirão Preto e Piracicaba (entre 23,4 ml /10 minutos e 173,4 ml /10 minutos) foram inferiores ao padrão médio de qualidade. No entanto, para as regiões de Jaú e Araraquara, esses valores foram superiores ao padrão adotado internacionalmente. O efeito negativo do fósforo e da goma solúveis sobre a filtrabilidade do açúcar bruto foi demonstrado com coeficientes de correlação significativos de 0,81 e 0,62, respectivamente. Isso demonstra a necessidade de melhorar os parâmetros do processo de clarificação do xarope, uma vez que a eliminação do fósforo ocorre no processo de clarificação. A correlação encontrada entre filtrabilidade e gomas pode ter ocorrido devido à baixa qualidade das matérias-primas introduzidas no processo, influenciando a formação das gomas. Sabe-se que a remoção das gomas é difícil e que as enzimas capazes de hidrolisar a goma precisam ser removidas. Amido, sílica solúvel e cera não mostraram correlações parciais significativas com a filtrabilidade.

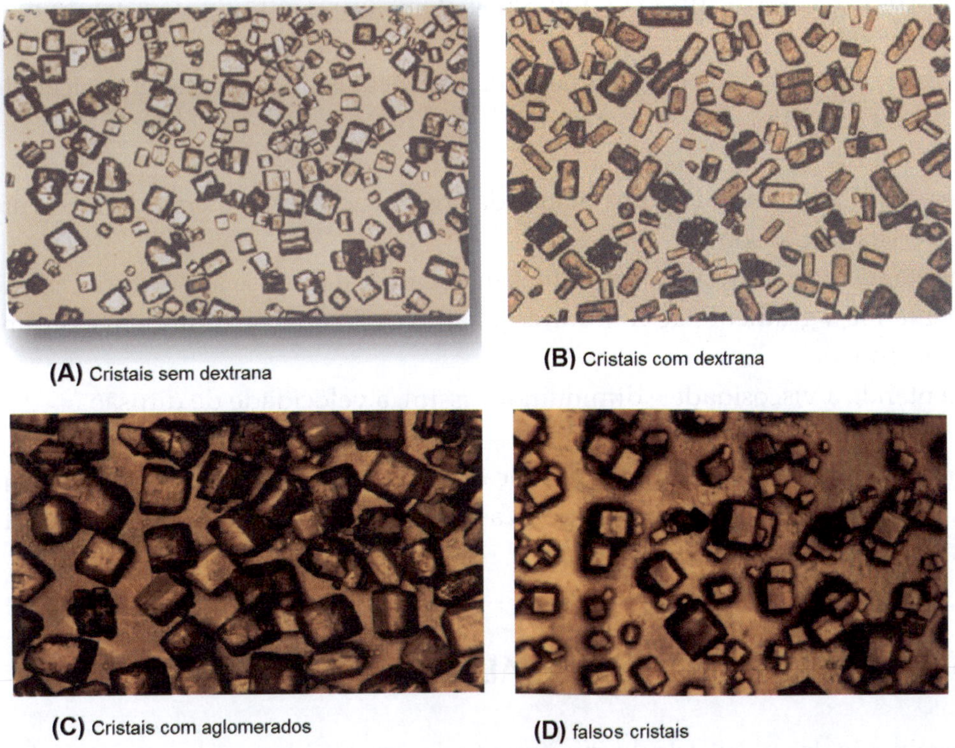

Figura 161 - O cristal normal (a) e com dextrana (b) conglomerados (c) e falso grão (d) no açúcar final, podem aparecer nos cozimentos, conforme informações da Copersucar e mostrados na foto de Danilo Tostes (1998 informação pessoal).

De modo geral, na literatura e na prática da fabricação, tem-se observado que:

- os conglomerados se formam com maior facilidade a purezas mais elevadas,
- as purezas baixas, caso comum dos cozimentos de 2º ou 3º, quase nunca se formam conglomerados.
- quando se usa o método de semeação, os núcleos iniciais, contendo conglomerados, esses crescerão da mesma forma que o cristal mãe, não sendo, portanto, destruídos durante o cozimento.
- a conglomeração se forma no limite superior da zona metaestável, precisamente antes da formação do falso grão. Não existe explicação plausível sobre a formação dos conglomerados, sendo certo que aparecem por acaso na massa em cozimento.

19.5 VELOCIDADE DA CRISTALIZAÇÃO

O crescimento dos cristais de uma solução impura de sacarose é função da velocidade de dois processos sucessivos:

a) processo de difusão: difusão de moléculas de sacarose, através da capa do mel que rodeia o cristal.
b) processo de acomodação: acomodação das moléculas de sacarose na posição devida na estrutura cristalina.

A supersaturação constitui a força matriz da cristalização. O aumento do C.S.S. afeta a velocidade de cristalização sob três aspectos:
- Aumentando a tendência das moléculas de sacarose a fixar-se à estrutura cristalina.
- Aumentando a gradiente de concentração, através da qual se difundem essas moléculas de sacarose
- Aumentando a viscosidade e diminuindo, assim, a velocidade de difusão.

De modo geral, a velocidade de cristalização da sacarose nos cozedores varia com a concentração, com a temperaturas, com as purezas das massas cozidas, com a forma e tamanho dos núcleos cristalinos.

19.5.1 DETERMINAÇÃO DA VELOCIDADE DE CRISTALIZAÇÃO

A determinação da velocidade de crescimento dos cristais de sacarose, suspensos em soluções impuras de sacarose, pode ser feita de duas maneiras:

a) observação periódica do tamanho dos cristais individuais.
b) determinação da concentração do meio de crescimento dos cristais

O primeiro critério, apesar de muito trabalhoso, é empregado pela maioria dos investigadores, visto que permite obter a velocidade absoluta de cristalização da sacarose. O segundo é conveniente apenas para se estudar a ordem e o mecanismo do crescimento.

Para se conhecer a velocidade de cristalização pelo primeiro critério, usa-se de medidas microscópicas diretas, medidas de projeção do tamanho dos cristais e de determinação do peso do cristal.

Contudo, outros critérios têm sido empregados para o mesmo fim, tais como os baseados na flotação e na incorporação de moléculas radioativas.

19.5.2 FATORES INTERFERENTES NA PUREZA DO LICOR MÃE

A velocidade de cristalização baixa rapidamente, se a pureza do licor mãe decresce. Essa é uma das razões pelas quais um cozimento das massas de baixo grau de pureza necessita de um tempo maior para ser completado do que um de alto grau.

Impurezas

Evidentemente, a presença de impurezas está correlacionada ao fator de pureza do licor mãe.

Em geral, as impurezas tendem a retardar o crescimento dos cristais, retardamento este mais ou menos acentuado, conforme a natureza da impureza considerada.

Temperatura

A velocidade de crescimento dos cristais de sacarose aumenta rapidamente, pelo consequente aumento da temperatura.

Estudos efetuados por diversos estudiosos revelaram que, à medida que se aumente a temperatura, a cristalização torna-se mais rápida. Por outro lado, pela diminuição da temperatura, tem-se observado um aumento da viscosidade da massa cozida, ocorrendo, com isso, uma maior dificuldade na sua circulação. Há, em consequência, uma menor velocidade de crescimento dos cristais.

A caramelização, a inversão e a formação de cor, acontecem, também, em consequência do aumento da temperatura. O efeito desses fatores se faz sentir, principalmente, na produção do açúcar branco, razão pela qual os cozimentos, atinentes à fabricação deste tipo de açúcar, devem ser conduzidos à baixa temperatura.

Do ponto de vista teórico, o transporte de sacarose (difusão), com vistas ao crescimento do cristal, é relativamente importante quando se trabalha a temperaturas elevadas. Para o caso das temperaturas mais baixas, não existem ainda dados concluídos.

De qualquer forma, durante a fase da cristalização da sacarose, o efeito inibidor do crescimento dos cristais fica mais responsabilizado pelas impurezas presentes no meio.

De modo geral, as temperaturas recomendadas na condução dos cozimentos são as seguintes:

a) massa de alta pureza ------------ 65 - 75°C
b) massa de baixa pureza ---------- 65°C

Para corrigir o inconveniente do aumento da viscosidade, recomenda-se:

a) utilização de cozedores que, pelo seu desenho e construção, facilitem a circulação,
b) utilização de "pés de cozimento" em maior volume e de tal forma que o número "n" de bases iniciais seja o maior possível, aumentando-se, com isso, a cristalização, por deposição. Esta iniciativa facilita o maior esgotamento dos méis, visto que:
c) (b') quanto menor o cristal, maior será a superfície total dos mesmos e
d) (b'') quanto menor o cristal, menor será a distância média que deve percorrer qualquer molécula de sacarose, para alcançar a superfície mais próxima.

As operações de difusão e acomodação das moléculas de sacarose são, portanto, facilitadas. Supõem-se, contudo, que sendo a massa cozida de natureza muito viscosa, as dificuldades da sacarose atingir os cristais vizinhos aumentam. Nessas condições, deve-se aumentar a nucleação, ou seja, aumentar o número de núcleos, para que se tenha uma maior superfície de cristal. No Havaí, o tamanho final dos cristais das massas cozidas de mais baixo grau de pureza está ao redor de 0.2 a 0,3 mm, sendo que 0,3 mm é a média de muitos países. As massas de mais alto grau de pureza podem apresentar cristais maiores. São comuns as dimensões de 1 mm.

CAPÍTULO 20

COZIMENTO DO XAROPE

A concentração do caldo é realizada em duas etapas consecutivas: a primeira, efetuada nos evaporadores, onde se obtém o xarope, com aproximadamente 60° BRIX; na segunda fase, continuando o processo de concentração, tem- se a massa cozida de natureza semissólida e altamente viscosa, o que não permite sua obtenção em aparelhos cujos tubos de circulação sejam de pequeno diâmetro, como os dos evaporadores, e nem circular de um vaso para outro. Sendo assim, o cozimento do xarope é realizado em aparelhos individuais de simples efeito, conhecidos como: cozedores, vácuo ou tachos, os quais são muito semelhantes aos vasos de múltiplo efeito.

Nos cozedores, os vapores resultantes da evaporação, durante o cozimento, vão diretamente ao condensador. Eles operam em sistema intermitente, sob vácuo e baixa temperatura, exigindo o contrário dos evaporadores. Há um controle de trabalho mais cuidadoso e de constante supervisão durante toda a operação de cozimento.

Nos aparelhos de cozimento, os elementos de aquecimento são:

- as serpentinas;
- as calandras (tubulações verticais);
- associação de calandra e serpentina;
- mais recente, por placas nos aparelhos horizontais.

A adoção de um ou outro sistema pela usina é função da tradição e da facilidade de sua construção pelas indústrias de equipamentos. Nas usinas brasileiras, o sistema predominante é o cozedor de calandra, conforme descrição a seguir.

20.1 DESCRIÇÃO DE UM COZEDOR CLÁSSICO

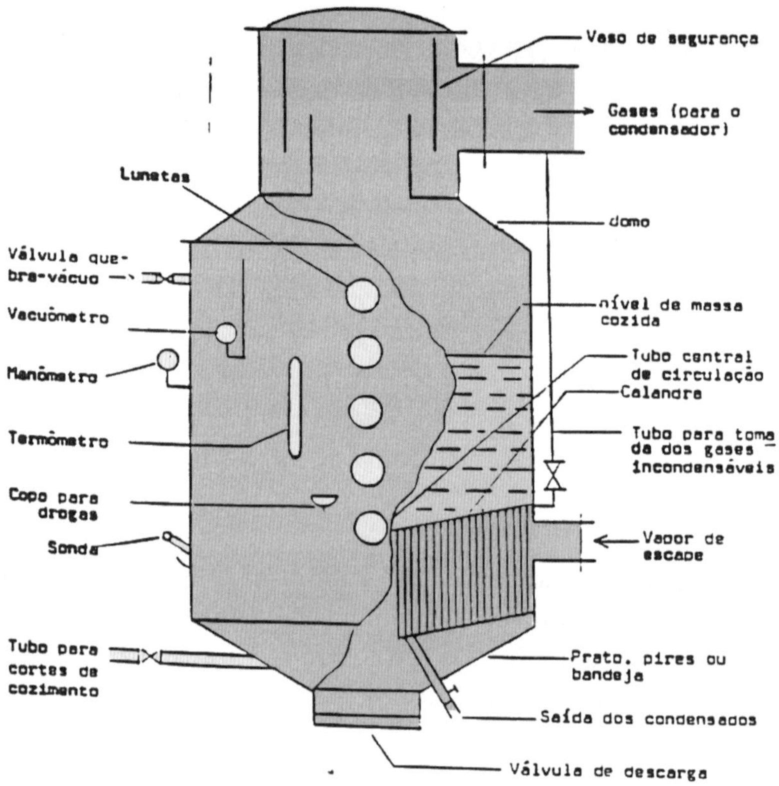

Figura 162 - Cozedor de calandra: esquema geral. *Fonte:* **Delgado e Cesar (1977).**

De modo geral, um cozedor clássico (Figura 162) é um aparelho de forma cilíndrica, cujas paredes são de chapas de aço ou, modernamente, de aço.

O fundo do cozedor é projetado de tal forma, que facilita a circulação da massa cozida, viscosa e densa e, ao mesmo tempo, propicia boas condições de descarregamento após o término da operação. Para isso, o fundo dos cozedores tem sido projetado com ângulo variável entre 20 e 30°, associado a outros artifícios. Deve-se ainda considerar que aqueles recursos são idealizados para evitar a formação de zonas mortas, responsáveis, em parte, pela desuniformidade da massa quanto à concentração, tamanho de cristal, etc.

Na parte superior do corpo do aparelho, está situado o domo e o vaso de segurança.

O sistema de aquecimento nos cozedores determina seu tipo:

a) Cozedores de serpentina,
b) Cozedores de calandra e,
c) Cozedores mistos.

Esses aparelhos ainda são dotados de lunetas de observação, vacuômetro, termômetro, manômetro, copo de drogas, sonda, quebra-válvula de descarga, válvulas de admissão de xarope, méis e água, sistema de vácuo, tubo de gases incondensáveis e saída de condensados.

As lunetas são iguais àquelas que existem nos evaporadores, em número de 5 a 10, dependendo do tamanho do equipamento, sendo de vidro tríplex e com guarnições de bronze. Tem por finalidade facilitar a observação e condução do cozimento.

As calandras têm seus espelhos, superior e inferior, com espessura de 3 a 4 mm, que são interligados por tubos de cobre, inox, ou mesmo aço carbono, num diâmetro de 2,5" a 3,5".

Ao final do cozimento, para descarregar o vácuo, o operador deve igualar a pressão interna do aparelho com a externa. A válvula quebra - vácuo, sendo aberta, promove a igualdade de pressão.

Para alimentação do aparelho existem as válvulas de xarope, água e méis. Para admissão de vapor na calandra, existem duas válvulas de vapor, de baixa e alta pressão.

Após o término do cozimento, a massa cozida deverá ser descarregada, o que se faz através de uma abertura no fundo do aparelho, onde opera uma válvula especial de descarga.

A sonda de inspeção e feita de latão no formato cilíndrico, tendo em sua extremidade interna uma depressão, para retirada de uma pequena amostra de massa cozida, a qual será observada contra a luz, e uma placa de vidro.

Logo após o início do cozimento, ou durante o mesmo, às vezes, tem-se necessidade de se introduzir no aparelho certos materiais, como: pó de açúcar, sulfito de sódio, etc. Para tanto, o vaso possui, do lado de fora, o funil de drogas, que se liga a uma canalização interna, a qual se abre abaixo do nível do xarope. Esta canalização evitará o arrastamento de tais substâncias ,pela ação do vácuo.

Os tubos de lavagem têm por finalidade promover uma intensa circulação de água quente após a descarga da massa cozida, para remover todo material remanescente no aparelho, evitando-se, assim, possíveis caramelizações ou mesmo retenção de cristais, que, certamente, atrapalhariam o próximo cozimento. Fabrica-se uma serpentina com tubo perfurado, para que seja feita a assepsia no interior do vácuo, preparando-o para o próximo cozimento.

Os aparelhos podem, ainda, ser circuladores mecânicos, como acessório adicional. O seu benefício é manifestado, principalmente, quando se trata de cozimentos de baixa pureza, cuja massa cozida é de difícil circulação.

20.2 TIPOS DE COZEDORES

O cozimento sob condições de vácuo é empregado para baixar o ponto de ebulição, o que evita a decomposição dos açúcares e melhora o coeficiente de transmissão de calor, devido a manter uma suficiente diferença de temperatura entre o vapor de aquecimento e o material submetido ao cozimento. Para melhorar a performance desses aparelhos, têm surgido vários novos tipos.

20.2.1 COZEDORES DE SERPENTINA

Classicamente, a serpentina é constituída de um tubo de latão ou inóx com 100 a 150 mm de diâmetro, que é colocada no interior do aparelho, como uma distribuição em espiral. Contudo, há quem faça o diâmetro decrescente da entrada de vapor na saída do condensado. Essas serpentinas são tronco-cônicas invertidas das espirais, segundo alguns autores, devem ser de 45°. Porém, em outros, como os franceses, o ângulo é menor, não ultrapassando a 15°, inclinação esta que permite uma boa drenagem das águas de condensação.

Essas serpentinas estão presas através de suportes no interior do aparelho e podem ser duplas ou triplas. As serpentinas simples dificultam a drenagem do condensado, devido ao seu excessivo comprimento.

A alimentação de vapor é feita individualmente, através de válvulas reguladoras, para alta e baixa pressão, colocadas ao lado do aparelho, enquanto que o condensado é removido na parte mais interna das serpentinas, através de um dreno que sai pelo fundo do vácuo e vai até um purgador. Cada serpentina pode ser usada independente das outras, sendo ligada somente quando ela for coberta pelo material.

As serpentinas são arranjadas uma sobre a outra. A colocação vertical de uma serpentina sobre outra é determinante, pois dela depende a boa circulação da massa cozida. A distância vertical entre as serpentinas deve estar entre 300 a 400 mm. A localização da última serpentina, de preferência, não deve estar a menos de 400 mm abaixo do nível útil do aparelho (meio da última luneta).

É necessário que entre uma espiral e outra exista um espaço suficiente para que a massa cozida possa circular, por entre elas, de baixo para cima. Da mesma forma, o espaço central deve ser amplo, funcionando como se fosse um tubo central de circulação de grande diâmetro, por onde a massa cozida desce.

A relação entre o comprimento e o diâmetro da serpentina vai depender das características do vapor de aquecimento. TROMP (1946) estabeleceu que a relação comprimento/diâmetro, deve ser:

- 200-250 – para vapor direto
- 100 – para vapor de escape
- 75 – para vapor de sangria.

Como o desgaste das serpentinas é rápido, deve-se utilizar de tubos de cobre com espessura de 2,0 a 3,0 mm, quando é permitido o seu uso.

A pressão de vapor recomendada para os cozedores de serpentina é de 1,0 a 5,0 Kg/ cm^2.

Estes cozedores não podem competir com os cozedores de calandra, pois apresentam baixo rendimento térmico. Face a isso, tem-se feito grandes esforços para promover os cozedores de uma melhor distribuição das serpentinas, com a finalidade de se ter melhor circulação da massa e drenagem da água condensada.

Em função da ocorrência de dificuldades na construção desses cozedores de serpentinas pela usina Brasileiras, os mesmos tem sido usados nas usinas da Austrália, razão pela qual não será objeto de maiores comentários por parte dos autores deste livro.

20.2.2 COZEDORES DE CALANDRA

Denomina-se cozedor de calandra aquele cujo elemento de aquecimento é uma seção constituída por dois espelhos perfurados, nos quais estão mandrilados tubos verticais de aquecimento e o de circulação da massa cozida, conforme modelo instalado na Usina Barralcool, mostrado na Figura 163.

Figura 163 - Cozedor de calandra plana, instalado na Usina Barralcool S.A.

Fonte: **A. A. Delgado.**

O tubo central de circulação corresponde, aproximadamente, a 50% do diâmetro do cozedor, o que veio melhorar a circulação da massa cozida.

Segundo modelos atuais, os cozedores de calandra podem ser de dois tipos: o vertical e o horizontal, sendo este de recente lançamento na indústria açucareira, menos no Brasil.

20.2.3 COZEDORES VERTICAIS

Nos cozedores verticais, as calandras podem ser de diversos tipos:

- Calandra de espelho plano;
- Calandra de espelho inclinado;
- Calandra fixa (Figura 165);
- Calandra flutuante;
- Calandra diametral (Figura 164) e
- Calandra em anel

Além desses tipos básicos, pode haver combinações entre eles.

As calandras de espelho plano são as predominantes nos cozedores clássicos. Os espelhos superior e inferior são paralelos e interligados por um grande número de tubos verticais e pela tubulação central de grande diâmetro. Estrategicamente, são colocados suportes de sustentação entre os espelhos, tendo por finalidade mantê-los na posição horizontal e diminuir um esforço maior sobre os tubos a eles mandrilados (Figura 164).

As calandras de espelhos inclinados podem ser fixas ou flutuantes. A inclinação dos espelhos pode ser do mesmo ângulo ou diferente, sendo o inferior mais agudo. No primeiro caso, quando os ângulos são iguais, a inclinação adotada é de 25°. No outro caso, a inclinação do espelho superior é de 10° e do inferior de 25°. A construção inclinada da placa superior, segundo seus idealizadores, é para facilitar a drenagem. A inclinação inferior visa compensar a perda de superfície de aquecimento e de volume da calandra, devido à inclinação superior, mas quando essa inclinação é maior, há até um ganho de superfície.

A Figura 163, a seguir, mostra uma bateria de três cozedores verticais cilíndricos em operação na Usina Barralcool S.A., onde se vê no primeiro cozedor, a entrada de xarope e méis,lunetas e demais acessórios.

A calandra de circulação diametral é um lançamento da Five-Lille-Cail. Este tipo de calandra permite uma boa circulação da massa cozida, que circula pelas laterais. Os espaços laterais, para descida da massa, podem ser em forma biconvexa ou bicôncava (Figura 163). Essa área de circulação deve ser de pelo menos 40% da área total dos tubos ou 20% da área interna do vaso. Entretanto, este tipo de calandra não tem sido utilizado na indústria açucareira brasileira.

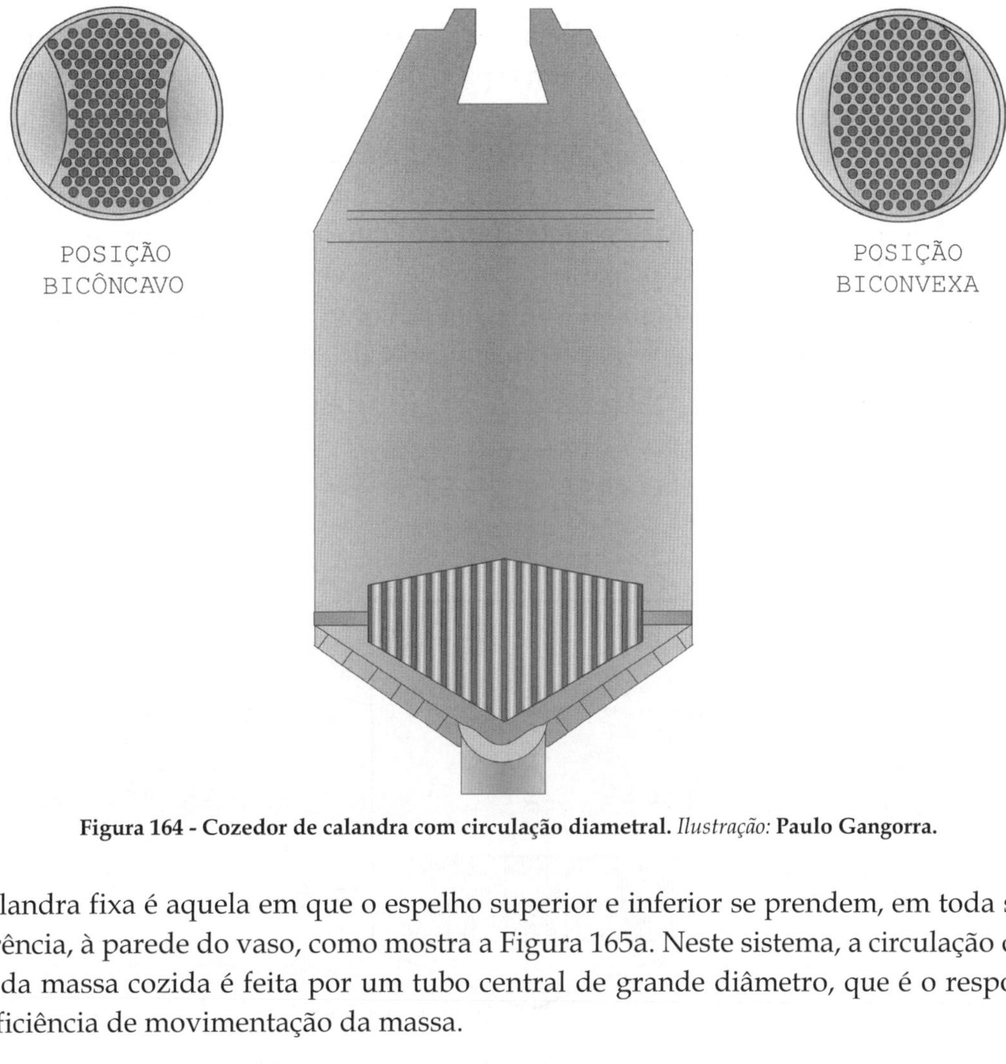

Figura 164 - Cozedor de calandra com circulação diametral. *Ilustração:* **Paulo Gangorra.**

Calandra fixa é aquela em que o espelho superior e inferior se prendem, em toda sua circunferência, à parede do vaso, como mostra a Figura 165a. Neste sistema, a circulação descendente da massa cozida é feita por um tubo central de grande diâmetro, que é o responsável pela eficiência de movimentação da massa.

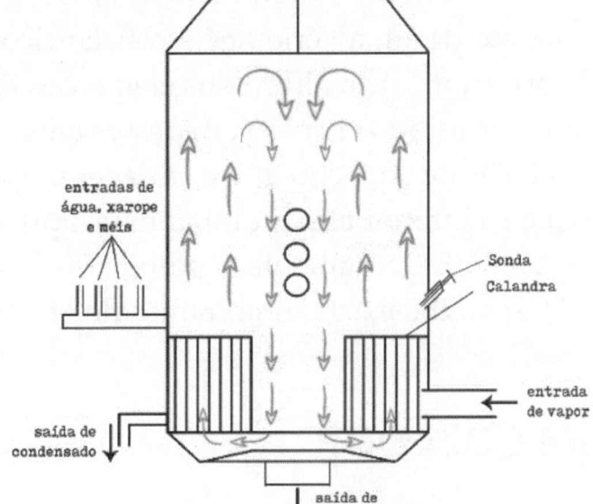

Figura 165 - Cozedor de calandra fixa e plana com distintas circulação de massas

A calandra considerada flutuante é aquela que não se prende em toda a sua circunferência à parede do cozedor, deixando entre elas um espaço de dimensões variáveis, para circulação descendente da massa cozida. Em alguns casos, as calandras flutuantes possuem um tubo central além do espaço lateral; esse arranjo não é recomendável, por formar duas correntes de circulação descendentes, dando uma movimentação confusa, diminuindo a eficiência de circulação. A formação dessas duas correntes faz com que haja zonas intermediárias, onde não há movimento, atrapalhando inclusive as correntes ascendentes de massa. Os cozedores de calandra flutuante possuem algumas vantagens sobre os de calandra fixa. Na calandra flutuante, a massa cozida desce pela periferia, ambiente de superfície mais fria, e sobe pelo centro, proporcionando uma circulação mais efetiva e útil (Figura 166).

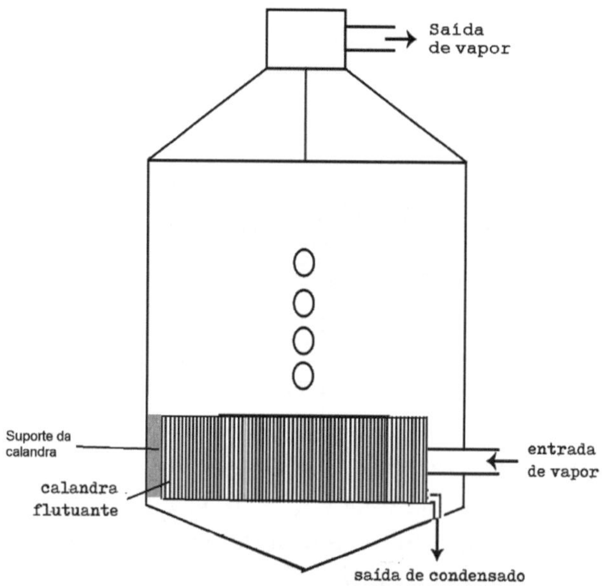

Figura 166 - Esquema simplificado de cozedor de Calandra Flutuante.

Um tipo especial de calandra muito utilizado nas refinarias inglesas é aquele em que o elemento de aquecimento consiste de uma série anéis concêntricos e uma camisa de vapor reveste o fundo e a lateral do aparelho, até a altura dos elementos de aquecimento (CLARKE, 1963). O vapor de aquecimento é admitido em caso um desses anéis verticais, e a massa cozida circula entre eles. A altura dos anéis de aquecimento é variável na parte superior, eles estão na mesma horizontal, ao passo que na inferior eles acompanham, aproximadamente, a inclinação do fundo do aparelho, circundando, externamente, a parede do vaso na altura dos elementos de aquecimento e no fundo do aparelho existe uma camisa de vapor.

20.3 PROJETO DE UM COZEDOR

No desenvolvimento de um projeto para cozedor a vácuo, deve-se levar em consideração vários aspectos, tais como:

- Superfície de aquecimento;
- Altura da massa cozida sobre a calandra;
- Desenho do fundo do cozedor;
- Diâmetro do cozedor;
- Diâmetro interno do tubo central;
- Diâmetro interno dos tubos de aquecimento;
- Comprimento dos tubos de aquecimento;
- Volume do aparelho;
- Relação superfície/volume;
- Número de tubos;
- Distância entre o fundo do aparelho e o espelho inferior da calandra;
- Outros fatores.

20.3.1 SUPERFÍCIE DE AQUECIMENTO

Como na operação de cozimento visa-se concentrar a solução de açúcar através da remoção da água, um alto valor para o coeficiente de evaporação é requerido e, consequentemente, será necessário um elevado coeficiente de transferência de calor. Este coeficiente depende da natureza da massa cozida, sendo menor no material de baixa pureza e alta viscosidade.

Para calcular a superfície de aquecimento de um cozedor, HUGOT(1977) apresenta a seguinte fórmula:

$$S = \pi \, .L.k.\frac{\Delta^2 - D^2}{d^2}$$

Onde,

S = Superfície de aquecimento em m^2;

L = Comprimento dos tubos em m;

K = Coeficiente que dá a relação entre a superfície total dos tubos e a superfície total da placa superior, 0,45 a 0,55;

Δ = Diâmetro do aparelho em m;

D = Diâmetro do tubo central em m;

d = Diâmetro do tubo de aquecimento em m;

DIMENSÕES DOS TUBOS DE AQUECIMENTO

Os tubos de aquecimento podem ser de cobre, latão e aços: carbono ou inox. Seus diâmetros variam de 90 a 115 mm e a altura está compreendida entre 90 e 120 cm, podendo chegar a 140 cm. A distância que vai do centro de um tubo a outro é chamada de passo, sendo dada pela soma do diâmetro externo do tubo mais 15 mm (distância usual de um tubo a outro).

Segundo Hugot (1977), a relação entre o diâmetro dos tubos de aquecimento e o do aparelho deve ser de 0,020 a 0,040, ou seja, de 2 a 4%, tanto para o caso de calandra fixa como para flutuante. Entretanto, isso não é observado na prática. Desse modo, dois cozedores de diâmetros diferentes, mas com tubos de aquecimento de mesmo diâmetro, não tem igual circulação. O correto seria, que, à medida que o diâmetro do aparelho crescesse, o diâmetro dos tubos de aquecimento aumentasse. Hugot (1986) afirmava que, no futuro, o diâmetro dos tubos serão maiores do que os atuais. Desta forma, aparelhos de diferentes capacidades, podem ter a mesma velocidade de circulação, desde que as tubulações estejam igualmente dimensionadas e geometricamente distribuídas.

A área total de circulação dos tubos de aquecimento corresponde de 45 a 55% da área da calandra, menos a do tubo central.

O aumento do diâmetro das tubulações resulta numa mesma superfície de aquecimento, mas facilita a circulação da massa cozida, havendo, desse modo, uma compensação dessa diminuição, com a melhora do coeficiente de transmissão de calor. Desse modo, no julgamento de um cozedor, não se deve considerar apenas a relação superfície de aquecimento e volume, sendo também necessário, para complementar o julgamento, utilizar-se do diâmetro dos tubos e do tubo central.

TUBO CENTRAL

O diâmetro do tubo central tem uma grande influência na circulação da massa cozida. Os projetistas consideravam que o diâmetro do tubo central não deveria ultrapassar a 40% do diâmetro da calandra. No Havaí, este valor varia de 45 a 50%. A adoção do tubo central de, maior diâmetro, deverá ser acompanhada de tubos de aquecimento também de maior diâmetro, para que haja uma perfeita inteiração entre eles. Assim é que, a Tabela 79, apresentada por Hugot (1977), mostra a relação entre o diâmetro do tubo central e a do cozedor, variando de 0,334 a 0,40, segundo a relação d/Δ (p) e a relação entre a superfície total da calandra (K). Há desenhos de vácuo em que o tubo central é tronco-cônico, fazendo com que a massa cozida possa fluir para baixo mais facilmente.

Tabela 79: Valor ótimo prático para o diâmetro do tubo central (Hugot, 1977).

K	p				
	0,020	0,025	0,030	0,035	0,40
0,45	0,334	0,351	0,366	0,379	0,391
0,50	0,338	0,356	0,371	0,384	0,396
0,55	0,342	0,359	0,375	0,388	0,400

ALIMENTAÇÃO DO COZEDOR

A alimentação do cozedor é feita geralmente no tubo central. O licor, sendo mais leve que a massa cozida, ele tende a levantar contra a circulação. Já foi observada a presença de licor sobre o topo da massa em ebulição. Para melhor homogeneização, tem-se proposto a alimentação através de vários pontos, abaixo da superfície de aquecimento.

Outro recurso que também dá bom resultado é o descrito por Webre (1962), no qual a alimentação é feita por tubo com quatro ramificações radicais cada uma delas com um orifício de 127 mm, colocado de forma a permitir uma distribuição no sentido horário. Uma maneira que melhora a operação consiste em injetar, pelo tubo de alimentação, vapor de escape. Esta ideia surgiu por analogia, com um sistema no qual se fazia a admissão de vapor de escape, através de algumas aberturas situadas abaixo da superfície de aquecimento. A introdução de vapor de escape dentro da massa cozida, que está sob condição de vácuo, provoca uma violenta expansão, causando um significativo aumento na circulação. Entretanto, essa alternativa somente é utilizada esporadicamente, quando a circulação não é satisfatória.

20.3.2 ALTURA DA MASSA COZIDA SOBRE A CALANDRA

De um modo geral, pode-se dizer que a altura do cozedor é a mesma para as diversas capacidades, pois o nível de massa sobre a calandra é limitativo, para que ela tenha boa circulação. Desse modo, somente com a variação do diâmetro é que se pode ter diferentes capacidades.

A maioria dos fabricantes de cozedor faz o nível útil do aparelho até a altura média da última luneta, isto é, um pouco abaixo do início do domo. Quando o operador ultrapassa essa altura, a circulação da massa é prejudicada e aumentam as perdas por arraste.

O nível de massa cozida sobre a placa superior varia de 1,5 a 2,0 m. Todavia, os aparelhos modernos dão preferência ao limite inferior, visando uma melhor circulação. No caso da utilização da circulação mecânica, esses valores podem ser da ordem de 2,0 a 2,4 m.

VELOCIDADE DE CIRCULAÇÃO DA MASSA COZIDA

Os trabalhos de Classen, na indústria de beterraba, revelaram que a velocidade de circulação da massa decresce, com o decorrer da condução do cozimento. Assim é que a massa cozida A, com uma pureza de 96% no início da operação, tem uma velocidade de 100 a 170 cm/seg. e, no final, de apenas 22 cm/seg. Todavia, com o decréscimo de pureza, quando a circulação é dificultada, as velocidades no início e no final do processo para a massa B foram, respectivamente, de 33 a 22 cm/seg. e 0,6 cm/seg. Webre (1962) também observou que durante a primeira hora de cozimento da massa cozida, a velocidade média de circulação era de 47 cm/seg. e que decresceu, sensivelmente, ao redor de 0,4 cm/seg. no final da operação.

Os dados da literatura mostram que as velocidades médias de circulação da massa cozida de cana devem ser as seguintes:

- massa cozida de refinaria 20 cm/seg.
- massa cozida A de usina 10 cm/seg.
- massa cozida AB de usina 8 cm/seg.
- massa cozida B de usina 4 cm/seg.
- massa cozida C de usina 2 cm/seg.

20.3.3 DESENHO DO FUNDO DO COZEDOR

O desenho do fundo do aparelho é variável, podendo ser tronco-cônico, em forma de calota esférica, tendo ou não no centro um cone que divide o fluxo de massa cozida que sai do tubo central. TROMP (1946) observou que a inclinação de 20º para o fundo do cozedor é satisfatória, para que haja uma boa descarga da massa cozida. No Havaí, preferem também está inclinação a qual dá um menor volume de pé de cozimento, sem prejudicar a descarga do aparelho. Contudo, há fabricantes que preferem uma inclinação mais acentuada entre 25 e 35º, em média 30º.

NÚMEROS DE TUBOS DO COZEDOR

Para se calcular o número de tubos de um cozedor, deve-se considerar dois casos:
Quando a calandra é fixa:

$$n = k\,\frac{\Delta^2 - D^2}{\alpha^2}$$

Onde,

n = número de tubos; K = Coeficiente que dá a relação entre a superfície total dos tubos e a superfície total da placa superior, 0,45 a 0,55;
b) quando a calandra é flutuante:

$$n = K\,\frac{F^2}{\alpha^2}$$

Onde,

F é o diâmetro do espelho da calandra.

20.3.4 RELAÇÕES DIÂMETRO E CAPACIDADE

Visto ser a altura dos cozedores mais ou menos constante, tendendo, atualmente, a massa cozida estar a 1,50 m sobre o espelho da calandra, o elemento variável é o diâmetro, para satisfazer a capacidade desejada. Esse valor, segundo Hugot (1986), pode ser tirado da relação capacidade útil do parelho, em m^3, e o diâmetro interno do vaso ao quadrado em m,

Onde,

$$\frac{V}{\Delta^2} = 2{,}2$$

Assim é que cozedores cujas capacidades são de 250, 350, 450, 500 e 600 hl deverão ter, respectivamente, os seguintes diâmetros: 3,40; 4,00; 4,50; 4,75 e 5,20 m.

Nota: Na usina Coruripe em Alagoas existe dois tachos à vácuo de 1000Hl.

20.3.5 RELAÇÕES SUPERFÍCIE E VOLUME

Outro fator de grande importância para o julgamento de um cozedor é a relação entre a superfície de aquecimento (m^2) e o volume útil do aparelho (m^3). Entretanto, esse valor depende da temperatura do vapor a ser usado e também do tipo da massa cozida, sendo que o primeiro é o mais importante.

Hugot (1986) apresenta os seguintes valores, em função da pressão de vapor:

		Pressão kg/cm²	**Relação S/V (m²/m³)**
Cozedor de serpentina	- V. vivo ou V.E -	0,5 - 4,0	4 a 5
Cozedor de calandra	- V. escape -	0,5 - 1	5 a 6
Cozedor de calandra	- V. vegetal -	0 - 0,4	5 a 7

De acordo com o tipo de massa, deve-se considerar que quanto mais baixa for a pureza, menor deve ser a relação S/V, visto ter a mesma má circulação, podendo assim ocorrer caramelização e formação de falsos cristais. Alguns autores evidenciam que o valor típico da relação S/V para as massas A é de 5,6 m^2/m^3 e para massa de baixa pureza 4,9 m^2/m^3.

Esse fator, porém, não é suficiente para caracterizar a capacidade de evaporação e a velocidade de circulação, como foi referido no item 3.2.

No caso dos cozedores, onde o elemento de aquecimento é formado por anéis, a relação S/V é de 4,6, com uma pressão de vapor de 3,5 kg/cm^2.

DADOS DA LITERATURA

A demanda em aparelho de cozimento é variável, de acordo com a região açucareira e, segundo a literatura, tem-se:

	Volume (V) m^3/TCH	**Superfície (S) m^2/TCH**	**Relação S/V m^2/m^3**
Cuba	1,2	6	6,7
(Vácuo para pé)	0,3	-	-
Natal	1-1,7	4,6 a 7,3	4,3
Hugot	1,6	9 – 10	5,6 – 6,3
(Horizontal)	1,5	9	6,0
Brasil	1,4	-	-

CONSUMO DE VAPOR

Para calcular o consumo de vapor deve-se considerar que 1,0kg de água nos cozedores são evaporados por 1,23 kg de vapor (WEBRE, 1962) até 1,75 kg (TROMP, 1946), sendo que o valor médio é de 1,50 kg.

Aplicação Numérica

Calcular a capacidade em cozedores e dimensioná-los para uma usina, cuja moagem é de 125 TCH e o sistema de trabalho é o de duas massas.

Utilizando-se as fórmulas e coeficientes apresentados nos itens anteriores, tem-se:

Capacidade total e individual

Considerando que a necessidade média em volume de cozedor no Brasil é de 1,4 m^3/ TCH, tem-se:

$$V=1,4 . 125 = 175 \text{ m}^3 \text{ ou } 1750 \text{ hl}$$

A distribuição individual desse volume para o sistema de duas massas será o seguinte:

Massa A ou 1ª ------------------------ 76%
Massa C ou 2ª ------------------------ 24%

Logo,
Massa A ou 1ª = 1750 . 0,76 = 1330 hl ou seja, 3 cozedores de 443 hl
Massa C ou 2ª = 1750 . 0,24 = 420 hl

Dimensões do cozedor A ou de 1ª

- Diâmetro do cozedor:

$$\frac{V}{\Delta^2} = 2{,}2$$

- Diâmetro dos tubos de aquecimento está relacionado ao diâmetro do tubo central (Δ):

$$\frac{d}{\Delta} = 0{,}025 \ \therefore \ d = 0{,}025 \cdot 4{,}50$$

$$d = 0{,}113 \cdot 0{,}114$$

- diâmetro do tubo central em função de d/**Δ** e K:

$$D = 0{,}36 \cdot 4{,}50 = 1{,}62 \text{ m}$$

- Altura dos tubos:

De 0,8 a 1,20m.

- Superfície de aquecimento para um valor de:

$$S_1 = \pi \cdot L \cdot k \ \frac{\Delta^2 - D^2}{d}$$

$$S_1 = \pi \, 1{,}0 \cdot 0{,}55 \ \frac{4{,}50^2 - 1{,}62^2}{0{,}114}$$

$$S_1 = 267{,}14 \ m^2$$

- Número de tubos:

$$N = \frac{\Delta^2 - D^2}{d^2} = 0{,}55 \ \frac{4{,}50^2 - 1{,}62^2}{0{,}114^2}$$

$$N = 746 \text{ tubos}$$

- Relação superfície/ volume:

$$S/V = \frac{267{,}14}{44{,}3} = 6{,}0 m^2/m^3$$

Dimensões do cozedor C ou de 2ª

- Diâmetro do cozedor:

$$\frac{V}{\Delta^2} = 2{,}2$$

- Diâmetro dos tubos de aquecimento:

$$\frac{V}{\Delta} = 0{,}029; \qquad d = 0{,}029 \,.\, 4{,}37$$

$$d = 0{,}127 \text{ m}$$

- Diâmetro do tubo central:

$$D = 0{,}375 \,.\, 4{,}37 = 1{,}64 \text{ m}$$

- Altura dos tubos:

$$L = 1{,}0 \text{ m}$$

- Superfície de aquecimento para um valor de:

$$S_1 = \pi \,.\, 1{,}0 \,.\, 0{,}55 . \frac{4{,}37^2 - 1{,}64^2}{0{,}127}$$

$$S_1 = 223{,}23\ m^2$$

- Número de tubos:

$$N = 0{,}55\ \frac{4{,}37^2 - 1{,}64^2}{0{,}127}$$

$$N = 559\ tubos$$

- Relação superfície/volume:

$$S/V = \frac{223{,}23}{42{,}0} = 5{,}32\ m^2/\,m^3$$

- Relação superfície de aquecimento por TCH será:

267,14 x 3	=	801,42
223,23 x 1	=	223,23
TOTAL	=	1024,65

$$1024{,}65 \div 125 = 8{,}20\ m^2/TCH$$

20.4 TIPOS ESPECIAIS DE COZEDORES VERTICAIS

Todos os modelos de cozedores de açúcar têm seus próprios méritos, todavia, nenhum dos tipos atuais representa o cozedor ideal. Desta forma, é de grande importância observar a evolução desses aparelhos, pois apesar de todas as investigações efetuadas até hoje, ainda se desconhece como controlar todos os fatores que influem sobre seu adequado funcionamento, para que se tenha uma eficiência de 100%.

Na opinião dos construtores de cozedores, um cozedor deve ter as seguintes características:

a) Distribuição uniforme do vapor e gases na calandra;
b) Extração efetiva de 100% dos gases condensados;
b) Circulação rápida e livre da massa cozida;
d) Concentração e temperatura homogênea da massa cozida;
e) Pressão hidrostática mínima;
f) Praticabilidade com pé mínimo, e
g) Consumo baixo de vapor com evaporação ótima

20.4.1 COZEDOR "SEGURA" DE ALTA VELOCIDADE

O cozedor "segura" (Figura 167), quando bem construído, apresenta seis pontos favoráveis sobre os cozedores convencionais, que são os seguintes:

Distribuição de vapor - O sistema tradicional, que é radial, e em vários pontos, conquanto tenha uma distribuição de vapor adequada, observa-se que, ao redor das entradas do vapor, há uma evaporação maior e que decresce, consideravelmente, nos pontos opostos. Consequentemente, a concentração da massa cozida, que emerge dos tubos, não é uniforme.

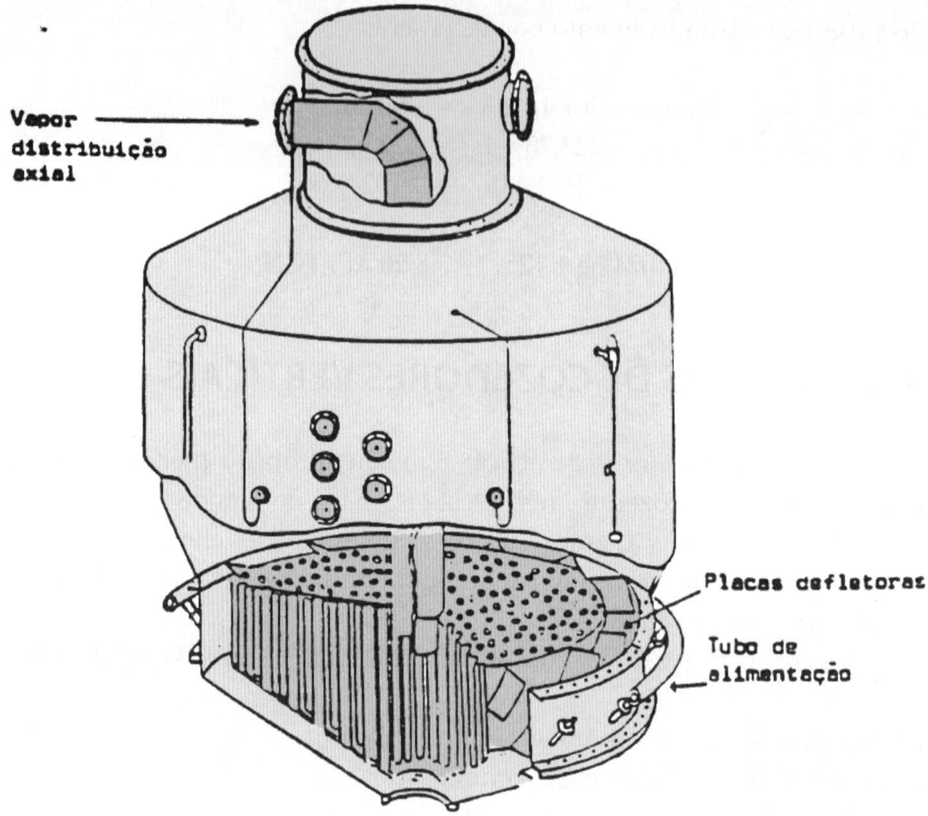

Figura 167 - Cozedor "segura" de alta velocidade. *Fonte:* Delgado e Cesar (1977).

A alimentação de vapor no cozedor "Segura" é axial, da qual se pode esperar que a distribuição de vapor se aproxime das condições ideais. Para evitar a caramelização de massa cozida, que poderia ocorrer com o contato com o tubo de entrada de vapor, reveste-o com um segundo tubo de maior diâmetro. Entretanto, para maior isolamento, a câmera formada entre os tubos está conectada com o sistema de vácuo.

a) Extração dos gases incondensáveis - No sistema de alimentação de vapor, através de várias entradas, há sempre uma maior dificuldade para localizar os pontos de extração ótima dos gases.
b) Circulação da massa cozida - Os cozedores tradicionais possuem um tubo de grande diâmetro central, para facilitar a circulação da massa cozida. No desenho "Segura", utiliza-se de calandra com tubos de diferentes comprimentos, os quais decrescem do centro da calandra para a sua periferia.

O espelho superior da calandra é plano, não requerendo inclinação, porque a massa cozida circula para baixo, por um compartimento anular exterior. Por outro lado, devido ao comprimento diferente dos tubos, a superfície inferior da calandra é cônica. Os comprimentos diferentes dos tubos imprimem, à massa cozida que transita por eles, forças ascendentes diferentes, formando um cone de massa cozida sobre a calandra, que desloca para baixo, pelo compartimento anular, criando uma boa circulação. Nos cozedores convencionais, a circulação é mais ou menos paralela.

No cozedor "Segura", a calandra é central e de diâmetro menor do que o aparelho. No espaço anular, entre a calandra e a parede do aparelho, são colocadas 20 placas defletoras inclinadas, que orientam o deslocamento da massa cozida que chega até elas. Esse arranjo faz com que a massa cozida, subindo pelos tubos, após libertar suas bolhas de vapor, seja encaminhada para a abertura seguinte, e assim sucessivamente, formando um movimento helicoidal, assegurando uma mistura adequada com concentração e temperatura mais uniformes.

A alimentação é feita nos vinte compartimentos, formados pelas placas defletoras.

a) Pressão hidrostática mínima - No caso das calandras convencionais, onde a superfície superior e inferior são paralelas, os tubos têm o mesmo comprimento e estão sujeitos a pressões hidrostáticas idênticas. No projeto Segura, a calandra terá que ter um diâmetro maior, para ter igual superfície de aquecimento. Os tubos periféricos estão submetidos a uma pressão hidrostática menor que os tubos maiores centrais; com isso, a pressão média é menor que nos aparelhos convencionais.
b) Pé mínimo - O comprimento decrescente dos tubos, acompanhando o fundo do cozedor, favorecerá a operação, com um mínimo de pé.
c) Temperatura do vapor - Devido ao maior coeficiente de transmissão desse desenho, verifica-se que se requer uma menor diferença de temperatura entre o vapor e a massa cozida. Por conseguinte, pode-se obter evaporações ótimas com uma pressão e temperaturas menores. Devido a estas características, o cozedor Segura oferece as seguintes vantagens:
d) Crescimento regular dos cristais, com possibilidades mínimas de formação de falsos cristais e conglomerados;
e) Baixo consumo de vapor, com evaporação máxima, e,
f) Período mais curto de cozimento, da ordem de 23%, em relação aos outros cozedores, inclusive ele se comportou melhor que cozedores de circulação forçada.

20.4.2 COZEDOR DE CALANDRA FLUTUANTE

A concepção do novo projeto sobre cozedores de calandra flutuante é atribuído à HUGOT (1986), é diz que, a grande vantagem do cozedor de calandra flutuante em relação aos convencionais está na movimentação da massa cozida no sentido descendente. Nos cozedores tradicionais, a massa cozida, que sobe pelos tubos da periferia para aquecimento, está em contato com a parede externa do cozedor, que é relativamente mais fria, e desce pela parte central; isso vem a perturbar a circulação da massa cozida. O contrário ocorre com o projeto de HUGOT (1986), onde a massa cozida sobe pelos tubos colocados mais centralmente ao aparelho e descem pela parede mais fria da periferia; dessa forma, a localização dos tubos na parte central dá maior força ascensional a massa cozida (Figura 168).

Comparações feitas entre o trabalho do cozedor de calandra flutuante com o de calandra fixa mostraram que o tempo de cozimento do primeiro aparelho, processando massa cozida C, foi reduzido de 8 horas para apenas 3 horas. Em outra usina, o tempo foi de 12 para 15 horas. Consequentemente, o número de vácuos, em uso na fabricação, foi diminuindo de seis para quatro.

O diâmetro da calandra flutuante é dado por:

$$F=f'. \Delta$$

Onde,

É o diâmetro do cozedor e f′ é um coeficiente que varia de 0,88 a 0,815, dependendo do valor da relação d/Δ, a qual varia de 0,020 a 0,040.

Uma modificação no projeto original foi feita na Austrália e consistiu na alimentação de vapor pelo centro da calandra e, inferiormente, evitando a obstrução do fluxo de massa pela tubulação lateral de vapor. Comparando o trabalho de dois vácuos de "cintura fina", isto é, aqueles que têm um estrangulamento no diâmetro do aparelho na altura da calandra, observa-se que o de calandra fixa possibilita a formação de várias zonas de turbulência, próximas à superfície externa. Entretanto, no cozedor de calandra flutuante, o movimento descendente, sendo feito pela parede externa, aquele fato não se verifica, como se observa na Figura 168.

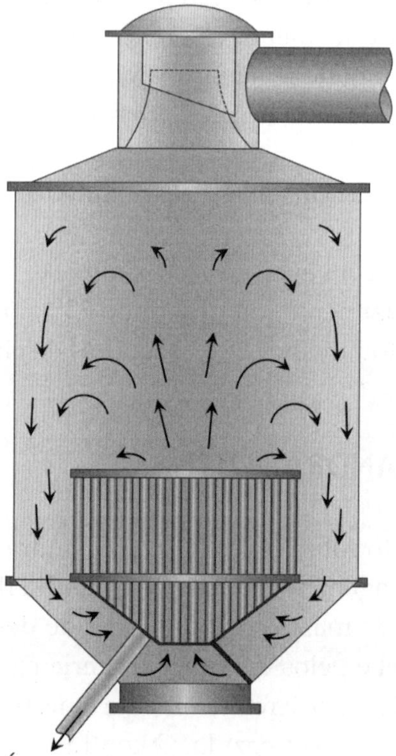

Figura 168 - Movimentação da massa cozida nos cozedores de calandra flutuante.

Ilustração: **Paulo Gangorra**

20.4.3 COZEDOR HORIZONTAL

O aparelho é essencialmente um cilindro horizontal, cuja superfície de aquecimento é dada por uma série de placas paralelas longitudinais, com altura decrescente do centro para a periferia, acompanhado a forma do fundo do cozedor ou calandras tubulares, como mostra a Figura 169.

Alguns estudiosos da cristalização da sacarose (DABRINE e GIORGI, 1964) afirmaram que o arranjamento horizontal do cozedor é mais vantajoso, pois quando comparado com um vertical de igual capacidade, podendo estar na proporção de 1,4: 1. Observa-se, também, que a altura da massa cozida, acima da superfície de aquecimento, é menor no cozedor horizontal do que na vertical, na proporção de 1: 1,4. Disso resultam as seguintes vantagens:

a) Aumento das possibilidades térmicas do cozedor;
b) Temperatura mais uniforme da massa cozida e,
c) Redução na perda por arraste no circuito de retorno, pelo decréscimo do comprimento que nos cozedores verticais, em média, é de 5200 mm e no tipo de placas é de 4000 mm.

Notou-se, também, que os elementos de placa favorecem a obtenção de uma cristalização mais uniforme, produzindo um açúcar de melhor qualidade.

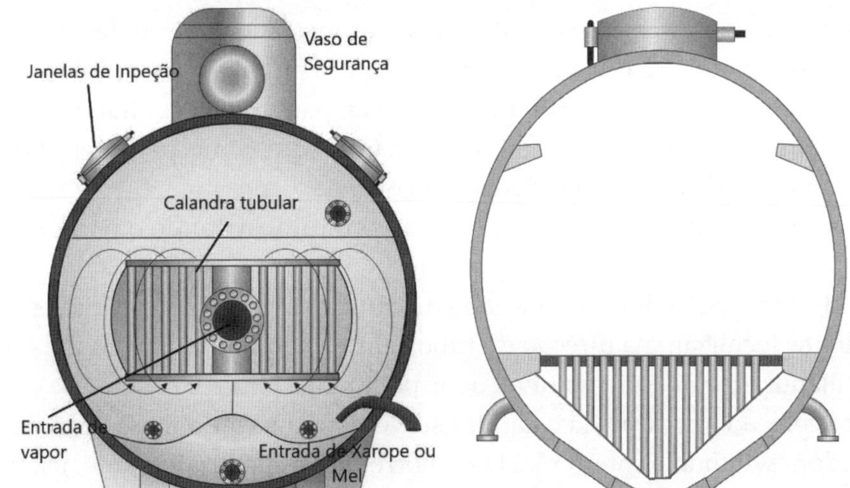

Figura 169 - Cozedor horizontal com elementos de aquecimento em calandra tubular

Ilustração: **Paulo Gangorra.**

A distância entre as placas deve ser da ordem de 45 mm e a relação entre a parte inferior e a superior, consideradas a partir do nível superior do elemento de aquecimento, é igual a 0,8.

Este cozedor horizontal foi instalado, inicialmente, na refinaria Nassendras, e atualmente está disseminado pelas usinas brasileiras, construído inteiramente de aço inoxidável, exceto o reforço externo. As principais características do cozedor são as seguintes:

a) Capacidade nominal = 250 hl,
b) Capacidade de pé de cozimento= 65 hl,
c) Superfície de aquecimento = 146 m^2,
d) Pressão de trabalho = 0,987 at., e,
e) Altura da massa cozida sobre o elemento de aquecimento = 1300 mm.

Trabalhos experimentais evidenciaram que a variação de temperatura na massa cozida, devido à pressão hidrostática, é de 1,5°C, ao passo que no cozedor da calandra chega de 4 a 5°C. Este fato é por causa da pouca altura de massa cozida sobre o espelho superior.

A velocidade de circulação da massa cozida no cozedor é da ordem de 0,8 a 1,0 m/seg. durante o cozimento. Além disso, a vigorosa circulação no cozedor permite um grande acréscimo no coeficiente de cristalização. Desta forma, a supersaturação do licor-mãe, até o fim do cozimento, é somente 1,03 contra 1,08 no cozedor convencional de calandra. Finalmente, a circulação permite um constante consumo de vapor através da massa, desde que o vácuo seja constante. O tempo necessário para descarga e limpeza do aparelho é de 8 a 10 min.

20.4.4 COZEDORES COM CIRCULAÇÃO MECÂNICA

Nestes últimos 20 anos, o uso de circuladores mecânicos tem aumentado grandemente. A experiência tem mostrado que o benefício obtido com o emprego da circulação mecânica da massa cozida, em um cozedor, é de suma importância, para que haja uma boa transmissão de calor e uma uniformidade no crescimento dos cristais, bem como para possibilitar uma alta concentração, favorecendo a esgotabilidade do licor-mãe.

Este sistema também diminui a variação de temperatura, evitando o perigo de que o superaquecimento prejudique a qualidade do produto.

As formas de concepção dos circuladores mecânicos são bastante variáveis, mas, na sua instalação, todos se localizam na direção do tubo central, sendo que alguns deles estão sobre a superfície da calandra e a maioria no nível do espelho inferior.

Um defletor colocado no topo da calandra serve para desviar a massa cozida aquecida do centro do cozedor, evitando a interferência da corrente de material quente, ascendente sobre a massa descendente.

Webre (1962), trabalhando com cozedores de circulação mecânica, estabeleceu as seguintes velocidades, em relação ao tipo de massa cozida, considerando um circulador de 1,20 m de diâmetro em cozedor de 3,60 m de diâmetro:

Massa A e B	80 rpm
Massa C com Brix de 96 a 97	60 rpm
Massa C com Brix de 98 a 99	50 rpm

Em seus trabalhos, ele ainda conclui que a redução de tempo de cozimento é de 15 a 20 % para a massa A e de 40 a 50% para massa C. A velocidade de circulação nos tubos é da ordem de 45,7 cm/seg. No Brasil, há vários trabalhos desenvolvidos com esse sistema de circulação mecânica da massa por empresas, como os exemplo a DEDINI Indústria da base S/A e a Procknor. Nos cozedores contínuos, a circulação mecânica é praticamente obrigatória, para garantir uma adequada circulação da massa cozida no aparelho.

A maioria dos circuladores, figuras 170 e 171, tem sido de eixo leve, de lâminas ajustáveis e fluxo axial. O ângulo de assentamento das lâminas tem sido de 37°, visto que, nesse ângulo, elas têm trabalhado satisfatoriamente. Entretanto, outras posições não foram testadas. Porém, há casos em que as paletas formam, com o eixo, um ângulo de 90°. Esses circuladores estão localizados na direção do tubo central de circulação. A posição de assentamento varia, podendo ser dentro, fora ou intermediariamente no tubo central, como mostram as figuras 170 e 171.

Para os diferentes tipos de circuladores, a potência dos motores de acionamento varia de 60 a 100 H.P., com uma média de 75 HP. A velocidade do circulador varia de 5,5 a 7,3 m/seg., com a média sendo de aproximadamente 6,4 a 6,7 m/seg.

O material usado para a construção dos circuladores na indústria é o aço inox, o bronze e o aço carbono.

A pressão de vapor na calandra, que era de 2,1 kg/cm^2, foi reduzida a 1,05 kg/cm^2. Com a instalação dos circuladores, isso ocorreu sem sacrifício de tempo de cozimento.

Usinas que têm excesso desses cozedores, normalmente operam com pressão de vapor da ordem 0,7 kg/cm^2 ou menos.

Com todos aqueles tipos de circuladores mostrados nas figuras anteriormente citadas, obteve-se sucesso. Esse trabalho foi desenvolvido em 108 cozedores.

Hugot (1986) refere-se que altura da massa cozida sobre a calandra, quando se utiliza da circulação mecânica, pode chegar a 2,40 m, e que o vapor de aquecimento pode ser de baixa pressão, com é o caso do vapor do 2° vaso de evaporação.

As principais vantagens da adoção da circulação mecânica, como aponta Meade (1967), são as seguintes:

a) Distribuição uniforme e mais completa da alimentação;
b) O controle da densidade da massa pode ser verificado pela observação do amperímetro
c) Movimento da massa adequado, efetuado por equipamento mecânico controlável;
d) Variações mínimas de temperatura;
e) Melhor formação dos cristais;
f) Melhora o trabalho e capacidade a uma pressão de vapor menos;
g) Velocidades de circulação relativamente altas, mantidas desde o princípio até o final do cozimento;

Há produtos de melhor cor, como observado em usinas brasileiras - exemplo: Usina Graneli, mesmo em cozimento em batelada, porque sofrem menos danos por efeito do calor e favorecem a movimentação da massa. A maioria dos equipamentos instalados nas usina são similares ao originais, propostos por Abbott & Rich (1975), como Circuladores mecânicos em cozedores (Figuras 170 e 171).

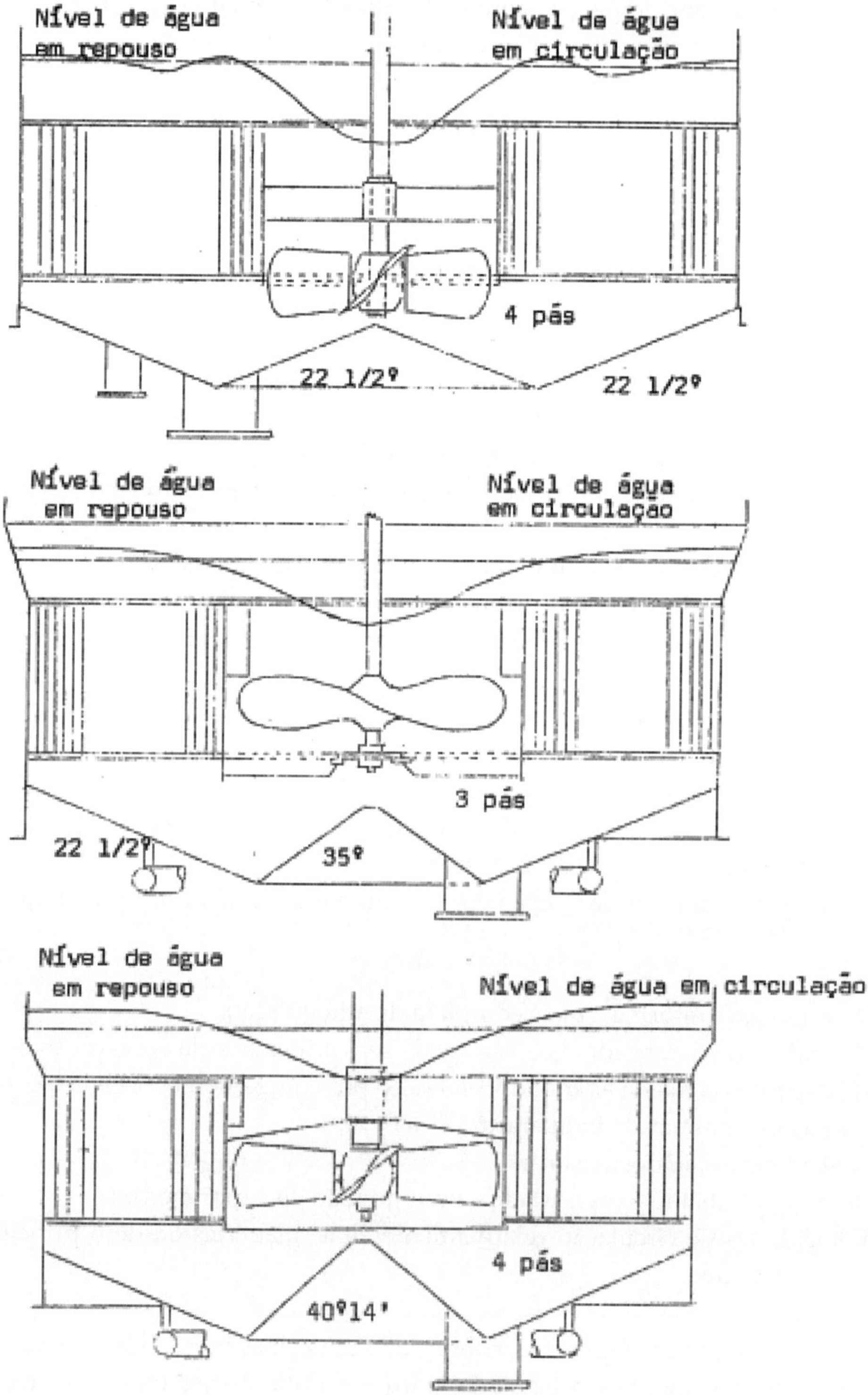

Figura 170 - Circuladores mecânicos em cozedores, segundo ABBOTT & RICH (1975).

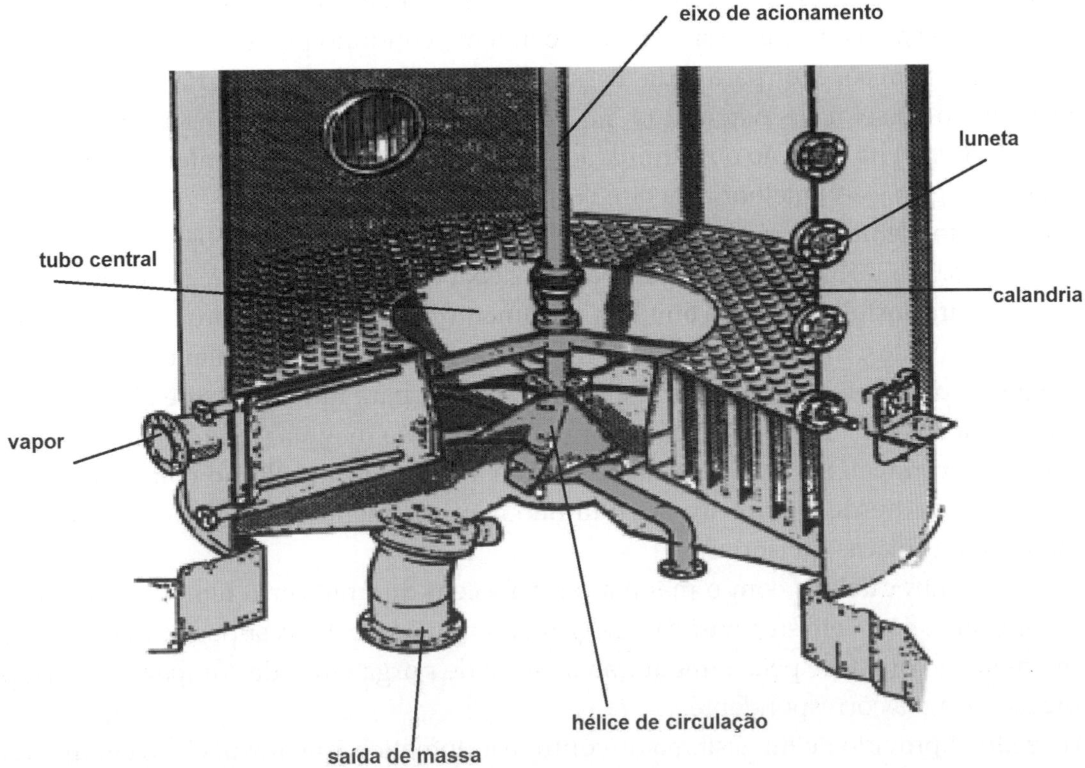

Figura 171 - Esquema de circuladores mecânicos em cozedores usados no Brasil.

20.4.5 COZEDOR CONTÍNUO

Segundo Peter Rein (2012), os cozedores contínuos podem ser classificado em três categorias básicas:

a) Cozedor horizontal multi-compartimentado, seriam os compartimentos se dispõem em série, destacam os aparelhos da Fives Cail (antigamente Fives - Cail Babdock - FCB), SRI Australiano, instalado na Usina Tully, Seaford com circulação forçada da massa proposto por Randall, em 1991, Riviere e Pithoins, em 1973 (Figura 172) e, inicialmente, por Langreney, Tongaat - Hulett e Bosh;

b) Cozedor de fluxo "pistonado" real, concebido para atuar como sistema de vasos longos e estreitos, dividido em duas sessões longitudinais, como um fluxo "pistonado" proposto por Langreney, em 1977 (Figura 173).

c) Cozedor tipo batelada múltipla, uma série de cozedores associados, para formar um sistema contínuo - MBA VKS.

A indústria brasileira tem produzido cozedores contínuos, como fabricados pela empresa NG, que operam com vapor V2 ou V3 sem circulador, com maior esgotamento dos méis, com excelente qualidade granulométrica e com investimento em automação do processo. Há uma convergência de vantagens desse sistema de cozimento contínuo pelos diferentes fabricantes, destacando-se: i) um cozedor para cada massa cozida; ii) ocorre uma sangria estável de vapor de aquecimento do setor de evaporação; iii) permite uma baixa pressão necessária do vapor de aquecimento; iv) há redução ou eliminação das perdas de açúcar, inerentes às operações de descarga e lavagem e a v) melhoria na circulação natural da massa.

O cozimento efetuado através de uma operação contínua tem sido objetivo de inúmeras pesquisas, mas, sua utilização, na prática, ainda deixa a desejar. Um cozedor contínuo, para massa de terceira, instalado, media 6m de comprimento por 3,4 de diâmetro e era dividido em onze compartimentos, através dos quais a massa transita. Inclui uma calandra composta de placas aquecedoras, com uma superfície global de 270 m^2, para um volume de 27 m^3, ajustável em mais ou menos 10%. O primeiro compartimento recebe o magma por meio de uma bomba de velocidade variável, sendo que a massa cozida vai saindo no último compartimento. A massa cozida flui, desde o primeiro até o último compartimento, por orifícios colocados na seção inferior das placas divisórias.

Os cristais introduzidos com o magma permanecem durante certo tempo em cada compartimento, onde ficam em suspensão no licor-mãe superaquecido. A supersaturação do licor-mãe mantém-se constante pela alimentação de méis de purga em cada compartimento e pela evaporação de água correspondente.

O cozedor é provido de um sistema de controle automático, que inclui cinco circuitos contidos em um painel de controle. A figura 172 representa o diagrama de controle, o qual inclui:

a) Controle da pressão de vapor na calandra (PV);
b) Controle do vácuo na zona de vapor, e,
c) Controle da condutividade intermediária (Ci)

Da medição da condutividade elétrica efetuada no quarto compartimento, o instrumental controla a alimentação de méis de purga aos nove primeiros compartimentos.

A medição do controle de condutividade final (Cf) se efetua na saída da massa cozida; o controlador controla a alimentação de méis da purga nos dois últimos compartimentos, isto é, 10 e 11. Para o controle do Brix do licor de alimentação, os méis da centrifugação são diluídos automaticamente, a uma densidade constante, e são aquecidos a uma temperatura muito próxima ao da massa cozida.

A distribuição dos méis de centrifugação nos onze compartimentos, desde os tubos coletores cuja pressão está controlada pelos controladores de condutividade, se faz por meio de válvulas de ajuste exato. Para facilitar o ajuste inicial, que raramente se modifica depois, cada extremo de alimentação dispõe de um indicador de fluxo rudimentar.

Para aumentar ou reduzir a produção, deve-se apenas modificar a pressão de vapor, isto é, aumentando a pressão de vapor, e, seguindo iguais todas as demais condições aumentam a quantidade de água evaporada, concentrando a massa cozida nos distintos compartimentos.

Quando ocorrem paradas prolongadas, 24 a 72 horas, não é necessário esvaziar o cozedor; basta reduzir o Brix da massa em todos os compartimentos e elevar o ph pela adição de pequena quantidade de carbonato de sódio nos méis da centrifugação, durante os últimos minutos de operação.

A condução de operação dos cozedores contínuos de massa C é feita a uma baixa pureza e constante altura da massa sobre a calandra, permitindo uma maior exaustão do licor-mãe, com redução do açúcar a um mínimo. Por isso, com os cozedores contínuos, é possível limitar as perdas de açúcar, no mel final, a um valor apreciavelmente mais baixo do que com os aparelhos normais. Trabalhos comparativos com os cozedores tradicionais mostraram uma pureza de mel final igual a 36,3, contra 32,5 do cozedor contínuo - Riviere e Pithoins (1973) e Langreney *et al.* (1977), em movimento horizontal (Figura 172) e circular da massa cozida (Figura 173).

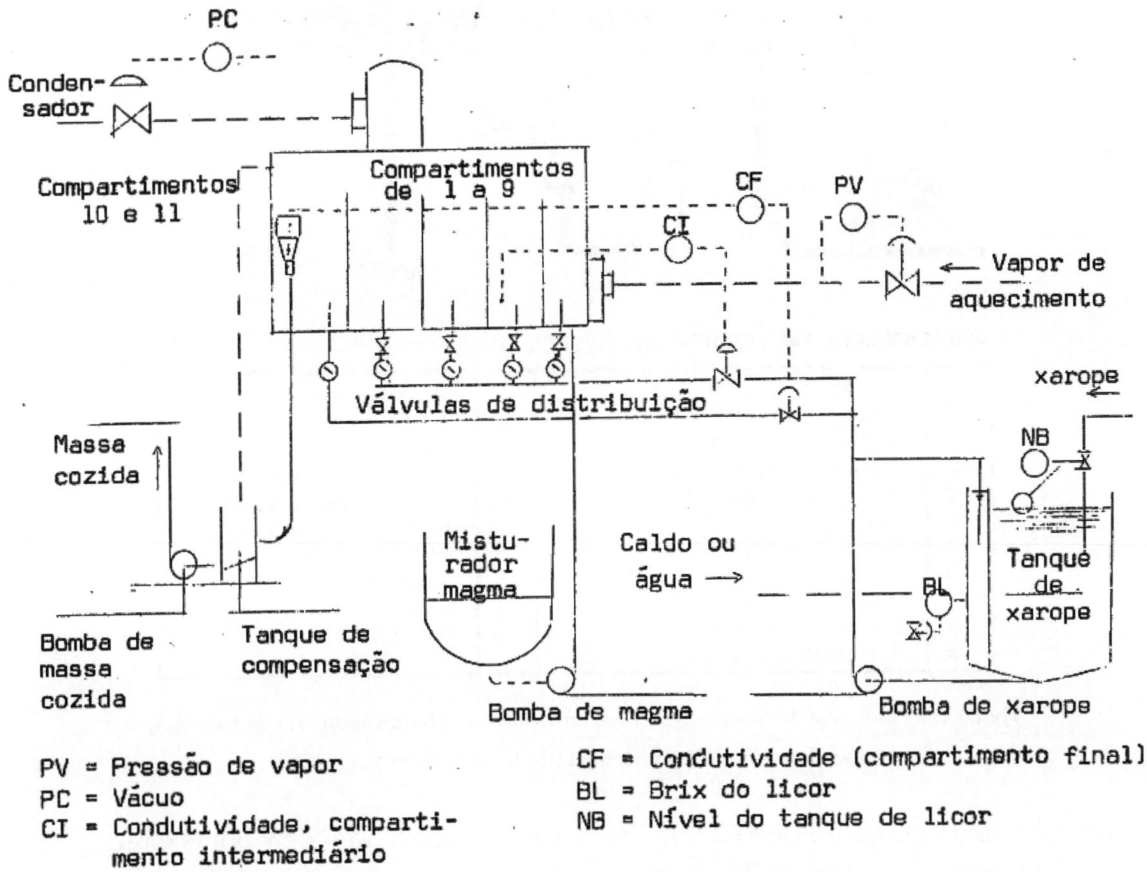

Figura 172 - Esquema do cozedor contínuo, segundo Riviere e Pithoins (1973).

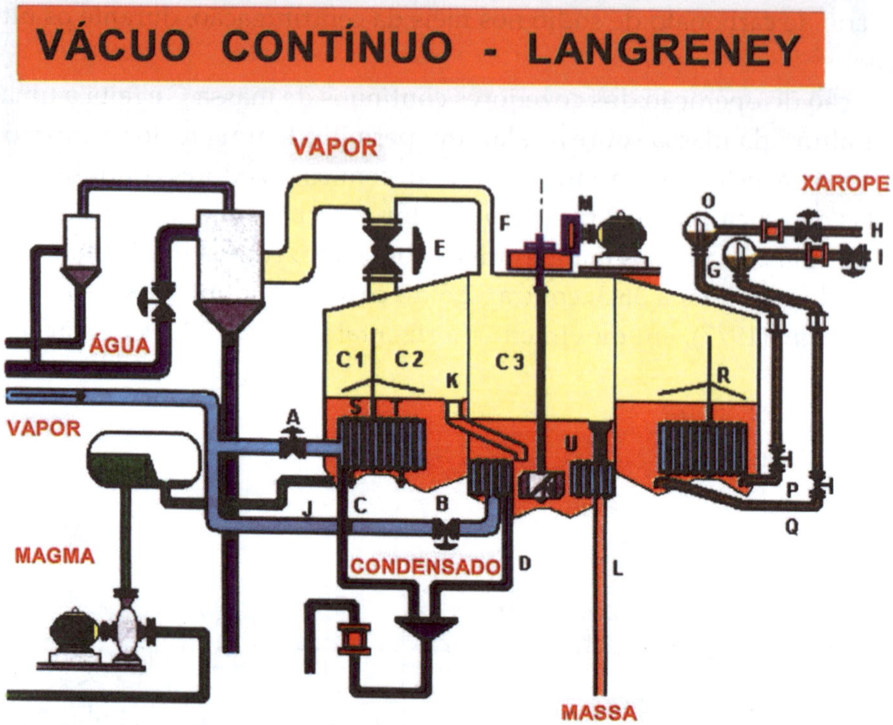

PRINCIPAIS CARACTERÍSTICAS

A	Entrada de vapor para C1/C2	L	Saída de massa de C3
B	Entrada de vapor para C3	M	Acionamento do circulador
C	Saída de condensado de C1/C2	N	Hélice do circulador
D	Saída de condensado de C3	O	Visor de alimentação
E	Saída de vapor de C1/C2	P	Tubo de alimentação C1
F	Saída de vapor de C3	Q	Tubo de alimentação C2
G	Alimentação para C1 e C2	R	Defletor de massa
H	Destribuidor de alimentação C1	S	Calandra C1
I	Destribuição de alimentação C2	T	Calandra C2
J	Entrada de Magma em C1	U	Calandra C3
K	Passagem de massa de C2 para C3		

Figura 173 - Esquema do cozedor contínuo, fabricado por Dedini Indústria de Base S/A, baseado na proposta concebida por Langreney et al. (1977).

A produção de massa foi de 4,48 ton./hora, para uma retenção de 9 horas e uma pureza Clerget do melaço da ordem de 37,5. Quando a produção horária de massa aumentou para 7,46 ton., com um tempo de retenção de 5,25 horas, a pureza do melaço elevou-se a 41.

Já o cozedor de Langreney *et al.* (1977) foi concebido para caminhamento de fluxo longo e estreito, em movimento circular, como nota-se na Figura 173, fazendo os deslocamentos de C1 a C3, nas divisões em seções, sendo que possuem um sistema de aquecimento, sendo uma geometria circular que converge para o centro do aparelho.

Diversos autores têm demostrado que o cozimento contínuo é uma alternativa tecnológica viável, mas na condução operacional do aparelho é fundamental atentar para projeto do cozedor, controle da taxas de evaporação, movimento da massa cozida, que dependendo, requer agitação e observação de tempo de residência e distribuição do tamanho dos cristais, a um custo compatível do produto final.

20.5 FUNCIONAMENTO DO COZEDOR

O cozimento na usina de açúcar, com vista à cristalização de sacarose, é um trabalho dos mais importantes dessa indústria. Ainda que, na atualidade, pelo uso de aparelhos de controle - refratômetro, cuitômetro, panômetro, etc. - o trabalho tenda a se tornar mais simples, ele não deixa de ser bastante complexo, exigindo, de quem o dirige, muita destreza e habilidade.

A obtenção de um cozimento completo na usina de açúcar compreende, em sua máxima simplicidade, como se observa na Figura 174. Primeiro se faz a abertura da válvula de água do multijato (1). Alimenta-se com xarope até 25% da capacidade (2). Faz-se a abertura de válvula de vapor para calandra (3). Concentrar a massa até "ponto de fio" (4). Adicionar sementes para a formação inicial dos núcleos de sacarose (5) observa-se o crescimento desses cristais (6), recém - introduzidos e verificados, utilizando-se de amostra da massa coletada por sonda, até um ponto em que a carga do cozedor é atingida (7). Daí, quebra-se o vácuo e procede-se à descarga ou arriar a massa (8).

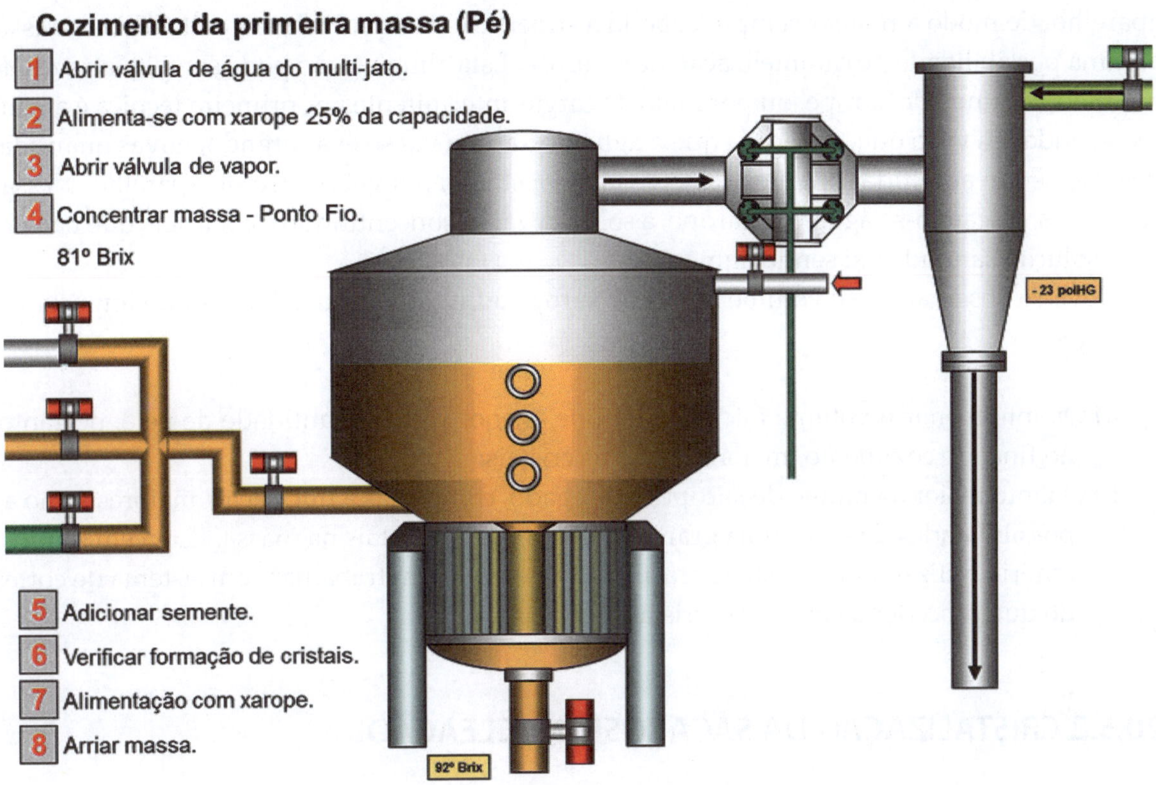

Figura 174 - Esquema do cozedor contínuo da primeira massa. *Ilustração:* **Paulo Gangorra**

Em linhas gerais, a condução de um cozimento pode ser dividida em quatro partes: concentração inicial, cristalização da sacarose, crescimento dos cristais, e aperto da massa cozida.

20.5.1 CONCENTRAÇÃO INICIAL

Próximos aos cozedores localizam-se, geralmente os tanques para a recepção de xarope, proveniente dos evaporadores, além de outros, de iguais dimensões, para depósito de méis. Todos esses depósitos possuem canalizações adequadas para aquecimento a vapor dos produtos aí armazenados. Esta operação ocorre, principalmente, nos tanques de méis, para solubilizar os micros cristais, que acompanham os méis.

Para dar início ao cozimento, o cozinhador ou tacheiro coloca em funcionamento o sistema de vácuo dos aparelho, produzido através de: condensador e ejetor a vapor, condensador e bomba de vácuo ou pelos multijatos.

Em sequência, estando o cozedor sob condições de vácuo, aspira-se o xarope obtido nos evaporadores para o cozedor, em quantidade suficiente para cobrir apenas a superfície do espelho superior da calandra ou a serpentina (uma ou duas, de acordo com o tipo de pé a se preparar).

Após esta operação, o cozinhador abre a válvula de alimentação de vapor, quando o xarope entra em ebulição e regula-se o vácuo para cerca de 60 cm de Hg (+-25"), ficando o material a 65°C.

À medida que o xarope vai se concentrando, o operador vai admitindo mais xarope no aparelho, de modo a manter sempre coberta a superfície de aquecimento, evitando, com isso, alguma possibilidade de caramelização de sacarose. Esta alimentação pode ser feita através de um filete contínuo de xarope, ou por meio de cargas intermitentes. A primeira técnica é a mais recomendável, visto que, à medida que a água do xarope vai se evaporando, novas quantidades vão sendo admitidas, mantendo-se, assim, constante, o nível dentro do aparelho. Nessas condições, trocando-se água por xarope, a solução vai se concentrando e o xarope, que não era uma solução saturada vai sendo alimentado.

Deve-se observar que o volume inicial de xarope admitido no cozedor é muito importante, visto que:

a) Quanto menor o volume inicial de xarope, menor será a quantidade de pé e, portanto, no final do cozimento, maiores serão os cristais;
b) Quanto maior o volume de xarope empregado, com vistas à nucleação, maiores serão as possibilidades de se ter uma grande quantidade de cristais na massa. Este vem sendo o critério utilizado pelas usinas brasileiras, que preferem trabalhar com sistema de cortes do que proceder a sucessivas cristalizações iniciais.

20.5.2 CRISTALIZAÇÃO DA SACAROSE (NUCLEAÇÃO)

À medida que o xarope no cozedor vai se concentrando, a solução vai se tornando saturada e, posteriormente, atinge o coeficiente de supersaturação. Haverá, um dado momento em que, por alguma razão, a cristalização da sacarose ocorrerá. A produção de massa cozida "A" de boa qualidade depende da fase inicial do cozimento, conhecida por granagem. Na prática, a nucleação ou granagem é conseguida por um dos processos seguintes: espera, choque, indução e semeadura.

Nucleação pelo processo de espera

O cozedor trabalha em condições habituais de vácuo e de temperatura e, neste ritmo, a concentração vai sendo conduzida, até um grau em que aparecem no meio os primeiros cristais. Isso acontece quando o coeficiente de supersaturação atinge a zona lábil. Este ponto pode ser reconhecido de diversas maneiras:

A) Por meio de aparelhos de controle, baseados:
- No índice de refração;
- Na elevação do ponto de ebulição;
- Na intensidade da condutividade da corrente elétrica, ou
- Na pureza do material em trabalho.

B) por meio de observação da massa cozida em fervura, através da luneta, isto é, a velocidade com que ela escorre no vidro, o que dá uma indicação do estágio de concentração. Assim é que, quando a massa cozida tem um escorrimento mais rápido ou mais lento, considera-se que ela estará num estado de saturação ou supersaturação.

C) pela consistência e viscosidade do material, quando da observação direta pelo tacto. Uma pequena amostra é tomada por intermédio da "sonda" e observada entre os dedos da mão. Quando os dedos são afastados rapidamente, pode acontecer que:

- O material também se separe, não havendo um fio de ligação entre o material aderido entre cada dedo; neste caso, não se atingiu ainda o coeficiente de supersaturação desejado.
- O material não se separa, formando um fio de ligação muito grosso, denso e viscoso; neste caso, o coeficiente de supersaturação já foi praticamente ultrapassado.
- O material, no momento que atinge o coeficiente de supersaturação (C.S.S.), entrada da zona lábil, forma um fio que se estira e se afina, antes de se romper; neste momento, tem-se a impressão de um fio de cabelo muito fino a escovar. É neste ponto que se corta alimentação de xarope e também de vapor de aquecimento, fazendo com que o material se esfrie vagarosamente. Nessas condições, o coeficiente de supersaturação se mantém, mas há uma tendência de aumento do C.S.S. pelo resfriamento; porém, ao mesmo tempo, haverá uma tendência de queda, dada justamente pela cristalização da sacarose. No fim de aproximadamente 40 a60 min de "espera", aparecerá no meio um certo número de cristais, mais ou menos irregulares, em forma e tamanho.

A observação deste ponto, assim como o número de cristais ou da intensidade da nucleação, pode ser feita através de tomadas de amostras, pela sonda, que são colocadas sobre um vidro transparente, efetuando-se a pesquisa contra uma fonte de luz qualquer. Ao reiniciar o cozimento, com a elevação da temperatura ou por injeção de maior ou menor quantidade de xarope, pode-se dissolver os cristais ainda muito pequenos. Neste ponto, estará pronto o "pé", podendo-se dar prosseguimento à operação de cozimento.

Há vários processos de nucleação da sacarose aplicada às curvas supersaturação nas diferentes zonas, quais sejam, espera (a), choque (b), indução (c) e semeadura (d), como observa-se na Figura 175, os quais serão detalhados em sequência.

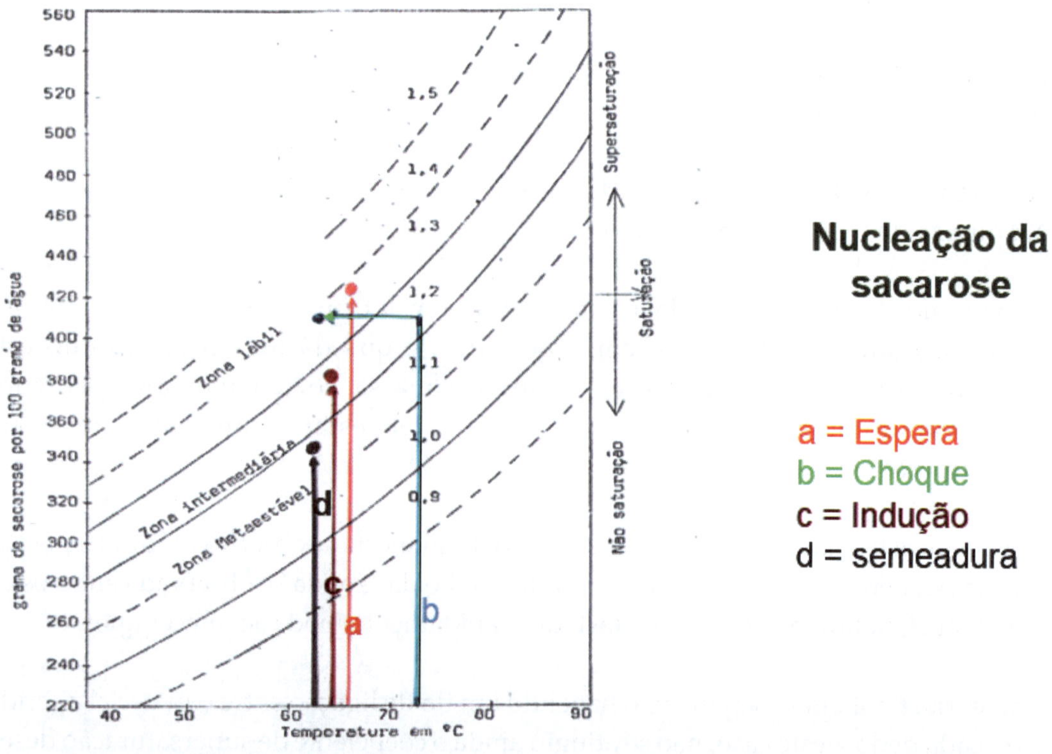

Figura 175. Curvas de supersaturação para cozimento de massa com esquemas de nucleação.

Nucleação pelo processo de "ESPERA"

Consiste em concentrar xarope e méis até que a nucleação ocorra espontaneamente na zona lábil, isto é, o coeficiente de supersaturação (CSS) acima de 1,2 e uma temperatura na faixa de 65°C à 68°C. Desde os anos 80, esse método entrou em desuso.

Nucleação pelo processo de "choque"

No início, a operação é semelhante ao processo anterior, apenas com uma diferença: a concentração inicial é obtida sob condições de baixo vácuo, 58 cm Hg e, consequentemente, a uma temperatura relativamente elevada, 75º C. Uma vez atingida a zona lábil ou, de preferência, a zona intermediária, o que se reconhece por qualquer dos métodos anteriormente citados, eleva-se o vácuo ao redor de 66 cm de Hg, dentro do aparelho. Obviamente, com essa mudança, haverá uma forte ebulição e a temperatura sofrerá uma queda, também brusca, fazendo com que a zona lábil seja atingida. Uma vez conseguido aquele número de cristais desejado, prossegue com a alimentação, voltando vagarosamente às condições habituais de trabalho.

Alguns cozinhadores costumam também dar um "choque" pela injeção brusca, no tempo certo, de um volume de xarope ou de água fria, no material em ebulição. Neste caso, o abaixamento da temperatura e, consequentemente, "choque" é produzido pela injeção de material frio. Às vezes, conjuga-se a injeção de material frio com as mudanças das condições de vácuo.

Nucleação pelo processo de "indução"

O processo inicial é inteiramente semelhante àquele visto para o processo de "espera". Apenas a concentração não será tão elevada. Quando esta atinge a zona intermediária, o que pode ser identificado por um dos processos já vistos (no caso do ponto de "fio", este deve se romper a uma distância de cerca de 2 a 3 cm), faz-se a introdução pela válvula de droga de quantidade de núcleos de açúcar (pó de açúcar) no seio da massa. Nessas condições, os núcleos induzem o aparecimento de novos núcleos. Daí, a denominação de nucleação por indução.

Um atraso na aplicação no "pó", isto é, deixando que a concentração seja excessiva, pode haver formação de conglomerado, o que é indesejável para boa qualidade do açúcar.

Para que os cristais adicionados não se dissolvam, depois de adicionado o pó de açúcar no aparelho, convém cortar o aquecimento com vapor e a alimentação com xarope por cerca de 15 a 30 minutos. Em sequência, volta-se, paulatinamente, às condições normais de trabalho.

Nucleação pelo processo de semeadura propriamente dita

Esse processo de cristalização se constitui no mais técnico de todos. No processo em foco, pelo menos teoricamente, haverá apenas cristalização por deposição. As bases iniciais de cristalização são introduzidas no aparelho em quantidade previamente estabelecida, de acordo com o tipo de açúcar que se vai produzir. Para tanto, o início do trabalho é aquele comum a todos os outros, isto é, certa quantidade de xarope, suficiente para cobrir a superfície de aquecimento e concentrada sob condições habituais de vácuo e temperatura, até a zona metaestável. Quando esta zona é atingida, o coeficiente de supersaturação é de 1,10, e, neste momento, deve-se lentamente reduzir o vácuo para cerca de 60 cm de hg. Neste vácuo, introduz-se, pelo funil de drogas, certa quantidade de uma suspensão alcoólica de pó de açúcar ou semente. Em seguida, fecha-se o vapor e a alimentação por 15 a 30 min, para evitar a dissolução dos cristais introduzidos, para depois, aos poucos, voltar-se às condições normais de operação.

A diferença deste processo com o anterior é de que, neste, a introdução do pó de açúcar, se faz quando o coeficiente de supersaturação do material corresponde àquele da zona metaestável. Nesta zona, não se formam novos cristais, havendo apenas crescimento por deposição, isto é, os cristais pré-existentes cresceram em tamanho, mas não em número.

O núcleo ou cristal de açúcar, utilizado nesta operação, necessita ser refinado, moído e passado através de peneiras especiais. Na literatura, há certa discordância quanto ao número da peneira que se deve utilizar na obtenção do núcleo, como também, na quantidade que se deve empregar como semente.

Quanto à malha da peneira, alguns autores recomendam usar açúcar que passa na peneira de 50 (0,3 mm de diâmetro). Outros admitem que o núcleo de açúcar deve ser aquele que passou pela peneira 70, mas ficou retido na peneira 100. Essa semente pode ser guardada mas, para isso, deve estar bem seca e o recipiente fechado. A conservação dessa semente também pode ser feita em frasco com etanol anidro.

A quantidade de semente a utilizar na nucleação inicial está na dependência do grau de finura da semente e do tamanho do cristal final a ser obtido. As recomendações são as seguintes: HUGOT - 16g por 100hl e WEBRE - 100g por 100hl.

Outra técnica de obtenção de semente para o cozimento consiste em selecionar um açúcar de alta pureza e moer com etanol, na proporção de 1:2, resultando uma pasta de partículas de tamanho médio em torno de 0,010 mm. A operação de moagem do açúcar é realizada em moinho de bola ou de cilindros, por um tempo de 4 a 8 horas. Neste caso, a quantidade da suspensão varia de 150 a 250 ml/100 hl de massa.

Tem-se, atualmente, dado preferência a fazer á semeadura a baixa pureza, ao redor de 70-75 para o caso do açúcar demerara. Este sistema propicia a obtenção de açúcar com maior uniformidade dos cristais e evita a formação de conglomerado e cristais geminados. Além do mais, a zona metaestável das soluções de baixa pureza é mais larga, atingindo um C.S.S. igual a 1,30. Sendo assim, refunde-se apenas muito pouco dos cristais a passar pelos tubos de aquecimento, onde a temperatura atinge até 90° C, fazendo cair o C.S.S. a níveis que podem refundir o açúcar, se a solução é de alta pureza.

20.5.3 CRESCIMENTO DOS CRISTAIS OU LEVANTAMENTO DO COZIMENTO

Uma vez obtido o pé de cozimento e tão logo os cristais possam ser observados através de um vidro transparente contra a luz, o cozinhador estará apto a saber se o número de bases de cristalização, de que dispõe, é demasiado ou insuficiente. No primeiro caso, o problema pode ser facilmente resolvido pela dissolução de uma parte de cristais menores pelo aquecimento da massa (diminuindo o vácuo) ou pela introdução de volumes maiores de xarope quente. O xarope ou mel a ser introduzido no cozedor deve ser sempre aquecido para evitar o resfriamento da massa, o que poderia dar formação a falsos cristais.

No segundo caso, diante de insuficientes bases, o cozimento estará diante de um problema de difícil solução. Uma nova cristalização traria, como consequência, a obtenção de uma massa com cristais muito heterogêneos, tanto em forma como em tamanho, o que dificultaria, posteriormente, a separação do mel dos cristais durante a centrifugação. Não se efetuando nova cristalização, o cozimento, sendo levantado com um número insuficiente de bases, a massa final será constituída de cristais muito grandes. Em consequência, o esgotamento do licor mãe será difícil, apresentando-se no final, uma pureza maior do que a desejada. Esta é uma das vantagens do processo de semeadura propriamente dito, que possibilita ao operador introduzir, no vaso a quantidade exata e necessária de bases de cristalização.

O crescimento dos cristais, uma vez obtido o "pé", será feito, daí por diante, em condições habituais de vácuo, temperatura e alimentação.

Evidentemente, o cozimento deve ser levado de modo que o coeficiente de supersaturação não saia dos limites da zona metaestável. Abaixo desta zona, haverá tendência de dissolução dos cristais e, acima, formação de novos cristais ou falsos grãos. Como a velocidade de cristalização é função do estado de supersaturação da massa, o operador deve conduzir o cozimento, mantendo o conjunto o mais próximo possível do limite superior da zona metaestável. Entretanto, para se conseguir isso, o cozinhador deve ser muito habilidoso ou contar com adequados instrumentos de controle, além de necessitar, sempre, de uma grande uniformidade nas condições de vácuo dentro do aparelho e de pressão de vapor de aquecimento.

Para quem está trabalhando próximo ao limite superior da zona metaestável, uma elevação brusca de vácuo ou queda repentina no vapor de aquecimento, causando o abaixamento da temperatura da massa de uns poucos graus centrifugados, é suficiente para formação de falsos cristais, podendo atingir a zona intermediaria ou lábil.

Também são causas acidentais de formação de falsos cristais: evaporação muito forçada, alimentação da massa com xarope e méis frios.

Ocorrendo a formação de falsos cristais, o cozinhador deverá eliminá-los. Todavia, com grande perda de tempo e trabalho, deverá aquecer a massa, diminuindo vácuo, alimentação da massa com xarope ou água quente. Quando se levanta um cozimento com cristais muito pequenos, é difícil evitar a formação de falsos grãos, a menos que se trabalhe com méis e xaropes muito diluídos, ou que o processamento se dê próximo do limite inferior da zona metaestável. Os cuidados devem ser redobrados no final do cozimento, pois que o aparecimento dos referidos falsos cristais, nessa ocasião, torna a sua eliminação muito difícil, especialmente por causa da alta viscosidade da massa, da circulação mínima e do pouco volume de que se dispõe para alimentação do cozedor.

Em relação ao crescimento dos cristais da massa cozida de baixo grau, pelas facilidades de caramelização e pelas dificuldades de circulação (alto vácuo), o cozimento é mais demorado, neste caso, comparado as massas de alta pureza.

20.5.4 "APERTO" DA MASSA COZIDA OU CONCENTRAÇÃO FINAL

A massa cozida deixar o vácuo deve estar no máximo possível de concentração, uma vez que o esgotamento do licor mãe, que envolve os cristais, é inversamente proporcional à quantidade de sacarose presente. O mel final é ainda uma solução supersaturada e impura de sacarose, do qual mais açúcar se pode retirar, ainda que impuro. Aliás, sabe- se que cada parte de água do mel dissolve praticamente 2 partes de sacarose. Portanto, antes de dar o cozimento por terminado, deve-se concentrar a massa ao máximo possível. A esta concentração final dá-se a denominação de "aperto" do cozimento. Esta operação é, sem dúvida, difícil de ser realizada, pois tem-se que evaporar água no momento em que a circulação é difícil, pela alta viscosidade da massa.

Sabe-se que, pela cristalização da sacarose por deposição, bem como pela formação de novos cristais, o coeficiente de supersaturação tende a cair. Reconhece-se, também, que pela evaporação da água, o coeficiente tende a subir. Desta forma, o trabalho de "aperto" da massa deve ser dirigido, de tal modo, que uma coisa compense a outra, mantendo o conjunto na zona metaestável.

Outro fator importante é que as massas impuras (massa C e B) têm uma velocidade de cristalização por deposição de sacarose muito pequena; por isso, a quantidade de água a ser evaporada, por unidade de tempo, deve ser menor quando comparada com massas de alta pureza. Às vezes, essa quantidade de água a evaporar é tão pequena, que foge ao controle do cozinhador, e ela se torna, no aparelho, maior do que deveria ser. Se providências não forem tomadas, é óbvio que o C.S.S., nestas condições, cresceria e, fatalmente, atingiria a zona intermediaria ou mesmo a lábil, produzindo falsos cristais, devido à elevação da concentração pela evaporação ser maior que a queda pela cristalização. Com o aparecimento de falsos cristais, nesta fase, sua eliminação é praticamente possível. A solução do problema é dada pela adição no cozedor de água, que recebe o nome de água de circulação. Um operário experiente, de grande prática, reduz o trabalho de "aperto" ao mínimo. Para tanto, ele já inicia a operação, levantando o cozimento, de modo que a quantidade de xarope ou mel introduzida no vaso seja tal, que compense a quantidade de água evaporada e vá aumentando, progressivamente, a concentração da massa. Com esse procedimento, quando o cozimento atinge a altura máxima no vaso, também ele terá a massa praticamente apertada ao máximo. Evidentemente que esse "aperto" tem um limite, limite este que é encarado em termos de viscosidade da massa. Deve-se, por isso, apertar a massa ao máximo possível permitido pela viscosidade, especialmente em se tratando das últimas massas cozidas, isto é, daquelas nas quais o licor encontra suas últimas possibilidades de se cristalizar. O aperto pode atingir até 103 ° ou 105° BRIX (aproximadamente 93 a 95% de matéria seca real), mas, para isso, é necessária uma grande habilidade do operário e que o aparelho disponha de possibilidades mecânicas. Para que se tenha uma ideia da importância deste fato, basta atentar para o que se segue:

- O mel final é a maior fonte de perda de açúcar não cristalizado na usina e,

A pureza do mel final, na ausência de falsos cristais, é inversamente proporcional ao BRIX da massa cozida. A tabela 80, em sequência, esclarece o que acaba de ser dito.

Tabela 80: Variação da pureza dos méis, em função do Brix da massa cozida

Brix da massa cozida	Pureza do licor mãe
97	44
98	42
99	40
100	38

20.5.5 DESCARREGAMENTO DA MASSA

Depois de terminado o "aperto" da massa, o cozimento é dado por terminado e o aparelho deve ser descarregado. Neste momento, corta-se a entrada de vapor e fecha-se o vácuo, abrindo a válvula quebra - vácuo. Esta última operação tem por finalidade igualar a pressão interna com a externa. Abre-se, então, a válvula de descarga da massa, que é encaminhada aos cristalizadores.

Encerrando o descarregamento, o aparelho é levado, com vapor, para que nenhum cristal remanescente fique aderido às paredes, especialmente sobre a superfície de aquecimento. Se isso não se fizer, tal açúcar irá se caramelizar no próximo cozimento, escurecendo a massa, prejudicando a qualidade do açúcar final. Além disso, qualquer cristal presente iria atrapalhar a próxima nucleação.

Estando o aparelho limpo, ele é fechado e está em condições de produzir um novo cozimento.

20.5.6 OBSERVAÇÕES

a) Quando o xarope que alimenta o cozedor está com baixo grau, ao redor de 40º Brix, tem-se que pegar mais "pé", porque o cristal cresce muito. Logo, para obter gran grossa é preferível xarope de baixo grau. Xarope fraco tem menor perigo de pegar poeira, só que o cozimento demora mais.

b) Quando o xarope de alimentação está em torno de 58 - 60º Brix, os cristais ficam menores, por chegar logo o ponto, e se apertar muito fica difícil o descarregamento, logo, perde-se mais açúcar no mel. Se o xarope está forte, tem-se que puxar maior quantidade de "pé", para esgotar melhor o licor mãe. Quando o cozimento estiver no fim, cortar a metade para outro cozedor é um recurso para se obter cristais maiores ou alimentar com água quente, para não deixar apertar.

c) Na alimentação do cozedor com mel, é necessário que este esteja quente e diluído. Esta operação é feita para que não traga cristais que passaram pela tela da centrifuga e para não cair a temperatura do cozedor. O aquecimento é feito na caixa de mel, através de serpentinas perfuradas.

d) No momento de puxar o mel, este deve estar meio firme, para que não demore muito o cozimento.

20.6 CORTE DO COZIMENTO

Faz-se o corte de um cozimento quando a gran não está dentro do padrão exigido pela usina. Para se efetuar um corte, é necessário seguir a seguinte marcha:

a) Fecha-se o vácuo e abre-se o quebra vácuo, no que vai ceder o "pé", e abre-se o vácuo no outro vaso;
b) O vapor deve estar aberto no primeiro cozedor e fechado no segundo;
c) Abre-se o registro das comunicações;
d) Quando tiver passado suficiente quantidade de "pé", fecha-se o registro no primeiro vaso, deixando aberto o do segundo vaso, até limpar a canalização para, em seguida, fechá-lo.
e) Abre-se agora o vácuo no primeiro vaso e o vapor no segundo, e passa-se a alimentar o cozedor para o novo "levantamento".

20.7 SISTEMAS DE COZIMENTO

Como na operação de cozimento visa-se produzir uma massa cozida onde se tem cristais de tamanho médio e uniforme, uma quantidade que permita um bom esgotamento do mel e, consequentemente, uma maior recuperação de açúcar. A escolha do esquema de cozimento é fator determinante para que aqueles objetivos sejam atingidos.

20.7.1 SISTEMA DE DUAS MASSAS DE COZIMENTO

Neste sistema, somente massas "A" e "C" são obtidas. A principal dificuldade do sistema está em se obter mel "A" com pureza a baixa de 60, o qual, quando utilizado no cozimento "C", produzirá um mel final de pureza acima do desejável. A queda de pureza entre a massa cozida "A" e seu mel, é redor de 18 pontos. Um valor mais baixo entre estas purezas só é possível se a massa "A" for posta a recuperar em cristalizador, onde resfriará por algumas horas. Isto exigirá um maior número de cristalizadores, principalmente considerando-se que se o resfriamento da massa não for bem controlado, poderá aparecer falsos cristais. Não se dispondo deste recurso, a única alternativa é recircular o mel "A" no seu próprio cozimento, para que a massa "A" fique com uma pureza de 75 a 80. Nestas condições, esta massa poderá dar um mel "A" com pureza de 58 a 62, o que produzirá uma massa "C" com mel final, com pureza por volta de 37 a 39. Sendo assim, o sistema de duas massas cozidas produzirá um açúcar de pureza inferior, quando comparado com massa virgem, isto é, produzida somente de xarope.

O sistema de duas massas cozidas A e C, é eficiente, e o indicado quando o xarope é de pureza baixa 76-78, e todos os cozimentos "A" podem ser realizados com xarope, sem recirculação de méis, produzindo um cozimento "C" de baixa pureza e fornecendo um mel final de pureza aceitável. Entretanto, isso não é o que ocorre, pois, na prática, o xarope está com uma pureza alta, por volta de 83 a 90.

A recirculação de méis elimina a principal vantagem atribuída ao sistema convencional de duas massas, ou seja, a de produzir menos massa cozida por tonelada de cana, porque a recirculação de méis aumenta proporcionalmente o volume total de massa cozida. Além do mais, a recirculação de mel para a massa "A" produzirá a decomposição de materiais orgânicos, dando formação de cor e maior viscosidade à massa, resultando açúcar de qualidade inferior. O sistema pode ser empregado para cristal, seja tipo Standard, seja tipo Superior.

20.7.2 SISTEMA DE TRÊS MASSAS COZIDAS

Quando a pureza do xarope é elevada, o sistema de três massas é o preferível. Há vários métodos para condução do processo de três massas. Um processo bastante utilizado em quase todos os centros açucareiros é o de três massas, com recirculação de méis e produção de dois açúcares (Figura 176) ou três (Figura 177). Esse sistema é mais eficiente que o de duas massas em rendimento industrial, mas tem o inconveniente do açúcar comercial produzido, originário de dois cozimentos de purezas diferente, logo, são açúcares diferentes. Sendo assim, o açúcar comercial produzido é uma mistura de dois tipos de açúcar de diferente polarização, filtrabilidade, cor, granulométrica, etc. O cozimento "B" produz açúcar de qualidade inferior, que não pode ser armazenado por um período muito longo.

Embora haja grande variação de procedimento quanto às purezas trabalhadas das diferentes massas, elas, de um modo geral, estão compreendidas entre os valores apresentados na tabela 81.

A pureza do magma utilizado varia ao redor de 85 e 90 e a quantidade de cristais na massa é a seguinte:

Massa cozida "A"	50 – 55%
Massa cozida "B"	50%
Massa cozida "C"	35 – 40%

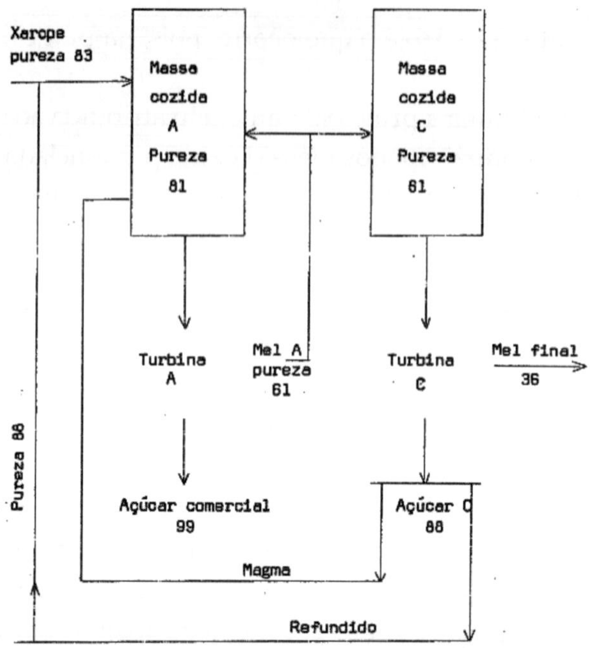

Figura 176 - Esquema de duas massas com recirculação de méis.

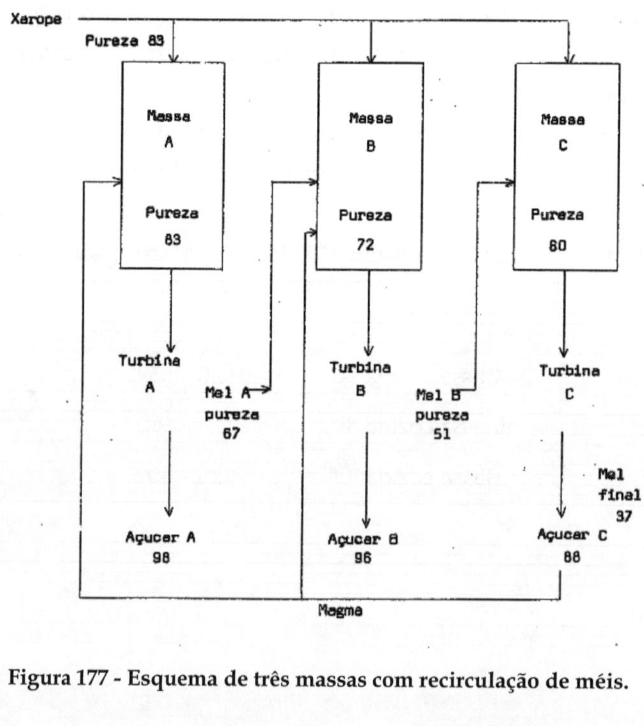

Figura 177 - Esquema de três massas com recirculação de méis.

Segundo Jenkins (1966), quando a pureza do xarope é muito elevada, há duas alternativas para se obter melhor exaustão. Utilizar do sistema de quatro massas ou seja, reduzir a pureza da massa "A" (Tabela 81).

Tabela 81 - Variação da pureza no sistema de três massas

Cozimento	Pureza da Massa	Queda da Pureza média	Pureza do mel
Primária	80 - 90	18	62 - 72
Segunda	70 - 78	22	48 - 56
Terceira	58 - 60	23	35 - 37

20.7.3 SISTEMA DE TRÊS MASSAS COM PRODUÇÃO DE UM ÚNICO TIPO DE AÇÚCAR

O sistema descrito por Diago (1977), e que foi desenvolvido na Tallisman Sugar Corporation, produziu resultados em qualidade do açúcar, esgotamento dos melaços e uniformidade dos cristais, que ultrapassaram aqueles que podem ser obtidos com os sistemas convencionais de cozimento (SILVA et al., 2013), os quais eram utilizados anteriormente, por eles.

Este novo sistema opera com três massas "A", "B" e "C", porém, a produção total de açúcar comercial, é obtida de cozimento "A" de alta pureza. O esgotamento dos méis é realizado através das massas "B" e "C". Os cozimentos "B" produzem méis com 45 de pureza e nos cozimentos "C" a pureza final é de 33 (Figura 178).

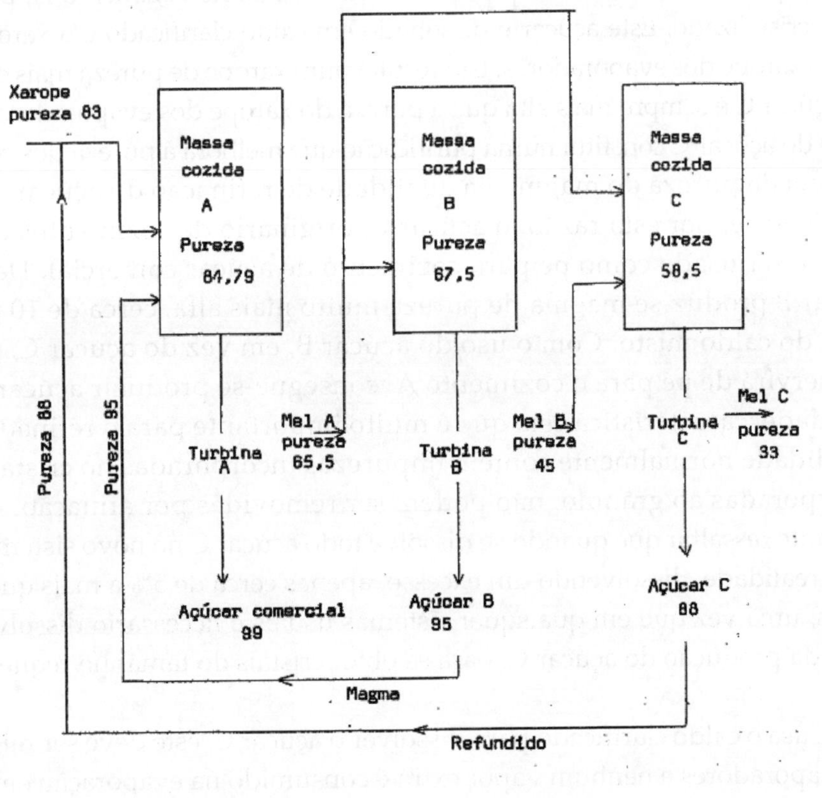

Figura 178 - Esquema de três massas com produção de um único tipo de açúcar.

Os cozimentos "B" são feitos com "pés" de grana fina, obtidos por semeadura completa de mel "A", com pureza de 65,5. O mel A alimenta o vácuo de cozimento "B", de modo que este cozimento é somente efetuado com aquele mel. Deste modo, a pureza do mel A e do cozimento B são as mesmas.

O açúcar de granulometria fina, produzido quando os cozimentos B são centrifugados, é misturado com xarope, para formar o magma de alta pureza, que é usado com pé para o cozimento A.

O cozimento A é, então, completado com alimentação de xarope e estes cozimentos, quando centrifugados, produzem açúcar comercial de excelente qualidade, sem nenhuma lavagem nas centrífugas. Neste sistema, elimina-se necessidade da dupla centrifugação do açúcar C, com todos os seus inconvenientes.

Todo cozimento A é realizado com xarope, e nos cozimentos B e C, nenhum xarope é usado.

Nos méis A é que se faz a semeadura completa para produzir nucleação. Estes núcleos são usados como pé para todos os cozimentos B e C. Na prática, o pó de açúcar adicionado é suficiente para produzir oito cozimentos, quatro B e quatro C, sendo este pé e distribuído de tal forma que os cozimentos B usem um pé menor que os cozimentos C, a fim de se obter um magma com cristais maiores.

A produção de cozimento B é somente 22 litros por tonelada de cana, o que demonstra que somente se produz está massa cozida o suficiente para obter o magma necessário para a produção de cozimento de primeira, não sendo necessário dissolver açúcar B.

O açúcar C, que é o de mais baixa pureza, nunca é usado no cozimento A, porém, pode ser dissolvido e recristalizado. Este açúcar é dissolvido em caldo clarificado e o xarope resultante é misturado com xarope dos evaporadores. Isto resulta num xarope de pureza mais elevada, porque a pureza do açúcar C é sempre mais alta que a pureza do xarope dos evaporadores.Também esta recristalização do açúcar C constitui numa purificação que melhora a pureza dos cozimentos A.

A influência da pureza do magma na qualidade de refinação do açúcar demerara produzida é decisiva, e, por esta razão, o açúcar C, originário de cozimentos de baixa pureza, nunca deve ser usado como pé para cozimento de açúcar comercial. De outra forma, usando açúcar B produz-se magma de pureza muito mais alta, cerca de 10 pontos a mais que a pureza do caldo misto. Com o uso do açúcar B, em vez do açúcar C, para formar o magma que servirá de pé para o cozimento A, consegue-se produzir açúcar comercial de alta filtrabilidade, característica esta que é muito importante para o refinador. Açúcar de baixa filtrabilidade normalmente contém impurezas incorporadas no cristal e, desde que estejam incorporadas ao grânulo, não podem ser removidas por afinação.

É interessante ressaltar que quando se dissolve todo açúcar C no novo sistema de cozimento, está-se, na realidade, dissolvendo um excesso, apenas cerca de 5% a mais que nos sistemas convencionais, uma vez que em quaisquer sistemas usuais é necessário dissolver não menos que a metade da produção do açúcar C, para se obter cristais do tamanho requerido para açúcar comercial.

Quando se usa o caldo clarificado para dissolver o açucar C, este deve ser misturado com o xarope dos evaporadores e nenhum vapor extra é consumido na evaporação em razão do uso do açúcar o que alivia o funcionamento dos evaporadores.

Não há dúvida de que, em condições iguais de clarificação do caldo, o açúcar produzido com magma de 94,0 de pureza e uma massa cozida de 84,7 de pureza deve ser superior em polarização, cinzas, cor e filtrabilidade, a um açúcar obtido de massa de 81,0 de pureza, com recirculação de méis.

20.7.4 SISTEMA DE QUATRO MASSAS COZIDAS

Este sistema de quatro massas facilita a esgotabilidade do mel final, mas seu emprego só se justifica quando o xarope estiver com uma pureza tão alta, como 92 ou mais.

A massa "A" é obtida a partir de semente e xarope. As demais massas são levantadas com mel dos cozimentos precedentes. A massa cozida de quarta, isto é, a que tem mais baixa pureza, é obtida com uma pureza controlada ao redor de 58, sendo que a formação do pé para essa massa é feita pela granagem do xarope. Esta massa, após turbinagem, dá o açúcar que, depois de misturado com xarope, forma o magma, que servirá de pé para os demais cozimentos. Neste sistema, obtém-se três tipos de açúcar com características distintas em pureza, granulometria, cor e filtrabilidade. Como o açúcar normalmente aí produzido é de tamanho pequeno, querendo-se aumentá-lo haverá necessidade de maior quantidade de cozedores e de caixas de méis.

Segundo Baikon (1982), este sistema quase nunca é usado, pois o sistema de três cozimentos com massa "A" virgem pode, facilmente, substituí-lo.

A queda de pureza entre a massa cozida e seu mel varia de acordo com a Tabela 82, definada pelos autores.

Tabela 82: Sistema de quatro massas

Cozimento	Pureza da M. C.	Queda da Pureza	Pureza do Mel
Primeira (A)	86 - 92	18 - 12	68 - 80
Segunda (AB)	79 - 86	20 - 17	59 - 69
Terceira (B)	73 - 78	19 - 22	54 - 56
Quarta (C)	61 - 60	24 - 23	37 -37

20.7.5 QUANTIDADE DE MASSA PRODUZIDA NOS DIFERENTES SISTEMAS DE COZIMENTO

A quantidade de massa cozida produzida depende de vários fatores, como sistemas de cozimento, qualidade da matéria prima, período da safra em questão, entre outros. Entretanto, em termos gerais, esses valores podem ser vistos na Tabela 83 - Características de massas cozidas, por vários autores, (SILVA et al., 2013).

Tabela 83 - Volume de massa cozida em litros por toneladas de cana

	Segundo ZARPELON		Segundo HUGOT			Segundo DIAGO	
	2 m. c.	3 m. c.	2 m. c.	3 m. c.	4 m. c.	2 m. c.	3 m. c.***
M.C. A	196* 181,5 **	109 – 127	140	95	85	139,8	122,6
M.C. AB					55		
M.C. B		72,9 – 50,5		50	35		23,7
M.C. C	54,6	54,6	30	35	25	43,7	39,9
Total	250,6 – 236,1	236,7 – 232,2	170	180	200	183,5	186,2

M.C. Massa cozida

***** Três massas cozidas com um só tipo de açúcar produzido**

**** Granagem a baixa pureza**

*** Granagem com xarope**

20.8 MAGMA

O magma se constitui no pé para os cozimentos. Ele pode ser produzido a partir da massa C ou B. Hoje, tem-se dado preferência ao magma de massa B, devido à sua mais alta pureza.

20.8.1 PREPARO DO MAGMA

O empastamento do açúcar que servirá de pé nos cozimentos pode ser feito com xarope, caldo clarificado ou água. Entretanto, em vários centros açucareiros tem-se dado preferência ao caldo clarificado, principalmente por dois motivos:

a) O açúcar proveniente das turbinas possui grande quantidade de cristais minúsculos, que produzirão no cozimento que ele servir de pé um açúcar de gran irregular. Com o uso do caldo clarificado, os cristais irregulares serão dissolvidos, favorecendo a sua homogenização.
b) Aumenta a capacidade das bombas em 14 a 16%, pois a quantidade de caldo para preparar um magma por volta de 88° Brix será menor do que aquela em que se utiliza xarope, material entre mais concentrado.

Quando o magma é obtido de açúcar de baixa pureza, é aconselhável fazer a afinação do açúcar C, para depois utilizá-lo como pé de cozimento de alta pureza.

Um magma de pureza 80 é considerado como de baixa qualidade, pois propicia a recirculação de méis, o que aumenta o volume de massas a serão obtidos. O magma deve, preferivelmente ter, uma pureza de 88. Todavia, até 85, é aceitável.

20.9 MÉTODOS E EQUIPAMENTOS DE CONTROLE DO COZIMENTO

O processo de cristalização é uma das etapas mais importantes na fabricação do açúcar, que, virando obter cristal branco, cristal bruto ou refinado.

Na maioria das usinas de açúcar, principalmente nas brasileiras, a condução do processo de cristalização da sacarose é efetuada por pessoas habilitadas e de grande experiência na fabricação. Cada operador, porém, tem suas próprias ideias a respeito da condução da operação de cozimento e disso resulta uma considerável variação na forma e qualidade do açúcar, não dando condições para se obter uniformidade do produto.

Muito se tem feito para o desenvolvimento de técnicas adequadas, dosmétodos de controle e de instrumentação que permitam obter um açúcar de excelentes características e um máximo de esgotamento dos méis.

Os controles que devem ser feitos durante a operação de cozimento são:

a) Controle da supersaturação.
b) Controle da pressão absoluta e,
c) Controle da fluidez (viscosidade).

O cozimento, conduzido por meio do conhecimento prático, considerado por muitos como mais uma arte do que propriamente uma técnica. Todavia, nunca dispensou a utilização de instrumentos de controle, como: termômetros, manômetros, vacuômetros, etc. Tais instrumentos são de grande valia para o cozinhador.

20.9.1 CONTROLE DA SUPERSATURAÇÃO

Sabe-se, por princípio, que um cristal cresce numa solução supersaturada, tanto mais rápidamente quanto mais alta seja a supersaturação. Ela está definida pelo coeficiente de supersaturação, o qual é representado pela relação entre o teor de açúcar da solução supersaturada e a solução saturada. Entretanto, esta relação tem dependência da temperatura e da pureza da massa.

A determinação exata do grau de supersaturação é muito importante, principalmente com vistas ao momento ideal de realizar a nucleação do vácuo, da mesma forma que, após a nucleação, deve se conduzir à evaporação dentro de valores favoráveis de supersaturação.

Assim é que, na zona onde o coeficiente de supersaturação é igual a 1,00 a 1,20 não se formam cristais; apenas crescem os já existentes. Na região onde o coeficiente de supersaturação está entre 1,20 e 1,30, dá-se a formação de cristais por indução e, acima de 1,30, se formam-se cristais espontaneamente. Destes fatos, decorre a importância de medir e controlar a supersaturação da solução de açúcar no cozimento.

20.9.2 CONTROLE DA PRESSÃO ABSOLUTA

O controle da pressão absoluta no ciclo de cozimento é de grande importância, pois a falta desse controle origina variações de temperatura, que produzem modificações na supersaturação. Assim é que, se a pressão aumenta, a temperatura também se eleva, e o cristal pode fundir-se, devido à solução passar à condição de não saturada. Por outro lado, se a pressão decresce, a temperatura diminui, podendo ocorrer a formação de novos cristais e conglomerados, por atingir a zona intermediária.

É bem conhecido que a mudança da pressão barométrica, devido às condições de tempo, afeta a relação entre a medida de vácuo e a temperatura de ebulição. Se mudanças na pressão barométrica são encontradas, é necessário medir a pressão absoluta no vácuo. A razão para isso é que as medidas de pressão absoluta são feitas com vácuo perfeito.

A fim de medir a pressão absoluta diretamente, sem o uso de leituras barométricas, utiliza-se de instrumentos de medição da pressão absoluta, como os da Fischer & Porter, 1976 (Figura 179), os quais contém elementos medidores que tem dois foles opostos. Os foles superiores, completamente esvaziados e selados na fábrica, agem como referência zero. Os foles inferiores recebem o vácuo existente no cozedor ou no evaporador. Este sistema está anexo a uma registradora, que grava a pressão absoluta real.

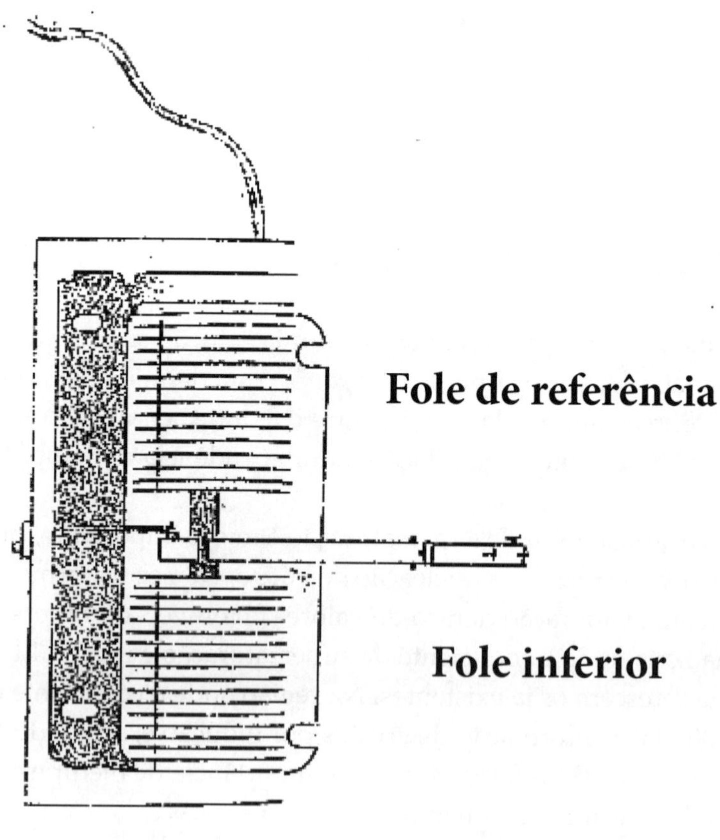

Figura 179 - Aparelho de determinação da pressão absoluta Fisher & Porter (1976).

20.9.3 CONTROLE DA FLUIDEZ

A medida da fluidez da massa é muito importante e pode ser usada como um elemento regulador da alimentação do cozedor. É de grande valia no final do cozimento, quando se procura fazer o clássico "aperto" da massa, com vistas à maior recuperação de sacarose.

Evidentemente, para que se tenha um cozimento controlado pela pressão absoluta, coeficiente de supersaturação e fluidez, deve-se levar em conta que outros fatores estão presentes e influindo nos citados controles, tais como:

a) Pureza do xarope e dos méis de alimentação;
b) Quantidade e natureza das impurezas que afetam a nucleação, a solubilidade e a velocidade de cristalização.
c) Características construtivas dos cozedores.

20.10 EQUIPAMENTOS DE CONTROLE DOS COZEDORES

Os aparelhos empregados para controlar o cozimento são muito variáveis, diferindo quanto aos princípios de construção e fabricante. Apesar disso, todos eles visam controlar eficientemente a cristalização da sacarose.

Em geral, os vácuos são equipados com instrumentos básicos, que são:

a) Manômetro, que indica a pressão do vapor de aquecimento;
b) Termômetro registrador ou indicador, para temperatura do cozedor;
c) Microscópio de baixo grau de aumento, para observação do tamanho e estrutura do cristal.

Além desses instrumentos, a utilização de outros mais completos é uma garantia para que se tenha um melhor controle de operação.

20.11 MEDIDA DA ELEVAÇÃO DO PONTO DE EBULIÇÃO

A medida da elevação do ponto de ebulição no vácuo dá uma ideia da concentração, proporcionando, assim, um meio perfeito de controlar a nucleação.

O aumento do ponto de ebulição é a diferença entre a temperatura da solução fervente e a dos vapores que saem da massa cozida.

Os aparelhos que fazem esta determinação não são de leitura direta, em termos de supersaturação. Dão, entretanto, a diferença entre duas temperaturas. O princípio desta medida pode ser expresso como:

$$E.P.E. = T_s - T_w$$

Onde,
E.P.E. = Elevação do ponto de ebulição;
T_s = temperatura de ebulição da solução de açúcar;
T_w = temperatura da água, à mesma pressão absoluta.

Para medir as temperaturas, usam-se termômetros de resistência. Um termômetro se localiza, geralmente, na parte central do cozedor, imerso na massa cozida, dando assim a temperatura de ebulição. Um segundo termômetro se localiza em uma pequena caldeira de água em ebulição, chamada geralmente de tacho piloto, que tem uma tubulação ligada ao espaço de vapor ou de gases do cozedor. Este termômetro acusa a temperatura da água fervendo, à mesma pressão absoluta que o do cozedor a vácuo.

Estes dois termômetros, ligados a um registrador de temperatura, dão uma medida direta da elevação do ponto de ebulição.

O instrumento constituído sob esse princípio é conhecido pelo nome de Micromax e o seu idealizador foi Smyth (1971). Ele permite um controle muito bom do cozimento, sendo, porém, influenciado pelas variações de pressão atmosférica.

Segundo citação de Meade (1967, 1972), ocorre nos vácuos:

a) A diminuição do E.P.E., quando baixa a temperatura;
b) O E.P.E. aumenta, à medida que a pureza diminui e,
c) À determinada pureza e temperatura a E.P.E., é preciosamente proporcional aos sólidos solúveis por 100 partes de água.

Nestas condições, conhecendo-se o E.P.E. no ponto de saturação, torna-se fácil determinar o coeficiente de supersaturação, bastando dividir o E.P.E. observado pelo E.P.E no ponto de saturação.

Exemplo:

E.P.E. observado = 14
E.P.E. no ponto saturação = 11,2
Coeficiente de superfaturação = 14/11,2 = 1,25

Gráficos ou cartas especiais, sendo construídos um para cada pureza de licor-mãe da massa cozida em processamento, indicam, a todo instante, a correspondência com o C.S.S. Evidentemente, em função destes dados, a alimentação será diminuída, aumentada, mantida ou paralisada.

20.12 INDICAÇÃO E MEDIÇÃO DA SUPERSATURAÇÃO

Muitas foram as tentativas para obtenção de valores representativos da supersaturação, essenciais para um controle realmente eficaz do cozimento.

Deve-se a Holven, citado por Meade (1972), Honig (1977), o primeiro sucesso na medição direta da supersaturação. Holven achou que a diferença entre a medida da elevação do ponto de ebulição E.P.E. era independente da pressão absoluta.

Deste modo, ele provou a linearidade entre os pontos de ebulição de açúcar e os pontos de ebulição da água à mesma pressão absoluta, correspondendo a diferentes níveis de saturação.

O instrumento idealizado por Holven (*apud* MEADE, 1972) consta de dois termômetros de resistência, sendo um instalado no cozedor e outro no tacho piloto conectado com a câmera de vapor ou gases, e controlados por circuitos elétricos, que foram comercializados pela Honeywell, com o nome de Brown Supersaturation Recorder.

O seu registrador indica diretamente os valores da supersaturação. Outros instrumentos existem, baseados no mesmo princípio.

20.12.1 MEDIÇÃO DA CONSISTÊNCIA

Existem vários instrumentos para medir a fluidez, que é uma característica que pode ser definida quando o vácuo está equipado com circuladores mecânicos. Estes aparelhos são dotados de um amperímetro, que dá o consumo de energia do motor de acionamento. Este consumo, entretanto, será maior ou menor, em função da concentração da massa, dando uma indicação para sua alimentação. Outro recurso é dotar o vácuo de um pequeno agitador e um motor, que, quando acionado, dá o torque requerido, até atingir a velocidade constante, e isto dá a medida da fluidez.

20.12.2 MEDIDA DO NÍVEL DA MASSA COZIDA

Esta medida é sempre necessária quando o cozimento é conduzido, até um nível superior, a uma luneta de observação dos vácuos. A medida de nível do vácuo pode ser obtida, por exemplo, através de um transmissor diferencial de pressão, detectada pela massa e a parte livre superior em um registrador. A diferença de pressão é proporcional ao nível da massa cozida sempre que sua densidade permaneça constante.

20.13 APLICAÇÃO DA CONDUTIVIDADE NO CONTROLE DO PROCESSO DE CRISTALIZAÇÃO: SEMEADURA

A aplicação da condutividade, com vistas à cristalização da sacarose nas usinas de açúcar, foi estudada, inicialmente, por Honig (1969).

O princípio da operação baseia-se no fato de que a condutividade de uma solução de açúcar é proporcional ao teor de água dessa solução e que guarda uma estreita relação com a concentração e com a viscosidade.

O aparelho que mede a condutividade, utilizado na Estação Experimental de Java, é conhecido pelo nome de cuitômetro.

Os elementos do sistema de controle da condutividade são três:

a) Um transformador com voltagem de saída ajustável;
b) Um medidor de corrente (miliamperímetro) ou registrador de baixa resistência interna.
c) Um par de eletrodos.

Além do cuitômetro, de fabricação inglesa, existem outros aparelhos, construídos sob o mesmo princípio na Holanda, Áustria, França, etc.

Também no caso do cuitômetro, a colocação dos eletrodos no meio do cozedor é muito importante. De modo geral, eles se localizam sob a calandra e na parte central, distante da superfície de aquecimento. É importante também que no local de instalação dos eletrodos não haja "borbulhas de vapor", que interfiram nas leituras.

As dimensões dos eletrodos são padronizadas; em Queensland, por exemplo, são usados eletrodos cilíndricos de:

- 16 mm de diâmetro;
- 45 mm de comprimento e,
- 75 mm de espaço entre eles, tomados centro a centro.

O medidor de corrente, por sua vez, é instalado na parede do cozedor.

A aplicação da condutividade tem permitido à indústria de açúcar europeia, um controle inteiramente automático. De acordo com a indicação da condutividade, a alimentação do vácuo faz-se automaticamente, desde que já se tenha granado o vácuo.

20.14 OUTRAS CONSIDERAÇÕES DO SETOR DE COZIMENTO PATAMAR ATUAL DA ÁREA DE COZIMENTO NA INDÚSTRIA DO AÇÚCAR

O patamar atual da indústria do açúcar da área de cozimento é muito semelhante ao patamar de antes, poucos detalhes mudaram, sendo o cozimento contínuo o de maior interesse.

Alguns detalhes foram aperfeiçoados, outros foram descartados, mas nos últimos anos não houve grande mudança. Os investimentos na área não foram de grande importância, justificando a falta de novas tecnologias, que satisfizessem o setor.

20.14.1 TACHOS DE COZIMENTO

O tacho de cozimento não deixa de ser um evaporador, mas não é apenas isso. Durante o cozimento ocorre uma migração da sacarose do licor mãe para os cristais presentes na massa cozida, e esse fenômeno necessita de um tempo para ocorrer. Tanto que, em alguns casos de dimensionamento dos tachos contínuos, o tempo de residência da massa cozida é fator mais relevante do que a própria superfície de aquecimento calculada, definindo a capacidade final do equipamento.

TIPOS DE TACHO DE COZIMENTO

Tachos de cozimento em batelada

Os tachos de cozimento em batelada devem ter as seguintes características:

1 Calandra com um tubo central
2 Fundo com cone invertido
3 Distribuição circunferencial de vapor
4 Baixa altura da massa acima da calandra
5 Calandra reta
6 Relação S/V= 0,60 a 0,75 m^3/m^2
7 Altura dos tubos C= 0,80 a 1,00 m
8 Diâmetro dos tubos = 4''
9 Altura máxima da massa = 1,50 m
10 Uma boa geometria
11 Volume do pé = 30 a 35%

Para evitar arraste, a regra utilizada é manter uma altura acima do nível dinâmico máximo da massa, igual à altura de massa acima do espelho superior da calandra.

Tachos de cozimento contínuo

O projeto de tacho de cozimento contínuo deve ter características que garantam a circulação da massa cozida. Quanto mais intensa for está circulação, mais homogênea será a massa cozida e, portanto, menor será o risco da ocorrência de frios e quentes. Forte circulação garante alta produtividade e esgotamento do licor mãe.

Um bom tacho de cozimento contínuo deve ter:

a) Alta eficiência volumétrica
b) Baixo coeficiente de variação do tamanho dos cristais
c) Alto teor de cristais na massa
d) Alta taxa de crescimento dos cristais
e) Habilidade de operar numa faixa grande de produção
f) Grau de intensidade de circulação
g) Confiabilidade do sistema de automação
h) Consumo mínimo de vapor

i) Sistema de controle simples e eficaz, com mínima supervisão
j) Longos períodos de operação, sem interrupção para limpeza

Principais diferenças entre tachos de cozimento de batelada e tachos de cozimento contínuo

Cozimento em batelada	Cozimento contínuo
Operam com alto nível de massa sobre o feixe tubular	Operam com baixo nível de massa sobre o feixe tubular
Volume de pé depende da relação S/V	Volume do pé independe da relação S/V
É fácil de se operar no modo manual	É difícil de se operar em modo manual

20.14.2 CONCENTRAÇÃO DA MASSA COZIDA

O Brix da massa cozida é proveniente dos sólidos dissolvidos no licor mãe, mais o açúcar contido na massa de cristais. No cozimento, eleva-se a concentração até o máximo possível, podendo-se atingir um Brix 100, o que corresponde a 94% de matérias dissolvidas reais. Na prática, não ultrapassa 96%.

Solubilidade (q)

Solubilidade é a relação entre a massa de sacarose e água, numa solução saturada, a uma dada temperatura. A solubilidade da sacarose na água aumenta, rapidamente, com o aumento da temperatura. A 40°C dissolve-se 2,334 kg de sacarose pura em 1 kg de água a 80°C, este valor passa para 3,703 kg de sacarose pura.

$$q = \frac{\text{sacarose}}{\text{água}} = \frac{\text{sacarose}}{(100 - \text{brix})}$$

Coeficiente de Saturação ou coeficiente de Solubilidade (s)

A solubilidade da sacarose diminui, consideravelmente, na presença de açúcares redutores. É comum relacionar-se o valor de (s) com a pureza (p).

$$s = \frac{(\text{sac.}/\text{água})\ \text{sol.sat.impura}}{(\text{sac.}/\text{água})\ \text{sol.sat.pura}} = \frac{\text{massa sac.solúvel \% sol.impura}}{\text{massa sac.solúvel\% água}}$$

Pureza (p) %	Solubilidade (s)
100	1,00
90	0,98
80	0,95
70	0,91
60	0,85
50	0,80
40	0,73
30	0,65

Dados da literatura

SUPERSATURAÇÃO

Coeficiente de Supersaturação (ss)

$$ss = \frac{(\text{sac.}/\text{água})\ \text{sol.sup.sat.}}{(\text{sac.}/\text{água})\ \text{sol.sat.}} = \frac{(\text{massa sac.\% água na sol.sup.sat.})}{(\text{mass sac.\% água na sol.sat.})}$$

Três regiões ou Zonas de Supersaturação (Figura 175)

1. Metaestável: ss variando de 1,0 a 1,2. É a região mais próxima à saturação, e nela não há a formação de cristais. Se forem adicionados cristais de sacarose à solução nesta região, estes crescerão, fazendo o coeficiente de supersaturação tender para seu limite inferior, igual a 1,0.

2. Região ou Zona Intermediária: ss variando de 1,2 a 1,3. Não há também nesta zona cristalização em ausência de cristais, mas se forem adicionados à solução, não somente estes crescerão, como haverá a formação de novos cristais e, consequentemente, o índice ss decrescerá.

Se a região metaestável for atingida, cessará a formação de cristais, mas continuará o crescimento dos cristais até que o valor de ss atinja 1,0.

3. Região ou Zona Lábil: ss maior que 1,3. Nesta região haverá sempre a formação de novos cristais, quer em presença, quer em ausência de outros cristais.

No cozimento, a supersaturação do licor mãe deve permanecer na zona metaestável superior. Para caldos, a pureza influi muito nos valores de ss.

O limite superior da zona metaestável apresenta-se como uma função inversa da pureza do caldo. Para uma pureza 60, esse limite é 1,55; para pureza 70, este valor é 1,30 e para 80 atinge 1,25.

Velocidade de Cristalização

A velocidade de cristalização é função de:

a) Viscosidade

O aumento de viscosidade diminui a mobilidade e retarda a cristalização.

b) Temperatura

O aumento da temperatura implica em diminuição da viscosidade e diminuição de "ss". Se T diminui, é preciso aumentar ss, para manter a velocidade de cristalização. A velocidade de cristalização é a mesma nas seguintes condições: "ss" = 1,25 a 70°C; 1,30 a 60°C e 1,35 a 50°C; 1,40 a 40°C.

c) Coeficiente de Supersaturação (ss)

A velocidade de absorção da sacarose pelos cristais é proporcional ao quadrado da supersaturação. Na prática, o valor de ss não deve ultrapassar 1,44, acima do qual a cristalização se realiza de modo desordenado, com abundante formação de falso cristal.

d) Pureza do Licor Mãe

A velocidade de cristalização diminui rapidamente, quando a pureza do licor mãe diminui. Por este motivo, um cozimento de baixa pureza exige mais tempo que uma massa cozida de primeira.

Em valores relativos, pode-se afirmar que para uma pureza 100, tem-se uma velocidade de cristalização 100. Para uma pureza 90, a velocidade de cristalização cai para 30 e, para uma pureza 80, a velocidade cai para 10 (Pureza = (Pol / Brix) x 100).

e) Movimentação da Massa Cozida

Aumenta a velocidade de cristalização. A pureza do licor mãe é o mais importante efeito. Massas cozidas de 3ª gastam até vários dias para cristalizar.

20.14.3 MÉTODOS DE CONDUÇÃO DO COZIMENTO (GRANAGEM)

a) Método de Espera

Este método consiste em alimentar o cozedor com xarope, enquanto se processa a evaporação da água. Há um aumento do ss. Quando este atinge 1,1 a 1,2 (metaestável) nada ocorre, pois não se tem cristais. Quando ss atinge a região intermediária, também não ocorre cristalização.

Quando ss atinge valores superiores a 1,3, correspondentes à zona lábil, ocorre a granagem ou o surgimento espontâneo dos cristais, ou seja, moléculas de sacarose deixam a solução, passando a constituir a fase cristalina.

Assim, o Css do licor mãe reduz-se, atingindo a região intermediária. Nesta, agora, ocorre a formação de novos cristais, que são os falsos cristais ou cristais poeira, assim denominados por serem menores que os formados na zona lábil, que tiveram tempo para crescer.

Os falsos cristais são indesejáveis, pois são menores, causam desuniformidade na massa de cristais e causam obstrução na tela das centrífugas.

O método de cristalização (cozimento) por espera é o mais antigo da indústria açucareira e está fora de uso.

Os pontos fracos do processo são:

1 Dificuldade para controlar o número de grãos formados;
2 Inevitável a formação de conglomerados;
3 Aplicável para cristalizar massas com alta pureza.

b) Método de Choque

Neste método promove-se a concentração até a zona intermediária. Para isso, trabalha-se com temperatura acima da temperatura normal de funcionamento do cozedor (vácuo menor).

Quando a zona intermediária é atingida, promove-se uma redução do aquecimento às (ou aumento brusco do vácuo) condições normais do aparelho, promovendo uma redução da temperatura do xarope dentro do cozedor.

Isso faz com que haja um aumento em ss, atingindo a zona lábil, quando ocorre a cristalização da sacarose. Uma vez ocorrida a cristalização, há redução de ss no licor mãe, tendo a retornar à condição de saturação.

Assim, novas alimentações de xarope devem ser realizadas, para manter ss na região metaestável, para que haja crescimento no tamanho dos cristais.

c) Método da Semeadura

Este método consiste em concentrar o xarope até a região metaestável e, em seguida, injetar no interior do cozedor uma suspensão de microcristais, preparada em laboratório, através da moagem de cristais de sacarose suspensos em etanol absoluto.

Estes cristais passarão a crescer em tamanho, pois o processo é realizado na região metaestável, através da adição de xarope durante o cozimento.

A quantidade de semente a ser adicionada varia de 15 a 40 g por 100 hL, geralmente 25 g por 100 hL. O açúcar, depois de triturado, passa na peneira (por exemplo, peneira 50). Deve ser seco, para evitar aglomerados.

No caso de suspenso em etanol absoluto, a mistura deve passar por agitação, para romper possíveis grumos, que produzirão aglomerados de cristais.

Massas cozidas

Fatores que influenciam na obtenção de massas cozidas de qualidade:

1 Impurezas presentes nos méis e xarope
2 Volume do pé-de-cozimento
3 Granulometria do açúcar
4 Controle automático da granagem e cozimentos
5 Quebra de cristais nas centrífugas contínuas

A quantidade de massa cozida produzida é mínima num sistema de cozimento sem recirculação de méis. Qualquer retorno de mel de baixa pureza para as massas de alta pureza e aumenta a produção de massa total.

Esgotamento da Massa Cozida (r)

$$r = \frac{100(j-m)}{j(100-m)}$$

Onde:
1 **r:** esgotamento (r varia, na prática, de 52 a 64)
2 **j:** pureza da massa cozida
3 **m:** pureza do melaço

Objetivos do Cozimento

Efetuar cada cozimento dentro das características previstas no menor tempo possível, depende dos seguintes fatores:

1 Viscosidade.
2 Temperatura (da qual, aliás, depende a viscosidade).
3 Supersaturação.
4 Pureza do licor mãe.

O cozimento visa:

1 Produzir máxima porcentagem de cristais.
2 Produzir um açúcar uniforme e com os cristais no tamanho desejado.
3 Processar uma massa cozida de boa fluidez, mesmo com elevada porcentagem de cristais, que irá centrifugar facilmente, sem necessidade de lavagem excessiva.

20.14.4 CARACTERÍSTICAS DE UM COZEDOR

Um cozedor é perfeitamente similar ao corpo de um evaporador e possui:

a) Cabeça
É de chapa de aço carbono e possui separador tipo chicana.

b) Corpo
É de chapa de aço carbono e, dentro, possui um tubo de (inox), para alimentação da massa cozida, e dispositivo para limpeza do equipamento, a cada cozimento efetuado.

c) Calandra
É de aço carbono, do tipo plana e fixa com tubo central.

d) Tubos
São de aço inox ou ferro.

e) Fundo
É de chapa de aço carbono, com saliência para a saída da massa cozida e circulação.

f) Circulador Mecânico
Reduz o tempo de cozimento, melhora a granulometria por proporcionar uma melhor circulação.

Formas de Cozimento

Os méis devem ser diluídos aproximadamente a 65° Brix. O líquido utilizado na diluição dos méis irá evaporar no tacho, promover a circulação eficaz da massa, por ocasião da alimentação, garantindo uma boa velocidade de crescimento dos cristais.

Há duas formas de condução do cozimento, que se identficam por massa cozida A e B, conforme segue:

Massa A	Massa B
Sucção do pé	Sucção do mel / xarope
Crescimento dos cristais	Concentração
Aperto	Granagem
Descarga	Crescimento
Lavagem	Aperto
	Descarga

A diluição deverá garantir a dissolução dos pequenos cristais nos méis, para não comprometer a qualidade do açúcar (Figura 180), em um sistema associado de cozedores com cristalizadores e centrifugas.

Figura 180 - Instalações de cozedores de massa A, associados à cristalizadores e centrífugas semiautomáticas da Usina Ester, Cosmópolis-SP.

SISTEMA DE COZIMENTO COM UMA MASSA

Na fabricação do açúcar, pode-se empregar vários esquemas de cozimento, os quais visam, em última análise, obter um maior ou menor esgotamento do melaço ou mel final, em função do rendimento industrial desejado em açúcar. Pela aplicação de um maior número de massas, resulta que o mel final é bem pobre, isto é, faz-se a maior recirculação dos méis, levando ao esgotamento da sacarose presente. Na prática, é possível adotar esquemas de duas massas, de três massas e até de 4 massas, como descritos nas Figuras 181 a 182, na medida em que vai aumentando o número de massas no cozimento. O primeiro sistema de massa única é particular, em utilização no Brasil, especialmente, onde maior interesse está na produção de etanol e o açúcar é complementar. Na Figura 181, no sistema de uma massa observa-se que se faz um cozimento com vácuo continuo (1), com adição de pé ou "semente" em condição de vácuo (2), oriunda de uma sementeira (4) e que sofrerá uma centrifugação (5) e produz açúcar e mel final de alta pureza. Em tal sistema, levaria a ter um mel final de alta pureza, queda de pureza de 15 a 17 pontos, produção de 75 kg/tonelada de cana e baixo investimento na fábrica. O mel final é, então, enviado à destilaria, para a produção de etanol. Isto representa uma estratégia adicional na fabricação, em casos de usinas com destilaria anexa, que podem obter um maior ou menor esgotamento do mel final, em função do mercado de açúcar e de etanol, ou seja, quando for conveniente a produção de etanol, pode-se adotar sistema de uma massa, pois o mel final (mais rico em sacarose) será aproveitado na produção de etanol.

Por outro lado, é evidente que em sistemas de mais massas, o mel final é bem pobre em sacarose e os cozimentos sendo pobres, ficam mais difíceis de serem manuseados. O sistema de duas massas é o mais utilizado no país (Figura 181 – primeira parte), teria uma queda de pureza entre 30 a 34 pontos, uma produção na ordem de 95 a 100 kg de açúcar por tonelada de cana, um médio investimento financeiro e ajustes técnicos adequados na cristalização e no balanço térmico facilitado pelo equilíbrio na produção de etanol/açúcar.

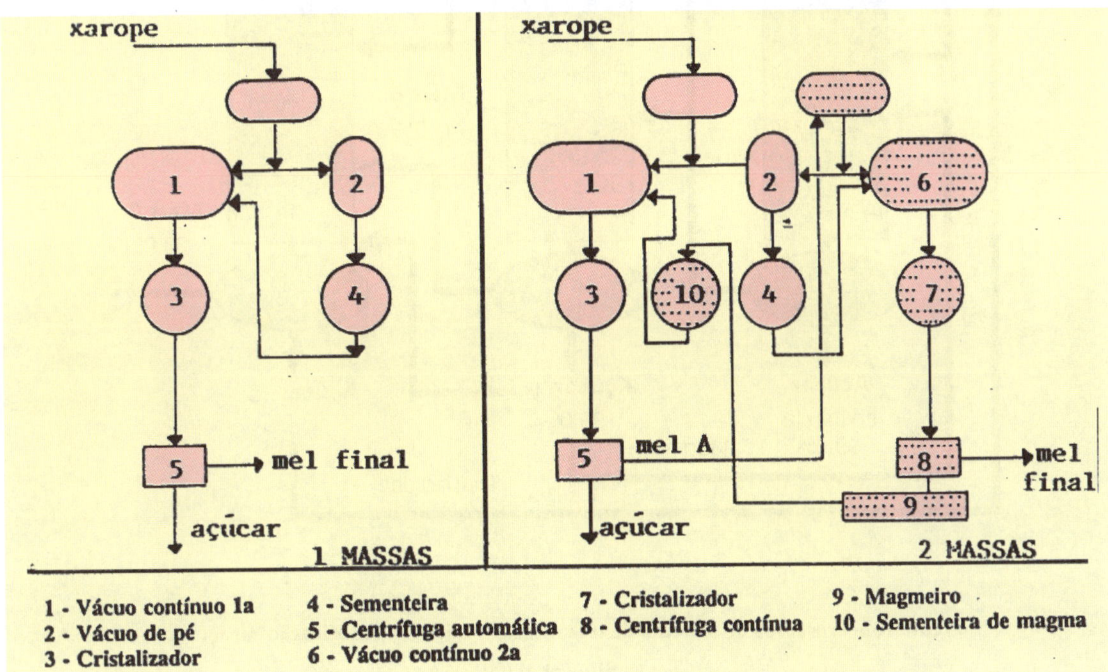

Figura 181 - Sistemas de uma e duas massas cozidas, na fabricação do açúcar.

Fonte: RIBEIRO, C.; HORII, J. - Tecnologia Sucroalcooleira Básica. Piracicaba:ESALQ/ Depto. Ciência e Tecnologia Agroindustrial, v.2, 1997. 36p.

SISTEMA DE COZIMENTO COM DUAS MASSAS

Esse sistema é considerado apropriado para os casos de xarope com baixa pureza (Figura 181 - segunda parte e Figura 183). O sistema de duas massas pode ser aplicado, em alguns casos, com sucesso. Tem várias desvantagens, como:

- Qualidade do açúcar média ou baixa
- Devido à recirculação dos méis, torna-se obrigatório, quando se quer ter um bom esgotamento do mel final, geralmente mais elevado, devido à pouca flexibilidade do sistema.

SISTEMA DE COZIMENTO DE TRÊS MASSAS

O Sistema de três massas cozidas, na fabricação do açúcar, proposto por SILVA et al (2013), permite uma queda de pureza de até 50 pontos, uma produção de 110 a 120 kg de açúcar por tonelada de cana e produção preferencial de açúcar, com produto de qualidade e um excelente equilíbrio térmico de fábrica. (Figura 182)

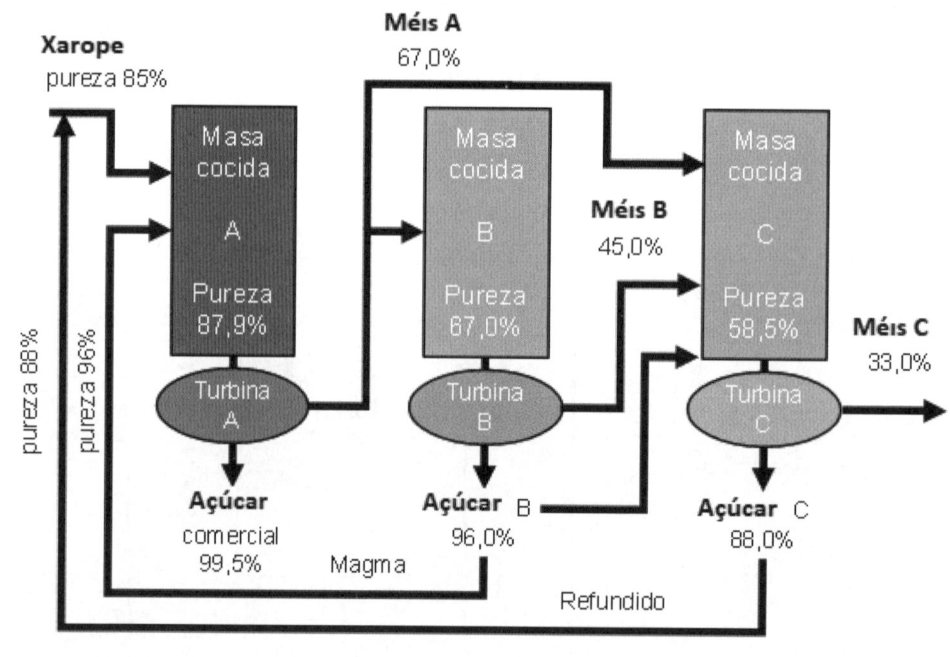

Figura 182- Processos do sistema de três massas cozidas, na fabricação do açúcar.

Fonte: **Silva et al (2013).**

Este sistema, se bem controlado, é muito bom e ideal para produzir açúcar de alta qualidade e alto rendimento industrial, o que pode ser observado no fluxograma da fabricação do açúcar (Figura 183). Suas vantagens são:

a) Produz açúcar de alta qualidade
b) Recirculação mínima de méis
c) Menor tempo de cozimento
d) Melhor recuperação de açúcar
e) Reduz as operações de cristalização
f) Melhor esgotamento

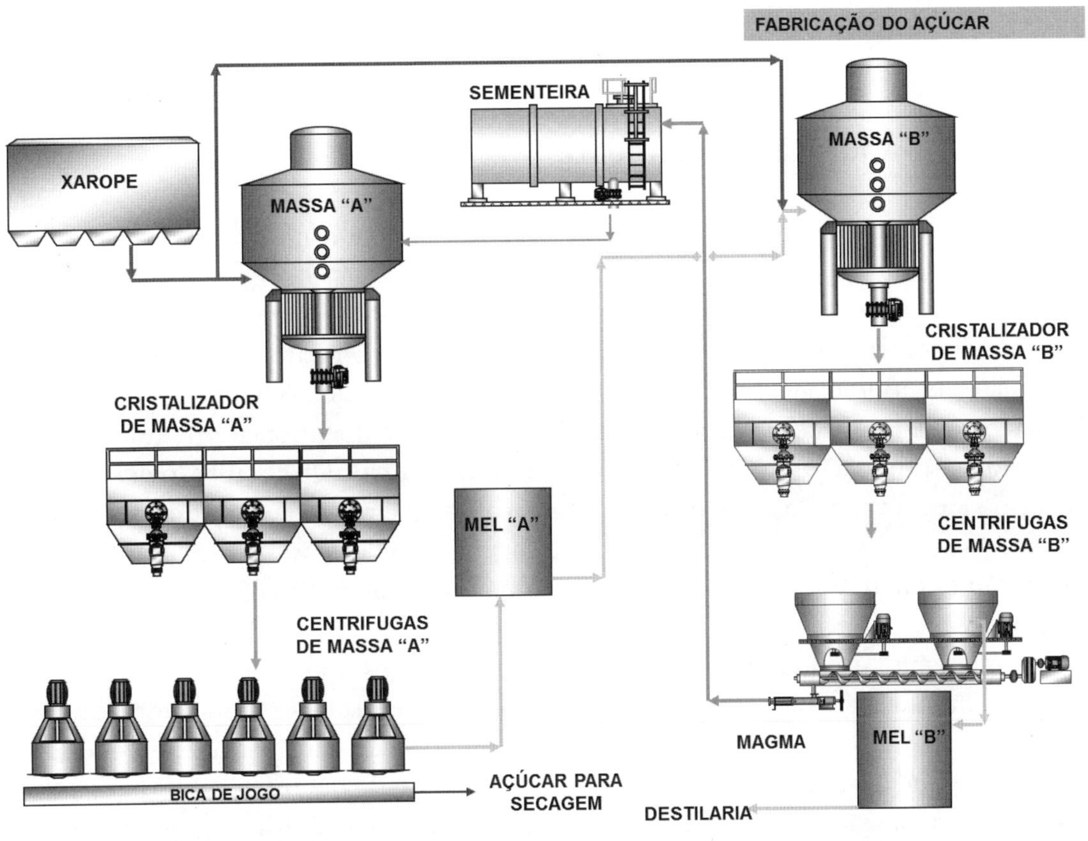

Figura 183 - Fluxograma de cozimento, na fabricação do açúcar. *Ilustração:* **Paulo Gangorra.**

Massas de Pureza Elevada (A)

Onde facilmente pode-se chegar à situação em que mais de 60% da sacarose foi cristalizada, requerem cuidado nesta fase, pois podem transformar-se numa massa sólida, de difícil centrifugação.

Massas com Pureza Baixa (B ou C)

Embora o conteúdo dos cristais seja elevado, menos massas, neste estágio, à cristalização é muito lenta, devido à baixa pureza do licor mãe, sendo sua circulação mais difícil.

Esgotamento

Fatores que influenciam no esgotamento:

1 Tratamento do caldo
2 Tratamento do xarope
3 Eficiência da cristalização
4 Eficiência da separação

Limite entre evaporação e cozimento

A evaporação é programada para que a concentração do xarope fique entre 60 e 70º Brix, sendo recomendado 65º Brix.

É possível obter a evaporação até 75º Brix, porém os cozedores precisam de um xarope ainda capaz de dissolver os falsos cristais, formados durante o início do cozimento. A evaporação é realizada em evaporadores em múltiplos efeitos, por questão de economia.

Com a concentração, ocorre um aumento na viscosidade do xarope, tornando-o mais denso e viscoso, passando a ser denominado "massa cozida", de difícil circulação nos tubos aquecedores e de vaso a vaso. Por isso, o cozimento é realizado em um evaporador de único efeito.

Quando o caldo é submetido ao processo de concentração, sua viscosidade aumenta rapida e concomitante com o Brix, de tal forma que quando este alcança 70 a 80 Brix, inicia-se o surgimento dos cristais de sacarose.

Nesse momento, a massa transforma-se, passando do estado líquido a um estado meio sólido, meio líquido, caracterizando a massa cozida. Esta redução de fluidez torna imperativa a mudança na forma de sua manipulação. Sua consistência não mais permite ferver esta massa em tubos de pequenos diâmetros, nem circular com facilidade de um evaporador a outro.

Assim, a evaporação nesta etapa passa a ser realizada em evaporadores de simples efeito, com detalhes e adaptações efetuadas em função das características do produto a ser concentrado. Esta etapa da concentração é o cozimento.

20.15 CONSIDERAÇÕES FINAIS

O cozimento é uma das etapas mais importantes na produção de açúcar. Caso ela não seja monitorada constantemente, poderá haver muitos prejuízos e danos à qualidade do produto. O aumento da recuperação de açúcar na fabricação, dá-se por três razões principais, que têm, na concentração, um aspectos, estratégico, observam vários autores e especialistas, que complementam:

1º) Processo e estratégia de operação da área de fabricação de açúcar, dependendendo exclusivamente do homem. É fundamental a fábrica investir em treinamento;

2º) Qualidade da matéria-prima, que poderá ser modificada, dependendo dos conhecimentos aplicados no campo (planejamento agrícola);
3º) Novos equipamentos e produtos, que poderão dar maior suporte aos dois recursos anteriores (modernização e evolução tecnológica).

Há uma convergência entre técnicos, de que as atenções para o mix, a favor da produção do etanol, fez com que houvesse pouca renovação da mão de obra especializada neste setor da fabricação.

CAPÍTULO 21

CONDENSAÇÃO E VÁCUO NAS USINAS DE AÇÚCAR

As evaporações de um múltiplo efeito, especialmente as de seu último vaso e daquelas produzidas pelos cozedores são, por via de regra, eliminadas pela instalação adequada do um condensador e bomba de vácuo.

Como os vapores do último vaso do múltiplo efeito estão sempre acompanhados de gases incondensáveis (amoníaco, ar, etc.), para a maior eficiência do condensador, este deve estar munido de um purificador, que separa aqueles gases em estado seco.

A bomba de vácuo, estando em funcionamento, produz vácuo no condensador. Este se comunica com o corpo do evaporador ou com o cozedor que fica, assim, também, sob a mesma condição de vazio. Através de uma bomba, faz-se circular água no condensador para condensar os vapores que até ele chegam.

Como há, geralmente, carência de água nas usinas de açúcar, além do efeito poluidor, esta pode ser resfriada e, de novo, servir às suas finalidades, conforme mostra a Figura 184.

Durante este resfriamento, que se processa por via de regra em tanques abertos, através de um sistema de aspersão, ocorre alguma perda de água por evaporação, sendo da ordem de 3 a 5%. Neste caso, uma suplementação de água, refazendo-se o volume inicial, é sempre necessária. O processo envolve, ainda, uma constante correção do pH da água em circulação, podendo ser usado o leite de cal, reativo comum das usinas de açúcar.

Os condensadores, em realidade, nada mais são do que trocadores de calor, nos quais o fluído quente é um vapor que condensa. Dois tipos de condensadores são bem conhecidos: condensadores de superfície e condensadores barométricos.

Os condensadores de superfície são assim chamados, porque a troca de calor entre o vapor e o líquido frio se processa através de uma placa de separação. Nesses equipamentos, não há contato entre fluido frio e fluido quente. Exemplos típicos são aqueles pertinentes à condensação dos vapores alcoólicos das destilarias de produção de etanol ou de aguardente. SALMONI (1966) dá detalhes de sua utilização.

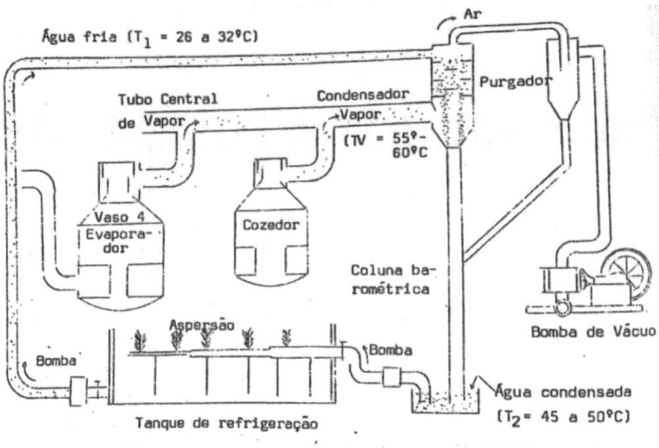

Figura 184 - Sistema de condensação de vapor, de refrigeração e circulação das águas condensadas, adaptado de Salmoni (1966).

Os condensadores barométricos são aqueles em que há a mistura do fluido quente com o frio. São conhecidos por condensadores de mistura. Eles são usados quando não há interesse de utilização do líquido condensado, sendo, portanto, de construção mais fácil e mais baratos do que os condensadores de superfície. Aliás, os aquecedores e as calandras dos evaporadores e cozedores não deixam de ser, também exemplos de condensadores de superfície.

Para os fins a que se destinam, nessas notas apenas se estudará os problemas atinentes aos condensadores barométricos. De modo geral, constam de um recipiente cilíndrico, prolongado inferiormente por uma tubulação, que deságua num depósito contendo água.

Como o vazio que se propicia aos evaporadores cozedores, aproxima-se bastante, do vácuo perfeito, e sendo usado água e não mercúrio, a altura da tubulação deve possuir, aproximadamente, 11 metros. Não se deve esquecer que 1 atmosfera = 760 mm de coluna de mercúrio 10,33 m de coluna de água. Alterando a pressão atmosférica, haverá valores diferentes tanto para as colunas de mercúrio como para as colunas de água.

21.1 INSTALAÇÃO DOS EQUIPAMENTOS PARA PRODUÇÃO DO VAZIO

Na grande prática industrial, existem diversas maneiras de se produzir o vazio, utilizando-se de condensadores e bombas de vácuo:

a) Condensadores e bombas de vácuo comum para evaporadores e cozedores:

Este sistema se apresenta como o mais prático e o mais econômico para a usina. Consta, essencialmente, de um condensador, de uma bomba de vácuo e de 2 bombas para os recalques, respectivamente, de água fria e dos condensados.

O múltiplo efeito e os cozedores se ligam por tubos do vapor ao condensador central.

Entretanto, sob o aspecto de funcionalidade técnica para a usina de açúcar, este sistema apresenta um sério inconveniente. Enquanto os evaporadores não se ressentem tanto de uma oscilação de vazio, os cozedores podem desiquilibrar todo o sistema. O desequilíbrio do sistema do vazio, por via de regra, ocorre no início do cozimento a evaporação do xarope e a condensação dos vapores, no cozedor, sendo muito Intensas, fazem com que o vazio seia de algumas unidades, como, por exemplo, de 65 para 60 cm.

O início simultâneo de cozimentos pode, também, levar, inclusive, a transtornos mais sérios no sistema de vazio.

b) Condensadores individuais para evaporadores e cozedores, porém, com bomba de vácuo em comum:

Este sistema é vantajoso em relação ao anterior, visto que se pode instalar tantos condensadores e colunas barométricas quantos forem os vácuos e evaporadores, e utilizar apenas uma bomba de vácuo.

c) Condensadores individuais e bomba de vácuo individual:

Esta solução é, sem dúvida, a mais completa de todas, porém apresenta algumas desvantagens, relacionadas ao alto custo, ao grande número de unidades (condensadores e bombas de vácuo), ao maior consumo de potência motora e ao maior consumo de água.

Entretanto, suas vantagens compensam certos dissabores de trabalho, podendo ser citadas:

- Eliminação das grandes tubulações empregadas nos sistemas anteriores
- Reparação mais fácil.
- Regulação do vazio de cada cozedor, independendo, pois, do comportamento dos outros vasos, etc.

21.2 PRODUÇÃO DE VÁCUO

De modo geral, o vazio ou vácuo é mantido nos evaporadores e cosedores pela retirada constante tanto dos gases condensáveis como dos incondensáveis,

Os incondensáveis saem pela ação do vazio que é produzido por uma bomba especial de vácuo, ejetor à vapor ou por multijatos, os quais, removem, inclusive os gases consideráveis. Saliente-se que o vazio só poderá ser obtido pela eliminação completa e constante dos gases incondensáveis que acompanham os vapores condensáveis. O ar, entrando nos vasos através das juntas, válvulas, etc., não sondo eliminado, produz a queda do vazio, prejudicando o processo de evaporação.

Apesar de ser possível obter um vazio bem elevado nas usinas de açúcar, os valores mais encontrados variam de 64 a 66 cm de coluna de mercúrio (25 a 26"). Como algumas usinas encontram-se em regiões de altitudes elevadas, os valores de vazio devem ser multiplicadas pela relação.

21.2.1 BOMBA DE VÁCUO

Os gases incondensáveis e o ar, que passam a acompanhar o vapor de água a partir do 2° vaso evaporador e do cozedor, podem ser extraídos por uma bomba de vácuo.

As bombas de vácuo podem ser de ar úmido ou de ar seco. As de ar úmido são recomendadas para condensadores de ar úmido, de correntes paralelas, onde o ar, os vapores e os gases saem pela ação dessas bombas.

As bombas de ar seco são aplicadas para aspirar apenas o ar e os gases incondensáveis. São mais empregadas do que as primeiras, por serem mais econômicas e seguras. Entretanto, dado ao alto consumo de vapor, exigência de muita manutenção, essas bombas vêm dando lugar às bombas de anel líquido, movidas por motor elétrico, ou mesmo a outros sistemas de produção de vazio (multijatos, ejetor a vapor ou hidro ejetores).

As bombas de anel líquido, tipo "Nash", são de bom funcionamento e de menor manutenção, quando comparadas às bombas a pistão.

São indicadas para produzir o vazio nos evaporadores, cozedores e filtros rotativos a vácuo.

A capacidade dessas bombas é calculada em função da quantidade gases incondensáveis (ar) que precisa ser removida por hora de trabalho. Para o bom funcionamento dessas bombas, há necessidade de se empregar uma água isenta de resíduos sólidos.

De modo geral, as bombas de vácuo são encontradas nas usinas de construção mais antigas e naquelas em que há carência de água.

21.2.2 EJETORES A VAPOR

Em algumas instalações, é comum substituir a bomba de vácuo por um ejetor a vapor (Figura 185).

O ejetor a vapor consta de um pequeno recipiente metálico, instalado entre o condensador e o purgador. Ao ejetor, admite-se um vapor de alta pressão (5 a 10 kg/cm2), o qual arrasta o ar e demais gases incondensáveis ao tanque de água, existente na base da coluna. O vapor servido, aquele que atua no ejetor, é também condensado por injeção de água fria.

As vantagens deste sistema sobre a bomba de vácuo dizem respeito à ocupação de menos espaço, ao menor custo de instalação e à pouca manutenção.

Os ejetores a vapor são geralmente usados quando:

a) vácuo desejado não é muito alto,

b) não há espaço na usina para instalar uma bomba de vácuo,

c) dispõe-se de um excesso de vapor.

Neste último item reside a principal desvantagem dos ejetores.

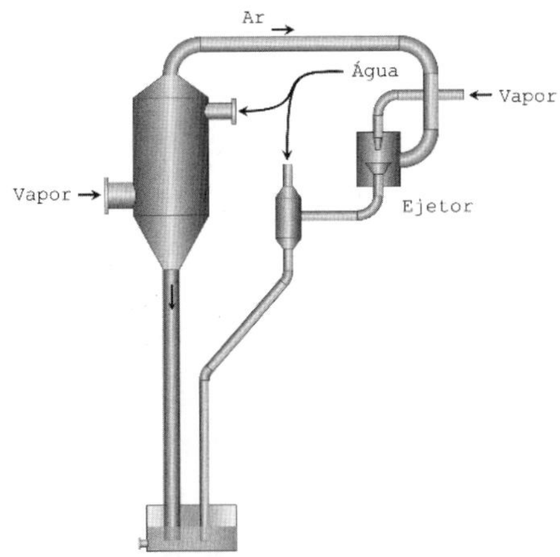

Figura 185 - Condensador e ejetor a vapor. *Ilustração:* **Paulo Gangorra**

21.2.3 HIDRO-EJETORES

O sistema baseado no emprego do hidro ejetor consta, essencialmente, de:

a) um condensador e coluna barométrica
b) um ejetor
c) bomba de circulação de água

Constitui um sistema de condensação e produção de vazio muito simples e de baixo consumo de água, já que a água do ejetor pode ser também recirculada, conforme mostra a Figura 186.

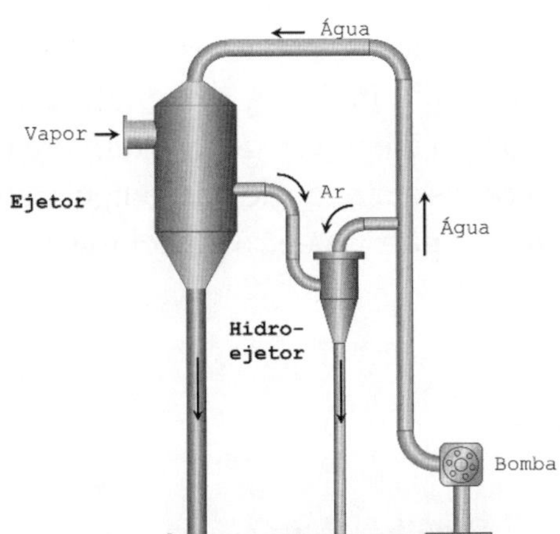

Figura 186 - Condensador e Hidro-ejetor. *Ilustração:* **Paulo Gangorra**

21.2.4 MULTIJATOS

O condensador tipo multijato (Figura 187), ao contrário dos outros sistemas, realiza uma dupla função: condensa os vapores de água evaporada e remove os incondensáveis. Apesar do alto consumo de água, as vantagens de sua instalação superam, plenamente, os sistemas anteriores.

A aplicação dos multijatos está baseada no efeito dinâmico dos jatos de água que, passando pelos bicos do condensador, arrastam para a coluna barométrica o ar presente no sistema. A seção transversal da coluna deve ser suficientemente pequena, para assegurar uma velocidade apropriada à água de condensação.

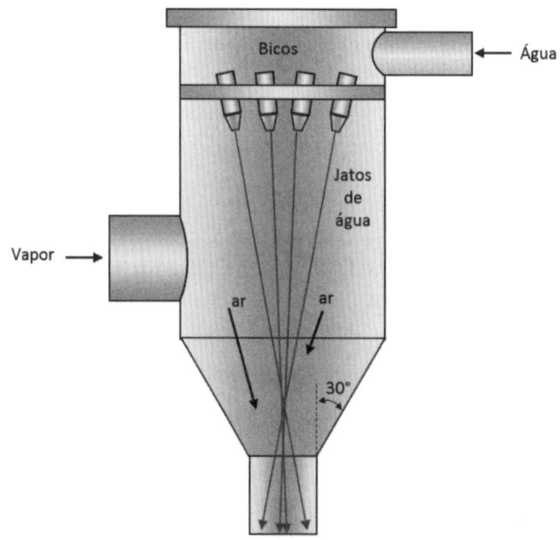

Figura 187 - Condensador multijato. *Ilustração:* **Paulo Gangorra**

A grande vantagem do multijato está na eliminação da bomba de vácuo que, além de ocupar muito espaço, é cara e de manutenção dispendiosa.

Para cumprir as finalidades de sua instalação, os multijatos devem ser adequadamente construídos e dimensionados quanto à entrada de ar e número de bicos de entrada de água. Nos multijatos, os bicos devem ser assentados de forma ligeiramente inclinada para o centro, de tal forma a ficarem direcionados para o centro da coluna barométrica, conforme mostra a Figura 187.

21.3 CONDENSADORES

Os condensadores têm por finalidade precípua condensar os vapores condensáveis, que se formam no último vaso evaporador e nos cozedores.

Nos condensadores, os gases ou vapores condensáveis entram em contato íntimo com a água fria posta em circulação nesses equipamentos.

Constam essencialmente de um corpo cilíndrico, metálico, tendo as respectivas extremidades terminadas em cones invertidos. A inferior continua pela coluna barométrica, com a qual se fixa através de uma flange, também metálica. O cone superior, por via de regra, comunica-se com o purgador dos gases incondensáveis que, por sua vez, liga-se com a bomba de vácuo ou com o ejetor do vapor.

O purgador (Figuras 188 - A), possuindo a mesma forma do condensador, diferindo apenas por ser de tamanho bem menor, tem a sua extremidade terminada por uma coluna barométrica ou, também, diretamente ao depósito! te de água. Esta coluna conduz as últimas porções de água, que acompanham os gases incondensáveis.

O corpo cilíndrico do condensador é dividido internamente, com pratos perfurados ou não, cones invertidos, chicanas, etc., segundo desenho de cada fabricante, com a finalidade de aumentar ao máximo o contato dos gases ou vapores com a água fria.

Os seguintes requisitos devem ser considerados, para se ter um bom condensador:

a) A água de injeção CT1), que passa pelo condensador, deve ser aquecida a uma temperatura (T2) mais próxima possível da temperatura dos vapores que chegam constantemente ao equipamento. Isto é necessário, porquanto a eficiência da operação é dada pela diferença entre essas duas temperaturas, ou seja, pela diferença da temperatura da água que sai na coluna (T2) e da temperatura dos vapores que chegam ao condensador (Tu). Quando esta diferença chega e zero (O), tem-se uma eficiência máxima. Entretanto, admite-se como boa eficiência uma diferença de até 39C. Um aumento nesta diferença representa, sempre, um desperdício de água e um empobrecimento do vazio.
b) Os gases incondensáveis, que vão à bomba de vácuo, devem ser também esfriados a uma temperatura a mais próxima possível da temperatura da água que chega ao condensador. Disso decorre uma redução de seu volume, facilitando sua extração.
c) A utilização de dispositivos mecânicos que facilitem uma distribuição regular e perfeita da água de injeção no condensador constitui outro ponto importante. Neste particular, o emprego de bico, tipo atomizador, tem dado bons resultados. Os condensadores multijatos trabalham sob este princípio.

Segundo a maneira de se separar os vapores, os condensadores podem ser classificados como:

A) Segundo o modo de extrair o "ar"

- condensadores de ar úmido: nestes condensadores, o ar, os condensados e a água são extraídos de forma misturada (Quadro de Figuras 188 - B),
- condensadores de ar seco: os vapores condensáveis e a água são eliminados dos gases incondensáveis, de forma separada (Quadro de Figuras 188 - A e B).

B) Segundo o modo de extrair a "água"

- condensadores curtos: a água é extraída por meio de bomba (Figura 188 - C),
- condensadores longos: a água é extraída através de coluna barométrica, na qual escorre, por gravidade (Figura 188 - D).

C) Segundo a forma de circular o "ar".

- condensadores de correntes paralelas: a água e o ar circulam na mesma direção (Figuras 188 - D).
- condensadores de contracorrente: a água e o ar circulam em direções opostas (Quadro de Figuras 188 - D).

Os modelos mais frequentes nas usinas de açúcar são os seguintes:

- condensadores barométricos de ar seco e em contra corrente (Figura 188 - D).
- condensadores barométricos de ar seco em corrente paralela (Figura 188 - D).
- condensadores barométricos de ar úmido e correntes paralelas e sem bomba de vácuo, ou seja, o tipo "multijato" (Figuras 188 - D).

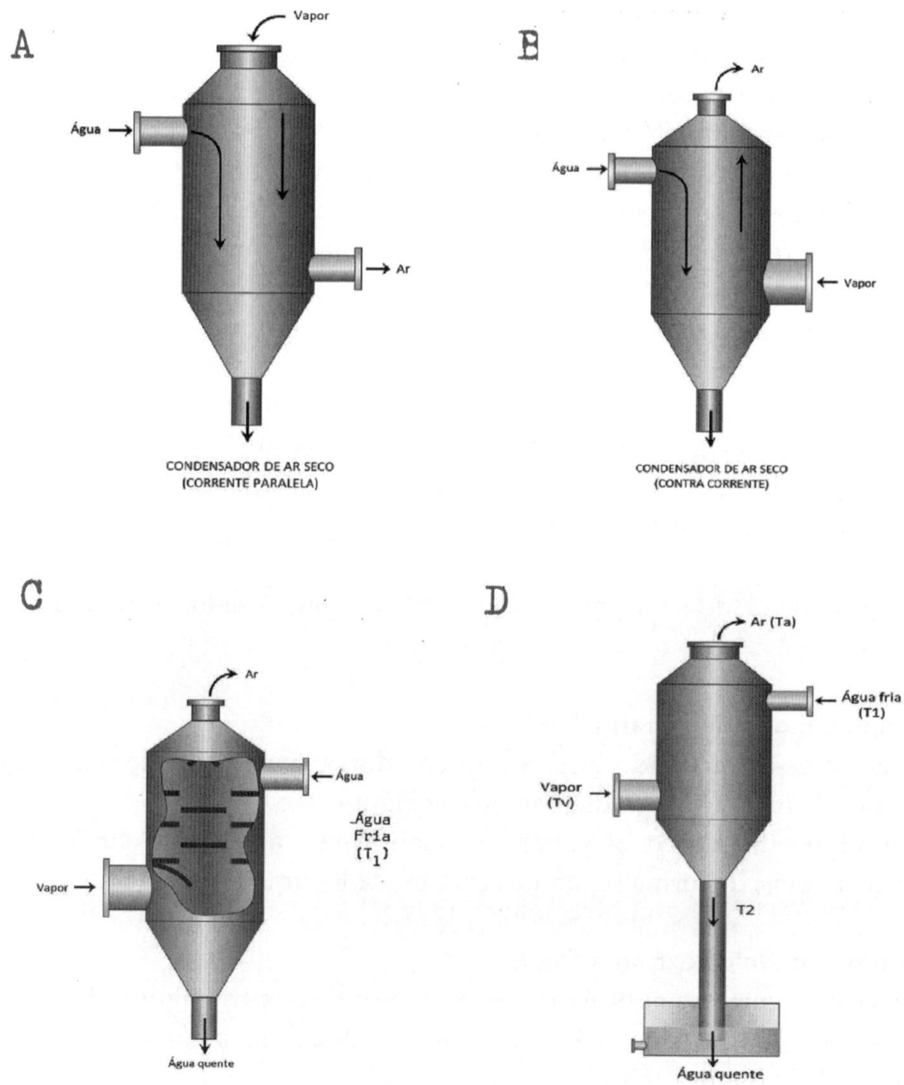

Figuras 188 - Condensadores de vapor. *Ilustração:* **Paulo Gangorra**

Desses três tipos, os condensadores de ar seco (A e B), para uma mesma função, são vantajosos em relação aos de ar úmido, tipo multijatos, visto apresentarem:

a) uma maior eficiência de condensação, pois permite elevar bastante a temperatura da água fria, ou seja, a diferença entre a temperatura do vapor que chega ao condensador e a temperatura da água condensada é mais reduzida,
b) um menor consumo de água, o que contribui também para um menor consumo do energia.

Os condensadores do tipo multijato, ao contrário dos outros tipos, para condensar os vapores quentes dos vários evaporadores e arrastar os gases incondensáveis, que se dá por oclusão e absorção, necessitam de um grande volume de água. Neste ponto, reside o inconveniente desses condensadores. Além disso, não permitem, com vantagens, regular o fluxo de água que lhe são admitidos. Uma diminuição do volume de água implica, também, uma redução da taxa de remoção dos gases incondensáveis. A grande vantagem dos multijatos está na eliminação da bomba de vácuo.

21.3.1 DIMENSIONAMENTO DOS CONDENSADORES

Como os condensadores e apresentam como equipamentos de troca de calor, verifica-se que seu trabalho será tanto mais efetivo, quanto mais íntimo for o contato entre a água e as evaporações. É de se supor, pois, que os resultados obtidos serão função de suas dimensões e do tempo de contato entre os elementos envolvidos.

As dimensões do condensador variam com o volume de água e com sua forma de distribuição.

O tempo de contato, por sua vez, depende da altura e do número de anteparos do corpo do condensador. O número de anteparos deve ser tal, que permita uma circulação regular e uniforme das evaporações. Daí, a necessidade de se construir os condensadores com um diâmetro e, principalmente, com uma altura adequada.

21.3.2 ALTURA DO CONDENSADOR

A altura H do condensador varia com a quantidade de vapor que lhe é destinado para condensar. De modo geral, varia em média de 2 a 4 metros de altura.

De acordo com alguns autores, tem-se, para um condensador de contracorrente, os seguintes dados para a altura:

a) Noel Deerr - Condensador sem anteparos: H = 4,50 m e condensador com anteparos: H = 3,65 m
b) Hatusbrand (condensação de 3000 a 12000 kg vapor/hora) - Sem anteparos: H = 3 m (mínimo) e com anteparos: H = 2,4 a 3,6 m

c) Hugot - Capacidade em kg/h.... 500 5000 20000 100000
H (m).. 1,5 2,5 3,0 6,0

Em realidade, num condensador, deve-se calcular a altura do condensador em função da distância e tipo dos anteparos, de tal forma que se obtenha um fluxo de água constante e uniforme.

21.3.3 DIÂMETRO DO CONDENSADOR

Do exposto anteriormente, verifica-se que a altura depende mais do tempo de retenção da mistura (água e vapor) no condensador e o do número de anteparos, variando, relativamente, com o volume das evaporações.

Noel Deerr (1949) estabeleceu a seguinte relação para o cálculo do diâmetro do condensador:

$$S = 0,15\ m^2 \text{ por tonelada de vapor a condensar por hora.}$$

Onde,

$$S = \text{seção transversal em } m^2.$$

Conhecendo-se a quantidade de vapor a condensar por hora, fácil se torna calcular o diâmetro do equipamento.

Segundo Hausbrand, citado por Honig (1969), o diâmetro do condensador, em função das quantidades de vapor a condensar por hora, abaixo relacionadas, obedece aos seguintes valores (Tabela 84)

Tabela 84 - Diâmetro do corpo do condensador

Capacidade em kg/h de vapor a condensar por hora	Diâmetro do corpo	
	Sem anteparos	Com anteparos
300	400 mm	500 mm
1000	550 mm	600 mm
2000	700 mm	750 mm

Para os condensadores multijatos, a relação de DEERR (1949) não satisfaz, resultando sua aplicação sempre em diâmetros muito elevados. Para esses condensadores, indica-se

$$Dc = 1,2 \text{ a } 1,5\ Dv$$

Onde,

Dc = diâmetro do condensador, em m

Dv = diâmetro do tubo de vapor que se liga ao condensador, em m.

É possível que, supondo:

S = 0,07 m^2 para cada tonelada de vapor, que chega ao condensador.

21.3.4 DIÂMETRO DA TUBULAÇÃO DE VAPOR DESTINADO AO CONDENSADOR

O diâmetro da tubulação que conduz o vapor ao condensador é função da intensidade do vazio produzido. Por outro lado, alterando o vazio, irá se alterar, também, a velocidade do vapor que flui ao condensador. Por via de regra, aumentando-se o vazio, a velocidade do vapor também aumenta ligeiramente e, em consequência, ocorrerá uma ligeira diminuição da densidade do vapor, ocasionada pelo aumento do vazio, ficando compensada pelo aumento da velocidade. Disso, decorre que o peso de vapor varia muito pouco, embora se altere a taxa de vazio e a velocidade do vapor. As velocidades máximas do vapor, para as diversas condições de vazio, são dadas na tabela 85.

Tabela 85 - Velocidades máximas do vapor ao vazio

Vazio (cm)	Velocidade Máxima (m/seg)
55	70
60	80
62	85
63	88
64	92
65	95
66	100
63	110
70	120

Para as condições de:

V = 50 mfs;

H = 65 cme -

d = 0,1 kg/m^3, o diâmetro da tubulação de vapor, que vai ao condensador, pode ser calculado pela seguinte fórmula:

$$Q = \frac{\sqrt{D}}{120}$$

Onde,
D = diâmetro do tubo em m.
Q = peso de vapor em kg/h
Na prática, as velocidades usuais do vapor estão em torno de 50 a 60 m/s.

21.3.5 PESO DE VAPOR A CONDENSAR POR HORA

Evidentemente, o peso de vapor a condensar por hora será igual àquele que sai da câmara do último vaso ou do cozedor.

Para o caso dos múltiplos-efeitos, o peso de vapor em kg/tch, que vai ao condensador, varia, no geral, com os dados da Tabela 86.

Tabela 86 - Peso de vapor destinado ao condensador, em kg/tch.

Condições	Tríplice	Quádruplo	Quíntuplo
Sem sangrias	225-250	180-200	150-160
Com sangrias	200-225	160-175	125-150
Com sangrias e termo-comprensão	110-175	100-150	75-120

A instalação de um aquecedor-condensador, ou mesmo de um separador de arraste, entre o último vaso e o condensador, implica na redução dos valores constantes da Tabela 87.

Por outro lado, alguns construtores utilizam da taxa de evaporação por m^2 de superfície do evaporador, na última caixa ou da taxa média. Assim, para um quádruplo efeito, esta taxa varia em torno de 30 kg/ h/m^2. Esse valor é função das condições de funcionamento do múltiplo-efeito. Para um quíntuplo, o valor médio (temperatura inicial = 120°C e temperatura final do vapor 55°C), a evaporação média está em torno de 23 kg/m^2/h.

De modo geral, nas condições de instalação de um pré e do quádruplo, a taxa de evaporação é da ordem de 23 a 24 Kg/m^2/h.

Para o cozedor, o peso de vapor produzido varia com a quantidade de água que se retorna ao mesmo, durante sua operação.

Para o caso de se ter um condensador central, os valores podem variar de 120 a 160 kg de vapor por tonelada de cana por hora. Por via de regra, este valor é máximo no início dos cozimentos.

No caso de se ter um condensador servindo apenas a um cozedor, para uma maior segurança deve-se calcular sua capacidade de acordo com a quantidade de água evaporada no início dos cozimentos. Como a taxa de evaporação diminui do início para o final do cozimento, pode-se regular o consumo de água fria de acordo com a proporção de vapor produzido, mantendo-se o vazio de forma inalterada.

Para efeito de orientação, as dimensões do condensador podem ser calculadas conforme os dados de evaporações máximas por superfície de aquecimento dos cozedores, inseridos na Tabela 87.

Tabela 87 - Evaporações máximas no início dos cozimentos

Condições	Taxa de evaporação em kg/h/m2
Pé de cozimento	80
Massa A	60
Massa B	50
Massa C	40

Para o caso de se ter um só condensador, servindo a vários cozedores, o cálculo pode ser feito, conforme:

a) cozedor maior: empregar os dados de evaporação máxima,
b) cozedor menor: empregar os dados médios.

Em geral, a taxa de evaporação para o cálculo dos condensadores está em torno de 50 kg/ m^2 de superfície do aquecimento do cozedor. A quantidade de vapor produzido pode ser também calculada pela relação entre os Brix do material inicial e final, além do peso deste mesmo material. O peso de água adicionado deve ser, também, considerado.

21.3.6 PESO DE ÁGUA PARA A CONDENSAÇÃO

O peso da água usada para o resfriamento do vapor é encontrado, fazendo-se comparação do calor desprendido pelo vapor com o calor absorvido pela água.

CALOR TOTAL DE TRANSFORMAÇÃO DA ÁGUA EM VAPOR

A quantidade de calor necessário a um kg de água, para transformar em vapor, pode ser calculada a partir da fórmula de Regnault. Com efeito, considere:

a) $q = t$.
b) $r = 607 - 0{,}7\ t$
c) $h = q + r = q + 607 - 0{,}7\ t$
ou, pela substituição de q por t, advém:

$$h = t + 607 - 0{,}7\ t = 607 + 0{,}3\ t \quad (2)$$

Onde,

t = temperatura de ebulição da água (depende da pressão),

q = calor sensível da água a temperatura "t", ou seja, calor necessário para um kg de água passar de 0 a t° C, em quilocalorias,

r = calor latente de vaporização da água a t° C, isto é, a quantidade de quilocalorias necessária a um kg de água a t° C, para transformar em vapor, nesta mesma temperatura,

h = calor total necessário a um kg de água, a partir de 0°C para transformar em vapor a t°C, em quilocalorias.

Diante dessa explicação, baseando-se nas indicações da Figura 188, supondo:

w = kg de água fria por kg de vapor a condensar,

t_1 = temperatura da água fria em

t_2 = temperatura admissional da água quente em 9C (saída da coluna)

t_v = temperatura do vapor, correspondente ao vazio que se pode obter no condensador, em °C.

Pode-se escrever que:

Calorias admitidas: w (t_2 - t_1)

Calorias absorvidas: 1 x (607 + 0,3 t_v) - t_2

Logo,

$$w\,(t_2 - t_1) = 1x\,(607 + 0{,}3\,t_v) - t_2$$

Ou

$$w = \frac{(607 + 0{,}3\,t_v) - t_2}{t_2 - t_1}$$

Como de modo geral, a diferença t_v - t_2 é pequena, especialmente no caso de condensadores de contracorrente (de ordem de 3 a 5°C), e como temperatura varia muito pouco com as condições de vazio, sendo em média de 55°C.(64 cm de vazio), a expressão anterior, supondo t_2 = 50°C e t_1 = 3°C, passa a ter o seguinte valor:

$$w = \frac{(607 + 0{,}3\,.\,55) - 50}{50 - 30} = \frac{573{,}5}{20} = 28{,}6\ ou\ 30kg$$

Logo, nessas condições serão necessários 30 kg de água para condensar cada kg de vapor, que vai ao condensador. Para efeito de segurança, deve-se prever uma bomba para circular de 40 a 50 kg de água por kg de vapor.

A fórmula acima pode ser simplificada, dentro das condições estabelecidas (H de 64 cm e t_v 55°C), para a seguinte:

$$w = \frac{572}{t_2 - t_1}$$

Onde,

t_2 = temperatura da água quente (pé da coluna)
t_1=temperatura da água fria (injetada no condensador)

21.3.7 VARIAÇÃO DO CONSUMO DE ÁGUA, EM FUNÇÃO DA TEMPERATURA

Verifica-se, pela última expressão, que o consumo de água (w) depende da diferença entre os valores de t_1 e t_2. Assim é que w será tanto menor quanto maior for a diferença entre t_1 e t_2. Para que isso ocorra, há necessidade de que:

t_1 seja mínimo, e
t_2 seja máximo

Em realidade, como muito pouco se pode fazer para baixar o valor de t1 (variável, na prática, de 20 a 35°C), o consumo de água (wi, neste caso, fica dependente de t_2 que, por sua vez, dependendo tipo de condensador.

Por outro lado, a quantidade de água fria aumenta rapidamente à medida que a diferença $t_2 - t_1$ decresce. Este caso é muito comum, quando se processa a recirculação das águas barométricas. Em instalações não bem projetadas, a água de retorno não se resfria convenientemente, o que exige um maior consumo para a manutenção de um bom índice de vácuo ou vazio nos equipamentos.

A quantidade de água (w) pode atingir um mínimo, quando $t_2 = t_v$. Não se deve esquecer que a função da água é absorver o máximo de calorias, com um mínimo em quantidade.

Como já foi dito, a eficiência do condensador é dada pela diferença entre t_v e t_2. Esta diferença á conhecida pelos estudiosos, por "aproximação".

Em geral, tem-se:

a) condensador de contra corrente: $t_v - t_2$ = 3 a 10°C (média de 52°C)
b) condensador de corrente paralela: $t_v - t_2$ = 7 a 15°C (média de 11°C).

Evidente que, sob este aspecto, o condensador de contracorrente é o mais eficiente.

21.3.8 TEMPERATURA DE SAÍDA DOS INCONDENSÁVEIS

A temperatura (t_a), pela qual o ar (incondensáveis) deixa o condensador, tem um valor intermediário entre a temperatura do vapor (t_v) e a da água fria (t_1), que chega ao aparelho. De outra parte, dos vapores que chegam ao condensador, condensáveis e incondensáveis, estes últimos (ar) mostram, sempre, uma temperatura menor (t_a) do que os condensáveis (água), ou seja,

$$t_a < t_2.$$

Em realidade, num condensador de contracorrente, o ar, chegando ao condensador juntamente com os vapores de água, é arrastado para a parte superior, onde se acopla à tubulação da bomba de vácuo. Durante este trajeto, entra em contato com camadas de água, cada vez mais frias, razão pela qual sua temperatura (t_a) tende a se aproximar de t_1.

Os dados da literatura sobre o assunto são os mais diversos, conforme segue:

a) Webrer (1962): .... $t_a = t_1 + 11°C$
b) Weiss: .... $t_a = t_1 + 4° + 0,1\ (t_2 - t_1)$
c) Tromp (1946): .... $t_a = t_1$
d) Hugot(1986): .... $t_a = t_1$

Nos condensadores de corrente paralela, a temperatura dos incondensáveis (ar) não pode ser menor do que a da água de saída. Portanto, t_a tende para t_2, ou seja, $t_a = t_2$. No caso dos multijatos, $t_a = t_2$.

21.4 COLUNA BAROMÉTRICA

A coluna barométrica, definida pela tubulação que vai do corpo do condensador ao depósito ou poço de água colocado no piso da usina, deve ser estudada em relação ao seu diâmetro e a sua altura.

21.4.1 ALTURA DA COLUNA BAROMÉTRICA

A altura H de uma coluna barométrica é dada pela distância que existe entre o nível da água no poço e a parte inferior do corpo do condensador.

A altura H da coluna é dada pela soma de 3 valores:

H_0 =carga hidrostática, correspondente ao vazio dado pelo condensador;

H = carga necessária para dar à água, a velocidade de descida desejada;

a = margem de segurança para previnir qualquer variação brusca no nível de água na coluna.

Logo,

$$H = H_0 + h + a$$

O valor de h pode ser conhecido pela aplicação da seguinte fórmula:

$$h = (1 + \alpha)\frac{V^2}{2g}$$

Onde,

h = carga hidráulica em m, necessária para provocar uma corrente de água na coluna barométrica a uma velocidade V, em m/s,

g = Aceleração da gravidade, sendo igual a 9,8 m/s,

= coeficiente variável de acordo com o diâmetro da coluna, sendo comumente empregados os valores calculados por Hausbrano (Tabela 88).

Tabela 88 - Valores de α, segundo Hausbrand

Coluna	Diâmetro da coluna em mm				
	50	100	200	400	800
Tubulação reta	6,1	2,6	1,2	0,6	0,4
Com duplo cotovelo a 90ºC na base	6,7	3,2	1,8	1,2	1,0

O valor de S, dado como margem de segurança, pode se aproximar de 5 a 10% do valor de H_0. Hugot (1977) atribuiu a "a" um valor de 0,50 m.

O valor de H_0 é calculado em função do vazio máximo que se pode obter. Nas condições tropicais, o vazio máximo está em torno de 73 cm. A temperatura correspondente ao vapor, neste vazio, é de aproximadamente 309C.

O valor de H_0, calculado em função do vazio no vaso evaporador, pode ser conhecido de forma simplificada, considerando-se a seguinte fórmula:

$$H_0 = 10{,}33\ \frac{H'}{76}$$

Onde,

H' altura em cm, correspondente ao vazio no vaso.

21.4.2 DIÂMETRO DA COLUNA

O diâmetro de coluna barométrica é calculado em função do volume de água consumido no processo de condensação.

Para o cálculo do diâmetro, entretanto, há necessidade de se conhecer a área de seção do tubo, conforme a seguinte fórmula:

$$S = \frac{\pi\ D^2}{4}$$

Onde,

D = diâmetro do tubo em m
S = área da seção em m^2

Por outro lado, a área S pode ser calculada a partir da velocidade da água na coluna e de sua quantidade, conforme a seguinte relação:

$$V = S \times v$$

Onde,
V = quantidade de água envolvida na condensação em m3/s
v = velocidade da água em m/s

A quantidade de água envolvida na condensação dos vapores no condensador, compreende:
a′ = a água utilizada no resfriamento do vapor que chega ao condensador, sendo igual a w Q
a″ = a água resultante da condensação do vapor, oriundo do vaso evaporador, sendo equivalente a Q.

Logo, o volume total de água quente (40 a 502C) que passa na coluna, aproximadamente, em metros cúbicos por segundo, será:

$$V = \frac{W\,Q + Q}{3.600.000} = \frac{Q(w+1)}{3.600.000}$$

Onde,
V = volume de água quente, em m^3/s
w = kg de água gasto para condensar 1 kg de vapor,
Q = kg de vapor que vai ao condensador.

A velocidade da água no condensador varia com as condições de pressão envolvida no processo. Entretanto, quando em circulação na coluna, sofre a ação do vazio, podendo ser calculada, conforme a seguinte fórmula:

$$V = K\sqrt{2gh}$$

Onde,
V = velocidade da água na entrada do tubo, em m/s
g = aceleração da gravidade, sendo igual a 9,8 m/s
h = altura livre do tubo, compreendendo desde o nível do solo até o condensador
K = coeficiente que depende do vazio, variando de 0,10 a 0,30, ou usado conforme dados da tabela 89.

Tabela 89 - Valores de k para evaporadores e vácuos

Vazio em polegada	Valores de K
28	0,068
27	0,102
26	0,136
25	0,170
24	0,204
23	0,238
22	0,272
21	0,306
O	1,000

(*) Segundo Lopes Ferrer (1940), modificado por HONIG (1969).

21.5 APLICAÇÃO NUMÉRICA

O dimensionamento de um condensador segue as seguintes indicações.
Dados conhecidos:

- capacidade de moagem 100 TCH
- peso de vapor a condensar 200 kg/TC
- velocidade do vapor no último vaso 50 m/s
- peso específico do vapor a 559C 0,1 Kg/m3
- temperatura do vapor no último vaso 55°C
- temperatura da água de injeção 30°C
- temperatura da água no pé da coluna 50°C
- vazio no último vaso 64cmHg
- aceleração 9,8 m/s
- altura da coluna para efeito do cálculo da velocidade 10,33 m
- fator "k" admitido (Tabela 89 0,1

Dados calculados:

a) Volume de vapor a condensar por hora

$$V = \frac{Q}{d} = \frac{100\,x\,200}{0{,}1} = 200.000\,m^3/h$$

b) Volume de vapor a condensar em m³/s

$$V = \frac{200.000}{3.600} = 55{,}5\ m^3/s$$

c) Área da seção transversal do tubo de vapor

$$V = \frac{V}{v} = \frac{55{,}5}{50} = 1{,}11\ m^2$$

d) Diâmetro do tubo de vapor

$$D = \sqrt{\frac{4\ .\ 11}{3{,}1416}} = 1{,}189\ m\ ou\ 1.200\ mm$$

e) Altura do condensador em m
Calculada de acordo com as indicações de Hugot (1977). Logo,

Q = 20.000 kg de vapor → H = 3m

Obs: Na prática, tem-se observado, para essas condições (20.000 kg Vapor/hora), condensados com U m H 4 m.

f) Diâmetro da seção transversal do condensador
Calculado, segundo indicação de NOEL DEERR (1921), ou seja:

$$S = \frac{\pi D^2}{4} = 0{,}15\ x\ 20$$

Logo,

$$D = \sqrt{\frac{0{,}15\ x\ 20\ x\ 4}{3{,}1416}} = 1{,}95\ ou\ 1.950\ mm$$

g) Volume de água de condensação por Kg de vapor
Calculado de acordo com a Fórmula "3", ou seja:

$$W = \frac{607 + 0{,}3\ t_1 - t_2}{t_2 - t_1} = \frac{(607 + 0{,}3\ .\ 55) - 50}{50 - 30}$$

$$= \frac{573{,}5}{20} = 28{,}7\ kg\ água/kg\ vapor$$

h) Consumo de água para condensar os 20.000 kg de vapor

W_t = 20.000 x 28,7 = 573.500 kg/h ou, aproximadamente, 573,5 m³/h

i) Consumo total de água envolvida na condensação (água quente)

W_t = Q . W + Q = 20.000 . 28,7 + 20.000 = 593.500 kg/h ou, aproximadamente, 593,5 m³/hora

j) Velocidade da água na coluna (Fórmula 11)

$V = K\sqrt{2\,g\,h} = 0{,}1\sqrt{2\,x\,9{,}8\,x\,10{,}33}$ ou V = 0,1 x 14,23 = 1,42 m/s

k) Altura da coluna barométrica (Fórmula 5)

$$H = 10{,}33\ \frac{H'}{76} = 10{,}33\ \frac{64}{76} = 8{,}70\ m$$

$$h = (1+\alpha)\ \frac{V^2}{2\,g} = (1+0{,}9)\ \frac{1{,}42^2}{2\,.\ 9{,}8} = 0{,}19\,m$$

$$a = 0{,}1\,H_0 = 0{,}1\,x\,8{,}7 = 0{,}87\ m$$

Logo,

H = 9,76 m

Cálculo do diâmetro da coluna:

Pela aplicação da fórmula 8,9 e 10, advém:

$$V = \frac{20.000\ x\ 28{,}7 + 20.000}{3.600.000} = 0{,}165\ m^3/s$$

$$S = \frac{0{,}165}{1{,}42} = 0{,}1162\ m^2$$

$$D = \sqrt{\frac{4\,x\,0{,}1162}{3{,}1416}} = 0{,}385\,m$$

Ou,

D = 385 mm

21.6 CÁLCULO DE MULTIJATO PARA COZEDOR

Dados conhecidos

a) Capacidade do cozedor 50m²(500 hl)
b) relação entre superfície e volume 6 m²/m³
c) área de aquecimento 300 m²
d) kg de vapor para condensar por m²/h 40
e) temperatura do vapor (T_v 55°
f) peso específico do vapor a 55°C 0,1043 kg/m³
g) temperatura da água de injeção (T_1) 309C
h) temperatura da água na coluna (T_2) 459C
i) aceleração da gravidade 9,8 m/s
j) velocidade do vapor 70 m/s
k) diâmetro da seção inferior do bico 25,4 mm
l) fator de descarga do bico 0,85
m) pressão na cabeça do multijato 0,7 kg/cm²
n) fator " " admitido 0,17

Dados calculados:

- Quantidade de vapor a condensar por hora:

Q = 300 x 40 12.000 kg/h

- Volume de vapor a condensar em m³/h:

$$Q = \frac{12.000}{36.000\,x\,0{,}1043} = 31{,}96\,m^3/h$$

- Área da seção transversal do tubo de vapor destinado ao condensador:

$$Q = \frac{31{,}96}{70} = 0{,}4566\,m^2$$

- Diâmetro do tubo de vapor:

$$D = \sqrt{\frac{4 x 0{,}4566}{3{,}1416}} = 0{,}763 \text{ m} = 763 \text{ mm}$$

- Cálculo do diâmetro do condensador:

O diâmetro do condensador multijato, por via de regra, é menor do que o dos condensadores convencionais. De modo geral, é maior do que o diâmetro do tubo de vapor.

Para a sua determinação, indica-se:

$$D_c = 1{,}2 \text{ a } 1{,}4\ D_v$$

Onde,

D_c = diâmetro do condensador

D_v = diâmetro do tubo de vapor

Logo, para as condições do problema, advém:

$$D_c = 1{,}3 \times 763 = 992 \text{ mm ou } 1.000 \text{ mm}$$

- Cálculo da altura do condensador:

A altura do condensador deve manter certa proporcionalidade com o diâmetro. Na prática, tem-se observado:

$$H = 1{,}6 \text{ a } 2{,}0\ D_c$$

Onde,

H = altura do condensador

D_c = diâmetro do condensador

Logo,

H = 1,6 x 1.000 = 1.800 mm

- Cálculo da altura da coluna:

Seguindo-se o mesmo raciocínio, empregado para o cálculo anterior, advém:

$$H_1 = \frac{10{,}39 \cdot 64}{76} + \frac{(1 + 1)\ 2{,}71^2}{2 \cdot 98} + 0{,}87 = 10{,}32 \text{ m}$$

- Cálculo da altura total do percurso da água:

$$H_t = H_1 + H_2 + H_3$$

Onde,
H_t = altura total
H_1 = altura da coluna propriamente dita
H_2 = altura do cone inferior do condensador
H_3 = altura do condensador

Logo, nas condições do problema, advém:
H = 10,32 + 0,8 + 1,80 = 12,92 m
Ou, 13 m
Obs: Para o valor de H_2 foi admitido, 0,80 m.

- Velocidade de água na coluna:

$$V = K\sqrt{2\,g\,h} = 0{,}17\sqrt{2\;x\;9{,}8\;x\;13} = 2{,}700\ \text{m/s}$$

- Taxa de condensação:

$$t_c = \frac{607 + 0{,}3\;x\;55 - 45}{45 - 30} = 38{,}57\ kg\ de\ água\ por\ kg\ de\ vapor$$

- Volume de água quente (45°C), em m³/s:

$$Q = \frac{12.000\;x\;38{,}57 + 12.000}{3.600.000} = 0{,}132\ m^3/s$$

- Diâmetro da coluna:

$$S = \frac{V}{v} = \frac{0{,}132}{2{,}71} = 0{,}048\ m^2$$

Logo,

$$D = \sqrt{\frac{4\;x\;0{,}048}{3{,}1416}} = 0{,}250\ m \quad \text{ou D = 250 mm (10'')}$$

- Número de bicos injetores:
Calculado pela relação entre vazão total de água e vazão de água em cada bico, ou seja:

$$N = \frac{Qt}{q}$$

Onde,
Qt = vazão de água - Fria recalcada em m3/s
q = vazão de água fria de cada bico em m3/s
N = número de bicos
Logo, pela aplicação da fórmula clássica de vazão (Q = v x s), advém:

$$Q = \frac{38{,}57\ x\ 12.000}{3.600.000} = 0{,}128\, m^3/s$$

$$q = s\ x\ v = \frac{3{,}1416\ x\ 0{,}0254^2}{4} = 0{,}85\ \sqrt{2\ x\ 9{,}8\ x\ 7}$$

Ou,

$$q = 0{,}0005066\ x\ 9{,}945 = 0{,}005038\ m^3/s$$

Logo,

$$N = \frac{0{,}128}{0{,}05038} = 25\ bicos$$

CAPÍTULO 22

CRISTALIZAÇÃO COMPLEMENTAR

22.1 CRISTALIZAÇÃO POR RESFRIAMENTO E MOVIMENTO

A cristalização complementar é aquela efetuada nos cristalizadores, após a massa cozida ter sido descarregada dos cozedores. Esta operação é realizada por movimenteção e resfriamento da massa, onde se pode ganhar alguns pontos a mais de queda de pureza.

Com a movimentação da massa, há uma melhor inteiração entre a sacarose molecular em solução no licor-mãe com o cristal, o que facilita a cristalização. Por outro lado, o resfriamento da massa diminui a solubilidade da sacarose, que se deposita na superfície do cristal.

A massa cozida, que sai dos cozedores, está numa temperatura entre 65 a ?5ºC e num estado de supersaturação na zona metaestável. Se esta massa fosse colocada simplesmente num depósito e aí repousasse à espera de ser turbinada, poderia ocorrer que:

a) o calor residual, mantido no interior da massa, concorresse para caramelização do açúcar;
b) pelo resfriamento lento, o coeficiente de supersatureção tendes a se a aumentar, e, portanto, a cristalização por deposição continuaria unindo os cristais que se acham próximos, dando formação de conglomerado, ou mesmo, bloco único.
c) a cristalização ocorresse, nesse caso, apenas em função do licor-mãe próximo do cristal, devido falte de movimentação, resultando uma paralização no crescimento do cristal.

Em consequência desses fatos, seria observado:

a) um baixo rendimento de fabricação, visto que a cristalização é paralizada e o mel separado teria elevada riqueza e se perderia a oportunidade de aumentar o rendimento;
b) a formação de falsos cristais, em decorrência da tendência de aumento do C.S.S. no licor-mãe, causando, posteriormente, dificuldades na centrifugação;
c) pelo endurecimento da massa, todas as operações posteriores estaram dificultadas, visto que dificilmente se conseguiria revolver a massa cozida para sua turbinagem.

Para evitar todos esses inconvenientes, é que se mantém a massa cozida no cristalizador em constante movimento.

A cristalização em movimento é, assim, uma continuação daquela processada nos vácuos, tendo, em última análise, a finalidade de promover um estreito contacto entre os cristais e o mel. Assim ocorrendo, os cristais completariam o seu seu crescimento e o esgotamento do mel será melhor.

22.1.1 TEMPERATURA FINAL DE RESFRIAMENTO DAS MASSAS COZIDAS

A massa cozida sai dos cozedores numa temperatura variável entre 65 e 759C, dependendo do tipo de cozimento realizado. Teoricamente, ela deveria ser resfriada até e temperatura ambiente, produzindo, assim, um máximo de cristalização em movimento e de esgotamento de mel. O limite máximo de resfriamento é controlado pelo coeficiente de supersaturação, que deve permanecer na zona metaestável, a qual garantirá a não formação de falsos cristais.

Derr considera que a temperatura mínima deve ser de 41 a 439C, pois, abaixo desse valor, o mel se tornaria muito viscoso, de tal forma que o aumento de açúcar não compensaria os inconvenientes das operações finais, visto que seria necessário adicionar água para centrifugação de massa.

Por sua vez, Jenkins (1960) admite um mínimo de até 38°C. Entretanto, na prática, as boas usinas têm trabalhado com temperaturas da ordem de 459C.

O resfriamento da massa cozida, por outro lado, depende da sua pureza, Observa-se que, para as massas cozidas de alta pureza, pelo menor efeito da viscosidade, a temperatura poderia ser menor. Entretanto, com um maior resfriamento, pode ocorrer que:

a) as massas de elevada pureza, sendo submetidas a um maior resfriamento, a velocidade de cristalização por deposição cresce e o perigo da ocorrência de conglomerados parece ser inevitável.
b) o resfriamento seja bem lento, para evitar que ocorra a formação de conglomerados, cristais geminados, etc, fato que implica no aumento do número de cristalizadores.

Diante desse fato, para as massas de alta pureza, a cristalização em movimento é mais rápida, pois, os méis residuais serão reaproveitados nos cozimentos inferiores.

Para a massa de mais baixo grau de pureza, esse controle de temperatura e tempo de cristalização é muito importante, pois se esses parâmetros não forem bem observados, haverá uma grande perda de sacarose, pois o mel residual não será recirculado.

Segundo PAYNE (1990), a queda de temperatura deve ser de aproximadamente 39C por hora, para não se correr o risco de aparecer falsos cristais.

BAIKON (1982) mostra que o valor normal para resfriamento é de O,6°C por hora, e que, durante o resfriamento, pode ser controlado, de modo que, no início, a temperatura deverá permanecer praticamente inalterada por poucas horas. Com a gradual exaustão do melaço, o resfriamento pode ser acelerado para 1,1 a 1,79C por hora, aumentando, assim, a super-saturação do licor-mãe.

22.2 QUEDA DE PUREZA DA MASSA COZIDA

A cristalização complementar da massa cozida é justificável pelo ganho de pontos que se tem observado na queda de pureza, principalmente nas massas de baixo grau.

A queda de pureza pode ser maior ou menor, em função do tempo e da forma com que é conduzida essa operação.

O licor-mãe, pela cristalização em movimento, pode ter uma queda de pureza variável de 6 a 12 pontos.

Segundo DAUBERT, uma queda de pureza entre a massa C e o mel residual pode ser de até 27 pontos, sendo 15 a 16 pontos no vácuo e de 11 a 12 pontos nos cristalizadores.

22.3 TEMPO NECESSÁRIO PARA A CRISTALIZAÇÃO COMPLEMENTAR

O tempo de permanência da massa cozida nos cristalizadores é função do:

a) tipo de massa cozida,
b) tipo de cristalizador e
c) condições técnicas da usina

A literatura tem aconselhado, em condições ideais, os seguintes tempos de retenção:

massa cozida A - 12 h

massa cozida B - 24 h

massa cozida C - 72 h

Entretanto, estes valores não têm sido observados na prática, onde a massa A permanece muito pouco tempo no cristalizador, o qual serve, apenas, como um depósito de espera para turbinagem. A retenção da massa B é um pouco mais prolongada, reservando o maior número de cristalizadores à massa C.

As massas de mais baixa pureza devem permanecer nos cristalizadores por volta de 48 horas. Esse tempo pode ser prolongado ou encurtado, dependendo de uma série de fatores, como: Brix da massa cozida, grau de exaustão do licor-mãe, cinzas, teor de açúcares redutores, tipo de cristalizador.

22.4 TIPOS DE CRISTALIZADORES

Os cristalizadores podem ser reunidos em grupos, tais como:

a) cristalizador de resfriamento natural, isto é, resfriado a ar.
b) cristalizadores de resfriamento forçado, resfriado à água.

Estes últimos cristalizadores podem ser de fluxo intermitente ou contínuo.

22.4.1 CRISTALIZADORES DE RESFRIAMENTO NATURAL

Em geral, estes se compõem de um tanque horizontal em forma de U ou cilíndrico, aberto em sua parte superior. Centralmente, há um eixo que suporta uma série de paletas chatas ou em espiral. O resfriamento da massa e, consequentemente a cristalização em movimento, são conseguidos pelo acionamento do eixo, por motor elétrico, munido de um redutor de velocidade. O acionamento pode ser individual ou conjugado, isto é, um motor acionando vários cristalizadores ao mesmo tempo (Figura 189).

A rotação do eixo, por via de regra, vai de 0,50 a 0,75 rpm. O consumo de potência depende, evidentemente, da velocidade de rotação, do volume do cristalizador e da concentração da massa. Em geral, instala-se os motores prevendo um consumo de 0,12 a 0,06 HP/m^3 de massa.

Para um cristalizador de 200 a 300 hl e para uma velocidade de 0,5 rpm, pode-se adotar um consumo de 0,06 HP/m^3, ou seja, 1,2 a 1,8 HP. Entretanto, na prática, para maior segurança, instala-se um motor de 3 a 5 HP.

Neste aparelho, o resfriamento é feito pela troca de calor da parede do cristalizador e da superfície de exposição da massa com o ar que o envolve. Os cristalizadores de dupla ou tríplice hélice são mais eficientes, pois revolvem melhor a massa, dando maior contacto com o ar.

22.4.2 CRISTALIZADORES DE RESFRIAMENTO FORÇADO

Existem vários tipos de cristalizadores de resfriamento forçado, os quais apenas diferenciam na disposição mecânica das tubulações internas, para a circulação da água.

Estes cristalizadores se caracterizam pela substituição das hélices metálicas por uma série de tubos ou placas ocas, por onde deve circular água.

Alguns cristalizadores possuem o elemento de circulação de água estacionário, enquanto que a circulação é dada pelos agitadores. O resfriamento neste tipo de aparelho é lento (Figura 189), pois é deficiente a troca de calor.

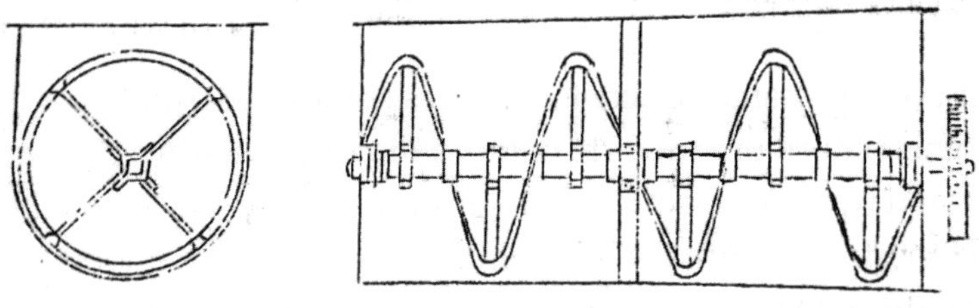

Figura 189 - Cristalizador de resfriamento natural.

Um tipo especial de cristalizador é o de HERRISON, o qual possui um eixo móvel, que sustenta quatro braços em cruz, nos quais estão colocadas uma série de serpentinas, por onde circula água. Neste aparelho, a resistência à movimentação da hélice é grande, devido ao movimento lateral da mesma. Como no aparelho anterior, o coeficiente de transferência de calor é mais baixo que aquele dado por elementos de resfriamento, colocados longitudinalmente.

O cristalizador projetado por KIRBY tem, como elemento de resfriamento, uma serpentina helicoidal, que se movimenta (Figura 190). KIRBY e WHITE, em 1978, apresentaram um modelo, para estimar eficiência de cristalizadores contínuos, utilizando resfriamento forçado.

A Fives-Lille (1975) desenvolveu um novo projeto de cristalizador, o FLC. O aparelho é constituído, essencialmente, por uma cuba clássica, um eixo tubular central com chicanas especiais, de placas planas de grande superfície, que efetuam a movimentação da massa e a refri geração. A demanda de volume de cristalizador é a metade daquela necessária para um clássico.

Nestes aparelhos refrigerados à água, o tempo de retenção necessário para a cristalização é reduzido em 70 a 80%.

Os tipos mais encontrados nas usinas paulistas são os cristalizadores intermitentes BLANCHARD e o contínuo WERKSPOOR, introduzido no Brasil pela a Zanini, no final da década de 70.

Figura 190 - Cristalizador com resfriamento forçado, segundo KIRBY.

22.4.3 CRISTALIZADOR BLANCHARD

Este é de construção semelhante aos cristalizadores comuns, resfriado a ar. Em substituição ao eixo central maciço, encontra-se um tubo de paredes duplas, que serve para conduzir a água fria pela parte central, e a água quente pela parte mais externa. Na superfície do tubo interno, é soldado uma série de tubos, dispostos em forma helicoidal, os quais movimentam-se juntamente com o eixo.

A entrada e saída da água fria localizam-se em um dos extremos do cristalizador com resfriamento forçado - FLC (Figura 191).

Neste aparelho, a água fria penetra pela canalização interna, chega à externa e tende a retornar para a extremidade de entrada. Nesse trajeto, a água vai ocupando os espaços internos da tubulação de resfriamento, quando estão em posição abaixo do eixo central. A parte diametralmente oposta estará, por sua vez, tendendo a se esvaziar. Desta maneira, a troca de calor se faz de forma contínua, entrando água fria e saindo quente e, consequentemente, haverá o resfriamento da massa cozida.

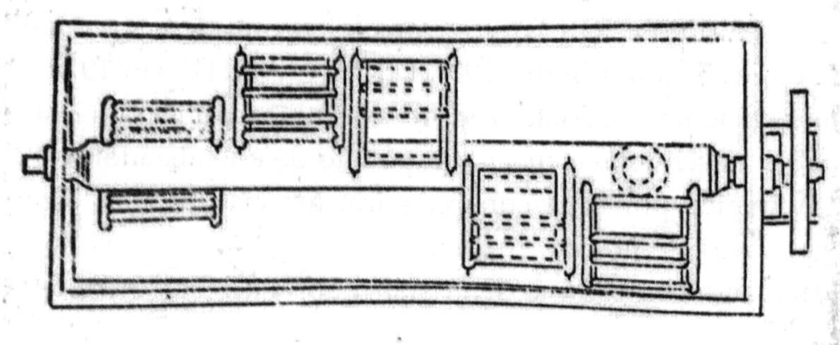

Figura 191- Cristalizador com resfriamento forçado - FLC.

O tempo de resfriamento nestes cristalizadores é menor do que nos resfriados a ar, sendo da ordem de um terço. Deste modo, há uma economia de aparelhos e de espaço na fábrica.

Este cristalizador permite o mesmo grau de resfriamento que os outros, porém, em um tempo muito menor.

O coeficiente de trasmissão de calor, nesses cristalizadores, é da ordem de 2,2 a 2,4 $kcal/m^2/h/°C$, variando de acordo com o volume da massa cozida e a velocidade da água de resfriamento.

22.4.4 CRISTALIZADOR WERKSPOOR

Trata-se de um cristalizador semelhante ao cristalizador convencional, diferenciando-se, entretanto, quanto ao seu aspecto interno. O eixo interno, ao invés de conter hélices metálicas, tubos, etc., é provido de discos, com um setor aberto de 45° (Figura 192).O eixo e os discos são ocos e, para permitirem a circulação da água de refrigeração, estão ligados ao eixo, de modo a deixar um espaço em forma helicoidal, cuja função é permitir a passagem da massa, comprimindo-a, de uma extremidade a outra do cristalizador (Figura 192).

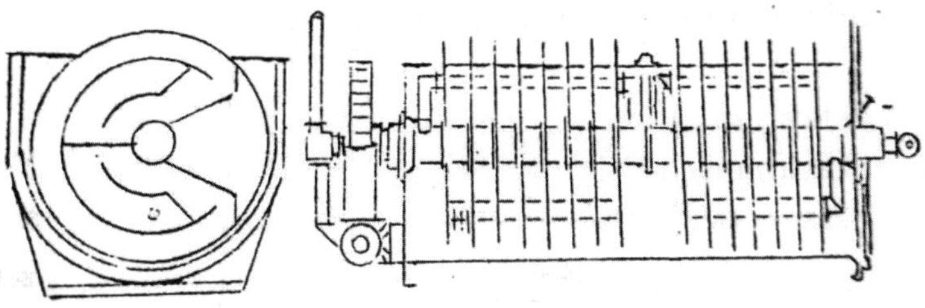

Figura 192 - Cristalizador Werkspoor.

A massa chega continuamente ao cristalizador por uma extremidade e, devido *à* movimentação do eixo, vai passando entre os espaços de um disco a outro.

A passagem se faz através dos setores, de uma extremidade a outra do cristalizador, de onde é retirada.

A água de resfriamento entra por uma canalização no primeiro disco, situado no extremo em que a massa é retirada, e vai passando de disco a disco e regressa, depois de atingir a extremidade oposta, pelo eixo central oco, ao setor de entrada. Verifica-se, pois, neste cristalizador, um sistema de circulação em contracorrente, ou seja, a massa cozida que caminha em sentido contrário ao da água. A temperatura da água de resfriamento, progressivamente ganha calorias *à* medida que a massa se resfria.

Como dados gerais do Werkspoor, tem-se:

A) temperatura de resfriamento, estabelecida por TROMP (1946), pode ser vista no gráfico abaixo, que dá a queda de terrperatura em função do caminhamento da massa (Figura 193).

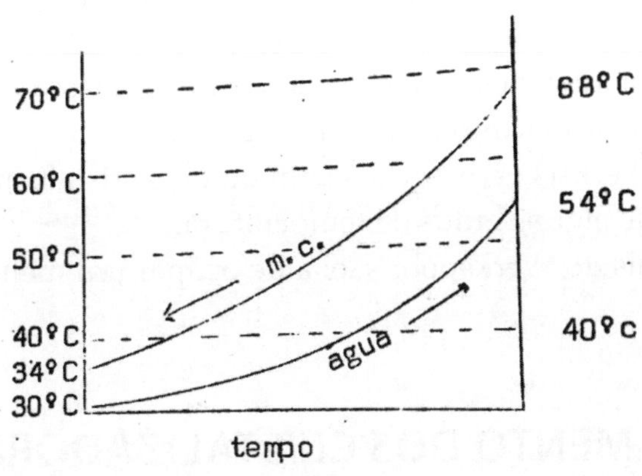

Figura 193 - Esquema de temperaturas da massa e da água em contracorrente em um Werkpoor, baseado nos valores de troca térmica de HUGOT, (1977).

B) O comprimento do aparelho, no geral, é 3,5 vezes o diâmetro.

C) O coeficiente de transmissão de calor estabelecido por Honig (1969):

K = 34 a 49 kcal/m²/h/°C cristalizador novo, limpo e bem desenhado.

K= 12 kcal/m²/h/°C cristalizador velho, sujo e mal desenhado.

Esse coeficiente varia em função do tipo de massa cozida

- m.c. A: K = 73 kcal/m²/h/°C
- m.c. B: K = 63 kcal/m²/h/°C
- m.c. C: K = 24 kcal/m²/h/°C

D) Superfície de resfriamento.

A superfície de resfriamento do Werkspoor *é* função;

a) quantidade de massa cozida a ser esfriada por hora;
b) da temperatura da massa cozida que entra no cristalizador;
c) da temperatura da água de refrigeração.

Geralmente, as temperaturas acima referidas variam dentro de certos parâmetros.

Temperatura de chegada da massa ao cristalizador, 65 a 5 °C.
Temparatura mínima de resfriamento 40° C. no geral 45 °C.

Para o bom funcionamento do aparelho, é necessário estabelecer a relação superfície/volume (S/V), que varia de acordo com o tipo de massa cozida a ser trabalhada:

- massa cozida alta pureza - S/V = 7 a 10 m^2/m^3 ou 0,7 a 1,0 m^2/hl
- massa cozida baixa pureza - S/V = 1,0 m^2/m^3 ou 0,1 m^2/hl

Essa diferença se deve à diferença de viscosidade entre as massas, visto que as massas mais pobres necessitam de um resfriamento mais lento e gradual.

Na instalação de um Werkspcor, associa-se um ou dois cristalizadores comuns de recebimento, onde a massa perde alguns graus de temperatura.

As vantagens principais do Werkspoor são: a de ocupar um menor espaço e permitir um resfriamento melhor.

22.5 DIMENSIONAMENTO DOS CRISTALIZADORES

A capacidade dos cristalizadores para as diferentes massas pode ser calculada em função do tempo de retenção desejada, acrescida de uma margem de segurança de 25%. Supondo a quantidade de massa cozida, produzida em um sistema de três massas, tem-se:

Massa cozida A = 95 l/TC
Massa cozida B = 50 l/TC
Massa cozida C = 35 l/TC,

A capacidade total e individual dos aparelhos pode ser calculada a partir da seguinte fórmula:

$$C = 1{,}25\left[\left(a\frac{t_1}{24}\right)+\left(b\frac{t_2}{24}\right)+\left(c\frac{t_3}{24}\right)\right]$$

C *é* a capacidade total

a, b e c são os valores respectivos da produção de massa A, B e C

t_1, t_2 e t_3 os tempos desejados de retenção das massas.

Substituindo-se os valores na fórmula,tem-se

$$C = 4{,}95\ t_1 + 2{,}60\ t_2 + 1{,}82\ t_3$$

Logo esses dados dessa fórmula são respectivarnente, as demandas individuais para as três massas, em l/TC/24 desejando-se um T C H, basta muiltiplicar por 24.

BAIKON (1982) estabelece que a capacidade nominal de cada cristailzador deverá ser igual *à* capacidade do vácuo, do qual a massa deverá ser descarregada. Porém, é mais seguro adicionar mais 10% de volume extra para a capacidade do cristalizador, para ocaso da massa cozida avolumar-se no descarregamento do vácuo. Cada cristalizador não deve conter mais que uma massa cozida.

Os cristalizadores devem estar sempre localizados sob os vácuos e acima das centrífugas, para que haja um rápido deslocamento da massa cozida de um aparelho a outro, sem necessidade de bombas.

Exemplo:

Calcular a capacidade em cristalizadores para usina, que moe 3000 TCD, com cozedores de 300 hl, para os respectivos tempos de retenção das massas 4,8 e 12 horas.

Cálculo da capacidade individual dos cristalizadores:

Massa A - C_1 = 4,95 t_1 = 4,95 . 4 = 19,80 l/TC/24 h ou 4,75 hi/TCH
Massa B - C_2 = 2,60 t_2 = 2,60 . 8 = 20,80 1/TC/24h ou 4,99 hl/TCH
Massa C - C_3 = 1,82 t_3 = 1,82 . 12 = 21,8O l/TC/24h ou 5,24 hl/TCH
capacidade total C = 19,8O + 20,80 + 21,80 = 62,40 l/TC/24h

ou

C = 4,75 + 4,99 + 5,24 = 14,98 hl/TCH

Como a moagem é de 125 TCH, tem-se:

Massa A = 4,75 . 125 = 593.75 hl
Massa B = 4,99 . 125 = 623,80 hl
Massa C = 5,24 . 125 = 655,00 hl
Total = 1872,55 hl

Como os cozedores são de 300 hi, necessita-se de 2 cristailzadores de 330 h1 para cada tipo de massa cozida.

BAIKON (1982) estima a capacidade dos cristalizadores em função da pureza do caldo. Assim, é que o cálculo da capacidade dos cristalizadores deve ser baseado na mais baixa pureza do caldo de cana, visto ser nesta condição que se obtém o máximo de massa cozida. Por volta de 8° de pureza aparente, o cálculo da capacidade deve ser baseado no fator 0.042 m3/TC/24h ou 10 hl/TCH.

Porém, se esta massa *é* curada por 48 horas, a capacidade necessária será de 0,085 m3/TC/24 h ou 20 hi/TCI-t, acrescida de 20%, para encher e esvaziar o aparelho. O número de aparelhos é dado pela divisão da capacidade total dos cristalizadores pela individual do vácuo. Ao volume individual dos cristalizadores, deve-se adicionar 10%, para o aumento de volume, devido à movimentação da massa e da espuma. Se a pureza do caldo extraído é alta, a capacidade deve ser reduzida a 0,057 m3/TC/24h ou 14 hl/TCH, para uma retenção de 48 horas.

Ex. Para uma dosagem de 3000 TCD e um tempo de retenção de 48 horas, qual deve ser o volume e o número de cristalizadores, para uma pureza de caldo *é* 80° e a capacidade do vácuo é de 500 hl?

Cálculo da capacidade total de cristalizadores:

$$C = 3000 . 0,085 = 255\ m^3 \text{ ou } 2550\ hl$$

Como são necessários ≅ 20% para encher e esvaziar os aparelhos, tem-se:

$$C = 1,2 . 2550 = 3060\ hl$$

O número do cristalizadores para baixa pureza será:

$$n = 3060 : 500 = 6$$

A capacidade individual deverá ser acrescida de 10%, logo, Ci = 1,1 . 500 = 550 hl.

22.6 CAPACIDADE MÉDIA DOS CRISTALIZADORES

A capacidade dos cristalizadores varia de uma região para outra ou, mesmo, dentro de uma mesma região.

Alguns dados da literatura podem ser vistos a seguir:

Cuba............................4,5 m^3/TCH
Porto Rico......................5,0 m^3/TCH
Havaí...............................8,4 m^3/TCH
Filipinas..........................7,5m^3/TCH
São Paulo*.........................4,1 m^3/TCH.

***cristalizador refrigerado a ar.**

No estado de São Paulo, para cristalizador sem refrigeração, a sua capacidade é a seguinte:

Cristalizador de 1ª.............1,6 m^3/TCH
Cristalizador de 2ª.............2,5 m^3/TCH.

22.7 DIMENSIONAMENTO DO CRISTALIZADOR WERKSPOOR

22.7.1 QUANTIDADE DE ÁGUA NECESSÁRIA

A quantidade de água para o resfriamento da massa cozida depende de vários fatores:

- volume da massa cozida;
- densidade da massa cozida;
- temperatura da massa cozida;
- temperatura da água de resfriamento e,
- temperatura de saída da massa cozida.

Para calcular o volume de água gasto no refriamento da massa, usa-se a seguinte fórmula de HUGOT (1977):

$$A = \alpha . V . d . c \frac{T_o - t}{t - to}$$

onde,
A = quantidade total de água, em kg/h;
α = coeficiente de esfriamento: 1,15 e 1,20;
V = volume da massa cozida em 1/hora;
d = densidade da massa cozida, de aproximadamente 1,5;
c = calor específico da massa cozida 0,44 kcal/°C
To = temperatura de entrada da massa cozida;
T = temperatura de saída da massa cozida;

to = temperatura de entrada da água;
t = temperatura de saída da água.

Os valores mais encontrados para quantidade de água de resfriamento são de 0,75 a 0,80 kg de água/kg de massa cozida ou aproximadamente 1,0 a 1,2 litros de água por kg de massa.

O tempo de resfriamento varia de acordo com o tipo de massa:
1 a 1/2 hora para massa A
2 horas para massa B e,
15 horas para massa C.

22.7.2 CÁLCULO DA CAPACIDADE

Este cálculo é dado pela fórmula:

$$C = \frac{\pi D^2}{8} . L$$

onde,
$C = m^3/h$
D = diâmetro, em m
L = comprimento, em m

De modo geral, o comprimento L corresponde a 3,5 D, logo,

$$C = 1{,}37\ D^3$$

22.7.3 CÁLCULO DA SUPERFÍCIE DE RESFRIAMENTO TOTAL

A superfície de resfriamento total *é* dada pela fórmula:

$$S = \alpha \frac{V.d.c}{k} \cdot \frac{To - T}{(To - t) - (T - To)} \ln \frac{To - t}{T - to}$$

onde,
S = superfície de resfriamento em m^2
K = coeficiente de transmissão do calor.

22.7.4 CÁLCULO DA SUPERFÍCIE INDIVIDUAL DE RESFRIAMENTO

Ela *é* dada pela equação:

$$S' = \left(l + \frac{D}{10}\right) D'^2$$

Onde,

D' *é* o diâmetro exterior do disco e corresponde de 2 a 3 cm menor que o diâmetro interno do aparelho.

22.7.5 CÁLCULO DO NÚMERO DE DISCOS

Conhecendo a superfície total de resfriamento e a individual, pode-se calcular o número **n** de discos.

$$\text{n} = \frac{S}{s}$$

Após o cálculo de **n**, deve-se efetuar a correção da superfície total.

22.7.6 CÁLCULO DO VOLUME ÚTIL TEÓRICO

Neste cálculo, obtém-se o volume útil teórico por metro linear, m^3/m

$$U = 0{,}3927\ D^2$$

22.7.7 CÁLCULO DA DISTÂNCIA ENTRE DISCOS

O espaço que separa um disco do outro pode ser calculado pela fórmula:

$$e = \frac{L - 0{,}5\,(1 + p)}{n - 1 - p}$$

onde,

p = é o numero de mancais, os quais distam entre si de 3 a 6 metros. O correto *é* fazer a distância entre discos crescer, da entrada à saída do aparelho.

22.7.8 EXEMPLO NUMÉRICO

Dimensionar um cristalizador WERKSPOOR para massa B, quando a capacidade de moagem da usina é de 125 TCHI, sendo que a produção de massa é de 50 l/TC.

Volume total de massa cozida 6 por hora, será:

$$V = 125 \cdot 50 = 6250 \text{ l/h}$$

Se adotar o sistema de diluição da massa com mel, é necessário acrescentar mais 20%.

$$V' = 1{,}2 \,.\, 6250 = 7500 \text{ l/h}$$

Como a massa B necessita de 2 horas de resfriamento, a **capacidade será:**

$$C = 7500 \bullet 2 = 15000 \text{ l}$$
$$C = 150 \text{ hl ou } 15 \text{ m}^3.$$

As dimensões desse aparelho deverão ser:

- para o diâmetro,

$$D = \sqrt[3]{\frac{15}{1{,}37}} = 2{,}22\ m$$

- volume útil teórico por metro de comprimento,

$$u = 0{,}3927 \,.\, 2{,}22^2 = 1{,}94 \text{ m}^3/\text{m}$$

onde, o comprimento será

$$L = 15 : 1{,}94 = 7{,}73 \text{ m}$$

- superfície total de resfriamento, considerando:

$$to = 30°C;\ t = 50°C\ ;\ To = 75°C \text{ e } T\ 40°C$$

$$S = 1{,}15\ \frac{6250\,.\,1{,}5\,.\,0{,}44}{50} \cdot \frac{75-40}{(75-50)-(40-30)} \ln - \frac{75-50}{40-30}$$

$$S = 11068{,}75 \,.\, 2{,}3 \log 2{,}5 = 202{,}60$$

- superfície individual do disco,

$$Si = \left(1 + \frac{D}{10}\right) D'^2$$

$$Si = \left(1 + \frac{2,22}{10}\right) 2,20^2 = 5,91\, m^2$$

(o diâmetro do D' = 2,22 - 0,02 = 2,20)

- número de disco,

$$n = \frac{202,60}{5,91} = 34$$

- logo, a superfície total ficará,

$$S = 34 \cdot 5,91 = 200,94$$

- cálculo do espaço entre discos,

$$e = \frac{L - 0,5\,.\,(1 + p)}{n - 1 - p}$$

$$e = \frac{7,73 - 0,5\,(1 + 1)}{34 - 1 - 1} = 0,21\, m$$

- a demanda de água de resfriamento será:

$$A = \alpha\,.\,V\,..\,d\,.\,c\,\frac{To - T}{t - to}$$

$$A = 1,15\,.\,6250\,.\,1,5\,.\,0,44\,.\,\frac{75 - 40}{50 - 30}$$

$$= 8302\ l/h$$

CAPÍTULO 23

CENTRIFUGAÇÃO DA MASSA COZIDA

A separação dos cristais do licor mãe, até por volta da metade do século XIX, era realizada somente por gravidade, em moldes cônicos perfurados, onde, após a drenagem do mel, obtinha-se o açúcar de forma ou pão-de-açúcar. Esta operação, entretanto, era muito demorada, daí a ideia da utilização da força centrífuga, para remoção do mel envolvente dos cristais.

Todos os tipos de centrífugas usadas na indústria do açúcar estão baseados na máquina inventada por WESTON, no século XIX, e muito poucas foram as mudanças. Quase todas as centrífugas atuais são similares, diferindo somente em tamanho, capacidade, acessórios e forma de conduzir a operação de centrifugação. As melhorias foram efetuadas principalmente no tamanho do cesto, melhor método de impulsão, maior velocidade de rotação, aperfeiçoamento nos métodos de descarga e substituição dos controles manuais por automáticos.

Este tipo de operação, entre a fase sólida e a líquida, é conhecida com o nome de turbinagem, purga ou, simplesmente, centrifugação.

Estes aparelhos podem ser classificados em:

a) centrifugas de fluxo intermitente, as quais podem ser de controle manual, semi-automático ou automático e,
b) centrífugas de fluxo contínuo.

23.1 CENTRÍFUGAS DE FLUXO INTERMITENTE

Estas centrífugas operam com todos os tipos de massa cozida, sejam elas classificadas como A, B ou C.

O princípio de funcionamento das centrífugas está baseado no emprego da força centrífuga e da gravidade entre si. A máquina, em movimento, faz com que, através da força gerada, a massa cozida, que atinge o fundo do aparelho, procure as paredes laterais do cesto, segundo um movimento parabólico. Pela ação daquelas forças, o licor mãe é separado, atravessando os orifícios da tela que reveste o cesto internamente, enquanto que os cristais ficam retidos no cesto.

A força centrifuga, que é a responsável pela rapidez da purgação da massa, pode ser calculada pela fórmula:

$$Fc = \frac{m \cdot V^2}{R}$$

Onde,
m = massa; V= velocidade periférica e R = raio do cesto.

A velocidade periférica é dada pela fórmula:

$$V = \frac{2\pi . n R}{60}$$

onde,
n são as rotações por minuto, ou seja:
Mas, como 2π n/60 é igual à velocidade angular (W). Tem se: V=R.W
Substituindo-se este valor na fórmula da força centrífuga, tem-se:

$$Fc = m . R . W^2$$

A força centrífuga na turbina encontra-se entre os valores de 11.741 Kg a 26.418 kg. Quanto maior esta força, menor será o tempo de centrifugação para um mesmo tipo de massa cozida.

A força da gravidade é dada pela expressão:
Fp = m.g
onde,
Fp = força peso
m = massa em kg/m
g = aceleração da gravidade, 9,81 cm/seg2

A pressão exercida sobre toda superfície do cesto é dada por:

$$P = \frac{Fc}{s}$$

Onde,
P = pressão , Fc = força centrífuga e s é a superfície lateral do cesto. Como a superfície lateral do cesto é dada por s = π D h, onde, h é a altura do cesto.

$$P = \frac{m . W^2 . R}{2\pi R h} \ ou \ P = \frac{m . W^2}{2\pi h}$$

Assim sendo, pode-se saber a pressão que se exerce sobre a turbina e avaliar seu comportamento.

Da interpretação dessas fórmulas, pode-se concluir que o diâmetro varia inversamente com o número de rotações. Assim, quanto maior o diâmetro do cesto, menor será o número de rotações para uma mesma força centrífuga e, vice-versa. Por outro lado, a pressão aumenta com a elevação do número de rpm, mantendo o diâmetro constante. Desse modo, pode-se concluir que a centrifugação será tanto mais rápida e completa, quanto maior for sua força centrífuga e, por consequência, sua velocidade de rotação.

23.2 DESCRIÇÃO DE UMA TURBINA CONVENCIONAL

Os equipamentos das centrífugas constam de um misturador de massa, a centrífuga, o transportador e anexos.

23.2.1 MISTURADOR DE MASSA

A massa cozida que sai do cristalizador vai ter ao misturador antes de entrar nas turbinas (Figura 194). Este misturador pode ser de forma em U, dotado de braços giratórios, que evitam a sedimentação dos cristais.

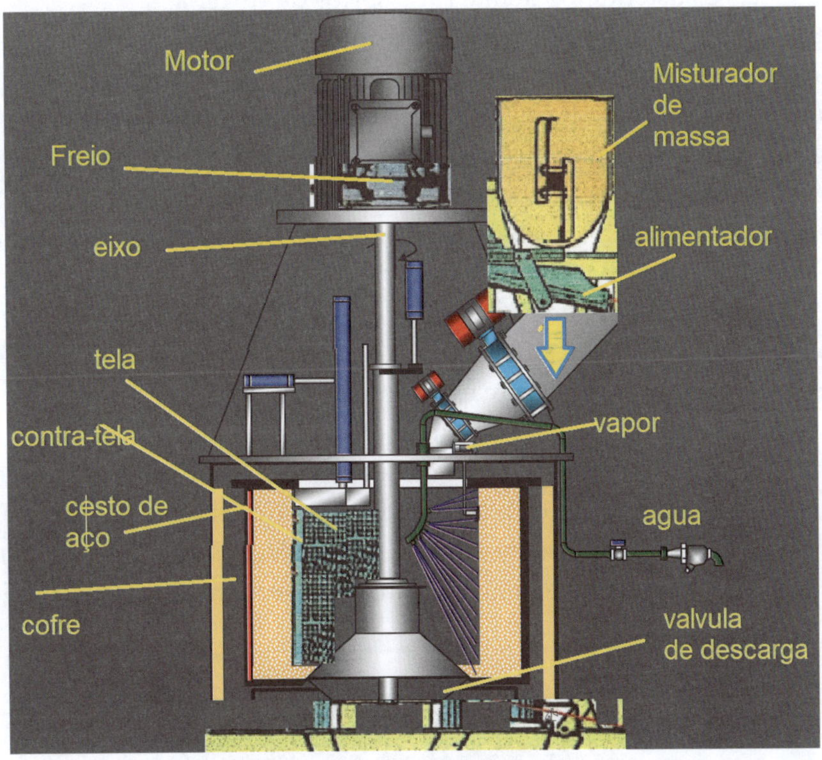

Figura 194 - Turbina convencional

Ilustração: **Paulo Gangorra**

Sua posição é horizontal e tem um comprimento igual à bateria de centrífugas. Quando a forma da caixa é em U, as palhetas revolvem com mais eficiências, apenas a circunferência descrita pelo raio da curvatura da parte inferior; deixando a parte superior sem movimento.

Ele está colocado na estrutura da turbina e é constituído de chapas e perfilado de aço carbono. O agitador é constituído de hélices de ferro fundido, que são em número de 5 ou 6, por turbina.

23.2.2 CENTRÍFUGA

Uma centrífuga é constituída por 3 tipos de equipamentos distintos: o mecânico, o pneumático e o elétrico. Dos equipamentos mecânicos, pode-se considerar: a estrutura, o monitor, o cesto, o eixo, o cabeçote quadrado e o garfo levantador.

A estrutura da centrífuga é formada por perfilados de ferro fundido, piso de chapa xadrez, escada e corrimãos em tubos. Ela tem a finalidade de suportar a centrífuga e todos os seus acessórios.

O monitor é construído em aço carbono, tendo um semifundo inclinado para o escoamento dos méis. Na parte superior, é fechado por duas chapas. Ele tem por finalidade proteger o cesto, receber os méis e sustentar os demais acessórios da turbina.

O cesto das centrífugas é feito de aço, aço cromo, cobre e aço níquel, perfurado em toda a sua periferia, tendo uma abertura superior e outra inferior. Pela abertura superior, faz-se a alimentação com massa cozida, e pelas perfurações laterais, saem os méis, impulsionados pela força centrífuga. O diâmetro dos orifícios e de 7 mm e espaçados de 22 mm. Pela abertura do fundo, dá se a retirada do açúcar. Este cesto possui um bordo superior que dá a espessura da massa a ser centrifugada e uma série de 6 a 12 anéis circulares, colocados externamente, que resistem à força centrífuga. A parte inferior é fechada pela válvula cônica móvel, para o descarregamento do açúcar centrifugado.

O cesto da centrífuga é suspenso por um eixo vertical, em cujo extremo superior estão o motor de acionamento e o freio. Na parte inferior, está preso o cesto, através de braços de sustentação. Esse eixo é construído em aço- níquel - cromo.

Internamente ao cesto, assenta-se a contratela de arame, de latão ou cobre, em forma de arame trançado (Figura 195). Esse arame de 1,0 a 1,5 mm de diâmetro serve de base para a tela que retém o açúcar. A primeira contratela apresenta 4 malhas por polegada e, a segunda, 3 malhas. A contratela tem por finalidade dar escoamento fácil para o mel que atravessa a tela e vai deixar o cesto.

Figura 195 - Esquema da contratela e tela de latão.

A tela, propriamente dita, pode ser feita de malha de arame de cobre em espiral, do tipo LIEBERMANN ou de chapa perfurada (Figura 196). O diâmetro dos furos, para massas de alta pureza, é de 0,5 mm e, para os de baixa pureza, ele varia de 0,06 a 0,09 mm.

A forma dos furos varia, podendo ser circulares ou retangulares. Nas telas com perfurações retangulares, o comprimento é de 4 mm para uma altura de 0,3 a 0,4 mm.

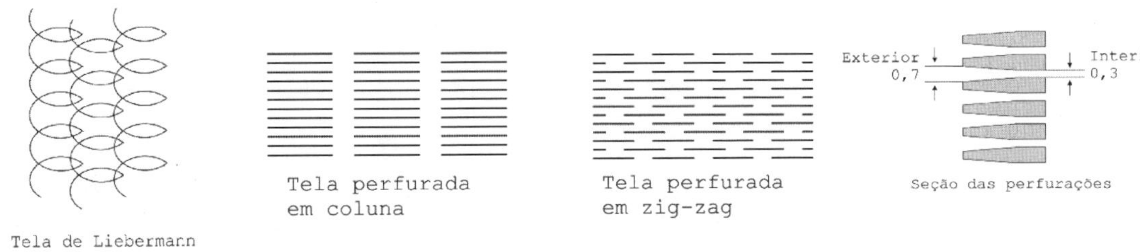

Figura 196 - Esquema de telas adaptado do Emile Hugot (1969).

A distribuição das aberturas pode ser em coluna ou em zig-zag, com um passo de 1,0 mm, o que dá uma área aberta, da ordem de 25% da chapa. As telas se fixam ao cesto da centrífuga, através de arame de aço muito fino.

O fundo do cesto das turbinas pode ser plano ou cônico. Há algum tempo, empregava-se, largamente, turbinas com fundo em forma de cone muito inclinado, caso das centrífugas auto descarregáveis que, geralmente, não possuíam válvulas de descarga. Um defletor horizontal, colocado no eixo, orientava a massa em direção à parede. A alimentação da máquina era efetuada, quando o cesto atingia uma velocidade próxima à de regime. No final da purga, quando a máquina ia parando, o açúcar desprendia, sob a ação de seu próprio peso. A desvantagem deste sistema estava em contaminar o açúcar do condutor, com pingos de mel, que caíam da turbina.

O cabeçote quadrado, construído em aço-carbono, é colocado superiormente na estrutura da turbina. Ele prende, na sua parte inferior, o cabeçote do eixo e todo o conjunto giratório e, ainda, sustenta o motor.

O garfo levantador, colocado sobre o monitor ou cofre, tem uma extremidade ligada ao cabo levantador, cuja finalidade é a de remover o cone, para descarregamento do açúcar, após a centrifugação. A caixa separadora de mel está colocada na saída de mel do cofre. Ela é provida de dois orifícios de saída, sendo um para o mel pobre e outro para o mel rico. O mecanismo de controle automático de mudança de fluxo é dado por pistão a ar comprimido, ligado à alavanca que aciona a placa separadora, dentro da caixa.

A centrífuga possui, ainda, um conjunto de canos para água a vapor. O cano de água faz a distribuição da água de lavagem dos cristais, visando remover o filme de mel remanescente. O cano de vapor é de aço - carbono, responsável pela distribuição do vapor de lavagem, que elimina o restante do filme de mel do açúcar.

O controle de alimentação da água, como o do vapor, pode ser automático ou manual.

Para receber a massa do misturador e distribuí-la na centrífuga, existe a bica de massa. Esta bica é articulada e, no momento de alimentar a centrífuga, ela se inclina para baixo, orientando o fluxo de massa.

23.2.3 BICA DE JOGO

A bica de jogo (Figura 197) está localizada sob a bateria das centrífugas e serve para receber e conduzir o açúcar.

Figura 197 - Bica de jogo no descarregamento do açúcar úmido da centrifuga.

Ela consta de uma mesa de forma retangular, cujo movimento vibratório é acionado por meio de eixo excêntrico, equipamento que é quase um padrão nas usinas brasileiras. Tem esta característica de dosar, em parte, a carga de açúcar. A mesa apoia-se, através de rodetes de ferro-fundido, em pequenos mancais de forma trapezoidal. O conjunto é acionado por um motor elétrico de potência adequada. Esta bica sofre certas variações, de acordo com a usina, como é o caso da mesa apoiada sobre barras flexíveis e inclinadas, onde um excêntrico produz um movimento alternativo, deslocando o açúcar para a extremidade de descarga. Para minimizar o problema, seria indicado a adoção de transportadores vibratórios com calha fechada, em comprimentos de até 40.000 mm e vazões de até 500 m^3/h, que corresponderia ao redor de 300 t/h de açúcar. Alguns técnicos de usina ressaltam que o transportador deve ser corretamente dimensionado, levando-se em conta a descarga instantânea de açúcar, a qual depende da capacidade das centrífugas.

Este tipo de condutor é empregado para açúcar A e B. De acordo com a PROCKNOR (2004), faz-se ressalvas a essa tecnologia, por tratar-se de equipamento que mecanicamente deixa muito a desejar, quando se tem um pequeno número de centrífugas de grande capacidade. A confiabilidade não é boa e os custos de manutenção são muito elevados, pois trata-se de equipamento que, por sua natureza, tem um movimento com grande amplitude e baixa frequência.

A PROCKNOR (2004) tem oferecido para as usinas, como alternativa indicada para a bica de jogo, a utilização das esteiras com lençol de borracha, que tem menor consumo de potência e reduzindo custo de manutenção. A limitação da esteira com lençol de borracha é a manutenção da limpeza e a adoção de programas de qualidade.

Para açúcar de baixa pureza, como o de segunda e de terceira, usa-se transportadores tipo rosca-sem-fim, nos quais é adicionado água quente, xarope ou caldo clarificado, para dar formação ao magma.

23.2.4 BOMBA DE MEL

As bombas de mel são empregadas para elevação dos méis obtidos na centrifugação das massas até os depósitos, localizados próximos aos vácuos. Quando se faz separação de méis, há necessidade de uma bomba para o mel rico e outra para o mel pobre. No caso do mel obtido da última massa, ele é recalcado para a destilaria, para a fabricação do etanol.

O motor para acionamento dessas bombas é de corrente trifásica e com voltagem variável: de 220, 380 ou 440 volts. A rotação é de 1400 a 1700 rpm, segundo seja a corrente de 60 ou 50 ciclos. A potência do motor é variável (5 à 10hs) com capacidade para recalcar de 5.000 a 10.000 1/h.

23.2.5 EQUIPAMENTO ELÉTRICO

O acionamento das centrífugas é efetuado por motor elétrico vertical, com três velocidades: 200, 580 e 1160 rpm, em 60 ciclos, ou 200, 720-1480 rpm, em 50 ciclos. Ele é provido de duas carcaças ou bobinados: a superior, correspondente à fase de baixa rotação-carga, e a inferior à fase de alta rotação-aceleração-centrifugação.

O assentamento do motor é superior à turbina e acopla diretamente à chaveta do eixo, por sistema de cruzeta, bucha e roldana de couro.

A maior parte da potência do motor é consumida no arranque da centrífuga, para vencer seu estado de inércia. Na fase de regime de trabalho, o consumo de energia é pouco, estando por volta de 10 a 20% da potência inicial.

23.2.6 PAINEL DE DISTRIBUIÇÃO

Este é construído de perfilados de aço-carbono e assentado em armário de folhas, também de aço. Nele estão as chaves eletromagnéticas, interruptores, resistências, fusíveis, bornes distribuidores, etc.

23.3 SISTEMA DE OPERAR UMA TURBINA SEMI-AUTOMÁTICA

Nas centrífugas que operam com uma massa de alta pureza, o tempo de funcionamento, de modo geral, é de 3 a 6 mm.

A marcha de funcionamento de uma centrífuga semiautomática é a seguinte: o turbineiro lava a turbina com água ou vapor e liga a fase de carga. Quando estiver por volta de 200 rpm, ele abre a bica de massa. Estas são operações manuais e pneumático-manuais. A seguir, ele fecha a turbina e liga a parte da centrifugação, que dá contato com o relê, que passa a controlar as operações. A turbina, agora, passa para 600 rpm e vai a 1200 rpm; nesta fase, ocorre a purga. A seguir, faz-se, por controle automático, a lavagem com água, com vapor e a separação dos méis pobre e rico de acordo com o desejável a obter.

A quantidade de água é regulada de acordo com as condições da massa e com o tipo de açúcar a ser obtido, mas varia de 4-7 litros por saco de açúcar e é aplicado por um tempo de aproximadamente 30 segundos.

No final do ciclo, inicia-se a frenagem, com redução da velocidade da turbina, que cai para 600 rpm, 200 rpm, e que termina com ação dada pela cinta do breque. A descarga é iniciada a 50 rpm, quando levanta-se a tampa ou cone e o açúcar cai para a bica de jogo, dando-se, assim, por terminado o ciclo. A remoção do açúcar da superfície do cesto é efetuada por pás mecânicas. Estas turbinas também possuem controle manual, para pequenas eventualidades.

Há tipos de turbina em que o controle de funcionamento é diferente, dependendo do grau de automatização. Hoje, nas turbinas automáticas, todas essas operações são controladas automaticamente, bastando apenas a supervisão do turbineiro.

23.4 DIMENSÕES E CAPACIDADE DAS CENTRÍFUGAS

O diâmetro do cesto das centrífugas tem crescido desde 1920, quando era de 30″ (76 cm) e 36″ (91,5 cm), evoluindo para 42″ (107 cm) e 48″ (122 cm) e, mais recentemente, 54″ (137 cm).

A capacidade de trabalho da centrífuga depende de dois fatores:

a) do volume de massa cozida no cesto e,
b) do tempo do ciclo.

A capacidade do cesto é determinada pelo diâmetro (D), pela altura (H) e pelo rebordo do cesto.

O aumento da profundidade do cesto favorece a capacidade, mas o acréscimo de comprimento do eixo está sujeito a transtorno de ordem mecânica, pois pode haver torsão. O tamanho mais usual de turbinas é 42″ x 24″ e, atualmente, as maiores centrífugas são de 54″ x 42″.

A Tabela 90 mostra as dimensões de várias centrífugas e suas capacidades por ciclo.

Tabela 90 - Dimensões e capacidades calculadas das centrífugas de fundo plano por ciclo (litros de massa cozida)

D x H (Polegada)	D x H (m)	Capacidade (litros)
40 x 20	1.015 x 510	178
40 x 24	1.015 x 610	214
40 x 30	1.015 x 760	266
42 x 20	1.065 x 510	197
42 x 24	1.065 x 610	235
42 x 30	1.065 x 760	293
48 x 20	1.220 x 510	258
48 x 24	1.220 x 610	309
48 x 30	1.220 x 760	385
48 x 36	1.220 x 915	463
49 x 31	1.250 x 800	425
53 x 33	1.340 x 830	507
50 x 40	1.270 x 1.000	433
54 x 42	1.370 x 1.065	683

O rebordo do cesto determina a espessura (e) de massa, a variar de 10 a 14% do diâmetro. Para os cálculos práticos, admite-se o valor de 0,12 D.

HUGOT (1977) estabeleceu fórmulas para calcular a capacidade do cesto, considerando e = 0,12 D, e levando em consideração se o fundo de centrífuga é plano ou cônico.

Volume teórico:	$Vt = 410 . D^2 . H$ – Centrífuga de fundo cônico
	$Vt = 355 . D^2 . H$ – Centrífuga de fundo plano

Volume prático:	$Vp = 390 . D^2 . H$ – centrífuga de fundo cônico
	$Vp = 340 . D^2 . H$ – centrífuga de fundo plano
Onde,	V = volume em litros de massa cozida
	D = diâmetro do cesto, em m,
	H = altura do cesto, em m.

Estas fórmulas, todavia, não correspondem à realidade, servindo apenas para dar ideia aproximada do trabalho das turbinas.

No cálculo da capacidade das centrífugas, tem-se que considerar o tempo de duração do ciclo de centrifugação, o qual depende da força centrífuga, da velocidade de aceleração e do tempo de frenagem e de descarga.

Deste modo, o cálculo da capacidade das turbinas, em volume de massa cozida por hora, é dado pela fórmula:

$$C = 390 \,.\, D^2 \,.\, H \,.\, N \; (fundo\ cônico)$$

$$C = 340 \,.\, D^2 \,.\, H \,.\, N \; (fundo\ plano)$$

Uma maneira aproximada de se calcular a necessidade em capacidade de centrífugas é através da superfície da tela, que varia com o tipo de massa. Nos diferentes países, ela apresenta a seguinte variação:

Massa de alta pureza	0,20 – 0,28 m^2/TCH
Massa de baixa pureza	0,25 – 0,48 m^2/TCH
Em geral	0,45 – 0,76 m^2/TCH

23.5 POTÊNCIA DAS CENTRÍFUGAS

Antigamente, o acionamento das centrífugas era realizado através de máquinas a vapor ou sistema hidráulico, cujo movimento era transmitido às centrifugas através de correias. Nestes casos, normalmente, a transmissão era feita a um eixo, de onde se distribuía o movimento para cada centrífuga.

Atualmente, o acionamento das centrífugas é realizado por motores elétricos individuais ou, mais recentemente, por turbinas a vapor. O acionamento das centrífugas exige um motor de potência relativamente alta. A necessidade desta energia está principalmente na fase de arranque, visto que a força cinética é muito grande, pois tem-se que dar início ao movimento, até a velocidade de regime. A potência de operação é de aproximadamente 20% daquela exigida para iniciar o movimento.

Para economia de energia, alguns motores são construídos de tal forma, que devolvem grande parte da energia não utilizada à rede elétrica, tornando, assim, mais econômica sua utilização.

$$\text{Potência de arranque} = Pa = (10 \,.\, D^4 \,.\, H \,.\, n^2)/t \,.\, (2{,}5 + D^2 + n^2)$$

$$\text{Potência de operação} = Po = 1{,}4 \,.\, D^2 \,.\, H \,.\, n^2 \,.\, (1 + 4n)$$

Onde, $\underline{t}$ é o tempo de aceleração em min.

A potência dos motores das centrífugas varia, em se tratando de potência de arranque ou de operação. O seu cálculo pode ser feito pelas fórmulas práticas apresentadas por HUGOT (1977), as quais dão as respectivas potências em HP.

23.6 VELOCIDADE DE ROTAÇÃO

A velocidade das centrífugas é estabelecida em relação ao seu diâmetro, mas há limitações técnicas. Assim é que as centrifugas de grande diâmetro, para operar com elevada velocidade, exígem metais de alta resistência.

Pela fórmula da força centrífuga, verifica-se que ela é diretamente proporcional à velocidade e ao raio da turbina, conforme equação a seguir:

$$Fc = m \cdot R \cdot W^2$$

Nas primeiras centrífugas, quando o diâmetro era pequeno (30"), necessitava-se de altas velocidades, ao redor de 1800 rpm. Quando esse diâmetro aumentou (36"), reduziu-se a velocidade para 1300-1400 rpm.

Atualmente, as centrífugas semiautomáticas de 40 e 42" têm uma velocidade entre 1000 e 1200 rpm. Entretanto, hoje, as centrífugas automáticas atingem uma velocidade de 1500 rpm, e com diâmetro do cesto de até 53" (1346 mm), mostrando um grande desenvolvimento técnico.

As centrífugas com diâmetro de 42" (106 mm) não permitem velocidade acima de 1500 rpm, em corrente alternada de 50 ciclos. Desta forma, quando se necessitar de maior força centrífuga, é necessário recorrer a maiores diâmetros e, não, elevar a velocidade.

23.7 CICLO DA CENTRIFUGAÇÃO

O ciclo da centrifugação da massa cozida compreende as seguintes fases:

a) Arranque: é o início da operação, quando se dá a partida da centrífuga;
b) Carga: aceleração - tendo a centrífuga entrado em movimento e com início de aceleração por volta de 200 rpm, faz-se a alimentação da massa no cesto que, ao tocar a válvula cônica, pela ação da força centrífuga, ela sobe pela tela. Nesta condição, aplica-se uma maior velocidade do cesto, iniciando-se a eliminação do mel.
c) velocidade total: para atingir essa velocidade operacional, a aceleração é controlada - 1000 a 1200 RPM. Nesta velocidade, a centrífuga trabalha até que os cristais estejam livres de mel e, daí, dá-se a descarga.
d) lavagem com água: com a centrífuga em velocidade total, adiciona-se água para lavagem dos cristais, por volta de 4 a 7 litros de água para 80 litros ou 120 kg de massa cozida. Entretanto, este proceder depende do tipo de açúcar produzido; no sistema de três massas, somente o açúcar de 1º e 2º jato são lavados, para remover o filme de mel que os envolve. Alguns técnicos recomendam a aplicação da água quente, entre 82 a 107°C, a uma pressão de 3,4 atm.
e) lavagem com vapor: a adição de vapor direto saturado ao açúcar é realizado, visando eliminar os últimos traços de mel residual e favorecer a secagem do açúcar. A aplicação

de vapor se faz, tanto para açúcar branco como demerara. A pressão do vapor deve estar entre 2 e 5 kg/cm^2 e o seu consumo é de 1 kg de vapor por 5 kg de açúcar. Entretanto, centrífugas modernas requerem uma quantidade muito menor.

f) Parada: após aplicação do vapor, dá-se início à frenagem, a qual deve ser a mais rápida possível;

g) Descarga: a operação de descarga se inicia, quando a velocidade é de 50 rpm. É operação que pode ser realizada manual ou mecanicamente. Quando ela é realizada manualmente, o operador, com auxílio de uma pá, raspa o açúcar do cesto. Por outro lado, quando mecânicas, as turbinas possuem como acessório uma "pá mecânica", que trabalha no sentido vertical e raspa a superfície da tela, removendo o açúcar.

Durante o funcionamento das centrífugas, pelo menos uma vez por dia, deve-se realizar a limpeza da superfície da tela com vapor, para eliminar cristais que obstruem as perfurações.

O tempo de centrifugação da massa cozida vai depender de vários fatores:

a) viscosidade de massa cozida;
b) tamanho e regularidade dos cristais;
c) rapidez de aceleração;
d) força centrífuga, e
e) tempo de frenagem e descarga.

A viscosidade da massa cozida aumenta com a queda de pureza da mesma. Este fator é, ainda, influenciado pela temperatura e densidade das massas A, B e C.

Os cristais de tamanhos médios e uniformes são os de mais fácil centrifugação, favorecendo a redução do tempo de centrifugação.

A rapidez de aceleração e o tempo de frenagem e descarga são os responsáveis pelo maior número de ciclos por hora. Atualemten, com o uso das centrífugas automáticas, este tempo foi bastante reduzido, melhorando, desta forma, a capacidade das centrífugas.

Na força centrífuga, influem dois fatores importantes: a velocidade e o diâmetro. Assim é que, nas centrífugas em que há uma perfeita inteiração desses fatores, há um ganho na eficiência.

Os valores encontrados para o tempo de centrifugação e o número de ciclos por hora (N), varia dentro dos seguintes limites:

	Tempo (min)	**Nº de Ciclos/Hora (N)**
Massa Cozida A	2 - 6	30 - 10
Massa Cozida B	4 - 10	15 - 6
Massa Cozida C	10 - 45	6 - 1,3

O tempo das operações do ciclo de centrifugação é variável, mas, como exemplo, tem-se:

Aceleração e carga 1,0 min
Purgação 2,0 min
Lavagem com água 0,5 min
Lavagem com vapor 1,5 min
Parada 0,5 min
Descarga 0,5 min
Total 6,0 min

Exemplo

Calcular as necessidades em centrífugas para uma usina, cuja capacidade de moagem é de 3000 TCH, e o sistema de trabalho é o de três massas, considerando-se que as massas produzidas por tonelada de cana são as seguintes:

Massa A..........100 l/TCH
Massa B..........60 l/TCH
Massa C..........40 l/TCH

Cálculo da quantia de massa cozida, a ser turbinada por hora:

Massa A = 100 . 3000 ÷ 24 = 12.500 l/h
Massa B = 60 . 3000 ÷ 24 = 7.500 l/h
Massa C = 40 . 3000 ÷ 24 = 5.000 l/h

Escolhendo as turbinas semiautomáticas de fundo plano e "standard", tem-se que a capacidade é dada pela fórmula:

$$C = 340 \,.\, D^2 \,.\, H.\, N$$

Considerando que o número de ciclos para as massas A, B e C são, respectivamente, 10, 7 e 4 /hora, as capacidades individuais para as diferentes massas serão:

Massa A = 340 . 1,0652 . 0,61 . 10 = 2.350 hl
Massa B = 340 . 1,0652 . 0,61 . 7 = 1.645 hl
Massa C = 340 . 1,0652 . 0,61 . 4 = 940 hl

Logo, o número de centrífugas necessárias será:

Massa A = 12.500 ÷ 2.350 = 6
Massa B = 7.500 ÷ 1.645 = 5
Massa C = 5.000 ÷ 940 = 6

A potência necessária ao acionamento das centrífugas, será:

a) Potência de arranque

$$Pa = 10 \,.\frac{D^4 . H \,. n^2}{t} \,.(2{,}5 + D^2 \,. n^2)$$

$$Pa = 10 \,.\frac{1{,}065^4 . H \,. 1{,}2^2}{1{,}0} \,.(2{,}5 + 1{,}065^2 \,. 1{,}2^2)$$

$$Pa = 46{,}7 \; HP$$

b) Potência de operação

$$P_0 = 1{,}4 \,. D^2 \,. H \,. n^2 \,(1 + 4 \,. n)$$

$$P_0 = 1{,}4 \,. 1{,}065^2 \,. 0{,}61 \,. 1{,}2^2 \,(1 + 4 \,. 1{,}2)$$

$$P_0 = 8{,}1 \; HP$$

A potência instalada do motor de centrífuga deve ser maior, devido ao rendimento que é da ordem de 80%, logo, a potência calculada será de:

$$P_1 = \frac{46{,}7}{80} .100 = 58{,}4 \; HP \cong 60 \; HP$$

23.8 CENTRÍFUGAS CONTÍNUAS

Os equipamentos que recebem um fluxo contínuo de massa cozida e deixam sair continuamente mel e açúcar são classificados como:

A) centrifugas contínuas de cesto cilíndrico;
B) centrifugas contínuas de cesto cônico:
a)de eixo vertical
b) de eixo horizontal

Destas turbinas, as utilizadas pela indústria paulista, são as de cesto cônico com eixo vertical, do tipo Hein - Lehmann com 30°, no exemplo, como mostra a Figura 198.

Estas centrífugas apresentam uma série de características peculiares. O cesto é um tronco de cone invertido, com um ângulo na vertical de 30 ou 34°, sendo o primeiro destinado às turbinas para massa B e para afinação, e o segundo para massa de mais baixo grau. O tambor centrífugo é constituído por uma série de anéis individuais, dispostos a intervalos de 6 a 8 mm, de modo a formar um tambor cônico. Em outras centrífugas, esse tambor é construído em aço inox fundido, e em sua superfície interna usina-se canais de escoamento dos méis, que são munidos de uma série de furos pequenos. O conjunto de anéis é preso por cantoneiras, com saliências voltadas para dentro, e recoberto por uma chapa sólida. O tambor cônico, em ambos os casos, está ligado à cabeça cilíndrica do eixo, que recebe o movimento através de polias e correias em V. A base inferior do eixo apoia o manual que está preso ao fundo da centrífuga. O tambor cônico é recoberto por uma tela perfurada de níquel puro ou aço-cromo-níquel inoxidável. No caso do tambor com canais, antes da tela, coloca-se uma contratela de aço inox, para auxiliar o escoamento. As chapas têm aberturas cônicas, cujo diâmetro é adequado ao tamanho do cristal, variando entre 0,04 e 0,25 mm. Entretanto, as telas mais utilizadas são as de 0,06 mm para massa B e afinação, e as de 0,09 mm para massa C. Quando as chapas são de níquel puro, sua espessura é de 0,19 a 0,27 mm, mas para as de aço, tem-se 0,35 mm.

Faz parte do conjunto da centrífuga um bocal de alimentação com registro. Esse bocal deixa a massa cozida cair livre no centro da câmara de aceleração. Ele possui, ainda, paredes duplas, a fim de receber água quente ou vapor, para aquecer a massa quando atravessa pelo dispositivo. Internamente, a centrífuga é dotada de dispositivos adequados para lavagem com água e vapor.

As centrifugas de cesto cônico, com eixo horizontal, da mesma forma que a anterior, possuem o cesto com ângulo variável, de 26°, 30° e 34°. No centro do cesto, existe um bocal de recebimento e distribuição da massa, como mostra a Figura 198. Essas centrífugas têm sido recomendadas para A, B, C e de afinação. As partes essenciais da centrífuga são fabricadas com aço fino, que são à prova de corrosão. É uma máquina de marcha calma que requer poucos cuidados sendo de fácil manejo.

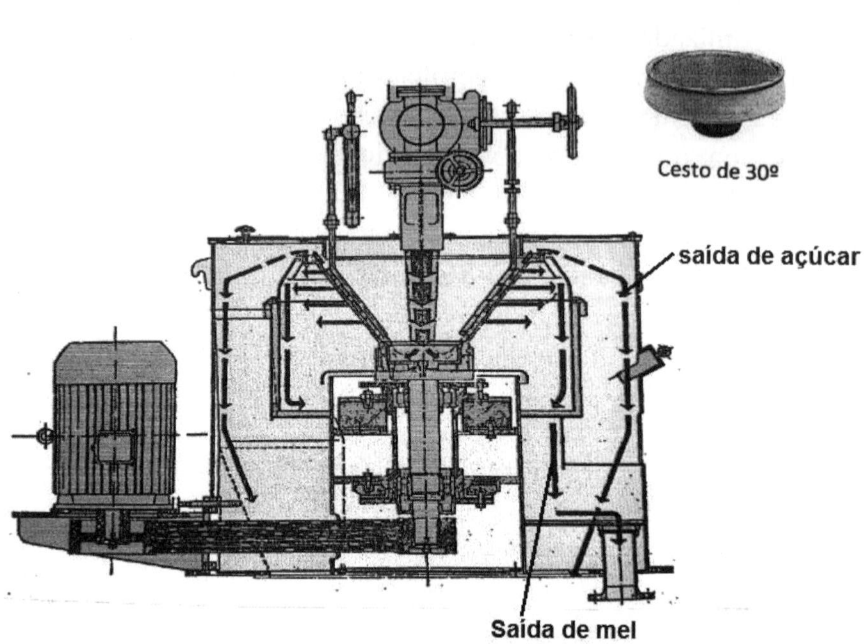

Figura 198 - Centrífuga contínua tipo Zanini

Esquema de operação:

- Reaquecimento da massa ≈ 50°C
- Alimentação da centrífuga
- Separação do mel da centrífuga
- Ascensão do açúcar na tela
- Descarga do açúcar no transportador.

23.8.1 FUNCIONAMENTO DAS CENTRÍFUGAS CONTÍNUAS

Para dar início à operação, coloca-se a turbina em movimento de trabalho, abre-se a válvula registro e deixa-se a massa fluir para o centro da câmara de aceleração. Neste ponto, a aceleração é teoricamente igual a zero e vai gradativamente aumentando, à medida que se afasta do centro. A partir do centro do fundo da câmara de aceleração, a massa move-se, tomando as paredes por onde sobe em camada fina, até passar para a área perfurada, por onde começa a separação do mel. O mel que passa pela tela é recolhido pelo cone interno e passa para o externo pela parte superior; daí ele é descarregado para a câmara de melado. Os cones interno e externo têm o mesmo movimento do tambor centrífugo, pois a este eles estão presos.

O açúcar, agora livre do licor envolvente, sobe pelas paredes perfuradas, até ser descarregado na câmara de açúcar, num fluxo contínuo.

Se o fluxo de massa cozida for paralisado, a camada de açúcar fica estacionária, somente voltando a se mover ao reiniciar a alimentação.

A eficiência da operação está baseada no princípio da película final é, por isso, que a espessura máxima da camada de açúcar, sobre a chapa perfurada, é de 4 mm. Atualmente, estas centrífugas somente têm sido utilizadas, com sucesso, para açúcar de baixa pureza e para afinação.

Para o açúcar comercial, ela não vem sendo empregada pois, devido à abrasão entre os cristais e com a tela, as arestas das mesmas são desgastadas, alterando a sua característica.

23.8.2 VELOCIDADE DE ROTAÇÃO

Em consequência da natureza da massa cozida a ser trabalhada, é necessário uma elevada força centrífuga, a fim de se obter uma eficiente separação do açúcar e do mel.

Quando a velocidade de operação da centrífuga é de 2600 RPM, desenvolve-se uma força centrífuga à altura do último anel de 2100 a 2750 vezes a força da gravidade, segundo o diâmetro do cesto. Isso significa que o açúcar e o mel são pressionados contra a chapa perfurada, por força de 2100 a 2750 vezes maior que o seu peso morto.

A velocidade dessas centrífugas varia de 1500 a 2600 RPM, segundo o diâmetro do cesto e sua capacidade. Quanto maior o diâmetro, menor é a velocidade de rotação.

23.8.3 CAPACIDADE DAS CENTRÍFUGAS

A capacidade de uma centrífuga é afetada pela pureza da massa cozida. Assim, é que, uma mesma centrífuga, operando com massa de segunda, pode apenas trabalhar de 5 a 7 ton/hora mas, se passar a operar com massa de terceira, ela terá capacidade para 2 a 3 ton/hora.

Outro fator que diminui o rendimento das turbinas é o diâmetro dos crivos. Quando o diâmetro dos orifícios da tela é de 0,09 mm e, passa para 0,06 mm, a capacidade cai de 50%.

23.8.4 MOVIMENTO DE ASCENSÃO DO CRISTAL

A massa cozida que chega ao cesto da centrífuga é "empurrada" para cima, sobre a superfície da tela. As forças que agem sobre um grão isolado, devido à inclinação da parede, quase que realizam um equilíbrio entre o componente "c", que é dado pela força centrífuga "a", dirigida para cima e paralela à chapa e a força de fricção "d", orientada em sentido contrário ao deslocamento do açúcar (Figura 199). Isso seria aplicado ao açúcar quase que seco. Todavia, o grão do açúcar movendo-se numa camada situada na parte inferior, onde ainda existe um filme de mel, o coeficiente de fricção é menor que o componente "c" e, como resultado, há o deslocamento do açúcar sobre a superfície inclinada. A camada de açúcar seco na extremidade superior é impelida para cima, através da beira do tambor.

Ao parar a alimentação de massa, o açúcar fica estacionário sobre a tela, voltando a se mover, somente, quando reiniciar a introdução de massa.

23.8.5 CARACTERÍSTICAS DAS CENTRÍFUGAS CONTÍNUAS

As centrífugas contínuas fabricadas pela Zanini, para massa de baixa pureza e afinação (Figura 199), seguiam as seguintes especificações:

Especificações:	Tipo		
	cc 750	cc 900	AR 1200
Diâmetro externo da centrífuga (mm):	1450	1575	2500
Altura da centrífuga (mm):	1290	1290	1400
Capacidade para massa B e afinação (ton/h):	6 a 8	8 a 10	8 a 12
Capacidade para massa C (ton/h):	3 a 6	4 a 6	6 a 8
Potência do motor (CV):	40	50	50
Rotação:	2200	2000	1500
Diâmetro do cesto (mm):	750	900	1000
Inclinação do cesto:	34º	34º	34º

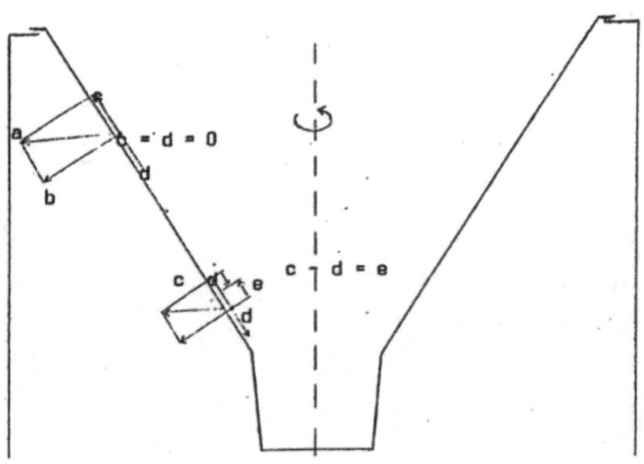

Figura 199 - Movimento de ascensão do cristal no casto da centrífuga contínua.

23.9 CENTRÍFUGAS INTERMITENTES AUTOMÁTICAS

Estas centrífugas realizam todas as operações automaticamente, bastando, para isso, a regulagem dos diversos períodos do ciclo (Figura 200).

As centrífugas automáticas oferecem uma série de vantagens como: baixo custo operacional, tempo morto mais curto, melhor padronização do produto, etc.

Figura 200 - Esquema de uma centrífuga intermitente automática (BMA- MAUSA)

O custo operacional é mais baixo, pois, sendo inteiramente automáticas, permitem um elevado rendimento, com menor mão de obra.

O tempo morto é aquele que vai do início da descarga ao final da carga. Evidentemente, quanto mais rápidas forem essas operações, maior será o número de ciclos por hora. Nas centrífugas automáticas, este tempo é reduzido ao mínimo, logo, não há perda de tempo.

Como a velocidade de rotação é fator determinante na qualidade do açúcar, as centrífugas automáticas, pela sua rotação, asseguram uma melhor padronização do açúcar.

A centrífuga Salzgitter - Zanini, tipo FZ 650 e FZ 1000 - 3, que é inteiramente automática, apresenta as seguintes características técnicas:

Especificações	FZ - 650	FZ - 1000
Diâmetro do cesto (mm)	1215	1270
Altura do cesto (mm)	800	1000
Ciclagem (Hz)	60/50	60/50
Rotação (RPM)	1170/1470	1170/1470
RPM de carga	400/350	400/350
RPM de descarga	60/50	60/50
Afinação / refinação do açúcar branco (carga / h)	15-22	15-22
Afinação / refinação do açúcar branco (ton / h)	10-14	15-22
Massa B (cargas / h)	12-18	12-18
Massa B (ton / h)	8-11,5	12-18
Sacos por ciclo	7,0	9,0

As centrífugas FZ - 1000 - 3 podem ser de fundo aberto ou fechado. Todas as operações automáticas são controladas por um compressor a ar e a descarga é, também, pneumaticamente operada.

23.10 REAQUECIMENTO DA MASSA

A massa cozida de baixa pureza possui uma elevada viscosidade, principalmente quando sua concentração em termos de Brix é elevada. Se, além disso, ela for resfriada a níveis relativamente baixos, a viscosidade cresce rapidamente; daí a necessidade de se recorrer à diluição ou ao reaquecimento.

Como a diluição da massa cozida sempre dissolve certa quantidade de açúcar, o melhor é efetuar o reaquecimento.

Trabalhos desenvolvidos no Havaí mostraram que, com a elevação da temperatura da massa em 5°C, a viscosidade é reduzida em cerca de 50% e, consequentemente, a facilidade de turbinagem é aumentada na mesma ordem de grandeza.

Quando a cristalização em movimento é realizada no Werkspoor, o reaquecimento é realizado nos últimos compartimentos.

No caso dos cristalizadores comuns, quando a temperatura cai abaixo de 45°C, é necessário reaquecê-los nos misturadores de massa, que devem ter fundo de paredes duplas ou serpentina.

Quando se adota serpentina no misturador, HUGOT (1977) indica que a superfície deva ser de 30 - 36 m2 por m3 de massa a ser centrifugada por hora.

A água de reaquecimento não deve estar acima de 3°C da temperatura, sobre a qual os cristais começam a se dissolver.

Os franceses adotam a relação S/V muito menor: 3,33 m2/m3, pois eles admitem uma diferença de temperatura muito maior do que aquela.

HONIG recomenda o reaquecimento a 52/55° com licor mãe supersaturado. Entretanto, no Havaí, a temperatura de reaquecimento não excede a 49°C.

Segundo HUGOT (1986), a temperatura de reaquecimento não deve ultrapassar 55°, pois a curva da viscosidade, em função da temperatura, indica temperaturas boas de centrifugação, entre 48 e 55°.

O aquecimento da massa cozida, pode, ainda, ser realizado através de resistência elétrica este procedimento vem sendo estudado em Queensiend. O aquecedor elétrico localiza-se entre a turbina e o misturador; em realidade, é o próprio bocal de alimentação.

23.11 DUPLA TURBINAGEM

A dupla turbinagem do açúcar, para dar formação ao magma, visa remover o filme de licor mãe, fazendo uma purificação do cristal. A operação consiste em uma primeira turbinagem normal, onde se obtém o açúcar, que agora será misturado em um misturador helicoidal, com mel rico da purga anterior, xarope ou com água, até obter um Brix de 78. Essa pasta é, então, enviada para uma segunda turbinagem e o açúcar, daí resultante, será agora empregado para formação de magma, que servirá de pé para os cozimentos de maior pureza. Com esse procedimento, consegue-se elevar a pureza do magma e, consequentemente, melhorar a qualidade do açúcar de primeira.

23.12 NOVAS TECNOLOGIAS PARA CENTRIFUGAÇÃO

A empresa BWS Tecnologia GMBH tem trabalhado com a centrífuga Buckou-Wolf na área alimentícia, embora não haja informação de uso nas usinas de açúcar brasileiras. Há mudanças de fundo de cestos, também. A Mausa traz a linha de centrífugas contínuas Konti-16E, desenvolvidas para atender à indústria açucareira de açúcar cristal, para processo de massa cozida de terceira.

Há oferta de sistemas de controle da Smart, que podem ser instalados em qualquer centrífuga ou em qualquer equipamento da usina, o que permite automatizar a fábrica e a visualização pela internet.

CAPÍTULO 24

SECAGEM E ESTOCAGEM DO AÇÚCAR

24.1 SECAGEM DO AÇÚCAR

Na maioria das vezes, o açúcar que deixa as centrifugas, encerra um teor de umidade entre 0,5 a 2,0% e está a uma temperatura relativamente elevada, entre 56 - 60°C. Deste modo, ele não se apresenta em boas condições para ser ensacado e armazenado, porque o produto está de dificil manipulação pela fluidez, e susceptível de sofrer uma deterioração microbiana e tem tendência a empedrar. Sendo assim, *é* necessário que se faça uma prévia secagem e resfriamento.

24.1.1 PRINCÍPIO DA SECAGEM

Para entender a secagem do açúcar, devem ser discutidos conceitos básicos associados à exposição do açúcar à atmosfera com determinada umidade relativa (UR), e existem definições importantes para entender o processo de secagem do açúcar e seu equilíbrio entre a umidade do produto e a UR do ar, os quais seriam:

- Umidade livre ou não ligada, que envolve externamente os cristais de açúcar, possível de ser removida em secadores até uma umidade residual de 0,03 a 0,05 % para o açúcar cristal.
- Umidade livre: umidade externa ou não ligada ao cristal.
- Umidade oclusa: umidade interna ou ligada. É a que está incorporada, internamente ao cristal de açúcar. Migra por difusão, até atingir o equilíbrio com a umidade do ar ambiente.

Tais situações da água no açúcar são importantes para estabelecer o equilíbrio da umidade do açúcar com a UR da atmosfera. O mecanismo principal é um fenômeno de troca de massa entre o cristal de açúcar e a atmosfera envolvente. Está associado à pressão parcial de vapor de água no açúcar e na atmosfera. Deste modo, estabelece dois conceitos importantes, a saber:

a) Higrocapacidade - é a capacidade do açúcar absorver água do ar em condições ambientais específicas (t°C e UR), até a umidade de equilíbrio. Por exemplo, o açúcar cristal absorve e tem umidade (u) = 0,04%, em t = 35°C e UR 75%, há um equilíbrio de umidade de armazenamento do açúcar de 0,12%, isto é, o açúcar tem baixa higrocapacidade.

Ao contrário do trigo, por exemplo, se a UR da atmosfera for 75%, tem o produto um equilíbrio de 13% de umidade.

b) Higrossensibilidade - é a sensibilidade do produto sofrer modificações físico-químicas, quando a UR ultrapassa a 60% no ambiente, causando: aglomeração, perda de brilho e inversão

Portanto, pode-se dizer que o açúcar é um alimento de baixa higrocapacidade e moderada higrossensibilidade e não simplesmente "higroscópico". Se ocorrer uma pressão de vapor de água na atmosfera, se for maior que açúcar, este produto ganha umidade; a união entre esses pontos de equilibrio compõem uma curva, chamada de isoterma de absorção de água do açúcar ou "isoterma de umidade de equilíbrio", o que será tratado mais adiante.

A alteração de secagem do açúcar consiste basicamente na redução de sua umidade e no resfriamento simultâneo, a níveis de umidade no produto (hidrocapacidade) que permitam sua armazenagem por períodos mais o menos longos, sem apresentar alterações significativas de suas características (hidrosensibilidade), isto é, preservando sua qualidade para consumo como produto alimentício. Há necessidade de controle do teor de umidade do açúcar no processo, porque a incidência elevada de água em alguns gêneros alimentícios significa que ele pode trazer riscos para a saúde do consumidor, por criar ambiente propício para a proliferação de microrganismos. Entretanto, o açúcar, dada sua baixíssima atividade de água, é classificado como produto estável microbiologicamente. O inconveniente decorrente da presença de água neste produto é o empedramento (formação de "pedras") que ele sofre, ocasionado pela aglomeração dos cristais, o que dificulta seu uso.

De modo prático, para secar uma quantidade de açúcar, ao expô-lo a um ambiente de baixa umidade relativa, em que ele gradualmente perderá água, até atingir um ponto de equilíbrio com o ambiente. Todavia, a secagem natural é inviável na prática, porque levaria um tempo elevado e aumentaria o risco de empedramento do produto final. O risco de empedramento e outros defeitos de qualidade do açúcar em seus critérios (cor e cinzas - impurezas solúveis; turbidez - impurezas insolúveis; granulometria e umidade), segundo ALBUQUERQUE, (2009) dependeria dos seguintes fatores: redução da quantidade de impurezas e diminuição da quantidade de mel na parte externa dos cristais, que podem ser minimizados por boas técnicas no cozimento.

A secagem do açúcar visa, obviamente, baixar seu teor de umidade, a tal ponto que não permita o desenvolvimento de microrganismos, os quais causariam deterioração com perda de sacarose. O resfriamento, por sue vez, evita que ocorra o "empedramento" do açúcar, fato que provocaria sérios problemas quanto ao manuseio do açúcar nos armazéns e nos transportes.

O processo de secagem simplesmente leva o açúcar a uma condição, na qual a umidade e a temperatura têm um papel preponderante de preservação das características e boa estabilidade durante seu armazenamento. Os secadores, quando mal operados ou subdimensionados, somente tendem a piorar a qualidade do açúcar, além de propiciarem sua degradação durante o período de armazenagem, destacando-se o empedramento e aumento de cor.

Em geral, algumas usinas têm apenas recorrido a uma instalação simples, mas de relativa eficiência. Sobre as laterais da bica de jogo, colocam-se canos perfurados, que insuflam ar proveniente de um ventilador ao açúcar, que quando chega aos elevadores de caneca, encontra-se parcialmente seco e frio. Quanto à rotação dos secadores, as usinas estão sempre observando este comportamento, de tal forma que persista uma rotação muito lenta e não muito rígida.

A alteração de secagem do açúcar consiste, basicamente, na redução de sua umidade e no resfriamento simultâneo, a níveis de umidade no produto (hidrocapacidade), que permitam sua armazenagem por períodos mais ou menos longos, sem apresentar alterações significativas de suas caracteristicas (hidrosensibilidade), isto é, preservando sua qualidade para consumo como produto alimentício.

O açúcar que deixa as centrífugas encerra um alto teor de umidade, entre 0,5 a 2,0%, e está a uma temperatura relativamente elevada, entre 56 - 60°C. Deste modo, ele não se apresenta em boas condições para ser ensacado e armazenado. Sendo assim, é necessário que se faça uma prévia secagem e resfriamento. A umidade final, se utilizarmos o processo de secagem e resfriamento, teríamos que na descarga de centrífugas - 0,3 a 2,0% de umidade, valor que seria reduzido após secador a 0,1 a 0,4% para açúcar de exportação, sendo para 0,03 a 0,05% para açúcar cristal.

A secagem do açúcar visa, obviamente, baixar seu teor de umidade, a tal ponto que não permita o desenvolvimento de microrganismos, os quais causariam deterioração com perda da sacarose. O resfriamento, por sua vez, evita que ocorra o 'empedramento' do açúcar, fato que provocaria sérios problemas quanto ao manuseio do açúcar nos armazéns e nos transportes. Temperatura abaixo de 40°C é o ideal (temperaturas acima de 40°C causam amarelamento e empedramento).

O processo de secagem simplesmente leva o açúcar a uma condição na qual a umidade e a temperatura têm um papel preponderante de preservação de caracteristicas e boa estabilidade durante seu armazenamento. Os secadores, quando mal operados ou subdimensionados, somente tendem a piorar a qualidade do açúcar, além de propiciarem sua degradação durante o período de armazenagem, destacando-se o empedramento e aumento de cor.

Os projetos de secadores são basicamente regidos pelas leis da termodinâmica, em particular pela transferência de calor e de massa entre o ar que circula no interior do secador e o açúcar, além do conhecimento do projetista. As vazões de ar de secagem e resfriamento devem ser corretamente dimensionadas e traduzem-se na qualidade do projeto do fabricante. A capacidade de produção do secador, premissas nem sempre totalmente atendidas pelo fabricante, exigem cautela por parte da usina, na aquisição de um novo secador. Um secador dimensionado com vazões de ar abaixo das exigidas termodinamicamente, terá diâmetro e volume menores e poderá ser oferecido à usina por um preço mais baixo, porém, não atenderá a suas exigências.

Entretanto, os aparelhos mais empregados têm mostrado algumas desvantagens nesta operação, como: perda de brilho do açúcar, quebra dos cristais e caramelização. Desta forma, muitas usinas têm apenas recorrido a uma instalação simples, mas de relativa eficiência. Sobre as laterais da bica de jogo colocam-se canos perfurados que insuflam ar proveniente de um ventilador ao açúcar, que, quando chega aos elevadores de caneca, encontra-se parcialmente seco e frio.

A qualidade de açúcar tem, como parâmetros mais importantes e fatores relevantes modificados no processamento, os quais depreciam o preço no mercado açucareiro, que seriam: Pol, refletância, tamanho dos cristais e uniformidade - AM e CV, Cor (ICUMSA), filtrabilidade, umidade e cinzas.

24.1.2 TEOR DE UMIDADE DO AÇÚCAR

O teor de umidade permissível, do açucar depende de sua polarização. No caso do açúcar branco, deve-se reduzir a umidade dentro de uma faixa de 0,04 a 0,07%. No açúcar de exportação, o teor de umidade tolerável para que seja mantida sua qualidade vai depender da proporção de impurezas, e é determinado pelo Fator de Segurança ou pelo índice de Diluíção.

Pela secagem e resfriamento, tem-se:

- Descarga de centrífugas a 0,3 a 2,0% de umidade;
- Redução após secador de 0,1 a 0,4% para açúcar de exportação;
- Redução após secador de 0,03 a 0,05% para açúcar cristal;
- Temperatura abaixo de 40°C é o ideal. Temperatura acima de 40°C, causa amarelamento e empedramento.

O teor de umidade de equilíbrio dos diferentes açúcares no armazenamento foi observado nos trabalhos originais de isoterma de umidade de equilíbrio de diversos tipos açúcar, conforme trabalhos de Teixeira Neto & Quast (1977, 1993).

É um conceito moderno, para entender o processo de equilíbrio do açúcar com a umidade do ambiente em que será estocado, o que foi inicialmente estudado por Bienenstock e Powers (1951). Caso a pressão de vapor de água na atmosfera, seja maior que a do açúcar, este produto ganha umidade. A união entre esses pontos de equilibrio compõe uma curva, como já comentado, conhecida por isoterma de absorção de água do açúcar.

Para cada fase de equilibrio da isoterma de absorção de água de açúcar define-se as distintas zonas, em relação à umidade relativa do ar. Nos armazéns da COPERSUCAR (MANCILHA, 1987 ; MANCILHA, GROSSO,1987) desenvolveu-se uma classificação das condições de umidade do armazém em três zonas e seus fenômenos com absorção de água pelo açúcar que seriam:

Zona 1: UR ambiente < 20%:
Camada água monomolecular c/ ligação por ponte de hidrogênio - estado da água rígida.

Zona 2: UR de 20 a 60% do ar:
Camada de água polimolecular c/ formação de película líquida.

Zona 3: UR > 60%:
Camada de moléculas de água - fase líquida, produto mais hidrosensível .

Os trabalhos originais de isoterma de umidade de equilibrio de diversos tipos açúcar (Figura 201) foram conduzidos por Teixeira Neto & Quast (1977):

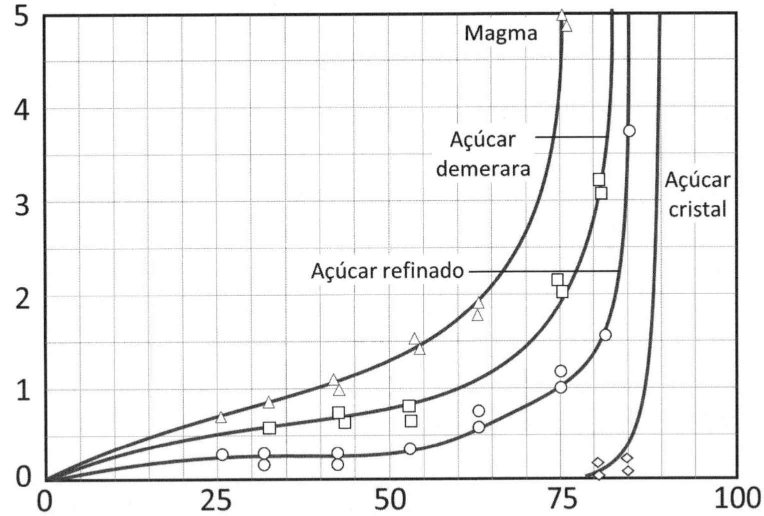

Figura 201 - Efeito da pureza sobre a isoterma de absorção de umidade nos diferentes açúcares, em função da umidade relativa do ar, de acordo com Teixeira Neto e Quast (1977).

Há uma série de fatores que afetam a isoterma de absorção de umidade no açúcar, os quais definem a umidade ideal de armazenamento do açúcar, conforme segue:

a) pureza do açúcar e a composição de impurezas, isto é, açúcares menos puros têm sempre umidade de equilíbrio maior para uma dada temperatura;
b) açúcar fino tem uma umidade de equilíbrio maior que o produto mais grosso, para uma mesma UR do ar
c) há fatores que necessitam controle da umidade e temperatura do açúcar que sai da centrífuga;
d) controle da variação de umidade do açúcar - da saída da centrífuga até o ensacamento;
e) controle da UR da atmosfera do armazém;
f) observar a natureza higroscópica dos constituintes estranhos à sacarose da película de mel.

24.2 FATOR DE SEGURANÇA

O fator de segurança foi estabelecido em Queensland (Austrália) e indica a relação entre a umidade de um açúcar e seu teor de não açúcar:

$$F.S = \frac{Umidade\,\%}{100 - Pol} = \frac{Umidade\,\%}{Umidade + não\ pol}$$

Como *100 - pol* representa os não-sacarose presentes no açúcar, pode-se deduzir que a umidade pode ser maior, quando a polarização é mais baixa.

Quando aquela relação se apresenta maior que 0,3, o açúcar não tem condições para ser armazenado, pois deteriora-se, rapidamente. Entretanto, se o valor do Fator de Segurança for igual ou menor que 0,3, o açúcar não se deteriora ou deteriora-se muito lentamente. Alguns autores consideram este valor muito elevado, principalmente em regiões quentes, e preferem, desta forma, ficar com uma umidade que não seja superior à quarta parte dos não açúcares.

Na Índia, o fator de segurança é estabelecido para os diferentes açúcares. Assim é que, para açúcar branco e refinado, o valor é de 0,22 e, no caso do açúcar bruto 0,20.

No Brasil e em muitos outros países, o valor mais adotado é o de 0,25 ou ainda menor e não 0,3. Entre esses limites, a conservação do açúcar é duvidosa.

24.3 INDICADOR DE DILUIÇÃO

O indicador de diluição (I.D.) é particularrrente preferido, pois teoricamente, expressa melhor o comportamento do açúcar durante o armazenamento. Entretanto, na prática, segundo PERK (1973), não há nenhuma vantagem em usar o I.D. em vez do F.S. Aquele fator é o seguinte:

$$I.D = \frac{Umidade\,\%}{100 - (pol + umidade\,\%)}\; x\; 100\; ou\; I.D = 100\,\frac{Umidade}{não\; pol\; seco}$$

Quando o valor do I.D. é igual e 50, o que corresponde a um F.S. de 0,33, o açúcar corre o risco de se deteriorar. Todavia, se o I.D. é igual a 33,3 ou menos, correspondendo a um F.S. de 0,250, a estocagem de açúcar é garantida.

24.4 SECADORES DE AÇÚCAR

Vários são os tipos de secadores utilizados, mas quanto à sua posição de trabalho, eles podem ser classificados em dois tipos essenciais: o horizontal e o vertical.

24.4.1 SECADOR HORIZONTAL

Este tipo de secador é constituido de um tambor rotativo de chapa, instalado ligeiramente inclinado, segundo o plano horizontal, e que gira sobre mancais. Esta inclinação é de 1 em 15 ou de 1 em 20. Nos melhores projetos, o corpo secador é dividido em duas partes: a de secagem e a de esfriamento. Faz parte, ainda, do conjunto, um transportador de alimentação, aquecedor de ar, exaustor, ciclone e separador de pó (Figuras 202 e 203). Para completar o conjunto, tem-se as peneiras classificadoras e os silos de vários corpos. As peneiras, quando necessárias, classificam o açúcar pelo tamanho; caso contrário, elas servem para remover os torrões de açúcar.

Os silos, por sua vez,mantêm a alimentação do ensacamento do açúcar. Para remoção da água contida no açúcar proveniente das turbinas, insufla-se ar quente no interior do tambor. O pó de açúcar, arrastado com o ar, deve ser recuperado.

O aquecimento do ar é feito através de um radiador que, auxiliado por um ventilador, insufla o ar aquecido em contracorrente com o açúcar.

Interna e longitudinalmente soldado ao cilindro, o secador possui antebraços denteados, que servem para levantar o açúcar e deixá-lo cair, permitindo um melhor contacto entre o açúcar o o ar quente. Esses septos são em número de 12 a 24 e estão inclinados a 45°.

As dimensões do secador horizontal, variam de acordo com sua localidade, mas, pode-se estabelecer alguns parâmetros gerais, como:

- comprimento.................. 6,0 - 16,0 m
- diâmetro......................... 0,9 - 2,5 m
- proporção peso de açúcar para peso de ar...............1 a 3
- capacidade de................800 - 15.000 sacos/dia
- número de rotações........4 a 10 rpm

A superfície para secagem do açúcar nos aparelhos horizontais pode ser estimada pelos valores:

- Secador horizontal simples:

0,44 a 0.85 m^2/saco/hora
0,66 a 1,27 m^2/TCH

- Secador-resfriador horizontal

0,17 a 0,24 m^2/saco/hora
0,25 a 0,36 m^2 /TCH

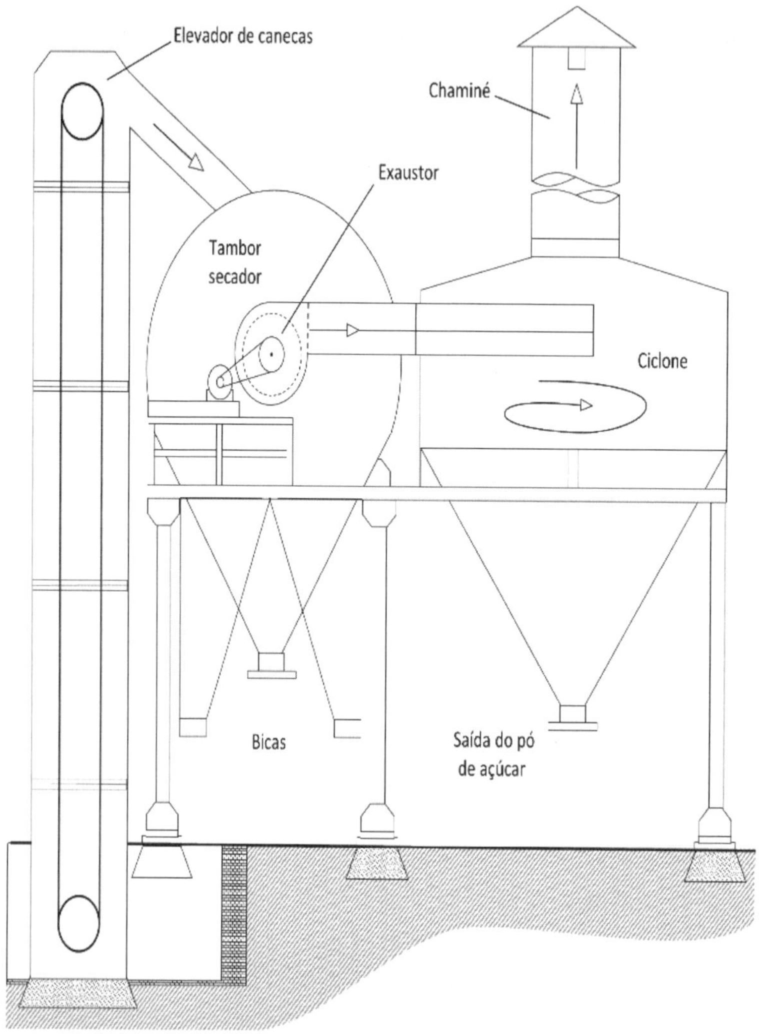

Figura 202 - Esquema geral de um conjunto secador hrizontal (Zanini).

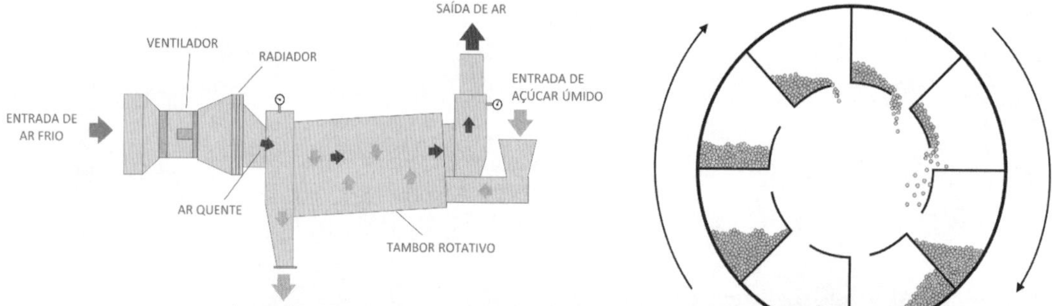

Figura 203 - Esquema geral de movimentação do açúcar no interior (a) e em vista frontal (b) do aparelho horizontal.

Ilustração: **Paulo Gangorra**

Várias são as patentes de secadores horizontais, como: B,M.A., Roto Grover, Buckaw Wolf, Roto-Louvre, etc.

24.4.2 SECADOR VERTICAL

Essencialmente, o secador vertical, tipo Jenkins, consta de um cilindro vertical, que possui uma série de compartimentos cônicos abertos no centro, por onde atravessa um eixo, que suporta uma série de discos (Figura 204).

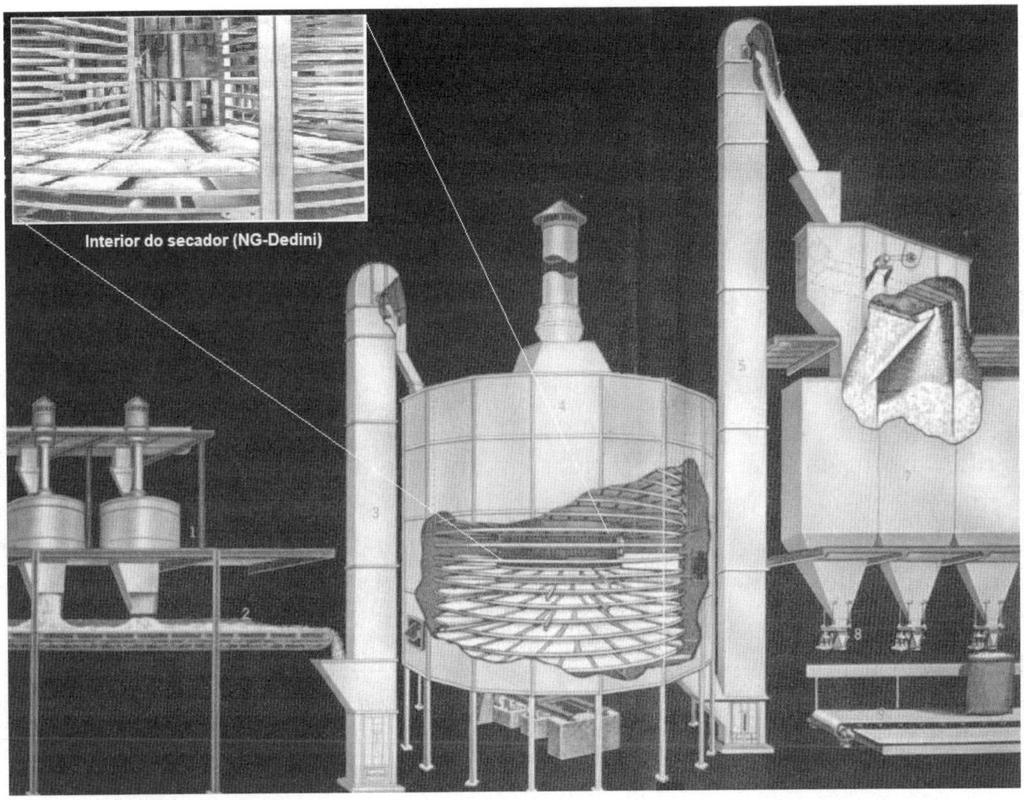

Figura 204 - Esquema de um secador vertical, tipo Jenkins, produzido pela NG-Dedini..

O açúcar úmido é alimentado no disco mais superior que, ao girar, lança-o pela ação da força centrífuga para a periferia e, então, ele cascateia de disco a disco, orientado pelos compartimentos cônicos laterais. O ar quente, assoprado da base para o topo em contracorrente com a açúcar que desce, promove, assim, íntimo contacto entre eles. O ar utilizado que arrasta consigo o pó de açúcar vai ao ciclone, onde recebe um "spray" de água, para recuperá-lo. O açúcar seco sai pelo fundo e é conduzido por um transportador elevador. A velocidade de rotação do eixo é de 2 a 4 rpm. Este sistema visa efetuar a secagem, procurando não causar nenhum dano ao cristal, principalmente no que diz respeito ao brilho.

Outros tipos de secadores verticais também são encontrados, como é o caso daqueles utilizados em Mauricius, na África, que são uns cilindros de grande diâmetro que, internamente, possuem uma série de bandejas fixas. Sobre elas trabalham lentamente braços rotativos, que dão movimento ao açúcar, conduzindo-o de cima para baixo, de uma bandeja a outra, sendo: em umas das bandejas para a periferia e noutras para o centro, alternativamente, até sua remoção pelo fundo do aparelho.

As dimensões dos secadores verticais variam com os diferentes modelos, mas, em termos gerais, tem-se:

- Capacidade de...............4.000 a 14.000 sacos/dia
- Diâmetro de (D).............5,0 a 8,0 m
- Altura de (h)...................7,0 a 12,0 m
- Relação h/D....................1,4 a 1,5

Quando o secador é de bandeja giratória, sua velocidade linear varia de 1,5 a 2,7 m/seg. O volume necessário para secagem do açúcar nos secadores verticais está por volta de 0,94 a 1,08 m^3/saco de açúcar/hora ou 1,41 a 1,62 m^3/TCH.

24.4.3 SEPARADOR DE "PÓ"

O pó de açúcar, arrastado com o ar, deve ser separado dele, antes de retornar à atmosfera. Esses separadores são do tipo ciclone ou centrífugo, onde as pequenas partículas de açúcar são separadas na forma seca, e são recebidas em um saco de algodão. Esse pó, depois de dissolvido convenientemente, retorna ao processo, para que ele possa ser recuperado. Às vezes, emprega-se água atomizada para reter o pó, dissolvendo-o. Esta água doce pode ser empregada para lavagem do açúcar na centrífuga, no preparo de mosto, enfim, onde se puder usar água com açúcar.

O pó de açúcar produzido, segundo PORTA ARGUED (1955), torna-se muito perigoso, considerando-se que, em mistura com o ar, dá formação a uma mistura explosiva. Por isso, deve-se proibir que fumem no recinto de ensacamento, da mesma forma que o emprego de motores blindados é recomendável. Para remoção do pó, que possa ficar no ambiente, é aconselhável fazer sua aspiração, evitando sua dispersão. O perigo dessa ocorrência é maior nas refinarias e usinas de açúcar branco.

A Figura 205 mostra a instalação de recuperação do pó do açúcar resfriado, instalado na Usina Barralcool S.A. Tal prática de remoção de pó de açúcar do ar é fundamental, porque a primeira ação, para que os riscos sejam diminuídos de explosão de açúcar e o ambiente se torne seguro, é fazendo uma fabricação de um açúcar de qualidade, dentro de todos os padrões para diminuição de pó. Deste modo, é fundamental ter a operação do lavador de pó e do secador de forma eficiente, pois ajuda muito na diminuição dos particulados de açúcar. Outros fatores para redução de riscos são a higienização do ambiente, ou seja, locais limpos sem presença de particulado, e o armazenamento em bags e, não, a granel."

Figura 205 - Separação do Pó na Usina Barralcool S.A.

24.4.4 VOLUME DE AR A SER EMPREGADO

O ar de secagem deve ser aquecido, pois a absorção de umidade decresce com o acréscimo de temperatura.

O grau de saturação do ar de entrada também tem importância na eficiência da secagem.

Em regiões de clima tropical, deve-se considerar que o ar de entrada está saturado na temperatura ambiente, não tendo propriedade de absorver umidade. Segundo recomendações de TROMP (1946), o ar quente, a ser descarregado do secador, não deve estar completamente saturado, mas somente até 75%.

A eficiência de absorção da umidade pelo ar vai depender do sentido da sua circulação (Figuras 206 e 207). Assim é que quando o ar circula em corrente paralela, isto é, ar e açúcar se deslocam na mesma direção, a eficiência é menor, absorvendo um terço da quantidadec de umidade, se ele estiver-se saturado.

Entretanto, se a circulação se faz em contracorrente, pode-se supor que dois terços da umidade serão absorvidas, em relação a quando ele estiver saturado.

Deste modo, pode-se estabelecer a seguinte equação para a circulação em contracorrente:

$$A = \frac{1000\,.\,P\,.\,h}{2/3\,(H_1 - H_0)} = \frac{1500\,.\,P\,.\,h}{H_1 - H_0}$$

Onde,

A = peso de ar para se usar no secador em Kg/h;

P = peso de açúcar a secar em kg/h;

h = teor de umidade por unidade (0,01 por exemplo);

H0 = peso de vapor d'água contido no ar saturado, à temperatura t de entrada no aquecedor de ar (temperatura ambiente) em g/kg;

H_1 = peso de vapor contido no ar saturado, à temperatura t_1 de saída do secador, em g/kg.

Essa fórmula deve ser alterada quanto ao seu coeficiente, quando se trata de circulação paralela, passando o coeficiene a ser 3.000.

O valor de H_0 e H_1 pode ser tirado do gráfico das Figuras 206 e 207.

Pare se conhecer o volume de ar necessário, calcula-se pela fórmula:

$$V = \frac{A}{d_a + e}$$

Onde,

V = volume de ar necessário em m^3/h;

d = densidade do ar a t_0 graus em kg/rn^3;

e_0 = peso de vapor contido no ar saturado, à temperatura t_0, em kg/m^3.

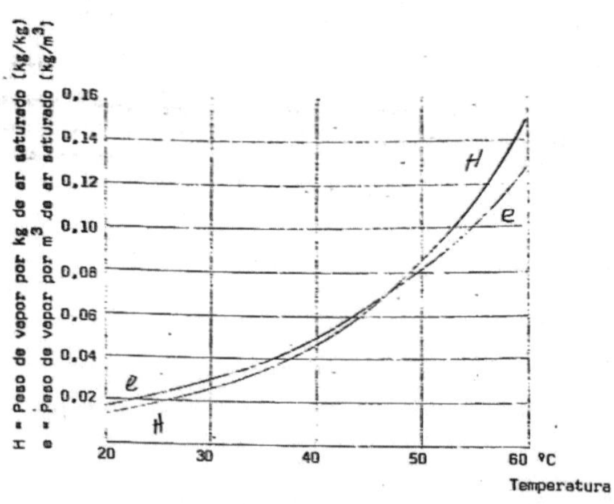

Figura 206 - Peso de vapor d'água por kg e por m³ de ar.

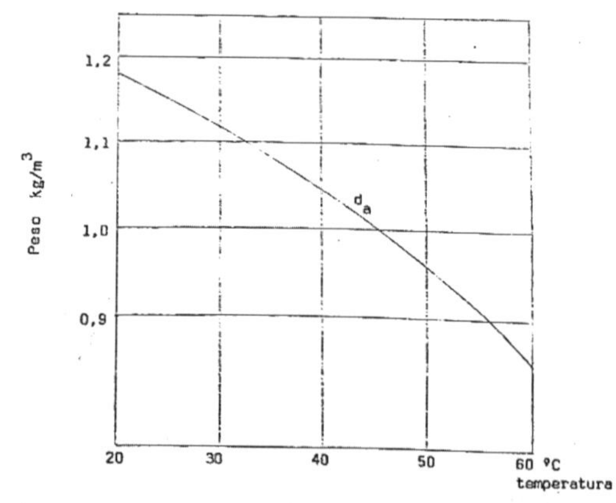

Figura 207- Peso de ar seco por m³ de ar saturado.

24.4.5 TEMPERATURA DO AR DE SECAGEM

Na produção do açúcar, é necessário que ele seja seco, o que geralmente é feito em secadores rotativos horizontais. O açúcar entra no secador com uma temperatura de 52 a 60°C e deve deixá-lo com 30 - 35° C

Para isso, o ar utilizado na secagem tem que ser aquecido, mas não deve estar a uma temperatura superior a 95 -105°C. De modo geral, ele está entre 70 a 95°C. TROMP (1946) recomenda que a temperatura do ar empregado no aquecedor não deve ultrapassar a 110°C, a uma temperatura superior, pois pode dar cor pardacenta ao açúcar branco, caramelizando-o.

A temperatura do açúcar, depois de passar peio resfriador, está entre 42 e 35°C. Pode-se considerar, praticamente, que o açúcar sai do secador com uma temperatura de 15 graus acima daquela do ar ambiente.

O açúcar, quando passa da parte secadora para a resfriadora, está, no máximo, a 60°C, e o ar também se encontra por volta desta temperatura.

24.4.6 VELOCIDADE DE CIRCULAÇÃO DO AR E DE ROTAÇÃO DO TAMBOR

O ar de secagem deve estar a uma velocidade de aproximadamente 5,0 m/seg. Todavia, em certos secadores, esta velocidade não passa de 1 m/seg. O tempo de retenção do açúcar no secador depende de sua inclinação, do diâmetro do tambor e do número de revoluções. Estas, de um modo geral, estão compreendidas entre 4 e 12 r.p.m.

24.4.7 SECADOR DE LEITO FLUIDIZADO

Este tipo de secador tem sido testado na indústria do açúcar, principalmente para secagem de açúcar refinado.

A Escher Wyss (1975) tem desenvolvido, amplamente, trabalhos no campo da secagem, através de leito fluidizado.

O princípio de funcionamento basea-se em que um gás, atravessando com certa velocidade uma capa aglomerada, provoca a liberação das partículas sólidas, sem que se produza um transporte neumático do material sólido; com isso se obtém um estado de fluidez, que se denomina "leito fluido". O material submetido a esse processo tem um movimento que se assemelha a um líquido em ebulição. As partículas em ativo movimentam-se e se misturam intensamente.

As principais vantagens do "leito fluido" são: o rápido equilíbrio do calor dentro do leito fluido, maiores coeficientes de transmissão de calor e de material e a liberação de uma superfície máxima de contato entre partículas sólidas e gás.

A capa de material sólido comporta-se semelhante à de um líquido, o que facilita o transporte do produto, protegendo, assim; as partículas de material sólido. A aplicação desse campo de secagem e refrigeração tem interesse em múltiplos campos de aplicação, como nas indústrias químicas, na farmacêutica, na alimentícia e de mineração.

Os aparelhos utilizados na indústria do açúcar podem ser de leito fluido, submetido a vibração, ou de leito fluido fixo.

No sistema de leito fluido, submetido a vibração, o aparelho está montado sobre lâminas, semelhantes àquelas da bica de jogo, colocadas sob as centrífugas. Um motor aciona o sistema, produzindo as vibrações na direção do fluxo do produto (Figura 208). Esse sistema trabalha com pequena espessura de material. Isto, associado ao efeito da vibraçâo, garantirá um fluxo definido do material, dando uniformidade de secagem.

O tempo de secagem pode ser regulado, variando as características da vibração e a espessura da camada de açúcar.

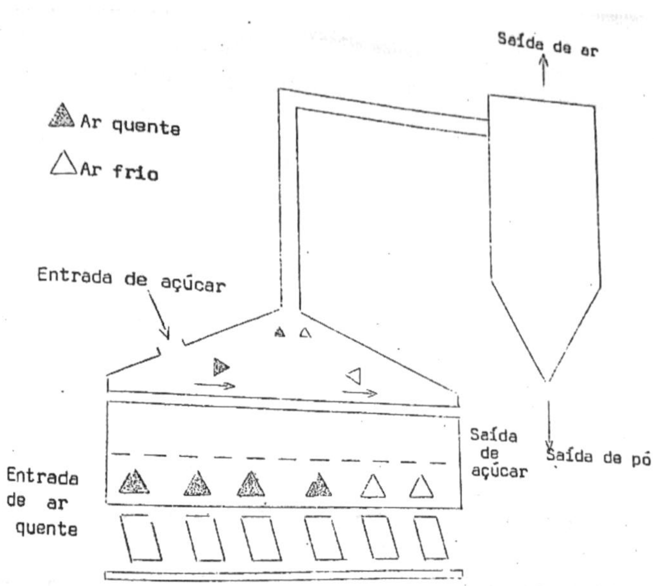

Figura 208 - Esquema de um secador de leito fluidizado.

O açúcar úmido, proveniente das turbinas, entra no aparelho e recebe um fluxo de ar aquecido que o desagrega, mantendo-o em suspensão. O movimento vibratório, por sua vez, provoca o deslocamento do açúcar para a extremidade de descarga. Quando o açúcar atravessou praticamente 2/3 do comprimento do aparelho, recebe um fluxo de ar, para esfriá-lo. O ar de secagem e o de resfriamento, são, agora, removidos pelo centro do aparelho, e vão ao separador de pó.

NEUZIL (1974) constatou, em trabalhos desenvolvidos com secadores resfriadores de leito fluido, que o açúcar que entrava no aparelho com de 0,98% de umidade, saía com 0,043% e era resfriado de 55,9°C para 32,1°C. O tempo de residência era de 2,5 a 4 minutos.

Nos secadores de "leito fluido fixo", isto é, que não são submetidos a vibração, o deslocamento do produto baseia-se em propriedades quase hidráulicas da camada fluidizada, isto é, as diferenças de nível que se apresentam na operação contínua geram um movimento do produto, semelhante a uma corrente líquida (HAVLIN e VALTER, 1974). Os autores observaram uma temperatura de descarga de 30° a 35°C, e a temperatura no leito de 55° à 60°C, enquanto que a umidade reduziu de 0,1 a 0,6% para 0,03 a 0,04%.

24.5 PESAGEM DO AÇÚCAR

O açúcar seco e, em condições de armazenamento deve ser pesado, para os controles necessários. Se ele vai ser armazenado a granel, é pesado em balanças automáticas, com capacidade de algumas toneladas. Essas balanças são, de modo geral, constituídas de três depósitos: o superior, que recebe o açúcar do secador; o intermediário, que efetua a pesagem; e o inferior, que recebe o açúcar pesado e alimenta o sistema transportador de açúcar.

Por outro lado, se o açúcar vai ser ensacado, a pesagem é efetuada em balanças automáticas, com capacidade suficiente para o tipo e capacidade da embalagem.

24.6 ENSACAMENTO DO AÇÚCAR

O açúcar, após sofrer a secagem, pode ser acondicionado em sacos ou ser armazenado a granel. Esses sacos variam de capacidade e material de confecção, de um país para outro.

No Brasil, as especificações para as embalagens eram estabelecidas pelo Instituto do Açúcar e do Etanol, de acordo com o tipo de açúcar a ser produzido. Assim é que todo açúcar para exportação, dos tipos brutos e refinado graunulado, era acondicionado em sacas de polietileno, revestidos de sacos novos de juta, enquanto que o tipo cristal especial era acondicionado em sacos de algodão, revestidos de sacos novos de juta.

A sacaria de juta, usada nas últimas décadas do século passado, para revestimento de saco para 60 kg líquidos de açúcar destinado a exportação, obedecia às seguintes especificaçães:

a) Tecido: tipo trançado, com admissão máxima de fibras de malva e/ou rami, desde que a resistância mínima do tecido esteja em 15 kgf/cm.
b) Peso do saco: 500 g, com variação de mais ou menos 5%, com 14% de umidade no tecido.
c) Medidas internas: 92 cm de altura x 65 cm de largura, mais ou menos 2%
d) Aurela: 1,5 cm (mínimo).
e) Cinta: 3,0 cm.
f) Urdidura: 5,1 fios por cm.
g) Trama: 4,5 fios por cm.
h) Costura: fio duplo de juta (fio de juta 8 kgf/cm), tipo pé de galinha, ou fio duplo de algodão e/ou juta e fibra sintética.

Os sacos de polietileno para 60 kg líquidos de açúcar são produzidos mediante às seguintes especificações:

Matéria prima polietileno
Peso do saco 120 g
Altura externa 95 cm
Largura externa 67cm
Espessura simples 0,1 mm
Espessura dupla 0,2 mm

Os sacos do algodão para 60 kg líquidos de açúcar especial também deverão obedecer às seguintes especificações

Tecido...............................com armadura tipo trançado.
Peso do saco...................230 g, com 8% de umidade no tecido.

Medidas internas...........90 cm de altura x 61 cm de largura.
Urdidura.........................17 fios por cm. Resistência à tração mínima de13 kgf/cm.

Trama..............................11 fios por cm. Resistência ă tração mínima de 8 kgf/cm.
Costura............................dupla.

A sacaria de juta e polietileno para açúcar refinado tem capacidade para 50 kg líquidos.

Todo açúcar cristal comercializado, ou em trânsito no mercado interno, deverá estar acondicionado em sacaria nova de algodão ou juta.

24.7 ESTOCAGEM DO AÇÚCAR

O armazenarrento do açúcar pode ser feito em sacos ou a granel. Tanto em um caso, como no outro, é necessário que esse açúcar preencha uma série de exigências, para que sua conservação não fique comprometida. Por outro lado, o local da estocagem ou armazém, deve oferecer condições para que não haja alterações nas características do açúcar, que o leve à deterioração.

24.7.1 CONDIÇÕES PARA ESTOCAGEM

Para que o açúcar possa ser estocado, sem risco de deteriorar, é necessário observar uma série de cuidados (Figura 209), principalmente, quanto a temperatura do ensaque, que deve ser menor que 40°C e o tempo de armazenamento. Ressalta Lopes (2011), que é fundamental a temperatura do açúcar na armazenagem, como se verifica nas curvas de cor (ICUMSA) com tempo de armazenagem (Figura 209).

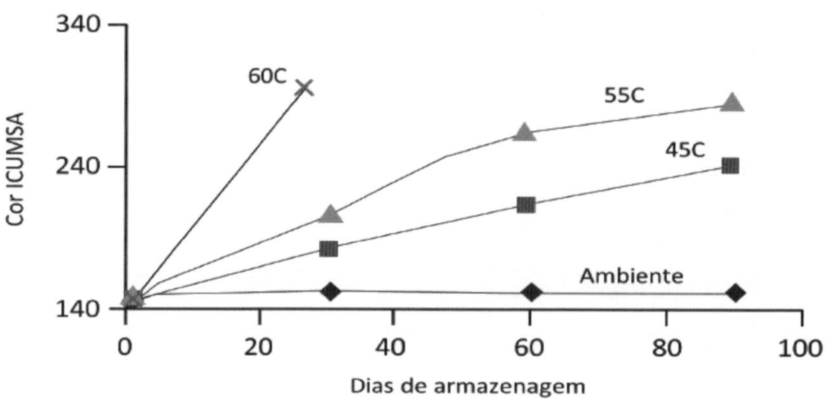

Figura 209. Efeito das diferentes temperaturas na elevação de cor (ICUMSA) no armazenamento.

A melhor condição para estocagem é aquela que não possibilita o crescimento de microrganismos, os quais podem favorecer a decomposição e perda de sacarose. Um grande número de microrganismos pode se desenvolver no açúcar, em condições favoráveis, como: bactérias, fungos e leveduras, principalmente no filme de mel, mas não pode florescer em elevada concentração de sólidos, neste filme. Muitas das características físicas do açúcar estão associadas, não com o cristal em si, mas com o filme de mel que o envolve.

A composição das impurezas e o grau de secagem do açúcar são dois dos mais importantes fatores controladores da natureza da camada de mel. Em condições favoráveis, microorganismos podem mudar a composição do açúcar pela inversão de sacarose ou pela destruição da levulose, etc. Outro fator que também influi é a origem e o tratamento do xarope, do qual o açúcar foi obtido, pois ele exerce um efeito muito grande sobre a composição e, portanto. nas características físicas do filme de mel.

O açúcar a ser armazenado não pode ser seco abaixo da sua umidade de equilíbrio, isto é, com o conteúdo de umidade, que está em equilíbrio com o ar que o rodeia. A umidade de equilíbrio varia com a umidade do ar e, no caso do açúcar demerara, com a natureza e a quantidade de impurezas. Os responsáveis principais pela variação de absorção de umidade são os açúcares redutores do mel envolvente, devido, principalmente, à natureza higroscópica da levulose.

MEADE (1967) menciona que a umidade relativa crítica é de aproximadamente 65%, isto é, se a umidade relativa está próxima deste ponto, o açúcar não absorverá umidade, nem secará ao ser armazenado. A (U.R.E.) talvez seja o indicador mais seguro para orientar a probabilidade do ataque de microrganismos do que o fator de segurança, o qual é empregado como guia geral. A (U.R.E.) está, certamente, ligada à pressão osmótica do filme de mel, que tem, provavelmente, maior influência sobre os organismos.

O grau de secagem do açúcar obviamente não poderá baixar além da umidade de equilíbrio, correspondente à umidade do ar que o envolve. Às vezes, a umidade relativa do ar é suficientemente baixa para reduzir o conteúdo de umidade do açúcar, mas algum aquecimento sempre se faz necessário. O ar frio não pode ser usado para secagem do açúcar, exceto em dias casuais, quando a umidade é muito baixa, ou a temperatura é muito alta.

VENTON (1953) verificou que a temperatura de 43°C é suficiente, mesmo com uma umidade relativa razoavelmente alta, a uma temperatura do ar de 32°C.

A quantidade de ar que atravessa o secador deve ser suficiente para remover a umidade do açúcar, sem que o ar de descarte esteja saturado. A relação ar/água é muito importante e pode ser calculada pela temperatura e umidade do ar, que entra e sai do secador.

O conteúdo de umidade desejável de um açúcar, segundo este último autor, deve estar abaixo daquele apresentado pelo indicador de diluição, para uma boa qualidade de armazenamento.

24.7.2 CARACTERÍSTICAS DESEJÁVEIS DE UM AÇÚCAR PARA ARMAZENAMENTO

Para obter um açúcar em condições favoráveis de armazenamento, é necessário que se faça um bom controle industrial, através de análises químicas. Para que o açúcar possa ser estocado, sem risco de deteriorar, é necessário observar uma série de cuidados gerais no armazenamento do açúcar.

Existem cuidados gerais no armazenamento do açúcar (a granel/ensacado):

1) Vedação do piso, parede e teto.
2) Cobertura (teto) com material com bom coeficiente isolante térmico e elevado índice de reflexão.
3) Circulação de ar - portas fechadas. URE @ 65, umid. < 60% (açúcar bruto empedra).
4) Dimensionado para capacidade de comercializar .
5) As pilhas de açúcar devem ser feitas sobre estrados de madeira ou sobre papel betuminado ou lona plástica.
6) As pilhas devem ser compactas e as mais próximas possível, com o objetivo de diminuir a superfície de exposição e menor circulação de ar.
7) Pilhas devem ser cobertas com material betuminado ou lona plástica.
8) A granel, ângulo de talude 33 a 36° quando seco, açúcar úmido até 53°.

Deste modo, tem-se que a melhor condição para estocagem é aquela que não possibilita o crescimento de microrganismos, os quais podem favorecer a decomposição e perda de sacarose. Um grande número de microrganismos pode se desenvolver no açúcar, em condições favoráveis, como, bactérias, fungos e leveduras, principalmente no filme de mel, mas não pode florescer em elevada concentração de sólidos neste filme. Muitas das características físicas do açúcar estão associadas, não com o cristal em si, mas, com o filme de mel que o envolve.

Segundo MEADE (1967), o açúcar armazenado não se deteriora, se tem as seguintes caracteristicas:

a) Ausência relativa de insolúveis no açúcar, isto é, se a massa cozida foi obtida de um caldo bem clarificado;
b) Possua o cristal um grânulo duro, uniforme, de tamanho médio e livre de conglomerado;
c) Se a relação entre a umidade e a polarização está dentro de certos fatores de segurança;
d) Se o açúcar não foi lavado, isto é, se ele conserva o filme de mel original;
e) Se foi obtido sob boas condições sanitárias, para diminuir, ao mínimo, as possibilidades de contaminação por microrganismos.

O material insolúvel é constituído, na maior parte, de bagacilho. Este, por sua vez, é bastante higroscópico, ficando como foco de desenvolvimento de microrganismos. Além do bagacilho, outras substâncias estão presentes, como material coloidal e dispersões menores. A determinação dos insolúveis deve ser feita em membrana de microporo.

As expressões cristal duro ou suave não têm correspondência com as definições físicas no entanto, é uma terminologia consagrada entre os tecnologistas açucareiros. MC GINNIS, citado por Silva et al. (2013), define aquelas expressões da seguinte forma: o grão suave é aquele que, ao esfregar entre os dedos, desaparece; ao contrário, ocorre com o grão duro, que dá a sensação de um resistência a esta operação. Talvez a suavidade de um cristal esteja ligada ao maior número de conglomerado que, ao destorroarem, produzem aquele efeito. Isso é indesejável, pois os conglomerados guardam, entre os cristais, mel que servirá de meio para desenvolvimento de microrganismos.

Os grânulos de tamanho médio, uniforme, facilitam a centrifugação, dando melhor remoção do mel e, assim, o açúcar terá uma melhor qualidade para estocagem.

Em condições adversas, os grânulos maiores terão melhores condições de armazenamento, pois apresentam menor superfície de exposição e, consequentemente, mais baixa será a absorção de umidade.

O índice de diluição e o fator de segurança são válidos para açúcares que possuem o filme de mel original, isto é, que não foram lavados. Segundo PAYNE (1990), de acordo com a intensidade da lavagem do açúcar, pode-se encontrar quase todas as concentrações possíveis de licor de açúcar, envolvendo o cristal. Em geral, a composição do açúcar, depois de lavado, tem que se aproximar à de um açúcar sem lavar, se desejar-se que ele permaneça estável.

Quando se misturam açúcares em boas condições de armazenamento com açúcares deteriorados ou com elevado teor de umidade, o F.S. ou D.I. podem mostrar-se, dentro dos limites adequados. Entretanto, devido aos focos de microorganismos, depois de um certo tempo, toda partida poderá infeccionar-se.

24.7.3 DETERIORAÇÃO DO AÇÚCAR

O açúcar armazenado pode sofrer deterioração, quando não se observa as condições favoráveis à industrialização. Entretanto, conforme o tipo de açúcar produzido, independente do processo, ele pode resistir, mais ou menos, à decomposição. Assim, é que no açúcar demerara, a deterioração se manifesta de maneira mais profunda que nos açúcares brancos. Semelhante observação pode ser feita com relação ao açúcar ensacado e ao acondicionado a granel.

A deterioração do açúcar pode ser devida à umidade, aos açúcares redutores e aos microorganismos. Ela tem início, normalmente, no filme de mel, que envolve os cristais. Segundo DELGADO *et al* (1970), os principais fatores que causam a deterioração são:

a) Falta de assepsia durante o processo;
b) Água de lavagem do açúcar contaminada;
c) Tamanho irregular dos cristais;
d) Retenção excessiva de umidade na película de mel que recobre os cristais;
e) Mistura de açúcares de diferentes polarizações;

f) Presença de microrganismos;
g) Condições anormais do armazém.

24.8 MICROBIOLOGIA DOS AÇÚCARES

Foi no início do século XIX que observadores correlacionaram a deterioração do açúcar com a atividade de microrganismos, pois, anteriormente, eles acreditavam ser a deterioração causada pela hidrólise do açúcar, devido aos ácidos orgânicos presentes.

A presença de microrganismos, como bactérias, fungos e leveduras nos processos industriais torna-se de suma importância, quando alteram a qualidade do produto, reduzem a produção ou constituem perigo para a saúde pública.

Avaliar as perdas de sacarose, em uma usina de açúcar, pela ação dos microrganismos, é muito difícil, quase impossível, mas não há dúvidas de que a destruição de açúcar por esses agentes de deterioração é significativa.

Dos microrganismos existentes no açúcar, os que aparecem em maior frequência são os fungos e as bactérias termofílicas e, mais raramente, as leveduras.

Verifica-se que quando o açúcar bruto está contaminado, ele vai causar uma série de transtornos, no que diz respeito à perda de sacarose e multiplicação de microrganismos nos filtros de carvão das refinarias, diminuindo sua eficiência e dando formação a ácidos de odores prejudiciais à qualidade do açúcar. Causará prejuízos, também, aos produtos manufaturados com esse açúcar.

Os microrganismos responsáveis pela deterioração, acham-se no filme de mel que envolve os cristais. Eles têm origem no próprio caldo de cana, mas, durante o processamento, somente os termofílicos resistem às condições desfavoráveis ao seu desenvolvimento. Entretanto, no açúcar final, aparece uma série de microrganismos, mas que originam de contaminações ocorridas nas operações finais, como centrifugação, (lavagem com água) e nos aparelhos condutores. A contaminação pode ocorrer através do pó de açúcar.

A presença de microrganismos nos açúcares das usinas da região de Piracicaba foi estudada por Martinelli (1955) e por Joly e Stupiello (1973). Segundo estes, dois são os fatores responsáveis pela deterioração do açúcar, podendo ocorrer durante o transporte ou no armazenamento, sendo o primeiro relativo ao número e tipo de microrganismos e, o segundo, relativo ao conteúdo de umidade da película do mel.

Em relação às possíveis contaminações microbiológicas que o produto pode vir a sofrer, a mais preocupante é a que se refere à contaminação por Salmonela.

O controle da contaminação por bactérias e Salmonela pode ocorrer através de manipulação inadequada do produto ou através da matéria-prima utilizada e que, mesmo em pequenas quantidades, pode causar, principalmente, problemas gastrointestinais e dores de cabeça, seguidas de vômito, diarreia e febre.

Já a contaminação por bolor, Souza & Goldoni, (1989) ressaltam que é conhecido como mofo, considerado como deteriorante em alimentos. Está relacionada, principalmente, aa problemas de conservação e armazenamento do produto.

O ponto mais importante é que quanto maior for a umidade do açúcar no armazenamento, melhores serão as condições para o desenvolvimento dos microrganismos.

24.9 EMPEDRAMENTO DO AÇÚCAR

O problema do empedramento do açúcar já foi muito bem estudado e já se sabe que ele está relacionado ao teor de umidade, temperatura no momento do ensacamento, condições de tempo, clima e armazenamento.

O empedramento ou endurecimento do açúcar causará problemas quanto ao armazenamento e ao transporte.

Vários pesquisadores vêm estudando, há muito tempo, o problema do endurecimento dos sacos de açúcar bruto, ao armazená-lo. Foi observado que o açúcar bruto ensacado, com um teor de umidade acima de 0,8% , apresentava formação de torrões, ao armazená-lo. A explicação para esta ocorrência é que o açúcar, ao perder umidade e esfriar, concentra a película de mel, que atinge o coeficiente de supersaturação e, nestas condições, a sacarose dissolvida se cristaliza. Esta ocorrência também vai depender da composição química do mel envolvente e esta, por sua vez, depende da qualidade do caldo original e, também, da técnica de fabricação.

Outro fator importante *é* a temperatura de ensacamento. Quando ela é superior a 43°C, aumenta consideravelmente o risco de formação de torrões e endurecimento, pois favorece a evaporação da água, concentrando a sacarose no mel, a qual se cristalizará, soldando os cristais entre si.

A umidade atmosférica *é* o agente que causa a maioria dos empedramentos dos açúcares, ao serem transportados de um país para outro.

O dados analíticos que o açúcar requer, para reunir qualidades que garantam o seu não endurecimento nos sacos, são os seguintes:

a) Pol 97,5 a 98,0
b) Umidade abaixo de 0,40%
c) Temperatura de ensacamento abaixo de 45°C
d) Tamanho do cristal 0,8 a 1,0 mm
e) Manter a umidade relativa baixa nos armazéns;
f) Processar caldo de qualidade normal e manter as melhores condições para obter caldos perfeitamente clarificados.

24.10 ARMAZÉNS DE AÇÚCAR

A armazenagem dos açúcares produzidos pelas usinas brasileiras tem merecido muita atenção de seus departamentos de produção.

Dado a exigência do consumidor brasileiro e, mesmo, dos países consumidores, as usinas vêm há muitos anos procurando manter o açúcar produzido nos seus armazéns em boas condições, para ser comercializados. Para tanto, cabe ao departamento comercial da usina trabalhar sempre na comercialização dos seus produtos, pois os períodos de entressafra ficando cada vez mais curtos.

Muitos dos atuais armazéns de açúcar não satisfazem às condições necessárias mínimas para a estocagem. Tem-se relegado a este um plano secundário, apesar do papel importante que ele exerce na qualidade do açúcar a ser comercializado.

De modo geral, os armazéns devem ser construídos de forma setorizada, contendo um secador e um sistema de peneiragem, além das balanças de pesagem, das partes de ensaque, e um setor de empilhamento, de onde realiza as expedições comerciais. Alguns armazéns mantêm um laboratório para controle de qualidade.

As principais características para que um armazém preencha as condições técnicas ideais, são apresentadas a seguir.

Os armazéns de açúcar devem ser secos, mas, para isso, é necessário que, ao projetá-los, dedique-se especial atenção à construção do piso, que deve ser construído em concreto, de forma a suportar o peso das pilhas de açúcar. A cobertura do armazém deve ser feita com material que apresente bom coeficiente de isolamento térmico ou que tenha elevado índice de reflexão dos raios solares, o que dará menor oscilação de temperatura ambiente.

A circulação de ar natural no interior do armazém deve ser evitada ao máximo, para não correr o risco de elevação da taxa de umidade do ar. Para isso, deve-se manter as portas fechadas, principalmente quando a umidade relativa está muito alta. Para que a circulação de ar seja mínima, deve-se ter o menor número de aberturas possíveis. Deste modo, deve haver somente duas portas. A atmosfera, no interior do armazém, irá equilibrar-se gradualmente com a umidade do açúcar. A umidade relativa no interior dos depósitos deve permanecer ao redor de 65%. Para MEADE (1967), se a umidade no interior do armazém é muito baixa, inferior a 60%, o açúcar bruto se empedrará. As aberturas para iluminação natural devem ser fechadas.

As dimensões dos armazéns vão depender da capacidade de produção de açúcar de cada usina e do sistema de comercialização. Entretanto, certos parâmetros podem ser estabelecidos. Em geral, a largura desses armazéns tem variado de 20 a 25 metros e o comprimento de 80 a 100 metros. Algumas usinas instalam, na parte primeira desses armazéns, o setor de secagem, peneiragem e ensacamento do açúcar produzido, setor este que pode abrigar, também, uma área para empacotamentos em unidades de um, dois ou cinco quilos. Essas pilhas devem ser compactas, de tal forma, que não encostem nas paredes. As pilhas de sacos de açúcar não devem ser colocadas diretamente sobre o piso, mas, sim, sobre um estrado de madeira ou serem mesmo protegidas com um papel betuminado. Em condições de se ter umidade mais elevada, as pilhas podem ser protegidas por papel betuminado.

Em se tratando de açúcar armazenado a granel, leva-se em consideração o ângulo de talude que, segundo a literatura, varia de 33 a 36°, quando ele está seco. Para açúcar úmido, pode chegar a 53°.

As paredes dos armazéns devem ser impermeabilizadas, para evitar a infiltração de umidade. O açúcar armazenado a granel se deteriora mais lentamente, pois a camada superior, em contacto com o ar, absorve água, formando uma crosta que impede a penetração da umidade para o interior da pilha.

O açúcar, em geral, apresenta uma densidade aparente variando de 900 a 1.000 kg/m^3. MEADE (1967), para cálculo de capacidade, prefere utilizar 800 kg/m^3. O açúcar a granel, dependendo do tipo de parede de proteção, pode ser armazendado até uma altura de 3 a 4 metros. A figura 210 mostra uma das formas de armazenamento do açúcar produzido. No Brasil, as usinas produtoras de açúcar não tem tido o hábito de armazenar o açúcar produzido a granel, optando-se, sempre, por seu ensacamento em sacos de 50 quilos ou na forma de big bag de 1000 quilos.

Em relação ao piso, em muitas usinas aplica-se um material de natureza asfáltica, impedindo-se, assim, a passagem de umidade para o açúcar produzido.

Nos armazéns de açúcar a granel, leva-se ainda em consideração que na parte superior deve trabalhar uma esteira de alimentação e, na inferior, sob um túnel, uma esteira de borracha ou metálica, para descarga de açúcar. Esse túnel deixa, de espaço em espaço, aberturas de alimentação da esteira de 60 a 80 cm de largura (Figura 210).

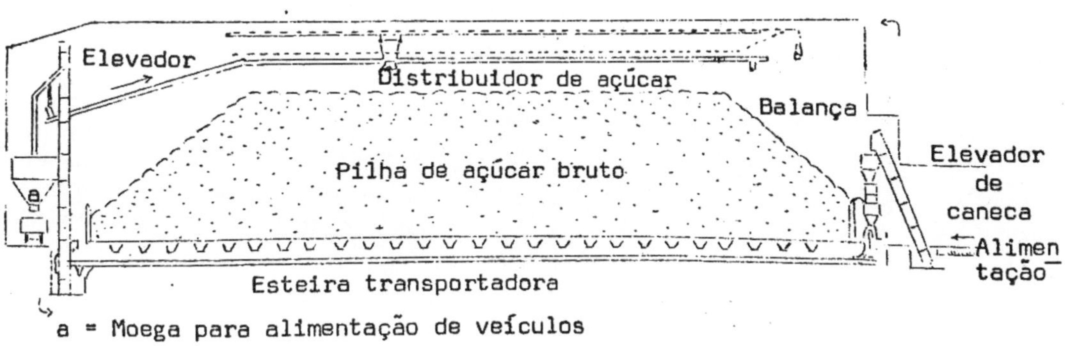

Figura 210 - Esquema de um armazém de açúcar a granel.

Quando a iluminação *é* artificial, é necessário tomar certas precauções de segurança, como a instalação elétrica blindada e à prova de explosão, além da instalação de um sistema de para-raio.

Em função da grandeza da produção de açúcar pelas usinas, tem sido comum a construção de armazéns mais distantes da área dos secadores e ensaque.

Algumas usinas, em função de não terem armazéns com capacidades suficientes, utilizam de armazéns infláveis, de tal forma que são mantidos por ventiladores movidos a energia elétrica ou geradores com motores a óleo diesel, que fornecem ventilação constante. Esse sistema de armazenagem deve ser instalado em locais amplos, para facilitar as operações de deslocamento mesmo para atender o setor de empacotamento.

Os armazéns também devem ter um sistema de proteção contra incêndio, o que, aliás, é previsto na Portaria 21 da Superintendância de Seguros Privados, do Instituto de Recursos do Brasil. De modo geral, este sistema exige que se considere os seguintes aspectos: a escolha do local, fundações, infra-estrutura, super-estrutura, vedações laterais, impermeabilização, piso e cobertura.

CAPÍTULO 25

PRODUÇÃO DE ETANOL

A produção de etanol pelas usinas de açúcar no Brasil data de dezenas de anos atrás, mais precisamente o início do século 20. Nessas usinas, em sua área industrial, passou a existir pequenas destilarias de etanol, onde fermentava-se o mosto de melaço resultante da centrifugação das massas cozidas de 2ª ou 3ª purezas. Essas unidades eram calculadas e projetadas para destilar o vinho obtido nas dornas de fermentação. As usinas podiam, assim, vender tanto o melaço como o etanol dele obtido. Com o crescimento da população brasileira e com as iniciativas de novos empresários, passaram a existir novas destilarias, para suprir o consumo dos brasileiros dos estados de São Paulo, Paraná, Minas Gerais, Rio de Janeiro e dos estados do Nordeste brasileiro.

Assim, em função do surgimento do Proetanol, na década de 70, e da mistura de etanol na gasolina, e também dos carros a etanol, a partir de 2003, centenas de destilarias surgiram no Brasil, fortalecendo a cultura da cana-de-açúcar em várias regiões brasileiras, conforme avaliado na tabela 1, deste livro.

A operacionalidade da produção de etanol pelas destilarias brasileiras segue o descritivo das páginas 32 a 42 deste livro, tal como se pratica na Usina Barralcool S.A

Nesses últimos anos, uma nova linha de produção de etanol no Brasil passou a ser viabilizada em algumas destilarias, utilizando-se da palha da cana.

Ao lado desses parâmetros, a saber: teor de glucídios, preço de produção de glucídio, preço da sua transformação, quantidade existente (grande), facilidade de aquisição e transporte balanço energético, que justificam a produção de etanol, o Brasil já está produzindo etanol a partir do bagaço de cana e de suas folhas, etanol este que está sendo conhecido por 2G (etanol de segunda geração).

A partir dessas matérias primas, muitas pesquisas têm sido feitas e já estão operando desde 2014 em algumas unidades industriais, como a do Grupo Raízen, de Piracicaba, do Grupo Grambio, de Alagoas e a da Universidade do Rio de Janeiro. A Usina São Manuel também está estudando a instalação de uma unidade e espera-se que, superando as dificuldades geradas por um sistema considerado novo, novas unidades passam ser instaladas no estado de São Paulo e em outros estados brasileiros.

Essas iniciativas poderão aumentar a produção de etanol, por exemplo, por ha de cana plantada, colhendo-se a matéria prima para se produzir açúcar e para produzir etanol, a partir do melaço e do bagaço residual para a usina e das folhas, que ficaram no campo.

Para efeito da produção do açúcar e do etanol no Brasil, novas indústrias podem utilizar-se da cana-de-açúcar, das matérias amiláceas e, das matérias lenhosas e feculentas.

25.1 ETANOL COMO COMBUSTÍVEL E OUTROS USOS

O etanol como combustível, quando adicionado à gasolina, participa com uma porcentagem de 25 a 27,5% na forma de etanol anidro que, assim, melhora sua octanagem, dando-se uma melhor condição de antipoluente, quando comparado ao uso de outros compostos que contem chumbo, como tetraetilato e tetrametilato de chumbo. O etanol pode ser usado, ainda, como antisséptico, como agente de precipitação, como agente de fabricação de insulina e de glicerofosfato.

25.1.1 SUBPRODUTOS

Os subprodutos da fabricação de etanol, conforme já se mencionou em itens anteriores, estão constituídos por vinhaça, óleo fúsel, levedura e anidrido carbônico e outros produtos residuais, no caso das destilarias de materiais amiláceas e feculentas.

25.2 DEFINIÇÕES E FLUXOGRAMA DE PRODUÇÃO

As definições pertinentes à produção de etanol, assim como fluxograma, já estão inseridos na parte inicial, no capítulo 2.10, página 33.

Como se pode comentar, a produção de etanol pode ser obtida por via química ou bioquímica.

Por via química, as matérias prima têm sido as seguintes: carbonato de cálcio, etileno, anidro carbônico, etc. Por via bioquímica, as matérias primas estão no campo vegetal e devem ter bom teor de glicídios, bom preço e custo, baixo custo de transformação e ter boa disponibilidade de aquisição.

25.3 CLASSIFICAÇÃO DAS MATÉRIAS PRIMAS

As matérias primas que podem ser utilizadas na fabricação de etanol têm sido as seguintes:

a) Matérias primas açucaradas, diretamente fermentáveis e mistas;
b) Matérias primas amiláceas e feculentas;
c) Matérias primas lignocelulósicas, como resíduos de bagaço, resíduos da colheita de cana e de sua folha (Brasil), resíduos da colheita de milho (EUA), palha de trigo (Europa);
d) Matérias primas fermentadas.

Na categoria das matérias primas diretamente fermentáveis, estão incluídas as hidroses, tetroses e hexoses, destacando-se o aldeído glicérico ($C_3H_6O_3$), a eritrose ($C_4H_8O_4$), a glicose e a levulose ($C_6H_{12}O_6$). Esses dois últimos produtos são tratados como frutas e no mel produzido pelas abelhas, que não são usados em escala comercial na produção de etanol, podendo aparecer, entretanto, como produtos de vinho e de aguardente. Dentro deste primeiro ponto, as matérias primas mistas estão constituídas por mel final (produto extraído quando se está elaborando o açúcar) e caldo de cana, matéria prima esta obtida nas destilarias autônomas de etanol, a partir de 1975, e mesmo das usinas de açúcar que tem distilaria anexa.

A glucose de milho tem sido sempre usada em confeitaria e nas indústrias de farmácia e alimentícias.

25.3.1 MATÉRIAS PRIMAS AMILÁCEAS E FECULENTAS

No ponto de vista de composição, tanto os cereais como as raízes e os tubérculos trazem, em sua composição, um polissacarídeo de fórmula geral seguinte: $(C_6H_{10}O_5)n$. Do ponto de vista tecnológico, reserva-se o nome de amido aos polissacarídeos presentes nos cereais e, de fécula, àquele proveniente de raízes e tubérculos.

Destes conceitos, passou-se a considerar a seguinte divisão:

a) Matérias primas amiláceas: são aquelas que contêm amído tais como: milho, arroz, cevada, trigo, centeio, aveia, etc.
b) Matérias primas feculentas: são aquelas que contêm fécula em suas raízes e tubérculos. As féculas estão presentes na mandioca, na batata, na batata doce, no cará, na araruta, etc.

É importante salientar que essas matérias primas necessitam, para se conseguir a fermentação a necessária, transformação do amido e da fécula em açúcares fermentáveis, através de uma reação hidrolítica, conhecida pelo nome de sacarificação.

Na parte pratica industrial, esta transformação é conhecida e aplicada por 3 processos:

a) Sacarificação química, por meio de ácidos diluídos;
b) Sacarificação enzímica: por meio de enzimas produzidas durante a germinação dos cereais selecionados e, também, de determinadas condições de umidade e temperatura;
c) Sacarificação enzímica: por meio de produtos enzimáticos produzidos por determinados fungos (linha de *aspergilus*). Pela hidrolise ácida, o amido se converte em glicose, ou seja:

$$\frac{(C_6H_{12}O_6)\text{n}}{Amido} + n\,HOH - - - - - \rightarrow \frac{n\,C_6H_{12}O_6)\text{n}}{Glucose}$$

Pelos processos enzímicos, o amido produz maltose e dextrinas conforme a seguinte reação:

$$\frac{3\,C_6H_{10}O_5)\text{n}}{Amido} + HOH - - - - - \rightarrow \frac{C_{12}H_{22}O_{11}}{Maltose} + \frac{C_6H_{10}O_5}{Dextrinas}$$

É importante frisar que a aplicação do processo enzimático, como no processo amilase e suas modificações tais micro organismos, podem levar à simplificação molecular até a formação de etanol e CO_2.

25.3.2 MATÉRIAS PRIMAS LIGNOCELULÓSICAS

As matérias primas lignocelulósicas, constituídas por resíduos de cereais, sempre mereceu a atenção dos estudiosos ligados à área da tecnologia sucroalcooleira do Brasil e de muitos outros países, como resíduos da colheita do milho (EUA), palha do trigo (Europa) e bagaço de cana (Brasil).

As primeiras informações técnicas, constantes dos livros editados, apostilas, artigos de revistas especializadas da área açucareira referenciam-se à utilização de resíduos de cereais e de serrarias, ricos em celulose e de hemiceluloses, que necessitaram sempre de uma prévia sacarificação, tornando-as em condições de açúcares fermentescíveis.

A sacarificação, nestes casos, era realizada por via química (ácidos) ou por via bioquímica (enzimática). O processo químico, por ser mais econômico era o mais usado.

A sacarificação dessa matéria lenhosa segue as seguintes disposições.

$$\frac{(C_6H_{10}O_5)_m}{\text{Celuloses ou Hexosanas em geral}} + m\,HOH \text{------}\!\!\rightarrow \frac{m\,C_6H_{12}O_6}{\text{glucose ou hexoses em geral}}$$

$$\frac{(C_5H_8O_4)n}{\text{pentosanas}} + n\,HOH \text{------}\!\!\rightarrow \frac{n\,C_5H_{10}O_5}{\text{pentoses}}$$

$$\frac{(C_5H_8O_4)\,n\,.\,(C_6H_{10}O_5)\,m}{\text{Pentohexosanas}} + (n+m)HOH \text{------}\!\!\rightarrow \frac{n\,C_5H_{10}O_5}{\text{Pentoses}} + \frac{m\,C_6H_{12}O_6}{\text{Hexoses}}$$

Os rendimentos em etanol, neste caso, são matéria lenhosa, de ordem de 350 a 380 l/t de serragem. Todavia, este processo torna-se econômico, se aplicado em regiões florestais, o que não é o caso do Brasil.

25.3.3 MATÉRIAS PRIMAS CONSTITUÍDAS DE RESÍDUOS SULFÍTICOS DAS FÁBRICAS DE PAPEL

São constituídas por lixívias residuais da purificação da celulose da madeira. Em algumas fábricas de celulose, cuja matéria prima é a madeira, esta, depois de tratada convenientemente, é lixiviada sob pressão, com bissulfito de cálcio. Nestas condições, a lixívia vai se carregando gradativamente de produtos solubilizados, propiciando seu uso para a obtenção de etanol por via fermentativa. Aliás, é o que se faz na Suécia, na Alemanha, nos Estados Unidos, no Canadá, etc.

Para o Brasil, que conta com outras matérias primas mais abundantes e de mais fácil aquisição e transformação, estes resíduos não tem constituído interesse.

Uma tonelada de madeira produz 6m^3 de lixívia que, por sua vez, podem produzir 48-60 litros de etanol.

25.3.4 MATÉRIA PRIMA CONSTITUÍDA PELOS RESÍDUOS DA COLHEITA MANUAL E MECÂNICA DA CANA-DE-AÇÚCAR

Esses resíduos, que sempre sobram da colheita manual da cana-de-açúcar, por via de regra, depois de algum tempo da colheita, eram queimados e espalhados ao solo através de equipamentos conhecidos por cultivadores e que, dependendo do potencial do fornecedor, podiam ser incorporados por tração animal ou por tração mecânica, usando-se tratores. Em caso do canavial ser de último corte, esses residuais, folhas, ponteiros e mesmo raízes eram sempre incorporados ao solo, que era preparado para novos plantios ou, ainda, para receber plantios de feijão de porco ou *crotalária Juncea*, para funcionar como adubo verde.

Contudo, através de estudos realizados por estudiosos de nova Tecnologia Sucroalcooleira esses resíduos deixados no campo pela colhedora, seja manual ou mecânica, passaram a ser recolhidos por usinas interessadas e empresas, para elaborarem o conhecido etanol 2G. Isto é, promove-se o rompimento da estrutura molecular do bagaço da cana-de-açúcar, o qual é quebrado em açúcares mais simples e solúveis, transformando-se em etanol, pela ação dos micro-organismos.

É oportuno informar aos estudiosos do assunto pertinente à produção do etanol 2G, que a Dedini Indústria de Base, da cidade de Piracicaba, instalou, em 2008, na Usina São Luiz, em Pirassununga, uma unidade para produzir o etanol de bagaço, através do processo DHR (Dedini Hidrólise Rápida, descrito em OLIVÉRIO e SOARES, (2007) e DEDINI (2008). Consta que a Copersucar também se associou a este projeto nesta ocasião. Embora não se conheça os motivos da paralização deste projeto, que chegou a produzir em torno de cinco mil litros de etanol por dia, é de se supor que, pela falta de uma enzima que atuasse no processo, este foi paralisado.

Todavia, já em 2014, novos estudos começaram a ser implantados em algumas unidades industriais, como na Usina Costa Pinto, do Grupo Raízen, na Usina do Grupo Grambio, em Alagoas, e na Universidade do Rio de Janeiro.

Essas iniciativas foram viabilizadas pelo uso de uma enzima especial, produzida pela empresa Novazimes, empresa esta instalada na cidade de Araucárea, PR.

Para uma melhor compreensão da produção do etanol 2G, as etapas envolvidas nessas operações são as seguintes:

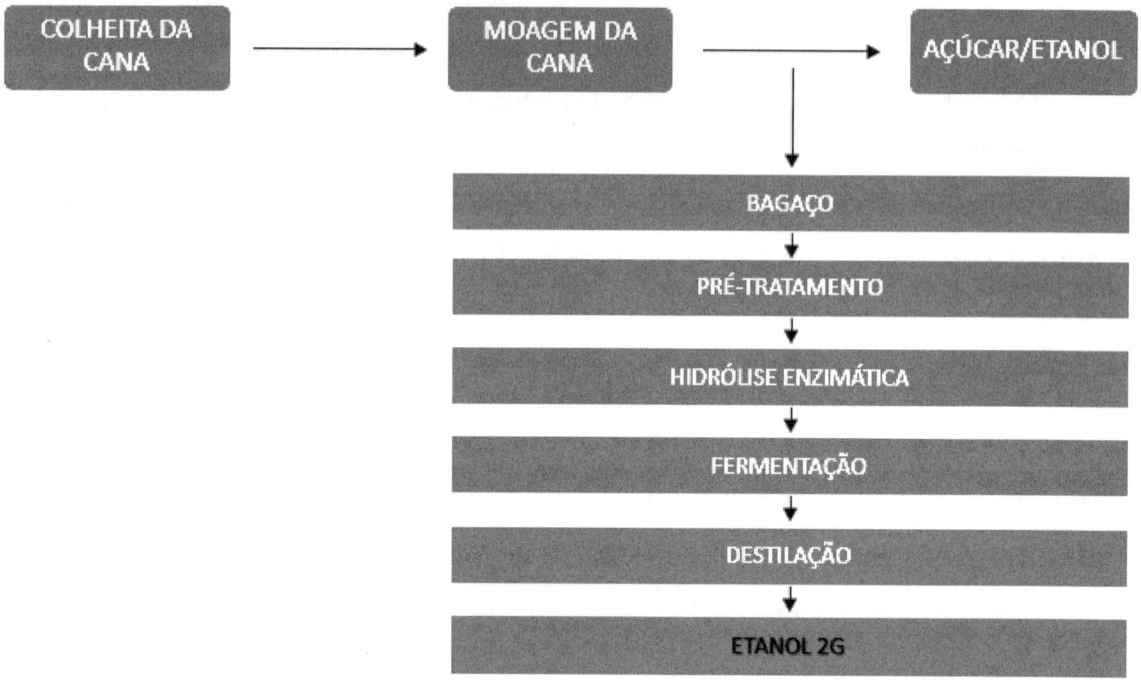

No Brasil, além dos estudos realizados por pesquisadores e escolas, algumas usinas produtoras de etanol e açúcar passaram a pesquisar e trabalhar na produção deste etanol, como a Usina Cosan de Piracicaba, do Grupo Raízen e da usina do Grupo GranBio, de Alagoas. Além dessas duas usinas, outras empresas estão estudando essa nova opção para produzir o etanol 2G, conforme estudo realizado por Leandro P. Andrade, já em 2014. Na realidade, o etanol celulósico é produzido de forma experimental em poucas usinas comerciais no mundo. Destaca-se a existência de duas delas nos Estados Unidos, as quais utilizam, como matéria-prima, caules e folhas de milho e; uma na Itália, com folhas de trigo. Deve ser ressaltado que na rota tecnológica há diferenças entre as empresas. A GranBio (2014) optou pela rota conhecida por stand alone que é caracterizada por uma usina dedicada exclusivamente à produção de etanol de segunda geração, partindo-se da transformação em etanol à mistura do hidrolisado de celulose (base de cadeias de açúcares C6) com de hemicelulose e das pentoses, sem ser integrada a outra de primeira geração.

Por outro lado, a Raízen (joint venture entre a Shell e a Cosan) optou por construir uma usina integrada que tem mais um processo de fermentação do C6 junto com a sacarose.

A segunda opção tem uma vantagem estratégica para o processo tecnológico utilizado na unidade da Raízen: é a possibilidade de fermentar pelo menos o hidrolisado de celulose, junto com a sacarose do caldo de cana, para obter etanol de segunda geração, o que reduz muito os problemas com inibidores. Todavia, há necessidade de pesquisa, para produzir o etanol de segunda geração, especialmente na fase de pré-tratamento do material.

Outros dados sobre a produção de etanol 2G foram divulgados por vários autores, como observado na revisão do potencial da palha de cana-de-açúcar para produção de etanol por Santos et al. (2012) e em outras dissertações, como de Cunha (2013) com tema" Identificação e Análise de Empresas Internacionais Produtoras de Etanol 2G", entre outros, e por revistas técnicas, como novacana (2016) e outras. O fundamento dessa tecnologia são operações de deslignificação, com a separação das frações de celulose e hemicelulose (pré-tratamento) e as etapas de hidrólise ácida (processo químico) ou hidrólise enzimática (processo biotecnológico), em síntese, visando se obter os açúcares a partir da celulose e da hemicelulose e, então, por fermentação, inclusive das pentoses, produzir o bioetanol. O primeiro passo é o rompimento da celulose por meio de tecnologias de segunda geração, que é utilizada para a produção de etanol.

Pré-tratamento e hidrólise

O estudo realizado por este engenheiro e outros grupo, como Prof. Gonçalo A. G. Pereira, da Universidade Estadual de Campinas, Instituto de Biologia, desde de 2014, revela a necessidade de uma boa preparação do bagaço e mesmo das diversas operações envolvidas na obtenção deste etanol. A lógica de produzir o etanol de segunda-geração (2G) a partir dos polissacarídeos, que compõem a parede celular vegetal, é uma promissora alternativa na produção de combustíveis gerados por fontes renováveis e de resíduos lignocelulósicos, produzidos em abundância pela agroindústria no caminho, porém, foram encontrados diversos obstáculos tecnológicos. A tese de doutorado de Leandro V. dos Santos, pela Unicamp, denominada "Da ciência à indústria - engenharia metabólica e evolutiva de *Saccharomyces cerevisiae*, para a produção de etanol de segunda geração", em 2017. É um passo biotecnológico, porque é fundamental o desenvolvimento de linhagens microbianas eficientes, capazes de converter o açúcar de cinco carbonos xilose em etanol é um passo essencial na viabilização da tecnologia de etanol 2G.

O referido trabalho utilizou a linhagem PE-2 de *Saccharomyces cerevisiae*, em uso nas destilarias (1G), na qual foram introduzidos os genes relacionados a via de consumo de xilose: a via Xilose Redutase - Xilitol Desidrogenase (XR-XDH) e à via Xilose Isomerase (xylA). Partindo-se desses procedimentos de engenharia metabólica e evolutiva, o autor criou uma série de linhagens mais eficientes na conversão de xilose em etanol, apresentando rendimentos de até 0,46 g etanol/g xilose. A estratégia de identificação de novas Mutações, relacionadas ao consumo de xilose no mosto, possibilita o desenvolvimento de novos alvos metabólicos para a engenharia racional de leveduras. Tal processo reforça a compreensão da base genética e da interação da complexa rede metabólica envolvida na fermentação de xilose em *S. cerevisiae*. As informações obtidas podem ser utilizadas na construção de cepas com maior capacidade de assimilação de xilose, apropriadas para serem utilizadas na produção e viabilização da tecnologia de etanol 2G PE-2 .

SANTOS, em 2017, gerou informações úteis, industrialmente, na conversão dos açúcares provenientes da biomassa em etanol 2G, o que foi adotado pela empresa GranBio.

O sucesso destas produções de etanol 2G é devido, também, à empresa Novazymes, que fornece as enzimas necessárias para a conversão do material celulósico em açúcares.

Conforme os autores (FIGUERUT et al., 2014, SANTOS et al., 2012), o bagaço deve passar por um tratamento conhecido por hidrólise, que é realizado com o objetivo de remover a hemiceluloses e a lignina, reduzir a cristalinidade da celulose e aumentar a porosidade dos materiais. Segundo Figuerut et al. (2014), vários são os tratamentos e, em se tratando de material celulósico, tais como pirolise, a explosão a vapor. Esse último processo a vapor foi similar ao instalado por um dos autores em 1996 na Usina Barralcool, para melhorar a biodigestibilidade do bagaço na alimentação animal em confinamento. Outros processos, como explosão de fibras com amônia, explosão de CO_2, ozonólise, hidrólise ácida, usando-se ácido sulfúrico, hidrólise alcalina e outros têm sido citados na literatura.

Para McMillan (1994), o pré-tratamento de materiais lignocelulósicos para a produção de etanol devem observar os seguintes objetivos e cuidados: promover a formação de açúcares ou dar condição para sua formação por hidrólise enzimática, após o pré-tratamento. Ressalta o autor que deve ser evitada a degradação ou perda do teor de carboidratos, assim como a formação de bioprodutos inibidores do processo de hidrólise enzimática e da fermentação etanólica e, por último, ser economicamente viável. Ainda, segundo Figuerut et al (2014), a hidrólise do bagaço permite obter as pentoses e as hexoses. As pentoses resultam da hidrólise da hemicelulose e as hexoses de parte das hemicelulose e da celulose.

A figura 211 apresenta uma representação esquemática e didática da produção de etanol, a partir de biomassa lignocelulósica (SANTOS et al., 2012). Em síntese de diversos autores, é possível observar que a estrutura da biomassa tem cadeias longas (celulose e hemicelulose), que podem ser rompidas por hidrólise em hexoses (glicose e frutoses) aptas a serem fermentados pela levedura. Todavia, a parece celular apresenta microfibrilas celulósicas, as quais possuem ligações de hidrogênio intramolecular entre as hidroxilas, conferem resistência à celulose, o que torna a biomassa recalcitrante, ou seja, de difícil degradação.

Para que melhor se ilustre a qualidade deste precioso resíduo celulósico, basta examinar a composição do bagaço e do palhiço da cana-de-açúcar, divulgado pela ICIDCA (1999), na Tabela 91. De modo geral, a composição química da biomassa lignocelulósica varia de 35-50% de celulose, seguida de 20-35% de hemicelulose, 10-25% de lignina e uma pequena quantidade de cinzas e extrativos (PATURAU, 1989).

Tabela 91 - Composição do bagaço e do palhiço da cana-de-açúcar

	Composição (base seca)			
	Bagaço	**Fibra**	**Medula**	**Palhiço**
Celulose	46,6	47,7	41,2	45,1
Pentosanas	25,2	25,0	26,0	25,6
Ligninas	20,7	19,5	21,7	14,1
Organossolúveis	2-3	-	-	3,5
Aquosolúveis	2-3	-	-	-
Cinzas	2-3	-	-	8,0
Umidade	48-52	-	-	9,7

Fonte: Instituto Cubano de Investigaciones de los Derivados de la Canã de Azucar - ICIDCA (1999)

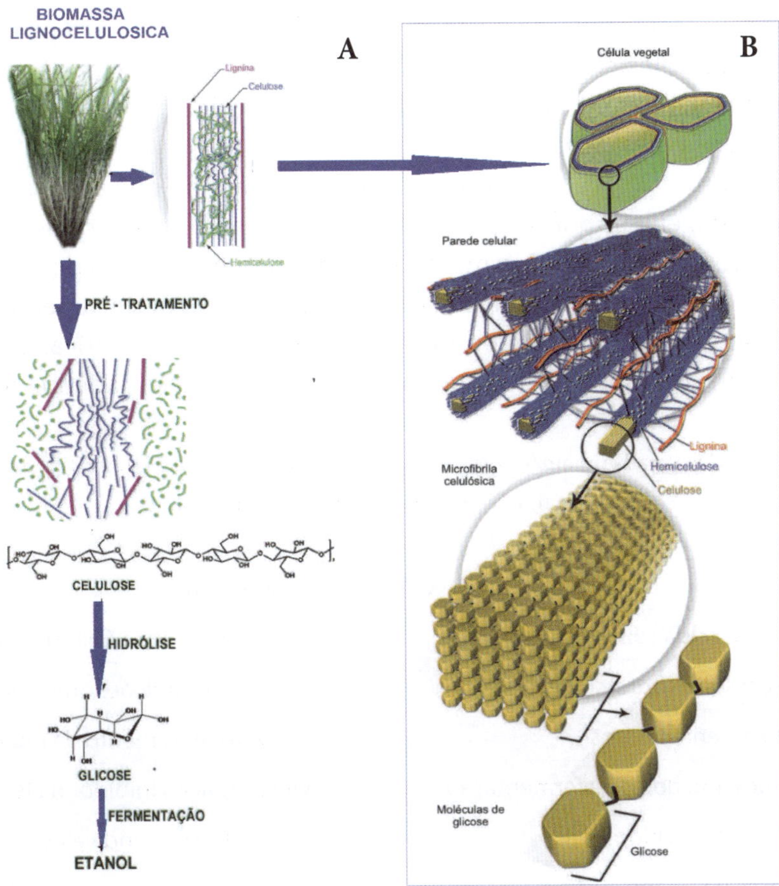

Figura 211 - Representação esquemática da produção de etanol a partir de biomassa lignocelulósica, adaptado de diversos autores, a partir de SANTOS et al. (2012) - A, e citado, como KONDO, T (1997) - B.

Tais técnicas são baseadas em processos mecânicos, físicos, químicos, biológicos ou na combinação destes. Dos vários processos descritos na literatura, PITARELO (2007) destacou que os mais comuns são baseados no emprego de álcali, hidrólise ácida, explosão a vapor, água quente, fluido supercrítico, amônia líquida (*Ammonia Fibre Explosion* ou AFEX) e hidróxido de sódio, todos com o propósito de desagregar a estrutura associativa da lignocelulose, para produzir combustíveis renováveis ou insumos químicos a partir da biomassa. Tal processo físico-químico de explosão com vapor ("Steam Explosion" - AFEX) requer a presença de catalizador, o qual consiste numa tecnologia promissora de pré-tratamento do bagaço de cana no curto, médio e longo prazo, tanto para com hidrólise junta como separada da fermentação, isto é "Separate Hydrolysis and Fermentation"- SHF, quanto para simultânea sacarificação com fermentação (SSF) ou com co-fermentação (SSCF) (JARDINE et al., 2009).

A GRANBIO (2014) tem verificado problemas nesse método associado à ação muito corrosiva nas instalações e busca minimizar a formação de co-produtos que sejam inibidores para leveduras.

A maioria dos trabalhos sobre pré-tratamento a vapor, que se encontram na literatura, estão direcionados à hidrólise enzimática da celulose para a obtenção de glucose e etanol, mas, recentemente, as técnicas de explosão a vapor vêm sendo estudadas para processos de polpação de materiais lignocelulósicos.

A Tabela 92 apresenta uma comparação entre hidrólise ácida e hidrólise enzimática, como uma síntese da literatura.

Desde início do século 21, há um consenso, quanto ao fato de que as vias enzimáticas que têm apresentado vantagens importantes sobre as vias químicas na produção de bioetanol a partir do bagaço de cana-de-açúcar. No momento, o desafio tecnológico posto a superar, pelas empresas, consiste em tornar o processo enzimático técnico e economicamente viável. Tal viabilidade do processo enzimático requer a produção de enzimas específicas para o bagaço de cana pré-tratado e como garantir fornecimento das enzimas a preços adequados.

Tabela 92 - Análise comparativa da Hidrólise Ácida x Hidrólise Enzimática de biomassa lignocelulósica para produção de etanol

Hidrólise Ácida x Hidrólise Enzimática	
Hidrólise ácida (diluído)	**Hidrólise Enzimática**
Condições mais agressivas	Condições amenas
Baixos rendimentos	Alto rendimento da hidrólise
Forma subprodutos inibidores da fermentação	Evita formação Inibidor da fermentação
Baixo custo da hidrólise	Custos ainda elevados
Hidrólise de tempo curto	Longo tempo para a hidrólise
Quebra da celulose e hemicelulose por adição de ácido (sulfúnco)	Quebra da celulose, hemicelulose por enzimas
O ácido precisa ser muito controlado para evitar reações paralelas indesejáveis	Necessidade de manipulação genética de Microrganismos, para produção de enzimas capazes do reduzir etapas e, consequentemente, custos do processo.
Tecnologia mais simples (base científica conhecida)	Tecnologia mais complexa (bases científicas da biotecnologia moderna, menos conhecidas)
Prazo mais curto para desenvolvimento da tecnologia	Prazo mais longo para desenvolvimento da tecnologia
Desafio em termos de inovação está centrado no desenvolvimento de equipamentos (com base em materiais mais resistentes à corrosão)	Desafio centrado no desenvolvimento das enzimas a custo competitivo
Foco de empresas brasileiras (Dedini e Oxiteno)	Foco de empresas e programas de governo dos Estados Unidos e da União Europeia (Programa de Biomassa internacional e projetos prioritários do Programa de Biomassa da União Europeia)

Fonte: diversos autores (RAMOS, 2000 e 2003; RODRIGUES, 2009)

Fermentação do Hidrolisado

Finalmente, após essas degradações dessas substâncias, o xarope obtido é usado para a fermentação etanólica, usando-se a levedura *S. cerevisiae*, que converte hexoses em etanol.

Para que melhor se avalie a qualidade do bagaço, julga-se importante dizer que sua origem resulta da extração do caldo pelas moendas e difusores presente na cana-de-açúcar. Este bagaço, oriundo, assim, das diversas partes da cana, das moendas seguem para servir de combustível nas caldeiras produtoras de vapor. A quantidade de bagaço que sobra dessas operações é amontoada nas áreas próximas as caldeiras, podendo-se retornar às esteiras principais de alimentação desses equipamentos, caso haja necessidade.

De modo geral, considera-se que a hidrólise da hemicelulose fornece pentoses (xilose e arabinose), carboidratos estes não diretamente fermentescíveis por leveduras industriais, sendo a biotransformação destas pentoses a etanol um dos desafios mais importantes a resolver no âmbito científico e tecnológico.

A reação da hemicelulose resultam hexoses, tais como: glicose, manose e galactose, sendo necessárias linhagens de levedura específicas para a produção de etanol. A fermentação das pentoses a etanol continua sendo uma barreira tecnológica difícil de superar. Entretanto, existem poucos micro-organismos que possuem a capacidade de fermentar as pentoses a etanol: *Pichia stipitis*, *cândida shehatae* e *Pachysolen tannophilus* (JARDINE et al., 2009), mas com desempenho, até aquele momento, limitado.

Tal situação tecnológica levou a empresa GRANBIO a optar pelo desenvolvimento de levedura geneticamente modificada para a produção de etanol celulósico, feito a partir da palha enfardada (Figura 212) ou bagaço da cana, tendo sido aprovada sua utilização industrial pela CTNBio (Comissão Técnica Nacional de Biossegurança) no final de 2013 (PAULINO *et al.*, 2017).

Figura 212 - Enfardamento no campo. Fonte: PHD cana, em Lençóis Paulista-SP.

25.4 PREPARO E CORREÇÃO DOS MOSTOS

Já se sabe que mosto é todo líquido açucarado, suscetível de fermentar. Assim sendo, o preparo e a correção dos mostos compreende toda a série de operações tecnológicas, que visam condicionar a matéria-prima, de acordo com as exigências da levedura alcoólica. É evidente, pois, que cada matéria prima deve passar por um tratamento específico, para se transformar num mosto verdadeiro.

25.4.1 CARACTERÍSTICAS DOS MOSTOS

Para se preparar um mosto, derivando-se das diversas matérias primas selecionadas na destilaria, seja de caldo de cana, seja de melaço, seja pertinente ao milho, ou mesmo à destilação do etanol 2G a partir do bagaço, deve-se levar em conta a concentração de sólidos, teor de açúcar, ácidos, teor de sais minerais, teor de nitrogênio, teor de vitaminas, uso de antisséptico, condições de temperatura, etc., conforme se pode comentar.

25.4.2 CONCENTRAÇÃO DE SÓLIDOS SOLÚVEIS E DE AÇÚCARES FERMENTESCÍVEIS

O mosto deve apresentar uma concentração compatível com a linhagem da levedura e com o processo de fermentação a utilizar. Como existe certa correlação entre o teor de açúcares fermentescíveis e o de sólidos solúveis, expresso em termos de graus Brix, os cálculos são efetuados no teor de sólidos.

A utilização de mostos muito diluídos pode ter as seguintes consequências: fermentação mais fácil, menor teor alcóolico do vinho, maior consumo de água de diluição, maior capacidade de dornas, maior capacidade dos aparelhos de destilação, maior consumo de água de condensação, maior consumo de vapor, maior facilidade de infecção do mosto e maior número de operários.

Por outro lado, mostos muito concentrados podem ocasionar as seguintes consequências: fermentação incompleta e, portanto, perda de açúcares; fermentações mais demoradas; maior rendimento na destilação; maior quantidade de incrustações nos aparelhos de destilação.

Na dependência da matéria prima, da linhagem da levedura e do processo de fermentação utilizados, a concentração dos mostos originários, do caldo de cana, do melaço, dos cereais e, mesmo, do bagaço, pode variar de 12 a 28° Brix. Em baixas concentrações de açucar deixa de haver fermentação (formação de etanol) ocorrendo apenas respiração com produção de CO_2 e água, efeit Pasteur.

Acidez

A levedura trabalha bem num mosto correspondente ao pH 4,5 a 5,5. A acidez total, expressa em ácido sulfúrico, deve enquadrar-se na faixa de 2,5 a 3,0 g/litro, não devendo ultrapassar a 5 g/litro.

Uma acidez deficiente não favorece o desenvolvimento da levedura e facilita as infecções bacterianas. A acidez excessiva, por outro lado, pode até matar as leveduras, dependendo, evidentemente, do seu grau.

Sais minerais

Os sais minerais, tanto do ponto de vista da qualidade como da quantidade, devem ser considerados, uma vez que certas reações enzímicas da fermentação alcoólica podem ser favorecidas com certos elementos (AMORIM, 1985), cujo as feixas recomendadas (ppm): N (500-600), K (700-1200), P (50 - 100), Mg (150 - 200), Mn e Zn (1 a 2).

Em adequadas proporções, fosfato de amônio, fosfato de cálcio, sulfato de magnésio, sulfato de manganês, sulfato de cobalto, etc. são favoráveis ao processo fermentativo.

Nitrogênio

O nitrogênio é um elemento importante para a fermentação alcoólica. Seu aproveitamento e os produtos de sua metabolização dependem, consideravelmente, da forma pela qual ele é oferecido à célula da levedura.

Uma fonte não adequada de nitrogênio para a levedura alcoólica acarreta um aumento na produção de componentes secundários no vinho, como os álcoois amílico, isoamílico, propílico, butílico, etc., que devem ser eliminados durante a retificação. Assim, por exemplo, quando a levedura não encontra o nitrogênio na forma amoniacal - forma mais favorável ao seu aproveitamento - no meio, ela retira de outros compostos, como os aminoácidos, resultando nos produtos citados anteriormente.

Vitaminas

A levedura alcoólica, por via de regra, sintetiza as vitaminas de que necessita. Entretanto, em certos casos, a adição de vitaminas, especialmente aquelas do grupo B, ao mosto, melhora o processo fermentativo, sem, contudo, aumentar o teor de etanol no vinho.

Antissépticos

A levedura alcoólica pode adaptar-se com relativa finalidade a meios que lhe são adversos. Assim, por exemplo, em presença do anidrido sulfuroso (SO_2) no mosto, ela acaba se adaptando a doses elevadas. O mesmo não ocorre com os outros microrganismos, cuja presença poderia ser nociva à levedura. Consegue-se, assim, sem muitos inconvenientes, contornar a impossibilidade econômica da esterilização de certos mostos, na grande indústria.

São empregados, comumente, produtos à base de pentaclorofenol e de antibióticos.

25.4.3 CONDIÇÕES DE TEMPERATURA

Os micro-organismos, de uma maneira geral, desenvolvem-s bem em determinadas faixas de temperatura. Acima ou abaixo destas, suas condições de vida tornam-se precárias, valendo observar, aqui, que a sensibilidade é bem maior para as altas temperaturas. Abaixo do ótimo, os microrganismos diminuem suas atividades e adquirem formas de resistência. A levedura alcoólica, por exemplo, pode resistir a temperaturas muito baixas, por um determinado tempo (até 12°C) mas desde que a temperatura ótima seja gradativamente atingida, o microrganismo volta às suas atividades normais.

Segundo seu comportamento durante a fermentação, as leveduras podem ser de alta e de baixa fermentação. As leveduras altas, as mais empregadas nas destilarias de etanol, trabalham bem, de um modo geral, entre 20 - 35°C, sendo o ótimo entre 26 - 32°C. As leveduras baixas têm seu ótimo de temperatura próximo a 15°C.

25.4.4 PREPARO DO MOSTO DE MELAÇO

O preparo dos mostos, de modo geral, compreende duas operações: a diluição e a correção.

Diluição

Devido à sua elevada concentração, o melaço deve ser diluído, para ajustá-lo às exigências da levedura alcoólica.

Neste particular, a primeira consideração a ser feita, dada sua importância, refere-se à qualidade da água de diluição. Com efeito, ela tem que apresentar todas as características de uma água potável, isto é, deve ser incolor, inodora e insípida, não conter sais minerais em excesso e ser bacteriologicamente pura.

Em algumas regiões produtoras de etanol e, especialmente de rum, costuma-se, também, utilizar a vinhaça como diluente do melaço. Todavia, esta prática não é seguida nas destilarias brasileiras.

O cálculo do diluente a se adicionar ao melaço, para que o mosto passe a conter uma concentração de Brix (sólidos solúveis), é dado pela fórmula:

$$\frac{A}{B} = \frac{m - b}{a - m}$$

Onde:
A = peso de melaço (kg);
B = peso do diluente (kg);
a = Brix do melaço;
b = Brix do diluente;
m = Brix do mosto.

Exemplo: um melaço de 80° Brix deve ser diluído com água (Brix = 0), para a obtenção de um mosto com 20° Brix. Qual a quantidade de cada componente a usar?

$$\frac{A}{B} = \frac{20 - 0}{80 - 20} = \frac{20}{60} = \frac{1}{3}$$

Portanto, para 1kg de melaço, serão necessário 3kg (ou 3 litros) de água.

Pelo diagrama de Cobenze, o cálculo seria o seguinte:

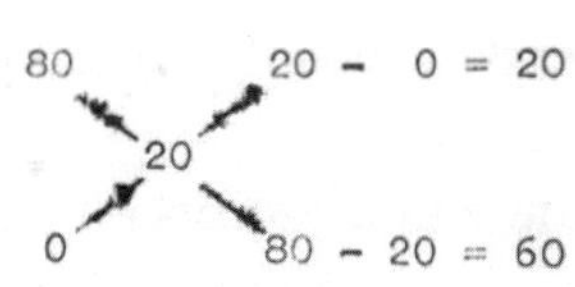

Neste caso, para cada 20kg de melaço, seriam necessários 60kg de água, mantendo-se, pois, a mesma relação de 1:3. Nas destilarias, os cálculos são dispensados, quando tabelas são previamente preparadas para esse fim. A diluição é feita em tanques metálicos providos de sistema de agitação, podendo ser contínua ou intermitente, esta é a mais comum.

CORREÇÃO

A correção do mosto visa a ajustar sua acidez e seu teor de sais. O uso de antissépticos, para torná-lo impróprio ao desenvolvimento de microrganismos nocivos à fermentação, pode ser considerado, também, como uma correção.

Em relação à acidez, usa-se o ácido sulfúrico, até se atingir um pH de 4,5 a 5,5.

A adição de sais minerais (AMORIM, 1985), quando necessária, pode ser feita nas seguintes bases:

Sulfato ou Fosfato de amônio	0,1 g/l
Sulfato de Magnésio	0,01 g/l
Sulfato de Manganês	0,001 g/l
Sulfato de Cobalto	0,001 g/l

Dentre os nutrientes, de acordo com Amorim (1985), o fósforo (P), absorvido pela levedura, tem sua principal função relacionada com a transferência de energia na célula de levedura. Tal elemento é considerado indispensável à absorção do carboidrato e sua posterior conversão em etanol. Para autor, para se ter uma boa fermentação, com alto rendimento de transformação de açúcares redutores totais em etanol, o mosto destinado à fermentação deve apresentar entre 50 a 100 ppm de concentração de fósforo no caldo.

O antisséptico mais empregado é o Emulsan Al, à base de pentaclorofenol, na proporção de 0,02 a 0,04 g/l de mosto, após a adaptação das leveduras.

25.4.5 MOSTO DO CALDO DE CANA-DE-AÇÚCAR

Diluição

Comparativamente ao mosto de melaço, o mosto de cana-de-açúcar deve ser preparado com uma menor concentração de sólidos solúveis. É que o caldo de cana tem uma pureza maior que o melaço, isto é, seu teor de sólidos solúveis é dado, principalmente, por sacarose.

De modo geral, os mostos de cana têm uma concentração variável de 14 a 22° Brix. O cálculo da quantidade de água é o mesmo que o visto anteriormente. Como exemplo, calcular a quantidade de água a adicionar a um caldo de cana, de 24° Brix, para se obter um mosto de 20° Brix.

```
24           20 - 0 = 20 kg de caldo
    \      /
       20
    /      \
0            24 - 20 = 4 kg de água
```

A proporção será, pois, de 5 de caldo para 1 de água.

Correções

A correção da acidez é feita, também, com ácido sulfúrico, até pH 4,5 a 5,5.

25.4.6 MOSTO DE MATÉRIAS AMILÁCEAS E FECULENTAS

O preparo do mosto das matérias amiláceas e feculentas envolve uma série de operações que conduzem a sacarificação do amido, visto que esta substância não é diretamente fermentescível.

A sacarificação pode ser conseguida, pelo menos, por dois processos gerais: o químico e o bioquímico. Os processos químicos, pelos inconvenientes que encerram, acham-se completamente superados. A sacarificação bioquímica pode ser levada a efeito pelo processo do malte ou pelo processo Amylo e semelhantes.

25.5 SACARIFICAÇÃO PELO PROCESSO DO MALTE

Este processo compreende três operações distintas: preparo do malte; hidratação e cozimento do amido.

25.5.1 PREPARO DO MALTE

O preparo do malte consiste, essencialmente, em se fazer germinar um cereal apropriado, em condições controladas de temperatura, luz, arejamento, umidade, etc., para que seu poder diastásico se torne máximo.

O preparo do malte envolve as seguintes fases:

Escolha do cereal a ser maltado

De maneira geral, os cereais podem ser considerados como fonte de produção de malte. Entretanto, a escolha deverá basear-se em, pelo menos, dois fatores que são: o poder diastásico do malte preparado e seu respectivo valor econômico.

A experiência e a prática têm demonstrado que a cevada é a que apresenta, em igualdade de condições, um malte de mais alto poder diastásico. Também se prestam ao mesmo fim o centeio, o trigo, a aveia, o arroz, o milho, etc.

No Brasil, o milho é o mais utilizado, dada sua abundância e menor custo, representando uma boa opção para se fazer a sacarificação. Todavia, seu poder diastásico é inferior ao de outros cereais

Determinação do poder germinativo do milho

No caso presente, o poder germinativo é a porcentagem de germinação das sementes de milho, quando o tempo é fixado em dez dias. Para a indústria do etanol, o mínimo dever ser de 95%.

Deve-se levar em conta, também, a energia ou potencial de germinação, definida como a porcentagem de sementes germinadas em 72h. Nas boas partidas de milho, este valor é da ordem de 65 a 85%.

Como se pode inferir, a consideração destes dois fatores é de maior importância para a indústria do etanol.

Limpeza e classificação do milho

A limpeza do milho tem por finalidade eliminar as impurezas, que podem favorecer a invasão de fungos e bactérias durante a germinação, comprometendo as qualidades do malte. Tais impurezas são constituídas por poeira, pedras, estigmas, brácteas, fragmentos do sabugo, sementes estranhas, etc.

A eliminação das impurezas é feita através de peneiragem e ventilação. A passagem das sementes por aparelhos eletromagnéticos é, também, recomendável, dada a possibilidade da existência de impurezas metálicas.

A classificação das sementes, ainda que em apenas duas categorias (sementes grandes e pequenas), é muito importante, visto que a absorção de água é diferente, em função do seu tamanho este fato tem estreita relação com o tempo de germinação.

Maceração do milho

A maceração tem por finalidade fornecer à semente uma umidade suficiente, para estimular e garantir o trabalho da germinação industrial.

A maceração é efetuada em cubas ou tanques de maceração. Tais cubas são metálicas e cilíndricas. Abertas na parte superior e possuindo fundo tronco cônico, são dotadas ou não de agitador mecânico, com ou sem dispositivo, para aeração forçada.

Na parte inferior dos tanques, há um tubo de escoamento da água de maceração. O descarregamento do milho é feito, também, na parte inferior, através de uma abertura relativamente grande, cujo movimento é comandado por uma alavanca colocada na parte superior ou na base do tanque.

A capacidade das cubas deve ser de 300 - 350 L para cada 100kg de milho. O tempo de maceração varia de 3 a 5 dias.

Dá-se por terminada a operação, quando as sementes têm seu peso aumentado em 40-50%. Outras observações são igualmente feitas, com o objetivo de constatar o final da maceração.

Germinação do milho macerado

O milho macerado passa das cubas para os germinadores onde, sob condições adequadas, deve germinar. A geminação deverá ser encaminhada de modo tal, que o processo conduza à obtenção de um máximo de diástases necessárias à liquefação e sacarificação do amido.

Os germinadores empregados industrialmente são de variados tipos, podendo ser classificados em: germinadores de tipo comum (maltagem ordinária) e germinadores de tipo pneumático (maltagem pneumática)

Quando o processo seguido é o da maltagem ordinária, o próprio piso da sala é que irá se constituir no 'germinador' ou 'eira'. A área total, neste caso, será de aproximadamente 6 m^2 por 100 kg de milho em processo. Para a cevada, 35 m^2/100 kg.

Numa instalação bem feita, a área do germinador é separada em compartimentos, por muretas de 60-80 cm de altura, para separar os diferentes lotes de milho.

O milho vindo das cubas de maceração é descarregado no germinador, onde deverá formar um amontoado cônico de altura variável. Esta disposição facilita a uniformização da água e proporciona certo aquecimento inicial para a 'picagem'. Quando se inicia a "picagem", o milho é revolvido e esparramado em camadas de 10 cm de altura, aproximadamente. Esta operação é feita periodicamente, para uniformizar a umidade, a temperatura, etc. Aliás, nesta operação, as sementes são umidecidas com água, por aspersão, a razão de 10-12 L/100 kg de milho.

A operação dura de 9 a 12 dias.

A maltagem pneumática é realizada em germinadores especiais (Saladin e Galland), onde as condições de germinação são melhor controladas.

Maturação do Malte

Diz-se que o malte está maduro, quando atingiu o máximo em seus poderes fluidificantes e sacarificantes. Para o milho, este ponto é atingido, praticamente, quando as radículas atingem um comprimento 3 a 4 vezes maior que o da semente. Neste ponto, a plúmula tem um comprimento equivalente a 60 - 80% da semente. Esta fase é conduzida no próprio germinador.

Trituração do Malte

O malte, antes de ser utilizado para a sacarificação, deve ser transformado em leite de malte. Para tanto, envia-se à secção de moagem, onde sofre uma trituração grosseira, em presença de água. Esta operação visa libertar as diástases que, depois, em contato com o amido cozido e gomificado, irão liquefazê-lo e sacarificá-lo.

25.6 HIDRATAÇÃO E COZIMENTO DO AMIDO OU FÉCULA

Estas operações tem por finalidade transformar o amido ou a fécula em "goma". A operação é conduzida em tanques abertos ou fechados, em sistema de agitação mecânica e de aquecimento com vapor. Evidentemente, a matéria prima para esta operação deve sofrer uma trituração, para um melhor rendimento do processo. O material recebe a adição de água, na proporção de 350 - 400 L/100 kg de milho.

A transformação do amido em "goma" facilita o íntimo contato do material com as diástases do malte.

25.6.1 SACARIFICAÇÃO DA GOMA DE AMIDO

A sacarificação da goma é realizada em dorna de construção especial, denominada "sacarificador". Consta, em síntese, de uma cuba metálica, de paredes simples ou duplas, contendo, internamente, serpentinas, cuja finalidade é regular a temperatura interna, pela passagem de água ou de vapor. Possuem, também, sistema de agitação mecânica.

O sacarificador recebe a goma de amido vinda dos cozedores e depois que está a se resfriar, até 65-66°C, recebe o leite de mate, numa proporção que pode variar de 10-20 kg, para cada 100 kg de amido ou fécula a sacarificar. A agitação, por uns 10 minutos, encarrega-se de homogeneizar a massa e, conjuntamente com a adição do leite de malte frio, de fazer com que a massa se resfrie até 55°C, aproximadamente. Neste ponto, a massa é deixada em repouso por 45-60 minutos, retirando-se amostras periódicas, para o controle de andamento do processo.

Terminada a sacarificação, eleva-se a temperatura para 65-70°C, durante cinco minutos, a fim de inativar os germes presentes. A seguir, a temperatura é rapidamente baixada para 25-26°C. Tem-se, nestas condições, o mosto, preparado que deve, agora, sofrer a necessária diluição e as correções.

A diluição é feita, com o objetivo de se ter um mosto com 35° Brix.

As correções da acidez e dos sais minerais são feitas, quando necessárias, da forma já vista. O uso de antissépticos deve seguir, também, as recomendações já dadas.

25.6.2 SACARIFICAÇÃO PELO PROCESSO DA AMILASE FÚNGICA (PROCESSO AMYLO E SUAS MODIFICAÇÕES)

A utilização de enzimas produzidas por fungos na sacarificação e fermentação de matérias amiláceas é conhecida no Oriente, desde os mais remotos tempos.

Foi Calmette, segundo ALMEIDA (1944), que, estando em viagem de estudos na Indochina, observou os nativos fabricarem etanol de arroz, sem valer-se do malte ou do ácido para a sua sacarificação. Supôs, então, que a hidrólise do amido deveria ser realizada por microrganismos. Este autor conseguiu, posteriormente, separar um microrganismo capaz de sacarificar o amido e transformar o açúcar resultante em etanol e anidrido carbônico. Atualmente, várias fábricas de etanol ou de bebidas alcoólicas, baseadas em matérias primas amiláceas, usam o processo da amilase fúngica. Neste processo, o amido, depois de gomificado, de maneira semelhante a que foi vista anteriormente, recebe uma suspensão de um microrganismo, que poderá ser de raças selecionadas de *Rhizopus nigricans*, *Mucor rouxii*, *Mucor delenar*, etc... O processo industrial exige uma assepsia na sua condução, idêntica à utilizada em laboratório. Todavia, são atribuídas inúmeras vantagens a este processo, em relação ao processo do malte.

As fábricas, que estão sendo instaladas no estado de Mato Grosso, estão usando este processo da amilase, julgado para sacarificar o amido do milho.

25.7 PREPARO DO MOSTO DOS RESÍDUOS DA COLHEITA DE CANA E BAGAÇO

Pelo que se pode constatar da literatura (FINGUERUT et al., 2011), o mosto a ser preparado, a partir dos resíduos celulósicos da colheita da cana-de-açúcar e do bagaço, deve passar por operações mecânicas, mediante a aplicação do processo de hidrólise. Segundo esses autores, os sacarídeos podem ser convertidos em etanol e CO_2, conforme a seguinte equação:

$$C_6H_{12}O_6 = 2\,C_2H_5OH + 2CO_2$$

Consultando a literatura, verifica-se que o ácido sulfúrico, adicionado de água, tem sido usado para tornar o bagaço numa massa homogênea, a qual é conduzida para tanque tubular, onde é injetado vapor, para acelerar a degradação do material em processo. Depois de algum tempo, essa massa já pré cozida é encaminhada para outro tanque, onde recebe, no ambiente usual de pressão, a enzima, que tem por finalidade fracionar a celulose em açúcares simples.

O meio em processamento com o uso do ácido sulfúrico favorece a obtenção da xilose, da frutose e da lignina. Tem sido recomendada a centrifugação dessa massa celulósica, para separar a lignina. Os açúcares simples, assim obtidos, são encaminhados para a fermentação, dorna volante, destas para os dornas de fermentação, recebem a ação das leveduras, que têm por finalidade, converter esses açúcares em etanol.

Após a fermentação, o vinho obtido é enviado para o setor de destilação, onde se obtém o etanol e a vinhaça.

CAPÍTULO 26

AGENTES DA FERMENTAÇÃO ALCOÓLICA

A fermentação alcoólica é um processo onde ocorre uma interação entre a matéria prima a ser transformada em etanol e os agentes de transformação, denominados leveduras alcoólicas.

As leveduras são fungos que perderam o hábito micelial, tornando-se unicelulares e que, de acordo com ENGLER e GILY (1924), e atualizado nos anos 2000, obedecem a seguinte classificação:

Classe:	Ascomicetos
Sub-Classe:	Hemiascomicetos
Ordem:	Endomycetales
Família:	Endomicetaceae
Sub-Família:	Saccharomycetoideae
Tribo:	Saccharomycetaceae
Gênero:	Saccharomyces
Espécies:	S. cerivisae, S. carlbergensis, S. boulardii, S. apiculata, S. ellipsoideus, S. pastorianus.

Industrialmente, classificam-se as leveduras segundo seu comportamento nas fermentações. Assim, têm-se leveduras verdadeiras, falsas, selvagens, altas, baixas ou de destilaria. Dentre as leveduras com utilidade para produzir etanol, foram selecionadas várias linhagens ao longo dos anos, com características próprias e afetadas pelas condições do processo fermentativo na destilaria. Entre elas, destacaram-se, desde do início do Século 21, a CAT-1 e a PE2, já amplamente empregadas por mais de 150 unidades (AMORIM, 2005). De acordo com FERMENTEC, efetuou-se o sequenciamento pleno do genoma da CAT1, concluído em 2007.Os resultados mostraram um número maior de genes relacionados ao metabolismo das vitaminas B1 e B6, que aumentam a competitividade e garantem sua predominância em relação às leveduras selvagens e de laboratório. Tem sido observado que PE-2, em destilaria, toleram teores alcoólicos no vinho de até 14%. As linhagens CAT-1 e PE-2 é uma das soluções recomendadas pela Fermentec, para destilarias que enfrentam problemas com alumínio no mosto. Deve ser salientado que, atualmente, tem-se, por estratégia, a busca de leveduras adaptadas à locais, isto é, adaptadas para composição da matéria prima de cana crua mecanizada e de condução de processo.

Porém, salienta-se que uma mesma levedura pode pertencer a mais de um daqueles grupos, pois não tem características morfológicas, reprodutivas ou de fermentações permanentes.

Apesar de constituírem um ramo menor dos fungos superiores em número de espécies, as leveduras são muito importantes microbiologicamente. A maioria tem como habitat o solo, tendo porém grande capacidade de adaptação, sendo ainda encontradas em néctar de flores, na superfície de frutos, etc., em muitos casos provocando a fermentação dos açúcares em etanol e dióxido de carbono (HORII, 1980a).

Com respeito à forma, geralmente são ovais. Contudo, algumas são alongadas e outras esféricas, de dimensões microscópicas, variando entre 1 a 5 micras de largura por 5 - 30 micras de comprimento (Figura 213).

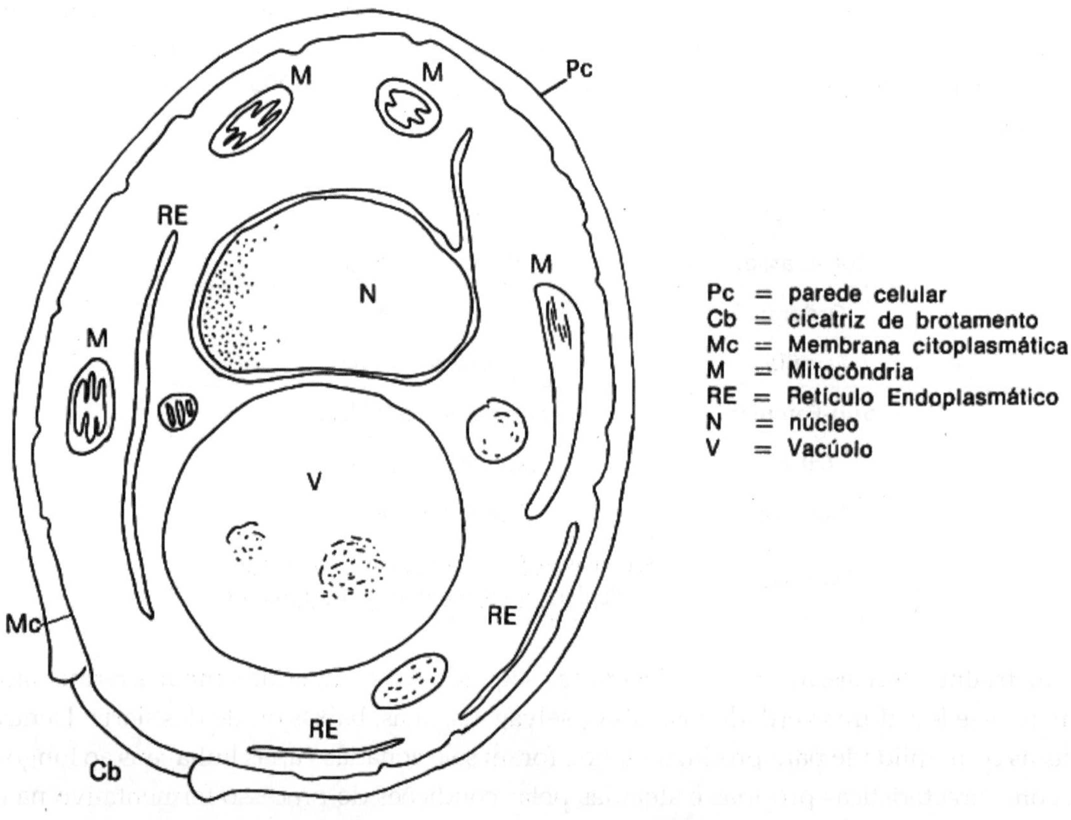

Figura 213 - Diagrama de uma célula de *S. cerevisiae* (Horii, 1980a).

26.1 REPRODUÇÃO

As leveduras podem se reproduzir através de processos sexuais e assexuais. A reprodução assexuada, ou multiplicação faz-se por brotamento ou gemulação, do seguinte modo: na célula-mãe, se desenvolve-se uma protuberância monopolar, bipolar ou mesmo múltipla, que posteriormente se separa com célula filha (Figura 214). Uma mesma célula só pode dar origem a 24 gerações de células vegetativas filhas. Cada geração é completada a intervalos de 30 minutos, quando as leveduras estão em brotamento ótimo. As características de cultura são mais constantes nesse caso, apresentando, porém, o inconveniente de fácil degeneração.

Quando a multiplicação cessa, em um determinado estágio de desenvolvimento do microrganismo, ocorre a reprodução sexuada, havendo a transformação das células vegetativas em ascaos (esporulação). Porém, isso somente ocorre onde o meio é desfavorável. Nos meios industriais, onde o substrato é completo, não ocorre a esporulação, salvo com adição de substâncias estimulantes.

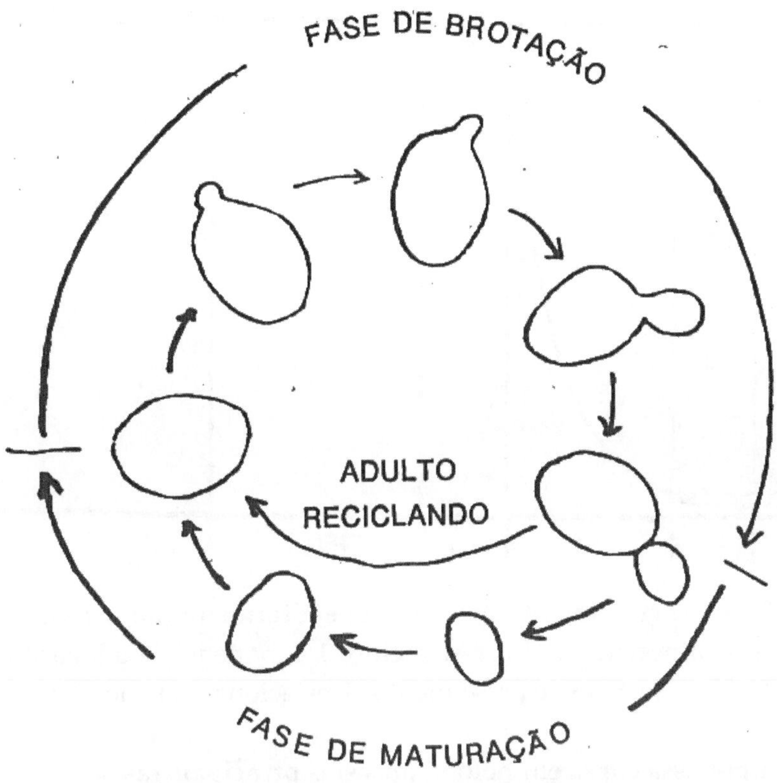

Figura 214 . Reprodução de levedura (Horii, 1980a).

26.2 CINÉTICA DO DESENVOLVIMENTO DAS LEVEDURAS

Quando se inocula determinado microrganismo em um substrato adequado, verifica-se um crescimento populacional, decorrente da multiplicação celular.

Em um processo fermentativo se diferenciam em fases (SILVA *et al.*, 2013): a fase biológica composta por uma população microbiana que vem do cultivo de células; e uma fase ambiental, o meio de cultivo que contém um substrato e produtos do processo. As células de levedura, por sua vez, consomem nutrientes e convertem os substratos no ambiente em produtos. Em estudos de processo fermentativo, se observa que o máximo de população pode ser atingido por algumas espécies em tempo relativamente curto; outras espécies, porém, atingem esse máximo em 24 horas, requerendo outras, maior tempo. Há um aumento do número de células pode ser medido por vários processos, por exemplo, relacionando-se o logaritmo do número de células ao tempo, o que resulta em um gráfico denominado "Curva de Crescimento" (Figura 215), que observa-se nas populações de células totais e as viáveis (vivas).

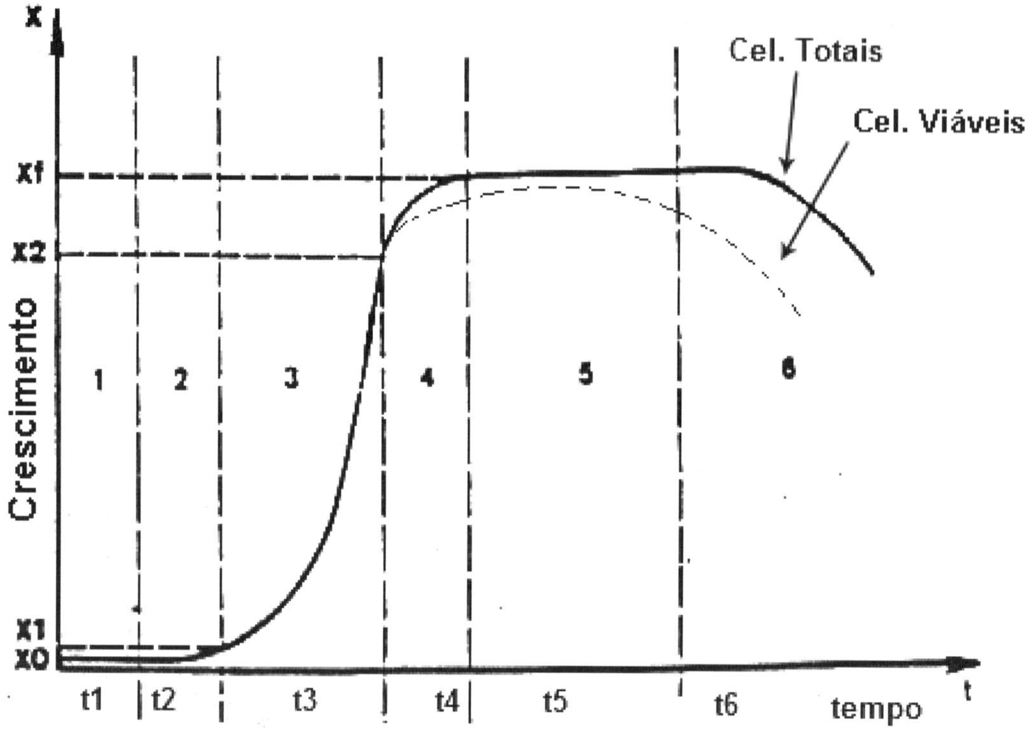

Figura 215. Fases de crescimento da levedura em fermentação (curva de crescimento)
1. latência; **2.** aceleração do crescimento; **3.** exponencial ou logarítmica; **4.** desaceleração do crescimento; **5.** estacionária; **6.** declínio.

Pode-se decompor essa curva em pelo menos seis principais fases:

Para aprofundar a questão do tempo de fermentação é necessário visualizá-lo como três partes ou componentes: o microrganismo (*Saccharomyces cerevisiae*), o metabólito ou produto (etanol) e o substrato (mosto). Os valores experimentais de concentração permitem desenhar curvas de ajuste, que representam o processo. Depois da inoculação do meio de cultivo favorável para o crescimento desses microrganismos, existe um comportamento em valores de concentração de células (totais e viáveis), divididas em algumas fases:

1. Fase de latência ou Lag Fase, que segue-se imediatamente à inoculação do meio com microrganismo (*Saccharomyces cerevisiae*). A Lag Fase, é a inicial, inicia-se com a adição de inoculo ao substrato. O número de células permanece inalterado temporariamente, não significando isso, porém, que as células estejam dormentes, pelo contrário, estão muito ativas, sintetizando seu protoplasma. Essa fase é influenciada por vários fatores que atuam sobre sua duração, quais sejam os principais: volume de inoculo, idade do inoculo e natureza do meio de cultura.

O excesso de volume do inoculo não altera o tempo de duração dessa fase. Porém, se colocarmos o inoculo na fase logarítmica, esta poderá ser mais curta ou mesmo inexistir. Esta fase também pode ser reduzida quando a composição, onde está sendo inoculando o microrganismo, é semelhante ao meio original.

2. Fase de transição ou de aceleração do crescimento, onde se observa o início da reprodução da levedura; há um aumento gradual de reprodução.

3. Fase exponencial ou logarítmica, aquela em que as células estão em ativa multiplicação e a taxa de crescimento é máxima. A duração dessa fase é função dos seguintes fatores principais: composição inicial do meio, modificação do meio provocada pela levedura, espaço vital mínimo, número de células inoculadas inicialmente, etc.

4. Fase de desaceleração do crescimento, com velocidade de reprodução constante até que atinge o número limite de Brown, correspondente de 2 a 5.10^6 células por mililitro, isto é, máximo número de células por unidade de volume, tem início a fase estacionária. Nesta fase, o número de células permanece mais ou menos constante, isto é, o número de células produzidas é praticamente igual ao número de células que morrem. Essa fase está intimamente ligada ao esgotamento do meio em nutrientes e ao acúmulo de produtos tóxicos, mas o teor de álcool cresce, isto é, as células viáveis são menores que as totais (Fig. 215).

5. Fase estacionária, devido ao esgotamento do meio de cultivo necessário para o crescimento e acumulação de inibidores (produto). A taxa de crescimento diminui, até desaparecer.

6. Fase de declínio. Essa fase de declínio ou de morte tem seu início quando o número de células que morrem é maior que número de células produzidas. A duração dessa fase está condicionada aos mesmos fatores da anterior. Ocasionalmente, o número de leveduras pode aumentar, devido à disponibilidade de nutrientes resultante da autólise das células. Quando a superficie do vinho está completamente tranquila, límpida e as células vivas viáveis se reduzem, terminando a pôs-fermentação, o vinho está pronto para sua destilação (Fig. 215).

Existem muitos estudos sobre avaliação da evolução do tempo de fermentação dos processos. Há uma contribuição relevante de acompanhamento, por muitos anos, pela equipe do Centro de Tecnologia Canavieira (ex-Copersucar), citado por FIGUERUT et al, 2011), que acompanhou o processo em muitas usinas por meio de laboratório volante (Figuras 216, 217 e 218), em que se observaram alguns índices, ao longo de 30 anos. Apresenta uma redução no tempo de fermentação (c), um aumento no rendimento fermentativo (b), mas, uma tendência de teores alcoólicos a menos no vinho (a) atribuído à maior utilização de melaço na composição do mosto.

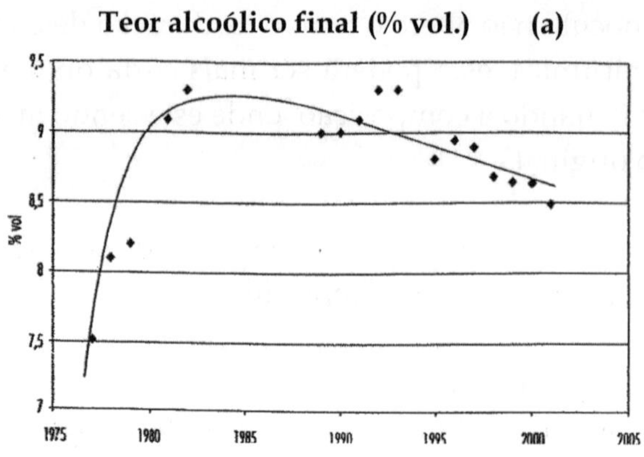

Figura 216 - processos fermentativos nas usinas da Região centro Sul, em teor alcoólico, em acompanhamento da equipe do Centro Tecnologia Canavieira. Fonte: FIGUERUT et al (2011).

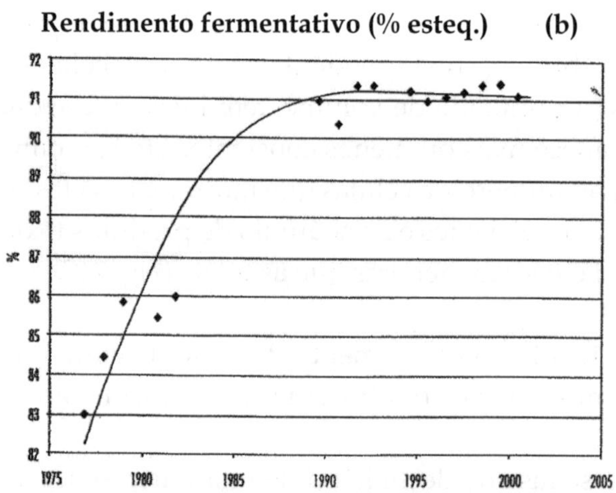

Figura 217 - Rendimento, em acompanhamento da equipe do Centro Tecnologia Canavieira. Fonte: FIGUERUT et al (2011).

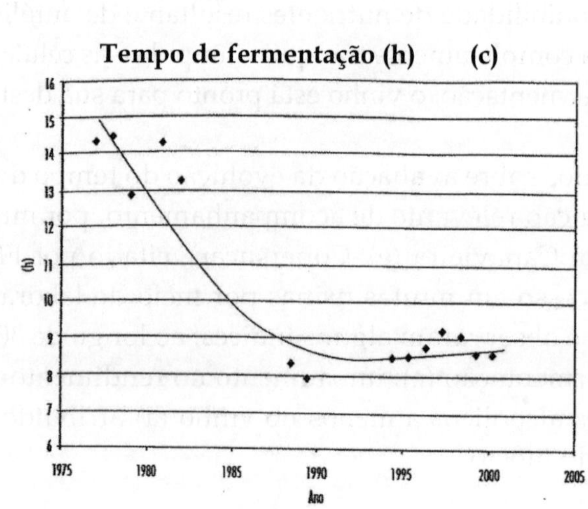

Figura 218 - Tempo, em acompanhamento da equipe do Centro Tecnologia Canavieira. Fonte: FIGUERUT et al (2011).

26.3 FISIOLOGIA E METABOLISMO DAS LEVEDURAS

A atividade fisiológica das leveduras está na dependência das seguintes funções: crescimento, reprodução e manutenção da vida. Tais atividades são realizadas direta ou indiretamente, mediante um complexo de reações químicas, realizadas pelas suas enzimas celulares.

O metabolismo é um conjunto de fenômenos químicos e físico-químicos, mediante os quais se realiza a assimilação ou anabolismo, e a desassimilação ou catabolismo. É um processo através do qual o substrato é transformado em produto de degradação, ao passo que a assimilação é função orgânica, por meio da qual o microrganismo transforma o substrato em substância própria na forma de ATP.

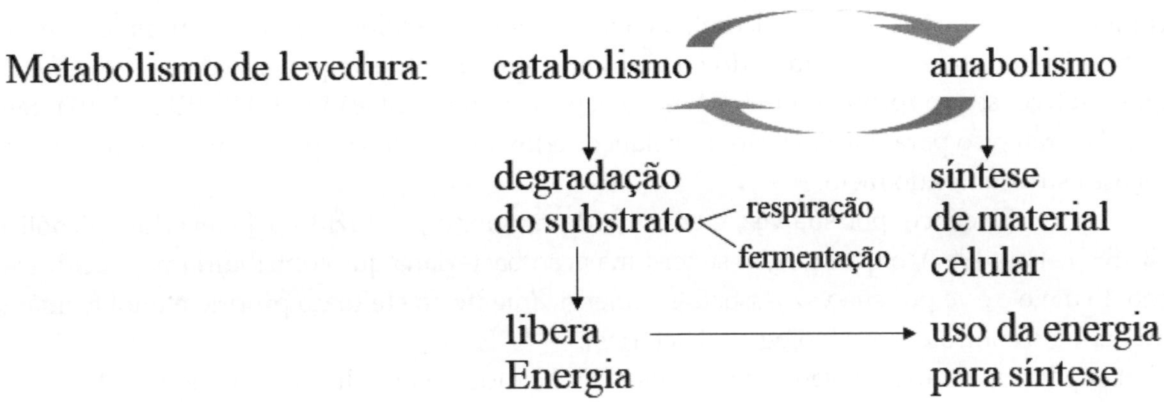

As reações químicas ligadas aos processos catabólicos fornecem energia (exergônicos), enquanto os processos anabólicos (endorgânicos) requerem energia. Assim sendo, a energia é transferida.

As reações catabólicas são a respiração (aeróbico) e a fermentação (anairóbico), que fornecem energia para as sínteses dos elementos celulares. Todavia, há o efeito CRABTREE, que mesmo em presença de oxigênio no meio com elevada concentração de glicose, ocorre formação de etanol, o valor limite é 0,05 a 0,75%.

Respiração é oxidação biológica de substratos orgânicos sob sistemas multienzimáticos que catalizam a oxidação por meio de transporte de elétrons na cadeia respiratória onde há ativação do oxigênio (aceptor e-) e formação de água, conforme reação oxidativa:

$$C_6H_{12}O_6 \longrightarrow CO_2 + H_2O + 36\ ATP$$

Fermentação é reações em que compostos orgânicos atuam como substratos e como agentes de oxidação, em uma sequência ordenada de reações enzimáticas conforme:

$$C_6H_{12}O_6 \longrightarrow 2\ C_2H_5OH + 2\ CO_2 + 2\ ATP$$

Nos processos industriais para produção de etanol, além das condições anaeróbicas, é necessária a interação de outros fatores como: temperatura, pH, concentração em açúcares e nutrientes.

Os nutrientes basicamente indispensáveis às leveduras são: carbono, hidrogênio, nitrogênio, fósforo, potássio, enxofre, cálcio, magnésio, e elementos traços, como manganês, zinco e ferro. Todavia, embora necessária e até alguns autores se arrisquem a colocar valores, mas ocorre que tem muitas variações, devido ao processo industrial, da qualidade da matéria prima e da cepa de levedura utilizada.

O metabolismo da levedura é difícil de se estudar pela sua complexidade e o interacionamento entre reações bioquímicas do microrganismo, porque a redução de coprodutos (ácido succinico e glicerol) por manipulação tecnológica pode gerar uma redução da eficiência da fermentação alcoólico, como um efeito colateral.

As leveduras durante a fermentação alcoólica produzem além de etanol e gás carbônico, compostos secundários como glicerol, álcoois superiores, ácidos pirúvico e succínico, sendo que o glicerol pode ser considerado como o mais importante componente do ponto de vista quantitativo, sendo formado de 3 a 4 % do açúcar na fermentação (GUTIERREZ, 1991), tem papel estratégico para manutenção do balanço redox intracelular e protegendo contra as condições estressantes do meio.

O ácido succinico, por sua vez, é encontrado no vinho produzido pela levedura alcoólica (BASSO et al., 1997), o qual atribui se ter uma ação bacteriana que contribuiria para acidificação do meio e este por sua vez, associa-se sinergicamente ao efeito do próprio etanol formado atuando no controle microbiológico (bactérias).

Há por outo lado a presença de trealose, dissacarídeo não redutor formado por duas unidades de glicose, sabe se que tem dois papeis metabólicos relevantes é uma da substâncias de reserva energética, como glicogénio, e atua na proteção da célula do levedo no processo de estresse no meio (PAULILLO et al., 2003).

CAPÍTULO 27

PREPARO DO LEVEDO ALCOÓLICO

Na natureza, existe um grande número de microrganismos capazes de reproduzir a fermentação alcoólica; entretanto, o tipo, a qualidade e o rendimento dessa fermentação serão funções, além de outros fatores, do gênero, espécie de fermento ou fermentos presentes. Pode-se obter levedo de alta qualidade, a partir da seleção de fermentos selvagens. Para uma boa fermentação, é necessário que se coloque no mosto uma quantidade adequada de fermento, correspondente ao número limite de Brown; esse volume de microrganismos é denominado de "levedo alcoólico", "pé de cuba", "pé de fermentação" ou simplesmente "fermento".

27.1 TIPOS DE FERMENTOS

Na prática industrial, diversos são os fermentos utilizados, de acordo com as possibilidades técnicas da destilaria. Dessa forma, tem-se o fermento caipira, o prensado, o misto e o selecionado (cultura pura) e reaproveitado do ciclo anterior.

O fermento caipira é preparado a partir de microrganismos que estão presentes na cana-de-açúcar, no ar, etc., em um substrato de composição muito variável, dependendo da combinação de farelo, arroz, bolachas, fubá, limão, laranja azeda, etc. São, porém, organismos de pequena tolerância ao etanol, produzindo fermentações irregulares e de baixo rendimento, não justificando, pois, maiores atenções.

Muito semelhante ao processo anterior é o "fermento misto", utilizando-se também daquele tipo de substrato e mais fermento prensado.

O "fermento prensado" é constituído por um agrupamento de células de levedura. Esta é, sem dúvida, a maneira mais fácil para a obtenção do "pé de cuba", embora não seja exatamente apropriado à fermentação alcoólica (fermento para panificação). A grande vantagem desse fermento decorre do mesmo ser pré-industrializado. O processo consiste em adicionar, diretamente à dorna, uma suspensão do fermento, na proporção de 20 a 25g por litro de mosto a ser fermentado, até um máximo de 1000 litros. Quando se tratar de dornas de maior volume, novas suspensões poderão ser adicionadas, a determinados intervalos de tempo, até que seja atingido o volume desejado.

A utilização do fermento selecionado está limitada, pois, nesse caso, exige-se melhores condições técnicas de trabalho. Atualmente seleciona-se linhagens persistentes (tolerante ao estresse) e dominantes (competitivas, com outros microorganismos) e com bons atributos fermentativos e pouca sobra de ART (Açucares Redutores Totais). A grande vantagem do uso desse tipo de fermento reside no fato do mesmo estar capacitado a viver em condições especiais, diferentes das naturais, habituando-se a altas concentrações de açúcar, etanol e condições de temperatura, produzindo fermentações mais regulares, puras, rápidas e mais produtivas.

Duas são as técnicas para preparação do fermento selecionado: com aparelho de cultura pura e sem aparelho de cultura pura.

O esquema explicativo a seguir mostra o preparo do levedo alcoólico, a partir do fermento selecionado, sem aparelho de cultura pura (Figura 219).

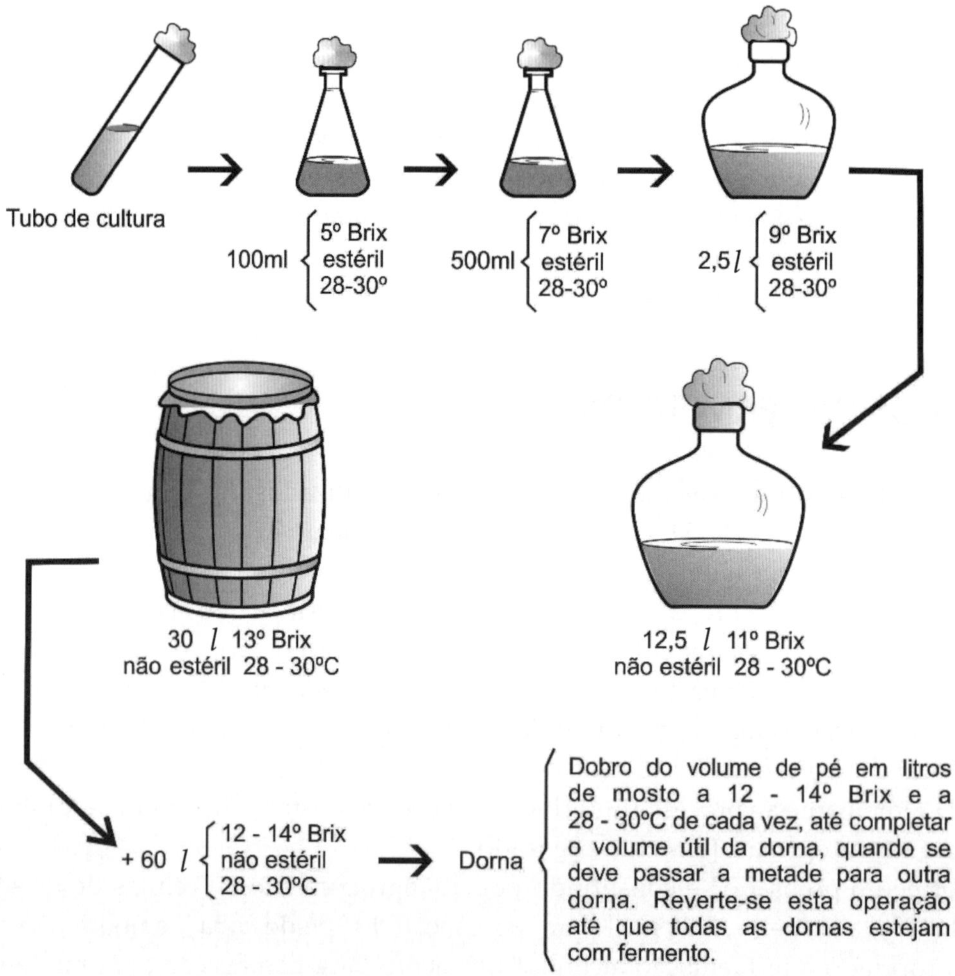

Figura 219 - Preparo do fermento, a partir de cultura pura.

O processo de cultura pura está hoje em desuso para preparo do levedo alcoólico, em virtude de cada dorna a ser fermentada necessitar de novo pé. Entretanto, o processo é utilizado para obtenção dos microrganismos necessários nas destilarias de bebidas alcoólicas, como é o caso do uísque.

O esquema a seguir mostra o preparo do levedo alcoólico, a partir do fermento selecionado com aparelho de cultura pura (Figura 220).

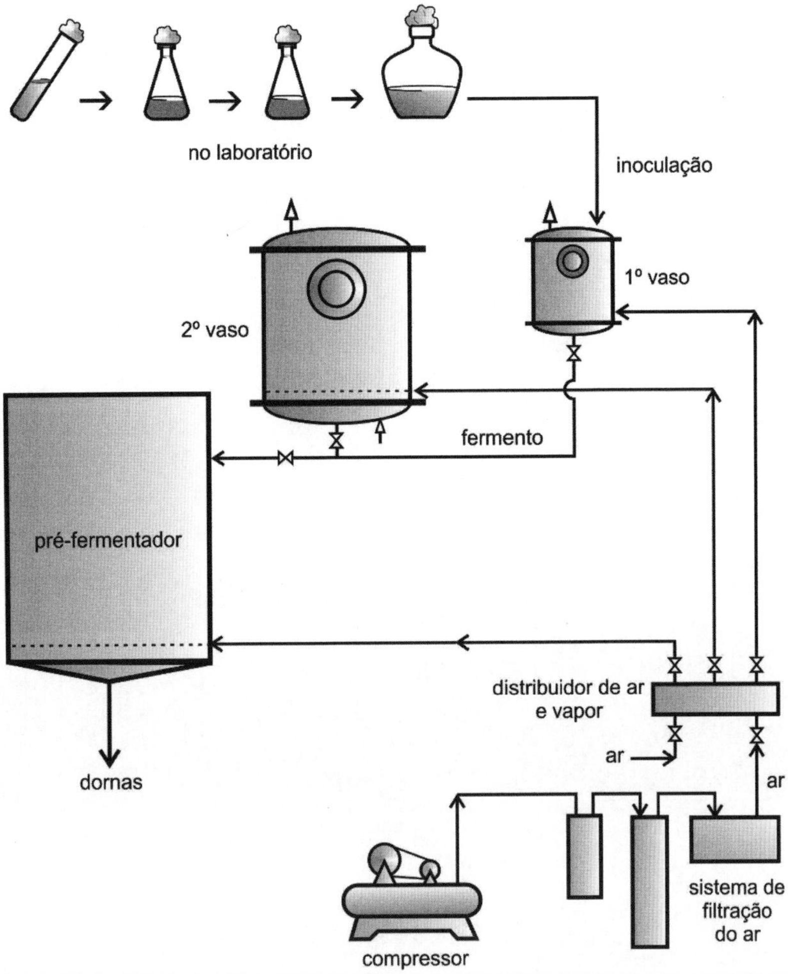

Figura 220 - Preparo de fermento a partir de levedura selecionada.

Atualmente, as técnicas usuais trabalham em três etapas para introdução de uma levedura selecionada nas destilarias segundo L. C. Basso (ESALQ):

- **Primeiro passo:** avalia-se as linhagens e seliciona-se segundo a produção de espuma, floculação e açucar residual em ART no vinho.
- **Segundo passo:** desempenho fermentativo da linhagem onde se consideram os parâmentros, rendimento em etanol, produção de gliceról, taxa de crescimento, velocidade de fermentação e manutenção de alta viabilidade durante reciclos (glicogênio e trealose intracelulares).
- **Terceiro passo:** propaga-se as linhagens selecionadas para serem introduzidas no processo industrial. Na safra se faz monitoramento pela careotipagem mensais e opta-se pelas linhagens de características de persistência e dominância do levedo.

CAPÍTULO 28

SALAS E DORNAS DE FERMENTAÇÃO

O ambiente onde se desenvolve a fermentação alcoólica deve estar coerente com certos detalhes técnicos e excelentes condições de assepsia. Os projetos de destilarias liberados pelo programa do Proetanol, a partir de 1975, sempre atenderam às boas condições de assepsia das operações, associada á linhagens mais adequadas.

28.1 SALA DE FERMENTAÇÃO

A sala de fermentação é o local onde se acham instalados os recipientes, nos quais se processa a fermentação, devendo estar servido de água em abundância, ser bem ventilado, coberto e amplo.

As paredes da sala, quando projetadas em tempos antigos, devem ser espessas, para evitar as trocas bruscas de temperatura, devendo apresentar, também, um revestimento impermeável e lavável. A cor das paredes, quando construídas, deve ser clara na parte superior, escurecendo à medida que se aproxima do piso. Contudo, nos projetos instalados pelo programa do Proetanol, 1975, as dornas eram instaladas em locais planos, tendo apenas cobertura e com piso cimentado de fácil drenagem após lavagem.

O piso da sala de fermentação deve apresentar uma inclinação de tal ordem, que permita o escoamento das águas para o centro da sala, onde existe uma canaleta recoberta por um gradil de ferro.

O teto da sala de fermentação deverá ser de material claro, para refletir os raios solares. A distância entre as dornas e o teto deve ser grande, para que diminua a influência do calor radiante e, consequentemente, as perdas de etanol por evaporação.

Na parte mais elevada da sala, estão localizados os depósitos de água de diluição, matéria prima, ácido sulfúrico, etc. Em muitas instalações, esses depósitos são instalados em áreas próximas da sala de fermentação. Essas condições não tem sido mais desenhadas nos projetos modernos. Nas últimas décadas, a instalação das dornas de fermentação tem sido feita ao lado dos aparelhos de destilação, tendo apenas cobertura, sem qualquer proteção nas laterais das dornas, diminuindo, assim, os custos de instalação.

28.2 DORNAS DE FERMENTAÇÃO

Dorna de fermentação é o reservatório onde se coloca mosto a ser fermentado. Antigamente, as dornas eram construídas em, alvenaria ou chapas de ferro. As dornas de ferro ou aço carbono revestido com aço inox, plástico e resina são cilíndricas e de fundo cônico, para escoamento de vinho. A relação mais usual entre diâmetro da dorna e altura é de 1,5 a dois para um. Diâmetro maior que a altura favorece as contaminações e perdas por evaporação e arrastamento de etanol. Uma dorna de ferro é constituída pela junção, através de solda, de várias chapas arqueadas. Na parte superior da dorna, na borda, encontra-se soldada uma flange de ferro, para dar maior rigidez. As dornas de ferro podem ser abertas ou fechadas. As fechadas possuem, na parte superior, uma espécie cônica, provida de janela de inspeção, luneta de vidro, respiro com ou sem lavador de gás, funil de drogas e torneiras de prova. Contudo, as dornas abertas são as mais utilizadas, apresentando uma série de vantagens: menor custo, fácil limpeza, permitindo, ainda, um controle visual mais amplo. Por outro lado, têm também suas desvantagens como, maior facilidade de contaminações, perdas de etanol por evaporação e arraste. São menos higiênicas, devido ao derramamento de espumas.

Como inconvenientes das dornas fechadas pode-se citar: custo mais elevado, maior dificuldade de limpeza, controle visual em muitos casos impossível e outros. Contrabalançando essas desvantagens, tem-se: melhores condições de higiene, menor incidência de infecções, não há perdas de etanol, dão melhor rendimento, permitindo ainda recuperação de CO_2. O processo fermentativo é exotérmico, devendo-se então promover a refrigeração das dornas. Isso pode ser feito por aspersão de água nas paredes externas ou internamente, através de uma serpentina, o que é muito mais eficiente, pois a superfície de contato com o mosto é grandemente aumentada, não havendo mais problemas de entupimento.

Para cada 100 litros de mosto, necessita-se de 0,025 a 0,030 m^2 de superfície de refrigeração. Outro elemento a ser considerado é a capacidade das dornas, no aspecto individual como em relação ao volume total de fermentação.

A capacidade é função de muitos fatores, como capacidade da destilaria em litros de etanol, concentração de mosto, grau alcoólico do vinho, qualidade do fermento, sistema de fermentação, clima, etc. As grandes destilarias devem trabalhar, supondo-se uma mesma capacidade, com menor número de dornas maiores. Isso possibilita maior facilidade de limpeza, menor gasto de conservação e menor custo na construção do edifício. Entretanto, as perdas por infecção e mau rendimento são muito onerosas, para o caso de dornas de grande volume. Neste caso, algumas usinas usam uma ou duas dornas, para se realizar uma pré-fermentação, as quais alimentam as dornas menores instaladas. A relação entre capacidade de fermentação e destilação deve ser bem calculada, para que não haja possibilidade de infecções, como acética, láctica, butírica e outras, que podem dificultar o rendimento quantitativo e qualitativo do produto. Partindo-se de uma visão geral da destilaria, tem-se as dornas de fermentação, centrífugas de fermento e a destilação (Figura 221). O primeiro passo é estimar a capacidade das dornas que pode ser calculada, admitindo-se que o tempo de fermentação é de 24 horas. Por exemplo, seja o caso de destilaria de etanol a 100%, capacidade de 20 mil litros de etanol, pode-se ter: 285.800 litros de vinho, que serão destilados diariamente, superando-se uma taxa de 7 litros de etanol em cada 100 litros de vinho. Deve-se, ainda, adicionar 20% a essa quantidade, correspondente ao fermento alcoólico, e 10%, relacionado ao espaço livre das dornas, que será ocupado pela espuma. Tem-se, portanto: 285.800 litros + 85.740 litros = 371.540 litros de vinho.

Donde pode-se concluir que a relação é de 1:18,6, no caso de caldo de cana e melaço. Para matéria prima amiláceas, aquela relação deve ser dobrada. Deve-se, a partir deste dado, calcular o volume para o sistema de fermentação a ser considerado. O volume individual das dornas merece especial consideração. Se dornas de pequena, média ou grande capacidade, deve-se verificar as vantagens e desvantagens para cada caso.

A Tabela 93, a seguir, mostra as relações utilizadas na usina:

Tabela 93 . Relações usuais utilizadas na Usina Barralcool:

Capacidade Em litros p/ 24h	Volume total Em litros	Volume Individual Em litros	Nº	Volante Volume Igual a 20 Ind. Da principal	Proporção
10.000	180.000	36.000	5	1	1:18
15.000	250.000	50.000	5	1	1:17
20.000	350.000	50.000	7	1	1:17,5
30.000	525.000	75.000	7	1	1:17,5
40.000	675.000	75.000	9	1	1:16,9
60.000	1.100.000	100.000	11	1	1:18,4
80.000	1.300.000	100.000	13	1	1:16,4

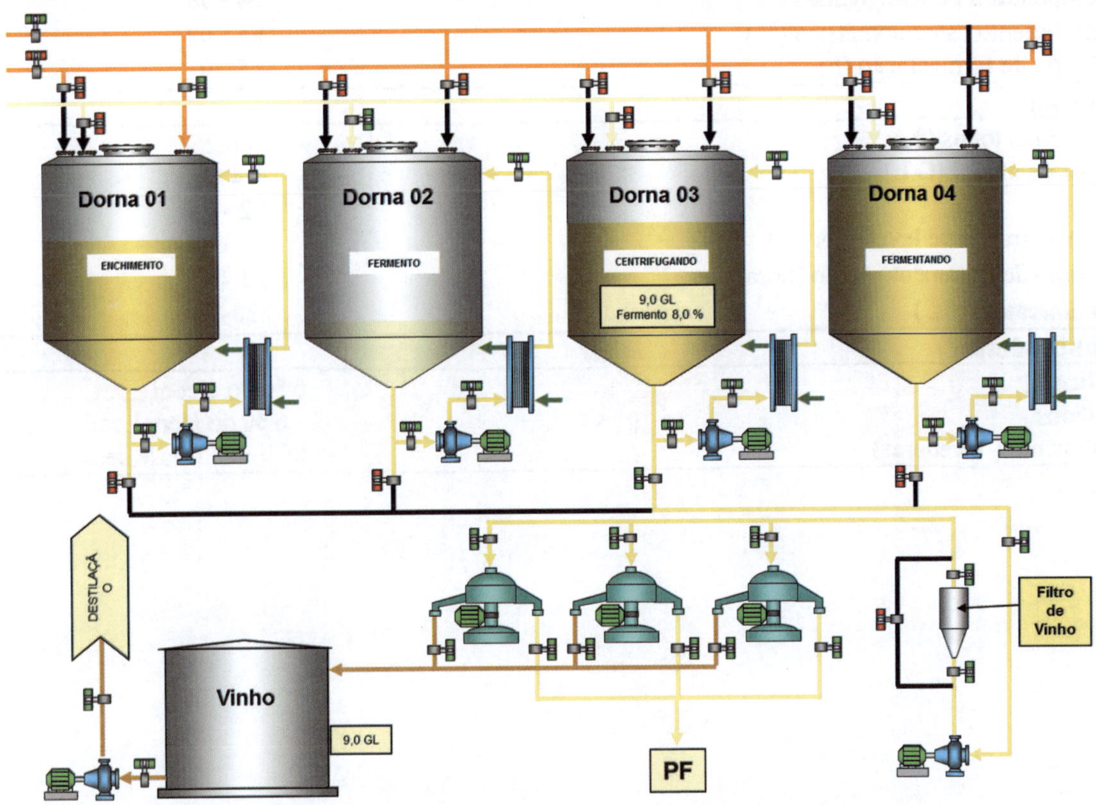

Figura 221 - Visão geral das dornas de fermentação, centrifugas de fermento e a destilação. Fonte: Paulo Gangorra.

Os parâmetros médios de processo Melle-Boinot, em batelada alimentada, resumidas da literatura por Sandra H. da Cruz (ESALQ/USP), em 2018 seriam:

Equipamentos e Desempenho			
Descrição	***Quantidade***	***Capacidade***	***Informações adicionais***
Fermentadores	8 – 12	300 m^3	Cilíndricos; aço carbono
Centrífugas	3 – 6	45 m^3/ h	Disco, com bocal de descarga
Trocadores de calor	4 – 6	1,2 x 10 Kcal/ h	Placas
Produtividade	3 – 6	Kg EtOH/L. h	
Dados do Processo			
Mosto de Fermentação			
Açúcares totais (como glicose, %)			12 -15
PH			5,5 - 6,2
Temperatura (°C)			26 - 30
Vinho (Mosto fermentado)			
Açúcares totais (%)			< 0,5
Teor de álcool (Graus GL)			7 - 11 GL (9 em média)
Concentração de células (% p/v)			7 - 16
Temperatura de fermentação (°C)			34 - 38
Rendimento estequiométrico (%)			85 - 92
Tempo de fermentação (h)			5 - 9
Inoculo			
Açúcares totais (%)			< 0,25
Teor de álcool (G.L)			< 4 GL
PH			2,2 - 2,8
Concentração de leveduras (%)			15 - 35
Tempo de tratamento ácido (horas)			1 - 4
Temperatura (°C)			28-32
Subprodutos			
Glicerol			6 % do álcool
Ácidos			2 - 6 % do álcool
Fermento (leveduras)			4 - 10 do álcool (base seca)

CAPÍTULO 29

FERMENTAÇÃO ALCOÓLICA

Através das considerações anteriores, sabe-se que o processo fermentativo requer um agente capaz de transformar os carboidratos até o produto final desejado.

Embora a fermentação alcoólica tenha sido um processo familiar ao homem desde épocas pré-históricas, o agente causador só foi descoberto em 1860. Mas, Gay Lussac, pouco antes, já havia estabelecido a conhecida reação:

$$C_6H_{12}O_6 \longrightarrow 2\,CH_3\text{-}CH_2OH + 2\,CO_2 + 28\ \text{cal},$$

Por esta reação tem-se a produção de etanol a partir do açúcar. Desde então, estudos bioquímicos complexos foram realizados, para elucidação do processo fermentativo, sendo um dos mecanismos mais aceitos é atribuído à EMBDEN-MEYRHOFF-PARNAS.

29.1 FERMENTAÇÃO DO MOSTO

A fermentação tem início quando se promove o contato, nas dornas entre mosto e levedura alcoólica.

O mosto pode ser adicionado ao levedo, até completar-se o volume das dornas de três maneiras:

a) Adição de uma só vez;
b) Adição intermitente e,
c) Adição em filete contínuo.

Os dois primeiros processos têm o inconveniente de elevar a pressão osmótica, devida um aumento brusco dos sólidos solúveis do meio, dificultando a atividade das leveduras e facilitando as contaminações.

A alimentação em filete contínuo é a mais recomendada, pois à medida que se adiciona o mosto, parte do açúcar nele contido é desdobrado pelos microrganismos, permanecendo, então, no meio, baixa concentração de sólidos solúveis, facilitando o trabalho do fermento. Neste caso, o tempo de alimentação é mais longo, sendo, todavia, menor o tempo de fermentação.

Pode-se estabelecer três faces no desenvolvimento do processo fermentativo, baseando-se no desprendimento de CO_2, elevação de temperatura e produção de etanol (Figura 222). Assim, tem-se: fermentação preliminar ou pré-fermentação, fermentação principal ou tumultuosa e a fermentação complementar ou pós-fermentação (HORII, 1980b; RIBEIRO, BLUMER & HORII, 1999).

a) Fermentação Preliminar

Esta fase se inicia com adição do mosto ao fermento e se caracteriza por pequena elevação de temperatura, consumo de açúcares para multiplicação da levedura, não havendo praticamente produção de etanol.

Os fatores que afetam a duração desta fase são, entre outros:

- concentração celular do pé de cuba, para se iniciar a fermentação: é necessário um número mínimo de células. Desta forma, é preferível a utilização de um pé de cuba concentrado, fazendo com que essa fase tenha uma duração mínima ou inexista.
- escolha da levedura - o tempo de multiplicação das leveduras depende do gênero, espécie, variedade e raça utilizada. Daí, resulta a importância da escolha.
- preparo do mosto - um mosto adequadamente preparado reduz o tempo de fermentação.

b) Fermentação tumultuosa

O início desta fase é evidenciado pelo desprendimento de CO_2. Outras características são notadas nessa fase, como elevação da temperatura, aumento progressivo da quantidade de espuma, com grande desprendimento de CO_2, diminuição gradativa da densidade do meio, elevação do teor alcoólico e acidez.

Nesta fase, há de se preocupar com a projeção de espuma, formada devido à fermentação; também com a perda de etanol por projeção de espumas, devendo-se, no caso de melaço, recorrer a substâncias antiespumantes. Todavia, nem sempre os resultados são satisfatórios, tendo-se, então, que tomar certas precauções, como: moer cana madura, mostos corrigidos, não se deve encher demasiadamente as dornas, adição em filete contínuo e evitar temperaturas superiores a 35°C.

c) Fermentação complementar

Nesta fase, completam-se os fenômenos da fermentação alcoólica do mosto, sendo caracterizada pela tranquilidade cada vez maior do líquido, diminuição da temperatura e elevação da acidez.

Esta fase deve ser ter curta duração, com o que se pode evitar a contaminação do vinho.

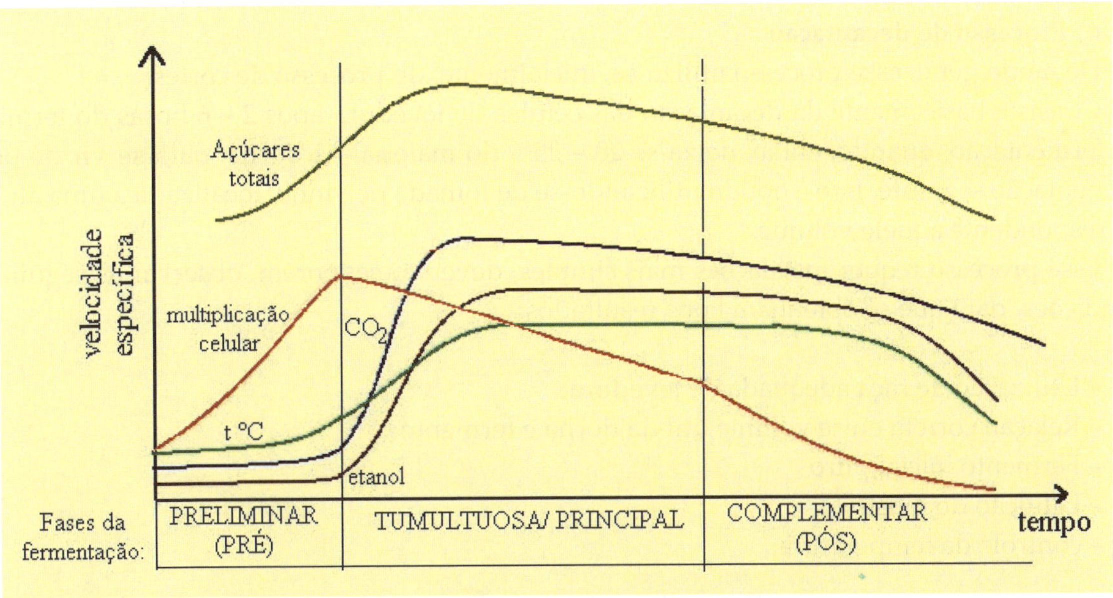

Figura 222 . Fases do processo fermentativo na dorna, adaptado de HORII, (1980b) e RIBEIRO, BLUMER & HORII, 1999.

29.2 PROCESSO DE FERMENTAÇÃO

Vários são os processos utilizados na fermentação alcoólica; dentre outros, tem-se os seguintes:

a) Processo em que não há reutilização do levedo alcoólico.

Neste processo, utiliza-se de um pé de fermento, preparado pelo sistema de cultura pura, para cada dorna posta a fermentar. O volume de pé deve ser de 20-25% do volume útil da dorna. Obtido o vinho, contendo levedura, é o mesmo enviado ao aparelho de destilação, não havendo reutilização do levedo para nova fermentação.

O processo exige que parte do açúcar seja utilizada na multiplicação celular, resultando, portanto, em menor rendimento.

b) **Processo de "Cortes"**

Tão logo a dorna esteja cheia e com uma concentração em açúcares de 50% inicial, procede-se ao corte, enviando metade do mosto em fermentação para outra dorna. Alimenta-se as duas dornas; deixa-se a primeira completar a fermentação, quando será então enviada para destilação, enquanto, na segunda dorna, novo corte será feito.

Esse processo é muito utilizado no início da safra, quando se deseja pé para todas as dornas. Aqui, também, tem-se menor rendimento, devido ao consumo de açúcar na multiplicação das leveduras e maior probabilidade de contaminação.

c) **Processo de decantação**

De modo geral, esse processo utiliza-se, inicialmente, do processo de cortes.

Consiste basicamente da decantação das células de levedura após 2 - 6 horas do término da fermentação, quando, então, deixa-se 20 - 25% do material na dorna, para servir de pé à fermentação seguinte. Isso é obtido utilizando-se de tomada de vinho, localizada a uma altura correspondente àquele volume.

Esse processo requer instalações mais simples, devendo-se, porém, observar as seguintes condições, para que se obtenham bons resultados:

- Utilização de raça adequada de levedura;
- Relação correta entre volume útil da dorna e fermento;
- Fermento inicial puro
- Diluição do mosto e,
- controle da temperatura.

Pode-se ainda tratar o pé de fermento com ácido sulfúrico até pH 2,5 - 3,0, por uma ou duas horas, o que resultará em fermentações mais puras.

Houver tentativas de introduzir um fermento floculante, para favorecer a decantação, mas as concentrações na parte do decantado não tinha 50% de leveduras. Isso implicou reposição da levedura no processo e uso de maiores quantidades de insumos e perdas de etanol na fração sedimentada.

d) **Processo de Melle-Boinot**

É o processo mais utilizado pelas destilarias de etanol. Em síntese, consiste na centrifugação do vinho levurado, obtendo-se, por sua vez, vinho delevurado e leite de levedura. O vinho segue para a fase de destilação, enquanto que a levedura é convenientemente tratada para reutilização como novo pé de fermentação.

O tratamento consiste em se adicionar, ao leite de levedura, duas vezes seu volume em água, havendo, após homogeneização, adição de ácido sulfúrico até pH 2,5 - 3,0, permanecendo nesse recipiente por 3 a 5 horas. Tal técnica permite à usina que ocorra à recuperação e reciclo de fermento, pela utilização de cuba de tratamento, como observa-se na Figura 223.

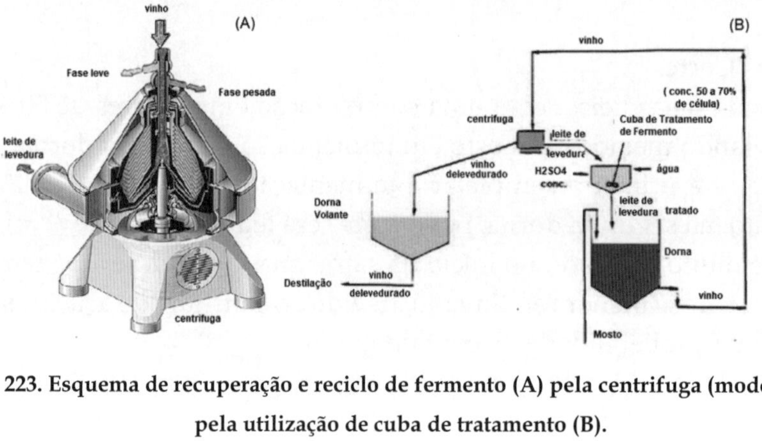

Figura 223. Esquema de recuperação e reciclo de fermento (A) pela centrifuga (modelo Mausa) pela utilização de cuba de tratamento (B).

Como vantagens do processo, pode-se citar, entre outras, as seguintes:

- Maior rendimento alcoólico, em virtude de se colocar na dorna um pé de fermento em quantidade suficiente para produção de etanol, o que reduz, ao mínimo, a multiplicação (pré-fermentação);
- Maior rapidez nas fermentações, pois reduz o tempo de pré e pós fermentação. O tempo de fermentação varia de 6 a 10 horas, ao passo que, com outros processos, acima de 12 horas.
- Aumento da capacidade das instalações e,
- Etanol mais puro, visto que diminui as contaminações, reduzindo a fase complementar, estando o fermento concentrado e livre de microrganismos indesejáveis;
- Menor incrustação nos aparelhos de destilação.

Quanto à condução industrial do processo fermentativo, as etapas de forma esquematizada seriam as seguintes:

Terminada a fermentação de uma dorna (1), o vinho levurado é bombeado para um depósito superior (2), que alimenta por gravidade no centro do rotor da centrífuga separadora de fermento, onde se separam duas frações, vinho delevurado e bactérias, que vai à dorna de espera ou volante e, daí, aos aparelhos de destilação. A outra fração mais densa, o leite de levedura, vai aos tanques de tratamento e, deste as, retorna às dornas de fermentação, onde servirá de pé de cuba para nova fermentação.

29.3 PRODUTOS SECUNDÁRIOS DA FERMENTAÇÃO ALCOÓLICA

Durante a fermentação, além do etanol, outros produtos aparecem, alguns devido à atividade da levedura como: gás carbônico, álcoois superiores (óleo de fúsel), ácido succínico, aldeído glicérico.

Entretanto, outros autores consideram como produtos secundários todos aqueles que se originam no processo fermentativo, como: álcoois superiores, ácido succínico, aldeído acético, ácido acético, ácidos graxos, bases nitrogenadas, furfural, ésteres, ácido láctico, ácido oxálico, acetil metil carbinol, gás sulfídrico, óleos essenciais e gás carbônico.

29.4 PRODUTOS DE ACIDENTES DE FERMENTAÇÃO ALCOÓLICA

Sempre que a fermentação alcoólica se desenvolve dentro de condições técnicas, como concentração de açúcares, pH, temperatura, nutrientes, higiene, etc., os produtos da fermentação serão, sempre, etanol e CO_2, em sua maior parte, aparecendo componentes secundários em percentagens muito pequenas.

Por outro lado, quando a fermentação é desenvolvida em condições desfavoráveis, como matéria prima em má conservação, limpeza deficiente das dornas e tubulações, mau preparo do pé de cuba, correção em nutrientes, etc., ocorre o desenvolvimento de outros organismos, que provocam os chamados acidentes de fermentação. Tais acidentes baixam o rendimento da fermentação alcoólica, chegando mesmo a impedir a produção de etanol. As principais fermentações indesejáveis acidentais mais usuais por contaminação (Tabela 94) e os agentes associados á formação de produtos na dorna são: acética, láctica, butírica, entre outros (AMORIM; OLIVEIRA, 1982, AMORIM,2005).

As reações mais usuais na formação de compostos secundários na fermentação seriam:

Produtos Secundários de fermentação	**Reação (formação)**	**Condição (fatores)**
Glicerol	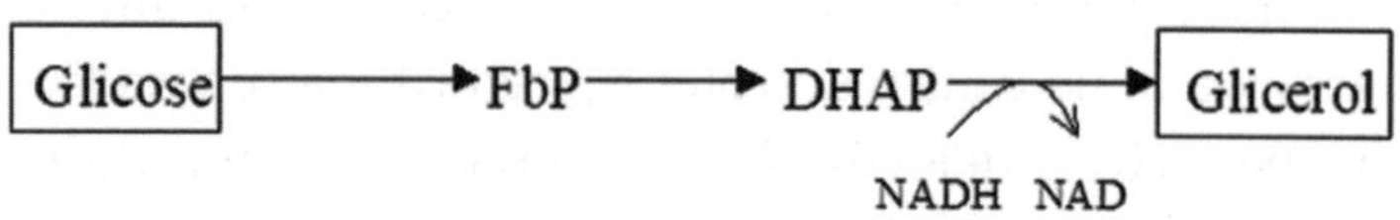	Tipo de levedura; Pressão osmótica (+); Formação de ácidos orgânicos (succínico e acético) (+); Produção de biomassa (+)
Ácido Succínico	Ac. Glutâmico (autolise de proteínas) ↓ aldeído succínico ↓ + O_2 ac. Succínico	Anaerobiose, NADH
Álcoois Superiores	Vem da transformação dos aminoácidos Leucina → álcool isoamílico Valina → álcool isobutílico	Aminoácidos, Potencial redox do meio.

Tabela 94. Acidentes mais usuais de fermentação paralelas e agentes contaminantes associados na dorna.

Tipo de fermentação	Agente	Condições	Diagnose
1) Acética - oxidação do etanol e da glicose a ácido glucônico	Acetobacter	Aerobiose T °C =15 a 34 °C cone. Etanol = 11 a 12%	Odor de vinagre e presença de mosca
2) Láctica - oxidação de vários carboidratos até ácido Lático (homo e heterofermentativos)	Lactobacillus Leuconostoc Lactococcus	Anaerobiose parcial,; baixa acidez; pH > 7, T °C = 35 - 45 °C concentração de acúcares alta (até 20%)	Aumento de acidez do mosto e reduz prod. C02
3) Butírica - oxidação de carboidratos	Clostridium	Anaerobiose; pH > 7; baixa acidez do mosto T °C: 30 - 35°C	Odor penetrante (ranço) e acidez
4) Dextrâna – a partir da sacarose	Leuconostoc mesenteroides	pH: neutro/alcal. Temp.: 30 - 35°C armazenamento da MP e queima melaco e mel conservado.	Aglomerados gelatinosos ("canjica")
5) Levâna – a partir da sacarose	Bacillus, Aerobacter e Streptomyces	pH: neutro/alcal. Temp.: 30 - 35°C armazenamento da MP e queima melaço e mel conservado.	Viscosidade do mosto e grandes bolhas formadas

Fonte: adaptado de AMORIM e OLIVEIRA (1982) e AMORIM (2005).

FERMENTAÇÃO CONTÍNUA

Algumas destilarias, nos últimos vinte anos, quando passaram instalar mais aparelhos de destilação, passaram a usar a fermentação contínua. Basicamente, neste sistema, se instalava uma primeira dorna com maior capacidade, onde se realizava uma grande parte da fermentação prevista. O vinho, que nesta dorna era obtido, encaminhava-se para as dornas menores, situadas em linha com a dorna "mãe".

Segundo dados da RPA News, 2017 (2018), ainda na atualidade, não se tem, uma definição de qual seria o melhor sistema de fermentação, se contínua ou batelada. Seguindo este trabalho, o sistema de fermentação contínua não supera o usado pela batelada, apesar de se ter um custo menor. Esta opção de instalação, se contínua ou batelada, ainda continua sem uma definição técnica.

Como se sabe, a fermentação contínua foi proposta pelo CTC (Centro de Tecnologia Canavieira) nos anos 80, e na usina Barralcool este sistema contínuo foi instalado em 1994, sendo mudado pela Fermentec nos últimos cinco anos para batelada, após 2012.

Em 2008, a Fermentec publicou um trabalho importante no qual fez análise comparativa entre ambos os processos de fermentação, com diversos parâmetros fermentativos em escala industrial. Os autores desse trabalho compararam 51 unidades industriais que possuíam fermentação em batelada e 11 com sistemas contínuos. Concluíram que, em todos os parâmetros que foram comparados, o processo em batelada superou o contínuo, fez com que essa assessoria preferisse a fermentação em batelada (GODOY et al., 2008).

Pelo uso da fermentação contínua, o vinho parcialmente fermentado na primeira dorna, esta de grande capacidade, segue para uma segunda dorna, que também se mantém quase cheia, e daí para as menores dornas instaladas em linha subsequentes, até que o Brix atinja seu menor valor, em que se acusa o consumo total dos açúcares em processo. O vinho, assim destilado, segue para o setor de centrífugas separadoras de fermento. O leite de levedura, assim obtido, vai para seu depósito apropriado, instalado no pavimento abaixo das centrífugas, onde é tratado com água e ácido, de onde segue novamente para a primeira dorna, conhecida como dorna mãe de grande capacidade, onde novamente recebe, de fase contínua, o mosto preparado. Os parâmetros médios do processo contínuo de fermentação apresentados por Sandra H. Da Cruz (ESALQ/USP) em 2018, seriam:

Equipamentos e Desempenho	
Descrição	
Número de fermentadores	
Volume do primeiro fermentador	700 m^3
Trocadores de calor	3
Vazão de ar (pré-fermentador e primeiro reator)	0,01 vvm
Produtividade	6 – 9 Kg EtOH/ m^3.h
Dados do Processo	
Mosto de Fermentação	
Açúcares totais (como glicose, %)	12 -15
pH	5,5 - 6,2
Temperatura (°C)	26 –30
Vinho (Mosto fermentado)	
Açúcares totais %	< 0,5
Teor de álcool (Graus GL)	7 - 11 (8,3 em média)
Concentração de células (% p/v)	7 – 12
Temperatura de fermentação (°C)	34 – 36
Rendimento estequiométrico (%)	85 - 92
Tempo de fermentação (h)	4 – 7
Inóculo	
Açúcares totais (%)	< 0,25
Teor de álcool (GL)	< 4 GL
pH	2,2 - 2,8
Concentração de leveduras (%)	15 – 35
Tempo de tratamento ácido (horas)	1 - 4

De qualquer forma, a opção de se instalar a fermentação no sistema contínuo ou em batelada é função do sistema de trabalho adotado pela fábrica.

Em relação ao rendimento pelo uso de um processo contínuo ou de batelada, os valores variam de 88 a 92%. É evidente que para se ter uma boa fermentação é essencial que a usina ou destilaria esteja equipada com instrumentos de controle analíticos eficientes e que deem respostas rápidas, sendo fundamental trabalhar dentro de condições de alto asseio do depósito, do resto fermentativo o uso de leveduras que suportem bem alto teores alcoólicos, superiores a 10%.

Na prática, para ter sucesso na fermentação contínua, há necessidade de ser observar os seguintes aspectos técnicos e cuidados operacionais:

1) Adaptação das atuais dornas (batelada), unidas por tubulações, saindo do fundo, entrando por cima para a seguinte.
2) 1as dornas executam 70% da fermentação e as últimas como segurança (perdas de ART);
3) Resfriamento do mosto - trocadores de calor a placa, externos à dorna e também agitação por circulação forçada na lateral ao fundo;
4) Recirculação do fermento tratado com abaixamento de pH em cascata (controle de infecção);
5) Conhecimentos cinéticos da fermentação para otimizar e reduzir o volume e tempo;
6) Evitar acúmulo de sólidos, com formação de grandes depósitos;
7) Problemas hidráulicos pelos fluxos irregulares de vinho entre as dornas;
8) Incorporar as flutuações de vazões de alimentação do mosto e pé-de-cuba;
9) Impossibilidade de esgotar as dornas e guardar o fermento adequadamente.

Segundo Daniel Atala, coordenador da Divisão Agro. do CTB, o sistema de Fermentação Contínua e Multijato, pela aplicação, pode-se chegar a obter vinhos fermentados com 15% em volume de teor alcoólico.

Comparando-se fermentação contínua com a de batelada, pode-se dizer que nesta última se tem maior rendimento, menor uso de insumos, maior flexibilidade em caso de acidentes de fermentação, além de permitir a obtenção de maiores rendimentos. Já na contínua, tem-se menor custo de instalação, permite mais facilidade de se automatizar, além de exigir menos trocadores de calor e menores volumes de dornas. Além dessas vantagens, permite obter menores volumes de vinhaça.

29.5 VERIFICAÇÃO PRÁTICA DA EFICIÊNCIA DA FERMENTAÇÃO ALCOÓLICA

O controle do desenvolvimento de uma fermentação é feito, praticamente, pela observação de certas características, tais como:

a) Tempo de Fermentação: Mostos de caldo de cana e de melaço fermentam em aproximadamente 8 a 12 horas, dependendo do sistema de sua condução. Em algumas destilarias esse tempo de fermentação tem chegado a 6 horas. Mosto de matéria amiláceas, de 45 - 48 horas. A dilatação ou redução daqueles valores indica anormalidades no processo.

b) Cheiro: Uma fermentação pura apresenta um cheiro agradável, penetrante, tendendo a frutas maduras, que varia com a natureza do mosto. Cheiro de vinagre, laticínios ou fumo, indica fermentações anormais.
c) Aspectos da espuma: Varia com a matéria prima, temperatura, microrganismos e outros fatores; assim sendo, é necessário conhecer a fermentação, para que se identifique a anormalidade.
d) Presença de drosófilas: Indica desenvolvimento de fermentações acéticas.
e) Temperatura do Mosto: A temperatura ideal oscila entre 26 - 32°C; convém não exceder esses valores, pois se perderia etanol por evaporação, enfraquecendo as leveduras e possibilitando o desenvolvimento de microrganismos indesejáveis.
f) Densidade: Em uma fermentação normal e pura, a densidade do meio deve baixar rapidamente.
g) Açúcares totais: A diminuição dos açúcares deve acompanhar a curva da densidade.

Dentre as fermentações indesejáveis por contaminação microbiana na dorna (Tabela 94) destacam-se aquelas que interferem na eficiência do processo fermentativo alcoólico, de acordo com livro "Projetos de Empreendimentos Agroindustriais - Produtos de Origem Vegetal", de Silva, C. A. e Fernandes, A. (editores), UFV, 2003 (Tabela 94):

a) Fermentação acética: fermentação indesejável, cujo sintoma característico é o cheiro de vinagre que emana das dornas, além da presença de moscas das frutas, atraídas pelo cheiro.
b) Fermentação lática: uma fermentação indesejável, cuja diminuição das espumas e o cheiro que lembra leite acidificado (azedo) são sinais que aparecem na presença desta infecção.
c) Fermentação butírica: uma fermentação anormal (também indesejável), que é sempre acompanhada de cheiro que lembra ovos deteriorados (podres) ou de milho fermentado, além de um escurecimento do meio.
d) Fermentação dextrânica: é uma fermentação indesejável, que promove a formação de uma espécie de geleia ou grânulos gelatinosos, ou um vinho viscoso, formando grumos na superfície do vinho, daí seu nome popular de "canjica". É mais frequente no final da safra, nas épocas quentes e úmidas, nos mostos neutros (pH alto) ou provenientes de canas queimadas, ou das que aguardaram a moagem por longo tempo, após queimadas ou após cortadas.
e) Fermentação levânica: fermentação indesejável, caracterizada pela formação de bolhas grandes, que se quebram lentamente (SILVA e FERNANDES, 2003).

29.6 RENDIMENTOS DA FERMENTAÇÃO ALCOÓLICA

Segundo Horii (1980), o cálculo do rendimento da fermentação alcoólica é imprescindível para uma indústria que trabalha em bases racionais e econômicas. Para que se obtenha esse cálculo, ele estabelece que são necessárias certas determinações quantitativas dos açúcares totais no processo. A concentração dos açúcares totais é obtida pela transformação dos glucídios presentes no mosto em açúcares redutores, expressos em termos de glucose.

Pode-se expressar o rendimento alcoólico sob várias formas: por unidade de área, peso de matéria prima, volume de mosto, peso de glucídio, etc.

A título de ilustração, pode-se citar algumas matérias primas, com seus respectivos rendimentos alcoólicos: médios por toneladas:

Melaço - 300 - 380 litros de etanol
Cana-de-açúcar - 80 - 90 litros de etanol
Milho - 300 - 500 litros de etanol

A. Rendimento Ideal (Gay Lussac)

A transformação de açúcares em etanol e CO_2 é bastante complexa. Essa transformação se dá através de mais de uma dezena de fases intermediárias; sendo assim, no final da fermentação, além de etanol e CO_2 são encontradas substâncias, que são produtos intermediários nessa cadeia de reações. A outras substâncias colaterais, devido ao metabolismo dos microrganismos. Além dessas substâncias formadas a custo dos açúcares do meio, parte é utilizada na formação do protoplasma celular. Tem-se a considerar que nas matérias primas, como caldo de cana, melaço, cereais, etc., uma fração ponderável dos açúcares dosados como redutores são infermentescíveis. Ainda mais, tem-se que levar em consideração que, na prática, há perdas de etanol por evaporação, por projeção, por reações de esterificação e oxidação, e mais as perdas por fermentações secundárias. Daí, a denominação de rendimento ideal, quando se parte da equação de GAY LUSSAC, a qual não leva em consideração esses fatores:

$$C_6H_{12}O_6 \longrightarrow 2\,CH_3-CH_2OH + 2\,CO_2$$

A partir desta equação, pode-se calcular os rendimentos ideais em massa e volume a partir de 100 g de material.

a) Glicose e Frutose

$$\underset{glicose}{C_6H_{12}O_6} \longrightarrow \underset{etanol}{2\,CH_3CH_2OH} + 2\,CO_2$$

180g glicose ———— 92 g etanol
100g glicose ———— X_1

X_1 = 51,11g ou 64,34 ml de etanol a 15°C, densidade etanol puro é 0,79432.

b) Sacarose e Maltose

$$\underset{Sacarose}{C_{12}H_{22}O_{11}} + \underset{Água}{HOH} \xrightarrow{Invertase} \underset{Glicose}{C_6H_{12}O_6} + \underset{Frutose}{C_6H_{12}O_6}$$

$$\underset{monossacarídeo}{2C_6H_{12}O_6} \longrightarrow \underset{etanol}{4\,CH_3CH_2OH} + 4\,CO_2$$

342g de Sacarose ———— 184g de etanol
100g de Sacarose ———— X_2 g de etanol

X_2 = 53,80g ou 67,73 mililitros de etanol a 15°C

c) Amido

$$\underset{Amido}{(C_6H_{10}O_5)\,n} + \underset{Água}{nHOH} \xrightarrow{Sacarificação} \underset{Glicose}{n\,C_6H_{12}O_6}$$

$$\underset{glicose}{C_6H_{12}O_6} \longrightarrow \underset{etanol}{2\,CH_3CH_2OH} + \underset{anidrido\ carbônico}{2\,CO_2}$$

162g de amido ———— 92g de etanol
100g de amido ———— X_3 g de etanol

X_3 = 56,69g ou 71,48 mililitros de etanol a 15°C

B. Rendimento Teórico (PASTEUR)

O rendimento teórico (Yt) demonstrou que 100g de sacarose não pode produzir mais que 51,11 g de etanol ou 64,34 ml a 15°C, trabalhando em condições rigorosas de pureza e com toda precisão de experimentação científica. Há formação, ainda, de anidro carbônico, glicerina, ácido succínico, etc.

Hoje, sabe-se que esse rendimento facilmente é atingido, e mesmo ultrapassado, quando se adota o processo de MELLE-BOINOT na fermentação alcoólica; daí, faz-se necessário o cálculo do rendimento alcoólico, tendo interesse somente quando se adota o processo clássico.

Operando com mosto bem preparado e fermentação bem conduzida, 94 a 95% dos açúcares se decompõem, segundo a equação de GAY-LUSSAC. Este é o rendimento teórico, sendo 95% do rendimento ideal.

C. Rendimento Prático

O rendimento prático ou industrial depende das condições de fermentação, processo de fermentação, tipo de fermento, época de trabalho, etc. Para o processo de MELLE-BOINOT, o rendimento prático pode ser considerado como 95% do ideal; contudo, para o sistema de corte, este rendimento é 95% do rendimento teórico.

O rendimento prático (YP) é o conseguido na prática industrial da fermentação. Trata-se da quantidade de etanol obtida a partir de 100 g de ART fornecido no mosto. O seu cálculo envolve a determinação da massa de ART, fornecida à dorna, e da massa de etanol produzida:

Rendimento prático (YP) = (g de etanol obtidos no vinho / g de ART fornecido) x100

D. Rendimento industrial

O processo industrial de fermentação será tanto mais eficiente quanto mais se aproximar do rendimento ideal de Gay-Lussac. Assim, define-se eficiência de fermentação como sendo a relação percentual existente entre os rendimentos prático e teórico:

$$\eta P(\%) = (YP/Yt) \times 100$$

E. Produtividade de fermentação (PR), que expressa a velocidade com que o etanol é produzido, relacionando sua concentração no vinho pela unidade de tempo:

$$PR\,(\text{g de etanol . L de vinho}^{-1}\,.\,\text{h}^{-1}) = \frac{\text{concentração de etanol no vinho (g.L}^{-1})}{\text{tempo de fermentação (h)}}$$

Há outros parâmetros indicativos para avaliação da condução do processo fermentativo nas destilarias de etanol, segundo a descrição dos autores (HORII, 1980; RIBEIRO, BLUMER & HORII, 1999), sendo que os mais usados seriam:

- **Atenuação de Brix**, que é a forma mais simples de se avaliar o desenvolvimento da fermentação, pelo acompanhamento da atenuação do Brix areométrico do mosto em fermentação. Na prática, tem-se que as fermentações normais, à medida em que são conduzidas, o Brix cai rapidamente no início, após enchimento da dorna e mais lentamente quando se aproxima do final da fermentação. O final do processo é caracterizado pela dupla leitura coincidente em dois horários de amostragem subsequentes. Um maior tempo para a atenuação do Brix pode ser indicador de problemas com a fermentação.

- **Temperatura:**

No decorrer do processo fermentativo, a temperatura vai se elevando, atingindo os valores máximos na fase mais ativa da fermentação (turbulenta), para depois decrescer, descendo à temperatura do ambiente. Tal temperatura, ótima para processo, oscila entre 32 e 35 °C se ocorrer; valores de temperaturas inferiores a 30 °C produzem queda de velocidade proporcional à redução a mesma e, portanto, de produtividade podendo mesmo levar à paralisação da fermentação.

- **Tempo de fermentação:**

Em destilarias de etanol, o tempo médio, que de mostos de caldo de cana e de melaço necessitam para fermentar seria na ordem de 6 a 10 horas. Se ocorrer um tempo maior, pode ser um indicativo de problemas fermentativos, decorrentes de contaminação microbiana, consequência de uma queda de viabilidade do fermento ou inóculo insuficiente.

- **Açúcares residuais:**

Se houver uma condução de boa técnica da fermentação, desde o início em que o levedo alcóolico e o mosto tenham sido devidamente preparados, e o processo fermentativo transcorrer normalmente, o vinho não deverá apresentar açúcares residuais. Todavia, no caso da ocorrência de mensuração de açúcares redutores no vinho, é possível encontrar-se certo teor dos mesmos devido à presença de substâncias redutoras infermentescíveis, principalmente quando se utiliza grandes proporções de melaço.

Em síntese, a produtividade e a eficiência de fermentação consistem nos mais precisos parâmetros para o julgamento de uma fermentação alcóolica, visto que, indiretamente, inclui todos os demais anteriormente comentados nos capítulos. Um bom rendimento da fermentação deve atingir um valor ordem de 90-92% do rendimento ideal. Se fizer o balanço de massa da fermentação, segundo Luiz Carlos Basso (ESALQ/USP) teria como resultado:

- etanol + CO_2 = 84 - 92%;
- Biomassa = 1 a 5%
- Glicerol = 2 a 9%;
- Ac. Succínico = 0,3 a 1,2%;
- Ac. Acítico = 0,1 a 0,7%;
- Óleo fúsel = 0,1 a 0,4% e outros menor que 0,1%.

As considerações finais do autor sobre o assunto seriam:

- As leveduras selecionadas colaboram para reduzir os custos de produção do etanol;
- Novas e mais apropriadas linhagens podem ser selecionadas a partir da biodiversidade enontrada nas destilarias (processos diferentes, diferenteslinhagens);
- Os lactobacilus heter-fermentativos se mostram mais perniciosos para a fermentação em relação aos do tipo homo-fermentativo;
- Novas linhagens com características antibacterianas poderão ser isoladas (baixos teores de açucar durante a fermentação).

CAPÍTULO 30

DESTILAÇÃO

O vinho, produto resultante da fermentação alcoólica, é constituído de substâncias de natureza líquida, sólida e gasosa.

As substâncias líquidas são: água (88 a 94%), etanol (5 a 11%), álcoois homólogos superiores, aldeídeos, furfural, ácidos orgânicos, ésteres, etc.

As substâncias sólidas estão presentes no vinho em suspensão, sendo representadas pelas células de leveduras e bactérias, bagacilho etc. Os sólidos em solução são representados pelos açúcares não fermentados, sais minerais, matérias albuminoides, etc.

O CO_2, principal componente de natureza gasosa, aparece em pequena proporção no vinho, visto que se desprende para a atmosfera durante o desenvolvimento do processo fermentativo.

Do ponto de vista da volatilidade, as substâncias do vinho podem ser divididas em dois grandes grupos: substâncias voláteis (água, etanol, aldeídeos, álcoois homólogos superiores, anidrido carbônico, etc.) e substâncias não voláteis ou fixas (células de leveduras e bactérias, extrato de mosto, etc.)

As substâncias voláteis do vinho, possuindo diferentes pontos de ebulição, podem ser separadas e identificadas, valendo-se dessa propriedade, por meio de uma operação que recebe o nome de destilação. Pode-se, assim, definir destilação como um processo físico-químico que tem por objetivo separar o etanol e outras substâncias voláteis do vinho.

O vinho, sendo submetido à destilação, dá origem a duas frações: o flegma e a vinhaça. O flegma, produto principal da destilação do vinho, pode ser classificado em flegma de baixo grau (35 a 65° GL) e flegma de alto grau (90 a 96° GL). A vinhaça ou restilo é o resíduo da destilação do vinho, quase sempre isenta de etanol, sendo destinada à adubação e a outros fins.

30.1 CONSIDERAÇÕES TEÓRICAS

Quando um líquido hidroalcoólico (vinho) é submetido ao processo de destilação pelo aquecimento inicia-se a produção de vapores alcoólicos, mesmo não ocorrendo sua ebulição. À medida que vai se elevando a temperatura da mistura submetida ao aquecimento, a tensão dos vapores aumenta até que, em dado momento, ela se iguala à pressão atmosférica reinante e a mistura entra em ebulição.

A temperatura em que essa mistura entra em ebulição à pressão normal (760 mm de Hg) é chamada "temperatura normal de ebulição". Variando-se a pressão, haverá também uma variação na temperatura normal de ebulição do líquido em aquecimento.

A temperatura de ebulição de uma mistura de líquidos miscíveis é normalmente intermediária entre os pontos de ebulição de cada componente isoladamente, exceção feita às misturas azeotrópicas onde a temperatura de vaporização é isometrica. Essas misturas possuem um ponto de ebulição à pressão normal que é de 92,6°C, enquanto que os seus componentes, isoladamente, entram em ebulição a 100°C e 78, 35°C.

A miscibilidade não influi somente sobre a temperatura da ebulição, mas também e principalmente, sobre a composição relativa do destilado.

Considerando-se uma mistura água e etanol e representando-se por P a quantidade de etanol e por Q a de água, e as quantidades de etanol e água no destilado, respectivamente por p e q, tem-se, de uma maneira geral, que:

$$\frac{P}{Q} < \frac{p}{q}$$

Esta relação demonstra que, durante o aquecimento, a composição do líquido gerador tende a alterar-se, empobrecendo-se do composto mais volátil (etanol) e enriquecendo-se do menos volátil (água). Como consequência direta, haverá um aumento da temperatura do líquido gerador, mesmo mantida a pressão constante.

30.2 PRÁTICA DA DESTILAÇÃO

A destilação industrial é realizada com a finalidade de extrair, do vinho, o etanol sob a forma de uma mistura hidroalcoólica impura, deixando-o, tanto quanto possível, esgotado do ponto de vista econômico. Ela pode ser efetuada de duas maneiras: destilação simples ou periódica e destilação sistemática ou metódica.

A destilação simples é realizada em aparelhos intermitentes, enquanto que a metódica é efetuada em aparelhos contínuos, resultando, de ambos, um flegma de baixo ou de alto grau.

30.2.1 DESTILAÇÃO SIMPLES

Utilizada nas destilarias de pequena e média capacidade, especialmente em engenhos de aguardente. O produto obtido é um flegma impuro, cuja riqueza alcoólica pode variar de 45 a 55°GL

Os aparelhos utilizados nestas indústrias são o alambique simples e o alambique de caldeiras múltiplas conhecido, na prática, por "cebolão", "alegria" ou "três corpos".

a) Alambique simples

Este aparelho (Figura 224) consta de uma caldeira de forma variável, denominada cucurbita, onde é colocado o vinho a ser destilado, estando normalmente assentado em uma base de alvenaria, podendo ser aquecida a fogo direto ou a vapor (serpentina). Em sua parte superior, encontra-se uma abertura ligada ao capitel, domo ou elmo, também de forma variável. Em continuação a este, tem-se o tubo de condensação ou alonga, o qual se prolonga em uma serpentina imersa em um tanque de água corrente, denominada refrigerante.

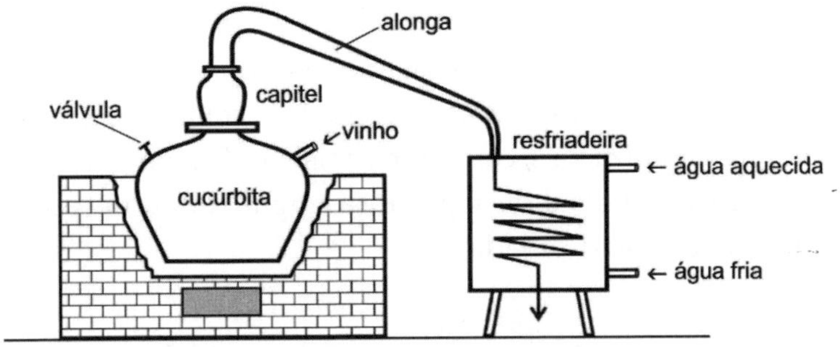

Figura 224 - Aparelho de destilação tipo Cucurbita.

Como acessórios desse tipo de alambique, tem-se os registros das canalizações do vapor, de vinho, de descarga de vinhaça e de água do refrigerante, além da válvula de segurança, válvula igualadora das pressões e indicador de nível.

Para operar o aparelho, inicia-se com a carga de vinho, tomando-se o cuidado de o fazer com a válvula igualadora das pressões aberta, até que o vinho alcance o nível de trabalho, quando então são fechados aquele registro e esta válvula. A seguir, abre-se lentamente o registro de vapor, a fim de evitar um aquecimento brusco do vinho, o qual pode fazer com que o aparelho "vomite". Pelo aumento gradativo da temperatura, há produção de vapores que, alcançando o capitel, têm uma parcela condensada, retornando à cucurbita. A parcela de vapores não condensada alcança a alonga e, encontrando uma superfície mais fria, condensa-se parcialmente, atingindo, neste estado, a superfície da primeira refrigeração, onde se completa a sua condensação.

No início, o destilado que flui pela canalização possui uma graduação elevada; porém, à medida que o líquido gerador vai se esgotando em etanol, o destilado torna-se mais pobre. Na prática, costuma-se controlar a graduação do flegma em trono de 50°GL na caixa de recepção, quando então se efetua o corte.

A parcela do destilado após o corte de riqueza alcoólica mais baixa, recebe a denominação de água fraca que, posteriormente, poderá ser adicionado ao vinho a ser destilado, aumentando o seu rendimento. Contudo, tal prática não é interessante do ponto de vista econômico, em virtude de um maior gasto de vapor, tempo e mão de obra necessários para o esgotamento do vinho.

Uma variação de alambique simples clássico é aquela em que é, colocado após a alonga, um aquecedor do vinho, que consta de uma serpentina imersa em um tanque contendo vinho, à qual se segue a serpentina do refrigerante. Esta medida propicia uma economia de combustível e de água, bem como de tempo, pois o vinho contido no aquecedor de vinho troca de calor com os vapores alcoólicos provenientes da caldeira, entrando nesta previamente aquecido.

b) Alambique de caldeiras múltiplas

Este tipo de aparelho se constitui em uma evolução dos aparelhos de destilação simples, sendo a fase intermediária da destilação sistemática. Seu uso se restringe às destilarias de aguardente de pequena e média capacidades, eliminando-se, totalmente, a necessidade de destilar a água fraca, o que reduz o gasto de vapor, de água e de mão de obra, aumentando o rendimento da destilação. Em virtude de sua constituição, ele recebe também a denominação de "três corpos".

Consta este alambique (figura 225) de três caldeiras, conhecidas por aquecedor de vinho, caldeira de destilação e caldeira de esgotamento. Estão, normalmente, situadas em planos diferentes e interligadas por canalizações, contendo registros. Fazem parte do conjunto registros de esgotamento de vinhaça, válvulas de segurança e igualadora de pressões, termômetros, refrigerante, caixa de recepção do destilado, etc.

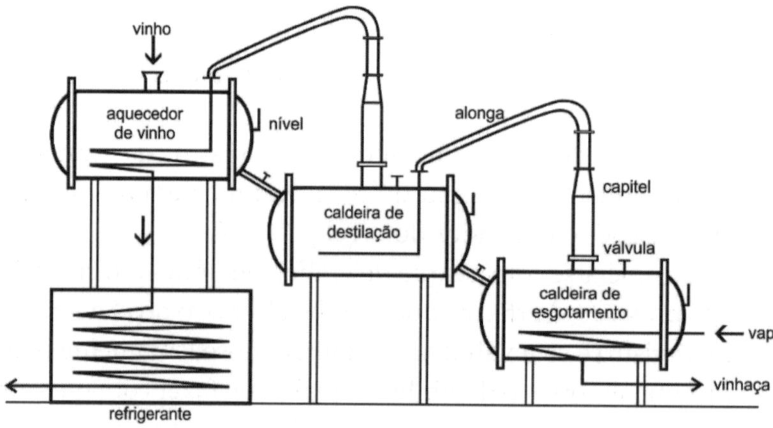

Figura 225 - Sistema de três caldeiras: vinho, destilação e esgotamento.

A marcha para operar este aparelho é iniciada com a alimentação dos três corpos, através do "aquecedor de vinho", suspendendo-a quando a carga dos mesmos atingir 2/3 dos seus volumes totais. Esta alimentação é realizada com as válvulas igualadoras das pressões abertas, fechando-as ao final da mesma. Abre-se, a seguir, a entrada de vapor e, pelo aquecimento lento, há produção de vapores na "caldeira de esgotamento", sendo que parte deles, encontrando uma região mais fria (capital), condensa-se, retornando ao seio da massa contida nessa caldeira. A fração de vapores que vence a barreira de temperatura, constituída pelos compostos mais voláteis, alcança a alonga, indo borbulhar na "caldeira de destilação", através da serpentina perfurada; isto faz com que o vinho aí contido se enriqueça em compostos mais voláteis e se aqueça. Pelo aquecimento, essa caldeira inicia a produção de vapores, cuja composição em produtos mais voláteis é mais rica do que os provenientes da caldeira de esgotamento. Esses vapores têm uma parte condensada no capital e na alonga, sendo que aqueles que aí não se condensam alcançam a serpentina do aquecedor de vinho, trocando calor com o vinho aí contido. Este se aquece e os vapores são condensados e encaminhados ao refrigerante e, daí, à caixa de recepção.

De início, o destilado possui uma riqueza alcoólica da ordem de 65° GL; porém, à medida que o vinho contido na caldeira de esgotamento vai se empobrecendo, de compostos mais voláteis, seus vapores serão também mais pobres, ocorrendo o mesmo com os da caldeira de destilação. Em consequência, o destilado vai se empobrecendo de maneira que, atingindo na caixa de recepção a graduação de 50° GL, interrompe-se a fonte de calor e o ciclo da destilação está terminado.

Em seguida, abrem-se as válvulas igualadoras das pressões e o registo de descarga da caldeira de esgotamento, eliminando-se o vinho esgotado (vinhaça) desta. A fase seguinte é enviar o conteúdo do vaso de destilação ao de esgotamento e, posteriormente, o do aquecedor de vinho ao de destilação. Nova carga é introduzida no aquecedor de vinho, iniciando-se, então, novo ciclo de destilação.

30.2.2 DESTILAÇÃO SISTEMÁTICA

É o processo de destilação utilizado nas destilarias de média e grande capacidade. Com ela, é possível obter-se flegmas de alto e de baixo grau, de acordo com o tipo de aparelho empregado e com a finalidade a que se destina.

a) Colunas de Destilação

As colunas de destilação, de maneira geral, são constituídas por uma série de caldeiras de destilação superpostas, as quais recebem a denominação especial de pratos ou bandejas (figura 226).

A reunião de dois ou mais pratos de destilação forma um gomo, que se liga a outros por meio de flanges. Cada bandeja se constitui em uma unidade de destilação, variando seu número no gomo e na própria coluna, de acordo com a finalidade a que se destina. As bandejas de destilação são geralmente circulares e, pela superposição das mesmas, dão ao aparelho o aspecto de um cilindro vertical, que recebe o nome de tronco de destilação. Elas se comunicam entre si por meio de sifões ou tubos de comunicação, os quais, em sua parte superior, sobressaem alguns centímetros, determinando, assim, o nível da bandeja, enquanto que, em sua extremidade inferior, ficam mergulhados no líquido contido na bandeja (Figuras 226 e 227) aí situada, impedindo, dessa maneira, a passagem direta dos vapores para o prato seguinte.

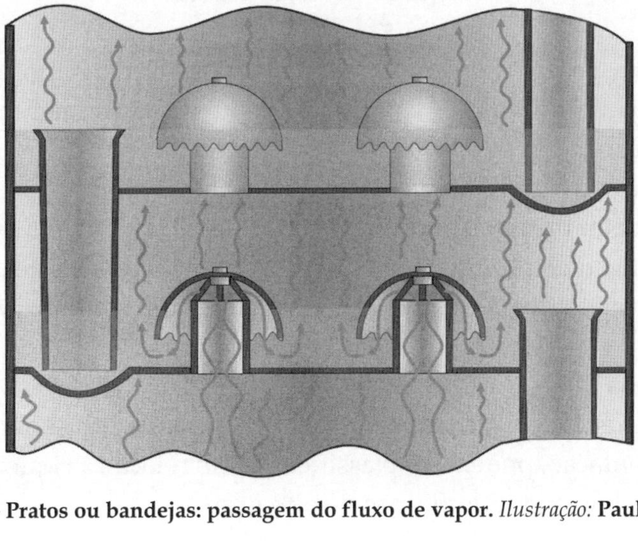

Figura 226 - Pratos ou bandejas: passagem do fluxo de vapor. *Ilustração:* **Paulo Gangorra**

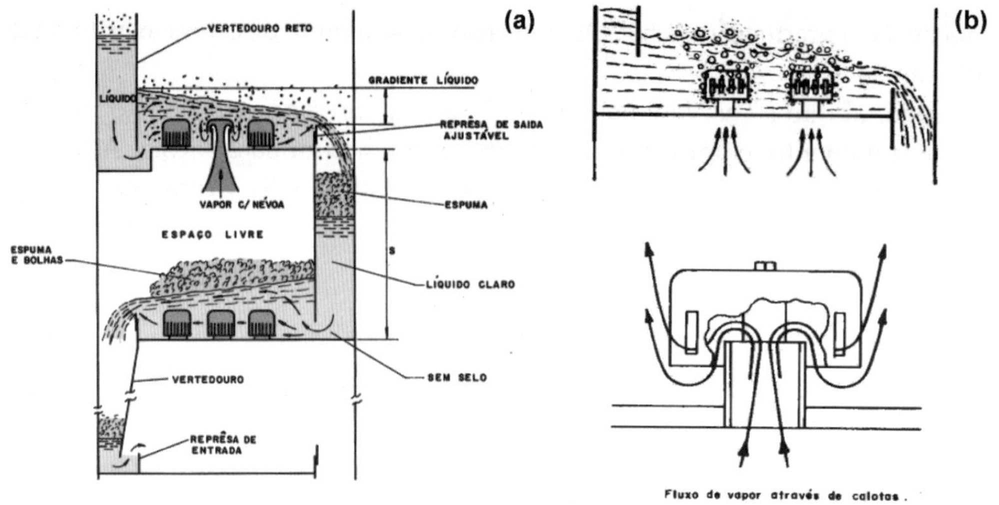

Figura 227 - Esquema de operação dinâmica do prato com borbulhador ou calotas (Copersucar)

As bandejas são constituídas por um grande número de orifícios, aos quais se encontram acoplados tubos denominados chaminés (Figuras 226 e 227), munidos lateralmente de janelas (fenestras), sobre as quais se assentam as calotas ou chapéus (Figura 228), construídas sob formas das mais variadas. Estas calotas ficam com seus bordos mergulhados no líquido, oferecendo uma resistência à passagem dos vapores provenientes da bandeja inferior, formando uma verdadeira junta hidráulica.

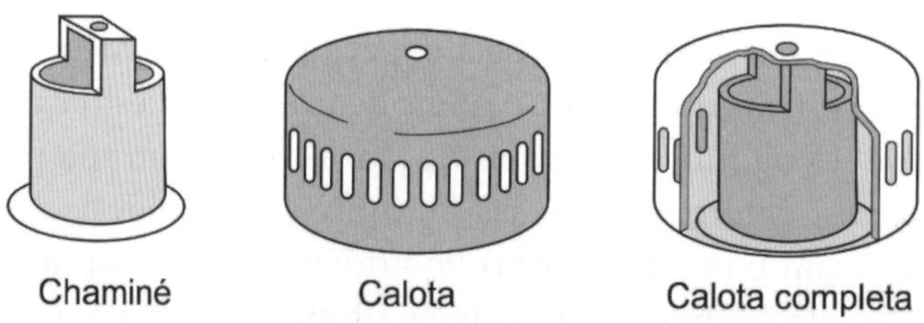

Figura 228 - Chaminé e Calota.

O tronco da coluna possui dois gomos diferentes dos demais, no que diz respeito à sua constituição; assim, no mais inferior encontra-se a fonte de aquecimento a vapor (serpentina), sendo que no mais inferior temos a fonte de alimentação da coluna.

Na constituição de seu tronco, uma coluna de destilação ainda possui serpentina de aquecimento, nível da caldeira de aquecimento, aberturas de inspeção e lavagem, canalizações de vapor e de flegmas, sifão de vinhaça e termômetros. Como acessórios de uma coluna de destilação simples, tem-se o regulador de vapor, condensadores, refrigerantes e proveta de amostras.

b) Tipos de colunas

As colunas de pratos, único tipo utilizado no Brasil para a destilação de produtos alcoólicos oriundos de fermentação, podem ser classificadas em relação à riqueza alcoólica do flegma obtido em: colunas de baixo grau e colunas de alto grau.

As colunas de baixo grau, também denominadas de esgotamento, são aquelas que produzem flegmas de 35 a 65° GL, sendo o tipo especialmente utilizado nas destilarias de aguardentes. Nestas colunas, a alimentação do vinho a ser destilado é feita pela parte superior, podendo haver uma retrogradação (operação que consiste na condensação da fração constituída pelos menos voláteis), produzida em um aquecedor de vinho, retornando os vapores, aí condensados, ao tronco de alimentação. O número de pratos varia de 15 a 20 nesse tipo de coluna.

As colunas de alto grau são aquelas que produzem um flegma de 90 a 96° GL. A diferença fundamental entre estas colunas e aquelas de baixo grau diz respeito à sua constituição. As de alto grau, possuem duas zonas: a inferior à alimentação do vinho é chamada tronco de esgotamento, possuindo cerca de 12 a 15 pratos, e a situada acima de alimentação é denominada tronco de concentração, com cerca de 18 a 20 pratos. Nesse tipo de coluna existe uma retrogradação, que permite a retirada de um flegma de maior concentração.

c) Funcionamento das colunas

A explanação sobre o funcionamento de uma coluna de baixo grau (Figura 229) é suficiente para que se possa entender como trabalha qualquer tipo de coluna, visto que o princípio é o mesmo.

A operação inicial para colocar em funcionamento uma coluna é sua carga. Esta é realizada pela introdução do vinho proveniente de uma caixa de nível constante, situada em nível superior à coluna. Esse vinho, passando através dos pratos, por meio dos sifões, atinge a caldeira de aquecimento. Ao atingir o nível de trabalho, fecha-se o registro de alimentação do vinho, dá-se vazão à água de refrigeração e inicia-se o aquecimento da coluna com vapor.

Pelo aquecimento, o líquido contido na caldeira inferior inicia a emissão de vapores, os quais alcançam as chaminés do prato imediatamente superior e, passando pelas fenestras, acumulam-se sob as calotas. Nestas, encontram resistência oferecida pela junta hidráulica mas, à medida que o líquido gerador aumenta a sua temperatura, a tensão, isto é, a força expansiva dos seus vapores aumenta até que, vencida a resistência da junta hidráulica, borbulham no líquido do prato superior, todo controle operacional é função de pressão e temperatura, assim, na base da coluna a pressão manométrica deve ser de 2,5 a 3,0 mca e a temperatura de ebulição de 105°C, mas, no topo da coluna é de 1,8 mca para uma temperatura ao redor de 94°C.

Quando isso ocorre, há condensação dos vapores e, como consequência, um aquecimento e enriquecimento desse líquido que, por sua vez, emitirá vapores cuja riqueza alcoólica será maior do que os emitidos pelo prato inferior. O fenômeno se repete para todos os pratos seguintes, de maneira que as temperaturas de ebulição são decrescentes, da caldeira inferior para a superior, enquanto que a riqueza alcoólica é crescente nesse mesmo sentido.

Atingindo os vapores o último prato, o termômetro aí situado acusará uma temperatura ao redor de 94°C, quando então é aberta a alimentação da coluna de fluxo contínuo. O vinho vai se desalcoolizando, saindo na forma de vinhaça pela base do aparelho. Os vapores alcoólicos caminham por retrogradação, pela condensação dos vapores menos voláteis, sendo que a parte restante caminha do aquecedor de vinho para o refrigerante, indo fluir na proveta, de onde segue para o depósito.

A estabilização do grau de flegma é feita através da entrada de vapor, do fluxo de vinho e da retirada de vinhaça (Figura 229), o que mantém a coluna em equilíbrio.

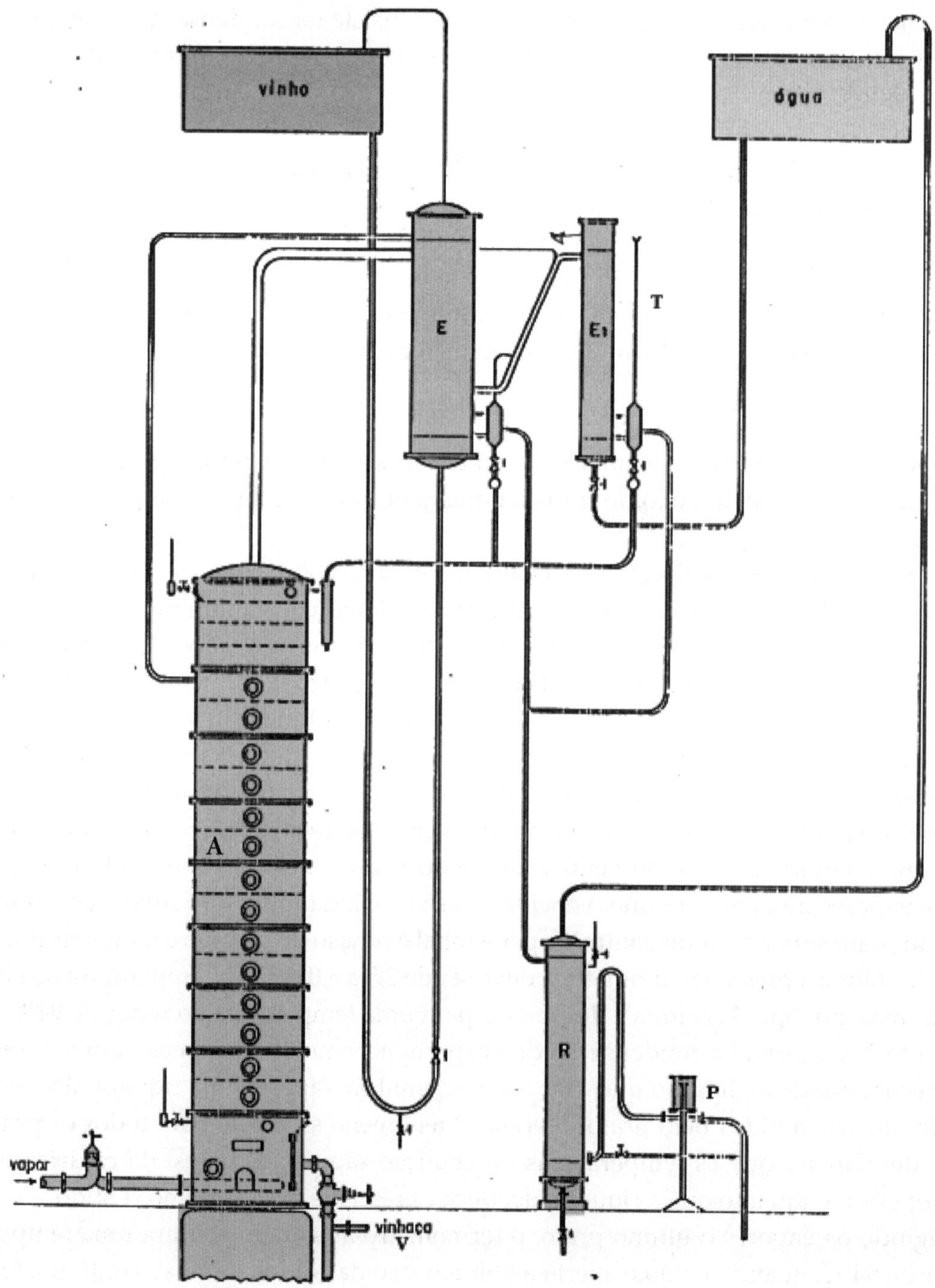

Figura 229 - Funcionamento de uma coluna de baixo grau (45 a 60 GL). *Fonte:* **Stupiello et al. (1972)**

Legenda: A - Coluna de destilação; E - Aquecedor de vinho; E1 - Condensador auxiliar; R - Resfriadeira; T - Trombeta; P - Proveta e V - Vinhaça.

CAPÍTULO 31

RETIFICAÇÃO

O produto da destilação do vinho, seja um flegma de baixo ou de alto grau, é sempre uma mistura hidroalcoólica impura, que encerra em sua composição praticamente todas as substâncias voláteis que se encontravam no vinho. Acompanham o etanol nos flegmas, aldeídeos, ésteres, álcoois homólogos superiores, ácidos e bases voláteis, etc. Para se obter um etanol livre destas substâncias, que depreciam a boa qualidade de um etanol, é necessário submeter os flegmas a uma destilação especial, denominada retificação.

A retificação é, pois, um processo físico-químico, que tem por objetivo separar o etanol, tanto quanto possível, técnica e economicamente, das impurezas que o acompanham em uma mistura hidroalcoólica.

As impurezas contidas nos flegmas, sob o ponto de vista do grau de volatilidade, são classificados em impurezas de cabeça e cauda.

As impurezas de cabeça são aquelas que possuem um ponto de ebulição inferior ao do etanol, sendo constituídas, principalmente, por aldeídos e ésteres. Ao contrário, as impurezas de cauda são constituídas por substâncias que possuem um ponto de ebulição maior que a do etanol, constituindo-se na fração que deixa a caldeira de destilação após o mesmo. Estas são representadas pelos álcoois homólogos superiores, furfural, etc.

O produto principal da retificação é chamado de etanol retificado, possuindo um grau alcoólico de 96°GL. Resultam ainda duas outras frações, denominadas de flegmaça e o óleo de fúsel.

O flegmaça é o resíduo aquoso de retificação de um flegma, enquanto que o óleo de fúsel é constituído por impurezas de alto grau de volatilização, conhecidas sob as denominações de óleos leves, óleos pesados e híbridos.

As teorias que explicam a prática da retificação estão baseadas na solubilidade e na temperatura de ebulição das impurezas e são devidas, respectivamente, a Sorel e a Barbet.

31.1 PRÁTICA DA RETIFICAÇÃO

A retificação industrial dos flegmas pode ser realizada por processos intermitentes ou por processos contínuos.

Pela retificação de um flegma nos processos intermitentes, obtém-se frações de produtos de cabeça, de coração (etanol retificado) e de cauda. Pelos processos contínuos, através de uma alimentação ininterrupta do flegma nos aparelhos, obtém-se um fluxo contínuo de etanol retificado, de flegmaça e de impurezas.

31.1.1 RETIFICAÇÃO INTERMITENTE

A retificação industrial, através de processos intermitentes, não vem sendo usada, dispensando-se, portanto, maiores comentários.

31.1.2 RETIFICAÇÃO CONTÍNUA

Os processos de retificação contínua pode ser conduzido de diversas maneiras, segundo o tipo de álcool retificado a ser obtido, existem vários esquemas de conjuntos de retificadores. Os esquemas propostos por STUPIELLO et al. (1972) tornam-se mais complexos a medida que se deseja melhor qualidade do álcool, até extrafino.

O conjunto de retificação descrito é o clássico com epuração do vinho, onde se obtém, o álcool retificado industrial. Esse conjunto retificador é constituído de duas colunas a **A** e **B** com suas características peculiares a serem descritas, elas visam eliminar as impurezas de cabeça e de cauda para produzir o etanol retificado. (Figura 230 A)

A coluna **A** possui três partes distintas, a de epuração do vinho **(A1)**, colocada entre a de esgotamento **(A)** e a de concentração de cabeça **(D)**. Esta coluna tem finalidade de purificar o vinho, removendo as impurezas de cabeça (aldeídos e ésteres), e aquelas cujo ponto de ebulição é inferior ao do álcool.

A coluna **A1** é composta de oito bandejas. O funcionamento começa com a entrada do vinho aquecido no topo da coluna **A1**. A marcha é a seguinte: o vinho que provem da respectiva caixa e enviado ao aquecedor de vinho **(E)** daí desce ao trocador de calor da vinhaça **(K)** e sobe ao topo da coluna A1 entrando na bandeja 8. O vinho desce de bandeja a bandeja desfazendo se de suas impurezas, alcançando a coluna **A** com 16 bandejas, onde é esgotado e saindo na sua base, na forma de vinhaça (2), a qual é conduzida ao recuperador de calor **K**, e sai como efluente. As impurezas liberadas na coluna **A1** atingem a coluna **D** que possui quatro bandejas, concentra esse subproduto, que vão aos condensadores I e I1 onde ocorre a degasagem através da trombeta (5) e a retro gradação dos condensados, para a cabeça da coluna **D**, sendo esse produto removido como álcool de segunda (92° GL) na proveta de cabeça (7).

O flegma é retirado na bandeja 16 do topo da coluna **A** (8), daí vai ao tronco retificador entrando pela bandeja13 da coluna **B1** (9), com um grau alcoólico acerca de 50° a 60° GL.

A coluna de retificação é de alto grau, está dividida em duas partes, o tronco de esgotamento **B1** com aproximadamente 15 bandejas e o de concentração do flegma **B** que possui 48 bandejas.

No tronco de esgotamento **B1** os vapores descem de bandeja a bandeja desfaxzendo se do álcool e demais substâncias voláteis chegando a base (caldeira de aquecimento), onde a temperatura deve estar a 105°C, sai daí um subproduto a flegmaça (8) isenta de álcool, a qual é descartada para tanque de resfriamento. Já os vapores alcoolicos e impurezas voláteis sobem através do tronco de concentração **B**. Esses vapores quando atingem a região das bandejas 11 e 12 pedem suas impurezas e nas bandejas 45 e 46 próximas ao topo da coluna (13) são removidos os vapores e enviados à resfriadeira (J) e daí para a proveta de álcool retificado (14). O vapor do topo da coluna vai ao aquecedor de vinho **(E)** e os condensados em **E1** e **E2** vão para a proveta de produtos de cabeça (7) como álcool de segunda. No condensador **(E2)** ocorre a degasagem. Nos condensadores **(E, E1 e E2)** ocorre retrogradarão que volta ao topo da coluna **B** (15). O óleo fusel extraído na coluna **B** é enviado ao decantador lavador **(M)** onde se separam por densidade duas frações, sendo a camada superior óleo fusel enviada ao reservatório e a canada inferior água fraca para a bandeja (7) da coluna **B1**.

Produção de álcool retificado fino, segundo o esquema da Figura 230 B.

Quando se deseja produzir álcool fino, o álcool retificado vai à coluna de repasse **(F)** com o objetivo libertar o álcool das impurezas mais voláteis persistentes. Essa coluna é composta de 24 bandejas, sendo que na base da coluna tem o elemento de aquecimento tubular evitando o contato do vapor com o álcool. A coluna **F** opera com temperatura de 78°C e uma pressão barométrica de 0,40 a 0,60 m.

O operacional da coluna **F** ocorre recebendo diretamente os vapores alcóolicos diretamente da **B1** sem resfriar entrando na bandeja 19no seu terço superior, como essa coluna é levemente aquecia descem bandeja a bandeja, livrando se das impurezas mais voláteis, até que chega a base da coluna e sai para a resfriadeira e vai para a proveta de álcool fino (3). Na parte superior da coluna **P** rica em impurezas mais voláteis que o álcool a 96° GLvão para os condensadores **Z** e **Z1** juntando se as frações de cabeça da proveta (5). Nesses condensadores há retrogradaçãop para a coluna de repasse **(P)** e a degasagem.

Produção de álcool retificado extrafino, segundo o esquema da Figura 230 C .

Este sistema de produção de álcool melhora sua qualidade, epurando o flegma, eliminando seus produtos de cabeça e parte dos de cauda, em uma coluna a parte à **C**. Para realizar essa epuração o flegma que sai da coluna **A** resfria no aquecedor de vinho **R** e depois no resfriador **R1** e o flegma está na fase liquida e vai ao topo da coluna **C** onde recebe água provocando sua diluição entre 20° a 35°GL, é a lavagem do flegma para purificação. Assim, o flegma desce de bandeja a bandeja até atingir a base da coluna livrando se parte das impurezas, e o flegma epurado é encaminhado ao topo da coluna **B1**, seguindo a marcha normal.

A coluna **C** possui 35 bandejas e o elemento de aquecimento é uma caixa tubular localizada em sua base. O vapor de aquecimento não entra em contato com o flegma evitando a contaminação com impurezas. A temperatura operacional deve ser de 94°C e a pressão de trabalho entre 0,80 a 0,90 m.

Neste caso a coluna de retificação **B** tem cerca de 60 bandejas, onde se remove a fração chamada híbridos. Os quais são retirados na região da coluna onde o grau alcóolico varia entre 90° a 94° GL e a temperatura corresponde a 79°C, bandejas 30 a 40.

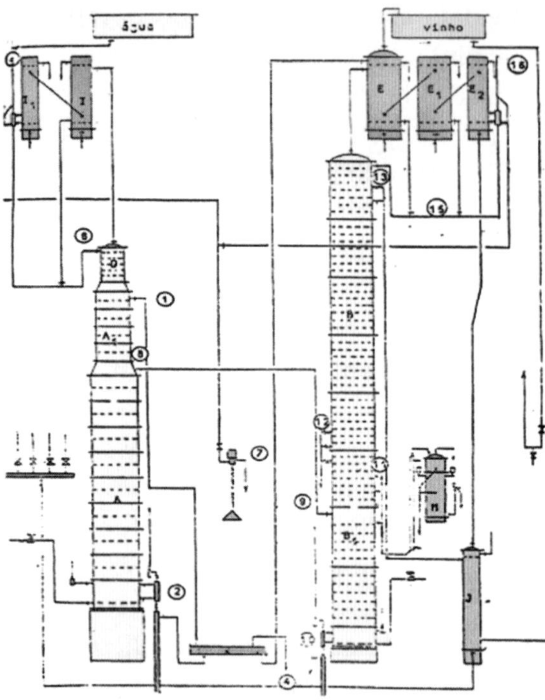

(A)

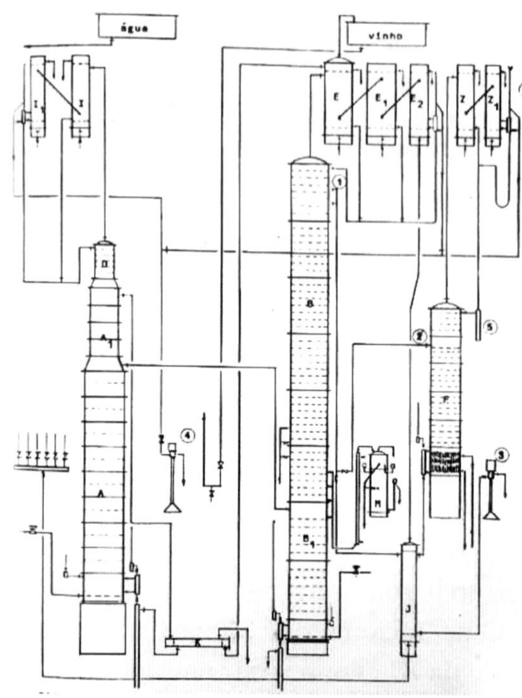

(B)

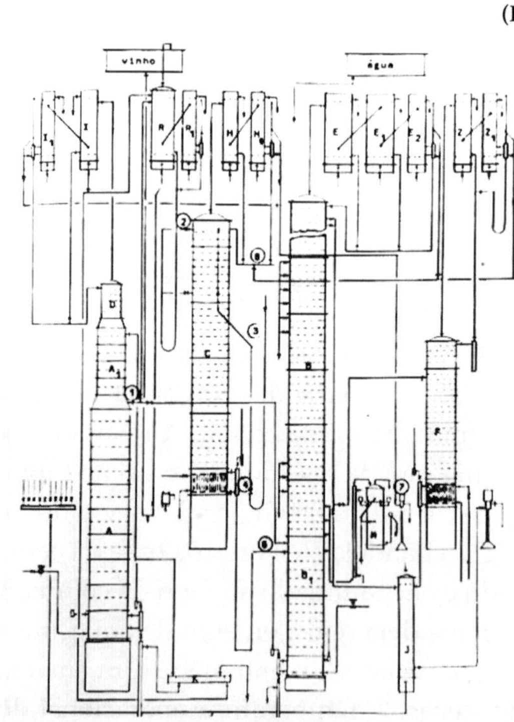

(C)

Figura 230 - **(figura A) Esquema para produção de álcool retificado industrial contínuo com epuração de vinho, (figura B) esquema para produção de álcool retificado fino com culuna de repasse e (figura C) esquema para produção de álcool retificado extra fino com coluna de repasse e epuração do flegma.**

Fonte: **Stupielo, JP et al (1972).**

CAPÍTULO 32

DESIDRATAÇÃO

Através dos processos de destilação e retificação, o produto final obtido é sempre uma mistura hidroalcoólica, cuja pureza depende do processo utilizado. Sob o ponto de vista alcoólico ou da riqueza alcoólica, esta mistura binária etanol e água nunca excede a 97,2% em volume ou nas proporções ponderais de 95,57% de etanol e 4,43% de água, mesmo submetida a repetidas destilações, pois ela se comporta como substância pura.

A explicação para este fenômeno é a formação de uma mistura binária etanol-água, de proporções definidas, não fracionadas pelos processos normais de destilação, denominada mistura azeotrópica.

Para que se possa livrar o etanol dos restos de água, transformando-o em etanol absoluto, é necessário introduzir aos processos normais de destilação um artifício qualquer, que possa fracionar a mistura azeotrópica, alterando a sua composição.

O etanol absoluto, obtido pelos processos industriais de desidratação, possui uma riqueza alcoólica em volume, variável de 99,5 a 99,9°GL.

O fracionamento da mistura hidroalcoólica binária etanol-água pode ser obtida tanto por métodos químicos, como físicos. Os métodos químicos são aqueles que trata os líquidos ou os vapores com substâncias capazes de absorver água, como por exemplo, a cal viva. Os métodos físicos são os que utilizam de processos para deslocar ou mesmo suprimir o ponto azeotrópico, como por exemplo, a variação de pressão. Sabe-se que a mistura azeotrópica, binária etanol-água, quando submetida ao processo de desidratação à pressão normal, vaporiza-se à temperatura constante, como se fosse substância pura, portanto, não se fracionando. Porém, por uma variação de pressão, sofre algumas alterações na composição do destilado e na temperatura de ebulição. Assim, pela redução da pressão, há um enriquecimento do destilado em etanol, ou o enriquecimento da água, quando houver um aumento da pressão.

A atual classificação dos processos de desidratação, por princípio divide em quatro grupos: **1° grupo:** Processos azeotrópicos (Benzol e Ciclohexano); **2° grupo:** processos extrativos (Marriler (glicerina) e Monoetileno glicol); **3° grupo:** peneira molecular (Zeolitos) e **4° grupo:** membrana seletiva (filtro de silicato, sistema à vácuo).

32.1 PRÁTICA DA DESIDRATAÇÃO

Dos vários processos de desidratação existentes, os baseados no benzol e na glicerina, respectivamente, eram as mais utilizados nos Brasil. Atualmente, a produção de AEAC (combustível anidro de etanol) também sofreu grandes avanços, sendo desidratada com glicerol, uma vez que esta é energeticamente desfavorável e a destilação azeotrópica com benzeno devido ao grau de toxicidade deste solvente, que foi substituído por ciclohexano e novas tecnologias foram introduzidas, por serem processos energeticamente mais eficientes, como a desidratação por absorção com monoetilenoglicol (MEG) ou através de peneiras moleculares.

32.2 PROCESSOS AZEOTRÓPICOS (MELLE-GUINOT)

A mistura de várias substâncias frequentemente pode dar formação a misturas ditas azeotrópicas, isto é, misturas com ponto de ebulição constante e que produzem vapores de composição iguais ao líquido gerador.

A desidratação do etanol, conforme demonstrado por vários pesquisadores, pode ser conseguida através da formação de substâncias azeotrópicas. Assim, a introdução, numa mistura etanol-água, de uma terceira substância, conhecida por corpo trator ou arrastador, dá formação a uma mistura azeotrópica ternária. Por exemplo, a introdução do benzeno numa mistura mistura-água da formação a uma mistura azeotrópica ternária, constituído de etanol, água e benzeno, de ponto de ebulição igual a 64,85°C, pondo este inferior aos pontos de ebulição dos respectivos componentes da mistura, ou seja, inferior a 78,35, 100,0 e 82,2°C.

Percentualmente, esta mistura apresenta a seguinte composição ponderal:

- Etanol 18,5%
- Água 7,4%
- Benzeno 74,1%

Pela transformação da mistura azeotrópica, aparece novamente outra mistura binária, constituída de etanol, benzeno, com ponto de ebulição igual a 68,25°C, e com a seguinte composição ponderal:

- Etanol 32,4%
- Benzeno 67,6%

No momento de desidratação, formam-se três zonas em uma coluna, onde se distinguem as zonas do ternário, do binário e do etanol desidratado, respectivamente, do topo à base da coluna. Desta forma, tem-se como cabeça o ternário, na zona intermediária, o binário e, finalmente, como resíduo ou cauda, o etanol absoluto.

Em virtude do benzeno não decantar bem, a utilização da mistura benzeno-nafta, benzeno-heptna, é muito frequente nos processos de desidratação do etanol.

Das várias técnicas de desidratação existentes, a mais utilizada no Brasil está baseada na desidratação do etanol retificado. O conjunto de desidratação, (figura 231) empregando esta técnica, consta basicamente das seguintes partes:

a) Coluna de desidratação propriamente dita (39 bandejas)
b) Coluna de recuperação do corpo trator (18 a 25 bandejas)
c) Decantador-separador

O desidratante utilizado é mistura de benzeno-heptano, a qual recebe o nome de "destilline".

Para operar um conjunto de desidratação do etanol retificado, procede-se da seguinte maneira:

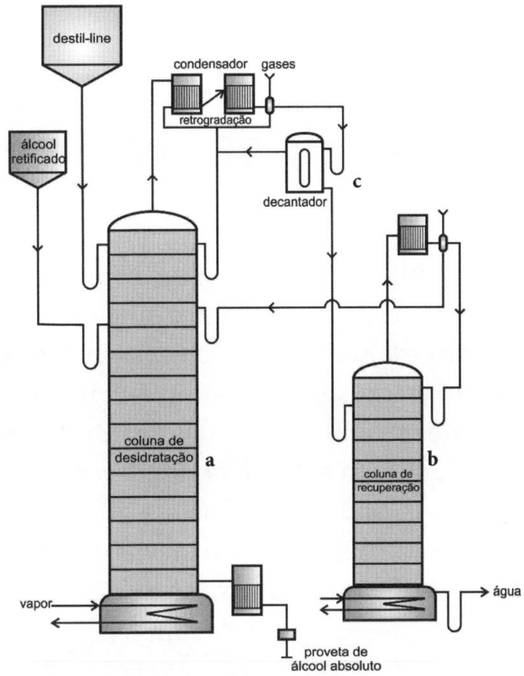

Figura 231 - Esquema de conjunto de desidratação do etanol retificado pelo destilline.

A coluna de desidratação, carregada com etanol retificado e aquecido, dá início ao trabalho com os vapores que refluem do primeiro condensador, situado no seu topo.

A alimentação do "destilline", proveniente de um depósito, é feita até que uma menor temperatura nos pratos indique a presença do corpo trator, sendo em seguida paralisada a sua adição. Pela presença do corpo trator, formam-se, na coluna, três zonas, identificadas pela temperatura. A primeira zona, ocupada pela mistura azeotrópica ternária etanol-etílico-água--corpo trator, possui um ponto de ebulição de 64,85°C; a segunda zona, constituída pela mistura azeotrópica binária etanol-corpo trator, cujo ponto de ebulição é de 68,25°C; a terceira, zona de concentração do etanol absoluto, portanto com uma temperatura de ebulição de 78,35°C. Estas condições permanecem durante o trabalho normal da coluna.

A mistura azeotrópica ternária alcança o topo da coluna de desidratação, caminhando, em seguida, para os condensadores, onde parte dos vapores constituída pelos menos voláteis reflue à coluna de desidratação e parte é enviada para o decantador. O líquido que vem ter ao decantador separa-se em duas camadas. A camada superior rica do corpo trator, que retorna a coluna de desidratação, enquanto que a camada inferior, pobre do corpo trator, segue para a coluna de recuperação.

Na coluna de recuperação, por um leve aquecimento, desce de prato para prato, saindo na sua base como água, enquanto que o corpo trator sai pelo topo, na forma de mistura ternária, que caminha para o condensador, onde parte reflui à coluna e parte retorna à coluna de desidratação.

Na coluna de desidratação, a mistura desce de prato para prato, desfazendo-se da água que contém e, posteriormente, do corpo trator, saindo pela base, como etanol absoluto, que passando pelo condensador, sai na proveta.

32.3 ADEQUAÇÃO DE PROCESSO DE CICLO HEXANO NA DESIDRATAÇÃO

O aquecimento é feito por borbulhamento de vapor, como na coluna A (Figura 232). Na coluna C do processo de desidratação, o ciclohexano é adicionado no topo. Este produto tem a capacidade de formar uma mistura azeotrópica ternária, ciclohexano-água-etanol, com um ponto de ebulição inferior ao do etanol anidro; assim, o etanol é removido pelo fundo com aproximadamente 99,7% v / v de etanol (SILVA et al., 2013). A mistura azeotrópica ternária removida pela parada é condensada e enviada para um decantador, tipicamente instalado na parte externa superior da coluna C, onde são formadas duas fases, a superior mais rica em ciclohexano, que desce pela coluna C (três regiões) e menor, rico em água (com algum ciclohexano), que é enviado para a coluna P para recuperação de ciclohexano (Figura 232).

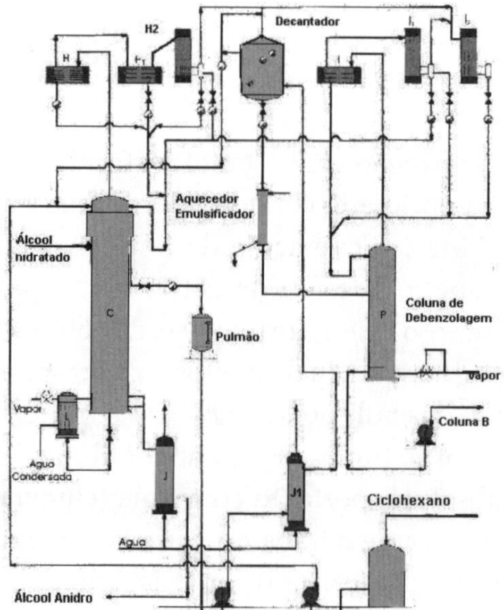

Figura 232 - Diagrama de fluxo convencional para produção de etanol anidro pelo CICLOHEXANO.

Fonte: **Dedini Indústria de Base S/A.**

Na coluna C existem três regiões:

- A região inferior é a região de etanol anidro. A região media, é a região binário etanol.
- A região superior é a região do ternário, etanol-água-desidratante.

Nesta última região, que se situa no topo da coluna, é que se processa a destilação do ternário e que vai eliminar a água do etanol hidratado.

O topo da coluna está ligado a dois condensadores, que possuem características construtivas idênticas aos demais condensadores do aparelho de destilação e trabalham em série. São condensadores do ternário e são denominados H e H1.

As condições operacionais do sistema de destilação por ciclohexano por coluna seriam:

- Coluna de Destilação (A):

- **Seção A:**
  - Número de pratos: 16 a 20
  - Pressão de trabalho: 4,5 a 5,0 mca
  - Temperatura da base: 110 a 112°C
  - Temperatura de saída de flegma: 100 a102°C
  - Flegma - teor de alcóolico: 45 a 50 GL

- **Seção A1:**
  - Número de pratos: 6
  - Temperatura: 95°C
  - Passagem pelo sifão cônico
  - Entrada de vinho em bandeja abaixo cônico A1/D

- **Seção D:**
  - Número de pratos: 6
  - Temperatura: 80°C
  - Coluna de Retificação (B):

- **Seção B (Concentração):**
  - Número de pratos: 42
  - Temperatura de saída dos álcoois superiores: 80°C
  - Temperatura de entrada do flegma (base B/B1): 100 a102°C
  - Retirada de óleo alto: bandeja 6 a 12

- **Seção B1 (Esgotamento):**
  - Número de bandejas: 13
  - Pressão de trabalho: 3,8 a 4,0 mca
  - Saída de flegmaça (processo Flegestil: flegmaça vai na bandeja de entrada de vinho)

Retirada de óleos baixos: bandejas 8 a 11

- Coluna de Desidratação (C):
- Número de pratos: 42
- Temperatura C14 (Zona binária): 68 a 72°C
- Temperatura da base na saída do etanol anidro: 80°C
- Pressão de trabalho: 2,6 a 2,8 mca
- Coluna de recuperação do ciclohexano (P):
- Tronco de concentração / esgotamento
- Número de bandejas por tronco: 20 (concentração) e 20 (esgotamento)
- Temperatura da coluna P:

✓ Base do tronco de esgotamento (40 bandejas): 102 a 103°C
✓ Base do tronco de concentração: 85 a 90°C
✓ Retirada na bandeja nº.37 (completo - 40) ou no. 17 (conc.-20): 78°C

- Decantador de ciclohexano (Figura 233):
- Fase superior do ciclohexano: volta para coluna C (ponto de entrada)
- Fase inferior água/etanol - volta na bandeja B4

Figura 233 - Decantador do ciclohexano - controle de pressão e temperatura,lunetas separadas das fases. Usina Junqueira (1990).

<u>Desvantagens termodinâmicas do Ciclohexano:</u>

1. Maior consumo de vapor - 15 a 40% - colunas C (desidratação) e P (recuperação), devido a sua menor capacidade de absorver água e maiores taxas de refluxo;
2. Redução da capacidade efetiva da planta e temperaturas menores na coluna C de 3 a 4°C (65 a 74°C);
3. Maior consumo de água de condensação;

4. Menor eficiência do decantador ternário feito a "frio" (55ºC). Requer um volume para a retenção (> 2 a 3 vezes) e 25% da fração é pesada.
5. Perda da capacidade dos condensadores pelo sub-resfriamento (3 a 4ºC) (menor temperatura de ebulição).

32.4 PROCESSOS BASEADOS EM ABSORVENTES (MARILLIER)

O Princípio de Marillier, ou extrativo, é baseado em absorvente de água (afinidade) ou etanol. Marillier, com a glicerina, até a década de 50, e o Prof. Meirelles da Unicamp, na década de 80, defendida uma tese de doutoramento nos fins da década de 80 na *Technische Hochschule "Carl Schorlemmer" (Alemanha) desenvolvendo o sistema do Monoetilenoglicol.*

Nestes processos, são utilizadas substâncias capazes de absorver água ou etanol, tanto na fase líquida como de vapor. Entretanto, nos processos industriais de desidratação, são empregadas apenas aquelas substâncias que absorvem água, por tornarem os processos mais econômicos.

Entre os desidratantes líquidos, e que podem ser recuperados com tratamento químico, a glicerina tem sido utilizada no processo criado por Marillier. Para aumentar ainda mais a eficiência desidratante, visto que a glicerina pura permite obter etanol com 99,2°GL, no máximo, Marillier recomenda utilizá-la juntamente com sais, carbonato de potássio, permitindo obter um etanol com 99,9-100,0°GL. Esta mistura de poliglicerinas e carbonato de potássio, denominada desidratol, é regenerada durante o processo, retornando ao ciclo.

DESTILAÇÃO EXTRATIVA

Outra forma é a destilação extrativa (Figura 234).O componente adicionado geralmente é a base de glicerol, consome menos energia do que a destilação azeotrópica, mas requer vapor de alta pressão. O aquecimento é feito indiretamente com vapor no permutador de calor (chamado L). Outros sistemas de desidratação também são utilizados, como o da absorção de água de glicose (no Brasil é usado principalmente o MEG-Mono, o etilenoglicol), chamado de destilação extrativa.

O Princípio de Desidratação é baseado na capacidade de determinado solvente de alto ponto de ebulição, adicionado a uma determinada mistura, de forma a alterar a volatilidade relativa dos seus componentes, desaparecendo, na presença do solvente, qualquer mistura azeotrópica. Na destilação extrativa foi descrita por Meirelles et al. (1992), baseia-se na utilização dos **etileno glicóis** como agentes, para quebrar o azeotropismo da mistura etanol/água. Há ausência de azeótropos e a característica é de que o solvente pode ser recuperado por simples destilação; faz-se assim, da destilação extrativa, um sistema de desidratação muito mais vantajoso do que os processos azeotrópicos convencionais.

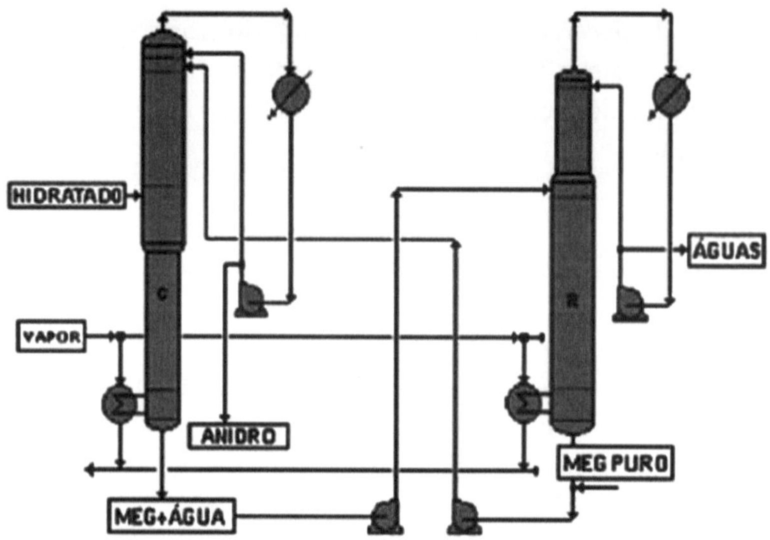

Figura 234 - Instalação para destilaria extrativa, adaptado de Meireles et al. (1992).

O MEG é adicionado ao topo da coluna de desidratação C e, devido à sua baixa volatilidade, permanece na fase líquida e desce pela coluna. O etanol hidratado é adicionado no meio da coluna C, o espaço entre as entradas serve para desidratar os vapores de etanol. A desidratação do etanol líquido foi sob a entrada do etanol e, em segundo plano, temos o solvente e a água. O produto inferior é enviado para a coluna R, onde a água será removida e o solvente regenerado. O topo da coluna R é formado por água, mas pode conter algum etanol e, portanto, tem que ir para uma nova coluna ou coluna B. Como o MEG tem baixa volatilidade e alto ponto de ebulição, é necessário usar vapor com pressões alta (10 kgf / cm2).

Os desafios e as tendências da destilação são hoje:

1. Redução do consumo de energia na destilação, com o sistema com tecnologia de alimentação dividida (tipo split feed).
2. Reavaliação dos equipamentos e processos em uso para AEHC e AEAC em uso, para o desafio de aumentar a produção;
3. Introdução de processos em cascata, através de múltiplos efeitos, para reduzir o consumo de energia e água de resfriamento;
4. Redução de perdas no processo e;
5. Introdução de sensores e automação.

A questão ambiental aos **etilenoglicóis** tem alto ponto de fulgor, pressões de vapor muito baixas e, portanto, não emitem vapores nocivos para a atmosfera, sob condições ambientais normais. Deste modo, tem-se que:

- ✓ Não causam intoxicação.
- ✓ Não são corrosivos.
- ✓ Baixa toxicidade, salvo quando ingeridos;
- ✓ São biodegradáveis e, em pequenas porções, podem ser dispersos em cursos d'água, de acordo com as leis ambientais locais.

✓ Não são cancerígenos (O benzeno é considerado destruidor dos glóbulos vermelhos. O ciclohexano não se enquadra nessa categoria, ainda).

As condições operacionais do aparelho de MEG, que têm sido projetos da BS Barci & Sicchieri engenharia Consultoria e Projetos Ltda têm comercializado, cujo esquema básico pode ser observado a partir da Figura 235, sendo que:

- Tipos de Alimentação: a) vapor e b) liquido - coluna B e tanque

a) Coluna de Desidratação (C):

- Seção de concentração (número de bandejas): 52
- Seção de esgotamento (número de bandejas): 16 (T. de 160° C)
  - coluna calotada ou valvulada
  - pressão na bomba de etanol: 40 a 45 mca
  - temperatura de entrada do etanol na coluna:110°C
- aquecimento de etanol por vapor vegetal ou escape: 125 a 127°C
- pressão do vapor aquecedor: 1,30 a 1,45 kg/m2
- aquecedor do MEG - vapor : 190 a 200 °C
- Pressão de vapor : 10 kg/cm2
- Temperatura da base da coluna: 160°C

b) Coluna de recuperação (MEG):

- coluna trabalha com vácuo: 18"
- temperatura da base: 160°C
- temperatura de cabeça (onde sai a água): 55°C

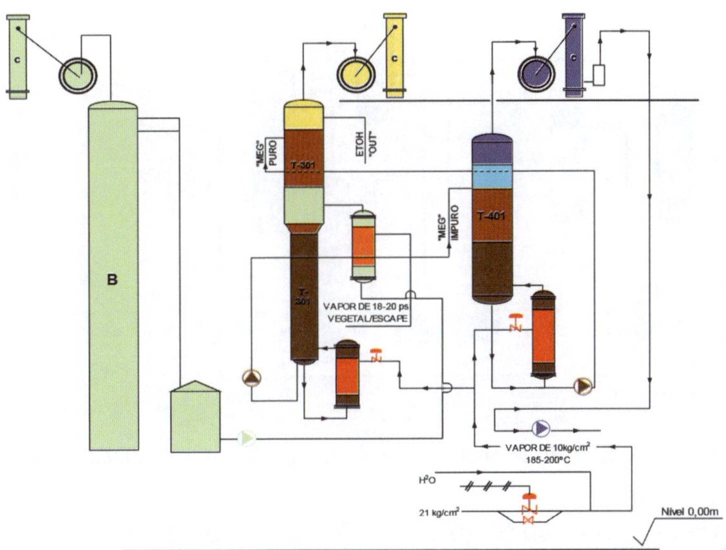

Figura 235 . Fluxograma básico: monoetilenoglicol, proposto por J. P. STUPIELO (2003).

32.5 DESIDRATAÇÃO POR PENEIRA MOLECULAR

Para a desidratação, as opções do processo são: desidratação com MEG ou ciclohexano, desidratação por peneira molecular e membrana de pervaporação ou membrana semipermeável. A tecnologia de Peneiras Moleculares baseia-se no princípio de diferentes potenciais de passagem de diferentes moléculas através de uma membrana permeável. Tem havido um grande avanço no desenvolvimento da tecnologia de adsorção através de Peneiras Moleculares para a produção de etanol com fins carburantes desde os anos 70.

Peneiras Moleculares são substâncias duras, granulares, esféricas ou cilíndricas, fabricadas através de extrusão em estrutura porosa e a distribuição de poros pode ser modificada para atuar como malha. São classificadas de acordo com o tamanho de seus poros, que determinarão a área de passagem dos produtos tratados. Tal material, denominado zeólito figura 236 B, é formado por cristais que contém água e, quando aquecido, libera esta água, sem alterar sua estrutura, que pode ser desenvolvida para absorver vários materiais. As moléculas grandes demais para passar por entre os poros são extraídas, enquanto que as moléculas que têm um diâmetro cinético menor que o tamanho do poro são absorvidas. A Figura 236 A, mostra um diagrama de fluxo convencional para a produção de etanol anidro através da utilização peneira molecular.

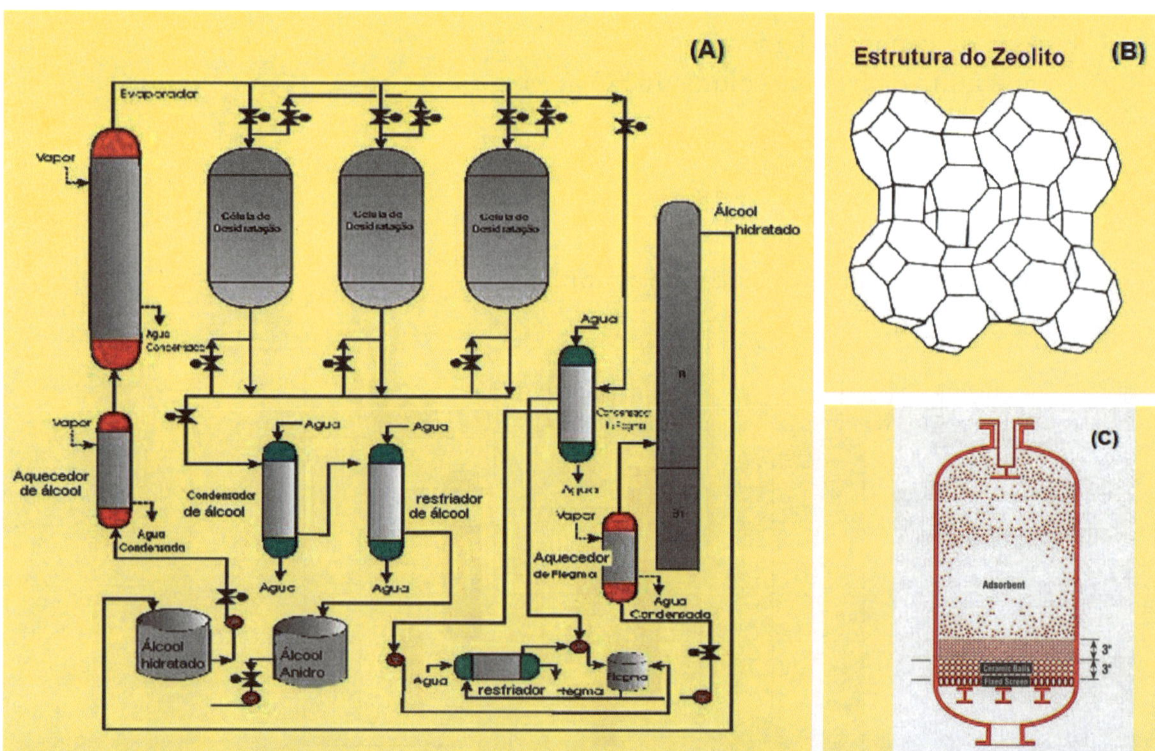

Figura 236 - Esquema de desidratação do álcool pela peneira molecular. *Fonte:* **Dedini Indústria de Base S/A.**

As três colunas de desidratação (Figura 236 C) é um leito imóvel contendo somente resina, o tempo de contato entre água e resina é de 0,3 a 2 segundos. O tempo de adsorção ocorre após a saturação do leito, onde a regneração definirá o tempo de alimentação.

No caso da produção de etanol anidro por otimizado molecular (Figura 237) existe uma redução específica do consumo de vapor de 0,75 kg de vapor / L de etanol anidro para 0,38 kg de vapor / L de etanol anidro.

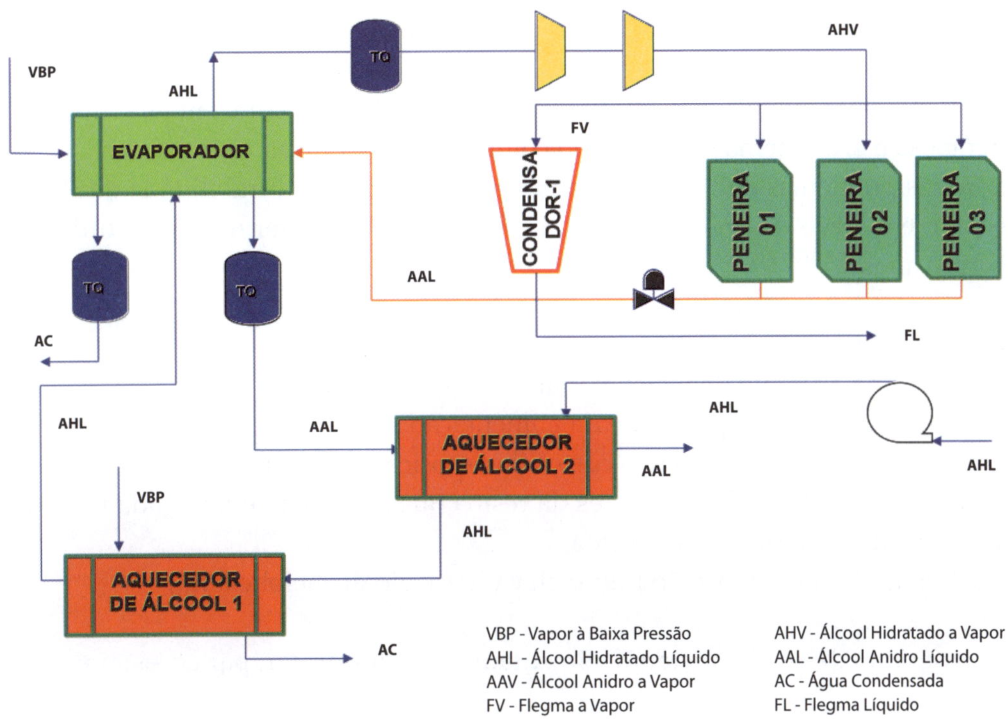

Figura 237 - Diagrama de fluxo de peneiras moleculares para produção de etanol anidro.
Fonte: Dedini Indústria de Base S/A.

Condições operacionais: peneira molecular:

Tanque de hidratado
Aquecedor de etanol: 85 a 90ºC
Vapor de aquecimento: vegetal
Temperatura do evaporizador: 135 a 140oC
Pressão de vapor aquecido supersaturado: 6 kg/cm2
Pressão na bomba de recalque de etanol:4,5 a 5,0 kg/cm2
Saída do liquido de regeneração (18 a 20%): 65 a 75o IMPM
Pressão do vapor aquecedor: 1,30 a 1,45 kg/m2
Vácuo da coluna de regeneração: -0,8 kg/cm2
Pressão na célula de operação: 2,5 a 3,5 kg/cm2

No caso da separação etanol-água, as moléculas de água são menores que as do etanol, sendo, então, adsorvidas pela Peneira Molecular, enquanto o etanol "passa direto" pelos reatores, deixando a água para trás. Esse processo pode ser utilizado tanto com as substâncias no estado líquido como gasoso.

As grandes vantagens da desidratação através da Peneira Molecular são:

- ✓ Produto Final (etanol anidro) sem traços de benzol, ciclohexano, etc.
- ✓ Menor consumo de vapor, cerca de 30% do processo azeotrópico.
- ✓ Confiabilidade operacional, em função da automatização com a mais avançada instrumentação e um sistema supervisório completo, entre outras.
- ✓ Um dos problemas enfrentados no passado era a pouca durabilidade da Peneira Molecular, em razão de condições operacionais, a qual deve ter uma vida útil de mais de 8 (oito) anos.

- **Desvantagens**:
- ✓ Necessidade absoluta de instrumentação computadorizada
- ✓ Controle contínuo da qualidade da alimentação
- ✓ Difícil avaliação, no tempo dos custos de reposição das resinas
- ✓ Número limitado de fornecedores da resina que ainda não é fabricada no Brasil e necessidade de importação da mesma
- ✓ Custo inicial da implantação muito elevado (triplo do ciclohexano)

Reciclo contínuo de 20 a 25% etanol alimentado para desidratar, para o sistema de retificação existente.

Em síntese, a tecnologia comercial de ponta atual para destilaria está indicada no diagrama da Figura 238:

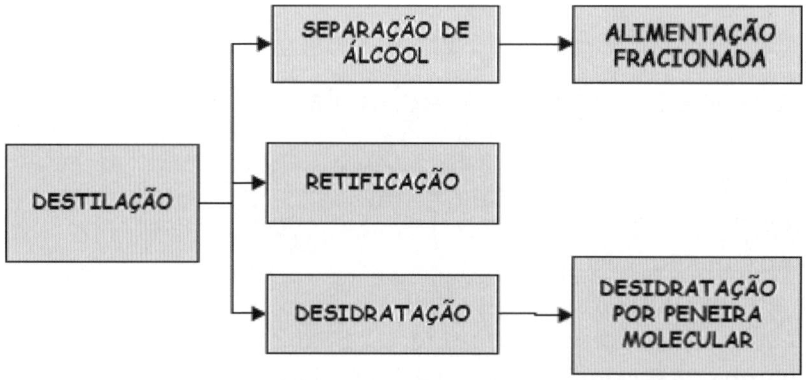

Figura 238 - Diagrama indicando as tecnologias dos processos da destilaria.

Outra tecnologia que a Dedini Indústria de Base tem oferecido ao mercado, a desidratação com baixa demanda de vapor, pode-se fazer uma previsão da entrada dos processos de desidratação por pervaporação, através de membranas poliméricas. Todavia, tais processos já se provaram eficientes e de baixo consumo energético, ficando limitado seu uso pelo custo elevado das membranas.

Uma análise comparativa entre os três processos principais em utilização na desidratação de etanol, observados nas destilarias brasileiras, podem ser comparados por diversos critérios técnicos e a qualidade final do produto etanol anidro (Tabelas 95 e 96).

Tabela 95 - Comparação com outros processos: qualidade do produto etanol anidro (Sartori, J.V. 2002 - informação pessoal)

Amostra		Destilação Azeotrópic (Ciclohexano)	Peneira Molecular	Destilação Extrativa
1-Acidez ppm		9, 7	9,8	9, 6
2-Al deídos mg/100 mL		2,12	5,,17	1,43
3-.Acetona	mg/l100mL	0,53	0,6'L	1,.97
4-Metanol	mg/l100mL	4, 21	4,39	4,84
5-Esteres	mg/l100mL	4,,20	4,,05	4,03
6-Alcoois Superiores, mg/100mL		11,70	11,40	ISENTO
7-0dor		Característico	Característico	Suave
8-0esidratante ppm		Min. De 50	ISENTO	NÃO DETECTADO
9-Teste de Permanganto- Barbet		De 4 a 8 minutos	De. 4 a 10 minutos	De 10 a 30 minutos

Álcool superior	Npropanol (mg/100 mL)	8,21	7,66	Isento
	Isobutan ol (m g/100 mL)	1.,21	1,3	Isento
	Nbutanol (mg/100 mL}	2,25	2,4	Isento
	Isoamílico (mg/100 mL}	Isento	Isento	Isento

Notas Importantes, segundo observado por Sartori, J.V. (2002) e equipe da Dedini Indústria de Base S/A:

1. *É bom salientar que todos os 3 álcoois, tiveram como origem o mesmo vinho e a mesma fonte de destilação;*
2. *Em dezenas de análises cromatográficas do etanol anidro, jamais foram encontrados contaminações de desidratante. Elas podem ocorrer, quando o aparelho não é bem operado.*

Tabela 96 - Análise comparativa de consumo entre processos de desidratação (Sartori, J.V. 2002 – informação pessoal).

Parâmetros	Destilação Extrativa	Peneira Molecular	Destilação Azeotrópica
Vapor (Kg/litro)	0,48 a 0,75[1]	0,6 [2]	1,5 a 1,6
Água (litros/litro)	35 - 38	35 - 40	65
Desidratante (litros/m3)	Máx. 0,2	8 anos/ carga, segundo o fabricante	0,5 a 0,9
Reciclo de etanol (%)	Máximo 0,55	Mínimo 15	0 a 25
Energia Elétrica (Kwh/m3)	Máximo 7,22	Mínimo 9,51	Mínimo 11,1

(1) *Consumo segundo a alimentação, seja em fase vapor ou em fase líquida*

(2) *Consumo garantido pelos fabricantes e que, normalmente, não leva em consideração o acréscimo necessário para reprocessar o reciclo de etanol;*

(3) *O reciclo de etanol não ocorre somente no processo ANITEC, de propriedade intelectual da NG, onde a coluna "P" esgota todo o etanol da fase pesada do decantador. No sistema convencional, ele ocorre em proporções que variam de 15 a 25%, utilizando o ciclohexano como agente de desidratação.*

CAPÍTULO 33

GERADORES DE VAPOR

LUIZ GUILHERME DE ABREU E LIMA ANTONELLI

33.1 DEFINIÇÃO E USO DO VAPOR

Do ponto de vista térmico, caldeira ou gerador de vapor é todo e qualquer equipamento, fechado, estacionário, destinado a produzir vapor de água sob pressão superior à atmosférica, utilizando-se de qualquer fonte externa de calor.

Essencialmente, as partes de pressão de uma caldeira de vapor são constituídas por uma fornalha, normalmente construída por tubos aletados, um ou dois balões, tubos de convecção, superaquecedores de vapor. Como atualmente a busca pela eficiência térmica é mandatória, instalam-se nas caldeiras recuperadores de calor (pré-aquecedores de ar, economizadores), bem como sistemas de queima mais eficientes, como o leito fluidizado.

Além dos elementos citados anteriormente, vários acessórios e partes estruturais completam o equipamento, dando-lhe a necessária funcionalidade, segurança e disponibilidade.

A eficiência térmica de uma caldeira é indicada pelo aproveitamento total do calor gerado pela combustão, excluindo-se as perdas: devido à radiação, devido à umidade do combustível e gerada na combustão, devido ao calor sensível do gás seco, e devido aos incombustos e não contados.

O vapor das caldeiras instaladas nas usinas de açúcar é produzido, normalmente, pela queima de bagaço de cana e palha, ocasionalmente com a adição de cavaco de madeira.Este vapor é consumido nos seguintes setores:

a) Acionamento de turbinas, sejam elas instaladas nas casas de força para geração de energia elétrica, ou instaladas nos acionamentos dos equipamentos de processo.
b) Aquecimento de água, caldos, xaropes, massas cozidas, etc.
c) Concentração de caldo, com vistas à obtenção do xarope e massas cozidas.
d) Lavagem do açúcar nas turbinas, produção de vácuo através dos injetores e acionamento de bombas à vácuo, etc.
e) Execução de limpeza e em serviços de assepsia em geral.

33.2 COMBUSTÍVEIS

Do ponto de vista da combustão, o carbono e o hidrogênio são os maiores responsáveis pela formação do calor na combustão. O enxofre também contribui, porém com uma parcela menor.

As reações entre o C, H e S com o Oxigênio podem ser vistas abaixo, bem como os valores numéricos, que representam os poderes caloríficos superiores dos C, H2 e S, respectivamente:

- ✓ $C + O_2 \longrightarrow CO_2 + 8.100kcal/kg$
- ✓ $H_2 + 1/2O_2 \longrightarrow H_2O + 33.900kcal/kg$
- ✓ $S + O_2 \longrightarrow SO_2 + 2.214kcal/kg$

Portanto, combustível é todo e qualquer material natural ou artificial, no estado sólido, líquido ou gasoso, capaz de reagir com o oxigênio do ar, liberando calor e luminosidade.

Em geral, os combustíveis são classificados de acordo com sua natureza física e podem ser: sólidos, líquidos e gasosos, sendo que sua característica mais importante é representada pelo poder calorífico que, por definição, é a quantidade de calor liberada pela combustão completa de uma unidade de peso desse combustível.

Quanto mais seco for um combustível, maior será seu poder calorífico, ou seja, o consumo desse combustível será menor. Entretanto, os combustíveis devem ainda ser avaliados em função do teor dos materiais voláteis, composição química elementar, teor de enxofre, cloro e cinzas, umidade, fusibilidade das cinzas e granulometria.

O prévio conhecimento das características dos combustíveis e o fornecimento dessas informações para as empresas fabricantes de caldeiras, pelos compradores, são de suma importância para a obtenção de um projeto adequado e menos suscetível a problemas durante sua operação.

Permitir que cada fabricante utilize a composição química do combustível contida em seus respectivos bancos de dados dificultará o trabalho de equalização técnica das propostas apresentadas em uma concorrência e pode até fazer com que o comprador não acabe optando pela melhor opção. Por exemplo, em casos onde a umidade do combustível considerado é mais elevada, haverá alteração no volume dos gases gerados na combustão e, consequentemente, alterações no dimensional da fornalha e seus componentes de troca térmica, nas capacidades dos ventiladores, exaustores e seus respectivos acionamentos, cabeamentos e CCM's, que consequentemente afetam o valor do produto.

33.2.1 COMBUSTÍVEIS SÓLIDOS

São classificados conforme sua procedência e podem ser naturais e artificiais. Os naturais, como o próprio nome diz, são extraídos da natureza e, após tratamento, são utilizados diretamente nas caldeiras. Os mais conhecidos são a madeira e os carvões fósseis (turfa, linhito, hulha, antracito, etc.).

Os carvões nacionais não são muito utilizados nos processos de geração de vapor, em função da sua baixa qualidade, já que possuem um elevado teor de cinzas e enxofre. O enxofre é um fator extremamente prejudicial, já que o mesmo provoca a corrosão das partes metálicas, diminuindo a disponibilidade da caldeira, aumentando os gastos durante as paradas de manutenção e, consequentemente, diminuindo a vida útil das caldeiras.

Já as madeiras, compostas principalmente de celulose, hemiceluloses, lignina, resinas, terpenos, cinzas e água constituem o combustível natural de mais fácil utilização, juntamente com a biomassa da cana-de-açúcar (o bagaço).

É um combustível que exige um planejamento agrícola meticuloso, devido ao tempo exigido entre o plantio, a colheita e reforma, que atualmente gira em torno de 7 anos.

As plantas de papel e celulose são os maiores usuários desse tipo de combustível; porém, em alguns momentos, a alta disponibilidade desse combustível tem deixado o mesmo mais competitivo comercialmente, possibilitando, inclusive, a queima em usinas sucroenergéticas, proporcionando, com isso, uma economia de bagaço e, consequentemente, um maior período de geração elétrica.

Pela maior facilidade e segurança operacional, atualmente as empresas utilizam o cavaco (considerado um combustível sólido artificial) e não mais as toras, que causavam vários danos nas caldeiras, exigindo, em função disso, um sistema para recepção, preparo, armazenagem e manuseio, previsto pela empresa de engenharia, responsável pela concepção da planta, considerando os custos e espaço físico requeridos.

São classificados como combustíveis sólidos artificiais todos aqueles que resultam do beneficiamento de uma matéria prima qualquer, aparecendo, por via de regra, nas condições de um material residual.

Sem sombra de dúvidas, o bagaço de cana é classificado como o mais importante combustível artificial, já que o mesmo é um subproduto do processo de fabricação de açúcar e etanol e que, até alguns anos atrás, antes da inclusão da geração elétrica no portfólio das usinas como uma nova fonte geradora de receita financeira, era, inclusive, considerado um problema operacional para várias usinas.

Em 2014, as usinas cogeraram 19.400 mil GW/h, mas a não garantia de preços pelo governo (ANEEL) nos leilões tem sido um entrave para novos investimentos do setor nesse seguimento.

Como mostrado na tabela (97) abaixo, além do bagaço, podemos enquadrar, ainda, os seguintes combustíveis no grupo dos combustíveis sólidos artificiais: cavaco de madeira, coque, carvão vegetal, etc.

Tabela 97 - Biomassa para fins energéticos

PROPRIEDADES DO COMBUSTÍVEL EM PESO (%)	BAGAÇO	PALHA	FOLHAS VERDES	PONTAS	CASCA ARROZ	CAVACO DE MADEIRA	PÓ DE SERRA	CASCA	CAVACO DE MADEIRA
% H20	52,00	13,50	67,70	82,30	11,00	35,00	25,00	35,00	30,00
% C	23,11	39,96	14,76	7,77	32,74	29,18	35,85	33,74	33,67
% H2	2,72	5,36	2,00	1,08	4,11	4,08	4,73	3,45	4,27
% O2	19,87	37,20	13,82	7,79	29,70	31,25	34,28	26,85	31,50
% N2	0,17	0,43	0,32	0,14	0,43	0,19	0,00	0,00	0,00
% S	0,01	0,09	0,03	0,02	0,00	0,10	0,00	0,00	0,00
% Cl	0,00	0,09	0,13	0,12	0,00	0,00	0,00	0,00	0,00
% Cinzas	2,12	3,37	1,23	0,78	22,01	0,20	0,15	0,98	0,56
Soma	100,00	100,00	100,00	100,00	100,00	100,00	100,00	100,00	100,00
PCS Base Seca (kcal/kg)	4.556	4.214	4.156	3.917	3.863	4.630	4.535	4.213	4.695
PCS Base Úmida (kcal/kg)	2.187	3.645	1.342	693	3.438	3.010	3.401	2.738	3.286
PCI (kcal/kg)	1.728	3.275	828	141	3.150	2.579	2.996	2.342	2.876

33.2.2 COMBUSTÍVEIS LÍQUIDOS

Também são classificados como naturais e artificiais, sendo o petróleo como o mais conhecido combustível natural e seus derivados como óleo diesel, gasóleo e óleos combustíveis artificiais.

Para queima em caldeiras, os óleos combustíveis são os mais utilizados, em função do seu custo ser mais competitivo. Quanto menos viscoso, mais baixo é o seu custo. Na tabela 98, é apresentada a viscosidade para cada óleo combustível.

Em função da sua baixa viscosidade, normalmente são instalados sistemas de aquecimento juntamente com as instalações de bombeio, para permitir uma melhor pulverização desses óleos nos queimadores.

Tabela 98 - Tipos de óleos combustíveis no Brasil

Viscosidade SSF a 50ºC	Tipo A Alto Teor de Enxofre	Tipo B Baixo Teor de Enxofre
600	1A	1B
900	2A	2B
2.400	3A	3B
10.000	4A	4B
30.000	5A	5B
80.000	6A	6B
300.000	7A	7B
1.000.000	8A	8B
Acima de 1.000.000	9A	9B

Fonte:http://www.br.com.br/wps/portal/portalconteudo/produtos/paraindustriasetermeletricas/oleocombustivel

33.2.3 COMBUSTÍVEIS GASOSOS

A aplicação de combustíveis gasosos, especialmente no Brasil, tem sofrido alterações significativas nos últimos 10 anos, visto que com a construção do gasoduto Brasil-Bolívia e suas ramificações muitas empresas, como as cerâmistas e petroquímicas, por exemplo, que até então queimavam óleo em suas caldeiras, fizeram as alterações necessárias e passarem a queimar o gás natural.

As principais vantagens dessa substituição são a não exigência de local para armazenamento, o fácil controle do consumo e custo, a limpeza operacional, emissões ambientais contendo menos poluentes e o baixo nível de corrossão para as caldeiras.

Por outro lado, as siderúrgicas queimam o gás de alto forno (GAF) que, além do baixo poder calorífico, contém muitas impurezas, como o alcatrão, por exemplo, e que exigem um nível alto de manutenção preventiva, já que o acúmulo nas tubulações pode causar sérios problemas de segurança operacional.

33.3 DETERMINAÇÃO DO PODER CALORÍFICO

A umidade do combustível e o hidrogênio queimado, este transformado em água, incorporam-se no processo na forma na forma de vapor. Durante a operação da caldeira, esse vapor é eliminado juntamente com os gases da combustão pela chaminé, transportando e perdendo uma certa quantidade de calor.

Durante a determinação do poder calorífico, são utilizados aparelhos conhecidos como calorímetros, onde o calor devido à água existente no combustível e a formada na combustão ficam incorporadas. Portanto, deve-se definir os dois tipos de poder calorífico: o superior e o inferior.

33.3.1 PODER CALORÍFICO SUPERIOR (PCS)

É representado pela quantidade de calor liberado pela queima de um kg de combustível bruto na temperatura 0°C e a pressão de 760mmHg, bem como pelo calor liberado, também, pelo vapor de água nessa condição.

O PCS representa a quantidade de calor que se pode obter teoricamente de um determinado combustível. Na prática, é muito difícil reduzir a temperatura a 0°C (ponto de orvalho), para se ter o poder calorífico dos diversos produtos da combustão.

33.3.2 PODER CALORÍFICO INFERIOR (PCI)

Representa a mesma quantidade de calor liberada pela queima de um kg de combustível, porém não considera o calor liberado pelo vapor gerado pela evaporação da água contida no combustível (umidade) e tampouco pela vaporização da água gerada na combustão do hidrogênio.

Como não existem aparelhos específicos para determinação do PCI, o mesmo deve ser calculado, descontando do PCS a energia perdida pela formação da água, que inclui a parte devida à umidade e também as moléculas de H contidas no combustível (600 kcal).

Logo, o poder calorífico inferior (PCI) é dado por:

- ✓ PCI = PCS - calor do vapor de água
- ✓ PCI = PCS - 600 x Va

Onde **Va** é o peso do vapor de água presente nos gases da combustão gerados pela queima de um kg de combustível.

Então, admintindo-se que um combustível seco (sem umidade), entrando em combustão, na presença de oxigênio, verifica-se que um (1) kg de hidrogênio dá a origem a nove (9) kg de água. Vide reação abaixo.

✓ $H_2 + ½O_2 \longrightarrow H_2O$

(2) (16) (18) (÷2)

(1) (8) **(9)**

Nessas condições, sendo Va = 9H tem-se a seguinte expressão:

- ✓ PCI = PCS - 600 x 9H
- ✓ PCI = PCS - 5.400H

H = teor de hidrogênio contido no combustível seco

O valor mais comumente encontrado nos testes laboratoriais para determinação do poder calorífico superior do bagaço de cana tem ficado na faixa de 4.560kcal/kg. Então, tomando-se como premissa que um bagaço seco tem aproximadamente 5,7% de hidrogênio na sua composição, ter-se-a:

- ✓ PCI = 4.560 - (5.400 x 0,057) = 4.252kcal/kg

De acordo com o HUGOT (1977), para um bagaço com pureza de caldo residual de 45 a 50%, e tomando como base as seguintes premissas abaixo descritas, chegou-se às seguintes fórmulas teóricas para o cálculo do PCS e PCI:

- ✓ Lignina (f) ⟶ 4.600 kcal/kg
- ✓ Sacarose (s) ⟶ 3.955 kcal/kg
- ✓ Impurezas (i) ⟶ 4.100 kcal/kg
- ✓ Água (w) ⟶ 0 kcal/kg
- ✓ PCS = 4.560 + 12S + 46W
- ✓ PCI = 4.252 + 12S + 48,5W

Onde: (S) é o teor de sacarose contida no bagaço e (W) é a umidade presente no bagaço.

Seguindo essa linha de raciocínio e considerando-se um bagaço com 52% de umidade e 4% de sacarose, teremos:

- ✓ PCS = 4.560 + 12x4 + 46x52 ⟶ PCS = 2.120 kcal/kg
- ✓ PCI = 4.252 + 12x4 + 48,5x52 ⟶ PCI = 1.682 kcal/kg

Nas fórmulas indicadas acima estão incluidas as perdas devidos ao calor latente de vaporização da água formada pela combustão do hidrogênio e ao calor latente de vaporização da água contida no bagaço (umidade).

A eficiência térmica, com base no PCS e PCI, de acordo com o método de perdas, devem levar em consideração os seguintes pontos, quando de sua determinação:

- ✓ perdas devidos ao calor sensível do gás seco
- ✓ perdas devidos à umidade do combustível formada na combustão
- ✓ perdas devidos à radiação
- ✓ perdas devidos aos incombustos
- ✓ perdas devidas aos não contados

33.4 REAÇÕES DE COMBUSTÃO

Como já demonstrado nas reações, anteriormente, a combustão não deixa de ser um fenômeno químico de oxidação. Evidentemente, se o combustível apresenta, em sua constituição, apenas o elemento carbono, o elemento final seria apenas o CO_2. Porém, como salientado, existe a formação de outros componentes como H_2O, CO e outros.

Na realidade, o CO_2 constitui a etapa final da combustão e da sua porcentagem nos gases que se dirigem para a chaminé e que dependem da eficiência da operação/combustão.

Entretanto, o teor de CO_2 depende diretamente da quantidade de ar admitido na fornalha, para que as reações aconteçam. Sabe-se que a riqueza <u>máxima</u> em volume de CO_2 nos gases de combustão é de aproximadamente 21%, muito embora HUGOT (1977) admita o valor de 19,6% para este volume que está mais próximo do gráfico exibido na figura 239.

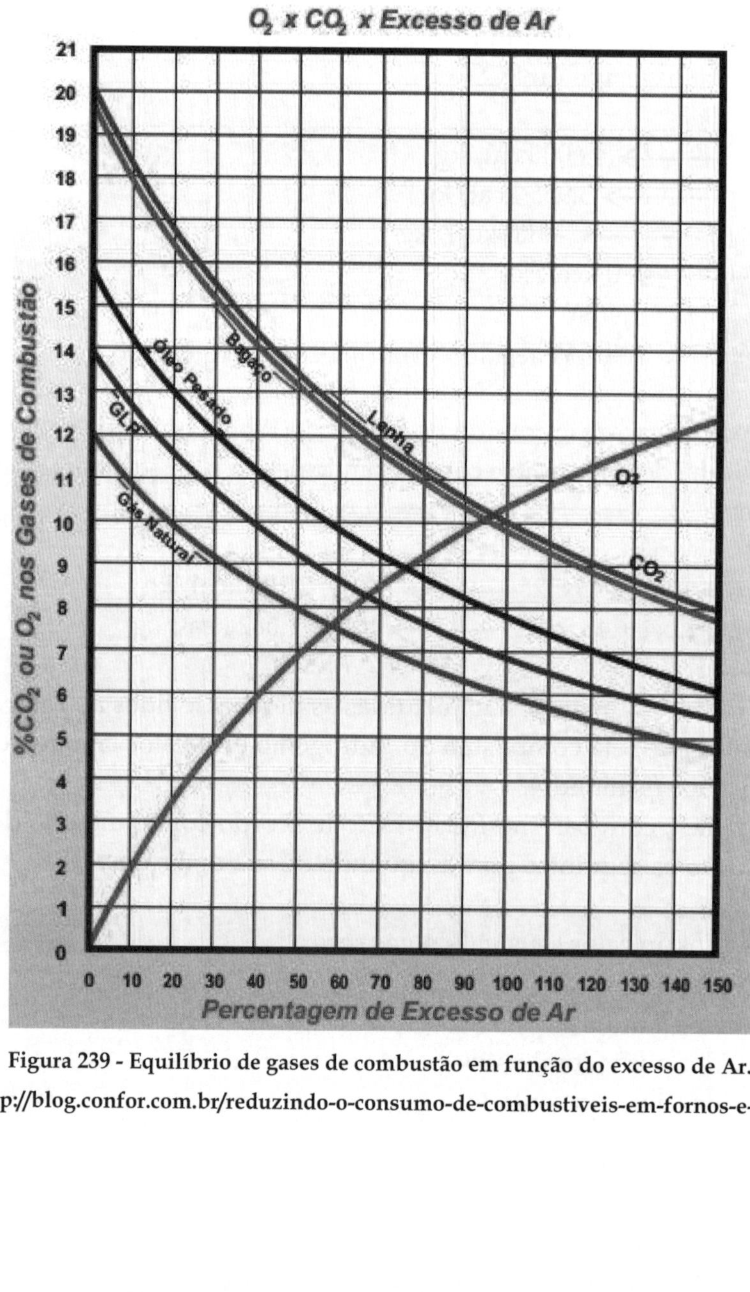

Figura 239 - Equilíbrio de gases de combustão em função do excesso de Ar.

Fonte: <http://blog.confor.com.br/reduzindo-o-consumo-de-combustiveis-em-fornos-e-caldeiras/>.

Quando a quantidade de oxigênio é insuficiente, ocorre a formação de CO que, dependendo do nível de concentração, pode causar sérias explosões de fornalha. Dessa forma, o ar deve ser sempre admitido em excesso, de tal forma que se obtenha o máximo de CO_2 possível.

Normalmente, para a ocorrência da combustão em caldeiras equipadas com grelhas, utiliza-se um excesso de ar na faixa de 30% e, com isso, as porcentagens teóricas de O_2 e CO_2, nessa condição, são aproximadamente 4,5 e 15,0, respectivamente (vide tabela 99).

33.4.1 ANÁLISE DOS PRODUTOS DA COMBUSTÃO

A combustão se diz completa, quando toda a massa de combustível (C, H e S) reage com o oxigênio, para formar CO_2, H_2O e SO_2. Na prática, tem-se, neste caso, uma fumaça clara na saída da chaminé (Figura 240).

Por outro lado, a combustão torna-se incompleta quando não se queima toda massa de combustível. Dessa maneira, aparecem na fumaça, além do CO_2, H_2O, SO_2, N_2O e CO e o próprio carbono livre.

Conforme se pode ver na ilustração abaixo, a falta de ar é a principal responsável pela queima incompleta e que, na prática, é visualizada pela fumaça escura ou preta na saída das chaminés (Figura 240).

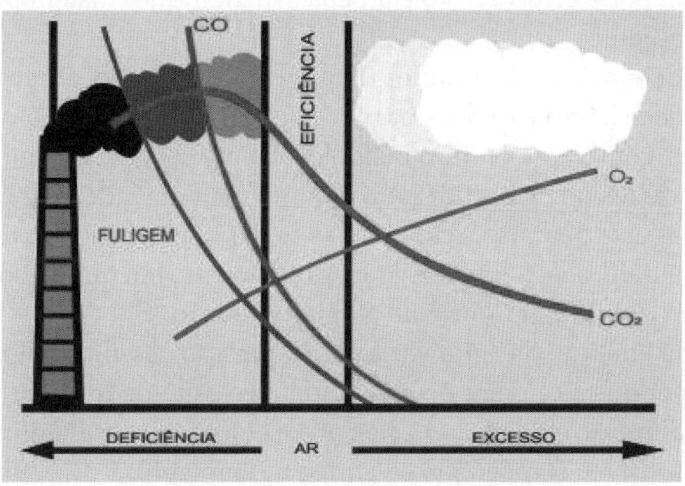

Figura 240 - Esquema da combustão.

Fonte: **<http://blog.confor.com.br/reduzindo-o-consumo-de-combustiveis-em-fornos-e-caldeiras/>.**

Atualmente, existem analisadores de gases bastante sofisticados, que instalados nas caldeiras podem fazer as análises continuamente. Da mesma forma, existem também aparelhos portáteis, capazes de fazer a medição de O_2, CO, CO_2, NO, SO_2, combustão, temperatura líquida, eficiência da caldeira, excesso e perda de ar e cálculo de NO_x, sendo que alguns modelos permitem até a impressão de relatórios das medições efetuadas.

33.5 PRINCÍPIO DA FORMAÇÃO DO VAPOR

O vapor é gerado por um processo fundamentalmente simples. O combustível é queimado na fornalha e o calor desta combustão é transferido para a água de caldeira, que chega a esta através de bombas centrifugas de múltiplos estágios. Essas bombas funcionam a uma pressão maior do que a pressão de trabalho da caldeira, de tal forma que possam garantir o suprimento de água para a caldeira. A vazão dessas bombas geralmente é calculada com margens de segurança, que variam de 20 a 30%.

As caldeiras funcionam como um meio de transmissão de calor, ou seja, cabe-lhes a função de absorver o calor gerado durante combustão e contido nos gases quentes, através dos tubos da fornalha, tubos de convecção e economizadores.

Vale a pena salientar que nas caldeiras aquatubulares a água está no interior dos tubos e tem a função de refrigeração dos mesmos. Já nas caldeiras fogotubulares, a água fica por fora dos tubos, ou seja, os gases quentes, gerados na combustão, passam por dentro dos tubos.

Essas superfícies metálicas, em contato com os produtos da combustão, que seguem da fornalha até a chaminé, aquecem-se por efeito da radiação e da convecção, absorvendo em cada parte da caldeira uma porção do calor contido nos gases quentes. Na fornalha, a absorção acontece por radiação, ou seja, os tubos se aquecem em contato com o fogo, enquanto nas demais partes, como superaquecedores, tubos do feixe, economizadores e pré-aquecedores de ar, a troca térmica se faz por convecção. Vale a pena salientar que existem projetos que utilizam superaquecedores radiantes.

Como já explicado em capítulo anterior (Evaporação do Caldo), ocorre a formação de bolhas junto à superfície metálica (parede dos tubos), que está aquecida pelo calor da combustão e, consequentemente, com a temperatura mais elevada que a água. As bolhas formadas se desprendem da superfície e tendem a subir para o ponto mais elevado, que é o tambor de vapor. Inicialmente, durante esse percurso, essas bolhas se desfazem, cedendo calor para as porções mais frias da água; porém, chega um determinado momento em que as bolhas vão sendo produzidas em toda a massa de água, gerando assim a ebulição.

A temperatura de ebulição da água varia com a pressão. Assim sendo, em função da temperatura da água com que a caldeira é alimentada, necessita de mais ou menos energia para se atingir a temperatura de ebulição. O calor absorvido que passa a atingir essa condição é chamado de calor, sensível. Depois que se atinge a temperatura de ebulição, a água precisa absorver uma nova quantidade de calor para se transformar em vapor. Este calor, que serve para mudar o estado físico da água, é chamado calor latente.

Durante essa fase de absorção de calor, a temperatura se mantém constante e a geração dos vapores se encerra, já que o calor sensível mais o calor latente irão constituir o chamado calor total de vaporização.

Normalmente, a água de alimentação das caldeiras é proveniente de desaeradores térmicos, que são equipamentos destinados à eliminação do oxigênio contido na água e, eventualmente, até no condensado, oriundo do processo. Para garantir a pureza desse condensado, que pode em algum momento ficar contaminado pelo vapor vegetal do processo, instala-se condutivímetros na respectiva tubulação que, em caso de detecção de contaminantes, descarta o condensado do processo automaticamente, protegendo e garantindo uma vida útil maior para as tubulações da caldeira. Os desaeradores normalmente trabalham com pressão de 1,5 kgf/ cm^2 abs. e fornecem a água na faixa de 110°C a 120°C, fato que contribui muito na economia de combustível.

Em plantas térmicas, o ciclo regenerativo é atualizado atualmente para aquecer ainda mais essa água de alimentação, que passa a entrar no economizador a uma temperatura na faixa de 180°C a 200°C, proporcionando uma economia ainda maior de combustível e, consequentemente, uma eficiência da planta melhor.

Nas caldeiras classificadas como de circulação natural, esse processo acontece por diferencial de densidade, ou seja, a água mais fria "desce" e a água mais quente e o vapor também sobem. Vale a pena salientar que a alimentação de água em caldeiras desse tipo é feita através do tambor de vapor. Nas caldeiras de circulação forçada, o processo de circulação é realizado por uma bomba centrífuga.

Água supercrítica é a água no estado em que excede o seu ponto crítico: 22,1 Mpa,374 °C (3208 psi, 705°F). Como se pode verificar no gráfico abaixo, no ponto crítico, o calor latente do vapor é zero e seu volume específico é exatamente o mesmo, seja no estado líquido ou gasoso (Figura 241). Em outras palavras, água que se encontra na pressão e temperatura acima do ponto crítico está num estado indistinguível, que não é líquido nem gás.

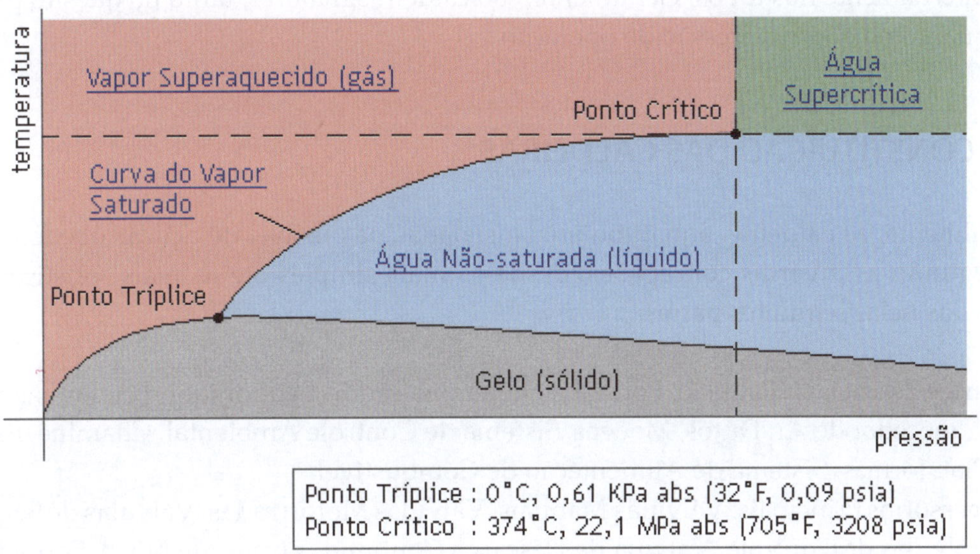

Figura 241 - Estados físicos da água sobre pressão e temperatura acima do ponto crítico.
Fonte: <http://www.tlv.com/global/BR>.

33.6 CALDEIRAS

CLASSIFICAÇÃO

Segundo SHIELDS (1965), as caldeiras são classificadas em função de características referentes a: uso, pressão, materiais construtivos, tamanhos, tipos de tubos, sistemas de queima, classe de combustível, sistemas de circulação de água ou de calor, forma geral, patente ou propriedades especiais, etc.

Entretanto, fundamentalmente, há dois tipos bem conhecidos e classificados em função da forma de utilização do calor ou do líquido em aquecimento, a saber:

a) Caldeiras fogotubulares ou pirotubulares: os gases quentes da combustão atravessam as áreas de troca térmica da caldeira pelo interior dos tubos e cedem calor para a água, que está externamente aos mesmos. Os tubos ficam imersos na água. Normalmente são caldeiras menores.

b) Caldeiras aquatubulares: os gases quentes da combustão atravessam as áreas de troca térmica da caldeira pelo lado externo dos tubos e cedem calor para água que circula internamente nos tubos. Geralmente, são caldeiras maiores, tanto no quesito produção quanto no quesito pressão de operação.

33.6.1 CONSTITUIÇÃO DAS CALDEIRAS

Atualmente, as caldeiras aquatubulares instaladas nas usinas de açúcar obedecem desenhos, segundo as diversas concepções, desde as mais simples até as mais sofisticadas. São constituídas pelas seguintes partes:

a) Partes Essenciais: Tubulão, Fornalha, Superaquecedor, Evaporador, Economizador, Pré--aquecedor de Ar, Dutos, Moegas, Sistema de Controle Ambiental, Chaminé, Escadas e Plataformas, Sistema de Alimentação de Combustível.

b) Acessórios Principais: Válvulas Manuais, Válvulas Motorizadas, Válvulas de Segurança, Válvulas de Controle, Válvula de Descarga Contínua, Visores de Nível, Sopradores de Fuligem, Motoredutores, Bombas de Alimentação, Ventiladores e Exaustores, Motores Elétricos, Turbina, Instrumentos de Campo (termômetros, manômetros, pressostatos, termopares, etc.), Automação, etc.

c) Acessórios Opcionais: Pré-aquecedores de ar a vapor, sistemas de manuseio de cinzas, precipitadores eletrostáticos, dutos em aço inoxidável, monovias para manutenção.

d) Materiais construtivos normalmente utilizados: Os principais e os mais usuais materiais utilizados pelos fabricantes para construção das caldeiras estão listados em sequência. Para maiores detalhes, como composição química, tensões admissíveis, o leitor deve consultar as normas, em suas últimas edições.

Algumas normas da ASTM:

Tubulões:	ASTM-A-561-Gr.70
Tubulações da Fornalha:	ASTM-A-178-Gr.A (pressão até 67bar), ASTM-A-210-Gr.A1 (pressão 100bar)
Coletores da Fornalha:	ASTM-A-106-Gr.B
Tubulações do Feixe/Evaporadores:	ASTM-A-178-Gr.A, ASTM-A-210-Gr.A1
Coletores dos Evaporadores:	ASTM-A-106-Gr.B
Serpentinas do Superaquecedores:	ASTM-A-192, ASTM-A-213-T11, ASTM-A-213-T22, ASTM-A-213-T91
Coletores do Superaquecedores:	ASTM-A-106-Gr.B, ASTM-A-335-P11, ASTM-A-335-P22, ASTM-A-335-P91
Serpentinas do Economizador:	ASTM-A-178-Gr.A, ASTM-A-210-Gr.A1
Coletores da Fornalha:	ASTM-A-106-Gr.B,
Tubos do Pré-Aquecedor de Ar:	SAE 1010/1020, ASTM-A-439 (Inox)
Elementos fundidos:	ASTM-A-319-Gr.D Cl.III, Gx 40 CrNiSi 25-20
Dutos:	ASTM-A36, Inox 410D

33.6.2 CALDEIRAS FOGOTUBULARES

As caldeiras fogotubulares (Figuras 242 e 243), também conhecidas por caldeiras de tubos de fumaça, eram muito usadas pelas usinas de açúcar há algumas dezenas de anos atrás. A partir do final dos anos 50, foram substituídas pelas caldeiras aquatubulares, as quais serão detalhadas mais à frente.

Existem vários modelos de caldeiras fogotubulares, as quais são fabricadas para produzir até 35t/h de vapor saturado, podendo operar com até 21,0 kgf/cm^2 de pressão.

A parte que fica em contato com a água e com os gases é identificada como superfície de aquecimento. Para efeito da sua avaliação, considera-se a área superficial de cada tubo, a quantidade de tubos e os seus respectivos comprimentos, além dos espelhos, porém, estes são limitados pelo nível de água no corpo cilíndrico.

Figura 242 - Caldeira fogotubular. Fonte: Zanini Indústria e Montagens Ltda. 2016 Sertãozinho/São Paulo/ Brasil.

Figura 243 - Caldeira fogotubular em transporte. Fonte: Zanini Indústria e Montagens Ltda. 2016 Sertãozinho/ São Paulo/ Brasil.

Essencialmente, uma caldeira fogotubular (Figura 243) é constituída por um corpo cilíndrico metálico, fechado nas suas extremidades por chapas perfuradas, denominadas de espelhos. Este corpo contém, até uma certa altura, uma série de tubos de aço carbono, cujo diâmetro pode variar de acordo com a concepção do fabricante, os quais são mandrilados e soldados nesses espelhos. Os principais componentes (Figura 244) são:

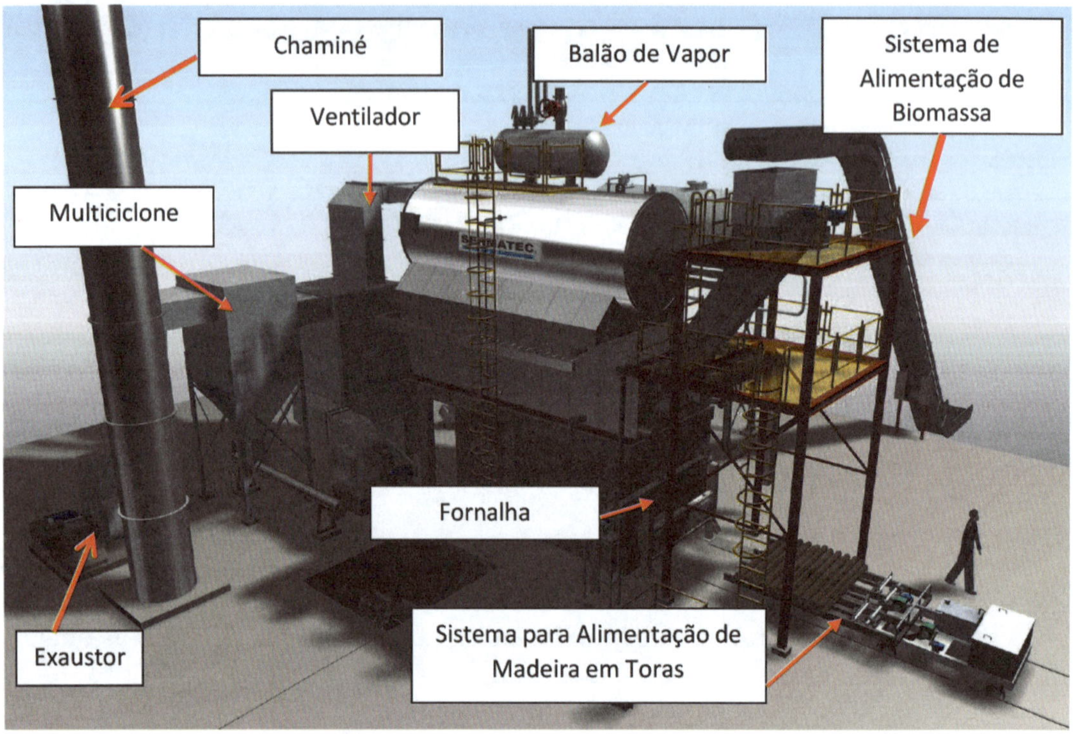

Figura 244 - Principais Componentes da caldeira. Fonte: Zanini Indústria e Montagens Ltda. 2016 Sertãozinho/São Paulo/ Brasil.

As chapas denominadas "espelhos" são perfuradas de forma a permitir que os tubos sejam ligados através de mandrilagem e solda. Nesse tipo de caldeira, a água circula pelo lado externo dos tubos e os gases oriundos da combustão circulam internamente aos mesmos.

Existem várias concepções de fornalhas que podem ser construídas de alvenaria ou por tubos aletados e situam-se um pouco abaixo do corpo cilíndrico.

Os gases da combustão entram em contato, primeiramente, com a parte inferior do corpo cilíndrico e seguem até o lado oposto do sistema de alimentação, retornando pelo interior dos tubos e dirigindo-se, em seguida, para os recuperadores de calor e/ou chaminé.

O número de passes dos gases no corpo cilíndrico é determinado pelo número de passagens dos gases pelos tubos.

As grelhas dessas caldeiras podem ser planas ou inclinadas, basculantes ou reciprocantes (móveis), sendo que a escolha do tipo está diretamente associada ao tipo de combustível que se pretende queimar.

Esse tipo de caldeira é mais utilizado por empresas alimentícias para alimentação do processo, pois utilizam pressões mais baixas e, normalmente, trabalham com vapor saturado.

Estas caldeiras exigem paradas programadas para limpeza interna dos tubos de troca térmica, que com o uso acabam ficando com a fuligem da queima aderida na tubulação, diminuindo, assim, a eficiência da troca térmica.

Normalmente, possuem um custo de aquisição mais baixo e o de instalação também, já que normalmente são expedidas, dos fabricantes, devidamente montadas ou com um índice alto de pré-montagem.

Existem outros tipos de caldeiras fogotubulares, tipo verticais ou horizontais, com um ou mais tubos centrais e com diâmetros variados, tipo locomóveis, etc. PERA (1990) e SHIELDS (1965) dão maiores detalhes sobre esses tipos de caldeiras.

33.6.3 CALDEIRAS AQUATUBULARES

As caldeiras aquatubulares sucederam as fogotubulares nas indústrias, já que estas podem alcançar maiores capacidades, pressões e temperaturas do vapor superaquecido.

Essas caldeiras são constituídas por um ou até três balões cilíndricos. A interligação dos balões é feita através das tubulações de convecção, constituídas por tubos retos e curvados, sendo a quantidade, diâmetro e disposição definida pelos fabricantes dos equipamentos, em função da área de troca térmica necessária e do espaço físico disponível.

Com a falta de energia elétrica enfrentada pelo Brasil a partir de 2000, as Usinas acrescentaram mais um produto em seu *portfólio* e passaram a adquirir caldeiras com pressões e temperaturas mais altas, na busca por maiores eficiências das turbinas de acionamento dos geradores elétricos. Com isso, as caldeiras aquatubulares passaram a ser adquiridas de 67bar e 100bar.

É claro que a mudança não aconteceu de forma repentina e estanque, as fases mesclaram-se, porém, pode-se dizer que até o início dos anos 90 predominavam as caldeiras de 21 e 42 bar e a partir de 2000, a pressão começou a subir para a faixa dos 60bar.

Em relação à produção, pode-se dizer o mesmo, ou seja, até os início dos anos 90 as produções das caldeiras nas usinas não passavam das 150t/h, porém a partir de 2000 as caldeiras passaram a ser adquiridas, em sua grande maioria, com produções mínimas de 200t/h e, atualmente, já atingiram o limite de 400t/h.

As caldeiras e suas respectivas nomenclaturas variam de fabricante para fabricante, bem como suas características construtivas, produção, pressão e temperatura.

Como exemplo dessa classificação, pode-se citar a utilizada pela ZANINI, que segue basicamente a tabela (99).

Tabela 99 - Classificação utilizada pela ZANINI

Caldeira	Produção (t/h)	Suportação	Tambores	Pressão (bar)	Temperatura (°C)
ZS-2B	até 200	Apoiada	02	até 67	até 520
ZS-2T	até 225	Suportada	02	até 67	até 520
ZS-1B	até 200	Apoiada	01	até 120	até 540
ZS-1T	> 225	Suportada	01	até 120	até 540

Obs.: Tabela preparada pelo autor

Atualmente, as caldeiras são classificadas primeiramente pela sua suportação, ou seja, se são "apoiadas" sobre as bases civis ou se são "suportadas" por estrutura metálica. As caldeiras suportadas por estrutura metálica geralmente têm um valor maior, quando comparadas com às apoiadas e são mais indicadas para regiões onde existe abalo sísmico.

Quanto ao funcionamento desse tipo de caldeira, há uma mistura de água e vapor, que fica em constante movimentação dentro dos tubos. Essa circulação é natural e provocada pelas diferenças de densidade, em função das diferentes temperaturas da água que está em constante contato com as paredes dos tubos e absorvendo o calor dos gases de combustão.

Como se pode verificar na figura (245) abaixo, a circulação de água nas caldeiras de 02 tambores acontece basicamente da seguinte forma: a água entra pelo tambor de vapor e desce através dos tubos traseiros do feixe de convecção, que são mais frios, até o tambor de água e que mantém o feixe de convecção e os coletores inferiores das paredes de água sempre com água suficiente para manter a taxa de evaporação e, ao mesmo tempo, refrigerar o metal que está fazendo a troca térmica.

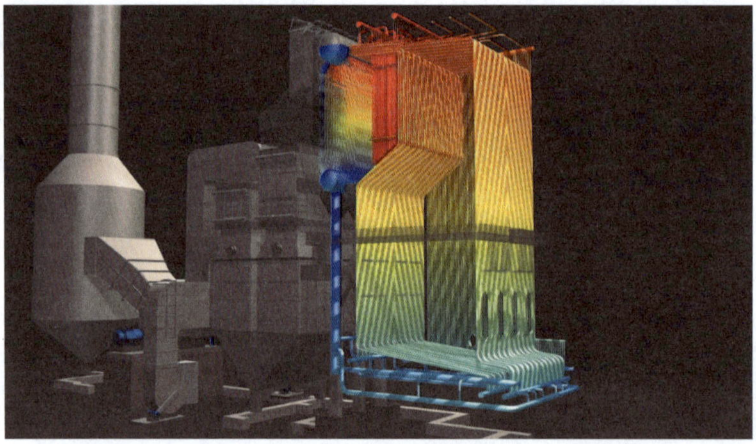

Figura 245 - Circulação de água nas caldeiras.

Fonte: Zanini Indústria e Montagens Ltda. 2016 Sertãozinho/São Paulo/ Brasil.

Os tubos que conduzem a água até os coletores são denominados de downcomers ou tubos de alimentação; já os tubos que conduzem o vapor produzido nas paredes de água para o tambor de vapor são denominados "risers" ou tubos de retorno.

A razão de circulação deve ser muito bem calculada pelos fabricantes, principalmente nas caldeiras com alta produção, pois podem ser um ponto que irá gerar sérios problemas durante a operação. Atualmente, existem softwares dedicados, que permitem fazer essa análise de forma global, ou seja, simulam a circulação em todas as partes da caldeira e não só setorizada, como era feito no passado.

33.6.4 TAMBORES, BALÕES OU TUBULÕES

Os modelos divergem, também, em relação à quantidade de balões, tambores ou tubulões (nomenclatura da mesma peça, mas que varia de fabricante para fabricante): 02 balões denominados "Bi Drum", sendo um de vapor e um de água (Figura 246) ou 01 balão denominadas Monodrum ou SingleDrum, onde só existe um de vapor (Figura 247). Os balões possuem diâmetros menores que os corpos cilíndricos das fogotubulares, portanto são fabricados com chapas mais espessas e com isso suportam pressões mais elevadas.

Os balões das caldeiras de dois tambores recebem uma grande quantidade de furações em seu costado, para receber os tubos do feixe de convecção que, normalmente, são mandrilados. Já nas caldeiras SingleDrum a quantidade de furos é muito menor e as ligações dos tubos dos downcomers e risers são totalmente soldadas; por este motivo, este tipo de caldeira é normalmente utilizado para caldeiras com pressões mais altas.

Figura 246 - Tambor de Água. Fonte: Zanini Indústria e Montagens Ltda. 2016 Sertãozinho/São Paulo/ Brasil.

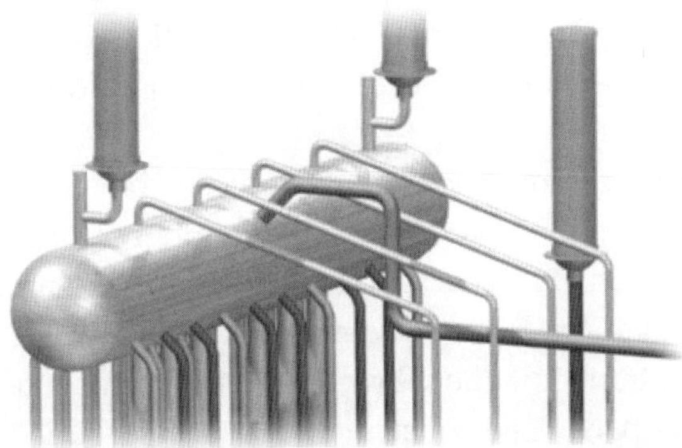

Figura 247 - Tambor Single Drum. Fonte: Zanini Indústria e Montagens Ltda. 2016 Sertãozinho/São Paulo/ Brasil.

A espessura das chapas dos costados e dos tampos varia em função do diâmetro, do material adotado para construção, normalmente ASTM-A-516-Gr.70, e da eficiência da ligação que, como todas as partes de pressão, são definidas segundo o código ASME Section I.

33.6.5 FEIXE DE CONVECÇÃO OU EVAPORADOR

O feixe de convecção também possui diferenças, dependendo do modelo da caldeira adquirida. Estes podem ser "multi-pass", ou seja, dotados de chicanas de concreto ou aço inoxidável que fazem com que os gases da combustão passem externamente aos tubos por mais vezes. São projeto mais antigo, quando comparados com o feixe de único passe, cuja instalação e manutenção é muito mais rápida e fácil (Figuras 248 e 249).

Figura 248 - Feixe de convecção. Fonte: Zanini Indústria e Montagens Ltda. 2016 Sertãozinho/São Paulo/ Brasil.

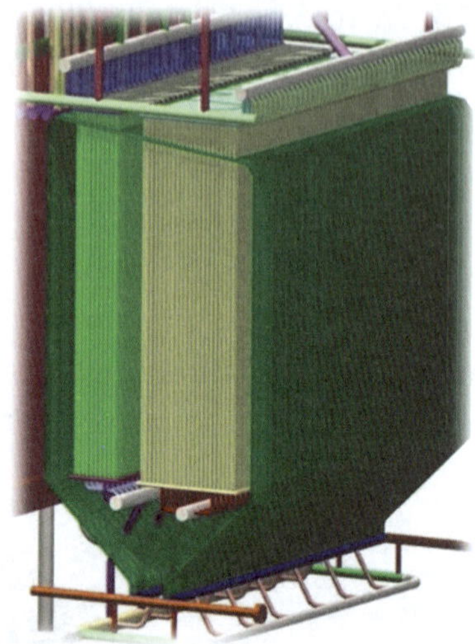

Figura 249 - Evaporador. Fonte: Zanini Indústria e Montagens Ltda. 2016 Sertãozinho/São Paulo/ Brasil.

É importante salientar que, apesar das nomenclaturas diferenciadas, o feixe de convecção ou evaporador exerce a mesma função, ou seja, absorve o calor dos gases de combustão através do processo de convecção, tanto nas caldeiras de dois tambores quanto nas Singledrum.

Em caldeiras de grande produção de vapor, o centro a centro dos tambores pode ser um fator restritivo para utilização do modelo de dois tambores, em função de possíveis vibrações ,que eventualmente possam vir a ocorrer durante seu funcionamento.

Alguns projetos de evaporadores contemplam a instalação de direcionadores "bafles" para diminuir o vão e evitar, também, que vibrações venham a acontecer.

Normalmente, essas partes são construídas em aço carbono ASTM-A-178-Gr.A e a espessura é definida através de cálculos, segundo o código ASME Section I.

33.6.6 FORNALHA

De maneira geral, as fornalhas dessas caldeiras (Figura 250) são construídas por tubos paralelos, que podem ser espaçados, tangentes ou aletados, o interligam os coletores inferiores aos superiores.

Por definição, a fornalha é o lugar onde se processa a combustão e há a conversão da energia química potencial, que é o combustível em um agente dinâmico que é o calor. A troca de calor é feita, essencialmente, por radiação.

As formas, ou seja, largura, profundidade e altura de uma fornalha são determinadas em função das características químicas do combustível e dos parâmetros de projeto de cada fabricante projetista, como tempo de residência, liberação volumétrica e temperatura dos gases na saída da fornalha. Tudo visando sempre que a combustão alcance o máximo rendimento.

Tempo de residência baixo, liberação volumétrica acima do recomendado e temperatura dos gases muito elevada indicam que a caldeira não foi bem projetada e, como consequência, percebe-se uma quantidade alta de combustível não queimado, muitas vezes até arrastado para o circuito de convecção e para os trocadores de calor, fato que pode até causar incêndios, incrustações nas serpentinas dos superaquecedores, diminuindo a eficiência de troca térmica, etc.

Houve uma evolução gradativa dos projetos com o passar dos tempos (Figura 250), já que, inicialmente, as fornalhas eram feitas apenas com materiais refratários, depois passaram a ser feitas com tubos espaçados e a respectiva selagem com material refratário e comum; em seguida, os projetos passaram a adotar os tubos tangentes, ou seja, instalados lado a lado, e a selagem passou a ser feita com chapas metálicas, encostadas diretamente nesses tubos.

Atualmente, predominam as paredes aletadas (tubos soldados em chapas "aletas"), que garantem uma melhor estanqueidade ao sistema, uma menor perda térmica e minimiza a necessidade de utilização de refratários, bem como de solda das chapas de selagem que, com o tempo, sempre se tornam pontos de vazamento de gases e, consequentemente, de constantes manutenções, fato que diminui a disponibilidade do equipamento.

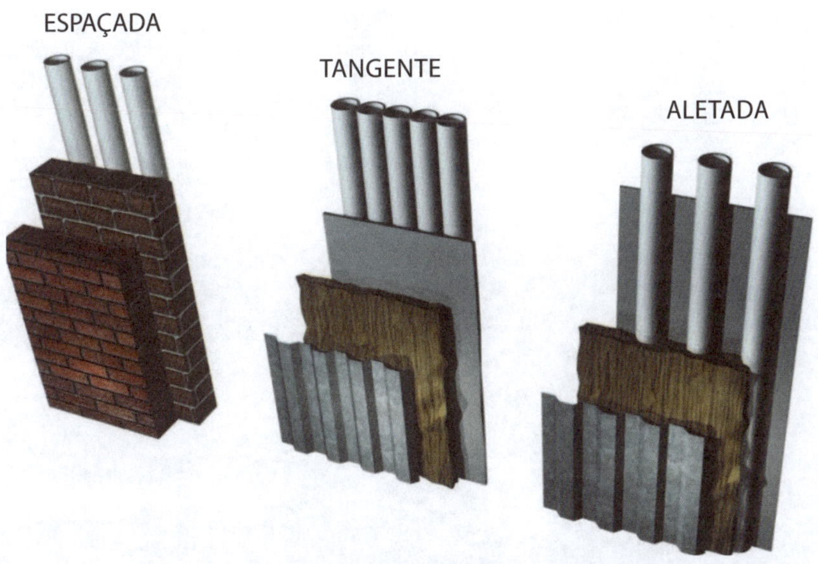

Figura 250 - Detalhes de fornalhas de caldeiras.

Fonte: Zanini Indústria e Montagens Ltda. 2016 Sertãozinho/São Paulo/ Brasil.

As fornalhas para caldeiras com pressões de operação até 67bar são Construídas, normalmente, com aço carbono com costura ASTM-A-178-Gr.A; já para caldeiras com pressão de operação de 100bar, as paredes são construídas com aço carbono sem costura ASTM-A-210-Gr.A1.

SISTEMAS DE QUEIMA

Da mesma forma que outras partes e peças das caldeiras, o sistema de queima depende, diretamente, das características físicas dos combustíveis que serão queimados.

Basicamente, pode-se dividir ou classificar os sistemas em pelo menos três grupos básicos:

- ✓ Queima sobre grelha
- ✓ Queima em suspensão
- ✓ Queima em leito fluidizado

As caldeiras com queima sobre grelha (Figura 251) são o tipo de caldeira mais comum encontrado nas usinas, onde o combustível normalmente é espargido sobre a área da grelha, que possui furações, por onde o ar primário passa e alimenta a combustão do mesmo.

Através de aberturas nas paredes frontal e traseira, são instalados bicos para injeção de ar secundário, normalmente dois níveis, que têm como principal objetivo completar a combustão e, também, formar uma "cortina", a fim de evitar eventuais arrastes de combustíveis não queimados para o circuito dos gases.

Quando do dimensionamento desse sistema, constuma-se adotar 75% do ar total necessário para o sistema de ar primário (sob a grelha) e 25% para o sistema de ar secundário (sistema de "Over-Fire").

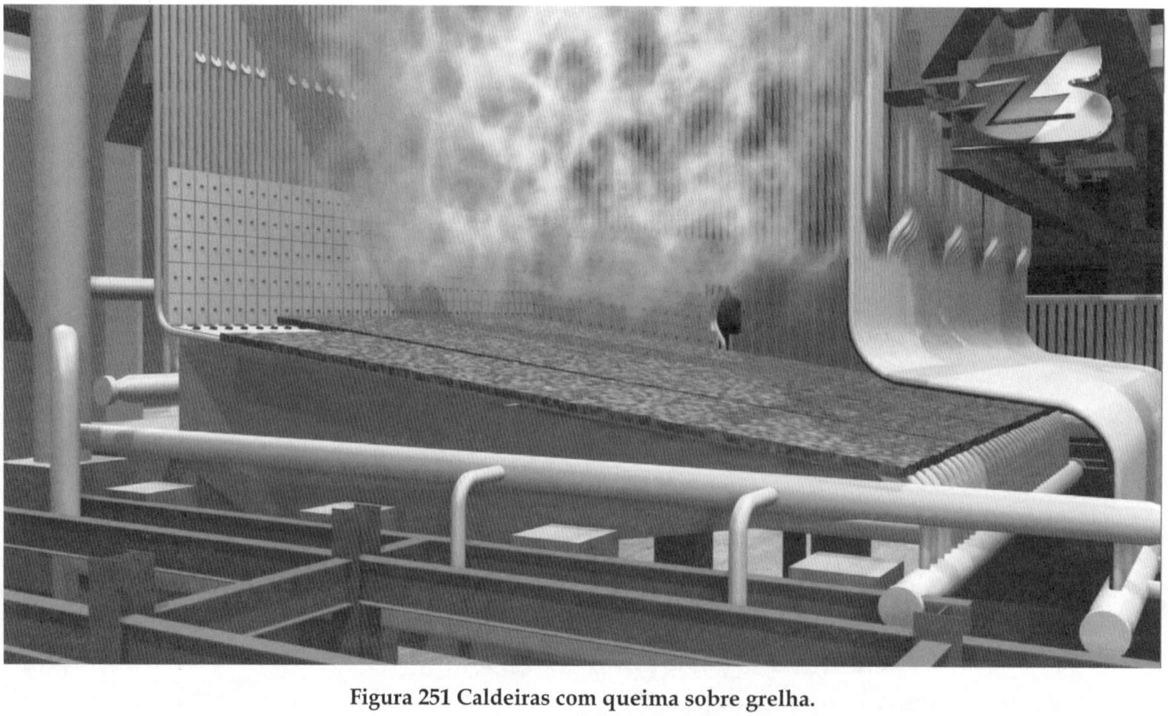

Figura 251 Caldeiras com queima sobre grelha.

Fonte: Zanini Indústria e Montagens Ltda. 2016 Sertãozinho/São Paulo/ Brasil.

As caldeiras projetadas para queima em suspensão diferem bastante das caldeiras citadas anteriormente, apesar de muitoss técnicos ainda se confundem ao classificar os sistemas, visto que, nas caldeiras de queima sobre grelha, existe uma parcela do combustível, que também é queimado em suspensão.

Nas caldeiras dotadas de sistema para queima em suspensão, praticamente algo em torno de 80~90% do combustível espargido na fornalha queima fora da grelha, ou seja, no ar.

Para que isso aconteça, essas caldeiras possuem "tubeiros" (as quantidades variam, de acordo com a produção e altura da fornalha) - Figuras 252 e 253, que são instalados nos quatro cantos da fornalha, de tal forma que insuflam o ar secundário à alta pressão e à alta temperatura, mantendo a combustão "bola de fogo" em suspensão (Figura 254).

A vantagem desse sistema é a rapidez de resposta e uma facilidade maior para queima de combustíveis mais úmidos. Podemos citar, ainda, o fato da grelha permanecer "limpa", ou seja, os eventuais combustíveis maiores ou mais umidos, lançados na fornalha e que naturalmente caem sobre o grelhado, queimam, instantaneamente. Normalmente, essas caldeiras possuem fornalhas mais altas.

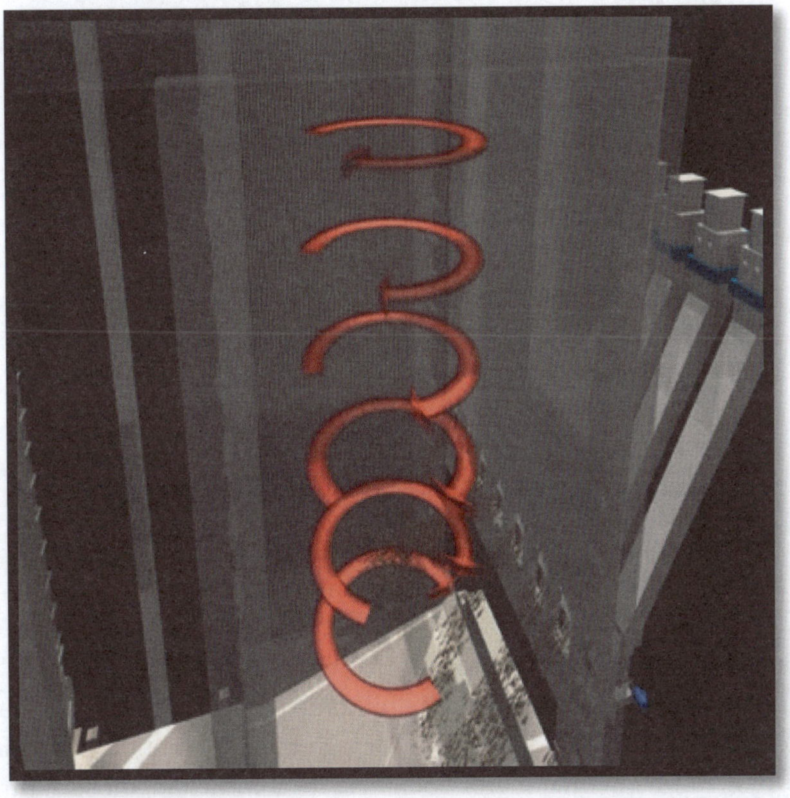

Figura 252 - Tubeiros da caldeira. Fonte: Zanini Indústria e Montagens Ltda. 2016 Sertãozinho/São Paulo/ Brasil.

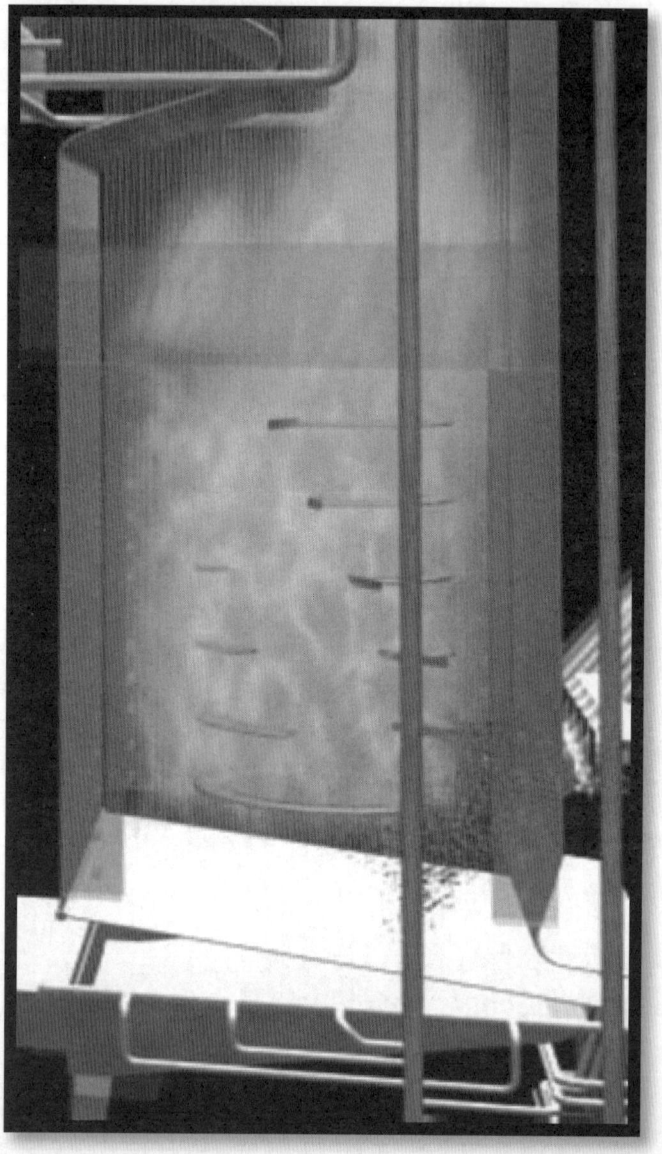

Figura 253- Tubeiros da caldeira em combustão.

Fonte: Zanini Indústria e Montagens Ltda. 2016 Sertãozinho/São Paulo/ Brasil.

Como as usinas estão se transformando, também, em centrais térmicas, as mesmas passaram a buscar caldeiras que permitam uma flexibilidade na utilização de combustíveis diferentes do bagaço de cana, uma estabilidade maior de combustão, quando da queima de combustíveis mais úmidos e, também, uma maior eficiência de combustão, ou seja, uma menor perda de incombustos.

Esta opção trouxe, para o mercado sucroenergético, as caldeiras de leito fluidizado borbulhante (Figura 256), onde o combustível espargido na fornalha, é fluidizado no leito constituído por material inerte (areia) e queimado, na parte intermediária da fornalha onde são feitas as injeções de ar secundário e nos projetos mais modernos terciários, também.

Figura 254 - Caldeiras de leito fluidizado borbulhante.

Fonte: Zanini Indústria e Montagens Ltda. 2016 Sertãozinho/São Paulo/ Brasil.

As caldeiras de leito fluidizado tendem a ser mais caras, em virtude do dimensional maior, quando comparadas com as caldeiras chamadas de convencionais, de mesma produção, já que pelas tecnologias adotadas, e os parâmetros exigidos para as velocidades dos gases são mais baixos e, também, pela maior infraestrutura requerida para os controles e automação do sistema.

SUPERAQUECEDORES

De forma simplificada, todo o vapor gerado na caldeira é conduzido até o tambor de vapor, onde, nesta condição, é denominado como vapor saturado.

O título do vapor, ou fração seca, é a porcentagem de massa de vapor contida em uma mistura líquido-vapor, e costuma ser representada pela letra "x".

$$x = \frac{m_v}{m_v + m_l}$$

Ou seja, um vapor cujo título é igual a 0,95, contém 95% de vapor e 5% de umidade. Como essa umidade contém um calor sensível, usado para transferir calor, isso vai gerar uma certa perda de caloria. Portanto, a utilização de um vapor nessas condições diminui a eficiência das máquinas térmicas (turbinas) e, normalmente, provocam condensação nas tubuluções utilizadas para seu transporte.

As áreas de manutenção das unidades têm uma grande preocupação com a ocorrência de arraste pelo vapor de partículas de água e/ou particulas sólidas, já que ambas causam sérios danos às turbinas, como incrustações e/ou erosão nas palhetas, desbalanceamento, etc.

Para mitigar essas perdas e riscos, utiliza-se o vapor superaquecido, que é gerado através do aquecimento adicional sobre o vapor úmido ou saturado, acima do ponto de vapor saturado. Isto produz um vapor que tem temperatura mais alta e densidade mais baixa do que um vapor saturado, à mesma pressão. Enquanto reter seu estado superaquecido, o vapor superaquecido não irá condensar, mesmo que este venha a entrar em contato com a atmosfera e sua temperatura caia.

Como resultado, nenhuma nuvem de vapor é formada. Como o vapor superaquecido armazena mais calor que o vapor saturado, que se encontra na mesma pressão, e o movimento de suas moléculas é mais rápido, tem menor densidade.

Nas caldeiras, a transformação do vapor saturado em superaquecido é conseguida com facilidade e sem prejuízos para as mesmas, através de um componente denominado superaquecedor.

Normalmente, os superaquecedores são instalados logo após a saídas dos gases da fornalha e antes do feixe de convecção (Figura 255), ou seja, em uma região onde a temperatura dos gases de combustão encontram-se em média a 700°C.

Figura 255 - Superaquecedores. Fonte: Zanini Indústria e Montagens Ltda. 2016 Sertãozinho/São Paulo/ Brasil

Os superaquecedores (Figura 256) são compostos por tubulações de aço carbono ou aço liga sem costura (ASTM-A-192 e ASTM-A-213-T11 / ASTM-A-213-T22 / ASTM-A-213-T91), usualmente denominadas "serpentinas".

O tipo de material determina o limite máximo de temperatura do metal a que os superaquecedores poderão ser submetidos e, consequentemente, suas respectivas espessuras requeridas. Os diâmetros variam de 1.3/4" até 2.1/2" e são definidos em função da área de troca térmica necessária, concomitantemente com a velocidade do vapor e a perda de carga desses conjuntos.

Até antes do ano 2000, a grande maioria das caldeiras instaladas no setor sucroenergético possuiam apenas um módulo de serpentinas. Atualmente, as caldeiras podem ter até três módulos e estes módulos podem ser: convectivos ou radiantes, drenavéis ou não. O fluxo de vapor poder ser: contra ou paralelo ao fluxo dos gases e as serpentinas, propriamente ditas, podem ser: simples, duplas ou triplas. As definições do uso de cada uma dessas possibilidades são feitas durante o dimensionamento térmico da caldeira pelo engenheiro calculista.

Convectivos possuem suas serpentinas protegidas por tubulações da fornalha, comumente denominadas de "screens" ou "nariz", já os superaquecedores radiantes, aqueles onde suas serpentinas ficam expostas diretamente aos gases da combustão, são aqueles que "enxergam o fogo".

Figura 256 - Superaquecedores.

Fonte: Zanini Indústria e Montagens Ltda. 2016 Sertãozinho/São Paulo/ Brasil.

O superaquecedor é considerado de fluxo paralelo, quando o sentido do vapor entre o tambor e o coletor de saída é o mesmo que o dos gases, e contra-fluxo, quando é opoosto. Em caldeiras onde haja mais de um superaquecedor, é possivel ter-se ambas as condições, ou seja, o super primário é cruzado, e o secundário é paralelo.

Os pares da pressão e temperatura, para se obter um melhor rendimento das turbinas normalmente são os descritos na Tabela 100.

Tabela 100 - Pressão e temperatura para se obter um melhor rendimento das turbinas

Pressão de Operação (kgf/cm²man)	Temperatura do Vapor (°C)
21,0	300
30,0	350
42,0	400
67,0	490
100,0	530

Porém, o mercado costuma comprar caldeiras com temperaturas do vapor superaquecido maiores principalmente para as caldeiras das centrais de cogeração. Por exemplo: 67,0 kgf/cm²man x 520°C ou 100,0 kgf/cm²man x 540°C.

Entre as serpentinas (Figura 257), sempre devem ser instalados sopradores de fuligem, normalmente do tipo retrátil, para garantir que a superficie de troca térmica permaneça o mais limpa possível.

É comum se verificar, em caldeiras com fornalhas mal dimensionadas, incrustações nas primeiras serpentinas dos superaquecedores Estas incrustações diminuem drasticamente a troca térmica e, além de diminuir a temperatura do vapor e consequentemente a eficiência das turbinas, ocasionam problemas em outras partes da caldeira.

Para conhecimento e entendimento dos cálculos relativos ao dimensionamento dos superaquecedores, recomendamos a consulta aos livros do HUGOT (1977), CHENU (1981) e MIRANDA (1972), pois trata-se de cálculos especializados.

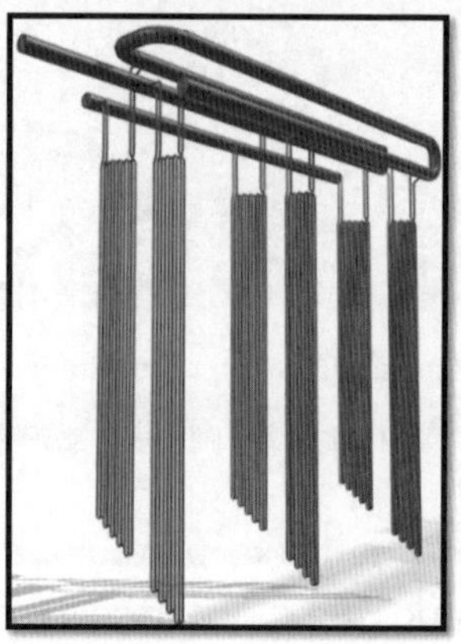

Figura 257 - Instalação de sopradores de fuligem entre serpentinas. Fonte: Zanini Indústria e Montagens Ltda. 2016 Sertãozinho/São Paulo/ Brasil.

RECUPERADORES DE CALOR

Nesse item, a inteção é apresentar os dois tipos de recuperadores de calor que são normalmente instalados na parte traseira das caldeiras mais modernas e eficientes do mercado sucroenergético, onde aproveitam o calor dos gases da combustão (400°C), fazendo o aquecimento da água de alimentação (economizadores) e do ar de combustão (pré-aquecedores de ar).

ECONOMIZADORES

Os economizadores são instalados na parte traseira da caldeira e têm a função de elevar a temperatura da água de alimentação.

Esse equipamento é de suma importância para as caldeiras, pois, como o próprio nome diz, ele proporciona uma economia no consumo de combustível de 5 a 6%. Com a instalação desse equipamento, o consumo de combustível também diminui e, com isso, a quantidade de gases gerados, consumindo assim uma potência menor nos exaustores, além de aumentar a eficiência, já que a temperatura de saída dos gases tende a ficar mais baixa, também.

Os arranjos podem variar de acordo com o engenheiro projetista, ou seja, o economizador ou economizadores podem ser instalados antes e/ou depois dos pré-aquecedores de ar (será apresentado no próximo item).

A decisão geralmente passa por análises técnicas e financeiras, já que o economizador é um equipamento mais caro que os pré-aquecedores de ar, porém a eficência de troca térmica da água com o gás é muito melhor que a do ar com o gás (no caso dos pré-aquecedores de ar).

Na maioria dos projetos, o último recuperador é um economizador; isso é feito visando diminuir a ocorrência do processo de condensação, que associada ao enxofre existente no combustível provoca um processo de corrosão muito rápido em pré-aquecedores de ar e nesse tipo de equipamento é menor ou até inexistente, visto que a sua temperatura de metal é maior.

Nos projetos mais modernos, normalmente as curvas das serpentinas não ficam internas, ou seja, são deslocadas para fora do invólucro metálico, para evitar a abrasão que normalmente ocorre nas curvas desse equipamento pelo ataque da areia e das cinzas.

Os economizadores são fechados por um invólucro metálico devidamente isolado termicamente e podem ser basicamente de dois tipos: de tubos lisos (Figura 258) ou de tubos aletados (Figura 259). Com a utilização deste útlimo, consegue-se instalar a mesma área de troca térmica em um espaço físico menor. Para evitar incrustações, recomenda-se que se utilize o passo mínimo entre as aletas de 60 aletas/metro.

Figura 258 - Economizador - liso. Fonte: Zanini Indústria e Montagens Ltda. 2016 Sertãozinho/São Paulo/ Brasil.

Figura 259 - Economizador – aletado. Fonte: Zanini Indústria e Montagens Ltda. 2016 Sertãozinho/São Paulo/ Brasil.

Normalmente, busca-se alcançar a temperatura mais alta possível, mas garantindo que não ocorrerá a vaporização da água. Para isso, mantem-se uma margem de segurança de 30°C a 40°C a menos que a temperatura do vapor saturado na pressão de trabalho.

Nas plantas mais modernas de cogeração elétrica, é normal associar, aos economizadores, aquecedores de água a vapor, que são alimentados com vapor a pressão variável (depende das extrações disponíveis nas turbinas) e assim atingir as temperaturas mais elevadas, citadas no parágrafo anterior, e que somente com um economizador não se consegue fazer.

Nas usinas, a água utilizada para alimentação da caldeira entra no desaerador térmico a 90°C e sai do mesmo com temperaturas que variam entre 110°C e 115°C. Somente, depois disso, é que a mesma irá passar pelos economizadores, porém, se houver o ciclo regenerativo antes do economizador, a água ainda passará pelo aquecedor a vapor.

As velocidades normalmente utilizadas nos dimensionamentos dos economizadores são 1,0 a 1,5m/s no lado água e de 10,0 a 12,0m/s no lado gás. Cálculos mais específicos podem ser vistos em MIRANDA (1972), HUGOT (1977) e CHENU (1981) ou nos manuais de projetos das caldeiras.

PRÉ-AQUECEDORES DE AR

Os pré-aquecedores de ar possuem a mesma função dos economizadores, a diferença está no fluído que está sendo aquecido, que nesse caso é o ar de combustão.

São instalados também na parte traseira da caldeira o seu posicionamento, quantidade e o número de passes de ar são definidos, de acordo com as necessidades do projeto.

Normalmente, são do tipo tubular, possuem fluxo de ar de forma cruzado e os gases da combustão são conduzidos internamente aos tubos, que estão instalados na vertical (Figuras 260 e 261) e que são mandrilados nos espelhos. Porém, existem projetos de caldeiras, por exemplo as BFB, que utilizam pré-aquecedores horizontais, onde os gases da combustão passam externamente aos tubos que são instalados na horizontal e soldados nos espelhos.

Figura 260- Pré-aquecedores de ar.
Fonte: Zanini Indústria e Montagens Ltda. 2016 Sertãozinho/São Paulo/ Brasil.

Figura 261 - Detalhe de pré-aquecedores de ar.
Fonte: Zanini Indústria e Montagens Ltda. 2016 Sertãozinho/São Paulo/ Brasil.

As temperaturas consideradas na admissão do ar ficam na faixa de 25°C a 27°C e após a passagem pelos pré-aquecedores o ar entra na caldeira com uma temperatura que varia entre 200°C e 230°C.

Conforme já informado, esse equipamento é basicamente construído por tubos de aço carbono SAE-1010/1020, com diâmetro de 2.1/2" e espessura de 2,25mm, soldados ou mandrilados aos espelhos (Figuras 262 e 263) . Possuem uma estrutura metálica para suportação e o seu fechamento é feito através de invólucro metálico devidamente isolado. Tanto na entrada quanto na saída, são instalados dutos, por onde o ar entra e sai para os dutos de ar primário (ar de combustão) e para os dutos de ar secundário (over-fire e ar tangencial).

As velocidades normalmente utilizadas nos dimensionamentos dos pré-aquecedores de ar são 5,0 a 6,0m/s na entrada do ar e de 10,0 a 12,0m/s na saída. Para dimensionamento dos dutos de ar, costuma-se utilizar 20m/s como velocidade máxima e para os dutos dos gases 12,0m/s.

A maior vantagem que pode ser citada em relação ao uso dos pré-aquecedores de ar nas caldeiras estaria na melhoria da combustão, inclusive nos momentos em que o combustível está com umidade acima do normal.

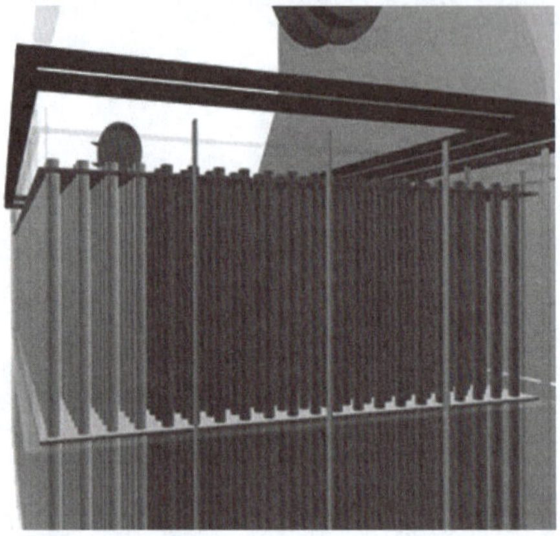

Figura 262 - Fileiras em Aço Inoxidável Aletado.
Fonte: Zanini Indústria e Montagens Ltda. 2016
Sertãozinho/São Paulo/ Brasil.

Figura 263- Aquecedor de Ar a vapor Aletado.
Fonte: Zanini Indústria e Montagens Ltda. 2016
Sertãozinho/São Paulo/ Brasil.

Em alguns projetos, costuma-se instalar as primeiras 04 fileiras de tubos em aço inoxidável ferritico (familia 400), visando diminuir a ocorrência do processo de condensação, que associada ao enxofre existente no combustível, provoca um processo de corrosão muito rápido em pré-aquecedores de ar; porém, a eficácia desse procedimento é questionável, já que a condensação continuará a ocorrer e os danos podem ser deslocados para a 5ª, 6ª fileiras.

Em função disso, atualmente estão sendo instalados, entre os ventiladores e os pré-aquecedores de ar, aquecedores a vapor, no intuito de aquecer o ar de admissão dos 25°C para 50°C a 60°C, fazendo-se com que a temperatura do metal dos tubos do pré-ar fiquem pelo menos um ou dois graus acima da temperatura de *Dew Point* dos gases.

TIPOS DE GRELHAS

Como os demais componentes das caldeiras, os sistemas de grelhas para queima de combustível também evoluíram, para obtenção de uma queima mais regular e eficiente. A busca pela facilidade operacional e segurança dos operadores também contribuíram para escolha e utilização de novos sistemas.

As "grelhas" são peças construídas normalmente em ferro fundido ASTM-A319 Classe D Tipo III, podendo também ser fabricadas em aço cromo-níquel inoxidável austenítico tipo GX-40, para queima de cavaco de madeira, por exemplo.

Como o bagaço de cana, no passado, era considerado um problema, as usinas queimavam o mesmo em caldeiras de fornos que eram pouco eficientes. Com o passar dos anos, as caldeiras passaram a ser compradas com sistema de grelha, e as existentes começaram a ser reformadas, de tal forma que sistemas de grelha fossem adaptados.

A área da grelha é um parâmetro que deve ser avaliado pelo comprador, pois a mesma afeta diretamente a liberação térmica desse equipamento. Normalmente, esse parâmetro não deve ser superior a 2,7 x 10^6 kcal/hm^2.

O intervalo de limpeza varia de acordo com a qualidade do combustível, ou seja, se o mesmo tem mais ou menos areia ou cinzas e também pela questão ambiental, pois, no período de chuvas, os intervalos tendem a diminuir.

Os tipos de grelha mais comum são:

Grelha Basculante

Esse tipo de grelha basculante (Figura 264) tem seus elementos na grelha encaixados em eixos fabricados em barras de aço quadradas, que são encaixadas nos suportes transversais. Os eixos são ligados ao "varão" de acionamento, que pode ser manual ou pneumático.

A área da grelha normalmente é dividida em seções, que possuem canais de ar individualizados, com um damper "on-off" manual na entrada, onde as cinzas e a areia são depositadas durante o processo de basculamento.

A limpeza desses canais pode ser feita, basicamente, de 03 maneiras: manualmente, utilizando enxadas, com água ou com vapor, sendo essas duas últimas alternativas as mais utilizadas pelas usinas.

É comum acontecer o empenamento dos eixos, que obriga a caldeira a parar. Isso acontece porque o procedimento de limpeza não é respeitado pelos operadores, que não aguardam a finalização do processo de combustão e "basculam" combustível ainda em processo de queima,aumentando a temperatura sob os eixos, que acabam fletindo.

Como a refrigeração dos eixos é feita basicamente pelo ar de combustão, a temperatura desse ar não deve ser superior a 230°C, para evitar problemas.

O processo de limpeza basicamente segue os seguintes passos: diminui-se a rotação do alimentador da seção a ser limpa e, assim que a combustão diminuir, fecha-se o damper de ar do canal e, em seguida, abre-se a água do sistema de limpeza e, por fim, executa-se os basculamentos. Depois de concluído, fecha-se a alimentação da água, abre-se o damper do canal de ar e aciona-se o alimentador novamente.

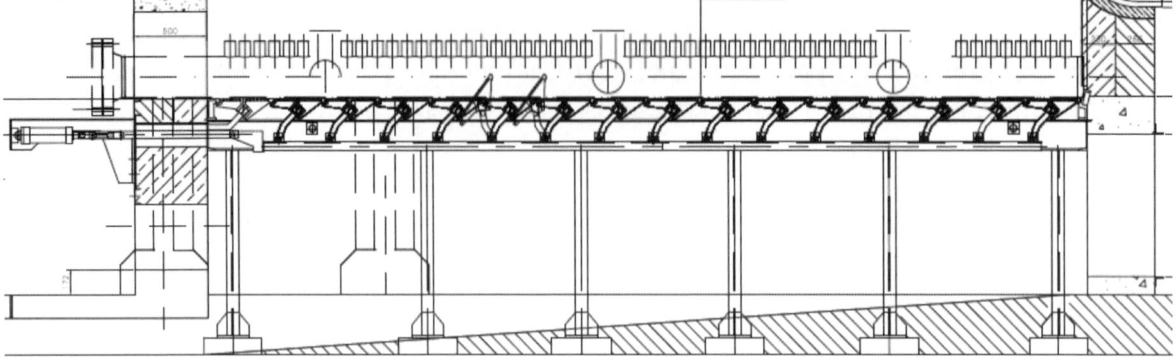

Figura 264 - Grelha basculante. Fonte: Zanini Indústria e Montagens Ltda. 2016 Sertãozinho/São Paulo/ Brasil.

Para minimizar o desbalanço na fornalha, normalmente o processo é feito de forma alternada, por exemplo, seção 1, 3, 5, 2 e 4 em uma caldeira de 5 seções.

Grelha Flat Pin Hole

Nesse tipo, os elementos da grelha Flat Pin Hole (Figura 265) são fixados em tubos de água que, além de suportação, ajudam também no resfriamento desses elementos. A inclinação do grelhado normalmente é de 7° e a limpeza é feita utilizando-se vapor superaquecido a uma pressão de 4,0kgf/cm^2.

Além de permitir a utilização de temperaturas mais altas no ar primário, esse tipo de grelha tem como principais vantagens o baixo custo de manutenção, já que não possui elementos móveis. Os projetos mais atuais costumam prever a aplicação de um "cinturão refratário", para obter uma maior concentração de calor na região e assim ajudar na queima de combustíveis com umidades de até 55%.

O processo de limpeza varia de acordo com os fabricantes. Alguns sopram toda largura do grelhado, iniciando do fundo até a frente da caldeira, e outros fazem a sopragem por seção, de forma intercalada, soprando primeiramente a região mais próxima da frente e depois a parte traseira. A ideia é diminuir a concentração de areia, cinzas e combustível não queimado descarregado nas moegas de captação, facilitando-se, assim, a limpeza das mesmas que, geralmente, é feita com água.

Figura 265 - Grelha Flat Pin Hole. Fonte: Zanini Indústria e Montagens Ltda. 2016 Sertãozinho/São Paulo/ Brasil.

Grelha Rotativa

Nesse tipo de grelha rotativa (Figura 266), os elementos são fixados em correntes que se movimentam muito lentamente, permitindo uma queima excelente e a limpeza constante. É o tipo de grelha mais indicado para queima de cavaco de madeira.

Sua refrigeração é feita somente pelo ar de combustão e, por este motivo, também tem restrições para temperaturas de ar muito elevadas. Sua montagem requer um acompanhamento constante, porque pequenos desvios podem gerar problemas durante a operação.

Para largura de grelhas maiores de 8.300mm, costuma-se utilizar duas seções, ou seja, dois acionamentos independentes, e a refrigeração do mancal central é feita com água. Em grelhas de uma seção, a refrigeração do eixo é feita com ar.

Figura 266 - Grelha rotativa. Fonte: Zanini Indústria e Montagens Ltda. 2016 Sertãozinho/São Paulo/ Brasil.

Os projetos mais atuais das grelhas rotativas foram otimizados e ficaram mais leves que os antigos, porém, mesmo assim, essa alternativa é a mais cara, quando comparada às anteriores; porém, sua operação é mais estável, já que independe da ação dos operadores.

Internos do tambor

Como já apresentado anteriormente, o tambor de vapor é aquele que funciona ao mesmo tempo como receptor de água e expedidor de vapor para os diversos setores de consumo. Por via de regra, na sua parte inferior, existe a água de alimentação, enquanto sua parte superior é reservada para o volume de vapor gerado .

Durante a operação da caldeira, ocorre a mistura da água e vapor, por efeito do trabalho de circulação, e chega até o tambor com velocidade diferente. Graças a este movimento da circulação, o vapor arrasta consigo muitas partículas de água e outras impurezas sólidas, que podem estar em suspensão.

Assim, os internos do tambor de vapor têm duas funções essenciais, as quais devem ser plenamente cumpridas, para assegurar um desempenho eficiente. Uma delas, é separar o vapor da água, para que o sistema de tubos de descida receba água isenta de vapor, proporcionando circulação natural adequada e segura (Figura 267). A outra função é separar a umidade do vapor, para assegurar que o mesmo deixe a caldeira extremamente puro e seco.

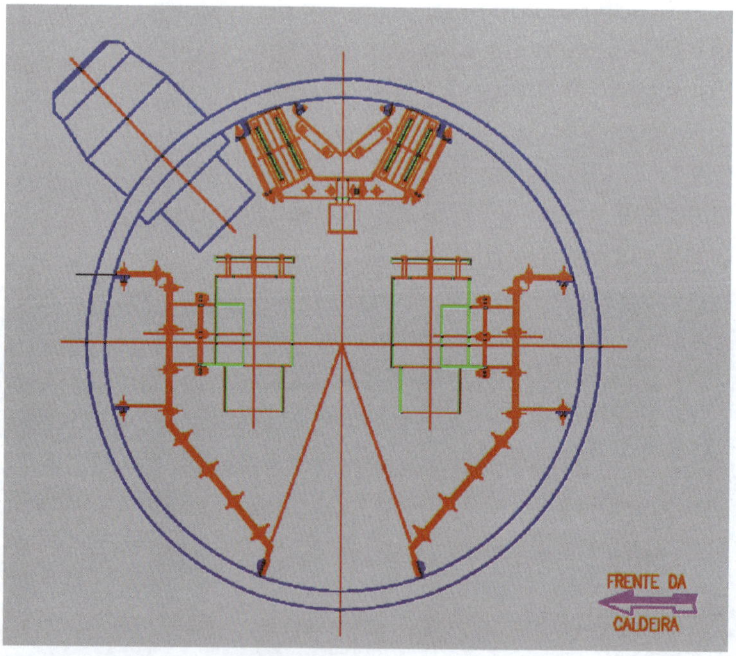

Figura 267 - Esquema de internos do tambor de vapor. Fonte: Zanini Indústria e Montagens Ltda. 2016 Sertãozinho/ São Paulo/ Brasil.

Os internos devem ser projetados para realizar eficientemente ambas as funções, através de dois estágios de separação. O primeiro, suprindo água sem vapor ao sistema circulatório da caldeira, e o segundo extraindo os últimos vestígios de água e impurezas do vapor final.

Os separadores primários são do tipo horizontal, localizados lateralmente ao longo do tambor e de secadores tipo "chevron", dispostos ao longo da geratriz superior do tambor de vapor. Estes secadores combinam os efeitos da baixa velocidade do vapor e das bruscas mudanças na direção da trajetória do fluxo de vapor, com uma superfície de grande área, na qual adere a umidade arrastada pelo vapor. Após a passagem através desses internos, o vapor deixa o tambor extremamente seco (Figura 268).

Figura 268- Detalhe da passagem interna de vapor em tambor extremamente seco. Fonte: Zanini Indústria e Montagens Ltda. 2016 Sertãozinho/São Paulo/ Brasil.

Para assegurar estanqueidade, os separadores são soldados em chicanas espaçadoras, que também servem para direcionar o fluxo de vapor. Este arranjo dos internos do tambor permite total acesso para inspeção ou manutenção e, ao mesmo tempo, proporciona uma produção de vapor com elevada pureza.

O tambor de vapor é equipado também com tubulação interna, para distribuição da água de alimentação, tubulação para introdução de produtos químicos e tubulação para descarga contínua.

33.6.7 CONDENSADOR

O condensador opera como um trocador de calor do tipo casco-tubos, de construção totalmente soldada, eliminando-se a possibilidade de vazamento, tendo como fluido frio a água de alimentação da caldeira e como fluído quente o vapor saturado, proveniente do tambor de vapor.

Possui, essencialmente, a função de fornecer condensado de alta pureza ao sistema de controle de temperatura do vapor, podendo também armazenar uma considerável quantidade de condensado no seu interior, cuja capacidade de armazenamento é compatível com as necessidades de demanda da caldeira.

O conjunto inclui, também, um dessuperaquecedor do tipo Venturi e uma estação controladora de vazão de condensado (Figura 269).

Figura 269- Dessuperaquecedor do tipo Venturi. Fonte: Zanini Indústria e Montagens Ltda. 2016 Sertãozinho/São Paulo/ Brasil.

33.6.8 ALIMENTADORES DE COMBUSTÍVEL

Os dosadores de combustível são constituídos, basicamente, de uma carcaça fixa e eixos rotativos (Figura 270), que operam com rotação variável, para introduzir na fornalha uma quantidade de combustível compatível com a demanda de vapor gerado pela caldeira.

Figura 270 - Dosadores de combustível.
Fonte: Zanini Indústria e Montagens Ltda. 2016 Sertãozinho/São Paulo/ Brasil.

Os alimentadores podem ser construídos a partir de chapas de aço carbono ou aço inoxidável AISI 410 D. Cada alimentador é acionado individualmente, através de um moto-redutor de velocidade, dimensionado para trabalhar numa faixa de velocidade adequada às necessidades da caldeira e é comandado, individualmente, através de inversor de freqüência, em sincronismo com a malha de controle de combustão.

33.6.9 ESPARGIDORES PNEUMÁTICOS

Os espargidores pneumáticos são bocais de ar instalados na parede da fornalha, imediatamente abaixo de cada bica de alimentação, com a finalidade de espalhar o combustível sobre a grelha.

Para direcionar o fluxo de combustível espargido é instalada, na base do conjunto espargidor, uma bandeja móvel, que permite que com a variação da vazão de ar o combustível, pelo sistema de ar pulsante seja distribuído igualmente sobre toda a região da grelha.

O sistema de ar pulsante, são dampers (Figura 271), instalados no duto de alimentação de ar para os espargidores, que possuem posicionamentos diferentes. Isso faz com que, durante a alimentação, a vazão de ar varie, fazendo com que o combustível seja espalhado mais próximo ou mais distante evitando assim a formação de pilhas dentro da fornalha.

Figura 271 - Sistema de ar pulsante. Fonte: Zanini Indústria e Montagens Ltda. 2016 Sertãozinho/São Paulo/ Brasil.

O ar necessário para alimentação desse sistema é proveniente de um ventilador auxiliar dimensionado e fornecido especialmente para esta finalidade.

33.6.10 SOPRADORES DE FULIGEM

A maior parte dos resíduos da combustão, conhecidos por fuligem, e que normalmente acompanham os gases durante o circuito de troca térmica até a chaminé, tende a se impregnar nas tubulações de troca térmica da caldeira, como superaquecedores e feixe de convecção, provocando, com um isso, uma queda sensível na transmissão de calor para água.

Diante disso, visando manter a eficiência da troca térmica, torna-se indispensável a remoção quase contínua dessa fuligem.

A frequência e o tempo de sopragem variam de acordo com as caracteristicas dos combustíveis, tendo que ser mais constantes e maiores em combustíveis com alto teor de terra ou cinzas.

O sistema de sopragem de fuligem é composto por todas as válvulas, tubulações de interligação e acessórios utilizados para operação.

O material das lanças dos sopradores é definido em função da faixa de temperatura de trabalho na região de instalação dos cabeçotes, e os bocais de pulverização são projetados de forma a proporcionar jatos de sopro com elevada energia cinética e grande penetração.

No soprador de fuligem do tipo rotativo fixo (Figura 272), o elemento de sopragem permanece no interior da caldeira e é equipado com um bocal de sopragem em cada espaçamento entre tubos. Normalmente, são instalados nas regiões do evaporador ou feixe de convecção, onde as temperaturas são moderadas e sujeitas à formação de incrustações leves.

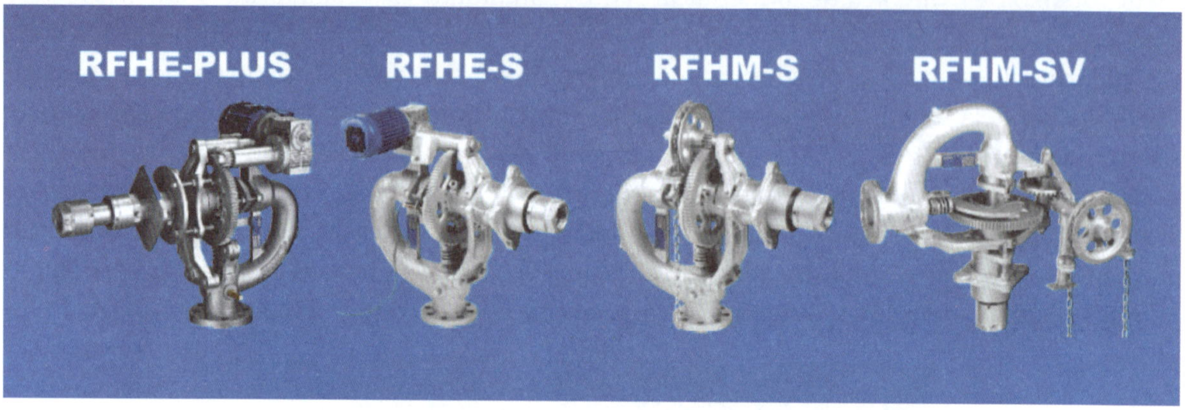

Figura 272 - Soprador de fuligem do tipo rotativo fixo.
Fonte: Herom - Indústria e Comercio Ltda. 2016 Sertãozinho/São Paulo/ Brasil.

Os sopradores do tipo Retrátil (Figura 273) caracterizam-se por uma lança, provida em sua extremidade de dois bicos Venturi opostos, que é introduzida na caldeira com um movimento helicoidal. Geralmente, são instalados na região das serpentinas dos superaquecedores, onde temperaturas dos gases de combustão são mais elevadas.

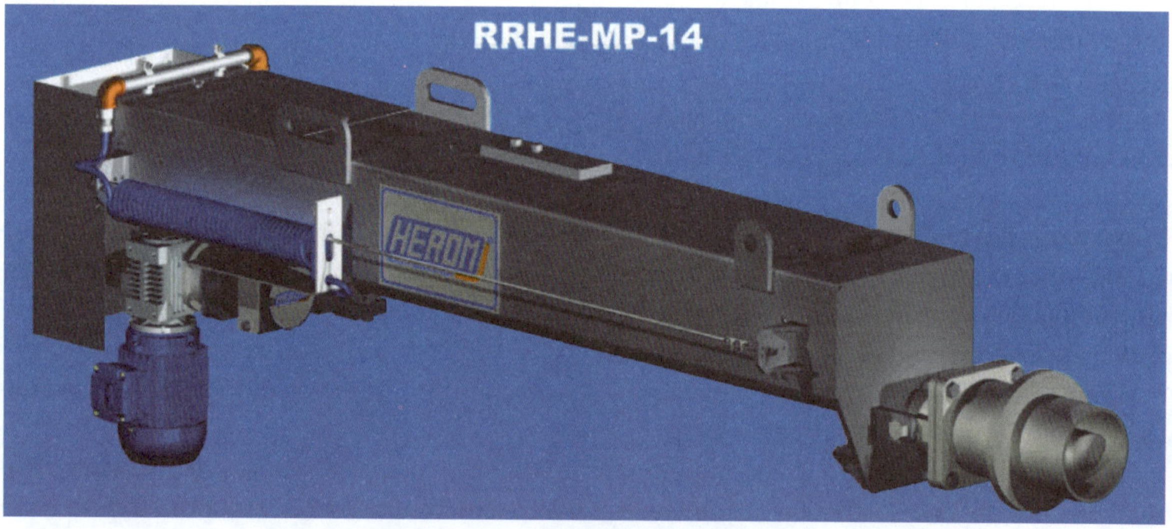

Figura 273- Sopradores do tipo Retrátil.
Fonte: Herom - Indústria e Comercio Ltda. 2016 Sertãozinho/São Paulo/ Brasil.

O acionamento dos cabeçotes de sopragem é feito através de motores elétricos, que são comandados via painel de controle e, também, por botoeiras para acionamento local.

33.6.11 GARRAFAS E VISORES DE NÍVEL

As garrafas de nível são equipamentos instalados junto ao tambor de vapor, dimensionados conforme o código ASME Section I, que tem a função de uniformizar o volume de água, para controle do nível.

As garrafas são ligadas ao tambor através de duas interligações, uma com a parte superior, onde há presença do vapor, e a outra na parte inferior, onde se tem a água (Figura 274). Atenção, pois a norma exige que as conexões situadas na porção inferior do tambor (lado água) sejam encamizadas.

Além das conexões de interligação com o tambor, as garrafas possuem as conexões para instalação dos visores de nível, que podem ser bicolor - vermelho e verde (Figura 275) ou branco e preto (Figura 276), bem como a conexão para os eletrodos do transmissor de nível.

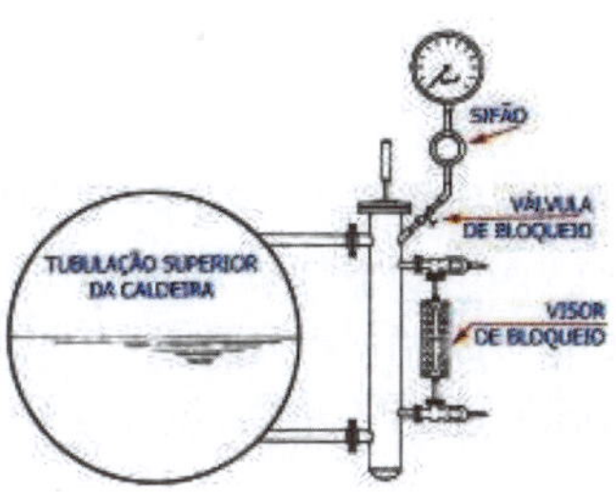

Figura 274 - Balão superior da caldeira com medidores. Fonte: Durcon Vice - 2016 Cajamar/São Paulo/ Brasil.

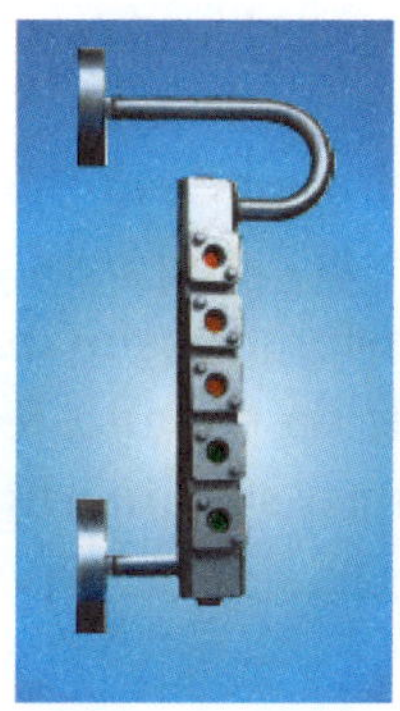

Figura 275 - Medidor de pressão. Fonte: Durcon Vice - 2016 Cajamar/ São Paulo/ Brasil.

Figura 276 - Visor de nível de pressão. Fonte: Durcon Vice - 2016 Cajamar/São Paulo/ Brasil.

Ainda fazem parte dessa instalação o jogo de válvulas de bloqueio e de descarga (dreno), que deve ser aberto, de tempos em tempos, para eliminação dos eventuais depósitos, que podem se acumular no fundo do visor.

Normalmente, para a visualização local, utiliza-se o visor branco e preto, e para visualização remota (através de câmera), utiliza-se o colorido (vermelho e verde). As cores branca e vermelho indicam o vapor e as cores preto e verde indicam o nível da água.

33.6.12 VÁLVULAS DE SEGURANÇA

As válvulas de segurança são dispositivos instalados no coletor de saída do superaquecedor (uma) e no tambor de vapor (duas ou três). São do tipo mola, construídas em aço carbono fundido ou aços liga adequados para a pressão e temperatura de trabalho (Figura 277).

A função é não limitar que a pressão interna da caldeira não ultrapasse a pressão de projeto em mais que 3%. As pressões de abertura das válvulas e seus respectivos orifícios são calculados para atender às exigências do código ASME Section I.

Figura 277- Válvulas de segurança. Fonte: <http://www.solucoesindustriais.com.br/images>.

Portanto, quando a pressão da caldeira sobe e atinge níveis acima dos pontos de regulagem dessas válvulas, o obturador das mesmas é empurrado, comprimindo a mola e permitindo, assim, a descarga do vapor para a atmosfera. Assim que a pressão volta aos níveis normais, a mola empurra o obturador contra a sede da válvula, fechando a passagem do vapor.

Atualmente, as válvulas de segurança são interligadas a silenciadores através de tubulações isoladas, de tal maneira que o ruído gerado pela descarga do vapor é reduzido a níveis aceitáveis.

Por ser um item de segurança operacional importante para as caldeiras, recomenda-se submetê-las a sistemáticas inspeções e perfeitas ações de manutenção.

33.6.13 SISTEMAS DE AR

O sistema de ar das caldeiras aquatubulares podem ser subdivididos basicamente em três partes, de acordo com a função desempenhada pelo ar no processo de combustão.

O sistema de ar primário é o ar que é introduzido embaixo do grelhado. O sistema é formado pelo ventilador de ar primário (FDF-LT), dutos e pré-aquecedor LT. Normalmente, a vazão desse sistema corresponde a 75% ou 50% para "over fire" e "ar tangencial" do ar total requerido no cálculo estequiométrico, respectivamente. A pressão do ar nesse sistema é mais baixa, quando comparada com o demais sistemas.

O sistema de ar secundário é utilizado nos "Over-fire" ou nos "ar tangencial", dependendo do modelo de caldeira utilizado. O sistema é formado pelo ventilador de ar secundário (FDF--HT), dutos e pré-aquecedor HT. A vazão de ar corresponde a 25% ou 50% para "over fire" e "ar tangencial" do ar total requerido no cálculo estequiométrico, respectivamente.

O sistema de ar auxiliar, que alimenta os espargidores de combustível, já explicitado anteriormente, normalmente não entra no cálculo de vazão de ar total requerido.

33.6.14 PORTAS E VISORES

As caldeiras mais modernas são fornecidas com portas de inspeção em vários pontos da caldeira, como fornalha, trocadores de calor, moegas, dutos e chaminé.

As dimensões, formatos e os materiais construtivos variam de acordo com o local da instalação, podendo ser fabricadas em ferro fundido ou em chapa, com ou sem proteção. Atualmente, procura-se fornecer portas com "fecho rápido", para facilitar a abertura e fechamento (Figura 278).

Figura 278- Portas e Visores. Fonte: Zanini Indústria e Montagens Ltda. 2016 Sertãozinho/São Paulo/ Brasil

Já os visores são instalados na região da fornalha, de tal maneira que se permita observar a combustão e/ou a alimentação de combustível de forma rápida e segura. Estes visores são do tipo escotilha e seus vidros são refrigerados por ar comprimido.

No duto de gás, logo após a saída da caldeira e antes de chegar no primeiro recuperador, são instaladas as portas de alívio (Figura 279), que têm a função de aliviar a pressão interna da fornalha. Estas portas possuem contra-pesos, que são regulados para abrir sempre que a pressão ultrapassar 50 mmca.

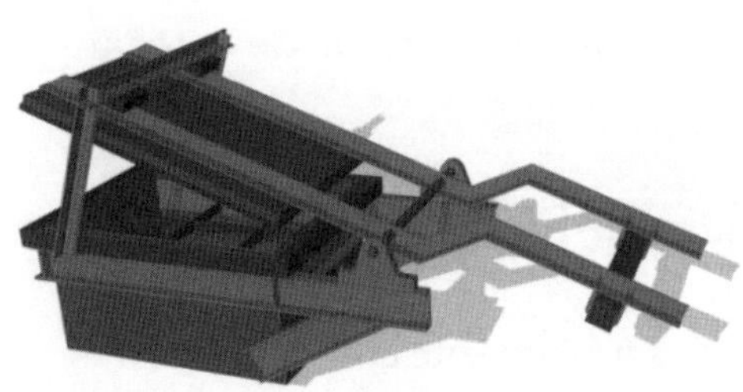

Figura 279 - Portas de alívio. Fonte: Zanini Indústria e Montagens Ltda. 2016 Sertãozinho/São Paulo/ Brasil

33.6.15 DESAERADOR TÉRMICO

O desaerador térmico (Figura 280) é um equipamento destinado a retirar gases não condensáveis dissolvidos na água (nesse caso o oxigênio), que será utilizada na caldeira, sendo o mesmo instalado antes do sistema de alimentação (bombas).

O processo de retirada do vapor pode ser explicado da seguinte forma: a quantidade de um gás dissolvido em uma determinada quantidade de líquido é diretamente proporcional à sua pressão parcial em torno desse líquido. Então, através da redução da pressão parcial dos gases indesejáveis na atmosfera circundante, os mesmos diminuem. Estas pressões parciais são reduzidas através da pulverização desse líquido, em contracorrente ao fluxo de vapor.

Como o vapor é livre de gases não-condensáveis, seu uso é vantajoso, na medida em que a solubilidade de um gás num líquido diminui com um aumento na temperatura deste líquido.

Figura 280 - Desaerador térmico. Fonte: Zanini Indústria e Montagens Ltda. 2016 Sertãozinho/São Paulo/ Brasil

O líquido é pulverizado em filmes finos através de bandejas, de modo a aumentar a área da superfície em contato com o vapor, a qual, por sua vez, fornece a remoção de oxigênio mais rapidamente. Este sistema reduz a concentração de oxigênio para, no mínimo, de 0,007 ppm.

33.6.16 TANQUES DE DESCARGA

Atualmente, são fornecidos juntamente com as caldeiras, dois tanques de descarga, sendo um para descarga contínua e outro para descarga intermitente (Figura 281).

O tanque de descarga continua é um tanque pressurizado, que recebe a água retirada do tambor de vapor, que é analisada pelo laboratório da usina e define os produtos e as quantidades que devem ser injetados, para manter ou corrigir a qualidade da água.

Nesse caso, a função é coletar e conhecer os níveis dos sólidos em suspensão. O vapor "flasheado" nesse tanque é direcionado para a tubulação de vapor de aquecimento do desaerador térmico.

Figura 281- Tanques de Descarga. Fonte: Zanini Indústria e Montagens Ltda. 2016 Sertãozinho/São Paulo/ Brasil

Já o tanque de descarga intermitente é um tanque atmosférico, que recebe o condensado e água de todos os drenos da caldeira e, principalmente, o volume descarregado pelas válvulas de fundo, que são normalmente instaladas no fundo dos tambores de água ou no fundo dos downcomers, para os projetos de caldeiras tipo "single drum".

Nesse caso, a função os, sólidos precipitados pelos produtos químicos que ficam depositados nessas partes. Este tanque é interligado, também, ao dreno do tanque de descarga contínua.

33.6.17 SISTEMAS PARA TRATAMENTO DOS GASES

São várias as alternativas existentes de equipamentos para tratamento dos gases de combustão das caldeiras. Dependendo do nível de exigência ambiental, pode-se utilizar arranjo de equipamentos trabalhando em sequência.

Como no Brasil o nível de exigência ambiental ainda é considerado leve, as usinas acabam optando pelo uso de lavadores de gases úmidos, porém, há uma tendência indicando que, no médio prazo, isso mudará.

Isso deve acontecer, forçado por um nível de exigência ambiental mais forte, pelos problemas operacionais decorrentes do uso dos lavadores (arraste, corrosão, incrustações, etc.), pela escassez de água, que já tem sido realidade nos últimos anos, e também pela maior competitividade comercial das alternativas mais eficientes.

Hoje, a resolução n° 382 de 26/12/20006 do Conselho Nacional do Meio Ambiente - CONAMA define os limites máximos de emissões de poluentes atmosféricos, provenientes de processos de geração de calor, a partir de cada tipo de combustível queimado e potência térmica nominal (Tabelas 101 à 106).

Óleo Combustível

Tabela 101 - Limites máximos de emissões de poluentes atmosféricos provenientes de processos de geração de calor por óleo combustível.

Potência térmica nominal (MW)	MP(1)	NO_x (1) (como NO_2)	SO_x (1) (como SO2)
Menor que 10	300	1600	2700
Entre 10 e 70	250	1000	2700
Maior que 70	100	1000	1800

(1) os resultados devem ser expressos na unidade de concentração mg/Nm3, em base seca e 3% de excesso de oxigênio

Gás Natural

Tabela 102 - Limites máximos de emissões de poluentes atmosféricos (em NO2) provenientes de processos de geração de calor por gás natural

Potência térmica nominal (MW)	MO(1)	NO_x (1) (como NO_2)
Menor que 10	280	N.A.
Entre 10 e 75	230	350
Maior que 75	200	350

(1) os resultados devem ser expressos na unidade de concentração mg/Nm3, em base seca e 8% de excesso de oxigênio. N.A. - Não Aplicável

Tabela 103 - Limites máximos de emissões de poluentes atmosféricos (MO) provenientes de processos de geração de calor por gás natural.

Potência térmica nominal (MW)	NO_x (1) (como NO_2)
Menor que 70	320
Maior ou igual a 70	200

(1) os resultados devem ser expressos na unidade de concentração mg/Nm, em base seca e 3% de excesso de oxigênio.

Bagaço de Cana-de-açúcar

Tabela 104 - Limites máximos de emissões de poluentes atmosféricos provenientes de processos de geração de calor por bagaço de cana.

Potência térmica nominal (MW)	CO (1)
Até 0,05	6500
Entre > 0,05 e = 0,15	3250
Entre > 0,15 e = 1,0	1700
Entre > 1,0 e = 10	1300

(1) os resultados devem ser expressados na unidade de concentração mg/Nm3, em base seca e 8% de excesso de oxigênio.

Derivados de Madeira

Tabela 105 - Limites máximos de emissões de poluentes atmosféricos (em NO2) provenientes de processos de geração de calor por derivados da madeira.

Potência térmica nominal (MW)	MP (1)	NO (1) (como NO_2)
Menor que 10	730	N.A
Entre 10 e 30	520	650
Entre 30 e 70	260	650
Maior que 70	130	650

(1) os resultados devem ser expressos na unidade de concentração mg/Nm3, em base seca, e corrigidos a 8% de oxigênio. N.A. - Não Aplicável.

Tabela 106 - Limites máximos de emissões de poluentes atmosféricos (em CO) provenientes de processos de geração de calor por derivados da madeira.

Potência térmica nominal (MW)	CO(1)
Até 0,05	6500
Entre > 0,05 e = 0,15	3250
Entre > 0,15 e = 1,0	1700
Entre > 1,0 e = 10	1300

(1) os resultados devem ser expressos na unidade de concentração mg/Nm3, em base seca e 8% de excesso de oxigênio.

É importante salientar que o posicionamento no lay-out da planta e o tipo do equipamento utilizado podem afetar, diretamente, o dimensionamento dos exaustores, acionamentos, CCM's e cabeamento, em função da variação da temperatura dos gases, volume dos gases e da perda de carga. Portanto, a correta escolha deve ser feita no início do projeto, para que prejuízos não ocorram no futuro.

33.6.18 LAVADOR DE GASES

Como já mencionado, o lavador de gases (Figura 282) é o equipamento mais utilizado nas unidades sucroenergéticas. A maioria dos projetos consegue atender aos 200 mmg/Nm^3

exigidos pelo CONAMA para emissão de particulados em caldeiras que queimam bagaço de cana.

Podem ser construídos em aço carbono ou aço inoxidável. O principio de funcionamento passa pela umidificação das partículas contidas nos gases de combustão, de tal forma que as mesmas fiquem mais pesadas e sejam retidas no corpo do lavador, que são projetado para velocidade dos gases bem baixas (± 1,0 m/s), visando auxiliar a captação e evitar o arraste.

Figura 282 - Lavador de gases. Fonte: Zanini Indústria e Montagens Ltda. 2016 Sertãozinho/São Paulo/ Brasil

Na saída do corpo, normalmente existem direcionadores que têm a função de reter a passagem das particulas que ainda estejam suspensas no gás. Para evitar aumento da perda de carga, estas são lavadas de maneira intermitente.

O consumo de água desses equipamentos também é um ponto que deve ser avaliado. Normalmente, os valores variam de 0,7 a 1,0m^3 por quilo de gás tratado.

O valor da perda de carga indicada pelos fabricantes varia em função da concepção do projeto. Existem alguns modelos que permitem regular o nível de água, que determina a área de passagem do gás e, consequentemente, a perda de carga durante a operação. Existem outros tipos de lavadores, por exemplo, tipo venturi, que são bastante eficientes, porém possuem valores de perda de carga mais elevadas e acabam afetando o dimensionamento dos exaustores e seus respectivos acionamentos.

33.6.19 CICLONES

São equipamentos relativamente simples e são utilizados, normalmente, como pré-separadores para filtros de mangas ou de cartuchos ou até em instalações onde não existem grandes exigências em relação a emissões.

O nível de retenção desse equipamento pode atingir, em alguns casos, valores relativamente altos, na ordem de até 98%, pois são equipamentos inerciais. É importante salientar que as variações na entrada dos gases no corpo dos ciclones provocam impactos significativos na eficiência do equipamento.

O funcionamento dos ciclones (Figura 283) é relativamente simples: os gases, contendo particulados, entram tangencialmente no equipamento, criando um turbilhonamento, o qual arremessa as partículas para as paredes do corpo.

Dessa forma, o gás "limpo" é retirado através de um tubo central, enquanto o pó e o particulado escoam pelas paredes, em direção da moega existente na parte inferior do equipamento.

Figura 283 - Funcionamento dos Ciclones.

Fonte: Zanini Indústria e Montagens Ltda. 2016 Sertãozinho/São Paulo/ Brasil

Este tipo de solução é largamente utilizado pela agroindústria no despoeiramento dos sistemas de movimentação de grãos, em pontos de transferência de correias transportadoras e nos elevadores de caneca.

Separação de sólidos grosseiros: particulados acima de 8~10 micra, com densidade real acima de 1000 kg/m^3. Grãos, cavacos, pellets.

Separação de sólidos abrasivos: nessas condições, os ciclones devem ser protegidos com chapas de desgaste ou até revestidos com cerâmica ou outros materiais, que aumentem a resistência da chapa do corpo. Areia, casca de arroz, terra, cinzas, etc.

Processamento em alta temperatura: podem ser projetados para trabalhar em processos de alta temperatura (até 1000°C). Saída de fornos, unidades de tratamento térmico, sistemas de peletização, fly-ash e bottom ash de caldeiras, etc.

33.6.20 MULTICICLONES

Multiciclones (Figura 284) são equipamentos projetados para separação de materiais particulados do fluxo de ar, através da combinação de forças centrífugas, inerciais e gravitacionais. O tamanho, o peso e o formato da partícula, além da concentração destes particulados são fatores determinantes para a eficiência de remoção. Normalmente, são utilizados em projetos específicos com vazões superiores ou com limitação de "lay-out".

São constituídos por um agrupamento de pequenos ciclones, normalmente fundidos, da ordem de 20 a 30 cm de diâmetro, que trabalham em paralelo e que possuem entrada radial.

São classificados conforme sua eficiência (baixa, média e alta). Seu dimensionamento é determinado conforme o perfil granulométrico das partículas (eficiência fracionada).

São utilizados nos processos de filtragem de material particulado, proveniente de processos industriais, tais como, calcinação, secagem em usinas de cimento e de processamento de minérios, e outros processos industriais, onde há geração de particulados secos. Em sistemas que exijam a separação das partículas maiores, e também como pré-coletores nos sistemas de desempoeiramento, como equipamento auxiliar nos filtros de mangas.

Vantagens:

- Podem atingir até 99% de eficiência, dependendo do tamanho das partículas.
- Não necessitam de manutenção constante (não contém peças móveis)
- Operam com gases em temperaturas elevadas.
- Podem ser construídos com materiais resistentes à abrasão e corrosão.
- Sua eficiência é constante, ao longo de sua vida útil.
- Separam uma grande variedade de materiais.
- Perda de carga sempre constante.
- Facilidade de remoção do material coletado.
- Instalação rápida e econômica.
- Baixo custo de implantação.
- Baixíssimo custo de operação.
- Baixo custo de manutenção.

O Multiciclone pode ser utilizado como separador definitivo, quando as exigências com relação à emissão de particulado não sejam inferiores a 100 mg/Nm^3.

Sua utilização mais normal ocorre como Pré-Separador em processos onde o fluxo a ser filtrado apresenta altas temperaturas e/ou particulados de elevada abrasividade, condições operacionais essas que fatalmente provocariam danos ao equipamento de filtragem final, ou seja, Filtros de Mangas, Precipitadores Eletrostáticos, etc, os quais possibilitam atuar com emissões máximas de 50 mg/Nm^3.

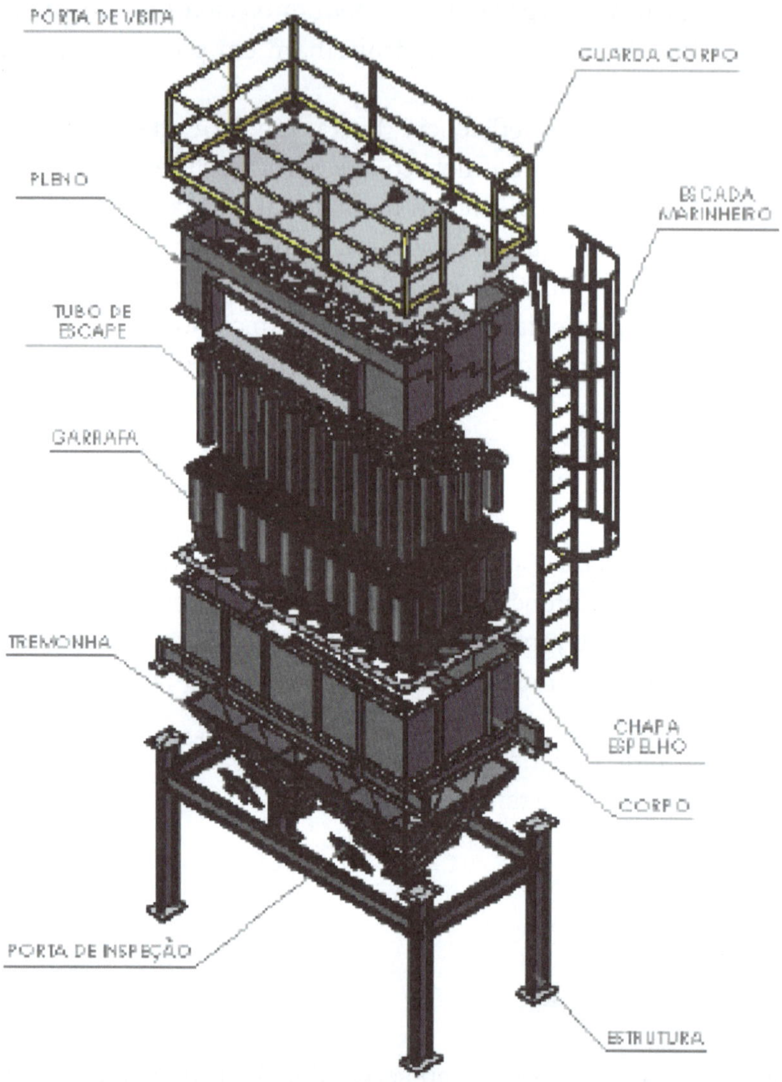

Figura 284 - Multiciclones. Fonte: Ventec Ambiental Equip. e Instalações Ltda. 2016 Diadema/São Paulo/ Brasil

O Multiciclone é um equipamento projetado e construído para operação em regimes rígidos e contínuos, ou seja, temperaturas elevadas (são comuns operações até 400ºC), instalação ao tempo sob as intempéries e, finalmente, operando/separando particulados muito abrasivos.

É evidente que os particulados contidos no fluxo e que deverão ser retidos deverão ser devidamente identificados por ocasião do projeto do equipamento, já que seu dimensionamento estrutural tem que ser compatível com o regime operacional, principalmente seus Elementos Separadores.

Destacamos que tais Elementos Separadores são comumente denominados de "Garrafas e Guias de Ar", sendo normalmente fabricados em Ferro Fundido GG-30 (dureza de 200 a 300 HB) ou em Ny Hard (dureza de 450 a 550 HB). Completam conjunto os tubos de escape de Ar Limpo, instalados em uma das garrafas, fabricados, normalmente, em tubos Schedule 40.

33.6.21 PRECIPITADOR ELETROSTÁTICO

Precipitadores Eletrostáticos (Figura 285) ainda não são muito competitivos comercialmente, quando comparados a outros sistemas de remoção de pó; porém existe uma tendência forte de redução de preços, que juntamente com uma provável redução dos níveis de emissão, levarão a utilização desse equipamento a curto e médio prazo pelas indústrias brasileiras.

Os custos operacionais normalmente são reduzidos, devido ao baixo consumo de energia, baixa perda de carga, menores custos com peças sobressalentes e mínimas exigências de manutenção.

O funcionamento desse tipo de equipamento é basicamente o seguinte: os eletrodos de descarga (-) carregados com alta voltagem negativa retificada emitem os elétrons, que migram para os eletrodos de coleta (+). À medida que esses elétrons se acumulam nas partículas de pó presentes no gás de combustão, as partículas existentes ficam carregadas negativamente e o campo elétrico existente as transporta para os eletrodos de coleta (+) (aterrados), onde são depositados em suas superfícies.

Figura 285 - Precipitadores Eletrostáticos. Fonte: Hamon do Brasil 2016 São Paulo/São Paulo/ Brasil

Normalmente, os eletrodos de coleta são placas perfiladas, que formam um sistema de passagens, através do qual fluem os gases de combustão. Os eletrodos são dispostos ao longo do eixo central das passagens, com medidas de largura que variam de fabricante para fabricante.

A limpeza das placas de coleta é feita por sistema de batimento mecânico para retirada da camada excessiva de pó, que fica aderida às mesmas. Esse processo geralmente é feito de forma sincronizada e em intervalos de tempo definidos pela lógica de comando.

A velocidade em que as partículas se movem na corrente de gás, rumo aos eletrodos de coleta, é conhecida como velocidade de migração e esta é diferente para cada tipo de aplicação do precipitador em relação ao processo industrial, cujas emissões de particulados devem ser controladas.

Outros fatores que também exercem influência mútua sobre os parâmetros que determinam a velocidade de migração, são:

- ✓ Resistividade elétrica do pó
- ✓ Teor de pó na entrada do precipitador
- ✓ Teor de pó na saída do precipitador
- ✓ Tamanho das partículas do pó
- ✓ Composição química do pó
- ✓ Composição química do gás
- ✓ Temperatura do gás carreador
- ✓ Umidade do gás

A resistividade elétrica do pó é um dos fatores mais críticos para a eficiência de coleta. Ela depende, primariamente, da composição química do material a ser coletado e, na maioria dos casos, muda em várias ordens de grandeza, em função da temperatura e umidade presente, no fluxo de gás a ser tratado.

O sistema de suprimento energético de um precipitador eletrostático consiste de:

- ✓ Retificador de alta voltagem controlado é normalmente montado dentro de um tanque hermeticamente selado e composto por: bobina limitadora de corrente, transformador de alta voltagem, conjunto retificador de silício de alta voltagem, resistência de medição de alta tensão para voltagem e corrente.
- ✓ Painel de controle, com controle automático de voltagem e com reator de limite de corrente.
- ✓ Disjuntores manuais e para certas aplicações, disjuntores para aterramento de resposta rápida, operados pneumaticamente ou eletromagneticamente.

33.6.22 FILTRO DE MANGAS

Os filtros de mangas (Figuras 286 e 287) normalmente possuem sistemas de limpeza totalmente automáticos, por meio de jatos de ar comprimido, cuja característica é a alta eficiência na limpeza para a regeneração do meio filtrante (mangas). Com sistemas de limpeza otimizados (eficientes e de baixo consumo) obtém-se uma vida útil elevada dos elementos filtrantes.

Quando necessário, a troca das mangas deve ser feita pelo lado do ar limpo, minimizando o contato com o pó durante a troca, facilitando a manutenção e deixando o processo mais seguro.

Vantagens:

- ✓ É um equipamento de alta eficiência de filtragem, com emissões que podem alcançar valores inferiores a 5 mg/Nm³, dependendo da aplicação.
- ✓ A distribuição uniforme do ar contaminado sobre as mangas reduz a velocidade de ascensão do ar e minimiza a área ocupada pelo filtro.
- ✓ Alta disponibilidade operacional e baixo custo de manutenção
- ✓ Atende às normas internacionais de emissão de particulado, muito abaixo do exigido pelas normas ambientais brasileiras (CONAMA).

O ar/gás contaminado entra pela parte inferior da carcaça do filtro, através de um duto. Nas mangas, ocorre a separação do material particulado do ar, ficando as partículas retidas na parte externa. Cada fileira de mangas é limpa, individualmente, através do tubo injetor instalado acima desta fileira de mangas (Figura 286). Os tubos injetores são interligados ao reservatório de ar comprimido integrado com suas válvulas.

Geralmente, válvulas solenoides são comandadas, periodicamente, por um sistema de controle ou por um pressostato diferencial eletrônico, que libera o ciclo de limpeza, assim que uma perda de carga pré-determinada é atingida.

O ar comprimido descarregado pelo reservatório é conduzido até cada fileira de mangas e respectivos tubos venturis, através dos tubos injetores. Pelo efeito injetor, provocado pelo jato de ar comprimido, é arrastado um elevado volume de ar, ocasionando uma inversão de fluxo e um repentino inflamento das mangas e a consequente limpeza das mesmas.

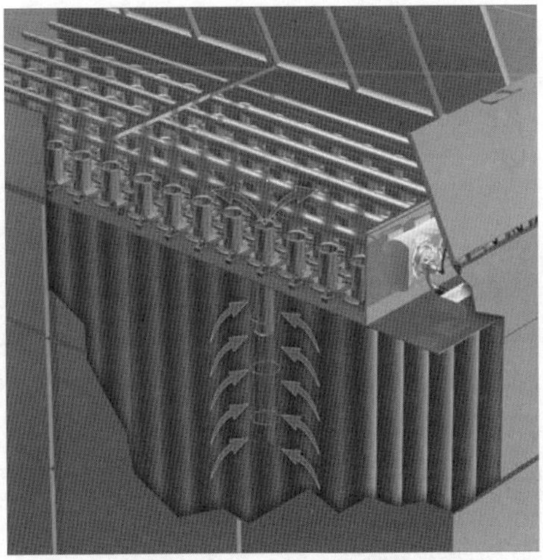

Figura 286 - Sistema de Tecnologia de controle do Ar e Meio Ambiente em filtro de manga para fins limpeza, em funcionamento. Fonte: Bernauer Tecnologia do Ar e Meio Ambiente - 2016 São Paulo/São Paulo/ Brasil

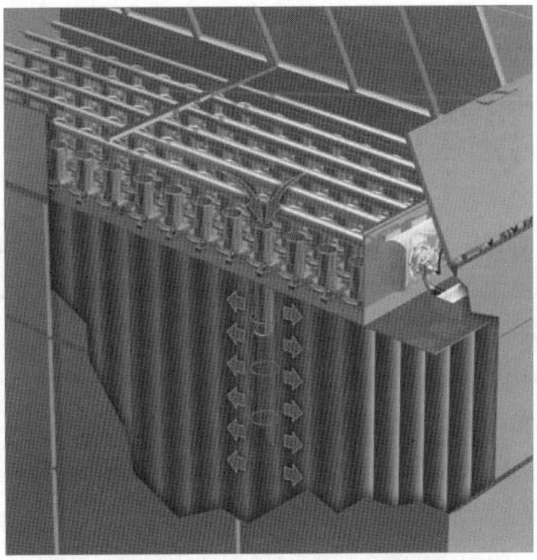

Figura 287- Sistema de Tecnologia de controle do Ar e Meio Ambiente em filtro de manga para fins limpeza, em limpeza. Fonte: Bernauer Tecnologia do Ar e Meio Ambiente - 2016 São Paulo/São Paulo/ Brasil

33.6.23 TIRAGEM

Entende-se por tiragem a saída dos gases produzidos pela queima dos combustíveis nas fornalhas das caldeiras, provocada pela diferença de pressão do ar no canal da chaminé com o meio exterior.

Os gases de combustão encontram-se a temperaturas mais altas e, assim, possuem menor peso específico do que o ar e, nessas condições, estes tendem a subir, dirigindo-se pela chaminé. Esta promove a tiragem, em virtude das diferenças de pressões existentes entre a sua base e o seu topo, provocada, evidentemente, pelas diferenças de temperatura existentes. Entretanto, para que este processo se realize com eficiência, há necessidade de que a força da circulação dos gases seja maior que a perda de carga existente em todo cirucito dos gases (superaquecedor, feixe de conveccção, economizadores, pré-aquecedores de ar, lavadores de gases, etc.) e são essas resistências (Δp's) que determinam o método de tiragem a ser empregado em cada tipo de caldeira.

A tiragem pode ser natural ou mecânica, quando se utiliza ventiladores induzidos (exaustores) ou ventiladores forçados para fazer a movimentação dos gases. Segundo PERA(1990), admiti-se a tiragem natural, quando a perda de carga no sistema não for maior que 35mmca. As usinas utilizavam a tiragem natural porque as caldeiras eram mais simples (com Δp's muito baixos); com isso, a operação ficava mais econômica, pois dispensava o uso de motores elétricos e a chaminés eram construídas de alvenaria o que conferia ao equipamento uma longa duração, ainda que sua construção fosse mais custosa.

Atualmente, todas as caldeiras utilizam tiragem mecânica e a chaminés são do tipo metálicas, já que a obtenção de uma boa tiragem natural é muito difícil, em virtude das elevadas perdas de cargas nos sistemas.

33.6.24 CHAMINÉ

Todas as caldeiras possuem uma chaminé instalada após os exaustores. O diâmetro e altura das mesmas variam de acordo com a produção de vapor e altura das caldeiras.

No passado, as chaminés eram cosntruídas em alvenarias e tinham grandes alturas, pois as tiragens eram naturais e os gases de todas as caldeiras da usina eram conduzidos através de canais subterrâneos até esta chaminé.

Atualmente, as chaminés são metálicas cilíndricas e auto-suportadas (não usam tirantes). As suas virolas geralmente são fabricadas em aço carbono ASTM-A-36 ou aço 410D em seções ,bem como os demais elementos, tais como escadas, plataformas, anéis de reforço, chapa divisória, helicóides, portas, tomadas de medição, chapas de base, etc. para montagem no campo.

O principal motivo que levou as usinas a optar por individualizar as chaminés por caldeira instalada na unidade foi a questão da facilidade que isso proporciona para se fazer as medições relativas às emissões ambientais, já que todas as chaminés atuais devem ser fornecidas com plataformas e tomadas de medição, obedecendo às normas e requisitos dos orgãos governamentais responsáveis pelo controle das fontes poluentes.

Antes de adquirir uma caldeira, normalmente as usinas solicitam às empresas ou profissionais especializados a realização de um trabalho de dispersão atmosférica dos gases de combustão, o qual simula como os poluentes atmosféricos irão se propagar e se espalhar depois que saem da chaminé. Esse trabalho permite não só prever a direção, sentido ou velocidade, como também as reações químicas que poderão surgir, sendo úteis na gestão de efluentes gasosos e de qualidade do ar.

Outro ponto muito importante e largamente utilizado pelos fabricantes no projeto e construção das chaminés é a utilização de direcionadores de ar na parte final das chaminés. A principal função desses direcionadores é minimizar os efeitos de ressônância, causados pelos ventos sobre o equipamento em questão.

Quanto à construção, as chaminés podem ter as bases cilindricas ou cônicas e, dependendo da sua esbeltez, podem exigir a utilização de tirantes. Alguns projetos prevêm um sistema de Trolley na sua extremidade, para facilitar a pintura.

Quando as chaminés receberem os gases de 02 exaustores, recomenda-se a utilização de chapas divisórias no seu interior. A principal função dessa chapa é evitar que no momento que a caldeira está operando com apenas um exaustor ou outro possa ser impulsionado a rodar no sentido contrário, impondo risco ao seu acionamento no momento da sua partida.

Existem poucos fabricantes que, por questões economicas ou restrições de espaço físico disponível, optam por fornecer a chaminé sobre o corpo do lavador de gases nesses casos, a suportação e costado do lavador e da chaminé devem ser muito bem calculados, já que vão requerer reforços.

Para chaminés de grandes alturas, recomenda-se a utilização de sinalizadores de obstáculos aéreos, conforme legislação vigente (NBR 9541).

33.6.25 EQUIPAMENTOS PERIFÉRICOS

Equipamentos periféricos são todos os equipamentos que precisam ser instalados juntamente com o a caldeira propriamente dita, para que a mesma possa funcionar de forma segura e confiável.

São considerados periféricos os seguintes equipamentos: Ventiladores e Exaustores, Bombas de alimentação, Visores de nível, Sopradores de Fuligem, Válvulas de Segurança, Motores elétricos, Turbina a Vapor, Redutores, Aquecedores de ar ou água à vapor, Válvulas manuais, Válvulas de controle, Sistema de Injeção de Produtos Químicos, Instrumentos de Campo, Medidores de Vazão, Analisadores de Gases, etc.

Estes equipamentos precisam ser muito bem especificados e adquiridos de empresas idôneas pelos fabricantes da caldeira, porque caso os mesmos não atinjam a performance esperada, comprometem diretamente o funcionamento da caldeira.

Alguns equipamentos já foram citados em itens anteriores, como os sopradores de fuligem, os visores de nível e as válvulas de segurança.

Os ventiladores e exaustores, juntamente com as bombas de alimentação, são, sem sombra de dúvidas, os equipamentos que impactam diretamente no funcionamento da caldeira, por este motivo vamos abordá-los nos tópicos a seguir:

Ventiladores e Exaustores

Atualmente, as caldeiras comercializadas já não são mais fornecidas somente com tiragem natural, como era feito no passado, onde as usina possuiam chaminés de alvenaria (tijolos) bem altas, para conseguir vencer as perdas de carga existentes no sistema.

Entende-se por tiragem a saída dos gases produzidos pela combustão dos combustíveis queimados nas fornalhas das caldeiras, provocada pela diferença de pressão do ar no duto da chaminé e no meio exterior.

Os gases de combustão encontram-se a temperaturas mais elevadas e, com isso, o seu peso específico é menor do que o ar, fazendo com que os gases subam internamente nas chaminés. Como atuais perdas de carga dos sistemas são elevadas e maiores que 30~35mmca, segundo PERA (1990), e as caldeiras se tornaram mais eficientes, ou seja, a temperatura de saída dos gases passou a ser mais baixa, as tiragens passaram obrigatoriamente a ser forçadas.

Nos projetos mais atuais, as caldeiras possuem pelo menos 04 tipos de máquinas, ou seja: 01 exaustor (IDF), 01 ventilador forçado primário (FDF-LT), 01 ventilador forçado secundário (FDF-HT) e 01 ventilador auxiliar.

Dependendo da produção da caldeira, as caldeiras podem ter mais que 01 exaustor. Essa decisão geralmente é tomada, visando ter instalações com potências instaladas menores, que facilita muito o processo de partida das plantas, já que muitas vezes as Usinas e Destilarias estão "presas" na energia elétrica das companhias de fornecimento elétrico.

As máquinas devem ser selecionadas com folgas, a fim de permitir que estes equipamentos absorvam as variações do processo, sejam elas causadas por variações de umidade no combustível ou picos mais elevados de produção de vapor.

Deve ser somado ao volume dos gases gerados na combustão, o volume de água evaporada nos lavadores de gases, que normalmente fica na faixa de 6 a 7%. Normalmente, os fabricantes mais tradicionais trabalham com 20% de folga na vazão e 44% de folga na pressão.

Um problema sério que se tem observado ultimamente nas caldeiras são a corrosão e as incrustações nas partes girantes e nas caixas dos exaustores, provocadas pelo arraste de água oriunda dos lavadores de gases, juntamente com a fuligem.

Em função disso, existem instalações que estão optando por colocar os exaustores antes dos lavadores de gases, limitando a velocidade periférica máxima da máquinas em 100m/s, prevendo placas de desgastes nas pás dos rotores e instalando antes destes equipamentos como Ash-Trap ou baterias de Ciclones, para retenção de areia e partículas maiores.

Se por um lado a durabilidade das máquinas tende a ser maior, o custo inicial desse arranjo é mais alto, visto que temos um sistema de retenção adicional e também a potência instalada dos motores elétricos é mais alta, visto que a temperatura do gás de combustão é mais alta.

Independentemente das máquinas serem acionadas por motores elétricos com inversores de frequência, por questões de segurança operacional as mesmas devem continuar tendo os registros, porque durante uma eventual parada da caldeira os mesmos podem ser fechados, auxiliando no processo de abafamento da combustão.

Os ventiladores forçados primário e secundário são responsáveis pelo insuflamento de ar para combustão e para os sistemas de over-fire ou tangencial respectivamente. Nesse caso, as folgas utilizadas seguem as mesmas empregadas para os exaustores.

O ventilador auxiliar é o responsável pelo fornecimento de ar para o sistema de espargimento de bagaço. A vantagem do mesmo ser independente do ventilador forçado secundário é o fato da sua baixa potência, o que facilita a partida da caldeira, evitando um consumo elétrico elevado. Normalmente, considera-se 3.000kg/h de ar por espagidor.

Bombas de Alimentação

As bombas de alimentação de água para as caldeiras são as responsáveis pela reposição da água evaporada nas áreas de troca térmica. Portanto, precisam ser muito bem especificadas, para que consigam recuperar o nível de água, dentro do tempo adequado.

As bombas são selecionadas para atender, basicamente, as duas condições: uma de segurança e outra de operação. A diferença básica entre estas condições é a seguinte: na segurança, temos uma vazão de água mais baixa que na condição de operação. Porém, a pressão diferencial na condição de segurança é maior que na condição de operação.

A premissa adotada para definição da condição de segurança é que nesta a bomba tenha capacidade de colocar água na caldeira, mesmo com as 03 válvulas de segurança abertas. Já a condição de operação considera a pressão de operação somada a todas as perdas de carga do sistema (superaquecedor, economizador, tubulações de recalque e sucção). Normalmente, adota-se o maior valor entre as vazões de pico (110%MCR) e a somatória das vazões das válvulas de segurança.

A montagem dos conjuntos (bomba+acionador) é outro ponto muito importante para o correto funcionamento das bombas. Normalmente, as moto-bombas já saem montadas e alinhadas da fábrica de bombas. Porém, esse serviço de alinhamento é feito em campo para as turbo-bombas. No caso das turbo-bombas, o sistema de lubrificação precisa ser dimensionado para atender os dois equipamentos.

Água de alimentação das caldeiras

A água de alimentação das caldeiras deve ser sempre pura, limpa, inodora e se aproximar, ao máximo, de um líquido destilado. A utilização de água impura, sem um prévio tratamento, ocasionará a formação de incrustações na superficíes de evaporação da caldeira, afetando seu desempenho e sua durabilidade.

Sabe-se que nas usinas de açúcar são utilizados condensados de vapor, resultantes do trabalho de diversos equipamentos durante o processo. Esses condensados são classificados conforme sua origem, ou seja, os derivados do vapor vivo ou de escape e os vapores vegetais, oriundos da evaporação do caldo.

Estes últimos, normalmente nas instalações mais recentes, não são aproveitados, já que podem estar contaminados com açúcar, o que é extremamente danoso para as caldeiras. Em instalações onde esse condensado é utilizado, são instalados condutivimetros, para que, em caso de contaminação, o mesmo seja rapidamente descartado.

Qualidade da Água de Alimentação das Caldeiras

A qualidade da água sempre é um ponto importante e que deve ser garantido pelos proprietários de caldeiras, e os parâmetros exigidos se elevam de maneira proporcional ao aumento da pressão de operação. Água de boa qualidade evita problemas de incrustações (Figura 288), muito comuns nas caldeiras mais antigas, e preserva o padrão de troca térmica concebido pelo fabricante. Evita perdas financeiras, sejam elas causadas por paradas não planejadas por rompimento de tubos ou por necessidadede troca dos mesmos, por diminuição da sua vida útil. Vale salientar que as incrustações internas formam barreiras que dificultam a refrigeração do metal, o que resulta no rompimento dos tubos.

Figura 288 - Nalco Guide to Boiler Failure Analysis - 2°Edition

Normalmente, as descargas de fundo intermitente são feitas através de conexões dedicadas, existentes no tambores de água das caldeiras de dois tambores ou nos downcomers das caldeiras Singledrum. Existe também um outro tipo de descarga, denominada contínua, que é feita sempre através de conexão situada no tambor de vapor.

Basicamente, a diferença entre as duas é que a descarga intermitente tem por objetivo eliminar os eventuais depósitos ou materiais decantados no fundo do tambor ou dos downcomers, e a descarga contínua tem por função a diminuição da concentração e dos sólidos dispersos na água. Ambas podem ser feitas de forma manual ou automática, e a periodicidade, o tempo e/ou o volume de abertura dessas válvulas depende, diretamente, da qualidade e do tratamento da água de alimentação da caldeira. Vide abaixo as tabelas 107 e 108, onde são indicadas a qualidade da água para alimentação da caldeira e, também, para a água no interior do tambor de vapor, pois nessa condição ocorre a concentração, com o passar do tempo. Os valores indicados como "menores que" (<), nas tabelas abaixo, devem ser definidos pelo responsável de operação da caldeira, em função dos produtos químicos injetados, conforme orientação de firma especializada em tratamento de água para caldeira. A água desmineralizada sempre deve estar disponível e utilizada na realização do Teste Hidrostático da caldeira.

Tabela 107 - Parâmetros de qualidade da água para alimentação da caldeira e, também, para a água no interior do tambor de vapor.

	PRESSÃO DE OPERAÇÃO (Kgf/cm² man)* (na água de alimentação e teste hidrostático)					
	Até 20	Acima de 20 até 30	Acima de 30 até 50	Acima de 50 até 75	Acima de 75 até 100	Acima de 100 até 140
pH (a 25 °C)	8,3 à 10	8,3 à 10	8,3 à 10	8,8 à 9,6	8,8 à 9,6	8,8 à 9,6
Dureza como CaCO3 (ppm)	< 0,3	< 0,2	< 0,1	< 0,05	ND	ND
Sílica (Si02) (ppm)	< 7	< 4,5	< 2	< 0,02	< 0,02	< 0,02
Oxigênio dissolvido (ppm)	< 0,007	< 0,007	< 0,007	< 0,007	< 0,007	< 0,007
Óleos e gorduras (ppm)	< 1	< 1	< 0,5	< 0,5	< 0,2	< 0,2
Ferro total (Fe) (ppm)	< 0,1	< 0,05	< 0,03	< 0,025	< 0,01	< 0,01
Cobre total (Cu) (ppm)	< 0,05	< 0,025	< 0,02	< 0,01	< 0,01	< 0,01
Cloretos (Cl) (ppm)	< 1,4	< 1,4	< 1,4	< 1,4	< 1,4	< 1,4
Hidrazina excedente (N2H4) (ppm)	0,01 a 0,02	0,01 a 0,02	0,01 a 0,02	0,01 a 0,02	0,01 a 0,02	0,01 a 0,02
Condutividade a 25 °C (microsiemens/cm)	-	-	-	< 10	< 10	< 10

(*) Valores limites recomendados.

Fonte: Zanini Indústria e Montagens Ltda. 2016 Sertãozinho/São Paulo/ Brasil

Tabela 108 - Pressão de operação da caldeira e parâmetros de controle da água de alimentação.

	PRESSÃO DE OPERAÇÃO (Kgf/cm² man) * (no tambor de vapor)					
	Até 20	Acima de 20 até 30	Acima de 30 até 50	Acima de 50 até 75	Acima de 75 até 100	Acima de 100 até 140
pH (a 25 °C)	10,8 a 11,3	10,5 a 11,0	9,4 a 11,0	10,0 a 10,5	10,0 a 10,5	10,0 a 10,5
Sólidos totais dissolvidos (TDS) (ppm)	< 2500	< 2000	< 1000	< 400	< 50	< 50
Sólidos em suspensão (ppm)	< 15	< 10	< 5	< 5	< 5	< 5

Alcalinidade total (M) (Ltda. a 20 % de TDS) (ppm)	100 a 500	80 a 400	50 a 200	< 80	NE	NE
Alcalinidade P (alcalinidade forte) (ppm)	< 350	< 280	< 120	-	-	-
Alcalinidade hidróxida (ppm)	250 a 300	200 a 250	135 a 175	-	-	-
Sílica (Si02) (ppm)	< 150	< 50	< 20	< 5	< 2	< 1
Fosfatos (ppm)	30 a 60	20 a 40	17 a 30	5 a 15	5 a 15	5 a 15
Sulfitos (ppm)	30 a 40	20 a 30	17 a 25	-	-	-
Cloretos (Cl) (ppm)	< 30	< 10	< 8	< 1,4	< 1,4	< 1,4
Ferro total (Fe) (ppm)	< 5	< 4	< 3	-	-	-
Óleos + materiais orgânicos (ppm)	0	0	0	0	0	0

(*) Valores limites recomendados.

Fonte: Zanini Indústria e Montagens Ltda. 2016 Sertãozinho/São Paulo/ Brasil

Água Complementar

Normalmente, nas usinas, o vapor produzido nas caldeiras, depois de ser utilizado nos seus diversos fins, condensa-se e retorna, novamente, na forma de condensados, para os tanques de condensado, descrevendo, assim, um circuito fechado.

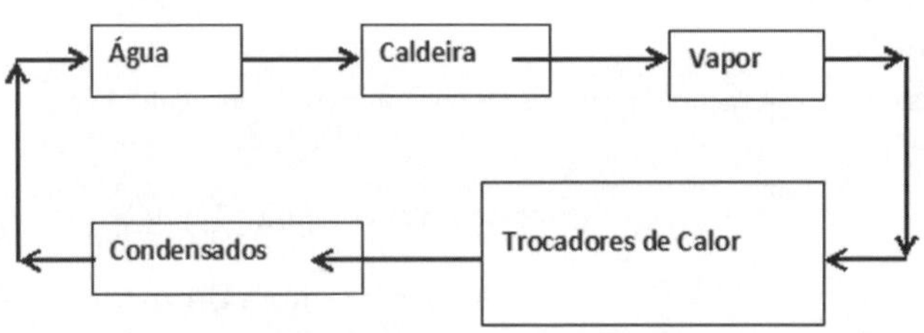

Como na prática esse equilíbrio não é conseguido, em virtude de algumas perdas que acontecem durante o processo de utilização do vapor, como exemplo podemos citar:

a) Perdas de vapor para a atmosfera:

- ✓ Vazamentos em válvulas e tubulações;
- ✓ Uso nos sopradores de fuligem e nas limpezas de equipamentos e nos injetores

b) Perdas de água condensada:
- ✓ Vazamentos em válvulas e tubulações;
- ✓ Descompressão das caldeiras;

c) Perda de vapor nos méis:
- ✓ Lavagem de equipamentos;
- ✓ Diluição dos méis;

d) Perdas de vapor por condensação:
- ✓ Nos balões de escape e encanamentos

Essas perdas normalmente ficam na faixa de 10 a 20% do total de vapor produzido pelas caldeiras existentes na instalação. Assim, para repor essa perda, utiliza-se a água denominada "Make-up".

A vantagem em se utilizar os condensados está em sua temperatura, que é de aproximadamente 90°C.

Tanque de Armazenagem

Os tanques de armazenagem de água de alimentação para as caldeiras deve ter uma capacidade suficiente para atender as demandas súbitas desses equipamentos.

De acordo com HUGOT (1977), o dimensionamento desse tanque pode ser feito, considerando-se 100kg de água por tonelada de cana por hora, não considerando o emprego de água fria.

Então, se uma usina tem uma uma moagem de 500TCH, o volume do tanque será de 50.000 litros de água.

As usinas possuem tanques de água bruta e água desmineralizada, sendo este último dimensionado a partir da capacidade dos seus respectivos sistemas de tratamento da água de alimentação.

Tratamento interno da água

Normalmente, as usinas possuem contratos de prestação de serviço com as grandes empresas de tratamento de água (ETA) e fazem o tratamento para adequação das características da água, utilizando os seguintes produtos:

a) Soda Cáustica: Utilizada para corrigir o pH da água, proporcionando a alcalinidade recomendada pelos fabricantes das caldeiras, para evitar qualquer efeito corrosivo em seus componentes.

b) Fosfato de Sódio: Utilizado para formação de sais solúveis, que diminuem a possibilidade de ocorrência de incrustações nas áreas de troca térmica.

Os precipitados formados pelas reações químicas acabam se depositando nas partes mais baixas das caldeira com tambor de água ou dowcommers e são eliminados através das descargas de fundo ou intermitentes.

Por outro lado, a descarga contínua é feita através de válvulas dedicadas à execução desse serviço (diminuição da concentração dos solidos solúveis), as quais possuem escala micrográfica, para que o usuário possa ter noção do valor da descarga. Normalmente, esse valor é no máximo 3%.

No mercado existem várias opções de produtos anti-incrustantes e anti-corrosivos para tratamento da água de caldeiras. Eles, normalmente, visam o abrandamento da dureza e correção do pH da água.

33.6.26 RELAÇÕES E CÁLCULOS NUMÉRICOS

Atualmente, os fabricantes utilizam softwares específicos para execução do dimensionamento térmico das caldeiras. Porém, continuam seguindo os parâmetros informados pelas tecnologias utilizadas (Foster Wheeler, Babcock & Wilcox, Zurn, Combustion Engineering etc.).

A utilização de parâmetros corretos pelos fabricantes proporciona altas eficiências de combustão e térmica, baixo nível de desgastes e, consequentemente, uma vida útil maior e caldeiras menos "apertadas" termicamente, em função das taxas de liberação volumétrica da fornalha e da grelha.

Liberação da Grelha

É a energia liberada pela queima do combustível, em função da área da grelha. Este parâmetro limita a quantidade de combustível que é possível se queimar completamente em relação a uma determinada área de grelha. Exceder os valores de referência implica maiores percentuais de incombustos e, consequentemente, perda de eficiência.

- **Valor de Referência (ao PCS)**
  - ✓ 800.000 a 1.000.000 Btu/ft2.h ou 2.170.000 a 2.700.000 kcal/m2xh

Produção Específica

É a relação que mostra quantos kg de vapor o equipamento consegue gerar, queimando 1 kg de combustível. Esse parâmetro é afetado diretamente pelo consumo de combustível

- **Valor de Referência (caldeiras de 67 bar)**

  Entre 2,10 a 2,15 kg de vapor/kg combustível (sem ciclo regenerativo)

  Entre 2,33 e 2,38 de vapor/kg combustível (com ciclo regenerativo)

Tempo de Residência

É o tempo necessário para que ocorra a combustão completa do combustível. Aumenta a eficiência da combustão, ou seja, diminui a formação de CO e também a quantidade e arraste de não queimados.

- **Valor de Referência (ao PCS)**
  2,0s a 2,5s (queima sobre grelha)
  2,5s a 3,0s (queima em suspensão)

"Dew Point" do Gás

É a mínima temperatura que o referido gás pode atingir antes de ocorrer a condensação. Temperaturas abaixo deste ponto provocam a condensação e, com isso, entupimentos e corrosão dos recuperadores.

- **Valor de Referência (ao PCS)**
  Ideal acima de 160°C
  Obs.: Este valor pode aumentar para combustíveis que possuam um maior % de enxofre em sua composição química. Os combustíveis fósseis possuem alta porcentagem de enxofre na sua composição. A sua combustão produz óxido de enxofre que, em contato com a água, transforma-se em ácido sulfúrico.

Eficiência Térmica

É a eficiência pura da transferência de calor do combustível para o vapor, a qual leva em consideração as perdas por radiação, não queimados, temperatura de saída dos gases após os recuperadores, umidade (combustível e a formada na combustão) e os incontáveis (areia, cinzas, etc.).

É afetada pela composição química do combustível e/ou pela temperatura da água de alimentação e afeta diretamente o consumo de combustível.

- **Valor de Referência**
  ≥87,5% ao PCI (calculado conforme ASME PTC 4.1).

Emissão de Particulados

É a quantidade de particulados (fuligem, areia, etc.) liberados com os gases pela caldeira durante sua operação. Deve atender aos limites fixados por combustível queimado, tipo de poluente e tipologia de fonte estabelecidos pela resolução ambiental (Conama n° 382).

Abaixo, os valores previstos para queima de bagaço de cana (Tabela 109).

Tabela 109 - Valores de referência para queima de bagaço de cana

Valor de Referência		
Potência Térmica Nominal (MW)	**Material Particulado (1)**	**Nox (1) (como NO2)**
Menor que 10	280 mg/Nm3	N.A.
Entre 10 e 75	230 mg/Nm3	350 mg/Nm3
Maior que 75	200 mg/Nm3	350 mg/Nm3

Fonte: **Resolução Ambiental - Conama n° 382**

(1) Os resultados devem ser expressos na unidade de concentração mg/Nm^3, em base seca e 8% de excesso de ar.

Velocidade dos Gases

É determinada pela relação entre a área de passagem dos trocadores e/ou dutos, e o volume de gás gerado durante a combustão.

Ultimamente, as caldeiras são projetadas com velocidades mais baixas, pois como há mais areia no bagaço em função da colheita mecanizada e também pelas Usinas terem eliminado a lavagem da cana, com velocidades mais baixas, a possibilidade de ocorrências de desgastes por erosão/abrasão diminui.

Valor de Referência

- ✓ 8 a 10m/s - na caldeira
- ✓ 12 a 15m/s - nos recuperadores
- ✓ 10 a 12m/s - nos dutos de gases
- ✓ 15 a 20m/s - nos dutos de ar
- ✓ 15 a 18m/s - chaminé

Abaixo, apresentamos alguns cálculos baseados no HUGOT (1977):

Volume dos Gases

(1) Q = (B x Vgt) / 3.600

Onde:

- ✓ Q = Volume de gases na chaminé em m^3/s;
- ✓ B = Peso do Bagaço em Kg/h;

✓ Vgt = volume de gás de combustão, referido na temperatura de saída e pressão atmosférica local;

(2) Vgt = Vg x (1 + (t/273))

Onde:

✓ Vg = volume de gás de combustão, nas condições de 0°C para
✓ temperatura e 760 mmHg de pressão
✓ t = temperatura de saída dos gases na chaminé;

(3) Vg = 4,45x(1-W) x m + 0,572W + 0,672

Onde:

✓ W = umidade do bagaço;
✓ m = peso de ar insuflado na fornalha;
✓ Vg = N.m3/kg

(4) t = tc - a x (tc - ta)

Onde:

✓ t = temperatura de saída dos gases na chaminé;
✓ tc = temperatura do gás na base da chaminé;
✓ ta = temperatura do ar ambiente;
✓ a = fator 0,0001H (alvenaria) ou 0,0003H (aço)
✓ H = altura da chaminé

O valor de "m" é obtido em função da proporção de CO_2 nos gases. A tabela 110 mostra a relação entre o teor em volume de gases em CO_2 (λ) e o excesso de ar (m).

Tabela 110 - Relação entre o teor em volume de gases em CO2 (λ) e o excesso de ar

λ	0,06	0,07	0,08	0,09	0,10	0,12	0,13	0,14	0,15	0,16
m	3,27	2,81	2,46	2,18	1,97	1,64	1,52	1,41	1,32	1,23

Conforme MIRANDA (1972), o cálculo do volume real dos gases é:

(5) Vrg = Vng x (1+ 0,00367 x t) x (760/Pa)

Onde:

✓ Vrg = volume real dos gases em m3/h;
✓ t = temperatura média dos gases;
✓ Pa = pressão atmosférica local;

Outras relações são usadas nos cálculos de tiragem:

(6) Par = 5,76 kg/kg

Onde:
✓ Par = Peso do ar necessário para combustão de 1kg de bagaço seco

(7) Var = 4,43 m^3
Onde:
✓ Par = Volume de ar necessário para combustão de 1kg de bagaço seco à temperatura de 0°C e pressão de 760 mmHg

(8) Par = 5,76 x (1-W) x m Pgás = 5,76 x ((1-W) x m) +1
Onde:
✓ W = umidade unitária
✓ m = peso do ar em excesso
✓ Par = kg/kg
✓ Pgás = kg/kg

(9) Var = 4,45 x (1-W) x m
Onde:
✓ Var = N.m3/kg

(10) Vg = 4,45x(1-W) x m + 0,572W + 0,672

Seção Transversal / Diâmetro da Chaminé

É calculada, considerando volume real dos gases e sua velocidade, conforme a clássica equação de vazão:

$$S = V / v \qquad d = \sqrt{(4 \times S)/ \pi}$$

Onde:
S = Seção Transversal da Chaminé em m^2;
V = Volume dos Gases em m^3/s;
v = velocidade dos gases em m/s;
d = Diâmetro da Chaminé em m;

Tiragem Natural

Apesar de atualmente não serem mais utilizadas, a mesma é calculada pela diferença em peso da coluna de gases no interior da chaminé e a coluna de ar exterior com o mesmo peso, e é expressa em mmca.

$$T_n = 273 \times H \times (((d_{ar} / (273+ta)) - ((d_{gas} / (273+ tg))) \times (760/Pa)$$

Onde:

- ✓ T_n = Tiragem Natural em mmca;
- ✓ H = Altura da Chaminé em m;
- ✓ t_a = Temperatura do ar
- ✓ t_g = Temperatura média dos gases;
- ✓ Pa = Pressão Atmosférica Local;
- ✓ d_{ar} = peso específico do ar
- ✓ d_{gas} = peso específico do gás

Conhecendo-se o valor da tiragem natural, é possível calcular a altura da chaminé, utilizando-se ábacos, ilustrados por PERA (1990).

Perdas de Calor na Caldeira

Entende-se por perdas de calor em uma caldeira, as frações de calor geradas pela queima do combustível que não são aproveitadas na produção de vapor. Essas perdas afetam a eficiência da caldeira, que é calculada através do método das perdas, em conformidade com o ASME PTC 4.1. São elas (Tabela 111).

Tabela 111 - Método das perdas em conformidade com o ASME PTC 4.1

Perdas
Devido ao Calor Sensível do Gás Seco
Devido à Umidade do Combustível Formada
Devido à Radiação
Devido aos Incombustos
Devido aos Não Contados

Fonte: **Zanini Indústria e Montagens Ltda. 2016 Sertãozinho/São Paulo/ Brasil**

Dessas perdas, a representada pelo Calor Sensível do Gás Seco é a de maior valor. Como ela é dependente direta da temperatura de saída dos gases após os recuperadores, verifica-se que maior é o seu valor, quanto maior for a temperatura de saída desses gases.

Eficiência Térmica das Caldeiras

Como já dito anteriormente, a eficiência térmica das caldeiras de vapor é dada pela relação entre a quantidade de calor liberada pelo combustível e a absorvida pela água, através da troca térmica.

De acordo com HUGOT (1977), a eficiência térmica da caldeira é calculada, relacionando-se a quantidade de calorias transferidas ao vapor com o poder calorífico superior do combustível, nesse caso, o bagaço de cana.

$$Et = Qv / PCS$$

Onde:

- ✓ Et = Eficiência Térmica;
- ✓ Qv = quantidade de calor em kcal, absorvida pelo vapor, por kg de combustível;
- ✓ PCS = Poder Calorífico Superior do Combustível

Quantidade de Calor absorvida pelo Vapor

A quantidade de calor absorvida pelo vapor é calculada a partir da unidade de peso do combustível. Para efeito de sua avaliação, há necessidade de se valorizar todos as perdas na caldeira, que são as seguintes:

- Perdas representadas pelo calor latente da água que se forma pela combustão do hidrogênio presente no bagaço. Esta perda já é considerada, quando se toma o PCI (poder calorífico inferior).
- Perdas representadas pelo calor latente da água contida no combustível, que também já está incluída no PCI.
- Perdas representadas pelo calor sensível dos gases que deixam a caldeira. O cálculo desta perda pode ser feito, empregando-se a seguinte fórmula:

$$q = [(1-W)x(1{,}4xm - 0{,}13) + 0{,}5] \times t$$

Onde:

- ✓ q = Calor sensível perdido na saída da caldeira, em Kcal, por Kg de combustível bruto;
- ✓ W = umidade do combustível
- ✓ m = peso de ar na combustão
- ✓ t = temperatura dos gases finais

De forma simplificada, esse cálculo pode ser feito, considerando-se:

$$q = 1{,}5 \times t$$

Perdas nas Cinzas

É considerada como um valor percentual em relação à quantidade de calor ainda oferecida pelo combustível. Atualmente, é definida pelos laboratórios, quando da análise química do combustível. HUGOT (1977) identifica essa perda por coeficientes (α), que para as caldeiras atuais fica entre 0,98 e 0,975 (2,0% a 2,5%).

Perdas por Radiação

Essas perdas (β) variam, geralmente, entre 0,95 a 0,98. A sua grandeza é função direta do isolamento térmico das áreas de troca térmica. Na média, pode-se considerar 0,975 (2,5%)

Perdas pelos Incombustos

Essas perdas (λ) dependem da qualidade do combustível. Queimar combustíveis com alto grau de umidade e/ou com falta de oxigênio suficiente contribui para o aumento dessas perdas. Normalmente, variam de 0,8 a 0,99, porém, em combustões boas, o valor (λ) deve ficar entre 0,95 e 0,97 (3 a 5%).

$$Qv = (PCI - q) \times \alpha \times \beta \times \lambda$$

Onde:
Qv = Quantidade de calor transferido para o vapor por um Kg de combustível em Kcal;
q = Calor residual sensível dos gases em Kcal;
α, β, λ = coeficientes
PCI = Poder Calorífico Inferior

O PCI pode ser calculado em função de um Kg de combustível, nesse caso o bagaço de cana-de-açúcar, conforme a seguinte fórmula:

$$PCI = 4.250 \times (1-W) -1.200 \times S$$

Onde:
- W = umidade do bagaço, em %;
- S = Peso unitário de sacarose no bagaço, em %;

O PCS, por sua vez, deve ser igual a: $PCI = 4.600 \times (1-W) -1.200 \times S$

Eficiência Térmica

Nas caldeiras mais modernas, equipadas com recuperadores de calor, como pré-aquecedores de ar e economizadores, as eficiências ficam normalmente na faixa de 87 a 88%, com base no PCI.

$$Et = Qv/PCS$$

Produção Específica

Para essa avaliação, faz-se necessário conhecer a entalpia do vapor produzido pela caldeira. Dessa forma, considerando-se a seguinte condição para uma caldeira:

- ✓ Produção: 200t/h
- ✓ Temperatura da água de alimentação: 115°C
- ✓ Temperatura do Vapor Superaquecido: 520°C / 450°C / 300°C
- ✓ Temperatura dos gases na saída:160°C
- ✓ Combustível: bagaço de cana com 52% de umidade
- ✓ Excesso de ar: 30%

Teríamos os seguintes consumos específicos x pressão de operação das caldeiras:

- ✓ 21 bar - Consumo específico: 2,51 kg de vapor / kg de combustível
- ✓ 42 bar - Consumo específico: 2,23 kg de vapor / kg de combustível
- ✓ 67 bar - Consumo específico: 2,13 kg de vapor / kg de combustível

Se considerarmos a utilização do ciclo regenerativo no lado água, com a temperatura da água de alimentação a 180°C, por exemplo, para uma caldeira de 67bar, teremos o seguinte consumo: 2,34 kg de vapor / kg de combustível, ou seja, melhorar bastante quando comparado com os 2,13 kg de vapor / kg de combustível na opção sem ciclo regenerativo. Fica claro que em uma planta térmica nova não deve deixar de considerar a utilização do ciclo regenerativo.

O que ocorre é que a energia necessária para as pressões/temperaturas mais baixas são menores e, consequentemente, requerem menor consumo de combustível, aumentando a produção específica da caldeira; porém, a entalpia do vapor é inversamente proporcional e esse quesito, ou seja, são menores, e isso faz com que a eficiência das turbinas sejam menores quando alimentadas com vapor a pressões/temperaturas mais baixas.

$$Pe = Qv/H$$

Onde:

Pe = Produção específica

Qv = Quantidade de calor transferido para o vapor por um Kg de combustível, em Kcal;

H = Entalpia do vapor na pressão de operação;

Segundo HUGOT (pg. 799 e 827, 1977), calor total do vapor superaquecido a uma temperatura **"T"** e sob uma pressão "P", em kcal/kg, para produzir um kg de vapor a partir de uma água de alimentação, a temperatura **"ta"** pode ser calculada pela fórmula:

$$Ct = [\lambda \times c\ (T - t)] - ta$$

Onde:
l = calor total do vapor saturado;
c = calor específico do vapor superaquecido;
t = temperatura do vapor saturado

Manutenção em caldeiras

O processo de manutenção deve ser contínuo, ou seja, feito desde o período de operação e não somente durante as paradas. A correta operação do equipamento (dentro das suas especificações técnicas) certamente diminuirá os gastos financeiros com todo o processo de sua manutenção, aumentando também a vida útil e a confiabilidade da caldeira. Geralmente, as empresas que possuem as áreas de inspeção e manutenção própria e bem estruturada possuem cronogramas claros e bem definidos, que descrevem as atividades que são feitas diariamente, semanalmente e durante as entressafras.

Qualquer manutenção e reparo a ser realizado em caldeiras deve respeitar o respectivo código do projeto de construção e as precisões do fabricante, no que se refere a materiais, simbologia de soldas, cotas de desenho, especificação técnica do equipamento e informações técnicas respectivas. Em todo e qualquer trabalho realizado devem ser utilizados como critério de segurança, os procedimentos da NR13 e NR33.

A manutenção é extremamente importante e quando é feita com responsabilidade e planejamento garante a performance do equipamentos, bem como sua vida útil, permitindo que o trabalho seja realizado durante a safra, sem que surpresas indesejáveis afetem sobremaneira a produção industrial e, consequentemente, o caixa da empresa.

Com o amadurecimento profissional do setor, houve um maior reconhecimento da importância desse assunto e atualmente as empresas investem e valorizam muito os seus programas de manutenção preventiva.

Existem três tipos de manutenção: Corretiva, Preventiva e Preditiva.

Manutenção corretiva o conserto é feito depois de constatado o defeito. Este é o processo mais comum, infelizmente. O equipamento quebra ou deixa de funcionar de acordo com o esperado; então, o profissional de manutenção é requisitado para "dar um jeito" na situação. O ideal seria que a manutenção corretiva acontecesse raramente, ou seja, deveria ser realmente um acidente. Para tanto, é preciso caprichar na manutenção preventiva.

Manutenção Preventiva: é o procedimento mais barato e garantido, ou seja, corrigir os defeitos antes que se manifestem ou que causem danos maiores. A vantagem de manutenção preventiva é que ela pode ser programada, assim o usuário do equipamento não é pego de surpresa. Os procedimentos de manutenção preventiva podem evitar a maior parte dos defeitos dos equipamentos, diminuindo ao máximo as manutenções corretivas, que são, de longe, as mais caras e prejudiciais para quem depende do equipamento. Hoje são poucos os clientes que fazem esse tipo de manutenção.

Manutenção Preditiva: é uma variação da manutenção preventiva, onde os componentes são trocados ou verificados antes que apresentem qualquer defeito. Isto é feito com base em estudos que determinam o MTBF, termo inglês, que é uma base abreviação de "Maximum Time Between Failures", ou seja "Tempo Máximo entre falhas". Exemplo: digamos que os estudos feitos por um fabricante indiquem que determinado modelo de um rolamento tem a vida útil estimada em 10.000 horas. Se ele trabalha 10 horas por dia, isto significa que ele vai durar 1.000 dias ou, aproximadamente, 3 anos, considerando-se os dias parados. Assim, estes rolamentos devem ser trocados, por medida preditiva, no máximo a cada 3 anos, mesmo que, aparentemente, estejam funcionando bem.

O importante mesmo é o responsável pela manutenção não se perder. Tem que saber exatamente o que está fazendo e seguir uma metodologia. São muitos detalhes a serem lembrados, por isto é importante ter uma sequência lógica e bem treinada, para não se esquecer de nada.

Normalmente, existem algumas orientações básicas e padronizadas para acompanhamento dos equipamentos, ou seja, as indicações dos pontos que devem ser verificados diariamente, semanalmente e anualmente.

MANUTENÇÕES DIÁRIAS

Visores de nível

Drenar e limpar os visores de nível, deixando as válvulas de dreno abertas e fazendo-se passar jatos de vapor pelos vidros, mantendo-se fechada a torneira inferior abrindo/fechando a torneira superior. Depois de feita a limpeza, verificar se o nível está visível e se o mesmo é igual nos visores. Se não for, repetir a operação, a fim de eliminar prováveis corpos estranhos ou bolhas de ar.

Se houver vazamento entre as caixas de vidro, reapertar alternadamente os parafusos. Se o problema persistir, fechar as torneiras superior e inferior e proceder à troca das juntas que acondicionam os vidros. Atenção: Esta operação deverá ser efetuada para um visor de cada vez.

Garrafa de nível

Eventuais vazamentos nos flanges das garrafas devem ser eliminados, reapertando os elementos de fixação. Se o vazamento persistir e dependendo de sua intensidade, deve-se aguardar a manutenção semanal e proceder à troca da junta.

Sopradores de fuligem

Verificar a lubrificação dos cabeçotes e, se necessário, completar com graxa os copos lubrificadores. Mantendo-se a válvula de vapor da linha dos sopradores fechada, acionar os sopradores, verificando se estão girando livremente. Caso não estejam, apertar gradativamente o copo lubrificador e acionar novamente os sopradores. A operação deverá ser repetida, até se conseguir o livre movimento de giro.

Bomba de água de alimentação

Manter o controle da temperatura dos mancais e, quando a lubrificação for a óleo, verificar o nível de óleo do tanque, fazer a reposição dentro do tempo e tipo mencionados e, quando necessário, limpar o filtro de óleo do sistema hidráulico, abrindo a válvula de dreno do tanque para eliminar possíveis corpos estranhos ao sistema.

Sistemas pneumáticos

Checar e eliminar os possíveis vazamentos.

Sistema de alimentação:

Motoredutores

Verificar temperatura, mantendo o nível de óleo, conforme especificado pelo fornecedor e, se necessário, completá-lo.

Dosadores

Verificar a lubrificação das engrenagens e observar se o eixo está girando livre e os pinos não estão tortos ou em falta.

Grelhas

Quando da realização do processo de limpeza, verificar se tudo está em perfeito funcionamento, acionamentos (grelhas basculantes e rotativas), posicionamento dos bicos de limpeza (grelhas Flat Pin Hole).

Motores Elétricos

Observar se a temperatura dos motores está dentro dos limites permitidos por norma. Medir a amperagem, observando se a mesma não está trabalhando acima ou muito abaixo da corrente nominal de placa; essa anormalidade induz a problemas, que deverão ser detectados.

Deve-se observar, constantemente, a ciclagem da rede, pois esta também interfere nas performance dos equipamentos elétricos.

Manutenções Semanais

Visores de Nível

Se houver vazamento nas torneiras superior/inferior, deve-se proceder à troca das gaxetas. Se não estiverem vedando a contento, desmontá-las e efetuar a manutenção.

Garrafa de nível

Drenar a garrafa de nível pelo menos uma vez por semana.

Sopradores de fuligem

Se mesmo com a lubrificação do cabeçote a operação de acionamento é dificultada, deve-se fazer inspeção interna, para observar se não ocorreu o travamento da lança pelas braçadeiras. Caso não seja este o motivo, o cabeçote deverá ser desmontado e feita a manutenção.

Ventiladores

Os registros dos ventiladores e exaustor deverão ser acionados nas posições aberto/fechado, para verificar seu funcionamento.

Moegas

Verificar se as moegas estão limpas e suas descargas desobstruídas, sendo que não se deve injetar água com mangueira para efetuar esta operação.

Portas de Alívio

Verificar se estão abrindo e fechando normalmente; efetuar a lubrificação dos rolamentos e verificar a regulagem e fixação dos contrapesos.

Vazamentos de Ar e/ou Gases

Verificar e eliminar qualquer tipo de vazamentos, tanto no lado ar quanto no lado gases.

MANUTENÇÕES ANUAIS (ENTRESSAFRA)

Visores de nível

Substituir as juntas das caixas dos vidros e as gaxetas das espigas.

Garrafa de nível

Retirar a chave de nível (quando houver) para verificação e substituir a junta do flange da garrafa.

Sopradores de fuligem

Desmontar, limpar e lubrificar os cabeçotes dos sopradores, marcando suas posições, para não ocorrer troca, quando da reinstalação.

Verificar as condições das lanças e suportes, bem como o posicionamento dos bicos sopradores, que não devem incidir diretamente na tubulação.

Ventiladores

Proceder a inspeção dos acoplamentos e seus respectivos alinhamentos, bem como a limpeza, verificação e lubrificação dos mancais e registros.

Para os exaustores, executar a limpeza interna, retirando as eventuais incrustações. Verificar se houve desgaste excessivo nas palhetas do rotor e parte interna da carcaça. Verificar balanceamento do rotor e folgas radial/axial entre cone e rotor.

Instrumentos e Automação

Todos os instrumentos da caldeira (campo e painel) deverão ser inspecionados, recalibrados e/ou aferidos.

Válvulas

Desmontar todas as válvulas, limpar as sedes, substituir as gaxetas e lubrificá-las. As válvulas de segurança também deverão sofrer manutenção e regulagem, sendo que estes serviços devem ser executados pelo fabricante ou técnico qualificado.

Bomba de água de alimentação

Executar a desmontagem, limpeza e verificação das partes internas. Substituir as gaxetas dos eixos e graxa/óleo dos mancais. Verificar o alinhamento dos acoplamentos.

Peças Fundidas

Verificar as condições das bocas de alimentação, portas de limpeza e inspeção. Fazer a lubrificação do acionamento das bandejas, se aplicável.

Grelhas

Inspecionar o estado dos elementos fundidos e as folgas para dilatação. Verificar os sistemas pneumáticos de acionamento da grelha de grelhas basculantes, o sistema de vapor das grelhas Flat Pin Hole e os acionamentos das grelhas rotativas.

Sistema de Alimentação

Os dosadores e seus respectivos acionamentos deverão ser desmontados e suas partes mecânicas verificadas. Verificar o funcionamento do sistema de ar pulsante quanto ao seu acionamento e posicionamento das palhetas.

Refratários e isolantes

Verificar a ocorrência de trincas e/ou danos em todos os pontos da caldeira. Checar se há vazamento de gases no ponto de passagem das serpentinas do superaquecedor na região do teto.

Selagem e Invólucro Metálico

Verificar se nas chapas de selagem e no invólucro externo existem sinais que demonstrem existir vazamentos e/ou que tenham o isolamento danificado.

Pré-aquecedor de ar

Proceder a limpeza dos tubos e espelhos e verificar a integridade dos tubos, para garantir que não haja vazamentos de ar para o lado gás.

Internos do Tambor

Inspecionar as condições e instalação dos internos do tambor de vapor: chevrons, vortex, chapa defletora, separador de vapor e na tubulação de alimentação de água e descarga contínua. Substituir as juntas, se necessário.

Partes de Pressão

Inspecionar os coletores das paredes de água através dos flanges existentes nas extremidades. Substituir as juntas das portas de inspeção dos tambores e dos flanges dos coletores.

Verificar se os tambores, coletores e tubulação do feixe apresentam algum tipo de incrustação. Se constatada, verificar se o problema não está ocorrendo também nas serpentinas do superaquecedor e tubos das paredes d'água.

Verificar as condições e posicionamento das braçadeiras das serpentinas do superaquecedor.

Verificar as condições externas da tubulação do feixe, paredes de água, superaquecedor, economizador, etc.

33.6.27 CONDIÇÕES DE INSTALAÇÃO E NORMAS DE SEGURANÇA

A escolha da caldeira a ser instalada em uma unidade fabril deve merecer, por parte do técnico responsável da empresa, cuidados especiais, visto que além de ser um equipamento de preço relativamente elevado, deve estar em perfeito equilíbrio com a necessidade requerida pela produção.

Para que se obtenha êxito em um projeto desse porte, recomenda-se que, previamente ao fechamento do negócio, sejam discutidos e esclarecidos os seguintes pontos:

- Tipos de combustíveis disponíveis e as suas proporções de utilização.
- Caracterização química dos combustíveis que serão queimados, bem como de suas respectivas cinzas.
- Vazão de vapor, pressão de operação e temperatura do vapor superaquecido.
- Temperatura da água de alimentação.
- Qualidade requerida para a água de alimentação.
- Tipo de caldeira mais adequada, seja em relação à suportação como também em relação ao sistema de combustão proposto.
- Lay-out da instalação, quanto ao espaço disponível.

- Tecnologias empregadas.
- Experiência do fabricante, certificação ASME.
- Tempo de residência do gás e temperatura de saída da fornalha.
- Velocidade dos gases no circuito de troca.
- Produção específica (Kg de vapor / kg de combustível).
- Análise do "Vendor List" - fabricantes dos acessórios (ventiladores, bombas, válvulas, sopradores de fuligem, etc.).

Em decorrência do progresso tecnológico que se tem verificado nos últimos anos, os fabricantes de caldeiras vêm se especializando e se capacitando cada vez mais para projetar e fabricar caldeiras mais sofisticadas, a fim de atender certas peculiaridades dos seus clientes em relação aos novos combustíveis, pressões mais elevadas de operação, e/ou limitações de espaço para montagem, transporte, etc.

Atualmente, caldeiras suportadas por estrutura metálicas e tirantes, com um único tambor, superaquecedores convectivos, feixe evaporativo, paredes d'água aletadas, economizadores e pré-aquecedores de ar, grelhas fixas (flat pin hole) ou móveis (rotativas ou vibratórias) constituem a maioria dos projetos fornecidos e montados.

Pensando-se em normas e legislações envolvidas nos projetos de caldeiras, o código ASME certamente é o mais importante e deve ser obrigatoriamente obedecido pelos engenheiros responsáveis durante o dimensionamento mecânico das partes de pressão fornecidas. No Brasil, existe a Norma Regulamentadora - NR13 a qual define normas de segurança para instalação de caldeiras a vapor. Abaixo, algumas partes da referida norma relativa às caldeiras a vapor:

Disposições Gerais:

10.1.1 Caldeiras a vapor são equipamentos destinados a produzir e acumular vapor sob pressão superior à atmosférica, utilizando qualquer fonte de energia, excetuando-se os refervedores e equipamentos similares, utilizados em unidades de processo.

10.1.2 Para efeito desta NR, considera-se "Profissional Habilitado" aquele que tem competência legal para o exercício da profissão de engenheiro nas atividades referentes a projeto de construção, acompanhamento, operação e manutenção, inspeção e supervisão de inspeção de caldeiras e vasos de pressão, em conformidade com a regulamentação profissional vigente no país.

10.1.3 Pressão Máxima de Trabalho Permitida - PMTP ou Pressão Máxima de Trabalho Admissível - PMTA é o maior valor de pressão compatível com o código de projeto, a resistência dos materiais utilizados, as dimensões do equipamento e seus parâmetros operacionais.

10.1.4 Constitui risco grave e iminente a falta de qualquer um dos seguintes itens:

a. Válvula de segurança com pressão de abertura ajustada em valor igual ou inferior a PMTA;
b. Instrumento que indique a pressão do vapor acumulado;

c. Injetor ou outro meio de alimentação de água, independente do sistema principal, em caldeiras que queimem combustível sólido;
d. Sistema de drenagem rápida de água, em caldeiras de recuperação de álcalis;
e. Sistema de indicação para controle do nível de água ou outro sistema que evite o superaquecimento por alimentação deficiente.

10.1.5 Toda caldeira deve ter afixada em seu corpo, em local de fácil acesso e bem visível, placa de identificação indelével com, no mínimo, as seguintes informações:

Fabricante;
Número de ordem dado pelo fabricante da caldeira;
Ano de fabricação;
Pressão máxima de trabalho admissível;
Pressão de teste hidrostático;
Capacidade de produção de vapor;
Área de superfície de aquecimento;
Código de projeto e ano de edição.

10.1.5.1 Além da placa de identificação, deve constar, em local visível, a categoria da caldeira, conforme definida no subitem 13.1.9 desta NR, e seu número ou código de identificação.

10.1.6 Toda caldeira deve possuir, no estabelecimento onde estive instalada, a seguinte documentação, devidamente atualizada:

a. "Prontuário da Caldeira", contendo as seguintes informações:
- Código de projeto e ano de edição,
- Especificação dos materiais;
- Procedimentos utilizados na fabricação, montagem, inspeção final e determinação da PMTA;
- Um conjunto de desenhos e demais dados necessários para o monitoramento da vida útil da caldeira;
- Características funcionais;
- Dados dos dispositivos de segurança;
- Ano de fabricação;
- Categoria da caldeira;

b. "Registro de Segurança", em conformidade com o subitem 13.1.7;
c. "Projeto de Instalação", em conformidade com o item 13.2;
d. "Projetos de Alteração ou Reparo", em conformidade com os subitens 13.4.2 e 13.4.3;
e. "Relatórios de Inspeção", em conformidade com os subitens 13.5.11, 13.5.12 e 13.5.13.

10.1.6.1 Quando inexistente ou extraviado, o "Prontuário da Caldeira" deve ser reconstituído pelo proprietário, com responsabilidade técnica do fabricante ou de "Profissional Habilitado", citado no subitem 13.1.2, sendo imprescindível a reconstituição das características funcionais, dos dados dos dispositivos de segurança e dos procedimentos para determinação da PMTA.

10.1.6.2 Quando a caldeira for vendida ou transferida de estabelecimento, os documentos mencionados nas alíneas "a","d", e "e" do subitem 13.1.6 devem acompanhá-la.

10.1.6.3 O proprietário da caldeira deverá apresentar, quando exigido pela autoridade competente do Órgão Regional do Ministério do Trabalho, a documentação mencionada no subitem 13.1.6.

10.1.7 O "Registro de Segurança" deve ser constituído de livro próprio, com páginas numeradas, ou outro sistema equivalente, onde serão registradas:

a. Todas as ocorrências importantes, capazes de influir nas condições de segurança da caldeira;
b. As ocorrências de inspeções de segurança periódicas e extraordinárias, devendo constar o nome legível e assinatura de "Profissional Habilitado", citado no subitem 13.1.2, e de operador de caldeira presente na ocasião da inspeção.

10.1.7.1 Caso a caldeira venha a ser considerada inadequada para uso, o "Registro de Segurança" deve conter tal informação e receber encerramento formal.

10.1.8 A documentação referida no subitem 13.1.6 deve estar sempre à disposição para consulta dos operadores, do pessoal de manutenção, de inspeção e das representações dos trabalhadores e do empregador na Comissão Interna de Prevenção de Acidentes - CIPA, devendo o proprietário assegurar pleno acesso a essa documentação.

10.1.9 Para os propósitos desta NR, as caldeiras são classificadas em 3 categorias, conforme segue:

a. Caldeiras da categoria A são aquelas cuja pressão de operação é igual ou superior a 1960 kPa (19.98 Kgf/cm^2);
b. Caldeiras da categoria "C" são aquelas cuja pressão de operação é igual ou inferior a 588 KPa (5.99 Kgf/cm^2) e o volume interno é igual ou inferior a 100 litros;
c. Caldeiras da categoria "B" são todas as caldeiras que não se enquadram nas categorias anteriores.

Instalações de Caldeiras a Vapor

10.2.1 A autoria do "Projeto de Instalação" de caldeiras a vapor, no que concerne ao atendimento desta NR, é de responsabilidade de "Profissional Habilitado", conforme citado no subitem 13.1.2, e deve obedecer aos aspectos de segurança, saúde e meio ambiente previstos nas Normas Regulamentadas, convenções e disposições legais aplicáveis.

10.2.2 As caldeiras de qualquer estabelecimento devem ser instaladas em "Casa de Caldeiras" ou em local específico para tal fim, denominado "Área de Caldeiras".

10.2.3 Quando a caldeira for instalada em ambiente aberto, a "Área de Caldeiras" deve satisfazer aos seguintes requisitos:

a. Estar afastada no mínimo 3 (três) metros de:
- outras instalações do estabelecimento;
- de depósitos de combustíveis, excetuando-se reservatórios para partida com até 2000 (dois mil) litros de capacidade;
- do limite de propriedade de terceiros;
- do limite com as vias públicas;

b. Dispor de pelo menos 2 (duas) saídas amplas, permanentemente desobstruídas e dispostas em direções distintas;
c. Dispor de acesso fácil e seguro, necessário à operação e à manutenção da caldeira, sendo que, para guarda-corpos vazados os vãos devem ter dimensões que impeçam a queda de pessoas;
d. Ter sistema de captação e lançamento dos gases e material particulado, provenientes da combustão, para fora da área de operação, atendendo às normas ambientais vigentes;
e. Dispor de iluminação, conforme normas oficiais vigentes;
f. Ter sistema de iluminação de emergência, caso operar à noite.

10.2.4 Quando a caldeira estiver instalada em ambiente fechado, a "Casa de Caldeiras" deve satisfazer aos seguintes requisitos:
a. Constituir prédio separado, construído de material resistente ao fogo, podendo ter apenas uma parede adjacente a outras instalações do estabelecimento, porém com as outras paredes afastadas, no mínimo 3 (três) metros, de outras instalações, do limite de propriedade de terceiros, do limite com as vias públicas e de depósitos de combustíveis, excetuando-se reservatórios para partida com até 2.000 (dois mil) litros de capacidade;
b. Dispor de pelo menos 2 (duas) saídas amplas, permanentemente desobstruídas e dispostas em direções distintas;
c. Dispor de ventilação permanente, com entradas de ar, que não possam ser bloqueadas;
d. Dispor de sensor para detecção de vazamento de gás, quando se tratar de caldeira a combustível gasoso.
e. Não ser utilizada para qualquer outra finalidade;
f. Dispor de acesso fácil e seguro, necessário à operação e à manutenção da caldeira, sendo que, para guarda-corpos vazados, os vãos devem ter dimensões que impeçam a queda de pessoas;
g. Ter sistema de captação e lançamento dos gases e material particulado, provenientes da combustão para fora da área de operação, atendendo às normas ambientais vigentes;
h. Dispor de iluminação conforme normas oficiais vigentes e ter sistema de iluminação de emergência.

10.2.5 Constitui risco grave e iminente o não-atendimento aos seguintes requisitos:

a. Para todas as caldeiras instaladas em ambiente aberto, as alíneas "b","b", "d" e "f" do subitem 13.2.3 desta NR;

b. Para as caldeiras da categoria "A", instaladas em ambientes fechados, as alíneas "a", "b", "c", "d", "e", "g" e "h" do subitem 13.2.4 desta NR;

c. Para as caldeiras das categorias "B" e "C", instaladas em ambientes fechados, as alíneas "b", "c", "d", "e", "g" e "h" do subitem 13.2.4 desta NR.

10.2.6 Quando o estabelecimento não puder atender ao disposto nos subitens 13.2.3 ou 13.2.4, deverá ser elaborado "Projeto Alternativo de Instalação", com medidas complementares de segurança que permitam a atenuação dos riscos.

10.2.6.1 O "Projeto Alternativo de Instalação" deve ser apresentado pelo proprietário da caldeira, para obtenção de acordo com a representação sindical da categoria profissional predominante no estabelecimento.

10.2.6.2 Quando não houver acordo, conforme previsto no subitem 13.2.6.1, a intermediação do órgão regional do MTb poderá ser solicitada por qualquer uma das partes, e, persistindo o impasse, a decisão caberá a esse órgão.

10.2.7 As caldeiras classificadas na categoria "A" deverão possuir painel de instrumentos instalados em sala de controle construída segundo o que estabelecem as Normas Regulamentadoras aplicáveis.

Segurança na Operação de Caldeiras

10.3.1 Toda caldeira deve possuir "Manual de Operação" atualizado, em língua portuguesa, em local de fácil acesso aos operadores, contendo, no mínimo:

a. Procedimentos de partidas e paradas;

b. Procedimentos e parâmetros operacionais de rotina;

c. Procedimentos para situações de emergência;

d. Procedimentos gerais de segurança, de saúde e de preservação do meio ambiente.

10.3.2 Os instrumentos e controles de caldeiras devem ser mantidos calibrados e em boas condições operacionais, constituindo condição de risco grave e iminente o emprego de artifícios que neutralizem sistemas de controle e segurança da caldeira.

10.3.3 A qualidade da água deve ser controlada e tratamentos devem ser implementados, quando necessário, para compatibilizar suas propriedades físico-químicas com os parâmetros de operação da caldeira.

10.3.4 Toda caldeira a vapor deve estar, obrigatoriamente, sob operação e controle de operador de caldeira, sendo que o não atendimento a esta exigência caracteriza condição de risco grave e iminente.

10.3.5 Para efeito desta NR será considerado operador de caldeira aquele que satisfizer, pelo menos, uma das seguintes condições:

a. Possuir certificado de "Treinamento de Segurança na Operação de Caldeiras" e comprovação de estágio prático, conforme subitem 13.3.9;
b. Possuir certificado de "Treinamento de Segurança na Operação de Caldeiras", previsto na NR 13 aprovada pela Portaria 02, de 08/05/84;
c. Possuir comprovação de pelo menos 3 (três) anos de experiência nessa atividade, até 08 de maio de 1984.

10.3.6 O pré-requisito mínimo para participação como aluno no "Treinamento de Segurança na Operação de Caldeiras" é o atestado de conclusão do 1° grau.

10.3.7 O "Treinamento de Segurança na Operação de Caldeiras" deve, obrigatoriamente:

a. Ser supervisionado tecnicamente por "Profissional Habilitado", citado no subitem 13.1.2;
b. Ser ministrado por profissionais capacitados para esse fim;
c. Obedecer, no mínimo, ao currículo proposto no Anexo I-A desta NR.

10.3.8 Os responsáveis pela promoção do "Treinamento de Segurança na Operação de Caldeiras" estarão sujeitos ao impedimento de ministrar novos cursos, bem como a outras sanções legais cabíveis, no caso de inobservância do disposto no subitem 13.3.7.

10.3.9 Todo operador de caldeira deve cumprir um estágio prático na operação da própria caldeira que irá operar, o qual deverá ser supervisionado, documentado e ter duração mínima de:

a. Caldeiras da categoria A: 80 (oitenta) horas;
b. Caldeiras da categoria B: 60 (sessenta) horas;
c. Caldeiras da categoria C: 40 (quarenta) horas.

10.3.10 O estabelecimento em que for realizado o estágio prático supervisionado deve informar previamente à representação sindical da categoria profissional predominante no estabelecimento:

a. Período de realização do estágio;
b. Entidade, empresa ou profissional responsável pelo "Treinamento de Segurança na Operação de Caldeiras";
c. Relação dos participantes do estágio.

10.3.11 A reciclagem de operadores deve ser permanente, por meio de constantes informações das condições físicas e operacionais dos equipamentos, atualização técnica, informações de segurança, participação em cursos, palestras e eventos pertinentes.

10.3.12 Constitui condição de risco grave e iminente a operação de qualquer caldeira em condições diferentes das previstas no projeto original, sem que:

- Seja reprojetada, levando em consideração todas as variáveis envolvidas na nova condição de operação;
- Sejam adotados todos os procedimentos de segurança decorrentes de sua nova classificação, no que se refere à instalação, operação, manutenção e inspeção.

Segurança na Manutenção de Caldeiras

10.4.1 Todos os reparos ou alterações em caldeiras devem respeitar o respectivo código do projeto de construção e as prescrições do fabricante, no que se refere a:
Materiais;
Procedimentos de execução;
Procedimentos de controle de qualidade;
Qualificação e certificação de pessoal.

10.4.1.1 Quando não for conhecido o código do projeto de construção, deve ser respeitada a concepção original da caldeira, com procedimento de controle do maior rigor, prescrito nos códigos pertinentes.

10.4.1.2 Nas caldeiras de categorias "A" e "B", a critério do "Profissional Habilitado", citado no subitem 13.1.2, podem ser utilizadas tecnologia de cálculo ou procedimentos mais avançados, em substituição aos previstos pelos códigos de projeto.

10.4.2 "Projetos de Alteração ou Reparo" devem ser concebidos previamente nas seguintes situações:

a. Sempre que as condições de projeto forem modificadas;
b. Sempre que forem realizados reparos que possam comprometer a segurança.

10.4.3 O "Projeto de Alteração ou Reparo" deve:

a. Ser concebido ou aprovado por "Profissional Habilitado", citado no subitem 13.1.2;
b. Determinar materiais, procedimentos de execução, controle de qualidade e qualificação de pessoal.

10.4.4 Todas as intervenções que exijam mandrilamento ou soldagem em partes que operem sob pressão devem ser seguidas de teste hidrostático, com características definidas pelo "Profissional Habilitado", citado no subitem 13.1.2.

10.4.5 Os sistemas de controle e segurança da caldeira devem ser submetidos à manutenção preventiva ou preditiva.

Inspeções de Segurança de Caldeiras

10.5.1 As caldeiras devem ser submetidas a inspeções de segurança inicial, periódica e extraordinária, sendo considerada condição de risco grave e iminente o não atendimento aos prazos estabelecidos nesta NR.

10.5.2 A inspeção de segurança inicial deve ser feita em caldeiras novas, antes da entrada em funcionamento, no local de operação, devendo compreender exames internos e externos, teste hidrostático e de acumulação.

10.5.3 A inspeção de segurança periódica, constituída por exames internos e externos, deve ser executada nos seguintes prazos máximos:

a. 12 (doze) meses para caldeiras das categorias "A", "B" e "C";
b. 12 (doze) meses para caldeiras de recuperação de álcalis de qualquer categoria;
c. 24 (vinte e quatro) meses para caldeiras da categoria "A", desde que aos 12 (doze) meses sejam testadas as pressões de abertura das válvulas de segurança;
d. 40 (quarenta) meses para caldeiras especiais, conforme definido no item 13.5.5.

10.5.4 Estabelecimentos que possuam "Serviço Próprio de Inspeção de Equipamentos", conforme estabelecido no Anexo II, podem estender os períodos entre inspeções de segurança, respeitando os seguintes prazos máximos:

a. 18 meses para caldeiras de recuperação de álcalis e as das categorias "B" e "C";
b. 30 (trinta) meses para caldeiras da categoria "A".

10.5.5 As caldeiras que operam de forma contínua e que utilizam gases ou resíduos das unidades de processo como combustível principal para aproveitamento de calor ou para fins de controle ambiental podem ser consideradas especiais, quando todas as condições seguintes forem satisfeitas:

a. Estiverem instaladas em estabelecimentos que possuam "Serviço Próprio de Inspeção de Equipamentos", citado no Anexo II;
b. Tenham testados, a cada 12 (doze) meses, o sistema de intertravamento e a pressão de abertura de cada válvula de segurança;
c. Não apresentem variações inesperadas na temperatura de saída dos gases e do vapor durante a operação;
d. Exista análise e controle periódico da qualidade da água;
e. Exista controle de deterioração dos materiais que compõem as principais partes da caldeira;
f. Seja homologada como classe especial, mediante:
- acordo entre a representação sindical da categoria profissional predominante no estabelecimento e o empregador;

- intermediação do órgão regional do MTb, solicitada por qualquer uma das partes, quando não houver acordo;
- decisão do órgão regional do MTb, quando persistir o impasse.

10.5.6 Ao completar 25 (vinte e cinco) anos de uso, na sua inspeção subsequente, as caldeiras devem ser submetidas à rigorosa avaliação de integridade, para determinar sua vida remanescente e novos prazos máximos para inspeção, caso ainda estejam em condições de uso.

10.5.6.1 Nos estabelecimentos que possuam "Serviço Próprio de Inspeção de Equipamentos", citado no Anexo II, o limite de 25 (vinte e cinco) anos pode ser alterado em função do acompanhamento das condições da caldeira, efetuado pelo referido órgão.

10.5.7 As válvulas de segurança instaladas em caldeiras devem ser inspecionadas periodicamente conforme segue:

a. Pelo menos uma vez por mês, mediante acionamento manual da alavanca em operação, para caldeiras das categorias "B" e "C";
b. Desmontando, inspecionando e testando em bancada as válvulas flangeadas e, no campo, as válvulas soldadas, recalibrando-as numa frequência compatível com a experiência operacional da mesma, porém respeitando-se, como limite máximo o período de inspeção estabelecido no subitem 13.5.3 ou 13.5.4, se aplicável para caldeiras de categorias "A" e "B".

10.5.8 Adicionalmente aos testes prescritos no subitem 13.5.7, as válvulas de segurança, instaladas em caldeiras, deverão ser submetidas a testes de acumulação, nas seguintes oportunidades:

a. Na inspeção inicial da caldeira;
b. Quando forem modificadas ou tiverem sofrido reformas significativas;
c. Quando houver modificação nos parâmetros operacionais da caldeira ou variação na PMTA;
d. Quando houver modificação na sua tubulação de admissão ou descarga.

10.5.9 A inspeção de segurança extraordinária deve ser feita nas seguintes oportunidades:

a. Sempre que a caldeira for danificada por acidente, ou outra ocorrência capaz de comprometer sua segurança;
b. Quando a caldeira for submetida à alteração ou reparo importante, capaz de alterar suas condições de segurança;
c. Antes de a caldeira ser recolocada em funcionamento, quando permanecer inativa por mais de 6 (seis) meses;
d. Quando houver mudança de local de instalação da caldeira.

10.5.10 A inspeção de segurança deve ser realizada por "Profissional Habilitado", citado no subitem 13.1.2, ou por "Serviço Próprio de Inspeção de Equipamentos", citado no Anexo II.

10.5.11 Inspecionada a caldeira, deve ser emitido "Relatório de Inspeção", que passa a fazer parte da sua documentação.

10.5.12 Uma cópia do "Relatório de Inspeção" deve ser encaminhada pelo "Profissional Habilitado", citado no subitem 13.1.2 num prazo máximo de 30 (trinta) dias, a contar do término da inspeção, à representação sindical da categoria profissional predominante no estabelecimento.

10.5.13 O "Relatório de Inspeção", mencionado no subitem 13.5.11, deve conter, no mínimo:

a. Dados constantes na placa de identificação da caldeira;
b. Categoria da caldeira;
c. Tipo da caldeira;
d. Tipo de inspeção executada;
e. Data de início e término da inspeção;
f. Descrição das inspeções e testes executados;
g. Resultado das inspeções e providências;
h. Relação dos itens desta NR ou de outras exigências legais que não estão sendo atendidas;
i. Conclusões;
j. Recomendações e providências necessárias;
k. Data prevista para a nova inspeção da caldeira;
l. Nome legível, assinatura e número do registro no conselho profissional do "Profissional Habilitado", citado no subitem 13.1.2, e nome legível e assinatura de técnicos que participaram da inspeção.

10.5.14 Sempre que os resultados da inspeção determinarem alterações dos dados da placa de identificação, a mesma deve ser atualizada.

BALANÇO TÉRMICO SIMPLIFICADO

O consumo de energia em uma unidade sucroalcooleira, pensando-se na forma de vapor, deve ser equacionado, de tal forma, que a quantidade de cana moída proporcione uma quantidade de bagaço suficiente para produzir vapor, que atenda a todas as necessidades da fábrica.

Até meados dos anos 80, a grande maioria dos equipamentos e máquinas das usinas de açúcar e etanol, utilizava o vapor gerado nas caldeiras instaladas na planta. Atualmente, com a evolução tecnológica, alguns acionamentos foram substituídos por motores elétricos ou até por motores hidráulicos.

A utilização do vapor para produção de energia elétrica tem sido uma nova opção para geração de caixa pelas usinas, pois, com isso, as usinas se tornam autossuficientes em relação ao consumo próprio, evitando os gastos, que até então havia junto às concessionárias de energia e possibilita, ainda, a comercialização do excedente.

Os parâmetros de variação são muitos, a começar pelo teor de fibra da cana que pode ser afetado por vários fatores (tipo da cana, solo, condições climáticas, etc.). O rendimento da caldeira é outro parâmetro que também influi no balanço térmico. Dessa forma, em usinas termicamente equilibradas, percebe-se uma certa equivalência entre a energia produzida e consumida.

Consumo de Vapor nas Usinas de Açúcar

De uma maneira simplificada, o consumo de vapor é o seguinte nos vários setores da planta:

10.1.1 - Setor de Preparo (Moendas e Picadores)

- o Moendas 18 HP/TCH
- o Turbinas de Acionamento 15kg de vapor/HP/h instalado
- o Moendas 300kg de vapor/hora
- o Picadores 3 HP/TCH
- o Desfibradores 45kg de vapor/hora
- o Consumo total de vapor 345kg/TCH

10.1.1.1 - Perdas relativas à condensação e perdas 5%

$$P = 345 \times 0{,}05 = 17{,}25 \text{ kg/TCH}$$

10.1.1.2 - Vazão de vapor recuperado ou de escape

$$Q_e = 345 - 17{,}25 = 327{,}75 \text{ kg/TCH}$$

Consumo no processo de fabricação do açúcar:

Evaporação

O consumo de vapor na evaporação está na dependência do Brix inicial e final, do caldo e do xarope, respectivamente. Nas condições exemplificadas abaixo, o consumo de vapor na evaporação, envolvendo pré-evaporador e quadruplo efeito seria de aproximadamente 190kg/TCH.

Temperatura do vapor 120°C
Pressão do vapor 2,0245 kgf/cm^2
Temperatura final 60°C
Pressão 0,2031 kgf/cm^2
Extração de caldo misto 1.000 kg/TC

Brix do xarope 60°
Brix do caldo 15°
Temperatura do caldo clarificado 95°C

Cozedores

Considerando-se as perdas durante os processos de diluição de méis, a água de lavagem, a água de diluição de falsos grãos, etc., a relação de evaporação nos cozedores não é 1:1. Logo, recomenda-se usar 1:1,5, ou seja, nos cozedores se consome em média 1,5kg de vapor por kg de água evaporada.

Assim sendo, considera-se que o consumo de vapor, nesse tipo de equipamento, seja na ordem de 120 a 160 kg/TCH, ou seja, na média 140 kg/TCH.

Aquecedores

O consumo de vapor nos aquecedores varia, de modo geral, de 110 a 150 kg/TCH, ou seja, 130 kg/TCH, na média.

Dessa forma, nesse exemplo, o consumo total de vapor seria:

$$C_v = 190 + 140 + 130 = 460 \text{ kg/TCH}$$

Outros Consumos

Infelizmente, o consumo nos demais setores da fábrica não são tão fáceis de serem medidos. De modo geral, uma parte do vapor vivo é consumido na lavagem do açúcar nas turbinas, nos sopradores de fuligem, no aquecimento do caldo e dos méis, no aquecimento da água no desaerador térmico, etc., e uma boa parte desse vapor é perdido em vazamentos nas juntas, válvulas registros e condensados nas tubulações, balões de vapor, etc.

A grosso modo, costuma-se estimar que esse consumo fique entre 50 a 100 kg/TCH, sendo a média de 75 kg/TCH um valor razoável para ser utilizado. Assim, considerando-se esse valor, teríamos os seguintes valores gerais de consumo:

Vapor consumido na fábrica 460 kg/TCH
Vapor de consumo diversos 75 kg/TCH
Vapor total consumido 535 kg/TCH

Consumo Parcial
Vapor de Escape disponível 327,75 kg/TCH
Vapor total consumido 535,00 kg/TCH
Déficit de vapor 207,25 kg/TCH

Essa quantidade de vapor (207,25 kg/h) deverá ser produzida pelas caldeiras. Na utilização de caldeiras de média e alta pressão haverá necessidade de se rebaixar a pressão, em conformidade com a pressão de trabalho dos equipamentos que vão receber esse vapor.

Consumo Geral

Nesse cenário, o consumo geral de vapor vivo da usina será de:

Qg = 345 + 207,25   Qg = 552,25 kg/TCH

Produção de Vapor

Para atender ao consumo de vapor da usina, é preciso que se tenha caldeiras instaladas com capacidade suficiente para atender essa demanda.

Para efeito de avaliação da capacidade das caldeiras, pode-se considerar a seguinte sequência de dados:

a) Produção de vapor por kg de bagaço queimado, conhecido também por produção específica. Atualmente, para as caldeiras de alta pressão, esse valor médio fica na faixa de 2,15 kg de vapor / kg de bagaço queimado, sem considerar que a caldeira possua ciclo regenerativo.
b) Produção de bagaço por tonelada de cana processada. Neste caso, normalmente, considera-se 250 kg de bagaço por tonelada de cana esmagada.

Então, para estimarmos a capacidade de produção de vapor de uma determinada usina, pode-se fazer a seguinte conta: produção de bagaço multiplicada pela produção específica, ou seja, em nosso exemplo, seria: 250 x 2,15 = 537,5 kg de vapor por tonelada de cana processada.

Balanço de Vapor

Produção de Vapor	537,50 kg/TCH
Consumo de Vapor	552,25 kg/TCH

Verifica-se, de maneira simplificada, que a produção de vapor é menor que o consumo da usina. Evidentemente, a usina, dispondo de turbos geradores, controlando-se o consumo de vapor na evaporação e nos cozedores e utilizando de acionamentos elétricos nos diversos equipamentos e melhorando o aproveitamento das sobras da evaporação, este consumo tende a cair, permitindo inclusive que o bagaço seja estocado e fique disponível para outros fins, como a cogeração após o término da safra.

Com a utilização da evaporação à pressão e utilizando-se vapor superaquecido ou outros processos e equipamentos mais eficientes, é possível chegar a consumos menores na faixa dos 400kg/TCH, ou até menos.

Na realidade, o balanço térmico de uma usina de açúcar não é tão simples assim, como exemplificado até aqui. Contudo, um estudo minuscioso, envolvendo a eficiência dos diversos setores que consomem vapor durante o processo de produção, poderá indicar resultados mais exatos. Esse tipo de estudo deve ser realizado para cada unidade produtora, pois leva em consideração os equipamentos instalados no seu parque industrial, que varia bastante de usina para usina.

CONSERVAÇÃO DE CALDEIRAS FORA DE OPERAÇÃO

Durante períodos não operacionais, a proteção de caldeiras e sistemas auxiliares contra a corrosão é essencial por duas razões principais: o ataque da corrosão durante a parada pode causar perda direta de metal; adicionalmente, os óxidos produzidos formam depósitos e podem causar ataque localizado e superaquecimento do metal dos tubos.

A aplicação efetiva de medidas de controle de corrosão na partida e nas paradas da unidade, combinada ao controle contínuo durante a operação, constitui uma sadia manutenção preventiva, protegendo o investimento e estendendo a vida útil do equipamento.

Os fatores chave responsáveis pela corrosão durante a parada são a água, o oxigênio e o pH. A eliminação da umidade ou do ar evitará apreciavelmente a corrosão. A proteção, portanto, consiste em remover o oxigênio ou a água do sistema da caldeira e sistemas auxiliares.

A proteção seca alcança esse objetivo, eliminando-se água e reduzindo a umidade relativa a um índice seguro. A proteção úmida controla a corrosão, eliminando-se o oxigênio e mantendo um alto pH. Proteções que utilizam gás nitrogênio para deslocar o ar da caldeira também controlam a corrosão pela exclusão do oxigênio.

A escolha do método de conservação é ditada pela duração do período de parada e pela disponibilidade requerida da unidade para retorno e operação. A proteção úmida deverá ser empregada independentemente da duração da parada, sempre que necessitar da caldeira pronta para uso imediato. Proteção seca é usualmente o método preferido, especialmente em situações envolvendo longos períodos. Define-se como paradas curtas aquelas de um mês ou menos. As que excedem o prazo de um mês são consideradas como paradas de longo período.

Proteção Úmida

A caldeira e sistemas auxiliares devem ser cheios com água tratada aquecida (água desaerada ou condensada) e adicionar inibidores de corrosão. Para assegurar a efetividade dessas precauções, deve-se verificar as concentrações de 2 em 2 semanas, completando-se com os produtos adequados, quando necessário.

Se a caldeira não tiver superaquecedor ou tiver superaquecedor drenável, o enchimento deverá ser total. No caso de caldeiras com superaquecedores não drenáveis (como são, na sua grande maioria), cuidados especiais deverão ser tomados, pois soda cáustica e sulfitos não podem ser utilizados em superaquecedores.

Uma alternativa seria encher a caldeira somente até o nível de operação, adicionar os produtos químicos conforme concentrações já citadas e preencher o restante do tambor de vapor e o superaquecedor com gás Nitrogênio (N2), mantendo-se uma pressão de 3 a 5 psig (vide esquema em anexo).

Outra alternativa, se for possível encher o superaquecedor separadamente da caldeira, seria introduzir água tratada (desmineralizada ou condensado desaerado) e adicionar hidrazina e amônia ou morfolina, para ajuste de pH.

Proteção Seca - Longos Períodos

Aberta: A caldeira deve ser drenada completamente, totalmente limpa dos 2 lados (fogo, gás e água) e inspecionada. Deve-se secar todas as superfícies internas com ar quente ou com aquecedores (resistências ou lâmpadas), mantendo-se a temperatura entre 30 a 40 °C. Todas as aberturas são mantidas abertas, para permitir circulação livre do ar. Durante a conservação, deve ser executada inspeção periodicamente, para ver se não está havendo condensação, que deve ser eliminada com sopragem de ar quente. Todas as válvulas de retenção, alimentação e descarga, que estiverem conectadas a um sistema em operação não podem ter vazamentos. O melhor é instalar flanges cegos.

Fechada: É efetiva quando apropriadamente implementada, embora necessite de inspeções periódicas cuidadosas quanto à condição do dessecante. O dessecante pode ser sílica-gel, cal virgem (CaO) ou alumina ativada. As quantidades recomendadas são:

- Sílica-gel: 8 Kg / 3000 L de volume da caldeira.
- Cal virgem: 3,2 Kg / 3000 L de volume da caldeira.

Embora se tenha de usar 2,5 vezes mais sílica-gel que cal, ela é mais vantajosa por ter um poder de absorção maior e pode ser recuperada por aquecimento em estufa. Sílica-gel normalmente é fornecida com um indicador de cor (CoC12), que muda de rosa pálido para azul cobalto com o aumento de saturação.

Após drenagem da caldeira, secá-la totalmente, soprando ar quente. O dessecante deve ser espalhado uniformemente sobre bandejas distribuídas ao longo dos tambores. Todas as portas de visita devem ser fechadas e seladas hermeticamente, assim como todas as conexões e aberturas de água e vapor. A inspeção do dessecante deve ser feita a cada período de 4 - 6 semanas e deve ser reposto quando estiver saturado. Para secar os superaquecedores e sistemas auxiliares não-drenáveis, deve-se soprar ar quente em cada serpentina ou através das conexões de dreno e/ou ventilação para secagem inicial. Para assegurar completa secagem e prevenir possível condensação nos 2 lados dos tubos, instalar uma série de pequenos aquecedores igualmente espaçados através da largura do superaquecedor e sistemas auxiliares, pelo lado de fora. Outra técnica de conservação consiste em se selar completamente a caldeira após drenagem/secagem e manter uma pressão positiva de nitrogênio de 3 a 5 psig.

CAPÍTULO 34

CONSUMO DE ENERGIA, VAPOR, ÁGUA E EFLUENTES

Após a discussão de pontos básicos para a produção do açúcar e etanol nas usinas de açúcar e destilarias de etanol, não se poderia deixar de discorrer acerca da importância do consumo de água, de vapor e da energia, elementos esses indispensáveis aos processos de fabricação utilizados.

34.1 CAPACIDADE DA USINA E DA DESTILARIA

Como já se mencionou neste livro, a produção do açúcar e do etanol a partir da cana-de-açúcar e também, mais recentemente, a partir do milho e da palha de cana, tem sido alcançada com muito trabalho, à custa do funcionamento de muitos equipamentos e instalações, enumerados a seguir:

1. Recepção da matéria prima; balanças rodoviárias,
2. Prédios metálicos de 100 a 150m de comprimento por 15 de altura,
3. Pontes rolantes (duas unidades), guindastes, tipo Hilo e mesas alimentadoras
4. Moendas ou difusores,
5. Peneiras tipo Cush-Cush, tipo inclinadas e peneiras rotativas,
6. Bombeamentos do caldo e demais produtos (bombas centrífugas),
7. Aquecedores verticais ou horizontais,
8. Evaporação: tríplice-efeito ou quádruplo-efeito. Pré-evaporadores,
9. Destilaria: colunas A, B e C.
10. Pré-Fermentação, Fermentação e caixas de água e de produtos,
11. Centrífugas de vinho,
12. Geradores de vapor,
13. Geradores de energia,
14. Bombas centrífugas,
15. Caleadores de caldo,
16. Colunas de sulfitação,
17. Decantadores de caldo,
18. Filtros rotativos a vácuo,
19. Cozedores a vácuo,
20. Cristalizadores horizontais,
21. Centrífuga de açúcar de 1° jato,
22. Centrífugas de açúcar para massas cozidas de segunda pureza,

23. Condutores de açúcar centrifugados,
24. Secadores de açúcar,
25. Esterias condutoras de açúcar e peneiras,
26. Balanças, empacotamento e ensaques para açúcar,
27. Armazéns e tanques para etanol,
28. Tancagem para outros produtos,
29. ETA (Estação de Tratamento de Água) e piscinas providas de aeradores ou torres de resfriação.
30. Escritórios de atendimento contábel, de pessoal e de reuniões,
31. Salas para atendimento médico,
32. Portarias de acesso,
33. Estacionamento de veículos,
34. Oficinas mecânicas e elétricas.
35. Corpo de bombeiros,
36. Refeitórios.

34.2 FUNCIONALIDADE DOS EQUIPAMENTOS

a) Balanças rodoviárias: destinadas à pesagem da matéria prima, das carretas transportadoras de etanol, carretas transportadoras de insumos (cal, enxofre, adubos, inseticidas);
b) Caldeiras a vapor: alimentadas regularmente com bagaço de cana saído das moendas, sendo o vapor produzido destinado ao acionamento dos diversos equipamentos da fábrica. No geral, o vapor produzido em pressão variando de 12 kg/m^2 a 42 kg/m^2 ou mesmo em alguns casos de 60 kg/m^2, é destinada aos motores e turbinas de acionamento das moendas, bem como também no acionamento do gerador de energia elétrica e as dos turbo-bombas.

A usina ou destilaria, através de seus engenheiros ou das empresas ou fornecedoras que produzem essas turbinas, estima o consumo de vapor nas seguintes secções:

Jogo de faca niveladora;
Jogo de faca cortador ou desfibrador;
Turbinas / moendas;
Turbinas / gerador;
Turbo-bombas;
Outros usos.

Em função da funcionalidade dos equipamentos e mesmo para se cumprir as metas estabelecidas para se produzir mais etanol ou mais açúcar, os técnicos da usina e seu gerente geral, apoiados pelos proprietários, preparam todos os setores que podem contribuir mais para o aumento da produção programada.

De qualquer forma, os projetos devem contemplar os equipamentos a serem adquiridos, com capacidade para atender a toda a demanda dos produtos a serem elaborados.

Da somatória do consumo do vapor calculado, os proprietários ou, no caso de implantação da usina de açúcar ou de etanol, devem adquirir a caldeira, uma ou duas, com capacidade para atender a demanda dos diversos equipamentos em funcionamento, conforme foi implementado nos itens anteriores sobre consumo de vapor.

No caso de uma destilaria, a aquisição da caldeira, supondo uma produção de oito mil litros de etanol hidratado por hora, como exemplo, o cálculo é feito estimando um consumo de 4,5 kg de vapor por litro de etanol, o que dá uma produção de 192.000 litros por 24 horas.

Por estes cálculos, a usina ou a destilaria deve adquirir as caldeiras, para produzirem 36.000 ou aproximar de 40 t/h de vapor.

Esses cálculos devem ser feitos para todos os setores em que se necessite de vapor.

34.3 PRODUÇÃO DE ENERGIA ELÉTRICA

A usina de açúcar ou a destilaria de etanol, no caso de se tratar de uma unidade nova, deve, através de seus projetistas, calcular a quantidade de KVA necessária para o acionamento de todos os motores instalados e que podem ser operados no período da safra ou mesmo na entressafra.

As usinas têm ampliado a geração de energia elétrica, o que está ligado aos seguintes aspectos tecnológicos e de decisão da diretoria e gerência industrial:

- tipo de tecnologia e potência a serem instaladas na unidade;
- período de geração pretendido (na safra de cana ou o ano todo);
- a quem e de que forma vender o excedente de energia (mercado);
- fontes e condições para se viabilizar os novos investimentos;
- Importância da nova atividade em relação às tradicionais (açúcar e etanol), o que pode agregar em receita para unidade;
- mudanças a serem feitas na lavoura canavieira, especialmente o aproveitamento da palha ou escolha de variedade com cana mais fibrosa, como fonte geradora de energia.

Em alguns casos, na inexistência de energia elétrica na ocasião da instalação da fábrica, é comum os proprietários alugarem ou, mesmo, adquirirem, um ou dois motores a diesel de 150/200 KVA, caso este da Usina Barralcool, em 1981/82, que para iniciar a safra, adquiriu um turbo-gerador de 200 KVA.

A aquisição de um turbo-gerador é função da potência consumida nos diversos setores e equipamentos adquiridos pela empresa, equipamentos estes inerentes aos relacionados na tabela 112, a seguir:

Tabela 112 - Distribuição e consumo de energi elétrica na Destilaria para 200.000L de etanol/dia

ITENS	EQUIPAMENTOS	HP Inst.	HP Trab.	HP Oper.
1	Ponte Rolante (1)	106,0	106,0	74,2
2	Ponte Rolante (2)	113,5	113,5	--
3	Mesa de 15°	30,0	30,0	21,0
4	Mesa de 45°	75,0	75,0	52,2
5	Lubrificação das mesas	3,0	3,0	--
6	Descarregador hilo (2)	80,0	80,0	56,0
7	Lubrificação das Turbinas	28,0	28,0	--
8	Cush-Cush	15,0	15,0	10,0
9	Rosca sem fim	7,5	7,5	5,0
10	Bomba Pressão Hidráulica	7,5	7,5	--
11	Lubrificação / Mancais	1,0	1,0	0,8
12	Lubrificação / metal patente	1,5	1,5	1,2
13	Esteiras intermediárias (3)	30,0	30,0	30,0
14	Balanção	5,0	5,0	--
15	Ventilador induzido (2)	300,0	300,0	240,0
16	Ventilador auxiliar (2)	30,0	30,0	24,0
17	Ventilador Premente (2)	150,0	150,0	110,0
18	Cush-cush / lavagem de cana	3,0	3,0	2,0
19	Esteira de cana	60,0	60,0	42,0
20	Esteira de cana picada	15,0	15,0	12,0
21	Desareador	3,0	3,0	2,0
22	Peneiras vibratórias (3)	9,0	9,0	7,0
23	Tanques de leite de cal (2)	4,0	4,0	2,0
24	Tanques de caleagem	5,0	5,0	4,0
25	Esteira de subst. Do 5° e 6° t.	5,0	5,0	4,0
26	Esteira elevação do bagaço	15,0	15,0	12,0
27	Esteira de distrib. Do bagaço	40,0	40,0	30,0
28	Esteira de retorno	10,0	10,0	--
29	Pré-fermentadores	15,0	10,0	7,0
30	Centrifugação do levedo (4)	160,0	120,0	90,0

31	Compressor de ar	3,0	3,0	--
32	Bomba para embebição (2)	5,0	3,0	2,0
33	Bomba para caldo misto (3)	30,0	20,0	16,0
34	Bomba de caldo / aquecedor (2)	100,0	50,0	35,0
35	Bomba caldo / regenerador (2)	50,0	25,0	20,0
36	Bomba caldo / evaporador (2)	20,0	10,0	8,0
37	Bomba de leite de cal (1)	1,0	1,0	0,8
38	Bomba de xarope (2)	5,0	2,5	3,0
39	Bomba de água condensada (3)	15,0	10,0	8,0
40	Bomba / água bruta / tratam. (1)	15,0	15,0	12,0
41	Bomba água trat. / fab. / cal. (3)	37,5	20,0	20,0
42	Bomba de captação (2)	120,0	60,0	48,0
43	Bomba / reposição de água (2)	50,0	25,0	20,0
44	Bomba água quente / esfr. (3)	600,00	400,0	300,0
45	Bomba lavagem de cana (1)	100,0	100,0	70,0
46	Bomba / água / evaporação (2)	240,0	120,0	90,0
47	Bomba água fria / dest. (2)	300,0	150,0	125,0
48	Bomba cond. Destilaria (1)	10,0	10,0	7,0
49	Bomba xarope / diluição (2)	30,0	15,0	10,0
50	Bomba de vinho / filtro (2)	60,0	30,0	24,0
51	Bomba ácido sulfúrico (1)	3,0	3,0	2,0
52	Bomba de vinho / destil. (2)	60,0	30,0	24,0
53	Bomba de etanol 1º (2)	10,0	5,0	4,0
54	Bomba de etanol 2° (1)	2,0	2,0	1,5
55	Bomba de etanol / caminhão (2)	15,0	7,5	5,0
56	Bomba de água condensada (1)	5,0	5,0	4,0
57	Consumo em oficinas, laboratórios, escritórios e iluminação	100,0	100,0	80,0
TOTAL		**2.512,0**		**1,776,0**

Os dados acima, constantes da tabela 112, indicam a aquisição de um gerador de 2000 KVA. Evidentemente, esta tabela de consumo de energia foi atendida pela instalação de um gerador de 2000KVA, passando a funcionar com energia comprada e produzida pela unidade.

Nestes últmos anos, muitas usinas e destilarias de etanol têm ampliado suas moagens de cana e, para isso, estão instalando caldeiras de maior produção de vapor e, em consequência disso, estão adquirindo geradores com maior capacidade de geração de energia e, assim, fornecendo o excedente produzido às companhias brasileiras responsáveis por seu fornecimento, tanto para a iluminação das cidades como para as fábricas de equipamentos industriais instalados nos vários estados brasileiros. A usina Barralcool possui geradores de grande capacidade e tem disponibilizado a energia sobrante para a Companhia de Energia Mato Grossense (CEMAT), auferindo rendimentos financeiros adicionais.

34.4 CONSUMO DE ÁGUA

De um modo geral, as usinas de açúcar e destilarias de etanol, tem sido instaladas próximas de rios ou riachos, a uma distância mínima de 500 a 600 metros.

A água captada normalmente chega a um depósito metálico, estrategicamente, colocado nas áreas de maior consumo da indústria, de onde saem as captações para atender as demandas necessárias, destacando-se o envio para a ETA (Estação de Tratamento de Água).

a) ETA - Estação de Tratamento de Água

De um modo geral, esta estação tem sido projetada em unidades que podem tratar de 100 a 150 m^3/h de água. Em caso de mais necessidade de água tratada, pode-se duplicar sua capacidade e se instalar uma ETA de maior capacidade.

Esta estação consta de tanques de drenagem de produtos químicos, tanques misturadores, bombas de recalque, etc., conforme figura 289.

Figura 289: Tanques de água tratada da ETA - Usina Barralcool, MT.

Está sempre instalada próxima das caldeiras, facilitando-se, deste modo, o bombeamento da água tratada para os mesmos.

Os reagentes usados constam de resinas trocadoras de cátions, de cal virgem, fosfatos, etc.

O objetivo máximo deste tratamento é deixar a água tratada com pureza zero. Este remanejamento da água é feito através de bomba centrífuga.

Além dos tanques receptores de água, uma ETA consta de colunas abrandadoras, depósitos de resinas catiônicas, tanques de preparo e diluição de reagentes, ejetores, tubulações constituídas em inox, assim como tubulações de interligação em aço inoxidável. É evidente que as atuais usinas de açúcar e destilarias de etanol no Brasil estão equipadas com estes tanques de tratamento de água.

b) Outros consumos de água

Com a adoção do corte mecânico da cana-de-açúcar, esta matéria prima chega à indústria praticamente sem terra e demais impurezas menores. Diante disso, as usinas que estão praticando este tipo de colheita não está mais se preocupando com a terra, mas sim com resíduos de folhas que vem junto aos toletes, motivo para que novas providências mecânicas, usando-se ventiladores, sejam tomadas para o aproveitamento desses resíduos orgânicos e folhas nas caldeiras. Com isso, muitas empresas estão oferecendo, às usinas e destilarias de etanol, instalação mecânicas para o aproveitamento de folhas nas caldeiras.

c) Tanques intermediários.

Esses tanques são geralmente feitos nas proximidades das instalações da destilaria, das oficinas mecânicas e elétricas, da seção de produção do leite de cal, dos setores de fábrica de açúcar e da destilaria, do setor do almoxarifado, etc. e são construídos atendendo a projetos contratados junto as empresas de assessorias e executados pela usina ou outra firma especializada.

Esses tanques têm por finalidade abrigar um sistema de aspersores e tubulações, destinandos ao resfriamento das águas oriundas do sistema de condensação dos vapores oriundos da fábrica de açúcar e mesmo da destilaria. Pela aspersão desta água, com temperatura variando de 50 a 60ºC, pode-se chegar aos 25-30ºC.

Em substituição a essas lagoas, pode-se usar torres de resfriamento, providas de grades perfuradas, por onde sobe o ar frio produzido por ventiladores instalados em suas bases, atuando-se em contracorrente com a água quente injetada em sua parte superior.

A utilização da água pelas usinas de açúcar e destilarias de etanol ou mesmo de aguardente deve seguir as determinações e orientações das Secretarias do Meio Ambiente dos estados em que estão operando, devendo apresentar todos os projetos afins.

d) Consumo de Água: balanço hídrico.

O fluxograma de pontos de consumo de água em destilaria de etanol e em fábrica de açúcar (Figura 290) e medições feito por SILVA et al. (2011), será usado como uma base de cálculos do balanço hídrico. Deve-se conhecer os valores médios para as operações que consomem água na fábrica (Tabela 113).

A Secretaria do Meio Ambiente, através do decreto SMA-88/ 2008, determina para novas usinas e para as ampliações de usinas existentes, que o consumo de água deve estar abaixo de 0,7 m^3 por tonelada de cana processada. De modo geral, as usinas vêm reduzindo o consumo de água ao longo dos anos (Figura 291), tornando-se mais eficientes no reuso nas sus instalações e tomando medidas práticas tecnológicas (ELIA NETO, SHINTAKU, em 2009; SILVA et al., 2011 e 2017) nas usina e destilarias, como: adoção a limpeza a seco da cana-de-açúcar, a queima da palha nas caldeiras de alta pressão fazem com que o consumo diminua entre 11 a 13%, em relação à lavagem úmida que é bem usual atualmente.

Na década de 2010, as usinas antigas trabalham com facilidade em valores de captação na ordem de 2,0 m^3/tc (tonelada de cana) e as novas em 1,0 m^3/tc. No estudo de Patrocinio et al (2012), citado por SILVA et al (2017), as quatro usinas avaliadas apresentaram diferentes capacidade de processamento de cana por unidade de tempo, obtendo-se as demandas de água entre 0,69 e 0,73 m^3/ ton de cana.

Ações para economia de água na unidade

Existem medidas simples e bem direcionadas que podem resultar em reduções expressivas no consumo de água em usinas de cana-de-açúcar. A modelagem do balanço hídrico forneceu dados que permitem estimar o consumo de efluentes e estabelecer o tipo de operação unitária para o seu tratamento, além de avaliar o impacto do uso da água pela destilaria, no caso da produção de etanol hidratado e anidro, e pela fábrica na produção de açúcar. As tecnologias como a limpeza a seco da cana-de-açúcar e queima da palha nas caldeiras de alta pressão fazem com que o consumo hídrico diminua entre 11 a 13% em relação à lavagem úmida, que é bem usual atualmente. A substituição do "spray", sistema de refrigeração por aspersão pela torre de resfriamento pode reduzir as perdas de 5 a 8% para 1,5 a 3% (Figura 292) e o movimento interno de ar no funcionamento da torre de resfriamento, no total do balanço hídrico.

Tabela 113 - Consumos médios de águas nas operações da fabricação.

Setor	Finalidade	Uso Específico	Uso Médio (m3/t. cana) total)	Distribuição, %
Alimentação	Lavagem de Cana	1,4 a 8,26 m3/ t.cana total	5,330	25,4
Extração (moendas)	Embebição	0,25 m3/ t.cana total	0,250	1,2
	Resfriamento de Mancais	0,15 m3/ t.cana total	0,150	0,7

Tratamento de caldo	Preparo de Leite de Cal	0,03 m3/ t.cana total	0,030	0,1
	Resfriamento Coluna de Sulfitação (•)	0,10 m3/ t.cana p/açúcar	0,050	0,2
	Embebição dos Filtros	0,04 m3/ t.cana total	0,040	0,2
Concentrção do Caldo (•)	Condensadores dos Filtros	0,30 m3/ t.cana total	0,300	1,4
	Condensadores/ Multijatos Evaporação	4 a 6 m3/ t.cana p/ açúcar	2,000	9,5
	Condensadores/ Multijatos Cozedores	8 a 1O m3/t.cana p/ açúcar	4,000	19,0
	Diluição de Méis	0,06 m3/t.cana p/açúcar	0,030	0,1
	Resfriamento Cristalizadores	O,1O m3/t.cana p/ açúcar	0,050	0,2
Geração de Energia	Lavagem de Açúcar	0,01 m3/t.cana p/açúcar	0,005	0,0
	Produção de Vapor	424 a 602 kg/t .cana total	0,500	2,4

	Resfriamento Turbogeradores	0,20 m3/t .cana total	0,200	1,0
Fermentação	Resfriamento do Caldo	1O a 30 m3/m3 etanol	1,000	4,8
	Preparo do Mosto	0,01 m3/m3 etanol	0,001	0,0
Destilaria (..)	Preparo do Pé-de-cuba	0,01 m3/m3 etanol	0,001	0,0
	Resfriamento de Domas	61 m3/m3 etanol	3,000	14,3
	Resfriamento Condensadores	80 m3/m3 etanol	4,000	19,0
Outros	Limpeza Pisos e Equipamentos	0,050 m3/t.cana total	0,050	0,2
	Uso Potável	70 l/f uncionário.dia	0,030	o,1

Fonte: Elia Neto, A. Tratamento de Efluentes na Agroindústria Sucroalcooleira, RT 762-95/96, CTC, 1995

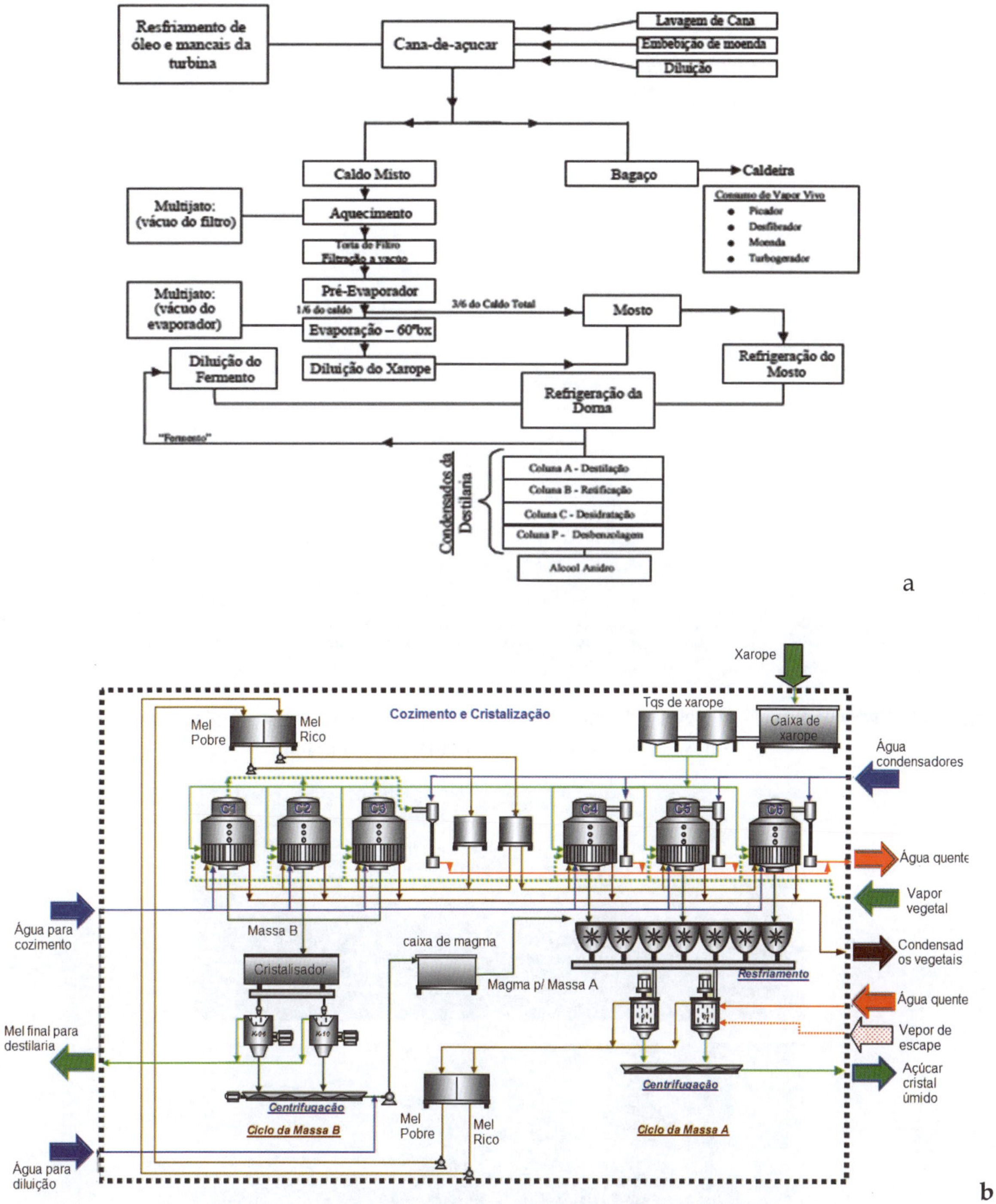

Figura 290. Fluxograma de utilização da água na fabricação do etanol (a) e do açúcar (b). Fonte: Silva et al. (2017).

Ver anexo 1 na página 982

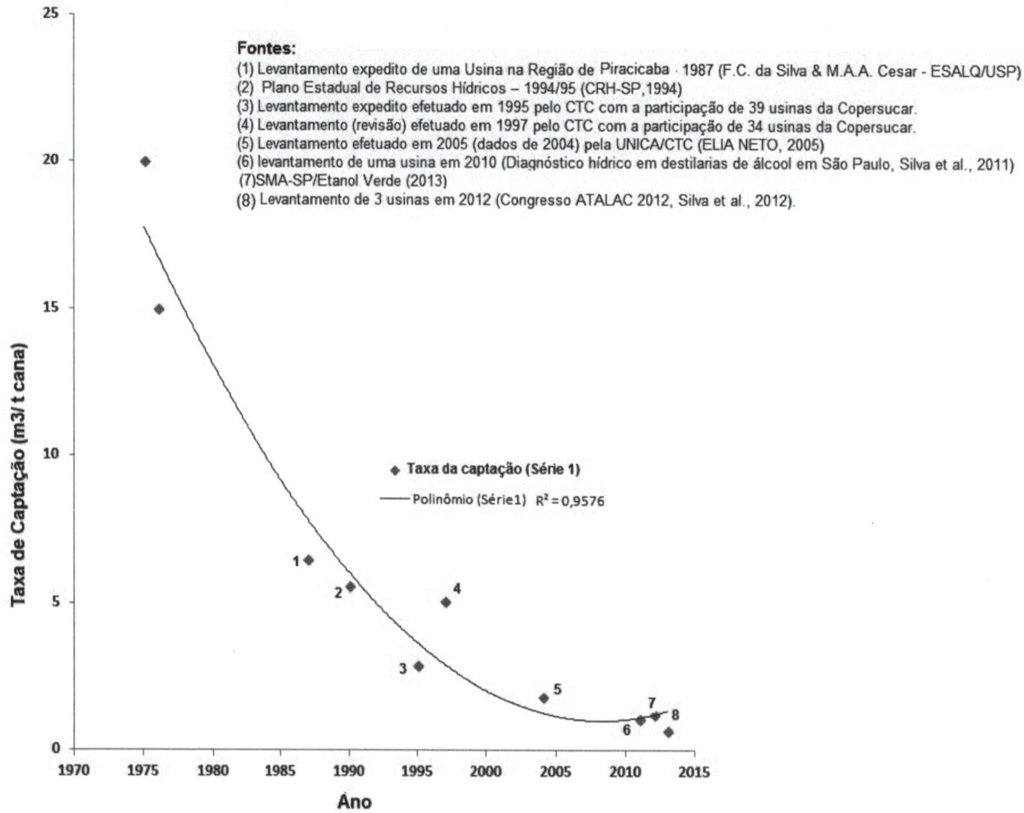

Figura 291. Curva de redução de captação de água pelas usinas e destilarias no tempo, adaptado por Fábio Cesar da Silva e Alexei B. do Patrocinio (2015, não publicado).

Figura 292: Sistema de resfriamento das águas residuais quentes, tipo Spray e por torre. Fonte: Usinas Graneli e Ester.

34.5 EFLUENTES E ÁGUAS RESIDUAIS

Pela importância que tem este assunto nas usinas de açúcar e nas destilarias de etanol, não se poderia deixar de comentar, nesta última parte deste livro, os tratamentos adotados principalmente no período de safra.

Esses efluentes, resultantes do processamento da cana-de-açúcar nas usinas e nas destilarias de etanol, podem ser divididos em:

a) Efluentes do setor de recepção de cana e da extração do caldo
- ➢ Água de lavagem de cana dispensada em se tratando de colheita mecânica da cana,
- ➢ Água de lavagem de piso,
- ➢ Água de refrigeração dos mancais, das moendas e turbinas.

a) Efluentes do setor de tratamento de caldo
- ➢ Água dos condensadores,
- ➢ Água de lavagem de piso,
- ➢ Água dos trocadores de calor.

c) Efluentes da destilaria e fábrica de açúcar
- ➢ Água de refrigeração das dornas,
- ➢ Água dos condensadores da destilaria,
- ➢ Vinhaça, flegmaça, fundo de dorna,
- ➢ Água dos multijatos dos evaporadores e cozedores,
- ➢ Torta dos filtros rotativos.
- ➢ Água de lavagem / limpeza dos equipamentos, turbinas, caixas de mel, xarope dos cristalizadores, pisos e sobre-pisos.

Destino dado à vinhaça e águas residuais

A distribuição de vinhaça nas lavouras de cana nas décadas passadas era feita através de caminhões tanques, construídos em ferro ou, mesmo, modernamente, em aço inoxidável, aparecendo também sua construção em material plástico. A vinhaça, assim conduzida, era distribuída nos canais principais de alimentação que distribuam aos sulcos realizados para o plantio da cana. Adicionando-se a esta vinhaça, tinha-se também flegmaça e fundos de dornas de fermentação.

Entretanto, muitas usinas, com o surgimento de bons materiais plásticos, passaram a adquirir os tubos com estes materiais de boa resistência térmica, o que permitiu fazerem a distribuição desta vinhaça produzida, agregada das águas residuais nas lavouras de cana, amenizando-se, assim, o efeito agressivo da vinhaça.

Como a vinhaça que sai na base da coluna de destilação ainda muito quente, esta é conduzida até tanques de acionamento, estes revestidos por lençóis plásticos de boa resistência,c onde se resfria, podendo receber, também, águas residuais. Deste tanque, esta vinhaça, com auxílio de bombas centrífugas, vai sendo conduzida para outro tanque estrategicamente posicionado nas lavouras mais próximas, onde pode ser aspergida nas canas plantadas nesta região. Deste tanque, esta vinhaça é bombeada para outro, instalado de dois a três quilômetros do primeiro, o que permite irrigar as canas plantadas nessas áreas.

Assim, de modo geral, as usinas e destilarias autônomas de etanol programam a utilização da vinhaça e águas residuais através de um sistema de distribuição tubular até os tanques, instalados estrategicamente em diversos pontos das lavouras de cana.

Finalizando os descritivos deste livro, julga-se importante salientar que as usinas sucroalcooleiras no Brasil contam hoje com muitas empresas produtoras de máquinas e equipamentos e de assessoramento técnico-industrial e agrícola, merecedoras da mais alta confiabilidade de nós, autores.

REFERÊNCIA BIBLIOGRÁFICA

ABBOTT, J. P.; RICH, J. E. Pan circulators and controls. **Sugar Journal**, New Orleans, v. 37, n. 11, p. 8-13, 1975.

ACOSTA, J. A. Novel juice cleaning machine._**Sugar y Azúcar, New York,** v. 51, n. 12, p. 29, 1956.

ALBUQUERQUE, F. M. **Processo de fabricação do açúcar.** 2. ed. Recife: Editora Universitária UFPE, 2009. 449 p.

ALMEIDA, J. R. **Princípios gerais da fabricação de açúcar de cana**. Piracicaba: Centro Acadêmico "Luiz de Queiroz", 1944. 228 p.

AMORIM, H. V. Nutrição mineral da levedura: aspectos teóricos e práticos. In: SEMANA DE FERMENTAÇÃO ALCOÓLICA JAIME ROCHA DE ALMEIDA, 4., 1985, Piracicaba. **Anais...** Piracicaba: Esalq: Stab, 1985. p. 144-148.

AMORIM, H. V. de. **Fermentação alcoólica**: ciência e tecnologia. Piracicaba: Fermentec, 2005. 448 p.

AMORIM, H. V.; OLIVEIRA, A. J. Infecção na fermentação: como evitá-la. **Álcool & Açúcar,** São Paulo, v. 2, n. 5, p. 12-18,1982.

ANDRADE, L.F. **Produção de etanol de segunda geração**. 2014. 30 p. Trabalho de Conclusão de Curso (Especialização em Microbiologia)-Instituto de Ciências Biológicas, Universidade Federal de Minas Gerais, Belo Horizonte, 2014.

ANUÁRIO brasileiro da cana-de-açúcar: Brazilian sugar cane yearbook: 2015. Santa Cruz do Sul: Editora Gazeta, 2015. 322 p.

ARAÚJO, J. M. A. **Química de alimentos:** teoria e prática. Viçosa, MG: Universidade Federal de Viçosa, 1995. 335 p.

BAIKOW, V.E. **Manufacture and refining of raw cane sugar**. Amsterdam: Elsevier, 1967. 453p.

BARNES, A. C. **The sugar cane**. Aylesbury: Leonard Hill, 1974. 572 p.

BASSO, L. C. ; ALVES, D. M. G. ; AMORIM, Henrique Vianna de . The antibacterial action of succinic acid produced by yeast during fermentation. Revista de Microbiologia , São Paulo, v. 28, n.Supl 1, p. 77-82, 1997.

BAYMA, C. **Tecnologia do açúcar**: da matéria-prima à evaporação. Rio de Janeiro: Instituto de Açúcar e Álcool, 1974. 291 p. (Coleção canavieira; 13).

BENFEY, C. Norbert Rillieux: chemical engineer and free black cousin of Edgar Degas. **Chemical Heritage Newsmagazine**, Philadelphia, v. 16, n. 1, p. 38-41, 1998.

BIENENSTOCK, B.; POWERS, H.E.C. Introducing the "Equilibrium Relative Humidity" of a sugar. **International Sugar Journal**, Glamorgan, v. 53, n. 633, p. 254-255, 1951.

BOSWORTH, R.C.L. Transmissão de calor. In: HONIG, P. (Ed.). **Princípios de tecnologia azucarera**, Mexico: Companía Editorial Continental, 1969, v. 3. p. 25-49.

BRIEGER, F. O. Início da safra: como determinar a maturação. **Boletim Informativo Coperes-te,** Ribeirão Preto, v. 4, p. 1-3, 1968.

BRUNELLI, S. Desenvolvimento de extração de caldo. **In: Seminário da Industria Sucroal-cooleira**, Aguas de São Pedro, SP (Brazil), nov. 1985, v. 4(2) p. 41-49.

BRUNELLI, S. Preparo da cana: descrição dos jogos de facas "tipo Copersucar".
In: SEMINÁRIO COPERSUCAR DE AGROINDÚSTRIA AÇUCAREIRA, 3., 1975, Águas de Lindóia. **Anais**... Águas de Lindóia: Copersucar, [1975]. p. 445-472.

BRUNICHE-OLSEN, H. Recent experience with the DDS cane diffuser. **Sugar y Azúcar, New York**, v. 61, n. 8, p. 27-29, 1966.

CENTRO DE TECNOLOGIA COPERSUCAR. **Curso de operação de moendas**. [Piracicaba], 1999. 161 p.

CESAR, M. A. A. **Extração por difusão.** In: SEMINARIO DE TECNOLOGIA E PRODUÇÃO DE ETANOL, 1980, São Paulo. [Anais...]. São Paulo: MCT/USP, 1980. 15-22p.

CESAR, M. A. **Estudo sobre o comportamento da cana "bis" em relacao as suas caracteristi-cas agro-industriais**. 1970. 59 p. Tese (Doutorado)-Escola Superior de Agricultura "Luiz de Queiroz", Piracicaba, 1970.

CESAR, M. A. A. **A cana-de-açúcar como matéria-prima para a indústria sucroalcooleira**. Piracicaba: Calq, 1993. 108 p.

CESAR, M. A. A.; CARUSO, J. G. B. Observações sobre o uso da cal com
elevado teor de magnésio na indústria açucareira. **Stab**, Piracicaba, v. 21, n. 3, p. 38-40, 2003.

CESAR, M. A. A. et al. Avaliação da composição mineral do caldo de cana-de-açúcar, em função de variedade e da época do ano. **Revista Usineiro**, São Paulo, v. 4, p. 26-34, 1990.

CESAR, M. A. A. et al. Efeitos das fontes de fósforo aplicadas no solo (incorporadas) no plan-tio, sobre as características tecnológicas do caldo, em cana soca. **Stab**, Piracicaba, v. 7, p. 33-39, 1989.

CÉSAR, M. A. A. et al. Estudo sobre diferentes técnicas e variadas combinações de adubação, na cultura canavieira e seus efeitos na qualidade tecnológica do caldo. **O Solo**, Piracicaba, v. 79, p. 69-77, 1987.

CESAR, M. A. A.; MAZZARI, M. R. O teor de amido em função do estágio de
maturação da cana. **Brasil Açucareiro**, Rio de Janeiro, v. 80, p. 54-67, 1972.

CHARLES, D. F. Solubility of pure sucrose in water. **International Sugar Journal**, Glamorgan, v. 62, p. 126-131, 1960.

CHEN, J. C. P. **Cane sugar handbook**: a manual for cane sugar manufacturers and their che-mists. 17. ed. New York: John Wiley & Sons, 1985. 1134 p.

CHEN, J. C. P.; CHOU, C. C. (Ed.). **Cane sugar handbook**: a manual for cane sugar manufac-turers and their chemists. 12th ed. New York: John Wiley & Sons, 1993, 959 p.

CHENU, P. M. **Caldeiras**. Piracicaba: Centro de Tecnologia Copersucar, 1981. v. 1, p. 4-8.

CHIRGWIN, A. B. Technical aspects of theoretical mill setting. **Sugar Journal**, New Orleans, v. 23, p. 27-33, 1960.

CLARKE, E. G. Desarrollo y operación del tacho tipo circunferencial. **Sugar y Azúcar, New York, v. 58, n.** 8, 1963. Paginação irregular.

CONSELHO DOS PRODUTORES DE CANA-DE-AÇÚCAR, AÇÚCAR E ÁLCOOL DO ESTADO DE SÃO PAULO. **Manual de instruções**. 5. ed. Piracicaba, 2006. 111 p.

CONSELHO NACIONAL DE SAÚDE (Brasil). Resolução nº 04, de 24 de novembro de 1988, do Conselho Nacional de Saúde (estabelece os limites máximos de concentração para aditivos intencionais adicionados a alimentos). **Diário Oficial da União,** Seção 1, 19 dez. 1988. Disponível em: < http://bvsms.saude.gov.br/bvs/saudelegis/cns/1988/res0004_24_11_1988.html>. Acesso em: 24 mar. 2018.

COPERSUCAR. **Fundamentos dos processos de fabricação do açúcar e do álcool**. Piracicaba, 1988. 12 p. (Cadernos Copersucar. Série Industrial, nº. 020).

COPERSUCAR. **Processo de fabricação do açúcar - parte I**. Piracicaba: Copersucar, 1987. Apostila do curso de Engenharia Açucareira.

COPERSUCAR. **Seminários de tecnologia industrial**. Piracicaba, 1993. 434 p.

CRAWFORD, W. R. Cane extraction by milling: the modern approach (parts I, II and III). **International Sugar Journal**, v. 72, 1970. Paginação irregular.

CROSSMAN, M. T. A review of modified shredder systems. **Proceedings of The South African Sugar Technologists' Association**, v. 68, p. 166-168, 1994.

CRUZ, S. H. da PROCESSOS INDUSTRIAIS DE CONDUÇÃO DA FERMENTAÇÃO. Disponível no site: https://edisciplinas.usp.br/mod/resource/view.php?id=2228579, em consulta em 10/11/2018.

CUNHA, G. P. da. **Identificação e análise de empresas internacionais produtoras de etanol 2G.** 2013. 234 p. Dissertação (Mestrado em Ciências em Engenharia de Biocombustíveis e Petroquímica)-Escola de Química, Universidade Federal do Rio de Janeiro, Rio de Janeiro, 2013.

DEDINI, Industrias de Base - **Informações técnicas de difusores Dedini / Bosh**. Piracicaba, 2012. 8 p.

DEDINI, Industrias de Base - **Processo DHR (Dedini Hidrólise Rápida)**. Piracicaba, 2008. 15 p.

DEDINI S. A. METALÚRGICA.**Evaporadores compactos Dedini**. Piracicaba, [1978]. 2 p.

DEERR, N. **The history of sugar**. London: Chapman and Hall, 1949. 2 v.

DELGADO, A. A. **A clarificação do caldo de canas despalhadas, manualmente e a fogo, em função do tempo de espera para a industrialização**. 1975. 148 p. Tese (Livre Docência)-Escola Superior de Agricultura "Luiz de Queiroz", Piracicaba, Universidade de São Paulo, Piracicaba,1975.

DELGADO, A. A. (et al). **Curso de tecnologia do açúcar de cana**: teórico-prático. Piracicaba: Esalq, 1970, 226 p.

DELGADO, A. A.; CESAR, M. A. A. **Cálculo Açucareiro.** Piracicaba: Esalq, 1975. 226 p.

DELGADO, A. A.; CESAR, M. A. A. **Elementos de tecnologia e engenharia do açúcar de cana.** Piracicaba: Esalq Departamento de Tecnologia Rural. 1977. 3 v. 1061 p.

DELGADO, A. A.; DELGADO, A. P. **Produção do açúcar mascavo, rapadura e melado**. Piracicaba: A.A. Delgado, 1999, 154 p.

DELGADO, A. A.; MAFRA, R. L. Cana com ponta: uma necessidade ou uma vantagem industrial? **Revista Usineiro**, São Paulo, v. 4, n. 19, p. 58-65, 1989.

DELGADO, A. A.; FERREIRA, L. J.; BARBIN, D. Estudos sobre o comportamento do fósforo na clarificação do caldo de cana: II - o comportamento de três variedades de cana-de-açúcar na clarificação, do caldo em função de teores variáveis de fósforo. **Brasil Açucareiro,** Rio de Janeiro, v. 82, n. 1, p. 55-75, 1973.

DIAGO, R. **Um novo sistema de cozimento**. Florida: Diago, 1977. 16 p.

DILLEWIJN, C. N. **Botany of sugarcane**. Waltham: Chronick Botanica, 1952. 371 p.

DIVISÃO INDUSTRIAL COPERSUCAR. Sistema de três massas. In: SEMINARIO COPERSUCAR DA AGROINDUSTRIA AÇUCAREIRA, 3., 1975, Águas de Lindóia. **Anais**... Águas de Lindóia: COPERSUCAR, 1975. p. 541-596.

EGGLESTON, G. Hot and cold lime clarification in raw sugar manufacture II: lime addition and settling behavior. **INTERNATIONAL SUGAR JOURNAL**, GLAMORGAN, V. 102, P. 453-457, 2000.

ENGENHO NOVO TECNOLOGIA. **Sulfitação de jugo de cana por ejetor de mistura líquido-gás**. [2018]. Disponível em: <http://www.engenhonovo.com/pt/artigostecnicos/sc.pdf>. Acesso em: 13 dez. 2009.

ESCHER, W. Técnica del lecho fluido. Boletim técnico, Ravensburgo, 1975.

ESPINOSA, M. E., 1965. Sulphitation with ejectors. Bol. Azuc. Mex., (187) 16: 18 Apud Int. **Sug. Journal** (68): 23, 1965.

EVANGELISTA, J. **Tecnologia de alimentos**. 2. ed. São Paulo: Atheneu, 2005. 652 p.

FABER, A. N. **Características de los difusores y su aplicación en la extracción del jugo de caña**. [2013]. Disponível em: <http://www.aeta.org.ec/pdf/fabrica/Faber%20A.%20N.,%20Caracteristicas%20de%20los%20difusores.pdf>. Acesso em: 24 maio 2018.

FARREL SUGAR CANE MACHINERY. **Boletim 312B**. Ansonia: Farrel Company Division, 1977. 10 p.

FARREL SUGAR MILLS. **Boletim 312A**, Ansonia: Farrel, 1977. 8 p. Precisava verificar o documento para checar as informações. Não localizei na internet.

FERNANDES, A. C. **Controle da cana-de-açúcar como matéria-prima na fabricação do açúcar e do álcool**. São Paulo: COPERSUCAR, 1986. 22 p. (Série Agronômica, 3).

FIVES-LILLE INDUSTRIAL. **Cristalizadores FCL e places espirais.** Rio de Janeiro, 1975. 7 p. Catálogo técnico.

FIVES-LILLE-OAIAL. **Centrífuga descontínua automática.** Paris, 1975. 12 p. Catálogo.

FISCHER & PORTER. Complete process instrumentation. Sugar industry. Bulletin 20, 21-04 e Catalog 90-260-10. Pennysilvania, U.S.A. 1976.

FOXBORO, s/d Process Instrumentation and Systems for the Sugar Industry. Bulletin 8-278, U.S.A.

GALANI, G. **Alguns cálculos sobre assentamento de moendas**. Piracicaba: Esalq/USP, 1973. 9 p. Mimeografado.

GLÓRIA, N. A. da; SILVA, E. N. Juices composition and its influence on the scaling formation. **International Sugar Journal**, Glamorgan, v. 79, 5p. 1977.

GLÓRIA, N.A. da; SILVA, E. da; SALMERON, A. Estudo sobre a neutralização do caldo de cana nas usinas de açúcar. III — Qualidade da cal empregada nas usinas do Estado de São Paulo. In: SEMINÁRIO COPERSUCAR DE AGROINDÚSTRIA AÇUCAREIRA, 3., 1975, Águas de Lindóia. **Anais**... Águas de Lindóia: Copersucar, [1975]. p. 495-502.

GODOY, A. et al. Continuous and batch fermentation processes: advantages and disadvantages of these processes in the Brazilian ethanol production. **International Sugar Journal**, Glamorgan, v. 110, n. 1311, 2008.

GRANBIO inicia produção de etanol de segunda geração. 2014. Disponível em: <http://www.granbio.com.br/wp-content/uploads/2014/09/partida_portugues.pdf>. Acesso em: 5 jan. 2017.

GUTIERREZ, L. E. Produção de glicerol por linhagens de Saccharomyces durante fermentação alcoólica. Anais ESALQ. vol. 48. p. 55 - 69. Piracicaba, São Paulo, 1991.

HALE, D. Y.; WHAYMAN, E. Developments in clarifier design. **Sugar Y Azucar**, New York, v. 67, n. 3, p. 15-18, 1972.

HALE, D. J. et al. Mud centrifugation: preliminary trials. In: QUEENSLAND SOCIETY OF SUGARCANE TECHNOLOGISTS, 41., 1974, Townsville. **Proceedings**... Brisbane: Watson Ferguson, [1974]. p. 243-248.

HARLOFF, W. H. Th.; SCHMIDT, H. **La fabricacion de azúcar blanco en la ingenios**. Londres: Norman Rodger, 1914. 132 p. Versión castellana por C.J. Bourbakis.

HAVLIN, A.; VALTER, V., 1974. Chepos - ZVU automatic fluidized-bed dryer and cooler. Listy Cukr, 89: 176—181, 1973. Apud **Int. Sug.Journal**, v.3., 76 (907): 215-217.

HONIG, P. (Ed.). **Princípios de tecnologia azucarera**, Mexico: Compania Editorial Continental, 1969. v. 3.

HORII, J. Características gerais das leveduras: classificação, morfologia, citologia, reprodução e fisiologia. In: SEMINÁRIO SOBRE TECNOLOGIA E ECONOMIA DO ÁLCOOL, 1., 1980, São Paulo. **Anais**... São Paulo: Secretaria da Indústria, Comércio, Ciência e Tecnologia, 1980a. p. 27-35.

HORII, J. Condução de processos fermentativos. In: SEMINÁRIO SOBRE TECNOLOGIA E ECONOMIA DO ÁLCOOL, 1., 1980, São Paulo. **Anais**... São Paulo: Secretaria da Indústria, Comércio, Ciência e Tecnologia, 1980b. p. 37-41.

HUGOT. E. **Handbook of cane sugar engineering**. 3. ed. New York: Elsevier, 1986. 1166 p.

HUGOT, E. **Manual de engenharia açucareira**. São Paulo, Mestre Jou, 1977. 2 v. Tradução de I. Mioque.

IRVINE, P. C.; DOYLE, C. D. Some measurements of the effect of tops and trash on cane quality. In: AUSTRALIAN SOCIETY OF SUGAR CANE TECHNOLOGISTS, 11., Brisbane, 1989. **Proceedings**... Brisbane: Watson Ferguson, 1989. p. 1-7.

JAMES, G. (Ed.). **Sugarcane.** 2. ed. Oxford: Blackwell, 2004. 216p. (World Agriculture Series, 10).

JARDINE, J. G.; DISPARO, I.; PERES, M. R. **Considerações sobre o bioetanol lignocelulósico para subsidiar a elaboração de conteúdo da Árvore de Conhecimento Agroenergia**. Campinas: Embrapa Informática Agropecuária, 2009. 28 p. (Embrapa Informática Agropecuária. Documentos, 95).

JENKINS, G. H. **Introduction to cane sugar technology**. Amsterdam: Elsevier, 1966. 478 p.

JOLY, S.; STUPIELLO, J. P. Deterioracão do açúcar bruto de cana: II contaminação microbiológica. **Brasil Açucareiro**, Rio de Janeiro, v. 82, n. 4, p. 24-30, 1973.

KELLY, H. C. La solubilidad de la sacarose en soluciones impuras. In: HONIG, P. (Ed.). **Princípios de tecnologia azucarera**. México: Compañía Editorial Continental, 1969. v. 2, p. 71-102.

KING, N. J.; MONTGOMERY, R. W.; HUGHES, C. G. **Manual of cane-growing**. New York: American Elsevier, 1965. 375 p.

KIRBY, L. K.; WHITE, E. T. The use of a model to determine flow patterns and efficiency of continuous crystallisers. In: QUEENSLAND SOCIETY OF SUGARCANE TECHNOLOGISTS, 45., 1978, Townsville. **Proceedings**... Brisbane: Watson Ferguson, 1978. p. 53-57.

KRYGER, A. de. "Segura" high-speed vacuum pan. **Sugar** y **Azúcar, New York, v.** 58, n. 2, p. 20-21, 1963.

LAMUSSE, J. P. The choice between diffusion and milling. **Revue agricole et sucrière de I´Ile Maurice**, Mauritius, v. 63, p. 35-45, 1984.

LAUBSCHER, P. J. The functioning of sulphur towers. **International Sugar Journal**, Glamorgan, v. 53, p. 48-49, 1951.

LEGENDRE, B.L.; IRVINE, J.E. Some effects of cane trash on milling quality of sugar cane. *Proceedings of the South African Sugar Technologists*, p.167-173, 1975.

LEME, H. de A.; ALMEIDA, J. R. Cálculo da potência dos motores para moendas de cana de açúcar. Anais da Escola Superior de Agricultura Luiz de Queiroz, Piracicaba, v. 4, p. 327-360, 1947.

LEME JÚNIOR, J.; BORGES, J. M. **Açúcar de cana.** Viçosa: Imprensa UFV, 1965. 328 p.

LOPES, C. H. (Org.). **Tecnologia de produção de açúcar de cana**. São Carlos: EdUFSCar, 2011. 183 p. (Coleção UAB-UFSCar).

LOPES FERRER, F. A. **Manual practico de maquinaria y aparatos en los ingenios de azúcar de cana.** La Havana: Cultural, 1940. 303 p.

LOVE, D. J.; REIN, P. W. Percolations behavior of a cane diffuser. In: INTERNATIONAL SOCIETY OF SUGAR CANE TECHNOLOGISTS, 17., 1980, Manila. **Proceedings**... Manila: ISSCT, 1980. p. 1900-1924.

MARTINS, N. G. S. **Os fosfatos na cana-de-açúcar**. 2004. 87 p. Dissertação (Mestrado em Ciências)-Escola Superior de Agricultura "Luiz de Queiroz", Universidade de São Paulo, Piracicaba, 2004.

MANCILHA, F. A. S. de. Amarelamento de açúcar durante a armazenagem. **Boletim técnico Copersucar**, São Paulo, p. 4-11, out. 1987. Edição especial.

MANCILHA, F. A. S. de; GROSSO, C. R. F. Umidade e suas implicações na armazenagem de açúcar. **Boletim técnico Copersucar**, São Paulo, p. 4-15, fev. 1987. Edição especial.

MARCHÉS, J. Clarification of cane juices by means of the sulphitation process. In: HONIG. P. (Ed.). **Principles of sugar technology**. Amsterdam: Elsevier, 1953. p. 582-654.

MARTINELLI FILHO, A. **Contribuição para o estudo dos microrganismos presentes nos açúcares da zona de Piracicaba**. 1955. 45 p. Tese (Doutorado)-Escola Superior de Agricultura "Luiz de Queiroz", Universidade de São Paulo, Piracicaba, 1955.

MAXWELL, F. **Modern milling of sugar cane**. London: Norman Rodger, 1932. 423 p.

MAXWELL, F. **Sulphitation in white sugar manufacture.** London: Norman Rodger, 1916. 72 p.

MCMILLAN, J. D. Pretreatment of lignocellulosic biomass. In: HIMMEL, M.E.; BAKER, J.O.; OVEREND, R.P. (Ed.). **Enzymatic conversion of biomass for fuels production**. Washington: American Chemical Society, 1994, p. 292-324.

MEADE, G. P. **Manual del azúcar de caña**: para fabricantes de azúcar de caña y químicos especializados. Barcelona: Montaner y Simon, 1967. 940 p.

MEADE, G. P.; CHEN, J. C. P. **Cane sugar handbook**: a manual for cane sugar manufacturers and their chemists. 10. ed. New York: J. Wiley, 1977. 947 p. il.

MEIRELLES, A.; WEISS, S.; HERFURTH, H. Ethanol dehydration by extractive distillation. **Journal of Chemical Technology and Biotechnology**, Hoboken, v. 53, n. 2, p. 181-188, 1992.

MIRANDA, G. G. **Caldeiras e equipamentos geradores de vapor**. São Paulo: Eucorel, 1972. 60 p.

MONTEIRO, C. E. **Disposição final dos despejos líquidos da indústria açucareira e alcooleira**. São Paulo: CETESB, 1977.

MURRY, C. R.; HOLT, J. E. **The mechanics of crushing sugar cane**. Amsterdam: Elsevier, 1967. 143 p.

NAZATO, C. et al. Moenda x difusor: diferentes pontos de vista sobre o assunto. **Bioenergia em revista:** diálogos, Piracicaba, v. 1, n. 1, p. 129-139, 2011.

NEUZIL, L., 1974. Drying and cooling of sugar crystals in a fluidized. bed. Cuba Azucar. 21-29, 1973. Apud **Int. Sug.Jounal**, v.3. 76 (912): 377.

NOVACANA. **GranBio inicia produção de etanol de segunda geração**. 2014. Disponível em: <http://www.granbio.com.br/wp-content/uploads/2014/09/partida_portugues.pdf> . Acesso em: 5 jan. 2017.

NOVACANA. **Matérias-primas do etanol de 2ª geração**. 2018. 19 p. Disponível em: <https://www.novacana.com/etanol/materias-primas/>. Acesso em: 1 jun. 2018.

NOVOZYMES Latin America Ltda.; 2008; Liquefação de Amido a partir de grãos
moídos a seco; 6p. Disponível em: <https://www.novacana.com/etanol/materias-primas/>. Acesso em: 1 jun. 2018.

NUNES JUNIOR, D. Como podemos atingir médias de 100 toneladas/hectare? **Revista Opiniões**, Ribeirão Preto, v. 13, n. 48, p. 5-6, 2016.

OLIVÉRIO, J. L.; SOARES, P. A. **Produção de álcool a partir do bagaço**: o processo DHR - Dedini Hidrólise Rápida. Piracicaba: Dedini S/A Indústrias de Base, 2007. Disponível em: <http://www.iea.usp.br/midiateca/apresentacao/etanolcelulosicosoares.pdf/at_download/file>. Acesso em: 10 out. 2015.

OLIVERIO, J. L. et al. **Juice extraction system**: mills and diffusers - the Brazilian Experience. 2013. Disponível em: <http://www.codistil.com.br/index.php?option=-com_docman&task=doc_view&gid=163&Itemid=40&lang=pt>. Acesso em: 23 maio 2018.

ORPLANA, Procedimentos e Normas para acompanhamento de Análise da
Qualidade de Cana de Açúcar. Consecana. 89p. 2013.

OUCKSU-WOLF, s/d. Centrifugas contínuas Buckau-wolf C 1100 . Catálogo. oxide -to-preventevaporador scaling. Proc. ASSD., v.13: 60—104p., 49-52, 74-80.

FISCHER & PORTER, s/d. Complete process instrumentation. Sugar industry. Bulletin 20, 21-04 e Catalog 90-260-10. Pennysilvania, U.S.A. 1976.

PATURAU, J. M. **By-products in the cana sugar industry**: an introduction to their industrial utilization. 3rd. ed. Amsterdam: Elsevier, 1989. 435 p. (Sugar Series, 11).

PAULILLO, S. C. L. ; YOKOYA, F. ; BASSO, L. C. . Mobilization of Endogenous Glycogen and Trehalose of industrial Yeasts. Brazilian Journal of Microbiology , São Paulo, v. 34, p. 249-254, 2003.

PAULINO, J. de S. et al. Improvement of Brazilian bioethanol production - challenges and perspectives on the identification and genetic modification of new strains of *Saccharomyces cerevisiae* yeasts isolated during ethanol process. **Fungal Biology**, v. 122, n. 6, p. 583-591, June 2018.

PAYNE, J. H. **Operações unitárias na produção de açúcar de cana**. São Paulo: Nobel/STAB Editora, 1990. 245 p.

PERA, H. **Geradores de vapor:** um compendio sobre a conversao de energia com vistas a preservação da ecologia. 2. ed. São Paulo: Fama, 1990. 319 p.

PERK, G. M. C. **The manufacture of sugar from sugarcane: a guide for students of sugar technology**. Durban: Sugar Milling Research Technology, 1973. 212 p.

PIETROBON, V. C. **Hidrólise do bagaço de cana-de-açúcar pré-tratado com ácido e álcali utilizando enzimas microbianas comerciais**. 2008. 66 p. Dissertação (Mestrado em Microbiologia Agrícola)-Escola Superior de Agricultura "Luiz de Queiroz", Universidade de São Paulo, Piracicaba, 2008.

PITARELO, A. P. **Avaliação da susceptibilidade do bagaço e da palha de cana-de--açúcar à bioconversão via pré-tratamento a vapor e hidrólise enzimática.** 2007. 125 p. Dissertação (Mestrado em Química)-Universidade Federal do Paraná, Curitiba, 2007.

PORTA ARQUED, A. **Fabricación del azúcar**. Barcelona: Salvat, 1955. 809 p.

POWERS, H. E. C. Cristalografia da sacarose. In: HONIG, P. (Ed.). **Princípios de Tecnologia Azucarera**. Mexico: Continental, 1969. v. 2. p. 19-69.

RAMOS, L. P. **Aproveitamento integral de resíduos agrícolas e agroindustriais**. [2000], p. 1-11. Disponível em: <http://web-resol.org/textos/artigo_pretratamento.pdf>. Acesso em: 24 maio 2018.

RAMOS, L. P. The chemistry involved in the pretreatment of lignocellulosic materials. **Química Nova**, São Paulo, v. 26, n. 6, p. 863-871, 2003.

RAMOS JUNIOR, R. New cane mud filtration process and mixed juice. **Sugar Journal**, Glamorgan, v. 23, n. 8, 1961. Paginação irregular.

REIN P. W. A comparison of cane diffusion and milling. **Proceedings of The South African Sugar Technologists' Association**, v. 69, p. 196-200, 1995.

REIN, P. W. A review of cane diffusion in South African sugar mills. **International Sugar Journal**, Glamorgan, v. 101, p. 192-196,1999.

REIN, P. W. **Cane sugar engineeiring.** 2nd ed. Berlin: Bartens, 2012. 768 p.

REVIERE, M.; PITHOIS, P. Aplicación de tachos continuous a terceras templas. **Sugar Y azucar,** New York, v. 7, n. 12, p. 63-68, 1976.

RIBEIRO, C. A. F.; BLUMER, S. A. G.; HORII, J. **Fundamentos de tecnologia sucroalcooleira**: tecnologia do açúcar. Piracicaba: USP/ESALQ/LAN, 1999. 1 v.

RIPOLI, T. C. C.; RIPOLI, M. L. C. **Biomassa de cana-de-açúcar**: colheita, energia e ambiente. Piracicaba: T.C.C. Ripoli, 2004. 302 p.

RIVALLAND, J. F. R. Milling and diffusion in Mauritius. **Revue agricole et sucrière de I´Ile Maurice**, Mauritius, v. 63, p. 22-30, 1984.

RODRIGUES, M. F. A. **Produção de etanol via hidrólise enzimática do bagaço**. Instituto de Pesquisas Tecnológicas; Escola Politécnica da USP, ago/2009. Disponível em: http://cenbio.iee.usp.br/download/documentos/seminbioenergia/filo
menarodrigues_2608.pdf. Acesso em: 18/10/15.

ROCHA, A. L. B. et al. Fatores que afetam a formação de cor durante armazenamento de açúcar cristal branco. In: XX CONGRESSO BRASILEIRO DE ENGENHARIA QUÍMICA, 20., 2014, Florianópolis. **Anais**... São Paulo: Blucher, 2015. p. 1-8. (Chemical Engineering Proceedings, v. 1, n. 2).

SABIA, M. D.; SILVER, B. Maximum exeraction from a Silver difuser, through press juice treatment. **Sugar Y azucar,** New York, v. 62, n. 7, p. 29-31, 1967.

SAHADEO, P.; LIONNET, G. R. E.; DAVIS, S. B. Mixed juice clarification revisited. **Proceedings of The South African Sugar Technologists' Association**, v. 76, p. 421-432, 2002.

SALMONI, R. **Transmissão do calor**. São Paulo: Mestre Jow. 1966. 287 p.

SANTOS, F. A. et al. Potencial da palha de cana-de-açúcar para produção de etanol. **Quimica Nova**, São Paulo, v. 35, n. 5, p. 1004-1010, 2012.

SANTOS, L. V. dos. **Da ciência à indústria - engenharia metabólica e evolutiva de Saccharomyces cerevisiae para a produção de etanol de segunda geração.** 2017. 300 p. Tese (Doutorado em Genética e Biologia Molecular)-Universidade Estadual de Campinas, Instituto de Biologia, Campinas, 2017.

SARCO. **Distribuição de vapor**. São Paulo, 1975. 28 p.

SASTA. **SASTA Laboratory Manual**. 4th ed. S. Afr. Sugar Tecnh. Assoc. CD-ROM, 2005. Não localizado

SHARMA, S. C; JOHARY, P. C.; RAO, G. S. C. Cane juice phosphates and clarification. **International Sugar Journal**, Glamorgan, v. 83, n. 985, p. 3-5, 1981.

SCOTT, R. P. The limitations imposed on crushing rate by tops and trash. **Proceedings of The South African Sugar Technologists' Association**, v. 51, p. 164-166, 1977

SERMATEC Zanini. **Difusores de Cana**. Disponível em: http://www.sermatec.com.br/por/equipamentos_show.php?prod=9 e em http://unisystems.locaweb.com.br/images/online/arq_Aspectos%20da%20extracao.pdf. Acesso em: 15. Mai. 2013.

SILVA, F. C. da; ALVES, B. J. R.; FREITAS, P. L. (Ed.); **Sistema de produção mecanizada da cana-de-açúcar integrada à produção de energia e alimentos.** Brasília, DF: Embrapa, 2017, v. 2. 938 p.

SILVA, F. C. da; CESAR, M. A. A.; SILVA, C. A. B. da (Ed.). **Pequenas indústrias rurais de cana-de-açúcar**: melado, rapadura e açúcar mascavo. Brasília, DF: Embrapa Informação Tecnológica, 2003. 155 p.

SILVA, F. C. da; DÍAZ-AMBRONA, C. G. H.; ITURRA, A. R. (Ed.). **Desarrollo sostenible de la producción de bioetanol y azúcar**: a partir de la caña de azúcar. Madrid: Editorial Académica Española, 2013. 428 p.

SILVA, F. C. da et al. Influência do tempo decorrido apos queima/corte/transporte sobre as características agrotecnológicas da cana-de-açúcar. **Pesquisa Agropecuária Brasileira**, Brasília, DF, v. 29, n. 4, p. 561-570, 1994.

SILVA, F. C. da et al. Nutrição e adubação da cultura da cana-energia: novos desafios. In: PRADO, R. de M.; CAMPOS, C. N. S. (Ed.). **Nutrição e adubação de grandes culturas**. Jaboticabal: Unesp, 2018. cap. 16, p. 327-350.

SILVA, F. C. da et al. Qualidade da cana-de-açúcar como matéria-prima. In: SILVA, F.C. da; ALVES, B.J.R.; FREITAS, P.L. (Ed.). **Sistema de produção mecanizada da cana-de-açúcar integrada à produção de energia e alimentos.** Brasília, DF: Embrapa, 2015, v. 1, pt. 2, cap. 5. p. 288-359.

SILVA, H. J. T. da. Evolução dos custos produção do setor sucroenergétio brasileiro e as suas perspectivas. **Revista Canavieiros**, Sertãozinho, p. 10-11, jul. 2016.

SILVA JÚNIOR, J. F.; OLIVEIRA, D. T.; NUNES. M. H. **Qualidade de cana crua. In: Seminário de Tecnologia Industrial**, 7., 2000, Piracicaba. [Anais...], Piracicaba: Copersucar, 2000. 1 CD-ROM.

SHIELDS, C. D. **Caldeiras**: tipos, características y sus funciones. México: Editorial Continental, 1965. 716 p.

SMYTHE, B. M. Sucrose crystal growth. **Sugar Technology Reviews**, Amsterdam, v. 1, p. 191-231,1971.

SOUZA, L. G.; GOLDONI, J. S. Qualidade microbiológica do açúcar cristal em uma usina de áçúcar da região de Botucatu - SP. **Revista Usineiro**, São Paulo, v. 4, n. 18, p. 15-22, 1989.

SPENCER, G. L.; MEADE, G. P. **Manual del azúcar de caña: para fabricantes de azúcar de caña y químicos especializados.** Barcelona: Montaner y Simon, 1967. 940 p.

STUPIELLO, J. P. A cana-de-açúcar como matéria-prima. In: PARANHOS, S. B. (Coord.). **Cana-de-açúcar**: cultivo e utilização. Campinas: Fundação Cargil, 1987. v. 2, p. 761-791.

STUPIELLO, J. P.; BALBO, W; MARINO, E. A. **Curso de Destilação - nível operacional**. COPERSUCAR, São Paulo, 1972. 162p.

STUPIELLO, J. P. Esgotabilidade dos melaços.(I): região açucareira de Ribeirão Preto. **Brasil Açucareiro**, Rio de Janeiro, v. 75, n. 3, p. 39-62, 1970.

STUPIELLO, J. P. Esgotabilidade dos melaços.(II): região açucareira de Ribeirão Preto. **Brasil Açucareiro**, Rio de Janeiro, v. 78, n. 4, p. 32-59, 1970.

TEIXEIRA NETO, R. O.; QUAST, D. G. Isotermas de absorção de umidade em alimentos. **Coletânea do Instituto de Tecnologia de Alimentos**, Campinas, v. 8, p. 141-147, 1977.

THIELE, H.; LANGEN, A. Viscosity and supersaturation of sugar solutions: rheological properties during the course of a strike. **International Sugar Journal**, Glamorgan, v. 76, n. 906, p. 169-173, 1974.

TROMP, L.A. **Machinery and equipment of the cane sugar factory**. 2. ed. London: Norman Rodger, 1946. 644 p.

USINA BARRALCOOL S. A., Operações industriais de usinas de açúcar e destilarias de etanol. 29 p. Produção do Açúcar. 2016.

VENTON, C. B. A comparative study of some new vacuum pans. In: **CONFERENCE OF THE AUSTRALIAN SOCIETY OF SUGAR CANE TECHNOLOGISTS**, 16., 1949, Florida. Proceedings... Brisbane: ASSCT, 2003. p. 177-191.

VENTDN, C. 6., 1953.~ - Drying Raw Sugar Dureau o-f Sugar Experiment Sta-tions, Brisbane, 141—151 , Apud **Int. Sug. Journal**, v.3., 55 (657): 245-247.

VILELA, J. M. da C. L.; D´ÁVILA, F. M.; MENATO, M. D. D. Inovações na purificação do caldo. In: MARQUES, M. O. et al. (Ed.). **Tecnologias na agroindustria canavieira.** Jaboticabal: FCAV, 2008. p. 263-271.

VOIGT, I. The implementation of South African sugar technology: the world's largest sugarcane diffusers. **Proceedings of The South African Sugar Technologists' Association**, v. 82, p. 269-277, 2009.

WEBRE, A. L. El nuevo evaporador Webre. **Sugar y Azúcar**, New York, v. 56, n. 10, 1961. Paginação irregular.

WEBRE, A. L. Evaporación a múltiple-efecto y calentamiento de jugos. **Sugar y Azúcar**, New York, v. 57, n. 10, p. 48-50, 1962.

WEBRE, A. L. Problem of entrainment in evaporators. **Sugar y Azúcar**, New York, v. 59, n. 4, 1964. Paginação irregular.

ZANINI S/A. **Cristalizador rápido contínuo**. Sertãozinho, 1977. 5 p.

ZANINI S/A. **Equipamentos para a indústria do açúcar**. Sertãozinho, 1990. 40 p.

ZANINI S/A. Zanini - **Manual de instrução e operação do difusores**. Sertãozinho, 2012. 8 p.

ZARPELON, F. **Processamento industrial de cana não despontada: experiência da Usina Ester. STAB**, Piracicaba, v. 6, p. 37-42, 1988.

ZARPELON, F.; VIOTTI, A. V.; OLIVEIRA, M. G. Efluentes liquidos de usinas de açúcar. In: SEMINÁRIO COPERSUCAR DE AGROINDÚSTRIA AÇUCAREIRA, 3., 1975, Águas de Lindóia. **Anais**... Águas de Lindóia: Copersucar, [1975]. p. 649-664.

ANEXO 1

EXEMPLIFICANDO UM BALANÇO HÍDRICO (MEMÓRIA)

Sequencia de cálculo para uma destilaria autônoma de etanol anidro, capacidade de 4.200.000 L/dia, com produção concomitante de xarope a 60° Brix, visando a correção do mosto a 18° Brix e para permitir a contínua alimentação das dornas, mesmo nas paradas eventuais. Os valores básicos e medidos na indústria de fabricação pelo do etanol pelo fluxograma de utilização da água da Figura 292 **A**, os quais foram: Capacidade de moagem (310 TCH); Fibra da cana (12,5); embebição %fibra (200); Eficiência de destilação, % (99); N° de turbogeradores (1); Capacidade da caldeira (Kg/h) (150.000); Kg vapor / Kg bagaço (2,2); °GL do vinho (8,0); Especificação do álcool , INPM (99,8); Sobra de bagaço (emergência), % (5); Fator de diluição caldo/melaço (1,3); Umidade % palha (calculo equivalente) (30,0); Umidade % bagaço (50,0) e Brix do caldo clarificado (13,6) - Fonte: Silva et al. (2011).

BALANÇO DE ÁGUA - *Memória de Cálculo* (valores dados em Kg/h).

1) Produção de água quente ou de água condensada (AC)

1.1- AC dos aquecedores (vapor vegetal) a T=98° C 15.620
1.2- AC dos pré-aquecedores (vapor de escape) a T=98° C 15.630
1.3- AC dos 1° pré-evaporadores (vapor escape) 64.060
1.4- AC dos 2° pré-evaporadores (vapor escape) a T=98° C 50.050
1.5- AC dos 4 corpos da evaporação (vapor vegetal), T=98° C 3.910
1.6- AC da destilaria (coluna de destilação) - Zanini - (vapor vegetal) T=98° C 42.200
1.7- AC do aquecimento da coluna O (vapor vegetal) T=98° C 24.200
Nota: não foram consideradas as perdas por autoevaporação.
1.8- AC dos evaporadores (vapor vegetal) T= 85° C 3.910

2) Aproveitamento do condensador para produção de vapor

2.1- AC dos aquecedores de caldo clarificado (vapor escape) 15.630
2.2- AC dos 1° evaporadores (pré-evaporadores (vapor de escape) 64.060
2.3- AC dos 2° pre-evaporadores (vapor de escape)(Perda de 2%) 50.050
TOTAL 132.334 Kg/h

3) Necessidade de água para caldeira 150.000 Kg/h

4) Demanda de água quente no processo

4.1- Retorno do condensado da industria 88.043

4.2- Embebição (ex. 200% de fibra) 47.630 (temperatura de 51° C)

TOTAL 135.673Kg/h

5) Produção de água quente

5.1- AC dos evaporadores 3.910 - 85° C

5.2- AC do aquecimento da coluna C 24.220 98° C

5.3- AC do condensador de destilaria (Zanini) 42.200 - 98° C

5.4- AC dos aquecedores 5.470. 98° C

Distribuição da água quente produzida: - embebição: 135.673 – 88.043 = 47.630

6) Água tratada (clarificação, filtro e troca catiônica e aniônica)

6.1- águas para Make-up 17.190

6.2- águas para a caldeira 17.150

Total: 34.340

7) Água tratada (somente clarificada)

7.1 - condensadores da destilaria 214.610

7.2 - para o pré-fermentador 44.530

7.3 - diluição do mosto 25.000

7.4 - consumo humano 7.810

7.5- resfriamentos de óleo e mancais da turbina (reposição) 1.570

Total: 293.500

8) Água industrial (resfriamento e condensação)

8.1 - condensador de evaporação 166.410

8.2 - coluna barometrica do filtro bomba rotativa 43.200

8.3 - condensadores da destilaria 937.500

8.4 - resfriamento das dornas 1360.000

8.5 - resfriamento do mosto 643.000

TOTAL 3150.110

9) Água bruta à 28º C (demanda de água)

9.1 - consumo humano 7.810

9.2 - diluição do fermento 44.530

9.3 - diluição do mosto 25.000

9.4 - estação de tratamento de água 34.340

9.5 - reposição no tanque resfriamento do mosto 13.050

9.6 - reposição de óleo e mancais da turbina(rep.) 1.570

9.7 - embebição 47.630

9.8 - reposição no tanque resfriamento da doma 123.440

9.9 - reposição no tanque resfriadeiro 30.500
9.10 - lavagem dá cana (reposição do circuito fechado) 37. 500
9.11 - lavagem em geral 39.100

10) Necessidade de captação
10.1 - estação de tratamento de água 34.340
10.2 - diluição do fermento 44.530
10.3 - diluição do mosto 25.000
10.4 - consumo humano 7.810
10.5 - resfriamento de óleo e mancais da turbina
(reposição, como nota-se na Figura 3) 1.570
10.6 - reposição no tanque resfriadeiro 30.500
10.7 - resfriamento da dorna (rep. tanque resf.) 113.440
10.8 - reposição no tanque resfriamento do mosto 13.050
10.9 - embebição. 47.630
TOTAL 317.800

11) Balanços finais em captação de Água:
11.1 - Limpeza Seca 317.800
11.2 - Lavagem de Cana (VIA ÚMIDA) 349.900

12.) Relação M^3 água por TC:
12.1 - Limpeza Seca 1,02
12.2. - Lavagem de Cana (Via Úmida) 1,13